# 中国页岩油气勘探开发技术与装备交流大会论文集

李俊军　宋宁　黄凌　等编

U0264173

中国石化出版社

·北京·

**图书在版编目（CIP）数据**

中国页岩油气勘探开发技术与装备交流大会论文集 /
李俊军，宋宁，黄凌编 . --北京：中国石化出版社，
2024. 11. --ISBN 978-7-5114-7743-9

Ⅰ. P618. 130. 8-53

中国国家版本馆 CIP 数据核字第 2024XJ9274 号

**中国石化出版社出版发行**

地址：北京市东城区安定门外大街 58 号
邮编：100011 电话：（010）57512500
发行部电话：（010）57512575
http：//www. sinopec-press. com
E-mail：press@ sinopec. com
宝蕾元仁浩（天津）印刷有限公司印刷
全国各地新华书店经销

\*

880 毫米×1230 毫米 16 开本 49.75 印张 1506 千字
2024 年 11 月第 1 版 2024 年 11 月第 1 次印刷
定价：598.00 元

# 《中国页岩油气勘探开发技术与装备交流大会论文集》

## 编　委　会

# 序

　　在全球能源结构快速变革的当下，页岩油气作为非常规资源，正成为推动能源行业创新发展的重要力量。面对复杂多变的能源环境与日益严峻的资源挑战，我国页岩油气分布广泛、资源巨大，大力发展页岩油产业是保障国家能源安全的必然选择，但与北美页岩油气比较，存在类型复杂、平面变化快、黏土矿物含量高、物性差、流动性差等特点，经过近年来的探索，勘探开发进入了深层次技术变革和管理创新的关键阶段。当前，油气勘探目标已经从常规条件转向低渗、高温、高压、复杂储层等极端地质条件。与此同时，随着大数据、人工智能等新兴技术的深度融入，页岩油气行业正经历一场技术与理论的双重变革，为我国油气产业的高效开发与低碳发展提供了全新动力。

　　为全面总结近年来页岩油气勘探开发中的新成果和新进展，并探讨相关理论和技术的前沿，中国石油学会联合中国石油、中国石化、中国海油及相关科研单位共同举办了"2024年中国页岩油气勘探开发技术与装备交流大会"。本次大会的主题是"加速创新合作，引领能源变革，助推高质量可持续发展"，旨在搭建一个开放的交流平台，汇聚国内外专家学者、技术精英，共同探讨页岩油气开发面临的挑战与机遇，分享行业最新技术成果与未来发展趋势。

　　本届大会筛选出具有创新性与实践价值的成果，汇编成本论文集。论文主题覆盖页岩油气形成机理、储层评价、开发技术及装备、大数据与人工智能应用、双碳与CCUS技术等多个领域的最新研究成果。这些论文在国内外已有成果基础上实现突破，不仅体现了我国页岩油气勘探开发技术的深度和广度，还展现了新技术在复杂地质条件下的应用前景。每一篇论文凝聚了作者的心血与智慧，具有重要的理论价值和现实意义，必将为全球页岩油气勘探开发提供宝贵的经验与借鉴。

　　在此，我谨向所有为本次大会顺利召开和论文集出版做出贡献的论文作者、参会代表和支持单位表示衷心的感谢。希望本论文集能够为推动我国页岩油气勘探开发技术的进步与创新作出积极贡献，并为全球能源行业的高质量发展注入更多的中国智慧与力量。

　　让我们携手并进，共创中国页岩油气勘探开发事业的美好未来！

中国工程院院士

# 前　言

　　我国页岩油气资源丰富，将成为油气能源安全的重要接替力量，也是能源行业高质量发展的关键，但在当前能源安全保障和能源转型变革的双重要求下，页岩油气产业发展面临诸多挑战。实现页岩油气勘探开发的重大理论创新和关键技术瓶颈突破，才能加速页岩油气产业的高质量和绿色低碳发展。为此，中国石油学会联合中国石油油气和新能源分公司、中国石化油田勘探开发事业部、中国海洋石油有限公司勘探开发部等单位于 2024 年 11 月 5 日至 7 日在重庆市举办"中国页岩油气勘探开发技术与装备交流大会"。本次大会以"加速创新合作，引领能源变革，助推高质量可持续发展"为主题，旨在探索页岩油气开发中的核心技术、管理创新及未来发展路径，为全力保障国家能源安全提供强有力的理论和技术支撑。

　　本次大会得到了中国石油、中国石化、中国海油、延长石油、中国地质调查局油气资源调查中心、相关高等院校和科研院所等单位广大油气勘探专家和科技工作者的大力支持。大会共征集论文 240 余篇，中国石油学会学术交流部组织专家经认真审核，择优收入 106 篇辑册成集并公开出版发行。全集共分两篇，分别为地质篇和工程篇，内容包括页岩油气形成机理、资源评价、储层精细表征、开发技术与装备、大数据与人工智能应用等多个方面，为推动我国页岩油气行业的技术创新提供了宝贵的知识储备和参考经验。

　　本书收录的论文来源广泛，内容涵盖页岩油气勘探开发的多个前沿领域，从理论深度到实践广度均有所建树，展示了我国近年来在页岩油气勘探开发技术中的最新研究成果和创新方法。论文集的每篇论文都凝聚了作者的心血与智慧，呈现出百花齐放、百舸争流的繁荣景象，充分体现了我国在复杂地质条件下油气勘探开发中的科技实力与创新能力。希望本论文集能够为读者提供有益的参考，帮助科研人员和从业者在页岩油气领域的探索中找到新的方向和解决方案。同时，我们向所有参与本次大会的论文作者，以及长期以来关心、支持中国页岩油气勘探技术发展的各界朋友致以崇高的敬意和诚挚的感谢！编者水平有限，若有疏漏之处，敬请批评指正。

　　愿我们共同努力，在页岩油气勘探开发技术不断提升的征程上实现更大的突破，引领行业变革与可持续发展，为全球油气勘探技术的发展做出更大的贡献！

本书编委会

2024 年 10 月

# 目　录

┌─────────────┐
│　地　质　篇　│
└─────────────┘

基于岩性密度测井资料的页岩气储层生物硅含量确定方法 …………… 冯亦江　何浩然　石文睿（ 2 ）

数智赋能庆城页岩油高效开发管理与创新

　……………………… 马立军　黄战卫　姬靖皓　王骁睿　李宏宏　贾志鹏（ 6 ）

数据群集原位成像技术在页岩气高效开发中的应用 ……………………………… 李宏伟（ 15 ）

济阳坳陷民丰洼陷页岩油水平井定测录导一体化应用研究

　………………………………………… 陈荣华　杜焕福　姚金志　王　印（ 20 ）

基于云边协同的页岩油智能化管控平台设计与实践

　………………… 李秋实　贾志鹏　余　杰　孟樊平　周　婷　段金奎（ 27 ）

起伏型地层水平段轨迹控制方法研究与应用 ………… 赵红燕　饶海涛　项克伟　邹筱春　石元会（ 34 ）

大港油田歧口凹陷沙三段页岩油油基钻井液气测录井特征及校正方法

　………………………………………… 孙凤兰　闻　竹　陈　勇　张会民（ 37 ）

基于地质约束下 FWI 与网格层析联合速度建模方法研究及在深层页岩气的应用

　……………………… 张入化　石学文　张洞君　吴　涛　苏　敏　焦卓尔（ 44 ）

基于分子动力学研究陆相页岩油核磁共振响应机理 …………… 赵吉儿　谢　冰　冉　崎　葛新民（ 49 ）

陆相页岩油水平井压裂开采油藏多元动力作用研究进展 ……… 邰欣天　李　颖　李海涛　罗红文（ 54 ）

录井技术在大港油田沧东凹陷陆相滞留型页岩油评价中的应用 ……… 闻　竹　孙凤兰　金　娟（ 63 ）

湿气流量计测试评价与页岩气现场应用研究 ………………………………… 张　强　刘丁发（ 70 ）

页岩气压后返排油嘴动态调整技术应用及效果评价——以蜀南地区 Z201 区块 H62 平台为例

　………………… 王维一　罗　迪　王　萌　杨思雨　雷跃雨　潘　钰　黄　亮（ 76 ）

长宁地区石牛栏组可钻性差地层识别方法及其应用

　………………… 王　柯　舒　赢　张　樱　唐正东　刘　迪　赵　磊（ 88 ）

吉木萨尔凹陷页岩油自乳化形成机理与特征

　………………… 王伟祥　褚艳杰　赵　坤　鲁霖懋　江冉冉　刘娟丽（ 94 ）

玛湖深层致密油藏水平井产出规律评价与控产因素分析

　………………… 巴忠臣　陈新宇　党佳城　阿克丹·斯坎迪尔　秦　军（ 99 ）

泸州北部地区龙马溪组深层页岩气储层地质"甜点"地震定量预测与优选

　………………………………………………… 杜炳毅　高建虎　董雪华（ 105 ）

加拿大 Duvernay 页岩凝析气藏水平井产能主控因素及开发有利区预测

　………… 贾跃鹏　黄文松　汪　萍　叶秀峰　叶　禹　孔祥文　刘　丽　赵子斌　苏朋辉（ 109 ）

西加拿大盆地 Montney 组测井储层参数预测方法研究

……………………… 赵子斌 叶秀峰 黄文松 孔祥文 廖广志 汪 萍 贾跃鹏（121）

页岩油全直径岩心二维核磁共振现场测量与孔隙流体评价方法研究

……………………… 张 伟 蔡文渊 王少卿 李 思 吴 健 代红霞（138）

延长组陆相砂质纹层型页岩测井评价

……………………… 王长江 李桂山 吴建华 任建伟 赵勃权 齐婷婷 石连杰（148）

基于高压压汞多尺度探讨页岩储层渗流特征——以川东平桥地区五峰-龙马溪组页岩储层为例

……………………… 严 强 郑爱维 刘 莉 王 进 湛小红 舒志恒（156）

基于集成深度神经网络的页岩 TOC 含量预测 ……………………… 汪子祺 吴朝容（162）

鄂尔多斯盆地长 7 段页岩油成藏模式探讨——以宁县正宁地区为例

……………………… 单俊峰 刘 兴 周金科 鞠俊成 牟 春 王宇斯（165）

基于深度学习的数字岩心建模与分析

……………………… 何小海 马振川 晏鹏程 滕奇志 何海波 龚 剑 舒 君（173）

辽河西部凹陷中高成熟度页岩油成藏特征及勘探实践

……………………… 王高飞 陈永成 陈 昌 李金鹏 李子敬 蔺 鹏（178）

陆相盐湖盆地页岩油储层发育机理——以渤海湾盆地东濮凹陷古近系为例

……………………… 徐云龙 李令喜 袁 波 王德波 王亚明 杨栋栋 徐田武 慕小水（183）

大数据技术在页岩油气老井复查中的研究与应用

……………………… 孙兆宽 刘兴周 李微巍 回 岩 樊晋明 董甜甜（192）

渝西地区深层页岩气优快钻井技术应用

……………………… 杨 浩 李军鹏 扈成磊 夏顺雷 张永强 李兆丰 杨 芳 卞维坤（197）

页岩油微观动用特征及提高采收率实验研究——以英雄岭地区下干柴沟组上段为例

……………………… 伍坤宇 邢浩婷 陆振华 张梦麟 张 娜 李义超（203）

威远页岩气区块勘探开发认识及下步勘探评价工作方向 ……………………… 程 辉（211）

柴西坳陷咸化湖相页岩油地质工程一体化研究与实践

……………………… 张庆辉 林 海 伍坤宇 吴松涛 刘世铎 李义超（214）

柴达木盆地茫崖周缘古近系-新近系沉积特征及烃源岩评价

……………………… 张博策 伍坤宇 邓立本 乔柏翰 姜营海 谭武林 姜明玉 黄建红（223）

柴达木盆地干柴沟区块烃源岩生烃母质及其与沉积环境的关系研究

……………………… 张 静 伍坤宇 沈晶娟 张 娜 何泳键 郑志琴 高发润 秦彩虹（233）

致密砂岩气藏储采比分析及提升对策——以东胜气田为例 ……………………… 关 闻（242）

基于模糊逻辑控制的页岩气井智能化调产预警 ……………………… 何春艳（250）

元坝地区凉高山组全油气系统特征及富集成藏模式 ……………… 刘苗苗 王道军 谢佳彤 刘晓晶（260）

基于深度神经网络算法的页岩储层天然裂缝识别——以长 7 储层为例

……………………… 何雅雯 吴志宇 党 伟（269）

渤海海域黄河口凹陷页岩油地质特征与资源潜力 ……… 王广源 万 琳 霍飞宇 滑彦岐 蒋怿铭（278）

基于微纳米流控的页岩油关键组分空间限域效应的实验研究

……………………… 潘秀秀 孙灵辉 刘庆杰 陈飞宇 霍 旭 冯 春 张志荣（287）

黔北道真地区常压页岩气效益开发实践与对策——以 ZY1 井组为例

……………………… 卢 比 马 军 王 伟 龙志平 程轶妍（292）

渤海湾盆地南部莱州湾凹陷页岩油岩相划分及岩相发育模式研究

……………………… 关 超 胡安文 彭靖淞 燕 歌 张 鑫（302）

页岩油纳米孔喉相态特征对注气提高采收率的启示——以加拿大西加盆地 Duvernay 页岩为例

……………………… 孔祥文 于 伟 黄文松 汪 萍 丁 伟 刘 丽 贾跃鹏 赵子斌（308）

古龙页岩储集空间特征及演化研究 ······················· 潘会芳　高　波　陈国龙　王继平　王永超（323）
松辽盆地古龙页岩油成烃、成储与成藏耦合机制研究
·················· 曾花森　霍秋立　张晓畅　范庆华　乔　羽　王雨生　贾艳双（329）

## 工　程　篇

页岩油藏压后产能数值模拟评价方法研究 ······················· 孙　鑫　杜焕福　王春伟（336）
致密气-煤层气合采井压裂开发主控影响因素分析
·················· 张　浩　白玉湖　房茂军　徐兵祥　李　娜（342）
页岩气压裂用全金属可溶桥塞研制及应用
·················· 桑　宇　喻成刚　何　珏　喻　冰　刘　辉　李　明（349）
海上低渗薄互储层探井分层压裂测试工艺及应用 ······ 徐　靖　马　磊　韩　成　王应好　阳俊龙（353）
四川盆地深层页岩气水平井套变成因机制研究
·················· 刘晏池　赵文韬　陈海力　李其鑫　赵珑昊　孙雪彬（358）
CPLog 测井系统与 MEMS 固态陀螺测斜仪挂接技术研究 ···················· 刘李春　严瑞峰　潘明宇（368）
川南深层页岩气水平井压裂套变规律 ······ 彭怡眉　赵　毅　陈明鑫　李凡华　孙学凯　温　柔（373）
焦石坝区块"瘦身井"用高性能页岩水基钻井液技术
·················· 罗玉婧　王　谣　漆　琪　李　艳　姜　超　赵鸿楠（380）
青西凹陷深层页岩油水平井固井技术研究与应用 ······ 张　鹏　蔡东胜　白　璐　曹　刚　葛　昕（386）
双缝干扰对裂缝扩展规律的影响研究 ······ 魏　旭　刘　鹏　王海涛　周炳存　赵德钊（391）
页岩气多段压裂水平井五线性流模型及应用
·················· 王益民　郑爱维　刘　莉　张　谦　刘　霜　汤亚顼（394）
页岩油藏压裂返排液复配影响因素分析及配方优化
·················· 时　光　吴晨宇　杜　辉　盖嗣龙　石胜男　王尚飞（402）
页岩油井压裂示踪裂缝检测技术应用 ······ 姜海岩　邓大伟　侯堡怀　李　伟　王　宇（408）
页岩油井套管大规模压裂后完井可控防喷技术
·················· 林忠超　孙　江　姚　飞　李　亚　郑忠博　张激扬（411）
泥纹型页岩油浅表二开水平井钻井关键技术 ······ 孙平涛　李艳波　张　良　郭建勋　项忠华（417）
庆阳地区页岩油三维地震勘探技术及成效
·················· 王正良　和海雷　陈大宏　胡育波　苏　战　王　春（422）
自 205 区块页岩气压裂套变预防兼高效压裂一体化技术研究 ············· 彭长勇　陈玉明　孙国翔（425）
加拿大 D 页岩气项目地质工程一体化综合"甜点"优选方法
·················· 叶秀峰　梁　冲　叶　禹　朱大伟　邹春梅　肖　玥（437）
连续管钻井电驱定向系统及位移矢量控制方法
·················· 李　猛　刘继林　苏堪华　万立夫　郭晓乐　侯学军（445）
长 7 段页岩油体积改造工艺优化及现场实践 ······ 马泽元　田助红　鄢雪梅　张朝阳　张艳博（453）
多物理场耦合作用下含压裂返排液页岩油采出液强化破乳脱水技术研究
·················· 梁月玖　李　庆　陈朝辉　杨东海　李默翻（462）
基于集成学习和知识图谱的页岩气压裂方案优化
·················· 林　霞　徐　超　米　兰　惠思源　郝冠宇（468）
CG STEER 国产旋导在深层页岩气的应用
·················· 熊　浩　高　林　陈　新　张　力　杨中亮　周善军　米　毅（474）
壶口气田两气合采地面集输工艺技术研究 ······················· 王　刚　杨国胜（478）

辽河油田大民屯页岩油水平井钻完井提速技术研究与应用 …………………… 李庆明　杜昌雷（482）

四川盆地页岩气水平井全井段地层三压力预测 ……………… 李昌有　曾　攀　叶鹏举　尹　飞（486）

页岩油开发地面工艺关键技术 ……………… 梁　钊　杨德水　周立峰　陈　华　孙晓明（492）

智能钻头姿态控制系统研究 ……………… 袁　恺　严梁柱　严　军　方琼瑶　谢祥凤　汪　洋（496）

中低成熟度页岩油体积压裂工艺探索与实践
　　……………… 苏　建　张子明　郭斯尧　景宏伟　张　伟　郭丁菲（502）

页岩油气体积压裂关键技术研究与探索 ……… 邱守美　季　鹏　王　超　王显庄　苑秀发　焦建军（508）

川渝深层页岩气钻机装备配套分析与探索
　　……………… 王孟法　刘江涛　严俊涛　吴昌亮　高德伟　刘　成　李骥然　马骋宇（514）

浅析页岩气开发中大型压裂装备现状及发展趋势
　　……………… 关利永　宋国强　季　鹏　杨　朔　王思源（520）

页岩油气水平井预置封隔多簇射孔分段压裂完井技术
　　……………… 刘言理　贾　涛　徐丙贵　刘志同　曲庆利　张全立　周　毅（524）

页岩油气开发配套降温压缩机动密封副热变形规律与间隙控制研究
　　……………… 刘　珂　龚湛超　管　康　彭　浩　奚筱宛（531）

基于上下行波场分解的回折波及棱柱波成像方法研究 ……… 张光德　刘守伟　杨　浩　张怀榜（539）

长庆油田页岩油 $CO_2$ 区域增能压裂技术研究与规模应用
　　……………… 陶　亮　齐　银　王德玉　陈文斌　马　兵　赵国翔　王泫懿　曹　炜　郭冰如（543）

陇东页岩油 5000 米超长水平井钻完井技术实践 ……………… 欧阳勇　李治君　余世福（550）

页岩气数字化井口关键技术研究及应用
　　……………… 申朋玉　范子谅　王俊承　张学铭　宋雪纯　许相如　翟振杰　何浩森（559）

庆城油田页岩油水平井复杂井筒采油工艺技术研究
　　……………… 黄战卫　李怀杰　赵　晖　刘小欢　张　鑫　岳渊洲（569）

庆城夹层型页岩油地质工程一体化压裂改造技术实践
　　……………… 曹　炜　齐　银　拜　杰　陶　亮　张洋洋　赵国翔　涂志勇（580）

陇东页岩油电驱压裂储能系统应用探索 ……………… 张增年　杨小朋　张铁军　闫育东　杜　龙（587）

页岩油水平井连续油管产液剖面测试技术试验
　　……………… 朱洪征　郑　刚　李楼楼　苏祖波　杨海涛　高　宇（591）

复兴地区侏罗系陆相有利页岩气测响应特征与评价 ……………… 刘建清　张　恒　叶应贵（597）

川东南走滑应力特征下深层页岩水力压裂裂缝扩展机理
　　……………… 常　鑫　刘宇鹏　侯振坤　郭印同　王兴义（603）

顶驱集成内防喷器机构及控制方法 ………… 张军巧　齐建雄　谢宏峰　王　博　张红军　张淑瑶（611）

涪陵页岩气田加密井防碰关键技术 ……………… 宋明阶　马建辉　文　涛　侯　亮　薛晓卫（616）

鄂西地区牛蹄塘组页岩气储层测井评价 ……………… 朱　江　李艳群　季运景　曹明浩（623）

非常规油气套中固套等孔径射孔技术研究及应用 ……………… 杨大昭　卜　军　汪长栓　刘　林（630）

庆城页岩油地面工程核心装备与关键技术研究
　　……………… 刘环宇　马立军　李怀杰　钟建伟　陈旭峰（637）

页岩油伴生资源综合利用技术及运营管理模式研究
　　……………… 马立军　黄战卫　陈康林　马红星　邹　伟（650）

抗高温环保润滑剂的研制与应用
　　……………… 王晓军　孙云超　景烨琦　李　刚　戴运才　鲁政权　任　艳　袁　伟（657）

南翼山油田支撑剂回流控制措施研究
　　……………… 马　彬　熊廷松　郭得龙　汪剑武　何　平　何金鹏　杨建轩　江昊焱　杨启云（662）

深井双层高钢级厚壁套管开窗关键技术研究 ………… 孙立伟　高清春　施连海　陈振刚　赵　展（666）

英雄岭页岩油"压准缝"研究及应用
　　………… 郭得龙　林　海　万有余　熊廷松　申颖浩　江昊焱　何　平　马　彬　杨启云（671）
英页 3H 平台水平井钻井提速关键技术 ……………………… 刘　璐　邢　星　邓文星（680）
柴达木盆地西部坳陷古近系页岩油可压性评价及应用
　　……………………… 万有余　林　海　郭得龙　江昊焱　何　平　马　彬（685）
川西北地区钻头优选方法及应用 ……………………… 孙立伟　罗　欢　孙少亮　白冬青（694）
干柴沟长水平段页岩油高效开发钻井液技术探索及认识
　　……………………… 郝少军　邢　星　安小絮　郝　添　赵维超（699）
陆相高黏土页岩储层水平井井壁稳定技术研究
　　………… 邹灵战　徐新纽　黄　鸿　阮　彪　曹光福　楚恒志　刘　刚　罗　飞（705）
常规控压钻井在四川页岩气技术应用探讨
　　……………………… 李　照　蒋　林　何贤增　宋　旭　唐　明　姜　林（711）
川东吴家坪组深水陆棚相页岩气井身结构方案探讨 ……………………………… 陈　宽（718）
大安区块深层页岩气钻井提速技术研究 ……………… 冯俊雄　齐　玉　余来洪（723）
页岩气水基钻井液的室内改进与现场应用
　　……………………… 许夏斌　欧阳伟　夏先富　吴正良　贺　海　欧　翔（729）
页岩气水平井套变治理措施分析 ……………… 冉龙海　乔　雨　戴　强　万夫磊（734）
页岩油近钻头方位伽马成像地质导向关键技术 ……… 魏书泳　陈　琪　贾武升　杨大千　杨碧学（740）
陇东页岩油大平台多钻机"工厂化"水平井钻井工艺关键技术……… 田逢军　陶海君　陈　琪（748）
页岩油长水平段高效冲砂技术应用及研究 ……… 聂　俊　胡东锋　刘环宇　田伟东　马学如（753）
长庆油田水平井旋转导向现场应用分析 ……………… 陈　琪　陶海君　田逢军　杨大千　贾武升（757）
微粒径支撑剂支撑裂缝导流能力实验评价及其在川渝深层页岩气井应用
　　……………… 刘春亭　石孝志　管　彬　王素兵　朱炬辉　何　乐　齐天俊　周川云（765）
威远区块页岩气钻完井作业温室气体排放结构特征分析及减排路径研究
　　……………………………………………… 舒　畅　陆灯云　贺吉安　毛红敏（771）

# 地　质　篇

　　随着基础理论和工艺技术的成熟与完善，页岩油气资源已逐步成为国内外非常规油气资源勘探开发的热门领域。页岩油气具有"自生自储，源储一体"的特点，而页岩属于"低孔、低渗"储层，物性条件较差，油气渗流规律复杂，导致页岩油气在沉积、成烃、储集、工程地质与开采工艺方面相较于常规油气资源均有差异。近几年随着人工智能技术的发展，在页岩油气储层参数预测、测井与地震解释、缝网及油气产量预测等方面，人工神经网络等机器学习手段已被越来越多地应用并取得显著成效。本篇论文集综合了页岩油气地质评价和机器学习在页岩油气领域的应用，对进一步深化页岩油气地质评价和拓宽技术研究方法方面具有重要借鉴意义。

# 基于岩性密度测井资料的页岩气储层
# 生物硅含量确定方法

冯亦江[1]　何浩然[1]　石文睿[2]

(1. 中石化经纬有限公司江汉测录井分公司；2. 香港浸会大学)

**摘　要**　页岩气储层中的生物硅亦称为生物成因硅，它的存在对页岩的孔隙发育和岩石的压裂性质具有重要影响，是页岩气富集和压裂产出的双重重要指标。本文基于测井岩性密度、测井光电吸收截面指数以及测井自然伽马，利用三元计算方程，形成了页岩气储层生物硅含量确定方法，评价结果能够满足现场页岩气储层测井解释和储层特征分析、可压性评价的需要，实际应用过程中取得良好的效果。

**关键词**　页岩气；生物硅；岩性密度；自然伽马；三元计算方程

页岩气作为一种分布广泛、高效清洁的气体能源，受国际市场和各国政府的高度重视。近十年来的勘探和开发证明我国页岩气资源十分丰富，对其进行商业化开发是我国未来清洁能源发展战略的重点领域。页岩气储层中的生物硅亦称为生物成因硅，它的存在对页岩的孔隙发育和岩石的压裂性质具有重要影响，是页岩气富集和压裂产出的双重重要指标。通常，生物硅富集井段是压裂的优选目标层位，易形成油气高产，实现商业化效益开发。

## 1　技术背景

国内外对页岩气储层生物硅含量定量评价运用最广泛的方法是根据硅、铝元素的含量来进行计算，简称为硅铝元素法。通常获取硅、铝等元素含量的方法有两类：一类是对页岩气储层岩心样品进行元素实验分析，由于钻井取心难度大、费用高，导致这类方法综合成本较高，实际生产中取心井较少，也使得仅靠取心井的岩心样品实验分析难以从整体上反映区域内页岩气储层生物硅分布状况，影响区域评价效果；第二类方法是通过元素测井方法获取地层硅、铝等元素的含量，从而计算页岩气储层生物硅含量。第二类方法可以获得井筒中连续地层剖面的硅、铝等元素含量，但是由于测井仪器昂贵、作业成本高，且在水平井中存在较大的测井作业安全风险，因此这类测井方法在页岩气评价中并未大规模运用，无法实现区块内各页岩气井均进行生物硅含量测井计算与综合评价的目的。

CN111663940A 发明公开了一种页岩储层的生物成因硅的计算方法，该方法是通过建立生物成因硅含量与测井曲线之间的线性关系，来确定生物成因硅。该方法所用的测井参数为自然伽马 GR、声波时差 AC、岩性密度 DEN 和中子孔隙度 CNL。虽然该方法可以快速的、简单的连续分析页岩储层的生物硅含量，但该方法涉及到的测井资料占用较多，实现成本较高。

## 2　方法模型

在油气勘探开发领域，页岩气储层生物硅含量亦称为页岩气储层生物硅质量分数，简称为生物硅含量。

本方法的实现方式为，运用获取的测井岩性密度 DEN、测井光电吸收截面指数 Pe 和测井自然伽马 GR，建立基于岩性密度测井资料的三元计算方程，确定页岩气储层生物硅含量，具体步骤为（如图1）：

1）获取工区内取心井岩心样品实验分析得到的页岩气储层生物硅含量 Si_toc1；

2）获取取心井岩心样品对应深度点的测井岩性密度 DEN1、测井光电吸收截面指数 Pe1 和测井自然伽马 GR1；

3）运用三元线性拟合方法，进行岩心实验分析获得的页岩气储层生物硅含量 Si_toc1 与对应井的测井岩性密度 DEN1、测井光电吸收截面指数 Pe1 和测井自然伽马 GR1 拟合，确定所研究工区的页岩气储层生物硅含量计算模型即三元计算方程 $Si\_toc1 = a \cdot DEN1 + b \cdot Pe1 + c \cdot GR1 + d$ 的模型系数和相关系数 R，R>0.7 视为满足需求；

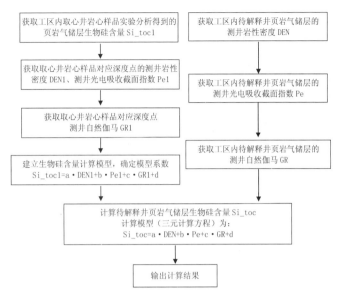

图1 确定页岩气储层生物硅含量的工作流程图

式中：测井岩性密度 DEN1 量纲为 $g/cm^3$，测井光电吸收截面指数 Pe1 量纲为 $b/e$，测井自然伽马 GR 量纲为 API，岩心样品实验分析得到的生物硅含量 Si_toc1 量纲为%；

4）通过岩性密度测井资料获取工区内待解释井页岩气储层段的测井岩性密度 DEN、测井光电吸收截面指数 Pe 和测井自然伽马 GR；

5）将步骤4）待解释井的测井岩性密度 DEN、测井光电吸收截面指数 Pe 和测井自然伽马 GR 带入步骤3）中的计算模型，计算待解释井的页岩气储层生物硅含量 Si_toc，Si_toc = a·DEN+b·Pe+c·GR+d；

6）输出计算结果。

本发明克服了传统方法在获取生物硅含量成本较高，适用范围窄、局限性大的问题；与专利一种页岩储层的生物成因硅的计算方法（CN111663940A）相比，资料占用更少，仅需使用岩性测井系列中的岩性密度 DEN、测井光电吸收截面指数 Pe、测井自然伽马 GR 参数，成本更低，有利于现场快速评价。

## 3 应用效果

### 3.1 应用实例—S 页岩气田 W 井

1）通过 S 页岩气田 4 口取心井 287 块页岩岩心样品的实验分析，获得该气田页岩气储层生物硅含量 Si_toc1；

2）根据上述 4 口取心井的岩性密度测井资料，获取 287 块页岩岩心样品对应深度点的测井岩性密度 DEN1、测井光电吸收截面指数 Pe1 和测井

自然伽马 GR1，并去除光电吸收截面指数 Pe 大于区域上限值 8.0b/e 的异常层段对应的数据；287 块页岩岩心样品中有 29 块岩心 Pe 值处于大于 8.0b/e 的异常段；

3）去除 29 块页岩岩心对应的页岩气储层生物硅含量 Si_toc1、测井岩性密度 DEN1、测井光电截面指数 Pe1 以及测井自然伽马 GR1 后，将共 258 块页岩岩心 Si_toc1 与 DEN1、Pe1 和 GR1，按模型 Si_toc1=a·DEN1+b·Pe1+c·GR1+d 做最小二乘法回归处理，得到模型系数 a-29.486、b=-5.315、c=-0.036、d=119.252，即三元计算方程为 Si_toc1=-29.486·DEN1-5.315·Pe1-0.036·GR1+119.252，相关系数 R 为 0.847；

4）通过待解释井 W 井的岩性密度测井资料，获取测井岩性密度 DEN、测井光电吸收截面指数 Pe 和测井自然伽马 GR；

5）根据步骤3）确定的页岩气储层生物硅含量计算模型，将步骤4）中待解释井 W 井的测井岩性密度 DEN、测井光电吸收截面指数 Pe 和测井自然伽马 GR 带入，运用三元计算方程 Si_toc1=-29.486·DEN-5.315·Pe-0.036·GR+119.252，计算出 W 井的页岩气储层生物硅含量 Si_toc；

6）输出计算结果，W 井吴家坪组和茅口组页岩气储层 3291.4～3363.0m 井段计算的页岩气储层生物硅含量（如图2，简称生物硅含量）。计算的页岩气储层生物硅含量与该井岩性样品实验分析得到的岩心生物硅含量对比，建立两者45°交会图，交会的数据点较均匀分布在45°线两侧（如图3），平均相对误差为2.8%，平均相对误差绝对值为10.5%。

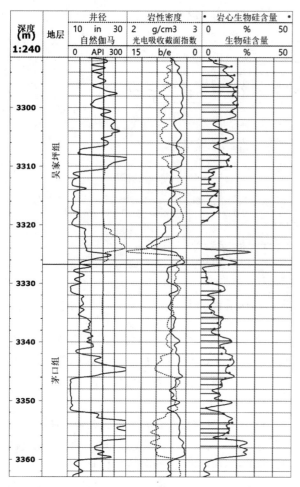

图 2  W 井 3291.4~3363.0m 井段页岩气储层
生物硅含量曲线图

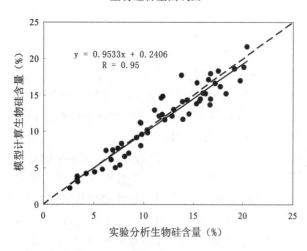

图 3  样品实验分析与计算得到的生物硅含量对比图

### 3.2  应用效果—S 页岩气田 R 井

1）R 井与实例一中的 W 井同属 S 页岩气田，建模所用的取心井相同，因此模型系数相同，可以沿用实例一中的模型系数，模型系数 a—29.486、b＝－5.315、c＝－0.036、d＝119.252，三元计算方程为 Si_toc1＝－29.486·

DEN1－5.315·Pe1－0.036·GR1＋119.252；

2）通过待解释井 R 井的岩性密度测井资料，获取测井岩性密度 DEN、测井光电吸收截面指数 Pe 和测井自然伽马 GR；

3）根据步骤 1）的页岩气储层生物硅含量模型，将步骤 2）确定的待解释井 R 井的测井岩性密度 DEN、测井光电吸收截面指数 Pe 和测井自然伽马 GR 带入，运用三元计算方程 Si_toc1＝－29.486·DEN－5.315·Pe－0.036·GR＋119.252，计算出 W 井的页岩气储层生物硅含量 Si_toc；

4）输出计算结果，R 井吴家坪组和茅口组页岩气储层 3598.0~3685.0m 井段计算的页岩气储层生物硅含量为 0.6%~29.1%（如图 4，简称生物硅含量），算数平均值为 15.9%。参考计算得到的 R 井吴家坪组页岩气储层生物硅含量等资料，选择该井吴家坪组 3607.5~3625.0m 为窗口侧钻水平

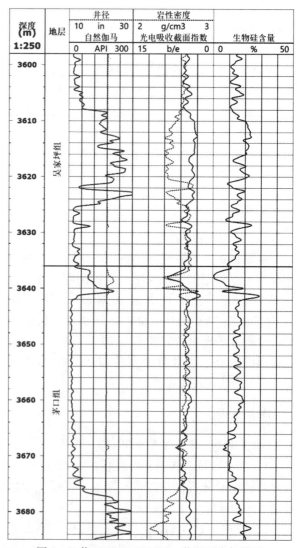

图 4  R 井 3598.0~3685.0m 井段页岩气储层
生物硅含量曲线图

井，1500m 长水平段压裂试气，无阻流量达到 21.0× $10^4m^3/d$，按产量 $6.0×10^4m^3/d$ 配产试采，已连续稳定生产超 160d，累计产量突破 $1000×10^4m^3$。

## 4 结论

（1）本文基于测井岩性密度、测井光电吸收截面指数以及测井自然伽马，利用三元计算方程，形成了页岩气储层生物硅含量确定方法。

（2）本文方法计算的页岩气储层生物硅含量与岩心分析化验的生物硅含量对比，误差较小，满足实际生产需求。

（3）本文方法计算的页岩气储层生物硅是页岩气富集和压裂产出的双重重要指标，可用于纵向上水平井的靶窗优选。

# 数智赋能庆城页岩油高效开发管理与创新

马立军[1] 黄战卫[1] 姬靖皓[1] 王晓睿[1] 李宏宏[2] 贾志鹏[1]

(1. 中国石油长庆油田页岩油开发分公司；2. 昆仑数智科技有限责任公司)

**摘 要** 在新一轮科技革命和产业变革的大背景下，国内外各大石油企业纷纷加快数智化转型发展，推动传统产业变革升级、培育发展新质生产力，打造企业核心竞争优势。目前，我国油气勘探开发已逐步由常规油气藏向深层、深水及非常规"两深一非"复杂领域转变，中国石油将页岩油作为"7+3"战新产业之一进行布局。面对页岩油储层埋藏深、地质条件复杂、开发难度大、运行成本高、现场安全风险管控难度大等一系列挑战，长庆油田在"数智中国石油"的建设理念下，围绕"业务发展、管理变革、技术赋能"三大主线，以人工智能、物联网、云计算等新一代信息技术为支撑，探索形成以"夯实三大保障、搭建一个平台、聚焦四大场景"的"314"数智化赋能页岩油高效开发管理模式，强化智能设备、网络通讯、数据治理配套，打造全生命周期页岩油物联网云平台，生产现场数字化覆盖率达到100%，实现勘探开发一体化智能决策、生产运行全过程信息化管控、经营管理协同化提质增效、安全环保可视化实时预警，推动长庆页岩油生产运营方式全业务、全要素、全链条变革重塑，助推长庆页岩油高效开发管理。该数智赋能管理模式有力支撑长庆油田在庆城油田率先建成200万吨页岩油开发示范基地，打响了长庆页岩油数智转型品牌，具有良好的经济效益和社会效应，在国内页岩油开发领域树立起示范标杆，具有可复制、可推广的重要意义。

**关键词** 长庆油田；页岩油；数智赋能；高效开发

当前，新一轮科技革命和产业变革加速演进，促进数字技术与实体经济融合走深走实，已成为传统产业转型升级、实现高质量发展的强大引擎，也是油田企业增强核心功能、提高核心竞争力、加快培育发展新质生产力的必由之路。国外油田企业通过加强与微软、谷歌等信息技术公司合作，直接引进信息技术公司在大数据、人工智能方面的成熟技术，在勘探开发等核心业务智能化转型方面取得显著效果。如壳牌在马来西亚 Borneo 海面的 SF30 油田建成首批智能油气田，专注于生产运营、生产优化、油藏监测和油田开发。哈里伯顿通过建设"一个共享地学模型、一个企业级平台、一个集成的云"，实现勘探开发全流程智能化管理。道达尔公司通过搭建油气生产一体化协同研究平台，实现油气藏—注采井—地面集输等生产全系统模拟与优化，支持多学科综合研究、跨部门协同工作、多模型集成共享、油气藏可视化管理和管理层辅助决策。国内各大石油公司也在不断探索数智化转型的建设模式。如中石化以"智能制造"和"商业新业态"为主攻方向，通过打造"石化智云平台"，构建支撑智慧石化的工业互联网。中海油通过建设基础设施云平台，实现了对网络、数据中心、应用系统的跨专业监控数据整合、统一分析和综合展示。中石油将数字化转型、智能化发展作为着力高水平科技自立自强、建设国家战略科技力量和能源与化工创新高地的重要举措，全面推进"数智中国石油"建设。

随着油田勘探开发进程逐步深入，老油田已整体处于"中高含水、高采出程度"阶段，面临资源接替不足、稳产难度加大、储采失衡矛盾日益突出以及剩余油高度分散等一系列矛盾和挑战，我国油气勘探开发逐渐向深层、深水及非常规等"两深一非"复杂领域延伸。页岩油作为非常规油气的代表，是中国潜力最大、最具战略性、最现实的石油接替资源，已成为保障国家能源安全最重要的战略接替资源，探明的页岩油储量位居世界第三，广泛分布在松辽、鄂尔多斯、准噶尔、柴达木等盆地。中国石油将页岩油作为"7+3"战新产业之一进行布局，位于鄂尔多斯盆地的我国最大油气田——长庆油田，历经早期勘探、评价与技术攻关、规模勘探开发三个阶段，通过理论研究、技术攻关和管理创新实现了重大突破，在甘肃发现国内首个整装页岩油庆城大油田，累计探明地质储量达到11.54亿吨，2023年长庆页岩油产量达到270万吨，占国内页岩油总产量的2/3以上，在甘肃陇东率先建成200万吨页岩油规模效益开发示范基地。作为中石油数字化转型、智能化发展试点建设单位，长庆油田研究制定《长庆油田数字化转型智能化发展实施细则》，对数字化转型、智能化发展做了新的阐述，并以业务发展、管理变革、技术赋能为主线，以人工智能、物联网、云计算等新一代信息技术为支撑，形成了以"夯实三大保障、搭建一个平台、聚焦四大场景"的"314"数智化赋能页岩油高效开发管理模式，创新驱动和保障页岩油提速、提产、提效。

# 1 长庆页岩油数智赋能页岩油高效开发管理模式

为统筹保障国家能源安全、实现绿色低碳转型、响应"双碳"要求，长庆油田贯彻国家、集团公司部署要求，加大页岩油勘探开发力度，组建成立页岩油开发分公司，按照"数据+平台+应用"的信息化建设思路，全力推进"数据集成化、

监控可视化、运行闭环化、预警智能化、决策精准化"的页岩油智能油田建设，构建形成"314"数智化赋能页岩油高效开发管理模式，即夯实三大保障、搭建一个平台、聚焦四大场景。

## 1.1 夯实三大保障

### 1.1.1 智能设备保障数据采集质量

（1）建设智能油井：应用边缘计算、智能诊断、闭环推送技术，在600余口油井完成智能RTU、含水分析仪、动液面监测仪、三相计量装置等智能设备配套（如图1所示），累计采集油井数据点位18000余个，油井数字化覆盖率达到100%，建立"实时在线反馈"资料录取模块，构建开发数据共享环境，实现油井套压、单量、含水、无杆泵工况等资料在线实时精准录取，减少人工每月资料录取1200余次，大幅降低员工资料录取强度，全面提升现场数据采集质量。

（a）智能RTU      （b）含水分析仪      （c）三相计量装置

图1 智能设备

（2）建设智能管线：通过在40余条管线上部署压力传感器、温度传感器、光纤震动传感器、管道腐蚀监测、泄漏检测以及电磁流量计等设备，实时采集管线压力、流量、温度、腐蚀、泄漏等关键运行状态数据，应用大数据、云计算等技术结合管道仿真模拟和高后果区高清视频监控，由"分散单机"监控向"集群整合"转变，建立全过程、全要素、全方位的管道风险防控体系，实现对威胁管道安全的机械施工、人工挖掘和自然灾害等危险事件进行及时预警和定位，由被动化管理转变为主动、智能化管理，保证管线安全、平稳、受控运行。

（3）建设智慧场站：以设备为中心，以远程信息采集为基础，以一体化为建设思路，以数字孪生技术为辅助，集成和应用无线传感、云计算、物联网、大数据等新一代数字技术，配套电动执

行机构、电动调节阀、液位计、无人机、机器人以及视频摄像头等智能设备，完成生产参数自动采集、生产运行实时感知、设备状态自动监测，并将无人机采集数据通过二三维GIS技术变为生产现场数字孪生体实景展示当前运行工况，构建了"实时监控、联动分析、自动操控、智能巡检、集中管理、全方位决策"场站运行场景，实现了对油田生产过程的全面监控和科学决策支持。

### 1.1.2 网络通讯保障生产安全运行

为提高网络可靠性和稳定性，遵循数据"传输稳定、故障冗余"的原则，根据现有网络链路及地形分布环境，以岭九转、马岭通讯处、岭二联、岭十三转、岭三联、庆城联合站六个主节点架设光缆链路3条，以西峰-悦乐为汇聚核心，采用10G光纤模块传输，配套9台三层万兆交换机，构建形成"纵横交织、多环保护"的网络通讯格

局，光缆总长达 570 多公里，并按照油田公司等保 2.0 要求，部署工控安全设备，使得基层中心站均具有双上行光纤链路（如图 2），有效解决单链路通讯故障造成断网、生产网络单一出口局限等问题，提高网络运行效率和数据传输稳定性，全力打造一条高效的数据"生命线"。

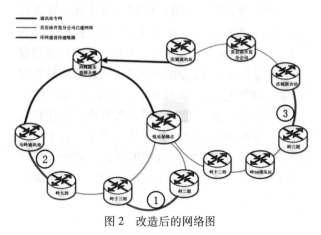

图 2　改造后的网络图

### 1.1.3　数据治理保障数智技术应用

针对数据大量集中在油田公司统建系统以及产建项目组独立系统，数据存储方式和参数类别等不一致，无法对生产数据形成互联互通、共享应用，缺乏对页岩油开发全业务全过程的有效支撑等问题，按照全域数据管理的理念，以"数据共享、数据共用"为指导，全面接入 1141 套设备，兼容适配西门子（S7）、安控（485）、A11 等 14 种工业协议，创新研发涵盖模拟仿真、业务流程、行业机理、数据算法等 15 个工业模型，高速采集地上、地下生产实时数据，实现了数据统一规划、统一标准、统一存储和统一管控，减少数据冗余

和重复，有效推动了数据从资产管理向应用开发转变。

（1）采用"湖仓一体"的数据技术体系，从现场 PLC 或 RTU 实时读取现场数据，通过数据资源目录将地质油藏、地面集输、采油工艺、经营管理等数据进行归集、整合、存储和管理，贯穿于数据的"采、传、存、管、用"全生命周期中，结构化统一集群建立页岩油专业数据子湖，实现数据高度集成共享（如图 3 所示）。

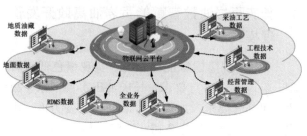

图 3　页岩油生产数据集群过程

（2）根据数据类型、用途和重要性全面梳理数据来源，对所需数据进行分析、关联和组装，实现数据预加工处理，形成一个高效、可靠的数据中台服务环境，通过中台汇聚分发数据，快速响应数据调用，赋能业务应用。

（3）通过对 RDMS、OCEM、功图 3.0、设备管理平台等提供完整的数据资源，应用云平台的同步机制，从"规范性、完整性、准确性、一致性、及时性、可用性"六个方面完成全业务链数据数据盘查，将所有数据实时推送到长庆油田公司区域数据湖中（如图 4 所示），为数据治理和智能决策提供更加实时、精准、全面的数据支撑。

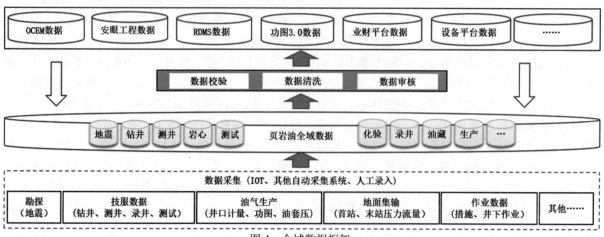

图 4　全域数据框架

## 1.2 搭建一个平台

为改变传统 SCADA 系统固有架构限制，解决在数据处理、云端架构、闭环连锁等方面的局限性，采用云边协同、云化部署、海量计算等 21 项数智技术，对页岩油动态、静态数据进行抽取、治理、应用，集成 12 大功能模块、覆盖 67 项业务，开发建成首个应用于页岩油现场开发的全生命周期智能化运营的页岩油物联网云平台。前端实现油井自主稳定运行、管线智能安全运行、场站无人值守运行的小闭环管理方式，后端以涵盖生产运行、安全环保、技术分析、经营管理等能模块的一体化、综合性、全业务页岩油物联网云平台为核心，形成基于模型算法远程控制、多部门多学科协同办公的大闭环管理方式。集成生产监视、数据整合、数据分析、问题预警、诊断优化、现场控制的"多层闭环管理"模块，构建两级组织架构模式下"全域数据管理、全面一体化管理、全生命周期管理、全面闭环管理"的"数智+"融合管理新框架（如图 5 所示），打造了数智化与页岩油业务深度互联、融合创效下"创新、智能、高效、绿色"开发模式。

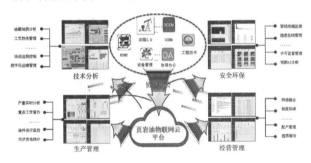

图 5   "数智+"融合管理新框架

## 1.3 聚焦四大场景

### 1.3.1 勘探开发一体化智能决策

（1）提升产能建设质量：充分应用大数据技术，建成井筒工程数据统一采集端，钻、录、测、试、投作业现场数据通过项目数据全共享、过程全管控、业务全联接，支撑产建项目"方案设计、招标选商、建设监管、竣工验收、后评价"五环管理，提高了产建项目管理效率。油藏研究方面，自主研发四维油藏模型软件，创新有限体积法数值模拟技术，建全油藏动态建模与跟踪模拟功能，整体工作效率提升 50%，油藏钻遇率提升至 80%以上。钻完井方面，通过采集钻井工程大数据，建立不同区块钻井学习曲线，优选钻头和钻井参数，精细指导钻井工程优化和现场施工。储层改造方面，建立压裂工程远程决策系统，实时、准确、完整采集现场施工压力、排量、入地液量、加砂量等关键参数，实现了从传统"单人单井"现场监控到"单人多井"远程决策的模式转变（如图 6 所示）。

（2）精细油田开发管理：在油藏地质方面，立足物联网实时数据智能分析和生产数据深入挖掘，研发全流程油藏智能分析功能，实现多参数时序动态建模与生产指标预测，油藏动态分析效率提升 30%，助力技术人员实时调整开发技术政策，最大限度延长油井稳产期，单井 EUR 提升至 2.8 万吨以上。在采油工艺方面，构建抽油机智能闭环控制方式，通过数据全采集、智能分析诊断、远程控制等 6 大功能，实现油井自主稳定运行、异常工况自动推送；搭建以"工作载荷、周期预警"为核心的油井智能热洗模块，实现热洗计划自动编排、周期分级预警，热洗管理效率提升 60%，井筒故障率减少 50%。在地面集输方面，应用"密闭集输、集中稳定、伴生气回收、返排液循环利用"工艺，采用"移动+固定"数字化撬装拼接建站方式，减少用地 60%，缩短建设周期 50%；

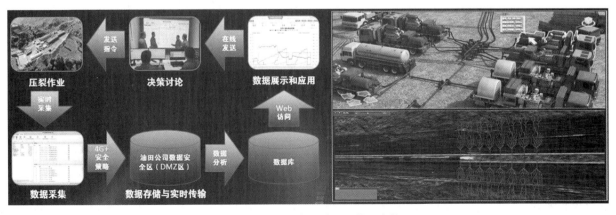

图 6   压裂过程实现远程监控和决策

对场站管道节点压力、温度、液位、流量全方位采集，应用数据联动智能分析快速定位问题管道和场站，精准指导技术人员出具清罐、清管、更换管道等技术方案，大大降低技术分析成本，有力保障和支撑页岩油快速规模上产。

### 1.3.2 生产运行全过程信息化管控

（1）推进生产信息"集中监控"：大力推动厂级"大监控"模式改革，依托页岩油物联网云平台，集成高清摄像头、电子路卡、无人机巡检系统、管道防泄漏监测系统、原油拉运远程控制系统等数智化技术，为室内监控人员装上"千里眼"，实现井站视频"全天候"预警、油区道路"全时段"监测、生产运行"全过程"管控。综合运用云平台数据集成功能，搭建数字化"大监控"中心，对油井生产动态、现场作业参数、设备运行情况等各类数据全域采集，经数据过滤整合和人工智能分析后将数据多元化图形展示（如图7所示），内嵌 AI 数据智能分析实现生产信息集中监控、异常情况自动推送、风险隐患智能预警，全面提升用户与监控系统的交互性，监控效率和质量提升至原有模式的 3~5 倍左右。

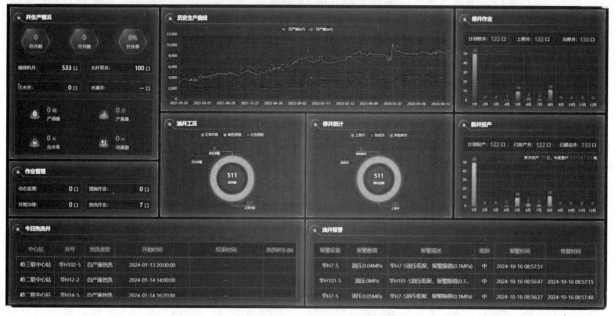

图 7　油井生产动态监控界面

（2）实现生产现场"集中巡检"：建立中国石油陆上最大的无人机集群化智能巡检系统，全域部署 28 套集群化无人机和 1 套长航时无人机，采用可见光成像、相机变焦技术，结合 AI 智能识别算法模型，构建自动巡航方式，对生产现场进行全覆盖巡检作业。应用巡检机器人巡检技术，实时监测联合站内运行参数，联动三维位置标定、区域视频图像、参数与历史数据等，自动生成报警日志（如图8所示）。打造"升级版"无人值守站，应用联锁控制、闭环联动等技术建设6大连锁控制，无人值守增压站覆盖率达到100%，联合站形成"1227"无人值守模式（如图9所示），即1套视频监控、2套巡检系统（无人机+机器人）、2大流程自动切换、7大自动联锁控制，联合站人员数量降低了85%。在生产区域划分集中巡护点，开发业务外包履职管理APP，构建形成"无人机昼夜巡查+机器人定期巡检+第三方集中巡护"的"集中巡检"工作模式，推动平台由"单人单点值守"向"集中管巡护"模式转变，生产现场减少80%的巡检工作量，大大降低用工成本和人员劳动强度。

（3）助推生产组织"集中调度"：搭建页岩油数智化调控中心，生产运行、应急管理、电力消防、工程技术、安全监督等专业值班调度人员进驻调控中心，实行"集中式、一体化"生产调度，建立重点工作线上督办落实模块，完善值班坐岗管理、调度任务管理功能，实现机关与基层两级调度体系间的信息传达、处置跟踪和过程追溯，构建形成"跨部门、跨空间、多方联动、快速响应"的可视化一体化调度指挥新模式，值班工作交接效率提升40%，生产任务连续处置率达到100%，确保令出一门、信息归口、协调顺畅、执行有力。

图 8　机器人智能巡检场景

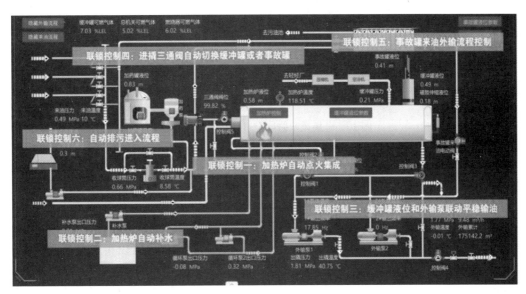

（a）增压站

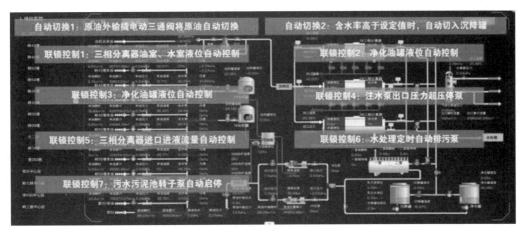

（b）联合站

图 9　工艺流程关键环节逻辑控制

### 1.3.3　经营管理协同化提质增效

（1）经营降本质效双升：以地质、开发、财务数据融合分析为基础，应用数理模型和算法建立经营财务数据勾稽关系，深化应用云平台财务核算、资金管理、资产管理等业务功能模块，创新数智化高效益经营管理体系，突出井效指导、站效优化、区效提升，系统性对单井、区块、中心站进行效益评价，开展横向对标分析成本结构、费用要素、成本趋势，形成以降固定成本、控变动成本的经营理念，做到"算效益账、干效益活、采效益油"，精准指导提质增效工作，将庆城页岩油完全成本控降至53美元/桶。

（2）合规风险智能防控：复用承包商、合同、财务共享及业财等系统成果，打通各系统数据接口，搭建"内控、审计、合规"三位一体管理模块，建立全链条的合规监管机制，通过制度嵌入、过程分析、风险预警等管控手段，融入PDCA循环的理念和方法，实现"事后追责"向"事中审查、事前预防"转变，"人治"向"机治"转变，企业经营合规问题不可整改问题率由66%降低至22%，推动合规管理水平稳步提升（如图10所示）。

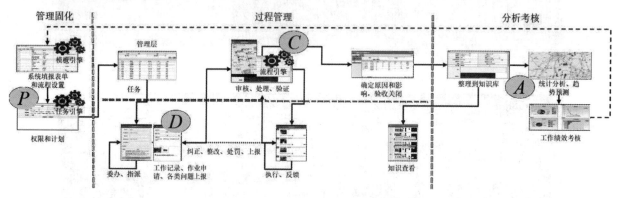

图10　合规风险防控全过程在线闭环管理

（3）协同云上快捷办公：物联网云平台融入32套油田公司统建系统，统一用户登录账号密码，各系统间切换由分钟级缩减至秒级，自主开发线上业务审批表单8类14张，办公审批时长平均由28小时降为3.5小时，真正实现让"数据多跑路、让员工少跑腿"。搭建无纸化会议系统，会议室无纸化实现全覆盖，累计组织会议1800余场次，节约费用约88.2万元。推行企业管理两册、规章制度上"云"，利用手持终端实现任务派发、结果反馈、质量监管、绩效考核闭环管理，以数智化手段压实岗位责任制，提升企业精细化管理水平。

### 1.3.4　安全环保可视化实时预警

（1）QHSE管理体系实现智能化升级：推行安全生产责任清单线上管理，分层级、分业务、分岗位录入个人全年安全生产责任落实任务，实现安全责任清单化、落实考核定量化、实施证据可追溯、工作进展可追踪，全员任务按期完成率达到95%以上。运用安全环保记分系统，对较大隐患、典型问题、三违问题在线进行线上安全记分，有效提升了现场隐患问题的数据准确率和填报及时率，解决了责任落实证据零散、缺少统一载体、工作难以延续等问题。搭建安全承包点线上履职

模块，定期督促承包责任人开展现场履职，对管理信息、活动记录、问题整改、统计分析等内容全部纳入线上管理，使履职情况更加直观透明，追溯考评更加方便快捷。

（2）集成视频监控实现安全监管全覆盖：应用"互联网+安全生产"信息技术，全覆盖建设750余路高清视频，应用多场景视频AI诊断模型，建立30余种违章视频识别算法仓库，智能诊断推送异常情况，安全环保风险态势"一屏掌控"（如图11所示），违章行为综合识别率达到70%以上，实现安全环保领域作业活动、管线运行、场站运行、重大危险源、环境敏感区监控等业务数智赋能，助力安全监管模式由"人防"向"人防+技防+智防"转变。

（3）构建能耗监控模型实现全流程节能降耗：聚焦采油举升、地面集输、采出水回注等主要生产环节，开展全区能耗体系研究，基于电力系统、伴生气系统用量数据采集，建立抽油机、加热炉、外输泵、注水泵等主要能耗设备评价预警模型，实时掌握跟踪各区域、各设备能耗情况，找出页岩油生产过程中能耗控降突破口，指导工艺流程简化优化，引进节能电机、无功补偿、变频输油、

（a）劳保穿戴         （b）烟火预警         （c）车辆识别

图 11   视频 AI 诊断预警结果

高效相变加热炉等高效节能设备，最大限度控降页岩油开发管理能耗，上游企业平均吨油单耗109.6千克标煤，庆城页岩油吨油单耗仅为31.2千克标煤，优于上游平均水平，打造了节能降耗、提升效益的样板工程。

## 2 长庆油田庆城页岩油数智转型主要成效

### 2.1 率先建成200万吨页岩油开发示范基地

依托数智化赋能页岩油高效开发管理，自2018年加大页岩油勘探开发力度以来，以每年40万吨的增长推进页岩油快速上产，2023年页岩油年产量达到270万吨，占到国内页岩油总量的2/3，2014年将达到310万吨，预计"十四五"末将达到350万吨。按照长庆页岩油革命的整体规划，2030年页岩油产量将达到450万吨，2035年页岩油产量将突破750万吨，争当页岩油产业链"链长"，树立起国内页岩油规模效益开发示范标杆。

### 2.2 实现长庆页岩油"少人高效"开发管理

作为长庆油田新型采油管理区试点建设单位，页岩油开发分公司坚持"创新、智能、高效、绿色"的发展理念，以数智化、市场化为改革为主要抓手，在长庆油田二级采油单位中率先完成"机关-中心站"两级扁平化劳动组织架构改革，与传统厂级、作业区、中心站三级组织架构相比，机关部门及附属单位由传统采油的22个压缩至8个，百万吨用工控制在200人以内，是常规同等产量油田用工人数的1/10，年减少人工支出近5.4亿元。

### 2.3 页岩油运营管理指标保持国内油气田企业前列

积极推进数字化转型、智能化发展，大力实施低成本开发战略，扎实开展对标世界一流提升行动，页岩油勘探开发内部收益率保持在10%左右，页岩油开发分公司近三年累计实现利润总额45.9亿元、净利润15.02亿元，"一利五率"指标持续向好，人均产量贡献4800吨/年，人均利润623万元，基本运行费、完全成本、人工成本均保持在国内油气田企业前列，在中石油集团公司2023年度采油厂对标管理排名中，页岩油开发分公司位列98家采油单位第3、长庆油田第1。

### 2.4 长庆页岩油数智转型品牌影响力持续扩大

庆城页岩油数智化转型实践取得中国石油和化工自动化应用协会、中国石油工程建设协会等科技成果鉴定报告5项，形成3项建设标准、15项发明专利、软件著作权10余项、14项可复制推广技术，获得ECF2024第十四届亚太页岩油气暨非常规能源大会、中国石油企业协会等颁发的省部级成果15余项，在国内外核心期刊、国内外学术会议上共发表论文20余篇，引起了社会各界高度关注，相继被《人民日报》、《中国石油报》、《甘肃日报》、央广网等多家媒体报道，提高了企业的知名度和影响力。据统计，已先后有70多家来自不同地区的油气行业单位专程前往庆城油田进行实地学习与深入调研，为全国范围内的智慧油田建设提供了可复制、可推广的实践范例。

## 3 结论

（1）新一轮产业变革和科技革命正加速演进，国内外各大石油企业纷纷探索数智化转型道路，推动油气行业高质量发展。我国页岩油资源储量丰富，加大页岩油等非常规油气勘探开发力度，推动云计算、大数据、物联网等新一代信息技术与传统油气产业深度融合，是油气企业应对发展环境挑战、重塑经营管理模式、提高核心竞争力的重要手段。

（2）无人机、机器人等智能设备在油气田前端数据采集、现场作业管控的成功应用，能有效代替重复性体力劳动，能够大幅提高生产效率、降低安全风险，具有解决降本增效难题的巨大开发潜力。智能油田建设重点在于对数据的统计、分析、挖掘，寻找数据之间的关联性，通过"数据+平台+应用"，实现生产过程实时监控、设备故障智能诊断以及油藏分析高效决策，全面提升企业运营管理和效率。

（3）AI技术和大模型的开发与应用，能够将地质勘探、钻井完井、储层改造、油藏开发、采油工艺、设备管理等方面有机联动起来，经过数据深度挖掘和智能联动，可全面实现页岩油开发管理全要素、全链条、全业务数智化转型升级，大幅降低页岩油勘探开发成本，有力助推页岩油规模效益开发。

（4）长庆油田庆城页岩油以"夯实三大保障、搭建一个平台、聚焦四大场景"的"314"数智化赋能页岩油高效开发管理模式，助推实现页岩油"少人高效"开发管理，大幅提升了企业管理效率、经济效益和社会效应，形成了独居特色的长庆页岩油数智化品牌，在国内油气田非常规领域树立起示范标杆，具有可复制、可推广的重大意义。

## 参 考 文 献

[1] 钱兴坤，陆如泉.2023年国内外油气行业发展报告 [M]. 北京：石油工业出版社，2024.

[2] 李根生，宋先知，石宇，等.智慧地热田技术研究现状与系统构建方案 [J]. 石油勘探与开发，2024，51（4）：899-909.

[3] 杨剑锋，杜金虎，杨勇，等.油气行业数字化转型研究与实践 [J]. 石油学报，2021，42（2）：248-258.

[4] 刘满平."三重冲击"下油气产业的转型与发展 [J]. 当代石油石化，2023，31（10）：1-4.

[5] 杜伟，付兆辉，利振彬，等.中国油气行业"十四五"面临的形势与发展方向 [J]. 国际石油经济，2022，30（01）：39-44.

[6] 闫浩.基于大数据分析的油藏动态监控与预警方法研究 [D]. 西安石油大学，2024.

[7] 聂晓炜.智能油田关键技术研究现状与发展趋势 [J]. 油气地质与采收率，2022，29（03）：68-79.

[8] 赵学良，贾梦达，王显鹏，等.石化智能工厂建设关键场景与技术 [J]. 化工进展，2024，43（02）：894-902.

[9] 甘振维，路智勇，李四海，等.江汉油田数字化转型探索与实践 [J]. 石油科技论坛，2023，42（03）：41-47.

[10] TONG WANG, XIAN-WEN GAO, KUN LI. Application of Data Mining to Production Operation and Control System in Oil Field [C].//The 24th Chinese Control and Decision Conference（第24届中国控制与决策学术年会2012 CCDC）论文集. 2012：642-647.

[11] 窦立荣，李大伟，温志新，等.全球油气资源评价历程及展望 [J]. 石油学报，2022，43（8）：1035-1048.

[12] 李阳，赵清民，薛兆杰.新一代油气开发技术体系构建与创新实践 [J]. 中国石油大学学报（自然科学版），2023，47（5）：45-54.

[13] 刘显阳，李士祥，周新平，等.鄂尔多斯盆地石油勘探新领域、新类型及资源潜力 [J]. 石油学报，2023，44（12）：2070-2090.

[14] 胡建国，马建军，李秋实.长庆油气田数智化建设成果与实践 [J]. 石油科技论坛，2023，42（03）：30-40.

[15] 钱兴坤，陆如泉，罗良才，等.2023年国内外油气行业发展及2024年展望 [J]. 国际石油经济，2024，32（02）：1-13.

[16] 蔡晓芸.中石油数字化转型的路径及效果研究 [D]. 江西财经大学，2024.

# 数据群集原位成像技术在页岩气高效开发中的应用

李宏伟

（中国石油勘探开发研究院）

**摘　要**　数据群集是基于多维度离群点的交集来检测异常、发现甜点区的大数据分析技术，可用于页岩气甜点段的识别与甜点区分布研究。该技术方法的原理是批量、同步开展数据集中各个数据点在不同维度上的邻近度及其相似度计算，计算结果取各个维度上离群点的交集，利用原位成像手段刻画离群点在纵向和横向上的分布及其变化规律。研究流程以都沃内页岩气为例，首先对页岩气产层的测井数据开展群集分析，识别离群点形成的异常井段，发现异常井段正是页岩气甜点段集中发育的部位；其次，针对甜点段开展沿层地震数据群集分析，识别离群点在横向上的分布，发现井上的甜点段在地震上表现为高频衰减、振幅增强的地震响应特征。据此利用数据群集原位成像技术在横向上重新刻画了页岩气甜点区的分布，为都沃内页岩气的高效开发指明了方向。

**关键词**　数据群集；原位成像；页岩气；高效开发；甜点

## 1　问题的提出

近年来，国内外页岩气的勘探开发方兴未艾，页岩气勘探开发技术取得长足进步，带来了页岩气储量与产量的大幅增长。页岩气勘探开发中面临的一个问题是，同一套页岩气产层，不同井区的页岩气产量存在差异；同一水平井的不同压裂段的岩气产量存在差异。勘探开发实践表明，虽然页岩层大面积连续分布，但页岩气仅在局部的甜点段、甜点区最为富集，页岩气的勘探开发需要识别甜点段、预测甜点区的分布。

页岩气属于原位生烃、原位聚集、原位成藏，因此，页岩层总有机碳含量与有机质的热演化程度决定了一个地区页岩气资源的丰度以及页岩气产量的高低。甜点往往发育于总有机碳含量高且有机质的热演化程度高的部位（黎茂稳等，2019）。在页岩气勘探开发初期，在钻井数量较少的情况下，如何利用少量井点的信息来发现页岩气甜点区在横向上的分布，是页岩气勘探开发初期最为关注的问题。为此，引入了数据群集原位成像技术，以都沃内页岩气高效开发研究为例，开展了页岩气甜点段和甜点区的检测。

## 2　地质背景

研究区位于加拿大卡阿尔伯达省西南部的西页岩次盆，面积420平方公里，目前该区钻井123口，三维地震满覆盖。页岩气的烃源岩、储层及产层均为上泥盆统都沃内组海相页岩（谌卓恒等，2019）。从研究区中部向盆地周边的台缘带，都沃内组页岩由海相深水页岩沉积相变为台缘礁滩相沉积，二者同期异相，都沃内组沉积厚度由薄增厚（赵文光等，2019）。页岩气产层顶面构造形态表现为由北东向南西方向倾覆的单斜（图1）。

前人在此做了大量研究工作。黎茂稳等（2019）在此开展了页面油气富集特征的研究工作，指出甜点高有机碳页面发育于热演化程度高的深水海盆沉积中心一带；王鹏威等（2019）研究了西加盆地页岩的总有机碳含量，提出总有机碳含量越高，页岩吸附页岩气的能力越强；赵文光等（2013）总结了加拿大页岩气勘探开发新进展，指出都沃内页岩气富集于资源量丰度高、但页岩厚度却较薄的局部地区。地球物理人员在此开展过测井解释与总有机碳含量、泊松比等地震反演工作，但结果并不理想，页岩气甜点的刻画有待细化。

## 3　数据分析

为了搞清高产井区的测井与地震响应特征，利用研究区内有限的5口井的测井解释结果开展了甜点成因分析。搞清了甜点的成因之后，充分利用三维地震沿层振幅数据和瞬时频率数据，开展了页岩气甜点的地震震响应特征研究工作。

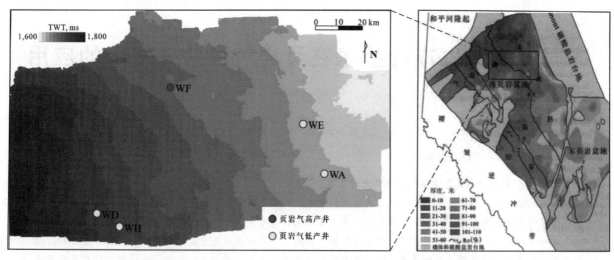

图1 研究区位置平面图（右）及都沃内组页岩气产层顶面构造平面图（左）

### 3.1 甜点成因分析

不同井区的页岩气产量与页岩总有机碳含量、页岩有效厚度、页岩物性的关系，开展了数据分析工作。

通过不同井区页岩气产量与页岩层有效厚度的相关性分析发现，二者呈负相关关系，都沃内组页岩气产量高的部位并不在页岩有效厚度大的部位，而是在页岩有效厚度较薄的部位；进一步分析发现，都沃内组页岩总有机碳含量与其有效厚度也呈负相关关系，都沃内组沉积厚度薄的部位，总有机碳含量反而高，甜点区发育于页岩有效厚度薄的部位；页岩气产量与总有机碳含呈强相关（图2）。

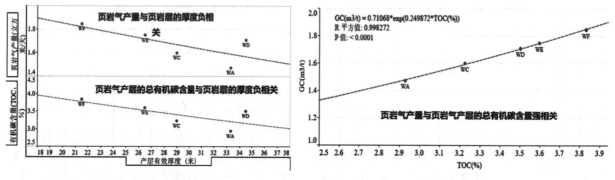

图2 都沃内组页岩气产量与有机碳含量、页岩有效厚度之间的关系

### 3.2 甜点地震响应特征

利用沿层振幅数据、沿层瞬时频率数据，通过数据成像手段可以直观地显示甜点区的地震响应特征，揭示出高产区与低产区在地震响应特征上的差异。

通过地震数据沿层信息提取发现，页岩气高产井区的地震响应特征表现为强振幅、低频，而页岩气低产井区的地面响应特征则表现为弱振幅、低频（图3）。显然，这种单一地利用振幅信息或频率信息识别甜点区的方法难以清晰反映页岩气甜点区的分布，都沃内页岩气甜点区的识别，需要有新的技术方法和手段。

### 4 数据群集

数据群集是利用多个维度上的度量信息，从多个角度协同研究数据点在横向上的综合响应与变化。无论是测井数据，还是地震数据，都是地层岩性、物性及其含油气性的综合响应，对于多因素控制下的页岩气甜点区，可以利用多维度的测井数据、三维地震数据，通过数据群集技术预测页岩气甜点区的分布。

### 4.1 原理方法

数据群集是数据分析中用于异常检测的一种技术方法，原理是对数据集中不同维度上的数据

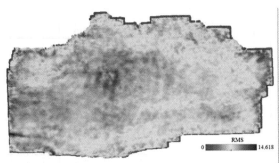

图 3　都沃内组页岩气产层沿层振幅（左）、沿层瞬时频率（右）信息提取

点同步开展邻近度与相似度的批量计算，计算结果取各个维度上数据点中离群点的交集，同一群集内数据点在邻近度和度量值上相近，而不同数群集之间的数据点，在邻近度和度量值上存在显著差异。

具体方法是首先将不同量纲、极差悬殊的测井数据和地震数据通过 Z-Score 转化为无量纲的标准分数，标准化后的数据在各个维度上具有可比性；其次，对不同数据点开展邻近度和相似度计算（计算均值、标准差、协方差），通过不断地迭代、优化，在找出各个数据点的质心的同时，还要找出不同维度上的数据点与数据点之间、数据点与质心之间在度量特征上的相似度与邻近度，如此反复，有 K 个质心，就有 K 个群集。同一群集内的数据点在邻近度、相似度以及变化规律方面相近，而与背景数据的普遍特征存在不同（图4）。

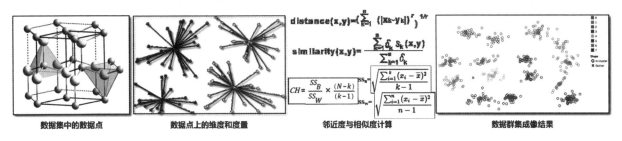

图 4　数据群集原理与方法示意图

### 4.2　甜点段群集成像

在页岩层中，群集成像可以直观地显示页岩气甜点段的分布。以研究区 WF 井为例，高产井的甜点段在标准化后的电阻率、自然电位、声波时差、电导率等维度的测井综合响应上，明显与上、下的围岩不同。页岩气甜点段在群集后的测井综合响应上表现为更高的电阻率值、更低的电导率值以及更低的声波时差值、更低的自然电位值；而页岩气低效井的测井数据群集结果却没有检测出甜点段（图5）。

### 4.3　甜点区群集成像

借助数据群集分析与箱线分析技术，可以发现数据集中离群点的分布。研究区都沃内页岩层的平均厚度在24米左右，其在地震上表现为与上覆泥岩之间形成的强波峰反射，在时间厚度上对应于最大波峰到峰谷转换零相位之间的四分之一波长。沿页岩气产层顶面的地震最大波峰反射界面提取了574465个数据点的对含气响应敏感的瞬时振幅数据、瞬时频率数据。

在开展数据分析前，首先要对这些瞬时振幅数据、瞬时频率数据进行数据标准化处理，在此基础上，运用数据群集技术、箱线分析技术开展数据离群点分布分析，可以发现页岩层背景数据（蓝色数据点）中与异常相关的离群点（红色数据点和橙色数据点）的分布；进一步通过质心查找，发现数据点分别围绕着红、橙、蓝三个不同的质心分布，每个质心内的数据点代表一个群集，不同的群集之间，数据点的邻近度以及振幅响应特征和频率响应特征存在差异，而同一个群集内的数据点则具有相近的邻近度以及振幅响应特征和频率响应特征，其中，蓝色的背景数据点表现为弱振幅、高频率的地震综合响应特征；通过数据点群集原位成像，可以发现，叠置于蓝色背景数据点之上的红色数据点与橙色数据点的叠置区，就是我们要找的页岩气甜点区（图6）。

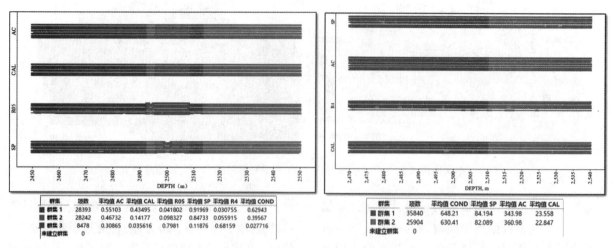

| 群集 | 项数 | 平均值 AC | 平均值 CAL | 平均值 R05 | 平均值 SP | 平均值 R4 | 平均值 COND |
|---|---|---|---|---|---|---|---|
| 群集 1 | 28393 | 0.55103 | 0.43495 | 0.041802 | 0.91969 | 0.030755 | 0.62943 |
| 群集 2 | 28242 | 0.46732 | 0.14177 | 0.098327 | 0.84733 | 0.055915 | 0.39567 |
| 群集 3 | 8478 | 0.30865 | 0.035616 | 0.7981 | 0.11876 | 0.68159 | 0.027716 |
| 未建立群集 | 0 | | | | | | |

| 群集 | 项数 | 平均值 COND | 平均值 SP | 平均值 AC | 平均值 CAL |
|---|---|---|---|---|---|
| 群集 1 | 35840 | 648.21 | 84.194 | 343.98 | 23.558 |
| 群集 2 | 25904 | 630.41 | 82.089 | 360.98 | 22.847 |
| 未建立群集 | 0 | | | | |

图 5 页岩气高产井与低效井测井数据群集结果对比

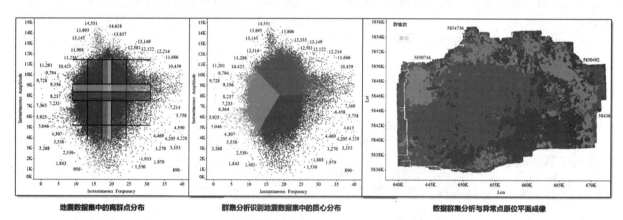

地震数据集中的离群点分布 群集分析识别地震数据集中的质心分布 数据群集分析与异常点原位平面成像

图 6 都沃内页岩气产层地震数据离群点分布、质心查找及群集成像结果

## 5 结果与讨论

红色数据点与黄色数据点的叠置区之所以被认为是页岩气的甜点区，除了有研究区内的钻井证实之外，还因为在页岩气的甜点区，出现了沿层的高频信息发生了衰减，而振幅响应却出现了增强。

高频衰减与页岩层含气相关，因为沿层瞬时频率对地层的含气性最为敏感，地层在横向上一旦出现含气层段，瞬时频率将出现衰减；地层振幅增强与薄层的地震波调谐有关，当页岩层厚度薄到小于四分之一地震波波长时，薄层的振幅响应就会加强。页岩厚度减薄处正是总有机碳含量更高的甜点区发育的最有利部位（图7）。

## 6 结论与建议

综合以上研究，得出结论和建议如下：

（1）页岩气甜点区主要发育于厚度薄、但有机碳含量高的沉积中心部位，而非厚度大的盆地边缘部位；

（2）页岩气甜点区在地震响应上表现为高频衰减、振幅增强，与页岩含气性及薄层的调谐有关；

（3）该甜点检测技术之所以能够快速检测并发现数据集中与背景值不同的异常信息，原理是数据群集的结果利用的是多维度的、标准化后的度量值进行了邻近度和相似度的计算、质心的查找以及数据点原位成像；

（3）该方法检测速度快、识别精度高、可拓展、可推广，既可应用于页岩气、煤层气甜点的识别，也可用于其它常规天然气甜点区的检测，由于降低了多解性，因而也就减小了勘探开发风险。

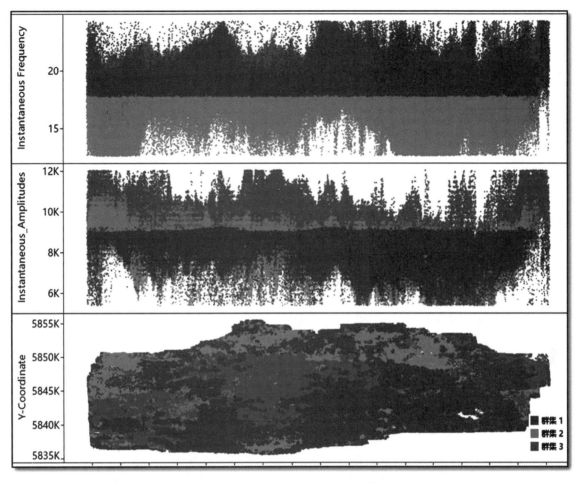

图7　都沃内页岩气甜点区高频衰减、振幅增强及甜点区分布（红色区）

## 参 考 文 献

［1］黎茂稳，马晓潇，蒋启贵，李志明，庞雄奇，张采彤．北美海相页岩油形成条件、富集特征与启示［J］．油气地质与采收率，2019，26（1）：13-28.

［2］谌卓恒，黎茂稳，姜春庆，钱门辉．页岩油的资源潜力及流动性评价方法——以西加拿大盆地上泥盆统Duvernay页岩为例［J］．石油与天然气地质，2019，40（3）：459-468.

［3］赵文光，夏明军，张雁辉，杨福忠，张兴阳．加拿大页岩气勘探开发现状及进展［J］．国际石油经济，2013，7：41-46.

［4］王鹏威，谌卓恒，金之钧，郭迎春，陈筱，焦姣，郭颖．页岩油气资源评价参数之"总有机碳含量"的优选：以西加盆地泥盆系Duvernay页岩为例［J］．地球科学，2019，44（2）：504-511.

［5］邹才能，等．非常规油气地质［M］．北京：地质出版社，2014

［6］邹才能，陶士振，袁选俊，等．连续型油气藏形成条件与分布特征［J］．石油学报，2009，30（3）：324-331.

［7］傅成玉，等．非常规油气资源勘探开发［M］．北京：中国石化出版社，2015.

［8］邹才能，董大忠，王玉满，等页岩气地质评价方法：GB/T 31483—2015［S］．北京：中国标准出版社，2015.

［9］潘继平．对促进中国页岩气勘探开发若干问题的思考［J］．国际石油经济，2012（1-2）：101-106

［10］李登华，李建忠，王社教，等．页岩气藏形成条件分析［J］．天然气工业，2009，29（5）：22-26

# 济阳坳陷民丰洼陷页岩油水平井定测录导一体化应用研究

陈荣华[12]　杜焕福[12]　姚金志[12]　王　印[12]

（1. 中石化经纬有限公司地质测控技术研究院；2. 中石化测录井重点实验室）

**摘　要**　为了进一步提高济阳坳陷民丰洼陷页岩油水平井优质储层钻遇率，通过引进定测录导一体化施工方法，将地质、地震、定向、测井、录井、导向多专业技术及资料集成融合，实现钻前三维地质建模指导水平井轨迹设计、随钻动态模型实时调整及指导水平井轨迹动态调整和钻后评价。将上述方法用于济阳坳陷民丰洼陷页岩油水平井开发平台，实现了水平井优质储层钻遇率的提高，在民丰洼陷研究区现场试验 13 口井，水平井钻遇率均为 100%，且未钻遇断层，调整次数少，井眼轨迹平滑，大大缩短了钻井施工周期。应用结果表明：通过建立精细的三维构造模型、岩相模型及各属性模型，可以有效指导水平井的轨迹设计及优化，有效避开钻遇断裂等复杂工况，同时提高优质储层钻遇率；通过随钻测井资料的正反演对比，结合录井资料及三维模型分析，可以有效确定钻头所在位置及上下切关系；钻后一体化评价是优化总结模型的关键，通过与实钻数据结合，迭代更新模型，使其更加符合实际情况，更好的指导下一批水平井的施工。

**关键词**　页岩油；水平井；定测录导一体化；民丰洼陷

自美国页岩油气商业化开采以来，页岩油气作为全球油气开发的一个重要阵地而备受重视。我国的页岩油气资源尤为丰富，且以陆相泥页岩为主，如渤海湾、鄂尔多斯、松辽和准噶尔等盆地都是我国重要的页岩油气藏盆地。近年来，国内在页岩油方面开展了大量地质基础研究、资源评价、甜点评价、工业化试验等探索，并取得了一些列的一系列的重大发现且部分区块已实现了规模建产，充分展示出我国页岩油气重大的资源潜力，是我国油气增储上产的重要阵地。与传统常规油气资源相比，页岩油属于典型的自生自储，其具备大规模成藏的特点，且具有一定成熟度和保存条件的富有机质页岩均有页岩油赋存。但是中国的陆相页岩油主要是发育在中生界-新生界湖相沉积盆地内，与北美区域稳定发育、大面积展布的海相页岩油相比，其具有构造稳定性差、沉积体系多样、相变快、岩性复杂等特点。在页岩油开发实践过程中，常规井的开发模式对页岩油气藏效果较差，水平井与大规模体积压裂成为中高熟陆相页岩油开发重要手段，其中长水平井段优快钻完井技术与大平台丛式井立体开发技术模式则是页岩油规模效益开发的关键。

对于水平井的长水平段如何确保钻井准确命中地质靶点，提高油层钻遇率，达到理想的经济产量，是决定钻井成败的关键。前人在实践基础上，利用三维地质建模技术与随钻地质导向技术，实现了对水平井轨迹进行实时调整及优化，这一套工作方法及流程很好地应用在鄂尔多斯盆地的致密砂岩油气藏种，成功实现了提高优质储层钻遇率。但是对于构造相对复杂、埋深大、裂缝发育、非均质性强的济阳坳陷陆相泥页岩而言，上述水平井导向方法仍存在以下几点缺点：①三维构造模型与三维属性模型在实际地质导向过程中应用不足；②随钻地质导向过度依赖于随钻自然伽马数据，然而随钻自然伽马无法很好地反映泥页岩地层及岩相变化，没有有效实现定向、测井、录井等实时现场资料与地质导向的集成融合；③钻前三维地质建模、随钻模型、轨迹动态调整和钻后评价没有充分结合。

因此，本文针对以上几点不足进行改进，引进定测录导一体化施工方法，将地质、地震、定向、测井、录井、导向多专业技术及资料集成融合，实现钻前三维地质建模指导水平井轨迹设计、随钻动态模型实时调整及指导水平井轨迹动态调整和钻后评价。将这一技术方法用于济阳坳陷民丰洼陷页岩油水平井开发平台，实现了水平井优质储层钻遇率的提高。

## 1　区域地质概况

民丰洼陷位于东营凹陷的北部陡坡，北部和

东部为陈家庄凸起和青坨子凸起，西邻利津洼陷，南接东营凹陷中央断裂带（图1）。洼陷南部和东部多发育近北西向次级断层，断距30～400m不等。洼陷具有"两梁两洼两斜坡"构造形态特征，其主力开发层系为沙四上纯上亚段，构造埋深变化大，在2900m至4500m不等。在这一时期，渤海湾盆地湖盆逐渐扩大，民丰洼陷处于半深湖－深湖相还原沉积环境，形成了巨厚的暗色泥岩和油泥岩、油页岩。研究区的沙四纯上地层厚度在150～270m左右，从下至上依次划分为C1～C10等10个小层，其中C2+3小层为此次水平井开发的目的层，其有利岩相为富有机质纹层状隐晶泥质灰页岩、富有机质纹层状隐晶灰质泥页岩和富有机质

亮晶纹层状泥质灰岩岩相。总体上来看，C2+3小层有利岩相集中段在洼陷中区分布范围较广，从南往北储层厚度逐渐增加。

由此，我们看出，研究区的断层发育，地层倾角及目的层厚度变化大，优势岩相横向展布差异大，非均质性强，这为该区块水平井地质导向及轨迹优化带来一定的困难。为了实现提高优质储层钻遇率，使钻井工程提质提速提效，针对区块的地质工程难点，充分发挥定测录导一体化施工优势，运用精细三维地质建模表征技术、定向及井眼轨迹优化技术、随钻测录井一体化解释技术、水平井综合地质导向技术的定测录导一体化优快钻井技术研究。

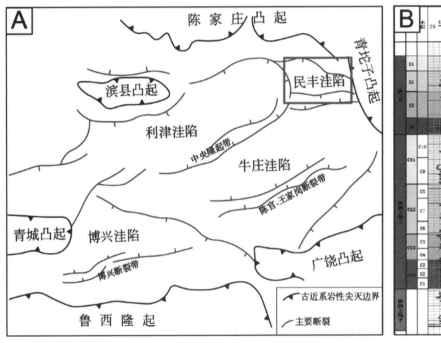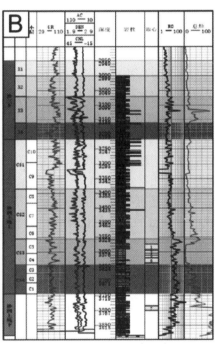

图1　A. 济阳坳陷构造简图；B. 民丰洼陷小层划分

## 2　精细三维地质模型构建

### 2.1　区块小层划分及连井对比

利用民丰洼陷已钻井，参照丰深1井的分层标准，充分利用物探资料及测录井实钻资料，根据岩性、电性特征及构造展布特征，对民丰洼陷已钻井的沙三下、沙四上纯上进行统层。然后，再根据岩性、电性的细微变化，分别把沙三下划分为4个小层、沙四上纯上亚段分为10个小层、沙四上纯下亚段分为3个小层，并对各小层进行连井对比，可直观的展现各小层厚度横向变化特征（图2）。

### 2.2　精细三维地质建模

建模采用多学科综合一体化原则，综合运用地质以及三维地质建模理论，在原始资料充足的前提下，结合钻井、试井、测井、地震以及分析化验资料，在地质研究的基础上，结合地震储层横向预测以及测井综合解释等研究方法，利用Petrel石油软件等模拟构建民丰洼陷精细三维地质模型，具有高精度的确定性和随机性的特点。

根据上述划分的小层及连井对比，得到区块小层层面的展布，由此构建民丰洼陷精细三维地质层面模型及断层信息，并基于此，构建民丰洼陷精细的三维构造模型。三维构造模型反映了区

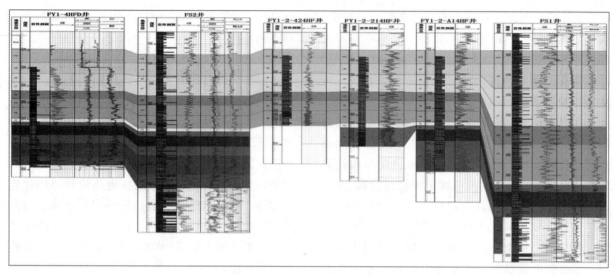

图 2 民丰洼陷小层连井对比图

块立体构造格架及各小层的空间展布特征，给水平井轨迹设计及优化提供直观的依据。

在三维构造模型的基础上，基于研究区已钻井的单井岩相数据，将其粗化入 3D 模型中，采用克里金插值算法，将单井岩相拓展到空间展布，得到研究区三维岩相模型。对单井岩相粗化结果进行评估，通过直方图可以发现岩相粗化结果与实际情况相符（图 3A），由此我们可以认为三维岩相模型是可靠的。依据岩相模型，我们可以直观的看到目的层位的优势岩相的空间分布状态及特征（图 3B），为水平井的地质导向提供直接依据。

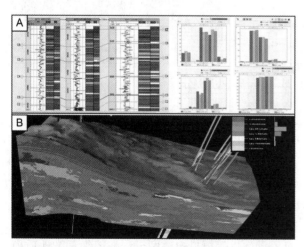

图 3 A. Petrel 单井岩相粗化结果及直方图对比结果；
B. 民丰洼陷研究区块岩相三维模型

水平井钻井过程中主要通过岩屑录井、气测及随钻测井资料来确定钻头所在层位信息，通过这些信息，综合判断水平井是否准确入靶并确保

在靶盒中穿行，以获得理想的钻遇率。随钻伽马数据是区块地层划分及连井对比的主要依据，同时也是水平段随钻跟踪调整的重要指示参数。在三维岩相模型的基础上，采用相控建模的原则，利用已钻井获得的 GR 曲线，将其粗化进岩相模型，建立三维自然伽马模型（图 4A）。因此，通过建立三维自然伽马模型，预测水平段钻遇的岩性及其对应的自然伽马值，可以直观的判断水平井轨迹在模型中的位置。在实钻过程中，结合实钻的岩屑录井及随钻伽马数据，与设计井轨迹预测钻遇岩性及自然伽马值对比，判断钻头所在地层位置及与上下层面关系。同时，利用录井及碎钻数据，实时更新三维地质模型，指导水平井轨迹实时调整，确保水平段钻遇率。

为了进一步提高优质储层钻遇率，需要在岩相模型的基础上，建立 TOC 模型，用于反映优质储层在三维空间的展布状态。基于现有测井资料，采用 $\Delta logR$ 法计算目标层位的 TOC 含量。通过在非烃源岩段将对数坐标电阻率和线性坐标声波时差进行重合作为基线，然后烃源岩段的两条曲线间的间距即为 $\Delta logR$。其计算公式为：

$$\Delta logR = lg（R/R_{基线}）+ 0.0084（\Delta t - \Delta t_{基线}）$$

其中 $R$ 为电阻率，$\Omega \cdot m$；$\Delta t$ 为声波时差，$\mu s/m$。

结合民丰洼陷地质特征，由于非烃源岩段普遍也含有一定量的有机质，因此将 TOC 的计算公式确定为：

$$TOC = \Delta logR * 10^{-0.944Ro+1.5374} + \Delta TOC$$

其中 $Ro$ 为镜质体反射率，%；$\Delta TOC$ 为非烃源岩中 TOC 含量的背景值，%；本文 $Ro$ 和 $\Delta TOC$ 分别取

0.7 和 0.175。

在此基础上，通过岩心及岩屑的实测 *TOC* 数据为约束，刻度测井曲线计算的 *TOC* 值，确保其计算的准确性。然后，再次将计算得到的 *TOC* 曲线粗化进岩相模型，利用相控建模原则，建立三维 *TOC* 模型（图4B）。依据三维 *TOC* 模型，可以明确地质甜点分布特征，结合岩相模、孔隙度及自然伽马等模型，可以有效弥补传统水平段地质导向仅依靠随钻方位自然伽马的劣势，实现提高优质储层钻遇率。

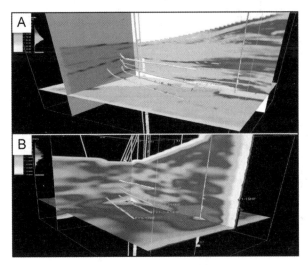

图4　A. 民丰洼陷研究区块自然伽马三维模型；
B. 研究区块 TOC 三维模型

## 3　随钻水平井地质导向

水平井储层钻遇率＝AB 靶之间累计储层长度/AB 靶长度 * 100%。水平井优质储层钻遇率是单井高产的关键因素之一，在储集层改造程度相似的条件下，水平井储集层厚度和钻遇长度是优质储量动用的关键，直接影响着水平井的产量高低。目前民丰洼陷不同部位之间水平井储层钻遇率差异大，而目前采取的依靠单一定向技术或地质导向技术往往难以全面掌控水平井钻井过程中的地质工程信息，限制了水平井储层钻遇率的进一步提高。

### 3.1　随钻测录井资料反演

民丰洼陷页岩油水平井随钻一般采用方位伽马测井，然而钻井过程中泥页岩地层会出现井眼不规则扩大，这会对方位伽马测井产生一定影响，导致对钻头位置判断出现误差。为了避免这一情况出现，需要将正钻井的斜深伽马曲线正演换算到真垂深与导眼井的曲线进行对比（图5A）；同

时，将导眼井的真垂深伽马曲线通过地层倾角和视厚度的反演计算与正钻井的斜深伽马曲线与进行对比（图5B）。曲线正演为通过地层精细对比，结合区域地质特征及三维地质模型，分析所钻地层的厚度及倾角，分析井眼轨迹与地层产状之间的关系，对水平井随钻曲线按照地层真厚度进行提取校正。曲线反演为依据导眼井及邻井的测井曲线，结合地质模型对待钻井眼轨迹进行反向迭代运算，得到预测的反演曲线，通过两者的对比初步确定钻头可能所在的位置。

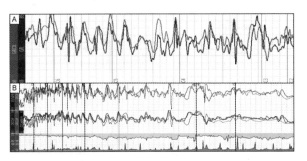

图5　A. 随钻伽马曲线正演对比图，其中蓝线为丰页
1-4HFD 伽马曲线，绿为正演后的正钻井丰页
1-2-214HF 井随钻伽马曲线；B. 伽马曲线反演
对比图，其中黑线为丰页 1-4HFD 伽马的反演曲线，
蓝线及红线为丰页 1-2-214HF 井随钻实测曲线；
正演及反演曲线对比相关度均达到95%以上。

通过对比可以确定正反演曲线之间的相关度，若正反演相关度均小于60%，则建议复测随钻伽马曲线；若正反演相关度均大于85%，则说明正钻井的随钻伽马曲线能与很好的与导眼井的相互匹配，其随钻伽马用于水平井地质导向可信度较高。若正反演相关度在60%~85%之间，则需要结合录井信息进行综合判断。

民丰洼陷页岩油地层沉积环境稳定，目的层上下地层差异不明显，应用随钻方位伽马测井指导钻井时会存在多解性，因此需要测录井资料组合应用。通过邻井岩屑、地化分析特征对比分析，在随钻方位伽马测井初步确定钻头可能所在的位置，综合对比确定井眼轨迹的穿行层位，进而实现精准地质导向。

### 3.2　水平段综合地质导向

水平段的地质导向是确保钻遇率的重要手段，其关键在于在有效识别微断层、微构造的基础上，依据地层倾角的变化特点，掌控井轨迹与地层的上、下切关系。通过微调井斜角，控制轨迹在目的层内的最佳层位平稳穿行。

在针对民丰洼陷地层特点，利用前期建立三维构造模型，形成井轨迹-地层-岩相-预测伽马值-实测伽马值对比曲线，确定钻头位置及上下切状态（图6）。在对丰页1-2-214HF井导向时，共调整轨迹3次：①入靶后增斜至88°，稳斜至5300m；②过K1靶后钻遇微幅构造，增斜至89.5°至5750m；③地层转下倾，降斜88°至6248m完钻。这三次调整在保证钻遇率（100%）的同时，确保了井眼轨迹的圆滑平整。

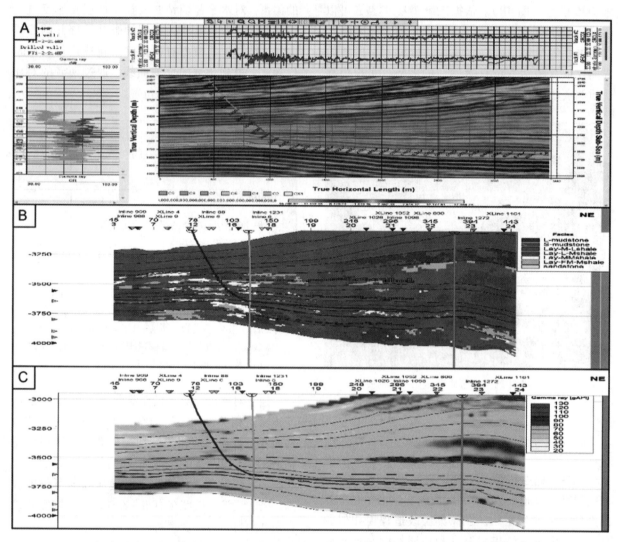

图6　A. 丰页1-2-214HF井Petrel综合地质导向图；B. 丰页1-2-214HF井三维岩相模型导向图；
C. 丰页1-2-214HF井三维伽马模型导向图

## 4　钻后一体化技术评价

模型较正是建立模型并作实验检验时，有时会发现该模型有系统性的偏差，表明该模型有缺陷，因而不能保持等效性。此时需要在模型中增补某些项以对模型进行修正。复盘新完钻井的一体化施工过程，将其实钻数据输入区块，校正属性模型，为后续施工提供更精准的模型（图7）。

此次民丰洼陷共应用完钻13口井，按原定设计靶盒，实施定测录导一体化应用后，所有井水

图7　钻后三维模型评估及校正流程图

平段靶盒钻遇率均为100%（图8A）。此外，在实钻过程中，基于钻前三维构造模型的水平井轨迹

设计,本次所有水平井均未钻遇断层;其中钻遇挠曲、褶皱等微幅构造10次,通过三维构造模型提取地层倾角变化,提前干预调整,使水平井轨迹平滑通过。本次13口水平井,其水平段轨迹优化调整总共37次,其中多口井的轨迹调整建议都只有2次(图8B),在保证钻遇率的同时,大大提高了轨迹的平滑度。其中FY1-2-214HF经过3轮次构造模型及导向模型的迭代,在井深4136m、井斜80.0°、垂深3645.79m处成功着陆,精确命中A靶点,垂深误差5m以内;经过定测录导一体化深化应用,FY1-2-214HF井三开钻井周期仅10天,大大缩短钻井周期。

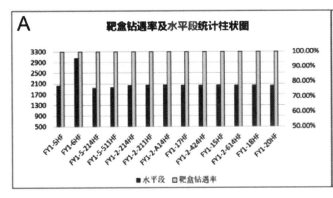 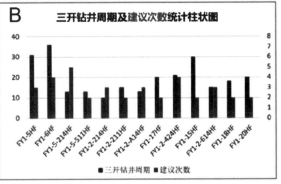

图8 A. 民丰洼陷13口井水平段长度及钻遇率统计;B. 民丰洼陷13口井三开钻井周期及建议次数统计

## 5 结论

(1)综合应用定测录导一体化施工方法,将地质、地震、定向、测井、录井、导向多专业技术及资料集成融合,通过建立精细的三维构造模型、岩相模型及各属性模型,可以有效指导水平井的轨迹设计及优化,有效避开钻遇断裂等复杂工况,同时提高优质储层钻遇率。

(2)通过随钻测井资料的正反演对比,结合录井资料分析,可以有效确定钻头所在位置;在此基础上,结合地层倾角与井斜数据,确定钻头上下切关系,提前干预微调,在确保钻遇率的同时,保障井轨迹的平滑。

(3)钻后一体化评价是优化总结模型的关键,通过与实钻数据结合,迭代更新模型,使其更加符合实际情况,更好的指导下一批水平井的施工。

(4)本次民丰洼陷共应用完钻13口井,所有井水平段靶盒钻遇率均为100%,施工过程均未遇到复杂工况,调整次数较少,大大缩短了钻井周期,说明定测录导一体化技术对页岩油水平井施工有较好的效果。

### 参 考 文 献

[1] 胡素云,赵文智,侯连华,等.中国陆相页岩油发展潜力与技术对策[J].石油勘探与开发,2020,47(4):819-828.

[2] 付金华,刘显阳,李士祥,等.鄂尔多斯盆地三叠系延长组长7段页岩油勘探发现与资源潜力[J].中国石油勘探,2021,26(5):1-11.

[3] 何文渊,何海清,王玉华,等.川东北地区平安1井侏罗系凉高山组页岩油重大突破及意义[J].中国石油勘探,2022,27(1):40-49.

[4] 孙焕泉.济阳坳陷页岩油勘探实践与认识[J].中国石油勘探,2017,22(4):1-14.

[5] 宋永,杨智峰,何文军,等.准噶尔盆地玛湖凹陷二叠系风城组碱湖型页岩油勘探进展[J].中国石油勘探,2022,27(1):60-72.

[6] 金之钧,胡宗全,高波,等.川东南地区五峰组-龙马溪组页岩富集与高产控制因素[J].地学前缘,2016,23(1):1-10.

[7] 金之钧,王冠平,刘光祥,等.中国陆相页岩油研究进展与关键科学问题[J].石油学报,2021,2(7):821-835.

[8] 邹才能,潘松圻,荆振华,等.2020.页岩油气革命及影响[J].石油学报,41(1):1-12.

[9] 邹才能,赵群,丛连铸,等.中国页岩气开发进展、潜力及前景.天然气工业,2021,41(1):1-14.

[10] 黎茂稳,马晓潇,蒋启贵,等.北美海相页岩油形成条件、富集特征与启示[J].油气地质与采收率,2019,26(1):13-28.

[11] 卢涛,张吉,李跃刚,等.苏里格气田致密砂岩气藏水平井开发技术及展望[J].天然气工业,2013,33(8):38-43.

[12] 张景义,魏嘉,朱文斌,等.三维地质建模在大庆T4油田水平井开发中的应用[J].勘探地球物理进展,2009,32(2):143-146.

［13］杨彬，李琳艳，孔健，等．随钻地质建模技术在水平井地质导向中的应用［J］．特种油气藏，2020，27（2）：30-36.

［14］赵国良，沈平平，穆龙新，等．薄层碳酸岩油藏水平井开发建模策略：以阿曼 DL 油田为例［J］．石油勘探与开发，2009，36（1）：91-96.

［15］庞强，冯强汉，马妍，等．三维地质建模技术在水平井地质导向中的应用：以鄂尔多斯盆地苏里格气田 X3-8 水平井整体开发区为例［J］．天然气地球科学，2017，28（3）：473-478.

［16］李红英，马奎前，杨威，等．随钻地质建模在 X 油田水平井设计与实施中的应用［J］．石油天然气学报，2012，34（9）：28-32.

［17］梁卫卫，党海龙，崔鹏兴，等．三维地质建模技术在致密砂岩油藏水平井开发中的应用——以鄂尔多斯盆地 S 区块为例［J］．新疆石油地质，2020，41（5）：616-621.

［18］李晓宾．定录导一体化技术在现代钻井作业中的应用及发展前景［J］．化工设计通讯，2019，45（03）：235-236.

［19］赵兰．基于三维地质建模的定录导一体化技术在 J58 井区中的应用［J］．录井工程，2017，28（03）：36-41.

［20］王邦，赵兰，程国等．基于油气藏认识的定录导一体化技术在大牛地气田的应用［J］．录井工程，2017，28（03）：42-47.

［21］赵月振．定录导一体化技术在鄂尔多斯盆地黄陵区块中的应用［D］．中国石油大学（华东），2017.

［22］王淑萍，徐守余，董春梅，等．东营凹陷民丰洼陷北带沙四下亚段深层天然气储层成岩作用［J］．吉林大学学报（地球科学版），2014，44（6）：1747-1759.

［23］操应长，陈林，王艳忠，等．东营凹陷民丰北带古近系沙三段成岩演化及其对储层物性的影响［J］．中国石油大学学报（自然科学版），2011，35（5）：6-13.

［24］万念明，王艳忠，操应长，等．东营凹陷民丰洼陷北带沙四段深层超压封存箱与油气成藏［J］．沉积学报，2010，28（2）：395-400.

［25］陈勇，林承焰，张善文，等．东营凹陷民丰洼陷深层天然气储层流体包裹体油气地质研究［J］．沉积学报，2010，28（3）：620-625.

［26］PASSEY Q R，CREANEY S，KULLA J B．A practical model for organic richness from porosity and resistivity logs［J］．AAPG Bulletin，1990，74（12）：1777-1794.

［27］辛也，王伟锋．东营凹陷民丰洼陷烃源岩评价［J］．新疆石油地质，2007，28（04）：473-475.

# 基于云边协同的页岩油智能化管控平台设计与实践

李秋实[1]　贾志鹏[2]　余　杰[2]　孟樊平[1]　周　婷[2]　段金奎[1]

(1. 中国石油长庆油田公司数字和智能化事业部；2. 中国石油长庆油田页岩油开发分公司)

**摘　要**　油气田生产业务复杂、覆盖面广，传统 SCADA 系统为通用型产品，拓展性差、集成能力低，形成众多系统孤岛，无法实现连锁联动、闭环控制，难以适应油气生产业务转型发展。本文基于页岩油具有非均质性强、地层压开难度大、原油粘度高等方面的特殊性，从基础底台、服务中台、应用前台三个方面进行设计与研究，研发了一个具有业务属性、基于云边协同的智能化管控平台，实现了生产监视、数据分析、问题预警、诊断优化、现场控制的全闭环管理，提升油气田生产自动化水平与安全管控能力，打破了生产领域系统、数据孤岛，优化了劳动组织架构，助力页岩油规模效益开发。

**关键词**　SCADA；云边协同；页岩油；智能化管控

随着数字经济浪潮席卷全球，各国都在建构自己的工业互联网体系，背后是技术体系、标准体系、产业体系，核心是以互联网和新一代信息技术与工业系统全方位深度融合为特征的产业应用，已逐渐成为成为领军企业竞争的新赛道、全球产业布局的新方向、制造大国竞争的新焦点。此外，国家十四五规划纲要明确指出，到 2035 年基本实现社会主义现代化远景目标，要完善能源产供储销体系，加强国内油气勘探开发，加快油气储备设施建设和全国干线油气管道建设，建设智慧能源系统。因此，在国家全力推进"两化"融合的催化下，信息化的成熟度已成为能源行业的增长点和竞争力，也是新型能源体系建设统筹安全、经济和绿色可持续发展要求的重要支撑。

进入 21 世纪以来，常规油藏开发进入低效阶段，全球非常规油气勘探开发不断取得重大突破，产量快速增长，油气资源量已达到常规资源总量的 4~6 倍，作为第一大油气田的长庆油田已拿下了我国第一个探明储量超 10 亿吨的页岩油整装油田——庆城页岩油大油田，被誉为新世纪以来我国油气勘探领域取得的主要成果之一，2022 年页岩油产量 94.6 万吨，2023 年页岩油产量 126.6 万吨，占国内页岩油总产量的 2/3 以上，占油田公司页岩油产量 70% 以上，占中石油产量 60% 以上。然而，与常规油藏相比，页岩油的藏油孔隙小到纳米级，低渗透，低压，低丰度，采出难度大，造成开发页岩油面临着有效能量补充难，产量递减快，重复改造潜力小，开发成本高等挑战。长庆页岩油锚定"中国数字石油"，紧密围绕"业务发展、管理变革、技术赋能"三大主线，坚持"价值导向、战略引领、创新驱动、平台支撑"总体原则，创新开展智能化技术探索与研究，推进信息技术与油气业务深度融合，加速数字化转型、智能化发展对油田进行全面、智能的管理和运营，有助于提高开发效率，降低开发成本。而传统的 SCADA 系统无论在数据处理、云端架构、专业中台、闭环连锁等方面都表现出明显的局限性。因此，基于页岩油具有非均质性强、地层压开难度大、原油粘度高等方面的特殊性，以推进信息化与新型工业化深度融合为主线，实现全业务数据共享、油井自主稳定运行、场站无人平稳运行、管线智能安全运行，研发一个具有业务属性、云边协同的页岩油智能化管控平台，有助于形成生产监视、数据整合、数据分析、问题预警、诊断优化、现场控制的全闭环管理，将生产运行方式由传统的"劳动密集、驻点值守、每日巡检"转变为"无人值守、远程监控、故障检修"，建立两级扁平化管理新模式，全面提升管控能力，助力油气田企业高质量发展，有力支撑非常规油藏开发由低效变有效、有效变高效，打造实时感知、智能分析、自动控制的智能油田。

## 1　技术思路和研究方法

按照"全面一体化、全生命周期、全面闭环管理"理念，依托云边协同技术体系，集实时采集、边缘计算、闭环联锁控制、智能决策等功能于一体，形成具有生产数据监控、多参数联动报警、智能诊断预警、数据智能分析、智能综合报表、安全环保、智能决策支持等油气业务场景的全方位的智能化管控平台。该平台主要由基础底台、服务中台、应用前台三部分组成（如图1），支持多种数据接入协议和存储格式，具备个性化定制开发和多系统交互能力，协助用户建立"流程贯通、信息集成、环节监管、数据互联"的全生命周期管理模式。可广泛应用于油气生产、石油炼化、工程技术和智能制造等多个领域，大幅提高企业生产运行效率、智能分析能力和决策指挥水平。

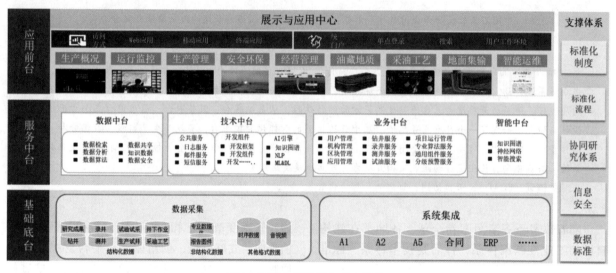

图1　智能化管控平台基本架构

### 1.1　基础底台研发

按照集团公司、油田公司平台建设要求和技术标准，基于PaaS云、微服务和组件化开发等技术，以Docker容器和Kubernetes容器编排为手段研发油气工业互联网基础底台（如图2），组件间相互独立，相互解耦，每一个模块可以单独进行开发调试，构建成一个灵活开放、高效可靠的页岩油全生命周期智能化平台，支持大数据、人工智能等新技术，具有良好的健壮性、易用性、拓展性与可维护性。

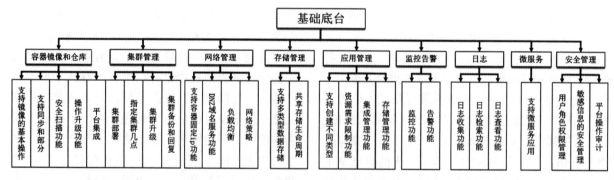

图2　基础底台开发架构

#### 1.1.1　容器镜像和仓库

采用"双节点镜像同步"的高可用架构，内置容器漏洞扫描程序，支持完善的操作审计功能与开发运维一体化自动化平台集成，并提供企业级安全防护功能的安全、可靠、高度可扩展的容器镜像仓库，用于存储、管理和分发容器镜像。

#### 1.1.2　集群管理

基于Kubernetes衍生出一个etcd节点、Master控制节点以及worker计算节点等组成的多集群部署和管理架构，能够设定每个集群的用户角色和权限，除默认内置角色外，支持在图形界面进行权限自定义和角色创建，限定对各种资源对象（Deployment、Pod、Configmap等）的创建、删除、更新等操作权限。

#### 1.1.3　网络管理

对不同集群指定不同的容器网络模型，支持社区主流的容器网络方案，如Flannel、Calico、Canal、Weave、MacvLAN等，可为应用服务提供负载均衡功能，实现软件负载和对接外部负载均衡设备，进行固定 IP 设置。

### 1.1.4 存储管理

应用部署时，可以创建多种类型的数据卷，支持不同存储类型（临时目录、配置文件、密钥文件、本地存储、不同共享存储等）以实现应用配置文件、密钥管理、数据持久化存储和共享数据存储的目的，并对存储的生命周期（资源供应、资源绑定（静态 PV、动态 StorageClass）、资源使用（PVC）、资源释放、资源回收）进行管理。

### 1.1.5 应用管理

通过图形界面将同一应用部署到多个 Kubernetes 集群中进行统一管理，如自动扩展、滚动更新等，支持创建 Deployment、StatefulSet、Job、CronJob、DaemonSet 等不同应用以及各类应用模板和界面集中管理功能。

### 1.1.6 监控告警

提供集群监控（集群组件、资源监控、主机监控等）和应用监控（应用使用资源、应用状态、其它自定义监控指标等），支持 Slack、电子邮件、pagerduty、webhook、企业微信等多种告警通知渠道，并对集群核心组件如 controller - manager、scheduler、etcd 等健康状态和节点的内存状态做检查，可无缝衔接 Prometheus 监控服务。

### 1.1.7 日志

通过对集群日志和应用日志进行收集和集中处理，对接 Elasticsearch（数据存储、快速查询）、logstash（日志搜集）和 kibana（展示 ElasticSearch 数据的图形界面）实现关键字检索、预览与查看。

### 1.1.8 微服务

支持 ServiceMesh 微服务框架，架构的功能迭代和升级对业务应用完全透明，可以在应用商店中一键式部署标准 Istio，提供对整个服务网格行为洞察和操作控制的能力，并满足微服务应用所需的各种需求。

### 1.1.9 安全管理

在集群或项目中添加用户时，可以指明用户所绑定的角色，对云平台和应用资源的访问进行安全管理。支持 API 秘钥管理，可以通过 API 实现 UI 上的所有操作，且可以与现有的系统对接完成云平台的自动化运维，并能基于 PaaSAPI 进行二次开发，支持容器技术，满足企业定制化需求。

### 1.2 中台研发

服务中台主要包括数据中台、技术中台、业务中台。其中：数据中台关注数据的互联互通、标准的统一；技术中台关注技术架构的统一，二次开发的易扩展性；业务中台关注业务逻辑的标准统一。中台服务开发架构如图 3 所示。其中：

（1）展示层：提供微服务快速开发与部署，实现多终端展示，展示内容可自定义。

（2）应用层：提供报警、监控、报表、计算、流程图设计等基础应用服务。

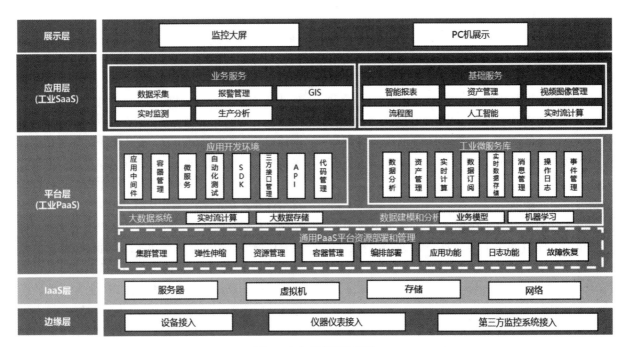

图 3 中台服务开发架构

（3）平台层：提供必要 API 和 SDK、数据索引与计算能力、大数据与分析工具等资源支持；并利用 OAuth 技术支持其他独立系统与应用层的集成。

（4）基础层：管理计算和储存所需的物理机、网络设备等基础设施。

（5）接入层：系统提供时序数据、关系数据、文件数据和第三方系统的接入能力，支持多源异构业务数据采集。

### 1.2.1　数据中台

以区域数据湖为依托，以石油行业应用场景为导向，以去数据孤岛和完善油田数据标准化为目标，利用新型 API 技术，为技术中心、业务中心、应用场景、第三方系统提供数据检索、消息总线、数据同步、数据治理、实时流计算等基础数据服务，实现设备数据、应用数据、过程数据的无缝集成，打通油田通用数字化功能的产品命脉。

（1）数据治理服务：提供数据交互机制，完善数据集中存储和共享标准化建设，打通数据交互过程中的审批流和应用流，以数据即服务的思路（数据服务）为业务提供数据高价值服务（数据增值），贯通垂直领域和横向跨领域数据关系（数据聚合），为业务提供全方位的智能数据应用。通过完善数据资产全生命周期流程体系，打通数据从产生到应用的全链路，提供规范与齐全的数据服务、透明的数据流程，为后续应用大数据、人工智能等新技术的融合落地、应用创新奠定扎实的基础。

（2）数据同步管理：系统提供"一主多从"式的数据、检索及缓存服务，采用读写分离机制，提升数据吞吐量及响应速度。跨数据中心机房数据同步较为复杂，可根据实际情况支持独立的数据同步引擎。一般以 kafka 为中心，master 为主控，实现按数据库类型的远程同步机制（如图4）。

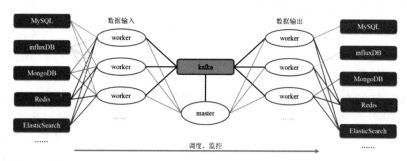

图4　数据库类型远程同步流程

（3）数据检索服务：提供了一个分布式、高扩展、高实时的搜索与数据分析引擎，实现对数据搜索和智能分析，提升数据的价值，并采用内存、磁盘双缓存技术，灵活满足不同场景下的业务要求，提供批量数据召回服务。

（4）消息总线：作为各中台数据交互的枢纽，使中台之间全面解耦，降低各功能模块的升级与维护成本。消息队列（MQTT）采用观察者设计模式分发数据，缓存、索引、统计和分享同步进行，数据展示即时精准。

（5）实时流计算：根据业务计算指令或内置计算规则，先后调用不同计算单元进行运算、统计，将分析结果通知调用方。

### 1.2.2　技术中台

技术中台基于敏捷开发思维，主要由六大核心引擎组成，可以快捷完成新应用开发部署或已有功能扩展，并结合统一认证体系打破各应用之间的数据和功能壁垒。

（1）统一认证服务：构建统一身份认证与管理体系，实现统一门户、统一身份认证和统一访问权限控制的3T目标。可利用平台对用户、部门和角色进行集中管理，也可以在各系统只共享身份认证信息，方便系统间的功能与数据集成。

（2）可视化组态引擎：结合丰富的组件库如工艺流程图、数据可视化等，高效构建各种场景化业务应用，持续满足客户业务管理的新需求；提供三维编辑、图形绘制、图表设计减少工作压力；自定义组件导入实现工作成果复用，提高工作效率；支持前端常规页面布局，自动适配客户端分辨率，提供自由拖拽时的智能粘连功能；页面设计降低专业技能要求，非设计人员即可轻松完成页面设计与发布；提供 3DMax、MAYA 等主流 3D 建模软件的模型导入，并支持在编辑、数据绑定功能；利用成熟的 WebGL3D 技术，减少三维动态效果渲染对计算机硬件的要求，提升页面的流畅度。

（3）数据分析引擎：通过融合计算模型、复合运算模型和基础算法模型实现多维度数据分析；利用分析模型自动把生产运行数据、人工录入数据生成关系链并完成数据去复；利用关键性指标参数，对数据进行聚合后生成图表展示。

（4）报表引擎：通过属性、样式和数据信息面板，可对单元格的页面参数、数据源进行绑定，可视化完成报表设计；提供斜线表头设置；提供统计单元格设置，可进行合计值、最大值、最小值、平均值等统计运算。

（5）业务流引擎：以低代码方式创建丰富的业务流程，实现流程从定义、数据处理、任务工单、消息通知、日志追踪的闭环管理；提供系统操作、业务数据、周期性计划事件等多方向触发机制；自定义多级别审批流，提供抄送机制；提供通过脚本执行自定义高级需求。

（6）二次开发引擎：以数据的封装、固化和复用为基础，以微服务的快速构建为依托，以开放的研发环境与规范的 API 为手段，可快速的构建或扩展业务应用。

### 1.2.3 业务中台

业务中台主要关注业务逻辑的统一、标准，实现企业应用的统一业务逻辑，为前台应用提供共享服务能力。

（1）智能报表：按照报表模型、报表周期、报表名称对报表进行筛选、查看报表信息，可查看的报表类型包括日报、月报、小时报及各种报表、报警报表等，支持所有报表的导出及打印功能。

（2）资产管理：对资产常规信息及关系信息进行维护，新增资产时可单独添加或导入添加；可单独修改属性信息，方便快捷，灵活度极高。资产管理展示形式为卡片，以模型为单位，显示资产信息的总数以及在线率等信息，信息展示直观明了。

（3）系统管理：对系统信息、系统菜单、组织结构、用户和角色、报警配置、事件等内容进行配置和管理，不同的用户可以选择不同的布局信息以及主题，增加系统的灵活性。

（4）流程开发：平台提供几十种容器、组件进行流程图编辑，用户可以根据自己的需要，以拖拽容器、组件的形式自定义画面。

（5）组件管理：将平台中提供的容器及组件进行统一管理，组件包含多种类型（如设备组件、图形组件、图表组件、页面组件、数据组件、数据视图组件、通信组件、可视化组件、其他组件、专业设备组件等）。

（6）应用集成：通过链接 URL 的形式将第三方系统及软件应用接入平台中，直接跳转到其他平台页面，也可以通过提供接口的形式，将第三方平台接入平台当中，实现集成。

### 1.3 前台研发

基于基础底台、服务中台的研发，根据油气单位实际的需求搭建应用前台，采用微服务架构，将系统不同业务模块分开部署，实现模块的动态伸缩，提高系统各节点的负载及高可用性。应用前台主要涵盖生产概况、运行监控、生产管理、油藏地质、采油工艺、地面集输、安全环保等 12 项智能模块，涉及 47 个二级功能，302 个三级功能，全面覆盖生产单位全业务岗位。前台模块研发架构如图 5 所示。

图 5   前台模块研发架构

## 2 结果和效果

### 2.1 提高了数据的利用率

智能化管控平台接入单井、场站、管线等生产现场实时数据、视频数据，进行生产现场数字化完善和智能化全面建设，打通了实时动态数据、静态数据通道，实现油气生产物联网系统（A11）、油气水井生产数据管理系统（A2）、采油与地面工程运行管理系统（A5）等系统数据7×24小时全面采集、互联互通、精准校验和集成共享并实时推送到数据湖，大幅减少人工数据录入工作，提升油气田生产自动化水平与安全管控能力，整体数据获取效率提高98%，管控效率提高90%以上，平均无故障时间（MTBF）≥360天，平均故障修复时间（MTTR）≤24小时，日常查询、统计、分析的响应时间不大于5秒。

### 2.2 增强了平台的扩展性

依托云边协同技术体系，形成的一款专门应用于油气行业提供监控和分析的页岩油物联网云平台，与国内外工业互联网平台相比（见表1），本平台支持混合云部署，高可靠、高并发、高灵活的存储能力，贯穿全数据流的稳定性与可持续性，扩展能力更强，具备二次开发功能和大数据集成分析能力，形成了一个生产网数据同步到办公网的"数智赋能"的互联互通产量监控体系，精准发力保障生产运行平稳有序，打造全业务数据共享、智能分析、自动操控的智慧油田。

**表1　物联网云平台与国外工业互联网平台对比**

| 对比项 | GE | 斯伦贝谢 | 西门子 | 华为 | 浙大中控 | 页岩油 |
|---|---|---|---|---|---|---|
| | Predix | DELFI | MindSphere | FusionPlant | PLANTMATE | 页岩油物联网云平台 CanaCloud |
| 应用视角 | 面向汽车行业，食品饮料行业，重工业，化工行业，发电行业 | 面向油气业务数据及专业生态 | 造纸行业，汽车行业，食品饮料行业，化工行业智能工厂 | 通用平台，千行百业 | 主要应用智能工厂、控制 | 面向油气业务 |
| 工业协议 | 支持常规工业协议 | 不支持 | 支持常规工业协议 | 不支持 | 支持常规工业协议 | 丰富，支持常规工业协议、A11协议、私有协议等 |
| 工业控制算法 | 有 | 无 | 有 | 无 | 有 | 支持常规控制的算法的同时，还根据页岩油实际情况配套闭环管控算法 |
| 非常规油藏智能应用 | 否 | 否 | 否 | 否 | 否 | 支持，从油藏地质、工程技术、采油工艺、地面集输、生产运行、安全环保、经营管理等业务功能集成在统一的全生命周期平台 |
| 数据接口 | 支持 | 支持 | 支持 | 支持 | 支持 | 强，集成集团与长庆油田公司26套系统，具有丰富的数据接口及数据交互能力 |

### 2.3 优化了劳动组织架构

在行业内首次进行油气田生产控制领域平台化建设，全面集成工业控制、软件系统，打破了生产领域系统、数据孤岛，构建基于云侧智能化管控平台及边侧智能RTU协同管控体系。与传统生产模式相比，实现百万吨用工总量减少近50%，控制在 200 人之内的多层闭环管理，仅为常规油田的 20%，达到增产、增井、增站不增人目的，人均产量高达 5000 吨，深度盘活一线人力资源，在持续稳产上产的前提下做到减员增效，形成高度降维式扁平化劳动组织架构管理模式。

### 2.4 降低了生产管理成本

通过建设页岩油智能化管控平台对现场数据全面采集和分析应用，降低产量损失为年度产量的 0.5%，单井免修期从 300 天提升至 330 天，年度巡检频次减少 4000 井次，吨油耗电量从 15 千瓦时降低至 10 千瓦时，自动间抽效率占比 50%，年度预计可降低耗电 200 万千瓦时，考虑高低峰谷，电价按 0.5 元估计，每年可节省电费 50 万元。

## 3 结论

通过搭建全域数据管理、全面一体化管理、全生命周期管理、全面闭环管理的智能化管控平台，替代单一性传统 SCADA 监控系统，支持混合云部署，扩展能力更强，具备大数据集成分析能力，形成了一个生产网数据同步到办公网的"数智赋能"的互联互通产量监控模式，精准发力保障生产运行平稳有序，实现了生产数据统一采集、统一管理、统一监控，构筑了全生命周期全业务

的智能化建设体系，为打造全业务数据共享、智能分析、自动操控的智慧油田奠定基础。

### 参 考 文 献

［1］梁栋. 数字经济背景下我国制造业数字化转型对策研究［J］. 现代工业经济和信息化，2023，13（09）：25-29+34.

［2］李德生，李伯华. "双碳"背景下石油地质学的理论创新与迈向能源发展多元化新时代［J］. 地学前缘，2022，29（06）：1-9.

［3］任亮，唐天宇，熊煜，等. 智能控制策略在长庆油田设备的优化运行研究［J］. 信息系统工程，2024（05）：84-87.

［4］胡建国，马建军，李秋实. 长庆油气田数智化建设成果与实践［J］. 石油科技论坛，2023，42（03）：30-40.

［5］刘亚. 关于 Docker 镜像仓库技术的研究［J］. 科学技术创新，2021，（29）：76-78.

［6］杨津. 基于 Kubernetes 优化的科研成果集成发布平台研究与实现［D］. 贵州大学，2022.

［7］郭建伟. 部署和管理 Kubernetes 集群［J］. 网络安全和信息化，2019，（02）：72-76.

［8］傅文君，陈刚，费怡等. 基于微服务架构的油田工程造价信息管理系统设计［J］. 电脑知识与技术，2023，19（30）：95-97.

# 起伏型地层水平段轨迹控制方法研究与应用

赵红燕[1]   饶海涛[2]   项克伟[3]   邹筱春[1]   石元会[1]

(1. 中石化经纬有限公司江汉测录井分公司；2. 中石化经纬有限公司；

3. 中石化经纬有限公司中原测控公司)

**摘　要**　随着页岩气开发的进一步深入，水平段各种复杂储层形态不断出现，大大制约着钻井工程施工进度和储层的有效钻遇率，水平段轨迹优化控制作为地质导向的核心技术之一，变的更加急迫和需要。为充分发挥地质+工程的作用，在研究起伏型地层地质特征和轨迹优化相结合的基础上，提出通过在目的层顶界面和底界面的起伏变化点处设置标识点，结合入靶点和出靶点形成最优的轨迹控制路径，配合相应公式获得轨迹到达入靶点井斜角和每个分段中前一点到达后一点所需的井斜角，实现对连续起伏型储层水平段地质导向轨迹控制。50口井应用试验表明地质导向效果良好。该方法可为国内其它页岩气探区起伏型地层水平段轨迹控制提供重要的借鉴和指导。

**关键词**　水平井；地质导向；连续起伏型；轨迹控制

水平段轨迹优化控制方法主要是根据物探、测井、录井等资料，建立油气藏的地质模型，在钻遇过程中实时修正模型，确保井眼轨迹控制和目的层钻遇的最优化；当地层倾角发生变化时，根据地层的变化趋势和规律对实钻井斜角进行调整，井斜角的调整应考虑井斜角与地层倾角之间的匹配关系。

随着页岩气开发的进一步深入，钻遇目的层由以往简单储层形态到各种复杂储层形态的出现，大大制约着钻井工程施工进度和水平段储层的有效钻遇率。对于目的层产状变化较大的水平段地质导向通常采用的方法是增加控制点，将地层分解为多个单斜段，利用钻时、气测、随钻方位伽马等资料监测水平段钻头所在目的层中的位置，依据地层倾角分段调整。这种方法在实钻追踪控制过程中，当钻遇地层产状变化较多的连续起伏储层，往往容易出现井斜角调整频次多、调整幅度大，导致轨迹不圆滑、钻出目的层等一系列地质和工程风险。因此，迫切需要建立一种操作性强，易于现场普遍推广应用的连续页岩气储层水平段地质导向轨迹控制方法，达到助力钻井提速提效的目的。

本文探讨的起伏型地层是指同一地层界面地层变化成波浪型，起伏角度明显，形如"M"、"W"、"V"或反"V"型的对称或非对称、连续或非连续地层。

## 1　解决思路

研究团队通过研究大量起伏型地层的地质导向成功和失败的典型案例，分析地质导向指令的针对性、合理性、穿层的效果和轨迹的圆滑度，提出在目的层顶界面和底界面的起伏变化点处设置标识点，结合入靶点和出靶点形成最优的轨迹控制路径，配合相应公式获得轨迹到达入靶点井斜角和每个分段中前一点到达后一点所需的井斜角，实现对连续起伏型储层水平段轨迹控制。其目的是控制方法简单、优化工程曲率、轨迹调整频次少、钻井路线短、提高钻井质量和时效。水平段连续起伏型地层水平段轨迹控制方法工作流程图如图1。

## 2　具体实现方法

### 2.1　资料准备阶段

1) 收集待导向井目的层的构造属性体和设计靶点数据，获取待导向井目的层的精细解释信息；

2) 收集待导向水平井所在区域标准井、已钻直井和邻井地质资料，获取待导向井目的层综合属性信息；

3) 依据待导向井目的层的构造数据和属性信息建立地质导向模型。

依据待导向井的水平段地震剖面图和地质导向模型，判断储层的起伏组合形态是否满足连续起伏型储层的变化特点，连续起伏型储层的变化

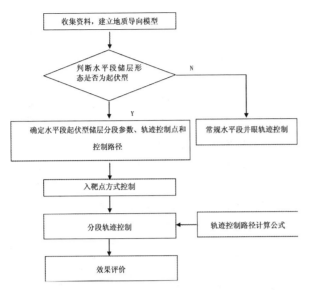

图 1 起伏型地层水平段轨迹控制方法工作流程图

图 2 M 型地层轨迹分段控制方案

图 3 W 型地层轨迹分段控制方案

特点为"上倾"段和"下倾"段连续交替出现；若不满足，则按常规水平段井眼轨迹控制。

## 2.2 确定轨迹分段控制路径

1) 确定分段参数。依据连续起伏型储层的变化特点，结合导向井的水平段地震剖面图和地质导向模型，将目的层水平段同一顶界面入靶点表示为 A1、中间起伏变化点依次表示为 A2、A3、……AN−1、出靶点表示 AN；将目的层水平段同一底界面入靶点表示为 B1、中间起伏变化点依次表示为 B2、B3、……BN−1、出靶点表示为 BN，其中，N 为大于 2 的任意整数。

2) 确定轨迹控制点。据待导向井水平段地震剖面图和地层导向模型分别确定顶界面或底界面上相邻两点之间的分段视水平位移差 L、分段高程差 h、分段地层倾角 α 的数据。

3) 确定轨迹控制路径。当连续起伏型储层为的第一段为"上倾"段时，则以 A1 作为入靶点，水平段轨迹控制路径为 A1、B2、A3、B4……，直至到出靶点 AN 或 BN；当连续起伏型储层为的第一段为"下倾"段时，则以 B1 作为入靶点，水平段轨迹控制路径为 B1、A2、B3、A4……直至到出靶点 AN 或 BN；M 型地层按"A1−B2−A3−B4−A5"标记的路径，分 A1B2、B2A3、A3B4、B4A5 共 4 段依次控制水平段轨迹（图 2）、W 型地层按"B1−A2−B3−A4−B5"标记的路径，分 B1A2、A2B3、B3A4、A4B5 共 4 段依次控制水平段轨迹（如图 4）。

## 2.3 入靶井斜控制

入靶控制应依据目的层产状变化，利用入靶前地层标志层、厚度、地层倾角变化等特征，合理使用靶前距，分段控制造斜率，实现垂深、层位、靶前距、井斜、方位"五位一体"目标，达到精确入靶的目的。入靶井斜计算公式为：

$$\gamma 0^0 = 90 - \alpha 1 - \beta,$$

式中：α1 为入靶点地层倾角，其中下倾为+，上倾为−，°，β 为轨迹方向与目的层水平段地层下切夹角，β 范围为 1°~3°（经验常数），γ0^0 为到达入靶点井斜角，°。

## 2.4 分段轨迹控制

从入靶点起，前后相邻两点为一个分段，对每个分段依次进行轨迹角度控制，直至到达出靶点。M 型地层轨迹控制路径公式计算模型示意图（如图 4），每个分段中，从前一点到达后一点所需的井斜角 γ^0 计算公式：

$$h = Tan\alpha * L,$$
$$d = h - H,$$
$$\gamma^1 = \arctan (d/L),$$
$$\gamma^0 = 90 - \gamma^1。$$

式中：

h——目的层同一界面上前后相邻两点的高程差，m；

α——分段地层倾角，°；

L——分段视水平位移差，m；

d——水平段轨迹控制路径上相邻两点的高程差，m；

H——目的层厚度，m；

γ^1——消除水平段轨迹控制路径上相邻两点间同一地层界限高程差所需度数（地层下倾为+，上倾为−），°；

γ^0——到达后一点处的井斜角，°。

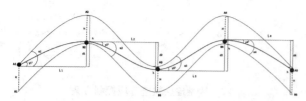

图 4　M 型地层轨迹控制路径公式计算模型示意图图

计算方法适用于目的层同一界面上相邻两变化点高程差 h/目的层厚度 H≥1 且≤10 的对称或非对称、连续或非连续"M"、"W"、"V"或反"V"型起伏地层。水平段轨迹效果评价依据地质设计中井身质量靶体考核范围指标和全角变化率考核指标执行。

## 3　应用实例分析

该方法在中扬子地区页岩气井应用 50 余口井，克服了起伏型地层水平段轨迹控制难度大，井眼欠圆滑的问题，实现目的层平均钻遇率 90%，提高定向效率 40% 以上，大大提高了钻井时效，地质导向效果明显。

B2-SX 井水平段为连续起伏型储层，目的层厚度 5.6m，分段水平位移差在 312.0～516.0m 之间，地层倾角在上倾 5°-下倾 3°变化，应用本方法轨迹调整 25 次，实现实钻水平段长 2752.0m、储层钻遇率 100%，全角变化率 0～0.51°/30m、平均 0.10°/30m，轨迹控制圆滑，工程易于实现（图 5）。

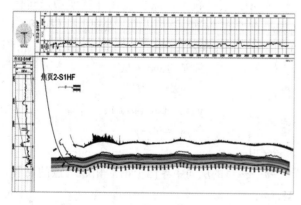

图 5　B2-SXHF 井水平段连续起伏型
地层轨迹穿层示意图

## 4　结论

1）文中提出的起伏型地层水平段地质导向控制路径方法经实践检验方案合理，可操作性强。

2）建立的起伏型地层水平段地质导向控制方法简单、轨迹调整频次少、钻井路线短、提高钻井质量和时效方面具有明显优势。

3）在目的层同一界面上相邻两变化点高程差 h/目的层厚度 H≥1 且≤10 的条件下，计算模型适用于对称或非对称、连续或非连续"M"、"W"、"V"或反"V"型起伏地层。

### 参 考 文 献

[1] 赵红燕，周涛，叶应贵，等. 涪陵中深页岩气水平井快速地质导向方法 [J]. 录井工程，2017，28（2）：29-32.

[2] 李增科，冯爱国，任元，等. 页岩气水平井地质导向标志层确定方法及应用 [J]. 科学技术与工程，2015，339（14）：148-151.

[3] 夏勇，页岩气水平井地质导向入靶控制方法研究 [J]. 江汉石油职工大学学报，2018，31（5）：32-34.

# 大港油田歧口凹陷沙三段页岩油油基钻井液气测录井特征及校正方法

孙凤兰　闻　竹　陈　勇　张会民

（中国石油渤海钻探第一录井公司）

**摘　要**　歧口凹陷沙三段页岩油层黏土矿物含量相对高，水敏性较沧东凹陷孔二段强，裂缝系统发育，钻进过程中工程异常复杂，自2023年在歧口沙三段水平井开始使用白油基钻井液，钻探开发效率明显提高，但却对气测录井工作造成很大影响。通过水基与油基钻井液条件下气测录井响应特征对比分析，分别总结了高、低气测异常情况下油基钻井液对全烃及各烃组分的吸附特征规律，并以实测各组分相对百分含量变化率为数据基础，形成气测校正方法，建立气测解释图板和评价标准，为油基钻井液条件下页岩油甜点评价提供依据。通过投产效果验证，具有一定指导意义。

**关键词**　油基钻井液；吸附特征；变化率；参数校正

早在20世纪60年代，国外就开始成功应用油基钻井液钻井，我国对油基钻井液的应用则始于20世纪80年代。与水基钻井液相比，油基钻井液具有抗高温、抗盐、抗钙侵、有利于井壁稳定、润滑性好和对油气层损害程度较小等优点，已成为高温高压深井、大斜度定向井、水平井和各种复杂地层优快钻进的重要手段。

页岩油的规模效益开发通常需要水平段大规模压裂来实现，而水平井的优快钻井是实现效益开发的前提。大港油田发育沧东凹陷孔二段、歧口凹陷沙三段和沙一段三套典型湖相纹层型页岩油，其中，孔二段脆性矿物含量高，黏土矿物含量低，页岩油水平井采用水基钻井液就可以保障水平段安全快速钻进，从而实现效益开发；而沙三段、沙一段则由于粘土矿物含量高、水敏性强，在水平段钻井过程中易造成井壁垮塌等工程复杂而导致钻探效率降低。为了提高开发效率，近两年，大港油田开始在歧口凹陷沙三段页岩油目的层段采用油基钻井液钻井，在解决工程复杂方面效果显著，对沙三段页岩油效益开发起到了重要作用。

歧口凹陷沙三段裂缝系统十分发育，含油气性好，有机质成熟度相对较高，钻遇优质页岩油层段时气测异常较活跃，因此，气测录井是页岩油甜点评价的重要手段之一。油基钻井液能有效保障钻井工程安全，却给录井工作带来很大挑战，岩屑污染严重、气测全烃及组分都受到很大影响。开展油基钻井液条件下气测录井特征及校正方法研究工作十分必要，研究表明，景社等构建油基钻井液条件下砂岩储层气测衍生参数流体判识方法。隋泽栋等针对砂岩储层进行实钻气测资料对比和油基钻井液标准气实验两种方法分析油基钻井液对气测组分的影响并进行校正。周建立等利用油基替换水基钻井液前后气测的变化关系，分析了油基钻井液对页岩油层气测值的影响并进行校正。综上所述，现有文献关于白油基钻井液对砂岩储层气测影响分析及校正方法研究较多，对页岩油层分析相对较少，且对不同气测异常情况下油基钻井液对气测参数分别进行分析校正研究较少。本文针对页岩油层油基钻井液对高、低气测异常段全烃及各烃组分不同影响特征展开详细分析，分别进行不同气测异常情况下的气测数据校正并建立评价方法，为油基钻井液条件下页岩油甜点评价提供更为可观的指导依据。

## 1　气测录井影响因素分析

沙三段油基钻井液的基础油是W1-110轻质白油，其特点为：无色透明油状液体，不溶于水、乙醇，溶于乙醚、苯、石油醚等，主要成分为$C_{16} \sim C_{31}$的正、异构烷烃的混合物，芳香烃、含氮、氧、硫等物质近似于零。

油基钻井液条件下，基油性质、管线及色谱污染、井底温度、钻井条件等都会对气测录井产生影响，其中，管线及色谱污染方面的影响可以通过加密反吹频次、及时更换干燥剂和过滤装置来减小污染，井底温度和钻井条件的影响会随着钻井液的不断上返至地面而逐渐减小，而基油作为有机物会对地层进入到井筒内的烃类气体产生持续吸附作用。因此，综合分析认为基油性质应该是影响气测录井的主要因素。

## 2 气测录井响应特征

为了更客观分析油基钻井液对于气测录井的影响，选取一口原眼应用水基钻井液而侧钻眼应用油基钻井液的井进行气测数据对比。QY6-36-1Y井应用水基钻井液完钻，完钻井深5600m；

QY6-36-1井为QY6-36-1Y的侧钻井，由于原井眼井壁垮塌，造成工程复杂导致无法继续正常钻进，因此重新优化钻探轨迹，进行开窗侧钻，为保证快速安全钻井，从3377m侧钻开始应用油基钻井液，完钻井深5651m。两口井目的层距离近，选取的对比层段层位和岩性特征一致，气测异常趋势也相近，具有非常强的特征对比性（图1）。通过对比两口井的气测数据及曲线形态，油基钻井液条件下气测录井主要表现出了拖尾和吸附两类明显响应特征。

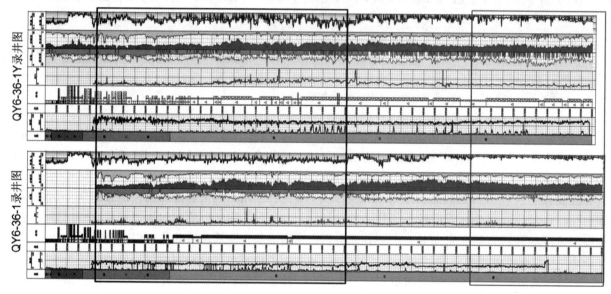

图1 QY6-36-1Y与QY6-36-1井录井对比图

### 2.1 拖尾特征

由于油基钻井液中富含有机物，当钻遇高气测异常井段时，井筒液中烃类浓度升高，油基钻井液中富含的有机物蒸汽随着高浓度的地层气一起被脱气器脱出，对气路管线和色谱柱造成一定

污染，致使气测检测值增加（图2）。水基钻井液条件下气测全烃高异常后回落较快，无明显拖尾现象，油基钻井液气测全烃表现为持续高值，出现明显拖尾现象。

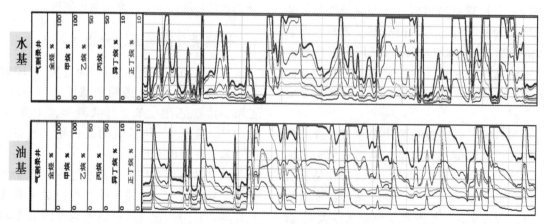

图2 水基与油基钻井液条件下气测录井对比图

## 2.2 吸附特征

油基钻井液中白油的主要成分为 $C_{16}$-$C_{31}$ 的正、异构烷烃混合物，根据相似相溶原理，油基钻井液会对进入到井筒液中的烃类产生吸附作用，且各种烃类的吸附能力不同，如对分子量大和沸点高的烃类吸附高于分子量小和沸点低的烃类吸附，对带有支链烃类的吸附优于对直链烃类的吸附等。

### 2.2.1 气测全烃吸附特征

全烃是反映由地层进入到井筒内烃类气体浓度的。通过两口井气测全烃曲线特征可以看出

（图3），在3400~4900m井段内，油基钻井液条件下测得的全烃值明显低于水基钻井液条件下测得的全烃值，说明当地层进入到钻井液中的烃类丰度低时，油基钻井液对于烃类的吸附作用相对强，造成气测全烃异常值相对更低。而进入4900m以后，无论油基钻井液还是水基钻井液测得的全烃值均近饱和，说明地层进入到钻井液中的烃类丰度高，油基钻井液对于烃类的吸附则接近饱和，吸附作用相对降低，油基和水基钻井液条件下测得的全烃值均呈现高异常特征。

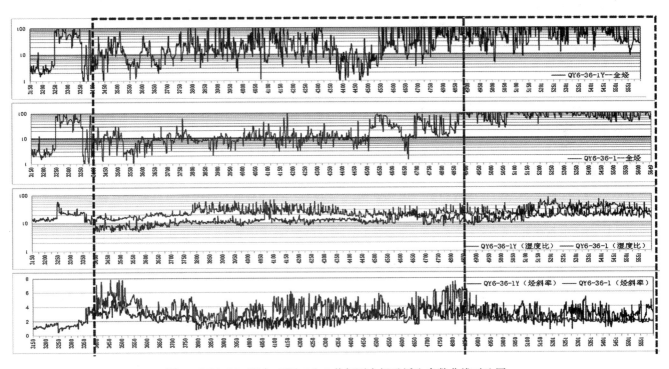

图3　QY6-36-1Y与QY6-36-1井气测全烃及派生参数曲线对比图

### 2.2.2 气测组分吸附特征

气测组分吸附特征通过派生参数能够更好地进行表征，如甲烷至戊烷各组分相对百分含量、反映乙烷及以后重组分权重的湿度比、反映烃类内部组分变化幅度的烃斜率等参数。通过对油基与水基钻井液条件下的气测组分数据和曲线对比，可以发现两者有明显的特征差异。

（1）通过QY6-36-1Y与QY6-36-1两口井气测组分百分含量对比及图板特征可以看出（图4、图5），油基钻井液甲烷相对百分含量高于水基钻井液，而油基钻井液乙烷至戊烷相对百分含量低于水基钻井液，且有随着碳数范围增大降低幅度有增大的趋势，说明油基钻井液对于地层进入到井筒中的烃类具有吸附特性，且对重组分吸附作

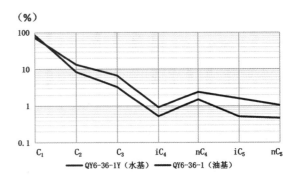

图4　水基与油基钻井液条件下气测组分
相对百分含量图

用更强，由此造成油基钻井液气测湿度比值整体低于水基钻井液气测湿度比值。同时，水基钻井液气测组分表现为低烃斜率且变化区间小、高湿

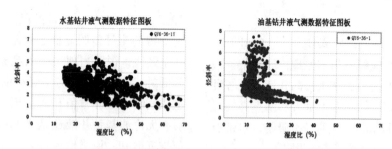

图 5    水基与油基钻井液条件下气测数据特征对比图板

度比值且变化区间大的特征，油基钻井液气测组分则表现为高烃斜率且变化区间大、低湿度比值且变化区间小的特征。

（2）进一步结合两口井气测组分曲线特征可以看出（图3），相对低的气测异常段与持续高异常段相比，低异常气测段湿度比值降低幅度更明显，说明油基钻井液对于烃类重组份的吸附程度高于轻组分，且气测异常值低时对烃类重组份的吸附能力更强。但从烃斜率曲线对比特征来看，气测异常相对低井段油基钻井液烃斜率高于水基钻井液烃斜率，而在气测持续高异常井段油基钻井液烃斜率却低于水基钻井液烃斜率，由此说明，钻井液中地层烃类浓度高时，油基钻井液对重烃组分吸附能力会降低。

## 3    气测数据校正方法

为了对气测数据进行客观有效校正，收集同区块同层位分别采用水基和油基钻井液录取的几口井的气测数据，开展了气测各组分和全烃的校正方法研究。

基于油基钻井液对于气测录井响应特征规律总结：油基钻井液对气测录井的影响会随着钻井液中烃类丰度不同影响程度不同，且烃组分分子量不同受油基钻井液吸附程度也不相同。因此，对于油基钻井液条件下气测组分值和全烃值的校正，需重点考虑不同气测组分和不同气测异常丰度两个方面因素。

### 3.1    气测组分参数校正

由于气测组分绝对值容易受多因素影响，因此选用各组分相对百分含量进行参数变化程度对比。考虑到油基钻井液对于烃类各组分的吸附程度在气测相对低异常段和持续高异常段的差异性，首先，以气测持续高异常开始作为异常高低值的分界，分别计算4口水基钻井液和4口油基钻井液井气测相对低异常和持续高异常段各组分相对百分含量的平均值。由于同区块同层位原油性质相近，在相对低异常气测段中，对于同一气测组份，水基钻井液各井组分相对百分含量平均值相近，油基钻井液各井组分相对百分含量平均值也相近（图6）。在持续高异常气测段中，同样具有相近特征（图7）。

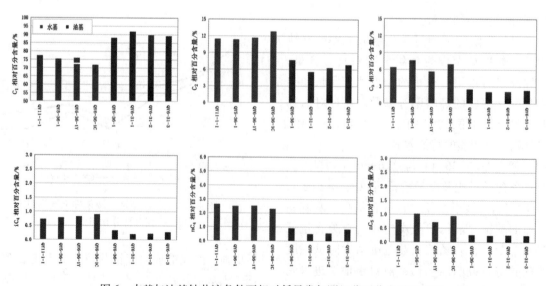

图 6    水基与油基钻井液条件下相对低异常气测组分百分含量对比图

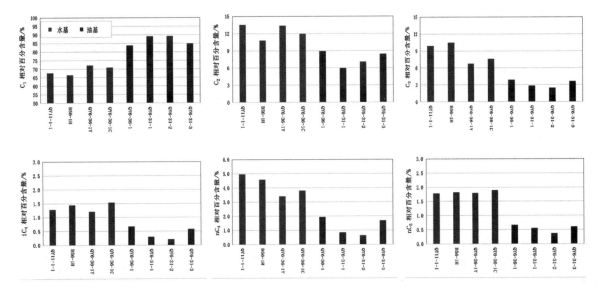

图 7　水基与油基钻井液条件下持续高异常气测组分百分含量对比图

为了更客观反映同区块各组分百分含量值在油基钻井液中的相对变化情况，分别对气测相对低异常段和持续高异常段的水基和油基钻井液条件下各井同组分相对百分含量值进行二次平均，并以水基钻井液条件下气测组分相对百分含量平均值为基准，求取油基钻井液条件下气测相对低异常和持续高异常段各组分相对百分含量变化率 Rnd 和 Rng，计算公式如下：

$$\text{Rnd} = \frac{C_{nd油基} - C_{nd水基}}{C_{nd水基}} \qquad (1)$$

式中：$R_{nd}$ 为油基钻井液条件下相对低异常气测组分相对百分含量变化率，%；

$C_{nd水基}$ 为水基钻井液条件下相对低异常气测组分相对百分含量平均值，%；

$C_{nd油基}$ 为油基钻井液条件下相对低异常气测组分相对百分含量平均值，%。

$$\text{Rnd} = \frac{C_{nd油基} - C_{nd水基}}{C_{nd水基}} \qquad (2)$$

式中：$R_{ng}$ 为油基钻井液条件下持续高异常气测组分相对百分含量变化率，%；

$C_{ng}$ 水基为水基钻井液条件下持续高异常气测组分相对百分含量平均值，%；

$C_{ng}$ 油基为油基钻井液条件下持续高异常气测组分相对百分含量平均值，%。

由气测各组分相对百分含量变化率图可以看出（图8），高、低气测异常段均反映丙烷较乙烷相对百分含量变化率明显增大，丙烷及以后重组分相对百分含量变化率基本呈微增趋势。高、低气测异常段同组分相对百分含量变化率相比，高气测异常段乙烷相对百分含量变化率较低气测异常段高 10% 以上，而丙烷及以后重组分相对百分含量变化率高 2%~5%。

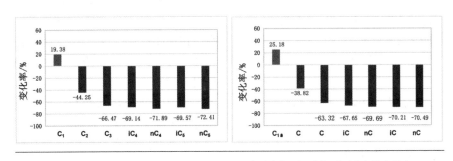

a. 低异常气测组分相对百分含量变化率；b. 高异常气测组分相对百分含量变化率
图 8　水基与油基钻井液条件下气测组分变化率图

以实测油基与水基钻井液条件下气测组分相对百分含量变化率数据为依据，对油基钻井液条件下的气测各组分相对百分含量进行恢复校正，进而计算得到相当于水基钻井液条件下的气测各

组分参数值,恢复公式如下:

$$C_{n校} = \frac{C_{n实测}}{1+R_n} \qquad (2)$$

式中:$C_{n校}$ 为油基钻井液条件下气测组分含量校正值,%;

$C_{n实测}$ 为油基钻井液条件下气测组分含量实测值,%;

$R_n$ 为油基钻井液条件下气测组分相对百分含量变化率,%。

注:$R_n$ 选值时,在相对低异常段和持续高异常段分别选取 $R_{nd}$ 和 $R_{ng}$ 值。

### 3.2 气测全烃参数校正

全烃测量的是钻井液中烃类含量的总和,反映地层内的烃类浸入钻井液中量的多少,全烃值越高,钻井液内的烃类含量越高,地层内的烃类能量越大。结合前面气测全烃吸附特征总结:油基钻井液对于全烃有明显的吸附现象,吸附能力的大小受钻井液中烃类浓度影响。因此,对气测全烃参数进行校正时需要考虑烃类丰度的高低,当测得的全烃值饱和时,说明油基钻井液对于烃类的吸附近饱和,这种情况下不考虑对全烃值进行恢复;当全烃值未达到饱和时,就需要考虑油基钻井液的吸附影响而进行校正。

理论上,全烃应该等于各烃组分碳原子当量浓度之和。因此,全烃与各烃组分间存在如下匹配关系:

$$TG = C_1 + 2\times C_2 + 3\times C_3 + 4\times iC_4 + 4\times nC_4 + 5\times iC_5 + 5\times nC_5 \qquad (3)$$

基于前面对烃组分的校正和全烃与组分的匹配关系,对于全烃值的校正可以用同一米测得的组分加权值计算得到全烃的校正值,计算公式如下:

$$TG_{校} = C_{1校} + 2\times C_{2校} + 3\times C_{3校} + 4\times iC_{4校} + 4\times nC_{4校} + 5\times iC_{5校} + 5\times nC_{5校} \qquad (4)$$

式中:$TG$ 校为油基钻井液气测全烃校正值,%;

$C_1$ 校……$nC_5$ 校分别为油基钻井液 $C_1$……$nC_5$ 的校正值,%;

### 4 气测评价图板及标准建立

结合试油生产数据,以组分校正参数计算的湿度比和全烃为敏感参数,总结建立区域沙三段页岩油油基钻井液条件下气测解释图板和标准(图9、表1)。

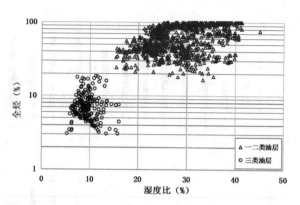

图9 沙三段气测评价图板

表1 沙三段气测评价标准

| 评价参数/评价结论 | 全烃/% | 湿度比/% |
|---|---|---|
| 一二类油层 | ≥20 | 15~40 |
| 三类油层 | 3~20 | 5~15 |

### 5 效果分析

QY6-31-3 井为歧口凹陷港西油田 XXX 断块的一口页岩油水平井。3236m 之前应用水基钻井液,3236m 开始使用油基钻井液,通过前后对比可以看出(图10),校正前,各组分参数变化微弱,校正后,对应高气测异常层段湿度比在 20~30 之间,表现为较好甜点层特征。本井水平段压裂投产后,日产油稳产在 20~30t,累产油超 4600t,效果较好。

### 6 结论及认识

①油基钻井液对于气测组分吸附作用随着碳数范围增大有升高的趋势,且对丙烷及以后的吸附作用明显高于乙烷。

②油基钻井液对于烃类的吸附作用受地层进入到井筒内烃类气体丰度的影响,烃类丰度低时吸附作用相对强,烃类丰度高时吸附作用相对弱,且钻井液中地层烃类浓度高时,油基钻井液对重烃组分吸附能力会降低。因此,对于油基钻井液中气测组分及全烃参数校正时,应考虑气测不同组分和不同丰度两方面因素。

③油基钻井液对于气测录井的干扰除受基油性质、管线污染等多方面因素影响外,也会受不同区域地层流体性质的差异性影响,因此基于区域实测水基钻井液气测数据对油基钻井液气测参数进行恢复校正具有一定的指导意义。

④应用校正后的组分数据能更好地反映所钻

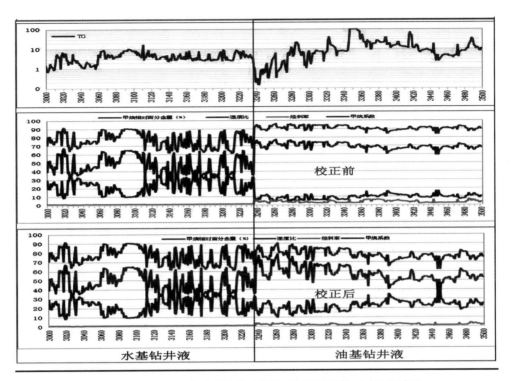

图10　QY6-31-3井油基钻井液条件下气测数据校正对比曲线图

遇地层中的烃类特征变化规律，为页岩油甜点评价提供较为客观的依据。

## 参 考 文 献

［1］潘一，付龙，杨双春. 国内外油基钻井液研究现状［J］. 现代化工，2014，34（4）：21-24.

［2］周立宏，韩国猛，杨飞，等. 渤海湾盆地歧口凹陷沙河街组三段一亚段地质特征与页岩油勘探实践［J］. 石油与天然气地质，2021，42（2）：443-455.

［3］渠芳，陈清华，连承波，等. 黄骅坳陷新生代断裂构造系统研究［J］. 油气地质与采收率，2006，13（5）：7-10.

［4］景社，蔡军，王雷，等. 油基钻井液条件下气测衍生参数法的构建与在流体判识中的应用［J］. 录井工程，2022，33（4）：54-60.

［5］隋泽栋，黄国荣，徐永华，等. 油基钻井液对气测录井解释方法影响的实验分析及研究——以准噶尔盆地南缘地区为例［J］. 录井工程，2023，34（1）：68-75.

［6］周建立，谢俊. 油基钻井液对气测值的影响与校正处理［J］. 录井工程，2014，25（2）：22-26.

［7］杨琳，刘达贵，尹平，等. 白油基钻井液对气测录井数据的影响及认识［J］. 录井工程，2020，31（4）：10-15.

# 基于地质约束下 FWI 与网格层析联合速度建模方法研究及在深层页岩气的应用

张入化[1,2]　石学文[1,2]　张洞君[1,2]　吴　涛[1,2]　苏　敏[1,2]　焦卓尔[1,2]

（1. 中国石油西南油气田公司页岩气研究院；2. 页岩气评价与开采四川省重点实验室）

**摘　要**　四川盆地泸州地区深层龙马溪组页岩构造复杂、断裂发育且二、三叠系速度变化较大，因此整体速度结构非均质性较强。该区前期开展过多轮速度建模，但目的层成像精度待进一步增强。全波形反演（Full Waveform Inversion，FWI）将反演思路引入速度建模，主要利用地震波场的振幅和走时信息构建更高精度速度模型，是目前业界公认最精准的速度建模手段，该技术在海上地区取得了较好的应用，但在陆地应用较少。本文为进一步提高泸州地区深层页岩速度建模精度，首次将全波形反演方法应用于深层页岩气勘探开发中，并针对全波形反演中初始速度模型精度低进而产生周波跳跃的问题，发展了一种基于地质约束、网格层析和FWI联合的高精度速度建模方法。该方法首先依据基于层控约束的井控插值建立初始速度模型，再由回转波、折射波分别反演浅、中层速度模型，并利用反射波全方位网格层析更新深层速度，最后开展FWI，获得最终速度模型。川南泸州地区深层页岩气测试结果表明，与常规反射波网格层析建模相比，该方法能有效提升速度模型精度，目标区域构造成像效果得到显著改善，断裂预测结果更加准确，为川南深层页岩气规模上产奠定了数据基础。

**关键词**　页岩气勘探开发；地震速度建模；全波形反演；地震成像

在页岩油气勘探开发中，高精度地震成像资料是实现页岩油气地质工程一体化的数据基础，并在页岩气有利区选区、定井、钻井等方面发挥了重要作用。影响地震偏移成像效果的主要因素包括原始地震资料品质、偏移方法和速度模型精度。经过多年的发展，采集方法、偏移方法已经相对较为成熟，而速度建模技术仍是成像过程中最薄弱的环节，如何获得较为精确的速度模型是地震成像技术的热点和难点。

速度建模方法主要分为偏移速度分析和反演两大类，但常规偏移速度分析方法往往具有速度横向变化小和水平层状介质的假设前提，因此很难满足复杂构造叠前深度偏移对速度模型精度的要求，而反演类的速度建模方法又可以分为层析成像法和波形反演法。层析成像法是通过原始地震数据的走时信息进而获取地下速度结构，但其速度模型相对较平滑且几乎无突兀点，但是对于复杂构造区域，层析成像的方法无法精确表征复杂区域的速度特征，尤其是断裂两侧的速度突变现象。在实际生产中，将初始层速度经过地层约束网格层析成像反演反复迭代计算后得到相对高精度的速度模型是常用的方法。全波形反演（FWI）是目前业界公认最精准的速度建模手段，

在求取高分辨率速度场具备巨大优势，最早由 Tarantola 提出。FWI 通过修改速度模型使合成地震记录与实际采集数据间的残差达到最小，进而获得准确速度场，以提高深度偏移的成像精度。在实际应用中，FWI 常常受到周波跳跃的影响且耗时，因此该方法对输入速度模型和地震数据本身都具有较高要求，其往往需要对输入数据开展噪声压制、并建立更精准的速度模型来避免周波跳跃（波形反演中，因初始速度不准确，导致算法陷入局部最小值，使得无法正确建立速度模型）。整体而言，层析反演主要是通过地震波的走时信息开展速度建模，其速度模型中往往以中低波数成分为主，而全波形反演能获得较完整的波数信息，但由于原始资料本身缺乏一定程度的低频信息，这也是导致全波形反演精度受限的原因。

川南地区深层页岩气地震速度建模主要面临 2 个问题：近地表速度刻画难、二三叠系速度变化大且难精细表征，两者均对下覆龙马溪组目的层成像产生较大影响。本文围绕以上生产问题，进一步解决全波形反演中初始速度模型精度低易产生周波跳跃的难点，发展了一种地质约束、网格层析和 FWI 联合的高精度速度建模方法，并将其应用至泸州地区某深层页岩气井区速度建模重，

获得了高精度速度模型，提升了该区域断裂预测精度。

# 1 基于地质约束的 FWI 与网格层析联合速度建模技术

### 1.1 全波形反演（FWI）基本原理

FWI 基本原理是通过不断比较模拟地震波形数据与观测地震数据来迭代更新速度模型。当预测数据与观测数据足够接近时，认为此时的速度模型模型足以近似地下介质的真实情况。

全波形反演把地震观测数据和地震正演模拟数据差异的 L2 函数作为目标泛函，具体公式如下：

$$g(v) = \frac{1}{2} \sum_r \int \left[ d_{syn}(x_r, \ t) - d_{obs}(x_r, \ t) \right]^2 (dt)$$

1)

式 1）中，$g(v)$ 为目标泛函，$d_{syn}$ 为正演模拟数据，$d_{obs}$ 为地震观测记录，$v$ 为速度模型，$x_r$ 代表检波点 r 处的接收位置，t 为时间。

在实际应用中，全波形反演的过程可以概括为以下几个步骤：步骤 1，正演模拟：根据已知的地下介质模型和波源信息，使用数值模拟方法计算地震波的传播过程和在地表或接收器上的观测结果。步骤 2，误差函数定义：将地震波的观测数据与模拟结果进行比对，计算它们之间的差异。常用的误差函数包括最小二乘法、互相关等。步骤 3，反向传播：通过不断调整地下介质的模型参数，以使误差函数最小化，来逐步重建地下模型。常用的反演算法有梯度下降法、共轭梯度法等。步骤 4，迭代计算：反演过程是一个迭代的过程，需要不断更新地下模型并重新进行正演模拟和误差函数计算，直到满足反演收敛的条件。

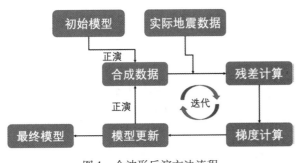

图 1　全波形反演方法流程

### 1.2 网格层析反演基本原理

网格层析反演的基本原理基于地震波在地下

介质中的传播特性。当地震波通过地下介质时，其传播速度、振幅、相位等特性会受到介质物理性质（如速度、密度、衰减系数等）的影响。通过观测地震波的传播特性，并结合地震波传播理论，可以反推出地下介质速度结构。

多方位网格层析速度建模技术是以网格层析技术为基础，充分利用宽方位数据将方位角进行划分，通过多个方位角数据的加入使得网格层析速度更新时考虑方位角变化的影响。

把地下介质划分为许多具有速度信息的网格点，则可以得到一个矩阵，具体如下：

$$\begin{bmatrix} \Delta t_1 \\ \Delta t_2 \\ \vdots \\ \Delta t_m \end{bmatrix} = \begin{bmatrix} S_{10} & S_{11} & \cdots & S_{1n} \\ S_{20} & S_{21} & \cdots & S_{2n} \\ \vdots & \vdots & \cdots & \vdots \\ S_{m0} & S_{m1} & \cdots & S_{mn} \end{bmatrix} \begin{bmatrix} \Delta 1/v_0 \\ \Delta 1/v_1 \\ \vdots \\ \Delta 1/v_n \end{bmatrix}$$

2)

上式中，$\Delta t_i$ 为道集中第 i 道的走时误差；$S_{ij}$ 为道集中第 i 道第 j 个网格中的射线长度，$\Delta 1/v_j$ 为道集中第 j 个网格中的慢度。

当针对宽方位地震数据确定方位角范围后，在进行速度分析和动校正处理时，纵波的旅行时方程可以表示为下式：

$$t^2 = t_0^2 + \frac{x^2}{v_{nmo}^2} - \frac{2\gamma_x^4}{v_{nmo}^2 \times \left[ t_0^2 v_{nmo}^2 + (1+2\gamma) \ x^2 \right]}$$

3)

式 3）中，t 为纵波旅行时，x 为偏移距，$\gamma$ 和 $v_{nmo}$ 分别为纵波各向异性参数和动校正速度。

多方位网格层析在实际中可分解成如下步骤：首先将叠前 CMP 道集分成多个子方位角道集，并基于初始速度模型分别开展偏移工作，并在偏移结果上拾取剩余时差、倾角、同相轴的连续度等。然后将不同方位下拾取的属性作为多方位网格层析反演的输入数据，通过人工交互射线追踪等方式选择合适参数建立并求解矩阵，并得到一个更新后的速度模型。若新速度模型能使共反射点道集平直，能满足井震误差要求，则可以将其作为最终的速度模型进行叠前深度偏移工作。反之，按照这种方法一直迭代下去，直到新速度模型满足要求。

### 1.3 联合速度建模法

整体而言，层析反演主要是通过地震波的走时信息开展速度建模，其速度模型中往往以中低波数成分为主，而全波形反演能获得较完整的波数信息，但由于原始资料本身缺乏一定程度的低频信息，因此其精度受限。

据上述方法特点且为进一步增加地质认识的

约束，本文发展了一种地质约束、多方位网格层析和FWI联合的高精度速度建模方法。该方法主要分为三步：（1）首先依据基于层控约束的井控插值建立初始速度模型；（2）由回转波、折射波分别反演浅、中层速度模型，并利用反射波全方位网格层析更新深层速度；（3）基于多方位网格层析结果开展FWI获得最终速度模型。具体实现流程如图2，。方法公式具体如下：

$$\begin{cases} \Delta T = S \times \Delta 1/v_{low-k} \\ g(v_{high+low-k}) = \dfrac{1}{2}\sum_r \int [d_{syn}(v_{low-k}) - d_{obs}]^2 dt \quad 4) \\ v_{n+1} = v_n + \delta v_{low+high-k} \end{cases}$$

上式中，$\Delta T = S \times \Delta 1/v_{low-s}$ 代表多方位网格层析反演，$\Delta T$ 为地下介质走时，$S$ 为射线长度，$v_{low-k}$ 为含中低波数的速度模型。$g(v_{high+low-k}) = \dfrac{1}{2}\sum_r \int [d_{syn}(v_{low-k}) - d_{obs}]^2 dt$ 代表全波形反演，$v_{low+high-k}$ 为具有全尺度波数的速度模型。$v_{n+1} = v_n + \delta v_{low+high-k}$ 代表建模多次迭代，$\delta v_{low+high-k}$ 为速度模型梯度。

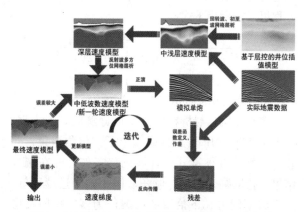

图2　地质约束、多方位网格层析和FWI联合的高精度速度建模实现流程图

## 2 方法应用

### 2.1 研究区域

川南深层页岩气区块测试区位于四川盆地川南低陡构造带，发育得胜向斜，整体构造褶皱强度自北东向南西逐渐减弱，断裂呈多期次发育。工区地表为丘陵地形，地貌以低山深丘为主，平均海拔300~400米。

研究区域地震资料采集面元20X20m，满覆盖次数280次，横纵比0.86，最大偏移距6800m，整体资料品质佳，满足本文方法的资料品质需求（图3）。

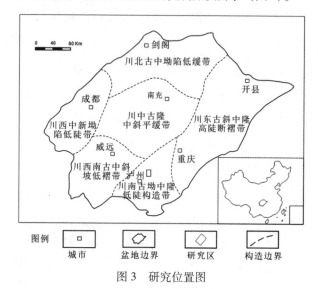

图3　研究位置图

### 2.2 应用分析

测试结果表明，本文发展的速度建模方法能一定程度提高速度细节刻画能力，尤其是在中浅层部位（红色圆圈处）（图4）。通过不同深度切片对比表明（红色圆圈处），该方法能有效表征川南二、三叠系范围的局部速度异常，且对于速度突变具有更好的细节刻画能力（图5）。

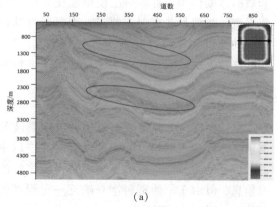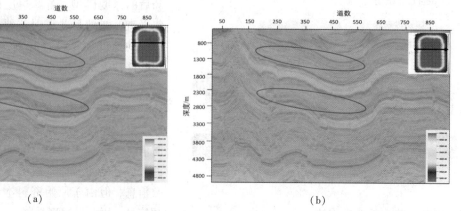

（a）　　　　　　　　　　　（b）

图4　不同速度模型结果对比图 （a）普通网格层析速度模型；（b）本文方法最终速度模型

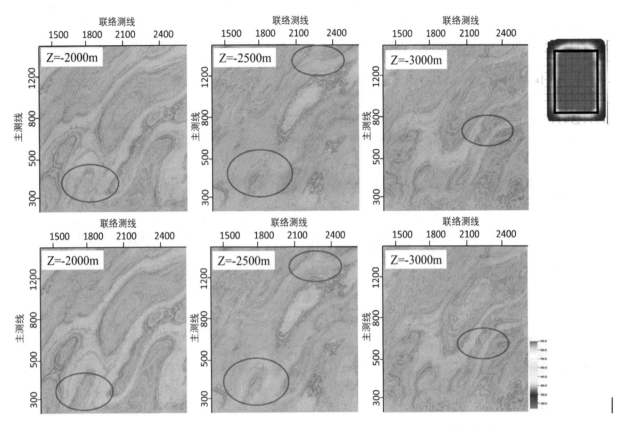

图 5　不同深度的速度模型对比图（上：普通网格层析；下：本文方法）

同时，本文基于同样的叠前深度偏移算法并分别采用不同速度模型开展偏移成像。结果表明（图 6），采用本文方法速度模型的成像结果在二叠系附近同相轴连续性和能量归位程度整体好于普通网格层析速度模型的成像结果（黑色圆圈处），且前者在五峰-龙马溪组目的层附近的断点及其层位成像效果好于后者（黑色箭头处）。

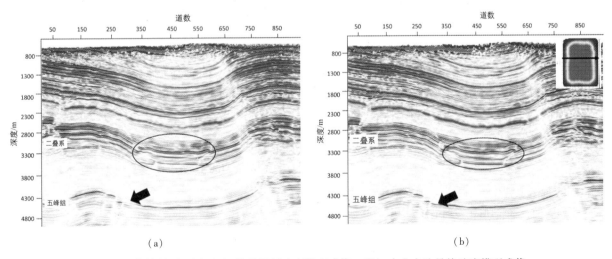

（a）　　　　　　　　　　　　　　　　　　　（b）

图 6　成像结果对比图（a）普通层析速度模型成像；（b）本文方法最终速度模型成像

本文为进一步分析研究区范围的过水平井成像效果，选取 A、B 两口水平井进行验证。结果表明（图 7），应用本文方法速度模型的成像结果井震误差小于普通网格层析速度模型的成像结果，前者 A、B 井的水平井轨迹与地层产状吻合度高于后者（红色箭头）。

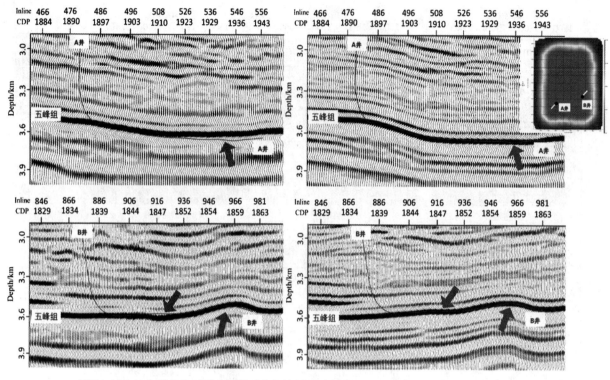

图7 过2口水平井的不同速度模型成像效果对比图（左：普通网格层析；右：本文方法）

## 3 结论

本文为进一步提高泸州地区深层页岩速度建模精度，首次将全波形反演（FWI）技术应用于深层页岩气勘探开发中，并针对全波形反演中初始速度模型精度低进而产生周波跳跃的问题，发展了一种基于地质约束、网格层析和FWI联合的高精度速度建模方法。该方法提升了全深度的速度模型精度，也显著提高了偏移成像质量，使浅、中层地层界面更连续，能量归位更准确，为后续深层页岩气勘探开发提供了高品质的基础数据，也可为后续其他领域深层页岩气地震速度建模提供参考。

### 参 考 文 献

[1] 李慧，成德安，金婧. 网格层析成像速度建模方法与应用 [J]. 石油地球物理勘探，2013，48（增刊1）：12-16.

[2] Jones I F, Sugrue M J, Hardy P B. Hybrid gridded tomography [J]. First Break, 2007, 25 (4): 15-21.

[3] Fliedner M M, Bevc D. Automated velocity model building with wavepath tomography [J]. Geophysics, 2008, 73 (5): VE195-VE204.

[4] 刘定进，胡光辉，蔡杰雄，等. 高斯束层析与全波形反演联合速度建模 [J]. 石油地球物理勘探，2019，54（5）：1046-1056.

[5] 杨勤勇，胡光辉，王立歆. 全波形反演研究现状及发展趋势 [J]. 石油物探，2014，53（1）：78-84.

[6] Tarrantol A. Inversion of seismic reflection data in the acoustic approximation [J]. Geophysics, 1984, 49 (8): 1140-1395.

[7] 王振宇，杨勤勇，李振春，等. 近地表速度建模研究现状及发展趋势 [J]. 地球科学进展，2014，29（10）：1138-1148.

# 基于分子动力学研究陆相页岩油核磁共振响应机理

赵吉儿[1]　谢　冰[1]　冉　崎[1]　葛新民[2]

[1 中国石油西南油气田公司勘探开发研究院；2 中国石油大学（华东）地球科学与技术学院]

**摘　要**　陆相页岩储层矿物组成多样，黏土矿物含量高，岩相层系夹层发育频繁、时空变化快，孔隙尺寸多为纳米级，孔隙结构复杂，连通性差，不同类型页岩储集性能及含油性存在差异，为流体性质评价带来了极大挑战。核磁共振技术与岩石骨架和样品形态无关，可以同时反映孔隙结构和流体信息，然而，页岩油成分复杂，氢核的分子内、分子间偶极耦合作用、磁化传递等造成弛豫机制复杂，此外弛豫时间受到页岩油性质、储层特性及环境因素等多重影响，核磁共振响应特征复杂且主控因素不明。分子动力学可以从微观角度模拟页岩油分子内部运动及相互作用，分析不同体系下分子或原子的运动规律。因此开展页岩油流体性质及环境因素对弛豫时间的影响规律研究，根据凉高山组页岩油发育特征，构建不同体系页岩油与有机质狭缝耦合的分子模型，首先对构建的模型进行能量最小化获得稳定的初始构型，随后开展页岩油不同碳链长度、孔缝大小、温度和压力下的分子动力学模拟。模拟得到的原子轨迹文件可通过自相关函数、谱密度函数进一步分析计算，最终转化为分子内、分子间的纵向、横向弛豫时间。分子动力学模拟结果表明：随着碳链长度的增大，弛豫时间有变小的趋势，弛豫机制以分子内弛豫为主；孔隙尺寸、温度与弛豫时间呈正相关，压力与弛豫时间呈负相关；孔隙尺寸对弛豫时间的影响最强，其次为温度对弛豫时间的影响，压力对弛豫时间的影响比较微弱；温度对孔隙流体中的弛豫影响机制复杂，除部分孔隙中增强扩散耦合的影响外，还受到表面弛豫的温度特性的影响。通过分子动力学模拟进一步揭示微观页岩油弛豫机理，可为相应的二维核磁共振实验的流体性质识别和测井数据处理解释提供支撑依据。

**关键词**　分子动力学模拟；核磁共振；弛豫特征；页岩

## 1　引言

四川盆地页岩油资源潜力巨大，是极具现实意义的接替能源。页岩油是指赋存在有机质页岩层系中，游离态以小分子为主，主要赋存于微裂缝、层间隙及较大的孔隙中；吸附油以中-大分子组成为主，主要以吸附态赋存于岩石矿物颗粒表面或干酪根骨架内外表面；溶解油是指溶解在水或天然气中的油，含量比较有限。目前的技术条件，只有孔隙中心的游离油（轻质组分）可以开采出来，而受孔隙壁面吸附作用和干酪根溶胀作用的页岩油可动性差，很难被开发利用。

页岩油的可动性受多种因素的影响，与储层本身特征如矿物组构、孔隙结构、地层能量等有关，与页岩油本身特征如气油比、轻烃组分含量、粘度等有关，还与页岩油-岩石的相互作用密切相关。页岩更小的孔喉结构和更强的烃-岩相互作用，使得传统的离心或驱替等传统方法难以进行流体可动性评价。前人开展了一些关于页岩油的 $T_1$-$T_2$ 二维核磁共振实验及应用研究，但对陆相页岩油弛豫机制、影响因素等缺乏深入探索。

关于页岩油有机质孔中烃组分的弛豫机制，目前已基本形成共识：干酪根或沥青中顺磁性杂质含量极低，页岩油和有机质中氢核的偶极耦合作用要明显强于氢核与有机质表面顺磁离子的作用，传统的表面驰豫速率模型不适用于页岩有机质孔。关于氢核的偶极耦合作用机制目前仍存在一定争议，Washburn 等认为氢核以分子间偶极耦合作用为主，Zhang 等认为氢核以分子内偶极耦合作用为主。在页岩油 $T_1$-$T_2$ 二维核磁共振模拟方面，Bhatt 等、Calero 等和 Singer 等率先开展了纳米孔中烃类的分子动力学模拟，从分子尺度量化了流体的偶极耦合作用机制及主控因素，探索了分子结构、碳链长度等属性与弛豫速率的关系，弥补了实验方法和理论模型的局限，为页岩油的 $T_1$-$T_2$ 响应研究提供很好借鉴。

因此，本文从陆相页岩油的基本特征出发，建立不同页岩油组分及有机质狭缝模型，通过分子动力学分别模拟分子内和分子间的偶极耦合作用，以探究不同碳链长度、孔径大小、温度及压力的核磁共振响应特征，分析不同因素变化规律及主控因素。

## 2 模拟方法

### 2.1 模型构建

页岩油组分复杂，包括滞留液态烃、多类沥青物和未转化有机质等，整体上油质偏重，含蜡量高，气油比低，为探索不同粘度页岩油的核磁共振响应机理，构建不同碳链长度（$C_7H_{16}$ - $C_{14}H_{30}$）的 $5*5*5nm^3$ 正构烷烃体系模型，如图1（a）所示，灰色代表碳原子，白色代表氢原子。研究区泥页岩赋存空间以有机质孔（干酪根）为主，因此本文开展孔隙壁面分别为有机质模型的狭缝体系模型，鉴于干酪根的化学组成复杂，没有固定的分子式和结构模型，多采用石墨烯代替有机质，石墨烯结构源自 Material Studio 软件中的 graphene 文件，对其沿（001）进行切面，每侧壁面由 3 层石墨烯构成，且每层间距为 0.335nm。图1（b）为新庚烷分别在 3nm、5nm、7nm、9nm 石墨烯狭缝中的初始体系模型。

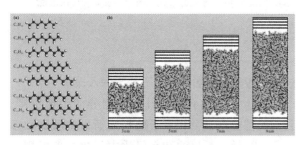

（a）不同碳链长度饱和烷烃；
（b）石墨烯不同大小狭缝中新庚烷体系初始模型
图1　页岩流体组分分子构型及不同壁面体系初始模型

### 2.2 模拟过程

根据研究目的，分别开展单因素变量下页岩油核磁共振响应特征模拟，以揭示弛豫时间的影响因素。分子动力学模拟通过 Lammps 开展，首先对构建的模型体系进行能量最小化处理，调整原子的位置以获得稳定的初始构型，然后进行分子动力学模拟。模拟采用的力场为 Cvff，温度控制方法为 Berendsen 算法，采用 Ewald 法处理静电相互作用，采用 Atom based 法处理范德华相互作用，范德华半径为 1.2nm，采用 Lennard-Jone 势能处理原子间的相互作用。动力学模拟采用步长为 1fs，模拟时间为 1000ps，动力学模拟采用的系综为 NVT，能量最小化及分子动力学模拟过程中均保持孔隙壁面处于固定状态。

### 2.3 核磁共振弛豫时间计算

弛豫理论自相关函数的波动磁偶极相互作用是 NMR 弛豫理论发展的核心。自相关函数也适用于分子动力学模拟计算。参考 McConnell（1987）给出的公式：

$$G_{R,T}^m(t) = \frac{3\pi}{5}\left(\frac{\mu_0}{4\pi}\right)^2 \hbar^2 \gamma^4 \frac{1}{N_{R,T}}$$

$$\sum_{i\neq j}^{N_{R,T}} \left(\frac{Y_2^m(\Omega_{ij}(t+\tau))}{r_{ij}^3(t+\tau)} \frac{Y_2^{m*}(\Omega_{ij}(\tau))}{r_{ij}^3(\tau)}\right)_\tau \quad (1)$$

其中，$t$ 为自相关中的滞后时间；$\mu_0$ 为真空渗透率；$\hbar$ 普朗克常量；$\gamma/2\pi = 42.58MHz/T$ 为 $^1H$ 的旋磁比；$\Omega \equiv (\theta, \phi)$，$\theta$ 为极化角，$\phi$ 为方位角；$N_R$、$N_T$ 分别表示分子内、分子间 $^1H-^1H$ 偶极作用（图2）。

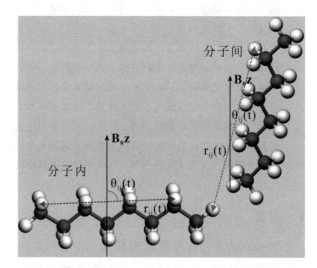

图2　以正辛烷为例描述分子内、分子间偶极相互作用。

对于各向同性系统，自相关函数与阶数 $m$ 无关，这相当于说，应用磁场的方向是任意的。为了简单起见，通过分子模拟研究 $m=0$ 时 $Y_2^0(\Omega) = \sqrt{5/16\pi}(3\cos^2\theta - 1)$。自相关的最终表达式为：

$$G_{R,T}(t) = \frac{3\pi}{16}\left(\frac{\mu_0}{4\pi}\right)^2 \hbar^2 \gamma^4 \frac{1}{N_{R,T}}$$

$$\sum_{i\neq j}^{N_{R,T}} \left(\frac{(3\cos^2\theta_{ij}(t+\tau) - 1)}{r_{ij}^3(t+\tau)} \frac{(3\cos^2\theta_{ij}(\tau) - 1)}{r_{ij}^3(\tau)}\right)_\tau \quad (2)$$

当 $t=0$ 时，自相关函数表示为：

$$G_{R,T}(0) = \frac{3\pi}{16}\left(\frac{\mu_0}{4\pi}\right)^2 \hbar^2 \gamma^4 \frac{1}{N_{R,T}}$$

$$\sum_{i\neq j}^{N_{R,T}} \left(\frac{(3\cos^2\theta_{ij}(\tau) - 1)^2}{r_{ij}^6(\tau)}\right)_\tau \quad (3)$$

从分子模拟中确定了自相关函数后，局部磁

场波动的频谱密度由傅里叶变换确定:

$$J_{R,T}(\omega) = 2\int_0^\infty G_{R,T}(t)\cos(\omega t)\,dt \quad (4)$$

对氢核弛豫时间 $T_{1,R,T}$ 和 $T_{2,R,T}$ 可以表示为:

$$\frac{1}{T_{1,R,T}} = J_{R,T}(\omega_0) + RJ_{R,T}(2\omega_0) \quad (5)$$

$$\frac{1}{T_{2,R,T}} = \frac{3}{2}J_{R,T}(\omega_0) + \frac{5}{2}J_{R,T}(\omega_0) + J_{R,T}(2\omega_0) \quad (6)$$

其中，$\omega_0 = \gamma B_0$ 是拉莫频率。

弛豫速率最终表达式为

$$\frac{1}{T_1} = \frac{1}{T_{1,R}} + \frac{1}{T_{1,T}} \quad (7)$$

$$\frac{1}{T_2} = \frac{1}{T_{2,R}} + \frac{1}{T_{2,T}} \quad (8)$$

## 3　模拟结果分析

### 3.1　页岩油组分

　　为了分析页岩纳米孔隙中不同流体组分的核磁共振响应特征，我们开展了分子链长从 $C_7$ 到 $C_{14}$ 的烷烃的分子动力学模拟，得到其弛豫时间，模拟时固定页岩孔径为 5nm 的石墨烯狭缝中。纵向弛豫时间的模拟结果见表 1 所示。表 1 为不同碳链长度烷烃纵向弛豫时间模拟结果，参考值为 22.6℃ 下，实验得到不同碳链长度烷烃的 $T_2$ 弛豫时间。模拟 $T_2$ 结果与参考值相关系数为 0.95，两者具有很强的相关性。实验值是模拟结果的 15 倍左右，即页岩油分子在有机质孔内扩散弛豫受到限制，弛豫时间减小。

　　图 3（a）是不同碳链长度烷烃的自相关函数与时间的关系，图 3（b）得到不同碳链长度的分子内、分子间、总弛豫时间。随着碳链长度的增大，即页岩油粘度的变大，分子内、分子间弛豫时间均变小，并且分子间弛豫时间大于分子内弛豫时间，表明纳米孔隙中流体的弛豫以分子内弛豫（即旋转运动）为主，分子间弛豫（即平移运动）对总的弛豫贡献较低。

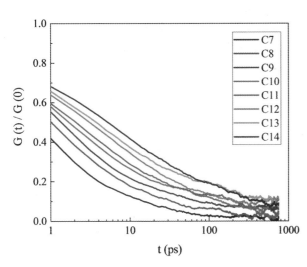

（a）不同碳链长度烷烃的自相关函数

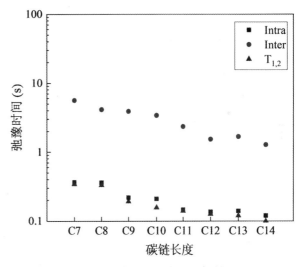

（b）不同碳链长度烷烃的弛豫时间

图 3　不同碳链长度烷烃的弛豫特征

表 1　不同碳链长度烷烃纵向弛豫时间模拟结果

| 分子链长 | 分子内弛豫速率 | 分子内弛豫速率 | $T_2$ms | 参考值 ms |
|---|---|---|---|---|
| $C_7H_{16}$ | 0.51 | 6.89 | 0.47 | 6.78 |
| $C_8H_{18}$ | 0.36 | 4.14 | 0.33 | 4.99 |
| $C_9H_{20}$ | 0.22 | 3.90 | 0.19 | 3.68 |
| $C_{10}H_{22}$ | 0.21 | 3.41 | 0.16 | 2.86 |
| $C_{11}H_{24}$ | 0.15 | 2.35 | 0.14 | 2.23 |
| $C_{12}H_{26}$ | 0.14 | 1.54 | 0.13 | 1.78 |
| $C_{13}H_{28}$ | 0.14 | 1.68 | 0.12 | 1.44 |
| $C_{14}H_{30}$ | 0.12 | 1.28 | 0.10 | 1.19 |

### 3.2　孔缝大小

　　为了研究页岩储层中纳米孔径大小与弛豫时间的关系，我们在模拟过程中假设页岩油的碳链长度为 7（即孔隙中饱和的流体是新庚烷 $C_7H_{16}$），改变石墨烯狭缝的大小，孔缝大小分别为 3、5、7、9nm 有机质孔缝，其分子动力学模拟结果如图 4 所示。

　　图 4（a）和图 4（b）分别是不同孔隙大小时，孔隙中饱和新庚烷的自相关函数与时间的关系，以及得到的分子内、分子间及总弛豫时间。

从图中可知，孔隙半径与相关函数具有较好对应性，随着孔径半径变大，自相关函数值不断降低，其衰减也变慢。从图4（b）所知，弛豫时间与孔径呈明显的正相关关系，据模拟结果可以拟合

得到：

$$T_{1,2} = 0.39 \times r - 0.28 \qquad (9)$$

式中：$r$ 为孔隙半径，nm；$R^2 = 0.93$。

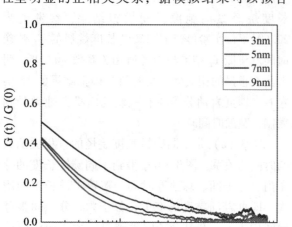

（a）不同孔径大小的自相关函数

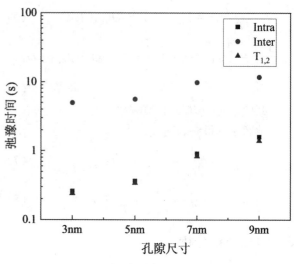

（b）孔径与弛豫时间的关系

图4　不同孔径大小的页岩油体系弛豫特征

**表2　不同孔径页岩油纵向弛豫时间模拟结果**

| 孔径大小 | 3nm | 5nm | 7nm | 9nm |
|---|---|---|---|---|
| 分子内弛豫速率/ms | 0.32 | 0.37 | 0.91 | 1.59 |
| 分子间弛豫速率/ms | 4.97 | 5.61 | 9.80 | 11.7 |
| $T_2$/ms | 0.24 | 0.34 | 0.83 | 1.40 |

### 3.3　温度

为了模拟地层环境的影响，我们开展了新庚烷在5nm石墨烯狭缝中，不同温度下的分子动力学模拟，共模拟了300K、325K、350K、375K、400K 四种温度（1K＝－272.5℃），它们的分子动力学模拟结果如图5所示。

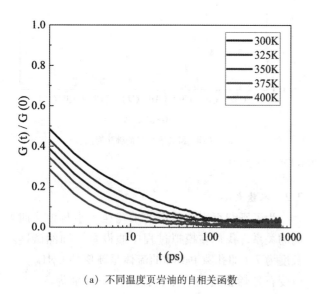

（a）不同温度页岩油的自相关函数

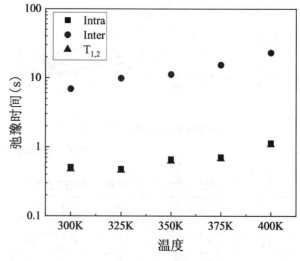

（b）温度与弛豫时间的关系

图5　不同温度大小的页岩油体系弛豫特征

图5（a）和图5（b）分别是不同温度条件下的自相关函数以及弛豫时间。从图中可知，温度越高，自相关函数值越低，弛豫时间也越大。温度的影主要体现在分子作用力上，随着温度的升高，分子扩散更快，分子内和分子间的作用力降低，导致弛豫时间增大。

$$T_2 = 0.14 \times T - 0.23 \qquad (10)$$

式中：$T$ 为温度，K；$R^2 = 0.80$。

**表 3　不同温度页岩油纵向弛豫时间模拟结果**

| 温度 | 300K | 325K | 350K | 375K | 400K |
|---|---|---|---|---|---|
| 分子内弛豫速率/ms | 0.51 | 0.48 | 0.66 | 0.71 | 1.14 |
| 分子间弛豫速率/ms | 6.89 | 9.88 | 11.23 | 15.41 | 23.11 |
| $T_2$/ms | 0.47 | 0.46 | 0.62 | 0.68 | 1.08 |

### 3.4　压力

　　为了模拟地层环境的影响，我们开展了新庚烷在 5nm 石墨烯狭缝中，不同压力的分子动力学模拟，共模拟了 1Mpa、10MPa、20MPa、30Mpa 四组压力，它们的分子动力学模拟结果如图 6 所示。

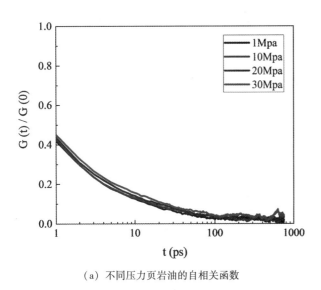

（a）不同压力页岩油的自相关函数

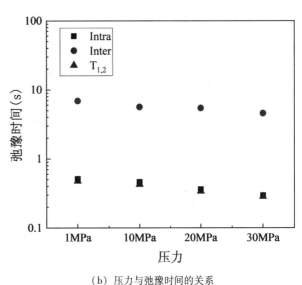

（b）压力与弛豫时间的关系

图 6　不同压力大小的页岩油体系弛豫特征

　　图 6（a）和图 6（b）分别是不同压力条件下的自相关函数以及弛豫时间。从图中可知，压力对自相关函数的影响非常有限，对弛豫时间的影响也很小。总体上，弛豫时间随着压力的增大而降低。分析其原因，可能是由于压力变大，分子结合的更紧密导致的。

$$T_2 = -0.068 \times P + 0.55 \qquad (11)$$

式中：$P$ 为压力，MPa；$R^2 = 0.99$。

**表 4　不同压力页岩油纵向弛豫时间模拟结果**

| 压力 | 1MPa | 10MPa | 20MPa | 30MPa |
|---|---|---|---|---|
| 分子内弛豫速率/ms | 0.51 | 0.46 | 0.36 | 0.29 |
| 分子间弛豫速率/ms | 6.89 | 5.63 | 5.43 | 4.56 |
| $T_2$/ms | 0.47 | 0.43 | 0.34 | 0.28 |

## 4　结论

　　分子动力学模拟提供了一种新的核磁共振弛豫时间计算方法，并且可以从分子内、分子间两种机制开展分析描述。通过研究不同碳链分子、孔径大小、温度、压力对弛豫时间的影响，我们得到以下认识：

　　（1）随着碳链长度的增大，弛豫时间有变小的趋势，弛豫机制以分子内弛豫为主；

　　（2）孔隙尺寸、温度与弛豫时间呈正相关，压力与弛豫时间呈负相关；

　　（3）孔隙尺寸对弛豫时间的影响最强，其次为温度对对弛豫时间的影响，压力对弛豫时间的影响比较微弱；

　　（4）温度对孔隙流体中的弛豫影响机制复杂，除部分孔隙中增强扩散耦合的影响外，还受到表面弛豫的温度特性的影响。

# 陆相页岩油水平井压裂开采油藏多元动力作用研究进展

邰欣天　李　颖　李海涛　罗红文

（西南石油大学）

**摘　要**　中国陆相页岩油资源潜力巨大，是中国常规油气的重要战略接替资源。与北美海相页岩油相比，中国陆相页岩油实现规模化商业开发面临巨大挑战。陆相页岩油储层非常致密，岩相多样、非均质性强，陆相页岩油地层中多是油水、油气、油气水多相多组分流动且相变频繁。陆相页岩油采用水平井开发，产量递减快，有效的开发配套技术及合理的开发工作制度还需要进一步研究探索。由于我国陆相页岩储层自身特征和对应的压裂工艺，其水平井压后开采过程涉及复杂的气、水、油多相多尺度流固耦合流动，力学作用机理复杂，开采时的渗流不再符合达西定律且需要解决宏观和微观多个尺度的问题，很难确定合理的开采制度和后期提高采收率方法。因此，本论文针对页岩油压后开采过程中的复杂渗流问题，梳理了陆相页岩油压后渗流规律、压力场分布特征的研究，明确了其多尺度孔缝储集空间多相流固耦合动态演化特征，归纳出了研究渗流中的弹性驱动力、毛管力、剪切力等微观力与注入压力、上覆压力等宏观力的力学作用机理，揭示了多相多尺度渗流与动力接续机制。根据建立的多元动力作用的页岩油藏压后开采多相耦合流动表征模型，明确其多元动力识别与调控方法，为页岩油藏压后返排制度的指定和提高开采效率提供理论指导。核心科学问题为：陆相页岩油水平井压裂开采油藏多元动力作用机制与识别方法。

**关键词**　陆相页岩油；水平井压裂；提高采收率；多元动力识别和调控

## 1　引言

页岩油是指埋藏深度大于300米的页岩层系多类有机物的统称，包括石油烃、沥青和尚未转化的有机质。中国陆相页岩油资源潜力巨大，是中国常规油气的重要战略接替资源，鄂尔多斯盆地、准噶尔盆地、松辽盆地、渤海湾盆地、北部湾盆地等页岩油勘探开发相继取得重大突破，全方位加大页岩油上产规模，加速实现页岩油革命，对立足国内、保障国家能源安全意义重大。与北美海相页岩油相比，中国陆相页岩油规模商业开发面临巨大挑战。陆相页岩油储层非常致密，岩相多样、非均质性强，矿物组成复杂且富含有机质，孔隙类型和流体赋存状态多样，其储层既有亲油的有机质干酪根孔隙，也存在亲水的无机质孔隙，随着开采压力的降低或在近开采井处，低组分烃类会析出形成气体，因此陆相页岩油地层中多是油水/油气/油气水多相多组分流动且相变频繁。

陆相页岩油采用水平井开发，产量递减快，有效的开发配套技术及合理的开发工作制度还需要进一步研究探索。压裂过程伴随大量压裂液进入储层，通过提高压裂液在地层中的滞留时间，基于流体流动、应力演化、岩石物性变化以及化学反应的多场耦合作用和渗吸原理，理论上可增加地层流动能量，改善储层润湿性，加强压裂液对页岩油的置换渗吸作用，最终达到增加原油产量的目的。

陆相页岩油开采前期，通常会通过水力压裂、前置$CO_2$增能改造等建立人工裂缝网络。其中$CO_2$注入页岩油藏能快速补充油藏能量，超临界$CO_2$流体具有接近液体高密度和接近气体低黏度的特性，扩散性很强，用于页岩气储层压裂能够有效避免页岩气藏中黏土水化膨胀，降低储层伤害，在原油中溶解后可降低原油黏度、增加孔隙流动性、提高洗油效率。同时，$CO_2$流体渗入到岩石微小裂隙、孔隙及其他缺陷处时，可形成有效的孔隙压力，能够降低起裂压力，较水力压裂的起裂压力低约50.9%，更易形成复杂的网络裂缝，实现体积压裂。

由于我国陆相页岩储层自身特征和对应的压裂方工艺，其水平井压后开采过程涉及复杂的气、水、油多相多尺度流固耦合流动，力学作用机理复杂，开采时的渗流不再符合达西定律且需要解决宏观/微观多个层次的问题，无法确定合理的开采制度和后期提高采收率方法。因此，本论文针对页岩油压后开采过程中的复杂渗流问题，梳理了陆相页岩油压后渗流规律、压力场分布特征的研究，明确了其多尺度孔缝储集空间多相流固耦合动态演化特征，归纳出了研究渗流中的弹性驱动力、毛管力、剪切力等微观力与注入压力、上覆压力等宏观力的力学作用机理，揭示了多相多尺度渗流与动力接续机制。根据建立的多元动力作用的页岩油藏压后开采多相耦合流动表征模型，明确其多元动力识别与调控方法，为页岩油藏压后返排制度的指定和提高开采效率提供理论指导。核心科学问题为：陆相页岩油水平井压裂开采油藏多元动力作用机制与识别方法。

## 2 技术思路与研究方法

### 2.1 陆相页岩储层多尺度孔缝渗流微观-宏观力学作用实验

为了揭示陆相页岩储层在多尺度条件下的渗流特性以及孔隙和裂缝中的力学作用，了解不同尺度孔隙和裂缝对页岩储层渗流能力的影响。研究微观尺度下毛细管和孔喉尺度的力学行为。分别从微观力学作用和宏观作用研究不同尺度孔隙压力、剪切应力、粘滞力等对页岩储层渗流能力的影响。有助于提高对陆相页岩储层渗流特性和力学行为的认识，为页岩气开发提供科学依据。

（1）孔隙压力测试

基于Terzaghi的有效应力定理，即某一深度处的地层孔隙压力是该深度的上覆岩层压力与垂直有效应力之差，其表达式为：

$$p_p = p_o - \sigma \tag{1}$$

其中，$p_p$为地层孔隙压力，Pa；$p_o$为上覆岩层压力，Pa；$\sigma$为垂直有效应力，Pa。

汪晓星等通过地应力分布规律，建立了储层任意深度点孔隙压力计算模型。郭书生等采用带有孔隙充压装置和热成像装置的测试箱来测试孔隙压力。黄永庭等采用微型孔隙水压力传感器测试岩石孔隙流体压力，传感器量程为-0.1~1.0MPa，精度为±0.1%，试验时插入试样侧壁约8mm，经测试孔插入到试样侧壁。

采用声波速度也可以测试孔隙压力。陶磊等、贾利春等通过测试声波速度，采用多元回归模型来计算碳酸盐岩地层孔隙压力。碳酸盐岩地层声波速度可由岩石骨架和孔隙流体的声波速度加权合成，岩石骨架声波速度的主要影响因素为骨架密度、垂直有效应力及泥质含量，孔隙流体声波速度的主要影响因素为流体密度、地层孔隙压力及地层温度，通过以上理论建立模型方程，用实测值与计算值回归出模型系数，并进行区域地层孔隙压力预测。

地层孔隙压力预测模型：

$$p_p = f(\rho_m, \sigma, V_{sh}, \rho_f, t) \tag{2}$$

其中，$\rho_m$为岩石骨架密度，g/cm³；$\rho_f$为流体的密度，g/cm³；$p_p$为地层孔隙压力当量密度，g/cm³为岩性参数，无因次；$t$为流体温度，℃。

（2）毛管力测试

测定岩石毛管压力的方法很多，一般常见的的主要有三种：半渗隔板法，压汞法和离心法。这三种方法的原理基本相同，即岩心饱和湿相流体，当外加压力克服某毛管喉道的毛管力时，非湿相进入该孔隙，将其中的湿相驱出。

Karimi等应用离心机获得了一套完整的毛管力与水饱和度的关系曲线，利用离心机对巴肯岩心塞上测量了首次排水、强制渗吸、二次排水（油驱盐水和气体驱油/盐水）毛管力，通过离心实验计算了毛管力和相对渗透率。

李爱芬等研发了一款高温高压毛管力曲线测定仪，可以模拟油藏温度和压力条件，并能够直接测得油藏条件下的油水毛管力曲线，避免了转换公式中界面张力、润湿角测试不准确带来的误差。

王跃祥等首先通过核磁共振实验划分致密砂岩的孔隙结构，再结合压汞实验数据，利用变刻度幂函数法建立不同类型孔隙结构岩石$T_2$分布转化毛管力曲线的模型。变刻度幂函数转换法的表达式为：

$$P_c = \frac{E}{T_2^D} v_s(T_2) \tag{3}$$

其中，$T_2$为核磁共振横向弛豫时间，ms；$P_c$是毛管压力，单位为MPa；$D$、$E$为模型系数。

（3）剪切应力和粘滞力测试

Onsrud等利用静态孔对的压差读数来确定局部壁剪切应力。静态孔对的灵敏度通过改变孔径和前向角度进行测试。局部壁剪切力的校准值根据湍流边界层内部平均速度剖面的通用比例定律确定。研究发现，静态孔对的制造缺陷对测试结果影响较大，需要单独校准才能准确测量局部表面摩擦力。

Yoshihiko等研制了一种新型的壁面剪切应力

计，采用外差干涉仪原理，在采样频率高达 500hz 的范围内捕捉湍流壁面剪切应力的时变，以研究紊流边界层注入气泡减少摩擦阻力的效果。

Hamidi 等基于泊肃叶方程，采用 Anton Paar™ AMVn 自动微粘度计在 25℃ 和 40℃ 下测定了光滑毛细管中的流体粘度，从而推断粘滞力大小。实验条件有不受控和受控温度两种。实验观察到所有液体的粘度在超声波作用下均降低，在不受控温度条件下减少更为显着。

刘玉珂等通过原子力显微镜（AFM）研究了高岭石与原油中不同油成分（饱和化合物、芳烃、树脂和沥青质）之间的粘附强度，获得具有粘滞力信息的力曲线，这种对粘土与不同油组分相互作用强度的定量测量，有助于解释页岩油在富含有机物的湖泊沉积物中的运移。

（4）摩擦力测试

Ferreira 等基于并联换挡连接，采用定制的力传感器和数据采集系统测试表明摩擦力，能够实现高信噪比，其准确性评估通过光滑壁边界层流动作为基准。

Shen 等采用 PIV 测量方法，由近壁平均速度精确估算管壁摩擦力，估算精度取决于空间分辨率和粘性亚层内分辨速度剖面的精度。利用单像素组合相关法，可以在显著的空间分辨率下分辨出组合-平均速度矢量，从而提高测量精度。

### 2.2 多元动力作用下的流体流动规律表征模型

陆相页岩油储层中的流体流动区别于常规高中低渗透油藏，本质的区别是不符合经典的渗流规律-达西定律，为非线性渗流。从宏观模型中，归纳了启动压力梯度项的非达西模型、分段模型和连续模型。从微观模型中，归纳了孔喉尺度驱替-渗吸力学模型、分区模型、有效黏度模型。

（1）宏观模型

宏观模型为低渗透非线性渗流规律的连续函数模型。目前研究低渗油藏渗流理论时，常用的渗流模型主要有三大类：引入启动压力梯度项的非达西模型、分段模型和连续模型。

a. 使用启动压力梯度的非达西线性模型（宏观）：

$$\nu = 0 \quad \frac{\Delta p}{L} \leq B \quad (4)$$

$$\nu = \frac{k}{\mu}\left(\frac{\Delta p}{L} - B\right)^{\frac{\Delta p}{L} \geq B} \quad (5)$$

其中，$B$ 为平均启动压力梯度，即启动压力梯

度。该模型反映了低渗透地层中渗流的启动压力梯度问题，适用于拟启动压力梯度较小的常规低渗透油藏，但没有表达出压力梯度的曲线段，当压力梯度小于拟启动压力梯度时油藏流体将无法动用，这缩小了低渗透油藏的流动范围，由此得出的理论分析结果和生产实际相差较远，因而综合经济技术指标也会偏低。

b. 分段模型

按渗流形态，用不同表达式分别表示渗流速度方程，如

$$\nu = 0 \quad \frac{\Delta p}{L} \leq A \quad (6)$$

$$\nu = a\left(\frac{\Delta p}{L}\right)^2 + b\left(\frac{\Delta p}{L}\right) + c_{A \leq \frac{\Delta p}{L} \leq C} \quad (7)$$

$$\nu = \frac{k}{\mu}\left(\frac{\Delta p}{L} - B\right)_{C \leq \frac{\Delta p}{L}} \quad (8)$$

其中，$A$ 为阻力最小的孔道的启动压力梯度，即最小启动压力梯度；$C$ 为阻力最大的孔道的启动压力梯度，即最大启动压力梯度。

c. 连续模型

姜瑞忠等基于毛细管模型，结合边界层理论，通过引入描述低渗透储层渗流的特征参数 $c_1$ 和 $c_2$，建立了低渗透油藏渗流新模型（宏观），解释了启动压力梯度和非线性渗流产生的根本原因。

$$Q = \frac{K}{\mu}A\left(1 - \frac{c_1}{\nabla p - c_2}\right)\nabla p \quad (9)$$

其中，$c_1$ 和 $c_2$ 是反映启动压力梯度和非线性渗流的特征参数，通过实验拟合获得，Pa/m。

杨正明等根据特低渗透油田储集层岩心特征和流体渗流特征，建立了特低渗透油藏流体渗流的非线性渗流模型：

$$\nu = \frac{K}{\mu}\nabla p\left(1 - \frac{\delta_i}{\nabla p}\right) \quad (10)$$

其中，$v$ 为流速，m/s；$K$ 为渗透率，随着压力梯度变化而变化，$10^{-3}\mu m^2$；$\mu$ 为黏度，mPa·s；$\delta$ 为启动压力梯度，mPa/m；$\Delta p$ 为压力梯度，mPa/m。

刘礼军等为研究启动压力梯度及应力敏感效应对页岩油井产能的影响规律，基于油气水三相渗流模型，建立了考虑启动压力梯度和应力敏感效应的页岩油渗流数学模型：

$$\nu = -\frac{KK_\tau}{\mu}\left(1 - \frac{G}{\nabla \psi}\right)\nabla \psi \mid \nabla \psi > G \mid \quad (11)$$

$$0 \mid \nabla \psi \mid \leq G \quad (12)$$

其中，$\psi$ 为势梯度，$Pa/m$。

在页岩油开采过程中，储层压力下降使岩石所受有效应力增加，从而导致储层渗透率降低。页岩渗透率与有效应力之间的关系式为：

$$K = K_0 e^{-c}(p - p_0) \tag{13}$$

其中，$K_0$ 为原始状态下的渗透率，$D$；$p_0$ 为原始油藏压力，$Pa$；$c$ 为应力敏感系数，$Pa^{-1}$

综合考虑应力敏感和边界层效应，页岩油渗流模型：

$$\nu = \frac{e^{-ab}K_0}{a\mu L}(1 - e^{-a\mu p})\left(1 - a_1 e^{-k\frac{\Delta p}{L}}\right)^4 \tag{14}$$

其中，$a$ 为与岩石孔隙压缩系数和孔渗幂指数有关参数；$b$ 为注入端与围压差值，$MPa$。

孔隙弹性理论将多孔介质应力状态和其内部孔隙压力连接起来，耦合了流体的渗流过程和多孔介质变形过程。生产过程中的孔隙压力受流体运移控制，随开采时间发生变化。多孔介质的变形过程可看作拟稳态过程，受到孔隙压力变化的影响，从而随开采发生变化。

饱和流体的多孔介质本构关系式为：

$$\sigma = \sigma_0 + 2G\varepsilon + \left[\left(K - \frac{2G}{3}\right)\varepsilon_v - \alpha p\right]\delta \tag{15}$$

其中，$\sigma$ 为总应力，$MPa$；$\sigma_0$ 为原始应力场，$MPa$；$\varepsilon$ 为固体应变张量；$\delta$ 为克罗内克张量，也即单位矩阵；$\varepsilon_v$ 为固体体积应变；$\alpha$ 为有效应力系数；$K$ 和 $G$ 分别是岩石体积模量和剪切模量，$MPa$；$P$ 为孔隙压力，$MPa$。

孔隙弹性理论考虑了岩石压缩和孔隙变形引起的流体流动，微可压缩流体的流动控制方程为：

$$x = (r, t) = \{-2\mu_o L + [4\mu_o^2 L^2 + (\mu_w - \mu_o) \cdot (r^2\Delta p + 2r\sigma\cos\theta)t]^{\frac{1}{2}}/[2(\mu_w - \mu_o)]\} \tag{20}$$

其中，$\mu_o$ 为油相黏度，$Pa \cdot S$；$L$ 为毛细管长度，$cm$；$\mu_w$ 为水相黏度，$Pa \cdot s$；$r$ 为毛细管半径，$\mu m$，$\Delta p$ 为压力梯度，$MPa/m$；$\sigma$ 为界面张力，

$$\nu(r, t) = \frac{dx}{dt} = (r^2\Delta p + 2r\sigma\cos\theta)/\{4[4\mu_o^2 L^2 + (\mu_w - \mu_o) \cdot (r^2\Delta p + 2r\sigma\cos\theta)t]^{\frac{1}{2}}\} \tag{21}$$

油水水界面到达毛细管另一端所需要的时间为：

$$t_o(r) = 4L^2(\mu_w + \mu_o)/(r^2\Delta p + 2r\sigma\cos\theta) \tag{22}$$

当不存在驱替压力但有渗吸作用时，渗吸结束需要的时间为：

$$t_{o1}(r) = 2L^2(\mu_w + \mu_o)/(r\sigma\cos\theta) \tag{23}$$

当不存在毛细管力但有驱替作用时，驱替结束需要的时间为：

$$t_{e2}(r) = 4L^2(\mu_w + \mu_o)/(r\Delta p) \tag{24}$$

$$c_t \frac{\partial p}{\partial t} - (\alpha - \varphi)\frac{\partial \varepsilon_v}{\partial t} + \nabla \cdot \left(-\frac{k}{\mu}\nabla p\right) = q_{f-m}$$
$$\tag{16}$$

$$c_t = \varphi c_f + (1 - \varphi)c_b \tag{17}$$

其中，$c_f$ 和 $c_b$ 分别为流体和固体的压缩性系数，$pa/m$；$c_t$ 为岩石的总压缩性系数 $MPa^{-1}$；$\varphi$ 为岩石孔隙度；$k$ 为岩石基质渗透率，$D$；$\mu$ 为流体黏度，$mPa \cdot s$；$q_{f-m}$ 为裂缝流向基质的流体体积。

由于水力裂缝宽度相比于长度和高度可忽略，采用离散裂缝模型描述水力裂缝内的流体流动，其内部流动控制方程可写作：

$$w_f \times \left[c_f \frac{\partial p}{\partial t} + \nabla \cdot \left(-\frac{k_f}{\mu}\nabla p\right)\right] = q_{m-f} \tag{18}$$

其中，$w_F$ 为裂缝宽度，$m$；$c_F$ 和 $k_F$ 分别为裂缝的压缩性系数和渗透率，$pa/m$，$D$；$q_{m-f}$ 为基质流向裂缝的流体体积。

基质与裂缝间的流体窜流体积可表示为：

$$q_{m-f} = -q_{f-m} = -\frac{k_m}{\mu}\nabla p \cdot n_f \tag{19}$$

其中，$n_f$ 为裂缝面法向量。

（2）微观模型

a. 孔喉尺度驱替-渗吸力学模型（微观）

由于低渗透/致密油藏孔隙结构复杂，为得到单个孔喉驱替-渗吸过程力学特征，建立渗流力学模型，具体假设为：①单个孔喉可以等效为半径为 $r$ 的毛细管；②油水重力较小可以忽略；③渗吸为同向渗吸，驱替压力与毛细管力方向一致；④油水前缘接触角为定值。

$t$ 时刻油水界面位置为：

$mN/m$；$\theta$ 为接触角，无量纲。

渗流速度 $v$ 为：

渗流速度影响因素——无量纲驱替-渗吸流动方程为：

$$\frac{t}{t_{end}} = \left[\left(\frac{\mu_{env}}{\mu_w}\right)\bigg/\left(\frac{\mu_{env}}{\mu_w} + 1\right)\right] \cdot \left[\frac{2L}{L_{tabe}} - \left(1 - \frac{\mu_{env}}{\mu_w}\right)\left(\frac{L}{L_{tabe}}\right)^2\right]$$
$$\tag{25}$$

其中，$\frac{t}{t_{end}}$ 为无量纲时间；$\frac{L}{L_{tube}}$ 为无量纲长度；$\frac{\mu_{nw}}{\mu_w}$ 为润湿相与非润湿相黏度比。

b. 分区模型

考虑滑移边界，近壁面流体和体相流体的流动方程分别为：

$$\nu_{batt}(r) = \left\{ \frac{R^2 - r^2}{4\mu_{batt}} + \left\{ \frac{[R^2 - (R-\delta)^2]}{4\mu_{watt}} - \frac{[R^2 - (R-\delta)^2]}{4\mu_{batt}} + \frac{l_s R}{2\mu_{watt}} \right\} \right\} \frac{\Delta p}{L}, \quad 0 \leqslant r \leqslant R - \delta \quad (27)$$

其中，$V_{wall}$ 和 $V_{bulk}$ 分别为近壁面流体和体相流体流动速度，m/s；$\mu_{wall}$ 和 $\mu_{bulk}$ 分别为壁面相流体和体相流体的黏度，Pa·s；$\delta$ 为近壁面流体厚度，$\mu m$。

c. 有效黏度模型

THOMAS 等通过面积加权将流体性质非均质性用一个有效黏度进行表示. WU 等采用有效黏度和滑移速度对 HP 方程进行修正：

$$\nu_{eff}(r) = \frac{R^2 - r^2}{4\mu_{eff}} \frac{\Delta p}{L} + \nu_{sfip} \quad (28)$$

其中，$\nu_{sff}(r)$ 为 $r$ 处的有效滑移速度，m/s；$\mu_{s\pi}$ 为有效黏度，mPa·s，

$$\mu_{eff} = \mu_{wall} \frac{A_{wall}}{A_t} + \mu_{bulk} \frac{A_{bulk}}{A_t} \quad (29)$$

$A_{wall}$、$A_{bulk}$ 和 $A_t$ 分别为近壁面流体、体相流体和总的横截面面积，m²；

$$A_t = \pi R^2, \quad A_{bulk} = \pi \cdot (R - \delta)^2, \quad A_{wall} = A_t - A_{bulk} \quad (30)$$

通过滑移长度和壁面剪切速率可得滑移速度为：

$$\nu_{sip} = -l_s \frac{\partial \nu_{mall}}{\partial r}\bigg|_{r-R} = \frac{l_s R}{2\mu_{mall}} \frac{\Delta p}{L} \quad (31)$$

则基于有效黏度的速度方程为：

$$\nu_{eff}(r) = \left( \frac{R^2 - r^2}{4\mu_{eff}} + \frac{l_s R}{2\mu_{wall}} \right) \frac{\Delta p}{L} \quad (32)$$

d. 表观黏度模型

基于有效黏度模型，通过表观黏度综合考虑黏度非均质性和边界滑移，可求得 $r$ 处的表观黏度速度方程为：

$$\nu_{app}(r) = \frac{R^2 - r^2}{4\mu_{app}} \frac{\Delta p}{L} \quad (33)$$

其中，$\mu_{app}$ －表观黏度，mPa·s；

e. 表观滑移长度模型

与表观黏度方法相同，采用表观滑移长度综合考虑黏度非均质性和边界滑移，可得速度方程为：

$$\nu_{app\_slip}(r) = \left( \frac{R^2 - r^2}{4\mu_{bulk}} + \frac{l_{sapp} R}{2\mu_{bulk}} \right) \frac{\Delta p}{L} \quad (34)$$

其中，$l_{sapp}$ 为表观滑移长度，m。

$$\nu_{wanl}(r) = \left( \frac{R^2 - r^2}{4\mu_{wanl}} + \frac{I_2 R}{2\mu_{wanl}} \right) \frac{\Delta p}{L}, \quad R - \delta \leqslant r \leqslant R \quad (26)$$

### 2.3 陆相页岩油水平井压裂开采多元动力识别与调控方法

我国陆相页岩油分布范围广、资源量丰富，但是储层存在非均质性强、储层物性差、单井产量不高、采收率偏低等问题，为了保障国家能源安全和助力社会发展，实现页岩油的效益开发，必须对页岩油储层进行改造，调控陆相页岩油压裂开采过程中的宏观/微观作用力，推动有效利用页岩油的进程。

页岩油层加热是原位开采的重点，根据加热技术的不同，可以分为 4 类方法：电加热、流体加热、辐射加热和燃烧加热。页岩油层的加热会使岩石膨胀，导致地层中的孔隙和裂缝扩大，增加页岩的渗透性，改变毛管压力、孔隙压力等；原油在不同温度下的粘度不同，温度升高会降低原油黏度，减小粘滞力；在高温下，页岩油中的某些组分可能会发生化学反应，如氧化或热解，这些化学反应可能会产生新的表面活性物质或改变原有的表面活性物质，从而影响毛管压力、摩擦力和粘滞力等；随着温度的升高，地层中的气体压力会增加，这种增加的粘弹性力可以推动油向生产井流动。以上力的改变都有助于原油流动，从而提高开采效率。

超临界流体辅助开采页岩油能获得较好的开采效果，包括但不限于以下几个方面：超临界流体的注入会形成压力差，增大弹性驱动力；超临界流体具有较低的表面张力，改变岩石表面的润湿性和毛细管力；超临界流体与原油发生物理溶解作用，这会导致原油中的烃类物质溶解到超临界流体中，从而减少原油的粘度和密度，减小粘滞力，提高原油流动性。

页岩储集层衰竭开采后注入空气可大幅提高页岩油采收率，在合理生产压差下，注空气前进行适当的压裂改造有助于提高空气驱效果。注空气开发过程中，地层中的气体压力增大，从而增大弹性驱动力，同时混入气体会改变流动中的摩擦力，这些因素的改变会提高页岩油采收率。

表 2.1　陆相页岩油压裂过程中调控方法及效果

| 作者/年份 | 调控方法 | 调控的作用力 | 生产效果 |
|---|---|---|---|
| Hu 等/2020 | 电磁加热 | 地层岩石和电磁波相互作用产生裂缝，岩石产生弹性变形，改变弹性驱动力、毛管力、孔隙压力 | 有效压裂页岩，实现页岩油气资源绿色生产 |
| Mutyala 等/2010 | 微波加热 | 微波作用下，页岩内部温度升高，岩石的弹性模量降低，页岩储层膨胀，改变弹性驱动力、毛管力、粘滞力 | 降低开采阻力，绿色提高原油采收率 |
| Symington/2010 | 电压裂技术 | 调控了地层中的应力场和压力场，岩石表面电荷分布变化，影响流体流动的摩擦力和粘滞力 | 降低原油开采时的阻力，提高采收率 |
| Zhang 等/2024 | $CO_2$ 注入 | 摩擦力、粘滞力、毛管力降低；$CO_2$ 在高温高压条件下可以与地层中的岩石发生反应，促进裂缝的发育，改变毛管力和弹性驱动力 | 降低原油粘度是主要机制，页岩油更容易流动和采收 |
| Ji 等/2022 | 注水扰动辅助 $CO_2$ 吞吐 | 改变页岩储层中的毛管力分布、减小粘滞力、微观吸附力、摩擦力等。 | 提高了注 $CO_2$ 利用率，可提高采收率7.18% |
| Chen 等/2018 | $CO_2$ 吞吐 | $CO_2$ 吞吐过程中，$CO_2$ 分子通过扩散和渗流作用进入页岩基质，与原油发生相互作用，降低原油的粘度，提高其流动性 | 可实现开采原油地质储量的10%~50% |
| Lu 等/2023 | 助溶剂辅助 $CO_2$ 注入 | 降低页岩油的界面张力和粘度，减小粘滞力；增加页岩层的孔隙度和渗透率，减小毛管阻力，增大弹性驱动力 | 二甲醚辅助 $CO_2$ 注入的 EOR 效果最好（42.96%），其次是丙酮（38.61%）、丙烷（33.38%）、乙醇（32.42%）和纯 $CO_2$（22.43%） |
| Bougre 等/2021 | 混合气体注入 | 减小粘滞力，减小毛管阻力，增大弹性驱动力 | 注纯 $CO_2$ 可使采收率提高19.34%，注 $CO_2$-$N_2$ 可使采收率提高17.96%，但混合注入成本远低于注纯 $CO_2$ |
| Akbarabadi 等/2023 | 烃类气体混合物注入 | 减小毛管力，减小粘滞力，降低原油在页岩表面的粘附力 | 实现约22%~50%的采收率 |
| Xiong 等/2022 | 泡沫辅助 $N_2$ 吞吐 | 减小毛管力，增大弹性驱动力 | 最高可使采收率提升10% |

## 3　结果和效果

（1）通过总结的陆相页岩储层多尺度孔缝渗流微观以及宏观力学作用实验，研究了孔隙压力、毛管力、剪切应力、粘滞力和摩擦力等微观力与注入压力、上覆岩层压力等宏观力的力学作用机理。其揭示了多相多尺度渗流与动力连续机制。从而为后续页岩油高效开采提供理论指导。

（2）总结归纳了基于多元动力作用的页岩油藏压后开采多相耦合流动表征模型，其中包括宏观和微观模型。反映了引入压力梯度模型反映了低渗透地层中渗流的启动压力梯度问题，适用于拟启动压力梯度较小的常规低渗透油藏，但没有

表达出压力梯度的曲线段，当压力梯度小于拟启动压力梯度时油藏流体将无法动用，这缩小了低渗透油藏的流动范围，由此得出的理论分析结果和生产实际相差较远，因而综合经济技术指标也会偏低。连续模型中解释了启动压力梯度和非限制性渗流产生的根本原因。

（3）总结归纳了陆相页岩油压裂过程中调控方法及效果，进而明确了陆相页岩油水平井压裂开采多元动力识别与调控方法，最终达到提高采收率的目的。超临界流体辅助开采页岩油能获得较好的开采效果。页岩储集层衰竭开采后注入空气可大幅提高页岩油采收率。在合理生产压差下，注空气前进行适当的压裂改造有助于提高空气驱效果。

## 4 结论

中国陆相页岩油资源丰富，2022 年产量达到 $340 \times 10^4$ t，初步实现页岩油工业开发的起步。与北美海相页岩油相比，中国陆相页岩油类型更多、埋藏更深、微纳米尺度孔隙更为发育、物性条件差、开发机制与规律更为复杂、人工改造难度更大、成本更高等，使其有效规模开发面临更大的挑战。现阶段面临的问题包括压后返排制度的制定没有可靠的理论依据，以及没有理论指导以提升页岩油藏采出程度及经济效益。对未来的展望：解决陆相页岩油水平井压裂开采油藏多元动力作用机制与识别方法，有利于明确陆相页岩油水平井压裂开采过程中的各种力的作用，并提出相应的调控建议，最大化利用正面作用力，限制负面作用力，升级形成可规模推广的效益开采模式和配套技术体系，形成多介质大幅度提高页岩油采收率技术并尽早应用，大幅提高开采效益，推动实现页岩油大规模效益开发和高质量发展。

## 参 考 文 献

[1] 金之钧，张谦，朱如凯，董琳，付金华，刘惠民，云露，刘国勇，黎茂稳，赵贤正，王小军，胡素云，唐勇，白振瑞，孙冬胜，李晓光．中国陆相页岩油分类及其意义 [J]．石油与天然气地质，2023，44 (04)：801-819.

[2] 李阳，赵清民，吕琦，薛兆杰，曹小朋，刘祖鹏．中国陆相页岩油开发评价技术与实践 [J]．石油勘探与开发，2022，49 (05)：955-964.

[3] 周庆凡，杨国丰．致密油与页岩油的概念与应用 [J]．石油与天然气地质，2012，33 (04)：541-544+570.

[4] 周彤，陈铭，张士诚，李远照，李凤霞，张驰．非均匀应力场影响下的裂缝扩展模拟及投球暂堵优化 [J]．天然气工业，2020，40 (03)：82-91.

[5] Haimson B C, Zhao Z. Effect of Borehole Size And Pressurization Rate On Hydraulic Fracturing Breakdown Pressure [J]. American Rock Mechanics Association, 1991.

[6] Ito T. Effect of pore pressure gradient on fracture initiation in fluid saturated porous media: Rock [J]. Engineering Fracture Mechanics, 2008, 75 (7): 1753-1762.

[7] Haimson B C, Zhao Z. Effect of Borehole Size And Pressurization Rate On Hydraulic Fracturing Breakdown Pressure [J]. American Rock Mechanics Association, 1991.

[8] 龙冕，齐桂雪，冯超林．二氧化碳混相与非混相驱油技术研究进展 [J]．中外能源，2018，23 (02)：18-26.

[9] 卢义玉，廖引，汤积仁，张欣玮，韩帅彬，凌远非．页岩超临界 $CO_2$ 压裂起裂压力与裂缝形态试验研究 [J]．煤炭学报，2018，43 (01)：175-180.

[10] 朱维耀，岳明，刘昀枫，刘凯，宋智勇．中国致密油藏开发理论研究进展 [J]．工程科学学报，2019，41 (09)：1103-1114.

[11] 汪晓星，赵容容，张宇，李文皓，乔琳，莫倩雯，高平．储层孔隙压力测定方法、测定系统、存储介质及电子装置

[12] 郭书生，廖高龙，王世越，梁豪．一种低渗储层孔隙压力测试装置

[13] 黄永庭，马巍，何鹏飞，栗晓林．有压冻融土体孔隙水压力变化试验研究 [J]．中国矿业大学学报，2022，51 (04)：632-641.

[14] 陶磊，赵越喆，何岩峰，邓嵩．一种碳酸盐岩气藏地层孔隙压力计算方法 [J]．常州大学学报（自然科学版），2019，31 (03)：88-92.

[15] 贾利春，李柱正，陈丽萍．基于有效应力的裂缝性碳酸盐岩地层孔隙压力预测 [J]．钻采工艺，2023，46 (05)：93-99.

[16] 付帅师．地下毛管力曲线测定及其对开发动态的影响研究 [D]．中国石油大学（华东），2013

[17] 李紫莉．低渗岩心毛管力动态效应实验研究 [D]．中国石油大学（华东），2021

[18] Karimi S, Kazemi H. Capillary pressure measurement using reservoir fluids in a middle bakken core [C] // SPE Western Regional Meeting. OnePetro, 2015.

[19] 李爱芬，付帅师，张环环，王桂娟．实际油藏条件下毛管力曲线测定方法 [J]．中国石油大学学报（自然科学版），2016，40 (03)：102-106.

[20] 王跃祥，谢冰，赖强，赵佐安，夏小勇，谢然红．基于核磁共振测井的致密气储层孔隙结构评价与分类 [J]．地球物理学进展，2023，38 (02)：759-767.

[21] Onsrud G, Persen L N, Saetran L R. On the measurement of wall shear stress [J]. Experiments in fluids, 1986, 5 (1): 11-16.

[22] Oishi Y, Onuma S, Tasaka Y, Park H. J, Murai Y, Kawai H. Wall shear stress measurement of turbulent bubbly flows using laser Doppler displacement sensor [J]. Flow Measurement and Instrumentation, 2024, 196: 102546.

[23] Hossein Hamidi, Erfan Mohammadian, Radzuan Junin, Roozbeh Rafati, Mohammad Manan, Amin Azdarpour, Mundzir Junid. A technique for evaluating the oil/heavy-oil viscosity changes under ultrasound in a simulated porous medium [J]. Ultrasonics, 2014, 54 (2).

[24] Liu, Yuke; Zhang, Shuichang; Zou, Caineng; Wang,

Xiaomei; Sokolov, Igor; Su, Jin; Wang, Huajian; He, Kun. Quantitative measurement of interaction strength between kaolinite and different oil fractions via atomic force microscopy: Implications for clay–controlled oil mobility. [J]. Marine & Petroleum Geology, 2021, Vol. 133: 105296.

[25] Ferreira M A, Rodriguez–Lopez E, Ganapathisubramani B. An alternative floating element design for skin–friction measurement of turbulent wall flows [J]. Experiments in Fluids, 2018, 59: 1–15.

[26] Shen Junqi, Pan Chong, Wang Jinjun. Accurate measurement of wall skin friction by single–pixel ensemble correlation [J]. Science China, 2014, 57 (7): 1352–1362.

[27] 刘艳霞. 低渗油藏渗流模型求解方法研究及其应用 [D]. 中国石油大学, 2009.

[28] 姜瑞忠, 李林凯, 徐建春, 杨仁锋, 庄煜. 低渗透油藏非线性渗流新模型及试井分析 [J]. 石油学报, 2012, 33 (02): 264–268.

[29] 杨正明, 于荣泽, 苏致新, 张艳峰, 崔大勇. 特低渗透油藏非线性渗流数值模拟 [J]. 石油勘探与开发, 2010, 37 (01): 94–98.

[30] 刘礼军, 姚军, 孙海, 白玉湖, 徐兵祥, 陈岭. 考虑启动压力梯度和应力敏感的页岩油井产能分析 [J]. 石油钻探技术, 2017, 45 (05): 84–91.

[31] 张睿, 宁正福, 杨峰, 赵华伟, 杜立红, 廖新维. 微观孔隙结构对页岩应力敏感影响的实验研究 [J]. 天然气地球科学, 2014, 25 (08): 1284–1289.

[32] Ju B, Wu Y, Fan T. Study on fluid flow in nonlinear elastic porous media: Experimental and modeling approaches [J]. Journal of Petroleum Science and Engineering, 2011, 76 (3-4): 205–211.

[33] 雷浩, 何建华, 胡振国. 考虑应力敏感和边界层效应的页岩油油藏渗流模型研究 [J]. 科学技术与工程, 2019, 19 (11): 90–95.

[34] Biot M A. General theory of three - dimensional consolidation [J]. Journal of applied physics, 1941, 12 (2): 155–164.

[35] 惠潇, 赵彦德. 鄂尔多斯盆地三叠系延长组长7页岩复合含油气特征 [J]. 中国矿物岩石地球化学学会第15届学术年会论文摘要集 (4), 2015.

[36] 王付勇, 曾繁超, 赵久玉. 低渗透/致密油藏驱替-渗吸数学模型及其应用 [J]. 石油学报, 2020, 41 (11): 1396–1405.

[37] Mason G, Morrow N R. Developments in spontaneous imbibition and possibilities for future work [J]. Journal of Petroleum Science and Engineering, 2013, 110: 268–293.

[38] Zhang Q., Su Y., Wang W., Lu M., Sheng G. Apparent permeability for liquid transport in nanopores of shalereservoirs: coupling flow enhancement and near wall flow [J]. International Journal of Heat and Mass Transfer, 2017, 115: 224234.

[39] THOMAS J A, MCGAUGHEY A J. Reassessing fast water transport through Carbon nanotubes [J]. Nano Letters, 2008, 8 (9): 27882793.

[40] Wu K., Chen, Z, Li J., Li X., Xu J, Dong X. Wettability effect on nanoconfined water flow [J]. Proceedings of the National Academy of Sciences, 2017, 114 (13): 3358–3363.

[41] Wang H, Su Y, Wang W, Sheng G., Li H, Zafar, A. Enhanced water flow and apparent viscosity model considering wettability and shape effects [J]. Fuel, 2019, 253: 1351–1360.

[42] 苏玉亮, 王瀚, 詹世远, 王文东, 徐纪龙. 页岩油微尺度流动表征及模拟研究进展 [J]. 深圳大学学报 (理工版), 2021, 38 (06)

[43] 何梅朋. 鄂尔多斯盆地A区长7页岩油高效开发技术研究 [D]. 西安石油大学, 2023

[44] 李守定, 李晓, 王思敬, 马世伟, 孙一鸣. 页岩油化学生热原位转化开采理论与方法 [J]. 工程地质学报, 2022, 30 (01): 127–143.

[45] 周晓梅, 李蕾, 苏玉亮, 肖朴夫, 陈征, 骆文婷. 超临界 $CO_2/H_2O$ 混合流体吞吐提高页岩油采收率实验研究 [J]. 油气地质与采收率, 2023, 30 (02): 77–85.

[46] 杜猛, 吕伟峰, 杨正明, 贾宁洪, 张记刚, 牛中坤, 李雯, 陈信良, 姚兰兰, 常艺琳, 江思睿, 黄千慧. 页岩油注空气提高采收率在线物理模拟方法 [J]. 石油勘探与开发, 2023, 50 (04): 795–807.

[47] Jeong Kyu–Man; Leonidas Petrakis; Makoto Takayasu; Friz J. Friedlaender. Characterization of shale oil solids removed by the high–gradient magnetic separation technique [J]. FUEL, 1984, Vol. 63 (10): 1459–1463

[48] Hu Lanxiao; Li Huazhou; Babadagli T; Xie Xinhui, Deng Hucheng. Thermal stimulation of shale formations by electromagnetic heating: A clean technique for enhancing oil and gas recovery (Article) [J]. Journal of Cleaner Production, 2020, Vol. 277: 123197.

[49] Mutyala, S.; Fairbridge, C.; Pare, J. R.; Belanger, J. M.; Ng, S.; Hawkins, R.. Microwaveapplications to oil sands and petroleum: A review [J]. FUEL PROCESSING TECHNOLOGY, 2010, Vol. 91 (2): 127–135.

[50] Symington, W. A. Email Author, Kaminsky, R. D., Meurer, W. P., Otten, G. A., Thomas, M. M., Yeakel, J. D.. ExxonMobil's Electrofrac™ process for in

situ oil shale conversion （Conference Paper） ［J］. ACS Symposium Series, 2010, 1032: 185-216.

［51］ Wei Zhang. Recovery mechanisms of shale oil by $CO_2$ injection in organic and inorganic nanopores from molecular perspective ［J］. Journal of Molecular Liquids, 2024: 124276.

［52］ Zemin Ji, Jia Zhao, Xinglong Chen, Yang Gao, Liang Xu, Chang He, Yuanbo Ma, Chuanjin Yao. Three-dimensional physical simulation of horizontal well pum＊＊ production and water injection disturbance assisted $CO_2$ huff and puff in shale oil reservoir ［J］. Energies, 2022, 15 （19）: 7220.

［53］ Chen Y, Sari A, Zeng L, Saeedi, A, Xie Q. Geochemical insights for $CO_2$ huff-n-puff process in shale oil reservoirs ［J］. Journal of Molecular Liquids, 2020, 307: 112992.

［54］ Wang L., Zhang Y., Zou R., Zou R., Huang L., Liu Y, Lei H. Molecular dynamics investigation of DME assisted $CO_2$ injection to enhance shale oil recovery in inorganic nanopores ［J］. Journal of Molecular Liquids, 2023, 385: 122389.

［55］ Bougre E S, Gamadi T D. Enhanced oil recovery application in low permeability formations by the injections of $CO_2$, $N_2$ and $CO_2/N_2$ mixture gases ［J］. Journal of Petroleum Exploration and Production, 2021, 11: 1963-1971.

［56］ Akbarabadi M, Alizadeh A. H, Piri M, Nagarajan N. Experimental evaluation of enhanced oil recovery in unconventional reservoirs using cyclic hydrocarbon gas injection ［J］. Fuel, 2023, 331: 125676.

［57］ Xiong X., Sheng J. J, Wu X, Qin J. Experimental investigation of foam-assisted $N_2$ huff-n-puff enhanced oil recovery in fractured shale cores ［J］. Fuel, 2022, 311: 122597.

# 录井技术在大港油田沧东凹陷陆相滞留型页岩油评价中的应用

闻　竹　孙凤兰　金　娟

（中国石油渤海钻探第一录井公司）

**摘　要**　大港油田沧东凹陷孔二段页岩油为典型的陆相滞留型页岩油，近年来屡获高产油流，展现了良好的勘探前景。为明确研究区孔二段页岩油录井响应特征，从而给勘探开发提供方向，本文深入研究了大港油田沧东凹陷孔二段页岩油评价方法，优选了适合研究区孔二段页岩油的录井技术系列，精准评价页岩油藏的潜力与甜点层段。（1）通过多项录井技术手段，从岩性识别、脆性评价、储集特性分析、可动烃含量 $S_1$ 评价、超越效应评价及烃源岩特性分析，形成了一套较为系统的录井评价方法。（2）明确了工程甜点与地质甜点相结合的重要性，长英质矿物富集层段具备良好的脆性特征。（3）气测全烃显示的高异常值段指示裂缝型页岩油层甜点选取的重的有利区带，应作为裂缝型页岩油甜点选取的关键。（4）岩石热解地化录井中 $S_1$（游离烃含量）及超越效应 OSI（油气显示强度与基质孔隙度关系的参数）的高值区域，可作为以基质孔隙为主的页岩油甜点层段优选的重要指标。本文的研究成果不仅深化了对大港油田沧东凹陷孔二段陆相滞留型页岩油地质特征的认识，还为其甜点层段的精准评价与有效开发提供了新思路，对于推动研究区孔二段页岩油资源的规模效益开发具有重要指导意义。

**关键词**　滞留型；页岩油；录井技术；含油性；脆性

近几年，我国在页岩油领域不断获得突破，发现了储量非常丰富的页岩油资源，为我国能源安全提供了重要保障。我国页岩油主要赋存于陆相页岩，陆相页岩油根据岩石组构划分为"单一型、夹层型、互层型、厚层型"四种类型（前三种为狭义页岩油）。其中，单一型页岩油特征为厚层暗色页岩夹零星粉砂与碳酸盐岩纹层，砂地比小于10%，单砂体厚度小于2m，单一型页岩油为页岩-滞留型，大港油田沧东凹陷孔二段属于典型的单一滞留型页岩油，且是我国率先实现陆相纹层滞留型页岩油工业化开发的油田。

大港油田沧东凹陷孔二段沉积期为一内陆封闭湖盆，古气候为亚热带半干旱—潮湿气候，沉积相主要为辫状河三角洲、远岸水下扇和半深湖—深湖相（亚相），沉积了一套以暗色泥页岩为主，夹薄—中层状粉砂岩—中砂岩及泥质白云岩的沉积建造。其中暗色泥页岩主要分布在深凹区的深湖相—半深湖相中，分布广泛、富含有机质、沉积厚度大，泥页岩累计厚度最高可达400m，为页岩油的形成奠定了物质基础。按构造位置，页岩油主要分布在官东和官西两个区域，按沉积旋回，孔二段自上而下可以分为孔二1、孔二2、孔二3、孔二4四个亚段，页岩油层主要分布在孔二1至孔二3亚段，含 C1—C7 七个开发层 21 个小层，是勘探开发的重要层系。

## 1　页岩油录井技术应用发展历程及优势

孔二段页岩油的勘探开发经历了前期准备、勘探发现和开发试验三个发展阶段。伴随着页岩油的勘探开发，录井技术得到了相应的应用和发展。勘探前期阶段，录井系列主要为相对单一的综合录井技术和二维定量荧光，页岩层系不作为目的层，岩性定名单一（泥岩），含油级别不参与定名；勘探发现阶段，录井技术应用逐步完善，增加碳酸盐岩连续分析和薄片鉴定，提升对岩石矿物组成和结构构造特征的识别分析，并针对岩心进行连续岩石热解地化、热解气相色谱和三维定量荧光分析，完善了对页岩油含油性的系统评价；开发试验阶段，随着对页岩油认识的不断突破和地质工程一体化需求，录井又进一步丰富完善了技术手段，从显示定级、岩性、脆性、烃源岩、可动烃评价的需求出发，进一步补充增加了元素、全岩、岩石热解技术对岩屑的连续分析，逐步发展形成了较为完善的页岩油录井技术系列，即综合录井、元素（全岩）录井、岩石热解录井、定量荧光录井、岩屑成像录井、地质导向等多技术组合系列。

在页岩油勘探开发过程中，录井技术以其独特的优势在页岩油领域尤其是大港油田陆相滞留型页岩油规模开发中发挥着越来越重要的作用。同其它行业相比，录井可以利用现场第一手岩屑及岩心资料，直接检测泥页岩的脆性及含油性参数，直观有效地解决页岩油储层岩性脆性的准确识别、可动烃含量的量化评价难题；与录井同行业相比，创新了多技术参数含油性综合评价指数，并探索形成了一套适用于陆相滞留型页岩油甜点的录井综合评价方法，为陆相滞留型页岩油录井评价提供较为完善的技术思路，为滞留型页岩油地质甜点评价及工程压裂段簇优选发挥了不可替代的作用。

## 2 页岩油录井评价关键技术

滞留型页岩油气勘探的重点技术攻关需求是如何评价储层、如何寻找油气和工程"甜点"、如何进行最大产能开发等。由于滞留型页岩油气藏在成藏机理、分布规律、评价方法等方面均与其它类型页岩油气藏有所不同，针对陆相滞留型页岩油的典型特点，从录井技术角度，其关键主要是从页岩油岩性、脆性、储集特性、有机质、油品性质、可动烃含量等几个方面针对页岩油层进行评价。

### 2.1 岩性评价

孔二段滞留型页岩油地层岩性成分复杂，仅通过肉眼无法准确识别矿物成分，需要借助X-衍射全岩录井（XRD）及X射线元素录井（XRF）分析、碳酸盐岩含量分析、薄片分析等技术资料进行确定。相较而言，XRD矿物录井技术可以直接测定出岩石中的各种矿物组成，在充分掌握区域地质背景情况下，根据岩石宏观特征，结合XRD分析结果，准确识别地层岩性。

通过XRD技术测定得到的孔二段页岩油矿物成分主要包括石英、钾长石、斜石、方解石、白云石、粘土含量等。首先提取反映不同岩性特征的敏感矿物，将得到的岩屑矿物成分归一化处理，以矿物成分含量大于50%的定义为主要岩性，岩石矿物成分在25%~50%之间的定义为"质"，矿物成分含量小于25%不参加岩石定名。在细化岩性分类的基础上，建立三端元岩性图板，反映不同地区岩性差异特征。

沧东凹陷孔二段页岩油层主要分布在官东和

官西两个区域，通过在两个地区XRD分析数据建立的三端元图板可以看出（如图1），官东的小集地区岩性具有高长英质、中高云灰质、低泥质的特征，官西地区岩性具有高云灰质、中高长英质、低泥质的特征，长英质和灰云质总量多在75%以上，黏土矿物含量多在25%以下，而官东的王官屯地区岩性具有高长英质、中高云灰质、高泥质的特征，黏土含量在25%以上的占较高的比例，说明官东的小集地区和官西地区页岩油层段长英质和灰云质矿物含量高，更有利于后期工程改造。

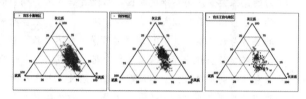

图1 官东与官西地区岩性特征三端元图板

### 2.2 脆性评价

目前，页岩油勘探开发均采用多级分段体积压裂技术，因而地层脆性评价是页岩油研究的重要特性之一。岩石脆性越大，人工压裂越易形成网状结构缝，越有利于页岩油的开采；而粘土矿物含量越高，页岩塑性越强，压裂时吸收的能量越多，岩石越易形成简单形态的裂缝，不利于页岩体积改造。

从录井技术角度而言，X-衍射全岩录井（XRD）及X射线元素录井（XRF）技术均可实现对页岩油层的脆性评价。X衍射全岩分析技术是鉴定矿物和矿物的品相，可以利用此技术解决页岩油层中岩性定名及分析矿物组成问题，从而达到快速准确识别矿物进而进行脆性评价的目的。元素录井是利用X射线荧光仪分析岩心、岩屑的元素含量，并根据敏感元素含量信息进行脆性识别。

#### 2.2.1 矿物录井脆性评价

利用已投产井岩屑的X衍射矿物分析，结合生产情况，分别选取生产效果较好、中等及较差井的矿物分析数据，提取敏感的脆性参数A和脆性参数B，建立脆性评价图板。

脆性参数A＝（石英+长石）/黏土矿物

脆性参数B＝（方解石+白云石）/黏土矿物

脆性参数A反映长英质优势，脆性参数B反映云灰质优势。从交汇图板可以看出（如图2），I类油层，脆性参数A>3.0，脆性参数B>1.0；II类油层，2.0<脆性参数A≤4.5，1.0<脆性参数B<

6.5；Ⅲ类油层，脆性参数 A<2.5，脆性参数 B<2.0。由此说明，Ⅰ类油层脆性特征具有较明显的长英质优势。

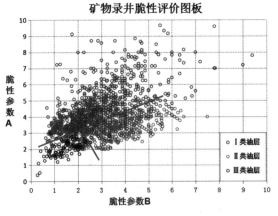

图 2 矿物录井脆性评价图板

### 2.2.2 元素录井脆性评价

利用已投产井岩屑的元素录井分析，分别选取官东地区不同开发平台的分析数据，提取反映长英质优势的脆性参数 a 和反映云灰质优势的脆性参数 b，建立不同平台脆性评价图板。

脆性参数 $a = Si/(Ca+Mg+Si+Al+Fe)*100$
脆性参数 $b = (Ca+Mg)/(Ca+Mg+Si+Al+Fe)*100$

从交汇图板可以看出（如图 3），5#台子的长英质脆性优势最强，9#台子的长英质脆性优势最弱，1#台子居中。结合生产情况分析，5#台子初期投产和稳产效果最好，9#台子初期投产和稳产效果最差，1#台子居中。由此，对于滞留型页岩油层，产出效果好的井，长英质脆性优势优于云灰质脆性优势。

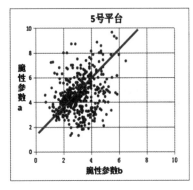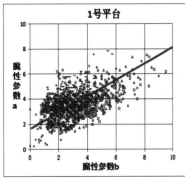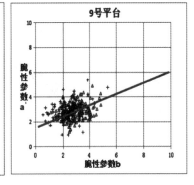

图 3 元素录井脆性评价图板

## 2.3 储集特性评价

页岩油属于源内自生自储型富集模式，富集程度取决于储层孔缝发育程度。沧东凹陷孔二段泥页岩段页理发育，储集空间为晶间孔、粒内微孔、粒间溶蚀孔及层理缝、压实缝、构造缝等多种类型。

全烃曲线是连续测量地层信息的一项重要参数，全烃曲线异常幅度的高低、厚薄、形态变化，均富含储层信息。钻遇页岩油层段时，如果储集物性相对好，含油饱和度高，气测全烃就会呈现出较高的油气显示异常值；如果储集物性差，含油饱和度低，气测全烃往往呈现低值，而且不同的储集空间，全烃曲线形态的反映特征也有所不同。

对于以基质孔隙为主的页岩油显示层段，如图 4 所示 GY7-3-2L 井，全烃曲线呈缓增式特征，异常幅度值中等，而且全烃异常的厚度与所钻遇油层的厚度有较强相关性，在钻井液性能稳定的

情况下，全烃曲线的形态变化可以非常直观地反映其油气储集分布的非均质性特征，据此可对页岩油有效层进行判断、卡取和评价。对于以裂缝为主的页岩油显示层段，如图 4 所示 GD1702H 井，全烃异常幅度呈陡增式特征，异常幅度值高，甚至达到饱和，钻开后后效及单根峰明显，但由于钻井安全考虑，需要对钻井液进行加重调整，全烃异常的厚度与所钻遇油层厚度的相关性受到影响，需要结合其他资料进行综合评价。因此，在排除后效影响的情况下，对应气测全烃异常陡增的高值段是裂缝性页岩油层发育的层段，更是页岩油层甜点选取的重点层段。

## 2.4 有机质评价

有机质的评价内容包括有机质丰度、有机质类型、有机质成熟度三个方面。通过岩石热解地化录井技术分析可直接测得 $S_0$、$S_1$、$S_2$、Tmax 等参数及计算得到 Pg、TOC、HI、D 等派生参数，以实现对有机质的有效评价。

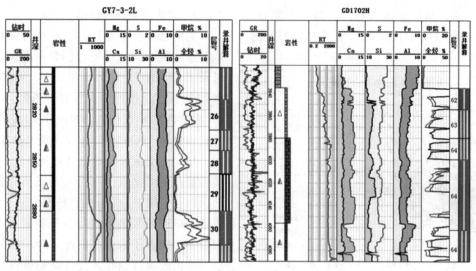

图 4　气测录井评价图

通过多口井岩样进行岩石热解地化分析（如　　　图 5），沧东凹陷孔二段页岩油层段有机质特征总体

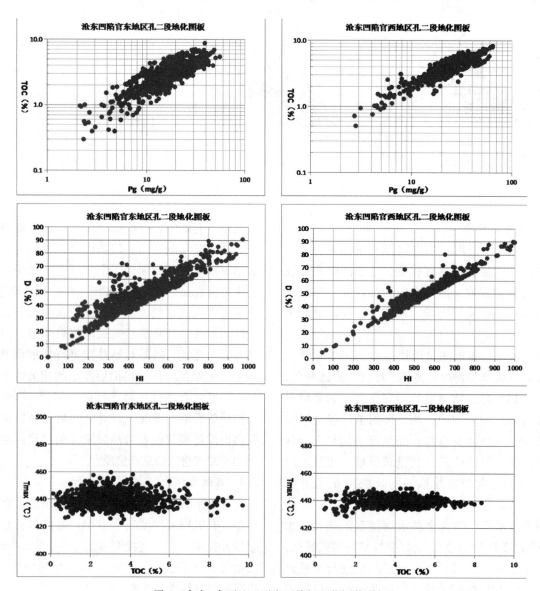

图 5　官东-官西地区页岩石热解地化评价图板

表现为：TOC 值主要分布在 2%～8% 之间，Pg 值主要分布在 6～50mg/g 之间，有机质丰度高；HI 值主要分布在 250～1000 之间，D 值主要分布在 20%～90% 之间，有机质类型为 I 类腐泥型和 II₁ 类腐植腐泥型；Tmax 值主要分布在 430～450 之间，有机质处与成熟阶段。进一步对比官东、官西地区地化交汇图板可以看出，官东地区有机质成熟度更高，官西地区有机质成熟度相对低，两个地区有机质存在一定差异性。

### 2.5　油品性质评价

利用定量荧光谱图主峰位置及参数特征，可以较好地反映出不同区域油品性质具有较明显差异性，且与原油物性分析测得的原油性质特征有较好的一致性。如官东地区的 1#台子、5#台子与官西地区的 9#台子、10#台子相比（如图6），1#台子、5#台子定量荧光谱图反映主峰靠前，且以前峰为主，反映油质相对较好，实际测得的原油密度、粘度也相对低；9#台子、10#台子定量荧光谱图反映主峰靠后，且后峰明显，反映油质相对较差，实际测得的原油密度、粘度也相对高；即使同处于官东地区的 1#台子和 5#台子相比，1#台子定量荧光谱图主峰更靠前，后峰明显比 5#台子显示弱，实测原油粘度 1#台子明显比 5#台子小。由此，利用定量荧光谱图可以对页岩油油品性质进行有效评价。

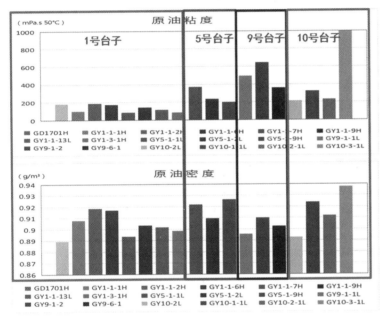 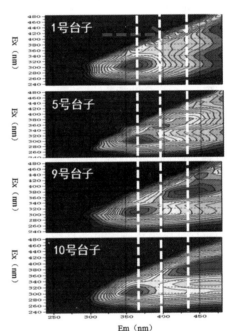

图6　定量荧光图谱特征对比图

### 2.6　可动烃评价

大港油田滞留型页岩油层属源储一体，有机碳含量高、含油饱和度差异大，自然产出能力低，对其含油性评价，不仅要评价层系中的总含油量，更要评价其中可动油的含量。页岩油可动性如何决定了页岩油富集程度和页岩油甜点的好坏，决定了储层中流体被开采的地质条件的优劣程度。

利用气测、岩石热解地化、定量荧光录井技术，从海量数据中抽提出相关性强的参数，客观评价可动烃的含量是录井非常关键的工作。

#### 2.6.1　含油饱和指数法

地化录井参数 $S_1$ 表征页岩油可动烃的含量，其计算参数含油饱和指数 OSI 可有效反映页岩油的超越效应。由此，$S_1$ 和 OSI 可作为岩石热解地化评价页岩含油性和可动性的关键参数。

含油饱和指数计算公式为：$OSI = S_1/TOC * 100$

利用 $S_1$ 和 TOC 参数交汇，分别针对官东和官西地区，建立了反映页岩油产油能力的 OSI 特征图板（如图7）。

官东地区：

I 类油层：S1>4mg/g，OSI>120；

II 类油层：S1 在 2～4mg/g 之间，OSI 在 70～120 之间；

III 类油层：S1 在 1～2mg/g 之间，OSI<70。

官西地区：

I 类油层：S1>3mg/g，OSI>70；

Ⅱ类油层：S1 在 1.5～3mg/g 之间，OSI 在 470～70 之间；

Ⅲ类油层：S1<1.5mg/g，OSI<40。

通过对比可以发现，官东地区 S1 和 OSI 均明显高于官西地区，说明官东地区可动烃含量更高，产出能力更强，更易于开采。

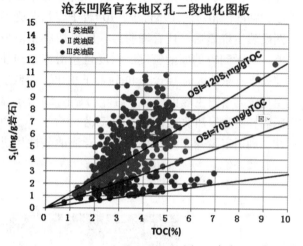
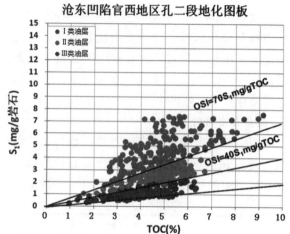

图7　官东——官西地区孔二段 OSI 特征图板

### 2.6.1 综合含油指数法

在页岩油勘探开发过程中，录井应用了气测、岩石热解地化、定量荧光等多项技术开展页岩油含油性评价，由于页岩油层特殊的储集和含油特点，不同的录井技术数据反映了不同的烃类信息，为了对页岩油层含油性进行全面客观评价，从气测、岩石热解地化和定量荧光录井参数中选取反映页岩油含油丰度及可动烃含量的敏感参数，通过分析实验、数学拟合表征，形成页岩油含油性综合评价指数，并建立评价标准，为页岩油含油性综合评价提供依据，为富集层评价及段簇选取提供依据。

页岩油录井综合含油指数计算公式：LOI = （TG$_{FJ}$×R$_1$+S$_1$×R$_2$）K$_1$+N×R$_3$×K$_2$

结合试油数据，页岩油录井综合含油指数评价标准如下：

Ⅰ类油层：LOI>0.25；

Ⅱ类油层：LOI 在 0.15～0.25 之间；

Ⅲ类油层：LOI 在 0.10～0.15 之间。

### 3 应用实例

GY5-3-1L井：目的层为孔二段 C3 的⑧小层为主，本井揭开目的层后，从岩性脆性特征分析，长英质优势非常明显，云灰质优势相对弱；从储集特性分析，气测录井全烃顶部层段较活跃为上覆地层注水后效影响，主力层段排除单根峰影响

外主要反映为基质孔隙显示特征；从含油性特征分析，气测全烃较活跃，地化数据分析 S1 值主要分布 6～8mg/g 之间，OSI 值主要分布在 200～300 之间，TOC 值主要分布 2%～4% 之间，说明可动烃含量高、超越效应好，有机质丰度高。综合评价以Ⅰ类油层为主。本井水平段多段簇压裂，压裂厚度1022m，2021年3月份开始投产，日产油30吨以上超过80天，累产油超过12000多吨，产出效果非常好，与录井评价结论一致（图8）。

### 4 结论及认识

①完善的录井技术系列是滞留型页岩油综合全面评价的强有力技术保障。

②长英质优势特征明显的层段可作为孔二段滞留型页岩油"工程"甜点优选的重点层段。

③气测、岩石热解地化、定量荧光录井技术对于页岩油可动烃的评价意义重大。其中，气测全烃的高异常段可作为裂缝性储集特征为主的页岩油层甜点选取的重点层段，岩石热解地化录井 S$_1$、超越效应 OSI 高值段可作为基值孔隙储集特征为主的页岩油层甜点选取的重点层段。

④官东地区与官西地区在岩性、脆性、油品性质、可动烃评价指标方面有明显差异性，通过录井技术总结的差异特征规律对于区域精细评价具有一定指导意义。

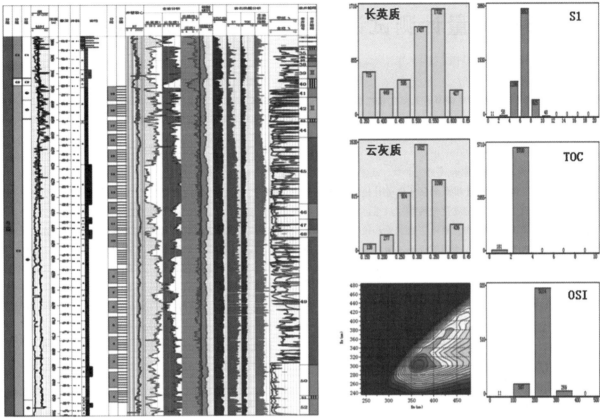

图 8　GY5-3-1L 录井评价图

## 参 考 文 献

[1] 蒲秀刚，韩文忠，周立宏，等. 黄骅坳陷沧东凹陷孔二段高位体系域细粒相区岩性特征及地质意义 [J]. 中国石油勘探，2015，20（5）：30-39.

[2] 陈世悦，胡忠亚，柳飒，等. 沧东凹陷孔二段泥页岩特征及页岩油勘探潜力 [J]. 科学技术与工程，2015，15（18）：26-31.

[3] 周立宏，浦秀刚，肖敦清，等. 渤海湾盆地沧东凹陷孔二段页岩油形成条件及富集主控因素 [J]. 天然气地球科学，2018，29（9）：1323-1332.

# 湿气流量计测试评价与页岩气现场应用研究

张 强[1,2,3] 刘丁发[1,2,3]

[1. 中国石油西南油气田公司天然气研究院；2. 国家市场监管重点实验室（天然气质量控制和能量计量）；
3. 中国石油天然气集团公司天然气质量控制和能量计量重点实验室]

**摘 要** 在实验室和页岩气井口，运用湿天然气测试实验测试装置，对市场上基于文丘里管结合差压进行湿气不分离计量设计模式的湿气流量计进行综合性能测试评价，实验确定该类型湿气流量计的实验室和现场应用性能，支撑湿气流量计的推广应用。分析了国内外湿气计量技术、湿气实验测试实验装置及标准现状，基于建成的湿天然气流量测试实验装置和设计的现场实验撬装，在厂家宣称的气相和液相流量范围内，在实验室和页岩气井口，通过调节设置不同气相和液相流量工况，基于比对参比流量值，对被测湿气流量计的性能进行评价。被测湿气流量计实验室测试气相偏差为-2.80%~4.43%，液相偏差为-27.94%~20.37%，气相性能符合页岩气生产企业暂定相对示值误差指标±10%和厂家宣称±5%的要求，液相性能部分流量点相对示值误差超出厂家宣称±10%的范围；页岩气井口测试气相偏差为-4.20%~5.71%、液相偏差为-19.66%~48.07%，被测湿气流量计现场气相测试结果与实验室测试情况基本一致，但液相测试结果相比实验室测试偏差增大，已超出暂定液相指标±30%的范围。湿气流量计的气相性能基本可以满足页岩气生产计量要求，液相在现场复杂工况下还无法满足现场生产动态监测需要，应完善湿气流量计性能评价方法，加大现场试验规模，为湿气流量计的性能提高和推广应用提供支撑。

**关键词** 湿气；湿气测量；湿气流量计；测试评价；现场应用

在油气田开发领域，对于没有经过脱水、净化和轻烃回收处理的天然气，通常称之为湿气，其主要成分为天然气、水和轻质烃类。湿气广泛存在于石油天然气工业的上游领域，我国常规天然气、页岩气等非常规天然气在进入净化环节前的输运与计量过程中大多都是以湿气的形式呈现。在湿气研究领域，通常采用体积含气率（GVF）或 Lockhart-Martinelli（L-M）参数来定义湿气，认为气体中含有液体，且体积含液率小于5%或 Lockhart-Martinelli（L-M）参数小于0.3时为湿气，但考虑到体积含液率不能充分体现气液两相流的流动状态，因此综合考虑了压力、气液比率、液体密度等方面工况因素的 Lockhart-Martinelli（L-M）参数定义方式在行业内接受程度更高。

湿气计量在油气田中主要应用于对各生产井的动态产量进行监测，其可靠性和稳定性对准确评估单井产能和优化调整生产方案等具有重要指导作用。当前，我国已有较多企业进行湿气流量计的研制，并开展市场推广和现场试用，但不同厂家湿气流量计宣称的技术指标各不相同，考虑到我国暂时还没有湿气流量计相关的检定规程或规范，因此需要开展湿气流量计测试实验研究，

为湿气流量计测试评价有关规程规范的制定提供技术支撑。

## 1 湿气计量技术现状

### 1.1 计量技术与设备

湿天然气在输送管道中通常表现为层状或环形流态下的低液量气液两相流动，气体中夹带的液体对单相气体流量计造成非常大的干扰，难以用常规的气体流量计对其进行计量。现有的湿天然气测量技术，总体可分为分离法和非分离法两种技术路线。

分离法即采用分离器将湿天然气分离为气相和液相，再分别采用气体和液体的流量计进行计量，本质上使用的还是单相流测量技术，测量原理清晰简单，运行管理成熟，是长期以来油气田广泛使用的传统计量方式，这种方式的准确度主要取决于分离效率和计量系统的维护使用情况，理论上在分离器结构合理，配套计量仪表维护管理有保障的情况下，准确度较为可靠。随着我国油气田的低成本和高效率勘探开发需求，对湿天然气计量提出了更高的要求，分离计量的弊端也日益显现，分离计量系统建设不仅费用昂贵，若

生产平台未能单井全部配套分离计量工艺，众多天然气井的只能定期轮换计量，无法满足油气田对单井产量信息实时监测的需求，且现场操作工作量大、不利于井场安全管理。

非分离法是指采用两相流测量技术对湿天然气的气体和液体流量进行直接测量。与分离法相比，可以极大的简化天然气上游集输系统的地面设施，降低油气田的投资和运行成本，若不分离测量技术的准确度能够满足油气田生产的需要，是湿天然气最理想的计量方式。随着油气田低成本、高效率开发的需求，采用不分离测量技术代替体积大、成本高的分离计量技术是当前的发展趋势，在这一技术背景下，各大油田公司都开展

了不分离测量技术的试用，特别是海上的油气开发和陆上的页岩气开发，为了降低开发成本，不分离测量技术在新开发的区块中已开始规模应用。

## 1.2　湿气流量测试装置现状

湿气流量测试装置是开展湿气流量测试评价研究，确保湿气流量准确可靠的前提和基础。从上世纪90年代开始，欧美一些流量测量研究机构和石油公司开始湿气测量技术的研究，先后建立了相应的湿气多相流测试装置，目前国内外共建有10余套较为有影响力的湿气多相流测试装置，主要都服务于石油天然气工业，国内外主要湿气多相流测试装置详见表1。

表1　国内外主要湿气多相流测试装置

| 机构名称/国家 | 气相流量上限 | 液相流量上限（m³/h） | 最大压力（MPa） | 采用流体 |
|---|---|---|---|---|
| NEL/英国 | 1200m³/h | 140 | 6.3 | 氮气、煤油或水 |
| SINTEF/挪威 | 1500m³/h | 450 | 9.0 | 氮气、挥发油/柴油 |
| SwRI/美国 | 35000Nm³/h | 132.5 | 24.5 | 天然气、水、凝析油 |
| CEESI/美国 | 800m³/h | 24.8 | 8.2 | 天然气、水、凝析油 |
| Norsk Hydro/挪威 | 22000Nm³/h | 60 | 11.0 | 天然气、原油、地层水 |
| DNV/荷兰 | 1200m³/h | 40 | 4.0 | 天然气、水、轻烃 |
| K-Lab/挪威 | 2000m³/h | 120 | 14.6 | 天然气、水、轻烃 |
| 大庆/中国 | 1170Nm³/h | 110 | 1.6 | 天然气、原油、地层水 |
| IFP/法国 | 352m³/h | 133 | 5.0 | 天然气、氮气、燃料油，水 |
| 成都分站/中国 | 650m³/h | 8 | 4.0 | 天然气、水 |

由于不同研究机构的研究定位和研究对象有所不同，因此这些多相流湿气计量检测装置在具体的设计参数、结构布局等上有所不同，但总体的工艺流程和设备组成大致相似。现有的这些多相流湿气测试研究装置大多采用环道的方式进行设计以获得较为宽泛的实验测试范围，实验测试介质涉及油、气、水中的三相或两相，因此多相流湿气实验测试装置都可看作是由标准表法的油流量装置、气流量装置、水流量装置通过共用测试段的方式设计而成，一方面要能够真实的模拟复现油气田湿气和多相流真实的流动工况和流动状态，另一方面还要提供高精度的测试流量参考数据，由于涉及不同流体介质装置的相互融合，以及气液混合、气液分离以及稳定性控制等辅助工艺的设计，与单相气体流量检测装置相比，多相流或湿气流量检测装置具有更大的复杂程度和技术难度，因此国际上现有湿气多相流装置的数

量还不多。从湿天然气测量技术的研究情况来看，测试介质对气液两相流的特性存在一定影响，从表1中可以看出，除了少数早期建设的湿气流量测试装置采用了氮气为测试介质，采用天然气实流介质进行湿天然气测试已成为了行业内的共识和发展趋势。

## 1.3　湿气流量测量标准现状

湿气计量相关技术标准或报告的制修订情况方面，欧美等发达国家在湿气测量技术方面积经过20多年的技术发展，累了一定的经验，为了进一步推动湿气测量技术的发展和推广应用，开展了相关技术标准的研究工作，但由于总体上湿气测量技术还不够成熟，还未形成完善的标准体系，目前只形成了部分的标准和相关的技术报告，见下表2所示。

**表2　现有国内外湿天然气计量标准或技术报告一览表**

| 序号 | 标准或报告编号 | 标准或技术报告名称 |
|---|---|---|
| 1 | ISO/TR 12748：2015 | 天然气——天然气生产过程中的湿气流量测量 |
| 2 | ISO/TR 11583：2012 | 用插入圆截面管道中的差压装置测量湿气流量 |
| 3 | ISO/TR 26762：2008 | 天然气-上游领域-气体和凝液的分配 |
| 4 | API MPMS 20.3-2013 | 多相流量的测量 |
| 5 | ASME MFC-19G：2008 | 湿气流量计量指南 |
| 6 | GB/T 35065.1-2018 | 湿天然气流量测量第1部分：一般原则 |
| 7 | GB/T 35065.2-2023 | 湿天然气流量测量第2部分：流量计测试和评价方法 |
| 8 | GB/Z 35588-2017 | 用安装在圆形截面管道中的差压装置测量湿气体流量 |

国际标准化组织ISO关于湿气测量技术主要是以技术报告的形式对现有技术进行了总结，其中ISO/TR 12748《天然气——天然气生产过程中的湿气流量测量》主要用于指导和规范天然气上游领域湿气计量技术的现场应用，对湿气计量技术应用中存在的实际问题、如何降低湿气测量的不确定度、湿气计量技术的适用范围进行指导。ISO/TR 11583主要针对用文丘里管等差压式流量计测量湿气的修正模型和修正方法。

美国石油学会（API）关于湿气测量技术方面的研究主要由其石油测量委员会（API-COPM）下属的分配计量委员会来承担，其形成的标准收录在美国石油学会石油计量标准手册（API-MPMS）的第二十章中，关于分配计量初步形成了标准框架体系，主要包括了分配测量、用单相设备进行产品分配、多相流测量、生产井测试在计量和分配中的推荐做法、水下湿气流量计在分配测量系统中的应用等部分的内容。

国内在湿天然气计量方面的标准研究起步较晚，在标准研究方面主要还是跟踪国际相关标准的发展，目前所形成的标准都是对ISO相关技术报告的转化，其中GB/T35065.1-2018《湿天然气流量测量第1部分：一般原则》主要是对ISO/TR 12748《天然气——天然气生产过程中的湿气流量测量》中的湿气测量基本原则和定义部分进行了转化，介绍了湿气测量的一些基本原则和参数定义。GB/T35065.2-2023《湿天然气流量测量第2部分：流量计测试和评价方法》给出湿天然气流量计在实验室和现场进行计量性能测试评价的一般要求、测试原理、测试条件、测试过程控制、评价方法和评价结果。GB/Z 35588-2017《用安装在圆形截面管道中的差压装置测量湿气体流量》则是对ISO/TR 11583：2012《用插入圆截面管道中的差压装置测量湿气流量》的等同采用。

## 2　湿气流量计测试评价

随着油气田低成本高效率开发的需求，尤其是近年来页岩气开发的进一步深入，对湿天然气测量技术提出了较为急迫的要求，为了进一步提高湿天然气流量测量的技术水平，推动湿天然气测量技术在现场的实际应用，选择了典型的国产湿气流量计进行了实验室测试评价和现场应用研究。目前国内厂家研发的湿气流量计，其测量模型的实验基础以及流量计出厂测试都是以空气和水为测试介质，这些湿气流量计在现场的适应性是目前油气田较为关注的问题。

气相评价指标要求以中国石油企业标准Q/SY 1858-2015《页岩气地面工程设计规范》为依据，气相准确度要求优于±10%；液相流量尚无标准对其技术指标进行要求，结合页岩气生产动态监测要求，准确度暂定为优于±30%。

### 3.1　湿气流量计实验室测试评价

实验利用国家石油天然气大流量计量站成都分站的湿天然气流量测试实验装置，装置采用的测试介质为天然气和水，装置设计压力6.3MPa，根据气源情况，运行压力（1.5~4.0）MPa，气相流量测试范围（8~650）m³/h，测量不确定度为0.6%（$k=2$）；液相流量测试范围（0.5~8.0）m³/h，测量不确定度为0.4%（$k=2$）。

选取了市场上典型基于文丘里管结合差压进行湿气不分离计量的湿气流量计进行测试评价，其气相工况流量测量范围：（36~150）m³/h；液相流量测量范围：（0~3.5）m³/h；厂家宣称性能：气相流量相对示指偏差±5%，液相流量相对示指偏差±10%。

因湿气流量计可同时测量湿气体中气相和液相的流量，对于湿气流量计性能的测试评价应充分考虑其测量范围内不同气相流量和不同液相含率流动工况下的气相流量和液相流量的计量性能。实验测试过程中首先在每个气相流量点下进行干气流量的测试，再根据流量计的液相含率测量范

围从小到大逐渐地向天然气中加入水形成湿天然气两相流进行测试。测试的具体工况及测试结果

分别见表3所示。

表3　湿气流量计测试工况及测试结果

| 流量点 | 标准气相工况流量（$m^3/h$） | 标准液相流量（$m^3/d$） | 标准气相标况流量（$Nm^3/h$） | 被测湿气流量计气相流量（$Nm^3/h$） | 被测湿气流量计液相流量（$m^3/h$） | 气相流量相对示值误差（%） | 液相流量相对示值误差（%） |
|---|---|---|---|---|---|---|---|
| 1 | 36.09 | — | 969.77 | 977.10 | — | 0.76 | — |
| 2 | 72.13 | — | 1944.49 | 1923.28 | — | -1.09 | — |
| 3 | 112.55 | — | 3028.42 | 2977.19 | — | -1.69 | — |
| 4 | 150.02 | — | 3947.50 | 3871.41 | — | -1.93 | — |
| 5 | 36.82 | 12.61 | 982.58 | 989.67 | 0.4731 | 0.72 | -9.94 |
| 6 | 36.90 | 24.38 | 981.13 | 1013.93 | 0.9078 | 3.34 | -10.63 |
| 7 | 37.03 | 35.76 | 981.23 | 1000.28 | 1.4240 | 1.94 | -4.42 |
| 8 | 71.63 | 12.29 | 1889.37 | 1916.11 | 0.3690 | 1.41 | -27.94 |
| 9 | 71.14 | 28.49 | 1880.32 | 1895.29 | 1.1261 | 0.80 | -5.13 |
| 10 | 70.67 | 58.95 | 1870.00 | 1952.79 | 2.2435 | 4.43 | -8.66 |
| 11 | 110.90 | 12.26 | 2378.80 | 2357.77 | 0.4357 | -0.88 | -14.71 |
| 12 | 109.66 | 35.37 | 2340.36 | 2331.18 | 1.4641 | -0.39 | -0.66 |
| 13 | 110.57 | 70.78 | 2373.94 | 2468.48 | 2.5147 | 3.98 | -14.73 |
| 14 | 149.51 | 12.31 | 3241.14 | 3150.34 | 0.5673 | -2.80 | 10.56 |
| 15 | 147.82 | 40.51 | 3202.75 | 3114.80 | 2.0320 | -2.75 | 20.37 |
| 16 | 148.90 | 81.15 | 3201.68 | 3296.65 | 3.2697 | 2.97 | -3.31 |

从表3中可以看出，被测湿气流量计在测试的流量范围内，相同气相流量下，随着液相流量的增大，气相偏差总体呈增大趋势，液相偏差呈减小趋势；相同液相流量下，随着气相的增大，气相和液相偏差或增大或减小，没有明显的趋势特征。总体上，气相偏差为-2.80%~4.43%，符合暂定气相指标和厂家宣称要求；液相偏差为-27.94%~20.37%，均处于暂定液相指标±30%以内，但有6个液相测试流量点相对示值误差超出±10%的宣称范围。

**3.2　湿气流量计现场比对测试评价**

为了考察湿气流量计在天然气井口的适应性，针对当前页岩气开发对湿气流量计的需求，选择处于生产早期的某页岩气生产平台开展了湿气流量计的现场比对实验，井口计量压力处于（5.1~5.3）MPa之间，最大产量为标况 $14.1×10^4 m^3/d$，测试流量根据被测试湿气流量计测量范围进行调节，以气相流量调节为主，约在产气量标况 $14×10^4 m^3/d$、$10×10^4 m^3/d$ 和 $7.0×10^4 m^3/d$ 共3个工况条件下进行测试，液相流量为气井自然携液。以

日累积量进行比对测试评价，3个流量工况的测试时间分别5天，所有试验数据记录均采用数据采集系统进行自动采集。

**3.2.1　场实验工艺流程及方案**

试验工艺流程示意图如图1所示，"两相流量计现场比对测试撬"作为旁路安装在传统页岩气生产平台"平台除砂器"和"平台分离器"之间，试验湿气流量计安装在"两相流量计现场比对测试撬"的"气液分离器"上游，最多可同时串联安装3台试验湿气流量计，"气液分离器"下游安装有参比标准气相和液相测量仪表，通过对比湿气流量计和参比标准气相和液相仪表的测量结果来评估湿气流量计的性能特点。

"两相流量计现场比对测试撬"整体采用DN80管道设计，最大标况流量为 $30×10^4 m^3/d$；参比标准气相仪表采用规格型号为 DN100 口径的高级孔板阀，测量不确定度为1.18%（$k=2$）；参比标准液相仪表采用规格型号为 DN25 口径的电磁流量计，最大流量为 $17m^3/h$，测量不确定度为0.62%（$k=2$）。

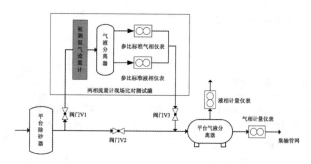

图 1  两相流量计现场比对测试撬安装流程示意图

### 3.2.2  现场测试比对结果

现场测试比对数据如图 2 和图 3 所示，可以看出，在页岩气井口测试的工况范围内，被测湿气流量计的测量结果与参比标准流量相比，气相相对示指偏差为-4.20%~5.71%，液相相对示值偏差为-19.66%~48.07%。从不同工况可以看出，随着气液流量的降低，气相测量结果偏差逐渐增大；而液相流量随着产液量的降低，测量偏差逐渐增大。与实验室测试结果相比，被测湿气流量计现场气相测试结果与实验室测试情况基本一致，但液相测试结果相比实验室测试偏差增大，已超出暂定液相指标±30%的范围，从现场测试过程数据分析来看，造成这一问题的主要原因在于，现场气液工况更为复杂多变，且随着气相流量的降低，产液量逐渐减小至约 5m³/d 的工况，平均工况体积含液率约为 0.3%，气体中的液体含率已低于了被测湿气流量计厂家宣称的测量下限，液相测量准确度难以保证。

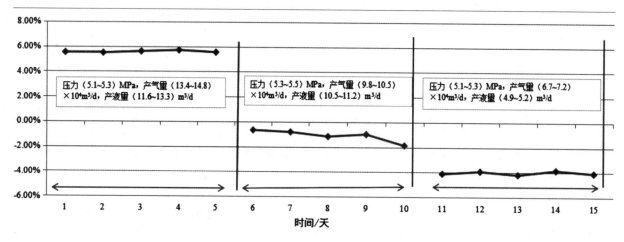

图 2  气相测试评价结果

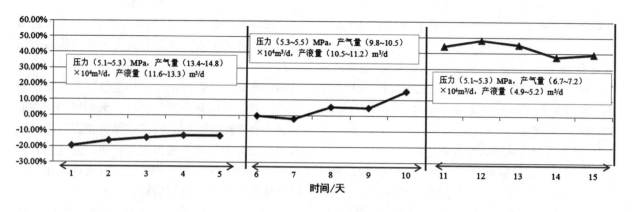

图 3  液相测试评价结果

## 4  结论

本文简要介绍了湿气计量技术现状，并运用市场上具有代表性的湿气流量计在实验室和页岩气井口进行了性能测试，形成以下结论和建议。

（1）与传统的分离计量技术相比，湿气在线计量技术对于降低油田的开发和运行成本，以及提高油气田的生产效率和科学管理水平都有较大的优势，且随着页岩气大规模勘探开发，对湿气的在线计量提出了越来越迫切的需求，湿气流量计的国产化、低成本化将是未来研究的主要方向。

（2）市场上典型湿气流量计的气相基本可以满足页岩气井口产能动态监测需要，液相在复杂工况的计量性能难以有效保障，且湿气流量计的测量特性与工况条件密切相关，气相流量和液相含率对其准确度有较为明显的影响。

（3）厂家宣称的湿气流量计性能技术指标与实际性能表现还存在一定的差距，需进一步加强湿气流量计的出厂测试或第三方评价，加大现场试验规模，完善湿气流量计现场应用性能的科学评价方法和机制，形成相应的标准和规范，为湿气流量计的推广应用提供技术支撑。

## 参 考 文 献

［1］张强，刘丁发，王辉．页岩气井口湿气计量技术适应性研究［J］．工业计量，2018，28（05）：67-70+75.

［2］刘丁发，张强，王辉．页岩气井口湿气流量计现场使用性能评价研究［J］．石油与天然气化工，2022，51（02）：94-97.

［3］张强，宋彬，刘丁发．湿气流量计现场使用技术难点分析［J］．石油与天然气化工，2018，47（04）：83-89.

［4］许晓英，赵庆凯，陈丰波，等．多相流量计在国内市场的应用及发展趋势［J］．石油与天然气化工，2017，46（2）：99-104.

［5］李然，刘兴华，谢奎．非分离式计量技术在页岩气地面测试中的应用研究［J］．钻采工艺，2021，44（05）：74-78.

［6］刘雨舟．浅析页岩气地面工程技术现状及发展趋势［J］．石油与天然气化工，2019，48（03）：66-71.

［7］Natural Gas—Wet gas flow measurement in natural gas operations. ISO/TR 12748：2015［S］.

［8］Measurement of wet gas flow by means of pressure differential devices inserted in circular cross-section conduits：ISO TR 11583：2012［S］.

［9］Natural gas-Upstream area-Allocation of gas and condensate. ISO/TR 26762：2008［S］.

［10］Measurement Standards Chapter 20.3 Measurement of Multiphase Flow. Washington：API publication，2013.

［11］Wet gas flowmetering guideline. ASME MFC-19G：2008［S］.

［12］中国国家标准化管理委员会．湿天然气流量测量第1部分：一般原则：GB/T35065.1-2018［S］．北京：中国标准化出版社．2018：5-12.

［13］国家标准化管理委员会．湿天然气流量测量第2部分：流量计测试和评价方法．GB/T35065.2-2023［S］．北京：中国标准化出版社．2023：5-6.

［14］中国国家标准化管理委员会．用安装在圆形截面管道中的差压装置测量湿气体流量：GB/Z 35588-2017［S］．北京：中国标准化出版社．2017：5-6.

［15］中国石油天然气股份有限公司规划总院．页岩气地面工程设计规范：Q/SY 1858-2015［S］．北京：石油工业出版社．2015：4-5.

# 页岩气压后返排油嘴动态调整技术应用及效果评价

## ——以蜀南地区 Z201 区块 H62 平台为例

王维一　罗迪　王萌　杨思雨　雷跃雨　潘钰　黄亮

（中国石油西南油气田公司蜀南气矿）

**摘　要**　页岩气压后返排制度对压裂评价及生产效果起着关键性作用。目前，国内页岩气压后返排制度仍处于探索阶段，对油嘴的调整都是凭经验和固定模式，尚未形成科学成熟的返排制度。基于页岩气井返排伤害机理，以"四因子"为主导，形成一套能够实时表征储层裂缝伤害的返排油嘴动态调整技术。其中，返排阶段的伤害是各类损害相互叠加的结果，包括水相圈闭伤害、黏土膨胀、支撑剂回流、微粒运移、支撑剂破碎与嵌入、结垢沉淀、裂缝盐结晶、应力敏感。针对研究区页岩气返排伤害特征创新性地定义了 4 个因子：流量因子、伤害因子、应力因子、产能因子，实现了对返排过程中储层裂缝系统真实状态的实时精准表征，并通过数值模拟确定返排 3 个阶段影响 4 个因子的权重分别为 47%、13%、40%、0%，31%、23%、13%、33%，17%、58%、5%、20%，通过四因子权重计算出综合因子，为油嘴调整提供了更为充分合理的依据。通过 Z201 区块 H62 平台 4 口井的矿场实践证明：以"四因子"为主的返排油嘴动态调整技术应用效果良好，*EUR* 较前期已开发井提升 25.8%，产能达到开发方案要求，对区块后续达标建产具有重要意义。

**关键词**　页岩气；油嘴动态调整；返排伤害；四因子；*EUR*

近年来，页岩油气大规模开发，逐渐成为全球主要能源之一，对全球油气市场影响越来越大，但页岩储层渗透性差，开发难度大。只有对储层进行大规模压裂改造才能获得商业开采价值，而压后返排又是衔接压裂与生产的重要环节，因此，建立一套科学合理的返排制度不仅能减小返排过程中的伤害，还能提高单井初期产能和最终可采储量（*EUR*），从而实现页岩气井的大规模效益开发。

国内外学者针对压后返排已开展了大量的研究工作，Robinson 等（1988）提出了小排量返排模型；Arnold 和 Ely（1990）提出了强制裂缝闭合模型；Barree 和 Mukherjee（1995）提出了反向脱砂返排模型；汪翔（2004）提出了提出了针对不同的储层条件和压裂施工参数进行返排控制方案设计的原则和方法；胡景宏等（2008）建立了返排率计算的数学模型，分析了渗透率、孔隙度等因素对返排率的影响；许雷等（2012）指出了闭合时间过长是影响压裂效果的主要因素；Devon Energy 公司（2015）提出了一种返排新策略，以产量不稳定分析方法（RTA）为技术手段，该策略基于生产过程中的线性流阶段指标值 $A_C\sqrt{K_m}$ 概念来进行排采制度优化，但仅适用于气液两相阶段，无法指导返排初期纯液阶段返排，同时该方法利用已有返排数据再反过来评价当前油嘴制度合理性，不具有实时性；Schlumberger 公司（2017）年提出了一种 AvantGuard 返排技术，其核心是建立返排作业参数安全包络线（SOE），起到保护人工裂缝、减少储层伤害的目的，该技术基于返排过程中的瞬态压力分析和返排固体产物实时采集来进行油嘴制度优化，仅考虑了支撑剂回流单一伤害因素，难以满足当前页岩气复杂返排状况；李波等（2018）计算了气井临界携砂流速；王妍妍等（2019）推导了气井变产量生产且流动进入边界控制流阶段后的返排数据分析模型；陈琦（2020）应用物质平衡方程和扩散方程等数值方法建立了早期返排阶段的解析模型；同年，刘晓强等引入动态相对渗透率，建立了致密气藏气水两相早期返排计算模型；张凤远等（2021）以不稳定渗流理论为基础，建立了渗流数学模型并进行半解析求解，形成一套划分两相流动阶段的诊断曲线和反演裂缝参数的直线分析法；同年，蒋佩等（2021）提出了一种"连续、平稳、精细、控压"的浅层页岩气井返排技术，该技术考虑了裂缝出砂及应力敏感伤害，但该技术易出现初期产量低、返排周期长、井筒易积液、裂缝通道易堵塞等现象，且并未量化调整依据；曾雯婷等（2022）从影响排采连续性的主要因素入手，结合生产参数和气液比变化规律，提出了"三段式"全生命周期一体化排采工艺，文章主要侧重于气井生产中后期排采工艺措施优选，尚未交代返排初期如何利用地层能量与油嘴控制实现返排优化；D. Zeinabady 等（2024）提出了一种新的页岩油气水力压裂回流诊断（DFIT-Flowback-Analysis）技术，可以获得储层压力、渗透率及闭合应力等静态参数，能指导压裂设计以及返排制度的优化，但该技术不能实时监测并调整返排策略，以及在非常规油气藏上的适应性还需要进一步验证。

综上所述，前人虽然通过实验、解析和数模等多种方法对压后返排的过程开展了大量研究，但大多是基础返排理论模型及定性分析的返排技术，极少涉及油嘴调控的定量化返排制度研究，尚未能形成一套行之有效的技术方法来指导现场返排油嘴调整，目前在气井实际返排过程中，返排制度仍然由技术人员根据现场数据结合自身的经验来确定，缺乏科学系统的理论指导。

本文在前人研究的基础之上，基于页岩气井返排伤害机理，结合研究区页岩气返排规律，以"四因子"为主导，形成了一套以"四因子"为主导、能够实时表征储层裂缝伤害、实现油嘴调整定量化计算的返排油嘴动态调整技术。通过在Z201区块H62平台4口井的返排矿场实践证明：与区块邻井对比在地质条件大体相当，工程改造程度低于区块邻井的情况下，采用返排油嘴动态调整技术取得了良好的效果，EUR较前期已开发井提升25.8%，产能达到开发方案要求，对区块后续达标建产具有重要意义。

# 1　研究区页岩气特征

## 1.1　储层特征

研究区位于四川盆地川西南低褶构造带，处于威远斜坡南翼，地理位置属四川省自贡市荣县、贡井境内，面积424km²（图1）。上奥陶统

五峰组—下志留统龙马溪组的页岩地层发育稳定，地层厚度370~430m，由北西向南东逐渐增大。目的层为五峰组—龙一₁亚段，地层厚度33~36m，龙马溪组龙一₁亚段自下而上划分为7个小层，分别为龙一$_1^1$、龙一$_1^2$、龙一$_1^3$、龙一$_1^4$、龙一$_1^5$、龙一$_1^6$、龙一$_1^7$，主体埋深3550~3850m，地层压力系数1.82~2.02，为超压储层。研究区目的层有机碳含量3.2%~3.3%，含气量5.6~5.8m³/t，有效孔隙度5.1%~5.6%，储层气源充足，具备富集成藏的资源基础。实测地层温度124~129℃，平均值为127℃；优质页岩段脆性矿物含量较高，其中龙一$_1^1$小层含量76%~77%；杨氏模量3.42×10⁴~4.43×10⁴MPa，泊松比0.23~0.27，两向水平主应力差5.2~9.5MPa，具有杨氏模量高、泊松比低、脆性好、水平应力差较小的特征，有利于压裂改造形成复杂裂缝系统。

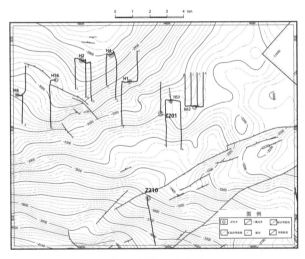

图1　研究区构造图

## 1.2　区块开发现状

研究区共投产14口井，其中，评价井两口（Z201、Z210），平均单井日产气1.74×10⁴m³，单井平均累计产气3027×10⁴m³，最高累计产量5125×10⁴m³；已开发平台井12口，累计测试产量193.90×10⁴m³/d，单井平均测试产量14.92×10⁴m³/d，最高测试产量30.90×10⁴m³/d；生产数据标定的阶段EUR为0.22×10⁸~1.32×10⁸m³，折2000m平均单井EUR为0.96×10⁸m³，未达到开发方案（1.25×10⁸m³）的要求（表1）。

表1　研究区页岩气水平井生产情况统计

| 井号 | 水平段长 m | 测试情况 | | 生产情况 | | | | 生产数据标定 EUR $10^8 m^3$ | 折2000m EUR $10^8 m^3$ |
| | | 测试产量 $10^4 m^3 \cdot d^{-1}$ | 测试压力 MPa | 油压 MPa | 套压 MPa | 日产气 $10^4 m^3$ | 累计产气 $10^4 m^3$ | | |
| --- | --- | --- | --- | --- | --- | --- | --- | --- | --- |
| Z201 | 1300 | 14.00 | 27.95 | 1.30 | 1.55 | 关井 | 3178.00 | 0.65 | 1.00 |
| Z210 | 1870 | 17.45 | 28.36 | 2.52 | 9.99 | 3.09 | 2416.17 | 1.30 | 1.39 |
| Z201H1-4 | 1270 | 10.30 | 21.16 | 1.01 | 2.27 | 2.25 | 3050.00 | 0.43 | 0.68 |
| Z201H1-8 | 2100 | 30.90 | 23.01 | 1.29 | 3.34 | 1.59 | 3847.00 | 0.84 | 0.80 |
| Z201H2-2 | 1231 | 2.30 | 23.21 | 0.00 | 2.20 | 0.16 | 872.00 | 0.22 | 0.36 |
| Z201H2-4 | 1695 | 7.64 | 23.72 | 2.20 | 4.10 | 2.16 | 2939.00 | 0.41 | 0.48 |
| Z201H2-5 | 1854 | 20.01 | 24.90 | 2.22 | 5.27 | 2.25 | 4977.00 | 1.15 | 1.24 |
| Z201H4-2 | 1189 | 4.44 | 18.87 | 2.32 | 5.23 | 1.97 | 1370.00 | 0.60 | 1.01 |
| Z201H4-5 | 2000 | 7.04 | 23.48 | 2.29 | 4.34 | 2.49 | 2168.00 | 1.03 | 1.03 |
| Z201H6-3 | 1272 | 16.20 | 23.25 | 4.99 | 5.53 | 0.52 | 1996.99 | 0.43 | 0.68 |
| Z201H6-4 | 1316 | 10.20 | 11.14 | 4.16 | 6.15 | 0.78 | 2458.19 | 0.57 | 0.87 |
| Z201H53-1 | 2000 | 19.94 | 32.49 | 2.26 | 4.09 | 2.16 | 3600.00 | 1.32 | 1.32 |
| Z201H53-4 | 2000 | 21.31 | 28.51 | 2.17 | 4.09 | 2.65 | 3769.00 | 1.28 | 1.28 |
| Z201H56-1 | 1950 | 26.17 | 21.76 | 2.15 | 6.89 | 0.62 | 5125.00 | 1.24 | 1.27 |

研究区目前主要采用控压返排策略，其返排期间生产动态特征为：早期排液量随油嘴调整逐级增大，后期随油嘴调整逐渐趋近于零，产气量与排液量普遍呈负相关关系，随着返排的进行，产气量逐渐增加并达到峰值，但排液量逐渐降低。故将页岩气井返排过程划分为三个阶段（图2）：阶段闷井结束后气井开井返排，只产液不产气，压力持续下降，排液量随油嘴逐渐上涨；阶段气相开始突破，产气量逐级上涨，排液量随油嘴调大而上涨至液量峰值，同时每级油嘴上排液量随产气量上涨而下降，压力随产气量上涨至压力峰值；阶段气井排液量快速下降，产气量上升并达到气量峰值，气井排液量、产气量和压力值逐步趋于一个长期平稳状态。

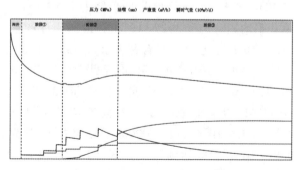

图2　蜀南地区页岩气井典型
返排特征曲线

## 2　返排伤害

页岩储层相较于常规储层更加敏感，在返排过程中更易受到不可逆伤害，因此，研究页岩储层返排过程中的伤害机理，有助于针对性地制定压后返排制度，指导现场油嘴科学调整，达到"排液、控压、控砂、防堵"的目的，最大限度维持压后缝网导流能力，并建立起较好的解吸-扩散-渗流-管流通道，以获得较高的页岩气测试产能。返排阶段储层伤害主要包括水相圈闭伤害、黏土膨胀、支撑剂回流、微粒运移、支撑剂破碎与嵌入、结垢沉淀、裂缝盐结晶、应力敏感。

### 2.1　水相圈闭伤害

页岩储层渗透率极低，亲水性组分含量高。一方面，在大规模压裂过程中，会产生由主缝-次级缝-微细缝组成的复杂缝网，且缝网越复杂，微细缝占比越高，大量压裂液滞留在次级缝和微细缝中，由于返排压差远小于微细缝毛管力，导致微细缝中压裂液难以排出，阻碍了气相突破过程中气体的产出；另一方面，由于页岩储层极其致密和超低原始含水饱和度，压裂结束后，压裂液在裂缝内外压差及毛管力的作用下进入储层，形成基质侵入带。由于黏土矿物通常带负电荷，增强了压裂液在黏土矿物表面的吸附能力，导致基质孔隙表面更易吸附水而不是吸附气体，一旦水分子吸附于孔隙表面，就阻碍了气体与孔隙表面的接触，从而占据了孔隙空间，减少了孔隙空间中吸附气的体积，并且在返排阶段即使调大油嘴、增大压差也无法排出孔隙中的压裂液，同时，压裂液还会吸附在喉道表面，阻碍气体在基质中扩散。

## 2.2　黏土膨胀

页岩储层富含黏土矿物，压裂完成后压裂液侵入并滞留在储层孔隙和缝网中，黏土与返排液长时间相互作用引起黏土膨胀，导致产能下降。黏土膨胀主要机制是晶体层间起连接作用的 $K^+$ 被置换，形成膨胀分散现象，并且黏土矿物具有极强的吸水膨胀能力，易引起支撑裂缝表面软化、蠕变，导致支撑剂嵌入和导流能力下降，即使在压裂液配制过程中添加了黏土稳定剂，但是在地层高温、高压、高矿度条件下，随着时间推移，黏土稳定剂性能会降低乃至失效，吸水引起的黏土膨胀现象在返排阶段会进一步凸显。此外，黏土矿物表面类似于干酪根，也可以吸附气体分子，当发生黏土膨胀后，其吸附、解吸甲烷分子的能力可能进一步下降，这也是页岩气井返排后期产能下降的因素之一。

## 2.3　支撑剂回流

随着页岩气压裂 2.0 工艺进一步推广和应用，加砂强度进一步提高，压裂完成后，裂缝端部及射孔孔眼处形成不规则状的"支撑砂拱"，在裂缝未完全闭合或闭合后有效应力较小的情况下开井返排，随着油嘴尺寸快速调大，返排压差将快速增加，裂缝中的气液流速加快，支撑砂拱所受的拖拽力随之增大，当破坏了支撑砂拱的力学稳定性，即发生支撑剂回流现象。支撑剂回流将导致裂缝支撑缝宽变窄，裂缝导流能力降低，进而影响页岩气井产能。

## 2.4　微粒运移

页岩储层中较轻、较小的粒子在静电力和范德华力作用下更容易吸附于裂缝表面，另一部分微粒则会在气液流动的冲刷作用下，在微细缝或主裂缝支撑剂孔喉中桥接，堵塞狭窄的页岩气渗流通道。由于部分平台采用拉链式压裂，进一步延长了单井压裂周期，使得页岩储层与压裂液长时间浸泡接触，返排液矿化度随之升高，部分微粒在高矿化度条件下会进一步絮凝，产生大于孔喉的颗粒（微米级），由于尺寸排阻效应，这些大颗粒被困在孔入口处，造成更严重的堵塞伤害。

长时间小油嘴慢返排均会延长压裂液与储层作用时间，增大微米级颗粒生成概率，这也是返排效果不理想的原因之一。

## 2.5　支撑剂破碎、嵌入

在页岩气井压后返排过程中，随着返排时间的推移，直接作用在支撑剂上的有效应力逐渐增大，且支撑剂在高温、高压、高矿化度条件下，抗压强度也随之降低，当超过石英砂或陶粒抗压强度（石英砂 35MPa，陶粒 86MPa）后，将产生剪切力和拉伸力，导致支撑剂破裂或破碎，支撑剂破碎一方面会降低支撑缝宽，另一方面，破碎的支撑剂会产生细小的碎屑颗粒，这些细小颗粒发生运移后，会堵塞气体的渗流通道，造成裂缝导流能力下降；在压裂、闷井及返排过程中，压裂液与页岩长时间相互作用，导致裂缝壁面发生软化，支撑剂逐渐嵌入围岩当中，且随着有效应力增加，支撑剂嵌入程度越严重，裂缝导流能力下降程度越大。

## 2.6　结垢沉淀

压裂液注入导致地层温度降低，也可能加速无机物沉淀，阴离子表面活性剂与储层中 $Ca^{2+}$、$Mg^{2+}$ 等阳离子接触后产生磺酸盐等沉淀物，导致表面活性剂损失和孔喉系统堵塞，影响压裂增产效果。此外，压裂液破胶后大量残渣会和其他固相残渣"抱团"堵塞裂缝，增加气体传质阻力，造成渗透率降低。

## 2.7　裂缝盐结晶

页岩气藏在成藏过程中可溶盐大量滞留在页岩孔隙或天然裂缝中，体积压裂后压裂液与储层的相互作用会溶解可溶盐，返排液矿化度随返排时间快速上升，且矿化度随返排时间增加有逐渐递增的趋势。滞留储层的高矿化度压裂液中的水会在返排过程中以气态形式存在于烃类气体中，蒸发作用促进了液相中可溶盐析出，盐结晶充填裂缝空间，缩小了有效裂缝体积，造成导流能力损失。

## 2.8　应力敏感

返排周期越短累计产气量越低，返排阶段主要以裂缝应力敏感伤害为主。页岩气藏目前主要采用水平井分段压裂进行开发，气井在返排后期（峰值产量之后）表现出气量快速递减、压力快速下降的特征，这种情况在高压页岩气藏返排阶段表现得更为突出。其原因为储层岩石与压裂缝结构差异大，储层岩石应力敏感相对较弱，压裂缝中的支撑剂在高闭合压力下发生破裂并嵌入储层，同时高速气体使得支撑剂发生移动，从而大幅度降低支撑裂缝的导流能力。

## 3 压后返排油嘴动态调整技术

### 3.1 目前返排制度局限性

目前国内页岩气压后返排制度仍处于探索阶段，对油嘴的调整都是凭经验和固定模式，尚未形成科学成熟的返排制度，其原因主要可以归纳为以下几点：1）由于多相流的复杂性和随机性导致其研究仍停留在半理论半经验阶段，临界流量的算法不够完善，主要以单相临界液流量为主，缺少多相流临界流量算法；2）缺少相关技术方法对返排过程中的伤害进行定量表征，油嘴调整仅依靠井口等表观数据，无法精确判断井筒及裂缝真实状态，即如何实时表征返排各阶段伤害仍处于技术空白；3）返排阶段瞬时气量不能代表气井真实产能，由于页岩气储层往往具有超低渗透率特征，多为纳达西级别，无法真正达到拟稳态要求，产能方程往往出现"负斜率"，从而导致气井产能无法计算；4）在众多的返排伤害因素当中，往往过于强调支撑剂回流与应力敏感伤害，容易忽略或者弱化返排过程中其他因素的影响，而返排阶段的伤害是各类损害相互叠加的结果。

### 3.2 返排动态调整制度

在返排的各个阶段始终伴随着有不同类型的返排伤害，本文基于页岩气井返排伤害机理，结合研究区页岩气返排规律，形成了一套以"四因子"为主导、能够实时表征储层裂缝伤害、实现

油嘴调整定量化计算的返排油嘴动态调整技术。该技术创新性的定义了四个因子：流量因子（$F$）、伤害因子（$D$）、应力因子（$S$）、产能因子（$Q$）（表2），实现了对返排过程中储层裂缝系统真实状态的实时精确定量表征，为油嘴调整提供更加充分合理的依据。其中，流量因子表征不同返排阶段的气液临界流量变化，应力因子表征不同返排阶段裂缝系统有效应力变化，伤害因子表征不同返排阶段基质-缝网系统伤害变化，产能因子表征不同返排阶段气井产能的变化。

当"四因子"发生异常变化时，反映基质-缝网系统在返排过程中发生了异常变化，此时需要对油嘴进行适当调整。当流量因子异常正响应时，指示在当前有效应力状态下支撑剂砂拱失稳，即处于超临界流量状态，需调小油嘴以降低支撑剂回流伤害；当伤害因子异常突增时，指示基质-缝网系统受到损害快速增大，需要调大油嘴以降低伤害；当应力因子急剧增大时，指示支撑剂所受应力异常加载，需调小油嘴以减缓应力加载速度；当产能因子在气相突破初期异常突降时，指示裂缝导流能力急剧下降，需要调大油嘴解除堵塞伤害；当产能因子在气相突破后期异常突降时，指示裂缝导流能力急剧下降，需要调小油嘴降低应力敏感伤害。四因子在不同的返排阶段呈现不同的动态特征，同时在不同的阶段考虑的因子也有所不同。不同的因子在同一生产阶段对油嘴调整趋势相矛盾，因此需要确定"四因子"在不同阶段的权重，计算出不同阶段的综合因子，及时发现返排异常，确定最佳调整时机与调整幅度。

**表2 "四因子"控制方程统计**

| 因子 | 代号 | 控制方程 | 主要影响因素 | 生产阶段特征 |
|---|---|---|---|---|
| 流量因子 | F | | 支撑剂回流 | 阶段、阶段、阶段：随油嘴调大降低，调小而增大，每级油嘴缓慢增加 |
| 应力因子 | S | | 支撑剂破碎、嵌入，应力敏感 | 阶段：缓慢上升<br>阶段：缓慢上升<br>阶段：缓慢上升 |
| 伤害因子 | D | | 水相圈闭、黏土膨胀、微粒运移、结垢沉淀、裂缝盐结晶 | 阶段：随油嘴调大大幅降低<br>阶段：随油嘴调大小幅降低<br>阶段：缓慢上涨 |
| 产能因子 | Q | $Q=\frac{q_g}{10_j}$ | 水相圈闭、黏土膨胀、裂缝盐结晶 | 阶段：无响应<br>阶段：缓慢上涨至峰值<br>阶段：缓慢下降 |

式中：$F$ 表示流量因子；$\rho$ 表示返排液密度，kg/m³；$q_i$ 表示当前时刻瞬时气液流量，m³/h；$q_{临界}$ 表示当前时刻瞬时气液临界流量，m³/h；$A$ 表示油嘴横截面积，m²；$\Delta p$ 表示油嘴的压力差，MPa；$S$ 表示应力因子；$p_{wf}(t)$ 表示任意时刻裂缝内压力，MPa；$p_c$ 表示闭合应力，MPa；$p_{破}$ 表示支撑剂破碎应力，MPa；$D$ 表示伤害因子；$k_0$ 表示初始支撑裂缝渗透率，mD；$k_i(t)$ 表示返排期间任意时刻的支撑裂缝渗透率，mD；$Q$ 表示产能因子；$q_g$ 表示瞬时气量，$10^4$m³/d；$j$ 表示产能指数，$10^4$m³/（d·MPa）。

### 3.3 四因子多指标综合评价

为了更好地掌握四因子对页岩气井开发效果的影响，并为返排过程中油嘴调整进行指导。本文采用正交试验设计对不同返排阶段的四因子进行多指标综合分析，将不同阶段的四因子进行合理安排，获得最佳搭配方案、影响因素的主次。选取三个阶段的四个因子，利用水平井压后返排方案设计软件 V1.0 模拟页岩气井整个返排阶段，具体方案及计算结果如图 3 至图 7、表 3、表 4。

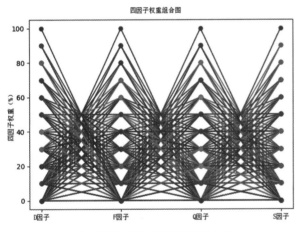

图 3　四因子不同权重选取分析图

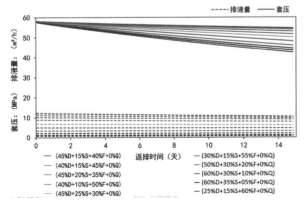

图 4　返排阶段优选结果

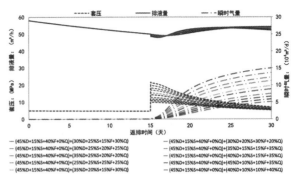

图 5　阶段优选结果

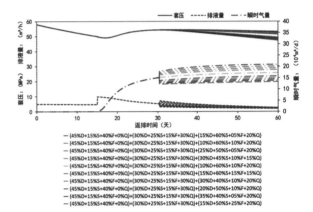

图 6　阶段优选结果

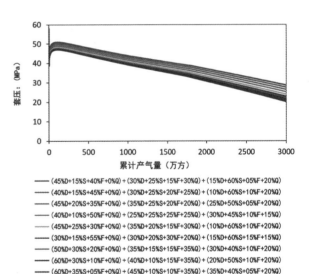

图 7　返排全阶段综合确定权重系数

表 3　模拟井参数

| 参数 | 类别 | 参数值 | 单位 |
|---|---|---|---|
| 地质参数 | 储层厚度 | 20 | m |
| | 孔隙度 | 0.05 | — |
| | 渗透率 | 0.0001 | mD |
| | 含水饱和度 | 30 | % |
| | 地层温度 | 120 | ℃ |

续表

| 参数 | 类别 | 参数值 | 单位 |
|---|---|---|---|
| 地质参数 | 地层压力 | 70 | MPa |
| | 有机质含量 | 0.055 | — |
| | 含气量 | 8 | m³/t |
| | 脆性矿物含量 | 70 | % |
| | 水平段长 | 1800 | m |
| | 铂金靶体钻遇率 | 100 | % |
| 压裂参数 | 压裂段长 | 1800 | m |
| | 段数 | 23 | — |
| | 簇数 | 138 | — |
| | 施工排量 | 18 | m³/min |
| | 加砂量 | 4500 | t |
| | 用液量 | 54000 | m³ |
| 缝网参数 | 裂缝长度 | 300 | m |
| | 裂缝宽度 | 0.097 | m |
| | 裂缝高度 | 12 | m |
| | 裂缝渗透率 | 300 | mD |
| | 裂缝复杂指数 | 0.2 | — |

**表4　不同阶段四因子权重系数结果统计表**

| 阶段 | 权重/% | | | |
|---|---|---|---|---|
| | D因子 | S因子 | F因子 | Q因子 |
| 阶段① | 47 | 13 | 40 | 0 |
| 阶段② | 31 | 23 | 13 | 33 |
| 阶段③ | 17 | 58 | 5 | 20 |

根据数值模拟结果，不同的阶段四因子的权重系数不同。阶段主要考虑D因子和F因子变化情况，其中D因子权重为47%，S因子权重为13%，F因子权重为40%，Q因子权重为0；阶段主要考虑D因子和Q因子的变化情况，S因子次之，其中D因子权重为31%，S因子权重为23%，F因子权重为13%，Q因子权重为33%；阶段主要考虑S因子变化情况，D因子和Q因子次之，其中D因子权重为17%，S因子权重为58%，F因子权重为5%，Q因子权重为20%。根据不同阶段的因子变化情况，从而指导现场油嘴调整，达到气井伤害最低、产能最高的目的。

通过数值模拟的结果，可以计算出不同阶段的综合因子，再进行归一化处理。通过收集川南页岩气50余口水平井返排阶段的数据，综合分析认为高产井油嘴调整时机和趋势有如下规律：阶段当综合因子小于10时，油嘴调小，大于30时，

油嘴调大，介于两者之间则维持油嘴不变；阶段当综合因子小于20时，油嘴调小，大于45时，油嘴调大，介于两者之间则维持油嘴不变；阶段当综合因子小于35时，油嘴调小，大于60时，油嘴调大，介于两者之间则维持油嘴不变。

#### 3.4　返排动态调整步骤

根据页岩气水平井压后返排规律，结合返排现场采集数据，返排油嘴动态调整技术实施过程可分为七个步骤（图8）：步骤一，输入井的地质工程参数；步骤二，判断气井是否钻塞，未钻塞井确保返排过程中油嘴最大不超过4.5mm；步骤三，判断目前所处的返排阶段：阶段、阶段或阶段；步骤四，根据采集的现场数据，结合返排井基础地质参数、压裂施工参数计算流量因子、应力因子、伤害因子、产能因子，根据四因子在不同阶段的权重系数算出综合因子；步骤五，根据所处的返排阶段判断综合因子的范围，进而调整油嘴。阶段综合因子小于10，油嘴调小，综合因子大于30油嘴调大，位于10~30之间则维持油嘴不变。阶段综合因子小于20，油嘴调小，综合因子大于45油嘴调大，位于20~45之间则维持油嘴不变.阶段综合因子小于35，油嘴调小，综合因子大于60油嘴调大，位于35~60之间则维持油嘴不变；步骤六，通过伯努利方程和连续性方程计算油嘴调整幅度，根据调整后的气井动态变化特征判断是否符合测试标准，若未达到测试标准则继续调整油嘴的尺寸，重复步骤三至六，直到达到测试标准为止；步骤七，若调整后达到测试标准，则测试投产，即结束返排进入生产。

### 4　应用效果评价

本文选取研究区H62平台开展返排油嘴动态调整技术应用，返排结束后与地质、工程参数大致相近但压后返排制度不同的区块邻井进行对比剖析，以深入认识返排动态调整制度与控压返排对页岩气井产能的影响。

地质上，龙马溪组的优质页岩层位为龙一₁亚段，其中又以龙一₁¹和龙一₁²小层为最优，这两个层位是水平井钻进的最优靶位。从表3各井的靶体钻遇率看，H62平台的钻遇率为99.12%，而区块平均的钻遇率为90.14%，从优质层位钻遇情况看，H62平台略优于区块平均水平；在钻遇储层物性方面：H62平台的孔隙度、TOC、脆性矿物含量及总含气量与区块平均水平大体相当。

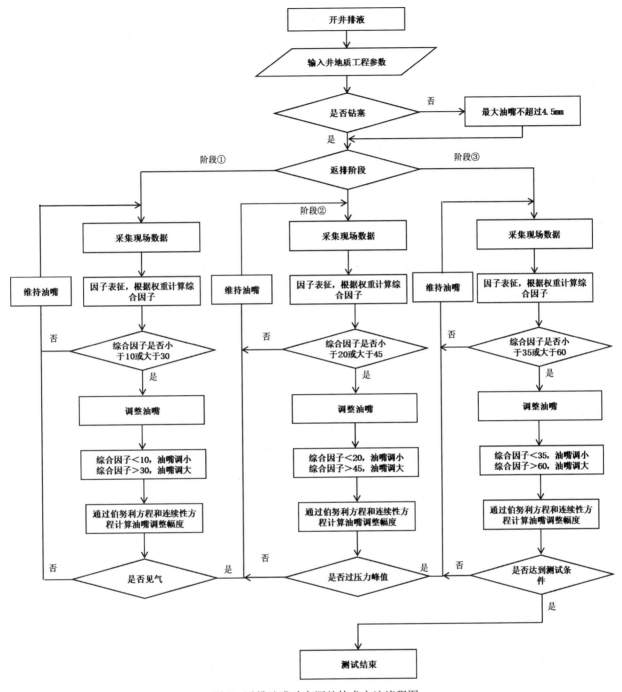

图 8   返排油嘴动态调整技术方法流程图

工程上，大量的开发实践数据表明，页岩气水平井的开发效果与压裂段长度、压裂段数和加砂量之间具有良好的正相关性。从表 3 所示的工程参数角度看，H62 平台的压裂段长略低于区块平均水平，其用液强度远低于区块平均水平，加砂强度与区块平均水平相当，可以认为 H62 平台的储层改造程度低于区块邻井。

返排上，H62 平台采用排动态调整制度，依据返排实时数据表征四因子，分阶段根据因子权重计算综合因子，根据综合因子动态表现对油嘴进

行实时调整，该准则实现了"一井一策"返排制度实时优化，有效加快气相突破、减少出砂风险、延缓裂缝闭合、降低井筒压损；区块邻井主要采用控压返排制度，开井初期保持 2~3mm 油嘴返排直至见气，小时液量控制在 5 方以内；然后在排液量逐渐稳定，产气量持续上升，且持续排液 3 天以上的情况下，上调 1 级油嘴；最后选用井口压力达到峰值时的油嘴作为返排最大油嘴，若井口压力达峰值后 5 日内日均压降高于 0.3MPa，则下调 1 级油嘴。这种控压返排源于控压生产的阶段向前

延伸，但控压返排不能等同于控压生产，众所周知，控压生产能显著提升页岩气井 EUR，控压生产是基于返排气相渗流通道高质量建立以后的生产制度，而返排正是排液、控砂、实现气相突破并最终建立气相渗流通道的这一过程，同一口井不同返排制度所建立的气相渗流通道是不一样的，因此，不能笼统的将控压返排与控压生产混为一谈。通过对比可以发现 H62 平台与区块邻井的返排制度存在较大区别。

综合以上信息不难判断，若无其它影响因素，H62 平台和区块平均的开发效果应较为相似，甚至

H62 平台的开发效果应略差于区块平均水平；但从生产数据标定 EUR 或折 2000 米信息 EUR（表5）看，结果恰恰相反，分析认为，造成此种差异的一个重要原因在于返排制度的不同：H62 平台在地质条件大体相当、工程条件略差的情况下，返排期间 H62 平台 4 口井均采用返排油嘴动态调整技术，EUR 较前期已开发井提升 25.8%，折 2000mEUR 较前期已开发井提升 52.1%，较开发方案标准井 EUR（2000m）提升 13.3%，对区块达标建产具有重要意义。现以 Z201H62-4 井为例介绍技术应用过程。

**表5　研究区页岩气水平井地质工程参数对比统计表**

| 井号 | 孔隙度 | TOC | 矿物矿物含量 | 总含气量 | 靶体钻遇率 | 压裂段长 | 用液强度 | 加砂强度 | EUR | 折2000m EUR |
|---|---|---|---|---|---|---|---|---|---|---|
| | % | % | % | $m^3/t$ | % | m | $m^3/m$ | t/m | $10^8 m^3$ | $10^8 m^3$ |
| Z201 | 6.6 | 4.8 | 70.9 | 8.9 | 64.9 | 1177 | 32.45 | 1.27 | 0.65 | 1.00 |
| Z210 | 5.3 | 6.4 | 67.6 | 9.1 | 93.2 | 1867 | 28.35 | 2.20 | 1.30 | 1.39 |
| Z201H1-4 | 6.6 | 4.9 | 63.9 | 9.6 | 100 | 1262 | 26.14 | 3.23 | 0.43 | 0.68 |
| Z201H1-8 | 6.7 | 5.5 | 68.7 | 8.4 | 76.9 | 2048 | 25.24 | 2.90 | 0.84 | 0.80 |
| Z201H2-2 | 6.0 | 5.6 | 70.2 | 8.5 | 100.0 | 372 | 31.54 | 2.46 | 0.22 | 0.36 |
| Z201H2-4 | 6.0 | 5.2 | 64.0 | 8.6 | 92.2 | 1690 | 34.19 | 2.90 | 0.41 | 0.48 |
| Z201H2-5 | 6.2 | 5.5 | 72.5 | 10.1 | 100.0 | 1850 | 28.99 | 2.43 | 1.15 | 1.24 |
| Z201H4-2 | 6.1 | 5.1 | 71.0 | 8.3 | 92.6 | 940 | 28.28 | 2.83 | 0.60 | 1.01 |
| Z201H4-5 | 6.4 | 5.5 | 75.7 | 8.4 | 92.3 | 1992 | 30.50 | 3.06 | 1.03 | 1.03 |
| Z201H6-3 | 5.0 | 5.6 | 71.5 | 7.7 | 71.7 | 1286 | 38.47 | 2.89 | 0.43 | 0.68 |
| Z201H6-4 | 6.4 | 5.0 | 70.7 | 8.3 | 100.0 | 1286 | 41.34 | 2.74 | 0.57 | 0.87 |
| Z201H53-1 | 6.3 | 5.2 | 70.6 | 11.0 | 100.0 | 1983 | 29.13 | 2.70 | 1.32 | 1.32 |
| Z201H53-4 | 6.2 | 5.8 | 69.3 | 10.4 | 100.0 | 1982 | 29.57 | 2.86 | 1.28 | 1.28 |
| 平均 | 6.1 | 5.4 | 69.7 | 9.0 | 90.1 | 1518 | 31.09 | 2.65 | 0.79 | 0.93 |
| Z201H62-1 | 5.5 | 5.9 | 67.8 | 9.3 | 100.0 | 1371 | 24.43 | 2.78 | 0.97 | 1.42 |
| Z201H62-2 | 5.7 | 5.7 | 67.4 | 8.8 | 100.0 | 1328 | 20.49 | 2.55 | 0.89 | 1.34 |
| Z201H62-3 | 5.8 | 5.8 | 68.1 | 9.5 | 96.5 | 1372 | 22.54 | 2.85 | 0.87 | 1.27 |
| Z201H62-4 | 5.9 | 5.7 | 68.3 | 9.6 | 100.0 | 1497 | 23.06 | 2.62 | 1.23 | 1.64 |
| 方案标准井 | | | | | | 2000 | 30~35 | 3.0~3.5 | 1.25 | 1.25 |

Z201H62-4 井完钻井深 5550m，水平段长1600m，水平段垂深 3610~3700m，测井解释水平段平均孔隙度为 5.9%，有机质含量为 5.7%，总含气量为 9.6$m^3$/t，脆性矿物含量 68.3%，靶体钻遇率 100%；压裂段长 1497m，共分为 18 段 173 簇，主体施工排量 16~18$m^3$/min，全井段累计加砂 3923.66t，入地液量 34514.05$m^3$，加砂强度2.62t/m，用液强度 23.06$m^3$/m；该井闷井 3.9d，

阶段①持续 13.0d，未见气，纯液返排，排液量随油嘴调大逐渐上涨，井口压力持续下降，中途受地面工程因素平台整体关井 5.0d；阶段②持续20.1d，初期气相开始缓慢突破，见气返排率8.07%，排液量稳定，井口压力缓慢下降，其中连油钻塞施工占井 4.0d，全井 16 个桥塞全部钻除，钻塞后气相快速突破上涨，排液量持续上涨，井口压力逐渐上涨至峰值 42.3MPa；进入阶段③后井

口压力开始下降，排液量快速下降，气相进一步突破至峰值气量 15.18×10⁴m³/d，气相通道建立后进入控压生产，排液量进一步下降，瞬时气量快速下降后缓慢上涨至稳定，井口压力整体稳定（图9）。

由各阶段确定的权重系数计算出的综合因子作为整个返排过程中的唯一返排油嘴调整指标，Z201H62-4 井依据微注压降测试中解释的闭合压力，确定采用 3.0mm 油嘴开井返排，依据综合因子表现在纯液阶段将油嘴从 3.0mm↑3.5mm↑4.0mm↑4.5mm，受地面工程因素平台整体关井，重新开井后进入气液两相阶段初期，油嘴从

3.0mm↑4.0mm↑4.5mm，此时，综合因子持续下降低于阶段②临界值下限，油嘴从 4.5mm↓4.0mm，在 4.0mm 油嘴上使用 212h 后连油入井钻塞，钻塞后综合因子持续上涨高于阶段②临界值上限，油嘴从 4.0mm↑5.0mm↑6.0mm↑6.5mm↑7.0mm↑7.5mm 进行返排，在 7.5mm 使用 129h 后综合因子异常下降低于阶段③临界值下限，油嘴从 7.5mm↓6.5mm，最终，该井采用 6.5mm 稳定日产气量 13.32×10⁴m³，压降 0.35MPa/d，投产后 6 个月生产数据标定 EUR 为 1.24×10⁸m³，折标准井 2000m 水平段 EUR 为 1.64×10⁸m³（图9）。

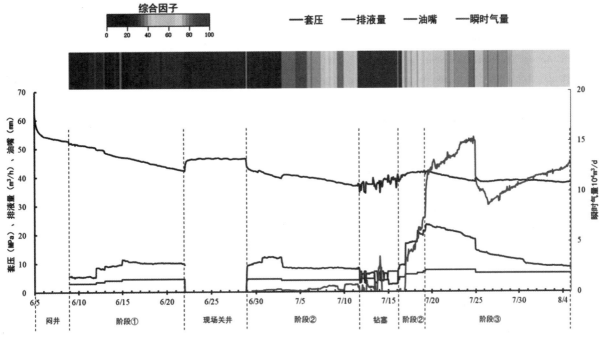

图 9   Z201H62-4 井返排曲线及综合因子图

## 5   结论

1）蜀南地区 Z201 区块页岩气井储层地质条件良好，开发效果低于方案预期，返排阶段呈现出早期返排液量大，后期逐渐趋近于零的特点；早期不产气，气相突破后气产量逐渐上涨至气量峰值，随后产气量缓慢下降；早期压力先下降至压力低值后开始随产气量上涨至压力峰值，随后压力缓慢下降。

2）压后返排伤害主要包括：水相圈闭伤害伤害、黏土膨胀、支撑剂回流、微粒运移、支撑剂破碎与嵌入、结垢沉淀、裂缝盐结晶、应力敏感，返排阶段的伤害是各类损害相互叠加的结果。

3）基于页岩气井返排伤害机理，结合研究区页岩气返排规律，创新性的定义了 4 个因子：伤害因子、应力因子、流量因子、产能因子，实现了对返排过程中储层裂缝系统真实状态的实时精准表征，通过数值模拟得出，返排 3 个阶段影响 4 个因子的权重分别为 47%、13%、40%、0%，31%、23%、13%、33%，17%、58%、5%、20%。

4）基于不同阶段的因子权重，计算返排全阶段的综合因子，再进行归一化处理，整理川南页岩气 50 余井，发现其综合因子变化趋势与其油嘴调整时机具有较好的对应关系。

5）通过在 Z201 区块 H62 平台 4 口井的返排矿场实践证明：H62 平台与区块邻井对比，在地质

条件大体相当，工程改造程度低于区块邻井的情况下，采用返排油嘴动态调整制度取得了良好的效果，EUR 较前期已开发井提升 25.8%，产能达到开发方案要求，该返排技术对区块后续达标建产具有重要意义。

## 参 考 文 献

[1] 秦华，尹琅，牛会娟等. 致密凝析气藏压裂伤害及返排控制技术 [J]. 天然气技术与经济，2019，13 (01)：16-20.

[2] Robinson B M, Holditch S A, Whitehead W S. Minimizing Damage to a Propped Fracture by Controlled Flow back Procedure. JPT, 1988：753-760.

[3] ELY J W, ARNOLD W T I, HOLDITCH S A. New Techniques and Quality Control Find Success in Enhancing Productivity and Minimizing Proppant Flowback：SPE Annual Technical Conference and Exhibition, New Orlrans, Louisiana [C]. Society of Petroleum Engineers, 1990.

[4] Barree R D, Mukherjee H. Engineering Criteria for Fracture Flowback Procedures. SPE29600, 1995.

[5] 汪翔

[6] 胡景宏，何顺利，李勇明，等. 压裂液返排率的理论计算 [J]. 钻采工艺，2008，31 (5)：99-102

[7] 许雷，郭大立，孙涛，等. 压裂压后裂缝闭合模型及其应用 [J]. 重庆科技学院学报（自然科学版），2012，14 (3)：47-49.

[8] Yu, Shaoyong, and Claude Rezk. "Coupling Analytical and Numerical Methods to Assess Performance and Stimulation Efficiency in Multi-Stage Fractured Horizontals." Paper presented at the SPE Unconventional Resources Conference, Calgary, Alberta, Canada, February 2017. doi：https：//doi.org/10.2118/185027-MS

[9] Schlumberger. AvantGuard [EB/OL]. Schlumberger, 2016 [2024-08-07]. http://www.slb.com/avantguard.

[10] 李波，张城玮，梁海鹏. 苏里格气田上古气井防砂措施研究 [J]. 天然气技术与经济，2018，12 (01)：17-19.

[11] 王妍妍，刘华，王卫红等. 基于返排产水数据的页岩气井压裂效果评价方法 [J]. 油气地质与采收率，2019，26 (4)：125-131.

[12] 陈琦. 页岩气井压后 SRV 数值反演研究 [D]. 北京：中国地质大学（北京），2020：2-15

[13] 刘晓强，孙海，吕爱民，等. 考虑压裂液返排的致密气藏气水两相产能分析 [J]. 东北石油大学学报，2020，44 (2)：103-112.

[14] 张凤远，邹林君，崔维，等. 基于压裂液返排数据的页岩油气藏裂缝参数反演方法 [J]. 东北石油大学学报，2022，46 (1)：76-87.

[15] 蒋佩，王维旭，李健，等. 浅层页岩气井控压返排技术——以昭通国家级页岩气示范区为例 [J]. 天然气工业，2021，41 (S1)：186-191.

[16] 曾雯婷，葛腾泽，王倩，等. 深层煤层气全生命周期一体化排采工艺探索——以大宁-吉县区块为例 [J]. 煤田地质与勘探，2022，50 (09)：78-85.

[17] Zeinabady, D., and C. R. Clarkson. "Stage-by-Stage Hydraulic Fracture and Reservoir Characterization through Integration of Post-Fracture Pressure Decay Analysis and the Flowback Diagnostic Fracture Injection Test Method." SPE Res Eval & Eng 26 (2023)：634-650. doi：https：//doi.org/10.2118/212726-PA.

[18] 谢维扬，吴建发，石学文等. 页岩气井气水两相流动通道导流能力及返排评价研究 [C]. 中国石油学会天然气专业委员会，四川省石油学会，浙江省石油学会. 2017 年全国天然气学术年会论文集. 2017：1051-1061.

[19] Mingjun Chen, Peisong Li, Yili Kang, Xiaojin Zhou, Lijun You, Xiaoyi Zhang, Jiajia Bai, Effect of aqueous phase trapping in shale matrix on methane sorption and diffusion capacity, Fuel, Volume 289, 2021, 119967, ISSN 0016-2361.

[20] 卢占国，李强，李建兵等. 页岩储层伤害机理研究进展 [J]. 断块油气田，2012，19 (5)：629-633.

[21] 唐波涛. 防止支撑剂回流的压裂页岩气井返排参数优化 [D]. 成都：西南石油大学，2019.

[22] 张小军，郭继香，许振芳等. 压裂增产过程中页岩储层伤害机理研究进展 [J]. 科学技术与工程，2022，22 (34)：14991-14998.

[23] Li H, Liu Z L, Jia N H, et al. A new experimental approach for hydraulic fracturing fluid damage of ultradeep tight gas formation [J]. Geofluids, 2021, 2021：6616645.

[24] Russel T, Wong G K, Zeinijahromi A, et al. Effects of delayed particle detachment on injectivity decline due to fines migration [J]. Journal of Hydrology, 2018, 564：1099-1109

[25] 王瑞，吴新民，马云等. 页岩气储层工作液伤害机理研究现状 [J]. 科学技术与工程，2020，20 (03)：867-873.

[26] 许诗婧. 致密砂岩油藏增产过程中储层伤害机理 [J]. 科学技术与工程，2019，19 (23)：92-99.

[27] 周小金，周拿云，荆晨. 考虑支撑剂破碎堵塞孔隙吼道的裂缝导流能力计算模型 [C]//中国石油学会天然气专业委员会. 2018 年全国天然气学术年会

论文集（04 工程技术）. 2018 年全国天然气学术年会论文集（04 工程技术），2018：449-454.

［28］Yuliana Zapata, Tien N. Phan, Zulfiquar A. Reza et al. Multi-Physics Pore-Scale Modeling of Particle lugging due to Fluid Invasion during Hydraulic Fracturing ［J］. 2018, Unconventional Resources Technology Conference（URTeC）, DOI 10.15530/urtec-2018-2901340.

［29］王军磊，贾爱林，位云生，等. 页岩气井控压生产分析模型建立及应用［C］//中国石油学会天然气专业委员会. 2018 年全国天然气学术年会论文集（03 非常规气藏）. 2018 年全国天然气学术年会论文集（03 非常规气藏），2018：67-81.

［30］贾爱林，位云生，刘成等. 页岩气压裂水平井控压生产动态预测模型及其应用［J］. 天然气工业，2019，39（6）：71-80.

［31］郭建春，李杨，王世彬. 滑溜水在页岩储集层的吸附伤害及控制措施［J］. 石油勘探与开发，2018，45（2）：320-325.

［32］Yuan B, Wood D A. A comprehensive review of formation damage during enhanced oil recovery ［J］. Journal of Petroleum Science and Engineering, 2018, 167.

［33］游利军，谢本彬，杨建，等. 页岩气井压裂液返排对储层裂缝的损害机理［J］. 天然气工业，2018，38（12）：61-69.

［34］郑力会，魏攀峰. 页岩气储层伤害 30 年研究成果回顾［J］. 石油钻采工艺，2013，35（4）：1-16.

［35］陈学忠，郑健，刘梦云等. 页岩气井精细控压生产技术可行性研究与现场试验［J］. 钻采工艺，2022，45（3）：79-83.

［36］李延钧，黄勇斌，胡述清等. 一种页岩气水平井压后返排油嘴动态调整系统及方法［P］. 四川省：CN111810108A，2020-10-23.

# 长宁地区石牛栏组可钻性差地层识别方法及其应用

王 柯 舒 赢 张 樱 唐正东 刘 迪 赵 磊

（中国石油集团川庆钻探工程有限公司地质勘探开发研究院）

**摘 要** 四川长宁国家级页岩气示范区已进入高速开发阶段，各大钻探公司均投入大量钻机进行勘探开发工作。但是，长宁地区石牛栏组底部普遍可钻性差，严重制约了生产时效和钻井周期。由于页岩气水平井普遍采用PDC+螺杆钻进，加上油基钻井液的使用，导致现场岩性识别非常困难，经常出现石牛栏底界划分不准确的情况。这会导致下步提前或滞后下旋导，影响整个钻井计划和进度。所以，我们目前迫切需要寻找出一种适合现场的新方法，能够有效地识别可钻性差地层，准确划分层位。为此，我们通过大量长宁地区已钻井的测、录井资料对石牛栏底部可钻性差地层深入研究，发现石牛栏组底部普遍为一套粉砂岩、泥质粉砂岩夹灰岩地层，并且这里地层埋藏深，压实作用强，胶结致密，可钻性差。经区域多井统计，长宁地区石牛栏组可钻性差地层厚度为40~70m，整体自北向南逐渐减薄。我们基于元素录井在页岩水平段成熟的跟踪技术和便利的条件，将元素录井技术应用到石牛栏可钻性差地层研究中，找到了可钻性差地层现场识别方法。石牛栏底部可钻性差地层对应的元素Si高Al低，Al-Si交汇面积大，这指示出地层中砂质含量增高，可钻性变差。而Al-Si反向交汇则指示进入龙马溪组泥页岩易钻地层。将石牛栏组可钻性差地层元素识别方法应用到长宁地区20口页岩气水平井，能够及时、准确识别可钻性差地层及龙马溪组顶界，识别准确率可达100%。石牛栏组可钻性差地层元素识别方法，具有及时、准确、成本低、效果好等特点，可在长宁地区进行推广应用。

**关键词** 页岩气；可钻性差；元素录井；地层识别；钻井周期

四川长宁国家级页岩气示范区成立于2012年，经过多年的探索实践，已从最初的评价选区阶段到如今的规模商业开发阶段。页岩气具有单井初始产量低、递减速度快、开采周期长的特点，低成本战略是实现页岩气规模效益开发的必然选择。由于目前页岩气勘探开发投资低、周期长、亏损较严重，如何提高生产时效、缩短钻井周期，是实现页岩气工程效益、持续开发的关键所在。长宁地区石牛栏组底部岩性致密，可钻性差，研磨性强，严重制约了生产时效和钻井周期。由于旋导工具必须在钻穿石牛栏组底部高研磨性地层后入井，但是又不能进入龙马溪组太多压缩着陆空间，所以要求进入龙马溪组后及时起钻更换钻具组合，但是目前页岩气水平井普遍采用PDC+螺杆钻进，加上油基钻井液的使用，现场岩性识别非常困难，石牛栏组底界划分错误的情况时有发生，导致旋导工具提前入井打不动又起钻或者进入龙马溪太多才下旋导导致着陆失败。所以，迫切需要寻找一种适合现场的新方法，能够有效地识别可钻性差地层，准确划分层位，为钻头选型、调整钻井参数及钻具结构提供依据。

## 1 可钻性差地层研究

### 1.1 岩电特征

长宁地区石牛栏组厚度330~400m，上部泥岩为主，中下部为灰岩、泥岩互层，底部为粉砂岩夹灰岩。石牛栏组下部灰岩开始增加，底部出现一套粉砂岩、泥质粉砂岩夹灰岩地层，粉砂岩一般以伽马、密度、声波、补偿中子下降，对应中高电阻，但是局部粉砂岩段密度没有明显降低，主要是由于地层埋藏深，压实作用强，胶结致密造成的，对应的钻时也有明显变慢（图1）。

### 1.2 分布规律

1）纵向分布规律

通过对长宁地区已钻井测录井资料进行了整理、分析，可以看出石牛栏组可钻性差地层纵向上主要分布在石牛栏底部（图2）。

2）横向分布规律

通过对长宁地区19个平台石牛栏组钻性差地层厚度进行了数据统计（表1），总结了横向分布规律。

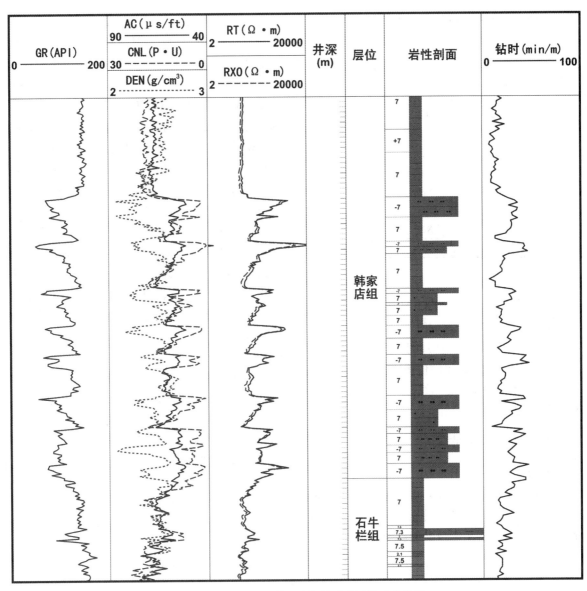

图 1　长宁地区石牛栏组底部粉砂岩测井响应特征

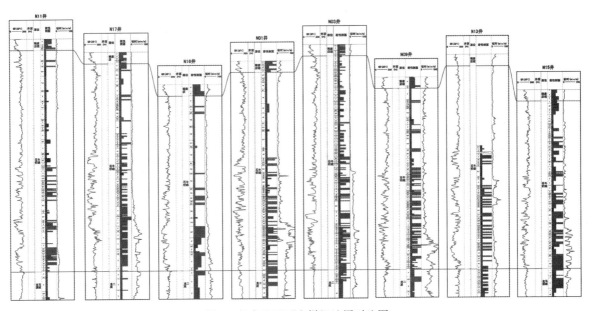

图 2　长宁地区石牛栏组地层对比图

表1　长宁地区石牛栏组可钻性差地层厚度统计表

| 井号 | 石牛栏组可钻性差地层厚度（m） | 井号 | 石牛栏组可钻性差地层厚度（m） |
|---|---|---|---|
| N9H16-5 | 62 | N9H35-4 | 61 |
| N9H10-8 | 62 | N9H41-5 | 55 |
| N9H1-12 | 64 | N9H43-2 | 61 |
| N9H12-1 | 57 | N9H47-5 | 62 |
| N9H20-1 | 51 | N13 | 64 |
| N9H17-1 | 69 | N9H37-8 | 65 |
| N9H6-2 | 65 | N15 | 58 |
| N9 | 57 | N14 | 54 |
| N9H24-1 | 49 | N24 | 61 |
| N9H25-2 | 42 | | |

长宁地区石牛栏组可钻性差地层厚度40～70m，整体自北向南逐渐减薄，N9H17东-N9H10东-N9H6南-N9H41东-N9H35西-N9H37南-宁214北一线以北可钻性差地层厚度为60～70m，至N9H24北-N9H25北一线可钻性差地层厚度为50～60m，N9H24北-N9H25北一线已南可钻性差地层厚度为40～50m。

## 2　可钻性差地层识别方法

### 2.1　可钻性差地层元素特征

岩屑元素录井技术是以岩石地球化学理论为基础，应用岩石X射线荧光分析，测量岩石中不同元素含量的技术。元素录井能够灵敏地捕捉到地层变化的信息，通过不同元素含量变化，可以进行岩性解释、地层判别以及岩相古地理研究等方面的应用。目前元素录井技术在川南地区已逐渐成熟，主要用于评价井取心卡层、储层识别和水平井划分小层、断层识别等方面，由于分析时间短、特征明显、应用效果好、成本低、设备运输方便等优点，该技术已在页岩气勘探开发中全面推广应用。基于元素录井成熟的技术和便利的条件，将元素录井技术应用到石牛栏可钻性差地层研究中，已找到适合现场的识别方法。

N9H6-2井石牛栏-龙马溪组进行了元素分析，从元素分析数据上看，石牛栏组下部井深2983m元素Ca开始明显升高，Al、Si、Fe降低，表明灰质含量升高，但此时钻时并无明显变化，说明元素Ca并非地层可钻性差的特征元素。井深3044m元素Si开始明显升高，Al、Fe、Ca略有降低，此时钻时也开始明显变慢，表明粉砂质成分增加，地层可钻性变差，说明元素Si是地层可钻性差的特征元素。石牛栏组底界井深3110m元素Si、Ca降低，Al、Fe、Mg等明显升高，说明泥质含量增加，此时钻时无明显加快。进入龙马溪后岩性以灰质泥岩、灰质页岩为主，地层可钻性变好，但是钻时一直较慢，只到井深3203m起钻换新钻头后钻时明显加快，说明石牛栏底部对钻头磨损相当严重，石牛栏底部可钻性差地层钻完后应及时起钻换钻头（图3）。

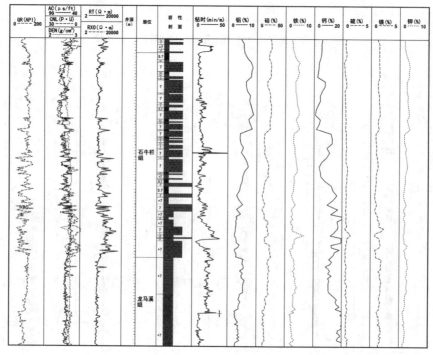

图3　N9H6-2井石牛栏组元素录井图

## 2.2　可钻性差地层元素识别方法

综上所述，可以看出石牛栏组底部可钻性差地层的特征元素是 Si，但是高 Si 并不意味着可钻性差，还要结合元素 Al 来综合判断，只有高 Si 低

Al 才指示粉砂质含量增高，地层可钻性变差。为了便于现场准确判断，将元素 Al 和 Si 进行曲线交汇，通过 Al-Si 交汇面积可快速识别可钻性差地层（图 4）。

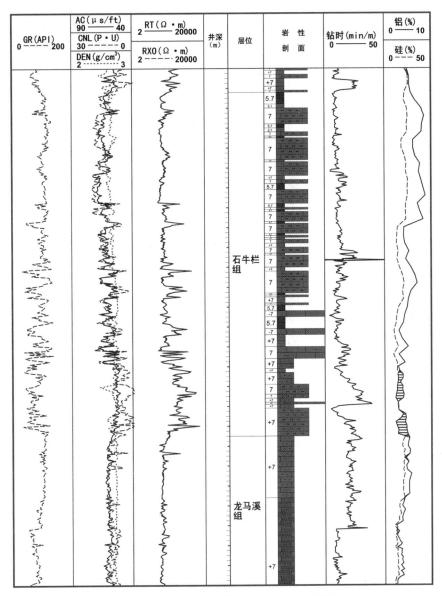

图 4　N9H6-2 井石牛栏组元素 Al-Si 交汇图

## 3　现场应用效果

将石牛栏组可钻性差地层元素识别方法应用到长宁地区 20 口页岩气水平井，能够及时、准确识别可钻性差地层及龙马溪组顶界，识别准确率 100%，为钻头选型、调整钻井参数及钻具结构提供了可靠依据。

1）N9H11-10 井现场应用

N9H11-10 井自井深 xx00m 开始进行元素分析，此时钻时 15min/m；23 日钻进至井深 xx34m

钻时明显变慢，17↑38min/m，元素 Si 含量 9.3%↑31.1%，分析岩性为粉砂岩；钻至井深 xx42m 钻时加快，52↓17min/m，元素 Si 含量 31.1%↓17.1%，分析岩性为灰质泥岩；24 日钻进至井深 xx58m 钻时明显变慢，29↑63min/m，元素 Si 含量 20.2%↑26.9%，分析岩性为粉砂岩；26 日钻进至井深 xx84m，Al 含量 4.7%↑6.2%，Al-Si 明显分开，结合之前的曲线形态，与 N9 井对比性好，认为已经龙马溪组，石牛栏底界分在 xx82m，起钻更换适于龙马溪钻进的 PDC 钻头（图 5）。

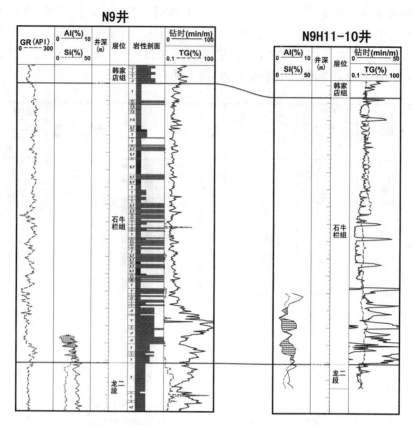

图5　N9H11-10井石牛栏组元素Al-Si交汇图

2）N9H34-5、N9H34-3井现场应用

N9H34-5井自井深xx04m开始进行元素分析，此时钻时3min/m；24日钻进至井深xx56m钻时明显变慢，6↑14min/m，元素Si含量4.7%↑19.0%，分析岩性为粉砂岩；26日钻进至井深

xx34m，元素Al含量3.2%↑5.2%，Al-Si明显分开，结合之前的曲线形态，与N9井对比性好，认为已经龙马溪组，石牛栏底界分在xx32m，起钻更换适于龙马溪钻进的PDC钻头（图6）。

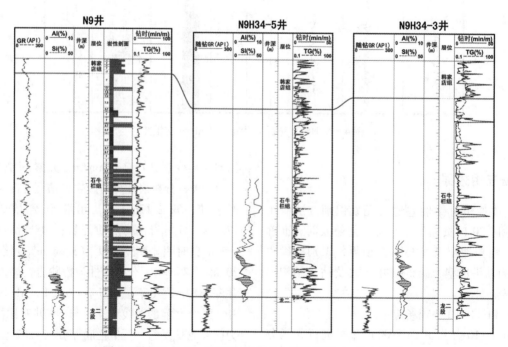

图6　N9H34-5井、N9H34-3井石牛栏组元素Al-Si交汇图

N9H34-3 井自井深 xx04m 开始进行元素分析，此时间断定向，钻时 7～34min/m；28 日钻进至井深 xx44m 钻时明显变慢，5↑14min/m，元素 Si 含量 4.2%↑30.4%，分析岩性为粉砂岩；26 日钻进至井深 xx94m，元素 Al 含量 3.3%↑3.9%，Al-Si 明显分开，结合之前的曲线形态，与 N9 井对比性好，认为已经龙马溪组，石牛栏底界分在 xx92m，起钻更换适于龙马溪钻进的 PDC 钻头（图6）。

## 结论

1）通过大量长宁地区已钻井测、录井资料研究，总结了石牛栏组可钻性差地层岩电特征及纵、横向分布规律。

2）将元素录井技术应用到可钻性差地层研究中，找到了可钻性差地层的特征元素 Si 和 Al，通过 Al-Si 交汇可实现对可钻性差地层的快速识别。

3）现场应用 20 口页岩气水平井，元素识别方法能及时、准确识别石牛栏组可钻性差地层，为调整钻井参数、及时起钻换钻头提供了可靠依据，有效缩短了钻井周期。

4）石牛栏组可钻性差地层元素识别方法，具有及时、准确、成本低、效果好等特点，可在长宁地区进行推广应用。

## 参 考 文 献

[1] 黄金亮，邹才能，李建忠，董大忠，王社教，王世谦，等．川南志留系龙马溪组页岩气形成条件与有利区分析［J］《煤炭学报》2012，37（5）：782-787.
[2] 王世谦，陈更生，董大忠，杨光，吕宗刚，徐云浩，黄永斌．四川盆地下古生界页岩气藏形成条件与勘探前景［J］．天然气工业，2009，29（5）：51-58.
[3] 王玉满，董大忠，李建忠，王社教，李新景，王黎，等．川南下志留统龙马溪组页岩气储层特征［J］．石油学报，2012，33（4）：551-561.
[4] 谢军．长宁-威远国家级页岩气示范区建设实践与成效［J］．天然气工业，2018，38（2）：1-7.
[5] 郑马嘉，唐洪明，瞿子易等．页岩气储层录井配套技术应用新进展［J］．天然气工业，2019，39（8）：41-49.
[6] 乔李华，周长虹，高建华．长宁页岩气开发井气体钻井技术研究［J］．钻采工艺，2015，38（6）：15-17.
[7] 杨廷红，曾令奇，龚勋，何成贵，张雷，罗谋兵，魏建强．岩屑自然伽马能谱和元素录井技术在双鱼石构造栖霞组固井卡层中的应用［J］．录井工程，2020，31（1）：28-34.

# 吉木萨尔凹陷页岩油自乳化形成机理与特征

王伟祥　褚艳杰　赵　坤　鲁霖懋　江冉冉　刘娟丽

(中国石油新疆油田分公司吉庆油田作业区)

**摘　要**　准噶尔盆地吉木萨尔凹陷二叠系芦草沟组页岩油是国内典型页岩油藏，因其储层埋深大、物性差、非均质性强、原油黏度高等特点，水平井体积压裂技术是实现效益开发的关键。而在压裂开发过程中，页岩油自乳化现象普遍存在，乳化增黏现象会对生产产生不利影响。为探究页岩油自乳化特征及形成时机，本文将利用组分分离及表征、剪切试验、核磁共振及岩心驱油等方法对页岩油四组分进行分离表征，分析温度及剪切作用对乳化的影响，以及研究页岩油自乳化的形成时机。结果表明，吉木萨尔页岩油四组分中胶质与沥青质占比较高，杂原子化合物等活性物质含量较大是发生自乳化的内在因素，乳化温度及剪切速率是影响乳化程度的主要外在因素。吉木萨尔页岩油自乳化现象经历了活性物质界面富集期、乳化生长期、乳化强化期及乳化成熟期，在这一过程中乳化程度不断增加，乳状液粒径逐渐增大，黏度迅速上升，是一个不断叠加的过程。该项研究结果可为后期利用乳化现象提高渗析效率提供理论支持，也可为高黏区开展乳化降黏实现效益开发提供思路。

**关键词**　页岩油；自乳化；乳化时机；乳化因素；原油组分；吉木萨尔凹陷

吉木萨尔页岩油发育在二叠系芦草沟组，整体含油两段集中，发育上、下两个甜点体，其具有渗透率特低、弱亲油性、密度较大、含蜡量较高等特点，且原油黏度高，50℃条件下上甜点原油黏度为 33.30mPa·s~133.2mPa·s，下甜点原油黏度 49.93mPa·s~407.1mPa·s。

2011 年至今，吉木萨尔页岩油开发已逐渐形成"水平井+密切割+体积压裂"的主体改造工艺。然而在开发过程中，原油乳化是一种普遍现象，各井产出的乳状液含水差异大，最高可达 69.5%，通过对吉 251_H 井 PVT 取样观察可以发现井筒内流体为油水混相，井下 3000m 镜下观察有乳化现象，随着井深减小、温度降低，乳状液黏度明显上升，乳状液的黏度与含水率、内相增溶率成正相关；当含水率大于 50%时，下甜点原油乳化增黏幅度远大于上甜点。且东南部高黏区存在因乳化黏度增幅较大影响生产，难以实现效益规模开发的问题。

根据此前研究以及对吉木萨尔页岩油烃源岩同源的吉 7 井区稠油自乳化现象的研究结果，初步认为吉木萨尔页岩油中含有大量胶质、沥青质和天然乳化剂，但由于目前对页岩油的乳化形成机理、形成时机及乳化特征尚不明确，无法为后续生产提供理论支持，从而影响页岩油的进一步效益开发。因此，明确页岩油自乳化现象的形成机理及时机是解决吉木萨尔原油乳化现象的问题关键，也是页岩油开发提高采收率和进行对策性调整的重要理论依据。本文将通过模拟乳化及核磁共振在线模拟驱替等实验，对乳化机理及地层中不同阶段的流体乳化特征进行表征分析。

## 1　吉木萨尔页岩油自乳化影响因素

### 1.1　各组分含量

依据国家发布的 NB/SH/T 0509-2010《石油沥青四组分测定法》对吉木萨尔页岩油上下甜点原油四组分进行分离和含量测定，实验数据表明，吉木萨尔页岩油中上甜点胶质含量为 22.1%，沥青质含量为 1.3%，下甜点胶质与沥青质的含量分别为31.1%和 2.16%，而国内其他页岩油田，如长庆油田鄂尔多斯盆地长 7 段泥页岩胶质与沥青质含量仅分别为 6.62%和 0.39%。该实验结果表明，吉木萨尔页岩油中胶质与沥青质的组分含量较高，且高于国内其他页岩油田胶质与沥青质的组分含量。

### 1.2　各组分活性

原油的乳化程度与其各组分的活性情况有关，界面张力与扩张模量可反应活性物质的界面活性及黏弹性。通过分析原油各组分在不同含水率条件下的乳化增黏情况，测定各组分的扩张模量以及与采出水之间的界面张力，可以探究吉木萨尔原油各组分在乳化过程中的乳化能力及其所发挥的作用。实验结果表明，分离组分模拟油乳化能力由强到弱顺序为：沥青质>胶质>芳香分>饱和分，将沥青质与胶质进行组合，其乳化能力则要高于沥青质、胶质作为单一组分的乳化能力。各组分的界面张力与扩张模量测定结果显示，原油各组分界面活性由强到弱顺序为：沥青质>胶质>

芳香分>饱和分（图1a），界面黏弹性由强到弱顺序为：胶质≈饱和分>沥青质>芳香分（图1b）。通过实验结果可知，在原油四组分中，胶质和沥青质乳化效果最强，可降低乳化所需界面能；饱和分和胶质界面黏弹稳定性最好，可稳定乳状液，这两方面相互协同，共同促进了乳化发生。

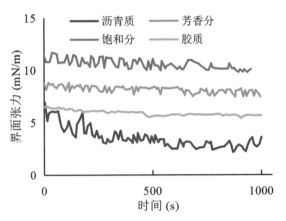
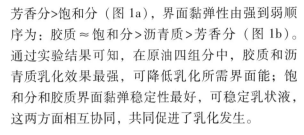
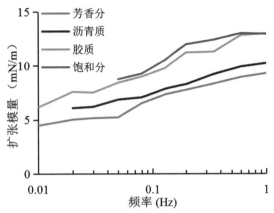

图1  原油各组分界面活性（a）及界面黏弹性（b）

## 1.3  上下甜点各组分活性差异

吉木萨尔页岩油下甜点原油黏度及乳化能力较高于上甜点，原油黏度（地面50℃）上甜点为 33.30mPa·s~133.2mPa·s，下甜点为 49.93mPa·s~407.1mPa·s，乳化过程中含水率大于50%时，下甜点原油乳化增黏幅度远大于上甜点。在相同浓度测试条件下，对上下甜点各组分界面张力进行测定，结果表明上甜点各组分界面张力范围为 8~16mN/m，下甜点各组分界面张力范围为 6~12mN/m，可以确定下甜点原油组分中的活性物质含量更高、活性更强，更有利于

乳化的形成。

原油的乳化能力常与其所含有的杂原子化合物含量及种类有关。通过元素分析和质谱检测（表1），吉木萨尔页岩油四组分中，胶质与沥青质的平均分子量较大、杂原子比重高，这可能是因为其具有较多杂原子化合物，因此胶质与沥青质的界面活性更强。与上甜点相比，下甜点胶质与沥青质的分子量更大，这可能是导致其比上甜点原油黏度更高、密度更大的原因，而下甜点胶质与沥青质的杂原子含量与上甜点相比也更加丰富，这可能是下甜点原油活性比上甜点更强，更易乳化的原因。

表1  上、下甜点原油组分元素分析及相对分子质量

|  | 元素组分比 | w（C）/% | w（H）/% | w（S）/% | w（N）/% | w（O）/% | w（杂原子）/% | n（H）/n（C） | $M_n$ |
|---|---|---|---|---|---|---|---|---|---|
| 上甜点 | 胶质 | 85.21 | 10.15 | 0.32 | 1.75 | 0.35 | 2.42 | 1.52 | 983 |
|  | 饱和分 | 84.04 | 12.25 | 0.31 | 0.37 | 1.49 | 2.17 | 1.74 | 346 |
|  | 芳香分 | 87.12 | 9.67 | 0.31 | 1.21 | 0.19 | 1.71 | 1.33 | 433 |
|  | 沥青质 | 82.11 | 10.82 | 0.73 | 1.53 | 1.64 | 3.9 | 1.58 | 1306 |
| 下甜点 | 胶质 | 85.21 | 11.24 | 0.36 | 1.77 | 0.38 | 2.51 | 1.44 | 1046 |
|  | 饱和分 | 83.87 | 12.52 | 0.29 | 0.35 | 1.38 | 2.02 | 1.79 | 351 |
|  | 芳香分 | 88.45 | 9.82 | 0.33 | 1.18 | 0.22 | 1.73 | 1.33 | 442 |
|  | 沥青质 | 82.74 | 11.02 | 0.78 | 1.69 | 1.74 | 4.21 | 1.59 | 1396 |

## 1.4  温度对乳化的影响

不同温度会影响乳化的程度及乳状液的粒径大小。含水率40%，500RPM，剪切10min 条件下，通

过改变温度测定乳化程度及粒径大小实验表明（图2），乳化程度及乳状液粒径随着实验温度的升高，呈现先增后减的趋势，当温度在50℃时，乳状液乳

化程度可达100%，而在吉木萨尔页岩油地层温度条件下（85℃以上），乳化程度则低于80%。

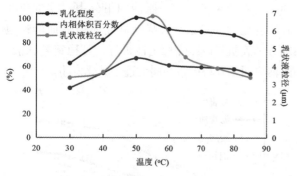

图2　温度对乳化程度的影响

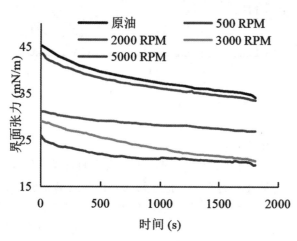
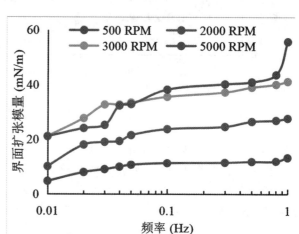

图3　各剪切速率对界面张力（a）及界面黏弹性（b）的影响

## 2　页岩油乳化的形成时机

油水混合物从基质至地面采出，流体状态可划分为四个阶段：基质渗吸阶段、裂缝渗流阶段、射孔—井筒水平流动阶段和垂直井筒采出阶段。由于原油的轻质、重质组分以及水分子在核磁检测中会表现出不同的弛豫时间，因此本节利用核磁在线模拟，通过核磁二维谱对不同流体固有特征进行标定，分析岩芯中的流体类型，从而研究在基质渗吸阶段及裂缝渗流阶段时乳状液的乳化过程，并反映孔隙对乳化的作用强度，随后通过模拟乳状液在射孔—井筒水平流动阶段和垂直井筒采出阶段的流动环境，分析乳状液乳化程度，最后明确吉木萨尔页岩油的乳化形成时机及过程。

### 2.1　基质渗吸阶段

通过 $T_1-T_2$ 二维谱图对基质中原油乳化过程进行分析，基质中原油与滑溜水之间存在相互作用，活性物质会在油水界面富集（图4a），此时页岩岩

芯产生的乳状液粒径为纳米级，其黏度与原油黏度相近，乳状液含量仅为5.3%。该现象表明在基质阶段，基质中所形成的乳状液量少，大部分液体受纳米孔隙空间限制未进一步弯曲液面形成乳状液滴，但是由于该阶段中活性物质会在油水界面富集（图4b），因此基质渗吸阶段可为活性物质在界面层富集提供时间基础，也为后期阶段发生乳化现象提供了物质基础。

### 2.2　裂缝渗流阶段

焖井开井后液体会从基质中流出进入裂缝，通过 $D-T_2$ 二维谱对裂缝中乳化过程进行分析，可以确定液体进入裂缝阶段后，已无明显自由水存在，且在岩心出液后液体扩散系数显著降低，表明已形成乳状液（图5a），该阶段岩心中乳状液占比为6.1%～12.3%，黏度约为原油黏度的1.2～1.8倍，乳状液平均粒径为0.858μm，达到了亚微米级别（图5b）。

### 1.5　剪切作用

剪切作用是影响乳化程度的关键因素之一。在测定在不同剪切速率下所形成的乳状液的界面张力、扩张模量以及乳状液粒径实验表明，随着剪切时间和速率增加，原油活性成分在界面富集程度提升，界面张力逐渐下降（图3a），界面黏弹性增强（图3b）、乳状液粒径降低，乳化程度提升。而当剪切速率小于一定程度时，即使经过长时间的剪切作用也难以发生充分的乳化现象，这表明较高的剪切速率是发生充分乳化现象的必要条件之一。

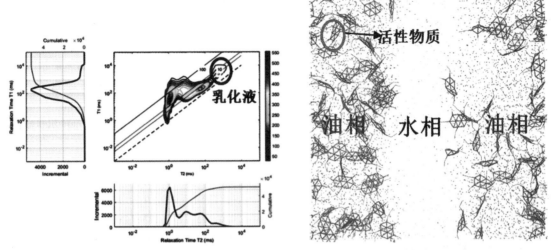

图 4　滑溜水在基质中的动态渗吸作用（a），活性物质的界面富集（b）

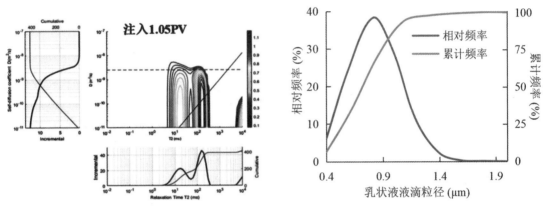

图 5　注入 1.05PV（a）时裂缝中岩芯 $D$-$T_2$ 谱图，产出液粒径分布（b）

## 2.3　射孔－井筒水平流动阶段

乳状液从裂缝流出后进入射孔－井筒水平段，通过模拟该阶段的流体环境，对该阶段的乳状液特征进行分析，结果表明经过射孔处的强剪切作用以及剪切时间的增加，乳化程度进一步提升，乳状液黏度上升至原油黏度的 2~8 倍，乳状液占比为 20%~75%，粒径达到微米级，上甜点原油发生乳化的极限含水是 60% 左右，下甜点发生乳化的极限含水为 65% 左右。

## 2.4　垂直井筒采出阶段

乳状液在经过井筒水平段后通过垂直井筒段到达地面，模拟实验表明，该阶段由于油水重力差异产生对流，以及随着井深减小导致温度降低，乳化程度进一步强化，此时含水 85% 的油水混合物仍可形成乳状液，粒径为微米级，乳状液占比为 60%~100%。当温度降低至 60℃ 左右时，乳化程度将不再增加，但随着温度的进一步降低，乳状液流动性进一步减弱，表现为黏度上

升，当温度低于 60℃（约井深 2000m 以浅）时，乳状液黏度开始急剧上升，可达到十倍原油黏度以上（图 6）。

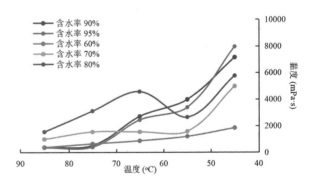

图 6　不同温度条件乳状液黏度与含水率的关系

## 2.5　乳化叠加过程

通过对以上四个乳化阶段的研究可以确定，吉木萨尔页岩油乳化是一个不断叠加的过程，可将其形成过程概括为：基质渗吸阶段－活性物质界

面富集期、裂缝渗流阶段-乳化生长期、射孔及井筒水平流动阶段-乳化强化期、垂直井筒采出阶段-乳化成熟期。在这一过程中，随着剪切时间增加、温度降低，各阶段乳化程度不断叠加，乳状液粒径逐渐增大，黏度迅速上升，在井筒中上部达到最强乳化程度。（图7）

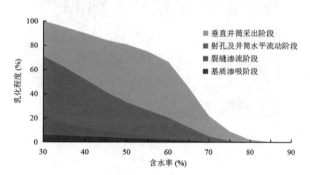

图7　不同含水率条件下的各阶段乳化程度

## 3　总结

（1）吉木萨尔页岩油四组分中，胶质与沥青质的组分含量较高，且其乳化效果最强，可降低乳化所需界面能，饱和分和胶质界面黏弹稳定性最好，可稳定乳状液，这两方面相互协同，共同促进了乳化发生；胶质与沥青质的平均分子量较大，所含杂原子化合物较多，可能是导致其具有更强的界面活性的原因，而下甜点胶质与沥青质的分子量更大，杂原子化合物更多，也可能是导致下甜点更易乳化及增黏幅度更大的主要原因。

（2）温度及剪切作用对乳化的影响较大，乳化程度及乳状液粒径随着实验温度的升高，呈现先增后减的趋势，环境温度为50℃时对吉木萨尔页岩油乳化现象最有利；在乳化过程中，随着剪切时间和速率增加，活性成分将在油水界面富集，乳化程度逐渐提升，但只有当剪切速率高于一定范围时才能形成充分的乳化现象。

（3）吉木萨尔页岩油乳化是一个不断叠加的过程，可将其形成过程概括为：活性物质界面富集期、乳化生长期、乳化强化期及乳化成熟期。在这一过程中，随着剪切时间增加、温度降低，各阶段乳化程度不断叠加，乳状液粒径逐渐增大，黏度迅速上升，在井筒中上部达到最强乳化程度。

通过探究吉木萨尔页岩油自乳化特征、形成时机和过程，为后期利用表面活性剂促进乳化现象，以提高渗析效率，提升储层基质动用程度提供了理论支持，也为解决吉木萨尔高黏区利用降黏剂降低乳状液黏度，实现效益开发提供了思路。

## 参 考 文 献

[1] 姚振华，覃建华，高阳，等．吉木萨尔凹陷页岩油物性变化规律［J］．新疆石油地质，2022，43（01）：72-78.

[2] 吴宝成，李建民，邬元月，等．准噶尔盆地吉木萨尔凹陷芦草沟组页岩油上甜点地质工程一体化开发实践［J］．中国石油勘探，2019，24（5）：679-690.

[3] 高阳，叶义平，何吉祥，等．准噶尔盆地吉木萨尔凹陷陆相页岩油开发实践［J］．中国石油勘探，2020，25（2）：133-141.

[4] 章敬．非常规油藏地质工程一体化效益开发实践——以准噶尔盆地吉木萨尔凹陷芦草沟组页岩油为例［J］．断块油气田，2021，28（02）：151-155.

[5] 郑苗，高晨豪，张凤娟，等．吉木萨尔页岩油乳化原因及对策［J］．精细化工，2022，39（02）：417-425.

[6] 梁成钢，赵坤，褚艳杰，等．稠油油藏常温水驱自乳化效果评价——以准噶尔盆地昌吉油田吉7井区为例［J］．长江大学学报（自然科学版），2021，18（06）：69-75.

[7] 盖芸，陈云霞，孟迪．沥青四组分测定方法的讨论［J］．石油沥青，2013，27（03）：65-67.

[8] 罗丽荣，马军，杨伟伟，等．页岩油可流动性研究中原油族组分分析的应用［J］．延安大学学报（自然科学版），2019，38（03）：86-89.

[9] 曹广胜，左继泽，张志秋，等．原油组分及乳化剂对乳状液黏度影响分析［J］．石油化工高等学校学报，2019，32（4）：8-14.

[10] 罗腾，阿布力米提·依明，吐尔逊·马提木，等．BW区原油活性物对化学驱界面张力的影响［J］．新疆石油天然气，2022，18（03）：54-59.

[11] 张海燕，孙学文，赵锁奇，等．原油各种组分对油水乳状液稳定性的影响［J］．油田化学，2009，26（03）：344-350.

[12] 文江波，罗海军．原油-水两相体系乳化特性研究进展［J］．科学技术与工程，2021，21（17）：6971-6979.

[13] 王志华，林昕宇，余天宇，等．聚合物稳定乳液中粘弹性界面膜的形成与破裂机制［J］．分散科学与技术杂志，2019，40（4）：612-626.

[14] 姜志敏，党煜蒲，张国强，等．二维核磁共振$D$-$T_2$测量数据处理算法及应用［J］．测井技术，2020，44（01）：27-31.

[15] 崔海标，陆凡，李鑫，等．$D$-$T_2$二维核磁共振测井技术发展现状综述［J］．石油化工应用，2016，35（03）：1-5.

# 玛湖深层致密油藏水平井产出规律
# 评价与控产因素分析

巴忠臣　陈新宇　党佳城　阿克丹·斯坎迪尔　秦　军

（中国石油新疆油田公司勘探开发研究院）

**摘　要**　准噶尔盆地玛湖深层致密油地质储量超亿吨，开发试验已经多点见效，但储层非均质性强，水平井产量控制因素及合理开发参数不明确，制约单井提产和有效动用进程。为了明确水平段产出规律及影响因素，以玛湖深层 M 区块为例，基于示踪剂产液剖面、偶极子声波等动态监测和相关性分析技术，结合产量分析和数值模拟方法，系统开展了不同生产阶段井间、段间动用规律及地质、工程、排采制度差异对比，明确了产量控制因素。结果表明，Ⅰ、Ⅱ类优质甜点的产量贡献率为 75%～94%，是影响产量的主要因素；裂缝发育程度高的井段，初期产量占比超过 65%；随着时间延长，各段产量占比级差由 22.7 逐步降低至 13.6，但随着油嘴和压差的放大，新的压裂段开始动用，差异再次显现，制度不宜频繁调整；裂缝发育段（指数>0.7）宜适度改造，裂缝不发育段（指数<0.5）宜强化改造；压裂有效改造体积越大，复杂缝网特征越明显，初期液量贡献越大。该研究为玛湖深层致密油甜点评价、水平井空间黄金靶体设计、差异化段簇组合、返排制度优化等方面提供了积极有效指导。

**关键词**　致密油藏；水平井；产出规律；主控因素；动态监测

## 1　引言

准噶尔盆地深层致密油藏具有规模勘探开发潜力，是增储上产的有利领域。为加快资源转化，全面推进储量升级和产能建设，通过勘探评价产能一体化进行了多轮井位部署，提交三级储量超亿吨，在此基础上先后开展了单井提产试验、立体井组开发试验，目前产量稳步上升，逐步见效。从实施情况看，储层非均质性极强，裂缝普遍发育，致使油水分布复杂，导致勘探开发风险及成本升高，影响后续开发建产。目前水平井单井产量差异大，水平井各井段产出贡献不清、主控因素不明，制约了开发参数优化及压裂改造策略，产能优化和大幅度降本增效迫在眉睫。

国内外实例证实，非常规油藏分段压裂水平井各井段射孔簇的产量极不均匀，大部分产量主要来自少数射孔簇贡献。应用示踪剂监测技术，同样发现水平井各井段产出贡献极不均匀。为此，基于示踪剂产液剖面、偶极子声波等动态监测技术，落实了水平段产量分布规律，建立水平井甜点识别模型并进行分类，系统开展了水平段产出贡献及地质、工程、排采制度等控制因素评价，明确了水平井差异的内在因素，为水平井轨迹优化、黄金靶体设计、合理排采、压裂段簇差异化

设计及施工方案优化提供参考。

## 2　区域地质概况

M 区块位于准噶尔盆地中央坳陷玛湖凹陷南斜坡，构造较为简单，整体表现为东南倾的单斜，地层倾角平均 5°～8°，局部发育低幅度鼻凸构造，岩性以砂砾岩、含云砂岩为主，裂缝普遍发育。根据岩心物性分析资料，油层孔隙度为 2.2%～8.6%，平均 5.2%，渗透率 0.01mD～1.2mD，平均 0.045mD，属于特低孔致密油藏。油气主要赋存于粒内溶孔及微裂缝，油层发育较厚，厚度 13.6～60.7m，平均 28.5m。原油性质较好，为轻质、含蜡、较低凝固点的常规黑油，地层压力系数 1.2～1.4，属正常温度、异常高压系统。

## 3　产液剖面分析

在 M 区块深层致密油藏开展了 3 口水平井示踪剂产液剖面测试，每口井连续监测时间一年以上，为水平段剖面动用定量评价提供了良好的资料基础。监测水平井的水平段长度为 1300～2000m，单井压裂井段数为 16～25 段，共计 76 段，根据监测水平井的各段产出量剖面结果，各井段之间的产出差异大、产能差异明显，同一口井内也呈现出各压裂段产液高低分化的现象。

M_H001 井表现为相对均衡产出的特征，产液量贡献高于 5% 的有 8 段，占比 53%，段间差异最大为 4.2 倍，趾端产液量及贡献率低于跟端。而 M_H002 井则表现出更强的非均质特征，第 12 段产液贡献最高为 12.17%，其次是第 14、6、20 段，分别为 7.75%、6.12%、5.97%，这 4 段占到了全井段的 32.02%，贡献率最低为第 18 段，仅仅只有 0.22%，产液量贡献率差异最大可达 54.8 倍，最小也有 2.6 倍。

随着生产时间增加，各压裂段产液量表现为贡献率低的逐渐上升，初期贡献率高的持续下降的变化趋势。因 A 点渗流距离短、渗流阻力更小，所以初期动用占比较高，随着时间增加和 A 点持续供液，近 A 点生产压差开始下降，供液占比下降，而近 B 点生产压差优势开始逐步增强，供液占比逐渐升高，各压裂段产液贡献率的级差由 22.7 逐步降低至 13.6。

## 4　主控因素分析

### 4.1　I+II 类油层钻遇率

#### 4.1.1　甜点评价标准

储层岩性、物性、含油性以及动用效率的不同，导致单井产能差异明显。以镜下薄片和岩芯描述为基准，厘定不同岩性测井响应特征，划分不同岩性标准，利用孔隙度-密度关系，分岩性建立孔隙度评价模型。基于研究区含油饱和度以及油水可动性的定量评价，厘清了单井的油、水动用效率以及含油性特征，其中含油性表明了地层油水混相流体中原油的占比，但无法定量表征地层中原油的含量，因此建立可动油孔隙度，结合储层物性、含油性以及可动性三方面综合识别油层。

式中，$E_o$ 为原油动用效率，%；$S_o$ 为含油饱和度，%；$\Phi$ 为孔隙度，%。

基于工区 18 口单井的试油试采数据，结合各层段的物性、含油性及原油可动性特征，建立了可动油孔隙度与单井采油强度的关系。结果表明，可动油孔隙度与单井采油强度呈良好的正相关性，揭示了地质要素对单井产能的显著控制作用。结合采油强度，建立油层分类标准（图1），油层的可动油孔隙度下限为 0.1%，I 类油层可动油孔隙度大于 0.6%，II 类油层可动油孔隙度介于 0.4%~0.6%，III 类油层可动油孔隙度小于 0.4%，生产效果差、产油效率低，多为油水同层或水层。因此，将 I、II 类甜点作为优质甜点，可动油孔隙度大于 0.4%。

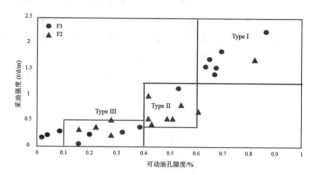

图 1　可动油孔隙度与单井采油强度的关系及油层分类

#### 4.1.2　甜点与产液关系

根据上述甜点评价模型，开展水平段钻遇甜点分类评价，整体看，I、II 类油层钻遇率为 65.7%~89.1%，平均 74.9%；利用微地震监测资料，反演不同压裂段的缝长、缝高及 SRV 等关键参数；根据示踪剂产液剖面数据，计算各个压裂段产液贡献率。从水平段油层分类结果与产液剖面对比看（图2），二者吻合情况良好，I、II 类油层段产液量贡献率明显更高，证明甜点评价模型比较可靠。

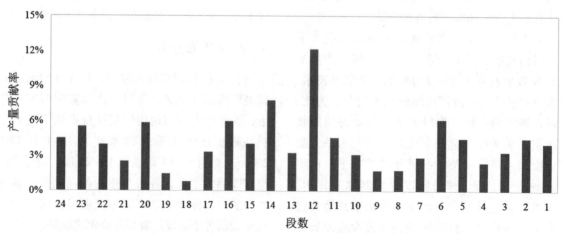

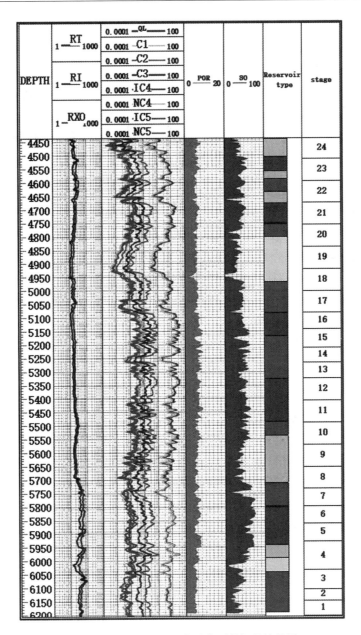

图 2　产液剖面测试及水平井测井解释结果图

从三类油层长度占比、产液贡献、SRV 体积对比看（图 3），III 类油层钻遇占比为 25.1%，但 SRV 体积仅占 13.7%，产液贡献仅占 11.8%，相对占比明显偏低；I、II 类油层钻遇占比为 74.9%，

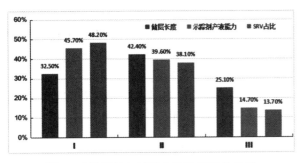

图 3　产液贡献与储层分类及 SRV 的关系

但 SRV 体积为 86.3%，产液贡献占比 88.2%，发挥主要贡献。

受油层品质差异影响，产量贡献主要以 I、II 类油层为主，III 类油层贡献低。从连续监测结果看，随着地层能量下降和优势段产出，各段产液量占比差异逐步缩小，但 III 类油层贡献率依然很低，需要更高的生产压差和动用条件。M 井 M_H001 井 I、II 类油层占比 89.1%，剖面整体动用较均匀，见油快、初期产量高，而 M_H002 井 I、II 类油层占比 71%，见油相对较慢，初期产量不如 M_H001 井，因此高优质甜点钻遇率是单井产能的重要保障。

## 4.2 裂缝发育程度

研究区储层天然裂缝发育，高角度缝在测井曲线上表现为RT～RI垂向上大套、较连续的正幅度差，裂缝开启程度越大，正幅度差越明显；低角度裂缝显示为RT、DEN减小，AC、CNL增大，RT～RI、RI～RXO呈正幅度差。根据上述差异特征，结合偶极子声波裂缝识别，构建了有效裂缝发育指数FI，作为裂缝评价参数，FI值越高，裂缝越发育。

建立压裂段产液强度与裂缝、孔隙度关系气泡图（图4），泡泡大小代表产液贡献率，产液能力排序依次为：高孔强缝>低孔强缝>高孔弱缝>低孔弱缝，裂缝发育程度高的井段初期产液贡献率超过65%，表明裂缝为高产主控因素，优选高孔强缝为有利区带。

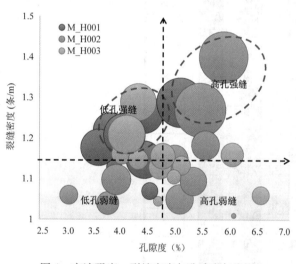

图4  产液强度、裂缝密度与孔隙度气泡图

通过室内实验及数值模拟方法，研究了裂缝对流体动用的影响机制，裂缝发育对储层的储集性能改善有限，但降低了原油充注运移的距离，在弹性开发时，裂缝大幅缩短了原油在基质孔隙内的渗流路径，降低了原油从基质孔隙到裂缝面的渗流阻力，大孔排油能力和原油动用效率显著提升。裂缝不发育时，原油动用效率只有8.3%，当裂缝发育时，原油动用效率大幅提高至34.6%，原油动用的孔径下限从200nm降低至120nm，裂缝对致密储层提高采出程度发挥了积极作用。

## 4.3 生产制度

从水平段油层分布与产液剖面对应关系看，与高贡献段相邻的压裂段，受优势供液及储层非均质影响，液量往往会受到抑制。在上调制度或者下调制度后，剖面动用状况也随之变化，体现

为不同的特征（图5）。

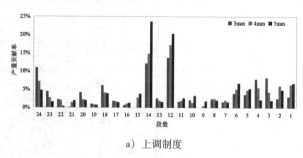

a）上调制度

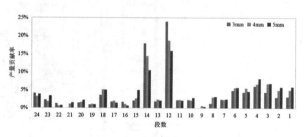

b）下调制度

图5  不同制度调整下水平段的动用情况

1）上调制度

上调制度后，生产压差整体放大，越来越多的压裂段达到启动条件，开始逐步供液，表现为优势段供液继续上升，新压裂段开始供液，供液段数增加，各个压裂段的产液贡献率级差进一步扩大（由20.4增加至60.7）。

2）下调制度

下调制度后，生产压差整体减小，供液能力下降，表现为优势段供液开始上升，部分压裂段供液大幅下降，供液段数减少。考虑到随着时间的持续，水平段剖面动用差异逐步减小，建议排采阶段不宜频繁调整制度，保证水平段保持稳定的供给状态，降低压裂段间干扰影响，逐步发挥压裂段产能。

## 4.4 压裂改造规模

建立压裂段产液强度与有效改造体积SRV、缝网复杂指数气泡图（图6），泡泡大小代表产液贡献率。整体上看，压裂有效改造体积越大，缝网复杂特征越明显，相应的产液量贡献率越大。因此，为实现复杂缝网的建造，需要采用大排量和相对较大规模的改造，结合本区天然裂缝发育特点，进一步优化压裂设计。

从天然裂缝发育指数与产液量贡献率关系图可以看出（图7），当裂缝发育指数<0.5时，产液量贡献率与裂缝发育指数线性相关，证明压裂改造强度越大，产液贡献率越高，建议结合基质物性加大优质油层改造规模；当裂缝发育指数>0.7

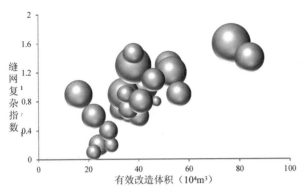

图6　有效改造体积、缝网复杂指数
与产液强度气泡图

时，产液量贡献增加幅度减少，甚至出现降低趋势，天然裂缝加剧了缝网不均衡和井间干扰，不宜过度改造，同时避开大型天然裂缝；当裂缝发育指数介于0.5～0.7之间时，建议结合基质、裂缝发育程度，优化射孔点适度改造。

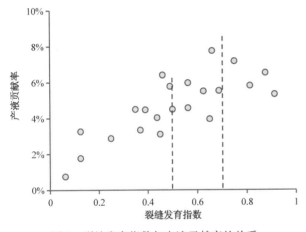

图7　裂缝发育指数与产液贡献率的关系

### 4.5　多参数综合评价

将油井地质、工程、排采参数拆分成训练集、测试集、验证集。训练集用来估计网络参数，测试集用来防止过度训练，验证样本用来单独评估最终的网络，它将应用于整个数据集和新数据，验证预测结果的准确性。应用神经网络算法，对40个样本进行训练，按照3∶1的比例随机抽出31个样本用于建模，即作为训练集，剩余的9个样本则用于测试油井产量主控因素和初期产量的准确性。训练结果显示，残差取值大多数在−9到8之间浮动，表明该神经网络模型预测较准确。

依据正态分布原理，对13个指标的重要性进行排序，影响产量的因素主要为：裂缝发育程度、压力系数、射开厚度、压裂液量、油嘴、含油饱和度、加砂量、物性参数等（表1）。在开发过程

中，应优先选取裂缝发育、油层厚度大、物性较好的区域进行实施。

表1　产量影响因素排序表

| 类型 | 参数 | 权重因子 |
| --- | --- | --- |
| 油藏条件 | 裂缝发育 | 0.366 |
| | 压力系数 | 0.218 |
| | 射开厚度 | 0.192 |
| 工程因素 | 压裂液量 | 0.177 |
| 排采制度 | 油嘴 | 0.155 |
| 含油气性 | 含油饱和度 | 0.136 |
| 工程因素 | 加砂量 | 0.121 |
| 油藏条件 | 物性参数 | 0.113 |
| 地质力学 | 脆性指数 | 0.106 |
| | 杨氏模量 | 0.103 |
| 工程因素 | 施工排量 | 0.091 |
| | 累退液 | 0.083 |
| 地质力学 | 泊松比 | 0.036 |

## 5　结论

（1）通过产液剖面测试，明确不同阶段、不同制度的水平段动用差异，整体看，井间、段间差异大，随着生产时间延长，各压裂段产出差异有所降低，不宜频繁调整工作制度；

（2）建立油层分类、裂缝评价等参数，与产液剖面测试结果进行耦合，明确了Ⅰ、Ⅱ类优质油层是影响产量的主要因素，Ⅰ、Ⅱ类优质油层占比高、裂缝相对发育、改造到位的井生产效果好，水平井轨迹设计应保证在最优叠合区带；

（3）建立油层物性、裂缝发育指数、改造程度等参数与产液剖面测试参数的评价图版，裂缝发育段（指数>0.7）宜适度改造，裂缝不发育段（指数<0.5）宜强化改造，保证SRV最大和复杂缝网的建造；

（4）该研究为玛湖深层致密油甜点评价、水平井靶体设计、差异化段簇组合、返排制度优化等方面提供了积极有效指导。

### 参　考　文　献

［1］支东明，唐勇，郑孟林，等.玛湖凹陷源上砾岩大油区形成分布与勘探实践［J］.新疆石油地质，2018，39（01）：1-8+22.

［2］许江文，李建民，邹元月，等.玛湖致密砾岩油藏水平井体积压裂技术探索与实践［J］.中国石油勘

探，2019，24（02）：241-249.

［3］唐勇，郭文建，王霞田，等 . 玛湖凹陷砾岩大油区勘探新突破及启示［J］. 新疆石油地质，2019，40（02）：127-137.

［4］刘赛，吴建邦，周伟，等 . 玛湖1井区致密砂砾岩储层物性特征及其对流体可动性的影响［J］. 西安石油大学学报（自然科学版），2023，38（06）：15-23.

［5］宋涛，黄福喜，汪少勇，等 . 准噶尔盆地玛湖凹陷侏罗系油气藏特征及勘探潜力［J］. 中国石油勘探，2019，24（03）：341-350.

［6］蒋恕，李园平，杜凤双，等 . 提高页岩气藏压裂井射孔簇产气率的技术进展［J］. 油气藏评价与开发，2023，13（01）：9-22.

［7］张洪亮 . 利用随钻测井及示踪剂技术分析致密油藏水平井各压裂段产出特征［J］. 长江大学学报（自科版），2016，13（32）：74-78+6.

［8］易小燕 . 水平井产气剖面测试工艺适应性分析及在大牛地气田的应用［J］. 中外能源，2020，25（03）：52-55.

［9］李亭，张金发，管英柱，等 . 水平井分段压裂各段产能评价技术研究进展［J］. 科学技术与工程，2023，23（21）：8916-8927.

［10］闫霞，熊先钺，李曙光，等 . 深部煤层气水平井各段产出贡献及其主控因素——以鄂尔多斯盆地东缘大宁—吉县区块为例［J/OL］. 天然气工业，1-13.

［11］薛晶晶，白雨，李鹏，等 . 准噶尔盆地玛南地区二叠系致密砾岩储层特征及形成有利条件［J］. 中国石油勘探，2023，28（05）：99-108.

［12］何登发，吴松涛，赵龙，等 . 环玛湖凹陷二叠—三叠系沉积构造背景及其演化［J］. 新疆石油地质，2018，39（01）：35-47.

# 泸州北部地区龙马溪组深层页岩气储层地质"甜点"地震定量预测与优选

杜炳毅　高建虎　董雪华

（中国石油勘探开发研究院西北分院）

**摘　要**　川南泸州北部地区龙马溪组深层页岩气储层具有沉积差异明显、储层非均质性强的特点，其总有机碳（Total Organic Carbon，TOC）含量、含气量及孔隙度等地质"甜点"参数的横向展布特征不明及有利储层分布范围不清。针对 TOC 含量、孔隙度及含气量预测精度不足的问题，本研究提出了层页岩储层 TOC 含量、含气量及孔隙度等"地质"甜点参数地震定量预测方法，一是基于实验数据的 TOC 含量叠前地震定量预测方法，在多信息约束的叠前地震 AVO 反演的基础上，通过岩石物理实验测量及交会分析优选敏感弹性参数，建立 TOC 含量与弹性参数间的定量关系，最终利用敏感弹性参数实现 TOC 含量的有效预测；二是，基于马尔科夫链蒙托卡罗的含气量预测方法，利用蒙特卡洛模拟算法得到含气量与弹性参数的全局分布特征，通过纵、横波速度及密度的空间展布，运用贝叶斯方法得到含气量的后验概率分布，实现含气量的定量预测；三是，全局最优地质统计学的孔隙度预测方法，建立弹性参数与地震振幅间的关系，引入测井数据的平滑约束信息和横向二阶差分约束，构建储层参数预测的目标函数，通过全局迭代随机反演的实现孔隙度预测。最后，在 TOC 含量、含气量及孔隙度等地质"甜点"参数预测的基础上，运用灰色关联度分析开展深层页岩储层的地质"甜点"有利区优选。泸州深层页岩气定量预测结果表明，甜点参数预测结果与已知地质认识、测井解释结果具有较高的吻合程度，有利区优选结果与开发井的产量结果具有较好的一致性，验证了方法的可靠性与有效性。

**关键词**　深层页岩气；岩石物理；叠前地震反演；地质"甜点"；定量预测

## 1　引言

页岩气是以吸附或游离状态等形式附存于黑色有机质页岩或高碳泥页岩孔隙和裂缝等储集空间中的非常规天然气，页岩气具有沉积环境复杂、有效储层厚薄度、储层致密且工程压裂难度大等特点。川南地区是国内目前最大的海相页岩气生产基地，具有丰富的页岩气资源，开发潜力巨大，截止 2022 年年底，在五峰组－龙马溪组中深层页岩气（2000～3500m）和深层页岩气（3500～4500m）取得重要的勘探开发进展，中国石油在川南地区累计产气达到 $581 \times 10^8 m^3$，是中国油气主要的上产领域。泸州深层页岩气产能建设工作于 2020 年启动，优选一期建产区面积为 165km²，五峰组—龙一₁亚段 I+II 类储层地质储量为 $1567.5 \times 10^8 m^3$，已经完成产量测试水平井 9 口，单井平均测试产量为 $35.95 \times 10^8 m^3$。

关于页岩气 TOC 含量、含气量及孔隙度等"地质"甜点预测技术，国内外学者开展了大量的研究。Ouadfeul 和 Aliouane 运用监督多层感知神经网络反演波阻抗数据体，通过波阻抗和 TOC 含量的交会关系预测储层的 TOC 含量；张勇等通过调整深度神经网络算法的隐藏层、神经元和迭代次数建立最优预测模型，优选密度、波阻抗和频率等参数实现页岩气储层含气量的高精度预测；田军等建立了弹性参数与孔隙度的定量关系，通过二分法迭代算法实现孔隙度预测，由于该方法不赖于密度的反演，具有更好的稳定性。

虽然泸州深层页岩气储层勘探开发潜力巨大，但面临储层非均质性强和地震响应特征不明显的难题，导致 TOC 含量、含气量及孔隙度等地质"甜点"参数预测精度不足，现有地质"甜点"参数预测技术缺乏井间的数据约束，在储层特征变化较快的区域岩心及测井数据难以真实反映储层平面展布特征，考虑地震资料横向分辨率优势，在叠前地震反演的基础上，运用岩石物理、马尔可夫蒙特卡罗模拟及全局最优地震统计学等算法开展地质"甜点"参数的精细预测，针对深层页岩气储层的有利区的分布范围不清，优选灰色关联分析方法进行有利区优选，将 TOC 含量、含气量和孔隙度作为有利区优选的评价集，对上述评价集进行归一化处理，确定各个元素的影响权重大小，最终实现地质"甜点"有利区的优选。

## 2 基本原理及方法

### 2.1 地质"甜点"参数地震预测方法

在岩石物理定量分析和叠前地震反演的基础上，利用已知的地质、测井和钻井等先验信息作为约束，运用岩石物理实验与理论分析相结合的方法开展 TOC 含量定量预测，通过基于马尔科夫链蒙托卡罗的含气量预测实现含气量预测，利用全局最优地质统计学方法定量预测孔隙度。

（1）基于实验数据的 TOC 含量地震定量预测

TOC 含量地震预测是在叠前地震 AVO 反演的基础上，通过岩石物理分析技术优选敏感弹性参数，建立 TOC 含量与弹性参数间的定量关系，最终利用敏感弹性参数实现 TOC 含量的有效预测。

纵向上，对页岩储层的测井资料进行精细处理解释，在已知的测井、岩石物理等先验信息的约束下，在贝叶斯框架下的开展叠前地震 AVO 同时反演，建立岩心及测井 TOC 含量与敏感参数定量关系，最终运用敏感弹性参数体实现 TOC 含量的定量预测，其定量关系如下所示：

$$TOC = f\ (ElaParS) \quad (1)$$

式中：$ElaParS$ 是 TOC 敏感弹性参数。

（2）基于马尔科夫链蒙托卡罗的含气量预测

基于统计岩石物理建模技术的储层物性参数定量反演方法，兼具了多元统计技术与确定性岩石物理建模技术的优点。这类方法首先在确定性岩石物理建模技术的基础上引入随机误差来模拟模型与实际地质特征的不确定性，建立起弹性参数与含气量间的统计关系；在贝叶斯理论的框架下，运用统计岩石物理方法建立测井上含气量与地震弹性参数间的先验关系分布特征。利用蒙特卡洛模拟算法得到含气量与弹性参数的全局分布特征，通过弹性阻抗反演得到页岩储层的纵、横波速度及密度的空间展布，最后运用贝叶斯方法得到含气量的后验概率分布，实现含气量的定量预测。假设纵波速度、横波速度和密度之间是互相独立的，可以通过最大概率算法预测含气量：

$$[Tgas] = arg\ Max\{P([Tgas]_j) * P(Vp\ |\ [Tgas]_j)$$
$$* P(Vs\ |\ [Tgas]_j) * P(\rho\ |\ [Tgas]_j)\} \quad (2)$$

其中：$P([Tgas]_j)$ 为储层参数含气量先验分布，可以由测井资料通过统计分析得到，$P(Vp\ |$

$[Tgas]_j)$、$P(Vs\ |\ [Tgas]_j)$、$P(\rho\ |\ [Tgas]_j)$ 分别为在已知含气量先验信息下的纵波速度、横波速度和密度的条件概率密度分布函数。

（3）全局最优地质统计学的孔隙度预测

充分利用孔隙度与弹性参数等测井数据的空间分布信息进行约束，利用具有反演稳定、适应性强等优势的地质统计学随机反演，可以更加有效实现孔隙度的预测。

基于线性拟合的孔隙度等储层参数与弹性参数间的对应关系，利用序贯协模拟的方法在储层参数、物性参数联合分布的约束下求取弹性参数，以 Aki-Richards 近似为基础开展叠前地震反演，建立弹性参数与地震振幅间的关系。在贝叶斯理论的框架下，引入测井数据的平滑约束信息和横向二阶差分约束，构建储层参数预测的目标函数：

$$p(d\ |\ \varphi) = \varepsilon exp\big[ - \sum [d - f(\varphi)]^2 /$$
$$2\sigma_n^2 - \alpha \sum (\varphi - \varphi^0)^2 \big] \quad (3)$$

### 2.2 基于灰色关联分析的有利区优选

灰色关联分析方法是一种经典的对因素统计分析方法，在医学、气象、石油、经济的等领域具有广泛的应用。本文运用该方法对页岩储层地质"甜点"有利区的进行评价，对有利区的影响因素如 TOC 含量、含气量、孔隙度进行归一化处理，将其定义在 [0，1] 之间，可以将不便于定量化的评价体系用灰色关联分析方法进行定量化评价。

综合考虑页岩储层的多因素特征，运用评价因子表示储层的品质，即评价集。储层品质的影响因素叫做因素集。根据因素集与评价集之间的内在联系，将对储层品质影响最大的因素确定为主因素，构成了关联分析的母序列：

$$\{F_t^{(0)}(0)\},\ t = 1，2，3，\cdots，n \quad (4)$$

计算每个比较序列与参考序列对应元素的关联系数，公式为：

$$\xi_{i,\omega} - \frac{\Delta min + \eta \Delta max}{\Delta_T(i,0) + \eta \Delta max} . i - 1 2 3，\cdots，m$$
$$(5)$$

其中，$\eta$ 是灰度关联系数中的分辨系数，其值域为 0 至 1 之间，若 $\eta$ 越小，表明关联系数间差异越大。$\Delta_t(i,0)$，$\Delta max$ 和 $\Delta min$ 表示如下

$$\Delta_t(i,0) = |F_t^{(i)}(i) - F_t^{(1)}(0)|$$
$$\Delta max = max_t max_i |F_t^{(1)}(i) - F_t^{(1)}(0)|$$
$$\Delta mim = min_t min_i |F_t^{(1)}(i) - F_t^{(1)}(0)|$$

灰色关联度是因素集中各个子序列与母序列之间的关联关系大小，表示为：

$$r_i = \frac{1}{n}\sum_{k=1}^{n}\xi_i(k)，i=1，2，\cdots m \quad (6)$$

根据关联度的大小，得到各个因素对评价集影响程度的大小排序，根据权系数计算储层评价因子：

$$E = \frac{1}{n}\sum_{k=1}^{n}w_i F_i^{(0)}，i=1，2，\cdots m \quad (7)$$

式中：$w_i = r_i / \sum_{i=1}^{n} r_i$，为各个因素的加权值。

## 3　泸州北部地区地质"甜点"地震定量预测与有利区优选

泸州北部地区 L3Y1 工区构造总体北高南低，东西分带，南北分块，由东南向西北存在多个洼-隆构造，隆起构造相对窄陡，为系列断背斜，负向构造为相对宽缓的向斜（图 1）。构造特征相对复杂，导致储层的沉积差异明显和储层非均质性强。

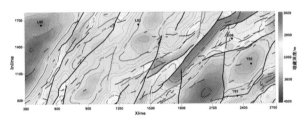

图 1　L3Y1 工区五峰组底界构造图

图 2 为 L3Y1 工区利用基于实验数据的 TOC 含量定量预测方法估算的五峰组—龙一₁亚段 TOC 含量预测平面图，预测结果表明中南部及西北部区域 TOC 含量相对较高，东部区域 TOC 含量较低。图 3 是通过基于马尔科夫链蒙托卡罗方法预测的 L3Y1 工区五峰组-龙一₁亚段含气量地震预测平面图，含气量的分布范围为 $2.2\sim8.8 m^3/t$，研究区的西部和东南部区域含气量较高，中部和东北部区域含气量较低。图 4 是 L3Y1 工区五峰-龙一₁亚段孔隙度地震预测平面图，孔隙度预测结果表明研究区东南部（Y01 井）、西北部（L05 井）孔隙度较高，L03 井附近区域孔隙度相对较低。

在地质"甜点"参数预测的基础上，运用灰色关联度分析算法优选泸州北部地区 L3Y1 工区页岩储层的地质有利区。TOC 含量是页岩地质"甜点"最为主要的因素，将其作为地质"甜点"评价的因素集中的母序列，将含气量和孔隙度作为含气量评价的子序列，综合考虑上述三种因素开展 L3Y1 工区的有利区优选。对 TOC 含量、含气量

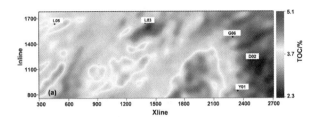

图 2　L3Y1 工区五峰组-龙一₁
亚段 TOC 含量预测平面图

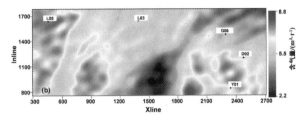

图 3　L3Y1 工区五峰组-龙一₁亚段含气量预测平面图

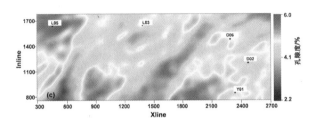

图 4　L3Y1 工区五峰组-龙一₁亚段孔隙度预测平面图

及孔隙度预测结果进行极值标准化的归一化处理，通过灰度关联计算方法得到各因素的加权值见表 6-1 所示，各个影响参数的加权值表明，TOC 含量对地质"甜点"的影响最大，其次是含气量，孔隙度影响最小。

表 1　地质"甜点"参数加权值表

| 地质"甜点"参数 | TOC 含量 | 含气量 | 孔隙度 |
| --- | --- | --- | --- |
| 加权值 | 0.5637 | 0.3019 | 0.1344 |

通过关联度分析得到如图 5 所示的储层综合评价图。根据储层评价因子对研究区进行储层评价，将储层划分为 I 类（红色）、II 类（橙色）和 III 类（黄色）三类有利区分布。

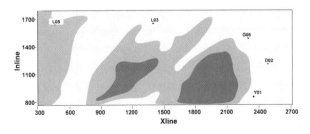

图 5　L3Y1 工区地质"甜点"有利区划分结果

## 4　结论

建立了泸州北部地区龙马溪组深层页岩储层地质"甜点"地震预测方法，在岩石物理实验分析和叠前AVO反演方法的基础上，运用岩石物理实验数据和测井资料的约束，建立TOC含量与敏感弹性参数的定量关系，实现了TOC含量的预测；建立了弹性参数与含气量间的统计岩石物理关系，利用蒙特卡洛模拟技术实现了储层含气量的预测；充分利用孔隙度与弹性参数的空间分布信息进行约束，运用全局最优的地质统计学随机反演，实现了孔隙度的有效地震预测。

在TOC含量、含气量及孔隙度等地质"甜点"参数预测的基础上，运用灰色关联度方法实现了页岩储层的地质"甜点"有利区优选，为页岩气高效勘探和效益开发提供重要的地球物理依据。

### 参 考 文 献

[1] 马新华, 谢军, 雍锐, 等. 四川盆地南部龙马溪组页岩气储集层地质特征及高产控制因素 [J]. 石油勘探与开发, 2020, 47 (5): 841-855.

[2] 吴建发, 张成林, 赵圣贤, 等. 川南地区典型页岩气藏类型及勘探开发启示 [J]. 天然气地球科学, 2023, 34 (8): 1385-1400.

[3] Ouadfeul S A, Aliouane L. Total organic carbon estimation in shale-gas reservoirs using seismic genetic inversion with an example from the Barnett Shale [J]. The Leading Edge, 2016, 35 (9): 790-794.

[4] 张勇, 马晓东, 李彦婧, 等. 深度学习在南川页岩气含气量预测中的应用 [J]. 物探与化探, 2021, 45 (3): 569-575.

[5] 田军, 刘永雷, 徐博, 等. 深埋储层孔隙度迭代反演方法 [J]. 石油地球物理勘探, 2022, 57 (3): 666-675.

# 加拿大 Duvernay 页岩凝析气藏水平井产能
# 主控因素及开发有利区预测

贾跃鹏[1]　黄文松[1]　汪　萍[1]　叶秀峰[2]　叶　禹[2]　孔祥文[1]　刘　丽[1]　赵子斌[1]　苏朋辉[1]

（1. 中国石油勘探开发研究院；2. 中国石油国际勘探开发有限公司）

**摘　要**　为对加拿大 Duvernay 页岩凝析气藏进行开发有利区预测，在大量生产数据分析基础上，根据页岩气井初期产量与地质、工程参数的关系，制定出一套预测页岩储层开发有利区的评价流程：采用三维地质建模技术对储层物性进行精细刻画；收集页岩气井地质、工程及生产数据，建立分析数据体；定量评价工程参数对初始产量的影响程度，确定水平井工程主控参数；从工程主控参数中优选工程因素归一化参数，对初始产量进行归一化处理；定量评价地质参数对归一化初始产量的影响程度，确定地质主控参数；基于层次分析法确定地质主控参数权重，划分有利区评价指标等级，计算有利区综合评价值并进行综合评价等级划分；确定平面和纵向有利区分布范围，提出水平井优化部署建议。基于 Duvernay 页岩凝析气藏的研究表明，水平段长度、压裂簇数、压裂段数、总支撑剂量和平均裂缝闭合梯度为工程主控参数，优选压裂段数为工程因素归一化参数；压力系数和凝析油含量为主控地质参数，有效厚度、TOC 与含水饱和度为次主控地质参数。本文提出的方法可以显著提高开发有利区预测精度，对进一步丰富国内页岩凝析气藏开发技术具有重要意义。

**关键词**　页岩；凝析气藏；有利区；Duvernay；水平井；主控因素

页岩气是指从富有机质黑色页岩层段中产出的天然气。全球页岩气资源丰富，且随着页岩气勘探开发潜力的释放，全球页岩气资源量呈现增长的趋势。页岩储层参数众多，不同页岩区块影响水平井产能的主控参数各异，因此不同学者建立起的页岩储层定量评价体系也存在较大差别。

Montgomery 等评价 Fort Worth 盆地的 Barnett 页岩使用了有机质含量、原始油气潜力、热成熟度、天然气含量和组分、地温、有机质转化率7个参数。Chalmers 和 Bustin 重点评价了西加盆地白垩系页岩的有机质含量、成熟度、矿物成分、含水量、气吸附能力、孔隙度、渗透率。聂海宽等研究表明有机质类型、有机质含量、孔隙度、裂缝发育程度、渗透率及有机质成熟度是控制页岩成藏的关键参数。赵鹏大等利用丰富的露头及测试资料，优选储层厚度、埋深、有机质含量、黏土矿物含量、石英含量等参数指标，预测渝东南地区龙马溪组为页岩有利区。邹才能等根据四川长宁页岩气田及重庆涪陵页岩气田五峰-龙马溪组地质特征，提出"经济甜点区"评价标准，主要包含地质甜点区、工程甜点区及效益甜点区。郭旭升等对涪陵页岩气田研究表明，保存条件好、含气性好、压力系数高、孔隙度高和高含气量有利于形成页岩气富集高产区。曾庆才等利用模糊数

学方法确定储层评价关键参数及各参数在有利区预测中的权重，建立有利区定量评价体系，对四川盆地威远龙马溪组页岩进行有利区预测。

综上所述，不同盆地之间页岩发育的沉积背景、构造演化不同，选取的评价参数有所侧重。同一盆地在不同的勘探开发评价阶段，选取的参数也会存在差别。总体上，页岩的储层厚度、有机质含量、有机质成熟度、脆性矿物含量、孔隙度、渗透率、含气量、压力系数是页岩油气的重要评价参数，而这些参数旨在刻画出页岩储层中的甜点，因此页岩油气甜点预测的核心是页岩储层的评价和预测。但由于缺少页岩气井产量与储层参数之间的定量关系，储层参数对水平井产量的影响程度和相对大小难以得到有效刻画。

加拿大 Duvernay 页岩凝析气藏位于加拿大阿尔伯塔省西加沉积盆地最深处，属泥盆系页岩凝析气藏，是西加盆地主要的生油母岩之一。研究区位于加拿大 Duvernay 页岩凝析气藏核心区，目前已经规模开发，累积了大量的生产、地质及完井数据。研究区前期主要依据 TOC、渗透率、孔隙度等参数确定有利区，单井产量差距大。因此，本文首先依据 Pearson-MIC 相关性综合评价方法确定工程主控参数，优选工程因素归一化参数对水平井初期产量进行归一化处理，基于归一化初期

产量确定地质主控因素，在此基础之上，基于层次分析法确定地质主控参数权重、并对储层开发有利区进行预测，结合开发有利区提出水平井优化部署建议，以显著提高单井经济效益。该方法对页岩储层确定开发有利区有一定的借鉴意义。

# 1 地质背景及加砂压裂概况

西加盆地为一典型的楔状前陆盆地，面积170万平方公里，位于加拿大地盾和科迪勒拉褶皱山系之间，此次的研究区位于阿尔伯达省中西部，西加盆地的斜坡带，地层平缓（图1）。西加盆地富含油气，主要勘探开发目标是泥盆系Duvernay页岩。泥盆系Duvernay页岩是西加盆地一套重要的烃源岩，自北东向南西方向依次发育轻质油、凝析油和干气，Duvernay页岩以其富含液态烃的特点已经成为西加盆地近期持续升温的勘探开发热点地区。Duvernay页岩中部夹有一套碳酸盐岩，该碳酸盐岩把Duvernay页岩一分为二，因此，Duvernay页岩可分为上页岩段（Upper Duvernay）、中部碳酸盐岩段和下页岩段（Lower Duvernay）。根据储层物性进一步细分，又可将上页岩段划分为Upper Duvernay 1、Upper Duvernay 2和Upper Duvernay 3小层。研究区埋深处于2500~4000m之间，页岩厚度30~80m，储层富含有机质，干酪根类型为Ⅱ型，Ro（镜质体反射率）在0.9%~1.4%之间

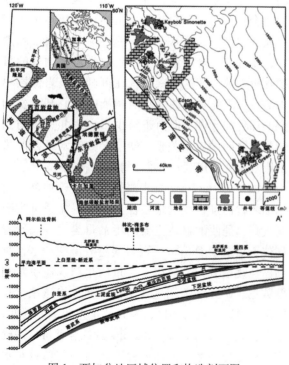

图1 西加盆地区域位置和构造剖面图

（平均1.2%），以凝析油-湿气窗为主。根据生产井的初始凝析油气比，明确研究区Duvernay页岩为凝析气藏，可划分为挥发性油区带（CGR>1125g/cm$^3$）、特高含凝析油区带（1125g/cm$^3$>CGR>630g/cm$^3$）、高含凝析油区带（630g/cm$^3$>CGR>293g/cm$^3$）及含凝析油区带（293g/cm$^3$>CGR>23g/cm$^3$）共4个区带。

Duvernay页岩中石英、长石等脆性矿物平均含量达53%，泊松比在0.14~0.22范围内，平均值约为0.18，杨氏模量在25~55Gpa范围内，平均值为35.1Gpa。Duvernay储层高脆性指数、高模量、低泊松比，为压裂的甜点区域。研究区加砂压裂施工形成"高导流、高砂比、小段距"的优化设计方法，"长水平段，大砂量，大排量，大砂比，小液量，小段距，小粒径"的压裂施工工艺。

# 2 页岩凝析气藏水平井产能影响因素分析

## 2.1 地质因素

（1）有机质含量和有机质成熟度

页岩气的生成贯穿于有机质生烃的整个过程，有机质含量、干酪根类型和有机质成熟度是影响生气量的主要因素。Duvernay页岩有机质类型和热成熟度在全区范围内差别不大，因此不作为有利储层优选的关键参数。北美地区的研究认为具有商业价值的页岩储层有机质含量（TOC）一般大于2%，最高达10%。本文研究表明，当TOC大于2%时，TOC与水平井前6个月累产油气当量关系不再明显（图2）。

（2）孔隙度和渗透率

页岩储层具有孔隙度低和渗透率极低的物性特征。研究区页岩储层有效孔隙度为1%~8%、渗透率为0.0005~0.00012mD。孔隙度和渗透率与水平井前6个月累产油气当量无明显关系（图2）。页岩气井必须经过压裂改造才能投入生产，水平井产能主要受到压裂改造区域的孔渗特性影响。

（3）压力系数

压力系数是控制页岩气井单井产量的重要因素。页岩储层压力系数高，既有利于页岩气的聚集与保存，也有利于在较大的生产压差下水平井获得高产。研究区属于异常高压系统，压力系数为1.7~2.1。压力系数与水平井前6个月累产油气当量呈现较好的正相关关系（图2），压力系数越大，水平井初期产量越高。

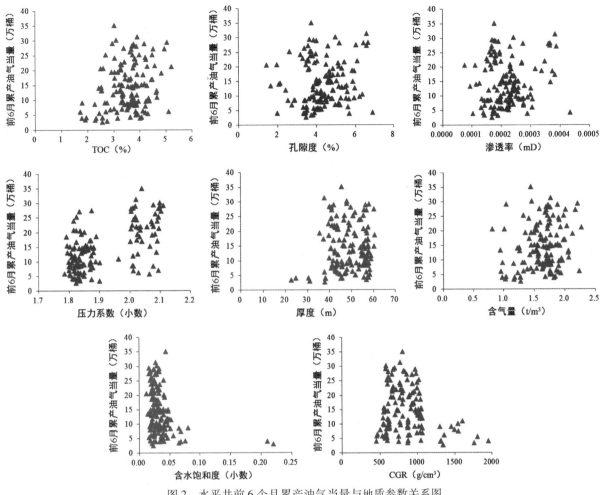

图 2　水平井前 6 个月累产油气当量与地质参数关系图

（4）储层厚度

页岩厚度和分布面积是保证有充足的储渗空间和有机质的重要条件。研究区页岩储层净厚度为 20～80m。页岩厚度是影响水平井产能的关键因素，但受压裂规模和水平井渗流特征的影响，当页岩厚度达到一定值后，页岩厚度与水平井产量的关系并不明显（图 2）。

（5）凝析油含量

研究区属于中等成熟页岩，凝析油含量为 252～2028g/cm³，分别位于挥发性油区带、特高含凝析区带、高含凝析区带和含凝析区带。凝析油含量与水平井前 6 个月累积油气当量不存在线性关系（图 2），但当凝析油含量位于特高含凝析油区带（600～1000g/cm³）时，水平井可获得较高的初期产量。不同凝析油区带产气量和产油量差异较大，当储层物性条件相当的条件下，特高含凝析油区带水平井生产效果优于其它区带水平井（图 3）。

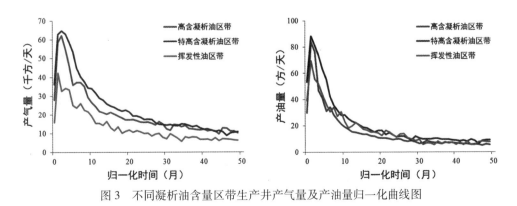

图 3　不同凝析油含量区带生产井产气量及产油量归一化曲线图

（6）含气量和含水饱和度

研究区页岩储层含气量分布范围为 1 ~ 2.12m³/t，分布相对集中，平均在 1.5m³/t。含气量与水平井前 6 个月累产油气当量无明显关系（图2）。研究区页岩储层含水饱和度为 1%~22%，含水饱和度与水平井前 6 个月累产油气当量整体呈现弱负相关关系。当含水饱和度小于6%时，水平井初期累产随含水饱和度变化趋势不明显；当含水饱和度大于6%，水平井初期累产明显低于饱和度小于 6% 的水平井初期累产。含水饱和度小于6%是水平井获得高产的物性基础。

## 2.2 工程因素

（1）水平段长度

水平井的突出特点是显著增加了井与储层的接触面积，降低油气流入井筒的压力损耗。研究区水平井平均水平段长度从 2012 年的 1204 米显著增加到 2018 年的 3221 米。水平段长度与水平井产量呈现良好的正相关关系（图4）。

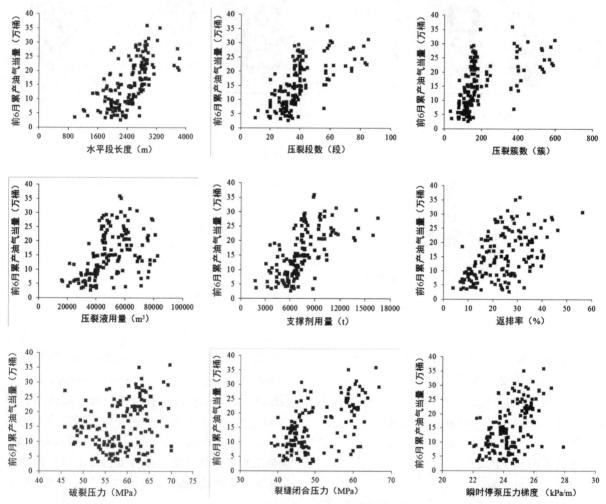

图4　水平井前6个月累产油气当量与工程参数关系图

（2）压裂段数和压裂簇数

研究区压裂段数从 2012 年的 12 段增加到 2018 年的 64 段，压裂簇数从 2012 年 32 簇大幅度增加到 2018 年的 445 簇。压裂段数和压裂簇数与水平井前 6 个月累积油气当量均呈现较好的正相关关系（图4），且压裂段数与水平井产量的线性相关性较压裂簇数更高。这是由于压裂过程中在每段排量一定的情况下，段内簇数越多，压裂时每簇获得的排量越低，部分簇无法压开造成段内有效簇数

比例降低。

研究区水平井段间距显著降低，平均段间距从 2012 年的 100 米降低到 2018 年的 51 米。较小的段间距可以增加水平井改造区域的面积，降低油气流入井筒的渗流阻力，从而增加单井产量。目前，35 米段间距的生产试验进一步表明，缩小段间距可以显著改善水平井生产效果（图5）。

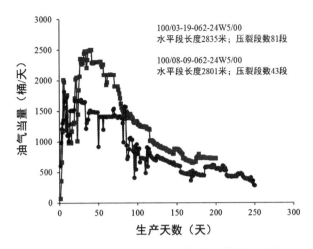

图 5　35m 与 65m 段间距水平井生产效果对比图

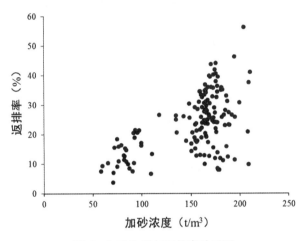

图 6　加砂浓度与返排率关系图

（3）压裂液用量和支撑剂用量

压裂液用量和支撑剂用量是影响水力压裂改造效果的重要因素之一。研究区压裂液用量经历了一个逐步探索的过程。开发初期压裂液用量为

12m³/m。2013 至 2015 年，平均压裂液用量大幅提高到 29m³/m，但水平井生产效果未明显提高。2016 年以后投产的水平井均采用 20m³/m 的压裂液用量。整体来看，压裂液用量与水平井单井产量呈现弱相关关系（图4）。

研究区支撑剂用量呈现递增的趋势，平均每米支撑剂用量从 2012 年的 1.2t/m 增加到 2018 年的 3.6t/m。支撑剂用量与水平井前 6 个月累产油气当量呈现良好的正相关关系（图4）。这表明随着每米支撑剂用量增加，人工裂缝的导流能力增强，水平井的流动阻力降低，单井产量增加。

（4）井距

水平井井距过大，两水平井之间部分区域储量无法有效动用，造成资源浪费；井距偏小，压裂极有可能造成两井裂缝沟通，井间干扰加剧，难以保证水平井经济效益。确定合理井距是经济高效开发页岩的必然要求，也是页岩气开发的关键问题之一。

以 14-06 平台 6 口水平井开展井距对水平井产能影响实验（表 1，图 7），6 口水平井工程参数基本相同。6 口水平井中仅 3 口井投产前 6 个月累产油气当量达 22×10⁴bbl，其中 102063206124W500 和 103063206124W500 井距为 200 米，100093206124W500 为 150 米井距的平台边井，仅有一侧存在井间干扰，生产效果较好。研究区生产实践表明，同等条件下，平台边井的生产效果普遍优于非边井，这证实了井距对水平井产能影响较大。

表 1　14-06 平台 6 口水平井压裂及生产参数表

| 井名 | 井距 | 水平段长度 | 压裂段数 | 压裂簇数 | 压裂液用量 | 支撑剂用量 | 投产前 6 月累产油气当量 |
|---|---|---|---|---|---|---|---|
| | m | m | 段 | 簇 | m³/m | t/m | 万桶 |
| 100093206124W500 | 150+ | 2808 | 40 | 160 | 16 | 3 | 22 |
| 104103206124W500 | 150 | 2748 | 40 | 160 | 17 | 3 | 17 |
| 102103206124W500 | 150 | 2783 | 40 | 160 | 16 | 3 | 13 |
| 103073206124W500 | 200- | 2734 | 40 | 160 | 17 | | 19 |
| 102063206124W500 | 200 | 2772 | 40 | 160 | 16 | 3 | 22 |
| 103063206124W500 | 200 | 2777 | 40 | 160 | 16 | 3 | 23 |

（5）返排率

目前压裂液返排率对水平井产能的影响以及压裂液滞留在页岩储层中对产气的影响还未完全

揭示。研究区返排率与水平井前 6 个月油气当量呈现弱正相关关系（图4）。分析表明，加砂浓度与返排率呈现良好的线性关系（图6），提升压裂液

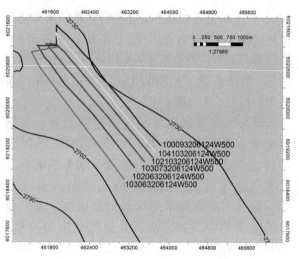

图7  14-06平台6口水平井平面分布图

的加砂浓度可以改善页岩储层渗流网络，降低页岩油气或压裂液从基质渗流到裂缝中的渗流阻力，从而增加页岩油气产量和压裂液返排量。

（6）压裂施工参数

破裂压力表征地层压裂的难易程度，破裂压力越大，地层越难压开。裂缝闭合压力与最小主应力有关，是影响裂缝导流能力的重要参数。页岩压裂过程中裂缝形成后工作压力将保持恒定或略有增加，如果此时停泵关井，压力下降到与地应力平衡时的压力即为瞬时停泵压力，瞬时停泵压力与地层深度的比值为瞬时停泵压力梯度。分析表明，破裂压力与水平井初产没有关系，裂缝闭合压力和瞬时停泵压力梯度与水平井前6个月油气当量呈现弱正相关关系（图4）。

## 3 页岩凝析气藏水平井产能主控因素分析

### 3.1 Pearson-MIC 相关性综合评价方法基本原理

Pearson 相关系数用来评价两个数据集合是否在一条线上，它来衡量定距变量间的线性关系。

$$r = \frac{\sum (x - \bar{x})(y - \bar{y})}{\sqrt{\sum (x - \bar{x})^2 \sum (y - \bar{y})^2}} \quad (1)$$

最大信息数 MIC 的核心思想是，如果两个变量之间存在某种相关关系，那么在由这2个变量组成的相关图上可以按照某种方式画出一套网格，使得多数点散步在有限的几个单元格内。

$$MIC(X ; Y | D) = max_{ij < B(N)} \frac{I_{i,j}^*(X, Y | D)}{logmin(i, j)} \quad (2)$$

式中，D 表示数据集；N 表示样本数；B（N）表示网格划分的最大值；$i$ 和 $j$ 分别表示网格划分过程中 X 和 Y 的可能取值；$I_{i,j}^*(X, Y | D)$ 表示变量 X 和 Y 在确定网格划分的 $i$ 和 $j$ 后得到的最大互信息数。

最大信息系数 MIC 不仅能度量变量之间的线性关系，还能度量变量之间的非线性关系，但当变量之间的关系接近线性相关的时候，Pearson 相关系数仍然是不可替代的。MIC 最大信息数取值范围为［0，1］，而 Pearson 相关系数的取值区间是［-1，1］。这个特点使得 Pearson 相关系数能够表征更丰富的关系，符号表示关系的正负，绝对值能够表示强度。因此，本文综合采用 Pearson 相关系数和最大信息系数 MIC 两种方法进行水平井产能主控因素分析。

### 3.2 页岩凝析气井产能工程主控因素

基于上述对 Pearson 和 MIC 方法原理的分析，本文综合采用上述两种方法对影响分段压裂水平井产能的工程主控因素进行筛选，具体操作步骤如下：

（1）收集研究区分段压裂水平井生产数据和工程参数组成分析数据体。页岩气井初期产量与单井累积产量呈现较好的线性关系，在相同的工作制度下，初期产量越高，单井累产也越高。因此，本文采用水平井前6个月累产油气当量作为指标，分析水平井地质及工程因素对水平井产能的影响。Duvernay 页岩水平井的井距研究表明，当水平井井距小于200m 时，井间干扰较为明显，相同的压裂工艺条件下，边井产量普遍优于非边井产量；当水平井井距大于500米时，井间干扰较为微弱。因此，为保证所分析水平井的井间干扰处在大致相当范围内、且收集更多的水平井用于相关性分析，本文仅筛选井距大于200m 和井距小于500m 的水平井用于相关性分析。各工程参数统计结果见表2所示。

表2  工程参数与投产前6个月累产油气当量相关性分析

| 工程参数 | 最小值 | 最大值 | 平均值 | Pearson 相关系数 | MIC 最大信息数 |
|---|---|---|---|---|---|
| 水平段长度（m） | 975 | 3819 | 2451 | 0.6331 | 0.6331 |
| 压裂簇数（簇） | 32 | 595 | 197 | 0.6066 | 0.6407 |
| 压裂段数（段） | 10 | 85 | 39 | 0.6512 | 0.5970 |

续表

| 工程参数 | 最小值 | 最大值 | 平均值 | Pearson 相关系数 | MIC 最大信息数 |
|---|---|---|---|---|---|
| 总压裂液量（m³） | 16146 | 82657 | 49192 | 0.3678 | 0.4740 |
| 总支撑剂量（T） | 1763 | 16493 | 7339 | 0.6329 | 0.6995 |
| 返排率（%） | 4 | 56 | 24 | 0.4583 | 0.3710 |
| 破裂压力（MPa） | 54 | 77 | 69 | 0.5112 | 0.3932 |
| 裂缝闭合压力（MPa） | 38 | 80 | 50 | 0.5843 | 0.4130 |
| 瞬时停泵压力梯度（kPa/m） | 22 | 28 | 24 | 0.5777 | 0.5042 |

（2）基于建立的分析数据体，根据 Pearson 和 MIC 方法原理，定量评价各工程参数对水平井前 6 个月累产油气当量的影响程度，得到各工程参数的 Pearson 相关系数和 MIC 最大信息数。

（3）根据计算结果，优选 Pearson 和 MIC 影响程度均大于 0.5 的工程参数作为工程主控因素，确定水平段长度、压裂簇数、压裂段数、总支撑剂量和瞬时停泵压力梯度为工程主控因素。

### 3.3 页岩凝析气井工程因素归一化参数选择

为进一步分析地质参数对水平井产能的影响，首先需要排除工程参数对水平井产能的影响。利用筛选出的工程主控参数（水平段长度、压裂簇数、压裂段数、总支撑剂量和瞬时停泵压力梯度）分别对水平井产量进行归一化处理，然后根据 Pearson 和 MIC 方法分别分析工程参数对不同工程主控参数归一化初期产量的影响程度，得到各工程参数的 Pearson 相关系数和 MIC 最大信息数（表3）。

表 3 工程参数与归一化产量 Pearson 方法分析表

| 工程参数 | 相关系数 | | | | |
|---|---|---|---|---|---|
| | 水平段长度 | 压裂簇数 | 压裂段数 | 总支撑剂量 | 裂缝闭合梯度 |
| 水平段长度（m） | 0.3283 | 0.0506 | 0.0634 | 0.1445 | 0.6290 |
| 压裂簇数（簇） | 0.4480 | 0.3390 | 0.0588 | 0.1517 | 0.5910 |
| 压裂段数（段） | 0.4528 | 0.2329 | 0.0334 | 0.1866 | 0.6360 |
| 总压裂液量（m³） | 0.2352 | 0.0534 | 0.1560 | 0.0646 | 0.3847 |
| 总支撑剂量（T） | 0.3917 | 0.1733 | 0.1289 | 0.0535 | 0.6245 |
| 返排率 | 0.4579 | 0.1342 | 0.2292 | 0.3067 | 0.5575 |
| 破裂压力（MPa） | 0.4472 | 0.2583 | 0.2335 | 0.2617 | 0.4997 |
| 裂缝闭合压力（MPa） | 0.1600 | 0.0143 | 0.0970 | 0.0382 | 0.2328 |
| 瞬时停泵压力梯度（kPa/m） | 0.5084 | 0.1024 | 0.2872 | 0.3296 | 0.5247 |
| 平均值 | 0.3811 | 0.1509 | 0.1430 | 0.1708 | 0.5200 |

由表 3 可知，压裂簇数、压裂段数和总支撑剂量对水平井初期产量进行归一化后，可以显著降低工程参数与归一化产量之间的相关性。总体上，本文采用压裂段数对水平井产量进行归一化处理可以更好地实现排除工程参数对水平井产能影响的目标。

### 3.4 页岩凝析气井产能地质主控因素

根据工程因素归一化参数筛选结果，对水平井前 6 个月累产油气当量进行压裂段数归一化处理。根据 Pearson 和 MIC 方法分析地质参数对归一化产量的影响程度，计算结果见表4所示。

表 4 地质参数与投产前 6 个月累产油气当量相关性分析

| 地质参数 | Pearson 相关系数 | MIC 最大信息署 |
|---|---|---|
| 凝析油含量 | −0.4589 | 0.5305 |
| 有效厚度 | 0.0861 | 0.2629 |
| 含气量 | 0.1822 | 0.2109 |
| 渗透率 | −0.0066 | 0.2550 |
| 孔隙度 | −0.0240 | 0.2281 |
| 含水饱和度 | −0.1572 | 0.2792 |
| TOC | 0.2881 | 0.2308 |
| 压力系数 | 0.5659 | 0.4896 |

由于各地质参数的 Pearson 相关系数和 MIC 最大信息数均小于 0.5，此时降低相关性要求，筛选 Pearson 相关系数和 MIC 最大信息数同时大于 0.45 的因素作为主控因素。于是确定压力系数和凝析油含量为地质主控参数。凝析油含量与投产前 6 个月累产油气当量呈现负相关关系，随着凝析油含量的增大，凝析油区带从特高含凝析油区带过渡到挥发性油区带，水平井生产效果明显变差。根据单因素分析，凝析油含量与水平井初期产量呈现先增加后降低的关系，当凝析油含量位于特高含凝析油区带（$1125g/m^3$>凝析油含量>$630g/m^3$）时生产效果最好。压力系数与投产前 6 个月累产油气当量呈现良好的正相关关系。压力系数越大，同等深度下，储层压力越大，地层能量越充足，生产压差调节范围也越大，生产井生产效果明显变好。

根据 Pearson 和 MIC 方法分析，有效厚度、TOC 与含水饱和度与投产前 6 个月累产油气当量关系相对较弱。但根据单因素分析，显然只有当有效厚度大于 38m、TOC 大于 3%、含水饱和度小于 6% 时水平井更易获得高产，因此，确定有效厚度、TOC 与含水饱和度为研究区次主控地质参数。综上，本文总筛选了压力系数和凝析油含量 2 个主控地质参数，有效厚度、TOC 与含水饱和度 3 个次主控地质参数。

## 4 基于层次分析法页岩凝析气藏开发有利区预测

### 4.1 层次分析法原理

层次分析法通过分析系统所包含的要素及其相互关系，建立递阶层次结构；然后对同一层次的各元素关于上一层次中某一要素的重要性进行两两比较，得出该层要素对于上一层次要素的权重；最后计算各层次要素对于总体目标的总权重，从而得出不同设想方案的权值，为选择最优方案提供依据。层次分析法分析储层有利区问题的具体步骤包括建立递阶层次结构模型；构造成对比较判断矩阵；层次单排序及其一致性检验；层次总排序及其一致性检验；评价指标优劣等级划分；有利区综合评价及指标划分。

### 4.2 基于层次分析法确定地质主控参数权重

（1）构造成对比矩阵

本文共筛选了压力系数和凝析油含量 2 个主控地质参数，有效厚度、TOC 与含水饱和度 3 个次主控地质参数，按照上述 5 个参数构造成对比较判断矩阵。本文中压力系数和凝析油含量的标度为 1，有效厚度、TOC 和含水饱和度的标度为 2，在有利区筛选中默认压力系数和凝析油含量比有效厚度、TOC 和含水饱和度稍微重要。

（2）层次排序

根据层次分析法原理计算各评价参数权重，结果见表 5 所示。压力系数和凝析油含量的权重为 0.34，有效厚度、TOC 和含水饱和度的权重为 0.107。有利区筛选整体以压力系数和凝析油含量为主，以有效厚度、TOC 和含水饱和度为辅，这和对地质主控因素的认识是一致的。

表 5　研究区成对比矩阵及其权重表

| Z | 压力系数 | 凝析油含量 | 有效厚度 | TOC | 含水饱和度 | 权重 |
|---|---|---|---|---|---|---|
| 压力系数 | 1 | 1 | 2 | 2 | 2 | 0.34 |
| 凝析油含量 | 1 | 1 | 2 | 2 | 2 | 0.34 |
| 有效厚度 | 1/2 | 1/2 | 1 | 1 | 1 | 0.107 |
| TOC | 1/2 | 1/2 | 1 | 1 | 1 | 0.107 |
| 含水饱和度 | 1/2 | 1/2 | 1 | 1 | 1 | 0.107 |

（3）评价指标等级优劣划分

本文共涉及 5 个参数的筛选，各个参数的数值范围差别较大，且量纲各不相同，为了方便比较，本文参考前人对页岩储层有利区优选的研究，将有利区评价指标划分为 3 个等级，分别为好、中等和差，具体划分标准见表 6 所示。研究区 Petrel 工区中每个单元格都对应压力系数、凝析油含量等指标参数值，判断每个单元格评价指标参数值的范围，划分评价指标的等级优劣并赋值。

表 6　有利区评价指标优劣等级表

| 参数 | 好 | 中等 | 差 |
|---|---|---|---|
| | 1 | 0.5 | 0 |
| 压力系数 | >2 | 1.8~2 | <1.8 |
| 凝析油含量（$g/cm^3$） | 630~1125 | 300~630,<br>1125~1600 | >1600 |
| 有效厚度（m） | >38 | 30~38 | <30 |
| TOC（%） | >2.5 | 2~2.5 | <2 |
| 含水饱和度（%） | <0.06 | 0.06~0.15 | >0.15 |

（4）有利区综合评价

为了体现主要评价指标的作用，根据求得的评价指标权重以及各评价指标的优劣赋值，采取加权求和法计算研究区每一单元格的综合评价值。

$$M = \sum_{i=1}^{n} W_i Q_i \qquad (1)$$

式中，M 为每一个单元格综合评价值；Wi 为评价指标的权重；Qi 为评价指标的赋分值；n 为评价指标总数。通过以上步骤，即可以得到研究区 Petrel 工区每个单元格的评价综合得分，为进一步明确有利区位置，将综合得分划分为四个等级，分别为 I 类有利区、II 类有利区、III 类有利区和非有利区，划分标准见表 7 所示。

### 4.3　页岩凝析气藏开发有利区预测结果

基于研究区地质模型，首先对压力系数、凝析油含量、有效厚度、TOC 和含水饱和度按照表 6 进行评价指标优劣等级划分，依据层次分析法获得的评价指标权重，将地质模型中每一个单元格中评价指标的权重乘以相应的优劣等级值，即可以得到地质模型中每一单元格的有利区综合评价值，按照有利区综合评价等级表，对地质模型中每一单元格的有利区综合评价值进行判断，划定 I 类有利区、II 类有利区、III 类有利区和非有利区。开发有利区评价结果如图 8 所示。

**表 7　有利区综合评价等级表**

| 有利区级别 | I 类有利区 | II 类有利区 | III 类有利区 | 非有利区 |
|---|---|---|---|---|
| 参数范围 | >0.8 | >0.6，<0.8 | >0.4，<0.6 | <0.4 |

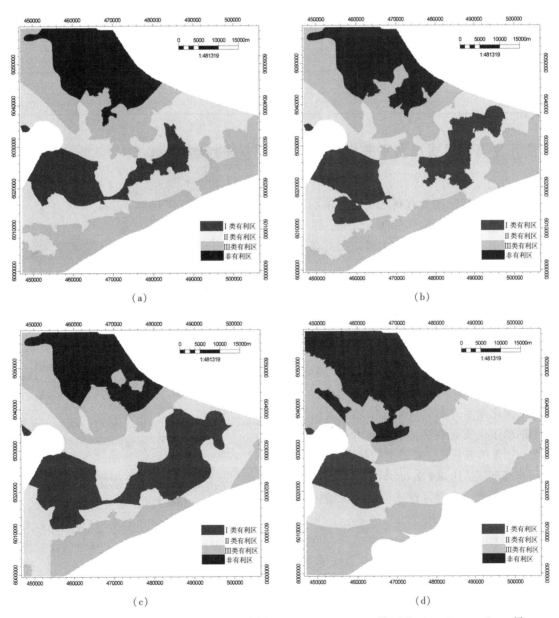

（a）Upper Duvernay 1 层；（b）Upper Duvernay 2 层；（c）Upper Duvernay 3 层；（d）Upper Duvernay Lower 层

图 8　研究区不同层位开发有利区平面分布图

Duvernay 页岩纵向上可分为上页岩段（Upper Duvernay）、中部碳酸盐岩段和下页岩段（Lower Duvernay），其中上页岩段又可划分为 Upper Duvernay 1、Upper Duvernay 2 和 Upper Duvernay 3 小层（图5）。Upper Duvernay 1 小层Ⅰ类有利区主要分布研究区西南部特高含凝析油区带，Ⅰ类及Ⅱ类有利区面积分别占研究区面积的 13.0% 和 34.8%（表8）；Upper Duvernay 2 小层Ⅰ类有利区主要分布西南部特高含凝析油区及北部部分特高含凝析油区带，Ⅰ类及Ⅱ类有利区面积分别占研究区面

积的 17.2% 和 32.8%；Upper Duvernay 3 小层Ⅰ类有利区主要分布在大部分特高含凝析油区带及部分高含凝析油区带，Ⅰ类及Ⅱ类有利区面积分别占研究区面积的 23.6% 和 34.2%；Lower Duvernay Ⅰ类有利区主要分布在南部特高含凝析油区带，Ⅰ类及Ⅱ类有利区面积分别占研究区面积的 7.3% 和 32.2%，Ⅰ类有利区面积较少。总体上，随着埋深的增加，Upper Duvernay 层Ⅰ类及Ⅱ类有利区面积随之增加；Lower Duvernay 层有效厚度薄，Ⅰ类有利区面积仅占研究区面积的 7.3%。

表8　不同层位有利区占研究区面积比例表

| 层位 | 厚度 | 有利区面积占比 | | | |
| --- | --- | --- | --- | --- | --- |
| | m | Ⅰ类有利区 | Ⅱ类有利区 | Ⅲ类有利区 | 非有利区 |
| Upper Duvernay 1 | 10.2 | 13.0% | 34.8% | 35.9% | 16.3% |
| Upper Duvernay 2 | 5.6 | 17.2% | 32.8% | 34.6% | 15.3% |
| Upper Duvernay 3 | 15.6 | 23.6% | 34.2% | 27.4% | 14.8% |
| Lower Duvernay | 5.3 | 7.3% | 32.2% | 38.2% | 22.4% |

## 5　结合开发有利区提出水平井优化部署建议

以"选区定目标"作为有利区预测的核心思想，从平面上预测出页岩油气的甜点分布，进一步在纵向上对各目标层段做精细刻画达到对富液烃页岩气有利区的空间分布预测，为井位的部署和施工方案提供地质依据。

Lower Duvernay 层储层厚度薄，Ⅰ类有利区面积占研究区面积小，且其上分布有碳酸盐岩隔夹层，碳酸盐岩隔夹层的发育严重影响分段压裂水平井压裂效果，导致其产量难以达到预期，因此，目前暂不考虑在 Lower Duvernay 层布井。

平面上优化水平井布井位置，按照开发阶段划分，短期动用Ⅰ类有利区，中期动用Ⅱ类有利区，长期动用Ⅲ类有利区，在目前的技术条件下，暂不动用非有利区。Upper Duvernay 3 小层Ⅰ类有利区连续广泛分布，在南区西北部及北区的西部有较大范围可以布井（图9）。

Upper Duvernay 1、Upper Duvernay 2 和 Upper Duvernay 3 小层，储层厚度分别为 10.2m、5.6m 和 15.6m，且 Upper Duvernay 3 小层Ⅰ类有利区占研究区面积比例显著大于其它两小层，因此，纵向上，新投产井主要部署在 Upper Duvernay 3 小层（图10）。研究区水平井压裂微地震监测解释结果

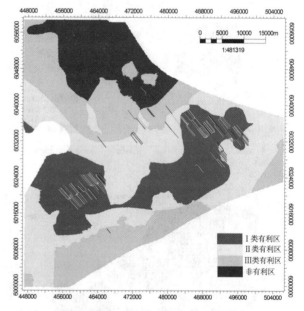

图9　研究区平面开发有利区预测图

表明，压裂裂缝有效缝高显著大于20m。新井部署于 Upper Duvernay 3 小层，经过压裂改造，压裂裂缝可有效覆盖 Upper Duvernay 1 和 Upper Duvernay 2 小层，从而扩大单井纵向上储量动用规模，改善单井经济效益。

研究区地质模型初期根据氢指数与凝析油含量呈现正相关规律，应用氢指数预测凝析油含量分布，指导研究区滚动勘探开发。规模开发后，引入生产动态与水平段岩屑地化数据，进一步精

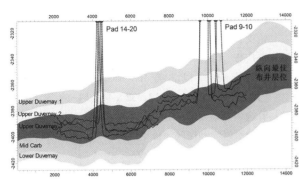

图 10　研究区纵向开发有利区预测图

细刻画高含、特高含凝析油和挥发性油区带分布，提高了凝析油含量预测精度。但由于研究区已投产水平井分布相对集中，模型中外推得到的全区凝析油含量分布不完全反应储层真实凝析油含量分布，因此，随着新井投产，引入更多的生产动态和水平段岩屑地化数据，更新地质模型和有利区分布，从而更加准确的指导研究区开发。

## 6　结论

1）水平段长度、压裂簇数、压裂段数、总支撑剂量和瞬时停泵压力梯度为水平井产能工程主控因素，优选压裂段数作为工程因素归一化参数。

2）基于 Pearson 和 MIC 方法计算结果及单因素分析确定，确定压力系数和凝析油含量为主控地质参数，有效厚度、TOC 与含水饱和度为次主控地质参数。

3）纵向上，新投产井主要部署在 Upper Duvernay 3 小层，经过压裂改造，压裂裂缝可有效覆盖 Upper Duvernay 1 和 Upper Duvernay 2 小层，扩大单井纵向上储量动用规模；平面上，短期动用 Ⅰ类有利区，中期动用 Ⅱ类有利区，长期动用 Ⅲ类有利区，在目前的技术条件下，暂不动用非有利区。

## 参 考 文 献

[1] 邹才能，董大忠，王社教，等. 中国页岩气形成机理、地质特征及资源潜力 [J]. 石油勘探与开发，2010，37（6）：641-653.

[2] 王红军，马锋，童晓光，等. 全球非常规油气资源评价 [J]. 石油勘探与开发，2016，43（6）：850-863.

[3] 谭淋耘，徐锐，李大华，等. 渝东南地区五峰组-龙马溪组页岩气成藏地质条件与有利区预测 [J]. 地质学报，2015，89（7）：1308-1317.

[4] 董大忠，王玉满，黄旭楠，等. 中国页岩气地质特征、资源评价方法及关键参数 [J]. 天然气地球科

学，2016，27（9）：1583-1601.

[5] Montgomery S. L. , Jarvie D. M. , Bowker K. A. , et al. Mississippian Barnett Shale, Fort Worth basin, north-central Texas：Gas-shale play with multi-trillion cubic foot potential [J]. AAPG Bulletin, 2005, 89（2）, 155-175.

[6] Chalmers G. R. L. and Bustin R. M. The organic matter distribution and methane capacity of the Lower Cretaceous strata of northeastern British Columbia, Canada [J]. International Journal of Coal Geology, 2007, 70（1-3）：223-239.

[7] 聂海宽，唐玄，边瑞康. 页岩气成藏控制因素及中国南方页岩气发育有利区预测 [J]. 石油学报，2009，30（4）：484-491.

[8] 赵鹏大，李桂范，张金川. 基于地质异常理论的页岩气有利区块圈定与定量评价-以渝东南地区下志留统龙马溪组为例 [J]. 天然气工业，2012，32（6）：1-8.

[9] 邹才能，董大忠，王玉满，等. 中国页岩气特征，挑战及前景（二）[J]. 石油勘探与开发，2016，43（2）：166-178.

[10] 郭旭升，胡东风，李宇平，等. 涪陵页岩气田富集高产主控地质因素 [J]. 石油勘探与开发，2017，44（4）：481-491.

[11] 曾庆才，陈胜，贺佩，等. 四川盆地威远龙马溪组页岩气甜点区地震定量预测 [J]. 石油勘探与开发，2018，45（3）：406-414.

[12] 李玉喜，聂海宽，龙鹏宇. 我国富含有机质泥页岩发育特点与页岩气战略选区 [J]. 天然气工业，2009，29（12）：115-118.

[13] 赵欣，姜波，张尚锟，等. 鄂尔多斯盆地东缘三区块煤层气井产能主控因素及开发策略 [J]. 石油学报，2017，38（11）：1310-1319.

[14] 谌卓恒，杨潮，姜春庆，等. 加拿大萨斯喀彻温省 Bakken 组致密油生产特征及甜点分布预测 [J]. 石油勘探与开发，2018，45（4）：626-635.

[15] 龙鹏宇，张金川，李玉喜，等. 重庆及其周缘地区下古生界页岩气成藏条件及有利区预测 [J]. 地学前缘，2012，19（2）：221-233.

[16] 位云生，齐亚东，贾成业，等. 四川盆地威远区块典型平台页岩气水平井动态特征及开发建议 [J]. 天然气工业，2019，39（01）：81-86.

[17] Jarvie D. M. , Philp R. P. , Jarvie B. M. , et al. , Geochenical assessment of Unconventional Shale resource plays, North America [R], Special Issue on Shale Resource Plays due out 2nd quater 2010.

[18] 贾成业，贾爱林，何东博，等. 页岩气水平井产量影响因素分析 [J]. 天然气工业，2017，37（4）：

80-88.

[19] 任岚, 邸云婷, 赵金洲, 等. 页岩气藏压裂液返排理论与技术研究进展 [J]. 大庆石油地质与开发, 2019, 38 (02): 144-152.

[20] 韩慧芬, 王良, 贺秋云, 等. 页岩气井返排规律及控制参数优化 [J]. 石油钻采工艺, 2018, 40 (2): 253-260.

[21] 马文礼, 李治平, 高闯, 等. 页岩气井初期产能主控因素 "Pearson-MIC" 分析方法 [J]. 中国科技论文, 2018, 13 (15): 84-90.

[22] 李庆辉, 陈勉, Wang F, 等. 工程因素对页岩气产量的影响——以北美 Haynesville 页岩气藏为例 [J]. 天然气工业, 2012, 32 (4): 54-59.

[23] 管全中, 董大忠, 王玉满, 等. 层次分析法在四川盆地页岩气勘探区评价中的应用 [J]. 地质科技情报, 2015, 34 (5): 91-97.

# 西加拿大盆地 Montney 组测井储层参数预测方法研究

赵子斌[1] 叶秀峰[2] 黄文松[1] 孔祥文[1] 廖广志[3] 汪 萍[1] 贾跃鹏[1]

[1. 中国石油勘探开发研究院；2. 中国石油国际勘探开发有限公司；3. 中国石油大学（北京）]

**摘 要** 储层特征包括孔隙度、粒度、渗透率和饱和度等参数，其中孔隙度、渗透率和饱和度是反映储集层油气储集能力的重要参数，也是储层评价的重要物性参数。传统的储层参数计算通常基于测井资料建立简化的地质模型或经验公式，仅考虑了变量之间简单的线性关系，忽略了储层的非均质性和各向异性等特征，导致预测精度降低，误差较大。因此，构建一种能够深入反映测井资料与储层参数之间非线性映射关系的预测模型至关重要。本文从测井储层参数预测的角度出发，首先针对特征选择时存在的经验性风险和特征冗余问题，采用了 Pearson 相关系数法和随机森林模型的特征重要性分析确定模型的最优输入特征，以提高特征的表达能力。然后考虑到测井数据间的时间序列信息和空间局部结构信息，引入了双向长短期记忆神经网络（BILSTM）和卷积神经网络（CNN），同时为了解决输入序列较长时可能导致的信息丢失问题，引入了注意力机制（Attention）为不同输入特征赋予不同的权重，加强了对重要信息的关注。最后基于集成模型的优势，构建 BILSTM-Attention-CNN 储层参数预测模型。为了验证提出模型的有效性，构建了 5 种基准模型分别进行孔隙度、渗透率和饱和度预测结果的对比，基准模型包括极限梯度提升、深度神经网络、CNN、BILSTM 和 BILSTM+CNN。实验结果表明，提出的 BILSTM-Attention-CNN 模型在三个任务上的预测精度都大于90%，具有比单一模型更好的预测优势，并且注意力机制的引入，有助于提高更全面的特征表示，从而改善模型的预测效果和泛化能力，为储层参数预测提供了新的研究方向和方法。

**关键词** 深度学习；储层参数；特征重要性分析；集成模型；注意力机制

世界石油工业正经历着从传统油气向非常规油气的历史性飞跃。非常规油气是指那些连续或准连续分布的油气资源，这些油气资源无法通过传统技术获得预期的储量，主要包括页岩油、页岩气以及致密油和致密气。其中页岩油气是指聚集在基本无运移的黑色富有机制页岩中的石油和天然气，在当前能源领域的重要性日益凸显，其影响涵盖能源供应、经济发展、能源安全等多个方面。未来，在技术进步和政策调控的推动下，页岩油气将继续在全球能源格局中发挥重要作用，因此针对非常规油气的采集非常重要。

本文以加拿大西部沉积盆地为研究区块，涵盖曼尼托巴省西南部、艾伯塔省东北部以及西北地区的西南角。该盆地拥有全球最丰富的石油和天然气储量之一，北美大部分的石油和天然气产自西加盆地。西加盆地 Montney 组是一种发育在被动大陆边缘浅水陆棚的沉积岩，其沉积环境涵盖了从浅海陆棚的远端（包括浊积水道和浊积扇复合体）到滨岸的广泛范围，沉积厚度约为 300 米，主要以致密气和页岩气为主。在油气分布特征方面，存在大量受到生物扰动的砂岩，以及细粒砂质粉砂岩，滨面型洞穴为主，形成了各种孔洞和孔隙。因此本文选择 Montney 组作为研究对象。

目前，在油气勘探开发中，确定储层参数的方法主要分为直接测定和间接解释两种。直接测定法通过岩心取芯后进行岩石物理分析，得到的物理参数最为准确，但成本高昂，难以覆盖整个井区。间接测定法则利用测井资料来预测储层参数，以测量岩石地层的物理特性。与直接测定法相比，利用测井资料进行参数计算成本低且效率高。传统的孔隙度参数计算包括岩心刻度法和体积法，如孔隙度-声波时差交会图、孔隙度-密度交会图等。研究人员提出了一系列联合利用测井资料和地震数据的技术，如概率地震反演技术和地质统计物性参数反演方法等。但是，对于非均质性较强的低渗储层，由于各参数间存在复杂的非线性映射关系，传统储层参数模型仅考虑有限特征，无法充分利用数据，也不能准确反映数据间的潜在关系，因而在实际应用中受到一定局限。为了克服这一挑战，需要探索新的技术和方法，建立测井曲线与储层参数之间的非线性预测关系，以提高模型的准确性和泛化性。随着大数据的发展，人工智能算法逐渐兴起，基于机器学习的方法开始被应用于分析测井曲线与储层参数、岩性之间的关系。深度学习作为机器学习的一种分支，通过多层次的特征提取和抽象表示，能够更有效地处理大规模和高维度的数据，提高模型的准确性和稳定性。Shan 等（2021）将双向长短期记忆神经网络（BILSTM）、注意力机制（Attention）和卷积神经网络（CNN）相结合，构建双分支并联混合神经网络，用于预测缺失的测井曲线，表明基于深度学习技术的测井生产成本低、效率高，有利于进行评价和分析。Wang 等（2022）基于地下构造的复杂性和介质的非均质性，提出运用 CNN 和 BGRU 网络以及自注意机制对缺失测井曲线进行预测。然而，该模型仅在两个不同区域使用了较小的数据集，需要在更广泛的地质背景下进行讨论。Yang 等（2023）提出 TCN-SABISTM 模型，该模型结合了 TCN、SA 和 BILSTM 在处理时序数据方面的优点，有效地解决了传统测井解释方法存在的局限性，但该方法在应用中存在模型参数数量庞大、训练数据获取成本高等问题；Tian 等（2023）提出一种结合无监督和有监督学习技术的方法，可以有效地预测多种储层性质，而无需预先了解复杂的物理岩石和流体特征。曲端刚等（2023）采用半监督学习的思想对小样本情况下的储层参数预测方法进行改进。该模型只针对 Transformer 模块进行了改进，后续可对 Encoder 模块和 Decoder 模块进行改进。

本文在人工智能算法基础上，以西加拿大盆地 Montney 组为例，在深入分析测井数据和岩心数据的基础上，结合 Pearson 相关系数法和随机森林模型的特征重要性分析来选取敏感性高的特征曲线，以解决存在的经验性风险和特征冗余问题，满足模型训练的需要。然后考虑到测井数据与孔隙度、渗透率、饱和度的时间序列特征，以及数据间的非线性映射关系，本文提出一种结合 BILSTM、Attention 和 CNN 的融合模型，用于孔隙度、渗透率和饱和度的预测。该融合模型充分利用每个部分的优势，可以同时学习测井数据的时间序列信息和空间局部结构信息，能够动态地调整对输入序列中不同位置的关注程度，使模型能够更灵活地捕捉输入序列中的关联特征，具有较强的自适应性和非线性拟合能力。

# 1　基于 BILSTM-Attention-CNN 的储层参数预测方法

尽管在单一模型的研究中取得了一定成果，但储层物性参数预测的准确性和效率仍有进一步提升的空间。因此，在西加拿大盆地 Montney 组实验数据集的基础上，本文提出了一种基于 BILSTM-Attention-CNN 的储层物性参数预测模型。该模型综合利用 BILSTM 和 CNN 模型在储层参数预测方面的优势，并引入了注意力机制，采用融合算法思想进行组合，从而提升模型预测性能。相较于传统模型，BILSTM-Attention-CNN 模型在序列建模任务中展现出卓越的性能，并对长序列数据的处理效果显著。

## 1.1　卷积神经网络

卷积神经网络是近年来备受关注的神经网络之一，是一种独特的深度学习方法，具有卷积结构，采用局部连接和权值共享技术对原始数据进行高维映射和数据特征提取。主要包括了卷积层、池化层和全连接层三个部分。

卷积层是 CNN 的重要组成部分，由多个特征图构成，每个特征图通过应用一个卷积核计算得到。在卷积操作中，卷积核与输入信息进行卷积，以捕获隐藏特征并形成特征映射。特征映射经过非线性激活函数来生成卷积层的输出。卷积层可以表示为：

$$C_i = f(\omega_i \cdot x_i + b_i) \tag{1}$$

式中，$x_i$ 表示卷积层的输入；$C_i$ 为第 $i$ 个输出特征映射；$w_i$ 为权重矩阵；$b_i$ 为偏置向量，$f(\cdot)$ 为激活函数。一般采用线性整流函数（ReLU）作为卷积层的激活函数，在数学上定义为：

$$C_i = f(h_i) = \max(0, h_i) \tag{2}$$

式中，$h_i$ 为卷积运算得到的特征映射的元素。

卷积层之后的是池化层，每个池化层包含多个特征图，与上一层的特征图相对应。池化层的主要功能是进行下采样，即通过二次提取特征来压缩特征图，去除占比较小且影响有限的特征，从而进一步压缩特征图的总体数量，减小过拟合。本文池化层采用最大池化方法，根据方程计算特征图中指定区域的最大值来实现池化操作。

$$y(C_i, C_{i-1}) = \max(C_i, C_{i-1}) \tag{3}$$

$$p_i = y(C_i, C_{i-1}) + \beta_i \tag{4}$$

式中，$y(\cdot)$ 为最大池化子采样函数；$\beta_i$ 是偏置；$p_i$ 表示最大池化层的输出。

最后，将卷积和池化得到的特征映射传输到全连接层，实现对抽象特征的整合和转化，最终得到网络的输出。这一层的全连接操作有助于学习数据中更高层次的表示和复杂的特征组合，提高网络对输入数据的理解和表达能力。如下面公式所示：

$$y_i = f(t_i p_i + \delta_i) \tag{5}$$

式中，$y_i$ 表示最终输出向量；$\delta_i$ 是偏置；$t_i$ 是权重矩阵。

常用的 CNN 结构包括 1D-CNN、2D-CNN、3D-CNN。1D-CNN 主要用于序列数据处理，2D-CNN 常用于图像识别，3D-CNN 主要用于医学成像。从序列预测的角度来看，1D-CNN 在提取序列数据特征方面具有平移不变性的优势，可以提取当前数据的局部信息。与传统的序列预测网络相比，在一维卷积层中需要估计的参数更少。因此，在本研究中，我们将 CNN 模块设置为 1D-CNN 模块，如图 1 所示。

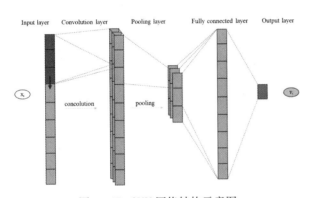

图 1　1D-CNN 网络结构示意图

过去的研究中，已有学者将卷积神经网络应用于储层参数预测问题。通过卷积神经网络，成功地提取相同深度位置的横向局部特征，取得了相较于浅层机器学习更为优越的结果。然而，这种方法忽略了测井曲线和储层参数具有不同深度特征响应的地层特征。因此，对于更全面的储层参数预测，需要综合考虑地层特征的深度差异和变化，以提高模型的精确性和适用性。

## 1.2　双向长短期记忆神经网络

双向长短期记忆神经网络是由 Graves 和 Schmidhuber 在 2005 年提出，通过在原始 LSTM 的基础上引入了双向结构，即同时考虑序列数据的过去和未来信息，从而进一步挖掘当前测井数据与过去和未来时刻测井数据之间的内在联系，进一步提高特征数据利用率。

BILSTM 网络模型如图 2 所示，包括两个独立

的 LSTM 层，是正向和反向传播的双向循环结构的结合。正向传播层负责学习当前特征的相关信息，而反向传播层则专注于学习另一方向的信息。将学习到的两个方向的特征进行拼接，最终输出一个综合的表示，从而提取时间序列的前向和后向依赖关系，更有利于提取沿深度方向正反向测井资料的相关特征。相比于单向 LSTM 模型，BILSTM 能够更好地捕捉输入的测井数据的双向依赖性，从而能够更全面地表示数据特征。

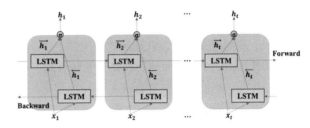

图 2　BILSTM 网络单元结构

孔隙度、渗透率和饱和度的预测实质上属于序列预测问题，基于 BILSTM 的测井储层参数预测方法充分考虑了储层背景信息，降低了预测的多重性。BILSTM 深度模型能够比 LSTM 模型更好地捕捉来自输入的测井数据的双向依赖性，具有更强的建模能力。因此，本文选择 BILSTM 作为储层参数预测模型的首选部分。

## 1.3　注意力机制

注意力机制最早的应用可以追溯到神经网络的早期阶段，被用于对输入序列中不同位置的信息进行加权，以便更好地捕捉关键信息。深度学习中的注意力机制是一种模拟人类视觉的方法，允许神经网络在处理输入数据时集中关注相关的部分。因此，注意力机制在复杂数据特征提取中起辅助作用。

在注意力机制中主要有三个参数，分别是查询（Query）、健（Key）、和值（Value），这三个参数用于计算注意力权重，进而对输入序列进行平均加权。Query 向量用来产生注意力分布，确定模型关注输入序列中的哪些部分；Key 向量用于计算每个位置的注意力分布，以便模型了解输入序列的不同部分之间的关系；Value 向量是在注意力分布的基础上对输入序列进行加权平均得到的输出。

$$Query(X) = XW_Q \tag{6}$$

$$Key(X) = XW_K \tag{7}$$

$$Value(X) = XW_V \tag{8}$$

式中，$X$ 为输入序列；$W_Q$、$W_K$ 和 $W_V$ 是学习

的权重矩阵。

在储层参数预测模型中引入注意力机制使得神经网络能够有选择性地关注输入序列中的重要信息，从而提升模型性能和泛化能力。自注意力机制是对注意力机制的改进，在自注意力机制中，输入序列的每个元素都与序列中的其他元素进行交互，并计算它们之间的注意力权重，以确定每个元素在上下文中的重要程度，减少了外部信息的依赖，更善于捕捉特征的内部相关性。因此，本文采用注意力机制中的自注意力机制，提高网络对测井资料相关特征的关注，提供更全面的特征表示，从而提高储层参数预测的准确性。

### 1.4　BILSTM-Attention-CNN 模型整体构建

测井资料涵盖了地层岩石的多种特性和属性信息，其中各观测值是相邻沉积物测井响应的加权和，同时这些观测值之间也存在一定的相关性。因此，在建立不同测井曲线之间的映射关系时，不仅需要考虑不同测井曲线之间的局部相关性，还要关注测井数据随深度变化的趋势以及相关背景信息。

通过单一神经网络的介绍可知，BILSTM 作为LSTM 的一种变体，具有双向建模能力，能够更全面地捕捉测井数据之间的时序关系，特别适用于处理具有波动性和不确定性的动态层序数据，但在处理过长的序列时容易丢失关键信息；同时，CNN 能够充分挖掘测井数据中的局部相关性，提取更为重要的特征，但在处理长序列数据时难以发挥优势。为了综合利用模型的特点，采用集成学习思想，将 BILSTM 和 CNN 串联，更好地学习测井数据的动态变化规律和局部相关性。但由于输入序列较长时可能导致信息丢失，因此引入了注意力机制来解决这一问题。注意力机制为不同输入特征赋予不同的权重，加强了对重要信息的关注，避免了长序列导致的信息丢失问题，同时提高模型对测井特征的学习能力。

综合而言，本研究引入了 CNN、BILSTM 和注意力机制，构建了一种集成深度神经网络与注意力机制的预测模型，如图 3 所示。该融合模型主要由输入层、BILSTM 模块、注意力机制模块、CNN 模块、全连接层和输出层组成。具体流程为：首先，在输入层以选定的测井数据作为模型的输入；其次，通过 BILSTM 模块，沿着深度方向提取测井数据的纵向时间域特征，包括深度的变化趋势和上下文信息，对特征的内部动态变化进行建模；随后，通过映射权值和学习参数矩阵，利用注意力机制对每个特征赋予不同的权重，以减少历史信息的丢失，使模型专注于学习更重要的数据特征；随后，CNN模块接收经过注意力机制层处理后的特征，利用不同权值的卷积层结果提取特征序列的局部形态特征；最后，采用全连接层融合提取的特征，并在输出层种输出储层参数的预测结果。

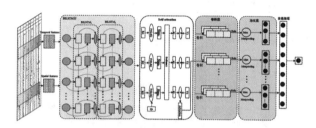

图 3　BILSTM-Attention-CNN 模型图

## 2　实例分析

### 2.1　数据描述与预处理

为了确保提出模型能够获得良好的预测性能，在构建样本数据时需要考虑样本的代表性和普适性，同时还需保证样本在研究区域内均匀分布。因此，本研究选取了西加拿大盆地 Montney 组 27口井数据，每口井的测量深度和样本数据各不相同。本文将以样本数据中的一口井为例，表 1 展示了部分测井曲线数据。

表 1　实验数据统计分析

| Depth<br>m | CAL<br>mm | DEN<br>kg/m³ | DT<br>us/m | GR<br>API | PE<br>b/e | RLLD<br>Ω·m | RLLM<br>Ω·m | RLLS<br>Ω·m | PERM<br>mD | POR<br>% | SW<br>% |
|---|---|---|---|---|---|---|---|---|---|---|---|
| 2040.0 | 219.29 | 2.69 | 206.70 | 175.48 | 3.30 | 28.84 | 30.19 | 32.03 | 0.79 | 9.57 | 20.33 |
| 2040.1 | 218.42 | 2.72 | 195.54 | 107.70 | 3.56 | 35.62 | 39.04 | 42.41 | 1.25 | 9.49 | 18.22 |
| 2040.2 | 217.54 | 2.72 | 185.04 | 83.16 | 3.24 | 49.40 | 60.57 | 67.32 | 1.98 | 8.93 | 16.16 |
| 2040.3 | 217.43 | 2.69 | 180.12 | 83.89 | 3.27 | 67.37 | 89.60 | 96.10 | 3.10 | 9.05 | 13.42 |
| … | … | … | … | … | … | … | … | … | … | … | … |
| 2123.5 | 208.67 | 2.69 | 184.05 | 81.87 | 3.18 | 136.48 | 146.93 | 155.53 | 2.43 | 9.01 | 9.10 |

在野外测井过程中，获得的测井数据通常包含一定程度的噪声，不适宜直接用于实验分析。通过对原始数据进行预处理，可以显著提高数据质量，为后续研究奠定可靠的基础。首先，考虑到测井曲线在测量过程中可能由于测量仪器、扩径、缩径等因素出现深度偏移，引发较大误差，本文将结合测井预处理的方法进行曲线编辑、深度校正、多井标准化及岩心深度归位等操作。

曲线编辑和深度校正是测井预处理的关键步骤。首先对存在曲线质量问题的井次进行简单处理，包括修复测量失误段和处理原始曲线中的异常变化，以提高数据的信噪比。其次对测井曲线进行平移对齐，确保测井数据在深度上的准确性。此外，伽马测井数据常受仪器型号多样和刻度标准不一致等问题的影响，为消除这些系统误差，本文采用频率直方图法对伽马测井资料进行多井标准化。同时，考虑到实验数据集中岩心数据的深度系统与测井曲线的深度系统不同，需要将岩心数据归位到与测井曲线相一致的深度系统，确保数据间的精确对应（图4）。

在实际应用中，由于数据来源广泛且形式复杂，即便经过初步的测井预处理，数据中仍可能

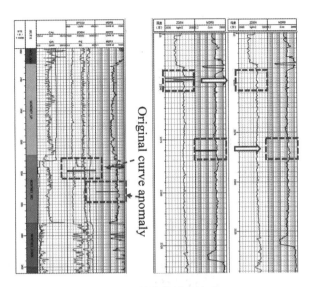

图 4　原始曲线异常处理

存在空值和异常值。因此，本节将在测井预处理后的数据基础上进行进一步的智能化预处理，包括数据清洗和数据变换等关键步骤，以生成符合模型使用要求的标准数据集。

数据清洗是提升数据质量的一种有效手段，主要针对处理缺失值和离群值等异常数据。图5展示了测井响应的特征分布及其频率的可视化结果，

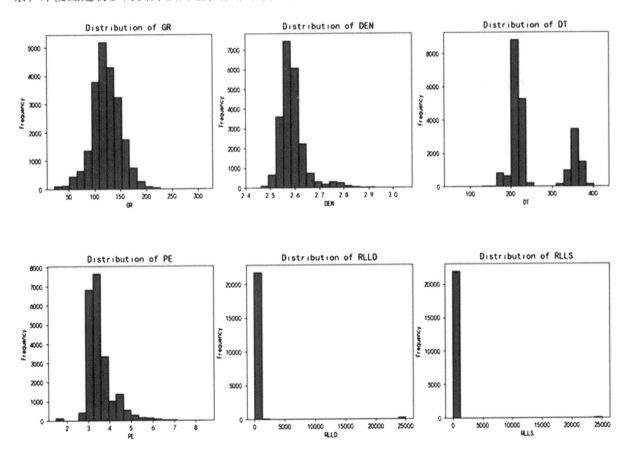

图 5　预处理前样本数据的特征分布

可以观察到，GR、DEN、PE、RLLS 和 RLLD 呈现明显的左偏分布即众数>中位数>平均数。而 DT 则呈现右偏分布，即平均数>中位数>众数。这种偏态分布通常由一些极端值或异常值引起，虽然这些值在整个数据集中的出现频率较低。但它们可能对整体数据产生显著影响。因此，建议删除特征频率占比小于2%的数据，并为每条曲线设置标准范围。经过这些处理步骤后，处理后的数据中六个特征曲线基本符合正态分布（图6），为后续的数据分析和模型建立提供了坚实的基础。这种方法不仅提高了数据的可用性，还确保了数据处理流程的高效性和科学性。

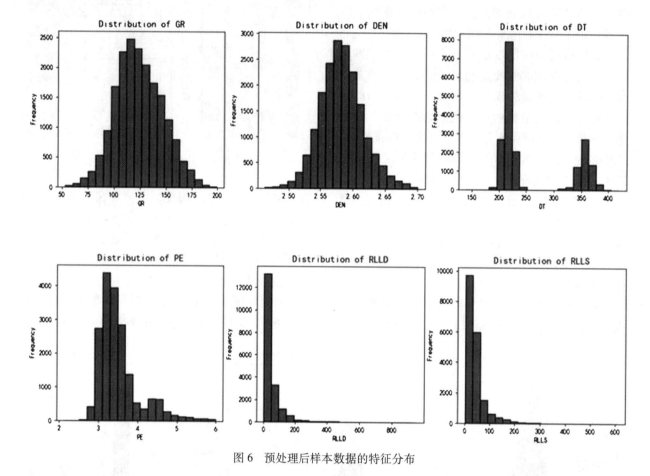

图6 预处理后样本数据的特征分布

在测井曲线分析中，电阻率的取值范围常跨越多个数量级。为了使数据分布更加合理，本文采用对数变换改善电阻率数据的分布特性，使其更接近正态分布，具体表现为降低数据的偏度和峰度。此外，储层参数预测模型的构建中，测井数据的归一化不仅是必需的，也是建立可靠模型的关键步骤。该过程通过数学运算将测井数据映射到一个较小的范围，并转换为无量纲形式，从而提高神经网络模型的计算效率。本研究在最大最小值归一化的基础上进行微调，调整原始数据的最小值乘以 0.97、最大值乘以 1.01，以适度扩展数据范围。这一调整确保归一化后的数据既不会映射到接近 0 的值，也不会映射到接近 1 的值，保持了数据的灵活性并优化了模型的性能。归一化后的数据集分布详见表 2。

表2 实验数据集统计分析

| | DEPTH | GR | DEN | DT | PE | RLLD | RLLS | PERM | POR | SW |
| | m | API | kg/m$^3$ | us/m | b/e | Ω·m | Ω·m | mD | % | % |
| --- | --- | --- | --- | --- | --- | --- | --- | --- | --- | --- |
| Count | 18673 | 18673 | 18673 | 18673 | 18673 | 18673 | 18673 | 18673 | 18673 | 18673 |
| Mean | 0.63 | 0.47 | 0.43 | 0.34 | 0.29 | 0.49 | 0.53 | 0.0024 | 0.05 | 0.33 |
| Std | 0.23 | 0.16 | 0.07 | 0.27 | 0.09 | 0.14 | 0.12 | 0.0047 | 0.01 | 0.26 |

|  | DEPTH m | GR API | DEN kg/m³ | DT us/m | PE b/e | RLLD Ω·m | RLLS Ω·m | PERM mD | POR % | SW % |
|---|---|---|---|---|---|---|---|---|---|---|
| Min | 0.05 | 0.01 | 0.15 | 0.02 | 0.01 | 0.0008 | 0.0011 | 0.0002 | 0.01 | 0.10 |
| 25% | 0.48 | 0.36 | 0.38 | 0.15 | 0.24 | 0.42 | 0.46 | 0.0003 | 0.04 | 0.17 |
| 50% | 0.66 | 0.46 | 0.42 | 0.18 | 0.27 | 0.48 | 0.51 | 0.0009 | 0.05 | 0.20 |
| 75% | 0.82 | 0.58 | 0.47 | 0.69 | 0.31 | 0.57 | 0.59 | 0.0022 | 0.06 | 0.35 |
| Max | 0.98 | 0.99 | 0.94 | 0.98 | 0.99 | 0.99 | 0.99 | 0.0759 | 0.09 | 1.00 |

#### 2.2 特征选择

特征选择旨在从原始数据集中挑选最优特征子集，避免包含冗余特征。该过程通常从两个角度入手：特征与标签的相关性以及特征之间的发散性。通过特征选择，优化输入特征的组合，为提高模型性能创造有利条件。当前，储层参数预测领域的多数研究倾向于采用传统计算公式中的变量或根据专业经验选择特征。然而，储层参数与测井曲线之间并非仅存在简单的线性关系，更多的涉及复杂的非线性关系。因此，使用传统方法进行特征选择存在一定的限制。为解决这一问题，本文提出采用相关系数法和基于模型的特征选择法进行更为全面的特征选择。

（1）相关系数法

目前，相关性分析的方法主要包括 Pearson 相关系数法、Spearman 相关系数法和 Kendall 相关系数法。考虑到样本数据量大以及服从正态分布，本文选择 Pearson 相关系数来计算变量之间的相关程度。

通过观察图 4，深色代表较强的相关性，浅色表示较弱的相关性或者无相关性，大部分特征之间的相关性相对较弱，个别特征之间展现出较为显著的关联。例如：RLLD 与 RLLS 之间的相关性系数高达 0.86；POR 与 DEN 之间的相关性较为显著；PERM 与 DT 之间存在一定相关性；SW 与 GR 之间的相关性较强。鉴于深侧向电阻率与浅侧向电阻率之间的较强相关性，为避免多重共线性并优化模型性能，构建模型之前需要删除这些冗余特征，因此电阻率曲线中本文初步选择深侧向电阻率。由于储层物性参数涉及到复杂的非线性样本数据，仅仅考虑特征和目标变量之间的线性相关显得略微不足，需要进一步深入分析（图 7）。

（2）基于模型的特征选择

为了进一步确定模型的输入特征，本文采用基于随机森林模型的可解释性研究，包括特征选

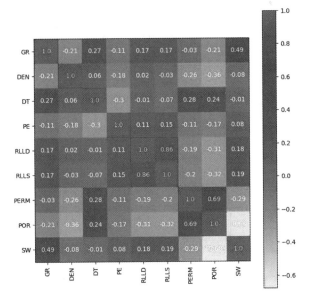

图 7   相关性热力图

择和重要性分析。在随机森林中，通过构建多个决策树并集成它们的预测结果，考虑每个特征在不同决策树中的分裂贡献，形成了一个全局特征重要性评估。而特征选择是在特征重要性分数的基础上进行的进一步操作。通过特征的重要性排名，选择保留最重要的特征，从而简化模型并提高其泛化能力。图 5 展示了随机森林模型在实验数据集上的应用效果。从图中观察到，随着特征数量逐渐增加，模型的均方根误差逐渐减小。当输入特征为 5 条曲线时，模型的均方误差达到最小，表现出最佳性能。在特征重要性分析中，DT 和 DEN 对孔隙度预测的贡献程度较高；RLLD、DT 对渗透率预测的贡献程度较高；GR 对饱和度预测的贡献程度较高，这一结果与 Pearson 相关性分析相一致。

综合考虑相关系数法和随机森林的特征选择与重要性分析的结果，最终确定输入到网络模型中的特征曲线为：DEN、GR、DT、PE、RLLD，输出为孔隙度、渗透率和饱和度这三个物性参数（图 8）。

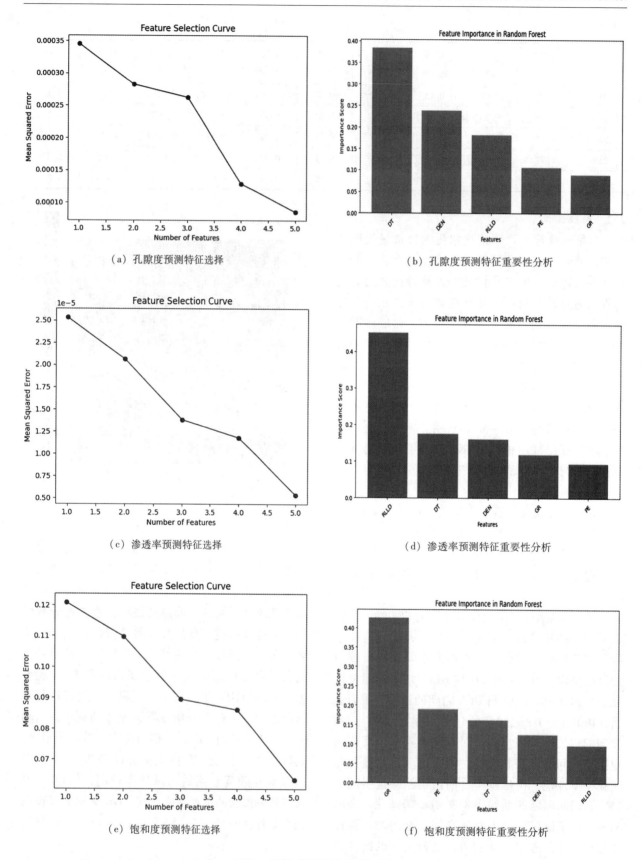

图 8　随机森林特征重要性分析

## 2.3　实验设置

通过对测井数据进行详细处理以及特征选择，

我们整理了 27 口井的数据作为样本数据，总计 18673 个样本数据点。其中选取 22 口井作为训练样本，包括了 14935 个样本数据点，剩余的 5 口井作为测试样本，包括了 3738 个样本数据点。我们利用训练数据建立了孔隙度、渗透率和饱和度的预测模型，并采用决定系数（$R^2$）和平均绝对误差（MAE）指标对测试样本进行评估，以验证所建立模型的可行性和有效性。

在储层参数预测任务中，BILSTM－Attention－CNN 神经网络的输入特征包括 DEN、GR、DT、PE 和 RLLD，输出特征包括孔隙度、渗透率和饱和度。

对于 BILSTM－Attention－CNN 神经网络的参数设置，选择 Adam 优化器作为神经网络的优化算法，均方误差作为损失函数，平均绝对误差和决定系数作为评价指标，采用 Dropout 正则化方法，学习率设置为 0.001，丢弃率设置为 0.5、滑动窗口大小设置为 5、卷积核大小为 64，尺寸为 3，表示卷积操作时使用的核的大小为 3×3；在卷积操作中，采用均匀填充（padding＝same）以保持特征图的大小；最大池化层中，选择窗口大小为 2×2；设定批处理大小为 256，训练的总轮数（epochs）为 1000，采用早停机制，以在模型性能不再提升时提前终止训练，同时保存每一轮的最佳模型。这些超参数的选择经过仔细的调整，旨在获得模型最佳的预测性能。表 3、表 4 和表 5 分别为孔隙度、渗透率和饱和度预测任务中 BILSTM－Attention－CNN 神经网络的网络结构参数。

**表 3　模型网络参数配置**

| 层数 | 层类型 | 激活函数 | 输入大小 | 输出大小 | 神经元数量 |
|---|---|---|---|---|---|
| 0 | 输入层 | | (11×5) | (11×5) | 5 |
| 1 | BILSTM_1 层 | tanh | (11×5) | (11×256) | 128 |
| 2 | BILSTM_2 层 | tanh | (11×256) | (11×128) | 64 |
| 3 | AttentionLayer 层 | | (11×128) | (11×256) | |
| 4 | Conv1D 层 | ReLU | (11×256) | (11×64) | 64 |
| 5 | MaxPooling1D 层 | | (11×64) | (5×64) | |
| 6 | Flatten 层 | | (5×64) | (320) | |
| 7 | Dense 层 | ReLU | (320) | (32) | 32 |
| 8 | Dropout 层 | | (32) | (32) | |
| 9 | Dense_1 层 | ReLU | (32) | (16) | 16 |
| 10 | 输出层 | | (16) | (1) | 1 |

**表 4　模型网络参数配置**

| 层数 | 层类型 | 激活函数 | 输入大小 | 输出大小 | 神经元数量 |
|---|---|---|---|---|---|
| 0 | 输入层 | | (11×5) | (11×5) | 5 |
| 1 | BILSTM_1 层 | tanh | (11×5) | (11×256) | 128 |
| 2 | BILSTM_2 层 | tanh | (11×256) | (11×128) | 64 |
| 3 | AttentionLayer 层 | | (11×128) | (11×256) | |
| 4 | Conv1D 层 | ReLU | (11×256) | (11×64) | 64 |
| 5 | MaxPooling1D 层 | | (11×64) | (5×64) | |
| 6 | Flatten 层 | | (5×64) | (320) | |
| 7 | Dense 层 | ReLU | (320) | (32) | 32 |
| 8 | Dropout 层 | | (32) | (32) | |
| 9 | Dense_1 层 | ReLU | (32) | (16) | 16 |
| 10 | Dense_2 层 | ReLU | (16) | (8) | 8 |
| 11 | 输出层 | | (8) | (1) | 1 |

**表 5　模型网络参数配置**

| 层数 | 层类型 | 激活函数 | 输入大小 | 输出大小 | 神经元数量 |
|---|---|---|---|---|---|
| 0 | 输入层 | | (11×5) | (11×5) | 5 |
| 1 | BILSTM_1 层 | tanh | (11×5) | (11×256) | 128 |
| 2 | BILSTM_2 层 | tanh | (11×256) | (11×128) | 64 |
| 3 | AttentionLayer 层 | | (11×128) | (11×256) | |
| 4 | Conv1D 层 | ReLU | (11×256) | (11×64) | 64 |
| 5 | MaxPooling1D 层 | | (11×64) | (5×64) | |
| 6 | Flatten 层 | | (5×64) | (320) | |
| 7 | Dense 层 | ReLU | (320) | (32) | 32 |
| 8 | Dropout 层 | | (32) | (32) | |
| 9 | Dense_1 层 | ReLU | (32) | (16) | 16 |
| 11 | 输出层 | | (16) | (1) | 1 |

### 2.4　实验与分析

为了验证本文提出的 BILSTM－Attention－CNN 模型在储层参数预测任务中的有效性，采用 5 种基准模型进行对比分析。基准模型包括 XGBoost、DNN、CNN、BILSTM 和 BILSTM－CNN。

#### 2.4.1　孔隙度预测结果对比

将训练好的最优模型应用到划分好的测试集上进行测试，然后通过图像法来直观展示模型预测结果，如图 9 所示。该图为各模型预测的孔隙度与真实孔隙度的交会图，每个点代表样本数据，其中横坐标为真实孔隙度，纵坐标为模型预测孔隙度，当数据集中分布在 45°线上下时，表示模型预测效果好，拟合能力强。由图可以看出 BILSTM-Attention-CNN 模型对真实孔隙度的拟合效果好，数据点集中分布在 45 度角的直线上，都在可控制误差范围内，预测值与真实值趋于一致，模型稳定性高，表明 BILSTM-Attention-CNN 模型在孔隙度预测任务上具有一定的有效性和优越性。

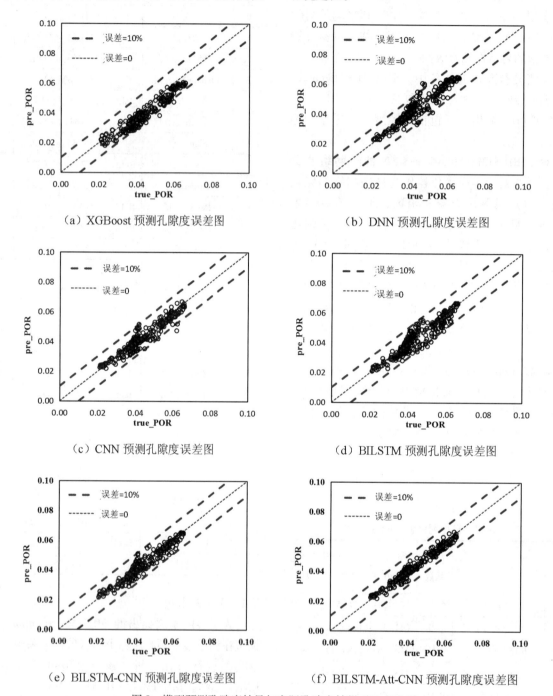

（a）XGBoost 预测孔隙度误差图　　　　　（b）DNN 预测孔隙度误差图

（c）CNN 预测孔隙度误差图　　　　　（d）BILSTM 预测孔隙度误差图

（e）BILSTM-CNN 预测孔隙度误差图　　　　　（f）BILSTM-Att-CNN 预测孔隙度误差图

图 9　模型预测孔隙度结果与实际孔隙度结果对比交会图

为具体验证模型预测性能，采用 MAE 和 $R^2$ 作为模型预测的评价指标。MAE 代表平均绝对误差，其值越小，表示模型的预测误差越小，模型的预测结果与实际值更接近；$R^2$ 代表决定系数，其值越接近于 1，表示模型对测试数据的拟合程度越好，模型的预测能力越强。见表 6 所示，BIL-STM-Attention-CNN 模型的 MAE 值最小，$R^2$ 最大，预测精度相比单一模型分别提高了 8.1% 和 7.3%，验证了融合模型具有比单一模型更好的预测效果；并且注意力机制的引入，模型预测能力得到增强，从而表明该模型在孔隙度预测方面的优势。

表6　孔隙度预测的评价指标对比

| 模型 | MAE（$10^{-3}$） | $R^2$ |
|---|---|---|
| XGBoost | 4.73 | 0.774 |
| DNN | 3.47 | 0.836 |
| CNN | 3.12 | 0.874 |
| BILSTM | 2.92 | 0.882 |
| BILSTM+CNN | 2.64 | 0.910 |
| BILSTM+Attention+CNN | 1.86 | 0.955 |

将该口井的预测结果导入 Ciflog 软件中，进行六种网络模型孔隙度预测效果可视化展示，如图10 所示。从图中可以看出，六种神经网络模型都能学习到孔隙度的变化趋势，其中 XGBoost 神经网络预测得到的孔隙度偏差较大，BILSTM-CNN 和 BILSTM-Attention-CNN 表现最好，模型预测稳定，在特征曲线变化剧烈处，能够准确学习参数的变化趋势。相比于 BILSTM-CNN 模型，BILSTM-Attention-CNN 模型在曲线变化趋势和波动处，都能达到较好的效果，说明本文设计的网络模型在孔隙度预测上具有一定可靠性，能够提高孔隙度的预测精度。

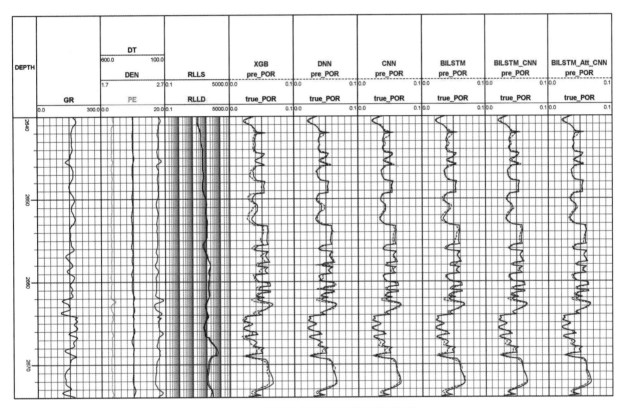

图10　六种网络模型孔隙度预测效果图

### 2.4.2　渗透率预测结果对比

将训练好保存的最优模型应用到相同的测试集上进行测试，然后通过图像法来直观展示预测结果，如图11 所示。该图为各模型预测的渗透率与真实渗透率的交会图，每个点代表样本数据，其中横坐标为真实渗透率，纵坐标为模型预测渗透率。由图可以看出本章提出的 BILSTM-Attention-CNN 模型对真实渗透率的拟合效果好，数据点集中分布在 45 度角的直线上且几乎都在可控制误差范围内，表示预测值与真实值趋于一致，模型稳定性高。但当渗透率真实值小于 0.01 时，模型预测不稳定，可能与输入特征相关性较弱有关，但也进一步表明本文设计的网络模型在渗透率预测上的有效性，具有良好的研究前景。

采用相同的评价指标 MAE 和 $R^2$ 对模型预测性能进行验证，见表7 所示。BILSTM-Attention-CNN 模型渗透率预测所计算的 MAE 最小，$R^2$ 最大，分别为 0.00019、0.907，$R^2$ 预测精度比单一模型分别提高了 8.9% 和 8.4%，验证了融合模型具有比单一模型更好的预测准确性；预测精度比 BILSTM+CNN 提升了 4.0%，表明注意力机制的引入，模型捕捉非线性关系的能力得到提高，预测稳定性得到增强，在渗透率预测上具有一定的优越性。

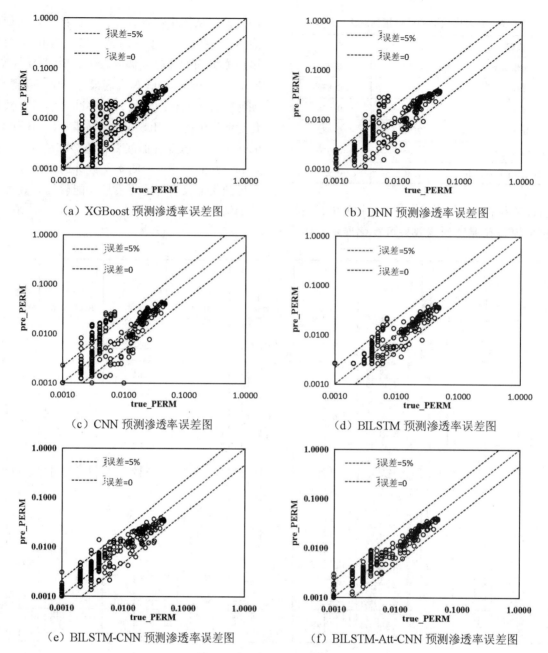

（a）XGBoost 预测渗透率误差图　　　　　　（b）DNN 预测渗透率误差图

（c）CNN 预测渗透率误差图　　　　　　（d）BILSTM 预测渗透率误差图

（e）BILSTM-CNN 预测渗透率误差图　　　　（f）BILSTM-Att-CNN 预测渗透率误差图

图 11　渗透率模型预测误差图

表 7　渗透率预测的评价指标对比

| 模型 | MAE（$10^{-3}$） | $R^2$ |
|---|---|---|
| XGBoost | 0.41 | 0.739 |
| DNN | 0.38 | 0.767 |
| CNN | 0.31 | 0.818 |
| BILSTM | 0.30 | 0.823 |
| BILSTM+CNN | 0.24 | 0.867 |
| BILSTM+Attention+CNN | 0.19 | 0.907 |

将该口井的预测结果导入 ciflog 软件中，进行六种网络模型渗透率预测效果可视化展示，如图 12 所示。从图中可以看出，六种神经网络模型都能完成渗透率的有效预测，其中 XGBoost 神经网络

预测得到的渗透率偏差较大，尤其是在曲线峰值处。BILSTM-Attention-CNN 模型表现最好，在曲线峰值处和特征曲线变化剧烈处，模型都能够准确学习到其特征，预测稳定性得到提高，表明本文设计的网络模型在渗透率预测上具有一定可靠性，能够提高渗透率的预测精度。

2.4.3　饱和度预测结果对比

将训练好的最优模型应用到相同的测试集上进行测试，然后通过图像法来直观展示模型预测结果，如图 13 所示。该图为各模型预测的饱和度与真实饱和度的交会图，每个点代表样本数据，其中横坐标为真实饱和度，纵坐标为模型预测

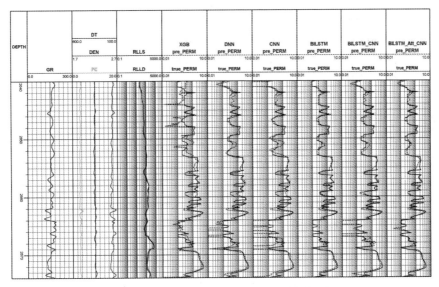

图 12　六种网络模型渗透率预测效果图

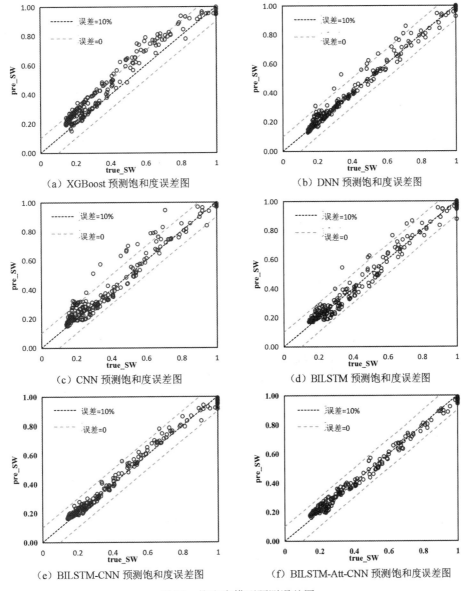

（a）XGBoost 预测饱和度误差图　　　　　　　　（b）DNN 预测饱和度误差图

（c）CNN 预测饱和度误差图　　　　　　　　　（d）BILSTM 预测饱和度误差图

（e）BILSTM-CNN 预测饱和度误差图　　　　　（f）BILSTM-Att-CNN 预测饱和度误差图

图 13　饱和度模型预测误差图

饱和度。由图可以看出本章提出的 BILSTM-Atten-tion-CNN 模型对真实饱和度的拟合效果好，数据点集中分布在 45 度角的直线上且都在可控误差范围内，表示预测值与真实值趋于一致，模型稳定性高。

采用相同的评价指标 MAE 和 $R^2$ 对模型预测性能进行验证，见表 8 所示。BILSTM-Attention-CNN 神经网络模型饱和度预测所计算的 MAE 最小，$R^2$ 最大，分别为 0.029、0.973，$R^2$ 预测精度比单一模型分别提高了 3.8% 和 2.2%，验证了融合模型具有比单一模型更好的预测准确性；预测精度比 BILSTM-CNN 提升了 0.7%，提升精度不太明显，但整体预测精度和模型稳定性高，表明本文设计的模型在饱和度预测上具有显著的优越性。

表 8　饱和度预测的评价指标对比

| 模型 | MAE（$10^{-2}$） | $R^2$ |
| --- | --- | --- |
| XGBoost | 6.8 | 0.886 |
| DNN | 5.9 | 0.916 |
| CNN | 4.7 | 0.935 |
| BILSTM | 3.9 | 0.951 |
| BILSTM+CNN | 3.1 | 0.966 |
| BILSTM+Attention+CNN | 2.9 | 0.973 |

将该口井的预测结果导入 Ciflog 软件中，进行六种网络模型饱和度预测效果可视化展示，如图 14 所示。从图中可以看出，六种神经网络模型预测的饱和度曲线形态与真实值趋势相似，其中 XG-Boost 神经网络预测的饱和度普遍偏差较大，BIL-STM-Attention-CNN 表现最好，在曲线峰值处和特征曲线变化剧烈处，模型都能够达到较好的效果，说明本文设计的网络模型在饱和度预测上具有一定可靠性，能够显著提高饱和度的预测精度。

### 2.4.4　模型预测性能综合对比分析

六种模型在测试集上的综合表现见表 9 所示，BILSTM-Attention-CNN 模型的整体预测效果要优于五种对比模型。具体来说，在孔隙度预测上 BILSTM-Attention-CNN 模型的 $R^2$ 为 0.955，预测精度相比五种对比模型分别提高了 18.1%、11.9%、8.1%、7.3%、4.5%；在渗透率预测上 BILSTM-Attention-CNN 模型的 $R^2$ 为 0.907，预测精度相比五种对比模型分别提高了 16.8%、14.0%、8.9%、8.4%、4.0%；在饱和度预测上 BILSTM-Attention-CNN 模型的 $R^2$ 为 0.973，预测精度相比五种对比模型分别提高了 8.7%、5.7%、3.8%、2.2%、0.7%。综合表明本文构建的 BIL-STM-Attention-CNN 模型在孔隙度、渗透率和饱和度上的预测效果好，拟合能力强，能够显著提高储层参数的预测精度，具有良好的应用前景。

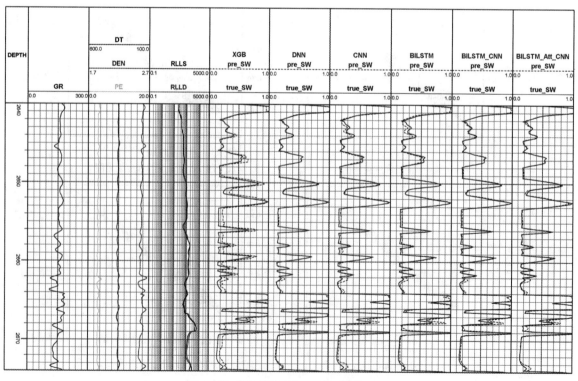

图 14　六种网络模型饱和度预测效果图

表 9　储层参数预测的评价指标对比

| | | XGBoost | DNN | CNN | BILSTM | BILSTM+CNN | BILSTM+Attention+CNN |
|---|---|---|---|---|---|---|---|
| 孔隙度 | $R^2$ | 0.774 | 0.836 | 0.874 | 0.882 | 0.910 | 0.955 |
| | MAE | 0.00473 | 0.00347 | 0.00312 | 0.00292 | 0.00264 | 0.00186 |
| 渗透率 | $R^2$ | 0.739 | 0.767 | 0.818 | 0.823 | 0.867 | 0.907 |
| | MAE | 0.00041 | 0.00038 | 0.00031 | 0.00030 | 0.00024 | 0.00019 |
| 饱和度 | $R^2$ | 0.886 | 0.916 | 0.935 | 0.951 | 0.966 | 0.973 |
| | MAE | 0.068 | 0.059 | 0.047 | 0.039 | 0.031 | 0.029 |

## 3　结论

深度学习作为一种快速发展的人工智能技术在各个领域都开始了广泛的应用，围绕单一网络模型的储层参数预测研究取得了一定的成果，然而模型预测的准确性和泛化性仍有进一步提升的空间。本研究基于西加拿大盆地 Montney 组的测井数据和岩心数据，利用 Pearson 相关系数法和随机森林模型的特征重要性分析选取模型的最优敏感性参数，解决数据之间的特征冗余问题，以提高特征的表达能力；考虑到测井数据间的时间序列信息和空间局部结构信息，引入了双向长短期记忆神经网络和卷积神经网络，基于集成模型的优势，构建了 BILSTM-Attention-CNN 储层参数预测模型；实验结果表明：构建的 BILSTM-Attention-CNN 模型在孔隙度、渗透率和饱和度任务上的预测精度都大于 90%，具有比单一模型更好的预测优势，并且注意力机制的引入，有助于提高更全面的特征表示，从而改善模型的预测效果和泛化能力，为储层参数预测提供了新的研究方向和方法。

参　考　文　献

[1] Zhao W, Liu T. Intelligent evaluation and prediction of reservoir based on machine learning method [C] //SEG International Exposition and Annual Meeting. SEG, 2023：SEG-2023-3907951.

[2] Hou Z, Cao D, Wang X. Intelligent digital rock physics assisting quantitative seismic interpretation [C] //Third International Meeting for Applied Geoscience & Energy. Society of Exploration Geophysicists and American Association of Petroleum Geologists, 2023：743-747.

[3] Zheng W, Tian F, Di Q, et al. A "data-feature-policy" solution for multiscale geological-geophysical intelligent reservoir characterization [C] //SEG International Exposition and Annual Meeting. SEG, 2022：D011S175R001.

[4] Grana D. Stochastic inversion of seismic data for reservoir characterization：A rapidly developing emerging technology [C] //SEG International Exposition and Annual Meeting. SEG, 2017：SEG-2017-16890485.

[5] Alcantara R, Santiago L H, Melquiades I P, et al. Coupling Numerical Dynamic Models of PTA and RTA with Detailed Geological Models Integrating Quantitative Analysis, Using Rock Physics, Seismic Inversion and Nonlinear Techniques in Siliciclastic Reservoirs [C] //SPE Asia Pacific Oil and Gas Conference and Exhibition. SPE, 2023：D011S005R001.

[6] 窦立荣, 黄文松, 孔祥文, 汪萍 & 赵子斌. 西加盆地 Duvernay 海相页岩油气富集机制研究. 地学前缘 1-15.

[7] Wang Y, Cheng S, Zhang F, et al. Big data technique in the reservoir parameters' prediction and productivity evaluation：A field case in western South China sea [J]. Gondwana Research, 2021, 96：22-36.

[8] Nguyen-Le V, Shin H. Artificial neural network prediction models for Montney shale gas production profile based on reservoir and fracture network parameters [J]. Energy, 2022, 244：123150.

[9] 王亚森. 河南中部 W 区块山西组页岩气储层测井评价 [D]. 西安石油大学, 2020 [2024-02-24].

[10] 时新磊, 崔云江, 许万坤, 等. 基于随钻测压流度的地层渗透率评价方法及产能预测 [J]. 石油勘探与开发, 2020, 47（1）：140-147.

[11] 刘倩. 基于岩石物理模板的复杂碳酸盐岩储层参数预测 [C] //2022 年中国地球科学联合学术年会论文集——专题二十九：油藏地球物理、专题三十：油气地球物理. 中国地球物理学会, 2022：4 [2024-02-24].

[12] 赵晨. 致密砂岩储层地震随机反演方法 [D]. 中国石油大学（华东）, 2021 [2024-02-24].

[13] 秦小英. 基于岩石物理模型的致密砂岩气储层参数地震反演与定量解释研究 [D]. 吉林大学, 2023 [2024-02-24].

[14] 汪忠浩, 李森, 汤翟, 等. 基于储层分类的特低渗砂岩储层渗透率模型研究 [J]. 长江大学学报（自

然科学版）：1-12.

［15］敖威，张卫卫，朱焱辉，等．岩石物理模型约束下声波测井数据评价及处理［J］.应用声学：1-12.

［16］Yasin Q, Ding Y, Baklouti S, et al. An integrated fracture parameter prediction and characterization method in deeply-buried carbonate reservoirs based on deep neural network［J］. Journal of Petroleum Science and Engineering, 2022, 208：109346.

［17］Puth M T, Neuhäuser M, Ruxton G D. Effective use of Spearman's and Kendall's correlation coefficients for association between two measured traits［J］. Animal Behaviour, 2015, 102：77-84.

［18］Zhang M, Li W, Zhang L, et al. A Pearson correlation-based adaptive variable grouping method for large-scale multi-objective optimization［J］. Information Sciences, 2023, 639：118737.

［19］Fayaz J, Galasso C. Interpretability and spatial efficacy of deep-learning-based on-site early warning framework using explainable artificial intelligence and geographically weighted random forests［J］. Geoscience Frontiers, 2024：101839.

［20］SHAN L, LIU Y, TANG M, et al. CNN-BiLSTM hybrid neural networks with attention mechanism for well log prediction［J］. Journal of Petroleum Science and Engineering, 2021, 205：108838.

［21］WANG J, CAO J, FU J, et al. Missing well logs prediction using deep learning integrated neural network with the self-attention mechanism［J］. Energy, 2022, 261：125270.

［22］YANG W, XIA K, FAN S. Oil Logging Reservoir Recognition Based on TCN and SA-BiLSTM Deep Learning Method［J］. Engineering Applications of Artificial Intelligence, 2023, 121：105950.

［23］TIAN W, QU J, LIU B, et al. Parameter prediction of oilfield gathering station reservoir based on feature selection and long short-term memory network［J］. Measurement, 2023, 206：112317.

［24］Jarvie, D. M., 2012. Shale resource systems for oil and gas: part 2-shale-oil resource systems. AAPG Mem. 97, 89-119.

［25］Zou, C., Yang, Z., Cui, J., 2013. Formation mechanism, geological characteristics and development strategy of nonmarine shale oil in China. Pet. Explor. Dev. 40 (1), 13-26.

［26］Zhao Z, Littke R, Zieger L, et al. Depositional environment, thermal maturity and shale oil potential of the Cretaceous Qingshankou Formation in the eastern Changling Sag, Songliao Basin, China：An integrated organic and inorganic geochemistry approach. International Journal of Coal Geology. 2020 Dec 1；232：103621.)

［27］张晶玉，张会来，范廷恩，等．时移测井曲线重构方法及其在A油田中的应用［J］.物探化探计算技术，2018，40（3）：318-323.

［28］余秋均．多井测井资料的标准化处理方法——以M油田为例［J］.石油地质与工程，2020，34（6）：118-122.

［29］刘杰．基于多点地质统计学的储层建模方法研究［D］.中国石油大学（北京），2022［2024-02-24］.

［30］侯贤沐，王付勇，宰芸，等．基于机器学习和测井数据的碳酸盐岩孔隙度与渗透率预测［J］.吉林大学学报（地球科学版），2022，52（2）：644-653.

［31］马磊，谭丽琴，王璇．深度学习在地学领域的应用进展与挑战［J］.科学观察，2023，18（6）：16-17.

［32］陈晓琳，李盛乐，刘坚，等．基于局部加权的决策树算法在孔隙度预测中的应用［J］.工程地球物理学报，2014，11（5）：736-742.

［33］项云飞，康志宏，郝伟俊，等．基于线性回归与神经网络的储层参数预测复合方法［J］.科学技术与工程，2017，17（31）：46-52.

［34］安鹏．基于深度学习的储层参数预测方法研究［D］.中国石油大学（华东），2021［2024-02-24］.

［35］邵蓉波，肖立志，廖广志，等．基于多任务学习的测井储层参数预测方法［J］.地球物理学报，2022，65（5）：1883-1895.

［36］白婷婷．基于MPSO-BP神经网络的油层识别及储层参数预测研究［D］.东北石油大学，2022［2024-02-24］.

［37］王俊，曹俊兴，尤加春，等．基于门控循环单元神经网络的储层孔渗饱参数预测［J］.石油物探，2020，59（4）：616-627.

［38］刘仕友，曲福良，周凡，等．基于地震属性约简的深度学习储层物性参数预测：以莺歌海盆地乐东区为例［J/OL］.CT理论与应用研究，2022，31（5）：577-586.

［39］罗刚，肖立志，史燕青，等．基于机器学习的致密储层流体识别方法研究［J］.石油科学通报，2022，7（1）：24-33.

［40］李贺男，段中钰，郑桂娟，等．基于CNN-LSTM-VAE混合模型的储层参数预测方法［J］.地球物理学进展，2022，37（5）：1969-1976.

［41］周雪晴，张占松，朱林奇，等．基于双向长短期记忆网络的流体高精度识别新方法［J］.中国石油大学学报（自然科学版），2021，45（1）：69-76.

［42］王欣，蒋涛，周幂，等．邻域信息增强的MLSTM

在储层参数预测中的应用研究——以非均质性碳酸盐岩为例 [J]. 地球物理学进展：1-13.

［43］ Ma T, Xiang G. In-situ stresses prediction by using a CNN - BiLSTM - Attention hybrid neural network ［C］//ARMA/DGS/SEG International Geomechanics

Symposium. ARMA, 2021：ARMA-IGS-21-021.

［44］ 翟晓岩, 高刚, 李勇根, 等. 融合注意力机制的二维卷积神经网络测井曲线重构方法 ［J］. 石油地球物理勘探, 2023, 58（5）：1031-1041.

# 页岩油全直径岩心二维核磁共振现场测量
# 与孔隙流体评价方法研究

张　伟　蔡文渊　王少卿　李　思　吴　健　代红霞

（中国石油集团测井有限公司）

**摘　要**　页岩油储层孔隙流体赋存方式多样、孔隙结构复杂，给"甜点"评价带来巨大挑战，其中在测井和岩石物理实验方面，因机理认识、评价方法、施工工艺上的不足难以获取准确可靠的储层孔隙度、含油饱和度及可动油饱和度等关键参数，严重制约了页岩油的高效勘探开发。如何准确测量和定量表征页岩油储层含油饱和度和可动油含量等关键参数、明确流体赋存状态和有效识别储层"甜点"已经成为当前急需解决的重要技术难题。利用车载全直径岩心二维核磁共振测量与分析技术，开展了页岩油全直径岩心现场测试分析和评价研究工作，实现了现场对钻井取心进行连续、快速、无损、高精度的核磁共振测量，弥补了核磁共振测井和室内岩心实验的不足。结合现场岩心描述、配套实验数据及试油、投产验证，系统总结出不同流体组分的二维核磁 $T_1$-$T_2$ 图谱特征，建立了基于全直径岩心核磁共振的孔隙流体组分识别图版及标准，实现了页岩油、致密油及复杂碎屑岩等储层孔隙流体准确识别与可动性表征以及饱和度定量解释。该技术在古龙页岩油、陇东长 $7_3$ 页岩油、埕北中断阶区沙二段致密油评价中发挥了重要作用，在大庆、长庆、华北、新疆等油田应用效果良好。

**关键词**　页岩油，全直径岩心；二维核磁共振；流体组分；可动性

近年来，页岩油已成为非常规油气发展的重点领域，赋存特征与可动性是页岩油评价及勘探开发的一项重要内容，但由于页岩非均质性强，孔隙结构及流体性质较为复杂，页岩油赋存特征及可动性的表征仍存在较大挑战。

国内针对页岩油储层孔隙空间、页岩油赋存状态及可动性方面的研究取得很多成果，研究结果表明，孔隙空间的大小和分布严重影响页岩油的聚集、油的赋存及可动性。页岩油以吸附、游离状态赋存于孔径在几纳米到几百纳米、微米级的孔隙空间中，游离油主要赋存在大的孔隙和裂缝中，随着平均孔径的增加，页岩油的可动性变好。孔隙大小和赋存游离油含量的多少，是评价页岩油储层"甜点"、及可否有效动用的关键指标之一。因此，需要从不同尺度上对页岩储层的储集性和含油性进行评价。

随着中外页岩油勘探开发的进行，一些新的研究方法和实验技术不断涌现。为此，针对页岩油赋存特征及可动性评价方面的研究方法和实验技术进展进行了梳理。目前研究页岩油孔隙空间和赋存特征大都采用如场发射扫描电子显微镜（FE-SEM）、高压压汞（MICP）、气体吸附及核磁共振（NMR）、微纳米 CT 等多种实验方法和先进的数值岩心技术，这些技术的应用对于提高页岩油气的地质和储层认识发挥了重要的作用。但是不同的测量方法本身观测范围局限，难以通过一种测量方法全面、准确的表征页岩孔隙、孔径分布的全貌，同时实验室微观认识指导现场页岩油的快速评价存在很大的困难。

近年来，二维核磁共振技术已应用于页岩油、致密油柱塞岩样的岩石物理实验测量和流体识别中，国内外学者主要基于高频核磁共振分析仪对来自页岩油储层钻井取心的柱塞样来样和干样，进行了较多的二维核磁共振实验室测量和二维核磁 $T_1$-$T_2$ 图谱流体组分分析，研究表明二维核磁 $T_1$-$T_2$ 技术能较好地识别出孔隙空间中不同赋存状态的流体组分和固体有机质。另外，研究学者还开展了对页岩油粉碎样进行逐级地化热解和二维核磁共振实验室联测分析研究，证实了基于二维核磁 $T_1$-$T_2$ 图谱可有效区分吸附烃和游离烃信号，并可用于评价流体的可流动性。虽然二维核磁共振技术在页岩油研究方面取得较大进展，但距离页岩油、致密油甜点评价与优选的现场应用方面仍面临诸多困难，一是在纹层发育的泥页岩岩心上取柱塞样困难，获取完整岩样受限，对于纵向非均质性强的页岩油储层而言，柱塞岩样代表性

存在局限。二是在制备新鲜岩样过程中，无法避免柱塞样中流体的散逸，导致在实验室对新鲜来样进行二维核磁共振测量分析获取的流体组分并不完全，主要是缺失易散失的可动流体组分，因此会低估储层品质。三是二维核磁 $T_1$-$T_2$ 图谱流体分布研究还有待于深入，存在不同尺度孔隙空间中流体信号界限不清的问题，虽然国内外学者根据各自实验研究总结概括了诸多二维核磁 $T_1$-$T_2$ 图谱流体分布图版，但这些图版中的流体组分界限存在巨大差异，当前还缺乏广泛适用的流体识别图版，二维核磁共振岩石物理分析技术亟待深化。

本文通过车载移动式全直径岩心二维核磁共振测量技术直接对现场刚出筒的钻井取心进行连续、无损、快速的核磁共振测量，在钻井阶段及时获取岩心连续深度、高信噪比的一维核磁 $T_2$ 和二维核磁 $T_1$-$T_2$ 共振数据，兼顾了核磁共振测井连续测量与室内高精度测量的优势，更加真实反映了页岩油、致密油储层流体组分分布特征。本文在阐述车载移动式全直径岩心二维核磁共振测量技术方法及优势的基础上，结合现场岩心描述、其他配套实验数据及试油验证，建立了基于全直径岩心二维核磁 $T_1$-$T_2$ 图谱的孔隙流体组分分析方法及流体识别标准，为页岩油孔隙和流体赋存特征精细刻画、页岩油富集机理及可动性提供依据。目前该技术在国内各大油田已展开规模应用，提供了基于二维核磁 $T_1$-$T_2$ 图谱解释的含油饱和度、可动油饱和度等重要参数，为页岩油、致密油勘探储层甜点评价、油层识别和资源评估的奠定了基础。

# 1 全直径岩心二维核磁共振现场测量技术及优势

## 1.1 现场测量技术

图1为全直径岩心二维核磁共振测量系统，可以在现场直接对刚出筒的钻井取心第一时间进行核磁共振测量，通过获取的一维核磁 $T_2$ 和二维核磁 $T_1$-$T_2$ 测量资料，进行储层物性、含油性评价，实现了在钻井现场快速获取准确可靠的孔隙度、含油饱和度等关键参数。

## 1.2 技术优势

全直径岩心二维核磁共振现场测量具有以下独特优势：

（1）在现场直接对钻井取心进行快速、无损测量，获得第一手的原始地层信息，能准确提供连续的储层物性、含油气性等关键参数。

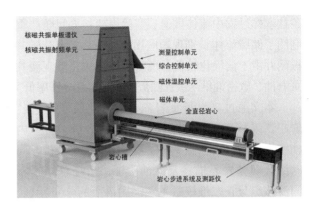

图 1　全直径岩心二维核磁共振现场测量系统

（2）在不破坏钻井取心的同时，也避免了制备新鲜柱塞岩样过程中的流体散逸，避免低估储层品质。

（3）与室内实验室对柱塞岩样进行单点测量不同，全直径岩心核磁测量采用连续扫描的方式，可获取连续深度的岩心核磁测量数据，且测量的纵向深度分辨率高达1cm，可以满足非均质性储层评价需求。

（4）测量的对象为钻井全直径岩心，所测量的岩心体积比柱塞岩样更大，能更完整地反应地层中的孔隙和流体信息。

（5）与二维核磁共振测井相比，全直径岩心二维核磁共振采用了更高的发射频率、更短的回波间隔及恢复等待时间，极大提高了信噪比，确保资料品质优质。

此外，与国外全直径岩心二维核磁共振测量技术相比，自主研发的国产化技术在测量的关键指标上具有后发优势，其一维核磁 $T_2$、二维核磁 $T_1$-$T_2$ 测量的最短回波间隔可达到 0.1ms，二维核磁 T1-T2 测量最小等待时间可达到 0.058ms，能对纳米级孔隙流体信号进行更为有效的观测和精细化表征。同时，国产化高信噪比测量只需要更少的叠加次数，从而进一步提高了现场测量时效。

本次研究采用仪器，其工作主频为 6MHz，一维核磁共振 $T_2$ 采集回波间隔为 0.2ms，二维核磁共振 $T_1$-$T_2$ 采集模式为：回波间隔 $T_E$ = 0.2ms 的饱和脉冲序列。

# 2 基于全直径岩心二维核磁 $T_1$-$T_2$ 图谱的页岩油储层流体赋存特征

目前，大多学者是利用柱塞岩样二维核磁共振实验数据进行储层流体性质分析，但是柱塞岩样测量为点测、不连续，对整个储层的代表性差，且制备柱塞样过程中流体散逸、实验周期长等问题严重制约了储层流体识别现场应用。另外，二维核磁共振测井由于信噪比较低，现阶段还无法完整观测到页岩油、致密油纳米级孔隙流体信号，且分辨率低。

本文通过对大量页岩油、致密油储层全直径岩心二维核磁共振现场实测数据的分析，与室内柱塞岩样的二维核磁 $T_1$-$T_2$ 测量结果对比分析，同时结合现场岩心描述及试油验证，系统总结了不同流体组分在二维核磁 $T_1$-$T_2$ 图谱上的分布特征，建立形成基于全直径岩心二维核磁共振的储层流体组分分析方法及流体性质识别图版。

### 2.1　基于全直径岩心二维核磁 $T_1$-$T_2$ 图谱的孔隙区

根据大量的全直径岩心二维核磁共振实测数

据分析认为，传统的核磁共振测井"三组分"孔隙模型（粘土束缚水、毛管束缚水、可动流体）已经不能满足页岩油等非常规储层孔隙流体划分与描述的需求，其中最主要问题是 $T_2$ 在 1.6ms 之前的"粘土束缚水孔隙区间"其实包括了粘土束缚水和纳米孔隙束缚油等信号。统计分析大量的全直径岩心二维核磁共振现场实测资料，发现大多数的页岩油、致密油等储层中不同的流体组分在二维图谱的 $T_2$ 维度上具有界限区分，基本上可以划分出 5 个区间，且区间截止值相对稳定（图2），尽管各个区间的界限有一定差异，但差异一般较小。

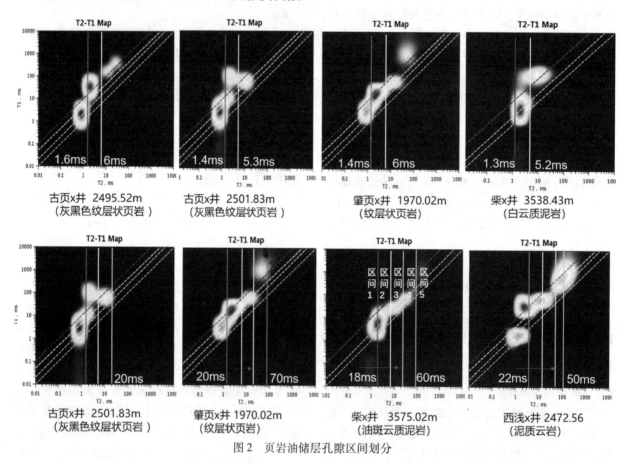

图 2　页岩油储层孔隙区间划分

根据大多数页岩油储层样品的核磁 $T_2$ 谱、$T_1$-$T_2$ 谱，将 5 个孔隙流体区间定为 $T_2 \leqslant 1.6$ms、$1.6 < T_2 \leqslant 6$ms、$6 < T_2 \leqslant 18$ms、$18 < T_2 \leqslant 60$ms、$T_2 > 60$ms。5 个 $T_2$ 区间一方面反映页岩油储层复杂的孔隙空间，同时也反映出页岩油储集层具有相似的微观孔喉特征和流体赋存的内在规律，二维核磁 $T_1$-$T_2$ 图谱则整体反映了页岩储层全孔径分布特征和流体赋存特性。在相同或相近的 $T_2$ 区间内，$T_1/T_2$ 值的差异反映了不同的流体组分和赋存状态。

需要说明的是，有的样品由于受有机质丰度、成熟度、岩相及物性等多因素影响，$T_2$ 谱上不一定全部呈现甚至不存在这五个明显、完整的界限，但本文的孔隙区间分类仍然适用，本文提出的 $T_2$ 区间反映的是页岩储层喉道及与之相连的孔隙系统。对于孔隙结构和流体组分相对简单的常规砂泥岩，其孔隙特征可认为是 5 区间孔隙的简单表达。

基于全直径岩心二维核磁 $T_1$-$T_2$ 图谱分布特征研究及有关 $T_2$ 孔径转换关系研究成果，本文采用在 $T_2$ 维度上的"五组分"孔隙区间划分模型，涵盖了总孔隙空间中全尺度孔径分布范围，分别是：微孔、微小孔、小孔、中孔、大孔（见表1），满足了页岩油等非常规储层孔隙流体划分与表征的要求。

表1　"五组分"孔隙区间划分标准

| 孔隙区间 | $T_2$ 弛豫时间 | 包含的流体组分 |
|---|---|---|
| 微孔 | 0.2~1.6ms | 粘土束缚水 吸附油 重组分残余油 |
| 微小孔 | 1.6~6ms | 毛管束缚水 可动油 |
| 小孔 | 6~20ms | 可动水 可动油 |
| 中孔 | 20~60ms | |
| 大孔 | >60ms | |

### 2.2 页岩油储层孔隙流体评价模型

大量全直径样品的核磁测量结果表明，页岩微孔的 $T_2$ 区间与常规砂泥岩储层"粘土束缚孔隙"的 $T_2$ 区间基本相同（如图3），但赋存流体组分却有很大的差别，砂泥岩储层主要以粘土吸附水为主，而页岩油储层除粘土吸附水外，还有页岩孔隙水、流动性较差的吸附油等，传统意义上的"粘土束缚孔隙和粘土束缚水"在页岩油储层评价中已不适用。同样，与砂岩储层毛管束缚孔隙区间重叠的页岩微小孔、小孔区域，赋存流体也是毛管束缚水和页岩油，不能用"毛管束缚孔隙"来表征。

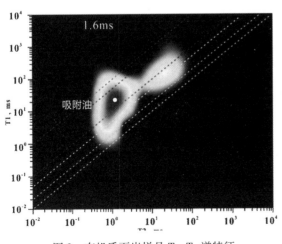

图3　有机质页岩样品 $T_1$-$T_2$ 谱特征

因此，基于核磁 $T_2$ 谱的"三孔隙三流体组分"评价模型（图4）已不能满足页岩油储层复杂多样孔隙类型和流体组分的需求。为了更精细的表征页岩油复杂的孔隙和流体分布特征，提出了"五孔隙多流体组分"页岩油储层评价模型（图5）该评价模型体现了页岩油储层孔隙和流体赋存机制，为页岩储层流体性质识别、流体分布和赋存状态评价，确定页岩油"甜点"奠定了评价基础，具有现实指导意义。

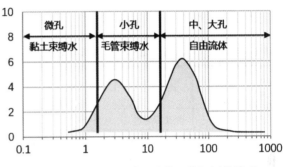

图4　砂泥岩"三孔隙三流体组分"评价模型

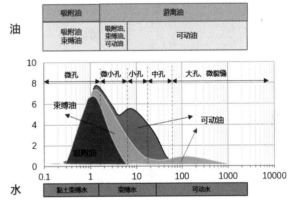

图5　页岩油储层"五孔隙多流体组分"评价模型

### 2.3 页岩油储层孔隙流体组分解释图版及标准

二维核磁 $T_1$-$T_2$ 图谱资料分析表明，不同孔径中包含不同赋存状态的流体组分，且不同孔径中油与水的 $T_1/T_2$ 比值特征不同：微孔-小孔区间油与水信号的 $T_1/T_2$ 比值差异较大，两者容易区分；中大孔区间油与水信号的 $T_1/T_2$ 比值差异较小，两者的区分度比微孔-小孔区间中油与水的区分度低。

通过前人研究和全直径岩心二维核磁实测数据发现不同流体组分的 T2、$T_1/T_2$ 值特征不同，通常油具有更高的 $T_1/T_2$ 值，而水的 $T_1/T_2$ 值则更低。页岩油、致密油及部分砂岩储层中的孔隙结构多种多样，不同孔径中的流体赋存状态较为复杂，为流体识别带来困难。本文在不同尺度孔隙区间划分的基础上，利用 $T_1$-$T_2$ 图谱中流体信号的峰值点位置及主要分布范围的 $T_2$、$T_1/T_2$ 值特征来进行流体组分分析与识别。通过大量全直径岩心二维核磁共振测量与结果分析，结合现场岩心描述、配套柱塞岩样实验数据及试油验证，建立了不同孔隙区间的全直径岩心二维核磁 $T_1$-$T_2$ 流体组分识别标准及图版，并发现重要规律：随着孔径增大（$T_2$ 增大），孔隙中油与水信号 $T_1/T_2$ 比值逐渐减小，流体可动性增强，见表2和图6所示（红色实线为标注的油与水的界限）。

**表2 全直径岩心二维核磁 $T_1$-$T_2$ 流体组分识别标准**

| 孔隙区间 | $T_2$ 弛豫时间 | 流体组分 | $T_1$ 弛豫时间 | $T_1/T_2$ 比值 |
|---|---|---|---|---|
| 微孔 | <1.6ms | 粘土束缚水 | 0.5~8ms | 2~5 |
| | | 吸附油 | 3~50ms | ≥10 |
| | | 重组分残余油 | 50~2000ms | ≥50 |
| 微小孔 | 1.6~6ms | 毛管束缚水 | 2~30ms | <5 |
| | | 可动油 | 10~100ms | ≥10 |
| 小孔 | 6~20ms | 可动水 | 10~200ms | <5 |
| | | 可动油 | | ≥5 |
| 中孔、大孔 | >20ms | 可动水 | 20~400ms | ≥2 |
| | | 可动油 | 30~500ms | <2 |

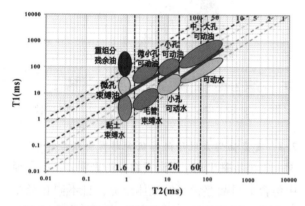

图6 全直径岩心二维核磁 $T_1$-$T_2$ 流体组分识别图版

### 2.4 流体饱和度定量计算

不同流体组分信号在二维核磁 $T_1$-$T_2$ 图谱上分布的区域不同，信号的分布区域越大、信号强度越高，则流体组分在孔隙中的占比越高，对应的饱和度越高。在二维核磁 $T_1$-$T_2$ 图谱流体组分定性识别的基础上，通过对流体组分分布区域内的信号强度进行累加，再与图谱信号总强度进行比值，得到流体组分的饱和度。图7所示为二连盆地阿四

段页岩油储层的二维核磁 $T_1$-$T_2$ 图谱特征，灰色虚线框为总的油信号（包括束缚油和可动油）分布区域、绿色虚线框为可动油信号的分布区域。

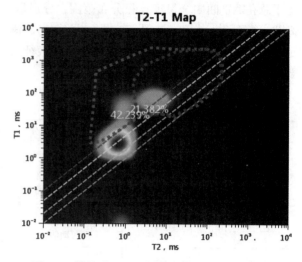

图7 二维核磁 $T_1$-$T_2$ 图谱流体组分饱和度计算

式1-式3为建立的二维核磁 $T_1$-$T_2$ 图谱流体组分饱和度计算模型。通过对图7中二维核磁 $T_1$-$T_2$ 图谱灰色虚线区域、绿色虚线区域信号强度累加，然后与图谱总信号强度进行比值，分别得到总含油饱和度、可动油饱和度，实现二维核磁 $T_1$-$T_2$ 的流体组分饱和度定量评价。

式中，$Y_k$ 为第 k 种流体组分对应的信号强度；$P(i, j)$ 为 $T_1$-$T_2$ 二维图谱中 $T_2$ 为 i、$T_1$ 为 j 坐标点的信号强度；m、n 为第 i 种流体组分在 $T_2$ 维度上的分布范围；p、q 为第 k 种流体组分在 $T_1$ 维度上的分布范围；Y 为二维图谱总的信号强度；Si 为第 k 种流体组分的饱和度。

## 3 应用实例

全直径岩心核磁共振技术已规模应用于大庆、长庆、新疆、华北等油田，在古龙页岩油、陇东长 $7_3$ 页岩油、歧口凹陷沙二段致密油勘探评价等方面发挥了重要作用。现场应用实践表明：全直径岩心二维核磁共振技术已经成为页岩油、致密油勘探甜点评价中油层识别和资源评估的一项新的重要技术。

### 3.1 古龙页岩油甜点评价与储量参数计算

图8为松辽盆地古龙凹陷 GY 井青一段全直径岩心核磁解释成果图。通过现场对钻井取心进行连续一维 $T_2$、二维 $T_1$-$T_2$ 测量及资料处理分析，

确定储层品质最好的甜点层，其总孔隙度为 11%~14%，有效孔隙度为 3.7%~5.8%，总含油饱和度为 36%~55%，可动油饱和度为 30%~47%（图 8b、c、d），可动油占比高、且未见明显的可动水。根据古龙页岩油纵向上的甜点评价成果进行

水平井钻探，试油证实为纯油层。技术成果指导了古龙页岩油甜点识别与优选、可动油饱和度定量表征，为古龙页岩油勘探发现与储量上交提供有力支撑。

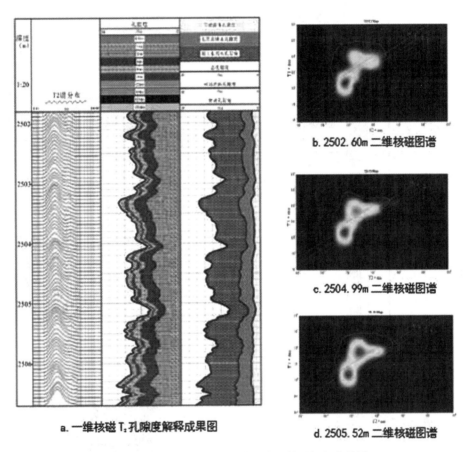

图 8　古龙页岩油 GY 井全直径岩心核磁解释成果图

### 3.2　歧口凹陷沙二段致密油储层应用

图 9、图 10 为渤海湾盆地歧口凹陷 ZX1 井沙二段常规测井与全直径岩心核磁解释综合成果图。全直径岩心核磁测量孔隙度与常规资料解释孔隙度一致性较好，测量资料详实可靠，通过二维核磁 $T_1$-$T_2$ 图谱特征分析，分为两种类型。其中类型 1 储层流体组分以毛管束缚水和可动油为主，可见少量残余油信号；类型 2 储层流体组分以毛管束缚水为主，可见少量可动油信号。综合全直径岩心一维核磁 $T_2$、二维核磁 $T_1$-$T_2$ 测量资料，优选储层甜点，为大港油田歧口凹陷沙二段强非均质致密油储层评价提供可靠依据，为油田试油试采方案编制提供有力技术支撑。目前该层压裂试油为油层，同时得到重要认识：束缚油信号主峰 $T_2$ 在 3ms 左右的流体通过压裂仍很难产出，进一步明确

了页岩油可动性的重要性。

### 3.3　长庆油田陇东页岩油、致密油储层评价与甜点优选

图 11 为鄂尔多斯盆地陇东 Z80 井长 7、长 8 段全直径岩心核磁页岩、致密砂岩分类评价图。依据孔隙流体在二维核磁 T1-T2 图谱的分布特征，对长 7、长 8 段页岩和致密砂岩储层分类评价（类型 1-类型 3），明确页岩储层中油、水赋存状态，为油田试油试采方案编制提供了有力技术支撑。图 12 为全直径岩心核磁解释成果图。基于现场岩心测量及二维核磁分析评价技术，快速提交岩心含油饱和度等关键参数，快速确定储层甜点段，甜点段含油饱和度高达 80%，可动油饱和度达 40% 左右，指示储层具有良好的可动用性，为陇东长 $7_3$ 页岩油甜点评价与储量计算提供依据。

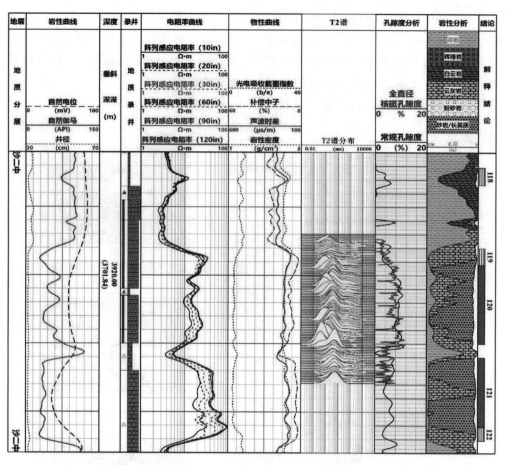

图 9　ZX1 井常规测井与全直径岩心核磁综合解释成果图

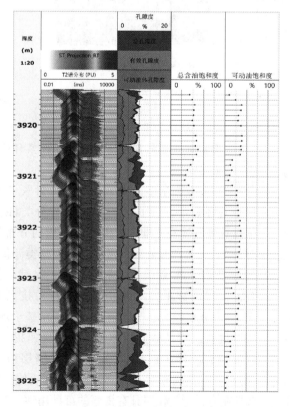

a. 一维核磁解释成果图

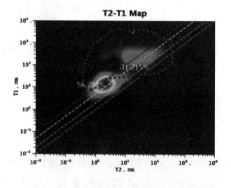

b. 3920.39m 二维核磁成果图

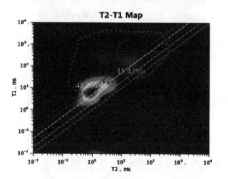

c. 3924.42m 二维核磁成果图

图 10　ZX1 井沙二段全直径岩心核磁解释成果图

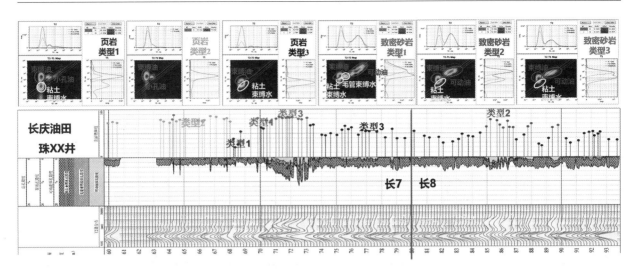

图 11　Z80 井长 7、长 8 页岩、致密砂岩分类评价图

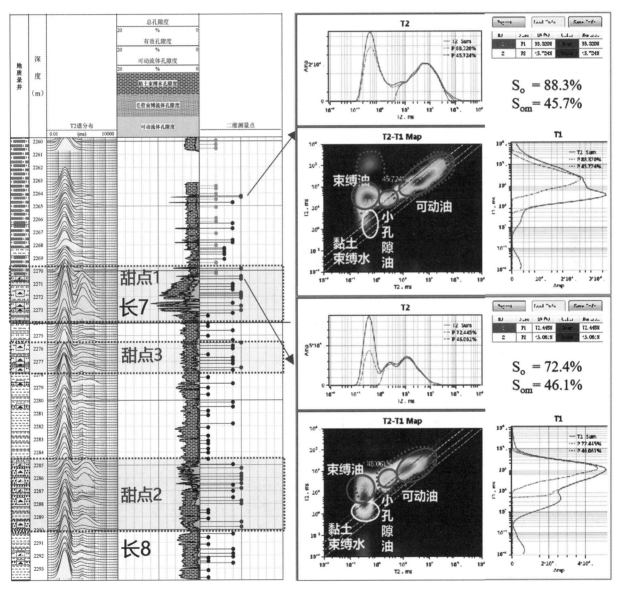

图 12　Z80 井长 7、长 8 全直径岩心核磁解释成果图

### 3.4 中石化南阳凹陷页岩油储层应用

图13为南襄盆地南阳凹陷ZY2井核桃园组全直径岩心核磁解释成果图。通过全直径岩心核磁共振测量资料，结合储层物性、含油性、含水性评价在砂岩和页岩段进行了"甜点"优选。从测量结果分析，整体上压裂段2与压裂段1相比，物性相当、孔隙结构好（中大孔发育）、含油性好、可动油含量更高。压裂试油结果：压裂段1日产油$0.052m^3$，压裂段2日产油$0.432m^3$；

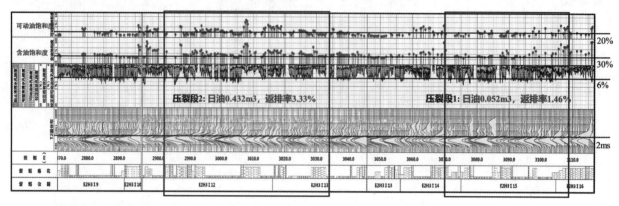

图13 ZY2井核桃园组全直径岩心核磁解释成果图

由压裂返排压裂液量结果分析，压裂段2返排率明显高于压裂段1，与全直径岩心核磁测量结果一致（压裂段2孔隙结构较好，中大孔发育）；压裂段2日产油量高于压裂段1（图14），与全直径岩心核磁测量结果（图15）一致（压裂段2含油性好，可动油含量更高）。

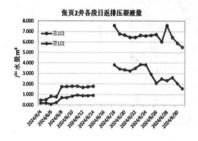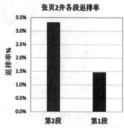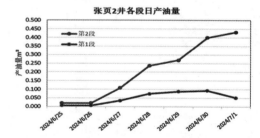

图14 ZY2井压裂及试油数据分析

## 4 结论

全直径岩心二维核磁共振技术实现了在现场对岩心进行快速、连续、无损高精度的一维核磁$T_2$、二维核磁$T_1-T_2$测量，弥补了核磁共振测井和室内岩心实验的不足，确定了页岩油、致密油全直径岩心一维核磁$T_2$和二维核磁$T_1-T_2$核磁图谱特征，实现储层物性与含油性定量评价。

不同孔隙空间流体和赋存状态不同，细分孔隙空间精细分析核磁$T_1-T_2$分布特征，可有效解决流体组分识别和赋存状态的问题。吸附油主要分布在微孔中，$T_1$带状分布明显，$T_1/T_2$中心一般大于50，束缚油、可动油$T_1-T_2$中心均分布在$T_1/T_2=10$的直线附近有相似$T_1-T_2$分布特征，在相同的孔隙空间内$T_1/T_2$越大，流体的可动性越差。

通过建立全直径岩心二维核磁$T_1-T_2$孔隙流体解释方法和流体组分识别标准，较好解决了页岩油不同赋存特征的孔隙流体识别评价问题。实践证明，全直径岩心二维核磁$T_1-T_2$分析技术已经成为页岩油、致密油等非常规及复杂碎屑岩油气勘探开发中一项新的重要技术手段，在高精度物性、含油饱和度定量评价方面起到不可替代的作用。

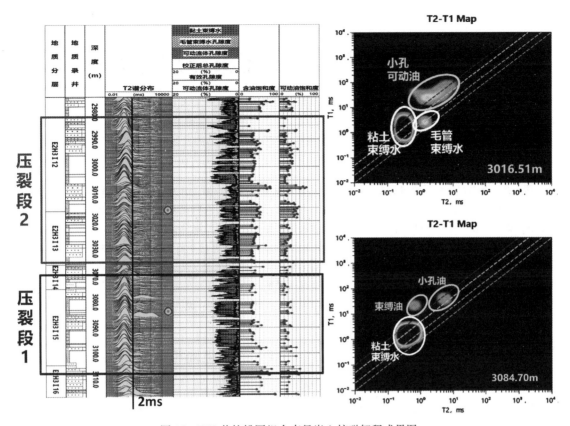

图 15　ZY2 井核桃园组全直径岩心核磁解释成果图

# 延长组陆相砂质纹层型页岩测井评价

王长江[1] 李桂山[1] 吴建华[1] 任建伟[1] 赵勃权[1] 齐婷婷[1] 石连杰[2]

（1 中国石油集团测井有限公司长庆分公司；2 中国石油集团测井有限公司吐哈分公司）

**摘　要**　延长组陆相页岩储层岩性组合复杂、砂质纹层厚度薄、频繁互层等特征，导致纵向上储层非均质性强，导致常规测井评价页岩储层遇到了巨大挑战。基于此，在前人研究基础上，首先分析了延长组陆相页岩储层发育、岩性、矿物组成等特征及陆相砂质纹层页岩的测井响应规律；然后利用电成像测井分辨率精度高等特征，开展了基于 Filersim 模拟全方位井壁复原、分水岭图像自动分割、轮廓标定及跟踪提取和模式分类识别等方法，研究出一套陆相页岩砂质纹层识别方法体系，并对砂质纹层进行提取和精细表征，最终实现陆相页岩储层砂质纹层的精细评价，为页岩储层精细评价奠定了基础。

**关键词**　延长组；陆相；砂质纹层型页岩；非均质性；电成像测井；测井评价

页岩是指由粒径<0.0625mm 的碎屑颗粒及黏土、有机质等组成，具页状或薄片状层理，易碎裂的细粒沉积层。纹层是指沉积岩中肉眼可见的最小沉积层理。但绝大部分的纹层研究，其研究对象为泥页岩纹层。页岩储层中发育的砂质纹层改变了页岩内部岩性的接触方式，有利于页岩孔隙的发育，同时也改变了页岩物性和岩石力学性质，使得孔隙展布规律得以改变，为液态油、溶解气和游离气提供了更多的赋存空间；页岩中砂质纹层发育越高，岩性变化越强，往往越有利于页岩油气排出。因此砂质纹层对页岩油气开发具有非常重要作用。

当前，多数学者致力于纯页岩储层的研究，而就纯页岩对页岩气赋存空间的贡献存在争议。近年来，随着页岩油气勘探发展，国外内学者逐渐开始了页岩的砂质纹层的研究；但是这些研究成果都是定性的，关于页岩砂质纹层的定量精细评价成果很少。相对于国外广泛发育的海相页岩储层来说，中国仍然以陆相页岩为主，陆相页岩油气的开发还处在探索阶段，而且陆相页岩砂质纹层比海相页岩砂质纹层更发育。因此，本文先明确陆相页岩砂质纹层特征；然后利用电成像测井资料开展全方位井壁复原、图像自动分割、轮廓提取及模式分类等一系列方法研究，从而形成一套陆相页岩砂质纹层识别方法体系，最终实现陆相页岩储层砂质纹层的精细评价。

## 1　延长组陆相砂质纹层页岩特征及测井响应

陆相页岩砂质纹层主要是指页岩中粉砂岩、泥质粉砂岩、粉砂质泥页岩，呈薄纹层、薄条带及薄夹层的形式出现的纹层；一般将小于1cm 定义为纹层，大于1cm 为夹层。砂质纹层在厚度上，单层厚度 0.5~8mm，发育频率 8~40 层/m，纹层占页岩总厚度 7%~26%；在颜色上，以白色和灰白色为主，与深色均质页岩呈互层或夹层；在形状上，主要为平直型和波纹型，平直型由单层或一组近似平行的纹层或夹层组成，横向延伸较远，厚度变化小；波纹型呈透镜状或连续波状，横向连续性较差，厚度变化大，多发生尖灭和交错层理。因此，陆相页岩储层砂质纹层发育密度和频率较高。

砂质纹层的矿物成分以石英、长石和伊/蒙混层、绿泥石等黏土矿物为主，平均含量分别为35%、38% 和 28%；砂质纹层粒度大，分选差，纹层中碎屑颗粒平均粒径 40μm，粒径中值为 33μm；页岩中碎屑颗粒粒径一般小于 10μm，平均粒径 4.1μm，粒径中值为 3μm；砂质纹层的韵律性主要为均值韵律、复合反韵律、复合正反韵律，垂直渗透率比水平渗透率逐步减弱；纹层中的大孔隙（>50nm）与页岩中的中孔、微孔（<2nm）构成复杂孔隙体系，造成页岩储层内非均质性极强，有效改善了储层物性，为游离气富集和运移提供了有利空间和通道，同时纹层具备的高脆性矿物，有利于压裂开采。因此，陆相页岩矿物组分和构

造多样，孔隙结构复杂，非均质性强。

常规测井资料地层分辨力一般在 60～130cm，无法识别页岩中砂质纹层；电成像测井资料地层分辨力可达到约 0.25cm，而且其得到的井周二维图像，能直观、清晰地反映井筒周围地层岩石结构和特征，可解决常规测井资料难以解决的地质问题。页岩储层砂质纹层在电成像图像上特征是：颜色明亮，薄互层特征明显，具有水平层理，亮色或者亮暗相间的细条纹，暗色的细条纹为泥质页岩，亮色的细条纹为砂质页岩或碳化程度较高的页岩（如图 1.a）。

## 2　陆相页岩气砂质纹层识别方法研究

基于电成像测井图像识别页岩砂质纹层方法

主要步骤如下：

第一步，基于 Filtersim 模拟法的电成像测井图像 360 度填充

电成像测井图像具有分辨率高、可视性和直观性等优点；但因井筒本身结构和电成像测井仪器结构上的因素，当电成像仪器沿井壁扫描时，有少部分井壁未能测量，在电测井图像上产生了一定的"空白条带"，不利于电成像图像的精细处理与地质现象的识别。因此，关于电测井图像空白条带填充的研究，前人开展了反距离加权插值法、多点地质统计学 Filtersim 模拟方法等研究。本文利用 Filtersim 模拟方法对电成像测井图像进行360 填充，效果见下图 1b。

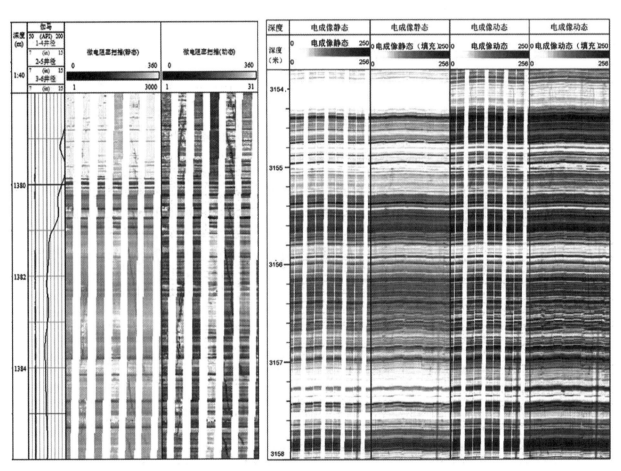

a. 延页 x1 井长 7 段页岩电成像特征图　b. 电成像空白带填充效果图
图 1　高精度电成像测井处理解释成果图

第二步，分水岭算法进行图像分割和纹层边界识别

图像分割的分水岭法的基本思想是将灰度图像转换为梯度图像，是将图像的灰度值视作一群高低起伏的山岭和储水盆地，"岭"代表局部最大

值，"盆地"则为最小值，设想当"储水盆地"中的水位不断上升时，先淹没梯度较低的部位；当盆地满水后，水会流入相邻盆地；在不断积水后就可以把图像分为若干积水量不同的"盆地"，即达到图像分割目的；把"储水盆"之间的边界视

为分水岭，即图像分割线。

在计算机分割过程中，图像经梯度转换后输入，即：

$$g(x,y) = grad(f(x,y)) = \{[f(x,y)-f(x-1,y)]^2$$
$$[f(x,y)-f(x,y-1)]^2\}^{0.5} \quad (3-1)$$

式中，f（x，y）表示原始图像，grad {.} 表示梯度运算。其实际电成像处理效果如图 2a 所示。

第三步，目标八连通域识别法标记纹层及轮廓跟踪法提取纹层轮廓

得到了具有纹层信息的二值图像后，为了能够进行纹层宽度、长度等参数的计算，本文采用了目标八联通域标记法将成像图像上的纹层逐个标记，然后采用轮廓跟踪方法提取纹层轮廓的边界。

1）目标八连通域识别法标记纹层

经过图像分割处理后，成像图像已经转变为二值图像（黑色和白色），接下来根据区域的连通性判别方法，即可将纹层（黑色区域）标记出来。本文采用的是目标八连通域识别方法，即：图像八个方位上任意两点，只要它们的像素值相同，那么我们就认为它们连通，属于同一个物体，具体的标记步骤如下：（1）按行扫描的方式标记物体目标（等于 1 的黑色像素），规则是从左到右，从上到下逐个点进行扫描；（2）如果遇到某一点的像素等于 1，然后依照逆时针方向判断该点的右上方、正上方、左上方和左前方，优先级也按逆时针方向从高到低进行扫描；（3）如果像素等于 1 的像素点右上方的点也为 1，则当前点和右上方的点属于同一个目标物体，此时当前点的标记等同于右上方像素点的标记，则将当前点放入右上方像素点所在的物体中；（4）若右上方像素点不为 1，则按顺序判断正上方、左上方、左前方的像素点情况，根据连通情况判断该点的标记归属；（5）如果该点的右上方、正上方、左上方和左前方的像素值都不等于 1，那么将该点归属到新的目标物体。

2）轮廓跟踪法提取纹层—即删除背景

本文采用基于区域标定的轮廓跟踪提取方法对纹层轮廓进行识别。

（1）单个区域轮廓提取方法。单个区域轮廓提取思路是：首先根据一定的"探测规则"找出目标轮廓上的点，再根据这些点的特征用一定跟踪准则找出目标区域边界上的其他点。

具体实现步骤是：按照从左到右、从下到上的规则进行搜索，首先找到最下方的第一个轮廓点，进行存储，然后以这个边界点为起点，沿其左上方 45 度为起始搜索方向，如果左上方的点是和第一个边界点同样的标号，那么左上方的点为该区域的第二个边界点；否则按顺时针方向旋转 45 度搜索，直到找到下一个轮廓点。同理继续搜索直到搜索到该区域的顶点所在行，然后按照右上方 45 度为起始搜索方向，以顺时针旋转 45 度搜索，直到回到最初第一个轮廓点完成整个轮廓的搜索。

利用上述基于区域标定的轮廓跟踪提取方法对图 3.a 中标记为"3"的区域进行轮廓提取，处理结果如图 3a 所示，蓝色实线箭头勾勒出了该区域的"轮廓路线"，黑色虚线箭头为目标轮廓搜索过程中进行判断过的"痕迹"。

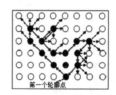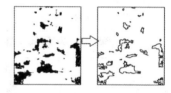

a. 区域轮廓跟踪提取方法示意图　b. 成像图像轮廓提取效果图

图 2　轮廓跟踪提取方法和孔洞轮廓提取效果图

（2）多个区域轮廓提取。完成单个区域轮廓提取的基础上，对于多个区域目标，由于已经进行了区域标记编号，所以只需要对每个区域按照编号进行单个区域的轮廓跟踪处理即可完成。图 3.b 是进行轮廓提取后的效果图，图上可以看出主要的纹层区域的轮廓被提取出来。

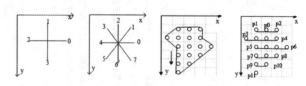

a. 4-链码示意图　b. 8-链码示意图
c. 图像目标及其轮廓图　d. 图像目标组成图

图 3　链码和封闭区域链码图

3）Freeman 编码存储纹层信息

对于已经进行标定的纹层轮廓目标需要对其进行存储，通常的做法是存储边界点坐标，这样需要占用大量储存空间并且计算速度较慢。为此，本文引入了 Freeman 链码对已经标定的纹层目标进行存储，有效地节约了存储空间。

（1）Freeman 编码简介

1961 年，Freeman 提出了用链码表示轮廓的方

法，用四方向链码或八方向链码表示边界追踪的方向，显著的特征是利用一系列具有特定长度和方向的相连的直线段来表示目标的边界。通过轮廓链码，可以得到轮廓的周长、区域的面积、特定方向的长度等参数。其中常用的是：4-链码和8-链码，定义分别如图3a和图3b。

对一个封闭区域，从区域的某个起点开始，用Freeman链码的方式记录封闭区域边界的走向，形成的连续序列为封闭区域边界编码。图3c为一封闭区域边界实例，它的Freeman 8-链码如图3d所示，记录图3d所示区域的边界轮廓的时候，每个边界点只需要记录一个简单的Freeman 8-链码，而不用记录全部的坐标信息，当边界轮廓较多的时候大大减小了存储空间，同样使纹层轮廓显示和纹层参数的计算速度增快。

（2）基于Freeman 8-链码的目标面积Tang计算方法

基于Freeman 8-链码的目标面积Tang计算方法的思路是：一个封闭区域可用若干条水平线和X轴方向的尖点来表示，由此得到目标面积的计算方法，具体如下：

设$f(x, y)$为图像像素上的函数，定义封闭区域$F(m, n)$为：

$$F(m, n) = \sum_{i=0}^{m} f(i, n) \quad (3-3)$$

图3.c中的目标图像，它的区域链码组成如图3.d所示：

其中，若干条水平线$\overline{H} = \{pl(p2), p3(p4), p5(p6), p(p8), p9(p10)\}$，X轴方向的尖点$\overline{T} = \{p11\}$，如果$R = \overline{H} \cup \overline{T}$，$\phi = \overline{V} \cap \overline{T}$（$\overline{V}$为垂直方向的尖点）即$R = \overline{H} \cup \overline{T}(\overline{H} \cap \overline{T} = \phi)$，则：

$$\sum_{(m,n) \in R} f(m, n) = \sum_{(m,n) \in \overline{H}} f(m, n) + \sum_{(m,n) \in \overline{T}} f(m, n)$$
$$= \sum_{h \in \overline{H}} \sum_{(m,n) \in h} f(m, n) + \sum_{(m,n) \in \overline{T}} f(m, n) \quad (3-4)$$

其中，$h$是$\overline{H}$中的任意一条水平线。

设水平线$h$的左右端点坐标分别为$(m_1, n)$和$(m_2, n)$，上式变为

$$\sum_{(m,n) \in R} f(m, n) = \sum_{h \in \overline{H}} (F(m_2, n) - F(m_1 - 1), n)) + \sum_{(m,n) \in \overline{T}} f(m, n) \quad (3-5)$$

在计算目标大小时，定义$f(x, y)$，则上式变为

$$A = \sum_{(m,n) \in R} f(m, n) = \sum_{h \in H} (m_2 - m_1 + 1) + \sum_{(m,n) \in T} 1$$
$$= \sum (x_{right} + 1) - \sum x_{left} + n_{尖} \quad (3-6)$$

式（3-6）中，$x_{right}$代表右边界点的X坐标、$x_{left}$代表左边界点的X坐标，$n_{尖}$表示尖点的个数。

判断轮廓边界点属于左边界点、右边界点或其他情况，可以通过轮廓点的进出链码来确定，根据外轮廓（逆时针）设计了左、右边界点的判定表，所表1所示，0表示左边界，1表示右边界，2表示无用边界，3表示尖点，该表对内轮廓（顺时针）也适用。

根据表1.1可以得到图4.d所示的轮廓边界点类型，其中，左边界点：{p1, p3, p5, p7, p9}，右边界点：{p2, p4, p6, p8, p10}，尖点：{p11}，无用点{p0}。

表1　外轮廓（逆时针）链码左右边界点判定表

| $C_{i-1}$ | $C_i$ | | | | | | | |
|---|---|---|---|---|---|---|---|---|
| | 0 | 1 | 2 | 3 | 4 | 5 | 6 | 7 |
| 0 | 2 | 1 | 1 | 1 | 2 | 2 | 2 | 1 |
| 1 | 2 | 1 | 1 | 3 | 2 | 2 | 2 | 0 |
| 2 | 2 | 1 | 1 | 3 | 3 | 3 | 3 | 0 |
| 3 | 2 | 1 | 1 | 3 | 3 | 3 | 3 | 2 |
| 4 | 0 | 2 | 2 | 2 | 0 | 0 | 0 | 1 |
| 5 | 0 | 3 | 2 | 2 | 0 | 0 | 0 | 1 |
| 6 | 0 | 3 | 3 | 2 | 0 | 0 | 0 | 0 |

基于Freeman 8-链码的目标面积Tang计算方法考虑到了目标边界的大小，能够非常精确地计算大小目标的面积、周长等参数，尤其对线性目标有很好的适应能力，可以准确算出其面积和周长。

图5是对电成像图像进行分割拾取边界得到砂质纹层的实例图，第三道是电成像测井资料经过前期预处理，然后通过Filtersim算法360°度填充空白后的图像，第四道是用分水岭算法对图像进行分割，然后采用纹层轮廓跟踪提取和Freeman编码存储纹层信息，得到纹层目标地质对象的边界（红线所示）；第五道是删除岩石骨架背景后获取的目标地质对象的填充图像。

第四步，目标地质对象自动分类

目标地质对象仍然存在多解性，砂质纹层和砂质条带、块状砂岩在图像上均呈现亮色条纹或条带，通过图像分割和边界提取得到无数个封闭

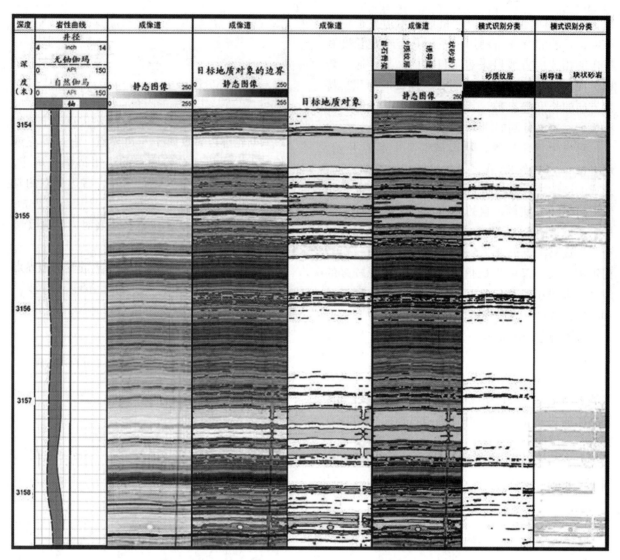

图5 电成像图像分割拾取纹层边界、目标地质对象及砂质纹层类型识别图

区域图形，怎么判别这些封闭区域图形是砂质纹层至关重要。

本次研究自动区分砂质纹层的技术思路是：把一个多边形近似认为是长方形，求它的等效长和宽；纹层的长宽之比较大，块状砂岩长宽之比相对较小。因为这个多边形的坐标已知，先任意选一点 $x_0$，求取该点 $x_0$ 与其它所有点之间的距离，形成集合 Dn；然后当 Dn 最大时对应的两点（$x_1$，$y_1$）、（$x_2$，$y_2$）以固定的步长向同一个方向旋转，求出两点距离集 dn；两点距离集 dn 的最大值确定为多边形的等效长 L；接着根据积分原理求出多边形的面积 S，利用 S/L 求得该多边形的等效宽 H；最后求取 L/H 的比值 K，将 K>5 定义为纹层（图6）。图7是针对一口页岩油储层纹层识别的例子，图中可以看出 3154.0 ~ 3154.5m，3157.1 ~ 3157.3m，3157.35 ~ 3157.45m 等 4 个位置，K 值明显大于 5，识别成为砂质条带；而在 3155.45m、3156m、3158.4m 等深度发育多条砂质纹层，K 值明显小于 5。

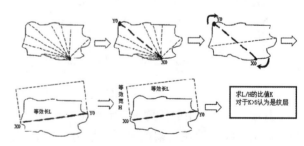

图6 纹层分类识别流程图

第五步，陆相页岩砂质纹层参数提取和表征

前述，基于电成像测井图像对陆相页岩纹层进行了识别，为了更好地表征纹层的发育好坏，综合考虑纹层发育条数、纹层延伸长度、纹层发

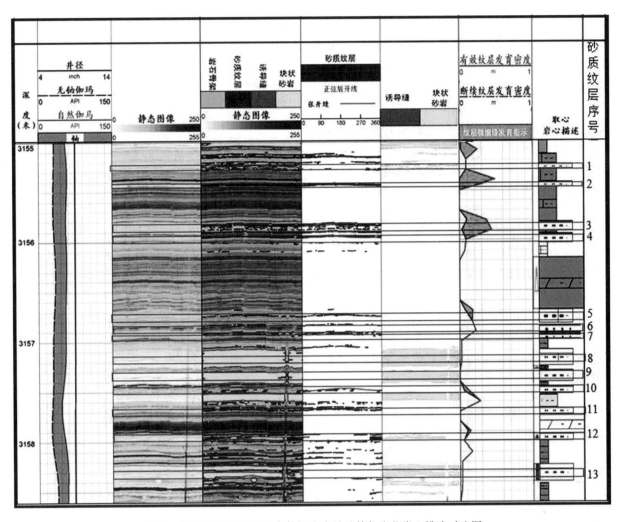

图7 陆相页岩砂质纹层参数提取成果及其与取芯岩心描述对比图

育宽度等因素，构建纹层发育指数模型，见下式4-16。

$$R = \frac{\sum H_i}{S} \quad (4-16)$$

式中，R 纹层发育密度，$m^{-1}$；$H_i$，每一条纹层的宽度，m；s，单位窗长图像的面积，$m^2$；窗长：0.6m（2ft）；步长：0.1m。

同时，定义有效纹层密度为：去掉了块状砂岩后，所有的识别出来的纹层，计算的纹层密度 $r_e$；

断续纹层密度为：对于有效纹层的那部分，不连续的，或局部被低阻填充了的，认为其不是有效纹层，对后续改造影响较小，单独把该部分筛选出来，记为 $r_s$；

砂质纹层微裂缝的发育认为与连续的砂质纹层伴生，换句话说砂质纹层发育延伸较好，在砂质纹层与页岩接触面易形成微裂缝，因此 $r_e-r_s$ 认为是微细裂缝的发育指示，如图7所示从右往左第

七道所示。其优势：（1）直接指示砂质纹层的发育情况；（2）与常规储层参数可比性更强。

## 3 陆相页岩气储层砂质纹层效果分析

用高分辨率电成像测井资料页岩储层砂质纹层进行了精细处理解释分析，并与取芯岩心描述结果进行了对比验证（如图7）。从图中可以看出，本文研究的方法对13个岩心描述的砂质纹层进行了识别，识别出薄层状的砂质纹理层9层，块状砂质纹层5层，纹层识别比岩心描述多1层，统计符合率为92%，误差8%。

## 4 结论

①陆相页岩气砂质纹层厚度薄、纵向非均质性强、频繁互层等特征，常规测井曲线较难识别。

②页岩储层砂质纹层电成像图像上颜色明亮，薄互层特征明显，具有水平层理，亮色或者亮暗相间的细条纹，暗色的细条纹为泥质页岩，亮色

的细条纹为砂质页岩或碳化程度较高的页岩。相对常规测井资料，电成像测井不仅分辨率高，而且得到的二维图像直观和清晰地反映井壁的结构和特征。

③针对页岩储层砂质纹层地质特征及常规测井资料难以评价等，利用高分辨率电成像测井资料，通过研究基于 Filersim 模拟全方位井壁复原、分水岭图像自动分割、轮廓标定及跟踪提取和模式分类识别等方法，快速而准确地识别出砂质纹层目标对象。

④基于电成像测井电成像图像人机交互识别，提取的页岩气储层砂质纹层密度、砂质纹层宽度等参数，构建纹层发育指数模型；从而实现了页岩气储层砂质纹层定量表征。

⑤本文通过一系列方法的系统研究，形成一套陆相页岩砂质纹层识别方法体系，首次实现陆相页岩气储层砂质纹层的精细评价，为页岩气储层精细选层奠定了基础。

## 参 考 文 献

[1] Harvey B, Tracy R J. Petrology: Igneous, Sedimentary and Metamorphic [M]. 2nd ed. San Francisco: W. H. Freeman and Company, 1996: 281-292.

[2] 邹才能，赵群，董大忠. 页岩气基本特征、主要挑战与未来前景 [J]. 天然气地球科学. 2017, 28 (2): 1781~1796.

[3] 杨潇，姜呈馥，孙兵华，等. 砂质纹层的发育特征及对页岩储层物性的影响——以鄂尔多斯盆地南部中生界延长组为例 [J]. 延安大学学报（自然科学版），2015, 34 (02): 18-23.

[4] 王香增，张丽霞，高潮. 鄂尔多斯盆地下寺湾地区延长组页岩气储层非均质性特征 [J]. 地学前缘，2016, 23 (01): 134-145.

[5] 赵谦平，张丽霞，尹锦涛，等. 含粉砂质层页岩储层孔隙结构和物性特征：以张家滩陆相页岩为例 [J]. 吉林大学学报（地球科学版），2018, 48 (04): 1018-1029.

[6] E LAMAT IM. Shale gas rock characterization and 3D submicron pore net work reconstruction [D]. Missouri: Missour I University of Science and Technology, 2011: 10-45.

[7] LOUCKS R G, REED R M, RUPPEL S C, et al. Morphology, genesis and distribution of nanometer - scaleporesin siliceous mud stone soft he Mississippian Barnett Shale [J]. Journal of Sedimentary Research, 2009, 79 (12): 848-861.

[8] 杨峰，宁正福，胡昌蓬，等. 页岩储层微观孔隙结构特征 [J]. 石油学报，2013, 34 (2): 301-311.

[9] 崔景伟，邹才能，朱如凯，等. 页岩孔隙研究新进展 [J]. 地球科学进展，2012, 27 (12): 1319-1325.

[10] CHENZH, O S AD E T ZKG, J I ANGCQ, e ta l. Spatial variation of Bakken or Lodgepole oil sinthe Canadian Williston Basin [J]. AA P G Bulletin, 2009, 93 (6): 829-851.

[11] Broadhead R F, Kepferle RC, and Potter P E. Stratigraphicand sedimentologic controls of gas in shale example fromUpper Devonian of northern Ohio [J]. AAPG Bulletin, 1982, 66 (1): 10-27.

[12] Lazar O R, Bohacs K M, Macquaker J H S, et al. Capturingkey attributes of fine-grained sedimentary rocks in outcorps, cores, and thin sections: Nomentclature and description guide-lines [J]. Journal of Sedimentary Research, 2015, 85: 230-246.

[13] 邱振，卢斌，施振生，等. 准噶尔盆地吉木萨尔凹陷芦草沟组页岩油滞留聚集机理及资源潜力探讨 [J]. 天然气地球科学，2016, 27 (10): 1817-1827.

[14] 王香增，高胜利，高潮. 鄂尔多斯盆地南部中生界陆相页岩气地质特征 [J]. 石油学报. 2014, 41 (3): 294-304.

[15] 王香增，任来义. 鄂尔多斯盆地延长探区油气勘探理论与实践进展 [J]. 石油学报. 2016, 37 (增刊1): 79-86.

[16] 罗鹏，吉利明. 陆相页岩气储层特征与潜力评价 [J]. 天然气地球科学. 2013, 24 (5): 1060-1067.

[17] 许丹，胡瑞林，高玮，等. 页岩纹层结构对水力裂缝扩展规律的影响 [J]. 石油勘探与开发，2015, 42 (4): 2-10.

[18] 张士万，孟志勇，郭战峰，等. 涪陵地区龙马溪组页岩储层特征及其发育主控因素 [J]. 天然气工业，2014, 34 (12): 16-25.

[19] 孙可明，张树翠，辛利伟. 页岩气储层层理方向对水力压裂裂纹扩展的影响 [J]. 天然气工业，2016, 36 (2): 45-51.

[20] 金之钧，胡宗全，高波，等. 川东南地区五峰组—龙马溪组页岩气富集与高产控制因素 [J]. 地学前缘，2016, 23 (1): 1-10.

[21] 魏志红. 四川盆地及其周缘五峰组—龙马溪组页岩气的晚期逸散 [J]. 石油与天然气地质，2015, 36 (4): 659-665.

[22] 姜呈馥等. 陆相页岩气的地质研究进展及亟待解决的问题——以延长探区上三叠统延长组长7段页岩为例. 天然气工业，2014, 34 (2): 27-33

[23] 杨潇，姜呈馥，孙兵华等. 砂质纹层的发育特征及对页岩储层物性的影响——以鄂尔多斯盆地南部中

生界延长组为例．延安大学学报（自然科学版），2015，34（2）：18-23.

［24］昌燕，刘人和，拜文华，等．鄂尔多斯盆地南部三叠系油页岩地质特征及富集规律［J］.中国石油勘探，2012，17（02）：74-78+90.

［25］解馨慧，邓虎成，张小菊，等．鄂尔多斯盆地陆相页岩孔隙演化特征——以长7油层组为例［J］.东北石油大学学报，2017，41（04）：79-87+9.

［26］杨潇，姜呈馥，宋海强，等．鄂尔多斯盆地陆相页岩地化特征及页岩气成因［J］.天然气技术与经济，2015，9（04）：14-17+41+77.

［27］孙建博，张丽霞，姜呈馥，等．鄂尔多斯盆地东南部延长组长7页岩气储层特征研究［J］.油气藏评价与开发，2014，4（05）：70-75.

［28］李永良，马辉，邱维理，等．泥河湾井儿洼剖面粉砂黏土纹层成分的扫描电镜与能谱分析［J］.北京师范大学学报（自然科学版），2004（01）：120-123.

［29］师良，王香增，范柏江，等．鄂尔多斯盆地延长组砂质纹层发育特征与油气成藏［J］.石油与天然气地质，2018，39（03）：522-530.

［30］程明，罗晓容，雷裕红，等．鄂尔多斯盆地张家滩页岩粉砂质夹层/纹层分布、分形特征和估算方法研究［J］.天然气地球科学，2015，26（05）：845-854.

［31］徐铠炯．延安地区长7陆相页岩储层孔隙体系表征及成因演化［D］.西安石油大学，2018.

［32］雍世河，张超模．测井数据处理与综合解释［M］.北京：石油工业出版社，1995.

［33］陶宏根．成像测井技术及在大庆油田的应用［M］.北京：石油工业出版社，2008.

［34］孙建孟，赵建鹏，赖富强，等．电测井图像空白条带填充方法［J］.测井技术，2011，35（06）：532-537.

［35］Han Sun, Jingyu Yang, Mingwu Ren. A fast watershed algorithm based on chain code and its application in image segmentation［J］. Pattern Recognition Letters, 2004, 26（9）.

［36］夏梦琴，周建，王静，等．基于分水岭分割的图像处理算法研究［J］.科技视界，2019（17）：71-72.

［37］李攀峰，党建武，王阳萍．基于多光谱混合梯度的遥感影像分水岭分割方法［J］.兰州交通大学学报，2019，38（05）：47-54.

# 基于高压压汞多尺度探讨页岩储层渗流特征

## ——以川东平桥地区五峰-龙马溪组页岩储层为例

严　强　郑爱维　刘　莉　王　进　湛小红　舒志恒

（中国石化江汉油田分公司勘探开发研究院）

**摘　要**　流体在页岩储层中的渗流机理是当下研究的热点与难点，其渗流特征可以影响钻井、压裂、驱替等过程，进而影响油气的采收率。本文基于毛束管模型理论，应用极限的思维构建新的孔喉连接模型，利用相关公式、定理推导出渗透率计算公式；基于公式中变量，利用微积分思想几何化渗透率控制因素，结合实际压汞数据刻画出达西渗流的开始与结束；综合考虑页岩储层的裂缝、充注动力、孔径、达西渗流、Knudsen渗流等，刻画出流体在页岩储层中的多尺度渗流特征（达西渗流、混合渗流、Knudsen渗流）。结果表明达西渗流开始的孔隙差异较大（0.60~2.35um），但达西渗流消失点所对应的孔隙大小相对一致，均为0.162um。结合页岩油气的实际地质条件可将研究层段页岩油气的渗流过程总结为以下几点：首先随着干酪根降解生烃所产生的充注动力将烃类分子以达西渗流的方式向裂缝中充注；在饱和裂缝后，随着充注动力的进一步加强达到最大孔隙（2.35um）的毛细管压力（0.32MPa）便开始以混合渗流的方式（达西渗流、Knudsen渗流）向孔隙中充注，在此期间也会充注一些微小裂缝；随着所渗流的孔隙毛细管压力逐渐变大、孔径逐渐变小，达西渗流逐渐减弱，Knudsen渗流逐渐增强并占据主导地位，当充注孔径达到0.16um时，其对应的毛细管压力为4.62MPa，达西渗流消失，之后充注的孔隙为Knudsen渗流。

# 1　前言

页岩储层的渗流能力一直备受关注，并逐渐成为油气田和地下水开发的关键课题之一，对页岩储层开发具有重要的指导地位和工程应用价值。此外，非达西渗流广泛应用于物理领域，是自然和工程领域的一个重要课题，在石油、化工、生物工业等领域有着广泛的应用。在石油工程领域，流体的渗流力学分析已广泛应用于二级或三级采油、钻井和储层工程。研究流体的渗流特征对提高采收率具有重要价值。

渗透性是表示储层在一定压差下允许流体（油、气、水）通过的性能，其大小用渗透率表示，由储层中全体有效孔喉（彼此相连的孔喉，包括裂缝）体系决定，对石油的勘探开发具有重要意义。最为经典的渗流定律为线性渗流定律，又称之为达西定律，后来 Martin Knudsen 发现当分子的平均自由程接近或大于毛细管直径（孔喉直径）时，分子之间的碰撞机会小于其与孔壁的碰撞机会分子，从而呈现出 Knudsen 扩散（Knudsen 渗流）。并且引入 Knudsen 常数 Kn（分子平均自由程除孔喉直径）来描述流体在多孔介质中的渗流特征。早在20世纪40年代后期，普塞尔（pur-cell，1949）首先将压汞法引入到石油地质研究工作当中，模拟石油充注、运移的过程，后期他多次测得毛管压力曲线，并以毛管束理论为依据来研究渗透率的算法；Fat（1956）最早提出管子状模型来模拟孔喉；Dulline（1975）提出毛束管模型，这种模型将孔隙网络看成若干大小不同的的等长毛束管；Chatzis 和 Dulline（1977）又进一步对其修改补充，提出了连接方式不同的管子网络模型，其突出了喉道的位置；Wardlaw（1976）通过实验认为水银的退出可视为从喉道中退出，即喉道控制着渗透率的相对大小，但孔隙也对渗透率也有一定的影响。桑桂杰（2017）基于多孔弹性力学和渗流力学等理论，建立了页岩三重孔隙结构下包含页岩变形、干酪根基质分子解吸与扩散、无机质系统粘性流、以及裂隙系统粘性流的多物理场耦合模型。胡胜福（2017）提出一种新的考虑孔隙结构的梯形孔隙含油饱和度模型。高亚军（2017）建立二维微观孔隙模型，引入 Level Set 方法对油水两相界面进行追踪，采用有限元方法对两相数值模型进行求解，从而建立并联毛细管束模型。陈建勋（2019）研究发现岩心基础渗透率与岩心类型、孔喉半径、孔隙连通性等密切相关，与常温低压条件下相比，地层条件下的气相流动的启动压力梯度、非达西流特征更为明显，气相流量、渗透率均大幅降低，束缚水、压力、温度等条件对气相流动的影响程度依次降低。Sun 等（2022）提出了一种截断的分数阶导数本构模型来考虑非牛顿流体的非定域性，表明断裂介质中幂律流体的渗流呈非达西现象。Wang（2022）等基于固结理论和线性弹性理论建立分析模型来研究压裂中流体渗流特征，压裂液的渗流效应可以显著降低地层的破裂压力进而增加压裂的可能性。Li（2024）等利用数值模拟和物理模拟实验研究了多薄煤层复合储层的渗透性，表明其渗透率的增加依赖于断裂量的增加，断裂与孔隙的耦合效应改变了断裂周围的流体压力场和渗流模式。

本文的创新之处在于应用极限的思维构建新的孔喉连接模型，结合泊肃叶定理和达西定律，应用数学、物理相关公式、定理导出渗透率公式，结合实际压汞数据刻画出达西渗流的开始与结束，综合考虑页岩储层的裂缝、充注动力、孔径、达西渗流、Knudsen 渗流等，刻画出流体在页岩储层中的多尺度渗流特征（达西渗流、混合渗流、Knudsen 渗流）。能够进一步的完善流体力学的渗流理论，并为页岩气开发中的聚合物驱替法提高采收率及钻井、压裂、水泥浆的渗流特性提供一定的理论指导。

## 2 实验与方法

### 2.1 高压压汞实验

本次研究样品取自涪陵页岩气田平桥区块的一口取心井，共计 18 块样品（3365.2～3508.5m）用于高压压汞实验分析，所用仪器为麦克 9505 高压压汞仪，依据《岩石毛管压力曲线的测定》的标准进行实验，该仪器最大进汞压力为 182.037MPa，可以识别至 4nm 的微孔隙，可满足研究流体在孔隙中渗流特征所要求的精度。

### 2.2 渗透率的理论推导

Chatzis 和 Dulline（1977）提出毛束管模型——将孔喉网络看成若干直径不同、长度不同、连接方式不同的毛束管。本文在此基础上利用数学上极限的思维将孔喉无限细分，从而构建新的孔喉连接模型，结合泊肃叶定理和达西定律，应用数学、物理相关公式、定理导出的渗透率公式。

将孔隙网络看成若干直径不同、长度不同、连接方式不同的毛束管，应用极限的思维继续细分，将岩心中实际的有效孔喉体系看成由无数半

径为 $r_i$、长度为 $\Delta L$ 的小圆柱连续连接的模型（图 1），利用数学上极限的思维，当 $\Delta L$ 足够小时，所构成的小圆柱体（直径不同，长度为 $\Delta L$）为标准的圆柱体。根据泊肃叶定律可知通过每个长 $\Delta L$ 的标准圆柱毛细管的流量 $q$：

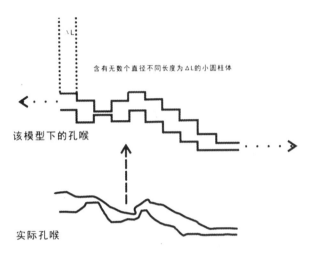

含有无数个直径不同长度为ΔL的小圆柱体

该模型下的孔喉

实际孔喉

图 1　孔喉连接模型图

$$q = \frac{\pi r^4 \Delta p}{8\mu \Delta L} \tag{1}$$

式中　$r$—标准圆柱毛细管半径；$\Delta p$—标准圆柱毛细管两端的压强差；$\mu$—液体的粘度系数；$\Delta L$—标准圆柱毛细管的长度（非常小，达到纳米级）；

根据理想圆柱体的体积公式可知每个标准圆柱毛细管孔隙体积 $\nu$：

$$\nu = \pi r^2 \Delta L \rightarrow \pi r^2 = \nu / \Delta L \tag{2}$$

根据毛细管压力公式可知孔喉中的毛细管压力 $P_c$：

$$P_c = \frac{2\sigma cos\theta}{r} \rightarrow r^2 = \frac{4(\sigma cos\theta)^2}{P_c^2} \tag{3}$$

将（2）式和（3）式带入（1）式中得：

$$q = \frac{(\sigma cos\theta)^2 \Delta p \nu}{2\mu \Delta L^2 P_c^2} \tag{4}$$

可设岩芯中的彼此相连的标准圆柱毛细管数量为 $n$，$v_i$ 为第 $i$ 根标准圆柱毛细管的体积，$p_{ci}$ 为对应的毛细管压力，则可知通过岩石的总流量 $Q$：

$$Q = \frac{(\sigma cos\theta)^2 \Delta p}{2\mu \Delta L^2}\left(\frac{\nu_1}{p_{c1}^2} + \frac{\nu_2}{p_{c2}^2} + \cdots + \frac{\nu_n}{p_{cn}^2}\right) \rightarrow Q$$

$$= \frac{(\sigma cos\theta)^2 \Delta p}{2\mu \Delta L^2} \sum_{i=1}^{n} \frac{\nu_i}{p_{ci}^2} \tag{5}$$

对于流体在岩心（实验用的小圆柱体，其大小与高压压汞设备有关）中的渗流情况，由达西

公式可知总流量 $Q$：

$$Q = \frac{kA\Delta p}{\mu L} \tag{6}$$

式中 $Q$—总的流量；$k$—渗透率；$A$—岩心的截面积（取决于高压压汞仪样品槽的截面积）；$\mu$—流体粘度；$L$—岩心长度（相对较大，为厘米级，取决于高压压汞仪样品槽的长度，为义定值，故可设 $L = \lambda * \Delta L$，$\lambda$ 为常数）

将（6）式带入（5）式中可得渗透率 $k$：

$$k = \frac{(\sigma\lambda\cos\theta)}{2A\Delta L}\sum_{i=1}^{n}\frac{v_i}{p_{ci}^2} \tag{7}$$

设岩心中毛细管的总体积为 $v_p$，则 $v_i$ 与 $v_p$ 的比值可视为每个标准圆柱毛细管在总的毛细管中的饱和度 $S_i$，即：

$$s_i = \frac{v_i}{v_p} \rightarrow v_p = \frac{v_i}{s_i} \tag{8}$$

而岩心的体积为 $AL$，故孔隙度：

$$\phi = \frac{v_p}{AL} \tag{9}$$

将（8）式带入（9）式可得：

$$v_i = \phi AL s_i = \phi A\lambda\Delta L s_i \tag{10}$$

将（10）式带入（7）式中得：

$$k = \frac{(\lambda\sigma\cos\theta)^2}{2}\phi\sum_{i=1}^{n}\frac{s_i}{p_{ci}^2} \tag{11}$$

通过以上推导可得到定量计算渗透率的公式，

但无法实际应用到压汞曲线当中。本文结合实际毛细管压力曲线，引入数学上积分的定义：

$$\lim_{n\to\infty}\sum_{i=1}^{n}\frac{s}{p^2} = \int_{s=0}^{s=1}\frac{ds}{p^2} \tag{12}$$

将（12）式代入上步推导的渗透率计算公式（11）中，得到了全新的计算公式

$$k = \frac{(\lambda\sigma\cos\theta)^2}{2}\phi\int_{s=0}^{s=1}\frac{ds}{p_c^2} \tag{13}$$

根据数学当中积分的几何定义—积分值为被积函数与变量 x 之间所围成面积的大小，故可以根据公式利用高压压汞数据制作出毛细管压力平方的倒数与进汞饱和度的关系曲线图，通过观察曲线与横坐标的交点，识别渗流下限点，从而建立可流动孔喉下限识别图版，探讨渗流特征。

## 3　结果与讨论

### 3.1　孔隙结构特征

研究层段共计 19 块样品实施高压压汞实验（表1），结果显示深度为 3365.2~3508.5m，覆盖五峰龙马溪组全部层位（①-⑨小层），孔隙度介于 1~3.7%，排驱压力介于 0.35~8.83MPa，最大孔喉半径介于 0.008~2.26um，平均孔喉半径介于 0.0031~0.298um，部分样品发育微裂缝使得渗透率较大。

表1　样品孔隙结构参数表

| 1 | 深度（m） | 层位 | 排驱压力 MPa | 孔隙度 % | 渗透率（$10\sim3\mu m^2$） | 最大孔喉半径（$\mu m$） | 平均孔喉半径（$\mu m$） | 备注 |
|---|---|---|---|---|---|---|---|---|
| 2 | 3365.23 | 浊积砂岩段 | 0.4136 | 3.7 | 0.339 | 1.8133 | 0.222 | |
| 3 | 3374.7 | 浊积砂岩段 | 1.0331 | 2.1 | 7.73 | 0.726 | 0.0548 | 裂开 |
| 4 | 3386.02 | 浊积砂岩段 | 0.7352 | 1.8 | — | 0.5884 | 0.0396 | |
| 5 | 3398.66 | 浊积砂岩段 | 1.1685 | 2.2 | — | 0.0107 | 0.0041 | |
| 6 | 3408.31 | ⑨ | 0.3468 | 3 | — | 0.0117 | 0.0043 | |
| 7 | 3424.67 | ⑧ | 0.8898 | 2.5 | — | 0.8428 | 0.0792 | |
| 8 | 3431.03 | ⑧ | 0.7352 | 1.6 | 0.409 | 0.0487 | 0.0095 | |
| 9 | 3443.28 | ⑦ | 1.1685 | 2.4 | 0.04 | 0.0098 | 0.0039 | |
| 10 | 3452.83 | ⑦ | 0.4314 | 1.4 | 0.107 | 1.7384 | 0.2688 | |
| 11 | 3459.41 | ⑥ | 1.1685 | 1 | 0.113 | 0.0141 | 0.0049 | |
| 12 | 3462.96 | ⑥ | 2.964 | 1.9 | — | 0.285 | 0.0325 | |
| 13 | 3469.29 | ⑤ | 8.8277 | 1.9 | 0.029 | 0.085 | 0.0161 | |
| 14 | 3477.59 | ⑤ | 0.6368 | 2.7 | — | 1.1778 | 0.0723 | |
| 15 | 3480.69 | ④ | 1.2748 | 1.7 | 0.028 | 0.5883 | 0.0304 | |

续表

| 1 | 深度（m） | 层位 | 排驱压力 MPa | 孔隙度 % | 渗透率 （10~3μm²） | 最大孔喉半径 （μm） | 平均孔喉半径 （μm） | 备注 |
|---|---|---|---|---|---|---|---|---|
| 16 | 3482.83 | ④ | 0.7352 | 3.2 | — | 0.008 | 0.0031 | |
| 17 | 3490.55 | ③ | 1.1685 | 2.4 | 0.028 | 0.0288 | 0.0081 | |
| 18 | 3498.78 | ③ | 0.7352 | 2.9 | — | 0.0572 | 0.0104 | |
| 19 | 3504.23 | ① | 0.3468 | 2.2 | 0.036 | 2.2592 | 0.2982 | |
| 20 | 3508.58 | ① | 1.1685 | 3.4 | 1.93 | 0.4588 | 0.058 | 裂开 |

　　根据压汞过程可知进汞饱和度增量代表这一孔径范围孔隙体积所占比例，故可利用进汞饱和度增量来表增样品孔径分布（图2），根据图可知研究层段的孔径主要分布在0.004~1um的范围，整体呈现出三个峰值，主要分布在一区（0.004~0.01um），其次为二区（0.03~0.3um），最后为三区（0.7~2um）。根据样品扫描电镜镜下特征（图3），可知研究层段储层致密，大量微纳米级孔隙

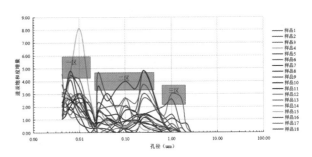

图2　研究层段孔径分布曲线图

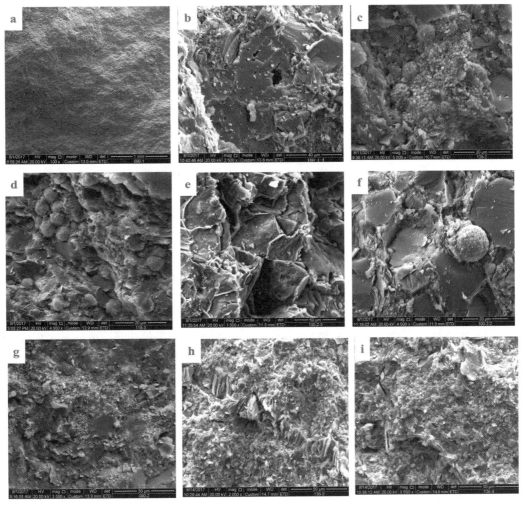

a：岩心整体图片相对致密，不发育打孔；b：长石表面可见纳米及孔隙；c：可见大量黄铁矿晶间孔；d：发育大量草莓状黄铁矿；e：黏土矿物晶间孔；e：草莓状黄铁矿；g：黄铁矿晶间孔；h：黏土矿物晶间孔；i：黄铁矿晶间孔

图3　研究层段孔隙的镜下特征

（主要为黄铁矿晶间孔和黏土矿物晶间孔，粒内孔相对较少），大孔隙几乎不可见，这也进一步验证了孔隙分布的主峰区为 0.004~0.01um。

### 3.2 渗流特征

#### 3.2.1 渗透率决定因素

基于所推导出的渗透率计算公式中的变量，结合数学中微积分的定义，其几何意义表示毛细管压力平方的倒数和进汞饱和度的关系曲线与坐标轴所围成的面积（图4），其直接决定了渗透率的相对大小。当曲线与横坐标重合时，即表示该点的达西渗流基本完全消失。示例图中 B 点基本与横坐标重合，表示该块样品的达西渗流的的下限。

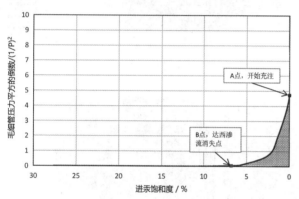

图 4 毛细管压力平方的倒数与与进汞
饱和度的关系曲线图
（红色部分面积决定达西渗流相对大小）

#### 3.2.2 渗流特征的探讨

油气充注渗流过程可总结为一下几个阶段：首先随着生烃增压产生充注动力逐渐以达西渗流的方式向裂缝中充注，在饱和裂缝后，随着充注动力的进一步加强，流体开始以混合渗流的方式（达西渗流、Knudsen 渗流）向孔隙中充注，随着所渗流的孔隙毛细管压力逐渐变大、孔径逐渐变下，达西渗流逐渐减弱，Knudsen 渗流逐渐增强并占据主导地位；最后达到达西渗流消失线，为完全的 Knudsen 渗流。

采用高压压汞仪对岩心进行实验，得到各样品的进汞曲线，包括毛细管压力和对应的进汞饱和度，计算出毛细管压力的倒数及其对应的孔径、进汞饱和度等参数，将所有样品的毛细管压力平方的倒数与进汞饱和度的关系曲线投影到同一图板中，进而识别各样品达西渗流的开始与结束（图5）。根据图5可以看出达西渗流开始的孔隙差异较大，所对应的毛细管压力平方的倒数介于

0.64~9.8 之间，所对应的孔隙半径介于 0.60~2.35um，这是由于各样品孔隙分布差异较大，发育大孔隙的达西渗流开始的孔隙变大，大量发育小孔隙的达西渗流开始的孔隙变小；但达西渗流消失点相对一致（红色的那根线，$1/P^2 = 0.0468$），对应的孔隙大小为 0.162um，故可判断研究层段页岩储层达西渗流消失的下限点所对应的孔径为 0.162um。

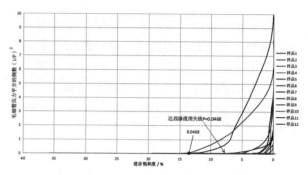

图 5 研究层段达西渗流下限识别图版

结合页岩油气的实际地质条件可将研究层段页岩油气的渗流过程总结为一下几点：首先随着干酪根降解生烃所产生的充注动力将烃类分子以达西渗流的方式向裂缝中充注，在饱和裂缝后，随着充注动力的进一步加强达到最大孔隙（2.35um）的毛细管压力（0.32MPa）便开始以混合渗流的方式（达西渗流、Knudsen 渗流）向孔隙中充注，在此期间也会充注一些微小裂缝；随着所渗流的孔隙毛细管压力逐渐变大、孔径逐渐变小，达西渗流逐渐减弱，Knudsen 渗流逐渐增强并占据主导地位，当充注孔径达到 0.16um 时，其对应的毛细管压力为 4.62MPa，达西渗流消失，之后充注的孔隙为 Knudsen 渗流。

## 4 结论

1. 研究层段的孔径主要分布在 0.004~1um 的范围，整体呈现出三个峰值，主要分布在一区（0.004~0.01um），其次为二区（0.03~0.3um），最后为三区（0.7~2um）；达西渗流开始的孔隙差异较大，所对应的毛细管压力平方的倒数介于 0.64~9.8um 之间，所对应的孔隙半径介于 0.60~2.35um，但达西渗流消失点所对应的孔隙大小为 0.162um。

2. 结合页岩油气的实际地质条件可将研究层段页岩油气的渗流过程总结为一下几点：首先随着干酪根降解生烃所产生的充注动力将烃类分子

以达西渗流的方式向裂缝中充注，在饱和裂缝后，随着充注动力的进一步加强达到最大孔隙（2.35um）的毛细管压力（0.32MPa）便开始以混合渗流的方式（达西渗流、Knudsen渗流）向孔隙中充注，在此期间也会充注一些微小裂缝；随着所渗流的孔隙毛细管压力逐渐变大、孔径逐渐变小，达西渗流逐渐减弱，Knudsen渗流逐渐增强并占据主导地位，当充注孔径达到0.16um时，其对应的毛细管压力为4.62MPa，达西渗流消失，之后充注的孔隙为Knudsen渗流。

## 参 考 文 献

［1］ Li, Z., Liu, J., Zhang, Y., Guo, J., Li, Z., Tang, H., Shi, Q., 2021. Experimental study of the visible seepage characteristics and aperture measurement of rock fractures. Arabian J. Geosci. 14

［2］ Wang, X., Jiang, Y., Liu, R., Li, B., Wang, Z., 2020. A NUMERICAL STUDY of EQUIVALENT PERMEABILITY of 2D FRACTAL ROCK FRACTURE NETWORKS. Fractals 28, 1–14.

［3］ Xu, W., Li, X., Zhang, Y., Wang, X., Liu, R., He, Z., Fan, J., 2021. Aperture measurements and seepage properties of typical single natural fractures. Bull. Eng. Geol. Environ.

［4］ Madhu, M., Kishan, N., 2016. Magneto – hydrodynamic mixed convection of anonNewtonian power – law nanofluid past a moving vertical plate with variabledensity. Nigerian Math. Soc. 35, 199–207.

［5］ Kumar, R., Banerjee, S., Banik, A., Bandyopadhyay, T. K., Naiya, T. K., 2017. Simulation of single phase non–Newtonian flow characteristics of heavy crude oil through horizontal pipelines. Petrol. Sci. Technol. 35, 615–624.

［6］ Kumar, R., Banerjee, S., Banik, A., Bandyopadhyay, T. K., Naiya, T. K., 2017. Simulation of single phase non–Newtonian flow characteristics of heavy crude oil through horizontal pipelines. Petrol. Sci. Technol. 35, 615–624.

［7］ Plourde, B. D., Vallez, L. J., Sun, B., Nelson – Cheeseman, B. B., Abraham, J. P., Staniloae, C. S., 2016. Alterations of blood flow through arteries following atherectomy and the impact on pressure variation and velocity. Cardiovascular Eng. Technol. 7, 280–289.

［8］ Sun, J., Guo, L., Jing, J., Tang, C., Lu, Y., Fu, J., Ullmann, A., Brauner, N., 2021. Investigation on laminar pipe flow of a non–Newtonian Carreau–Extended fluid. J. Petrol. Sci. Eng. 205, 108915.

［9］ Dosunmu, I. T., Shah, S. N., 2013. Evaluation of friction factor correlations and equivalent diameter definitions for pipe and annular flow of non – Newtonian fluids. J. Petrol. Sci. Eng. 109, 80–86.

［10］ Omosebi, A. O., Igbokoyi, A. O., 2016. Boundary effect on pressure behavior of PowerLawnon–Newtonian fluids in homogeneous reservoirs. J. Petrol. Sci. Eng. 146, 838–855.

［11］ Sun, H. G., Jiang, L. J., Xia, Y., 2022）. LBM simulation of non–Newtonian fluid seepage based on fractional–derivative constitutive model. Journal of Petroleum Science and Engineering. 213, 110378

［12］ 于兴河. 油气储层地质学［M］. 北京：石油工业出版社，2009.4

［13］ 杨胜来，魏俊之. 油层物理学［M］. 北京：石油工业出版社，2004.10

［14］ Fat WB. Recognition of alluialfan deposits in the stratigraphic record inhambin［J］. 1956. BCPG,

［15］ Dulline FAL, Frost BR, Surdam RC. Secondary porosity in laumontite bearing sandstones, clastic diagenesis［J］. 1975. AAPG Mem2 oir37：225～238.

［16］ Dulline FAL, Chatzis VK. Corelation between proe structure of sandstones and tertiary oil recovery［J］. 1977. SPZJ, 13（5）.

［17］ Wardlaw NC, Tayler RP. Mercury capillary pressure curves and the interpretation of pore structure and capillary behavior in reservoir rocks［J］. 1976. BCPG, 24（2）：225～262.

［18］ 桑桂杰. 页岩储层三重孔隙模型及吸附介质有效应力准则研究［D］. 中国矿业大学，2017.

［19］ 胡胜福，周灿灿，李霞，等. 复杂孔隙结构致密砂岩含油饱和度梯形孔隙模型［J］. 石油勘探与开发，2017，44（05）：827–836.

［20］ 高亚军，姜汉桥，李俊键，等. 基于Level Set方法的微观窜流特征研究［J］. 科学技术与工程，2017，17（04）：48–54.

［21］ 陈建勋，杨胜来，邹成，等. 川中须家河组低渗有水气藏渗流特征及其影响因素［J］. 天然气地球科学，2019，30（03）：400–406.

［22］ Wang, H. Y., Zhou, D. S., Liu, S., Wang, X. X., Ma, X. L. 2022. Hydraulic fractur initiation for perforated wellbore coupled with the effect of fluid seepage. Energy Reports. 8, 10290–10298.

［23］ Li, G., Qin, Y., Wang, B. Y., Zhang, M., Lin, Y. B., Song, X. J. 2024. Fluid seepage mechanism and permeability prediction model of multi–seam interbed coal measures. Fuel, 356, 129556.

# 基于集成深度神经网络的页岩 TOC 含量预测

汪子祺　　吴朝容

（成都理工大学地球物理学院）

**摘　要**　总有机碳含量（TOC）是评估页岩的生烃潜力、储层特征和成熟度的重要指标。开展 TOC 含量预测可以优化勘探策略、降低资源开发中的不确定性，具有重要意义。实验室热解分析是一种可靠的 TOC 测定技术，但由于其过程繁琐且成本高昂，特别是在岩心样品有限的情况下，难以实现连续的 TOC 监测。此外，传统的测井方法如ΔLogR 法存在地域特殊性且精度有限，因此发展新型 TOC 预测方法显得尤为迫切。本文提出了一种基于集成深度神经网络（DNN）模型，旨在通过对有限的训练样本进行重采样和融合，从而提高 TOC 预测性能。DNN 模型因其卓越的非线性拟合能力被广泛应用于储层参数预测。该模型通过多层结构组合，包括输入层、隐藏层和输出层，完成对复杂数据关系的拟合。在此基础上，本文采用 Bagging 集成学习方法，通过自助随机采样生成多个训练子集，训练多个 DNN 弱学习器模型，最后将这些模型的输出整合为一个强学习器，以提升整体预测的准确性。最后，以四川盆地南部龙马溪组为研究区域，选取该区域四口井的测井数据进行样本分析。研究通过分析声波时差、密度、自然伽马和铀含量等敏感参数，建立 TOC 预测模型。实验结果表明，集成模型在均方根误差（RMSE）和平均绝对误差（MAE）方面均优于其他单一模型，说明该方法在 TOC 预测中的有效性和稳定性得到了充分验证。

**关键词**　总有机碳含量；集成学习；深度神经网络；Bagging

总有机碳含量（TOC）是评估页岩的生烃潜力、储层特征和成熟度的重要指标。高 TOC 含量通常表示岩石中富含有机质，这关系到油气的生成与储存能力。而通过测定分析 TOC 有助于优化勘探策略，提高勘探成功率并减少资源开发中的不确定性。在可持续开发目标日益受到关注的背景下，准确评估 TOC 为清洁能源转型和资源的合理配置提供科学依据。因此，准确评估烃源岩 TOC 含量对油气藏的开发生产至关重要。

利用实验室热解分析仪对岩心岩屑、碎片或侧壁岩心常规测量 TOC 是最可靠的方法。然而，由于该方法过程繁琐且成本高昂，并且岩心样品有限，无法进行连续 TOC 含量测量。20 世纪 70 年代提出了ΔLogR 法，该方法结合测井数据，利用电阻率和伽马射线测量值，通过对数和比率运算，快速有效地估算泥岩中的有机碳含量。然而，该公式具有较强的地域特殊性，在其他地区的预测精度较低。近年来，许多研究利用常规测井数据建立 TOC 与其他测井数据的响应特征，以构建 TOC 预测模型。然而，该方法仅适用于井位的 TOC 含量计算，且难以挖掘 TOC 含量与测井数据的深层非线性关系。

随着近年来人工智能的迅速发展，它应用于生活中的各方面。例如，医疗疾病诊断、金融风险评估与管理、自动驾驶、语言处理及翻译等。许多机器学习算法也应用于物探行业，例如地震去噪、初至波拾取、储层表征、属性预测、地震成像和地球物理反演等。目前，越来越多的算法应用于 TOC 含量的计算中。Jiangtao Sun 等利用随机森林、支持向量机、XGBoost 三种机器学习模型对 TOC 含量进行预测，使用决策树算法识别最优测井曲线集，并利用收集的 816 个样本进行模型训练。结果表明，这三种方法都具有一定准确性。Dongxu Liu 利用人工神经网络预测了柴达木盆地黎平地区上第三系烃源岩的 TOC 含量，结果显示其准确性高于多元回归和泥质含量指数分类回归。这些算法仅限于单一模型进行 TOC 含量预测，并需要大量的训练样本以避免模型过拟合并提高泛化能力。在某些地区，实测样本往往不足，导致模型的泛化能力较弱，使得难以正确拟合 TOC 含量与敏感参数之间的非线性关系。本文提出了一种集成学习方法，通过多个模型对有限的训练样本进行重采样，然后将这些模型融合以建立一个 TOC 预测模型，从而提高其预测性能。

## 1　方法原理

### 1.1　深度神经网络

深度神经网络（Deep Neural Networks，DNN）

是一种基于人工神经网络的深度学习模型，因其卓越的非线性拟合能力，常被应用于储层参数预测。本节将主要介绍 DNN 的基本原理。

DNN 由多层神经网络组合而成，也被称为多层感知机（Multi-Layer Perceptron，MLP）。如图 1 所示，其中 $w_{jk}^{[i]}$ 表示第 $i-1$ 层的第 $j$ 个神经元到第 $i$ 层的第 $k$ 个神经元之间的线性关系系数，$b_j^{[i]}$ 表示第 $i$ 层第 $j$ 个神经元的偏倚系数，$\sigma(z)$ 为激活函数。

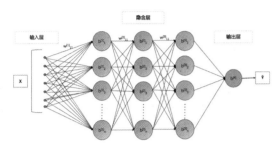

图 1　DNN 结构示意图

第一层输出结果为：

$$a = \sigma(z) = \sum_{i=1}^{m} w_i x_i + b_i$$

假设第 $l-1$ 层有 n 个神经元，则第 $l$ 层第 $j$ 个神经元的输出 $a_j^l$ 为：

$$a_j^l = \sigma(z_j^l) = \sigma\left(\sum_{i=1}^{n} w_{kj}^l a_k^{l-1} + b_j^l\right)$$

以此类推，利用若干个权重系数矩阵 $W$，偏倚系数 $b$ 及输入值 $x$ 进行系列线性运算与激活运算，最终得输出结果为：

$$\hat{y} = a^l = \sigma(z^l) = \sigma(W^l a^{l-1} + b^l)$$

为获得输出结果 $\hat{y}$，还需要求取权重系数矩阵 $W$ 和偏倚系数向量 $b$。通过反向传播算法，可计算神经网络中各个权重和偏倚的梯度，从而更新这些参数，最小化网络损失函数。在前向传播完成后，需要使用损失函数计算输出值 $\hat{y}$ 与真实值 $y$ 之间的差异。本文采用最常见的均方差来度量损失函数。

$$J(W, x, y) = \frac{1}{2} \| a^L - y \|_2^2$$

其中 $\| S \|$ 为 $S$ 的 $L2$ 范数。根据（2）式可得：

$$J(W, b, x, y) = \frac{1}{2} \| a^L - y \|_2^2$$
$$= \frac{1}{2} \| \sigma(W^L a^{L-1} + b^L) - y \|_2^2$$

因此，可以求出权重 $W$ 和偏倚 $b$ 的梯度：

$$\frac{\partial J(W, b, x, y)}{\partial W^L} = [(a^L - y) \odot \sigma'(z^L)](a^{L-1})^T$$

$$\frac{\partial J(W, b, x, y)}{\partial W^L} = (a^L - y) \odot \sigma'(z^L)$$

则公共部分 $\dfrac{\partial J(W, b, x, y)}{\partial z^L}$ 为：

$$\partial^L = \frac{\partial J(W, b, x, y)}{\partial z^L} = (a^L - y) \odot \sigma'(z^L)$$

现在得出了输出层的梯度，而对于第 l 层的输出 $z^l$ 的梯度为：

$$\partial^L = \frac{\partial J(W, b, x, y)}{\partial z^L} =$$
$$\left(\frac{\partial z^L}{\partial z^{L-1}} \frac{\partial z^{L-1}}{\partial z^{L-2}} \cdots \frac{\partial z^{L+1}}{\partial z^l}\right)^T \frac{\partial J(W, b, x, y)}{\partial z^L}$$

然后根据上式可计算出的梯度：

$$\frac{\partial J(W, b, x, y)}{\partial W^l} = \delta^l (a^{l-1})^T$$

$$\frac{\partial J(W, b, x, y)}{\partial b^l} = \delta^l$$

接下来只需要求取 $\delta^l$ 即可，我们使用归纳法进行 $\delta^l$ 的求取。由：

$$z^{l+1} = W^{l+1} a^l + b^{l+1} = W^{l+1} \sigma(z^l) + b^{l+1}$$

则：

$$\delta^l = \left(\frac{\partial z^{l+1}}{\partial z^l}\right)^T \frac{\partial J(W, b, x, y)}{\partial z^{l+1}} =$$
$$diag(\sigma'(z^l))^T \delta^{l+1} = (W^{l+1})^T \delta^{l+1} \odot \sigma'(z^l)$$

## 1.2　Bagging 集成学习

在机器学习算法中，我们致力于训练出一个在各方面表现良好的模型，但实际情况每个模型各有所长。对同一个问题进行多次机器学习模型训练，得到多个基模型，并通过一定方法将各个基模型进行集成组合使其在性能上超过任何单个基 5 模型。Bagging 算法是一种可集成算法，通过随机生成的训练数据集来训练弱模型，然后将各模型组合得到最佳预测模型。

如图 2，将训练样本进行自助随机采样，即每次采集一个样本放入采样集，然后将该样本放回，如此采样直至样本数量满足训练模型需要。然后利用一个学习器（本次研究使用的学习器仍为 DNN 模型）将四个模型训练结束后的预测值作为新的样本进行训练，从而将四个模型组合。

图 2　集成学习模型

## 1.3 数据评估

数据评估是验证每个模型的关键步骤之一。为评估该模型在 TOC 含量预测下的性能，我们选择均方根误差（RMSE）和平均绝对误差（MAE）来评价模型的性能：

$$RMSE = \sqrt{\frac{\sum_{i=1}^{N} (x_i - m_i)^2}{N}}$$

$$MAE = \frac{\sum_{i=1}^{N} |x_i - m_i|}{N}$$

其中 $x_i$ 为数据集真实值，$m_i$ 为预测值，$N$ 为样本个数。通过分析这两个误差函数可以有效评估该模型的准确性。

## 2 应用结果

研究区为四川盆地南部龙马溪组，盆地具有丰富的沉积物类型，其中龙马溪组主要由富有机质页岩组成。本次研究使用区龙马溪组的四口井的测井数据进行 TOC 含量预测试算。其中使用三口井的数据作为模型训练，另一口井用于检验该模型 TOC 含量预测的准确性。由测井资料表示以及四口井的实测 TOC 含量与测井曲线的相关性分析，该地区高 TOC 含量页岩表现为高声波时差、低密度、高自然伽马、高铀含量。因此，选取声波时差、密度、自然伽马、铀含量为 TOC 的敏感参数进行 TOC 含量预测。

本次研究建立的弱学习器为 4 个四层深度神经网络模型，各隐含层神经元个数分别为 16、64、16、4。通过对训练样本的重复采样，得到 4 组训练样本，分别对各弱学习器进行训练，然后将各弱学习器的训练结果与标签输入次级学习器进行最终训练。最后整个模型组成一个强学习器。

将三口训练井的 132 个训练样本用于训练四个弱学习器，最后利用另一个学习器将四个弱学习器进行组合得到一个强学习器。见表 1 所示，集成模型相对于其他四个模型均方根误差和平均绝对误差最低，该模型更为稳定，且 TOC 预测准确性更高。图 3 为集成模型用于 TOC 含量预测的预测结果与实测 TOC 的对比图，表明集成模型对页岩 TOC 含量预测具有较好准确性。

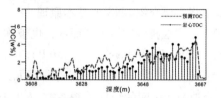

图 3 预测 TOC 含量与岩心 TOC 对比图

## 3 结论

本文提出了一组基于集成深度神经网络的页岩 TOC 含量预测方法，针对传统 TOC 测定方法的局限性和数据稀缺问题，通过集成学习技术实现了对有限训练样本的充分利用。利用四个独立的 DNN 模型进行动态重采样与训练，有效捕捉到 TOC 含量与测井敏感参数之间复杂的非线性关系，大幅提高了 TOC 预测的准确性。从验证结果来看，集成模型在均方根误差（RMSE）和平均绝对误差（MAE）方面均优于传统单一模型。这表明，集成模型具备更强的泛化能力和更高的准确性，能够更为稳定地预测页岩 TOC 含量。

表 1 各模型误差表

|  | RMSE | MAE |
| --- | --- | --- |
| 模型一 | 1.02838 | 0.79027 |
| 模型二 | 0.97018 | 0.76966 |
| 模型三 | 1.05474 | 0.87619 |
| 模型四 | 1.05009 | 0.86561 |
| 集成模型 | 0.92241 | 0.75924 |

## 参 考 文 献

[1] MANDAL P P, REZAEE R, EMELYANOVA I. Ensemble Learning for Predicting TOC from Well-Logs of the Unconventional Goldwyer Shale [J]. Energies, 2022, Vol. 15 (No. 1): 216.

[2] 王祥, 马劲风, 王德英, 等. 渤中凹陷西南部烃源岩 TOC 含量预测 [J]. 石油地球物理勘探, 2020, 第 55 卷（第 6 期）: 1330-42, 165-166.

[3] SUN J, DANG W, WANG F, et al. Prediction of TOC Content in Organic-Rich Shale Using Machine Learning Algorithms: Comparative Study of Random Forest, Support Vector Machine, and XGBoost [J]. Energies, 2023, Vol. 16 (No. 4159): 4159.

[4] LIU D. Prediction Method of TOC Content in Mudstone Based on Artificial Neural Network [J]. IOP Conference Series: Earth and Environmental Science, 2021, Vol. 781 (No. 2): 022087.

[5] 罗常伟, 王双双, 尹峻松, 等. 集成学习研究现状及展望 [J]. 指挥与控制学报, 2023, 第 9 卷（第 1 期）: 1-8.

[6] ALIZADEH B, RAHIMI M, SEYEDALI S M. Total organic carbon (TOC) estimation using ensemble and artificial neural network methods; a case study from Kazhdumi Formation, NW Persian Gulf [J]. Earth Science Informatics, 2024, : 1-12.

# 鄂尔多斯盆地长7段页岩油成藏模式探讨

## ——以宁县正宁地区为例

单俊峰 刘 兴 周金科 鞠俊成 牟 春 王宇斯

（中国石油辽河油田公司）

**摘 要** 通过对新采集处理高密度宽方位三维地震资料的充分应用以及井震结合，重新建立了鄂尔多斯伊陕斜坡带西南缘宁县-正宁地区延长组地层结构，并在基础上，对延长组低渗透-致密油-页岩油成藏模式进行了重新分析，结果表明：①延长组长7-长2段地层具有"楔状发育、逐层进积"的地层结构特征，颠覆了以往平行沉积、等厚发育的传统认识；②宁县-正宁地区延长组物源主要来自于盆地西南方向的秦岭造山带，向北东方向延伸。单期楔形地层内顺物源方向以河流-三角洲-半深湖-深湖重力流积序列充填，具有"同期异相"特征；③长7段主要发育砂质碎屑流及浊流重力流主要两种储层类型，横向变化快，储层非均质性强，总体属于低孔-特低孔超低渗致密储层；④延长组长7段总体处于温暖湿润气候条件下的淡水湖泊沉积环境，发育黑色页岩、碳质泥岩及泥岩优质烃源岩；⑤延长组低渗透-致密油-页岩油连续成藏，发育上生下储、自生自储、下生上储三种成藏组合类型，页岩油集中发育在长7段，具有优质源岩-微相-断裂-构造共同控藏特征，其中烃源岩控制油气分布范围，相带和断裂控制页岩油富集部位。上述认识对宁县-正宁地区页岩油勘探开发具有重要的指导意义

**关键词** 宁县-正宁地区；地层结构；砂质碎屑流；页岩油；勘探开发

鄂尔多斯盆地非常规油气资源丰富，其中三叠系延长组长7段发育页岩油，资源规模达百亿吨以上，已建成10亿吨级庆城大油田，年产油250万吨，是非常规油气勘探开发的重要目标，对保障国家能源安全具有重大意义。近年来，针对鄂尔多斯盆地长7段页岩油赋存状态、形成富集机理、储层特征、可动烃资源量评价、细切割体积压裂、勘探潜力等诸多方面，国内众多学者专家进行了大量研究及论述，奠定了页岩油革命的理论基础。而随着近年来高精度三维地震资料的普及与应用，延长组地层结构得到了更清晰的认识，其中长7~长2段地层呈"叠瓦状"进积特征，向盆地中心斜交"超覆"于长7₃地层之上，打破了以往"平行沉积、等厚发育"的传统地质认识，更真实反映湖盆原始沉积面貌。随着地层结构的改变，源岩及沉积储层的对比关系亦发生变化，页岩油成藏地质要素需要重新认识。本文以宁县-正宁地区长7段页岩油藏为例，结合新采集处理的三维地震及区域钻井资料，从地层、沉积、源岩、储层、构造及断裂等多个方面探讨了长7段成藏要素，为下步勘探增储与效益开发具有重要的指导意义。

# 1 地层特征

## 1.1 延长组地层结构

宁县-正宁地区位于鄂尔多斯盆地伊陕斜坡带西南缘（图1），中生代地层现今构造呈南东高-北西低的宽缓斜坡。晚三叠世时期，伴随华北板块向南俯冲，残余秦岭海槽封闭，延长期经历了大型坳陷湖盆发生、发展、萎缩、消亡的演化过程。研究区内纵向上按沉积旋回由老至新将延长组划分为长10~长1共10套油层组：长10~长8沉积时期，湖盆宽浅，发育辫状河-曲流河三角洲沉积；长7₃为强烈坳陷期，湖盆基底快速沉降，水体面积及深度达到巅峰，可容空间最大，广泛发育深湖相细粒泥页岩沉积；长7₂~长1沉积时期为湖盆回返抬升期，各期地层由边缘向中心逐渐充填，湖盆范围缩小，水深变浅，直至消亡。三叠纪末，受印支运动影响，延长组地层整体抬升广泛遭受剥蚀，长1段地层被剥蚀殆尽，形成现今长7~长2段地层"顶削底超"的地层结构。

## 1.2 延长组地震反射特征

传统观点认为，延长组沉积时期华北板块稳定抬升，无大规模构造运动，地质界面（尤其是夹薄层凝灰岩的稳定泥页岩段）连续性好，采用

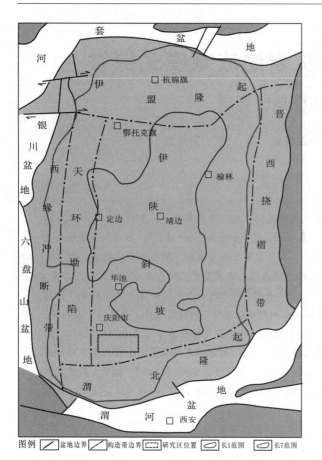

图例：／盆地边界　／构造带边界　▭研究区位置　▭长1范围　▭长7范围

图1　宁县-正宁地区构造位置图

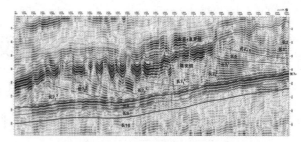

图2　宁县-正宁地区 Line867 地震剖面

### 1.3　延长组楔形地层期次划分

根据地震反射特征及精细井震对比标定，延长组长7-长2楔状反射内部的强反射界面对应了高 GR、高 AC、高 CN、高 RT、低 DEN 段测井段，岩心相上表现为含凝灰质的泥页岩层段，厚度一般3~10m，在楔形地层根部（近岸端）表现为浅湖环境下岩性较纯的泥岩段，区别于围岩砂泥互层组合；在前端（向湖心方向）相变为半深湖-深湖相碳质泥岩-页岩，与重力流砂体间隔发育。

按照等时地层对比原则，湖盆边缘在接受陆源碎屑快速沉积的同时，远源位置缺乏物源供给，以缓慢的速率沉积泥页岩，因此近源端砂岩与远端泥页岩为同一时期沉积产物。传统认识的长 $7_3$ 段张家滩页岩并非是同期沉积，而是在较长的地质时期内多期叠加的结果（图3），依据①：长7底部页岩内发育具有递变层理及变形构造的典型重力流砂体，反映陆源沉积与深湖沉积的同期性；依据②：页岩内发育多期凝灰岩夹层，可做为期次标志层，页岩段为多期楔形进积体前端叠加形成；依据③：页岩的上、下部在规则甾烷生标构型上表现为不同形态，上部呈"V"型，以低等水生生物为主，下部呈"反L"型，高等植物输入为主表明页岩段为不同沉积环境的产物。

### 1.4　等时地层格架及湖盆充填模式

根据楔形地层的地震反射特征，在宁县-正宁地区长7-长2段识别出4期主要地震界面，分别对应于长3、长4+5、长6及长 $7_1$ 段底界的区域稳定分布的地质界面。长7地层内部可进一步划分为6期楔形地层，自西向东叠置分布（图4）。各期地层平面上平行于湖岸线呈北西-南东向展布，受根部剥蚀及前端相变影响具有单期地层厚度呈两端薄、中间厚的分布特征，顺进积方向延伸距离20~40km。

楔形地层展布模式可合理解释湖盆充填的地质历程：长7段沉积早期湖盆快速沉降，底部沉积了3~5m的凝灰质泥岩，作为楔状地层的底板面。

地层平行等厚对比的方式进行致密油-页岩油的勘探开发，特点是各期地层平行整合接触，平面上厚度大致相当。该方式更注重相同岩性进行地层的划分，未充分考虑地层等时性，从而造成穿时。

高密度宽方位三维地震资料充分展示了延长组地层结构（图2），其中长10~长8段地层总体表现为近平行等厚分布，地层整合接触，反映延长组早期地貌坡度宽缓、沉降缓慢，呈近补偿沉积，对应三角洲平原-前缘-浅湖的沉积环境；长7段底界表现为区域连续的强振幅反射，对应长7底部稳定分布的含凝灰质夹层的泥页岩与长8顶部含灰粉砂岩的强阻抗岩性界面，反映湖盆水体急剧加深，沉积环境由浅湖转变为半深湖-深湖；长 $7_2$~长2段地层表现为向湖心方向"楔状进积、叠瓦状排列"的反射特征，各期地层反射同相轴前端与长7底界面呈低角度斜交，上部地层叠置在早期地层之上逐层推进，表现为进积充填，对应由深湖向浅湖环境的转变；延长组顶部地层反射特征表现为与下伏地层斜交接触的较连续的中振幅同相轴，对应三叠系与侏罗系之间的区域不整合面，反映了晚三叠纪华北地台整体隆升剥蚀的地质历史。

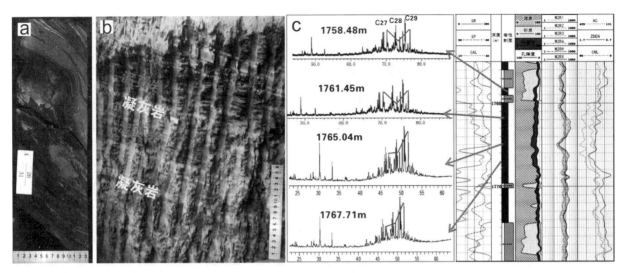

（a）Z161-H717D 井，长 7 底部滑塌变形构造　（b）衣食村长 7 底部露头剖面（c）Z161-H717D 井，页岩甾烷色质谱图

图 3　长 7 底部页岩段多期叠置特征

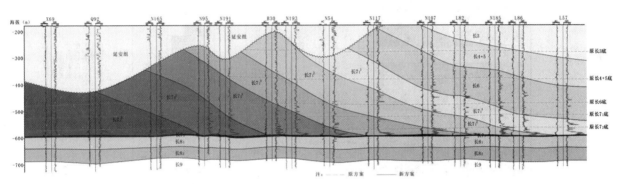

图 4　长 7 段 6 期楔形地层对比剖面及厚度图

之后由于基底逐渐隆升发生缓慢湖退，随进积作用各期沉积物呈楔形超覆在底板面之上，各期地层前端的泥页岩多层叠置，向湖心方向厚度增大。沉积速率大于沉降速率，可容空间逐渐减小，湖盆水体逐渐变浅，湖水范围逐渐缩小，至长 3 时期沉积环境由深湖转变为浅湖，直至完全充填湖盆消亡。

## 2　沉积储层特征

### 2.1　长 7 段沉积特征

　　宁县-正宁地区延长组物源主要来自于盆地南部的秦岭造山带，向北东方向延伸。长 7 段单期楔形地层内顺物源方向以河流-三角洲-半深湖-深湖重力流积序列充填（图 5），具有"同期异相"特征。受三叠纪晚期隆升剥蚀影响，地层根部（近源端）主要发育三角洲前缘河口坝相带，岩心相为纯净的砂岩，单期厚度一般 3~5m，局部发育平行、槽状及楔形交错层理，牵引流特征明显，测井相表现为向上变粗的反旋回，地震相表现为倾角平缓的弱振幅、中等连续反射。地层中段发育

半深湖泥岩，厚度 50~200m，夹具有重力流特征的 1~3m 薄砂层，地震相表现为不连续的弱振幅反射，呈现为具有较大倾角的斜坡状。地层前部（远源端）发育深湖相重力流沉积，夹暗色泥岩或黑色碳质泥岩，单砂体厚度 3~15m（图 6），地震相表现为中强-强振幅的连续低频反射，局部具有中高频 S 型前积反射特征。

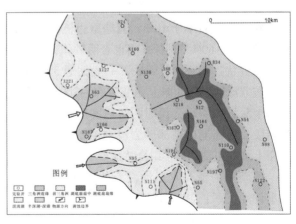

图 5　延长组长 $7_2^1$ 段沉积相平面图

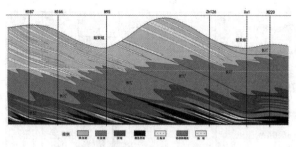

图 6　N187-N220 井沉积相剖面

区内重力流沉积主要发育砂质碎屑流及浊流两种类型。砂质碎屑流在岩心相上常表现为 1~5m 厚的块状层理粉细砂岩，顶、底部与围岩突变接触，砂岩内部常夹有泥岩撕裂屑，粒度以跳跃总体为主，曲线呈高斜率的两段式，具有部分牵引流特征，测井曲线呈箱型或指状箱型。浊流在岩心相上层理丰富，具有递变、平行、砂纹等层理，底部常见重荷模（火焰）及波状构造，局部可见鲍马序列，粒度以悬浮总体为主，曲线呈低斜率一段式，测井曲线呈钟形或指状。受构造底形及流体、流态控制，砂质碎屑流主要发育于斜坡底部到坡脚部位，而浊流一般由砂质碎屑流转化而来，发育于前者的顶部或前端，尖灭于泥页岩中（图 7）。

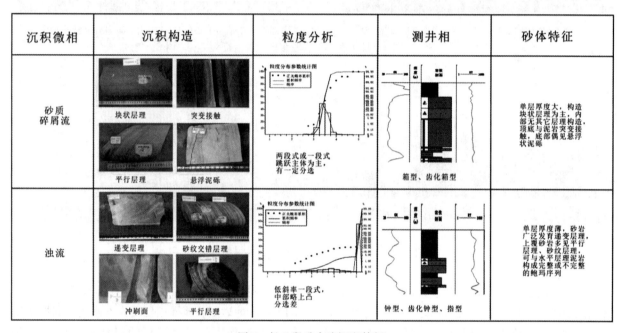

图 7　长 7 段重力流沉积特征

## 2.2　长 7 段储层特征

砂体展布受沉积相带控制，平面上表现为根部及前端厚、中段薄的"哑铃状"分布，根部三角洲前缘相带砂地比一般 40%~70%，中段半深湖相带砂地比普遍小于 10%，前端重力流相带砂地比达到 30%~60%。钻探成果也表明砂体纵向上具有"哑铃状"特征，长 7 底部一般钻遇 30~100m 厚的重力流砂岩段，向上相变为 50~200m 楔形地层的半深湖泥岩段，顶部则钻遇楔形地层三角洲砂岩段，局部地区顶部砂岩段剥蚀殆尽，表现为下粗上细的正旋回岩性组合特征。

深湖重力流是页岩油发育的主体储集相带，受事件性沉积控制，水动力条件不稳定，砂体横向变化快，储层非均质性强。储层物性明显受沉积相带控制：砂质碎屑流砂体单层厚度大（1~

10m），岩性以细砂岩为主，储层物性较好（平均孔隙度 10%，渗透率 0.2mD），岩心核磁分析显示大孔发育，自由流体饱和度大于 40%。浊流砂体以薄互层岩性组合为主，泥质含量高，储层物性较差（平均孔隙度 7%，渗透率 0.06mD），岩心核磁显示大孔不甚发育，自由流体饱和度小于 20%。

根据岩石薄片分析资料统计，长 7 砂岩岩石类型以岩屑长石砂岩和长石岩屑砂岩为主，碎屑成分平均石英含量为 42.3%，长石含量为 31.0%，岩屑含量为 19.3%。岩屑成分以变质岩岩屑为主，含量 7.3%。储集砂岩填隙物含量较高，平均含量为 9.6%，填隙物以水云母为主，其次为方解石、铁白云石。岩石颗粒分选中等~好，粒径 0.06~0.25mm，最大 0.65mm，绝大多数岩石样品在细砂岩粒级范围内，颗粒次棱状、次圆~次棱状，磨圆度差。

铸体薄片鉴定结果表明，长 7 储集空间类型以长石溶孔为主，其次为粒间孔，另有岩屑溶孔、晶间孔及少量微孔、微缝。储层整体面孔率平均 0.59%，孔隙直径平均 16.7μm。压汞资料分析显示，长 7 孔隙结构较为复杂，孔隙结构属特小孔、微细喉型。储层孔喉分选相对较好，但普遍存在排驱压力高、孔喉半径较小的现象。孔喉半径一般 0.054~0.149μm，平均孔喉半径 0.083μm，喉道均质系数 0.72，分选系数 1.08；储层平均排驱压力 2.9MPa，中值压力为 8.8MPa，最大进汞饱和度 87.8%。

# 3　长 7 段烃源岩发育特征

根据张才利等学者研究成果，长 7 段地层处于淡水湖泊沉积环境，气候温暖湿润，湖盆水体深度 50~120m，泥页岩广泛发育，按发育部位及相带可以分为 3 种类型：长 7 底部多期叠加的页岩（张家滩页岩）；与重力流砂体间隔发育的泥岩及碳质泥岩；半深湖沉积的巨厚泥岩。前两种是页岩油发育的有效烃源岩，第三种不具备生排烃能力。

## 3.1　长 7 底部页岩

长 7 底部页岩是延长组最重要的烃源岩，在区内广覆式分布，厚度 5~20m，自岸向湖方向厚度逐渐增大。该期为延长组最大湖泛期，水体深且水动力弱，物源供给少，全岩分析及镜下观察显示地层中有大量伴随有机质发育的黄铁矿（含量

15%~75%），Pr/ph 值普遍小于 1，反映还原–强还原沉积环境。干酪根类型以 II$_1$ 型和 II$_2$ 型为主，少量 I 型。有机质丰度高，总烃含量可达 5500ppm；TOC 含量分布在 0.29%~35.1%，平均 11.99%；氯仿沥青"A"含量分布在 0.01%~4.0%，平均 0.96%；生烃潜量分布在 0.66~154.6mg/g，平均 41.77mg/g。成熟度中等，Ro 分布在 0.6%~0.9%，平均 0.7%，Tmax 分布在 435~450℃之间，平均 441℃，综合评价为成熟的优质烃源岩。

## 3.2　重力流隔层泥岩

此类源岩与重力流砂体互层发育，厚度一般 2~10m，分布不稳定，较长 7 底部页岩段水体浅且水动力条件较强，黄铁矿不甚发育，Pr/ph 值分布在 0.4~1.5 之间，反映弱还原–还原沉积环境。干酪根类型以 II$_1$ 型和 II$_2$ 型为主。有机质丰度较高，总烃含量达 750ppm；TOC 含量分布在 0.48%~20.5%，平均 3.3%；氯仿沥青"A"含量分布在 0.03%~0.52%，平均 0.19%；生烃潜量分布在 0.44~46.2mg/g，平均 9.7mg/g。成熟度与页岩相似，综合评价为成熟的好烃源岩（表 1）。需要特别指出的是，位于楔形地层界面的泥岩及碳质泥岩段，粗碎屑含量低，测井解释 TOC 含量普遍大于 6%，最高可达 15%，分布相对稳定连片，同时富含的火山灰成分也促进了源岩成熟，综合评价为优质烃源岩，是页岩油的重要的烃源岩。

表 1　长 7 段烃源岩评价参数表

| 岩性 | 有机质类型 | 有机质丰度 | | | | 成熟度 | 综合评价 |
| --- | --- | --- | --- | --- | --- | --- | --- |
| | | TOC% | "A"% | HCppm | S1+S2mg/g | Ro% | |
| 泥岩 | II$_1$、II$_2$ | $\dfrac{0.483-20.5}{3.34（43）}$ | $\dfrac{0.031-0.515}{0.1949（14）}$ | $\dfrac{161-2137}{750（7）}$ | $\dfrac{0.44-46.19}{9.72（43）}$ | $\dfrac{0.56-0.73}{0.68（25）}$ | 成熟好烃源岩 |
| 页岩 | I、II$_1$、II$_2$ | $\dfrac{0.29-35.1}{11.99（76）}$ | $\dfrac{0.0136-4.0363}{0.9658（118）}$ | $\dfrac{24-27752}{5509（86）}$ | $\dfrac{0.66-154.59}{41.77（76）}$ | $\dfrac{0.60-0.91}{0.7（31）}$ | 成熟优质烃源岩 |

备注：$\dfrac{0.483-20.5}{3.34（43）}$ $\dfrac{最小值-最大值}{平均值（样品数）}$

# 4　长 7 段页岩油控制因素分析

宁县-正宁地区长 7 段发育夹层型页岩油和页岩型页岩油，其中夹层型页岩油主要是位于长 7 段中上部重力流发育段，砂质碎屑流砂岩为主要储层，页岩型页岩油位于长 7 段下部泥页岩夹薄层油流发育段。目前夹层型页岩油为区内主要勘探开

发层系，页岩型页岩油为探索攻关层系。

## 4.1　源岩对油藏的控制作用

前人对鄂尔多斯盆地长 7 段页岩油的成藏动力及机理进行过大量分析，总体认为生烃增压产生的异常压力是原油运移的主要动力，油藏以近源富集模式为主，纵向远源运移模式次之，烃源岩发育情况是页岩油成藏的主要控制因素之一。宁

县-正宁地区页岩油具有相似的发育特征，靠近底部页岩段的 50m 内砂体含油饱和度最高，平均达到 65%，在储层物性差异不大的情况下向上随着距离源岩越远呈降低趋势，页岩以上 60m 以浅的储层含油饱和度小于 50%，表明原油在纵向运移过程中随能量损耗充注度的降低。另外与重力流砂体互层的泥岩对生供烃亦有所贡献，泥岩段周边的砂岩含油饱和度呈现局部的峰值，相较其他砂岩的含油饱和度提高 5%，特别是楔形地层界面泥岩附近，油饱和度可提高 10%。

油源对比关系也表明长 7 油藏与底部页岩及隔层泥岩均具有亲缘关系，N603 井区甾烷生标构型呈两种形态：第一种规则甾烷呈"反 L"型，重排甾烷含量低，与底部页岩构型一致；第二种规则甾烷构型呈"V"型，重排甾烷含量高，与周边泥岩构型一致（图 8）。

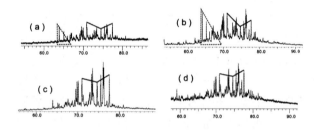

（a）N603 井长 $7_1^1$1721.2m 油斑细砂岩甾烷色谱
（b）N605 井长 $7_1^1$1597.25m 深灰色泥岩色谱
（c）N603 井长 $7_1^1$1715m 油斑细砂岩色谱
（d）N607 井 $7_3$1788.5m 黑色页岩色谱
图 8　N603 井区油源对比谱图

### 4.2　相带对油藏的控制作用

根据前文对沉积储层的认识，重力流相带控制储层物性，储层物性又控制了油藏的分布。系统取心段的二维核磁成像显示，原油在储层中以粘土束缚态（T2<1ms）、毛管束缚态（1ms<T2<8ms）及自由态（T2<8ms）赋存，岩性粗、孔隙度高的储层大孔隙相对更发育，原油易于充注其中，含油饱和度也更高。

沉积相带与含油性的对比分析显示，不同沉积相带的油藏富集部位有差异：浊流砂体物性在纵向上向上变差，孔隙度及渗透率降低，含油饱和度随之降低，反映了物性对油藏的控制作用；而块状砂质碎屑流砂体整体上非均质性较弱，纵向上物性变化小，储层连通性较好，原油在砂层顶部富集，表现为含油饱和度弱分异的特征。

### 4.3　断裂及裂缝对油藏的控制作用

断裂及宏观裂缝对油气起纵向沟通输导作用，对长 7 页岩油而言，断层的开启破坏了原生油藏的保存条件，原油沿断裂及裂缝纵向运移至其它层系成藏。以 Z125 井区为例，区内 7 口探井在长 7 段试油获工业油流，其中 Z126 井周边 500m 内发育断层，Z125 井长 7 地层被断层切割，2 口井油品性质为中质油，密度 0.88g/cm³，50℃粘度达到 23.64～79.25mPa·s，而其他 5 口井距离断层 500m 以上，油品为轻质油，密度 0.83g/cm³，50℃粘度仅为 4.88mPa·s，反映了油藏受断层破坏，轻质组分散失的特征（表 2）。因此，针对页岩油藏的井位设计应以远离断裂为原则。

表 2　Z125 井区原油物性表

| 井号 | 距离断层 m | 油密度（t/m³） | 50℃粘度 mPa·s | 初馏点 ℃ | 凝固点 ℃ |
|---|---|---|---|---|---|
| N94 | 640 | 0.8333 | 4.69 | 68 | 17 |
| N220 | 1410 | 0.8228 | 3.36 | 58 | 21 |
| B29 | 1320 | 0.8325 | 4.47 | 67 | 17 |
| L28 | 1460 | 0.8423 | 5.77 | 78 | 19 |
| N105 | 620 | 0.8325 | 6.09 | 65 | 21 |
| Z126 | 380 | 0.8793 | 23.64 | 138 | 24 |
| Z125 | 0 | 0.887 | 79.25 | 95 | 18 |

相较于断层及宏观裂缝对油藏的破坏，裂缝对页岩油成藏主要起到改善储层物性，富集轻质组分的作用。激光共聚焦图像显示，微裂缝不仅沟通了原有孔隙形成输导通道，本身也是有效的储集空间，岩心中微裂缝发育的部位富集了大量轻质组分原油，轻重烃比值较裂缝不发育的位置更高，有效改善了储层物性及含油性。

### 4.4　构造对油藏的控制作用

页岩油受储层致密及非均质性影响，吼道半径小，毛管突破压力高，原油沿砂体横向运移能力较弱，油水分异性低，不存在统一的油水界面，构造形态及幅度对油藏富集的控制作用较常规油藏大幅下降。在储层物性及连通性较好的单个油藏内部，含油饱和度向构造高部位具有增大趋势，总体表现出高点控富集的弱分异特征。以 N44 井区为例，N44 井与 L52 井同一砂体油层，储层物性相似（N44 井孔隙度 10.1%、渗透率 0.15mD，L52 井孔隙度 9.7%、渗透率 0.14mD），油层顶界埋深 N44 井较 L52 井高 9m，N44 井试油获日产

5.27t 工业油流、日产水 0m³，L52 井试油日产油 0.77t、日产水 9.7m³（图 9）。因此在其他成藏条件相同的情况下，井位设计应优先考虑单砂体的构造高部位。

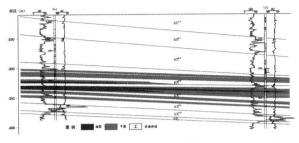

图 9　N44-L52 井油藏剖面

### 4.5　延长组成藏模式

宁县-正宁地区延长组低渗透-致密油-页岩油连续成藏，发育上生下储、自生自储、下生上储三种成藏组合类型，长 9-8 段主要发育源下型致密油，长 6-长 2 段发育低渗透-致密油，页岩油集中发育在长 7 段，具有优质源岩-微相-断裂-构造共同控藏特征，其中烃源岩控制油气分布范围，相带和断裂控制页岩油富集部位。楔形体前端近源充注：重力流砂体前端与长 7 底部优质烃源岩直接接触近源成藏；楔形体中末端自生自储、短距离运聚：长 7 段源储共生聚集成藏，构造高部位饱和度高；复合输导运聚：长 7 烃源岩通过断层、裂缝、不整合面与砂体沟通，构成复合输导体系，垂向运聚成藏（图 10）。

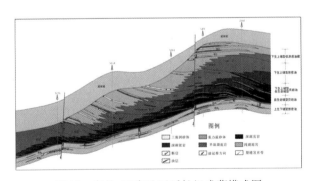

图 10　宁县-正宁地区延长组成藏模式图

## 5　结论

（1）根据新采集处理高密度宽方位三维地震资料，结合完钻探井分析，对鄂尔多斯伊陕斜坡带西南缘宁县-正宁地区延长组地层结构进行了重新认识，按照等时对比原则对延长组进行了重新划分，建立了长 7-长 2 段地层"楔状发育、逐层进积"的地层发育模式，改变了以往平行沉积、等厚发育的传统认识。

（2）宁县-正宁地区延长组物源主要来自于盆地西南方向的秦岭造山带，向北东方向延伸。长 7 段单期楔形地层内顺物源方向以河流-三角洲-半深湖-深湖重力流积序列充填，具有"同期异相"特征，区内长 7 段主要发育砂质碎屑流及浊流重力流主要两种储层类型。

（3）长 7 段深湖重力流砂体受事件性沉积控制，具有横向变化快，储层非均质性强。岩石类型以岩屑长石砂岩和长石岩屑砂岩为主，储集空间类型以长石溶孔为主，其次为粒间孔，另有岩屑溶孔、晶间孔及少量微孔、微缝，总体属于低孔-特低孔超低渗致密储层。

（4）宁县-正宁地区延长组长 7 段总体处于温暖湿润气候条件下的淡水湖泊沉积环境，发育三种源岩类型：长 7 底部多期叠加的页岩（张家滩页岩）；与重力流砂体间隔发育的泥岩及碳质泥岩；半深湖沉积的巨厚泥岩。前两种是页岩油发育的有效烃源岩，第三种不具备生排烃能力。

（5）宁县-正宁地区延长组受印支末期、燕山中期、燕山晚期和喜山期构造运动的改造，具有多期断裂叠加分布的特征，主要发育受燕山期 EW 走滑应力场影响下的断裂。对应燕山期构造运动发育 NE 向为主的宏观裂缝以剪裂缝为主，微观裂缝以张裂缝为主吗，其中垂直缝及高角度斜交缝是主要的有效裂缝，有效改善了储层物性。

（6）宁县-正宁地区延长组低渗透-致密油-页岩油连续成藏，发育上生下储、自生自储、下生上储三种成藏组合类型，页岩油集中发育在长 7 段，具有优质源岩-微相-断裂-构造共同控藏特征，其中烃源岩控制油气分布范围，相带和断裂控制页岩油富集部位。

### 参 考 文 献

［1］杨华，李士祥，刘显阳. 鄂尔多斯盆地致密油、页岩油特征及资源潜力［J］. 石油学报，2013，34（1）：1-11.

［2］杨华，梁晓伟，牛小兵，等. 陆相致密油形成地质条件及富集主控因素：以鄂尔多斯盆地三叠系延长组长 7 段为例［J］. 石油勘探与开发，2017，44（1）：12-20.

［3］付金华，喻建，徐黎明，等. 鄂尔多斯盆地致密油勘探开发进展及规模富集可开发主控因素［J］. 中国石油勘探，2015，20（5）：9-19.

[4] 刘显阳，杨伟伟，李士祥，等．鄂尔多斯盆地延长组湖相页岩油赋存状态评价与定量表征 [J]．天然气地球科学，2021，32（12）：1762-1769.

[5] 孙照通，辛红刚，吕成福等．鄂尔多斯盆地长 7₃ 亚段泥页岩型页岩油赋存状态与有机地球化学特征 [J]．天然气地球科学，2022，33（8）：1304-1318.

[6] 李士祥，牛小兵，柳广弟，等．鄂尔多斯盆地延长组长 7 段页岩油形成富集机理 [J]．石油与天然气地质，2020，41（4）：719-729.

[7] 付锁堂，姚泾利，李士祥，等．鄂尔多斯盆地中生界延长组陆相页岩油富集特征与资源潜力 [J]．石油实验地质，2020，42（5）：698-710.

[8] 肖玲，胡榕，韩永林，等．鄂尔多斯盆地新安边地区长 7 页岩油储层孔隙结构特征 [J]．成都理工大学学报（自然科学版），2022，49（3）：284-293.

[9] 李士祥，周新平，郭芪恒，等．鄂尔多斯盆地长 7₃ 亚段页岩油可动烃资源量评价方法 [J]．天然气地球科学，2021，32（12）：1771-1784.

[10] 慕立俊，赵振峰，李宪文，等．鄂尔多斯盆地页岩油水平井细切割体积压裂技术 [J]．石油与天然气地质，2022，40（3）：626-635.

[11] 王瑞杰，王永康，马福建，等．页岩油地质工程一体化关键技术研究与应用—以鄂尔多斯盆地三叠系延长组长 7 段为例 [J]．中国石油勘探，2022，27（1）：151-163.

[12] 付金华，郭雯，李士祥，等．鄂尔多斯盆地长 7 段多类型页岩油特征及勘探潜力 [J]．天然气地球科学，2021，32（12）：1749-1761.

[13] 惠潇，侯云超，喻建，等．大型陆相坳陷湖盆深湖区前积型地震地层特征及砂体分布规律—鄂尔多斯盆地陇东地区延长组中段为例 [J]．沉积学报，2022，40（3）：787-800.

[14] 郭艳琴，惠磊，张秀能，等．鄂尔多斯盆地三叠系延长组沉积体系特征及湖盆演化 [J]．西北大学学报（自然科学版），2018，48（4）：593-602.

[15] 王峰，田景春，范立勇，等．鄂尔多斯盆地三叠系延长组沉积充填演化及其对印支构造运动的响应 [J]．天然气地球科学，2010，21（6）：882-889.

[16] 孙宁亮，钟建华，倪良田，等．鄂尔多斯盆地南部上三叠统延长组物源分析及热演化 [J]．中国地质，2019，46（3）：537-556.

[17] 魏斌，魏红红，陈全红，等．鄂尔多斯盆地上三叠统延长组物源分析 [J]．西北大学学报（自然科学版），2003，33（4）：447-450.

[18] 张才利，高阿龙，刘哲，等．鄂尔多斯盆地长 7 油层组沉积水体及古气候特征研究 [J]．天然气地球科学，2011，22（4）：582-587.

[19] 杨华，张文正．论鄂尔多斯盆地长 7 段优质油源岩在低渗透油气成藏富集中的主导作用：地质地球化学特征 [J]．地球化学，2005，34（02）：147-154.

[20] 杨亚南，周世新，李靖，等．鄂尔多斯盆地南缘延长组烃源岩地球化学特征及油源对比 [J]．天然气地球科学，2017，28（4）：550-565.

[21] 邱欣卫，刘池洋．鄂尔多斯盆地延长期湖盆充填类型与优质烃源岩的发育 [J]．地球学报，2014，35（1）：101-110.

[22] 赵文智，王新民，郭彦如，等．鄂尔多斯盆地西部晚三叠世原型盆地恢复及其改造演化 [J]．石油勘探与开发，2006，33（1）：6-13.

[23] 李相博，刘化清，陈启林，等．大型坳陷湖盆沉积坡折带特征及其对砂体与油气的控制作用：以鄂尔多斯盆地三叠系延长组为例 [J]．沉积学报，2010，28（4）：717-729.

[24] 杨华，刘显阳，张才利，等．鄂尔多斯盆地三叠系延长组低渗透岩性油藏主控因素及其分布规律 [J]．岩性油气藏，2007，19（3）：1-6.

# 基于深度学习的数字岩心建模与分析

何小海[1]　马振川[1]　晏鹏程[1]　滕奇志[1]　何海波[2]　龚　剑[2]　舒　君[1]

（1 四川大学电子信息学院；2 成都西图科技有限公司）

**摘　要**　准确建模和分析岩心内部微观结构及其组分构成对于分析非常规储层物性及演化特征、油气勘探开发等具有十分重要的意义和价值。岩心的微观结构分析可以定量分析页岩中的孔隙、裂隙及矿物颗粒，包括其大小、形状、分布和连通性等参数，为储层评价、钻井设计和提高采收率提供支持。另外，岩心矿物组分分析可以揭示岩石的沉积环境和地质演化过程，为地质模型的构建提供依据。数字岩心技术集成了计算机断层扫描（CT）和光学显微镜等技术，是岩心微观结构建模和成分分析的强大工具。CT 成像提供了岩心的三维结构信息，已广泛使用于石油地质行业，但由于其使用成本高昂、视域范围与分辨率的矛盾等问题，仍然有一定局限性，在矿物颗粒分类识别方面也有所欠缺。利用岩石薄片的光学显微成像技术获得的高分辨率二维图像，在石油地质部门已广泛使用，并具有巨大的存量。因此，基于岩心二维薄片图像的数值三维重建和二维偏光序列图像的矿物颗粒成分识别是目前的研究热点并具有很大的实际应用价值。

本研究设计了一种偏光序列图采集系统，结合偏光序列图像能够反映颗粒的形貌特征，提出了一种基于深度学习的颗粒分割及识别算法，能够全面分割矿物颗粒，并对矿物颗粒进行分类识别。此外，提出了一种基于深度学习的铸体薄片图像孔隙分割算法，准确提取二维孔隙结构。在数值重建方面，提出了一种基于深度学习的三维重建方法，模型由生成网络和特征提取网络组成，生成网络用于生成三维结构，特征提取网络提取参考图像和重建图像的孔隙形态和空间分布特征，能够在一张二维薄片图像的基础上有效重建三维结构。视觉和统计参数对比表明，重建的结构在孔隙形态和空间分布上与实际结构紧密吻合，相比于模拟退火、多点地质统计学等传统重建方法，具有更高的重建精度。最终通过结合这些岩心分析技术，我们开发了一套基于深度学习的数字岩心图像采集和分析系统，可以为页岩储层表征提供基础数据。

**关键词**　数字岩心；微观结构建模；深度学习；成分识别；偏光序列图像

## 1　引言

岩心是从地层中获取的岩石样本，准确建模和分析岩心内部微观结构及其组分构成对于分析非常规储层物性、演化特征和油气勘探开发具有十分重要的意义和价值。一方面，岩心微观孔隙结构分析，可以获取储层的孔隙度、渗透率等关键物性参数，为储层评价、钻井设计、采收率提高和开采策略优化提供基础数据和技术支持。另一方面，通过分析岩石中的矿物组分及其组合，可以揭示岩石形成时的沉积环境、成岩作用和后期改造过程，为恢复古环境、构造演化以及建立地质模型提供关键依据。

数字岩心技术的发展为岩心微观结构建模和组分分析提供了强有力的工具。图 1 展示了基于数字岩心开展岩心微观结构建模与分析的流程。具体而言，对于获取到的岩心二维图像，可以先通过图像分割方法实现对孔隙相或是颗粒相的分割；

对于颗粒相，则利用颗粒的形貌参数实现对颗粒组分的识别与分类，并获取颗粒组成及分布的相关统计信息；对于孔隙相，进一步利用数值重建方法建模三维孔隙结构；最后，提取孔隙网络模型计算孔喉参数，并开展渗流模拟和电导性质模拟等计算其物理性质，实现对岩心微观结构综合表征及分析。

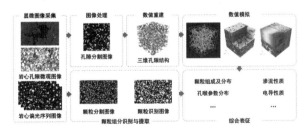

图 1　岩心微观结构建模与分析的流程

计算机断层扫描（Computed Tomography, CT）、光学显微成像等成像技术在岩心微观结构建模和分析中扮演着不可或缺的重要角色。目前，

CT 成像技术能够无损地获取、岩心的内部三维结构，广泛地应用于页岩孔隙、裂缝的研究。但由于样本成像视域和分辨率之间的矛盾，导致在同一成像过程中难以同时捕捉大裂缝、孔洞和细微孔隙、微裂缝的结构特征。并且，CT 扫描成本较高。相较而言，光学显微成像虽然无法获得岩心的内部三维结构，但能获取高分辨率的二维图像，为获取更加精细的岩心孔隙空间结构和矿物组分构成提供可能。此外，岩心薄片在岩石分析中已有大量样本积累，且光学显微成像具有快速、高效、成本低廉等优势。

　　一方面，显微偏光成像利用偏振光进行成像，通过观察和分析岩石中矿物的折射率、双折射率、消光角、干涉色等光学性质，有助于对矿物颗粒种类的识别和划分。另一方面，铸体薄片成像能够有效反映二维条件下的孔隙大小、分布及几何形态等特征。通过结合数值重建方法，可以在已有的二维薄片图像基础上，随机重建具有与真实岩心结构相似的统计性质和机理特征的三维结构。相比于 CT 等直接成像技术，能够在短时间内获取大量的岩心三维结构。

　　近年来，随着人工智能的不断发展，机器学习和深度学习方法也进入了岩心微观结构建模与分析流程中，持续向着更高精度和效率的岩心微观结构表征和分析方向迈进。我们基于深度学习对孔隙及颗粒分割、颗粒识别以及微观结构建模开展了一系列研究。具体的，研究了一种基于卷积神经网络的铸体图像分割算法，能够准确分割二维孔隙结构；此外，结合偏光序列图像能够反映颗粒的形貌特征，提出了一种基于深度学习的颗粒分割及识别算法，能够全面分割颗粒，并对矿物颗粒进行分类识别。在数值重建方面，提出了一种基于深度学习的三维重建方法，模型由生成网络和特征提取网络组成，生成网络用于生成三维结构，特征提取网络提取参考图像和重建图像的孔隙形态和空间分布特征，该方法能够基于单张二维薄片图像重建具有真实孔隙形态和空间分布的三维结构。最终，在这些研究的基础上开发了一整套数字岩心图像采集、分析系统，可以为页岩储层表征提供基础数据。

## 2　方法

### 2.1　薄片图像成像系统及孔隙和颗粒分割识别

　　图 2 展示了我们自主研发的偏光序列全薄片图像采集系统。它由系统控制箱、偏光控制器、工业相机、显微镜、电动载物台、控制计算机六个部件组成。

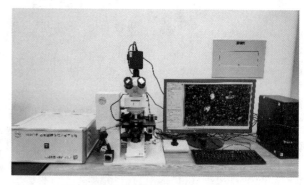

图 2　偏光序列全薄片图像采集系统

　　矿物颗粒具有消光特性，在单一的正交偏光下，颗粒通常只呈现部分形貌特征。当偏光方向与颗粒晶体轴线重合时，因某些区域发生消光现象而无法观察到颗粒的完整结构，导致单角度显微图像难以实现准确的颗粒分割。而在正交偏光下，矿物颗粒呈现出消光性、干涉角、干涉色等众多的特征，综合矿物颗粒的多张正交偏光序列图像，可以更好地完成分类识别任务。基于此，我们利用矿物颗粒的消光特性，提出了一种基于偏光序列图像的矿物颗粒分割算法。如图 3 所示，基于偏光序列图像的颗粒分割与识别流程主要包含两个部分。

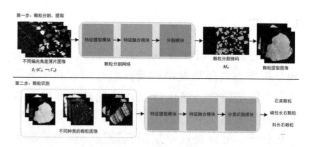

图 3　基于偏光序列图像的颗粒分割与识别流程图

　　第一步，首先利用特征网络，自主提取不同偏光角度下的显微图像特征，接着利用特征融合模块进行特征融合，融合策略能够充分利用不同偏光角度的图像信息，弥补单一角度下由于消光效应引起的特征缺失，从而实现对矿物颗粒的全面分割。利用分割掩码，可以进一步提取得到偏光图像序列中的颗粒图像。第二步，针对矿物颗粒偏光序列图像的特点，根据矿物颗粒在不同角度正交偏光下的表现形态，设计并搭建了一种基于偏光序列图像的矿物颗粒分类识别网络模型，该模型以多张正交偏光序列颗粒图像作为输入，通过特征提取模块对每一张正交偏光序列图像提取特征，再通过融合模块融合不同偏光角度颗粒特征，以充分利用矿物颗粒在不同角度正交偏光下的特征与变化规律，最终完成矿物颗粒的分类识别任务。

### 2.2 结合 VGG 特征提取和卷积神经网络的三维重建

对于分割后得到的孔隙相二维图像，我们的方法将分割后的图像送入 VGG 网络提取相应的特征作为优化目标；再进一步搭建卷积神经网络模型用于三维重建，从高斯噪声分布中采样数据送入模型中得到输出结构；最后，将输出结构的切面也送入 VGG 网络中提取特征，并与作为优化目标的特征进行相似性度量，计算损失并利用梯度优化方法更新搭建的卷积神经网络模型，直至训练完成。整个训练过程如图 4 所示。

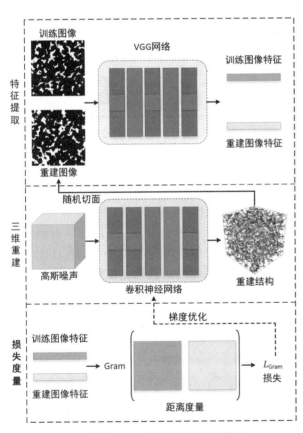

图 4　结合 VGG 特征提取和卷积神经
网络的三维重建示意图
其中主要包含特征提取、三维重建、损失度量三个部分。

#### 2.2.1　特征提取

在训练过程中，我们的方法中采用了 VGG 网络对分割后的薄片图像进行特征提取，VGG 网络

是计算机视觉中目标检测、图像分割和分类等任务中提取图像特征的常用模型，并且依据选择特征层的不同能够提取到图像中不同尺度的特征。考虑到这些因素，VGG 网络被用于分割后的岩心薄片图像的特征提取，实现对岩心孔隙形态和空间分布的表征。我们方法中采用的 VGG 网络结构如图 5 所示，同时为了关注到岩心图像中不同尺度孔隙的形态特征，我们选择了每个池化层后的卷积层输出特征图作为优化目标。

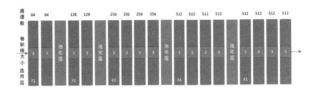

图 5　特征提取网络的网络结构示意图
其中 F1-5 为作为优化目标的特征层。

#### 2.2.2　模型构建

我们方法中采用的卷积神经网络模型架构如图 6 所示，它由 13 个卷积层、12 个 BN 层和 12 个非线性激活层组成。其中，卷积层为所设计模型提供基本的线性映射，BN 层使经过卷积层后的数据分布归一化，加速模型的收敛，非线性激活层则为模型提供非线性表达能力，使模型能够拟合更加复杂的分布，在我们的网络模型中采用的是 LeakyRelu 激活函数。卷积层、BN 层和非线性激活层计算表达式分别如公式 1-3 所示，其中 W 和 b 分别为卷积层的卷积核参数和偏置参数，$\gamma$ 和 $\beta$ 为 BN 层的尺度缩放和平移参数，$\varepsilon$ 为一较小值使得分母不为 0。值得注意的是，所设计的网络虽然结构简单但却十分高效，占用显存消耗低且能够快速完成模型的训练。

$$x^{(1)} = W^{(1)} x^{(1-1)} + b^{(1)} \qquad (1)$$

$$BN_{\gamma,\beta}(x) \equiv \gamma \frac{x - \mu}{\sqrt{\sigma^2 + \varepsilon}} + \beta \qquad (2)$$

$$\mathrm{LeakyReLu}(x) = \begin{cases} x, & x \geq 0 \\ \alpha x, & x < 0 \end{cases} \qquad (3)$$

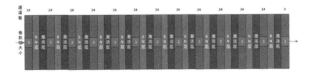

图 6　生成网络的网络结构示意图

#### 2.2.3　损失函数

为了保证重建结构的孔隙形态与给定的二维

图像的孔隙形态尽可能一致，采用 Gram 损失作为两者 VGG 特征的相似性度量。Gram 损失在风格迁移等任务中经常使用，能够保证图像在局部细节信息上的一致性。而岩心的孔隙形态也近似于一种图像的细节特征，因此 Gram 损失能够进一步保持重建结构和二维图像在孔隙形态上的一致性。

Gram 损失的计算表达如公式 4 和 5 所示。公式中，$F_s^{(1)}$ 为第 l 层特征图拉平后的一维向量，长度为 $N_1$；$G_{i,j}^{(1)}$ 为第 l 层特征图 Gram 矩阵（i，j）位置的计算值，定义为一维向量位置 i 和 j 特征的二阶互相关量。

$$L_{Gram} = \sum_{l=1}^{L} \frac{1}{N_1^2} | G^{(1)} - \hat{G}^{(1)} | \quad (4)$$

$$G_{i,j}^{(1)} = \sum_s F_s^{(1)}[i] F_s^{(1)}[j] \quad (5)$$

## 3 实验结果和分析

借助卷积神经网络，岩心薄片的分割前后结果如图 7 所示，可以看到，岩心薄片中的孔隙结构和颗粒组分都得到了比较好的分割，这表明我们的方法有效提高了分割的准确性，尤其在处理复杂光学特性的矿物颗粒时，能够更完整地捕捉其形态特征。这一技术对岩石和矿物学研究中的颗粒分析具有重要应用价值，提升了数据的可靠性和准确度。图 7 展示了使用偏光序列图像提取颗粒的实验结果。

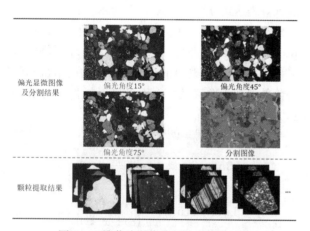

图 7    二维薄片图像分割前后结果对比

在后续的数值重建中，由于计算机显存资源的限制，我们在下采样的二维薄片图像上截取了一个子区域作为训练图像，大小为 302×302。具体地，为了验证所提出的方法的有效性，我们分别采用不同的模型初始化参数分别训练了 3 个模型，且利用每个模型进行了 5 次重建，得到了共 15 组

重建结构。训练一个模型所需的平均时间为 765.43s，利用模型进行重建一个三维结构（302×302×302 大小）所需的平均时间为 2.44s，这表明了我们方法训练模型和利用模型进行重建的高效性。

为了进一步验证重建结构的有效性，我们进行了重建结果的可视化对比。我们对每个模型生成的第一个重建结构进行了孔隙三维结构和正交切面上的可视化，如图 8 所示。从图 8 中可以看出，每个模型生成的重建结构在三个正交方向上都具有与训练图像相似的孔隙结构和局部孔隙形态，且三维结构整体上也保持了比较好的孔隙空间分布，这也验证了我们的方法训练模型的稳定性，以及模型生成重建结构的有效性。

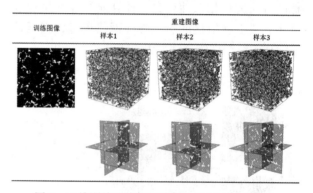

图 8    二维训练图像和重建结构及切面的可视化

对于总计的 15 组重建结构，我们选择了两点相关函数和线性路径函数作为统计参数进行比较，如图 9 所示。值得注意的是，由于二维训练图像没有真实的三维结构作为参考，因此其两点相关函数和线性路径函数是 X 和 Y 两个方向统计参数的平均，而重建结构的两点相关函数和线性路径函数是 X、Y 和 Z 三个方向统计参数的平均。

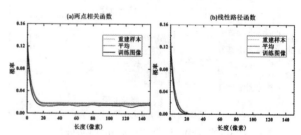

图 9    二维训练图像和重建结构统计参数上的对比
其中图（a）为两点相关函数，图（b）为线性路径函数。

从图 9 中可以看出，我们的方法得到的重建结构与训练图像的两点相关函数和线性路径函数基本一致，仅在起始点（孔隙度）上有些微差异，其中 15 组重建结构的孔隙度平均为 0.1323，训练图像面孔率为 0.1168，在曲线的整体趋势上都大致相同。这表明我们的方法得到的重建结构具有与训练图像相近的统计参数特征，再次验证了我们方法的有效性。

## 4　结论

本文提出了一种岩石薄片显微系统结合矿物颗粒分割识别技术和数值重建技术，为页岩油气勘探中的大数据分析和人工智能应用提供了强有力的支持。显微系统通过高分辨率成像，采集岩石样品的微观结构，利用深度学习算法实现对矿物颗粒形态、大小和分布的自动化、精确分割与识别，同时分割后的孔隙相图像利用神经网络模型可以实现准确且高效地三维数字模型的重建。这些处理后的数据可以用于后续开展数值分析和模拟实验，可进一步作用于储层质量评估和油气资源预测，能够显著提升勘探效率与开发决策的精度。通过大数据与人工智能技术的结合，该方法能够加速页岩油气资源的开发进程，推动勘探领域的智能化发展。

本论文工作受国家自然科学基金（62071315）资助。

### 参　考　文　献

［1］匡立春，刘合，任义丽，等．人工智能在石油勘探开发领域的应用现状与发展趋势［J］．石油勘探与开发，2021，48（1）：1-11.

［2］唐玮，张国生，徐鹏．"十四五"油气勘探开发科技创新重点领域与方向［J］．石油科技论坛，2022，41（5）：7.

［3］王鸣川，王燃，岳慧，等．页岩油微观渗流机理研究进展［J］．石油实验地质，2024，46（01）：98-110.

［4］洪峰，姜林，郝加庆，等．油气储集层非均质性成因及含油气性分析［J］．天然气地球科学，2015，26（04）：608-615.

［5］李伯平，郭冬发，李黎．三维X-CT成像技术在岩石矿物中的应用［J］．世界核地质科学，2020，37（04）：296-315.

［6］常丽华，金巍等．透明矿物薄片鉴定手册［M］．北京：地质出版社，2006.

［7］Izadi H, Sadri J, Bayati M. An intelligent system for mineral identification in thin sections based on a cascade approach［J］. Computers & geosciences, 2017, 99：37-49.

［8］吴拥，苏桂芬，滕奇志等．岩石薄片正交偏光图像的颗粒分割方法［J］．科学技术与工程，2013（31）：49-54.

［9］路达．岩矿薄片偏光序列图像颗粒提取及综合特征识别［D］．成都：四川大学，2017.

［10］钟逸．结合岩矿消光特性的薄片图像颗粒提取与识别研究［D］．成都：四川大学，2020.

［11］Yeong C L Y, Torquato S. Reconstructing random media［J］. Physical review E, 1998, 57 (1)：495.

［12］Feng J, Teng Q, Li B, et al. An end-to-end three-dimensional reconstruction framework of porous media from a single two-dimensional image based on deep learning［J］. Computer Methods in Applied Mechanics and Engineering, 2020, 368：113043.

［13］Ma Z, He X, Yan P, et al. A fast and flexible algorithm for microstructure reconstruction combining simulated annealing and deep learning［J］. Computers and Geotechnics, 2023, 164：105755.

［14］Zhang F, He X, Teng Q, et al. PM-ARNN：2D-TO-3D reconstruction paradigm for microstructure of porous media via adversarial recurrent neural network［J］. Knowledge-Based Systems, 2023, 264：110333.

［15］Ma Z, Teng Q, Yan P, et al. Stochastic reconstruction of heterogeneous microstructure combining sliced Wasserstein distance and gradient optimization［J］. Acta Materialia, 2024, 274：120023.

［16］杨燕子．深度学习在岩心图像智能化分析中的研究与应用［D］．兰州理工大学，2022.

# 辽河西部凹陷中高成熟度页岩油成藏
# 特征及勘探实践

王高飞　陈永成　陈　昌　李金鹏　李子敬　蔺　鹏

（中国石油辽河油田公司）

**摘　要**　页岩油资源是推动国内原油增产稳产的重要接替领域。陆相页岩油可划分为中低成熟度和中高成熟度两大类型。与其他油田相比，辽河页岩油录取资料少、试验较为零散，甜点区精准表征、提产降本等技术攻关相对滞后，目前未能形成规模。辽河西部凹陷目前页岩油评价集中在斜坡区的中浅层区域，以中低成熟度为主，最为有利的生烃洼陷中心中高成熟度页岩油尚未开展综合评价。通过学习大港、胜利油田中高成熟度页岩油勘探经验，对辽河西部凹陷中高成熟度页岩油开展评价。通过岩性岩相、含油性评价等 10 项基础研究，提出沙四段咸化湖盆具有有机质"早生早排、滞留可动油占比大、类型好、丰度高、生烃潜量大"的特点，明确页岩油呈"纹层状富集、顺层分布"的赋存状态，形成以 Ro、TOC、S1、纹层结构四要素为核心的选区选带评价体系，锁定盘山-陈家洼陷沙四段杜家台油层 II 组作为首选，预测 I 类甜点区分布面积 208km，预测资源量 3.8 亿吨，部署系统取心井 S150，已完钻。

**关键词**　中高成熟度页岩油；纹层；甜点；成藏；辽河西部凹陷

我国页岩油资源丰富，是推动国内原油增产稳产的重要接替领域。目前，中国对于页岩油的定义，有广义和狭义之分，狭义的页岩油是指富有机质泥页岩中自生自储型（源内）石油聚集；广义的页岩油泛指蕴藏在页岩层系中（包括页岩、致密砂岩以及碳酸盐岩等）源内以及近源聚集的石油资源。陆相页岩油的资源潜力主要取决于陆相页岩层系中尚未转化有机质的生烃潜力和已生成尚未排出的滞留液态烃的数量，陆相页岩油类型的划分可依据有机质丰度和成熟度这两个参数划分为中低成熟度和中高成熟度页岩油两大类型。

辽河页岩油勘探开发始于 2012 年，历经近源评价、水平井提产攻关、开发先导试验三个阶段。与其他油田相比录取资料少、试验较为零散，甜点区精准表征、提产降本等技术攻关相对滞后，效果不够明显，目前辽河坳陷页岩油工作未能形成规模。以西部凹陷为例，辽河页岩油评价目前集中在斜坡区的中浅层区域，以中低成熟度为主，最为有利的生烃洼陷中心中高成熟度页岩油尚未开展综合评价。关于中高成熟度页岩油，同处于渤海湾盆地的大港、胜利油田页岩油产量均实现了跨跃式增长，给辽河坳陷页岩油勘探带来重要启示。本次通过学习大港、胜利油田勘探经验，针对辽河西部凹陷中高成熟度页岩油开展评价。

## 1　地质背景

渤海湾盆地不同沉积凹陷地层层序的旋回性是受"幕式"裂陷伸展作用控制的，这种作用的结果直接导致了沉积盆地中多套烃源岩层和多套生、储、盖层组合的发生和形成，辽河断陷在新生代古近纪经历了初始裂陷、深陷、萎缩的构造发展阶段，发育沙四、沙三两套主力烃源岩。沙四在西部-大民屯凹陷发育，泥页岩分布面积 2500km²，厚度 50～700m。沙三在全坳陷均发育，泥页岩分布面积 6600km²，厚度 200～2500m。垂向发育两期断裂系统，期次分明，为中深部页岩油提供了良好的保存条件。沙四-沙三时期，盆地沉降中心由北向南、自西向东迁移，控制了烃源岩的分布特征。

辽河西部凹陷页岩油已历经 10 多年的探索，受多旋回沉积演化控制，沙四段、沙三段均发育优质泥页岩，厚度大（最大 1500m），在前扇三角洲-半深湖亚相带形成页岩油聚集区。斜坡区埋藏浅，发育中低熟页岩油，洼陷区发育中高熟页岩油（图 1）。常规油-致密油-中低熟页岩油-中高熟页岩油-致密气"有序共生、连续成藏"，使富油气凹陷"满凹含油"。目前，中低成熟度页岩油在西部凹陷雷家地区混积型中取得勘探开发进展，以页岩型为主的中高成熟度页岩油处于勘探初期，资源潜力大。

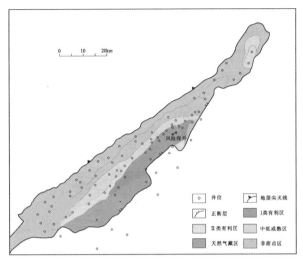

图1　辽河西部凹陷平面范围简图及
沙四段页岩油有利区分布特征

本次优选深度、气测、电性、岩性等参数作为初步筛选参数，利用大数据系统，快速锁定目标区带。通过筛选气测值>10%。电阻率大于>20Ωm，岩性以泥岩、页岩为主。初步锁定西部凹陷曙光-陈家地区为中高熟页岩油有利区带，开展针对性研究，已谋求突破。

## 2 成藏特征分析

### 2.1 发育两套主力烃源岩，沙四段有机质类型好、丰度高、生烃潜量大

西部凹陷不同层位有机质类型存在差异，沙四段有机质类型以Ⅰ-Ⅱ$_a$型为主，沙三段以Ⅱ$_a$-Ⅱ$_b$型为主。西部凹陷沙四段TOC普遍为1%~8%。沙三段TOC较沙四段低，且差异较大，一般为1%~5%。有机质类型及丰度控制了生烃潜量，西部凹陷沙四段S1+S2峰值达80mg/g，对标大港沧东凹陷，为优质烃源岩。

sg168井沙四段发育两个泥页岩集中段，泥页岩累计厚度210m，实测TOC为1%~8%，S1普遍大于2mg/g，埋深3180m对应Ro为0.7%。

### 2.2 泥页岩发育高频纹层有利结构，含油性好

储层研究表明，西部凹陷发育纹层状、层状、块状长英质页岩、混合质页岩、灰云质页岩、粘土质页岩。西部凹陷沙四段、沙三下段以纹层状、层状页岩为主，其余层系块状页岩为主，局部发育层状页岩。

激光共聚焦显示纹层状页岩烃类富集、顺层分布，同时微裂缝沿层理面发育，形成重要渗流通道。实测可动烃S1含量差异大，高值区分布在

西部凹陷沙四段、沙三下段。

### 2.3 沙四段咸化湖盆有机质早生早排，Ro在0.8%时滞留可动油占比最大

生烃模拟表明中等热演化阶段滞留可动烃含量高，是页岩油富集的有利区间。大港沧东凹陷Ro在0.7%~1.2%中可动烃占20%~60%，0.9%为峰值，胜利济阳凹陷沙四段为咸化湖盆，有机质具有早生早排特点，Ro在0.5%~1.0%中可动烃高达17%~70%，0.7%为峰值。

Sr/Ba比表明辽河西部凹陷沙四段古盐度为咸水或微咸水，同为咸化湖盆，有机质成烃活化能低、早生早排，腐泥型生烃门限仅为1400m。生烃模拟表明Ro在0.7%~1.0%区间时滞留可动烃含量高，在0.8%时达峰值，滞留可动油占比最大。

辽河坳陷从斜坡-坡洼过渡区-主力洼陷区演化程度逐渐升高，Ro小于0.5%集中分布在斜坡区，面积1330km²；Ro为0.5%~0.7%分布在斜坡-坡洼过渡区，面积1420km²；Ro大于0.7%~2.0%分布在主力洼陷区，面积2160km²。随演化程度变高，饱和烃芳烃含量增加、非烃沥青质含量减少，主峰碳前移，原油性质变好，粘土矿物成分中伊利石相对含量增高（10%~55%）、伊蒙混层相对含量降低（85%~25%）、混层比由80%~50%~10%逐渐降低，岩石水敏性降低。

### 2.4 沙四段集中发育Ⅰ、Ⅱ类区，为中高熟页岩油勘探首选

采用渤海湾盆地页岩油6要素分级评价标准，综合Ro、TOC、S1、厚度、脆性矿物含量、压力系数6种关键要素，开展页岩油评价及平面选区。优选沙四时期西部凹陷沉积沉降中心盘山-陈家洼陷为目标区。

盘山-陈家洼陷沙四段由下部高升油层和上部杜家台油层组成，杜家台油层可细分为Ⅰ~Ⅲ组（图2）。在杜家台油层Ⅱ组集中发育富有机质纹层状页岩，垂向厚度大（100~240m），横向分布稳定。主要发育Ⅰ、Ⅱ类甜点区，为中高熟页岩油勘探首选。

## 3 有利目标优选

### 3.1 基本情况

盘山-陈家洼陷面积600km²，Ro大于0.7面积236km²，探、评井27口，揭露杜家台油层Ⅱ组泥页岩最大厚度150m，预测最大厚度240m。杜家台油层Ⅱ组泥页岩油气显示普遍，以高电阻、

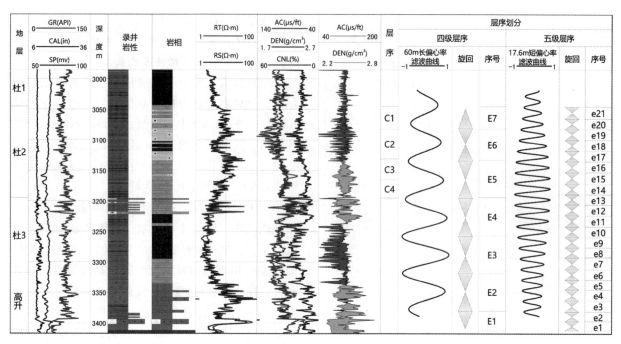

图2　s112井单井高频层序划分图

高气测、高 S1（1~20mg/g，均值 3.6mg/g）为特征。试油探井 1 口，对应 Ro 为 0.6，直井压后日产油 8.42m³/d，压力系数 1.42。

应用旋回地层学分析，结合红绿模式开展层序划分，二者耦合性良好。将杜家台油层Ⅱ组划分为 4 个次级高频层序，对应 4 个箱体，每个箱体 30~40m。C1-C2 箱体以长英质页岩为主，C3-C4 箱体以混合质页岩为主（图2）。其中，~60m 的长偏心率周期为~405kyr，~17.6m 短偏心率周期为~129kyr。

### 3.2　烃源岩特征

盘山-陈家洼陷内发育的沙三段、沙四段暗色泥岩、油页岩均为有效烃源岩。沙四段油页岩、暗色泥岩有机碳一般在 2%~3%，洼陷中心部位有机碳高达 4%~5%，热演化程度较高，镜质体反射率一般大于 0.5%，有机质类型主要为Ⅰ型和Ⅱ_a型，是一套优质烃源岩，厚度 50~700m，为页岩油的形成提供了有利的源岩条件。盘山-陈家洼陷 TOC>4.0% 分布面积 150km²，TOC>2.0% 分布面积 320km²。

### 3.3　储层特征

沙四段杜家台油层页岩发育灰云质、混合质、长英质、粘土质 4 类岩相。以纹层状长英质页岩、混合质页岩为主（图3）。页岩长英质矿物含量较高（高值85%），粘土含量 2.8%~29.7%。对标沧东凹陷低黏土含量 16%~29.6% 相当。粘土成分中

伊利石平均值 50%，含少量高岭石、绿泥石，伊/蒙间层平均 45.1%，伊/蒙间层比 26%。

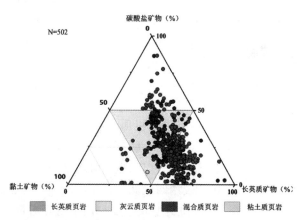

图3　盘山-陈家洼陷沙四段杜家台油层泥页岩三角图
（样点颜色区分不同取样井）

西部凹陷沙四段发育纹层结构，有利区盘山-陈家洼陷纹层数 1000~10556 条/米，平均 4620 条/米（20 口井）。对标沧东凹陷 1000~11000 条/米、济阳凹陷 2000~10000 条/米相当。

通过建立测井识别图版重建岩性岩相，开展矿物剖面解释，确定灰云质、混合质、长英质、粘土质 4 类岩相分布特征。井震联合落实杜家台油层Ⅱ组页岩岩相分布特征。平面上，受东西两侧陆源碎屑控制，长英质页岩与混合质页岩呈环状分布。

西部凹陷杜家台油层Ⅱ组泥页岩孔隙类型较

为多样，发育粒间孔、晶间孔、层理缝、成岩缝、构造缝等，以微米、纳米孔为主（图4）。CT扫描结果显示sg175纳米CT显示平均孔隙半径1.7μm，其中最大孔隙半径81.72μm，最小孔隙半径0.69μm，孔隙半径主峰分布在0~2μm之间，孔隙体积主峰主要分布在0~25μm$^3$之间，微裂缝整体上呈层状分布，微孔隙呈孤立状分布（图4）。低温氮气吸附实验表明沙四段泥页岩滞回环类型主要呈H3和H4型，发育平板形和狭缝形孔隙。以介孔（d：2~50nm）发育为主。其中孔径为2~5nm的介孔贡献的比例尤为突出。基于高压压汞+核磁共振联合表征，泥页岩孔径分布主要呈双峰特征，孔隙半径主要分布在1~10nm和100~1μm。核磁总孔隙度9.6%，氮气法有效孔隙度4.9%（共计9口井、分析26块次）。

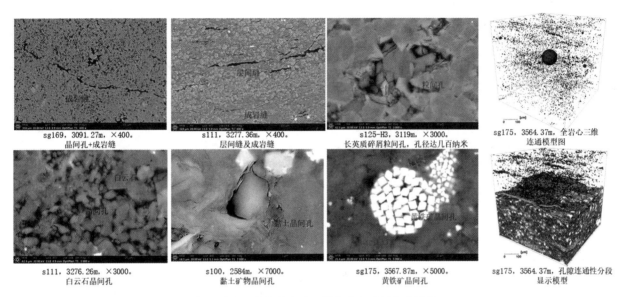

图4　盘山-陈家洼陷沙四段杜家台油层孔隙结构

### 3.4　含油性特征

盘山-陈家洼陷杜家台油层Ⅱ组泥页岩含油性好，呈纹层状烃类富集、顺层分布赋存状态。统计盘山-陈家洼陷中心部位有利区沙四段S1值范围1~16mg/g，均值达到3.6mg/g。对标沧东凹陷0.5~19.6mg/g、济阳凹陷2~12mg/g相当。

激光共聚焦显示sg175井含油性轻质3.6%，重质5.24%，轻重比0.69（TOC含量8.84%，纹层镜下5300条/m），对标沧东凹陷含油性相当。

### 3.5　甜点特征

综合对上述指标的分析，建立西部凹陷泥页岩甜点综合评价标准（表1）。开展岩石物理分析，优选及融合RT、密度等敏感参数，采用高分辨率地震反演综合预测含油性，综合预测陈家洼陷中心部位杜家台油层Ⅱ组Ⅰ类有利区分布面积208km$^2$，计算资源量3.8亿吨（图1）。

表1　西部凹陷页岩油综合甜点选层分级评价标准

| 评价指标 | 分类及应用范围 | | Ⅰ类 | Ⅱ类 | Ⅲ类 |
|---|---|---|---|---|---|
| 有利区评价 | TOC（%） | | 2~4 | 1~2 | |
| | 黏土含量（%） | | ≤25 | 25~35 | 35~40 |
| 富集层评价 | 录井 | 含油指数S1（mg/g） | ≥2 | 1.5~2 | 1~1.5 |
| | | 脆性矿物含量（%） | ≥60 | 50~60 | 40~50 |
| | | 地层压力系数 | ≥1.2 | 1.2~1.0 | <1.0 |
| | | 原油密度（g/cm$^3$） | <0.89 | >0.89 | |
| | 测井 | 深电阻率比值对数 | ≥1.9 | 1.7~1.9 | 1.4~1.7 |
| | | 自然伽马（API） | ≤105 | ≤110 | |

整体上，本甜点区位于陈家洼陷，洼陷内沙四杜家台油层Ⅱ组发育的油页岩、暗色泥岩具备形成页岩油的良好生油条件，TOC 2% ~ 8%，Ro 0.7% ~ 1.3%，可作为效烃源岩。杜家台油层Ⅱ组储层岩性主要为纹层状长英质页岩、混合质页岩，脆性矿物含量高、可压性好。这些纹层状且具有一定脆性的岩性易发育层理缝和微裂缝，为页岩油提供良好的储集条件。杜家台油层Ⅱ组发育 4 个箱体（C1-C4）（图 2），甜点集中，横向连续。本区杜家台油层 S1 值范围 1 ~ 16mg/g，均值达到 3.6mg/g，发育层理缝和微裂缝，源储一体，形成了自生自储组合。主应力方向为北东-南西向和东西向，地层压力处于异常高压区，压力系数 1.2 ~ 1.4。综合评价认为沙四段杜家台油层中高成熟度页岩以Ⅰ、Ⅱ类甜点为主，使该区成为中高成熟度页岩油成藏的有利场所。部署系统取心井 S150。

## 4 结论与认识

（1）辽河西部凹陷沙四段广泛发育泥页岩层系，具有范围广、资源量大的特点，能够形成中高成熟度页岩油，是西部凹陷最为现实的资源接替领域。

（2）通过开展岩性岩相、含油性评价等 10 项基础研究，提出沙四段咸化湖盆具有有机质"早生早排、滞留可动油占比大、类型好、丰度高、生烃潜量大"的特点，明确页岩油呈"纹层状富集、顺层分布"的赋存状态，形成以 Ro、TOC、S1、纹层结构四要素为核心的选区选带评价体系，

锁定盘山-陈家洼陷沙四段杜家台油层Ⅱ组作为首选，预测Ⅰ类甜点区分布面积 208km$^2$，预测资源量 3.8 亿吨，部署系统取心井 S150。

（3）系统取心井 S150，取心进尺 189.8m，心长 178.7m，收获率 94.15%。油斑显示长度 141.93m，富含油显示长度 29.52m，收集大量一手原始资料。目前该井后续岩心实验分析正逐步开展。有望成为辽河中高熟页岩油"铁柱子"井。

## 参 考 文 献

[1] 赵文智，朱如凯，刘伟，等．我国陆相中高熟页岩油富集条件与分布特征［J］．地学前缘，2023，30（1）：116-127．

[2] 金之钧，王冠平，刘光祥，等．中国陆相页岩油研究进展与关键科学问题［J］．石油学报，2021，42（7）：821-835．

[3] 胡素云，赵文智，侯连华，等．中国陆相页岩油发展潜力与技术对策［J］．石油勘探与开发，2020，47（4）：819-828．

[4] 金之钧，朱如凯，梁新平等．当前陆相页岩油勘探开发值得关注的几个问题［J］．石油勘探与开发，2021，48（6）：1276-1287．

[5] 李晓光，刘兴周．辽河断陷连续型油气聚集特征及聚集模式研究［J］．特种油气藏，2020，27（1）：1-8．

[6] 孟卫工，李晓光，刘宝鸿，等．辽河坳陷中浅层精细勘探做法与启示［J］．中国石油勘探，2018，23（5）：12-20．

[7] 李晓光，陈永成，李玉金，等．渤海湾盆地辽河坳陷油气勘探历程与启示［J］．新疆石油地质，2021，42（3）：291-301．

# 陆相盐湖盆地页岩油储层发育机理

## ——以渤海湾盆地东濮凹陷古近系为例

徐云龙[1]　李令喜[2]　袁　波[1]　王德波[1]　王亚明[1]　杨栋栋[1]　徐田武[1]　慕小水[1]

（1. 中国石化中原油田分公司勘探开发研究院；2. 中国石化中原油田分公司）

**摘　要**　为了探究陆相盐湖盆地页岩油储层发育的主控因素，集合氩离子抛光扫描电镜、$N_2$ 吸附+高压压汞联测和微米 CT 等微纳米实验分析技术，多信息分析了东濮凹陷古近系盐湖相页岩油储层的储集空间差异性和微观影响因素。不同岩相储集空间、孔径分布及含油性差异明显，纹层状碳酸盐岩-碳酸质岩相主要发育层理缝、生烃增压网状缝等宏观裂缝和碳酸盐矿物晶间孔、溶蚀孔等微观孔隙，中值孔喉半径为 145nm，储集性最好；层状黏土岩-黏土质混合岩相和块状黏土岩-长英质黏土岩相宏观裂缝不发育，以黏土矿物晶间孔为主，中值孔喉半径为 80nm，储集和连通性较差。细粒岩岩石结构、碳酸盐和黏土矿物组分含量是决定页岩油储层储集能力的根本，有机质热演化过程中的排烃增压及有机酸溶蚀作用联合为储渗条件改善提供了流体条件。综合研究表明，纹层状碳酸盐岩-碳酸质岩相具有良好的储集空间和较大的孔喉结构，且含油性较高，为细粒岩储层优势岩相类型，是陆相盐湖盆地最有利的页岩油勘探目标。

**关键词**　页岩油；陆相盐湖盆地；岩相特征；储集机理；古近系；东濮凹陷

通常把埋深大于 300m，热演化程度 Ro 大于 0.5% 的陆相富有机质页岩层系中赋存的液态石油烃和多类有机物统称为陆相页岩油。国内陆相淡水湖盆和咸水湖盆均可发育有机质丰度较高的优质烃源岩，有利于陆相页岩油的生成。储层的发育通常受沉积和成岩作用的共同控制，国内陆相湖盆广泛发育陆源碎屑岩、碳酸盐岩、混积岩等，多种类型岩相储集体均可作为页岩油富集的储集空间。此外，陆相页岩层系多为源储一体或近源聚集，纵向上往往发育多个甜点段，有利于页岩油的勘探开发。

近年来，在东濮凹陷盐湖相页岩油储集特征、聚集规律和目标区优选方面陆续开展了研究，同时也取得了一些成果，国内外学者针对细粒岩矿物组成、岩相划分、含油气性、储集性、资源潜力和聚集规律等方面的关键问题进行了探讨。然而，受基础资料限制，并未开展针对古近系页岩油储层的系统研究；同时受控于盐湖沉积规律影响，岩性复杂多样，成岩矿物矿物对储层储集空间、物性等影响较大，以至于细粒岩岩相特征研究及页岩油成储机理研究薄弱。因此，本文通过对古近系取芯井岩心精细观察、按页岩油评价标准取样分析，集合高分辨率扫描电镜、$N_2$ 吸附+高压压汞联测和纳米微米 CT 等实验分析技术手段，探索了东濮凹陷古近系盐湖相页岩油发育段岩相类型及成储机制，指明陆相盐湖盆地页岩油勘探有利岩相，明确勘探目标。

## 1　研究区概况

东濮凹陷位于渤海湾盆地东南缘，面积约 5300km$^2$，是中新生代富烃陆相断陷。受燕山和喜山运动控制，构造格局呈"两洼一隆一斜坡"（图 1），主要发育濮卫次洼、前梨园次洼等东部洼陷带和柳屯-马寨次洼、海通集次洼等西部洼陷带，构造演化表现为早期箕状东断西超、晚期双断式凹陷。沉积相带上具有"东西分带、南北分块"的特征，南部盐岩沉积不发育而北部发育的沉积格局。凹陷新生界由古近系沙河街组（Es）、东营组（Ed）和新近系馆陶组（Ng）、明化镇组（Nm）以及第四系平原组（Qp）组成。Es 是凹陷主要烃源岩发育层系，自下而上分为沙河街组四段（Es4）、三段（Es3）、二段（Es2）和一段（Es1），厚度在 2000～5000m。其中沙三中、下亚段和沙四上亚段主体属于半深湖-深湖沉积，分布最广、厚度最大，是细粒沉积岩集中发育层段（图 1）。

## 2　样品及实验

### 2.1　样品选取

样品选取上以东濮凹陷新钻页岩油专探井页

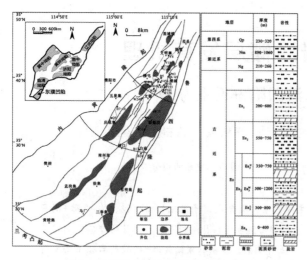

图 1    渤海湾盆地东濮凹陷构造纲要
和地层综合柱状图

岩层系取芯段岩心精细观察及系统取样为主，保存比较完整的老井岩心取样为辅，保证数据的真实可靠。

**2.2  实验方法及步骤**

矿物 X 射线衍射实验采用 X 射线衍射仪 Ultima IV 测定，定量表征细粒岩矿物成分；细粒岩铸体薄片观察采用 CIAS—2007 岩石铸体图像分析仪，细粒岩扫描电子显微镜分析实验设备为扫描电子显微镜 Prisma E，二者用于观察细粒岩微米级微观孔缝。

细粒岩纳米级孔喉全尺度表征采用 Zeiss supra 55 场发射扫描电镜（理论分辨率 0.8nm），高压压汞法与低温氮气吸附联测技术。为观察纳米级孔隙，样品需先经过 Gatan693 型冷冻氩离子抛光前处理，后通过场发射扫描电镜定量识别和刻画微纳米孔隙，研究细粒岩微孔隙发育特征。细粒岩储层孔喉分布则运用高压压汞法和低温氮气吸附联测技术实现；微米 CT 表征采用 Nanotom 微米 CT（空间分辨率 1μm），CT 扫描主要根据细粒岩石颗粒、孔隙及流体密度差异分别识别。样品为标准岩心柱（2.5cm×5cm）。

所有实验测试分析主要在中国石化石油勘探开发院无锡石油地质研究所实验地质中心和中原油田分公司勘探开发研究院实验中心完成。

**3  实验结果**

**3.1  岩相特征**

**3.1.1  岩相类型划分**

细粒岩岩相的划分目前国内还未形成统一标准，国内外学者主要根据细粒岩颜色、矿物成分、有机质含量、沉积构造、力学性质等因素。从表 1 发现，东濮凹陷古近系细粒岩以混积岩为主，本次研究主要依据有机质丰度、沉积构造、矿物成分进行岩相类型划分。

**3.1.2  岩相特征**

1）纹层状碳酸盐岩-碳酸质岩相。可细分为纹层状碳酸盐岩、黏土质碳酸盐岩、碳酸质混合岩。岩心颜色深灰色-黑色，结构上可细分为有机质-黏土质纹层、白云质纹层和方解石纹层。碳酸盐纹层厚度介于 20~200μm，富有机质黏土纹层厚度为 50~100μm，在荧光显微镜下显示出强烈的荧光；碳酸盐岩纹层内部相对均匀，厚度通常超过 70μm，显示出微弱的荧光。样品统计结果表明，碳酸盐矿物作为主要矿物含量最高，平均可达 50.4%，黏土矿物含量次之，平均为 31.4%，最低为长英质和蒸发盐，平均为 12.5% 和 2.6%（图 2a）。此类岩相主要发育于半深湖，湖侵水体淡化后，水体稳定且逐渐浓缩期，以半深湖泥岩相为主。

2）层状黏土岩-黏土质混合岩相。可细分为层状黏土岩、层状黏土质混合岩。岩心颜色灰色-深灰色，可见相对较厚层理，受黏土矿物、碳酸盐岩矿物及长英质矿物含量影响，层理间成明暗差异性叠置，与纹层状岩相相似，暗色层多为有机质-黏土及泥晶方解石，亮层多为长英质陆源碎屑。样品数据统计显示，以粘土矿物作为主要矿物含量最高，平均可达 42.1%，其次为碳酸盐矿物，含量为 25.5%，长英质矿物和蒸发盐含量相对低，平均分别为 24.1% 和 4.3%（图 2b）。此类岩相主要发育于半深湖-浅湖，湖侵初期，水体快速加深、淡化，以半深湖泥岩相、浅湖沙泥坪相为主。

3）块状黏土岩-长英质黏土岩相。可细分为块状粘土岩、块状粉砂质混合岩。岩心颜色主要为灰色，不发育层理，块状结构。样品数据统计显示，主要矿物为陆源碎屑矿物，平均含量为 42.2%，其次为粘土矿物，平均含量 29.6%，碳酸盐矿物含量平均为 16.7%，蒸发盐含量最低，为 8.2%（图 2c）。此类岩相主要发育于滨浅湖-三角洲前缘，水体较浅，陆源碎屑大量输入。

**3.2  细粒岩储集特征**

**3.2.1  储集空间类型**

通过岩心、显微镜及扫描电镜多尺度镜下观察，东濮凹陷页岩油储层宏观上主要发育裂缝，

| 岩相类型 | 岩心照片 | 薄片照片 | 扫描电镜照片 | 矿物组成（%）<br>■黏土矿物 □陆源碎屑<br>■碳酸盐 ■蒸发盐 |
|---|---|---|---|---|
| a. 纹层状碳酸盐岩-碳酸质岩相 | 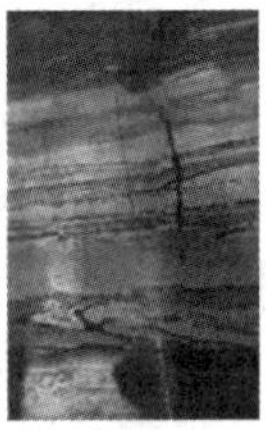 | 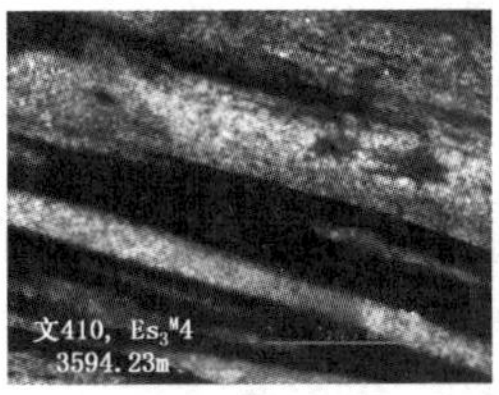 文410, Es₃⁴ 3594.23m |  2010 X110 100μm 0027 wt311 | 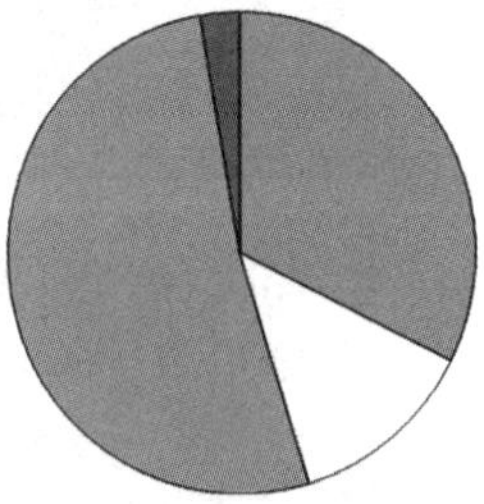 |
| b. 层状黏土岩-黏土质混合岩相 | |  文410井, Es₃⁴ 3577.33m |  | 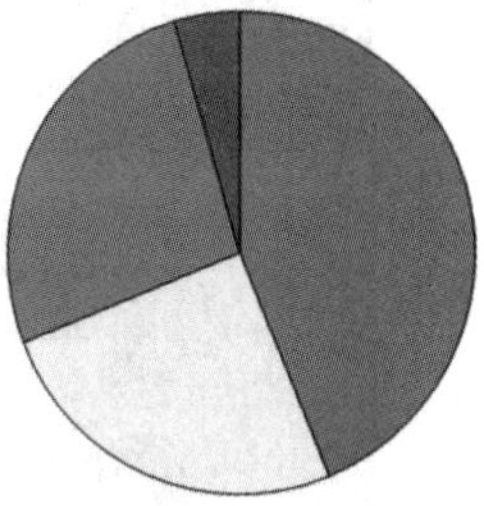 |
| c. 块状黏土岩-长英质黏土岩相 | | 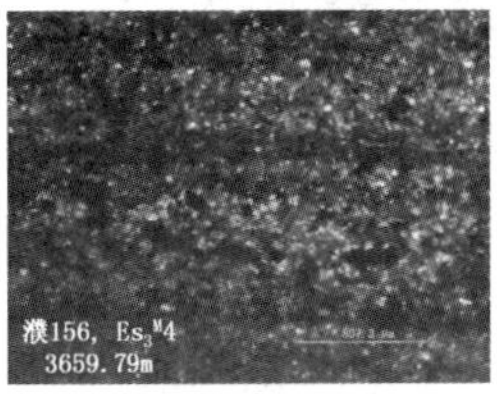 濮156, Es₃⁴ 3659.79m | 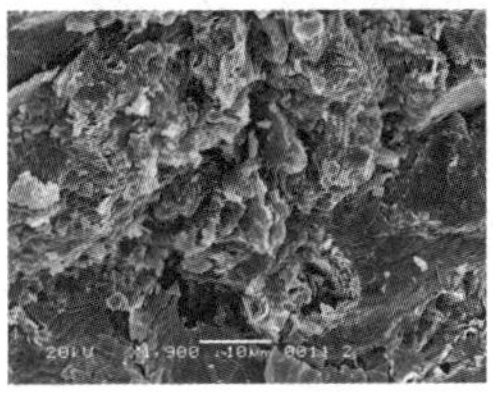 | 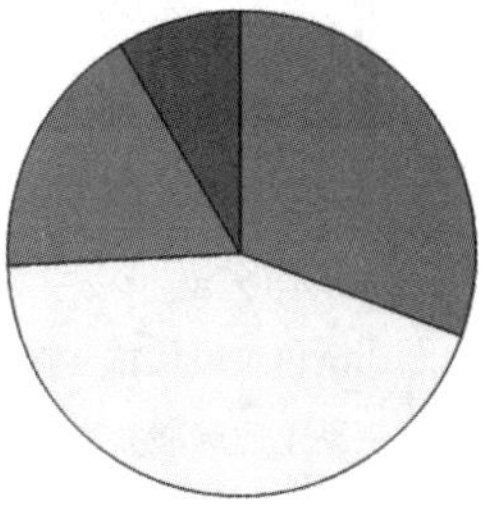 |

图 2　东濮凹陷古近系细粒岩主要岩相类型特征

微观上按孔隙成因发育无机孔和有机孔 2 类，宏观裂缝多见层间缝、超压缝；微观上无机孔主要发育碳酸盐矿物溶蚀孔、晶间孔及黏土矿物片间孔，有机质孔发育受热演化控制，多为蜂窝状纳米级微孔。

1) 裂缝

层间缝。大量发育于纹层状碳酸盐岩-碳酸质岩相中，层状黏土岩-黏土质混合岩相也可见。形态上近水平，开度小，连续性好，缝面平直。由于富碳酸盐岩纹层、富有机质粘土质纹层和富陆源碎屑纹层三者接触面结合力较弱，成岩过程中粘土矿物的收缩、有机质的生烃及方解石的重结晶等作用均可能会使纹层间接触面形成细小的平行层理缝。生烃期可作为油气初次运移通道，多被油质充填，或被成岩后期形成的钙芒硝、硬石膏及重结晶方解石充填（图3a-c）。

超压缝。主要为烃源岩主生排烃时期由于生烃增压使层内或层间破裂形成的缝网系统。大量发育于纹层状碳酸盐岩-碳酸质岩相中，其他 2 种岩相也有发育，与岩石有机质丰度有关。形态上呈网状，开度小，连通性好，缝面曲折。由于干酪根随着热演化程度的增大，开始收缩生烃，油气膨胀产生超压，当压力积累到围岩破裂阈值后，层内及层间产生破裂缝，往往呈网状；当压力释放后重新闭合，荧光下缝间可见弱黄绿色，是油气初次运移的有利通道（图3d-g）。

构造缝。主要为构造活动及盐岩塑变形成的裂缝。形态上角度不定，开度小，长度参差差别大，缝面略平直。3 种岩相均有发育，其发育程度与构造活动强弱有关，后期多被钙芒硝、硬石膏及重结晶方解石充填（图3h、i）。

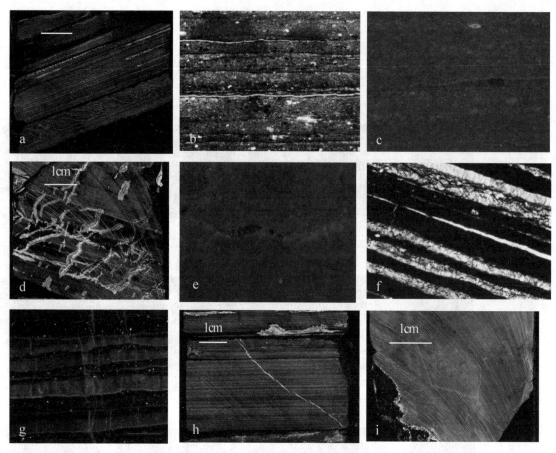

a. 层间缝大量发育，卫457HF井，3709.94m，Es₃ᴸ8深灰色纹层状黏土质碳酸盐岩（岩心）；b. 层间缝，卫456井，3825.97m，Es₄ᵁ2深灰色纹层状黏土质碳酸盐岩（单偏光）；c. 层间缝发弱黄绿荧光，卫456井，3825.97m，Es₄ᵁ2深灰色纹层状黏土质碳酸盐岩（UV荧光）；d. 生烃增压网状缝大量发育，卫457HF井，3687.62m，Es₃ᴸ8深灰色纹层状黏土质碳酸盐岩（岩心）；e. 生烃增压网状缝发弱黄绿荧光，卫457HF井，3687.62m，Es₃ᴸ8深灰色纹层状黏土质碳酸盐岩（UV荧光）；f. 层间缝及生烃增压网状缝，卫456井，3839.59m，Es₄ᵁ2深灰色纹层状黏土质碳酸盐岩（单偏光）；g. 层间缝及生烃增压网状缝内多期方解石充填，卫456井，3839.59m，Es₄ᵁ2深灰色纹层状黏土质碳酸盐岩（阴极发光）；h. 构造缝被方解石充填，卫457HF井，3689.93m，Es₃ᴸ8深灰色纹层状黏土质碳酸盐岩（岩心）；i. 构造缝被重质油充填，卫457HF井，3701.69m，Es₃ᴸ8深灰色块状白云岩（岩心）

图3 东濮凹陷古近系细粒岩裂缝发育照片

2）无机孔隙

晶间孔。以白云石晶间孔为主，方解石晶间孔发育相对较少且较小。多视域观察可见孔隙半径介于120～10.6μm（76个视域），孔隙形态呈不规则多边形、三角形为主，是细粒沉积岩主要的储集空间类型（图4）。

溶蚀孔。以方解石溶蚀孔为主，分为粒内溶蚀和晶间溶溶蚀孔。多视域观察可见孔隙半径介于70～5.4μm（64个视域），晶间孔隙呈不规则状，粒内孔隙呈孔洞状，是细粒沉积岩主要的储集空间类型（图4）。

黏土矿物片间孔。多为片状、丝状伊利石晶间孔。多视域观察可见孔隙半径介于2.6～2μm（156个视域），发育于黏土矿物之间、黏土团块之内及黏土矿物与其他矿物接触面。孔隙形态呈片状、不规则三角状，是细粒沉积岩主要的储集空间（图5）。

另外碎屑粒间孔、黄铁矿晶间孔、石膏矿物晶间孔、粒内解理缝孔也有发育，为次要的储集空间类型（图4）。

3）有机孔隙。以干酪根收缩孔缝和沥青收缩孔为主，受有机质丰度及热演化程度控制。多视域观察可见孔隙半径介于1.2～3.9μm（136个视域），有机质颗粒内，发育形态多呈独立气泡状、蜂窝状；在干酪根内部或矿物之间多呈条带状收缩成缝（图4）。

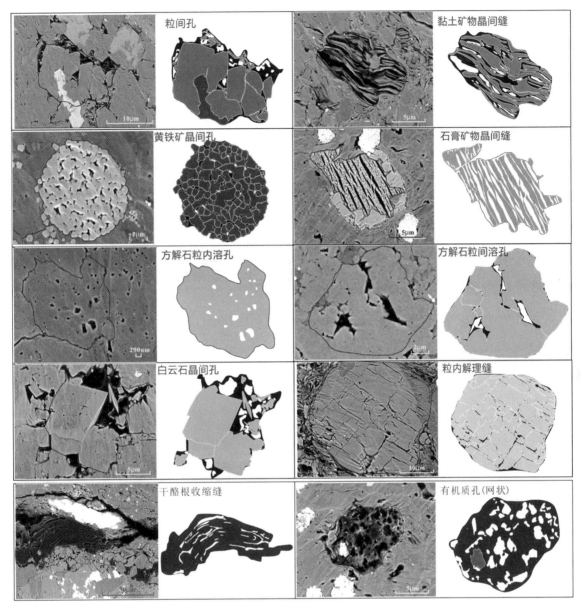

图4 东濮凹陷古近系细粒岩有机、无机孔隙特征

## 3.2.2 物性特征

受裂缝发育影响，不同岩相类型物性具有明显差异。纹层状碳酸盐岩-碳酸质岩相孔隙度介于1.90%~4.50%，平均3.80%，垂直渗透率介于0.0003~0.459mD，平均0.099mD，水平渗透率平均1.45mD；层状黏土岩-黏土质混合岩相孔隙度介于1.10%~4.20%，平均2.81%，垂直渗透率介于0.0003~0.225mD，平均0.041mD，水平渗透率平均0.131mD；块状黏土岩-长英质黏土岩相孔隙度介于0.60%~2.80%，平均1.37%，垂直渗透率介于0.0002~0.145mD，平均0.061mD，水平渗透率平均0.0289mD（表1）。

表1 东濮凹陷古近系细粒沉积岩相储层物性参数

| 岩相类型 | 孔隙度/% | | | 垂直渗透率/mD | | | 水平渗透率/mD |
| --- | --- | --- | --- | --- | --- | --- | --- |
| | 最小值 | 最大值 | 平均值 | 最小值 | 最大值 | 平均值 | |
| 纹层状碳酸盐岩-碳酸质岩相 | 1.90 | 4.50 | 3.80 | 0.0003 | 0.459 | 0.099 | 1.45 |
| 层状黏土岩-黏土质混合岩相 | 1.10 | 4.20 | 2.81 | 0.0003 | 0.225 | 0.041 | 0.131 |
| 块状黏土岩-长英质黏土岩相 | 0.60 | 2.80 | 1.37 | 0.0002 | 0.145 | 0.061 | 0.0289 |

### 3.2.3 微观孔隙结构特征及连通性

微观孔隙结构特征。纹层状碳酸盐岩-碳酸质岩相进汞曲线平台低缓，孔喉半径介于20～450nm，孔隙半径相对较大（图5a）；层状黏土岩-黏土质混合岩相孔喉半径中等，介于20～120nm（图5b）；块状黏土岩-长英质黏土岩相孔喉半径相对较小，介于10~90nm（图5c）。

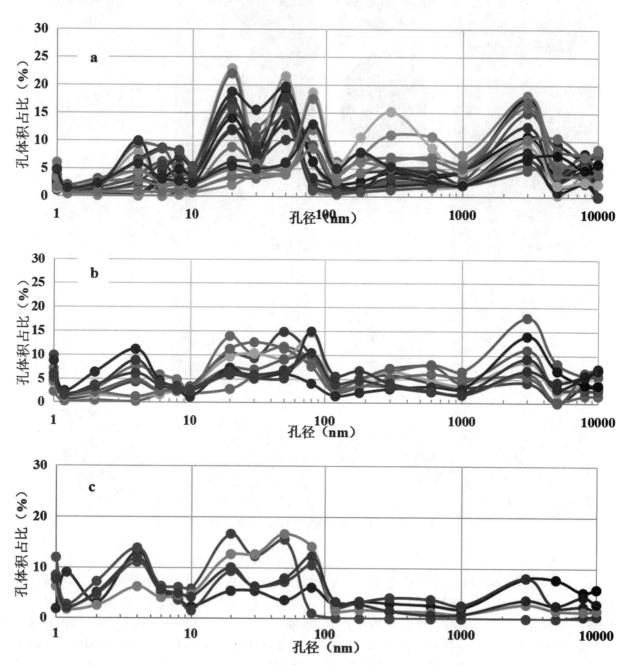

图5 东濮凹陷古近系不同岩相孔喉半径分布特征

2）孔隙连通性。纹层状碳酸盐岩-碳酸质岩相孔隙主要通过层理缝和生烃增压网状缝相互连通，晶间孔、晶间溶蚀孔、粘土矿物片间孔及有机孔彼此连通，另外孔隙比较发育，均可作为页岩油气的有效存贮空间；层状黏土岩-黏土质混合岩相微孔隙相对较发育，孔隙间主要依靠层理缝进行连通，但连通孔喉相对较小，连通性相对较差；块状黏土岩-长英质黏土岩相本身微孔隙发育较少，大多为黏土矿物片间孔和陆源碎屑粒间孔，微裂缝不发育，造成孔隙间彼此不连通，多为无效孔隙（图6）。

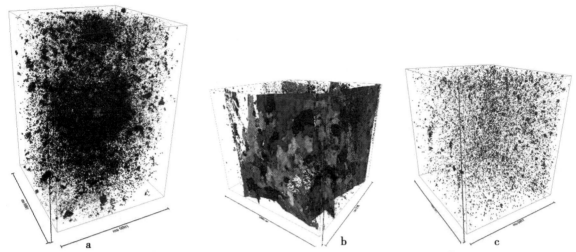

a. 卫 457HF 井，3695.07m，$Es_3^L8$ 深灰色纹层状白云岩（微米 CT 扫描）；b. 庆 5 井，3085.93m，$Es_4^U2$ 深灰色层状黏土质混合岩（微米 CT 扫描）；c. 濮 6-65 井，3543.08m，$Es_4^U1$ 灰色块状长英质黏土岩（微米 CT 扫描）

图 6　东濮凹陷古近系不同岩相孔喉连通性特征

## 4　讨论

### 4.1　岩相发育差异性

东濮凹陷为典型陆相咸化断陷湖盆，沙河街组四段上亚段-三段下亚段沉积期，构造活动强烈，气候变化频繁，湖盆沉积中心不断迁移，古水深反复波动，因此细粒沉积岩短时间经历多个水进-水退旋回，由湖侵水体淡化-湖水蒸发浓缩成碳酸盐、硫酸盐-继续浓缩成盐、水体变浅往复过程。不同沉积环境下细粒岩岩相发育差异明显，同时沉积环境造成不同岩相类型成储差异。

### 4.2　储层发育影响因素

1）岩相（沉积构造）

沉积结构造成储集差异。纹层状岩相具有"二元"沉积构造，即碳酸盐质纹层和有机质-黏土质纹层互层叠置沉积，"二元"间隙（层理缝）

大量发育，纹层越薄，发育密度越大（图 3、4）；同时该岩相受沉积环境控制，有机质含量高，主生排烃期形成大量生烃增压缝，纵向连通了层理缝，也沟通了大量的微孔隙，连通性好；有机酸溶蚀碳酸质纹层会进一步产生溶蚀孔缝，进一步改造了储集空间，整体具有很好的页岩油储集能力。而块状岩相整体致密，有机质丰度低，连通性差，基本不具备储集能力。

2）矿物组分

通过分析细粒岩孔隙度与各矿物质组分相关性显示：TOC 与孔隙度呈正相关，表明有机质在页岩孔隙发育中起到重要作用，包括生烃增压孔缝和有机质孔；碳酸盐矿物与孔隙度呈正相关，表明溶蚀孔缝发育对储集空间的积极作用；黏土矿物与孔隙度呈负相关，但其成分中伊利石表现出正相关，表明黏土矿物对储集空间贡献具有阶段性（图 7）。

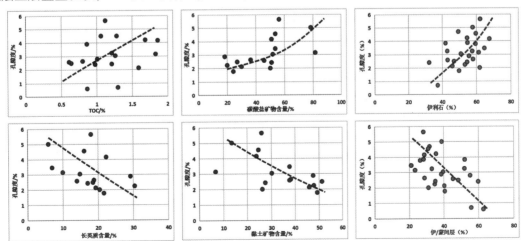

图 7　东濮凹陷古近系细粒岩孔隙度与矿物组分相关性图

在未-低熟阶段（Ro<0.7%），有机质尚未发生生排烃或很弱，对储集空间的贡献较小；成熟阶段（0.7%<Ro），干酪根开始裂，随着热演化程度的升高，有机质内部受生烃增压作用膨胀产生微裂缝和有机质孔，影响储集空间的发育。

黏土矿物片间孔的发育与成岩演化有关，由埋藏成岩早期至埋藏中晚期，蒙脱石大量转化为伊利石，释放水，体积收缩呈片状，使得伊利石片间孔更为发育。

## 5 结论

（1）按细粒岩岩相三要素划分，将东濮凹陷古近系细粒岩划分为纹层状碳酸盐岩-碳酸质岩相、层状黏土岩-黏土质混合岩相、块状黏土岩-长英质黏土岩相。

（2）纹层状碳酸盐岩-碳酸质岩相主要发育宏观缝和微观晶间孔、溶蚀孔及有机质孔，中值孔喉半径平均可达45nm，以大孔为主，连通性好，更有利于可动油与吸附油的赋存。

（3）细粒岩岩石结构、碳酸盐和黏土矿物组分含量是决定页岩油储层储集能力的根本，有机质热演化过程中的排烃增压及有机酸溶蚀作用联合为储渗条件改善提供了流体条件。

（4）纹层状碳酸盐岩-碳酸质岩相具有良好的储集空间和较大的孔喉结构，且含油性较高，为细粒岩储层优势岩相类型，是陆相盐湖盆地最有利的页岩油勘探目标。

## 参 考 文 献

［1］胡素云，赵文智，侯连华，等.中国陆相页岩油发展潜力与技术对策［J］.石油勘探与开发，2020，47（4）：819-828.

［2］赵文智，胡素云，侯连华，等.中国陆相页岩油类型、资源潜力及与致密油的边界.石油勘探与开发，2020，47（1）：1-10.

［3］文华国，郑荣才，唐飞，等.鄂尔多斯盆地耿湾地区长6段古盐度恢复与古环境分析.矿物岩石，2008，28（1）：114-120.

［4］杜金虎，胡素云，庞正炼，等.中国陆相页岩油类型、潜力及前景.中国石油勘探，2019，24（5）：560-568.

［5］李森，朱如凯，崔景伟，等.古环境与有机质富集控制因素研究：以鄂尔多斯盆地南缘长7油层组为例.岩性油气藏，2019，31（1）：87-95.

［6］蒋中发，丁修建，王忠泉，等.吉木萨尔凹陷二叠系芦草沟组烃源岩沉积古环境.岩性油气藏，2020，32（6）：109-119.

［7］张治恒，田继军，韩长城，等.吉木萨尔凹陷芦草沟组储层特征及主控因素.岩性油气藏，2021，33（2）：116-126.

［8］邹才能，朱如凯，白斌.致密油与页岩油内涵、特征、潜力及挑战.矿物岩石地球化学通报，2015，34（1）：3-16.

［9］Shao Xinhe, Pang Xiongqi, Li Hui, et al. Pore network characteristics of lacustrine shales in the Dongpu Depression, Bohai Bay Basin, China, with implications for oil retention［J］. Marine and Petroleum Geology, 2018, 96: 457-473.

［10］黄宇琪，张金川，张鹏，等.东濮凹陷北部沙三段泥页岩微观储集空间特征及其主控因素［J］.山东科技大学学报（自然科学版），2016，35（3）：8-16.

［11］刘卫彬，周新桂，徐兴友，等.盐间超压裂缝形成机制及其页岩油气地质意义—以渤海湾盆地东濮凹陷古近系沙河街组三段为例［J］.石油勘探与开发，2019，47（3）：523-533.

［12］邵新荷，庞雄奇，胡涛，等.渤海湾盆地东濮凹陷沙三段泥页岩储层孔隙微观特征及其对油气滞留的意义［J］.石油与天然气地质，2019，40（1）：67-77.

［13］张晶，鹿坤，蒋飞虎，等.东濮凹陷页岩油气富集条件［J］.断块油气田，2015，22（5）：184-188.

［14］邓恩德，张金川，张鹏，等.东濮凹陷北部沙三上亚段页岩油成藏地质条件与有利区带优选［J］.山东科技大学学报（自然科学版），2015，34（3）：28-37.

［15］张鹏，张金川，刘鸿，等.东濮凹陷北部沙三中亚段页岩油成藏地质条件与有利区优选［J］.山东科技大学学报（自然科学版），2016，35（3）：1-7.

［16］王广文，郑民，王民，等.页岩油可动资源量评价方法探讨及在东濮凹陷北部古近系沙河街组应用［J］.天然气地球科学，2015，26（4）：771-781.

［17］彭君，周勇水，李红磊，等.渤海湾盆地东濮凹陷盐间细粒沉积岩岩相与含油性特征［J］.断块油气田，2021，28（2）：212-218.

［18］周新科，许化政.东濮凹陷地质特征研究［J］.石油学报，2007，28（5）：20-26.

［19］余海波，程秀申，漆家福，等.东濮凹陷古近纪断裂活动对沉积的控制作用［J］.岩性油气藏，2019，31（5）：12-23.

［20］徐翰.渤海湾盆地东濮凹陷形成与演化的数值模拟与构造分析［D］.北京：中国地质大学（北京），2018.

［21］徐田武，张洪安，李继东，等.渤海湾盆地东濮凹陷盐湖相成烃成藏特征［J］.石油与天然气地质，2019，40（2）：248-261.

［22］李被，刘池洋，黄雷，等．东濮凹陷北部沙河街组三段中亚段沉积环境分析［J］．现代地质，2018，32（2）：227-239.

［23］靳军，向宝力，杨召，等．实验分析技术在吉木萨尔凹陷致密储层研究中的应用［J］．岩性油气藏，2015，27（3）：18-25.

［24］张鹏飞，卢双舫，李俊乾，等．基于扫描电镜的页岩微观孔隙结构定量表征［J］．中国石油大学学报（自然科学版），2018，42（2）：19-28.

［25］李博，于炳松，史淼．富有机质页岩有机质孔隙度研究：以黔西北下志留统五峰—龙马溪组为例［J］．矿物岩石，2019，39（1）：92-101.

［26］焦堃，谢国梁，裴文明，等．四川盆地下古生界黑色页岩纳米孔隙形态的影响因素及其地质意义［J］．高校地质学报，2019，25（6）：847-859.

［27］刘一杉，东晓虎，闫林，等．吉木萨尔凹陷芦草沟组孔隙结构定量表征［J］．新疆石油地质，2019，40（3）：284-289.

［28］何晶，何生，刘早学，等．鄂西黄陵背斜南翼下寒武统水井沱组页岩孔隙结构与吸附能力［J］．石油学报，2020，41（1）：27-42.

［29］孙超，姚素平．页岩油储层孔隙发育特征及表征方法［J］．油气地质与采收率，2019，26（1）：153-164.

［30］王子龙，郭少斌．鄂尔多斯盆地延安地区山西组泥页岩孔隙表征［J］．石油实验地质，2019，41（1）：99-107.

［31］张顺，刘惠民，陈世悦，等．中国东部断陷湖盆细粒沉积岩岩相划分方案探讨：以渤海湾盆地南部古近系细粒沉积岩为例［J］．地质学报，2017，91（5）：1108-1119.

［32］杨万芹，王学军，丁桔红，等．渤南洼陷细粒沉积岩岩相发育特征及控制因素［J］．中国矿业大学学报，2017，45（2）：365-374.

［33］张超，张立强，陈家乐，等．渤海湾盆地东营凹陷古近系细粒沉积岩岩相类型及判别［J］．天然气地球科学，2017，28（5）：713-723.

# 大数据技术在页岩油气老井复查中的研究与应用

孙兆宽 刘兴周 李微巍 回 岩 樊晋明 董甜甜

(中国石油辽河油田公司勘探开发研究院)

**摘 要** 页岩油气老井复查是目前油气藏开发中一种常用的"投资少、见效快、周期短"的增储上产、增收节支、降本增效主要技术措施。然而存在矿权储量资料分散,应用不便、涉及井位多,工作量大的问题,导致难以实现凹陷级老井复查工作。本文旨在建立统一高效、互联互通、实用共享的老井复查筛选体系。主要实现以下三点创新。一是实现数据整合,统一数据整合流程,将各类数据与井信息关联,为储量可视化应用与老井复查挖潜奠定基础。二是实现储量可视化应用,以单井为关联要素,以整合后数据为基础,实现地质图件上井位与单井资料关联查看、矿权储量可视化应用等功能;三是运用大数据挖潜筛选老井,以辽河油田西部凹陷浅层气老井复查为例,筛选可疑井。

页岩油气老井复查大数据挖潜技术将传统老井复查方式中基础资料收集整理与评价转换为数据整合、可视化应用与指标筛选三个步骤。通过重塑老井复查业务流程,促进油田生产效率提升,从而推动油田向高质量、数智化方向发展。

## 1 引言

当前,老油田整体处于递减阶段,综合含水高,稳产难度大,而辽河油田探明程度较高,储量增长进入低位徘徊期。随着油田稳产难度加大,后备储量不足,增储建产形势紧张等情况的出现,对复杂断块进行再研究,进行老井再评价,是增储挖潜、确保油田持续稳产、上产的有效渠道。

老井复查是目前油气藏开发中一种常用的"投资少、见效快、周期短"的增储上产、增收节支、降本增效主要技术措施。传统的老井复查步骤如图1所示。

在进行老井复查时,与老井再评价相关的各种处理方案、挖潜方法不断涌现。但是研究人员并不能有效地利用这些方法,根本原因在于储量、测井等数据没有采用统一的、规范的存储、查看与筛选体系,使得最终呈现的结果只是一家之言,无法在业务人员间进行共享和交换,导致业务人员运用数据的代价高昂,进而影响油田生产与开发效率。

只有高质量、高覆盖的数据才能研究出高质量的成果。为了提高科研工作质量与效率,辽河油田基于本地勘探开发数据资源,开展勘探开发一体化研究环境建设。本文重点应用大数据分析挖潜技术,挖潜有效信息,快速定位探明区外潜力井段,并以西部凹陷浅层气老井复查为例,精

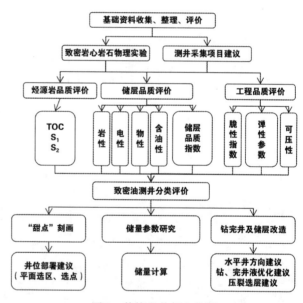

图1 传统老井复查步骤

准指导老井复试,提高工作效率。该系统支持研究人员从井基础信息、深度、测井解释结论、试油结论、录井岩屑描述等方面着手,重塑资料搜集整理业务流程。

## 2 老井复查系统建设

勘探开发一体化平台通过数据收集,整合了现有勘探开发业务数据。老井复查系统基于勘探开发一体化研究平台,针对业务人员在实际工作中出现的新需求,打破数据孤岛,加强数据间的

"流动性"，扩展对石油行业大数据研究的深广度，对数据整合、数据应用、数据显示等几环节进行设计，以期实现对勘探开发业务数据的交融扩展及挖潜分析的目的。

本文的大数据挖潜分析技术主要由以下三个模块构成：数据整合、可视化应用、指标筛选，如图2所示。

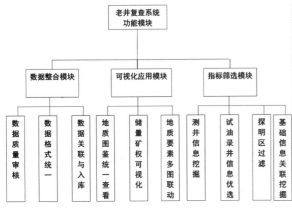

图2　老井复查系统功能

## 2.1　数据整合

矿权储量数据种类多、数据量大，对其进行传统人工更新效率低、成本高。三级储量可视化查询与应用技术在辽河尚属空白，以常规分散性的资料查询和单机形式的研究成果存储的方式无法满足目前储量研究大量迫切工作任务的需要，亟需开展储量图形库建设和可视化应用技术研究，支撑三级储量研究工作效率提升。

矿权储量数据整合用于对采集的各类业务数据进行必要的预处理工作，各业务数据中包括测井体数据、GIS图源数据、井位信息数据、矿权边界数据、专业软件数据。它们的特点是格式各异、不完整、带有冗余。

因此在数据挖潜之前，必须对这些信息进行清理和过滤，将其变成适合挖潜的格式，同时要确保数据的一致性和准确性。数据预处理包括数据的抽取、转换和加载等，生成可处理的格式化数据，转换成平台所定义的数据格式，通过对数据的简化和净化，从而为接下来的数据挖潜提供整洁、简化的数据。其具体步骤如图3所示。

首先，数据整合对于不同来源、不同格式的数据进行统一筛选工作，即去除重复与异常数据。其次对其数据完整性与数据质量进行确认。如果出现异常，则进行数据重载。接着，将不同数据格式进行分类处理，然后统一将这些数据与数据

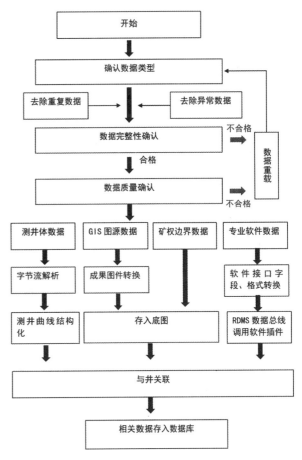

图3　数据处理流程

库中井信息相关联，最后统一存入数据库中。

目前，已将辽河坳陷、外围以及宜庆地区21个探矿权和40个采矿权数据、1974-2022年的48个油气田，4173个储量单元的三级储量数据全部入库，并实现可视化查看。

## 2.2　可视化应用

目前，辽河油田的硬件设施基础逐步完善，初步实现数字化管理，打破了原有"分散存储、现用现找"式的管理模式，使信息技术在科研人员、科研项目、科研成果的研究方面发挥了积极作用，大幅提高了工作效率。而随着主力油藏治理难度持续加大，面临进一步提高老区可采储量，有效改善开发效果等技术挑战。

然而，勘探开发研究所需数据繁多，不同专业业务人员研究环境不同，业务需求不尽相同，亟需一体化工作平台来进行各类图件、数据、成果的关联查看、调用和研究，而地质图件是勘探开发研究基础，包括构造图、砂体图、沉积相图等，而绘制这些图件的专业软件繁多，格式不一，不能统一查看与共享。严重制约了勘探开发一体化研究，导致工作效率低下。

针对上述问题，可视化应用以单井为关联要素，以勘探开发数据库为基础，实现地质图件上井位与单井资料关联查看、矿权储量可视化应用、地质要素多图联动、地震地质成果共享、井位与高清地图联动等功能，将来提高勘探开发工作效率，逐步实现勘探开发工作平台一体化，专业软件集中化，为数智科研模式打下基础。

可视化应用主要有以下 2 个方面创新。

1. 深入了解矿权储量研究业务流程和数据管理方式，创新建立了一套基于矿权、储量和行政单元的空间数据管理系统，将传统的矿权储量图表信息分离的方式转变为矢量图形与矿权和储量参数一体的的空间数据管理方式。

2. 建立了矿权储量统一发布应用平台，利用点、线、面地质图元空间导航技术，实现矿权储量与各类地质图件联动叠合应用。

### 2.3 指标筛选

老井复查不同阶段的数据指标要求在目标、标准与方法等方面各有侧重，既需要从井基础信息中提取关键信息，也需要在不同指标情况下对数据进行筛选，同时还需在共享利用中规范其数据格式，保证数据的再利用性与可再现性。

针对上述需求，老井复查系统设立指标筛选，主要功能如下所示：

1. 井基础信息挖潜。对于老井，早期浅层、深层未解释，可以按深度挖潜出这批井，作为后续摸查潜力基础；挖潜出油气田外的井，分布零散，作为探明外再评价的重点井。

2. 测井信息挖潜。将测井曲线数据体结构化，可以依据某条或多条曲线值，一键批量挖潜潜力井段；可以依据测井解释结论，一键批量挖潜需要再解释井段等。

3. 试油、录井信息综合优选。在以上 2 步的结果，综合试油结论、岩屑描述，做更进一步数据分析挖潜。

4. 探明区过滤。将上述结果中，属于探明区的井段排出，剩余的井段，方便业务人员目标明确的再评价，指导老井复试。

指标筛选支持研究人员从井基础信息、深度、测井解释结论、试油结论、录井岩屑描述等方面着手，挖潜有效信息，快速定位探明区外潜力井段，精准指导老井复试，助力老油田增储上产、提高工作效率。

## 3 老井复查系统在西部凹陷浅层气方面应用

### 3.1 数据来源

本次浅层气老井复查数据采用勘探开发一体化平台成果中的西部凹陷相关数据，储量成果数据由基础单位（如勘探开发研究院储量所等）进行审核。

### 3.2 老井复查流程

以西部凹陷浅层气老井复查为例，老井复查流程分为 3 个部分：

1. 上报储量区域外解释为气层的井（未试油气）

2. 上报储量区域外具有气层测井特征井（未解释气层）

3. 区域内无资料井

通过这 3 方面复查工作，可初步确定西部凹陷浅层气潜力区带和潜力井，极大缩小老井复查范围，再进行人工评价优选，可大量减轻业务人员劳动强度。

上报储量区域外解释为气层的井是对浅层气上报探明储量区域外测井解释为气层未试油气的井进行复查，由于本次浅层气老井复查主要是在西部凹陷其它区域开展复查工作，运用可视化功能确定探采矿权图中浅层气探明储量区域，浅层气探明储量有 4 个区域，分别在笔架岭、兴隆台、大洼和小洼油田上报过，因此将这四个上报地区排除。

利用老井复查功能，将井号输入筛选框，选择对应分层条件，进行两项指标筛：1 是选测井解释选择等于气层，2 是试油数据选择无数据，点击查询后即可出筛查结果。将结果这些井位再一键投影至探采矿权图上，从图上确定井位集中的潜力区带，分别是锦45、齐13、洼59 和冷43 井区，以及零散的多个单井潜力点，接着快速查看该井测井综合图，观察测井综合曲线的形态，以图4XX 井为例，将 AC 和 RT 形成的包络形状并且解释为气层且未试油气。

上报储量区域外具有气层测井特征井是对上报储量区域外具有气层测井特征未解释气层井进行复查，同样利用老井复查功能，选择测井解释不等于气层，选择深度范围与相关条件，点击查询后，将查询结果投影到探采矿权图上。从图确定潜力区带扩大的区域。

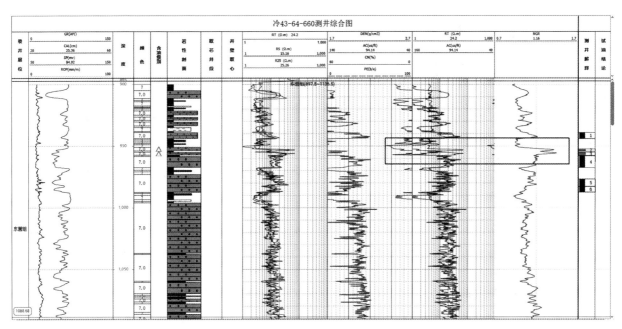

图4　XX井测井综合图

以图5YY为例，从曲线形态上看在馆陶层的　　底部有2个成包络形态的未解释的可疑气层。

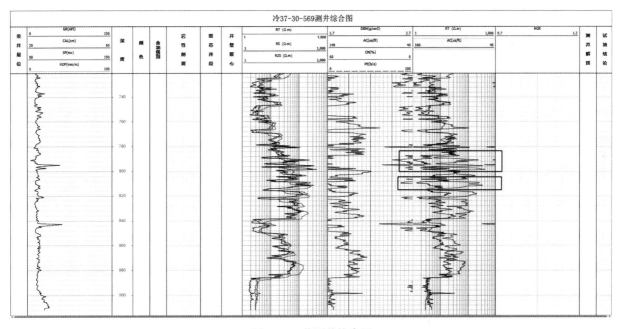

图5　YY井测井综合图

区域内无资料井是通过统计区域内无测井资料的井，这些井可采取进一步工作优选井位进行资料再录取。

## 4　结论

在油田数字化转型的过程中，善于获取数据、分析数据、利用数据，是对科研工作适应新时代改革趋势的基本要求。页岩油气老井复查大数据挖潜技术以打造高质量科研项目为目的，以老井复查为目标，以数据融合促进业务融合，充分发挥大数据的优势。运用科学的方法，极大提高了数据的利用效率，有效提高了科研质量。依托搭建的勘探开发一体化研究平台，通过老井复查流程再造，构建符合标准的数据资料整理筛选流程，使数据能灵活和高效地进行更新、关联和应用。该技术的实现可以提升油田数据管理水平，促进辽河油田千万吨稳产。

## 参 考 文 献

[1] 周明旺．辽河油田难动用储量分类分级评价研究与应用［D］.东北石油大学，2018.

[2] 志刚，宋子齐，何羽飞等．岩石物理相分类与致密储层含气层评价——以苏里格气田东区致密储层老井复查为例［J］.油气地质与采收率，2013，20（05）：23－25＋27＋32＋112. DOI：10.13673/j. cnki. cn37-1359/te. 2013. 05. 006.

[3] 刘学霞，刘学霞，孙晓红，等．油田数据质量管理体系建设方案研究［C］//中国石油学会.中国石油学会，2011.

[4] 任君球．综合地质数据库应用系统建模及实现［D］.长沙：中南大学地球科学与信息物理学院，2012：1-4. REN Junqiu. Model and realization of general geological database application system［D］. Changsha: Central South University. School of Geosciences and Info-physics，2012：1-4.

[5] 刘东旭．辽河油田勘探开发投资效果评价研究［D］.东北石油大学，2015.

[6] 尹万泉，武毅，于军．辽河油田 SEC 动态储量关键影响因素分析［J］.特种油气藏，2019，26（02）：86-90.

[7] 刘学霞，刘学霞，孙晓红，等．油田数据质量管理体系建设方案研究［C］//中国石油学会.中国石油学会，2011.

[8] 张鹏，叶小闯，许敏等．低渗气藏老井综合挖潜与治理对策研究［C］//西安石油大学，中国石油大学（华东），陕西省石油学会.2021 油气田勘探与开发国际会议论文集（中册）.［出版者不详］，2021：15. DOI：10.26914/c. cnkihy. 202 1.049998.

# 渝西地区深层页岩气优快钻井技术应用

杨　浩　李军鹏　扈成磊　夏顺雷　张永强　李兆丰　杨　芳　卞维坤

（中国石油浙江油田公司）

**摘　要**　深层页岩气具有埋藏深、地质构造复杂、可钻性差、易漏易塌、井下工具高温失效以及三高井井控风险等技术难点，为解决上述问题，依托中国石油工程技术研究院承担的《大安区块深层页岩气安全高效钻井配套技术研究》科研项目，通过现场实践，逐步形成了以地质工程一体化为核心的优快钻井配套技术，现场应用效果显著。在渝西大安区块应用27口，平均钻井周期由93.63d缩短至71.81d，平均机械钻速9.47m/h，并且创造了最大单趟进尺3186m，最快钻井周期55.92d，最高机械钻速10.72m/h等多项页岩气钻井技术指标记录，为渝西地区深层页岩气安全高效开发提供钻井技术保障。

**关键词**　渝西地区；深层页岩气；钻井提速；地质工程一体化

## 1　引言

渝西深层页岩气位于川南低陡褶皱带、川东高陡褶皱带2个二级构造单元交界处，目的层志留系龙马溪组，2021年中国石油浙江油田在大安区块开展深层页岩气的先导试验开发，在开发初期借鉴大安邻区自贡、泸州、大足等相关地质和工程资料以及北美钻完井技术，通过不断技术攻关，创新思维，形成以地质工程一体化为核心的表层优快钻井技术、简易控压钻井技术、个性化钻头工具优选技术以及一体化高效地质导向技术等深层页岩气钻井配套技术，形成以三压力剖面、三维地质力学、天然裂缝溶洞为指导的安全钻井地质工程导航图及深层页岩气井钻井提速提效指导意见。

本文通过对渝西地区深层页岩气已完钻井的钻井工程实践，分析梳理各开次钻井工程技术难点，并提出针对性技术优化措施，系统总结优快钻井技术应用成效，为渝西地区深层页岩气下一步高效勘探开发提供技术保障，并指导川渝地区深层页岩气高效安全开发奠定基础。

## 2　钻井工程技术难点

渝西地区龙马溪组目的层埋深3500~4500m，其中3500~4000m埋深区面积占24%，4000~4500m埋深区面积占68%，目的层压力系数约为2.0。渝西地区深层页岩气自上而下钻遇的地层分别为侏罗系沙溪庙组、凉高山组、自流井组、三叠系须家河组、嘉陵江组、飞仙关组，二叠系长

兴组、龙潭组、茅口组、栖霞组、梁山组，志留系韩家店组、石牛栏组和龙马溪组。目前钻井主要存在以下技术难点：

1.1　地质构造复杂，背斜区与向斜区地质倾角、层内断裂、地层压力系数差异性大，给井身结构设计、钻头、钻井参数以及钻井液性能优选等带来挑战。

1.2　上部地层存在多套含硫常规气藏，漏转溢井控风险大，根据已钻井统计，嘉陵江及茅口组发生井漏次数占比40%，部分井段发生溢漏同存现象，该区域属于三高风险井，给实钻过程井控管理带来严重风险。

1.3　实钻穿越层系多，岩性非均质性强，龙潭组煤系地层软硬交错，茅口组、栖霞组、石牛栏组等层段岩性抗压强度高、研磨性较强、可钻性差，实钻部分钻头磨损严重，给实钻过程中钻头选型带来困难。

1.4　目的层龙马溪组埋深超过4000m，水平段平均循环温度大于140℃，常规井下仪器、工具易失效，常规旋导工具在循环温度超过140℃的条件下工具使用寿命减少，故障率高。

1.5　区域内铂金靶体厚度小于3米，地层倾角变化大，层内断层、挠曲发育，给钻井导向技术带来挑战。

## 3　钻井提速关键技术

### 3.1　表层优快钻井技术

#### 3.1.1　井身结构设计优化

根据三压力剖面、三维地质力学、断裂及天

然裂缝发育等地质工程一体化基础研究，不断优化导管及表层套管下深：Φ508mm导管下深从前期评价井150m减少到60~80m；开展Φ339.7mm表层套管下深优化试验，并获得成功，从先导试验方案套管下至须家河组顶部，优化至凉高山组顶部，节约Φ339.7mm表层套管500m以上，如图1所示；通过瘦身Φ406.4mm大井眼进尺，机械钻速由6.74m/h提高至17.66m/h，提速61.8%，实现一开一趟钻，钻井提速效果明显，如图2所示。

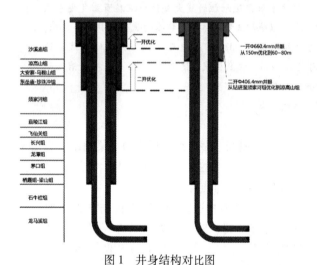

图1 井身结构对比图

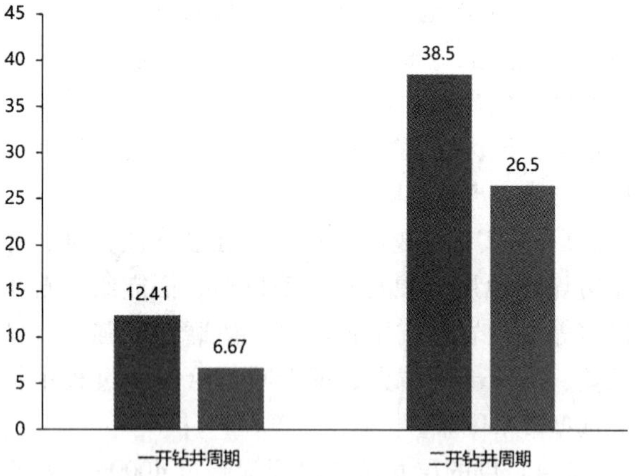

图2 各开次钻井周期对比图

### 3.1.2 表层工程钻机钻井工艺

渝西地区深层页岩气平均埋深大于4000m，平均井深大于6000m，钻机选型ZJ70以上，随着深层岩气规模开发，钻机资源紧张，为解决上述问题，采用表层工程机+ZJ70钻机组合进行工厂化批钻，有效减少大钻机占井周期，降低钻井成本。

工程机钻井技术工艺：

（1）针对区域地表出露灰岩坚硬易漏地层，大井眼常规钻井效率低，易漏层易造成环保风险，

为解决表层钻井难点，优选空气钻；当上部地层存在出水及地层坍塌，应及时采用清水充气钻井技术，做到进出口流量平衡，出口返砂正常；针对裂缝溶洞性严重漏失段，采用变径空气锤跟管钻进技术。

（2）导管采用660.4mm钻头，一开采用406mm钻头，井径大，环空返砂困难，钻压小，机械钻速慢，为解决上述问题，采用简易空气钻井技术。依据空气注入量的计算公式 $Q = Q_0 + NH$，推荐排量为返速15.25米/秒时，计算需空气量，确定空压机的配备数量；根据钻井循环压差，确定增压机选型。

采用工程机进行导管+一开钻进，提速降本效果显著，一开采用空气钻、充气钻及清水钻进，导管+一开平均机械钻速5.82m/h，对标常规钻井技术，钻井综合米费节约40%左右。

### 3.2 个性化钻头工具优选技术

#### 3.2.1 钻头优选

渝西地区深层页岩气一开平均进尺1000m、二开平均进尺2500m、三开造斜段+水平段平均进尺3000m，其中二开钻遇地层层位最多，岩性复杂，增加了钻头与地层的匹配性选取的难度。通过分析研究分析不同地层岩性特征，开展个性化钻头优选：

（1）自流井组-须家河组顶部地层以泥岩为主，钻头易发生泥包，采用增加排屑槽深度的6刀翼16mm双排齿PDC钻头或6刀翼3牙轮复合钻头，防止泥包影响钻头切削能力，并采用抑制性较强的钻井液防止泥包生成；

（2）须家河组-嘉陵江组顶部地层为砂泥岩互层，研磨性强，在钻头选取主要以抗研磨性钻头为主，采用5刀翼16mm双排齿PDC钻头，保证一趟钻钻穿须家河组；

（3）嘉陵江组地层中存在深灰色铝土质泥岩，塑性强，茅口组、栖霞组地层含黄铁矿、燧石结核，可钻性差，选取攻击性强的钻头进行钻进，保证两趟钻钻达中完井深。

钻头选型采用大数据分析，通过黄金分割线的方式优选与地层配伍性较强的钻头，如图3所示。

#### 3.2.2 钻具组合优化

通过螺杆大数据统计分析，为满足高钻压大排量的要求，开展各开次螺杆类型的优选：一开选用Φ260mm等壁厚螺杆；二开螺杆选用Φ244.5mm抗高温抗盐耐腐蚀碳化钨涂层等壁厚螺杆，见表1所示；三开选用Φ172mm直螺杆+旋转

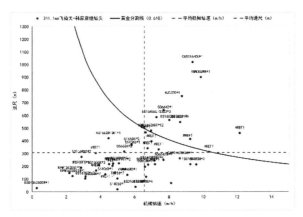 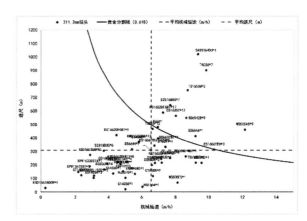

a）311.1mm 飞仙关-韩家店组黄金分割线图    b）215.9mm 韩家店-龙马溪组黄金分割线图

图3    大安区块钻头黄金分割线

表1    Φ244.5mm 螺杆选用

| 钻头型号 | 厂家 | 平均进尺（m） | 平均使用时间（h） | 计数 |
|---|---|---|---|---|
| H7LZ216 * 7.0-3.8DW | 江钻 | 736 | 92.62 | 2 |
| H7LZ244 * 7.0-3.3DWR | | 578.18 | 112.62 | 19 |
| 7LZ244X7Y-IV-DW | 渤海中成 | 529.26 | 96.4 | 18 |
| 7LZ244-1°-5Z306 | 奥瑞拓 | 608 | 79.38 | 3 |
| 7LZ244-1200-1.25-5Z306 | | 435.22 | 78.35 | 9 |
| 7LZ244X7.0-DW1.25° | 百施特 | 538 | 79 | 2 |
| DF7LZ244 * 7.0 | 深远 | 464.9 | 131.94 | 10 |
| JC22273 | 成都佳琛 | 473.5 | 67.83 | 2 |
| 7LZ244X7.0V-DW 1.25° | 德州联合 | 446.67 | 69.5 | 30 |
| LZ244 * 7.0-VIIISF | 立林 | 412.68 | 59.11 | 19 |
| 7LZ216 * 7.0-3.5XISF | | 421.16 | 63.25 | 6 |

导向，见表2所示；减少因设备故障导致的起下钻次数，提高机械钻速。

表2    Φ172mm 螺杆选用

| 钻头型号 | 厂家 | 平均进尺（m） | 平均使用时间（h） | 计数 |
|---|---|---|---|---|
| M1XL-LS | 贝克休斯 | 1584.5 | 134.75 | 2 |
| UTR/XL | | 1083.16 | 116 | 6 |
| ATC-LS | | 992.5 | 104.5 | 2 |
| 7LZ172×7.0 | | 908.9 | 99.5 | 15 |
| 7LZ172X7.0IV | 安普尔 | 1591 | 165.01 | 4 |
| M145X4-L | | 849.05 | 94.2 | 4 |
| 7LZ172 * 7.0 | 四川深远 | 1038.38 | 139.53 | 21 |
| DF7LZ172 * 7.0-4.5 | 新美达 | 1070.5 | 73 | 2 |
| 7LZ178 * 7053 | 立林 | 1091 | 103.31 | 1 |

在深层页岩气水平钻进过程中，旋转导向设备会因钻井参数、地层温度和轴向震动的影响，出现信号丢失，起下钻次数多，影响钻井时效，通过优化旋转导向工具，选用 NeoSteer 一体化的导向与切削结构，突破了以往 Archer+Orbit 的两趟钻施工思路，造斜段下入 Neosteer 工具，采用旋导+

螺杆钻具组合方式，兼顾高造斜率和抗高温能力，如图3所示，为造斜段水平段一趟钻打下基础，缩

短了水平段的钻井周期。

表3　旋导工具对比

| 技术内容 | CG-STEER | AutoTrakG3 | AutoTrakCurve | PowerDriveArcher 675 | NeoSteer |
|---|---|---|---|---|---|
| 适用井眼（mm） | 215.9 | 215.9 | 215.9 | 215.9 | 215.9 |
| 最大造斜率（°/30m） | 15.3 | 6.5 | 15 | 15 | 8 |
| 最大钻压（kN） | 300 | 250 | 250 | 245 | 300 |
| 抗压（MPa） | 140 | 138 | 138 | 138 | 140 |
| 耐温（℃） | 150 | 150 | 150 | 150 | 165 |

### 3.3　一体化高效地质导向技术

为精准控制井眼轨迹，提高钻遇率，通过钻、测和震多信息动态结合，以井震数据为基础，利用实时钻井数据驱动导向模型更新，将地质导向与物探相融合，将地层宏观趋势与微观细节相融合，在精确定位、精细迭代的基础上精准预判，实现主动导向，引导水平井平稳钻进，不断提高一趟钻钻井技术指标。

地震逐点引导钻井技术是以地球物理资料为基石，充分挖掘地震信息，并融入实时钻井信息，构建控制点，通过动态分析，采用"层控（宏观趋势）+点控（具体值域）"的方法，井震实时跟踪迭代融合，更新三维速度场进而修正地震地质模型，逐渐逼近地下真实地层情况，依据模型发挥水平井靶体预估、趋势预判和风险预警"三预"作用，引导水平井在箱体内平稳钻进，最大限度降低钻井风险，同时保证井筒光滑和箱体钻遇率，该技术充分体现了地质+工程信息综合性和钻井应用的前瞻性，如图4所示。

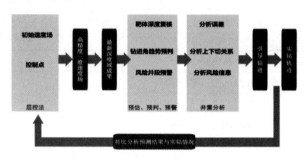

图4　地震逐点引导钻进技术路线图

### 3.4　简易控压技术

通过相关文献调研的调研分析，在开展水平井钻井过程中，更改钻井液密度和性能能够使机械钻速发生改变，降低钻井液密度可以提高钻井液的循环降温能力，如图5所示；通过降低钻头、旋转导向、螺杆钻具等提速工具的环境温度，可以降低钻井液与井壁、旋转导向周围的摩擦温度，减少沿程摩阻，增加钻头的破岩水功率。研究分析钻井中气侵（井涌）和井漏事件的特征，采用

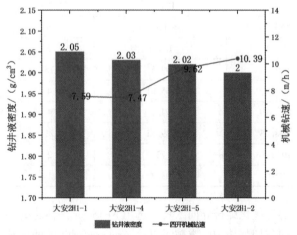

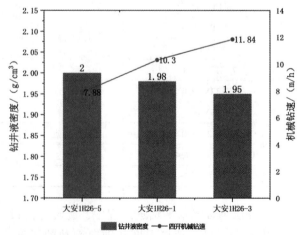

（a）大安2H1平台钻井液密度变化与机械钻速　　（b）大安1H26平台钻井液密度变化与机械钻速

图5　大安区块平台密度变化与机械钻速对比

精细控压钻井技术（MPD），应用智能化控制模式和自动节流模式监控井底压力的波动，利用回压补偿系统和自动节流管汇的节流作用维持井底压力平衡，保证井壁稳定性。

通过在不同平台开展简易控压技术（降密度）试验，水平段钻井液密度进行逐级下调，钻井液密度由入靶体时的 2.05g/cm³ 最低降至 1.90g/cm³，三开水平段平均机械钻速最大提升至 11.84m/h，最大提速效果达 33.45%，如图 5 所示。采用地面降温设备对井底进行循环降温，当井温达到 115℃时开始采用"板冷+水冷+风冷"相结合的方式进行降温，控制水平段最高循环温度在 140℃以内，减少仪器因高温时效导致的起钻，为钻井提速提效、高效完井提供了保障。

## 4  现场应用

渝西地区深层页岩气采用表层优快钻井技术、钻头优选、简易控压等配套技术，开展了 27 口开发井应用，取得了显著的效果。

（1）2023 年以前井，平均井深 6453.05m，平均水平段长 2029.68，平均机械钻速 7.88m/h，平均钻井周期 93.63d，如图 6 所示；

（2）2023 年以后井，平均井深 6900m，平均水平段长 2207.94m，平均机械钻速 9.47m/h，平均钻井周期 71.81d，如图 6 所示；

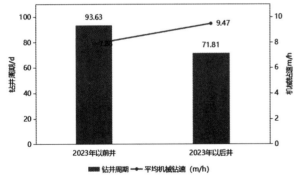

图 6  钻井技术应用效果对比图

（3）钻井周期小于 60 天的创指标井，平均井深 6684.25m，平均水平段长 2046.75m，平均机械钻速 10.14m/h，平均钻井周期 57.12d，如图 7 所示。

通过上述应用，平均机械钻速由 7.88m/h 提升至 9.47m/h，平均钻井周期由 93.63d 缩短至 71.81d，4 口井实现 60d 内完钻的创新指标。

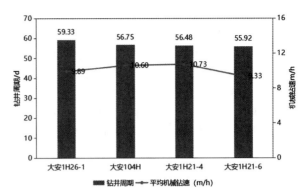

图 7  创指标井应用效果图

## 5  结论与建议

（1）通过总结分析区块地质特征及钻井工程技术，梳理关键技术难点，提出针对性技术措施，创新形成了以表层优快钻井技术、钻头优选、简易控压为核心的深层页岩气钻井配套技术，现场应用效果显著。

（2）通过邻井邻区块钻头、螺杆等井下工具的大数据分析，结合地层岩石力学特性，开展各开次钻头及井下工具的优选，增强与地层的配伍性，提高关键层位的机械钻速；在水平段钻进时，优选抗高温 150℃旋导工具，选择足够的降温设备和措施、保证井下钻具的稳定性。

（3）通过地质工程一体化技术，结合地层三压力预测结果，开展逐级降低水平段钻井液密度，同时利用地面降温装置，降低因高温造成旋导失效率，提高水平段机械钻速，保障造斜+水平段一趟钻技术落实。

### 参 考 文 献

［1］舒红林，何方雨，李季林，等．四川盆地大安区块五峰组—龙马溪组深层页岩地质特征与勘探有利区［J］．天然气工业，2023，43（6）：30-43.

［2］王根柱，高学生，张悦等．泸州深层页岩气优快钻井关键技术［J］．中国石油和化工标准与质量，2022，42（24）：154-156+159.

［3］李涛，杨哲，徐卫强等．泸州区块深层页岩气水平井优快钻井技术［J］．石油钻探技术，2023，51（01）：16-21.

［4］车卫勤，许雅潇，岳小同等．渝西大足区块超深超长页岩气水平井钻井技术［J］．石油钻采工艺，2022，44（04）：408-414.

［5］马新华，张晓伟，熊伟，刘钰洋，高金亮，于荣泽，孙玉平，武瑾，康莉霞，赵素平．中国页岩气发展前景及挑战．石油科学通报，2023，04：491-501

［6］Susan Smith Nash. 美国新型钻完井技术概述与发展建议［J］.石油钻探技术，2023，51（4）：192-197.

［7］李根生，宋先知，祝兆鹏，等.智能钻完井技术研究进展与前景展望［J］.石油钻探技术，2023，51（4）：35-47.

［8］李玉海，李博，柳长鹏，等.大庆油田页岩油水平井钻井提速技术［J］.石油钻探技术，2022，50（5）：9-13.

［9］李涛，杨哲，徐卫强，等.泸州区块深层页岩气水平井优快钻井技术［J］.石油钻探技术，2023，51（1）：16-21.

［10］石祥超，陈帅，孟英峰，陈军海，李皋，杨听昊，焦烨.岩石可钻性测定方法的改进和优化建议［J］.石油学报，2023，44（9）：1562-1573.

［11］陈宇.川东北地区岩石可钻性分析及钻头选型的测井研究［D］.西南石油大学，2020.

［12］张佩玉.泸州区块阳101井区钻头选型探索［J］.石化技术，2020，27（08）：98-99+27.

［13］杨文.岩石可钻性预测及钻头选型方法研究［D］.西南石油大学，2017.

［14］曾凌翔，廖刚，叶长文.川南威远地区页岩气开发工厂化作业模式［J］.天然气技术与经济，2021，15（06）：20-25.

［15］马春芳.工厂化水平井钻井关键技术研究［J］.西部探矿工程，2022，34（05）：107-109.

［16］李伟慧，伍俊，吴金鑫，王黎，& 宋永芳.（2015）.威页1hf井旋转导向工具失去信号原因分析.工业，000（018），00200-00200.

［17］徐天文，杨峰，赵建国.AutoTrack旋转导向工具现场应用分析［J］.西部探矿工程，2016，28（06）：11-13.

［18］郑鹏，张港生，吴冬凤.AutoTrak旋转导向工具现场应用分析［J］.中国石油石化，2016（24）：31-32.

［19］付来福.页岩油水平井技套优快钻井技术［J］.石油和化工设备，2022，25（02）：70-71.

［20］罗增，曹权，沈欣宇，等.钻井过程循环温度敏感性因素分析与应用.非常规油气，2021，8（5）：93-99.

［21］刘斌等.川西地区中深井快速钻井的钻井液应用技术［J］.天然气工业，2010，30（9）：65-68.

［22］刘斌，张生军，杨志斌等.川西地区中深井快速钻井的钻井液应用技术［J］.天然气工业，2010，30（09）：65-68+126.

［23］黄志力，张俊奇，杨俊成.精细控压钻井技术在高温高压井钻井中的应用［J］.中国高新科技，2022（07）：71+93.

［24］张晓琳，徐文，李枝林等.川庆钻探精细控压钻井技术专利战略与实践［J］.石油科技论坛，2023，42（04）：61-65.

# 页岩油微观动用特征及提高采收率实验研究

## ——以英雄岭地区下干柴沟组上段为例

伍坤宇 邢浩婷 陆振华 张梦麟 张 娜 李义超

(中国石油青海油田公司勘探开发研究院)

**摘 要** 为了明确陆相混积成因页岩储层的微观动用特征并揭示原油采收率变化规律,基于二氧化碳驱替及核磁共振等实验技术,开展了相同岩性不同物性区间的样品、不同岩性相同物性区间的二氧化碳驱替在线核磁共振实验,定量研究了不同级别物性区间的微观动用特征及采收率变化特征。实验结果表明,页岩油主要为吸附油和小孔可动油,赋存于小孔($0.1<T2<10ms$)中,第一轮吞吐采收率最高,随着吞吐轮次增加,效果减弱;岩性对最终采收率的影响不明显,物性与最终采收率呈明显正相关关系。二氧化碳2轮吞吐采收率小于驱替采收率,从第3轮吞吐开始高于驱替采收率。吞吐最终采收率在11.1%至70.3%之间,对应的驱替最终采收率区间为11.34%至30.13%。三轮以上吞吐表现出最好的开发效果。研究成果可为混积页岩油的高效开发提供借鉴。

**关键词** 干柴沟组;页岩油;核磁共振;微观动用特征;提高采收率

页岩油作为非常规油气勘探开发的热点领域备受关注。中国页岩油资源丰富,技术可采储量为 $30\times10^8 \sim 60\times10^8$ t,主要分布在准噶尔盆地、鄂尔多斯盆地、柴达木盆地、松辽盆地,开发前景广阔。然而,中国页岩油储层以陆相沉积为主,多物源及频繁变化的沉积环境导致页岩储层岩性变化快,基质渗透率较差,使得初始采收率普遍较低。尽管水平井大规模体积压裂得到了成功应用,然而,页岩油储层渗透率低、孔隙非均质性强和裂缝发育等特点使页岩油藏面临着产量递减快、稳产难度大和单井采收率低等难题。如何有效提高页岩油藏采收率已成为当前研究热点。因此亟需设计开发动用特征实验开展相关研究。

当前物理模拟和数值模拟研究已经证明注 $CO_2$ 吞吐和驱替是提高页岩油藏采收率最有效的方法。注 $CO_2$ 提高采收率的机理包括降低原油黏度、提高原油流动性、降低界面张力、萃取轻质组分和酸蚀地层改善物性等。张志超等研究表明页表明 $CO_2$ 驱产出原油主要来源于较大孔隙,且在驱替过程中大孔中原油会进入小孔中并发生吸附滞留。鄂尔多斯长7页岩油储层岩心随驱替流量的增加驱油效率增大,中孔与大孔驱油效率贡献也增大,且增大驱替流量可显著提高基质渗透率较小的样品驱油效率。室内物理模拟实验揭示了在红河油田,$CO_2$ 与储层原油配伍性较好不会产生堵塞,明确了 $CO_2$ 可有效提高页岩油采收率。通过基质岩心与裂缝岩心开展 $CO_2$ 吞吐对比时,裂缝岩心注 $CO_2$ 吞吐采收

率达到了50%以上,明显高于基质岩心18.5%~31.2%的采收率。国内外众多学者通过页岩 $CO_2$ 吞吐核磁共振实验表明小孔中原油动用程度随注入压力增大而线性增加,$CO_2$ 可动用孔径下限不断降低。此外,在体积压裂开发中,人工裂缝和微裂缝系统的发育有助于增加 $CO_2$ 的波及面积,改善注 $CO_2$ 吞吐和驱替效果,但是注 $CO_2$ 吞吐和驱替过程中存在沿裂缝窜流问题,缺点是注 $CO_2$ 吞吐和驱替难以实现连续补能,周期产油量快速下降,难以形成持续开发。

综上所述,尽管在页岩油注 $CO_2$ 提升油藏采收率方面开展了大量的研究工作,但受页岩岩性、裂缝、沉积构造、孔喉特征等影响,针对不同地质背景的页岩油储层开展针对性实验,并应用用核磁共振 $T_2$ 谱曲线计算不同方法采收率,结合核磁共振成像分析不同实验过程中孔喉流体分布特征与动用特征,为英雄岭地区干柴沟组页岩油高效开发奠定基础。

## 1 研究区地质概况

柴达木盆地位于青藏高原北部,是中国西部一个大型陆相中-新生代山间含油气盆地。受青藏高原隆升和周缘走滑造山运动影响,柴达木盆地呈西宽东窄的不规则菱形。柴西坳陷位于柴达木盆地西部,西起阿尔金山东缘,东以鄂博梁—甘森一线为界,勘探面积超 $3.6\times10^4\,km^2$(图 1a)。受上新世末—第四纪开始的新构造运动影响,湖盆彻底结束沉积,柴西坳陷中央开始反转成为盆内山,即英雄岭构造带,剥蚀了巨厚的地层。从

构造特征看，柴西坳陷最主要的构造变形特征是褶皱发育，构造线和主干断裂多以北西—南东向为主，多个背斜近于平行排列。地层自下而上，依次发育古近系路乐河组、下干柴沟组下段、下

干柴沟组上段，新近系的上干柴沟组、下油砂山组、上油砂山组、狮子沟组和第四系的七个泉组（图1b）。其中下干柴沟组上段和新近系上干柴沟组是两套主力咸化湖相烃源岩（图1b）。

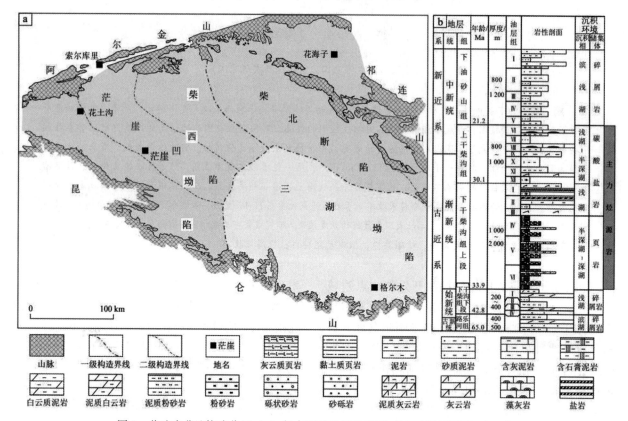

图1　柴达木盆地构造分区（a）与古近系地层柱状图（b）（据刘国勇，2024）

英雄岭凹陷主要发育深湖-半深湖相混积岩，水体盐度大于18‰，地层厚度1400~2000m，以深灰、暗灰色细粒沉积岩类为主，是古近系-新近系最主要的烃源岩发育区。总有机碳含量（TOC）主体介于0.5%~2.0%，平均值约0.9%；薄层状灰云岩是最主要的储层，占比35%~60%；储集空间以白云石晶间孔为主，孔隙度主体介于4%~8%。

## 2　实验样品和分析方法

### 2.1　实验样品特征

实验样品取自英雄岭地区干柴沟组储层，参照国家标准 GB/T 29172-2012《岩心分析方法》对样品进行洗油烘干后采用氦气测得每块岩心的孔隙度和渗透率，见表1。岩心孔隙度分布范围

表1　实验样品岩性及基本物性参数

| 样品号 | 孔隙度（%） | 样品长度（mm） | 样品直径（mm） | 岩性 | 主要矿物含量（%） | |
|---|---|---|---|---|---|---|
| | | | | | 碳酸盐矿物 | 其他 |
| 102 | 0.21 | 44.21 | 24.52 | 层状灰云岩 | 69.19 | 30.81 |
| 277 | 1.96 | 44.56 | 24.51 | 混积岩 | 27.55 | 72.45 |
| 261 | 4.37 | 45.94 | 24.47 | 纹层状灰云岩 | 58.49 | 41.51 |
| 114 | 2.46 | 45.03 | 24.83 | 纹层状灰云岩 | 61.25 | 38.75 |
| 39 | 1.7 | 45.87 | 24.32 | 混积岩 | 43.9 | 56.1 |
| 219 | 9.13 | 43.97 | 24.32 | 纹层状云灰岩 | 64.4 | 35.6 |

0.04%~9.13%，平均孔隙度2.47%。图2为实验样品不同放大倍数下的大视域扫描电镜图像，从图中可以看出实验样品矿物组成多样，储集空间呈微纳米孔喉特征，孔喉结构复杂，连通性一般，孔喉发育程度与物性具有较好的相关性。

## 2.2 实验装置与步骤

实验装置如图2所示，实验装置包括了注入系统、岩心夹持器、在线核磁共振测试系统和回压系统。在磁共振仪是MiniMR-VTP分析仪。磁场强度0.5T，磁体温度32℃，测试环境湿度40%。采用CPMG脉冲序列采集信号，其参数设置为：回波间隔时间（TE）为0.34ms，等待时间（TW）

为2500ms，回波数（NE）为2000，重复采样数（NS）为16，其原理是在特定频率的磁场中，氢核的磁矩跃迁过程中可产生共振，且信号幅度与被测样品中氢核的个数成正比。横向弛豫时间T2通常用来测量信号的分布。T2弛豫时间通常由表面弛豫时间T2S、扩散弛豫时间T2D和体弛豫时间T2B组成。

核磁共振技术是通过探测地层中的氢核来指示孔隙流体分布特征的，页岩孔隙内油相信号、油分子的表面弛豫时间远小于体积弛豫时间，扩散弛豫时间受流体的扩散运动影响，则横向弛豫时间与孔径的关系的等计算公式均已具有比较成熟的计算公式。

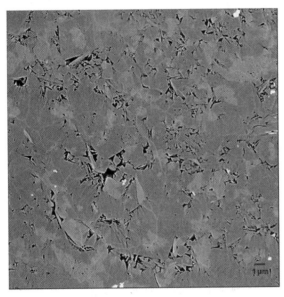

柴12-261，3590.62m，4.37%

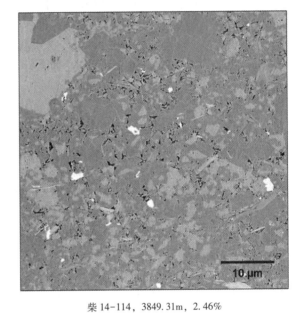

柴14-114，3849.31m，2.46%

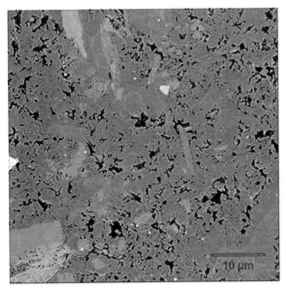

柴12-219，3581.14m，9.13%

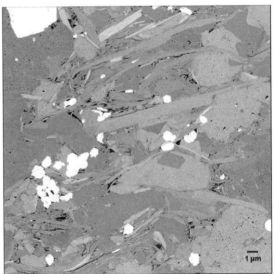

柴12-277，3594.93m，1.96%

图2　不同物性实验样品大视域扫描电镜图像

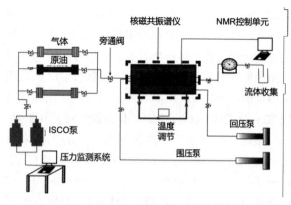

图 3    实验装置示意图

具体实验步骤如下：

①饱和水。将烘干后的岩心放入中间容器中，抽真空后注满等地层水矿化度重水溶液，加压 20 MPa 饱和，每隔 24h 测量岩心质量，直至 2 次测量的重量变化量小于 1% 时认为岩心已完全饱和。

②建立束缚水。检查实验装置无渗漏后，将完全饱和实验水的样品装入岩心夹持器，在 90℃ （地层温度）下用地层原油驱替完全饱和实验水的样品至束缚水状态；然后将建立束缚水的样品浸入地层原油中并在地层温度下老化至少 10d 以恢复原始润湿性。老化后使用核磁共振测试仪测量样品的核磁共振 T2 谱并成像。将样品装入岩心夹持器中，设置围压 35MPa，CO2 以恒压 30MPa 从夹持器一端注入，闷 12h 后打开 CO2 注入端进行生产，测量样品核磁共振 T2 谱曲线，并记录产油量直至 2 次测量的核磁信号变化量小于 1% 时认为第一轮次吞吐结束。重复上述实验操作，进行共计 4 轮次吞吐实验，计算不同吞吐轮次采收率和总采收率，评价 $CO_2$ 作为吞吐剂时样品原油的微观动用特征。

## 3    实验结果

### 3.1    饱和油核磁结果

将不同区块的岩心进行原油加压饱和，利用核磁共振 T2 谱以及 T1-T2 谱观测不同区块孔隙中油分布情况。实验结果如图 6-1 所示，岩心饱和油主要赋存于小孔、中孔以及大孔之中。$T_1$-$T_2$ 划分区域不同物质区域，没有干酪根、束缚水等其他物质存在。通过 $T_1$-$T_2$ 谱表明孔隙较大区域油赋存越多，其红色分布范围越大，油赋存较少的区域显示颜色逐渐变浅。可以发现样品 38、114 和 $T_2$ 谱呈单峰形态，弛豫时间分布在 0.1~50ms 内，样品 102、261 和 277 样品 T2 谱为双峰，弛豫时间

在 0.1~1000ms 之间，其中右峰面积很小，主要信号存在小孔，样品较为致密。不同流体组分信号在二维核磁共振 T1-T2 图谱上分布的区域不同，信号的分布区域越大、信号强度越高，则流体组分在孔隙中的占比越高，对应的饱和度越高。$T_1$-$T_2$ 通过划分区域，可以看到油饱和情况较好，饱和油样品中存在黏土束缚水、吸附油成分，没有干酪根、束缚水等其他物质存在。另外，$T_1$-$T_2$ 与 $T_2$ 谱分布范围一致，有很好的对应关系（图 4）。

### 3.2    不同注气压力对采收率影响分析

$T_2$ 谱呈单峰形态，页岩属于致密性岩样，渗透率低，油主要存在于微小孔隙之中，随着注气量的增加，注气量增加，$T_2$ 谱线逐渐下移，表明在一定注气压力下，原油被有效动用，通过 $T_2$ 谱曲线变化可以发现油主要通过下小孔进行排出，微小孔中的信号（T2<1ms）基本不变。随随着压力增加，不同 $CO_2$ 驱替压力下主要动用弛豫时间为 1~50ms 的孔喉，驱替压力从 15MPa 提高至 20MPa 过程中，T2 谱变化幅度增加，采收率分别为 11.34%、18.37%、30.12%，表明随着注入压力的增大，岩心内原油动用程度变大（图 5）。

不同流体组分信号在二维核磁共振 T1-T2 图谱上分布的区域不同，信号的分布区域越大、信号强度越高，则流体组分在孔隙中的占比越高，对应的饱和度越高。可以发现饱和油状态只有一种组分存在，这与 $T_2$ 曲线一致，三块岩心前后的信号量均有明显的减少。油主要通过下小孔孔进行排出，微小孔中的信号（T2<1ms）基本不变。还可以看到，二维的 T1-T2 图谱是根据不同的 T1/T2 值来判定不同的物质，样品 114 只有微小孔内可动油，样品 38 含有吸附油和粘土束缚水，气驱结束后只有小孔内存在少量可动油，样品 219 气驱结束后只有微孔内存在少量重组残余油。岩心饱和状态的图谱中，除去基底信号以及噪点等影响，这三块岩心中除了油信号外还有部分的束缚水信号。有信号占据整体信号的 99%，而束缚水信号为 1% 左右，这代表岩心饱和的较为彻底。

### 3.3    不同注气速率对采收率影响分析

不同注入速度下 T2 变化曲线如图 6 所示，$T_2$ 谱呈单峰形态，页岩渗透率低，油主要存在于微小孔隙之中，随着注气量的增加，$T_2$ 谱线逐渐下移，表明在一定注气压力下，原油被有效动用，通过 $T_2$ 谱曲线变化可以发现油主要通过下小孔进行排出，微小孔中的信号（T2<1ms）基本不变。

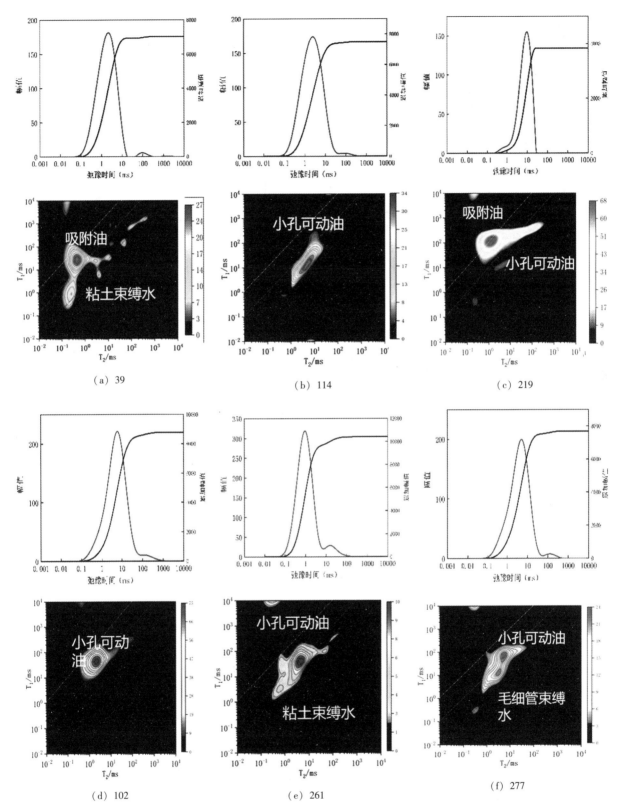

图 4　驱替实验 $T_2$ 谱和 $T_1$-$T_2$ 谱图（上 $T_2$ 谱图，下 $T_1$-$T_2$ 谱图）

随着注入速度增加，$N_2$ 主要动用弛豫时间为 1～100ms 的孔喉，注入速度从 0.1ml/min 提高至 0.5ml/min 过程中，$T_2$ 谱变化幅度增加，最终采收率分别为 13.7%、17.04%、32.67%，表明随着注入速度的增大，岩心内原油动用程度变大。

实验对 102、277、261 三块岩心在初始饱和状态和驱替完成后进行 $T_1$-$T_2$ 二维核磁的测定。不同流体组分信号在二维核磁共振 $T_1$-$T_2$ 图谱上分布的

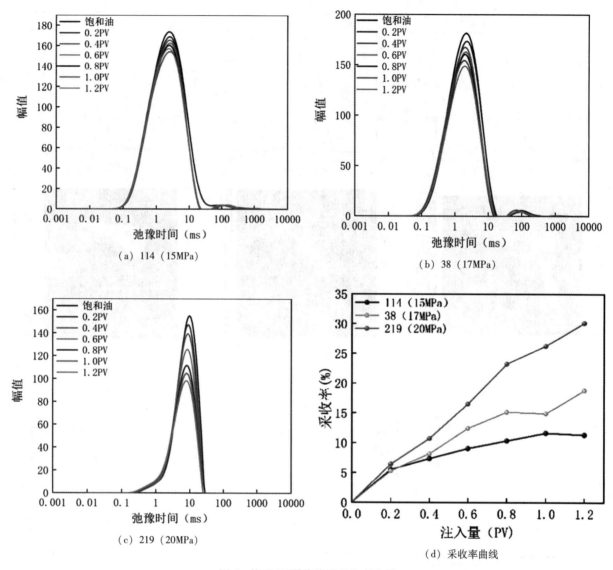

（a）114（15MPa）　　（b）38（17MPa）　　（c）219（20MPa）　　（d）采收率曲线

图5　核磁T2谱曲线及采收率曲线

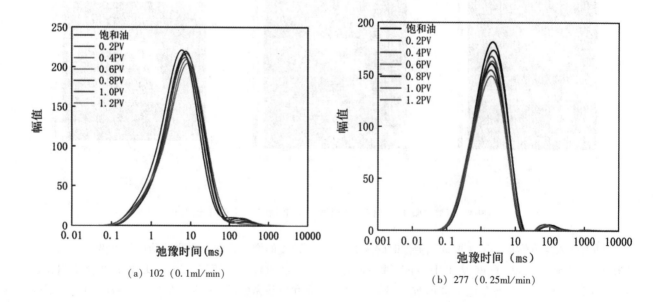

（a）102（0.1ml/min）　　（b）277（0.25ml/min）

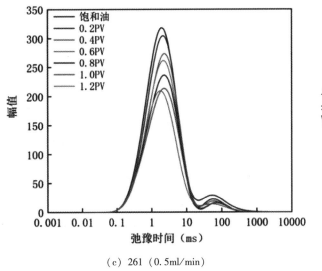

（c）261（0.5ml/min）

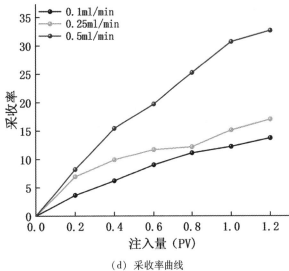

（d）采收率曲线

图 6　核磁 T2 谱曲线及采收率曲线

区域不同，信号的分布区域越大、信号强度越高，则流体组分在孔隙中的占比越高，对应的饱和度越高。结果可以发现样品 102 饱和状态只有微小孔内存在可动油，驱替结束后小孔内存在剩余油，样品 277 饱和状态微孔内存在少量毛细管束缚水，但驱替后这部分束缚水消失，说明气体对该部分毛细管束缚水进行动用，样品 261 饱和状态存在可动油和粘土束缚水，驱替后只有少量可动油存在微小孔内。

## 4. 结论

通过核磁共振实验研究对比了饱和油核磁结果、不同注气压力和速率多种方式下样品多轮次吞吐原油采收率变化、各级孔隙中原油动用特征及剩余油分布情况，得出以下结论。

（1）页岩油主要赋存于小孔（$0.1 < T_2 < 10ms$）中，主要为吸附油和小孔可动油，可见粘土束缚水及毛细管束缚水信号；

（2）第一轮吞吐采收率最高，随着吞吐轮次增加，效果减弱。第四轮吞吐后，采收率不会有太大变化；

（3）样品整体上体现出 4 轮吞吐最终采收率高于驱替采收率的特征，且基本出现在第三轮，即前 2 轮吞吐采收率小于驱替采收率，第 3 轮吞吐开始高于驱替采收率；

（4）相比页岩油驱替来说，三轮次以上的 $CO_2$ 吞吐室内开发效果更好，可能是难以建立有效驱替体系导致的。

## 参 考 文 献

［1］赵续荣，陈志明，李得轩，等. 页岩油井缝网改造后 CO2 吞吐与埋存特征及其主控因素［J］. 大庆石油地质与开发，2023，42（6）：140-150.

［2］赵文智，卞从胜，李永新，等. 陆相页岩油可动烃富集因素与古龙页岩油勘探潜力评价［J］. 石油勘探与开发，2023，50（3）：455-467.

［3］林森虎，邹才能，袁选俊，等. 美国页岩油开发现状及启示［J］. 岩性油气藏，2011，23（4）：25-30.

［4］杜猛，吕伟峰，杨正明，等. 页岩油注空气提高采收率在线物理模拟方法［J］. 石油勘探与开发，2023，50（4）：795-807.

［5］刘明，李彦婧，潘兰，等. 南川地区页岩储层构造裂缝特征及其定量预测［J］. 非常规油气，2023，10（3）：8-14.

［6］肖文联，杨玉斌，黄矗，等. 基于核磁共振技术的页岩油润湿性及其对原油动用特征的影响［J］. 油气地质与采收率，2023，30（1）：112-121.

［7］李国欣，雷征东，董伟宏，等. 中国石油非常规油气开发进展、挑战与展望［J］. 中国石油勘探，2022，27（1）：1-11.

［8］赵文智，胡素云，侯连华，等. 中国陆相页岩油类型、资源潜力及与致密油的边界［J］. 石油勘探与开发，2020，47（1）：1-10.

［9］WEI J G，FU L Q，ZHAO G Z，et al. Nuclear magnetic reso-nance study on imbibition and stress sensitivity of lamellar shale oil reservoir［J］. Energy，2023，282：128872.

［10］杨智，邹才能."进源找油"：源岩油气内涵与前景［J］. 石油勘探与开发，2019，46（1）：173-184.

［11］邹才能，朱如凯，白斌，等. 致密油与页岩油内

涵、特征、潜力及挑战 [J]. 矿物岩石地球化学通报, 2015, 34 (1): 3-17.

[12] 张志超, 柏明星, 杜思宇. 页岩油藏注 $CO_2$ 驱孔隙动用特征研究 [J]. 油气藏评价与开发, 2024, 14 (1): 42-47

[13] 姚兰兰, 杨正明, 李海波, 等. 夹层型页岩油储层 $CO_2$ 驱替特征——以鄂尔多斯盆地长 7 页岩为例 [J]. 大庆石油地质与开发, 2024, 43 (2): 101-107.

[14] 周思宾. 红河致密砂岩油藏注 $CO_2$ 可行性室内评价研究 [J]. 石油化工高等学校学报, 2019, 32 (1): 41-46.

[15] DANG F Q, LI S Y, DONG H, et al. Experimental study on the oil recovery characteristics of $CO_2$ energetic fracturing in ultralow-permeability sandstone reservoirs utilizing nuclear magnetic resonance [J]. Fuel, 2024, 366: 131370.

[16] WANG H T, LUN Z M, LV C Y, et al. Nuclear-magnetic resonance study on mechanisms of oil mobilization in tight sandstone reservoir exposed to carbon dioxide [J]. SPE Jour - nal, 2018, 23 (3): 750-761.

[17] 黄兴, 李响, 张益, 等. 页岩油储集层二氧化碳吞吐纳米孔隙原油微观动用特征 [J]. 石油勘探与开发, 2022, 49 (3): 557-564.

[18] 许宁, 满安静, 徐萍, 等. 非常规油藏补能提采开发方式研究进展及路径优选 [J]. 中外能源, 2023, 28 (8): 38-46.

[19] 张佳亮, 葛洪魁, 张衍君, 等. 吉木萨尔页岩油注入介质梯级提采实验评价 [J]. 石油钻采工艺, 2023, 45 (2): 244-250、258.

[20] 吴婵, 阎存凤, 李海兵, 等. 柴达木盆地西部新生代构造演化及其对青藏高原北部生长过程的制约 [J]. 岩石学报, 2013, 29 (6): 2211-2222.

[21] 潘家伟, 李海兵, 孙知明, 等. 阿尔金断裂带新生代活动在柴达木盆地中的响应 [J]. 岩石学报, 2015, 31 (12): 3701-3712.

[22] 郭泽清, 马寅生, 易士威, 等. 柴西地区古近系-新近系含气系统模拟及勘探方向 [J]. 天然气地球科学, 2017, 28 (1): 82-92.

[23] 楼谦谦, 肖安成, 钟南翀, 等. 大型陆相坳陷型沉积盆地原型恢复方法—以新生代柴达木盆地为例 [J]. 岩石学报, 2016, 32 (3): 892-902.

[24] 刘敦卿. 压裂液微观渗吸与 "闷井" 增产机理研究 [D]. 北京: 中国石油大学 (北京), 2019.

[25] 马明伟, 祝健, 李嘉成, 等. 吉木萨尔凹陷芦草沟组页岩油储集层渗吸规律 [J]. 新疆石油地质, 2021, 42 (6): 702-708.

[26] 张新旺, 郭和坤, 李海波. 基于核磁共振致密油储层渗吸驱油实验研究 [J]. 科技通报, 2018, 34 (8): 35-40.

# 威远页岩气区块勘探开发认识及下步勘探评价工作方向

程　辉

（中国石油集团长城钻探工程有限公司地质研究院）

**摘　要**　自 2014 年开始长城钻探威远页岩气风险作业开发以来，长城钻探围绕制约页岩气规模效益开发难题和瓶颈问题，开展了技术攻关及现场试验，形成了具有长城特色的页岩气"甜点"综合评价、井位优化部署、差异化压裂设计及实施和裂缝预测等页岩气勘探开发关键技术，基本实现了威远主体区块的效益开发。通过对长城钻探威远区块勘探开发工作认识进行系统深入分析总结，明确了实现区块高效评价、效益开发的具体做法，针对下步区块勘探开发面临的具体问题通过深入分析提出了地震资料攻关、复杂断块页岩气藏开发的技术攻关方向，为后续勘探评价区的高效勘探评价提供技术支撑。

**关键词**　页岩气；威远；井位部署；钻遇率；压裂地质设计；效益开发

长城钻探威远页岩气风险作业区地处四川盆地西南部，横跨内江市威远县、自贡市荣县、贡井区和大安区境内。地表属山地地形，地貌以低山和丘陵为主，地面海拔 300～800m，地势自北西向南东倾斜。构造上隶属川西南古中斜坡低褶带，威 202、威 204 井区主要发育威远背斜构造，自 207 井区发育自流井构造。风险区块探明地质储量超千亿方亿方，威 202 和威 204 井区为目前的稳产区，自 207 井区为后续接替区，正处于勘探评价阶段。威远页岩气风险合作开发以来，长城钻探按照做成、做好、做优三步走战略，遵循"一体化"开发思路，基本实现了威 202 和威 204 主体区块的效益开发。按照开发方案设计主体区块井位只能保障区块稳产至 2027 年，区块亟待寻找出新的产能接替区或接替层位。威远区块自 207 井区勘探评价工作面临断裂系统复杂、井控程度低、储层特征及产能特征不落实的问题，只有对威远页岩气开发以来的成功做法和不足之处进行详细的分析总结，形成系统性的地质开发工作认识，才能指导下步勘探评价区块实现高效勘探、效益开发。

## 1　威远区块开发初期认识

威远页岩气风险作业开展以来，历经了开发探索和试验评价、开发调整和规模上产、持续稳产三个阶段。截止至 2024 年，通过不断深化地质认识，完善配套钻完井技术，实现了区块累产气过百亿方的阶段目标。区块开发初期评价井井控程度不足，地质认识不充分，得到了一些对后期勘探评价不利的认识：初期认为威远区块龙马溪组储层属于海相沉积且断裂不发育，储层稳定，储层非均质性不强；已实施的威 202H2/4/5/6 平台取得了较好的开发效果，认为龙马溪地层厚度及 1 小层特征相似；地震剖面显示龙一段变薄未引起警惕，沉积学特征研究不深入；下倾井生产效果较上倾井好，上下倾部署模式影响气井产能。由于上述局限性的认识导致对边部薄储层区认识不足，陆续实施的威 202H9 等平台投产效果未达到方案设计指标，对于区块高产井的主控因素认识和区块的规模效益开发产生了深远的影响。

## 2　威远区块地质工作认识

受区块边部薄层区井位实施结果启示，长城钻探采用评价井和导眼井相结合方式落实地质特征，降低开发风险。依靠"评价井＋导眼井"模式落实储层变化特征，明确区内 1 小层厚度、甜点类型等开发关键参数。截止目前，长城威远工区共完钻 6 口评价井，13 口导眼井，评价井和导眼井井控程度达到了约 20 平方公里/口井（图 1），主体区块储层特征基本落实。

在气田开发过程中注重三维地震资料、测录井资料对于页岩气开发产能建设的技术支撑及保障作用。在二开井段补充录取阵列声波资料用于三压力预测，优化泥浆密度，助力钻井提速提效。将开发初期 3 个地震解释层位增加到 8 个，提升造斜困难、易漏易卡等关键层位预测精度，降低钻井施工风险。弱化地震资料甜点预测，强化地震

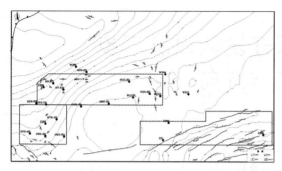

图1 威远风险合作区评价井及导眼井井位图

裂缝预测能力，丰富裂缝预测手段，支撑钻井、压裂工程提速提效保障施工安全，近年来钻井事故复杂率、压裂套变率及平台间压窜程度显著降低。

通过深化深层甜点评价，精细靶体位置设计，践行地质-工程一体化地质导向，水平井目标靶体钻遇率持续保持在较高水平。针对页岩储层非均质性强、裂缝及地应力展布规律复杂等问题，集成基于"七性"特征评价的测井综合解释、地震叠后/叠前同时反演、裂缝精细刻画及地应力预测技术，形成精细甜点评价的技术体系。锁定龙一$_1^1$小层为开发目标层段（图2），其中下部富含游离气高硅段为水平井铂金靶体位置。针对目标靶体厚度小、地层倾角变化快及丛式平台井三维入靶预测难的问题，形成了一套以综合地质研究为基础，以随钻GR为核心，地震、元素录井资料相结合的页岩水平井地质导向技术系列，有效提高了水平井目标箱体钻遇率。

### 威202井

| 地层 | | | | | 深度<br>(m) | HSGR<br>0 ——— 300<br>HCGR<br>0 ——— 300 | 岩性 | RLA1<br>0.2 ——— 1000<br>RLA5<br>0.2 ——— 1000 | DT<br>180 ——— 80<br>DEN<br>1.95 ——— 2.95<br>NPHI<br>0.6 ——— 0 |
|---|---|---|---|---|---|---|---|---|---|
| 系 | 统 | 组 | 段 | 亚段 | 小层 | | | | |
| 志留系 | 下统 | 龙马溪组 | 龙一段 | 二亚段 | | | | | |
| | | | | 一亚段 | 4 | | | | |
| | | | | | 3 | | | | |
| | | | | | 2 | | | | |
| | | | | | 1 | | | | |
| 奥陶系 | 上统 | 五峰组 | | | | | | | |
| | | 宝塔组 | | | | | | | |

图2 威远风险合作区优质页岩段地层综合柱状图

## 3 威远区块开发工作认识

在页岩气开发实践过程中，动静态结合锁定水平井靶体位置。在威远地区率先提出龙一$_1^1$小层为页岩气开发纵向"甜点"。动静态数据相结合，明确威202井区目标靶体为龙一$_1^1$小层中部，威204井区目标靶体为龙一$_1$小层中部+下部。综合应用动态分析、压裂模拟、数值模拟等手段，分区开展井位优化调整，对井间距等关键部署参数进行优化设计。针对不同甜点区特点，采取不同优化部署对策，实现井位差异化部署。同时，立足地质特征，减少压窜影响，进行差异化井位优化部署。考虑钻井工程可实施性，地面平台选址条件，地质条件差异和降低平台间压裂干扰因素，目前采用"平台间距增大，厚层小井距，薄层大井距，单双排并用"的差异化井位部署模式（图3），在充分动用地质储量基础上，提高单井EUR，保障区块效益开发。

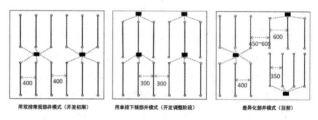

图3 威远风险合作区差异化井位部署模式示意图

开展差异化压裂地质设计，进行针对性的储层改造，提高改造效果。压裂设计以防套变、充分改造为原则。对于均质段进行充分改造，对断层附近或天然裂缝发育段采取长段多簇压裂设计，避射断层及岩性界面，对与相邻投产井压窜风险高段加大段长。压裂施工过程中针对不同的地质条件差异，采用高强度加砂、暂堵转向和定向射孔等方式进行针对性的施工，提高压裂改造强度和裂缝复杂程度。压裂工艺由初期压裂1.0工艺升级至压裂2.0工艺，单井平均EUR提升13%以上。

应用试油气录井技术持续优化返排制度，实现返排制度最优化。由最初"压降速率曲线分析法"发展为"应力、流量、伤害、产能"4因子返排动态管理技术，根据试油气录井实时采集砂量、液量、气量、压力等关键参数，采用双油嘴实时动态调控制度"，精细调整油嘴尺寸，最终达到提高单井产能和EUR目标，目前已实施50余井次，测试产量及压力保持较同平台井更好。

## 4 威远区块评价工作认识

自 207 井区尚处于评价阶段，井控程度低，储层平面展布及产能特征不落实。工区内浅层、深层断层相对不发育，中层断层发育，工区被断层分隔成多个断块。工区发育三套断裂系统，断层个数多，规模较大，延伸长度较长，储层埋藏深度大，埋深较主体区块深，埋深在 3700～4000m。长城钻探通过分两期采集三维地震资料、实施 2 口评价井落实评价区地质特征。2018 年、2022 年分 2 次采集 215 平方公里三维地震资料落实构造特征。在实施完 2 口评价井的基础上新增部署 2 口评价井，增加井控程度，落实储层特征。目前认为自 207 井区东部井储层 TOC、含气量、脆性矿物等储层评价参数与威 202 和威 204 井区典型平台相近，优于自 207 井区西部。自 207 井区构造更复杂、埋深大、泥质含量高、主应力值高。

基于 2022 年采用宽方位、高覆盖等手段采集的自 207 井区 II 期三维地震资料，进行评价井直改平井地层倾角变化预测。直改平井地震预测地层变化与实钻数据整体趋势基本一致，但构造变化拐点位置及地层倾角预测误差范围约为 170 米。为提高复杂构造区地层倾角变化预测精度及裂缝预测准确性，在自 207 井区三维地震应用攻关方向确定为钻后地震资料偏移处理，重点支撑水平井钻井和储层改造工作。

## 5 下步勘探评价工作方向

分析威远风险合作区主体勘探开发过程中的经验教训及成功的做法，结合自 207 井区的地质特征明确了以下重点攻关方向：一是要深化构造特征认识，支撑开发单元划分及井位部署优化。建立精准的三维地质模型，开展基于模型的地质-工程一体化的井位部署。按照断层分级结果，根据不同断块面积大小，结合平台踏勘利用三维地质模型进行三维可视化整体部署规划。通过整体部署优化尽量避免上覆二叠系茅口组和栖霞组易漏层位过断层，减少钻井复杂情况；二是要借鉴威远页岩气开发经验、形成"选好区、钻长段、打准层、压多缝、管好井"的高产井培育模式，努力提高评价区域的单井产量、EUR 和采收率。根据不同甜点分区储层差异，优选靶体位置，差异化设计井位部署参数和储层改造参数，坚持"一体化研究、设计、施工"，努力实现勘探评价区域的产能突破，落实好区块资源接替基础。

### 参 考 文 献

[1] 谢军. 长宁—威远国家级页岩气示范区建设实践与成效 [J]. 天然气工业, 2018, 38 (02)：1-7.

[2] 马新华. 四川盆地南部页岩气富集规律与规模有效开发探索 [J]. 天然气工业, 2018, 38 (10)：1-10.

[3] 熊小林. 威远页岩气井 EUR 主控因素量化评价研究 [J]. 中国石油勘探, 2019, 24 (04)：532-538.

[4] 魏斌. 基于元素的多尺度耦合页岩气评价技术与应用 [C] //中国地球物理学会. 2023 年中国地球科学联合学术年会论文集——专题九十二 基础沉积学研究进展、专题九十三 沉积盆地矿产资源综合勘察. 中国石油集团长城钻探工程有限公司;, 2023：1. DOI：10.26914/c. cnkihy. 2023.118152.

[5] 赵勇, 李南颖, 杨建, 程诗胜. 深层页岩气地质工程一体化井距优化——以威荣页岩气田为例 [J]. 油气藏评价与开发, 2021, 11 (03)：340-347. DOI：10.13809/j. cnki. cn32-1825/te. 2021.03.008.

[6] 谢军, 赵圣贤, 石学文, 张鉴. 四川盆地页岩气水平井高产的地质主控因素 [J]. 天然气工业, 2017, 37 (07)：1-12.

# 柴西坳陷咸化湖相页岩油地质工程
# 一体化研究与实践

张庆辉[1]　林　海[2]　伍坤宇[3]　吴松涛[4]　刘世铎[2]　李义超[3]

（1. 中国石油青海油田公司勘探事业部；2. 中国石油青海油田公司油气工艺研究院；
3. 中国石油青海油田公司勘探开发研究院；4. 中国石油勘探开发研究院）

**摘　要**　柴达木盆地柴西坳陷古近系下干柴沟组上段（$E_3^2$）发育一套咸化湖相页岩油，具有地层厚度大（1000m）、纵向富集段多（已落实7段）、压力系数高（1.8~1.9）、脆性指数高（0.6~0.7）等特点，同时表现出黄金靶层识别难、空间非均质性强、断裂较发育等诸多难题。借鉴国内外其他区块的页岩油勘探理念，积极转变思路，按照"直井控规模、水平井提产"的原则，完井试油的7口直井10个层组全部获工业油流，为实现页岩油高效动用而部署的 CP1 井，4mm 油嘴放喷油压为 31.8MPa，日产油 124.3m³，日产气 15358m³，实现了该区英雄岭页岩油勘探战略突破，展现了页岩油有效动用的良好前景及巨大的开采潜力。但是英雄岭页岩油存在着"地层巨厚、非均质性强、低含油饱和度"等问题，尚未解决巨厚储层立体开发部署方式和工程技术对策等技术难题。针对以上生产技术需求，通过近几年的研究与生产实践，以地质工程一体化研究思路为核心，积极开展甜点分类评价、地质力学研究、人工裂缝扩展规律等研究；研究表明：（1）纹层状和层状灰云岩为最佳岩相组合；（2）岩相和岩性是影响岩石力学性质的重要因素，粘土质矿物含量越高单轴抗压强度越低，纹层越多塑性特征更明显；（3）考虑施工曲线（ISIP点）得到的平均水力裂缝长度 144.8m，平均裂缝导流能力 166.1mD.m；（4）结合页岩油甜点评价和开发评价，优选中甜点主力层位14、15箱体开展先导试验攻关。研究成果有效支撑了页岩油藏开发方案设计及优化提供技术支撑，为页岩油藏降本增效及非常规资源规模化动用提供了技术支撑。

**关键词**　英雄岭；甜点综合评价；三维地质建模；靶体优选；裂缝扩展模拟

## 1　勘探历程及研究现状

柴达木盆地英雄岭区块勘探始于 20 世纪 50 年代，经历了浅层到深层、碎屑岩到碳酸盐岩、构造油气藏到岩性油气藏、常规到非常规的发展历程，2019 年借鉴邻区英西三维地震成功技术，在干柴沟实施了三维地震，进一步落实了地层展布和圈闭特征；2020 年以来根据页岩油勘探理念，积极转变思路，按照"直井控规模、水平井提产"的原则，先后部署直井 13 口、水平井 8 口。2021年完试的 7 口直井 10 个层组全部获工业油流，日产油 12.7 ~ 44.9m³。为实现页岩油高效动用而实施的 CP1 井，水平段长 997.3m，分 21 段 124 簇压裂，4mm 油嘴放喷，油压为 31.8MPa，日产油 124.3m³，日产气 15358m³，实现了英雄岭页岩油勘探战略突破。系统取心证实，英雄岭地区古近系下干柴沟组上段有效烃源岩厚度为 600 ~ 700m，估算英雄岭地区页岩油资源量达 21×10⁸t，展现出巨大的勘探开发潜力。

关于非常规油气藏地质工程一体化研究，针对不同的储层特征及生产技术需求开展了大量的矿场试验和生产实践。吴奇等人（2015）针对钻井技术及工程难度大、建井周期长、建井综合成本高问题，首次提出钻井品质概念，为此引入了地质—工程一体化的理念，在丛式水平井平台工厂化开发方案实施过程中，对钻井、固井、压裂、试采和生产等多学科知识和工程作业经验进行系统性、针对性和快速的积累和总结，对工程技术方案进行不断调整和完善。鲜成钢等人（2017）通过岩心、测井和地震数据，对各类一体化参数进行了精细表征，通过迭代更新和及时应用，充分发挥了提高工程效率和开发效益的作用；赵贤正等人（2018）在系统梳理面临问题与挑战的基础上，围绕"五场建设"研究形成了具有特色的地质工程一体化模式，在老油田"井丛场"产能建设实践中，做到了地质工程同步优化轨迹、地面地下井筒联动推演，实现集约化建井、简易化配套、工厂化作业；谢军等人（2019）运用多学科多参数数据分析、应力敏感页岩多场耦合模拟（包括地质力学、水力压裂缝网建模和气藏数值模拟），通过在目前主体技术条件下的多方案对比，确定了最优化箱体位置和优化的生产制度，明确了压裂参数及工艺、井距参数及布井的进一步优化方向。

## 2 研究区地质概况

古近系下干柴沟组上段（$E_3^2$）沉积期，柴达木盆地柴西地区呈现"大坳陷、双次凹"的特点，柴西坳陷面积为 $1.5×10^4 km^2$，其中英雄岭地区面积为 $1500km^2$，厚度为 $1500～2000m$。$E_3^2$ 时期有效烃源岩几乎覆盖了整个柴西地区，其中英雄岭地区 TOC 介于 0.4%～2.7%，平均为 1.0%；Ro 大于 0.8%，为柴西地区一套最优质的烃源岩。位于英雄岭地区中心的干柴沟区块，现今构造简单，为向盆内倾没的大型鼻状斜坡，埋深浅、深浅继承性好、断裂不发育（图 1 左），是实现页岩油勘探突破的现实区带。根据区域沉积特征，结合地面地质调查及邻井钻探、地震资料分析，C902 井区共钻遇 5 套地层，自上而下依次为下油砂山组

（$N_2^1$）、上干柴沟组（$N_1$）、下干柴沟组上段（$E_3^2$）、下干柴沟组下段（$E_3^1$）和路乐河组（$E_{1+2}$），目标地层为下干柴沟组上段，地层与邻区可对比性强，将 $E_3^2$ 地层在纵向上划分为 6 个油组（I—VI）（图 1 右），页岩层系主要发育在 IV—VI 油组。英雄岭地区古近系下干柴沟组上段半深湖—深湖相页岩纹层为典型的明暗交互季节性纹层，纹层稳定连续，主要为富碳酸盐纹层与暗色富有机质纹层高频交互，其中富碳酸盐纹层孔隙较为发育，薄层碳酸盐岩厚度一般小于 1m。古近纪晚期英雄岭地区为盐湖沉积体系，下干柴沟组上段顶部为盐岩，该套盐岩广泛发育，单层厚 1～10m，累计厚度达 200～300m，是该区良好的盖层。盐岩的封盖使得下干柴沟组上段形成自封闭系统；优越的盖层条件，致使区域内普遍发育异常高压，压力系数达 1.7～1.9。在青藏高原隆升作用下，柴西坳陷新生代沉积速率大。英雄岭地区在古近纪早期经历深埋，形成大规模高成熟油气，原油具有气油比高（$40～300m^3/m^3$）、油质轻（密度为 $0.78～0.85g/cm^3$）。

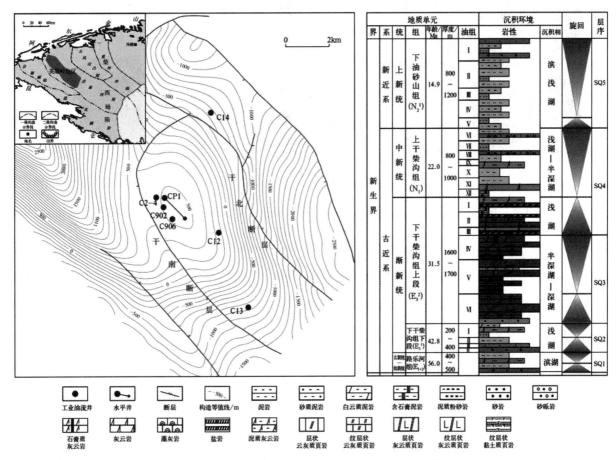

图 1 英雄岭地区干柴沟区块构造平面图（左）与地层柱状图（右）

## 3 地质工程一体化研究

### 3.1 甜点综合评价及高分辨率地质建模

英雄岭油田干柴沟地区页岩储层发育不同尺度的多类储集空间，主要包括晶间孔（85%）、纹层缝（10%）、溶蚀孔和微裂缝（5%），其中晶间孔和纹层缝广泛发育；数字岩心揭示储层孔喉连通性好，平均配位数 1.8。利用微米 CT 扫描成像实验可以清楚地识别出在储集空间类型中占比最

大的晶间孔和纹层缝在何种岩相类型中最为发育及其孔径大小，其结果显示，晶间孔在层状灰云岩密集发育，孔径 30~50μm 为主；纹层缝主要在纹层状灰云岩发育，以连续叠置的纹层为特征，孔径为 40~60μm，部分可达 60μm 以上（图 2）。扫描电镜微观分析揭示，纵向三个甜点段的矿物成份分析，上中下甜点矿物组成基本一致，而中甜点白云石含量略高（39%），下甜点黏土含量略高（31%）

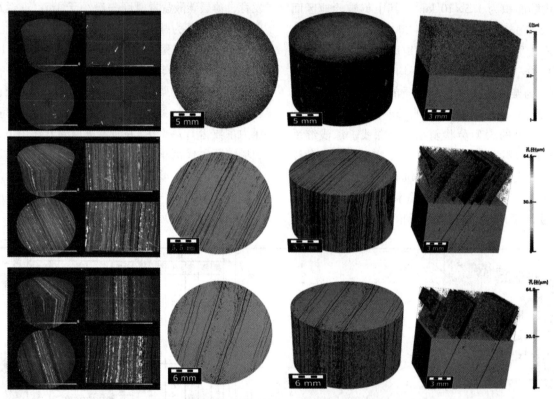

图 2　英雄岭 $E_3^2$ 页岩储层微米 CT 扫描成像成果图

英雄岭油田 $E_3^2$ 页岩储层孔隙结构，压汞实验显示，研究区层状、纹层状灰云岩储层排驱压力最低，门槛压力为 2~10MPa，喉道半径中值在 19~38nm 之间，其孔隙结构要优于云灰岩与粘土质页岩。根据岩心实测孔隙度和渗透率统计表明，层状灰云岩孔隙度最高（Φ>5% 超过 40%），纹层状灰云岩渗透率最大（K>0.1mD 占 45%），孔隙度随白云石含量增加而增大，纹层状和层状灰云岩为最佳岩相组合。

英雄岭地区因为高频旋回巨厚高原咸湖沉积，造成地质条件复杂，强储层非均质性，储层三维定量化表征对于页岩油开发而言十分必要。目前研究区为井控有利区，具有丰富的地震、测井、岩心分析资料，并已实施了近 24 口钻井、完井作

业，这些资料为进行精细储层表征和三维地质建模提供了良好的数据基础。地质建模是承前启后的重要工作，是各种地质认识的综合反映。研究思路是综合单井、测试以及地震资料，通过复核精细小层对比数据和地震解释断层及层面数据建立构造模型，通过常规测井和特殊测井数据建立储层属性模型。

三维属性模型的建立分为四步：

①三维网格设计，结合地震面元确定网格横向尺寸，根据测井分辨率确定网格垂向尺寸（已完成，见构造模型中的层面模型）；

②测井曲线粗化，将测井曲线采样到井轨迹穿过的网格；

③特殊测井数据（Litho Scanner、NMR 等）重

采样，将其采样到井轨迹穿过的网格；

④用确定性建模方法，建立研究区岩性和属性参数三维模型。

### 3.2 高精度一维及三维地质力学研究

对英雄岭地区不同类型页岩进行单轴压缩试验和三轴压缩等岩石力学实验，获得不同类型岩石的抗压强度、弹性模量、泊松比等岩石静态力学参数，对不同类型岩石力学性质进行分析，对不同类型岩石在单轴压缩后的裂缝形态进行表征，评价不同类型岩石的破裂特征。如（图3）所示为实验仪器及实验样品。

图3  实验仪器及样品

英雄岭地区不同类型岩石单轴抗压强度平均值为160.6MPa，岩石强度较高，弹性模量平均值为40.3GPa，弹性模量较低，泊松比平均值为0.3，泊松比偏高的原因在于单轴压缩实验过程中岩石在径向破裂时凸起较大。从不同井的数据来看，柴12井岩石的单轴抗压强度平均值为95.6MPa，弹性模量平均值为27.8GPa，泊松比平均值为0.33；柴13井岩石的单轴抗压强度平均值为143.2MPa，弹性模量平均值为46.2GPa，泊松比平均值为0.34；柴14井岩石的单轴抗压强度平均值为241.1MPa，弹性模量平均值为47.6GPa，

泊松比平均值为0.26。柴13井和柴14井样品的单轴抗压强度和弹性模量高于柴12井的样品，原因在于柴13井和柴14井的岩心埋深4000m左右，而柴12井的岩心埋深3000m左右。

表1  单轴压缩实验结果表

| 井号 | 样品编号 | 差应力/GPa | 弹性模量/MPa | 泊松比/MPa |
|---|---|---|---|---|
| 柴12 | 1 | 97.8 | 36.81 | 0.39 |
| 柴12 | 2 | 86.6 | 21.96 | 0.33 |
| 柴12 | 3 | 96.6 | 31.17 | 0.32 |
| 柴12 | 4 | 111.5 | 25.8 | 0.25 |
| 柴12 | 5 | 47.3 | 25.81 | 0.38 |
| 柴12 | 6 | 161.4 | 24.71 | 0.3 |
| 柴12 | 7 | 50.1 | 38.67 | 0.38 |
| 柴12 | 8 | 114 | 18.09 | 0.32 |
| 柴13 | 9 | 214.29 | 48.34 | 0.2 |
| 柴13 | 10 | 98.37 | 52.94 | 0.25 |
| 柴13 | 11 | 123.43 | 51.4 | 0.34 |
| 柴13 | 12 | 220.14 | 39.35 | 0.3 |
| 柴13 | 13 | 137.22 | 42.5 | 0.21 |
| 柴13 | 14 | 125.28 | 44.32 | 0.57 |
| 柴13 | 15 | 83.71 | 44.63 | 0.56 |
| 柴14 | 16 | 286.57 | 65.28 | 0.29 |
| 柴14 | 17 | 271.57 | 45.11 | 0.25 |
| 柴14 | 18 | 362.2 | 44.93 | 0.26 |
| 柴14 | 19 | 365.78 | 57.94 | 0.25 |
| 柴14 | 20 | 186.53 | 49.25 | 0.25 |
| 柴14 | 21 | 214.55 | 51.03 | 0.25 |
| 柴14 | 22 | 213.62 | 47.07 | 0.29 |

从图4典型样品的应力应变曲线中可以看出，不同类型岩石力学性质差异明显，砂岩因具有均质岩石的特征，其单轴抗压强度最高，层状岩石的抗压强度高于纹层状岩石，灰云质岩石的单轴抗压强度高于粘土质岩石。粘土质页岩在达到抗压强度后应力迅速下降，而灰云质岩石在达到抗压强度后仍具备一定的抗压能力使其压后曲线出现多个峰值，并且纹层状灰云质页岩的应力跌落速度最慢。与砂岩相比，英雄岭不同类型页岩具有一定的塑性特征，纹层和岩性是影响岩石力学性质的重要因素，纹层越多，岩石的单轴抗压强度越低，达到抗压强度峰值后应力波动更加明显，应力跌落速度更慢，塑性特征更明显；粘土质矿物含量越高，单轴抗压强度越低，塑性特征越明显。

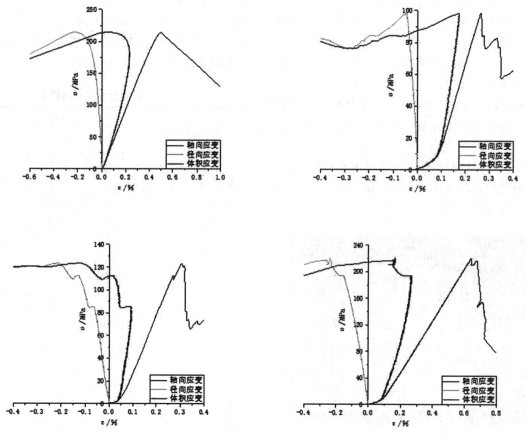

图 4　典型岩石单轴应力应变曲线

在一维地质力学研究的基础上，结合构造模型以及三维地震资料考虑储层空间各向异性建立三维地质力学相关模型，包括：最大主应力、最小主应力、上覆地层压力、水平应力差、杨氏模量、泊松比、单轴抗压强度等。通过岩石力学实验室进行力学参数测试、波速各向异性实验、地磁定向实验以及岩石三轴力学试验等，得到岩石力学参数、应力方位、应力大小以及应力梯度等与储层改造密切相关的数据；在实验室分析的基础上结合测井资料、岩性分布特征、孔隙压力、流体性能等进行一维地质力学分析研究；在此基础上结合构造层面模型、断层空间分布特征以及地震数据等进行区域地质力学特征研究，能较好的反映储层地质力学在三维空间的分布特征，三维地质力学模型见（图 5）。

### 3.3　全耦合人工裂缝三维扩展模拟

成像测井动静态图像是目前采用测井资料识别裂缝分辨率最高的方法，页岩储层中的天然裂缝与常规砂岩储层以及缝洞型碳酸盐岩储层中的裂缝响应特征有较大的不同。常规砂岩储层和碳酸盐岩储层由于泥浆侵入，导致储层基质部分与

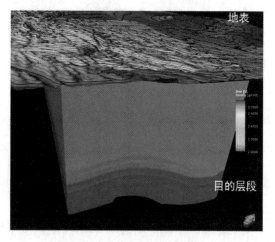

图 5　研究区三维地质力学模型

裂缝面电阻率出现明显差异，同时与页岩储层相比，常规砂岩及碳酸盐岩成层性并不强，因此裂缝延伸程度较远，容易在成像测井中观察到完整的正弦线。页岩储纵向上成分非均质性和构造非均质性极强，成分变化或沉积构造变化会导致成像测井产生层状明暗相间的细微变化，这使得低角度裂缝和水平缝的识别难度增加。基于"常规+成像+岩心"的页岩储集层裂缝测井综合识别方

法，建立研究区天然裂缝测井识别图版（图6）。以成像测井资料进行天然裂缝特征识别，定量描述天然裂缝参数，创新构建柴达木页岩油储层天然裂缝数字化表征方法。根据倾角可以将裂缝划分为四类：水平缝（0~15°），低角度缝（16~45°），高角度缝（46~75°），垂直缝（76~90°）。根据FMI成像测井上识别的裂缝统计结果来看，

这四种裂缝均发育。

天然裂缝具备明显的构造裂缝特征，表现出与构造主应变方位（北东走向）相关性较强的特点；背斜核部以北东走向为主，翼部受构造产状变化影响有一定的变化；背斜核部高导缝相对高阻缝而言更偏北东走向，指示裂缝的开启性可能与裂缝应力特征有关（图7）。

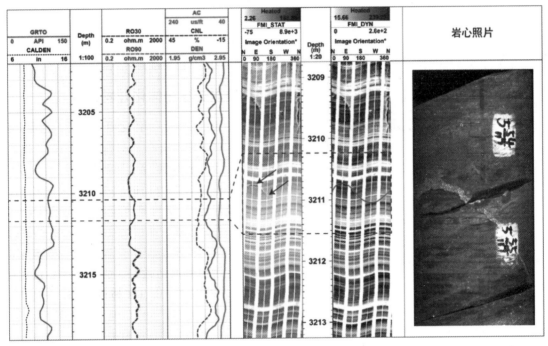

图6　天然裂缝测井识别图版

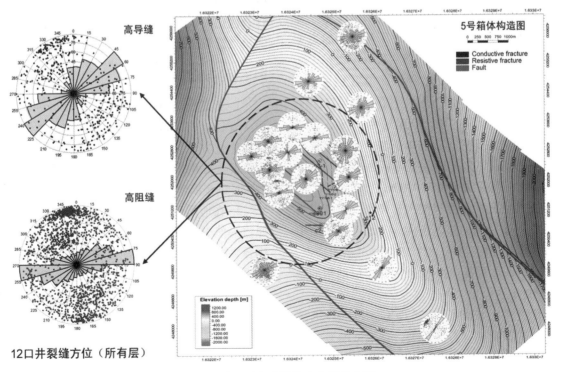

图7　高导缝与高阻缝方位及分布图

结合地质模型、地质力学模型和实际压裂施工曲线对水平井压裂裂缝形态进行模拟并拟合，考虑施工曲线（ISIP 点）得到的平均水力裂缝长度 144.8m，平均支撑裂缝长度 122m，平均水力裂缝高度 34m，平均支撑裂缝高度 18.7m，平均支撑裂缝面积为 16439.25$m^3$，平均裂缝导流能力 166.1mD. m（图 8）。

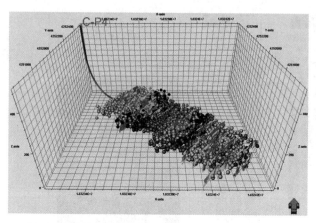

图 8　水平井全耦合人工裂缝扩展模拟及微地震监测

### 3.4　页岩油藏高效开发模式研究

鉴于英雄岭页岩油藏开发中 4 类"甜点"富集模式的差异，单一布井模式难以满足研究区内页岩油效益开发的需求，综合考虑构造特征、"甜点"的纵横向发育特征，形成了具有英雄岭页岩油藏特色的布井开发模式（图 9）。

构造稳定区地层的倾角变化较小，横向发育稳定，这为长水平井的布置打下了基础，加之英雄岭页岩油藏纵向上发育多个"甜点"层，干柴沟地区下干柴沟组上段目前勘探评价出上（准层序 5—6）、中（准层序 12—16）、下（准层序 19—21）3 个"甜点"集中段，厚度约为 600m，这些特点使得构造稳定区具备在单平台上布置多层系立体井网的条件。对于断裂变形区地层的倾角大（大于 15°）、埋藏深（大于 4500m）、横向非均质性强，长水平井的钻井风险大、成本高，难以满足水平井立体井网的部署条件，因此也无法简单套用立体水平井网模式，得益于巨厚沉积的特点，英雄岭页岩油藏具备直井/大斜度井多层动用的条件（图 10）。

利用直井扩边试油，部署 C13、C14、C908 等井对干柴沟下部箱体分层压裂、合采试油对油藏开采特征进一步认识，利用水平井进行规模建产，部署 CP1、CP2 和 CP4 均产量可观。结合地质模

型、地质力学模型和实际压裂施工曲线，考虑施工曲线（ISIP 点）针对 C908、C13、C14 进行施工压力拟合反演裂缝参数；裂缝反演、声波监测、四维影像均表明裂缝无压窜迹象。层位优选需要结合储层品质和工程品质双甜点优选，特别是页岩油的物质基础和流动能力。前期通过直井和勘探评价井压后评估得到的有效支撑缝高对于层系划分具有重要作用。因此，结合页岩油甜点评价和开发评价，优选上甜点主力层位 5 箱体，6 箱体和 4 箱体接力开发，优选中甜点主力层位 14 箱体，15 箱体和 16 箱体接力开发。

## 4　地质工程一体化开发实践

基于地质工程一体化研究成果，选取 2 号平台开展生产实践，进行了有利甜点分布、放大井距、优化压裂、特殊测井、同步拉链压裂、双监测优化压裂施工等 6 方面的攻关，解决问题、验证认识、确保达产。2 号平台压裂前 15 天对柴平 2、柴平 4 井关井蓄能，通过蚂蚁体分析避射天然裂缝发育段 5 个，首次实现了全程监控的同步拉链式压裂，有效提升改造效果、施工效率，避免施工干扰 2023 年针对中甜点实施英页 2H 平台 4 口水平井，合计初期日产油 70 吨，较 1 号平台见油早、产量高，平均单井日产量提升 6 倍，已生产 200 天以上，合计持续稳定在 65 吨（图 11）。地质工程一体化研究成果有效支撑了页岩油藏开发方案设计及优化提供技术支撑，为页岩油藏降本增效及非常规资源规模化动用提供了技术支撑。

## 5. 结论与建议

1. 为高效规模化开采英雄岭页岩油，亟需形成一套针对英雄岭页岩油巨厚储层的立体开发模式和优化方法，包括甜点区优选、靶体优选、改造对策、布井方式等，从而有效指导英雄岭页岩油按计划规模建产。

2. 在地质研究的基础上结合地质力学分析，厘清天然裂缝分布特征及人工裂缝与天然裂缝的耦合规律，从而为页岩油压裂方案设计及井位部署原则提供技术支撑，研究成果可应用于水平井压裂方案优化、井网部署参数优选及页岩油藏开发方案调整，能有效降低压裂窜扰等问题对规模建产的影响。

3. 在页岩油开发过程中需继续贯彻地质工程一体化研究技术思路，加强对地质甜点与工程甜

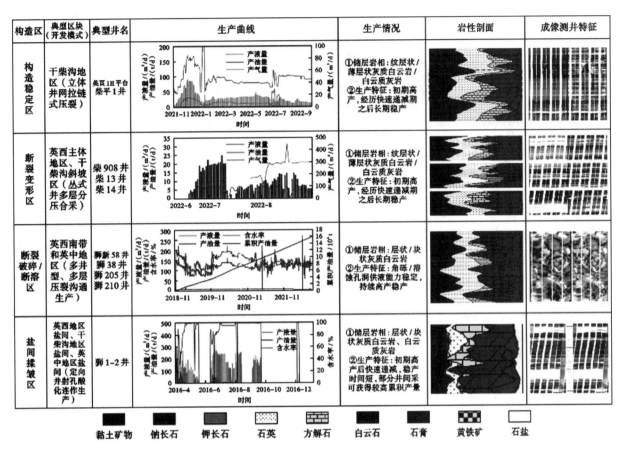

图9　柴达木盆地英雄岭页岩油藏不同类型"甜点"区的开发情况

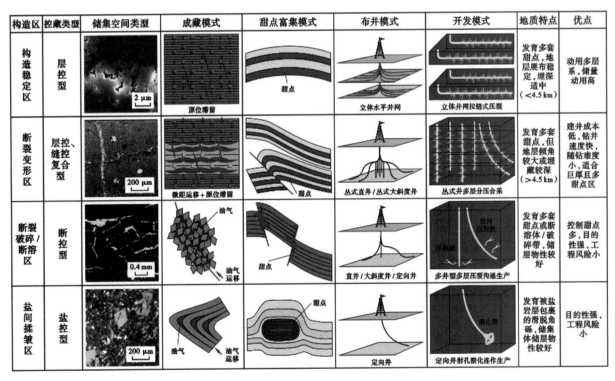

图10　柴达木盆地英雄岭页岩油藏的控藏类型、富集模式与高效动用模式

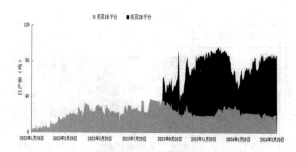

图 11 英页 1H 和英页 2H 平台产量对比

点识别，加大对天然裂缝及人工裂缝预测精度，夯实地质基础，深化地质认识；创新非常规油气资源开发技术，探索非常规油气资源效益开采可行性方案。

## 参 考 文 献

［1］李国欣，伍坤宇，朱如凯，等．巨厚高原山地式页岩油藏的富集模式与高效动用方式［J］.石油学报，2023，44（1）：145-157

［2］吴奇，梁兴，鲜成钢，李峋．地质—工程一体化高效开发中国南方海相页岩气［J］.中国石油勘探，2015，20（4）：1-23

［3］谢军，张浩淼，佘朝毅，李其荣，范宇，杨扬．地质工程一体化在长宁国家级页岩气示范区中的实践［J］.中国石油勘探，2017，22（1）：21-28.

［4］赵贤正，赵平起，李东平，武玺，汪文昌，唐世忠．地质工程一体化在大港油田勘探开发中探索与实践［J］.中国石油勘探，2018，23（2）：6-14.

［5］谢贵琪，林海，刘世铎，等．柴达木盆地西部英雄岭页岩油地质工程一体化压裂技术创新与实践［J］.中国石油勘探，2023，28（4）：105-116

［6］鲜成刚等地质力学在地质工程一体化中的应用［J］.中国石油勘探，2017

［7］郭得龙，申颖浩，林海，等柴达木盆地英雄岭页岩油 CP1 井压裂后甜点分析［J］.中国石油勘探，2023，28（4）：117-128.

［8］许建国，赵晨旭，宣高亮，何定凯．地质工程一体化新内涵在低渗透油田的实践——以新立油田为例［J］.中国石油勘探，2018，23（2）：37-42.

［9］杨海军，张辉，尹国庆，韩兴杰．基于地质力学的地质工程一体化助推缝洞型碳酸盐岩高效勘探——以塔里木盆地塔北隆起南缘跃满西区块为例［J］.中国石油勘探，2018，23（2）：27-36.

［10］谢军，鲜成钢，吴建发，赵春段．长宁国家级页岩气示范区地质工程一体化最优化关键要素实践与认识［J］.中国石油勘探，2019，24（2）：174-185.

［11］刘乃震，王国勇，熊小林．地质工程一体化技术在威远页岩气高效开发中的实践与展望［J］.中国石油勘探，2018，23（2）：59-68.

# 柴达木盆地茫崖周缘古近系-新近系沉积特征及烃源岩评价

张博策　伍坤宇　邓立本　乔柏翰　姜营海　谭武林　姜明玉　黄建红

（中国石油青海油田公司勘探开发研究院）

**摘　要**　柴达木盆地是我国西部地区重要的油气资源富集区之一，茫崖周缘地区古近系-新近系具备致密油形成的基本地质条件。本文基于岩性组合、矿物特征、沉积构造、测井资料、及有机地球化学资料，开展了柴达木盆地茫崖周缘古近系-新近系沉积特征及烃源岩评价的研究。结果表明，古近系-新近系长期处于咸化湖盆还原沉积环境，主要发育滨、浅湖-半深湖亚相沉积，浅湖亚相进一步划分为浅滩、浅湖泥和浅湖泥夹席状砂三类微相，半深湖亚相划分为深湖泥、灰泥滩两类微相。烃源岩主要为暗色泥质岩及碳酸盐岩，具有分布层位多、连续厚度大和分布范围广的特点，主要发育四套烃源岩层（$E_3^2$、$N_1$、$N_2^1$、$N_2^2$）。研究区干酪根类型以$II_1$型和$III$型为主，含少量$I$型和$II_2$型，烃源岩有机质类型以混合型（腐殖-腐泥型、腐泥-腐殖型）为主；$E_3^2$-$N_2^1$的烃源岩有机质丰度高、母质类型好，而$E_3^2$层烃源岩有机质丰度达到$I$型干酪根标准，为茫崖周缘地区的主力烃源岩岩层，证明了油气勘探开发潜力巨大。

**关键词**　柴达木盆地；茫崖凹陷；沉积特征；烃源岩评价

柴达木盆地位于我国青海省西北部，在西北向、西南向和东北向分别被阿尔金山脉、昆仑山脉和祁连山脉所包围，是我国海拔最高的内陆盆地，同时也是我国西部地区重要的油气资源富集区之一，经过了半个多世纪的勘探开发，柴达木盆地的石油与天然气探明储量和产量至今仍处于稳定增长阶段，在推动区域经济发展和保障国家能源安全方面具有重要作用。

柴西地区古近系-新近系优质烃源岩有机质丰度较高、分布较广，为致密油的生成提供了基础，储层空间复杂、岩性多样，为致密油的储集和保存提供了条件。柴西地区天然气分为腐泥型气、混合气和腐殖型气3种类型，柴西北主要为腐泥型气和混合气，少量腐殖型气，柴西南主要为腐泥型气，少量混合气。柴西地区地层水矿化度较高，主要为$CaCl_2$型水，各地化参数均反映该地层封闭性较好。通过PetroMod软件建立柴西地区古近系-新近系三维地质模型，确定优势烃源岩处于下干柴沟组上段与上干柴沟组。茫崖地区在新近纪受物源的影响，发育碳酸盐岩滩坝和陆源碎屑滩坝两类天然气优质储集体，优质烃源岩和滩坝砂储集体发育，具备良好的生储盖组合条件，是柴达木盆地天然气勘探的有利区域。柴西地区古近纪-新近纪时期构造活动较强，发育大量断裂构造，在晚期形成良好的圈闭条件，主要发育碎屑岩和

碳酸盐岩类两大储集层，在平面上有效气源岩主要分布在柴西北及靠近茫崖凹陷的局部地区。该地区为咸化湖盆还原环境，有机质类型以混合型为主，采用地球化学参数定量评价方法对柴西北烃源岩进行评价，再次确定下干柴沟组上段与上干柴沟组有机质丰度较高，为优势烃源岩层。利用岩心描述、薄片鉴定、X衍射及扫描电镜等方法，对柴达木盆地新生代湖相细粒碎屑岩储层的沉积特征、储层特征、成岩作用及成岩阶段进行研究，明确了茫崖地区浅层和中深层两套细粒碎屑岩优质储层的成因及控制因素。通过研究沉积储层与石油地质特征，分析和油气成藏特征，研究柴西地区坳陷古近系-新近系沉积相、油气分布特征、成藏运聚动力与成藏模式，提出了油气环带状分布模式。

本文以柴达木盆地茫崖周缘地区古近系-新近系烃源岩为研究对象，利用现有钻井资料（岩性组合、矿物特征、沉积构造、古生物、古气候等）、测井资料、地震资料、区域地质资料等进行综合分析，对研究区内沉积相进行了划分，查明研究区内沉积演化史，并结合地球化学特征测试，在沉积研究的基础上对该地区古近系-新近系烃源岩进行分析评价，探究烃源岩有机地球化学特征，对评价该地区油气成藏的地质条件及甜点预测具有十分重要的指导意义。

## 1. 地质背景

茫崖周缘地区区域上属于柴达木盆地西部坳陷区茫崖凹陷（图1），该地区西面紧邻英雄岭生油凹陷，南面与茫崖生油凹陷相接，北部为油泉子、南翼山和大风山构造，东部紧接大砂坪、小构造和凤凰台，该区带由狮子沟-油砂山构造带、油泉子构造带、英雄岭-茫崖凹陷、南翼山-碱石山构造带和落雁山构造带等组成，构造整体走向呈北西向，构造轴线彼此互相错开且呈雁列式排布，隶属于柴达木盆地西部古近系-新近系含油气系统，地质构造变形强烈，沉积环境特殊且复杂，具备良好的储油构造，油气资源量丰富，勘探潜力较大。

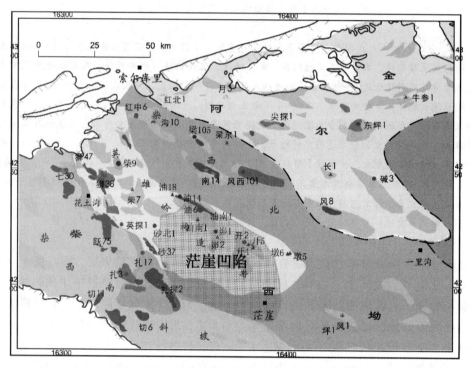

图1 柴达木盆地茫崖周缘地区研究区地理位置图

茫崖周缘地区覆盖层主要为新生代古近系和新近系地层，在油泉子、黄瓜峁、盐山、开特米里克、油墩子、凤凰台和茫崖等地区均不同程度地出露 $N_2^1$、$N_2^2$ 和 $N_2^3$，各组间呈整合接触关系，局部出露第四系地层，分布较为稳定，由老到新依次被划分为：古新统-早始新统路乐河组（$E_{1+2}$）、渐新统下干柴沟组（$E_3$）、中新统上干柴沟组（$N_1$）、上新统下油砂山组（$N_2^1$）、上新统上油砂山组（$N_2^2$）、上新统狮子沟组（$N_2^3$）和和中下更新统七个泉组（$Q_{1+2}$）。在接触关系上整体与下伏地层呈整合接触，局部为不整合接触；与上覆第四系地层表现为局部不整合。在新生界各时期沉积中，第四系地层分布最为广泛。盆地北缘受喜山晚期运动和新构造运动的影响遭受剥蚀，剥蚀程度也有所区别。主要岩性包括：灰色泥岩、砂质泥岩，并有少量粉砂岩、泥质粉砂岩和炭质泥岩等。

茫崖凹陷构造单元包括狮子沟-油砂山构造带、油泉子构造带、英雄岭-茫崖凹陷、南翼山-碱石山构造带和落雁山构造带等，是柴达木盆地主要生油坳陷。英雄岭-茫崖凹陷由北向南又可划分为四个三级构造带，即开特米里克-油墩子背斜带、黄瓜峁-盐山-凤凰台背斜带、茫崖-土林沟断鼻带和茫南斜坡带。茫崖凹陷表现为长期持续发育的坳陷结构，受晚喜山（$N_2^2$ 之后）运动影响，局部构造隆升和断层发育，形成茫崖凹陷"两凹夹一隆"格局——中间为北西-南东向的开特米里克-油墩子背斜带，其南、北侧均为凹陷区。研究区内的断层主要发育于喜马拉雅运动构造期。主要断裂系统呈走滑性质，走向近乎平行，为 NW-SE 方向展布，对二级构造带起控制作用。次级断裂系统大多走向近 NW-SE 向，个别为 E-W 向展布，主导局部构造发育。同时，因形成时受强大挤压应力场影响，发育"正花状"组合的走滑逆冲断裂，主断裂断面呈上缓下陡之态，浅部断面倾角小，深部近乎直立，上盘多被次级断裂切割，破碎程度严重（图2）。

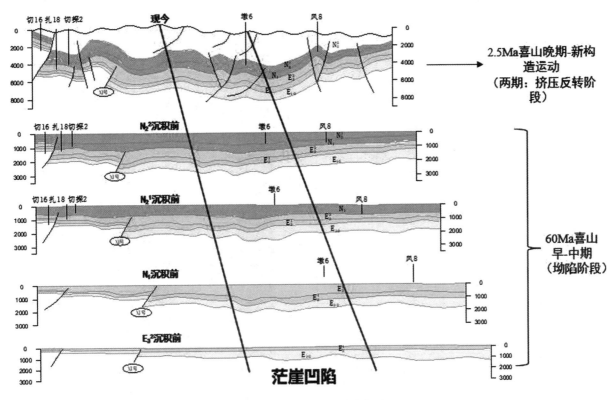

2.5Ma喜山晚期-新构造运动（两期：挤压反转阶段）

60Ma喜山早-中期（坳陷阶段）

图2　柴达木盆地构造演化图

## 2　沉积相特征

前人对柴达木盆地西部古近系-新近系沉积特征已展开较为系统的研究，研究区内的黄瓜峁、开特米里克、油墩子、盐山、土林沟、茫崖、凤凰台等地区皆处于茫崖凹陷，主要发育滨、浅湖-半深湖亚相（表1、图3）。

表1　茫崖周缘地区古近系-新近系沉积相划分表

| 相 | 亚相 | 微相 | 岩性 | 代表井及井段 |
|---|---|---|---|---|
| 湖泊 | 滨湖 | — | 浅灰色粉砂岩、棕红色泥质粉砂岩夹紫灰色粉砂质泥岩 | 茫南1井（160~310m） |
| | 浅湖 | 浅滩 | 灰色泥岩、砂质泥岩夹棕黄色、棕褐色及灰色泥质粉砂岩为灰、棕黄和棕褐色间互的沉积地层 | 峁1井（50~900m） 开2井（0~734m） |
| | | 浅湖泥 | 灰色泥岩、砂质泥岩及钙质泥岩为主，夹灰色泥质、钙质粉砂岩和灰色泥灰岩 | 峁1井（900~1240m） 开2井（1876~2556m） |
| | | | 灰色、深灰色泥岩、砂质泥岩、钙质泥岩为主，夹棕褐色的泥岩 | 峁1井（4000~4200m） |
| | | 浅湖泥夹席状砂 | 灰色泥岩、砂质泥岩及钙质泥岩夹泥质、钙质粉砂岩 | 开2井（2556~3140m） |
| | 半深湖 | 深湖泥 | 以灰色、深灰色泥岩、砂质泥岩、钙质泥岩为主，夹灰色、深灰色泥质、钙质粉砂岩及灰色泥灰岩；整体岩性较上、下部地层偏细，颜色变深 | 峁1井（2892~3700m） 开2井（3140~3812m） |
| | | 灰泥滩 | 灰色、深灰色泥岩、砂质泥岩、钙质泥岩夹灰色、深灰色钙质粉砂岩及灰色泥灰岩 | 峁1井（2300~2892m） 峁1井（3700~3780m） 开2井（3812~4584m） |

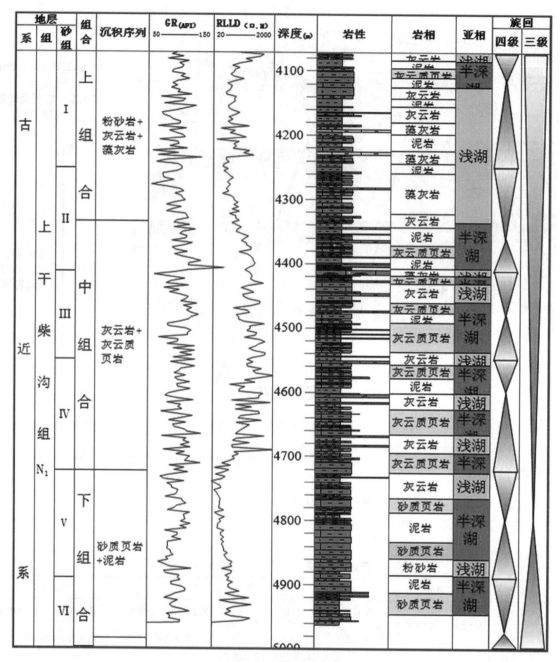

图 3　茫崖凹陷沉积相综合柱状图

## 2.1　滨湖亚相

滨湖是指湖泊边缘地区，向湖泊内部滨湖逐渐过渡为浅湖。该亚相在研究区大风山、尖顶山、东柴山等区域广泛发育，见于碱 1 井上干柴沟组，风 4 井下干柴沟组，黄 2 井下干柴沟组上段-上干柴沟组下部。当湖滨地形平缓，水动力较弱，波浪作用不能波及岸边，物质供应以泥质为主，则可形成滨湖泥滩或泥坪。

由于滨湖地带沉积环境复杂，因此沉积物类型表现出多样性，其岩性以棕灰、浅棕色、土黄色泥岩和粉砂岩为主，夹薄层粉砂岩、泥灰岩。

如碱 1 井以灰色泥岩与棕红色粉砂岩间互，夹灰色泥岩、灰质砂岩及少量的暗色炭质页岩；风 4 井岩性以褐红色，灰色泥岩，不等厚互层为主，偶夹灰白色粉砂岩；黄 2 井以棕红色、浅灰色、灰绿色泥岩、粉砂质泥岩和泥质粉砂岩间夹不等厚的黑灰色、褐灰色页岩及粉砂岩，表现为滨湖相沉积特征。

## 2.2　浅湖亚相

浅湖是指枯水期水面至浪基面之间的浅水地带。由于柴达木古近系-新近系盆地具有盆地大、底形缓、水体浅等特点，因而浅湖亚相成为茫崖周缘地区主要的沉积相类型之一，该相带在研究区北部开特米里克、黄瓜峁、油墩子北等区域广泛发育，主要分布在狮子沟组、油砂山组及上干柴沟组。现将柴西地区浅湖相沉积细分为浅湖滩坝微相、浅湖泥微相和浅湖泥夹席状砂微相共三种沉积微相。

水动力主要是波浪和湖流作用，沉积物受波浪和湖流作用的影响明显。水动力作用较弱时在较深的环境中沉积形成浅滩、浅湖泥微相，而岩性以灰、浅灰色泥质岩沉积为主，夹泥灰岩钙质泥岩和粉砂质、砂质泥岩的沉积；水动力作用较强时，将滨湖带的部分细粒碎屑物携带至浅湖，形成席状砂，岩性为薄层的灰色泥质、钙质粉砂岩。在上新世末期（$N_2^2$），柴达木盆地的气候较以往温度更高，在这一时期由于处于封闭、半封闭状态的湖水浓缩蒸发形成盐湖沉积，其岩性为石膏、硬石膏质砂泥岩和云质泥岩、泥晶云岩。南翼山、油泉子一带为水下低隆起区，发育浅湖滩坝微相沉积，以灰、深灰色泥岩、钙质泥岩为主，夹薄层粉砂岩、细砂岩和少量灰岩、泥灰岩，各种浪成波痕和小型槽状交错层理常见。

### 2.3 半深湖亚相

半深湖位于浪基面水体较深部位，沉积环境相对稳定，处于缺氧条件下的弱还原–还原环境，沉积物主要受湖流作用的影响，一般无明显的波浪作用，其岩性主要为灰色、深灰色泥岩、钙质泥岩为主，夹灰色、灰黄色泥灰岩和灰色砂质、粉砂质泥岩，粘土岩常为有机质丰富的暗色泥、页岩或粉砂质泥、页岩，局部地区见盐岩、膏盐，水平层理较发育，含有细波状层理，底栖生物不发育，可见菱铁矿和黄铁矿等自生矿物。该类相带在研究区内广泛发育，主要发育在下油砂山组、上干柴沟组和下干柴沟组上段，可分为深湖泥微相和灰泥滩微相。

深湖泥微相是相对稳定时段形成一系列湖泊滨岸砂坝，其底部通常存有一套分布稳定的泥质细粒沉积物。沉积物岩性以黑色、深灰色泥岩及黑褐色泥页岩为主，含有灰色含泥质灰岩，整体呈现颜色较暗、粒度细微、有机质含量较高等特征。半深湖至深湖的泥岩沉积构造类型较为单一，表现为块状层理或水平层理，偶见季节性韵律层理以及藻类化石；而灰泥滩微相多分布于湖湾或向湖方向的较深水处，陆源物质供应不足，以化学沉积作用为主，岩性以厚层泥质灰云岩、泥质白云岩、泥灰岩为主，中间有时夹有薄层泥岩或灰质泥岩等，多发育块状层理等反应较弱水动力条件的沉积构造。

## 3 沉积演化特征

综合地质背景、取心井岩心、薄片鉴定以及前人研究工作，确定了柴达木古近系–新近系湖盆的沉积演化史，主要历经形成时期、发展时期以及显著迁移时期三个阶段：

古近系早期，受燕山运动影响，盆地周边的阿尔金山和昆仑山发生隆起活动，致使靠近山前的地层抬升。古近系中、晚期，昆仑山和阿尔金山对盆地产生强烈的侧向挤压力，使得盆地基底发生陷落，盆地进入以裂陷为主的断坳过渡期，开始大面积接受沉积，这一时期沉积地层出现裂陷的早期充填沉积特征。

研究区因距离造山带较远，早期构造活动较弱，沉积地层相对稳定。$E_{1+2}$以泛滥平原相沉积为主，$E_{1+2}$时期地层沉积时呈北高南低的沉积环境，沉积地层北薄南厚，整体为一平缓斜坡带，仅在黄瓜峁–茫西地区有一小幅度低隆起。$E_3^1$沉积时期继承了$E_{1+2}$时期的沉积格局，水体面积进一步扩大。

早期的喜马拉雅运动改变了燕山运动的性质，由差异性块断升降运动转为褶皱性水平运动，表现为处于持续稳定背景下的连续沉积特征，此时柴达木盆地迅速发展扩大，进入大型坳陷盆地发育阶段。在茫崖凹陷主体部位沉积了$E_3^2$和$N_1$主力烃源岩。根据收集资料确定，研究区在$E_3^2$–$N_1$这一时期一直处于滨湖、浅湖–半深湖还原沉积环境，有利于碳酸盐岩的发育，该时期碳酸盐岩发育好，分布面积大。$N_2^1$–$N_2^2$时期，随着湖盆向北东向发生迁移，湖盆中心从狮子沟地区迁移至黄瓜峁–开特米里克地区，研究区成为柴达木盆地西部古近系–新近系的主要沉积凹陷，紧接沉积了$N_2^1$次要烃源岩，在这一时期处于浅湖–半深湖相沉积环境。在$N_2^2$沉积时期，受湖盆收缩影响，形成一套盐湖相沉积，成为该区域裂缝性油气藏有利的盖储条件。

## 4 烃源岩评价

### 4.1 有机质丰度

总有机碳（TOC）是评价烃源岩有机质丰度的重要参数，也是页岩油气"甜点"预测、资源评价的重要评价标准之一。对茫崖周缘地区古近系-新近系开 2、开 3、开 4、开 5、开参 1 和尕 1 共 6 口取心井进行 TOC 含量的测定，并经过统计分析得到表 2 可知：研究区内 $N_2^1$-$N_2^2$ 层 TOC 含量平均值基本在 0.4% 左右，仅开 2 井 $N_2^1$ 层 TOC 含量平均值超过 1.0%，总体上，茫崖周缘地区古近系-新近系 $N_2^1$-$N_2^2$，有机质丰度较低，由于氧化作用使保存条件变差，不利于有机质富集和保存。

**表 2　茫崖周缘地区烃源岩 TOC 统计表**

| 井号 | 层位 | 最大值（%） | 最小值（%） | 平均值（%） |
|---|---|---|---|---|
| 开 2 | $N_2^2$ | 0.83 | 0.43 | 0.58 |
| | $N_2^1$ | 2.94 | 0.6 | 1.02 |
| | $N_1$ | 1.3 | 0.18 | 0.54 |
| 开 3 | $N_2^2$ | 1.15 | 0.35 | 0.47 |
| 开 4 | $N_2^1$ | 1.5 | 0.1 | 0.28 |
| | $N_1$ | 1.4 | 0.08 | 0.30 |
| 开 5 | $N_2^2$ | 0.8 | 0.14 | 0.33 |
| | $N_1$ | 1.79 | 0.11 | 0.34 |
| 开参 1 | $N_2^2$ | 0.53 | 0.18 | 0.32 |
| | $N_2^1$ | 0.36 | 0.18 | 0.27 |
| 尕 1 | $N_2^1$ | 0.62 | 0.33 | 0.46 |
| | $N_2^2$ | 1.3 | 0.23 | 0.47 |
| | $N_1$ | 0.58 | 0.11 | 0.30 |

对开 2、尕 1、墩 5 和茫南 1 共 4 口取心井总计 685 块泥类岩岩心进行相关实验测量，得到 TOC 含量平均值在 0.203%~1.28% 之间，氯仿沥青 "A" 含量在 0.0164%~0.2495% 之间，总烃含量在 69.29~1637.48PPm 之间（表 3），在已知氯仿沥青 "A"、总烃含量的实验数据上，衡量有机质丰度，并划分烃源岩等级。故根据我国陆相烃源岩地球化学评价方法标准（SY/T 5735-2019），可确定茫崖周缘地区开 2 井、墩 5 井 $N_2^1$ 层和尕 1 井 $N_1$-$N_2^2$ 层烃源岩有机质丰度达到 II 型烃源岩标准，而开 2 井 $E_3^2$ 层烃源岩有机质丰度达到 I 型烃源岩标准。由于 $E_3^2$ 层长期处于咸化湖盆还原环境，有利于有机质发育和保存，有机质丰度高。

**4.2　有机质类型**

不同的有机质类型其化学成分和显微组分不

**表 3　茫崖周缘地区烃源岩有机质丰度统计表**

| 井号 | 层位 | TOC（%） | A（%） | HC（μg/g） | 有机质丰度类型 |
|---|---|---|---|---|---|
| 尕 1 | $N_2^2$ | 0.44 | 0.048 | 356.54 | II |
| | $N_2^1$ | 0.45 | 0.074 | 585.34 | II |
| | $N_1$ | 0.47 | 0.0438 | 328.5 | II |
| | $E_3^2$ | 0.203 | 0.0626 | 383.68 | III |
| 开 2 | $N_2^2$ | 0.57 | 0.0183 | 164.89 | III |
| | $N_2^1$ | 0.79 | 0.0769 | 553.8 | II |
| | $N_1$ | 0.61 | 0.0434 | 506.71 | III |
| | $E_3^2$ | 1.28 | 0.2495 | 1637.48 | I |
| 墩 5 | $N_2^3$ | 0.2367 | 0.0271 | 195.182 | III |
| | $N_2^2$ | 0.2601 | 0.0164 | 101.687 | III |
| | $N_2^1$ | 0.6014 | 0.066 | 418.95 | II |
| 茫南 1 | $N_2^2$ | 0.36 | 0.015 | 69.29 | III |
| | $N_2^1$ | 0.42 | 0.018 | 96.7859 | III |
| | $N_1$ | 0.37 | 0.023 | 126.165 | III |
| | $E_3^2$ | 0.44 | 0.04 | 288.03 | III |

同，决定了产物的类型是油还是气，有机质类型由沉积环境和生物来源决定，也受到成熟度影响。对于有机质类型的划分，采用干酪根元素组成和干酪根显微组分综合分类。主要对古近系-新近系泥岩和泥灰岩进行分析研究。

**4.2.1　按干酪根元素分类**

对茫崖周缘地区开 2 井、茫南 1 和墩 5 井三口取心井的共 43 块干酪根元素样品进行统计分析（表 4），表内各值均为平均值。干酪根元素分析结果表明，该区开 2 井、茫南 1 井 $N_2^2$~$E_3^2$ 各层干酪根 C、H、O 元素含量都较低，C 元素平均在 43.02%~54.78% 之间，平均为 49.39%；H 元素在 3.814%~4.69% 之间，平均为 4.41%；O 元素在 5.021%~15.68% 之间，平均为 8.22%。而 H/C 和 O/C 原子比的分布范围较窄，如 H/C 原子比在 0.97~1.21 之间，平均值为 1.08；而 O/C 原子比在 0.0851~0.26 之间，平均为 0.128，即该区域以含腐殖的腐泥型干酪根（$II_1$）为主。

**4.2.2　按干酪根显微组分分类**

干酪根的 4 种显微组分分别为腐泥组、壳质组、镜质组和惰质组，通过显微镜直接观察干酪根显微组分，以此来确定干酪根中不同显微组分的含量，从而判定有机质类型。通常按照干酪根类型指数（T）将干酪根类型分为 4 类：T≥80 为

表4　茫崖周缘地区干酪根元素分析表

| 井号 | 层位 | 井段 | 元素成份% | | | 原子比 | | 类型 | 样品数 |
|---|---|---|---|---|---|---|---|---|---|
| | | | C | H | O | H/C | O/C | | |
| 开2井 | $N_2^2$ | 350-2307 | 43.02 | 3.814 | 5.021 | 1.072 | 0.088 | $II_1$ | 10 |
| | $N_2^1$ | 3750 | 52.63 | 4.57 | 5.97 | 1.042 | 0.0851 | $II_1$ | 1 |
| | $N_1$ | 3850-4538 | 46.21 | 4.07 | 5.33 | 1.056 | 0.087 | $II_1$ | 9 |
| | $E_3^2$ | 4710-4960 | 52.13 | 4.62 | 5.98 | 1.063 | 0.086 | $II_1$ | 3 |
| 茫南1 | $N_2^2$ | 800-1150 | 45.94 | 4.58 | 15.68 | 1.21 | 0.26 | $II_1$-$II_2$ | 3 |
| | $N_2^1$ | 1700-2650 | 47.43 | 4.69 | 8.65 | 1.20 | 0.15 | $II_1$ | 4 |
| | $N_1$ | 2900-3250 | 54.78 | 4.42 | 6.79 | 0.97 | 0.09 | $II_1$-$II_2$ | 3 |
| | $E_3^2$ | 3612-4150 | 52.94 | 4.52 | 12.36 | 1.03 | 0.18 | $II_1$-$II_2$ | 6 |
| 墩5井 | $N_2^1$ | 2504.5-3275 | 46.95 | 4.48 | 6.49 | 1.21 | 0.13 | $II_1$ | 4 |

I型干酪根（腐泥型）；40≤T<80为$II_1$型干酪根（腐泥-腐殖型）；T<40为$II_2$型干酪根（腐殖-腐泥型）；T<0为III型干酪根（腐殖型）。显微组分组成差异与物源和沉积环境有关，各组分生烃潜力也存在差异，其中腐泥和壳质组生烃潜力最高，镜质组生烃潜力较差，而惰质体没有生烃潜力。

整体上烃源岩有机质类型以II型（腐殖-腐泥型或腐泥-腐殖型）为主，油南2井$N_1$层、开3井$N_2^2$层、开4井$N_1$-$N_2^2$层、开5井$N_1$层和茫南1井$N_2^2$-$E_3^2$层，其腐泥组与壳质组占全部显微组分的79.03%-98%，其他显微组分占比较少，一般不超过20%，干酪根类型较好，为$II_1$（腐殖-腐泥型）干酪根，具有较高的生油潜力（表5）。同时干酪根显微组分腐泥组颜色为棕色（一般来说未成熟阶段的干酪根为浅黄至黄色，成熟阶段为褐黄至棕色，过成熟阶段则为深棕至黑色），表明烃源岩处于成熟生油阶段，生油潜力巨大。

表5　茫崖周缘地区干酪根类型统计表

| 井号 | 层位 | 深度/井段 | 显微组分（%） | | | | T值 | 干酪根类型 |
|---|---|---|---|---|---|---|---|---|
| | | | 腐泥组 | 壳质组 | 镜质组 | 惰质组 | | |
| 油8 | $E_3^2$ | 2549.7 | 30 | 63 | 5 | 2 | 55.75 | $II_1$ |
| | $E_3^2$ | 2703 | 30 | 62 | 7 | 1 | 54.75 | $II_1$ |
| 油14 | $E_3^2$ | 3001 | 0 | 95 | 4 | 1 | 43.5 | $II_1$ |
| 油南2 | $N_1$ | 3225.6 | 70.13 | 0 | 29.87 | 0 | 47.73 | $II_1$ |
| 尕东1 | $N_2^2$ | 3388.7 | 40 | 58 | 1 | 1 | 67.25 | $II_1$ |
| | $N_2^2$ | 3389.2 | 40 | 57 | 2 | 1 | 66 | $II_1$ |
| 开3 | $N_2^2$ | 1417.32 | 54.62 | 4.34 | 41.04 | 0 | 26.01 | $II_2$ |
| | $N_2^2$ | 1422.63 | 77.49 | 1.61 | 20.9 | 0 | 62.62 | $II_1$ |
| 开4 | $N_2^1$ | 3829.92 | 77.29 | 3.15 | 14.51 | 5.05 | 62.93 | $II_1$ |
| | $N_2^1$ | 3835.31 | 81.76 | 2.93 | 11.4 | 3.91 | 70.77 | $II_1$ |
| | $N_2^1$ | 3835.46 | 78.06 | 0.97 | 16.77 | 4.19 | 61.77 | $II_1$ |
| | $N_2^1$ | 3835.91 | 79.4 | 0 | 16.28 | 4.32 | 62.87 | $II_1$ |
| | $N_2^1$ | 3843.36 | 80.13 | 1.95 | 14.01 | 3.91 | 66.69 | $II_1$ |
| | $N_1$ | 4150.11 | 77.64 | 2.88 | 13.42 | 6.07 | 62.94 | $II_1$ |
| | $N_1$ | 4150.29 | 78.43 | 2.29 | 15.03 | 4.25 | 64.05 | $II_1$ |
| | $N_1$ | 4150.44 | 81.7 | 0 | 15.14 | 3.15 | 67.19 | $II_1$ |

续表

| 井号 | 层位 | 深度/井段 | 显微组分（%） | | | | T 值 | 干酪根类型 |
|---|---|---|---|---|---|---|---|---|
| | | | 腐泥组 | 壳质组 | 镜质组 | 惰质组 | | |
| 开5 | $N_1$ | 3925.32 | 84.33 | 0 | 12.23 | 3.45 | 71.71 | $II_1$ |
| | $N_1$ | 3939.94 | 83.82 | 1.94 | 10.03 | 4.21 | 73.06 | $II_1$ |
| | $N_1$ | 3941.55 | 79.01 | 2.78 | 13.27 | 4.94 | 65.51 | $II_1$ |
| 茫南1 | $N_2^2$ | 800-1650 | 72.66 | 6.78 | 17.49 | 3.07 | 59.87 | $II_1$ |
| | $N_2^1$ | 1699-2650 | 84.97 | 2.99 | 8.6 | 3.44 | 76.57 | $II_1$ |
| | $N_1$ | 2900-3300 | 65.52 | 4.69 | 21.91 | 7.88 | 43.56 | $II_1$ |
| | $E_3^2$ | 3350-4200 | 79.68 | 4.58 | 12.86 | 2.9 | 69.41 | $II_1$ |

### 4.3　有机质成熟度

进入成熟阶段的烃源岩才会生成大量油气，发生排烃过程并进入储层运聚成藏，有机质成熟度是衡量烃源岩是否能大量生成石油与天然气的重要指标，是对目标的生烃量及资源前景评价的重要参数。镜质体反射率 Ro 是最重要的有机质成熟度指标，可用来来划分有机质的演化阶段。

对研究区内取心井岩心进行镜质体反射率 Ro 测量实验，实验结果显示，柴达木盆地茫崖周缘古近系-新近系烃源岩镜质体反射率实测值比较稳定，镜质体反射率 Ro 值在 0.40%~1.24% 之间，平均值为 0.78% 左右，最小值为 0.404%，在 0.5%~1.2% 之间，均达到成熟阶段（表6，图4）。其中约 60% 的样品处于成熟阶段，36% 的样品处于高成熟阶段，仅开2井 $N_1$ 层所取样品处于过成熟阶段，整体上研究区古近系-新近系烃源岩层主要处于成熟-高成熟阶段，部分达到了过成熟阶段，热演化程度较高处集中在凤凰台构造带附近。

**表6　茫崖周缘地区镜质体反射率 Ro 统计表**

| 构造 | 井号 | 层位 | 深度 | Ro/（%） |
|---|---|---|---|---|
| 油泉子 | 油14 | $N_2^1$ | 1266.00 | 0.68 |
| | 油6 | $N_1$ | 2397.80 | 0.68 |
| | 油8 | | 2129.64 | 0.67 |
| | | | 2550.00 | 0.68 |
| | 油6 | $E_3^2$ | 3376.62 | 0.84 |
| | 油8 | | 2702.53 | 0.57 |
| | | | 2704.33 | 0.67 |
| | 油14 | | 2842.49 | 0.78 |
| | | | 3000.00 | 0.89 |
| | 油6 | $E_3^1$ | 4310.03 | 0.90 |

续表

| 构造 | 井号 | 层位 | 深度 | Ro/（%） |
|---|---|---|---|---|
| 开特米里克 | 开2 | $N_2^1$ | 3657.00 | 1.02 |
| | | $N_1$ | 3926.00 | 1.03 |
| | | | 4046.00 | 0.99 |
| | | | 4308.76 | 1.09 |
| | | | 4310.39 | 1.24 |
| | | | 4538.00 | 0.76 |
| | | | 4710.00 | 0.74 |
| | | | 4960.00 | 0.81 |
| | 开5 | $N_1$ | 3925.32 | 0.404 |
| | | | 3939.94 | 0.675 |
| | | | 3941.35 | 0.438 |
| | | | 3948.95 | 0.550 |

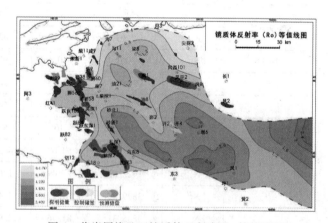

图4　茫崖周缘地区镜质体反射率 Ro 等值线图

综上所述，该区域长期处于深湖-半深湖相的还原沉积环境，烃源岩主要为暗色泥质岩及碳酸盐岩，具有分布层位多、连续厚度大和分布范围广的特点，主要发育四套烃源岩层（$E_3^2$、$N_1$、$N_2^1$、$N_2^2$），其中开2井、墩5井 $N_2^1$ 层和峁1井

$N_2^1$、$N_2^2$、$N_1$层烃源岩有机质丰度达到Ⅱ型干酪根标准，而开 2 井 $E_3^2$ 地层烃源岩有机质丰度达到Ⅰ型干酪根标准。研究区内 $N_2^2$-$E_3^2$ 烃源岩的干酪根类型总体表现为Ⅱ₁型干酪根为主，其中茫南、开特米里克和油墩子地区烃源岩母质类型最好，达到Ⅰ型干酪根标准，根据墩 5 井、茫南 1 井、开 2 井烃源岩演化剖面可以确定，从 $N_2^1$ 顶部开始进入成熟阶段，$N_2^1$ 及以下层位的烃源岩已成熟。研究区内以 $E_3^2$-$N_2^1$ 的烃源岩最好，其有机质丰度高、母质类型好，且 $N_2^1$ 及以下层位的烃源岩均已达到生油门限，生油量大，排烃效率高，作为主力烃源岩构成该区的主要油源，具有良好勘探前景。

## 5　结论

（1）柴达木盆地茫崖周缘地区古近系-新近系长期处于咸化湖盆还原环境，其烃源岩主要发育暗色泥岩及碳酸盐岩 2 种岩石类型，具有分布层位多、连续厚度大和分布范围广的特点，主力烃源岩的岩性组合为灰色、灰黑色泥岩、灰质泥岩、泥灰岩及少量的砂质泥岩。

（2）柴达木盆地茫崖周缘地区古近系-新近系主要发育湖相中的滨、浅湖-半深湖亚相沉积，其中浅湖亚相划分为浅滩、浅湖泥和浅湖泥夹席状砂三类微相，半深湖亚相划分为深湖泥、灰泥滩两类微相。

（3）柴达木盆地茫崖周缘地区古近系-新近系烃源岩等级分布广泛，从较差-优质烃源岩均有分布，整体上干酪根类型以Ⅱ₁型为主，含少量Ⅰ型和Ⅱ₂型，烃源岩有机质类型以混合型（腐殖-腐泥型、腐泥-腐殖型）为主，$E_3^2$-$N_2^1$ 的烃源岩有机质丰度高、母质类型好，而 $E_3^2$ 层烃源岩有机质丰度达到Ⅰ型干酪根标准，为茫崖周缘地区的主力烃源岩岩层，油气勘探开发潜力巨大。

### 参　考　文　献

[1] 太万雪．柴达木盆地西北部古近系-新近系烃源岩评价 [D]．中国石油大学（北京），2021.

[2] 冯德浩．柴达木盆地西北部古近系-新近系含油气系统分析 [D]．中国石油大学（北京），2021.

[3] 李国欣，石亚军，张永庶，等．柴达木盆地油气勘探、地质认识新进展及重要启示 [J]．岩性油气藏，2022，34（06）：1-18.

[4] 沈亚，李洪革，管俊亚，等．柴西地区古近系—新近系含油凹陷构造特征与勘探领域 [J]．石油地球物理勘探，2012，47（S1）：111-117+168+162.

[5] 万传治，王鹏，薛建勤，等．柴达木盆地柴西地区古近系—新近系致密油勘探潜力分析 [J]．岩性油气藏，2015，27（03）：26-31.

[6] 刘军，刘成林，孙平，等．柴达木盆地西部地区咸化湖盆天然气地球化学特征及成因类型判识指标——以古近系—新近系为例 [J]．地质通报，2016，35（Z1）：321-328.

[7] 张汪明，曾溅辉，李飞，等．柴西地区古近系和新近系地层水化学特征及其成因 [J]．地球科学与环境学报，2016，38（04）：558-568.

[8] 郭泽清，马寅生，易士威，等．柴西地区古近系—新近系含气系统模拟及勘探方向 [J]．天然气地球科学，2017，28（01）：82-92.

[9] 易定红，王建功，王鹏，等．柴西茫崖地区新近纪沉积演化与有利勘探区带 [J]．中国矿业大学学报，2020，49（01）：137-147.

[10] 田建华，董清源，刘军．柴西地区古近系—新近系天然气成藏条件分析及目标优选 [J]．特种油气藏，2021，28（01）：26-33.

[11] 张世铭，袁剑英，张小军，等．柴西下干柴沟组咸化湖盆碳酸盐岩溶蚀模拟试验 [J]．中国石油大学学报（自然科学版），2023，47（01）：1-11.

[12] 刘国勇，薛建勤，吴松涛，等．柴达木盆地柴西坳陷古近系-新近系石油地质特征与油气环带状分布模式 [J]．石油与天然气地质，2024，45（04）：1007-1017.

[13] 刘国勇，吴松涛，伍坤宇，等．柴达木盆地西部坳陷古近系全油气系统特征与油气成藏模式 [J]．石油勘探与开发，1-11.

[14] 钟建华，郭泽清，杨树锋，等．柴达木盆地茫崖坳陷古近系—新近系 Ro 分布特征及地质意义 [J]．地质学报，2004，（03）：407-415.

[15] 盛军，李纲，杨晓菁，等．柴达木盆地茫崖凹陷尕斯库勒油田新近系上干柴沟组震积岩特征及其地质意义 [J]．西北大学学报（自然科学版），2019，49（01）：155-164.

[16] 宋明水，陈云林．论"反转"—咸水盆地的油气勘探——以柴达木盆地茫崖坳陷为例 [J]．油气地质与采收率，2004，（06）：24-26+82.

[17] 范连顺，王明儒．柴达木盆地茫崖坳陷含油气系统及勘探方向 [J]．石油实验地质，1999，（01）：43-49.

[18] 尹安，党玉琪，陈宣华，等．柴达木盆地新生代演化及其构造重建——基于地震剖面的解释 [J]．地质力学学报，2007，3：193-211.

[19] 吴婵，阎存凤，李海兵，等．柴达木盆地西部新生代构造演化及其对青藏高原北部生长过程的制约

[J]．岩石学报，2013，29（06）：2211-2222．

[20] 曹国强，陈世悦，徐凤银，等．柴达木盆地西部中——新生代沉积构造演化 [J]．中国地质，2005，（01）：33-40．

[21] 汤良杰，金之钧，戴俊生，等．柴达木盆地及相邻造山带区域断裂系统 [J]．地球科学，2002，（06）：676-682．

[22] 徐凤银，尹成明，巩庆林，等．柴达木盆地中、新生代构造演化及其对油气的控制 [J]．中国石油勘探，2006，（06）：9-16+37+129．

[23] 曹国强．柴达木盆地西部地区第三系沉积相研究 [D]．中国科学院研究生院（广州地球化学研究所），2005．

[24] 张永庶，张审琴，吴颜雄，等．基于成像测井和岩性扫描测井的沉积相研究——以柴达木盆地黄瓜峁地区为例 [J]．新疆石油地质，2019，40（05）：593-599．

[25] 黄雨宁．关于柴达木盆地西部地区第三系沉积相的探讨 [J]．石化技术，2018，25（03）：194．

[26] 易定红，王建功，石兰亭，等．柴达木盆地英西地区 E3~2 碳酸盐岩沉积演化特征 [J]．岩性油气藏，2019，31（02）：46-55．

[27] 刘云田．柴西第三系构造沉积演化与油气成藏 [D]．中国科学院研究生院（广州地球化学研究所），2003．

[28] 易定红，袁剑英，曹正林，等．柴达木盆地西部小梁山地区新近纪沉积演化特征及勘探潜力分析 [J]．东华理工大学学报（自然科学版），2011，34（01）：46-50．

[29] 惠博，伊海生，夏国清，等．柴达木盆地西部新生代沉积演化特征 [J]．中国地质，2011，38（05）：1274-1281．

[30] 国家能源局，陆相烃源岩地球化学评价方法：SY/T 5735-2019 [S]．北京：石油工业出版社，2019．

[31] 于长江，赵兴华，黄光辉，等．柴北缘下侏罗统煤系不同岩性烃源岩显微组分组成及其生烃意义差异性探讨 [J]．中国煤炭地质，2023，35（12）：1-9．

[32] Bei L，Maria M，Juergen S. SEM petrography of dispersed organic matter in black shales：A review [J]．Earth - Science Reviews，2021，224（prepublish）：103874-．

[33] 程顶胜．烃源岩有机质成熟度评价方法综述 [J]．新疆石油地质，1998，（05）：79-83+89．

# 柴达木盆地干柴沟区块烃源岩生烃母质及其与沉积环境的关系研究

张　静[1]　伍坤宇[1]　沈晶娟[2]　张　娜[2]　何泳键[2]　郑志琴[1]　高发润[1]　秦彩虹[1]

［1. 中国石油青海油田公司勘探开发研究院；2. 中国地质大学（武汉）海洋地质资源湖北省重点实验室］

**摘　要**　柴达木盆地柴西凹陷是我国主要的油页岩勘探区之一。但前期研究表明，本区域沉积有机质的含量相对较低而生烃潜力较高，这种低有机质含量高品质油藏的形成机理目前仍不清晰，因此，本项研究基于柴达木盆地英西地区下干柴沟组上段（$E_3^2$）5 个井的地质微生物和脂质生物标志物分析，揭示干柴沟沉积有机质来源及其与沉积环境的相互作用，为柴达木盆地独特的页岩油资源评价和勘探开发提供依据。结果表明：英西地区下干柴沟组烃源岩有机质来源主要是绿藻（很可能是葡萄藻），蓝藻和甲藻也具有一定的贡献，而快速波动的沉积环境是影响藻类降解和保存的主要因素。

**关键词**　下干柴沟组；地质微生物；生物标志物；葡萄藻

有机质供给是烃源岩形成的基础，烃源岩生烃母质组成特征影响着烃源岩的生烃品质和生烃潜力，是烃源岩研究的重要内容。地质体中的有机质主要来源于浮游植物、浮游动物、高等植物、细菌以及底栖宏观藻类。其中藻类相对于高等植物来源有机质含有较高的碳氢化合物、较低的木质素，是高烃潜力较高的有机质来源。因此，识别烃源岩中有机质的来源对评估烃源岩的生烃潜力和生烃品质具有重要意义。

近年来，在烃源岩深入研究评价基础上，优选英雄岭地区干柴沟优质盐岩盖层最发育的构造稳定区域开展探索，发现柴达木英西地区存在有机质偏低的烃源岩，对照目前大多数学者关于页岩油选区评价及"甜点"评价的参数标准，柴西坳陷不应具备页岩油勘探潜力，而这一推断明显与勘探实践不符，表明英雄岭页岩油具有独特理论研究及勘探开发价值。但关于这种低有机质丰度烃源岩的发育机理研究较少，是何种类型烃源岩或生烃母质导致这类地区存在优质烃源岩甚至成为一个既富油又富气的地区，目前还不明确。本研究通过研究不同层位微体古生物组成与脂类生标特征，探讨英西地区干柴沟组的生烃母质类型和古环境特征，揭示低有机质丰度烃源岩成烃母质及其与沉积环境之间的关系。

## 1　地质概况

柴达木盆地位于青藏高原的东北部，是重要的大型含油气盆地，广泛发育中、新生代沉积地层。柴达木英西地区位于柴达木盆地西部坳陷区狮子沟—英雄岭构造带的西北端，该构造带历经多次构造运动形成，主要受喜山运动影响。

英西地区新生界自下而上可分为 8 套地层单元：路乐河组（$E_{1+2}$）、下干柴沟组下段（$E_3^1$）、下干柴沟组上段（$E_3^2$）、上干柴沟组（$N_1$）、下油砂山组（$N_2^1$）、上油砂山组（$N_2^2$）、狮子沟组（$N_2^3$）和七个泉组（$Q_{1+2}$）。

$E_3^2$ 沉积地层是大部分研究者关注的重点，它是英西地区地处沉积中心，为湖泊沉积环境，周边物源供给充足，由辫状河等携带进入沉积中心。据地震资料和地质背景可知，该区域为"半封闭—半开放"湖泊沉积环境，湖水面积广阔，形成大面积湖相沉积，由于物源供给方向不一，形成地貌上的凹凸不平；该时期沉积速率远高于同时期其他地区，较难发生沉积间断或剥蚀，沉积地层相对完整。

## 2　样品与实验测试方法

2.1 样品采集：研究样品采自柴达木盆地英西地区下干柴沟组上部，平面上包括半深-深水沉积区和浅水沉积区在内的 5 口钻井（图 1），包括狮 60 井、柴 12 井、柴 13 井、柴 14 井、柴 908 井。共计筛选 15 个样品用于微体古生物分析，32 个样品用于脂类分析。

2.2 成烃微生物分析：用于成烃生物鉴定的样品前处理采用标准微体化石处理法，碎样至 3~

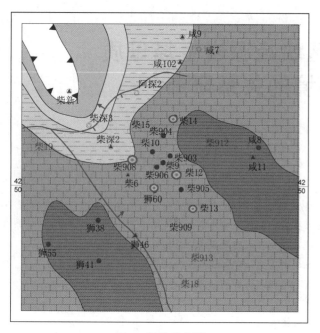

图1    钻井分布图

5mm，称取 50g 过筛，除去小于 1mm 杂质加入 10% 盐酸反应 24h，洗酸；再加入 40% 氢氟酸反应 5 天后洗酸，将得到的有机质进行重液分离，用于鉴定有机质的母质来源。微体古生物鉴定主要通过透射显微镜和荧光显微镜、结合扫描电镜和生物标志化合物的对比分析，获取研究区烃源岩成烃生物的类型和特征。

2.3 脂类分析：将清洗粉碎后的样品进一步研磨至 200 目以上，称取适量的样品用二氯甲烷：甲醇（9∶1）的混合溶液进行萃取（3 次以上），之后将萃取液合并过分离柱，收集非极性组分上机测试。

# 3  结果与讨论

## 3.1  微体古生物组成

### 3.1.1  显微组分分析

原始样品薄片显微观察微体古生物难以见到微体古生物化石，本研究主要利用提取的干酪根进行自然光及荧光显微分析。

在所分析的样品中，化石的保存状态均较差，不同钻井不同层位化石种类差异较大。其中，狮 60 井深 3337.88m 处发现有大量的腐泥无定型体，蓝光激发，荧光显示强烈，因其形态和葡萄藻（*Botryococcus* sp.）形态基本一致，推测其主要为葡萄藻化石，约占该样品所有显微组分的 65%（如图 2a）。狮 60 井深 3339.21m 处样品中见大量陆源高等植物孢粉，有少量藻类化石存在（如图 2b）。狮 60 井深 3339.38m 处陆源高等植物孢粉化

石丰富，有藻类化石存在，但化石保存状态极差（如图 2c）。狮 60 井深 3340.85m 处见丰富的孢粉化石，有藻类化石存在，化石保存状态差（如图 2d）。狮 60 井深 3342.35m 处见丰富的孢粉化石，有少量藻类化石存在。狮 60 井深 3447.96m 处孢粉化石相对较少，约占所有显微组分的 10%，有藻类化石存在，化石保存状态极差（如图 2e）。狮 60 井深 3447.96m 处见少量孢粉化石，有藻类化石存在，化石保存状态极差（如图 2f）。狮 60 井深 3450.46m 处孢粉化石丰富，有少量葡萄藻化石存在（如图 2g）。

柴 13 井深 3720.09m 处有机质少，见少量孢粉化石，基本无荧光显示（如图 3a），从一定程度上表明该层位藻类化石较低少。柴 908 井深 2755.11m 处孢粉丰富，具有较强的荧光显示，表明可能存在葡萄藻化石（如图 3b）。柴 14 井深 3836.60m 处见少量松科花粉，夹少量强荧光显示的疑似葡萄藻化石，化石保存状态极差（如图 3c）。柴 14 井深 3847.50m 处有少量双气囊松科花粉及麻黄，被子植物花粉未见（如图 3d）。柴 12 井深 3539.00m 处孢粉化石丰富，基本无荧光显示（如图 3e）。柴 12 井深 3563.70m 处见少量孢粉化石，基本无荧光显示（如图 3f）。

### 3.1.2  生物标志物分析

生物标志物是指沉积物或岩石中来源于活的生物体、在演化过程中记载了原始生物母质碳骨架的特殊分子结构信息的有机化合物，是指示有机质来源与沉积环境的重要手段。

低碳支链烷烃可以作为蓝细菌来源的生物标志物；$C_{30}$ 4-甲基甾烷可以作为浮游甲藻来源的生物标志物；$C_{27}$、$C_{28}$、$C_{29}$ 甾烷来源复杂，通常情况下，$C_{27}$ 甾烷常用来作为藻类来源的指示物，$C_{29}$ 甾烷可以作为绿藻或高等植物的指示物；奥利烷则是典型的陆源高等植物输入的指示物。

狮 60 井 $C_{29}$ 甾烷与奥利烷指数无相关性，说明 $C_{29}$ 甾烷主要为绿藻来源，与微体古生物结果观察到葡萄藻（绿藻）的结果一致（如图 4a）。$C_{28}$ 甾烷与 $C_{30}$ 4-甲基甾烷、低碳支链烷烃呈正相关关系，推测 $C_{28}$ 甾烷有蓝藻、甲藻来源，狮 60 井微体古生物结果中未确认的藻种可能包含蓝藻与甲藻（如图 4b）。$C_{28}$ 甾烷与 $C_{27}$、$C_{29}$ 甾烷呈弱正相关性，推测 $C_{28}$ 甾烷与 $C_{27}$、$C_{29}$ 甾烷部分同源，即狮 60 井烃源岩有机质可能主要来源于绿藻、蓝藻和甲藻（如图 4c）。

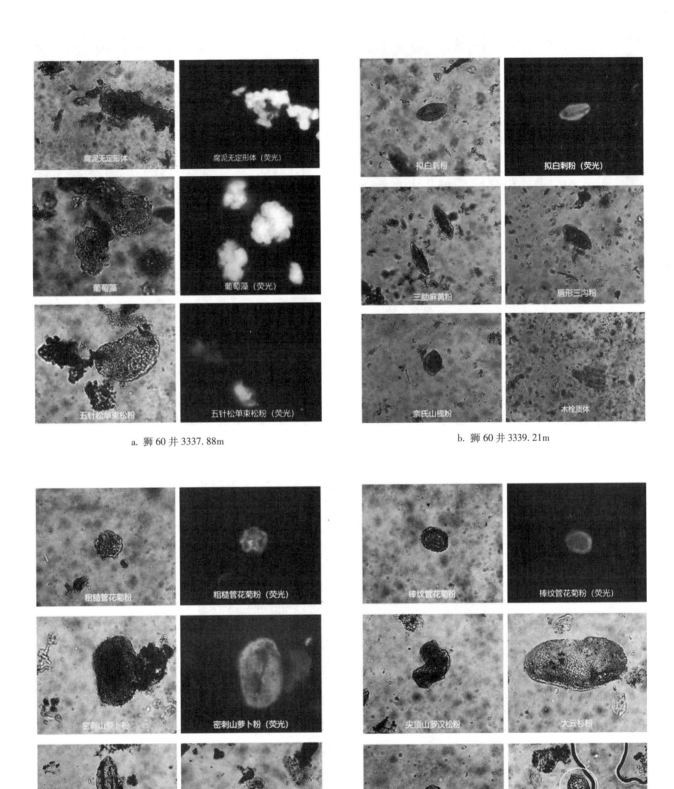

a. 狮 60 井 3337.88m

b. 狮 60 井 3339.21m

c. 狮 60 井 3339.38m

d. 狮 60 井 3340.85m

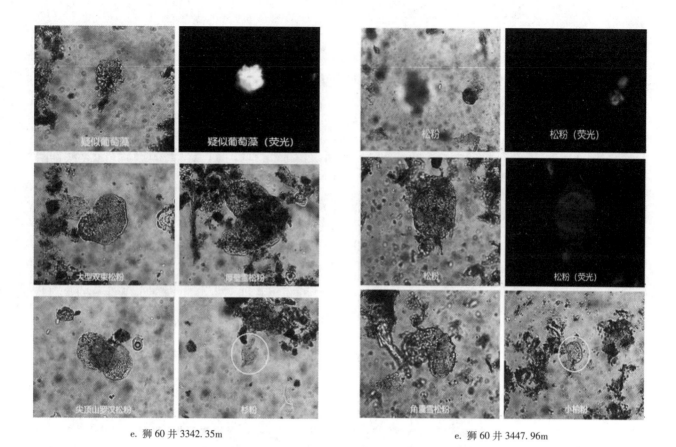

e. 狮 60 井 3342.35m　　　　　　　　e. 狮 60 井 3447.96m

g. 狮 60 井 3450.46m

图 2　狮 60 井自然光及荧光下显微分析照片

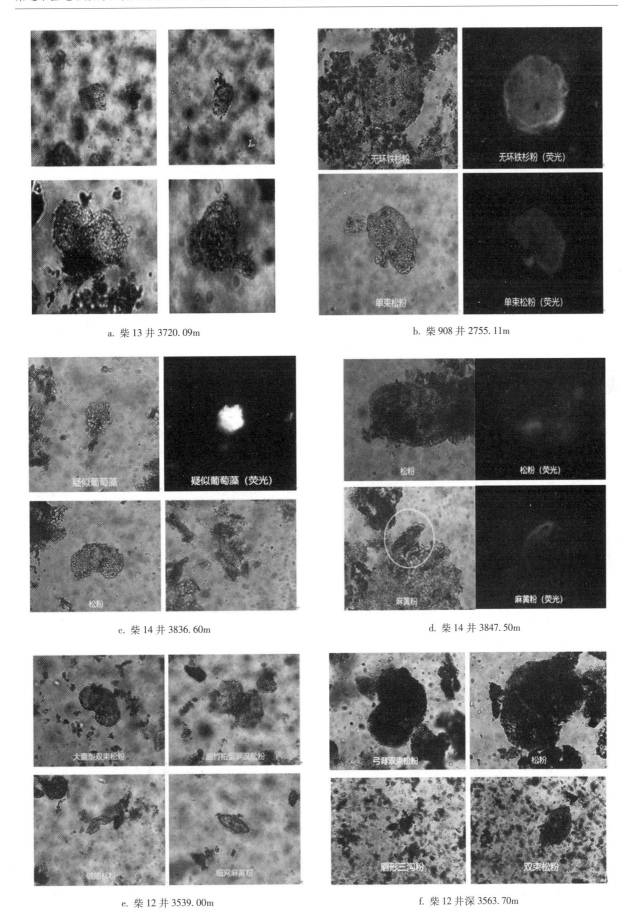

a. 柴 13 井 3720.09m　　　　　　　　　　　　　b. 柴 908 井 2755.11m

c. 柴 14 井 3836.60m　　　　　　　　　　　　　d. 柴 14 井 3847.50m

e. 柴 12 井 3539.00m　　　　　　　　　　　　　f. 柴 12 井深 3563.70m

图 3　柴系列井自然光及荧光下显微分析照片

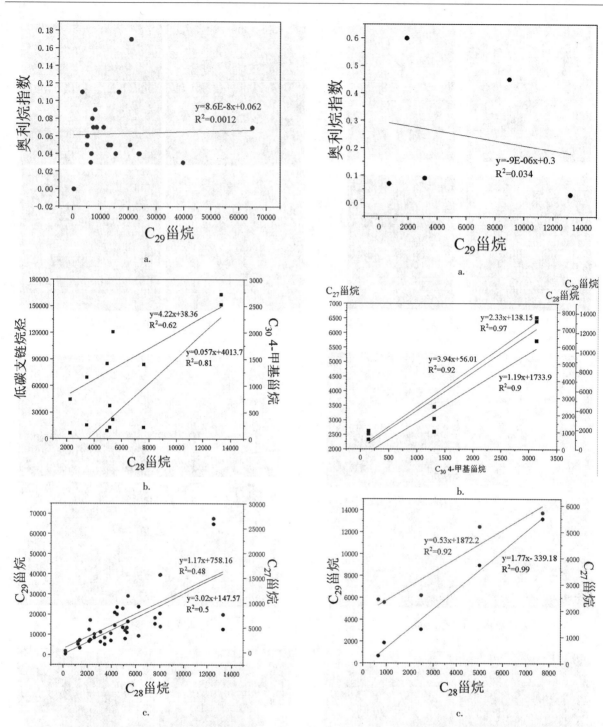

图 4　狮 60 井各脂类生物标志物指数相关性图

图 5　柴系列井各脂类生物标志物指数相关性图

柴系列井（包括柴 12 井、柴 13 井、柴 14 井、柴 908 井）$C_{29}$ 甾烷与奥利烷指数无相关性，说明 $C_{29}$ 甾烷主要为绿藻来源，与镜下观察到疑似葡萄藻（绿藻）的结果一致（如图 5a）。$C_{30}$ 4-甲基甾烷与 $C_{27}$、$C_{28}$、$C_{29}$ 甾烷均有强正相关性，说明 $C_{27}$、$C_{28}$、$C_{29}$ 甾烷有较多的甲藻来源（如图 5b）。$C_{28}$ 甾烷与 $C_{27}$、$C_{29}$ 甾烷正相关性强，推测 $C_{28}$ 甾烷与 $C_{27}$、$C_{29}$ 甾烷同源，主要为藻类来源。葡萄藻可能是柴系列井烃源岩有机质的主要贡献者（如图 5c）。

### 3.2　沉积环境对有机质保存的影响

#### 3.2.1　沉积环境分析

姥鲛烷、植烷比值 Pr/Ph 常作为判断氧化—还原环境的标志。高 Pr/Ph 值指示偏氧化环境，低值指示偏还原环境。伽马蜡烷的生物前身纤毛虫生存在分层的水体中，因此高丰度的 $\gamma$-蜡烷可指示水体分层；高盐度的水体往往会分层，所以伽马蜡烷常与高盐环境伴生，因此 $\gamma$-蜡烷指数 GI 可以作为古盐度指标。$C_{29}$ 重排甾烷/$C_{29}$ 规则甾烷指示沉积环境类型，低值一般指示碳酸盐沉积环境。

根据 Pr/Ph 值及 γ-蜡烷指数，狮 60 井由下至上分别指示淡水-微咸水、淡水、咸水的还原环境（如图 6a、b）。柴 12 井 3539～3563.7m 指示淡水-微咸水还原环境；柴 14 井、柴 908 井指示咸水相还原环境；柴 13 井指示淡水相还原环境（如图 6c）。

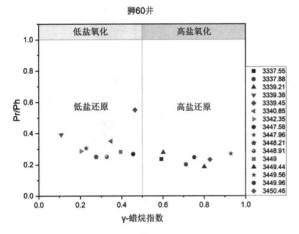

a. 狮 60 井沉积环境散点分布图

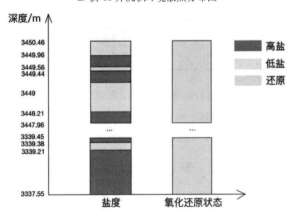

b. 狮 60 井沉积环境垂向分布图

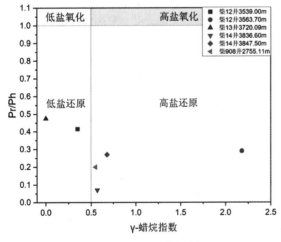

c. 柴系列井沉积环境散点分布图

图 6 研究区各井沉积环境指示图

狮 60 井姥植比 Pr/Ph 与 γ 蜡烷呈负相关关系，推测盐度升高会导致沉积环境缺氧（如图 7a），这可能是由于盐度的升高可能导致水体分层的加剧，从而阻碍了水体交换，从而造成水体缺氧而形成还原环境。柴系列井 γ 蜡烷指数与三环萜烷呈正相关关系，三环萜烷主要来源于菌藻类，推测高盐沉积环境有利于藻类生长；柴 13 井盐度低于柴 908、柴 14、柴 12 井，与微体古生物柴 14、柴 908 井藻类化石较柴 13 井多的结果一致（如图 7b）。

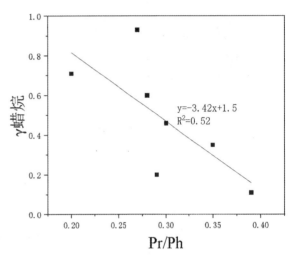

a. 狮 60 井盐度与氧化相关性图

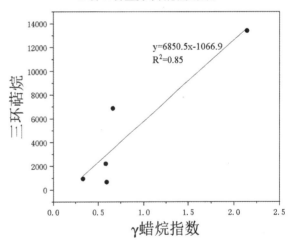

b. 柴系列井盐度与藻类相关性图

图 7 研究区各井沉积环境与藻类相关性图

### 3.2.2 沉积环境对有机质保存的影响

柴西凹陷 $E_3^2$ 时期，研究区五个井为深湖-半深湖沉积，氧气含量较低，因此整体呈现出还原环境（图 6b），有利于有机质的保存。根据全球氧同位素与气温变化图（图 8a），$E_3^2$ 沉积时期气温整体由温暖向寒冷转变，狮 60 井处于气候向干冷转化的时期（图 8b），陆源输入增加，营养盐丰富，

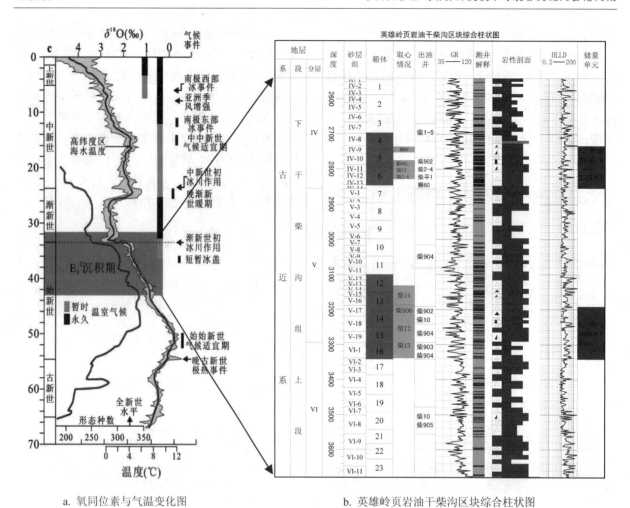

a. 氧同位素与气温变化图                    b. 英雄岭页岩油干柴沟区块综合柱状图

图8  $E_3^2$时期研究区各井时期与气温变化图对照图

初级生产力增加；另外，湖水盐度波动加剧，造成有机质的保存会随着环境的变化而变化，这可能是造成有机质保存状态差异的原因。

## 4 结论

（1）英西地区下干柴沟组生烃母质主要来源于绿藻门中的葡萄藻，甲藻和蓝藻可能也有一定的贡献。

（2）英西地区下干柴沟组基本处于咸水还原环境，水体盐度增加所引起的水体分层以及生产力增加可能是造成还原环境的主要原因，从而使得有机质在沉积物中保存下来。

（3）沉积环境的波动可能是导致有机质保存状况变化的主要原因。值得注意的是即便是没检出藻类的层位，并不一定代表本时期没有藻类的沉积，有可能与沉积环境的变化造成藻类有机质的降解有关。因此，回复本研究区的生态状况对进一步解析烃源岩的生排烃过程、油气运移和成藏至关重要。

**参 考 文 献**

[1] 王波，吴志雄，周飞，等. 柴达木盆地西北区新近系咸化湖盆生烃母质类型与有机质富集机理［J］. 天然气地球科学，2023，34（3）：496-509.

[2] 曹剑，边立曾，胡凯，等. 柴达木盆地北缘侏罗系烃源岩中发现底栖宏观红藻类生烃母质［J］。中国科学D辑：地球科学，39（4）：474-480.

[3] 徐振宇. 布朗葡萄藻A型和L型的转录组分析［D］. 浙江大学，2017.

[4] 李国雄，刘成林，王飞龙，等. 渤海湾盆地渤中凹陷东营组烃源岩地球化学特征及生烃模式［J］. 石油学报，2022，43（11）：1568-1584.

[5] 张斌，毛治国，张忠义，等. 鄂尔多斯盆地三叠系长7段黑色页岩形成环境及其对页岩油富集段的控制作用［J］. 石油勘探与开发，2021，48（06）：1127-1136.

[6] 李国欣，朱如凯，张永庶，等. 柴达木盆地英雄岭页岩油地质特征、评价标准与发现意义［J］. 石油勘探与开发，2022：18-31.

［7］ 张道伟，薛建勤，伍坤宇，等. 柴达木盆地英西地区页岩油储层特征及有利区优选［J］. 岩性油气藏，2020，32（04）：1-11.

［8］ 黄成刚，常海燕，崔俊，等. 柴达木盆地西部地区渐新世沉积特征与油气成藏模式［J］. 石油学报，2017，38（11）：1230-1243.

［9］ 袁剑英，黄成刚，曹正林，等. 咸化湖盆白云岩碳氧同位素特征及古环境意义：以柴西地区始新统下干柴沟组为例［J］. 地球化学，2015，44（03）：254-266.

［10］ 王丽岩，孙跃武，乔秀云，等. 海拉尔盆地早白垩世孢粉古气候特征［J］. 大庆石油地质与开发，2008，（05）：38-42.

［11］ 张科，姚素平，胡文瑄，等. 木栓质的菌解-热模拟实验特征及木栓质体的成烃演化机制［J］. 地质学报，2011，85（06）：1045-1057.

［12］ 张海峰，王汝建，陈荣华，等. 白令海北部陆坡全新世以来的生物标志物记录及其古环境意义［J］. 极地研究，2014，26（01）：1-16.

［13］ 凌媛，王永，王淑贤，等. 生物标志物在海洋和湖泊古生态系统和生产力重建中的应用［J］. 地学前缘（中国地质大学（北京）；北京大学），2022，29（2）：327-342.

［14］ 王铁玲. 奥利烷在沉积物和原油中的分布及其地球化学意义［J］. 石油天然气学报，2011，33（07）：13-18+6.

［15］ 张立平，黄第藩，廖志勤. 伽马蜡烷——水体分层的地球化学标志［J］. 沉积学报，1999，（01）：136-140.

［16］ 李国山，王永标，卢宗盛，等. 古近纪湖相烃源岩形成的地球生物学过程［J］. 中国科学：地球科学，2014，44（06）：1206-1217.

［17］ Hirano K，Hara T，Ardianor，et al. Detection of the oil-producing microalga Botryococcus braunii in natural freshwater environmentsby targeting the hydrocarbon biosynthesis gene SSL-3［J］. ScientificReports，2019，9：16974.

［18］ Kenig F.，$C_{16}$-$C_{29}$ homologous series of monomethylalkanes in the pyrolysis products of a Holocene microbial mat［J］. Organic Geochemistry，2000，31（2-3）：237-241.

［19］ Reed W. E.，Kaplan I. R.，The chemistry of marine petroleum seeps［J］. Journal of Geochemical Exploration，1977，7：255-293.

［20］ Robinson N.，Cranwell P. A.，Finlay B. J.，et al. Lipids of aquatic organisms as potential contributors to lacustrine sediments［J］. Organic Geochemistry，1984，6：143-152.

［21］ Peters K. E.，Moldowan J. M.，Effects of source，thermal maturity，and biodegradation on the distribution and isomerization of homohopanes in petroleum［J］. Organic Geochemistry，1991，17（1）：47-61.

［22］ Castañeda I. S.，Schouten S. A review of molecular organic proxies for examining modern and ancient lacustrine environments［J］. Quaternary Science Reviews，30（2011）：2851-2891.

［23］ Plet C.，Grice K.，Scarlett A. G.，et al. Aromatic hydrocarbons provide new insight into carbonate concretion formation and the impact of eogenesis on organic matter［J］. Organic Geochemistry，143（2020）.

［24］ He D.，Hou D.，Sun C.，et al. Study on geochemical characteristics of aromatic hydrocarbon of high-maturity crude oilsin the Baiyun deep-water sag［J］. Geochimica，2014，43（1）：77-87.

［25］ Miao M.，Sun Z.，Xue Z.，et al. The Lower Cambrian Xiaoerbulake Formation in the Tarim Basin as a potential carbonate source rock［J］. Energy Geoscience，5（2024）.

［26］ Xiang S.，Zeng F.，Wang G.，Yu J.. Environmental Evolution of the South Margin of Qaidam Basin Reconstructed from the Holocene Loess Deposit by n-Alkane and Pollen Records［J］. Journal of Earth Science，2013，24（2）：170-178.

［27］ Wang Z.，Zheng J.，Du H.，et al. The geochemical characteristics and significance of aromatic hydrocarbon of easternXinjiang area crude oils［J］. Acta Sedimentologica Sinica，2011，29（1）：184-191.

［28］ Zachos J. C.，Shackleton N. J.，Revenaugh J. S.，Palike H.，Flower B. P.，Climate response to orbital forcing across the Oligocene-Miocene boundary［J］. Science，2001，292，274-278.

# 致密砂岩气藏储采比分析及提升对策

## ——以东胜气田为例

关 闻

（中国石化华北油气分公司）

**摘 要** 近年来东胜气田储采比处于较低水平，反映出储量与产量间的被动局面，亟需明确影响因素并采取对策。针对致密砂岩气藏储采比整体分析时储层非均质性差异大、提高采收率措施类型多样、生产制度差异等因素导致的合理储采比确定难的问题，通过气田储采比低的原因分析，建立单井理论模型，按照生产实际设计不同的产量运行模式，分析单井SEC储采比，明确生产要素与储采比的关系，实现对致密砂岩气藏合理储采比的科学分析。结论认为，①仅提高单井产量，储采比没有明显改善，如因此造成递减率增大，将拉低储采比水平；②延长稳产期时间可有效提升储采比，每增加1年稳产期，储采比峰值可提升1；③在产量递减期，储采比与递减率呈负相关，通过控制递减，可显著提升储采比。基于此提出储采比提升对策包括，开辟新的气区或层位，提高新井产能，精细老井管理以及加大成本管控。

**关键词** 致密砂岩气藏；储采比；影响因素；提升对策

## 1 前言

鄂尔多斯盆地致密砂岩气藏具有"低渗、低压、低丰度"的特点，位于盆地北缘的东胜气田更具有含气饱和度低、液气比高的特点。东胜气田是公司"十四五"期间天然气上产的主要阵地，如何保证天然气合理开发和可持续发展是摆在油气藏经营者面前的一个尤为紧要的现实问题。对于上市公司来讲，储采比（R/P）是指剩余经济可采储量（SEC储量）与该年产量的比值，它是反映储量接替能力、生产潜力和物质基础的重要指标，合理的储采比既能保证油气产量的正常增加，又能对油气勘探进行合理投资。现有的关于储采比规律分析中，涉及合理储采比统计、与油藏工程参数的关系分析，以及不同开发阶段储采比的变化规律。不足之处在于，一是由于储量概念和数据统计涵盖范围不同而造成气田储采比差异较大，单纯的对比储采比数值，或是谋取储采比增大是不合理的。二是以气藏为单位所计算的储采比基于气田储量，受储量勘探开发程度、生产制度、新井贡献、老井递减、提高采收率等因素影响，只能对历史数据进行统计，对储采比未来变化无法科学合理的预计。三是目前研究对油藏分析的较多，天然气探讨较少，缺乏致密砂岩气藏SEC储采比与油藏工程参数关系的分析。2022年东胜气田储采比仅为3.9，距离"十四五"目标还有较大差距，因此，研究致密低渗气藏储采比对公司高质量发展具有重要意义。

## 2 东胜气田储采比低原因分析

### 2.1 气藏特征

东胜气田位于鄂尔多斯盆地北缘，以冲积扇-辫状河沉积为主，具有构造复杂、沉积变化快、气藏类型多样、高含水特点。平均孔隙度为8.9%，平均渗透率为$0.86×10~3\mu m$，地层压力系数0.87~0.92，含气饱和度45%~55%，气井液气比2.5~8。2015年投入开发以来，累计动用储量1034亿方，累产天然气84.7亿方。

东胜气田含水气藏储量占比高达77%，其中50%左右的气井液气比大于2.0方/万方，锦30井区、锦72井区平均液气比均高于5.0方/万方，高液气比是造成东胜气田递减快的主要原因（表1）。高含水气藏对泡排、机械排采等排水采气工艺要求更高，目前东胜气田气井普遍积液，对应的排采工艺不完善，进一步增大了气田稳产难度。

**表1　东胜气田储量含水及充注情况**

| 储量分类 | 充注情况 | 钻井效果 | 代表区带 | 储量占比 |
|---|---|---|---|---|
| 不含水或微含水储量 | 高丰度型 | 高产气，少量出水 | 锦58井区 | 17.50% |
| | 中等丰度型 | 中高产气量，少量出水 | 锦30井区 | 9.80% |
| 含水储量 | 边底水型 | 高部位高产气，低部位大出水 | 锦66井区 | 7.60% |
| | 中弱充注型 | 气水同出 | 锦58井区西北部 | 12.00% |
| | 断层遮挡型 | 气水同出，产水量大 | 锦58井区中部断层附近、锦72、锦77井区 | 47.60% |
| | 弱圈闭条件型 | 产水量大 | 阿镇 | 5.60% |

## 2.2　储采比变化趋势

"十三五"期间，针对气田气水分布复杂、甜点分散、效益开发难度大的问题，攻关创新成藏理论、开展气藏精细描述及分类评价、优化开发对策，实现了整装优质储量区独贵气区（锦58井区为主，液气比2~3方/万方）的储量整体动用，建成了年产15亿方气田。"十四五"以来，针对构造、沉积和气水关系更复杂，液气比更高的什股壕、新召等气区（锦66、锦30井区为主，>5方/万方），通过持续深化气藏分类描述，地质物探一体化精细甜点识别描述、地质工程一体化优化甜点动用策略，大幅提升单井产量，建成年产19亿方气田。

相比常规气藏，东胜气田致密砂岩气藏气井低压、低产阶段生产时间较长，要实现增储上产，一方面通过新钻井不断提高储量动用程度，增加可采储量；另一方面通过优化井网、开采方式和开采工艺，提高气田采收率。由于单井产量低、稳产时间短、递减快，规模储量接替建产是东胜气田最主要的稳产上产方式。2017年以来，年均建产4.6亿方，平均年产气12.5亿方，年均增产4.1亿方，产量不断上升的过程也是储采比不断下降的过程（图1），储采比在2017年达到峰值11.8后保持低位稳定。

## 2.3　储采比低的原因分析

（1）气藏类型、储量丰度是影响储采比的根本因素

相比整装碳酸盐岩气藏，致密砂岩气藏储层条件差、压力低、递减快，储采比低，碳酸盐气藏投产后产量高、压力高、稳产期长、水气比低，初期递减仅17%左右，储采比可达到9以上。对于致密砂岩气藏，储采比与储量丰度呈正相关，相比大牛地气田，东胜气田水气比高、递减快，易水淹，储采比更低（表2）。

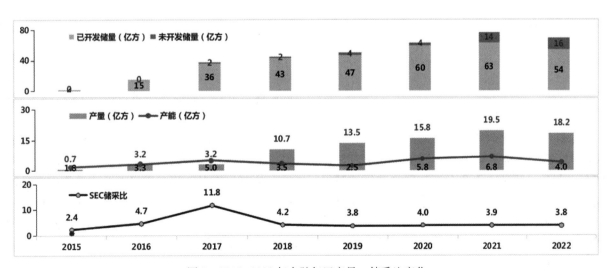

图1　2015~2022年东胜气田产量、储采比变化

表 2　不同类型气藏地质参数与储采比对比表

| 气田 | 气藏类型 | 孔隙度（%） | 渗透率（mD） | 原始地层压力（Mpa） | 递减率（%） | 储量丰度（m³/km²） | 储采比 |
|---|---|---|---|---|---|---|---|
| 大牛地 | 致密砂岩 | 7.8 | 0.45 | 23-26 | 14 | 2.4 | 5.1 |
| 东胜 | 致密砂岩 | 9.1 | 0.87 | | 28 | 1.3 | 3.9 |
| ZJ | 致密砂岩 | 9.6 | 0.84 | 53 | 16 | 2.0 | 4.9 |
| XC | 致密砂岩 | 10-15 | 1.5-5 | 54 | 13 | 6.9 | 6.6 |
| YKL | 凝析气藏 | 13 | 52-88 | 59 | — | 6.4 | 3.8 |
| SN | 火山岩 | 3-29 | 0.2-81 | 42 | 15 | 6.2 | 5.3 |
| PG | 碳酸盐岩 | 7.5 | 71 | 56 | 稳产9年，递减11% | 32.5 | 8.2 |
| YB | 碳酸盐岩 | 5.7 | 0.1-2570 | 75 | 稳产8年 | 7.2 | 9.5 |

（2）动用储量品位逐年变差，导致新动用储量对 SEC 的贡献降低

历年方案单位新建产能的评价期累计天然气产量逐年降低，动用储量品位逐年变差（图2）。2006～2011年主要以直井开发，1亿方产建的评价期累产在10亿方左右；2012～2018年主要以水平井开发，1亿方产建的评价期累产逐年下降至5亿方；2019～2021年通过夯实基础提高方案效果，1亿方产建的评价期累产有所上升，单井经济可采储量有所上升。

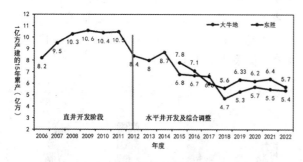

图 2　1亿方产建评价期累计产量逐年变化图

（3）高液气比加大了储采比提升难度

东胜气田平均单井液气比4.5方/万方，年递减率23.7%，其中液气比大于5方/万方的气井井数占比26%，产量占比24%，这部分井年递减率42.9%，储采比峰值仅为3.9（图3）。高含水气藏气井递减大、低产低压井（套压<5MPa）占总井数的一半以上，排水采气困难加剧，导致开井时率、生产时率低（83.4%、76.3%），老井稳产难度增大。而剩余未动用储量主要在独贵断裂带、新召西和十里加汗高含水气藏区，含水饱和度高

（>43%），液气比大（>5方/万方），产量低（水平井1.3万方）、EUR 低（1560万方）。气田稳产形势更加严峻，储采比提升难度加大。

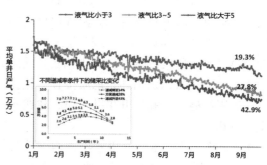

图 3　东胜气田不同液气比气井产量递减对比<br>（折算年递减率）

（4）单位操作成本的上升缩短经济年限，SEC储量减少

随着天然气稳产难度持续攀升，高成本稳产投入增加导致成本结构发生变化，造成单位现操成本逐年攀升。从产量结构来看，常规稳产贡献产量逐年下降，高成本产量占由2018年的3.2%增至2022年的28.7%；从成本总额来看，井口分液、井下作业、稳产工艺成本大幅上升，高成本产量成本占操作成本的8.4%增至38.8%（图4）；从单位成本来看，高成本工艺单位成本呈现抬升趋势。井下作业、除硫、制氮气举、负压采气、增压混输等高成本稳产措施及工艺应用种类、规模加大，导致了近5年天然气单位操作成本年均上涨13%，虽然为老区稳产、控递减作出了贡献，但从成本单因素角度分析，影响了SEC储量增长。

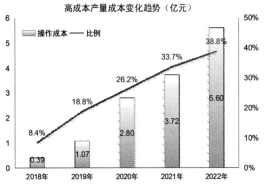

图 4　高成本产量及成本变化趋势

## 3　单井储采比影响因素分析

气田开发主要分为三个阶段：产能建设阶段、开发调整稳产阶段和产量递减阶段。由于气藏特性不同，开发技术策略和配产原则不同，气田的产量运行模式也有所差异，带来实际储采比变化的复杂性。

储采比分析单元一般为气藏整体，但需考虑较多因素，包括生产制度、新井贡献、老井递减、提高采收率措施等，不利用分析的开展。以单井作为储采比分析单元，有利于理论模型设计和单因素分析，进而总结气藏整体规律变化。

### 3.1　模型设计思路

选取递减类型：致密砂岩气藏大部分气井呈现出指数递减的生产特征，因此选取指数递减作为产量递减模型。

设计不同产量运行模型：根据气田的实际生产情况，确定初始产量、稳产期、递减率等参数的合理取值范围，针对每项影响因子设计 3 种不同的产量运行模式。参数包括，单井初始产量 X 万方/天，稳产期 Y 年，第一阶段递减率 a1，递减时间 A1 年，第二阶段递减率 a2，递减时间 A2 年，气井生命有效期 N 年。目前气田气井初始产量 2～10 万方/天，稳产时间 0～6 年，初期递减率 20%～40%，递减持续时间 0.5～2 年，后期递减率 10%～20%，经济有效期参照开发方案为 15 年。

计算不同产量运行模式下 SEC 储量和储采比并明确初始产量、稳产年限、递减率与储采比的关系。

### 3.2　储采比与初始产量的关系

设计初产为 2、5、10 万方/天，稳产期 0 年，Ⅰ期递减率均为 40%，Ⅱ期递减率 15%，计算经济可采储量为 0.3、0.8、1.6 亿方（表 5，模型 1、2、3），根据月度产量递减模型，计算年度 SEC 储量、产量以及储采比，可以得到不同初始产量运行下，SEC 储采比的变化（表 3）。

表 3　不同初始产量运行模式下的 SEC 储量、储采比

| 年份 | 初始产量 10 万方 | | | 初始产量 5 万方 | | | 初始产量 2 万方 | | |
| | SEC 储量 | 年产量 | 储采比 | SEC 储量 | 年产量 | 储采比 | SEC 储量 | 年产量 | 储采比 |
| --- | --- | --- | --- | --- | --- | --- | --- | --- | --- |
| 第 1 年 | 1.640 | 0.288 | 5.70 | 0.820 | 0.144 | 5.70 | 0.328 | 0.058 | 5.70 |
| 第 2 年 | 1.352 | 0.206 | 6.55 | 0.676 | 0.103 | 6.55 | 0.270 | 0.041 | 6.55 |
| 第 3 年 | 1.146 | 0.175 | 6.53 | 0.573 | 0.088 | 6.53 | 0.229 | 0.035 | 6.53 |
| 第 4 年 | 0.970 | 0.149 | 6.51 | 0.485 | 0.075 | 6.51 | 0.194 | 0.030 | 6.51 |
| 第 5 年 | 0.821 | 0.127 | 6.48 | 0.411 | 0.063 | 6.48 | 0.164 | 0.025 | 6.48 |
| 第 6 年 | 0.695 | 0.108 | 6.45 | 0.347 | 0.054 | 6.45 | 0.139 | 0.022 | 6.45 |
| 第 7 年 | 0.587 | 0.092 | 6.41 | 0.293 | 0.046 | 6.41 | 0.117 | 0.018 | 6.41 |
| 第 8 年 | 0.495 | 0.078 | 6.37 | 0.248 | 0.039 | 6.37 | 0.099 | 0.016 | 6.37 |
| 第 9 年 | 0.418 | 0.066 | 6.31 | 0.209 | 0.033 | 6.31 | 0.084 | 0.013 | 6.31 |
| 第 10 年 | 0.351 | 0.056 | 6.25 | 0.176 | 0.028 | 6.25 | 0.070 | 0.011 | 6.25 |
| 第 11 年 | 0.295 | 0.048 | 6.18 | 0.148 | 0.024 | 6.18 | 0.059 | 0.010 | 6.18 |
| 第 12 年 | 0.247 | 0.041 | 6.09 | 0.124 | 0.020 | 6.09 | 0.049 | 0.008 | 6.09 |
| 第 13 年 | 0.207 | 0.035 | 5.99 | 0.103 | 0.017 | 5.99 | 0.041 | 0.007 | 5.99 |
| 第 14 年 | 0.172 | 0.029 | 5.87 | 0.086 | 0.015 | 5.87 | 0.034 | 0.006 | 5.87 |
| 第 15 年 | 0.143 | 0.025 | 5.73 | 0.071 | 0.012 | 5.73 | 0.029 | 0.005 | 5.73 |

表4　不同初始产量、不同递减率的的产量
运行模式计算结果

| 初始产量<br>（万方/天） | Ⅰ期递减<br>（%） | Ⅱ期递减<br>（%） | 经济可采储量<br>（亿方） | 储采<br>比峰值 |
|---|---|---|---|---|
| 2 | 30 | 10 | 0.5 | 9.2 |
| 5 | 40 | 15 | 0.5 | 6.5 |
| 10 | 50 | 20 | 1.1 | 5.0 |

根据表3制作储采比随生产时间变化趋势图（图5-A），可以看到，在递减率相同的情况下储采比曲线重合。结果表明：只提升初始产量，而不改变递减率，提升单井产量对储采比没有明显改善。

作为对比，设计模型对比不同初始产量下改变递减率对储采比的影响（表4）。如图5-B所示，初始产量2万方/天，递减率30%时，储采比峰值可达到9.2，。初始产量10万方/天，递减率50%时，储采比峰值仅为5。因此，当提升初始产量而累产无明显增加，递减率增大，将直接降低储采比水平。

**3.3　储采比与稳产期的关系**

设计初产为5万方/天，稳产期分别为6、3、0年，Ⅰ期递减率均为40%，Ⅱ期递减率20%，计算经济可采储量为1.5、1.0、0.6亿方（表5，模型4、5、6）。从储采比曲线（图5-C）可以看到，在气井稳产时期，储采比与时间呈负相关，即随稳产时间延长，储采比逐年降低。其次，稳产期可有效提升气田初始储采比，每增加1年稳产期，储采比峰值可提升1。

以X1井为例（图5-D），该井2008年投产，日产2万方以上稳产6年后递减加大，后调整日产，降至1.5万方/天，又实现稳产5年，单井EUR（技术可采储量）大幅增加，2008年储采比提升5。

**3.4　储采比与递减率的关系**

设计初产为5万方/天，稳产期0年，Ⅰ期递减率均为30%、40%、50%，Ⅱ期递减率15%，计算经济可采储量为0.8、0.6、0.5亿方（表5，模型7、8、9）。如储采比趋势线图5-E所示，在气井递减期，储采比与递减率呈负相关，即递减率越小，储采比越大；通过合理配产控制递减，可有效提升单井EUR，可显著提升气田储采比。

以X2井为例（图5-F），该井2020年投产，初期日配产12万方，递减率达40%，通过分析，将日产量降至8万方/天，递减率显著减缓，单井EUR大幅增加，通过合理配产，初期储采比提升4。

表5　不同产量运行模式计算结果

| 产量<br>模型<br>序号 | 初始<br>产量 | 稳产<br>时间 | Ⅰ期<br>递减率 | Ⅰ期<br>递减期 | Ⅱ期<br>递减率 | Ⅱ期<br>递减期 | 经济<br>有效期 | 经济可采<br>储量 | 储采比<br>峰值 |
|---|---|---|---|---|---|---|---|---|---|
| | 万方/天 | 年 | % | 年 | % | 年 | 年 | 亿方 | |
| 1 | 2 | 0 | 40 | 1 | 15 | 19 | 15 | 0.3 | 6.5 |
| 2 | 5 | 0 | 40 | 1 | 15 | 19 | 15 | 0.8 | 6.5 |
| 3 | 10 | 0 | 40 | 1 | 15 | 19 | 15 | 1.6 | 6.5 |
| 4 | 5 | 6 | 40 | 1 | 20 | 13 | 15 | 1.5 | 9.4 |
| 5 | 5 | 3 | 40 | 1 | 20 | 16 | 15 | 1.0 | 6.4 |
| 6 | 5 | 0 | 40 | 1 | 20 | 19 | 15 | 0.6 | 4.9 |
| 7 | 5 | 0 | 30 | 2 | 15 | 18 | 15 | 0.8 | 6.5 |
| 8 | 5 | 0 | 40 | 2 | 15 | 18 | 15 | 0.6 | 6.5 |
| 9 | 5 | 0 | 50 | 2 | 15 | 18 | 15 | 0.5 | 6.5 |

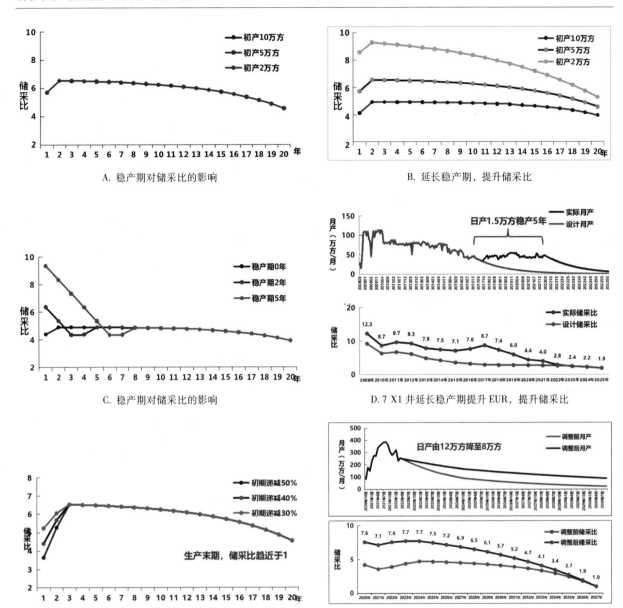

图5　储采比影响因素及实例分析

# 4　储采比提升对策

根据公司"十四五"发展规划,东胜气田2025年产气量占比例将达到公司的40%。其中主力井区锦58井区随开发时间延长产量规模总体稳定,但进入低压阶段后产量递减加快,跟踪统计显示套压降至7MPa时液气比会显著上升,降至5MPa时无法正常携液,气井不能连续自喷或停产,目前井区套压小于7MPa气井占比82%。锦30井区为高含水气藏,2019年开始探评建一体化,打出一批高产井,但气井投产后呈现压力和产量快速递减,单元采气速度达到5.2%,压降速率达到0.05~0.1MPa/d,折算年递减率达38.5%。液

气比高、递减快,给效益开发带来了挑战,也极大地增加了储采比提升难度。基于以上储采比与地质特点、生产要素的关系,可从以下4方面提升储采比。

## 4.1　开辟新的气区和新的产气层

对现有气田和主力产层扩边扩层增储是重要的,但为了在"十四五"至"十六五"期间天然气工业发展和上新台阶,就必须要开辟新的气区盒新的产气层。纵观油气发展中储采比的变化,增加新储量整体上市为储采比提升起到了重要的作用。每一次大中型气田的上市(2011年、2013年元坝气田连续上市、2015年宁波22-1上市、2019年川西气田上市)会带来当年储量替代率较大幅度的增长,

因此要实现储量良性替代、提升储采比要依托于大中型气田（藏）的发现和整体上市。鉴于整体上市气藏的特点，呈现先稳产、后递减的开发模式，初期的储采比高于任一阶段的储采比，开发中后期通过局部加密、上增压设备、排水采气等增储措施，可有效环境储采比降低的趋势。

### 4.2　提高新井产能，科学部署未开发

基于评估规则，未开发井需要在已有井周围 1 个井距内部署，以提高未开发储量的可靠性，有必要在探明储量区合理部署骨架井，实现对储量的整体控制。同时，新井技术可采储量是未开发部署的重要依据，可有效支撑未开发储量规模、快速提升。按照未开发状态时限最多允许保持 5 年的规则，需加快探明储量动用，促进未开发向已开发储量的转化，提升可持续性。

### 4.3　精细老井管理，全力提升已开发

SEC 已开发储量是 SEC 储量可持续发展的基础，并决定当年折耗，进而影响公司利润。通过降低递减率实现老井稳产，能显著提升已开发储量、提升储采比，进而降低折耗、创造利润。由于气藏气水关系复杂，积液会在井筒中增加额外的压力损失，虽然泡排工作量逐年上升，但低压条件下的排水采气仍然面临巨大挑战，气井压力降低，躺、停井数量增多，一方面需合理配产，在满足排液要求的前提下，控制采气速度，延长稳产期，减缓初期递减，确保单井 EUR 最大化。其次需通过生产动态跟踪，逐一排查挖潜，及时发现气井生产异常并针对性治理。

### 4.4　加强管理降成本，实现经济优化增储

成本的变化是影响剩余经济可采储量及其价值的主要参数之一。当气价、投资等其它参数不变时，随着成本的增加，剩余经济可采储量减少。尤其是在高油气价时，成本的变化对剩余经济可采储量的影响较小，而在油气价格相对较低时，成本的变化对 SEC 储量的影响大。

2016~2022 年天然气单位操作成本从 130 元/千方上涨到 316 元/千方，年均涨幅 20%，年均减少 SEC 储量 3 亿方。若"十四五"后三年依旧保持该上涨趋势，预计每年减少天然气 SEC 储量近 5 亿方。因此，亟需遏制单位操作成本的上升趋势，以减少对 SEC 储量的负影响。

## 5　结论

（1）东胜气田储采比低的原因包括：气藏类

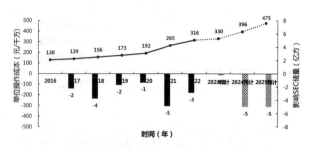

图 6　天然气单位操作成本变化及影响 SEC 储量趋势图

型、储量丰度的决定性影响，动用储量品位逐年变差、液气比高以及单位操作成本的上升。

（2）单井理论模型分析致密砂岩储采比有以下特征：提升单井产量对储采比没有明显改善，但是当提升初始产量而累产无明显增加，递减率增大时，将直接降低储采比水平。延长气井稳产期可有效提升气田初始储采比，每增加 1 年稳产期，储采比峰值可提升 1。在气井递减期，储采比与递减率呈负相关，通过合理配产控制递减，可有效提升单井 EUR，提升储采比。

（3）储采比提升对策建议：开辟新的气区或新的产层；提高新井产能，促进未开发向已开发的高效转化；精细老井控制递减管理，保持已开发储量规模品质；严格降本增效，实现经济优化增储。

## 参 考 文 献

[1] 张抗，卢泉杰．中外近期油气储采比变化态势及其意义 [J]．中国石油勘探，2015，20（01）：17-23．

[2] 张礼貌．国际一体化石油公司储量经营指标分析及启示 [J]．国际石油经济，2016，24（07）：51-58+106．

[3] 王禄春，赵鑫，李金东，等．油田合理储采比界限预测方法 [J]．新疆石油地质，2020，41（03）：355-358+364．

[4] 肖关新．确定合理储采比的新方法 [J]．中国石油和化工标准与质量，2013，33（23）：132．

[5] 王刚，段宇，李珍，等．渤海油田的合理储采比确定方法研究 [J]．重庆科技学院学报（自然科学版），2019，21（01）：34 - 37．DOI：10.19406/j.cnki.cqkjxyxbzkb.2019.01.010．

[6] 王俊魁．油田储采比合理界限与产量递减的趋势预测 [J]．大庆石油地质与开发，1991（04）：27-34．DOI：10.19597/j.issn.1000-3754.1991.04.004．

[7] 曲世元，侯吉瑞，梁华伟．油田储采比影响因素分析研究 [J]．石油地质与工程，2016，30（02）：83-86+149．

[8] 姚靖婕，李彦来，闫建丽，等．海上油田储采比变

化规律研究［J］. 特种油气藏，2020，27（01）：129-135.

［9］ 王成宏. 对油田储采比与油田稳产关系的研究和认识［J］. 内江科技，2018，39（02）：71+157.

［10］ 缪飞飞，杨东东，王美楠，等. 油田开发全程储采比计算方法研究［J］. 石油化工应用，2018，37（08）：55-58.

［11］ 周岐双，翟海龙，付帅. 不同开发阶段天然气储采比计算方法思考［J］. 石化技术，2015，22（03）：217-218.

［12］ 杜静. 关于提高常规天然气储量替代率的几点建议

［J］. 石化技术，2019，26（08）：206-207+209.

［13］ 孟金落，孔盈皓，程光华，陈斌. 中国石油公司与国际石油公司储采比对比分析与思考［J］. 国际石油经济，2022，30（06）：52-58.

［14］ 戴金星，倪云燕，董大忠，等. "十四五"是中国天然气工业大发展期——对中国"十四五"天然气勘探开发的一些建议［J］. 天然气地球科学，2021，32（01）：1-16.

［15］ 杜静，薄兵. 中国石化国内常规天然气储采比现状与可持续发展方向［J］. 石油与天然气化工，2020，49（01）：62-66.

# 基于模糊逻辑控制的页岩气井智能化调产预警

何春艳

（中国石化西南油气分公司勘探开发研究院）

**摘　要**　随着大数据技术的发展，生产管理的数字化和智能化是油气田发展的必然趋势。由于页岩气井存在积液、出砂和强应力敏感等问题，产量调整需要考虑因素较多，传统方法由于存在人工工作量大、调产预警效率偏低的问题，从而无法兼顾多重因素实施最优化调产。为解决该问题，采用模糊逻辑推理的数据分析方法，基于 Python 编制了考虑初期产能、携液、出砂、压降速度、单位压降产气量五类因素的自动计算模型，结合气井调产现场经验，建立每种调产因素不同程度的调产因素集合和相应的隶属度集合，根据气井排液输气、稳产降压、定压递减间开阶段的典型生产特征，制定气井全生命周期差异化的调产模糊逻辑规则，根据此规则，建立基于模糊逻辑的气井智能化调产预警模型，遵从最大隶属度原则选取最终调产预警结果。该方法在威荣页岩气田应用了百余口井，调产预警时间仅需 30 秒，而传统方法需要 5~7 天；智能化预警气井的稳产期较传统调产方法提高 15% 左右、单位压降产气量提高 10% 左右，取得了较好的应用效果。在未来可结合远程控制的油嘴或者节流阀来自动化调节油气井生产制度，为智能化油气田提供技术支撑。

**关键词**　模糊逻辑；智能化；页岩气井；调产预警

合理调配产量是提高页岩气井生产效果、增加页岩气田效益的关键之一。房大志等学者提出页岩气井具有强应力敏感性，过高配产将导致裂缝闭合速度加快，影响气井可采储量。刘华等对涪陵页岩气田的实验分析研究表明放压生产气井的稳产期累产气比控压生产减少约 17%。Fred 等对 Haynesville 地区 11 口页岩气井的研究表明控压生产气井的 EUR 比放压生产提高约 30%。而过低配产将导致气井携液能力不足、市场需求产量不达标等问题。

在页岩气井合理调配产方法的研究领域，国内外学者已经开展了广泛的研究。湛小红提出了采用临界携液流量配产法、临界携砂气量配产法分别为合理配产的下限值和上限值，并以采气指示曲线配产法、无阻流量-配产系数经验关系法、解析法综合取值进行合理配产。胡浩等学者提出了以临界携液流量配产法为配产低限值，初期采用无阻流量-配产系数经验关系法配产，试采阶段根据单位压降产量配产法优化气井配产。祝启康等学者用基于 LSTM 神经网络的产量预测模型预测页岩气单井未来 5 天产量变化，自动间歇开关井和积液监测工作。Kevin 等学者提出使用 IPR 曲线的节点分析进行合理配产。这些调配产方法都有其适用场景和局限性，目前仍存在一些问题与挑战，例如缺少对不同调产方法计算结果冲突时调产取

值明确性、高效率调产预警的自动计算方法、页岩气排液输气期的调配产方法等，而且解析法、数模法、人工智能法在地质-工程数据获取和模型训练上要求较高，目前难以推广至每口单井的即时调配产应用。这些问题导致了气井调配产过程的复杂性，即气井调配产方法存在适用性不明确、调配产目标复杂、多个方法计算工作量大等方面的挑战。因此当前的气井调配产方法仍然需要进一步的完善和改进，以实现更加高效和可持续的气井生产管理。

油气田智能化生产被广泛认为是石油工业未来的重要发展趋势之一。为应对巨大的工作量挑战，本文采用了 SQL Server 数据库和 Python 编程技术，构建了一个高效的算法框架，从而实现了自动化和可重复性，显著提升了工作效率和数据处理准确性。同时，为确保数据的安全性，本文采取了严密的数据加密措施。另一方面，针对调产需求复杂且存在不确定性的问题，本文借鉴了 Frota 等学者提出了基于模糊逻辑的油井产出水回注流量控制和 Gorjizadeh 等学者提出了在操作/物理约束条件下实现恒定井底压力钻井的模糊控制器设计，通过引入模糊逻辑控制作为一种有效的控制方法，本文成功处理多种调产方法计算结果与最终调产取值之间的模糊关系，实现了清晰而有效的处理过程。综上所述，本文结合页岩气井

生产规律，将考虑积液、控压等多种调产方法步骤、算法、公式等编程为可执行的代码程序，并基于各调产指标计算结果建立调产预警模糊逻辑控制模型，这一方法在威荣页岩气田实现了动态即时的调产决策，对于在实际油气井开发中的推广具有重要意义。

## 1 基本原理及思路

本文旨在构建基于模糊逻辑控制的气井智能化调产预警模型，并进行相关应用研究。具体而言，本文的模型建立主要包括以下流程步骤：

（1）针对多种调产方法计算过程进行算法实现。

1）利用 SQL Server 数据库、Python 技术编程，针对临界携液流量、临界出砂流量、稳产期压降、单位压降产气量、经验图版法、递减间歇阶段调配产这六种方法进行算法实现。

2）针对这六种方法的适用性进行算法实现，即代码实现筛选满足适用条件的数据。

3）将实际产量相对于每个方法参考值的偏差比例即作为调产指标，并进行算法实现。

（2）针对（1）里面的调产指标等建立模糊逻辑控制模型。其中模糊逻辑运算主要通过 Python 软件的 scikit-fuzzy 库进行计算。

1）通过隶属函数将模型的输出变量转化为五个语言变量：大幅上调、小幅上调、不调、大幅下调、小幅下调。同时，将六种调产指标、气井生产阶段等作为输入变量，每个调产指标输入变量范围转化为与明显上调、小幅上调、不调等输出语言变量相对应的语言变量。

2）模糊推理。结合井场调产规范建立模糊规则，依据最大最小原则（Max-Min Principle）建立调产影响输入量到调产输出量之间的模糊关系 R。对于单独个体规则，例如某一条规则为"if  A1 then  B1"，我们进行模糊集运算取交集，即取其隶属度值的最小值，则该条规则的模糊关系 R1 为：

$$R1 = \mu（A1）\cap \mu（B1） \tag{1}$$

式中，$\mu$（A1）、$\mu$（B1）分别为 A1、B1 对应的隶属度值，

如果个体规则的条件部分或者结论部分有"and"关系的取交集∩运算、"OR"关系的取并集∪运算，"NOT"关系的取补集运算。

然后，汇总每条规则的结果取并集运算，即

取其隶属度值的最大值。总的模糊关系 R 为：

$$R = R1 U R2 \cdots\cdots Rn$$

根据给定的事实输入模糊集合 A'和模糊关系 R 的进行模糊合成运算：

$$B' = A' \circ R$$

式中，$\circ$—模糊集合的合成运算符号。

第四步是解模糊化，前面步骤得到的是一个离散论域的模糊集合 X，需要通过解模糊化来输出一个清晰值 y，本文采用重心解模糊法，可理解为集合元素的隶属度的加权平均，公式如下：

$$y = \frac{\sum_{i=1}^{n} \mu（x_i）x_i}{\sum_{i=1}^{n} \mu（x_i）} \tag{2}$$

式中，$x_i$ 为集合 X 中每个输出点，$\mu（x_i）$ 是 $x_i$ 对应的隶属度值。

根据气田现场需求，可将输出进一步从标准论域缩放到具有真实调产意义的单位或语言。

## 2 调产指标及算法代码实现

### 2.1 页岩气井生产阶段划分及调产原则

页岩气井的生产过程依次可主要划分为排液输气、稳产降压和定压递减三个阶段，针对不同阶段的生产特征制定相应的调产原则。

（1）在排液输气阶段，气井以套管生产为主，其特点是排液量大、压降快速，调产的目标应以排液为主、控制压力为辅，同时避免出现砂堵的问题。

（2）在稳产降压阶段，气井在压力适中时将由套管生产转为油管生产，此时液量较小、产量稳定、压降较缓，调产的目标主要是控制压降速度、提高采收率，并且为满足市场需求，要保证稳定生产制度和固定的稳产期。

（3）在定压递减阶段，前期需要连续降产以保持不低于输压，后期能量不足支撑连续生产，则进行间歇开关井生产。

### 2.2 调产指标方法原理

（1）临界携液流量

李闽临界携液流量模型认为在高速气流作用下，液滴前后存在压力差变为椭球体，相较于turner 模型增加了有效受力面积，在临界流状态下，液滴相对于井筒不动。液滴的重力等于浮力加阻力。其公式为：

$$u_c = 2.5 [\sigma（\rho_l - \rho_g）/ \rho_g^2]^{0.25} \tag{3}$$

换算成标况下的气井流量公式：

$$q_c = 2.5 \times 10^8 A u_c \frac{p}{ZT} \quad (4)$$

式中：$q_c$ 为气井临界携液流量，$m^3/d$，$\sigma$ 为气液表面张力，$N/m$；$\rho_1$ 为液体密度，$g/cm^3$；$V_1$ 为液体流速，$m/s$；$A$ 为生产管柱横截面积，$m^2$；$p$ 为井筒当地压力，$MPa$；$T$ 为井筒当地温度，$K$；$Z$ 为气体压缩因子；$q_c$ 为气井携液临界产量，$m^3/d$。

（2）临界携砂流量

李小益等学者认为在临界流状态下，砂粒相对于井筒不动，砂粒的重力等于液滴对砂粒的拖曳力、浮力。其临界携砂流量模型公式为：

$$V_S = V_1 - \sqrt{g} \quad (5)$$

如果设定 $V_S = 0$，则计算得到临界出砂对应的液体流量 $V_1$。

通过改进后的 Turner 模型计算临界携液流速 $V_1$ 状态下的临界携砂产量 $q_{sc}$。

$$q_{sc} = 2.5 \times 10^8 A \; V_1 \frac{p}{ZT} \quad (6)$$

式中：$d_s$ 为主体砂粒直径，$mm$；$\rho_s$ 为主体砂粒密度，$g/cm^3$；$C_D$ 为阻力系数，取 0.45；$V_1$ 为液体流速，$m/s$；$V_S$ 为砂粒速度，$m/s$ $q_{sc}$ 为气井携砂临界产量，$m^3/d$。

（3）稳产期压降法

根据气田开发方案和实际生产确定稳产期，按排液输气阶段、试采阶段分别设置稳产期压降配产法参考值。

1）在排液输气阶段，气井主压裂缝流体弹性释放，导致大液、高压及压降速度较大，随后返排液、压降速度逐渐减小并相对稳定。为获取这一阶段压降速度参考值，可以分析近两年控压标杆井在该阶段的压降速度与天数相关性，得到压降速度经验公式。对于本文实例中的威荣气田典型页岩气井，其经验公式如下：

$$P' = 0.96 - 0.009 * T \quad (7)$$

式中：$P'$ 为压降速度，$MPa/d$；$T$ 为生产天数。

开井后的 40 天内因通井扫塞产能不稳定，不纳入统计。

2）在试采阶段，根据当前压力和近期压降速度确定稳产期。为了避免气井工况变动导致的压降异常，可以选择 7 天、15 天和 30 天压降速度中线性拟合相关性 $R^2$ 最大的作为近期压降速度。

（4）单位压降产气法

与稳产期压降法相比，该方法侧重于单位压

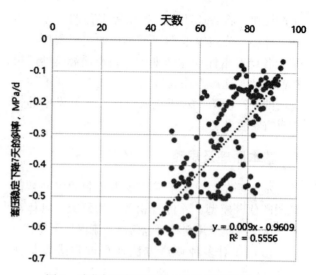

图 1　威荣气田较稳定的 7 日套压压降速度
vs 生产天数散点图

降产气而非稳产期，能够减少气井工况变动对计算结果的影响。该方法通过筛选近期压力-累产气曲线线性拟合较好的 7 个点来计算单位压降产气值。在该方法中，以相近地质-工程条件下的标杆井在试采阶段的单位压降产量作为参考值，本文实例的单位压降产气参考均值为 $55 \times 10^4 m^3/d$。

（5）经验图版法

无阻流量与配产经验关系法在多个页岩气田已有广泛应用，本文实例威荣气田的经验公式为：

$$q = (0.0024 * Q_{aof} + 0.2792) * Q_{aof}$$
$$(10 < Q_{aof} \leq 70 \times 10^4 \; m^3/d) \quad (8)$$

式中：$Q_{aof}$ 和 $q$ 分别为无阻流量和配产，$10^4$ $m^3/d$。

页岩气井因初期液量大引起的二项式产能曲线倒置，需要引入修正项，公式为：

$$P_e^2 - P_{wf}^2 = Aq + B q^2 + C \quad (9)$$

式中：$P_{wf}$ 和 $P_{wf}$ 为分别为地层边界压力和井底流压，$MPa$，$A$，$B$ 分别为受流体性质、地层系数影响的系数，$C$ 为考虑启动压力梯度、滑脱效应、应力敏感、多相流等多种因素的修正项常数。

针对未开展产能测试的气井需要进行井底流压折算。油管生产阶段采用平均温度-偏差系数法，公式为：

$$P_{wf} = \sqrt{e^{2s} + \frac{1.324 \times 10^{-18} f (q_{sc} TZ)^2}{d^5}(e^{2s} - 1)}$$
$$(10)$$

$$s = \frac{0.03418 \, r_g H}{TZ} \quad (11)$$

式中：$P_{tf}$ 为井口压力，MPa；$f$ 为摩阻系数，无量纲；$q_{sc}$ 为气井产量，$m^3/d$；S 为指数，无量纲；$r_g$ 为气体相对密度，无量纲；H 为气层中部垂深，m；T 为平均流动温度，K；Z 为在 P、T 条件下的天然气偏差系数，无量纲。

套管生产阶段采用学者谭聪[20]提出的 H—B 简化模型法，公式为：

$$P_{wf} = \sqrt{ \begin{array}{c} {}^2 e^{2s} + \dfrac{1.324 \times 10^{-18} f(q_{sc}TZ)^2}{d^5}(e^{2s} - 1) + \\ \dfrac{V_w}{q_g \times B_{gi} + V_w} H\rho g \end{array} } \quad (12)$$

$$B_{gi} = \frac{3.447 \times 10^{-4} \times Z \times T_{井筒中部}}{P_{wf}} \quad (13)$$

式中：$\rho$ 为液体密度，$kg/m^3$，$B_{gi}$，气体体积系数，无量纲。

（6）间歇阶段开关井预警法

当井口压力接近输压或者有积液水淹风险时关井，一旦压恢相对稳定且无积液水淹风险时开井。在本文所述气田案例中，关井条件分为两种情形，当 $q_w <= 5$ 时，满足下式：

$$P_{井口} \le P_{输压} + 0.3 \quad (14)$$

当 $q_w > 5$ 时，则为：

$$P_{井口} \le P_{输压} + 0.3 \text{ 或 } q < q_c \quad (15)$$

开井分为两种情形，当 $q_w <= 5$ 时，需满足两天 $P_{井口}$ 不变或者以下不等式：

$$P_{井口} \le P_{输压} + 3 \quad (16)$$

当 $q_w > 5$ 时，增加压恢条件以防止开井后积液淹井，需满足两天 $P_{井口}$ 不变或者以下不等式：

$$P_{井口} \le P_{输压} + 3 \text{ 且 } |P_{井口} - P_{上一次开井最大值}| < 1 \quad (17)$$

式中：$q_w$ 为日产液，$m^3/d$，q 为目前配产，$10^4 m^3/d$，$q_c$ 为气井临界携液流量，$10^4 m^3/d$，$P_{井口}$ 为井口压力，MPa；$P_{外输}$ 为外输压力，MPa；$P_{上一次开井最大值}$ 为上一次间歇生产最大压力，MPa。

### 2.3 调产指标代码实现

利用 SQL Server 数据库、Python 对算法框架进行编程，这种代码化操作可以使整个过程更加自动化和可重复，提高工作效率和准确性。具体如下：

第一步，通过 Python 的 pyodbc 库连接到 SQL Server 数据库，并执行 SQL 查询来获取所需的气井生产动态、静态数据。为了保障数据保密性，需要提前对关键指标进行别名、缩放、调序等。

第二步，使用 pandas、numpy、Linear Regression 等库来加载、筛选合适的气井数据段。明确各方法的适用关键指标，所有方法均需满足近期的、近期无调产的、线性拟合好条件，结合威荣气田现场实际，明确筛选数据段的关键指标，算法实现为常见的数学运算函数。以实现按井号分组数据段且滚动窗口计算线性相关性 r² 的功能为例，可以使用 group［´井号´］.rolling（window = 滚动窗口）.corr（group［数据段］）来预设函数，并使用 group-by. apply 函数按井号分组数据调用该函数进行相应数据筛选。同理，可实现其它滚窗函数运算功能。

表1 合适的气井数据段筛选统计表

| | 筛选方法 | 临界携液流量 | 临界携砂流量 | 经验图版法 | 稳产期压降法 | 单位压降产气法 | 间歇开关井法 | 本文实例气田关键指标参考 |
|---|---|---|---|---|---|---|---|---|
| 粗筛井 | 排采阶段的 | √ | √ | √ | √ | √ | | 生产天数<600，近7日平均压力>输压，近7日日均产气>3×10⁴m³ |
| | 递减间歇阶段的 | | | | | | √ | 生产天数>=600，近一个月关井次数>=5次 |
| | 近期无调产的 | √ | √ | √ | √ | √ | | 近期指定天数期间日产气变化幅度不超过20% |
| 细筛井与阶段 | 近期的 | √ | √ | √ | √ | √ | √ | 经验法近期40~60天，临界法、动态法10~15天 |
| | 稳定的 | √ | √ | √ | √ | √ | | 在近期筛选7个线性相关性连续点（r²>0.6）、日均产气>3×10⁴m³/d |
| | 试采初期的 | | | √ | | | | 近3日平均压力>27MPa；近3日日均产气>5×10⁴m³/d；近3日日均产液<120方 |

第三步，使用 pandas、numpy、Linear Regression 等库中的常见的数学运算函数，对每一种方法的流程算法进行编码。以实现计算数据段的单位压降产气为例，可以使用 groupby（'井号'）.apply（lambda x：np.polyfit（x['压力']，x['累产气']，1）[0]）进行计算。

第四步，编码运算实际产量相对于每个方法参考值的偏差比例，参考下式：

偏差比例＝（实际产量－参考值）/参考值

$$(18)$$

## 3 调产预警模糊逻辑控制模型

### 3.1 输入参数、输出参数模糊化

将前文的调产指标计算结果作为输入参数，将调产预警作为输出参数，结合页岩气井生产特征及调产原则，建立输入、输出参数模糊集合（见表2）。模糊集合的设置主要采用了 Gbellmf（钟型）、sigmf（S形）这两种隶属函数，隶属函数的选择及相关函数参数设置主要依据气井生产特征及调产原则等。

临界携液流量法、稳产期压降法在排液输气阶段和其它阶段设置为两套隶属函数，这是因为在排液输气阶段和其它阶段采用的计算方法或理论适用性不同，使得它们在排液输气阶段的调产精准度相对较低，因此在排液输气阶段的"合适"对应的隶属函数的核更宽。

表2 输入参数、输出参数隶属函数统计表

| 参数 | 低配 | 中低配 | 合适 | 中高配 | 高配 |
|---|---|---|---|---|---|
| 临界携液流量法（排液输气阶段） | sigmf（-0.7, -40） | gbellmf（0.15, 5, -0.55） | sigmf（-0.4, 40） | — | — |
| 临界携液流量法（其它阶段） | sigmf（-0.4, -100） | gbellmf（0.2, 15, -0, 2） | sigmf（0, 100） | — | — |
| 临界携砂流量法 | — | — | sigmf（-0, -100） | gbellmf（0.2, 15, 0.2） | sigmf（0.4, 100） |
| 稳产期压降法（排液输气阶段） | sigmf（-0.9, -40） | gbellmf（0.3, 5, -0.6） | gbellmf（0.3, 5, 0） | gbellmf（0.3, 5, 0.6） | sigmf（0.9, 40） |
| 稳产期压降法（其它阶段） | sigmf（-0.45, -60） | gbellmf（0.15, 5, -0.3） | gbellmf（0.15, 5, 0） | gbellmf（0.15, 5, 0.3） | sigmf（0.45, 60） |
| 单位压降产气法 | sigmf（-0.45, -60） | gbellmf（0.15, 5, -0.3） | gbellmf（0.15, 5, 0） | gbellmf（0.15, 5, 0.3） | sigmf（0.45, 60） |
| 经验图版法 | sigmf（-0.45, -60） | gbellmf（0.15, 5, -0.3） | gbellmf（0.15, 5, 0） | gbellmf（0.15, 5, 0.3） | sigmf（0.45, 60） |
| 间歇开关井法 | sigmf（-0.2, -10） | — | gbellmf（0.2, 20, 0） | — | sigmf（0.2, 10） |
| 其它输入参数 | 1. 生产天数（阶段划分）：排液输气 gbellmf（30, 10, 70），稳产降压 sigmf（100, 0.5）<br>2. 间歇阶段日产液：≤5方/天 sigmf（5, -5），>5/天 sigmf（5, 5） | | | | |
| 调产预警输出 | sigmf（-0.45, -60） | gbellmf（0.15, 5, -0.3） | gbellmf（0.15, 5, 0） | gbellmf（0.15, 5, 0.3） | sigmf（0.45, 60） |

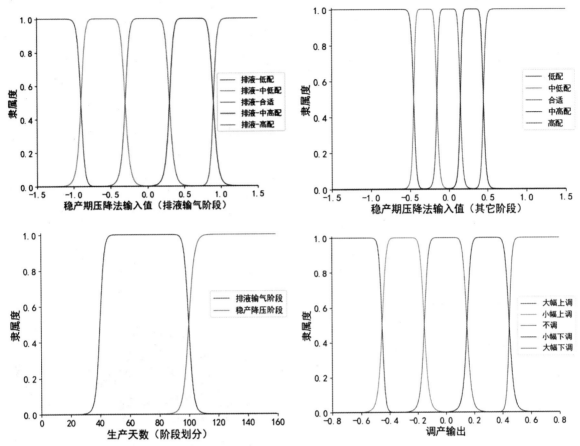

图2  部分调产指标隶属度设置图

### 3.2 模糊规则

页岩气井生产阶段划分及调产原则详见章节2.1，扼要概述为前期以排液为主、控压为辅，中期以控压、提产为主，后期依次进行稳压递减、间歇开关。结合阶段划分、调产原则及现场经验设置模糊规则。

表3  模糊规则示意表

| 临界携液流量法 | 临界出砂流量法 | 生产阶段 | 稳产期压降法 | 单位压降产气法 | 经验图版法 | 间歇 | 输出结论 |
|---|---|---|---|---|---|---|---|
| 低配 | — | 排液输气 | — | — | — | — | 大幅上调 |
| 低配 | — | 其他阶段 | — | — | — | — | 大幅上调 |
| 中低配 | — | 排液输气 | — | — | — | — | 小幅上调 |
| 中低配 | — | 其他阶段 | — | — | — | — | 小幅上调 |
| | 高配 | — | — | — | — | — | 大幅下调 |
| | 中高配 | — | — | — | — | — | 小幅下调 |
| 合适 | 合适 | 排液输气（主要指 40~100 天） | 高配 | — | — | — | 大幅下调 |
| | | | 中高配 | — | — | — | 小幅下调 |
| | | | 合适 | — | — | — | 不调 |
| | | | 中低配 | — | — | — | 小幅上调 |
| | | | 低配 | — | — | — | 大幅上调 |

续表

| 临界携液流量法 | 临界出砂流量法 | 生产阶段 | 稳产期压降法 | 单位压降产气法 | 经验图版法 | 间歇 | 输出结论 |
|---|---|---|---|---|---|---|---|
| 合适 | 合适 | 稳产递减（主要指>100天） | 2个及以上高配 | | | — | 小幅下调 |
| | | | 2个及以上中高配 | | | — | 大幅下调 |
| | | | 2个及以上合适 | | | — | 不调 |
| | | | 2个及以上中低配 | | | — | 小幅上调 |
| | | | 2个及以上低配 | | | — | 大幅上调 |
| | | 递减间歇 | — | — | — | 合适 | 不调 |
| — | — | 递减间歇 | — | — | — | 关井 | 大幅下调（关井） |
| | | | — | — | — | 开井 | 大幅上调（开井） |

　　模糊模型输出结论没有直接指出调产幅度，幅度具体分三类设置如下：

　　（1）对于临界流量法直接控制输出值得，需调产至临界达标值。

　　（2）对于间歇阶段，大幅上、下调即分别指开井、关井。

　　（3）其他情况下，第一种方法为以与输出结论一致的调产指标的加权平均值为调产幅度，并考虑以避免与其它调产指标明显矛盾为上限、以现场实际操作精度限制为下限进行修正。第二种方法为结合调产经验，直接固定小幅、大幅调产比例值，本文实例威荣气田分别为幅度10%、20%。

### 3.3　模型推理及可视化

　　根据已设置好的输入、输出模糊集合及模糊规则，利用Python软件的scikit-fuzzy库建立模糊模型，原理详见章节1，此处不再赘述。为了更好地观察理解推理模型，我们选取部分输入参数，分析其对输出结果的影响程度。假设临界携液流量法、临界出砂流量法、单位压降产气法的偏差比例输入值均为0（表示配产合适），经验图版法偏差比例输入值为-0.5，选取生产天数、稳产期压降法偏差比例分别为变量x，y，分析其对调产预警结果的影响，并绘制三维曲面图。从图中可知，稳产期压降法预警信息由小变大，输出结果由低配指向高配信息，且排液输气阶段（主要为40~100天）相较于稳产降压阶段（主要为100天之后）合适不调范围更大，在排液输气阶段稳产期压降法高能单独控制调产结果为高配下调，而在稳产降压阶段中稳产期压降法则不能单独控制调产结果，敏感性分析结果与相应模糊规则一致。

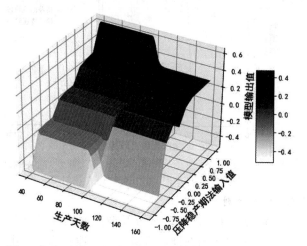

图3　生产天数（阶段划分）vs 稳产期压降法敏感性分析

## 4　实例结果分析及讨论

### 4.1　实例概况

　　威荣页岩气田位于四川盆地南部低陡构造带白马镇向斜构造，目的层为上奥陶统五峰组-龙马溪组一段，为暗色富有机质泥页岩，埋深超3500米，压力系数介于1.7~2.1，属于超高压、深层页岩气藏。2018年开始建产，已全面完成建产，气井主体初期配产 $6-22×10^4 m^3/d$，目前不同生产阶段的气井都有一定井数占比。

### 4.2　单井多阶段预警应用

　　A井于2021年3月21日投产，通过选取了四个生产区间进行模型调产预警，结果显示：在第45天，模型预警小幅上调，与气井初期排液提产需求一致。其中经验图版法无数据，即表明该方法在此阶段不适用，被调产指标算法自动过滤（见表1）；在第90天，模型预警小幅下调，这表示调产需求由排液为主转变为了控压为主；在第200天，模型预警不调，这表示主体调产指标满足配产原则；在第1080天，模型预警大幅下调，在间歇阶段即预警关井，与当日实际关井操作一致。综上，调产预警模糊模型在A井多个阶段生产数据的预警应用结果符合生产动态认识。

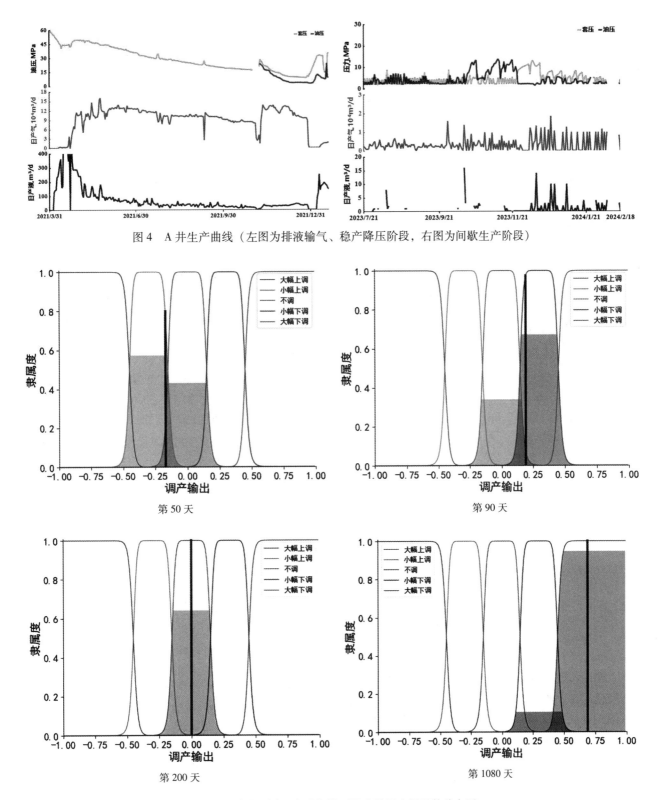

图4　A井生产曲线（左图为排液输气、稳产降压阶段，右图为间歇生产阶段）

第50天

第90天

第200天

第1080天

图5　A井在不同生产时期模型输出结果隶属函数分布图

表 4　模糊模型输入、输出表

| 生产天数 | 经验图版法 | 临界携液流量法 | 临界携砂流量法 | 稳产期压降法 | 单位压降产气法 | 间歇开关井法 | 模型输出值 | 调产输出 |
|---|---|---|---|---|---|---|---|---|
| 45 | — | -0.12 | -0.71 | -0.31 | 0.57 | — | -0.17 | 小幅上调 |
| 90 | 0.86 | 0.04 | -0.62 | 0.32 | 0.07 | — | 0.2 | 小幅下调 |
| 200 | 0.69 | -0.25 | -0.65 | -0.03 | -0.09 | — | 0 | 不调 |
| 1080 | — | 0.04 | -0.63 | — | — | 0.5 | 0.68 | 大幅下调 |

### 4.3　多井近期预警应用

调用调产指标算法程序对威荣气田百余口井进行筛选、计算，其计算原理及代码实现方法已在章节2中详细阐述，得到44口井的调产指标，建立气井编号与调产指标散点分布图，图中显示编号前33口气井处于排液输气、稳产降压阶段，编号后11口气井处于间歇开关井阶段。其中针对排液输气、稳产降压阶段的前33口井中多数气井，根据图中临界携液流量法指标反映配产偏低，根据临界携砂流量法反映适当，根据经验图版法、稳产期压降法、单位压降产气法反映则调产偏高，该阶段需以排液为主、控压为辅，当引入模糊逻辑推理将得到一个清晰的综合值（如图6）。

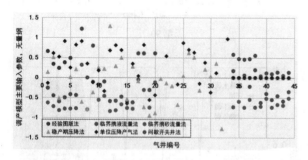

图 6　气井编号与调产指标散点分布图

调用本文模糊模型对调产指标进行模糊推理，结果显示排采阶段应该上调井5口、不调井17口、下调井11口；递减的间歇推荐关井5口、开井6口。

百余口井调产预警时间仅需30秒，而1名熟练技术人员采用传统方法计算需要5~7天，在有限的人力资源下，通过效率提升，气井的调产需求被及时预警，生产效果也有一定提升，智能化预警气井的稳产期较传统调产方法提高15%左右、单位压降产气量提高10%左右，取得了较好的应用效果。

## 5　结论

本文以威荣页岩气田为例，分析了多种不同的调产预警方法及其适用性，梳理了典型页岩气井的不同阶段生产特征及相应的调产规则，并建立了模糊逻辑推理模型，实现了准确有效、快速的调产决策，利用SQL Server、Python实现了快速、准确、有效的多种调产预警方法计算。多种调产预警方法自动化程序在30秒之内即可完成数百口井生产数据的加载与运算。结合现场经验实际建立了调产模糊逻辑推理模型，实现了快速、准确、有效的油气井排采、间歇开关井生产阶段现场调产预警决策。模型与现场经验规则一致，在数秒内即可完成多种调产预警方法模糊决策。未来可结合远程控制的油嘴或者节流阀来自动化调节油气井生产制度，为智能化油气田提供技术支撑。

### 参 考 文 献

[1] 熊亮，赵勇，魏力民，庞河清，慈建发．威荣海相页岩气田页岩气富集机理及勘探开发关键技术．石油学报，2023，44（8）：1365-1381.

[2] 房大志，曾辉，王宁，张勇．从Haynesville页岩气开发数据研究高压页岩气高产因素［J］．石油钻采工艺，2015（2）：58-62.

[3] 刘华，王卫红，陈明君，等．涪陵龙马溪组页岩储层应力敏感实验研究［J］．石化技术，2019（5）：155-158.

[4] Fred P, Wang U H, Li Q H. Overview of Haynesville shale properties and production. AAPG Bulletin, 2013；105：155—177.

[5] Kainz S, Snyder J, McCullagh A, et al. Haynesville Midstream：Capacity Constraints and Differential Pressures［C］//Unconventional Resources Technology Conference, 22 - 24 July 2019, Denver, Colorado, USA. DOI：10. 15530/urtec-2019-607.

[6] 湛小红. 涪陵页岩气田合理配产方法对比优选研究［J］. 石油地质与工程, 2019, 033（001）：67-71.

[7] ］胡浩, 汪敏, 隆辉, 凡田友, 赵文韬, 伍亚, 张皓虔, 沈秋媛. 一种页岩气井全生命周期合理配产新方法——以泸州地区页岩气为例. 复杂油气藏, 2023, 16（2）：137-143.

[8] ］祝启康, 林伯韬, 杨光, 王俐佳, 陈满. 低压低产页岩气井智能生产优化方法. 石油勘探与开发, 2022, 49（4）：770-777.

[9] Rewbenio A. Frota［a］；Ricardo Tanscheit［b］；Marley Vellasco［b］. Fuzzy logic for control of injector wells flow rates under produced water reinjection. Journal of Petroleum Science and Engineering. 2022. 215（PartA）：000-000

[10] H. Gorjizadeh［a］；M. Ghalehnoie［b］；S. Negahban［a］；A. Nikoofard［c］. Fuzzy controller design for constant bottomhole pressure drilling under operational/physical constraints. Journal of Petroleum Science and Engineering. 2022. 212（000）：000-000

[11] 王立新著, 王迎军译. 模糊系统与模糊控制教程［M］. 北京：清华大学出版社, 2003.

[12] 沈金才, 董长新, 常振. 涪陵页岩气田气井生产阶段划分及动态特征描述. 天然气勘探与开发, 2021, 44（1）：111-117.

[13] 郭建林, 贾爱林, 贾成业, 刘成, 齐亚东, 位云生, 赵圣贤, 王军磊, 袁贺. 页岩气水平井生产规律. 天然气工业, 2019, 39（10）：53-58.

[14] 陈学忠, 郑健, 刘梦云, 陈满, 杨海, 陈超, 肖红纱, 于洋. 页岩气井精细控压生产技术可行性研究与现场试验. 钻采工艺, 2022, 45（3）：79-83.

[15] 向耀权, 辛松, 何信海, 等. 气井临界携液流量计算模型的方法综述［J］. 中国石油和化工, 2009（9）：4.

[16] 李小益. 涪陵页岩气井出砂机理研究及合理工作制度确定. 中国石油和化工标准与质量, 2020（11）：153-154.

[17] 张修明, 李晓平, 张健涛, 杨琳. 靖边古潜台东侧气田气藏产能评价方法研究. 海洋石油, 2009, 29（2）：65-68.

[18] 张涛, 陈岩, 李君, 陈鹏, 李若竹, 张磊, 王彦秋, 刘宇. M气田系统试井解释方法研究. 石油天然气学报, 2016, 38（4）：73-79.

[19] 王林, 彭彩珍, 倪小伟, 孙雷. 气井井底流压计算方法优选. 油气井测试, 2011, 20（4）：25-26.

[20] 谭聪. 焦石坝区块页岩气井井底流压计算方法评价. 江汉石油职工大学学报, 2022, 35（4）：14-17.

[21] 李华昱, 曹林, 张国平, 叶飞跃. 一种基于SQL Server 的企业数据仓库实现方案. 微型机与应用, 2001, 20（12）：49-50.

[22] 顾晓东, 梁琰, 李静叶, 张希晨, 刘晓波, 杜长江. 浅析Python在油气勘探开发中的应用与发展. 天然气与石油, 2023, 41（4）：131-137.

[23] 夏钦锋. 涪陵焦石坝页岩气井调产分析及预测. 现代计算机, 2019, 25（24）：7-12.

[24] 袁力, 姜琴. 隶属函数确定方法探讨. 郧阳师范高等专科学校学报, 2009, 29（6）：44-46.

[25] 陆奎, 汤培榕, 杨为民. 用简化模糊规则数的方法设计模糊PID控制系统. 石油大学学报：自然科学版, 2004, 28（5）：126-130.

# 元坝地区凉高山组全油气系统特征及富集成藏模式

刘苗苗　王道军　谢佳彤　刘晓晶

（中国石化勘探分公司）

**摘　要**　为落实四川盆地元坝地区常非一体化油气特征，通过钻井、测井、地球化学等资料，对四川盆地元坝地区侏罗系地质特征进行评价。研究表明：①元坝凉高山组具备油气发育的基础，发育纹层型、夹层型、互层型页岩，致密砂岩等多类型储层，纹层型储层源储配置最好；②纵向上，源内页岩油、源上致密油有序共生；平面上，自沉积中心向陆源碎屑方向有序发育纹层型页岩油-夹层型页岩油-互层型页岩油-致密砂岩油，整体呈"源储耦合、有序共生"；③构建了源内页岩油滞留聚集、源上致密气近源浮力充注聚集2类成藏聚集模式。

**关键词**　元坝地区；凉高山组；全油气系统；油气富集模式

四川盆地凉高山组半深湖相页岩广覆式分布，勘探潜力大，复兴地区正勘探开发一体化推进，积极建产。元坝凉高山组目前在不同区块、不同层系均获突破，其中，元坝地区YY HF-1在凉二上亚段页岩层中试气日产气 $0.72 \times 10^4 m^3$、日产油 $14 m^3$；元坝地区YY3井凉二下亚段纹层型粘土页岩试气获日产气 $1.18 \times 10^4 m^3$、日产油 $15.6 m^3$；BZ1井凉二上亚段致密砂岩层中试气日产气 $5.77 \times 10^4 m^3$、日产油 $126 m^3$。表明元坝地区是凉高山组致密砂岩、页岩均具有较好的勘探潜力。

前人研究表明，陆相页岩地层的岩性复杂，非均质性强，夹层、纹层发育，单层厚度薄、岩石组构变化快，岩石间组合类型多样等特点。整体勘探难度较大，迫切需要转变勘探思路，创新理论认识，挖掘常非一体化油气勘探潜力。因此，本文从源储组合的角度出发，开展全油气系统的评价，深入分析了元坝地区油气形成条件、分布特征，形成了元坝地区凉高山组常非有序分布认识，以期为全面认识凉高山组含油气系统油气资源类型、潜力和有利分布区提供理论指导。

## 1　区域地质特征

元坝地区位于四川盆地东北部，区域上位于四川盆地川东北褶皱带的东北段，北东向大型背斜构造带。元坝东部勘探程度低，西部勘探程度高，在侏罗系多次获工业油气突破。元坝地区侏罗系至上三叠统地层构造形态特征基本一致，构造变形较复兴弱。元坝凉高山组沉积期经历了一次完整的湖侵和湖退的过程，发育半深湖、浅湖、滨湖、三角洲前缘等亚相类型。凉二下亚段为半深湖亚相，主要发育半深湖泥微相，以灰黑色~黑色泥页岩为主，可见植物碎屑；凉二中亚段为浅湖亚相，主要发育浅湖泥和浅湖砂坝微相，岩性为暗色泥岩与浅色砂岩交互沉积，发育泄水构造、包卷层理，波状层理，少见介壳；凉一段、凉二上亚段为滨湖相沉积，岩性以粉砂岩夹泥岩为主，可见交错层理；凉三段为三角洲前缘亚相沉积，以厚层状细砂岩为主（图1）。

## 2　全油气系统源储关系

元坝凉高山组二段纵向上三套页岩叠置发育，具有规模优质烃源岩发育的基础；中上亚段在巴中地区发育水下分流河道，发育致密砂岩储层，紧邻下亚段及上亚段烃源岩，与源内自生自储页岩共同组成了源岩层内部的全油气系统，整体表现为源储耦合，有序分布的特征。因此，下文就"源"、"储"特征来对全油气系统形成的基本条件进行阐述。

### 2.1　有机质特征

#### 2.1.1　有机碳特征

有机质丰度是指有机质在烃源岩中的集中程度，反映了有机质数量特征，决定了岩石的生烃潜力。通常采用总有机碳含量（TOC）、氯仿沥青"A"及岩石热解生烃潜量（S1＋S2）、总烃量（HC），作为有机质丰度评价参数。

YY3井凉高山组 TOC 在 0.16% 至 3.01%，其中75%的 TOC 值大于0.5%，最优的是凉二下亚段上部（⑥~⑧小层），TOC 平均为1.72%，属于好~

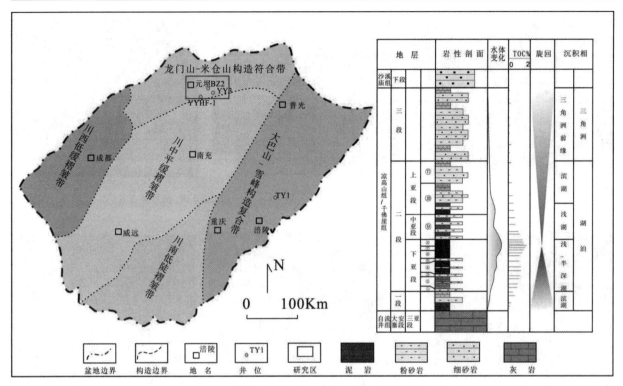

图 1 四川盆地元坝地区区域地质及地层柱状图

优烃源岩；次为下亚段下部（②～④小层），平均1.68%；上亚段页岩段 TOC 平均 1.1%（⑩小层）。

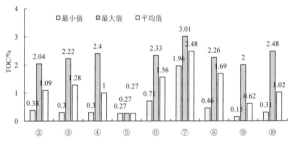

图 2 元坝地区基干井凉二段 TOC 统计图

均属于中等-好烃源岩（图2）。

### 2.1.2 有机质类型

对 YY3 井凉高山组完成 24 个样品的有机质类型检测实验，有机质以镜质体、丝质体为主（图3A～C）；部分样品有机质以碎屑镜质体为主，见少量丝质体和固体沥青（图3D～F），部分可见原始植物细胞结构，另见少量固体沥青沿岩石裂缝充填。

不同有机质来源于不同的沉积环境、不同生物母质具有不同的稳定碳同位素组成。总体来讲，水生生物较陆生生物富集轻碳同位素，类脂化合物较其他组分富集轻碳同位素，且碳同位素在有机质热演化过程中变化不明显（Lewan，1983；王万春等，1997）。因此，在有机质热演化程度较高

时，利用碳同位素判断有机质类型准确度更高。根据胡见义（1991）的干酪根类型评价标准，研究区 20 个来自凉一段、凉二段样品的 $\delta^{13}C_{PDB}$（‰）测定结果表明（图4），凉高山组有机质类型主要为 $II_1$-$II_2$ 型干酪根，随着 TOC 的降低，类型指数有所增加，这与利用显微组分判断有机质类型结果一致。

### 2.2 生排烃特征和热演化程度

#### 2.2.1 生排烃特征

在川中采取低熟样品，开展生烃热模拟实验（表1）。实验结果表明，凉高山组烃源岩具有较高生烃能力，$II_1$ 样品生油高峰总油产率 387.57kg/tc。生油窗较大，在 Ro 为 0.7% 时候开始大量生油，直到 Ro 为 1.5% 时，仍然保持较高的油产率（图5）。在高生烃率、大生油窗条件下，存留在凉高山组页岩中的烃类物质多，有利于陆相页岩油气原位富集成藏。

#### 2.2.3 热演化程度

利用镜质体反射率（Ro%）是判断有机质成熟度的常用方法，这种方法具有普遍性、稳定性的优点。元坝地区凉二段页岩 Ro 主要介于 1.2%～1.6%，处于成熟-高成熟阶段，为挥发性油藏—凝析气藏。往巴中、普光、通江地区成熟度逐渐增高。

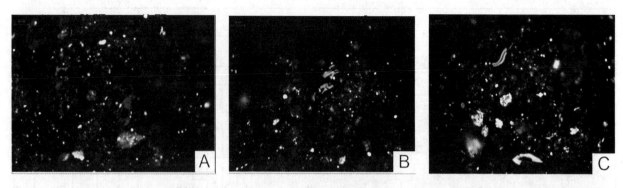

YY3 井，富有机质块状黏土岩，凉二上亚段，3514.78m；有机质以镜质体、丝质体为主

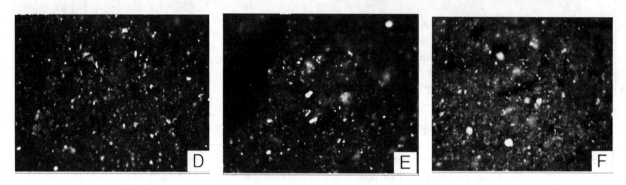

YY3 井，含有机质块状黏土岩，凉二上亚段，3516.15m；有机质以镜质体为主，见少量丝质体和固体沥青

图 3　YY3 井凉高山组页岩全岩光片下有机质显微镜组分分析

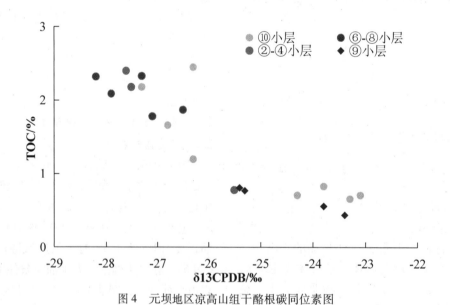

图 4　元坝地区凉高山组干酪根碳同位素图

表 1　四川盆地凉高山组低熟样品生烃热模拟实验样品

| 样品 | 层位 | TOC% | S1 （mg/g） | S2 （mg/g） | S3 （mg/g） | IH （mg/gTOC） | Tmax （℃） | Ro （%） | 类型 |
|------|------|------|------|------|------|------|------|------|------|
| HC001 井 | 凉高山组 | 1.92 | 2.46 | 5.97 | 0.19 | 311 | 439 | 0.76 | Ⅱ 1 型 |

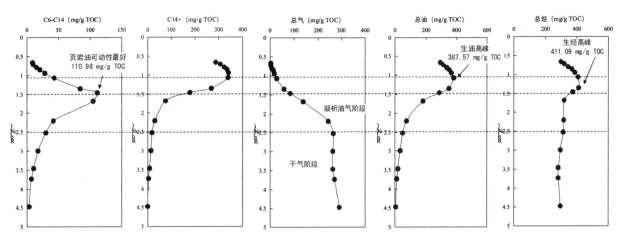

图5　凉高山组陆相烃源岩生烃模拟实验

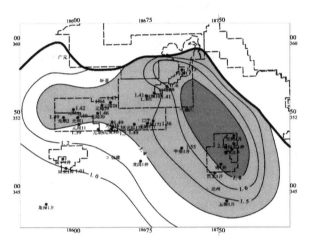

图6　元坝地区热演化分布图

## 2.3　多类型储层特征

陆相地层非均质性强，纵向上岩性变化快、单层厚度较薄，以单层页岩厚度为评价单元，难以实现有效的商业开发。为开展全油气系统评价，在借鉴古龙坳陷、济阳坳陷等陆相页岩储层类型

划分的基础上，将元坝凉二段储层划分为四种类型。以单层砂岩厚度5m为界划分致密砂岩储层与页岩储层，以砂地比5%、20%、50%为界限识别出纹层型、夹层型、互层型储层（见表2）。

### 2.3.1　纹层型页岩

该类储层以页岩为主，间夹粉砂质纹层，形成于水体较深的半深湖相中，主要位于凉高山组二段⑥~⑧小层。该类储层孔隙度较大，介于4%~6.4%，平均5.1%，大于5%的样品占57%。由于样品层理缝较为发育，渗透率样品仅1个有效数据，为0.037mD。储集空间类型主要为无机孔（黏土矿物孔）、有机质孔，微裂缝是陆相页岩重要的储集渗流空间（图7）。氩离子电镜下常见欠压实超压成因缝，富含有机质的泥页岩中还常见流体支撑结构黏土矿物孔，在晚成岩期随着有机质生烃形成热成因孔隙，蒙脱石转化为伊利石，脱层间水使得体积收缩形成微孔隙，孔隙增加，有机质生烃使得孔隙压力增加，形成超压缝，并

表2　元坝地区不同类型储层划分表

| 类型 | 页岩油气 | | | 砂岩油气 |
|---|---|---|---|---|
| | 纹层型页岩 | 夹层型页岩 | 互层型页岩 | |
| 岩性组合 | | | | |
| 砂地比 | <5% | 5-20% | 20-50% | >50% |
| 单夹层厚度 | <2m | <2m | 2-5m | >5m |
| 典型相带 | 半深湖 | 浅湖 | | 滨浅湖 |
| 成藏规律 | 中高生烃+自生自储+强滞留 | 中等生烃+自生自储+微运移 | | 下生上储+近源成藏+断裂疏导 |

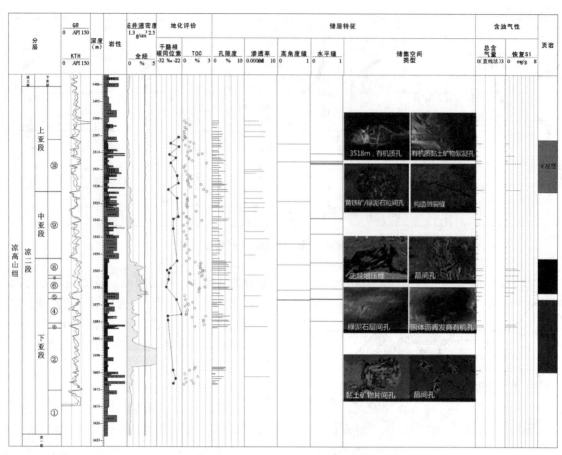

图7　元坝地区凉二段储层综合评价基干剖面

持续为孔隙提供支撑，硅质、灰质与粘土等矿物接触面为弱应力界面，易发育微裂缝、页理缝。总体来看，该类储层含油性较好，与TOC、孔隙度呈正相关性（图8）。

### 2.3.2　纹层型页岩

岩性以页岩为主，间夹粉砂质薄层（普遍小于2m），主要发育于受一定程度陆源影响的半深湖相–浅湖过渡相中，分布层位主要为凉高山组二段②–④小层。该类储层孔隙度相对纹层型略低，介于3.3%~5.1%，平均4.47%，大于5%的样品占40%。渗透率平均值为0.036mD。储集空间类型与纹层型相似，页岩以主要为无机孔（黏土矿物孔）、有机质孔为主（图7）。夹层中的粉砂岩提供了部分晶间孔，在岩性界面处易于形成层理缝，与夹层中的孔隙形成有效的孔缝系统。通过对四川盆地不同砂岩厚度与孔隙度、含油性关系统计发现，当砂岩厚度大于10m时，可以形成有效储层；砂岩<5m、>10m时轻烃组分占比相对较高，全烃显示较好，夹层页岩中粉砂岩就近捕获轻质组分。因此，在该类储层中页岩的含油性、孔隙发育较好，夹层中具有一定的含油性、但孔隙相对欠发育（图9）。

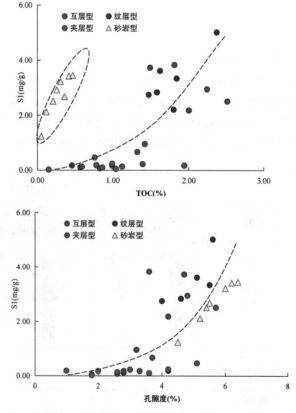

图8　元坝地区凉二段S1与TOC相关性图

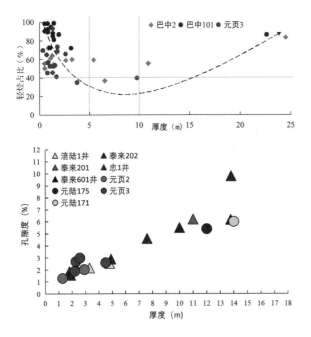

图9　砂岩厚度与轻烃占比、孔隙度相关性

### 2.3.3　互层型页岩

该类储层发育于受陆源影响的浅湖相中，主要位于凉高山组二段上亚段⑩小层。该类储层孔隙度相对较低，介于2%～4.9%，平均3.26%。渗透率平均值为0.009mD。储集空间类型与夹层型相似。整体储集性能、含油性在三类页岩储层中相对低，但可压性较好，勘探实践（YB9）证明该类储层也具有好的勘探效果。

### 2.3.4　致密砂岩

凉高山组致密砂岩储层主要发育于凉高山组二段上亚段⑩小层以及中亚段的水下分流河道中，孔隙度一般为3.0～7.2%，平均4.8%，渗透率为0.0017～1.1629md，平均0.01md。薄片、扫描电镜显示，砂岩储集空间类型以原生粒间孔，粒内溶孔为主，为大孔-细喉连通模式，含少量微裂缝。

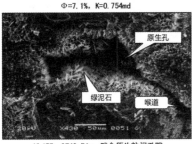

YL175，3741.3m，原生粒间孔、粒内溶孔发育，Φ=7.1%，K=0.754md　　YL175井，3744.7m，原生粒间孔、粒内溶孔，Φ=6.53%，K=0.0141md　　YL175，3737.85m，微裂缝，Φ=3.59%，K=0.002md

YL175，3742.74m，残余原生粒间孔隙Φ=4.4%，K=0.0134md　　YL175，3737.4m，粒内溶孔Φ=3.61%，K=0.002md　　YL175，3744.27m，微裂缝、粒间溶蚀Φ=6.02%，K=0.0139md

图10　致密砂岩储层孔隙类型

### 2.3.5　多类型目标空间分布特征

凉高山组发育多类储层，这4类储层均集中于烃源岩内部及周缘，具有常规-非常规油气藏有序共生的特征。分布上整体受沉积相带控制，最大湖泛面附近、沉积中心纹层型页岩油气发育，纵向上远离湖泛面、横向上沉积中心向外渐次发育夹层、互层型页岩油气和致密砂岩（图11），纵横向均展现出耦合共生、有序分布的特征。

## 3　油气富集成藏模式

元坝凉高山组全油气系统平面上受沉积相带控制，纵向上，受沙溪庙组致密细粒岩顶板和自流井组大安寨段致密灰岩、泥岩底板遮挡，形成一个高压-超高压的油气成藏组合。根据储层类型差异、资源类型差异等，建立了2类成藏模式：源储一体、源储紧邻。

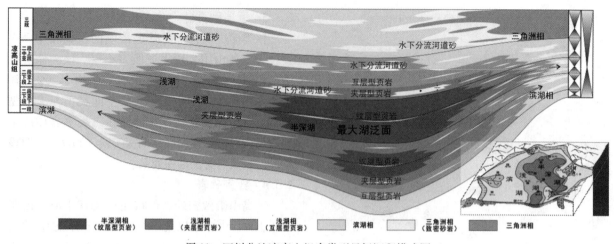

图 11　四川盆地凉高山组多类型目标沉积模式图

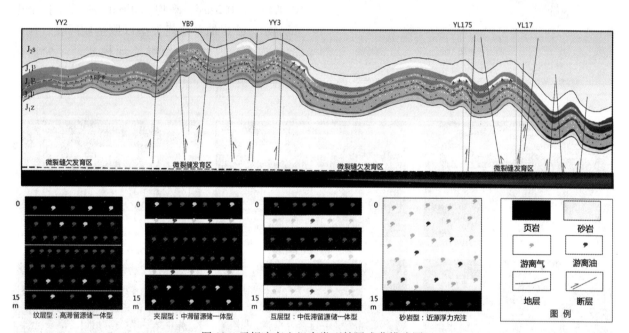

图 12　元坝凉高山组多类型储层成藏模式图

## 3.1 强封闭、高滞留源储一体纹层型页岩油

这类油藏表现为自生自储，储集层主要为页岩、储集类型主要为黏土矿物相关孔隙，纹层特征明显，原油在生烃增压驱动下，大面积连续分布于页岩储集体中，主要分布于元坝中部凉二下⑥-⑧小层中，典型钻井为 YY3 井。凉高山组页岩排烃受 TOC 和厚度综合影响，TOC 达到 1.5% 是页岩向砂岩储层规模排烃的先决条件，但当页岩连续厚度大于 5m 时，厚层页岩中部烃类难以排出，有利于纯页岩型油气富集。元坝纹层型页岩普遍连续厚度大于 5m，烃类优先向中部高流体压力段聚集（图 12），排烃效率低，平均为 29.5%。内部纹层增强了可压性，顶底板一般为小于 5m 的致密块状砂岩。总体表现为强封闭、高滞留特征。

## 3.2 中滞留源内夹层型页岩油

储集层主要为页岩、砂质夹层也具有一定的储集性能；单层页岩连续厚度普遍小于 5m，夹层中的页岩在自身饱和的情况下优先向内部砂岩夹层排烃，随着砂岩粒度及物性增加，含油气性有所增加，平均排烃效率为 50.1%。同时，在薄砂岩与页岩接触面，易于形成构造缝，与页岩内部无机孔、层理缝，砂岩内部晶间孔等共同构成缝网系统，为油气运移、聚集提供了通道与储集空间，构成了中滞留、源储一体的成藏模式。主要分布于巴中凉二下亚段、元坝中部凉二下②-④小层。

## 3.3 中低滞留源内互层型页岩油气

互层型页岩整体特征与夹层型页岩相似，但其页岩 TOC 相对前两类储层较低，页岩单层厚度较薄，排烃效率较高（66.9%）。但整体排出烃量较少，整体表现为中低滞留、源储一体的成藏特征。主要分布于元坝中部凉二上亚段，分布范围相对局限，但仍具有较好的勘探效果，典型钻井为YYHF-1井。

### 3.4 近源浮力充注致密砂岩气

近源充注主要包含侧向接触、纵向接触两种类型。目前元坝勘探的主力目标为纵向接触近源充注类型。主要发育于靠近物源、水下分流河道、断裂较为发育巴中地区，直接覆盖于凉二上亚段互层型页岩之上。在生烃增压作用下，油气通过微裂缝在浮力作用下经过极短距离的运移之后聚集成藏，与页岩油整体为挥发油藏具有差异的是，井下PVT、气油比等均显示该类油气藏为凝析气藏，本质上是互层型页岩自身饱和的情况下向相对高孔的致密储层排烃，在油气水分异作用下造成油气在高部位聚集。此类气藏具有局部富集、单井产量高，但储层非均质性的特征。

## 4 结论

（1）元坝凉高山组具备油气发育的基础，自下而上发育三套页岩，均为中等-好的烃源岩。低熟样品实验显示凉高山组不同类型有机质均具"早生烃、早排烃、长时序"特点；

（2）发育纹层型、夹层型、互层型页岩，致密砂岩等多类型储层，其中，纹层型储层储集性能最好，源储配置关系最好，含油性高，夹层型、互层型页岩储集性能次之，致密砂岩储集性能略低于纹层型页岩，但整体含气性较高；

（3）纵向上，以沙溪庙组致密泥岩为顶板、自流井组大安寨段致密灰岩/泥岩为底板，形成了高压-超高压的全油气系统。纵向上，夹层型页岩油-纹层型页岩油-夹层型页岩油-互层型页岩油-致密砂岩气随沉积旋回有序发育；平面上，自沉积中心向陆源碎屑方向有序发育纹层型页岩油-夹层型页岩油-互层型页岩油-致密砂岩油，整体呈"源储耦合、有序共生"；

（4）构建了源内页岩油滞留聚集、源上致密气近源浮力充注聚集2类成藏聚集模式。源内页岩油滞留率随着纹层型-夹层型-互层型类型变化逐渐降低，主要为挥发油藏，源上主要为致密砂岩凝析气藏。

建议后期勘探评价围绕全油气系统多套多类型油藏立体高效勘探开发，以可动用、可压性、常非运聚关系为主导开展一体化统筹部署，通过风险探井与工程工艺不断迭代升级，实现不同类型储层商业突破，用大平台通过立体动用实现油藏全生命周期效益动用。

### 参 考 文 献

[1] 郭旭升，赵永强，张文涛，等. 四川盆地元坝地区千佛崖组页岩油气富集特征与主控因素 [J]. 石油实验地质，2021，43（05）：749-757.

[2] 郭彤楼. 元坝气田成藏条件及勘探开发关键技术 [J]. 石油学报，2019，40（06）：748-760.

[3] 何文渊，白雪峰，蒙启安，等. 四川盆地陆相页岩油成藏地质特征与重大发现 [J]. 石油学报，2022，43（07）：885-898.

[4] 郭旭升，魏志红，魏祥峰，等. 四川盆地侏罗系陆相页岩油气富集条件及勘探方向 [J]. 石油学报，2023，44（01）：14-27.

[5] 刘苗苗，付小平. 元坝地区陆相页岩气勘探潜力再评价 [J]. 四川地质学报，2020，40（03）：416-421.

[6] 徐双辉. 川北地区中侏罗统千佛崖组页岩气富集规律研究 [D]. 成都理工大学，2014.

[7] 徐云飞. 四川盆地巴中地区侏罗系千佛崖组沉积特征研究 [D]. 中国石油大学（华东），2017.

[8] 晁晖. 川东北元坝地区中侏罗统千佛崖组沉积相研究 [D]. 成都理工大学，2016.

[9] 晁晖，侯明才，刘欣春，等. 元坝地区千佛崖组储层特征及其成岩作用 [J]. 成都理工大学学报（自然科学版），2016，43（03）：282-290.

[10] 李珊. 四川盆地二叠系茅口组烃源岩发育分布及成藏模式 [D]. 中国石油大学（北京），2021.

[11] 李艳平，汪洋，向英杰，等. 准噶尔盆地滴南凸起多层系油气富集条件及勘探前景 [J]. 石油学报，2023，44（05）：778-793.

[12] 余新亚. 川西坳陷雷口坡组天然气成藏机理与成藏模式 [D]. 中国地质大学，2022.

[13] 许世平. 四川巴中地区中侏罗统千佛崖组沉积相类型及砂体展布特征研究 [D]. 中国石油大学（华东），2018.

[14] 王道军，陈超，刘珠江，等. 四川盆地复兴地区侏罗系纹层型页岩油气富集主控因素 [J]. 石油实验地质，2024，46（02）：319-332.

[15] 仇恒远. 陆相页岩纹层孔隙结构特征及其对页岩油气富集的控制机理 [D]. 中国石油大学（北京），2023.

[16] 林一鹏，韩登林，邓远，等. 成藏动力对页岩油气聚集的影响——以准噶尔盆地吉木萨尔凹陷芦草沟组为例 [J]. 沉积学报，1-17.

［17］陈超，刘晓晶，刘苗苗，等．川东南綦江地区中侏罗统凉高山组陆相页岩油气勘探潜力分析［J］．石油实验地质，1-13.

［18］白雪峰，王民，王鑫，等．四川盆地东北部侏罗系凉高山组页岩油甜点与富集区评价［J］．地球科学，1-27.

［19］杨占伟．川东北地区千佛崖组陆相页岩含气性控制因素及评价［D］．中国石油大学（北京），2022.

［20］刘兴龙．巴中—通南巴地区千佛崖组凝析油气成藏条件研究［D］．中国石油大学（北京），2017.

［21］郭旭升，魏志红，魏祥峰，等．四川盆地侏罗系陆相页岩油气富集条件及勘探方向［J］．石油学报，2023，44（01）：14-27.

［22］何文渊，白雪峰，蒙启安，等．四川盆地陆相页岩油成藏地质特征与重大发现［J］．石油学报，2022，43（07）：885-898.

［23］郭旭升，赵永强，张文涛，等．四川盆地元坝地区千佛崖组页岩油气富集特征与主控因素［J］．石油实验地质，2021，43（05）：749-757.

［24］郭彤楼．元坝气田成藏条件及勘探开发关键技术［J］．石油学报，2019，40（06）：748-760.

# 基于深度神经网络算法的页岩储层天然裂缝识别

## ——以长 7 储层为例

何雅雯[1,2]    吴志宇[1,2]    党    伟[3]

（1. 西北大学地质学系；2. 西北大学大陆动力学国家重点实验室；3. 西安石油大学地球科学与工程学院）

**摘    要**    页岩储层的天然裂缝发育分布特征是影响页岩油储集和渗流的重要影响因素，在传统裂缝识别方法和 R\S 变尺度分形方法的基础上，进一步研究了人工智能算法在页岩储层天然裂缝识别的应用。构建深度神经网络裂缝预测模型并使用 Adam 优化，裂缝倾角、裂缝宽度模型训练集和测试集拟合精度分别为98.21%、90.71%和98.25%、90.62%；通过该模型识别得到：裂缝倾角角度维持在 65°到 80°之间，裂缝预测结果存在的差异较小；裂缝宽度在 0.5cm 到 4.5cm 之间，裂缝预测模型的裂缝宽度尺度整体略小于实测值。随机选取一口井 15 个样本点的成像测井裂缝结果，裂缝倾角最大相差 0.48°，裂缝宽度除异常值相差 1.96cm外，最大相差 0.21。进一步证明了该模型在页岩储层天然裂缝识别的可适用性。

**关键词**    页岩储层；天然裂缝；深度神经网络；Adam 优化器

# 1 引言

## 1.1 研究背景

中国陆相页岩油储量丰富，主要分布在准噶尔盆地、鄂尔多斯盆地、四川盆地、三塘湖盆地、渤海湾盆地、松辽盆地、南襄盆地泌阳凹陷、江汉盆地、苏北盆地。页岩油储层主要以陆相湖盆泥页岩为主，具有非均质性强、累计厚度大、分布面积小、热演化程度相对较低、有机质类型多样等特点，可划分为夹层型、混积型和页岩型 3类，不同地区的页岩油特征不同。

研究区域位于鄂尔多斯盆地西南部，北靠华池，南抵宁县，东达塔尔湾，西至庆阳（图 1），构造位置处于伊陕斜坡中下部的庆阳鼻状构造带上，面积约 2170km²。根据沉积旋回、电性、含油性情况将研究区进一步细分为 10 个油层组，自下而上依次为长 10—长 1 油层组。鄂尔多斯盆地页岩油主要分布在三叠系延长组长 7 段，长 7 主要以泥、页岩为主，在陇东地区长 7 深湖相油页岩中夹砂质浊积岩且含油，是延长组湖盆发育鼎盛时期形成的重要生油岩，俗称"张家滩页岩"，在湖盆广大地区均有分布，在井下测井曲线表现为"三高一低"（高电阻、高自然伽马、高声波时差和低自然电位）特征。长 $7_1$、长 $7_2$（夹层型）为泥页岩夹多期薄层粉细砂岩的岩性组合，是目前勘探开发的主要对象。长 $7_3$（页岩型）以泥页岩为主，是风险勘探、原位转化攻关试验的主要目标。

## 1.2 研究目的

受印支运动以及燕山运动的应力作用影响，研究区广泛发育天然裂缝，天然裂缝的存在对该区页岩油的勘探开发具有重要意义。随着长 7 页岩油规模开发的不断扩大，在梳理前期认识成果的基础上，页岩储层天然裂缝的发育规模是储层地质工程甜点优选和可压性评价的重要依据，也是后期储层改造时期需要考虑的不确定因素之一。

裂缝作为储层渗流系统的主要控制因素之一，从人工手动解释到如今多种方法识别，裂缝识别过程中始终存在很多需要解决的问题和难题。生产实践证明，常规测井对裂缝的发育特征和发育程度有一定的异常响应。由于页岩储层的特殊性，测井方法在实际应用中相比于其他常规储层有很大差异，储层裂缝响应敏感的测井曲线包括自然伽马、深浅侧向电阻率、自然电位、声波时差、电阻率、井径、补偿中子、补偿密度、地层倾角等。通过常规测井资料可以对地层微弱的信号进行提取和放大识别裂缝；除了常规测井以外，还可通过高分辨率阵列感应测井和核磁共振测井提高页岩裂缝的裂缝电阻率测量精度《碳酸盐岩裂缝性储层测井识别及评价技术综述与展望》；随着成像技术的发展，可以对裂缝发育特征进行精细标定与定量解释；还可使用地震曲率属性及多尺度分析识别天然裂缝；除了上述识别方法外，还可以通过 R\S 变尺度分形等统计法对储层裂缝进行定量表征。

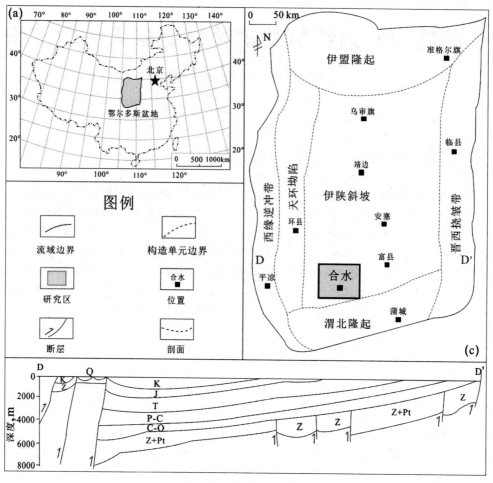

图 1    研究区位置示意图

在油气田勘探开发过程中，如何高效低成本的刻画天然裂缝规模一直是前人研究的重点，除了成像测井和地震监测等高成本资料，常规测井是最能反应储层且最易获得的资料，单一测井方法识别裂缝存在很大的局限性，无法高效描述天然裂缝分布特征。

人工智能（AI）是计算机科学的一个分支，旨在模拟或仿效人类智能。深度神经网络（DNN）是 AI 的一个子领域，因其在图像识别、语音识别、自然语言处理等方面的卓越表现而备受瞩目。深度神经网络起源于人工智能，从数据的本身出发寻找规律，通过对数据的分析预测建立模型是这类方法的强项，储层裂缝正是多种因素影响所形成的结果。通过对多种特征参数的综合识别，训练学习模型获得最优解，实现页岩储层裂缝的识别结果。前人已通过 BP 神经网络、PNN 神经网络、支持向量机、聚类分析、决策树等算法探索了裂缝特征，在大量数据且数据质量较好的情况下，证实了人工智能算法在储层裂缝识别和预测

方面的可行性。

本文以合水油田长 7 页岩储层为例，通过探索深度神经网络的基本概念、结构、训练过程、应用领域。结合长 7 页岩储层的测井参数和地层信息，深入研究深度神经网络算法在页岩储层天然裂缝识别方面的应用，综合对比泥浆侵入校正法、R \ S 变尺度分析法、深度神经网络算法三种方法下的天然裂缝识别、预测结果，提出 Adam 优化后的深度神经网络算法模型，随机使用成像测井结果进行验证为长 7 页岩储层天然裂缝识别提供一种新思路。

## 2    技术思路和研究方法（解决问题的思路和方法）

### 2.1    研究技术思路

本文识别页岩储层天然裂缝的研究思路如图 2 所示。基于前人研究天然裂缝的各种方法调研，选取了所需数据最易获得的泥浆侵入校正法、R \ S 变尺度法、深度神经网络三种方法研究天然裂缝

分布特征，对比其裂缝特征，使用神经网络方法预测裂缝分布特征并进行优化，随机选取一口井使用成像测井的结果验证深度神经网络预测结果，验证模型的可适用性。

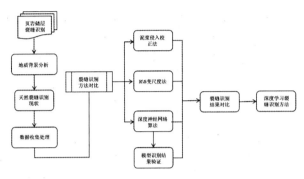

图 2　研究技术路线

## 2.2　研究方法

### 2.2.1　泥浆侵入校正法

裂缝作为储层中油气沟通渗流的主要通道，可以提高地层导电性从而影响侧向电阻率曲线。泥浆侵入校正法通过对测井数据进行校正，消除泥浆对测量结果的影响，以更准确地识别储层中的裂缝特征。受钻井液、泥浆滤液侵入的影响，裂缝发育的层段处的深、浅侧向两条测井曲线呈现明显差异。发育低角度裂缝时，有明显的低阻异常，深浅侧向均降低，表现为负差异或无差异；发育高角度裂缝时，深侧向电阻率相对围岩降低幅度平缓，浅侧向明显降低，表现为正差异；对于网状裂缝，呈带状低阻异常，曲线犬牙交错。基于以上的原理，侵入校正差比法实现了对井上裂缝的识别。该方法的具体运算过程如下：

$$R_t = 2.589R_{LLD} + 1.589R_{LLS}$$

$$R_{TC} = \frac{R_t - R_{LLS}}{R_{LLD}}$$

$R_{LLD}$、$R_{LLS}$ 分别是深、浅侧向电阻率；$R_t$ 是校正后的地层真电阻率；$R_{TC}$ 是深、浅侧向电阻率的差比值。$R_t > R_{LLS}$，$R_{TC} > 0$ 显示裂缝发育；$R_t$ 接近 $R_{LLS}$，$R_{TC}$ 接近 0 显示裂缝不发育。

### 2.2.3　R\S 变尺度法

R/S 分析方法，最早由 Hurst 在 1951 年提出。目前，该方法在测井资料分析、裂缝预测、储层评价都有比较广泛的应用。

R/S 分析方法是目前应用最广泛也最成熟的分形统计方法之一，通常用来分析时间序列的分形特征额长期记忆过程。基本思想是通过对数据序列的范围（Range）和标准差（Standard Deviation）

进行重标定，以分析数据的波动性和长程依赖性。

$$R(n) = \max_{0 < u < n}\left\{ \sum_{i=1}^{u} F(i) - \frac{u}{n}\sum_{j=1}^{u} F(j) \right\} -$$

$$\min_{0 < u < n}\left\{ \sum_{i=1}^{u} F(i) - \frac{u}{n}\sum_{j=1}^{u} F(j) \right\}$$

$$S(n) = \left\{ \frac{1}{n}\sum_{i=1}^{u} F^2(i) - \left[\frac{1}{n}\sum_{i=1}^{u} F(i)\right]^2 \right\}^{1/2}$$

$$D = 2 - \frac{\partial LOG\left\{ [R(n)/S(n)] \right\}}{\partial n}$$

n 是页岩层段的测井采样点数；u 为从端点开始在 0-n 之间依次增加的样点数；i、j 表示样点个数变量；R（n）/S（n）表示分析第 n 个样本点的 R\S 值；F 代表时间序列；D 表示分形维数。

R\S 变尺度法主要通过裂缝的存在附加给储层的复杂性和异常性来识别，通过分析长 7 层段的声波时差（AC）、密度测井（DEN）、井径测井（CAL）、伽马测井（GR）参数序列计算极差 R（n）和标准差 S（n）比值和测井点数之间的双对数变化关系分析层段天然裂缝发育情况，如果双对数变化关系呈线性相关，标明储层参数序列 Z（t）具有自标度相似性的分形特征，计算得到 Hurst 指数和分形维数 D。R\S 用来反映长 7 层纵向非均质性的变化，分形维数 D 表示了储层垂向上的非均质性，分形维数 D 越大则表示该层段天然裂缝较为发育。

### 2.2.4　深度神经网络

深度神经网络（Deep Neural Networks，DNNs）在 1943 年由美国神经生理学家沃伦·麦卡洛克（Warren McCulloch）和数学家沃尔特·皮茨（Walter Pitts）首次建模提出。深度神经网络属于广义的人工神经网络（Artificial Neural Networks，ANNs）的范畴，通过模仿人类大脑的处理方式，通过多层（即"深度"）的神经元结构处理数据，从而解决各种复杂的数据驱动问题。

深度神经网络（DNN）是一种多层神经网络，通过将多个神经元连接在一起，形成一种深度结构。DNN 可以用于处理各种类型的数据，包括图像、文本、语音等。在深度神经网络中，隐含层的数量和每层的神经元数量可以视具体任务和数据类型而定。DNN 的训练过程通常采用反向传播算法和梯度下降优化方法，通过不断地调整神经网络的参数，以最小化预测误差和损失函数。

深度神经网络通过前向传播，反向传播，权重梯度计算，和权重更新四个步骤训练模型。如

图3所示，首先将训练数据分批送入网络中，逐层进行前向计算，直至输出层，然后将当前网络输出与真实标签比较，并利用损失函数计算出损失完成前向计算传播；反向过程则是根据链式法则，逐层计算出损失函数关于各层的梯度，反向传播和梯度计算是反向过程的两条计算支路，分别用于计算损失函数对于激活值的梯度；最后，根据反向过程中得到的权重梯度，来对权重进行更新。

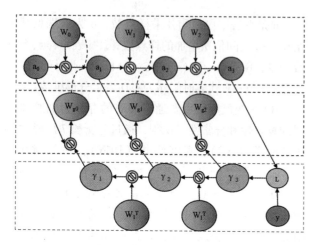

图3　深度神经网络流程图

## 3　结果和效果（研究得到的成果及其应用效果）

### 3.1　参数分析

本研究采用的原始数据为鄂尔多斯盆地西南部12口井的长7页岩储层测井数据，见表1所示为不同研究方法使用的具体参数类别，泥浆侵入法识别裂缝以深侧向电阻率（RLLD）何浅侧向电阻率（RLLS）为分析重点；放射性元素法主要通过放射性元素铀U、钍TH和钾K之间的想对比值关系分析天然裂缝；R\S变尺度法主要通过变尺度分形法计算得到Hurst指数和分形维数D分析储层获得天然裂缝；深度神经网络主要通过寻找页岩储层中测井参数数据之间的规律，对多种参数进行综合识别，通过多轮迭代寻找最优解识别天然裂缝分布。

表1　研究方法及对应参数

| 研究方法 | 分析参数 |
| --- | --- |
| 泥浆侵入校正法 | 密度测井（DEN）、井径测井（CAL）、补偿中子（CNL）、声波时差（AC）、深侧向电阻率（RLLD）、浅侧向电阻率（RLLS） |

续表

| 研究方法 | 分析参数 |
| --- | --- |
| R\S变尺度法 | 声波时差（AC）、密度测井（DEN）、井径测井（CAL）、伽马测井（GR） |
| 深度神经网络 | 声波时差（AC）、井径测井（CAL）、补偿中子（CNL）、密度测井（DEN）、伽马测井（GR）、电阻率（RT）、自然电位（SP） |

### 3.2　裂缝识别结果

#### 3.1.1　泥浆侵入校正法

根据常规测井曲线中的声波时差周波跳跃特征和电阻率异常特征，综合判断裂缝发育。如图4C2井在1710~1718m之间，声波时差忽大忽小，测井曲线幅度变化较大，为明显的"周波跳跃"现象；L3井1454~1470m之间同样为明显的"周波跳跃"现象。

利用电阻率侵入校正差比法，计算得到深浅电阻率差比值曲线表明：C2井长$7_1$段、长$7_1^2$段下部、长$7_2^1$段和长$7_2^2$段上部的$R_t$曲线明显高于$R_{LLS}$，$R_{TC}$曲线分布大段正值，长$7_3$的$R_t$曲线和$R_{LLS}$曲线未见明显差异，$R_{TC}$曲线分布零星正值，说明C2井长$7_1$和长$7_2$井段天然裂缝较为发育，长$7_3$泥岩段裂缝明显不发育；L3井长$7_1$段下部、长$7_1^2$段上部、长$7_2^1$段和长$7_2^2$段上部的$R_t$曲线明显高于$R_{LLS}$，$R_{TC}$曲线分布大段正值，长$7_3$下部$R_t$曲线和$R_{LLS}$曲线未见明显差异，长$7_3$上部$R_{TC}$曲线分布零星正值，说明L3井长$7_1$和长$7_2$井段天然裂缝较为发育，长$7_3$泥岩段裂缝明显不发育。

泥浆侵入矫正法主要用于识别裂缝发育位置，未见其裂缝发育规模及特征，存在一定的局限性，且在合水油田研究区内只有少量井在测井时获取了深浅侧向电阻率参数，无法进行覆盖全区域的天然裂缝识别工作。

#### 3.1.2　R\S变尺度法

在天然裂缝较为发育的长7页岩储层中，单一的极差R（n）和标准差S（n）比值和测井点数之间的双对数变化关系识别的天然裂缝存在一定误差。在此基础上，使用Log（R（n）/S（n））的二阶导数来识别测井参数所对应的天然裂缝，根据各参数的权重分析，得到裂缝识别因子计算识别天然裂缝。根据图5中的裂缝识别结果显示：Z1井的长711段中伽马测井和密度测对裂缝识别结果呈负相关，长73段中声波时差和补偿中子与裂缝

C2

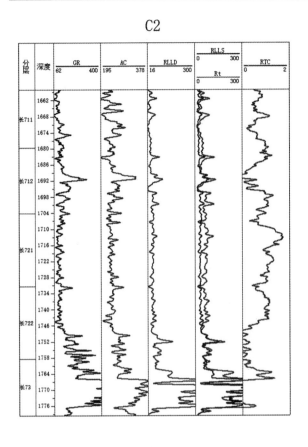

L3

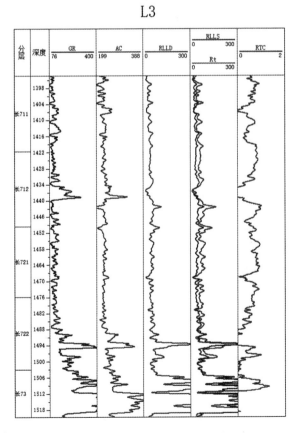

图4 C2、L3井长7段深浅侧向电阻率
差比值曲线结果图

Z1

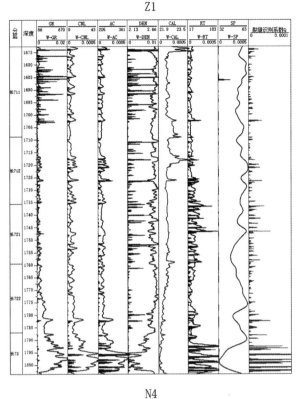

N4

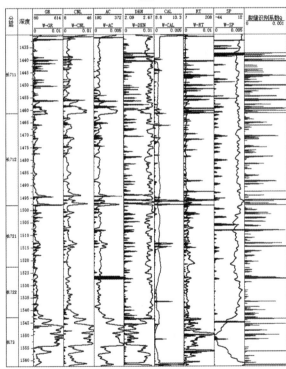

图5 Z1、N4井长7段R\S变尺度法裂缝识别结果图

识别结果正相关；N4井中密度测井和电阻率测井
对裂缝识别结果较为敏感。

R\S变尺度法相较于泥浆侵入法可以更好地
识别裂缝发育程度，对测井曲线数据的要求较为
灵活，可用于计算裂缝密度，但是无法进一步判

断裂缝规模。

### 3.1.3 深度神经网络

经过数据标准化分析，最终优选 12 口实验井的长 7 页岩层段常规测井数据和对应的成像测井裂缝识别结果作为深度神经网络算法模型数据集，分别以 7 列测井数据作为输入参数，成像测井裂缝识别结果为输出参数，构建深度神经网络算法裂缝预测模型。由于数据集数据量较少，且在数据分析过程异常值，会对模型的预测结果产生较大影响，深度神经网络模型在一定程度上有提高预测精度的空间。

引入 Adam（Adaptive Moment Estimation）优化器进一步提高模型精度，Adam 优化器是一种广泛使用的深度学习优化算法，由 Diederik P. Kingma 和 Jimmy Ba 在 2014 年提出。它结合了动量法（Momentum）和 RMSProp 的思想，旨在通过计算梯度的一阶矩估计和二阶矩估计来调整每个参数的学习率，从而实现更高效的网络训练。Adam 算法的关键在于同时计算梯度的一阶矩（均值）和二阶矩（未中心的方差）的指数移动平均，并对它们进行偏差校正，以确保在训练初期时梯度估计不会偏向于 0。偏差校正对于 Adam 算法的性能至关重要，特别是在训练的初期阶段。没有偏差校正，算法可能会因为初始的低估而导致学习步长太小，进而影响训练的速度和效果。

通过偏差校正，Adam 算法可以更快地调整其参数更新的大小，加速初期的学习过程，并提高整体的优化效率。见表 2 所示，经过 Adam 优化深度神经网络模型，裂缝倾角模型训练集精度增加 2.29%，测试集精度增加 3.07%；裂缝宽度模型训练集精度增加 2.5%，测试集精度增加 3.27%。

**表 2　深度神经网络模型预测结果优化前后对比**

| 裂缝参数 | 深度神经网络 | | Adam 优化结果 | |
|---|---|---|---|---|
| | 训练集 | 测试集 | 训练集 | 测试集 |
| 裂缝倾角 | 95.92% | 95.18% | 98.21% | 98.25% |
| 裂缝宽度 | 88.21% | 87.35% | 90.71% | 90.62% |

优化后的模型识别的裂缝倾角结果如图 6 所示：裂缝倾角模型训练集拟合精度为 98.21%，测试集拟合精度 98.25%，说明深度神经网络模型在页岩储层天然裂缝预测时表现良好，与实测裂缝结果并无太大差异；极坐标玫瑰花图 7 显示实测裂缝倾角与模型识别裂缝倾角基本角度维持在 65° 到 80° 之间，裂缝预测结果存在的差异较小。

优化后的模型识别的裂缝宽度结果如图 8 所示：裂缝宽度模型训练集拟合精度为 90.71%，测试集拟合精度 90.62%，说明深度神经网络模型在页岩储层天然裂缝预测时表现良好，与实测裂缝结果存在误差小于 10%；裂缝宽度分布直方图 9 显示实测裂缝宽度与模型识别裂缝宽度基本维持在 0.5cm 到 4.5cm 之间，裂缝预测模型的裂缝宽度尺度整体略小于实测值。

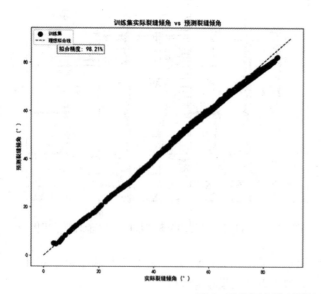
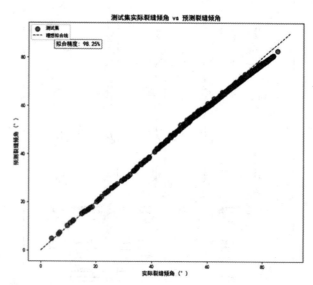

图 6　裂缝倾角模型训练集与测试集拟合精度对比

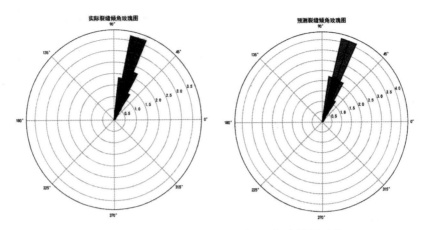

图 7    实测裂缝倾角与模型识别裂缝倾角结果对比

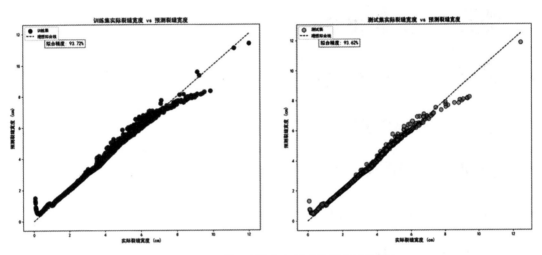

图 8    裂缝宽度模型训练集与测试集拟合精度对比

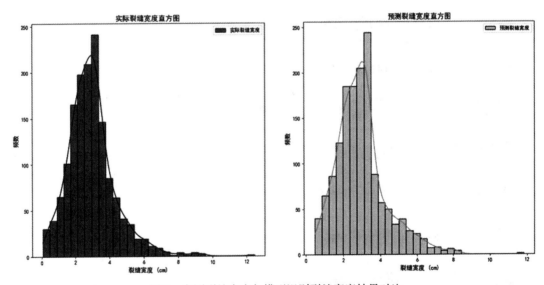

图 9    实测裂缝宽度与模型识别裂缝宽度结果对比

### 3.2  裂缝预测结果对比

通过与 Z1 井成像测井裂缝预测结果对比，验证 Adam 优化后的深度神经网络模型的裂缝预测结果是否准确，见表 3 所示：随机选取 15 个实测裂缝结果，对比裂缝识别结果，裂缝倾角基本与实际值相符，裂缝倾角最大相差 0.48°；裂缝宽度差异较小，裂缝宽度除异常值相差 1.96cm 外，最大相差 0.21。

## 4　结论

（1）使用泥浆侵入校正法可识别出天然裂缝位置，R\S变尺度法可识别出裂缝位置与裂缝密度，深度神经网络模型识别裂缝在满足识别裂缝位置与裂缝密度的同时，可进一步识别裂缝分布特征。

（2）构建深度神经网络裂缝预测模型，并使用Adam提高整体的优化效率，裂缝倾角模型训练集精度增加2.29%，测试集精度增加3.07%；裂缝宽度模型训练集精度增加2.5%，测试集精度增加3.27%；得到裂缝倾角模型训练集拟合精度为98.21%，测试集拟合精度98.25%，裂缝宽度模型训练集拟合精度为90.71%，测试集拟合精度90.62%

表3　成像测井与模型识别裂缝结果对比

| 深度 | 成像测井图 | 实测裂缝倾角（°） | 预测裂缝倾角（°） | 实测裂缝宽度（cm） | 预测裂缝宽度（cm） |
|---|---|---|---|---|---|
| 1672.5 | | 69.48 | 69.51 | 2.67 | 2.58 |
| 1677.8 | | 72.89 | 73.22 | 3.25 | 3.34 |
| 1682.5 | | 72.46 | 72.59 | 3.16 | 3.17 |
| 1687.8 | | 74.47 | 74.58 | 3.60 | 3.73 |
| 1692.8 | | 69.68 | 69.93 | 2.70 | 2.62 |
| 1697.9 | | 69.15 | 69.31 | 2.63 | 2.56 |
| 1702.9 | | 72.82 | 72.99 | 3.24 | 3.28 |
| 1707.9 | | 72.72 | 72.78 | 3.21 | 3.22 |
| 1713 | | 71.28 | 71.66 | 2.95 | 2.90 |
| 1737.8 | | 54.51 | 54.76 | 1.40 | 1.45 |
| 1752.5 | | 73.26 | 73.73 | 1.53 | 3.49 |
| 1772.9 | | 78.26 | 78.74 | 4.81 | 5.02 |
| 1787.3 | | 71.05 | 71.28 | 2.91 | 2.80 |
| 1797.4 | | 64.50 | 64.93 | 2.10 | 2.14 |
| 1802 | | 23.49 | 23.97 | 0.43 | 0.40 |

（3）经过深度神经网络模型识别得到：裂缝倾角角度维持在65°到80°之间，裂缝预测结果存在的差异较小；裂缝宽度在0.5cm到4.5cm之间，裂缝预测模型的裂缝宽度尺度整体略小于实测值。

（4）为进一步验证该模型的准确性，随机选取一口井15个样本点的成像测井裂缝预测结果进行对比，裂缝倾角最大相差0.48°，裂缝宽度除异常值相差1.96cm外，最大相差0.21。进一步证明了该模型在页岩储层天然裂缝预测的可适用性。

## 参 考 文 献

［1］贾承造，王祖纲，姜林，and 赵文. 中国页岩油勘探开发研究进展与科学技术问题，世界石油工业，pp. 31（4）：1 - 11，2024，doi：10.20114/j. issn. 1006-0030. 20240530001.

［2］张矿生，慕立俊，陆红军，齐银，薛小佳，and 拜杰. 鄂尔多斯盆地页岩油水力压裂试验场建设概述及实践认识，钻采工艺，2024.

［3］焦方正，陆相低压页岩油体积开发理论 . . . 尔多斯盆地长7段页岩油为例，天然气地球科学，pp. 32（6）：836 - 844，2021，doi：10.11764/j. issn. 1672 -1926. 2021. 02. 012.

［4］付金华 et al.，鄂尔多斯盆地中生界延长组长7段页岩油地质特征及勘探开发进展，中国石油勘探，p. 05. 007，2019，doi：10.3969/j. issn. 1672 - 7703. 2019. 05. 007.

［5］M. Liu et al.，Tight oil sandstones in Upper Triassic Yanchang Formation, Ordos Basin, N. China: Reservoir quality destruction in a closed diagenetic system, *Geological Journal*, vol. 54, no. 6, pp. 3239 - 3256, 2018, doi: 10. 1002/gj. 3319.

［6］蒲 . 静 and 秦启荣. 油气储层裂缝预测方法综述，特种油气藏，p. 03-0009-05，2008.

［7］陈泓竹. 页岩储层构造缝识别与研究，中国地质大学，pp. 1-79，2020.

［8］S. Chopra and K. J. Marfurt, Integration of coherence and volumetric curvature images, *SEG Denver* 2010 *Annual Meeting*, pp. 1-6, 2010.

［9］S. CHOPRA, S. MISRA, A. Corporation, and Calgary, Coherence and curvature attributes on preconditioned seismic data, *INTERPRETER'S CORNER*, pp. 386 - 394, 2011.

［10］任宇飞，强璐，白婷，黄闯，张鑫迪，and 申锦江. 变尺度分形技术在致密砂岩储层裂缝识别中的应用———以鄂尔多斯盆地东仁沟区块长7储层为例，

中外能源，2023.

［11］F. Moreh, H. Lyu, Z. H. Rizvi, and F. Wuttke, Deep neural networks for crack detection inside structures, *Scientific Reports*, vol. 14, no. 1, 2024, doi: 10. 1038/s41598-024-54494-y.

［12］闫家伟，吕芳，王文庆，朱桂娟，富会，and 李振永. 复杂碳酸盐岩储层多数据融合预测技术———以千米桥潜山奥陶系为例，石油地球物理勘探，p. 03-0583-10，2021.

［13］李明强，张立强，李政宏，张. 亮，毛礼鑫，and 徐小童. 塔里木盆地下侏罗统阿合组下 . . . 库车坳陷依奇克里克地区为例，天然气地球科学，pp. 32（10）：1559 - 1570. ，2021，doi：10.11764/j. issn. 1672-1926. 2021. 03. 001.

［14］何涛，谢显涛，王君，赵洋，and 苏俊霖. 利用优化BP神经网络建立裂缝宽度预测模型，钻井液与完井液，pp. 38（2）：201 - 20，2021，doi：10.3969/j. issn. 1001-5620. 2021. 02. 012.

［15］何健，文晓涛，聂文亮，李雷豪，and 杨吉鑫. 利用随机森林算法预测裂缝发育带，石油地球物理勘探，p. 55（1）：161-166，2020.

［16］王晓畅，张军，李军，胡松，and 孔强夫. 基于交会图决策树的缝洞体类型常规测井识别方法———以塔河油田奥陶系为例，石油与天然气地质，p. 04-0805-08，2017.

［17］王翠丽，周文，邓虎成，李红波，and 张娟. 镇泾地区长8油层组裂缝特征及裂缝识别方法，石油地质与工程，pp. 05-0027-04，2011.

［18］H. H. E.，Long - term storage capacity of reservoirs, *Transactions of the American society of civil engineers*, pp. 116（1）：770-799，1951.

［19］王兴华. 黔北岑巩区块下寒武统牛蹄塘 . . . 页岩储层裂缝表征与控气作用，中国地质大学，pp. 1-129，2020.

［20］王腾飞，胥云，蒋建方，and 田助红. 变尺度分析方法在水力压裂压力诊断中的应用，石油钻探技术，2009.

［21］W. S. MCCULLOCH and W. PITTS, A Logical Calculus of the Ideas Immanent in Nervous Activity, *LOGICAL CALCULUS FOR NERVOUS ACTIVITY*, pp. 1 - 19, 1943.

［22］刘宇，冯胜，and 王桂玲. 深度神经网络在无源定位中的应用研究，雷达科学与技术，2018.

［23］D. P. Kingma and J. L. Ba, ADAM A METHOD FOR STOCHASTIC OPTIMIZATION, *Published as a conference paper at ICLR*, pp. 1-15, 2015.

# 渤海海域黄河口凹陷页岩油地质特征与资源潜力

王广源[1]　万　琳[1]　霍飞宇[1]　滑彦岐[1]　蒋怿铭[1]

［中海石油（中国）有限公司天津分公司］

**摘　要**　页岩油是非常重要的非常规油气资源，但限于钻井少、缺乏泥页岩岩心等资料，渤海页岩油勘探刚处于研究和储备阶段。为了摸清渤海页岩油资源潜力，本文黄河口凹陷为例，开展页岩油类型、地质特征、富集模式等研究，并对页岩油资源潜力进行了评价。研究结果表明：1）黄河口凹陷页岩油可划分为基质型、纹层型和夹层型3大类，其中，纹层型又细分为砂质纹层型和混积纹层型，夹层型细分为砂质夹层型和混积夹层型；2）根据页岩油"四性"（含油性、储集性、可动性及可压性）特征，建立了黄河口凹陷沙河街组基质型、纹层型和夹层型三种页岩油富集模式，其中夹层型页岩油含油性、生烃潜力、可动性、储集能力、孔隙连通性、渗透率、脆性矿物含量高，易于压裂等方面均具备较好的条件，是黄河口凹陷沙河街组最有利的勘探目标；3）计算黄河口凹陷页岩油总资源约为18.78亿吨，其中基质型页岩油资源量最高，夹层型次之，纹层型最低，层系上沙三段页岩油资源量最丰富，研究成果以期对黄河口凹陷页岩油的勘探提供重要的科学依据。

**关键词**　黄河口凹陷；页岩油；岩相划分；储层表征；富集模式；资源评价

页岩油作为常规石油的战略性接替资源，近年来在能源危机的背景下备受全球关注，已成为众多国家的勘探开发热点。例如，得益于水力压裂和井工厂等技术的发展，在过去的十几年中，美国依靠页岩革命完成了从全球第一大能源进口国到出口国的转变，重塑了世界能源格局。我国页岩油资源丰富，技术可采量居世界第三位。虽然相关勘探开发起步较晚，但近年来也取得了显著成果。截止2023年，我国已探明10大盆地页岩油地质资源量为$318.99 \times 10^8 t$，技术可采资源量为$22.78 \times 10^8 t$。并先后建成了新疆吉木萨尔、大庆古龙和胜利济阳等国家级页岩油示范区，页岩油产量逐年稳步增加。页岩油资源的勘探开发，有望缓解降低我国的石油对外依存度，保障国家能源安全，助力端牢我们自己的"能源饭碗"。

中国的陆相页岩油资源主要分布在鄂尔多斯盆地、松辽盆地、渤海湾盆地、准噶尔盆地、四川盆地和柴达木盆地等。其中，渤海湾盆地是中国东部最主要的含油气盆地之一，近年来页岩油勘探获得全面突破。然而，近几年陆上页岩油不断获得商业性突破并持续建产，临近的济阳页岩油国家级示范区，但桶油发现成本和产能问题制约着海域对页岩油气的勘探进程；海域湛江分公司在涠西南凹陷利用在生产设施开展了页岩油气勘探开发实验，涠页-1井压裂测试成功并获商业

油流，给渤海油田走向页岩油勘探带来信心，随着渤海勘探程度的提高，常规油气勘探难度不断增大，非常规油气的利用也迫在眉睫。

渤海海域页岩油勘探处于研究和储备阶段，黄河口凹陷不同层段泥页岩段高气测异常普遍存在，页岩含油性高、储集类型多，展现出页岩油良好勘探前景，但限于钻井少、缺乏泥页岩岩心等资料，页岩油研究薄弱，尚未开展过系统研究。本次充分利用岩心、钻井、测井、分析化验、三维地震、生产数据等资料，对黄河口凹陷古近系开展了页岩油类型划分、页岩油地质特征、富集模式等研究，并对页岩油资源潜力进行了评价，以期对黄河口凹陷页岩油的勘探提供重要的科学依据。

## 1　区域地质概况

黄河口凹陷位于渤海海域东南部，东临庙西凹陷，南部地层与莱北低凸起成超覆接触，西侧与沾化凹陷、埕北凹陷毗邻，北部与渤南低凸起、渤中凹陷相连。黄河口凹陷是继承性发育的复合扭张断陷，整体构造为西深东浅、北陡南缓的一箕状凹陷，其中东西长70～80km，南北宽40～50km，面积约3300km²，基底埋深约7km（图1）。黄河口凹陷形成经历了断陷、断坳过渡、坳陷及平原化等多个阶段，存在水体深浅变化的多个旋

回，具备发育多套烃源岩的地质条件。黄河口凹陷自下而上主要发育 4 套主力烃源岩：沙四-孔店组、沙三段、沙一段和东三段，厚度中心基本位于西北次洼、西南次洼与东洼内；暗色泥岩主要分布在沙三中段、沙一段及东三段，其中沙三段、沙一段烃源岩有机质类型好、热演化程度高，是最有利的烃源岩。

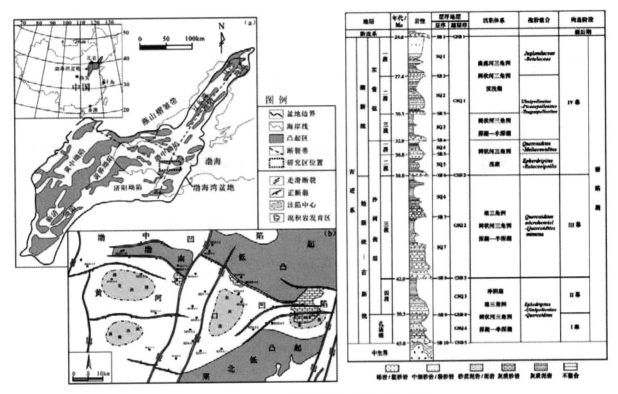

图 1    黄河口凹陷地构造位置和地层综合柱状图

## 2    页岩油类型划分与分布特征

中国陆相页岩油普遍存在的非均质性分布特征，这一现象导致了陆相盆地内页岩油种类的显著多样性。迄今为止，各油田企业与研究机构在页岩油类型划分方面尚未达成共识，缺乏统一的分类标准体系。学术界为了精准界定与分类这些复杂多变的页岩油资源，已依据多项关键参数构建了多元化的分类方案，这些参数包括但不限于陆相页岩油的沉积环境背景、相态特征、储集层的物理化学性质、热演化历史与成熟度、岩石组合类型的多样性，以及源岩与储层之间复杂的配置关系等，共同构成了对页岩油进行分类的理论基础。

本文在前人研究的基础上（杜金虎等，2019；付金华等，2019；付锁堂等，2021；郝运轻等，2012；胡素云等，2020a；姜在兴等，2014；金之钧等，2019，2021a，2021b，2023；匡立春等，2021；黎茂稳等，2022；刘忠宝等，2019；马永生

等，2022a；孙龙德等，2021；王小军等，2023；张金川等，2012；赵文智等，2018，2020a；Fang X 等，2019；Hafiz M 等，2020；Montgomery J B 等，2017；Solarin S A，2020；Zhang et al.，2016），综合国内外的划分方案，依据研究区实际情况，从纵向上不同岩性类型的组构特征、页岩油聚集类型、页岩油赋存相带、页岩的砂（灰）地比及单砂（灰）层厚度，将渤海湾盆地黄河口凹陷页岩油划分为 3 大类（表1），即基质型、纹层型和夹层型。其中，纹层型又细分为砂质纹层型和混积纹层型，夹层型细分为砂质夹层型和混积夹层型。具体地，基质型页岩油砂（灰）地比<1%，单砂（灰）层厚度<1cm；纹层型页岩油砂（灰）地比分布范围在 1%~10% 之间，单砂（灰）层厚度分布范围在 1~2m；夹层型页岩油砂（灰）地比<30%，单砂（灰）层厚度分布范围在 2~5m。在此基础上，通过研究区沉积相及岩相分布特征，结合地震反射结构，明确了黄河口凹陷页岩油类型平面分布特征。其中，沙一段页岩油分布特征

为：中央隆起带周边发育砂质夹层型页岩油；凹陷西侧零星发育混积夹层型页岩油。沙三上段页岩油分布特征为：次洼中央发育基质型页岩油，西侧和北侧斜坡区发育夹层型页岩油。沙三中段页岩油分布特征为：沙三中2段最大洪泛附近-广泛发育基质型页岩油；沙三中1段湖水面积减小，夹层型页岩油分布扩大。沙三下段页岩油分布特征为：西北次洼与东次洼发育水下扇，发育砂质夹层型页岩油；西南次洼中心以基质型页岩油为主；东次洼发育砂质夹层型页岩油。

**表1 黄河口凹陷页岩油划分方案**

| 类型 | 基质型 | 纹层型 | | 夹层型 | | 裂缝型 |
|---|---|---|---|---|---|---|
| | | 砂质纹层型 | 混积纹层型 | 砂质夹层型 | 混积夹层型 | |
| 岩性特征 | 暗色厚层页岩 | 暗色层状岩类夹薄层砂岩 | 暗色厚层页岩夹鲕状灰岩 | 暗色层状岩类夹薄层砂岩 | 暗色层状页岩夹泥质灰岩 | |
| 页岩油聚集类型 | 滞留型 | 滞留型 | | 运移与滞留型 | | 运移与滞留型 |
| 页岩油赋存相带 | 半深湖、深湖 | 前三角洲-半深湖 | 滨浅湖-半深湖 | 三角洲前缘远端、前三角洲、水下扇扇端 | 局部台地 | 断裂带附近 |
| 砂(灰)地比 | <1% | 1%–10% | | <30% | | |
| 单砂(灰)层厚度 | <1cm | 1cm–2m | | 2m–5m | | |

## 3 黄河口凹陷页岩油地质特征

### 3.1 含油性

黄河口凹陷沙河街组不同层段烃源岩 TOC 与 S1+S2 关系以及 $T_{max}$ 与 HI 关系分别如图2所示。

结果表明，沙三段烃源岩丰度分布范围为中~好烃源岩，有机质类型多样，主要为 $II_1$-$II_2$ 型；沙一二段为差-好烃源岩，有机质类型主要为 $II_1$-$II_2$ 型，部分 III 型分布。

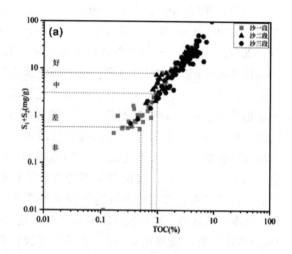
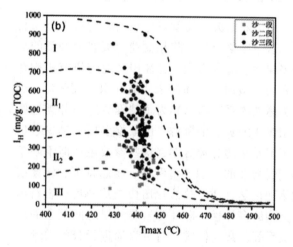

图2 (a) 黄河口凹陷沙河街组不同层段烃源岩 TOC 与 S1+S2 和 (b) $T_{max}$ 与 HI 关系

黄河口凹陷沙河街组不同层段烃源岩 S1 与深度和氯仿沥青 A 与深度关系如图3所示。结果表明，随深度增加，S1 和氯仿沥青 A 含量呈增加趋势。S1 的峰值在 3600m 左右，而氯仿沥青 A 的峰值在 3500m 左右。相比而言，沙三和沙一呈现出更好的含油性。此外，相比沙三段，沙一二段更早出现 S1 大量富集，这有可能是沙一段特有的咸化环境促进了有机质生烃导致的。

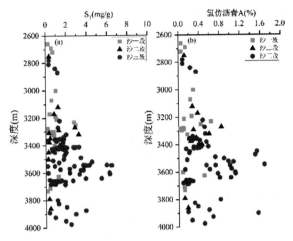

图 3  黄河口沙河街组不同层段页岩油 S1 与深度和氯仿沥青 A 与深度关系图

## 3.2  储集性

黄河口凹陷沙河街组页岩油储层岩石类型包括薄砂岩、长英质页岩、黏土岩和混合质页岩等，主要发育（纹）层状和块状构造。矿物成分主要由陆源碎屑矿物、黏土矿物和碳酸盐矿物等组成。陆源碎屑矿物中石英质量分数相对较高，为 18.20% ~ 50.10%，平均为 32.58%；其次是斜长石含量为 2.90% ~ 33.60%，平均为 10.44%；钾长石含量为 0.80% ~ 19.30%，平均为 5.29%。碳酸盐矿物主要为方解石（质量分数为 0.30% ~ 44.40%，平均为 10.05%）和白云石（质量分数为 0.30% ~ 36.60%，平均为 6.20%）。黏土矿物质量分数为 7.70% ~ 60.40%，平均为 32.64%。沙三段主要为混合质页岩和长英质页岩，沙一二段主要为长英质页岩，及少量灰质页岩和黏土岩。

沙河街组储层整体孔隙度为 1.44% ~ 19.7%，平均 10.04%；渗透率为 0.02mD ~ 2138.20mD，平均 103.02mD；孔渗表现为正相关，且随埋深加大都呈下降趋势（图 4）。由于沉积环境、储层岩性等的不同，各亚段储集物性也有差异：沙一段和

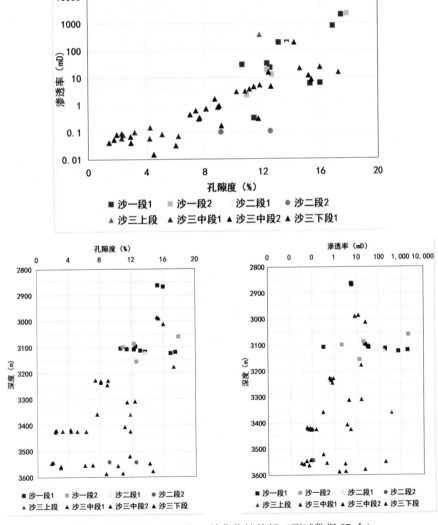

图 4  黄河口凹陷沙河街组储集物性特征（测试数据 57 个）

沙二段主要为长英质页岩和砂岩类，储集物性较好；沙三段主要发育泥岩类，物性相对稍差。根据铸体薄片和扫描电镜观察，综合黄河口凹陷储层特性，识别出无机质孔、有机质孔以及微裂缝三大储集空间类型，并依据孔隙的发育特征、形态结构和成因等进一步划分为7类（表2）。其中，溶蚀孔最为发育，主要以长石溶孔为主，其次为岩屑溶孔和粒内溶孔，粒间孔发育次之；微裂缝的存在对改善孔隙连通性起到了重要的作用。

结合高压压汞和吸附实验分析（表3），混合质页岩孔隙体积主要由微孔提供，长英质页岩孔隙体积主要由宏孔提供；混合质页岩比表面积主要由微孔和介孔提供，长英质页岩比表面积增量较低。沙三下段以长英质页岩为主，沙三中段则主要发育长英质页岩、混合质页岩储层。

表2 黄河口凹陷沙河街组储集空间类型

| 孔隙类型 | 孔隙特征 | 薄片及扫描电镜观察 |
|---|---|---|
| 无机质孔 | （a）粒间孔：多为三角形、长方形等，孔径大小差距大，根据发育部位可分为多种类型<br>（b）溶蚀孔：因矿物颗粒发生溶解作用而产生，多呈近圆形、近椭圆形，孔径一般不大<br>（c）黄铁矿晶间孔：主要存在于莓球状黄铁矿以及各种黄铁矿集合体之间 |   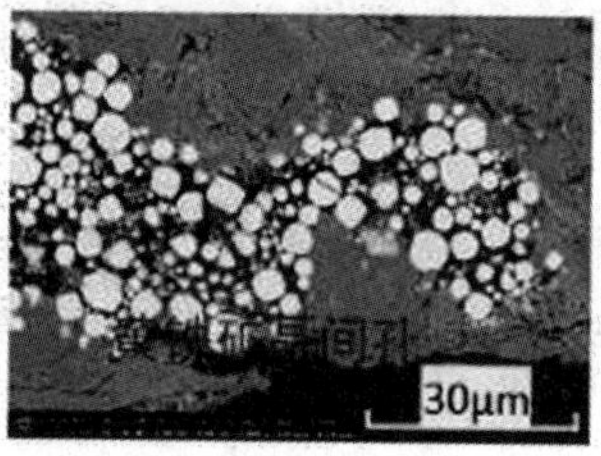 |
| 有机质孔 | （a）有机质内部孔：发育在有机质内部的孔隙，由于生烃作用或者内部矿物影响而产生<br>（b）有机质贴边孔：有机质与矿物接触边缘发育的孔隙，由于有机质收缩等作用而形成 |  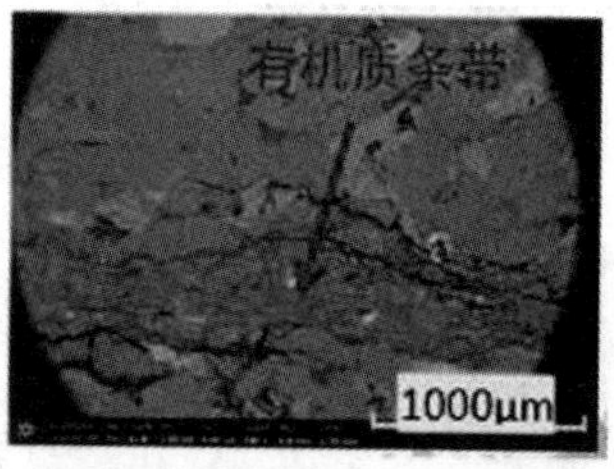 |
| 微裂缝 | （a）构造微裂缝：由于外界压力作用下而使矿物颗粒发生裂解破碎所产生的缝隙，长度变化大<br>（b）超压微裂缝：有机质生烃或者黏土矿物脱水而形成，一般缝面不规则且多充填有机质 | 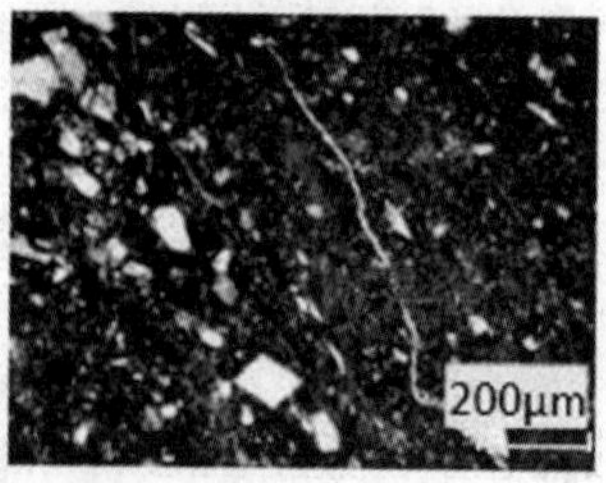  |

表3 黄河口凹陷沙河街组联合孔体积表征

| 样号/层段 | 岩性 | 微孔体积<br>（cm³/g） | 介孔体积<br>（cm³/g） | 宏孔体积<br>（cm³/g） | 总孔体积<br>（cm³/g） | 孔径分布高峰<br>（nm） | 孔隙形状 |
|---|---|---|---|---|---|---|---|
| 1/沙三中 | 长英质页岩 | 0.00020<br>（1.05%） | 0.00192<br>（10.04%） | 0.01700<br>（88.91%） | 0.01912 | 100—1000 | 楔形孔 |

续表

| 样号/层段 | 岩性 | 微孔体积（cm³/g） | 介孔体积（cm³/g） | 宏孔体积（cm³/g） | 总孔体积（cm³/g） | 孔径分布高峰（nm） | 孔隙形状 |
|---|---|---|---|---|---|---|---|
| 2/沙三下 | 长英质页岩 | 0.00053（20.92%） | 0.00149（58.53%） | 0.00052（20.55%） | 0.00254 | 200-700 | 平行板状孔 |
| 3/沙三中 | 混合质页岩 | 0.00119（9.77%） | 0.00534（43.75%） | 0.00567（46.47%） | 0.01221 | 10-100 | 平行板状孔 |
| 4/沙三中 | 混合质页岩 | 0.00107（13.24%） | 0.00657（81.15%） | 0.00045（5.62%） | 0.02164 | 10-50 | 平行板状孔 |

### 3.3 可动性

黄河口凹陷沙河街组不同层段烃源岩不同层段 OSI 指数与深度关系如图 5 所示。结果表明，随着深度增加 OSI 指数先不断增加，达到峰值后开始下降。沙河街组基本都位于好之间。沙三段的 OSI 峰值约在 3300m，而沙一二段的 OSI 峰值约在 3250m，说明沙一二段的咸化环境促进了有机质的生烃。总体而言，与沙一二段相比较，沙三下烃源岩含油饱和度指数较高，可动性较强。

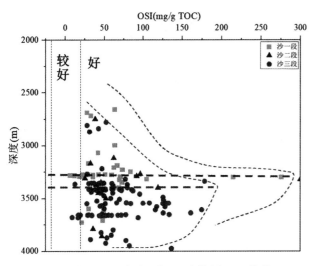

图 5　黄河口凹陷沙河街组不同层段 OSI 指数
与深度关系

黄河口凹陷沙河街组不同层段原油族组分分布与 MI 流动性指数如图 6 所示。结果表明，沙一段、沙二段和沙三段基本呈现以饱和烃占比为主，芳烃和非烃次之，沥青质最低的族组分分布。在这三个层段的原油中，沙一段、沙二段和沙三段饱和烃含量占比平均值分别为 42%、40% 和 46%。通常，饱和烃和芳香烃可以促进原油流动，而非烃和沥青质则抑制原油流动。因此，基于族组分的分布计算了原油的 MI 流动性指数以评估原油组分的可动性。结果表明，沙三段 MI 值较其它层段

高，沙一段次之，沙二段最低，说明沙三页岩油资源可动性较好。

### 3.4 可压性

当页岩中膨胀性黏土矿物含量较少，硅质、碳酸盐和长石等脆性矿物含量较多时，岩石脆性较大，因此可以用脆性矿物占总矿物的比值计算页岩脆性指数。陈吉等、赵佩等、原园等采用石英、长石和碳酸盐矿物之和在总矿物中的比重来表征脆性指数，计算公式如下：

$$BI = \frac{W_{石英} + W_{长石} + W_{碳酸盐}}{W_{总}} \times 100\%$$

式中：$BI$ 为脆性指数；$W_{石英}$ 为石英含量,%；$W_{长石}$ 为长石含量,%；$W_{碳酸盐}$ 为碳酸盐矿物含量,%；$W_{总}$ 为矿物总体积含量,%。

研究区脆性指数与各岩性关系图如图 7 所示，长英质页岩、灰质页岩、混合质页岩、砂岩和灰岩脆性指数均值较大，且最低值均大于 60%，可压性较好；黏土质岩脆性指数较小，可压性较差。

黄河口凹陷沙河街组不同层段脆性指数与深度关系如图 8 所示。沙三段脆性指数基本都大于 50%，集中分布 60%～70%；沙一段脆性指数基本都大于 30%。沙三段多发育长英质页岩，脆性指数变化范围较小，脆性指数的分布更为集中。整体来看，黄河口凹陷沙三段脆性指数较高，可压性较强。

## 3 页岩油不同源储组合及富集模式

不同凹陷源储组合具有差异性（柳忠泉等，2023），通过对黄河口凹陷沙河街组不通过类型页岩油划分及分布特征、页岩油形成条件、主控因素的分析，结合源储关系、储集层类型、含油性、可动性、储集性和可压性等，建立了黄河口凹陷沙河街组不同类型页岩油源储组合（图 9）及富集模式（图 10）。

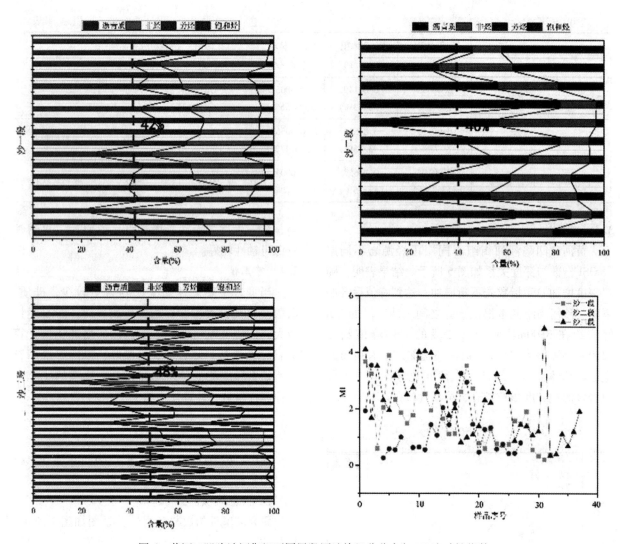

图 6　黄河口凹陷沙河街组不同层段原油族组分分布与 MI 流动性指数

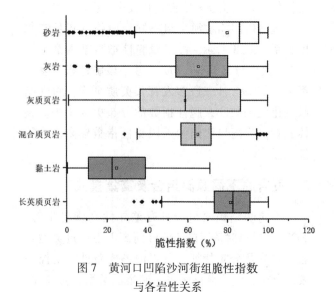

图 7　黄河口凹陷沙河街组脆性指数
与各岩性关系

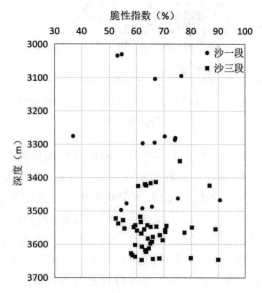

图 8　黄河口凹陷沙河街组不同层段脆性
指数与深度关系（测试数据 62 个）

　　夹层型页岩油（运移富集模式）：具有较高的
含油性、较高的生烃潜力，较高的游离油和可动油，发育孔隙和微裂缝，且孔隙度和渗透率较高，$\Delta S_1$ 显示具有较强的接受外来烃运移的能力，具有较高的脆性矿物指数有利于后期压裂生产，因此，页岩油潜力较高。从发育规律来看，夹层型页岩油发育在前三角洲和水下扇扇端及局部台地，岩性主要为灰色泥岩、砂岩及灰岩；从层位上来看，夹层型在沙一二段和沙三段均有发育，从平面上来看，夹层型页岩油主要分布在西北次洼，西南次洼，东次洼和中央隆起带分布较少。

纹层型页岩油（运移富集模式）：含油性高，生烃潜力高，可动性好，次于夹层型，储集性能好，孔隙度较高，渗透率和脆性指数次于夹层型，$\Delta S1$ 显示具有较强的接受外来烃运移的能力，页岩油潜力较好。从发育规律来看，纹层型页岩油主要发育在前三角洲或斜坡-浅湖-半深湖相，岩性主要为灰色泥岩和砂岩；从层位上来看，纹层型在沙一二段和沙三段均有发育，但以沙三段为主；从平面上来看，纹层型页岩油在全区基本都有分布。

基质型页岩油（外排及残留模式）：含油性一般，可动性一般，孔隙度、渗透率和脆性指数一般，$\Delta S1$ 显示大于零，属于自生自储型及外排能力强，页岩油潜力一般。从发育规律来看，基质型页岩油主要发育在半深湖-深湖相，岩性主要为灰色泥岩；从层位上来看，基质型在沙一二段和沙三段也均有发育；从平面上来看，基质型页岩油主要发育在西北次洼、西南次洼及东次洼。

综上所述，根据不同类型页岩油富集特征，建立了不同类型页岩油富集模式。总的来说，夹层型页岩油含油性、生烃潜力、可动性、储集能力、孔隙连通性、渗透率、脆性矿物含量高，易于压裂等方面均具备较好的条件，是黄河口凹陷沙河街组最有利的勘探目标。

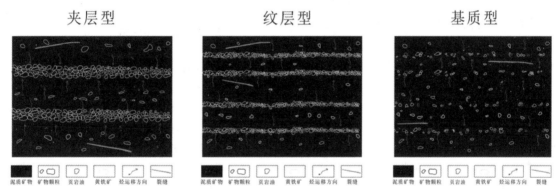

图 9　黄河口凹陷沙河街组不同类型页岩油源储组合

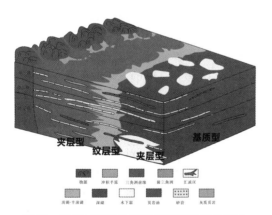

图 10　黄河口凹陷沙河街组页岩油富集模式

## 4　页岩油资源潜力与勘探方向

目前，国内外页岩油资源潜力评价方法众多，总的来说可以分类静态法和动态法两个大类。其中静态法包括成因预测法、类比预测法和统计预测法；动态法是根据页岩油开发过程中的动态资料进行计算得到的，主要包括物质平衡法、递减法和数值模拟法。

根据黄河口凹陷页岩油地质特征，不同类型页岩油资源量计算方法采用不同的关键参数，其中基质型页岩油资源量采用热解 S1 法（体积法），即应用热解 S1 参数作为页岩油含量的衡量指标，而砂岩薄夹层，即纹层型和夹层型页岩油的资源量则采用含油饱和度法（容积法），通过计算黄河口凹陷页岩油总资源约为 18.78 亿吨，其中基质型页岩油资源量最高，占总资源量的 60.70%，夹层型资源量次之，纹层型最低。从层位上来看，主要分布在沙三段，其次是沙一二段。总的来说，沙三段的页岩油总资源量最丰富，是目前黄河口凹陷内最有利的页岩油勘探层系。

# 5 结论

（1）根据页岩的组构特征、页岩油聚集类型、赋存相带、页岩的砂（灰）地比及单砂（灰）层厚度，将黄河口凹陷页岩油划分为基质型、纹层型和夹层型3大类，其中，纹层型又细分为砂质纹层型和混积纹层型，夹层型细分为砂质夹层型和混积夹层型。

（2）根据黄河口凹陷页岩油"四性"（含油性、储集性、可动性及可压性）特征，建立了黄河口凹陷沙河街组基质型、纹层型和夹层型三种页岩油富集模式，其中夹层型页岩油含油性、生烃潜力、可动性、储集能力、孔隙连通性、渗透率、脆性矿物含量高，易于压裂等方面均具备较好的条件，是黄河口凹陷沙河街组最有利的勘探目标。

（3）针对基质型、纹层型和夹层型三类页岩油，采用不同的方法计算黄河口凹陷页岩油总资源约为18.78亿吨，其中基质型页岩油资源量最高，夹层型次之，纹层型最低，沙三段的页岩油总资源量最丰富。

## 参 考 文 献

[1] 邹才能，杨智，崔景伟，等．页岩油形成机制、地质特征及发展对策［J］．石油勘探与开发，2013，40（01）：14-26.

[2] 邹才能，翟光明，张光亚，等．全球常规-非常规油气形成分布、资源潜力及趋势预测［J］．石油勘探与开发，2015，42（01）：13-25.

[3] 杨智，邹才能．"进源找油"：源岩油气内涵与前景［J］．石油勘探与开发，2019，46（01）：173-184.

[4] 邹才能，潘松圻，荆振华，等．页岩油气革命及影响［J］．石油学报，2020，41（01）：1-12.

[5] 刘招君，董清水，叶松青，等．中国油页岩资源现状［J］．吉林大学学报（地球科学版），2006，（06）：869-876.

[6] 孙龙德，刘合，朱如凯，等．中国页岩油革命值得关注的十个问题［J］．石油学报，2023，44（12）：2007-2019.

[7] 王建，郭秋麟，赵晨蕾，等．中国主要盆地页岩油气资源潜力及发展前景［J］．石油学报，2023，44（12）：2033-2044.

[8] 赵喆，白斌，刘畅，等．中国石油陆上中-高成熟度页岩油勘探现状、进展与未来思考［J］．石油与天然气地质，2024，45（02）：327-340.

[9] 赵文智，朱如凯，张婧雅，等．中国陆相页岩油类型、勘探开发现状与发展趋势［J］．中国石油勘探，2023，28（04）：1-13.

[10] 薛永安，王飞龙，汤国民，等．渤海海域页岩油气地质条件与勘探前景［J］．石油与天然气地质，2020，41（04）：696-709.

[11] 杨海风，徐长贵，牛成民，等．渤海湾盆地黄河口凹陷新近系油气富集模式与成藏主控因素定量评价［J］．石油与天然气地质，2020，41（02）：259-269.

[12] 唐亚楠．黄河口凹陷中洼断裂活动对油气运移及富集的影响［D］．中国地质大学（北京），2020.

[13] 王松，王飞龙，陈容涛，等．黄河口凹陷烃源岩有机地球化学特征分析［J］．西安石油大学学报（自然科学版），2022，37（03）：9-15-26.

[14] 刘成桢，姜平，姜治群．黄河口凹陷古近系与新近系成藏主控因素与富集特征［J］．特种油气藏，2018，25（03）：61-66.

[15] 陈吉，肖贤明．南方古生界3套富有机质页岩矿物组成与脆性分析［J］．煤炭学报，2013，38（05）：822-826.

[16] 赵佩，李贤庆，孙杰，等．川南地区下古生界页岩气储层矿物组成与脆性特征研究［J］．现代地质，2014，28（02）：396-403.

[17] 原园，姜振学，喻宸，等．柴北缘中侏罗统湖相泥页岩储层矿物组成与脆性特征［J］．高校地质学报，2015，21（01）：117-123.

[18] Abrams M A, Gong C, Garnier C, et al. A new thermal extraction protocol to evaluate liquid rich unconventional oil in place and in-situ fluid chemistry ［J/OL］. *Marine and Petroleum Geology*, 2017, 88: 659-675.

[19] Bian D, Zhao L, Chen Y, et al. Fracture characteristics and genetic mechanism of overpressure carbonate reservoirs: Taking the Kenkiyak Oilfield in Kazakhstan as an example ［J/OL］. *Petroleum Exploration and Development*, 2011, 38 (4): 394-399.

[20] Zink K-G, Scheeder G, Stueck H L, et al. Total shale oil inventory from an extended Rock-Eval approach on non-extracted and extracted source rocks from Germany ［J/OL］. *International Journal of Coal Geology*, 2016, 163: 186-194.

# 基于微纳米流控的页岩油关键组分空间限域效应的实验研究

潘秀秀[1,2,3]  孙灵辉[2,3]  刘庆杰[2,3]  陈飞宇[1,2,3]  霍　旭[1,2,3]  冯　春[3]  张志荣[1,2,3]

(1 中国科学院大学；2 中国科学院渗流流体力学研究所；3 中国石油勘探开发研究院提高采收率研究中心)

**摘　要**　兼具经济效益和社会效益的 $CO_2$ 驱油（CCUS-EOR）方式虽然在以页岩油为代表的非常规油气开采中取得了一定效果，但国内适合 $CO_2$ 补能的页岩油藏普遍存在多尺度微纳孔隙共存的特征。纳米限域空间中异于体相的相态、赋存、扩散传质以及渗流机理是 $CO_2$ 与原油相互作用的内因和基础。针对纳米限域空 $CO_2$-烃体系相互作用机理复杂但认识尚浅且实验手段匮乏的问题，本研究基于真实岩心孔径分布特征设计了多个尺度的集成微纳米芯片，包含末端封闭的单管模型。以此测定了四个尺度（1000nm、200nm、100nm、30nm）下页岩油主要组分的泡点压力及其与 $CO_2$ 的最低混相压力。本文利用荧光、明场两种成像方式进一步明确了 $CO_2$ 与页岩油主要组分间的相互作用及相态转变并捕捉到了清晰的相界面变化。这一实验研究发现 30nm 尺度下，烷烃泡点压力、气液混相压力都显著降低，其中正己烷的泡点压力最大抑制 10.63%，$CO_2$ 与正己烷的最低混相压力在 30nm 孔径中降低了 4.87%。这一有效方法和研究结果或将为 $CO_2$ 提高页岩油采收率提供一定的理论支撑。

**关键词**　微纳流控；纳米限域；$CO_2$-EOR；泡点压力；最低混相压力

页岩油作为非常规油气的典型代表之一，其单井产量不稳定且生产初期快速递减，提高采收率机理并不符合传统理论与技术，亟需开展勘探实践及研究论证。据相关统计，2023 年我国已探明页岩油储量达 460 亿吨，处于全球第三。实现陆相页岩油的规模效益开发，既是在我国现有油气资源禀赋下的必然选择，又是发挥好能源保供"顶梁柱"作用，保障国家能源安全的生动实践；国内石油企业"十四五"规划均将页岩油作为重点开发领域，预计 2025 年我国可实现页岩油年产量 650 万吨。但陆上页岩油探明储层资源品质差，表现出大范围的多尺度赋存及渗流的特征。空间上分布有压裂裂缝、毫米甚至是厘米级天然裂缝、无机微米孔及有机纳米孔，开采时，天然裂缝枯竭，基质原油难以及时补充且微纳米相态变化难以捉摸。除了特殊的空间构造以外，页岩油本身就为多组分碳氢混合物，其在微纳米孔隙中的赋存机制复杂。总的来说，页岩油渗流可总结为原油在多场作用下的多流动模式的多相流体在多尺度多孔介质中流动。虽然针对以上难题，我国已经有相对成熟的水平井及分段压裂技术用以实现页岩油的开采，但是微纳米复杂缝网体系中的原油的有效动用、微观提采机理、纳米孔隙渗流等问题仍未形成完整的体系。以以往的研究侧重点

来看，机理研究的中心更多的是偏向岩心尺度甚至是单井尺度，有关页岩孔隙尺度的油品动用行为的研究相对匮乏。因此，页岩油高效开采的关键就是以孔隙尺度的渗流机理研究为宏观油藏尺度的开采提供理论支撑。

页岩油能否形成具有经济效益的工业产能不仅取决于储层自身的资源量、储层孔隙特征还去取决于基质渗流能力。而作为三次采油中的一个重要分支，$CO_2$ 较低的临界温度和压力使其成为一种与原油混溶性良好的驱替介质。注入的 $CO_2$ 与原油相互作用，发生传质扩散、分散和溶解三大现象。从而改进波及效率有效调动原油。除此之外，$CO_2$ 在油气田开发过程中能够有效占据地层中的孔隙空间并留存在储层中，对低碳减碳都有着积极作用。虽然低渗透储层和非常规储层应用 $CO_2$ 提高采收率取得了一定效果，并且也一定程度上对 $CO_2$ 封存起到了作用。但是适合 CCUS-EOR 储层中微观孔隙结构复杂，多孔介质内孔隙尺寸减小带来的一系列约束效应可能会导致油气两相临界压力和密度、粘度、表面张力、泡点、露点、流壁界面性质、油气界面张力等明显的物理性质和相行为的转变，导致油藏方案编制出现偏差，影响实际油气采收率和 $CO_2$ 埋存率。目前宏观性质变化对 $CO_2$ 气窜影响已经有了大量研究，通过水气交替

（WAG）调整注气剖面等措施目前也有了一定研究基础。但多尺度效应导致相态特征的转变对 $CO_2$ 补能效果仍然造成显著影响，且该方面研究较为稀缺。因此厘清多尺度下的 $CO_2$-地层油体系的相态特征变化对 $CO_2$ 提高采收率具有重要工程意义。

目前纳米尺度流体流动特征基本依赖数模方法或仪器分析方法预测；受限于实验条件与材料性能的发展，纳米孔隙流体实验困难重重。前人一般修正气液平衡时的状态方程或通过 PVT 筒测得的压力体积曲线确定泡点压力，亦或者通过细管法、升泡法、界面张力消失法、核磁共振、快速升压法测定油气混相压力。从填砂模型、微观刻蚀模型到目前新兴的微纳流控方法，随着刻蚀材料的发展，研究方向逐渐向纳米尺度偏移。近年来，微纳流控实验方法广泛应用于油气行业流体的流动、相变等关键参数，相比于常规实验手段，该方法完全可视且时间成本极小，在数十分钟时间就可完成实验。对于微量流体更是有着强大的优势。最近，越来越多的研究工作表明，微纳米流控实验方法在页岩油提高采收率领域受到极大的认可。杨和 ALFI M 等人发现饱和点的偏差随着纳米通道深度的减小而增加；史等人量化了微米孔隙中含荧光剂烷烃的最低混相压力；钟等人表征了理想纳米孔隙网络中的 $CO_2$ 驱替碳氢混合物的动态。

本文基于真实岩心孔径分布特征设计微纳米芯片，测定了微纳米多孔介质中页岩油主要组分与 $CO_2$ 的最低混相压力。模拟了 30nm 尺度下单管中的微观作用机制，进一步明确了 $CO_2$ 与页岩油主要组分间的相互作用过程。这一实验研究发现 30nm 尺度下，烷烃泡点压力、气液最低混相压力都显著降低。这一有效方法和研究结果或将为 $CO_2$ 提高页岩油采收率提供一定的理论支撑。

# 1 实验方法

## 1.1 实验装置与材料

本实验基于真实页岩油的孔径分布特征设计了一种微纳米芯片模型，其外观尺寸为 38mm×21.5mm。具体参数如图 1 所示，该模型采用一端封闭的单管设计有效的削弱了管内的对流。为明确在明场、荧光场两种实验模式下的气液相互作用，本研究所述的实验及相关结果均依靠图 2 所示的微纳米流控实验平台所得。

该芯片安装于特定的芯片夹持器上，与上层

蓝宝石玻璃形成密封器，其内部集成有温度传感器（TES1312A）与循环加热系统（HS-601B），用以加热上述密封器及实时监测温度。入口安装低压传感器和高压传感器（DG1300），出口安装精密压力表（M20X1.5）用以检查管路气密性和混相压力。CO2 气体置于高温高压微尺寸渗流模拟箱（FADA WG-50）内部加热以保证处于超临界温度。另外，CO2 和实验油品装于活塞式中间容器中通过双缸泵（CHANDLER Quizix Q5200）注入。利用真空泵（VALUE V-i280SV）排除通道中的空气。显微成像装置包括搭配 4×物镜的明场及荧光场显微镜（Nikon MRH00041）并连接 CMOS 相机以实时拍摄混相过程。另外，该芯片模型利用深度反应离子刻蚀方法并与高强度玻璃键合而成。在不加围压的情况下可耐压 20MPa，承温 150℃。

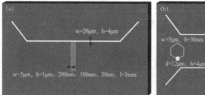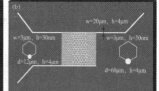

图 1 微纳米芯片模型设计

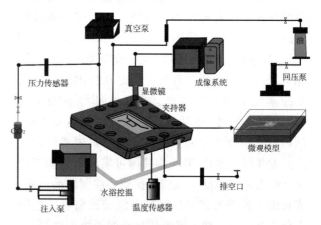

图 2 微纳米流控实验装置图

本研究注入气体为 $CO_2$（99.99%，LP GAS）。驱替实验所用油溶性荧光剂（TP3400）以 1：1000 加入油样中；实验所用烷烃包括：正己烷（>99%，Boer）。

## 1.2 实验步骤

实验之前按实验要求配置好样品，连接管线并检查装置气密性。随后对模型及实验管线抽真空 1 小时以上充分排除空气。设定水浴箱的实验温度平衡数分钟，保持泵-中间容器-模型-出口端线路通畅，开始将实验所用样品以恒压模式在高于饱和压力的条件下注入通道中饱和油。等待纳米通道完全充满油品后，用低压 $CO_2$ 置换主流通道中的残余油后关闭模型出口。接着，恒速模式推动活塞容器注入 $CO_2$，实现对气体的加压。与此同时，摄像机以一定的频率原位实时记录了 $CO_2$ 与油样在封闭纳米通道中的接触混相行为。同样的，泡点压力的实验要求则是恒温降压测定出现第一个气泡时的压力即为泡点压力。在最低混相压力实验之前先用油溶性荧光剂按照 1000∶1 的比例对油相进行荧光染色后装入中间容器中通过回压泵低压注入油样饱和芯片。等待芯片全部充满油样后按照实验设计开始实验，同时实时监控压力变化直至实验结束。实验结束后，泄压并排空管线流体，卸下芯片先后浸泡在石油醚和无水乙醇中清洗，以备后续实验使用。最后将实验所拍摄的图像序列导入图像处理软件（ImageJ）进行图像处理和数据分析。

## 2 结果与讨论

### 2.1 泡点压力的测定

依照上述实验方法，本研究首先测定了 93℃四种尺度（1000nm、200nm、100nm、30nm）下的正己烷的泡点压力。图 3 所示即为明场成像模式下 93℃正己烷在 30nm 孔径的纳米管中的汽化过程。图像左侧亮色的部分代表已经汽化的正己烷，右侧颜色相对较暗的部分代表还未汽化的正己烷。左侧纳米通道出口与相对较粗的储液槽连接，左侧通道连接油样的中间容器与注入泵连接，逐渐降压。随着注入压力到达泡点压力即 1.46bar 时，纳米通道出现第一个气泡，随着压力的持续降低，纳米通道中的烷烃由出口开始汽化并向盲端通道推进，该过程与压降速度直接相关，一般可持续数十秒。

如图 4（a）所示的是 93℃下正己烷在四个尺度纳米管中的泡点压力。实验结果显示与 1000nm 尺度相比，200nm 及 100nm 孔径下正己烷的泡点压力变化几乎可以忽视，但在 30nm 孔径的纳米管中，泡点压力有了米昂西安的降低，最大可降低 0.17bar。相比于 1000nm 尺度的纳米管，各个尺寸的限制程度如图 4（b）所示，其中 30nm 尺度对于正己烷泡点压力的限制达到了 10.63%，这是由于纳米孔中强烈的壁面吸附作用和毛细管力等微观效应限制了气泡的成核及液体的运移，导致正己烷的汽化明显减慢。

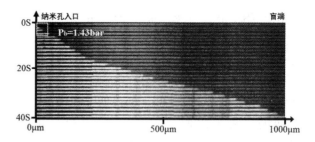

图 3 明场成像模式下 93℃、30nm 尺度下正己烷的汽化过程

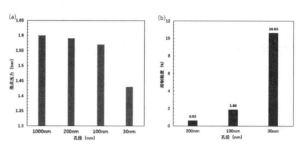

图 4 93℃下正己烷泡点压力及抑制程度
（a）不同尺度下正己烷的泡点压力；
（b）与 1000nm 尺度相比，不同尺度的限制百分比

### 2.2 最低混相压力的测定

图 5（a）是 75℃荧光场下，1000nm 尺度的多孔介质中 CO2 与正己烷的混相过程。左侧黑色气柱代表 $CO_2$，右侧橙色荧光部分代表被油溶性荧光剂染色的正己烷。注入 $CO_2$ 在纳米管中与正己烷反复接触，引起组分的原位传质而实现多次接触混相。起初，注入的 $CO_2$ 接触新的油并向油样溶解扩散，界面最近啊向盲端通道推进，此时可以看到清晰的相界面，显示出该纳米管是油湿性表面。随着体系压力的持续升高，相界面又开始向纳米管的入口推进，油样的体积也进一步膨胀，该过程代表着 $CO_2$ 与正己烷的进一步作用，或将烷烃少量萃取到 $CO_2$ 中。即 $CO_2$ 与轻质组分有很好的互溶性，最终在实验结束之前，气液界面变得更加模糊直至消失，形成一个十分规则的混相带。最后，多孔介质通道中的荧光强度基本消失。众多研究表明当气液界面张力基本为零时定义为气液混相。而 $CO_2$ 与正己烷气液界面消失时即确定为两者的最低混相压力。另外，为了更加详细的描述其界面消失的过程，本研究定性分析了纳米管连续像素下的荧光强度的变化。

如图 5（b）所示的在 230 个连续像素点上的荧光强度变化的图像中，在 $CO_2$ 与正己烷还未混相时，气液界面十分清晰，此时，在气液界面处的荧光强度曲线发生突变，这也意味着荧光强度在该图像范围内的不连续。而当 $CO_2$ 与正己烷发生混相界面消失时，该图像范围内的荧光强度曲线相对平滑，未见突变，是因为气液混相时界面消失，相互作用明显。因此将曲线平滑时的压力9.66定义为 $CO_2$ 与正己烷在75℃下的最低混相压力。以相同的方法，我们测定了75℃四种尺度下（1000nm、200nm、100nm、30nm）的 $CO_2$ 与正己烷的最低混相压力，实验结果表明，与1000nm相比，200nm与100nm单管中的最低混相压力均无明显变化，但在30nm尺度的纳米管中最低混相压力降低了4.87%，进一步证明了纳米孔对最低混相压力的限制作用。

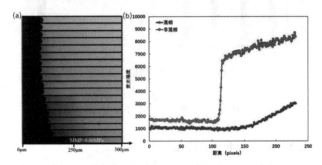

图5　荧光场成像模式下75℃、1000nm 尺度下 $CO_2$-
正己烷最低混相压力测定过程
（a） $CO_2$-正己烷混相过程；
（b）荧光强度随像素点的变化关系

## 3　结论

本实验研究针对纳米限域空 $CO_2$-烃体系相互作用机理复杂但认识尚浅且实验手段匮乏的问题，根据真实岩心孔径分布特征设计了四个尺度的末端封闭的微纳米芯片。并测定了四个尺度（1000nm、200nm、100nm、30nm）下页岩油主要组分-正己烷的的泡点压力及其与 $CO_2$ 的最低混相压力。明确了 $CO_2$ 与页岩油主要组分间的相态转变并捕捉到了清晰的相界面变化。根据实验结果有以下几点结论与认识：

1）30nm 尺度下，93℃时正己烷泡点压力显著降低，最大抑制10.63%，此外烷烃的汽化几乎是瞬时发生，气体产生于较大的微米储液槽并进一步从纳米单管的入口向盲端推进。

2）通过荧光场成像分辨气液界面的变化获得最低混相压力的实验方法原理可靠，且相比于体相尺度即1000nm单管，200nm与100nm尺度下的 $CO_2$ 与正己烷的最低混相压力并无明显变化，但在

30nm 孔径中降低了4.87%。

3）从实验结果来看，孔隙越小对烷烃的泡点压力及气液最小混相压力限制越大，且从实验结果上看，纳米孔对泡点压力的限制更强烈，其原因可能是该芯片模型横截面并非严格意义上的圆形，而是横纵比相对较大的长方形，这一特点使得纳米孔在 Z 轴方向表现出纳米限域作用，该特征对于气泡的成核依然可以起到类似于圆形的抑制作用。但气液混相的本质是界面处的传质扩散作用，因此长方形的通道对于上述作用的限制有限。

## 参 考 文 献

[1] 崔宝文，王瑞，白云风，等．古龙页岩油勘探开发进展及发展对策 [J]．大庆石油地质与开发，2024，43（04）：125-36.

[2] 刘正伟，余常燕，余琦昌，等．页岩油藏提高采收率技术现状、瓶颈及对策 [J]．化学工程师，2024，38（06）：64-8.

[3] 邹才能，董大忠，王社教，等．中国页岩气形成机理、地质特征及资源潜力 [J]．石油勘探与开发，2010，37（06）：641-53.

[4] 姚军，孙海，李爱芬，等．现代油气渗流力学体系及其发展趋势 [J]．科学通报，2018，63（04）：425-51.

[5] 王小军，李敬生，李军辉，等．大庆油田油气勘探进展及方向 [J]．大庆石油地质与开发，2024，43（03）：26-37.

[6] 卢双舫，薛海涛，王民，等．页岩油评价中的若干关键问题及研究趋势 [J]．石油学报，2016，37（10）：1309-22.

[7] HOTEIT H. Proper Modeling of Diffusion in Fractured Reservoirs; proceedings of the SPE Reservoir Simulation Symposium, F, 2011 [C]. SPE-141937-MS.

[8] BLUNT M, FAYERS F J, ORR F M. Carbon dioxide in enhanced oil recovery [J]. Energy Conversion and Management, 1993, 34（9）: 1197-204.

[9] ERFAN M, BADRUL MOHAMED J, AMIN A, et al. CO2-EOR/Sequestration: Current Trends and Future Horizons [M] /ARIFFIN S. Enhanced Oil Recovery Processes. Rijeka: IntechOpen. 2019.

[10] XU H. Probing nanopore structure and confined fluid behavior in shale matrix: A review on small-angle neutron scattering studies [J]. International Journal of Coal Geology, 2020, 217: 103325.

[11] ISLAM A W, PATZEK T W, SUN A Y. Thermodynamics phase changes of nanopore fluids [J]. Journal of Natural

Gas Science and Engineering, 2015, 25: 134-9.

[12] LI B, MEHMANI A, CHEN J, et al. The Condition of Capillary Condensation and Its Effects on Adsorption Isotherms of Unconventional Gas Condensate Reservoirs; proceedings of the SPE Annual Technical Conference and Exhibition, F, 2013 [C]. D031S040R007.

[13] DONG X, LIU H, HOU J, et al. Phase Equilibria of Confined Fluids in Nanopores of Tight and Shale Rocks Considering the Effect of Capillary Pressure and Adsorption Film [J]. Industrial & Engineering Chemistry Research, 2016, 55 (3): 798-811.

[14] LI L, SHENG J J. Nanopore confinement effects on phase behavior and capillary pressure in a Wolfcamp shale reservoir [J]. Journal of the Taiwan Institute of Chemical Engineers, 2017, 78: 317-28.

[15] AMBROSE R J, HARTMAN R C, DIAZ-CAMPOS M, et al. Shale Gas-in-Place Calculations Part I: New Pore-Scale Considerations [J]. SPE Journal, 2011, 17 (01): 219-29.

[16] 王森, 冯其红, 查明, 等. 页岩有机质孔缝内液态烷烃赋存状态分子动力学模拟 [J]. 石油勘探与开发, 2015, 42 (6): 844-51.

[17] WANG L, HE Y, WANG Q, et al. Multiphase flow characteristics and EOR mechanism of immiscible CO2 water-alternating-gas injection after continuous CO2 injection: A micro-scale visual investigation [J]. Fuel, 2020, 282: 118689.

[18] REN D, WANG X, KOU Z, et al. Feasibility evaluation of CO2 EOR and storage in tight oil reservoirs: A demonstration project in the Ordos Basin [J]. Fuel, 2023, 331: 125652.

[19] KHAN M Y, MANDAL A. Analytical model of incremental oil recovery as a function of WAG ratio and tapered WAG ratio benefits over uniform WAG ratio for heterogeneous reservoir [J]. Journal of Petroleum Science and Engineering, 2022, 209: 109955.

[20] XU H. Probing nanopore structure and confined fluid behavior in shale matrix: A review on small-angle neutron scattering studies [J]. International Journal of Coal Geology, 2020, 217.

[21] 袁士义, 韩海水, 王红庄, 等. 油田开发提高采收率新方法研究进展与展望 [J]. 石油勘探与开发: 1-14.

[22] 韩海水, 袁士义, 李实, 等. 二氧化碳在链状烷烃中的溶解性能及膨胀效应 [J]. 石油勘探与开发, 2015, 42 (1): 97-103.

[23] YANG Q, JIN B, BANERJEE D, et al. Direct visualization and molecular simulation of dewpoint pressure of a confined fluid in sub-10● nm slit pores [J]. Fuel, 2019, 235: 1216-23.

[24] ABDURRAHMAN M, BAE W, PERMADI A K. Determination and evaluation of minimum miscibility pressure using various methods: experimental, visual observation, and simulation [J]. Oil & Gas Science and Technology-Revue d'IFP Energies nouvelles, 2019.

[25] RAO D N. A new technique of vanishing interfacial tension for miscibility determination [J]. Fluid Phase Equilibria, 1997, 139 (1): 311-24.

[26] CZARNOTA R, JANIGA D, STOPA J, et al. Minimum miscibility pressure measurement for CO2 and oil using rapid pressure increase method [J]. Journal of CO2 Utilization, 2017, 21: 156-61.

[27] QI Z, XU L, XU Y, et al. Disposable silicon-glass microfluidic devices: precise, robust and cheap [J]. Lab on a chip, 2018, 18 24: 3872-80.

[28] ALFI M, NASRABADI H, BANERJEE D. Effect of Confinement on Bubble Point Temperature Shift of Hydrocarbon Mixtures: Experimental Investigation Using Nanofluidic Devices; proceedings of the SPE Annual Technical Conference and Exhibition, F, 2017 [C]. D011S009R004.

[29] SHI J, TAO L, GUO Y, et al. Visualization of CO2-oil vanishing interface to determine minimum miscibility pressure using microfluidics [J]. Fuel, 2024, 362: 130876.

[30] ZHONG J, ABEDINI A, XU L, et al. Nanomodel visualization of fluid injections in tight formations [J]. Nanoscale, 2018, 10 46: 21994-2002.

# 黔北道真地区常压页岩气效益开发实践与对策
## ——以 ZY1 井组为例

卢　比　马　军　王　伟　龙志平　程轶妍

（中国石化华东油气分公司）

**摘　要**　黔北道真地区位于四川盆地东南缘槽档转换带，主要发育常压页岩气藏。本文通过地质精细研究明确了道真地区常压页岩气成藏条件好、保存条件较好、地应力低的地质特点，具有良好的富集高产基础。结合 ZY1 井组的案例提出了道真地区效益开发的 4 项实践做法：（1）以数值模拟结果为基础，结合储层静态参数定量评价的开发技术政策优化方法，制定合理的开发层系、黄金靶窗、井网井距、布井方位等参数；（2）集成井身结构优化、高效提速工具优选、低密度钻井液体系优化的低成本优快钻井技术；（3）通过提升促缝工艺、设备及工具升级、材料体系优化，形成以高复杂、高导流为目标的低成本高效压裂工艺技术体系；（4）针对常压页岩气地质特点，形成不同埋深下的差异化排水采气工艺，有效降压释能。本文提出的实践与对策在 ZY1 井组已经取得较好的效果，为下步道真地区的高效勘探开发提供了依据，并对地质相似的地区具有较好的指导意义。

**关键词**　道真地区；常压页岩气；富集高产规律；效益开发；实践对策

中国在四川盆地上奥陶统五峰组—下志留统龙马溪组海相中深层（埋深 2000~3500m）页岩气已实现规模效益开发，已建成长宁—威远、涪陵和昭通等国家级页岩气示范区，目前正在开展海相深层-超深层（3500~6000m）、常压（地层压力系数<1.3）页岩气效益建产攻关，寒武系邛竹寺组、陆相侏罗系凉高山组、东岳庙段和海陆过渡性二叠系龙潭组等新层系的勘探评价。其中，广泛分布于盆缘构造复杂区及盆外褶皱带的常压页岩气是增储上产的重要领域，四川盆地及周缘常压页岩气可采资源量超 $9.0×10^{12}m^3$，具有广阔的发展前景。近十年来，中国石化华东油气分公司不断攻关常压页岩气甜点评价及提产提效技术，率先在四川盆地东南缘高陡构造带的南川地区取得突破，探明地质储量近 $2000.0×10^8m^3$，年产气量超过 $15.0×10^8m^3$，建成了我国首个大型常压页岩气田——南川页岩气田；并在盆外的武隆、道真等多个残留构造带取得勘探突破，初步评价出有利区资源量近 $1.0×10^{12}m^3$。

近期在勘探突破基础上，优选道真 ZY1 井区部署实施试验井组，通过优化压裂工艺、制定合理生产制度等措施，测试日产气量超过 $10.0×10^4m^3$，实现了盆外残留向斜区勘探新突破。因此，本文以 ZY1 试验井组为例，系统梳理道真地区富集高产因素，提出效益开发的实践及对策，以期为道真地区的高效勘探开发提供依据，并为四川盆地及其周缘相似地区的勘探开发提供指导和参考。

# 1　地质概况

道真地区构造上位于四川盆地东南缘槽档转换带，总体近南北向。燕山晚期受齐岳山断层、南北向走滑断层茶园断层的双重作用，形成现今的构造样式（图 1）。区域内以出露志留系-三叠系为主，局部出露寒武系。道真地区位于受二级断裂—茶园断裂的控制，分为道真向斜和洛龙构造，志留系页岩埋深 1000~4000m 的面积 692km²，其中断下盘最大埋深 4000m。洛龙构造位于茶园断层上

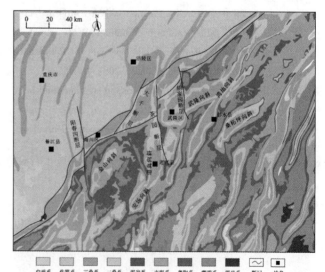

图 1　渝东南地区地质与构造分布图

盘，最大埋深1500m，北西剖面为一"背斜"，南北方向为一向斜，南部与剥蚀区相连，北部与武隆向斜相连。道真向斜位于茶园断层下盘，受三级断裂—沙坝子断裂的影响，可划分为东翼和西翼，西翼北西向剖面显示为一斜坡；东翼北部北西向剖面显示为一"断洼"，南部为一斜坡（图2）。

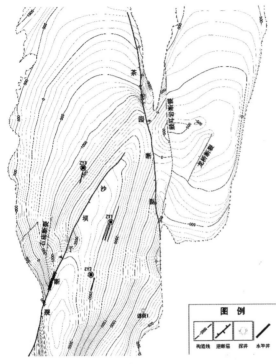

图2　道真向斜五峰组底面构造图

道真地区五峰组地层厚度5.86m，龙马溪组地层厚度306m。龙马溪组可根据岩性、电性等特征可进一步划分为三个亚段，自下而上为龙马溪组龙一段、龙二段、龙三段，其中五峰组—龙一段为页岩气开发的主要目的层段，岩性为灰黑色含碳质、硅质页岩，根据岩性、电性、地化、生物等特征可将五峰组—龙一段地层划分为9个小层，纵向静态参数呈现自上而下逐渐变好的趋势（图3）。

道真向斜在晚奥陶世五峰期-早志留世龙马溪期，发育了大套的暗色页岩夹薄层泥质粉砂岩，属陆棚相沉积。纵向上，根据岩性、岩相及生物特征等的变化，又可进一步将五峰组—龙一段的陆棚相进一步划分为半深水陆棚和深水陆棚两种亚相沉积环境，深水陆棚亚相具有高伽马、高U/TH、高P特征，水平层理、黄铁矿发育，含大量笔石和放射虫化石，岩性为黑色页岩；半深水陆棚亚相具有较高伽马、较高U/Th、较高P特征，水平层理、黄铁矿较发育，含少量笔石化石，岩性为灰黑色页岩，局部含少量粉砂岩。根据岩性、岩矿、地化、古生物、电性等，将半深水-深水陆棚相页岩进一步划分为9个沉积微相（岩石相），其中TOC>4%为富碳富硅富笔石页岩相集中在龙马溪组底部，①-⑤小层是页岩气的富集层段（表1）。①小层为富碳富硅页岩相；观音桥期水体较浅，沉积0.09m泥质白云岩；②小层为富碳富硅

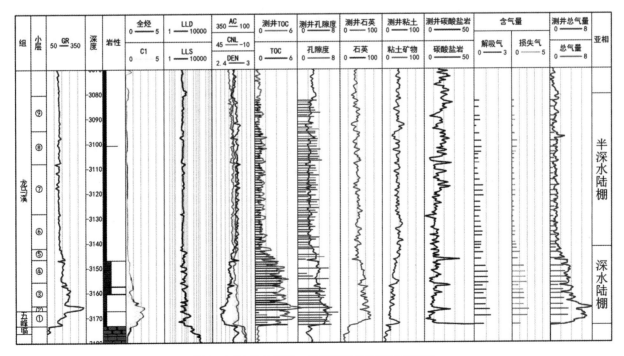

图3　ZY1井五峰组—龙马溪组地化特征柱状图

表 1　道真向斜五峰组—龙一段沉积微相划分标志

| 沉积相 | | | | 评价参数 | | | | | | |
|---|---|---|---|---|---|---|---|---|---|---|
| 组 | 小层 | 亚相 | 岩石相 | 伽马（API） | 笔石带 | TOC（%） | 石英含量（%） | 黏土矿物含量（%） | 孔隙度（%） | 含气量（$m^3 \cdot t^{-1}$） |
| 龙马溪组 | ⑨ | 半深水陆棚 | 低碳低硅低笔石泥岩相 | 143~155 | LM5~LM9 | 0.3~1.2 | 25.9~46.9 | 26.7~52.3 | 1.4~3.5 | 0.3~1.7 |
| | ⑧ | | 低碳低硅含笔石泥岩相 | 123~161 | | 0.3~1.7 | 30.4~49.1 | 23.0~42.6 | 1.6~3.2 | 0.4~2.9 |
| | ⑦ | | 低碳中硅含笔石页岩相 | 116~149 | | 0.3~1.5 | 30.3~52.3 | 27.3~42.4 | 1.3~2.6 | 0.3~1.6 |
| | ⑥ | | 低碳中硅中笔石页岩相 | 139~155 | | 0.3~2.0 | 32.4~50.9 | 31.1~49.6 | 1.8~2.7 | 0.5~1.7 |
| | ⑤ | 深水陆棚 | 中碳中硅高含笔石页岩相 | 150~181 | LM4~LM5 | 1.4~2.8 | 36.1~43.4 | 34.1~43.7 | 2.7~3.5 | 1.1~2.7 |
| | ④ | | 高碳高硅高含笔石页岩相 | 134~185 | LM1~LM4 | 1.6~4.6 | 28.3~60.1 | 23.9~39.0 | 3.0~4.6 | 2.2~3.8 |
| | ③ | | 富碳富硅富笔石页岩相 | 159~234 | | 2.0~4.9 | 41~65 | 15.5~37.6 | 2.7~4.7 | 1.8~5.4 |
| | ② | | 富碳富硅富笔石页岩相 | 236~334 | | 4.3~4.9 | 46~68 | 17.3~26.8 | 4.7~5.9 | 4.6~8.0 |
| 五峰组 | ① | 深水陆棚 | 富碳富硅笔石页岩相 | 128~224 | WF1~WF4 | 2.6~4.6 | 38~72 | 14~41 | 4.7~5.7 | 3.2~7.1 |

页岩相；③小层为高碳富硅页岩相；④小层北部为高碳高硅页岩相，南部为中碳高硅页岩相；⑤小层主要为中碳高硅页岩相，为道真地区五峰龙马溪组页岩提供了较好的生烃基础。

## 2　道真富集高产规律

高压页岩气地质条件优越，页岩储集条件好、保存条件好、含气量高、单井产量高。根据众多学者的研究成果，高压页岩气富集高产主控因素主要受储层条件和保存条件控制，提出了诸如"二元富集"理论，"沉积相带与保存条件控藏、构造类型与构造作用过程控富"等地质认识。在常压页岩气与高压页岩气基础地质条件对比基础上，结合渝东南地区常压页岩气勘探开发实践，明确了沉积相带、保存条件、地应力是常压页岩气富集高主控因素。

### 2.1　优质页岩成藏条件好

道真区块钻遇优质页岩厚 27~35m，TOC 3.5%~4.3%，孔隙度 3.5%~5.0%。断下盘发育"X"型剪节理，易形成天然网状缝，岩心观察显示优质页岩段发育水平缝 29 条，高角度缝 27 条，裂缝密度 1.86 条/m，高角度裂缝一般缝长 30~50cm，缝宽<1mm，水平缝多见擦痕，FMI 成像测井识别 12 条高阻缝、4 条水平层理缝，天然裂缝较为发育。

ZY1 井五峰—龙马溪组 TOC 自上而下总体呈增加的趋势，实验分析平均为 1.7%。下部气层实测 TOC 为 2.8%~4.9%，平均为 3.4%，甜点段①

-③小层的 TOC 为 2.8%~4.9%，平均 3.5%。五峰组-龙一段测井解释 TOC 平均为 1.7，下部气层为 2.4%~6.6%，平均 3.6%，甜点段①-③小层的 TOC 为 2.4%~6.6%，平均 3.8%（图 4）。

### 2.2　道真地区保存条件较好

邻区老厂坪背斜 PD1、洛龙构造 LQ1 井距走滑断层距离 4.5km、2.5km，埋深 700~1000m，页岩含气性及保存条件较好，压力系数 0.99，试采初期日产气 $4.5 \times 10^4 m^3/d$；道真区块 ZY1 井距离断层 3.5km，压力系数 1.01，试气稳定气产量 $5 \sim 6 \times 10^4 m^3/d$。同时页岩含气性与地层倾角、距离剥蚀区距离相关。页岩基质渗透率一般小于 0.01mD，在不考虑裂缝的情况下，顺层理方向渗透率一般 0.0001~0.009mD，是垂向渗透率的 1.5~40 倍，最高可达百倍，因此地层倾角越大，气体更容易向上部逸散。页岩在不同埋深状态下，仅考虑扩散导致的页岩气散失，逸散气量与距离剥蚀边界距离呈正相关关系，距离开发边界距离越近，气藏含气量越高。综合所述，距走滑断层距离、距剥蚀区远近、地层产状是影响浅层页岩气保存的主要因素。

页岩气运移能力受控于页岩渗透率，受到页理面正应力与孔隙压力的差值（有效压差）控制。实验表明，加压过程中，渗透率随着围压的升高而减小；泄压过程中，渗透率随着围压的减小而升高；加压和泄压的渗透率曲线上均可见拐点，拐点前渗透率快速递减，拐点后渗透率缓慢递减。在加压和泄压后，岩石的形变并不是弹性的，这

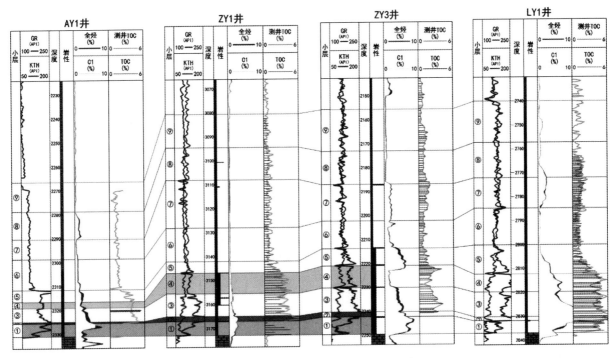

图 4    武隆-道真区块典型井连井剖面图

种非弹性形变使得渗透率出现了滞后现象；拐点的出现说明不同的孔隙类型对围压的敏感程度不同。

通过对不同样品进行变围压条件下渗透率测量，渗透率随有效压差变化可以划分为三个阶段：（1）快速递减区（<15MPa）：大尺度的水平层理缝迅速闭合；（2）慢速递减区（15～25MPa）：粒间、粒缘缝等达西孔缝逐渐闭合；（3）平稳区（>25MPa）：至此绝大多数的达西孔缝已闭合，渗透率小于 0.00005mD，页岩气运移以扩散运动为主。道真向斜构造宽缓，在 10MPa 围压条件下测试渗透率0.004mD，页岩自封性较好（图 5）。ZY1 井实测含气量 4.08m³/t，含气量具有向核部增大的趋势，地震属性预测 ZY1 井区含气量 4.0～4.5m³/t，证实道真向斜正向构造含气性较好，保存条件较好。

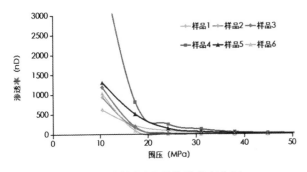

图 5    不同围压条件渗透率变化图

### 2.3    地应力低，页岩可压性好

高压页岩气往往地质条件优越，页岩储集条件好、保存条件好、含气量高、单井产量更高。鉴于常压页岩气具有压力系数低、含气量中等、吸附气占比高的地质特点，生产表现出返排率高、单井初产较低、EUR 小、递减缓的特征，因此要实现常压页岩气高产，必须提高人工裂缝复杂程度，确保近井地带实现充分改造，因此页岩的可压性是实现更大改造体积的关键。

道真区块脆性矿物含量较高，页岩可压性好。五峰-龙马溪组优质页岩段石英含量 53%～54%，碳酸盐含量 8%～13%，长石含量 6%～8%，黏土矿物含量 21%～26%，矿物成分脆性指数 65%～76%。对比渝东南地区武隆区块、老厂坪区块，道真区块石英含量较高，黏土矿物含量适中，脆性指数较高，具有较好的可压性，易于压裂施工，为常压页岩气高产提供良好的资源基础。道真区块可压性参数具有"低杨氏模量、中低地应力、中等应力差异系数"特征，优质页岩段杨氏模量 22～39GPa，泊松比 0.2～0.23；道真地区 2000m 以浅最小水平主应力一般小于 35MPa，两向水平应力差 5～10MPa，应力差异系数 0.1～0.16，较易形成复杂缝网（表 2）。

表2　武隆-老厂坪-道真区块可压性参数统计表

| 评价参数 | PD1 | LY3 | LY2 | LY1 | ZY1 |
|---|---|---|---|---|---|
| 五峰组底页岩埋深/m | 979 | 3389 | 2491 | 2837 | 3173 |
| 杨氏模量/GPa | 35.6 | 49.8 | 41.4 | 42.6 | 22.5 |
| 泊松比 | 0.19 | 0.24 | 0.22 | 0.19 | 0.22 |
| 最大水平主应力/MPa | 29.0 | 67.4 | 77.1 | 70.6 | 76.3 |
| 最小水平主应力/MPa | 18.6 | 52.6 | 59.4 | 49.9 | 66.0 |
| 最大水平主应力梯度/（Mpa·100m$^{-1}$） | 3.00 | 1.99 | 2.07 | 2.27 | 1.94 |
| 最小水平主应力梯度/（Mpa·100m$^{-1}$） | 1.90 | 1.55 | 1.56 | 1.75 | 1.69 |
| 水平应力差 | 10.4 | 14.8 | 17.7 | 20.7 | 10.3 |
| 应力差异系数 | 0.56 | 0.28 | 0.30 | 0.41 | 0.16 |
| 破裂压力/Mpa | 32.3 | 74.4 | 56.7 | 83.1 | 91.5 |
| 破裂压力梯度/（Mpa·100m$^{-1}$） | 3.30 | 2.15 | 2.11 | 2.58 | 2.87 |

## 3　效益开发实践与对策

### 3.1　基于数模优化的开发技术政策

对比高压气藏，常压页岩气藏经历多次构造运动、微幅构造发育、应力变化快及保存条件中等，地质条件更为复杂，基于多尺度缝网耦合数模优化技术成为效益开发的关键。

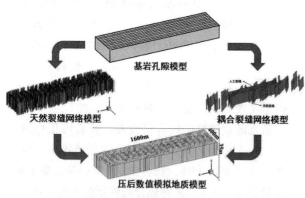

图6　基质-天然缝-压裂缝全耦合示意图

随着对页岩气开发认识的加深，页岩多尺度裂缝的刻画表征成为一项重点评价指标，定量刻画基质天然裂缝、近井筒地带微裂缝以及压后水力裂缝显得尤为重要。受多期次、强构造运动等因素影响，常压页岩发育多尺度天然裂缝体系，主要通过叠前、叠后地震属性建立多尺度天然裂缝发育强度体，以地震正演模拟、复杂工程事件标定裂缝尺度，形成多尺度裂缝刻画体系，表征页岩基质天然裂缝发育情况，可有效指导钻井、压裂优化。针对常压基质孔隙更小，吸附气占比高的特点，根据动态吸附/解吸理论，考虑微尺度

效应，建立微破裂试井解释模型，通过引入诊断曲线反演压前储层参数，应用压前脉冲注入微破裂试井解释方法定性评价近井筒地带储层天然微裂缝发育情况，为压后缝网反演提供基础。以微地震事件为锚点，采用离散裂缝片精确刻画裂缝形态，重构水力裂缝网络，综合考虑非均匀裂缝、有限导流影响，建立压恢试井分析模型，通过历史拟合确定水力裂缝参数，综合微地震重构水力裂缝和试井解释裂缝参数动态校验，得到有效水力裂缝网络。考虑水力压裂和生产对应力的影响，建立了气藏应力场、压力场、饱和度场、裂缝系统四维流固动态耦合模型，得到随生产动态变化的地应力场大小及方位分布（图6）。基于多尺度缝网反演、地应力场模拟，考虑常压页岩气吸附解吸、努森扩散、表面扩散等复杂渗流机理，形成了多尺度孔缝全耦合数模方法，实现常压页岩气复杂地质条件下储量动用状况精准刻画，制定合理的开发层系、水平井靶窗、井网井距、布井方位等开发技术政策参数。

以数值模拟结果为基础，结合小层精细描述，基于储层静态参数开展定量评价，综合考虑水力裂缝纵向扩展规律，道真区块划分一套开发层系，实施动用五峰龙马溪组①-④小层。以含气性等亚层静态指标为依据，兼顾纵向应力剖面对裂缝延伸的影响，综合确定道真地区穿行靶窗为②-③$_2$亚层。综合考虑复杂构造、地应力方位等因素，以"提高储量动用程度"为目标，在埋深大、高应力、两向应力差异大区域，采用"小应力夹角（≤20°）、下倾井型"，实施水平段长1500~

2000m；在埋深小、中应力、两向应力差异小区域，采用"长水平井、中小应力夹角（≤30°）"，实施水平段长2000~3000m。以压后水力裂缝延伸情况和生产井间干扰相结合，综合地质工程经济一体化综合评价，道真储量低丰度区采用300~350m井距。ZY1井组位于构造稳定区，靶点垂深3035~3198m，水平段长1800~2067m，靶点高差-15~32m，水平段地层视倾角-0.9°~1°，①-③小层靶窗钻遇率100%；采用井距300~350m进行开发，井组实施压裂过程中，老井ZY1井未发生明显井间干扰现象（图7），监测压力波动值0.02~0.05MPa，井距在道真区块具有较好的适配性。

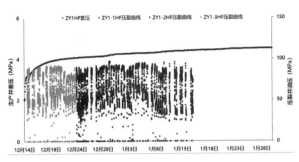

图7　ZY1井组压裂邻井压力监测曲线叠合图

### 3.2　低成本优快钻井技术

由于常压页岩气EUR较低的生产特点，低成本优快钻井技术是实现常压页岩气效益开发的基础。经过多年的探索及攻关，应用集成井身结构优化、高效提速工具优选、低密度钻井液体系优化等技术序列，实现道真地区钻井成本及周期大幅降低。ZY1平台新实施3口井平均井深5315m，钻井周期由106.2d缩短至28.71d，降幅73%，平均机械钻速由5.9m/h提高至17.5m/h，增幅达到196%。

井身结构的优化对钻井提速、降本具有最直接的影响作用，在满足钻井安全及后期压裂作业需求的情况下，可通过简化开次、缩小定向段井眼尺寸、优化水泥返高等方面来实现钻井提速和降本。综合分析道真地区的地质条件和前期已完成井的实践情况，必封点主要为：（1）浅表风化层、三叠系溶洞（暗河）及破碎带地层，需采用表层套管封隔，为下部揭开浅层气做好井控准备；（2）二叠系龙潭组、茅口组及志留系韩家店组、小河坝组等低承压能力地层，可采取下套管封隔或者强化钻井液封堵能力保障水平段安全钻井的需求。因此对ZY1平台新部署井井身结构进行逐

级优化，由"导管+三开"四级优化"导管+二开"三级，最终优化为"二开"井身结构（图8），一开钻至嘉陵江组一段，将雷口坡组及嘉陵江组顶部与三叠系、二叠系漏失层一起封隔；同时减少大尺寸井眼及套管下入深度，减少大尺寸井段和表套材料200~400m，减少φ311.2mm井眼定向扭方位井段和技套材料1000~1200m，机械钻速提高约35%，实现道真地区页岩气水平井提速、降本的目标。

井身结构优化后对钻具工具的选择、钻井参数的优化、井眼轨迹的控制等都要做相应的调整，同时针对长裸眼段地层降摩减阻、井壁稳定性、固井质量的保障也提出了更高的要求。为此，进行了钻井配套技术研究，配套了钻井提速、井眼轨迹控制、强封堵高效润滑钻井液及固完井工艺等关键技术。（1）高效PDC钻头优选技术。为实现提速提效，全井段设计采用PDC钻头。根据地层可钻性分析，以提高钻头攻击性、抗研磨性及定向工具面稳定性等为方向，对各层段进行钻头选型设计。（2）大扭矩螺杆优选技术。优选了国产大扭矩螺杆，满足激进参数钻进。围绕扭矩特性和与长裸眼段钻进时间相匹配的寿命特性，开展优选配套，优选采用国产等应力大扭矩螺杆，输出扭矩值达到进口螺杆水平，φ244和φ172规格螺杆设计寿命分别达400小时、300小时以上，对比常规等壁厚螺杆分别提高56.3%、132.2%。（3）参数优化技术。通过配置电动钻机、高压泵、顶驱等设备，配合组合钻杆，降低泵压，实现激进参数钻进，钻压、排量、泵压、转速等关键参数相比前期提高20%以上，提高水力破岩和机械破岩效率。

井身结构优化后φ215.9mm井眼裸眼段长、地层层序多、密度窗口窄，尤其是目的层龙马溪组地层钻井过程中井壁稳定性面临较大挑战。通过ZY1井龙马溪组页岩进行薄片鉴定及扫描电镜观察可以发现，龙马溪组页岩发育较多的微裂缝，且大部分是以微纳米级存在。常规的封堵剂只能封堵尺寸较大剪切缝，而对于微裂缝难以形成有效的封堵，导致微裂缝快速开启并延伸、扩展和连通，最终形成大裂缝，造成"井壁失稳-提高密度-短暂稳定-加剧滤液侵入-坍塌恶化"的恶性循环，出现钻井液密度越提越高、井壁稳定性越来越差的现象。通过优选纳-微米级封堵剂，微纳米颗粒进入微裂缝后能有效阻止泥浆滤液进一步进

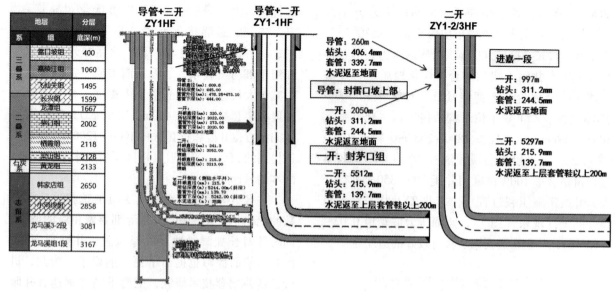

图 8　ZY1 井组井身结构优化示意图

入地层，形成"强化封堵微观孔隙，抑制滤液侵入，阻缓压力传递"为一体的封堵策略，与有效应力支撑井壁作用相结合，减缓或阻止微裂缝的形成。推荐油基钻井液随钻封堵配方：油水比 75：25（柴油 300mL，25%CaCl₂水溶液 100mL）+主乳 3%+辅乳 1%+润湿剂 1%+降滤失剂 4%+有机土 2%+CaO₂%+0.5%聚硅纤维（微米级）+0.5%纳米封堵剂，该钻井液体系保障了 ZY1 井组安全、高效钻井。

### 3.3 复杂缝网改造技术

盆外常压页岩气地层压力系数（1.01）相较盆缘常压储层（1.15~1.25）明显偏低，天然能量不足，单井产量不高，需要进一步强化压后缝网复杂程度与裂缝导流能力，同时对工程降本增效提出了更高的要求。为此，近年来持续迭代升级全电动压裂装备、创新研发国产提速工具，研制优选经济型压裂材料，逐步形成了盆外常压页岩气低成本高效压裂工艺技术体系。针对道真地区储层埋深适中、保存条件较好、地应力低的特征，确立了 ZY1 试验井组"长段多簇+高净压高强度高砂比+暂堵促缝+多级支撑"的强改造模式，相较同平台早期探井 ZY1 井加砂强度提升 15%，主体排量提升 3m³/min，压裂米费下降 50%，测试日产提升 46%。

#### 1）促缝工艺

盆外常压页岩气资源丰度偏低（4~6 亿方/m²），为提升缝控面积与改造体积，ZY1 井组采用"密切割+强改造"模式，压裂段长 85~95m，单段

4~8 簇，百米布缝条数 6~10 条，结合变密度限流射孔与多级暂堵工艺，封堵优势通道，促使流量均匀分配；施工排量由 17↗20m³/min，提升水力裂缝动态缝宽和支撑剂运移距离。考虑低地层能量下的有效支撑与易于返排需求，进一步将铺砂强度增至 3.0m³/m，综合砂液比达 8%~10%。

#### 2）压裂装备

全电动压裂设备是压裂工程提速降本的关键技术手段，相较传统柴油压裂车组，具备作业能力强、系统运行稳定性高、施工费用低和绿色节能降噪等优势。试验井组通过地面电网，应用全电动压裂泵驱动，配套升级电动混砂撬、电动供液撬、柔性水罐、电动混配撬和自动输砂储砂装置，集成应用远程控制模块与自动泵注系统，实现全工序全流程自动化，保障 20m³/min 排量下 24 小时无间断稳定施工，设备台套数由 18~20 降至 10~12 套，单段降本幅度达 30%以上，单套砂塔加砂速度由 0.8↗2.5m³/min，场内作业人员由 6~8 减少至 1~2 人。

#### 3）配套工具

目前国内页岩气水平井分段压裂主要采用连续油管+泵送桥塞射孔联作工艺，存在解决作业费用高和准备周期长的问题。ZY1 井组首段下入趾端滑套取代连油射孔，随着套管一同入井，待固井完成后，向内直接加压即可打开预置的压差滑套，建立压裂通道，免去通探洗等作业费用，节约压前准备时间 5~7 天。后续分段工具优选大通径全可溶桥塞，本体均可溶解，完全溶解后可实现全

井眼通径，相较可钻桥塞进一步缩短压后投产时间2~3天。

　　4）材料体系

　　道真地区中深层储层闭合应力约55~72MPa，采用石英砂作为主支撑剂，满足经济导流能力需求，考虑天然裂缝发育情况，依次注入100/200目、70/140目和40/70目粒径，实现了多尺度裂缝的立体支撑。压裂液体系选择前置酸液+低粘减阻水，由进口乳液减阻剂优化为国产速溶可连续实时混配型减阻剂，携砂性能好，单方液体成本下降60%以上。

### 3.4　合理的生产制度及排采工艺

　　常压页岩气井地层能量弱、产量低、携液困难，气井积液容易影响产能，适应性的排水采气工艺是常压页岩气连续生产的保障。盆外常压页岩气排采工艺研究主要经历了前期探索、推广应用、针对试验三个阶段。（1）在前期探索阶段，常压页岩气排采主要试验电潜泵工艺，气井产气量0.8~2×10⁴m³/d，产液量10-400×10⁴/d，但存在地层供液能力下降，电泵容易过载停机；地层出砂，容易卡泵，检泵周期短；设备费用、维修成本高等问题，工艺适应行不强。（2）在推广引用阶段，主要试验射流泵工艺，气井产气量0.5-1.5×10⁴m³/d，气井生产较为稳定，存在下入深度有限，下入深度井斜角一般不超过30°；地面配套流程繁琐，精细管理要求高，泵芯易堵塞，检泵周期短，影响气井连续生产等问题，排液提产效率有限。（3）在针对试验阶段，对于不同埋藏深度的页岩气藏，根据生产特征及出液情况，试验液驱无杆泵、间开+泡排、抽油机+尾管等措施，取得一定成效。

　　对于埋深小于1500m的浅层页岩气井，主要采用双循环液驱无杆泵工艺。双循环液驱无杆泵工艺主要是通过地面泵站将动力液经复合管路传输至井下排液泵，推动井下泵的活塞做直线往复吸、排水运动，将地层水吸入泵体并举升至地面。双循环液驱无杆泵装置由地面液压泵站、井口密封装置、多功能集成管、井下排液泵四部分组成，具有装置系统效率较高、能耗低的优点。老厂坪区块PD1HF井水平段长1510m，平均埋深1037m，分15段压裂，水平段加砂强度1.70m³/m，注液强度19.4m³/m。前期采用射流泵试采，日产气量0.5-0.9×10⁴m³/d，生产表现为低产气、低套压、低产液、低压稳产期长的特征；生产2年后试验双

循环液驱无杆泵排采，产液量明显提高，产液量最高达到38.0m³/d，随着井底积液的排出，井底流压快速下降至1.5MPa，此时吸附气开始快速解吸释放，产气量上升到4.5×10⁴m³/d以上，提升了5倍以上，实现了自喷生产。

　　对于埋深2000~3000m的中浅层页岩气井，主要采用"间开+泡排"的复合工艺。武隆区块LY2HF井水平段长1800m，平均埋深2641m，分20段压裂，水平段加砂强度1.34m³/m，注液强度23.8m³/m。试采初期采用人工举升排液，试采稳定日产气2.5×10⁴m³/d，稳产期12~17个月，递减率14.1%。随着产能下降、积液增加，无法实现连续生产，生产方式由人工举升调整为间歇生产，平均单井日产气量1.2×10⁴m³/d，日产液1.5m³/d。生产2年后，气井按照"关1d开2d"的间开制度生产较为稳定，综合判断气井仍具较为充足的地层能量，为进一步提高气井携液能力，试验"间开+泡排"的复合工艺，关井期间加注泡排药剂，降低气液混相密度，开井自喷生产，日产气由原先1.2×10⁴m³/d提升至3.8×10⁴m³/d，目前平均日产气2.6万方，累产3603万方，单井EUR由0.46×10⁸m³提升0.55×10⁸m³，单井产能提升20%。

　　对于埋深3000~3500m的中深层页岩气井，主要采用抽油机深抽工艺。抽油机深抽工艺主要采用抽油机+防气泵+尾管+防漏失单流阀的组合，通过加长尾管至水平段中部或底部，解决水平段积液难以产出的问题；通过管柱末端防漏失单流阀保证防气泵以下管柱始终充满液体，防气泵以下油管下完后，向油管中罐满水，然后再下防气泵及防气泵以上油管，防止泵下油管充满气体产生"气锁"，提高排采效率。武隆区块LY1HF井水平段长1328m，平均埋深3225m，分17段压裂，水平段加砂强度0.90m³/m，注液强度25.7m³/m。前期气井自喷生产，连续生产5年，日产气量由4.5×10⁴m³/d递减至1.2×10⁴m³/d，受同平台压裂井井间干扰影响，气井无法正常生产。试验抽油机深抽工艺后，气井实现连续生产，产气量由0.2×10⁴m³/d提升至0.8×10⁴m³/d，平均产液量2.7m³/d，日均运行时间22.5h，生产时率提高到93.8%，证实抽油机深抽工艺对于低压、水平段积液井具有较好的适应性。

### 3.5　开发效果

　　在ZY1平台开展试验井组评价，实施井3口，在试气阶段，稳定测试产量7.5-13.0×10⁴m³/d，

测试套压 5.7~8.7MPa,采用一点法计算无阻流量 18.4-25.7×10⁴m³/d,ZY1 井组 3 口井无阻流量较前期实施 ZY1HF 井提升 12.9%~57.7%。在试采评价阶段,ZY1 井组目前采用套管自喷排液,生产压力 8.4~13.0MPa,呈现平稳上升的趋势(图9),产气量 4.5-6.8×10⁴m³/d,累计产气量 72-327×10⁴ m³/d,产液量 23~84m³/d,返排率 6.3%~9.4%,根据类比法预计单井 EUR0.6-0.7×10⁸m³,ZY1 井组整体试采效果较好,产能相对落实,证实了道真区块勘探开发潜力,评估项目内部收益率 8.4%,具有较好的经济效益,真页 1 井组的开发实践可以有效指导道真区块规模化开发,建设形成新的常压页岩气田。

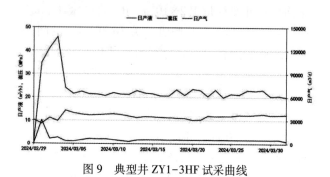

图9 典型井 ZY1-3HF 试采曲线

## 4 结论与建议

(1)道真地区构造上位于四川盆地东南缘槽档转换带,受齐岳山断层、茶园断层的双重作用,形成道真向斜。岩性观察及实验分析表明道真地区优质页岩厚大、天然裂缝发育、TOC 较高,页岩气成藏条件好;距走滑断层距离、距剥蚀区远近、地层产状等因素证实道真地区保存条件较好,页岩具有较好的自封性;道真地区低杨氏模量、中低地应力、中等应力差异系数的特点,有利于压裂改造形成复杂缝网。

(2)对比高压页岩气,常压页岩气压力系数更低、地质条件更复杂,导致单井产量低、EUR 较低,必须按照增效降本的理念才能实现效益动用,基于建模数模技术优化开发技术政策、持续迭代低成本优快钻井技术、攻关升级复杂缝网压裂改造技术、探索合理的生产制度及排采工艺,通过全生命周期一体化统筹部署,地质工程一体化协作实施,实现较低资源品位区的效益动用。

(3)常压页岩气在全国分布广、资源量大,具有广阔的勘探开发潜力。本文提出的实践与对策已经在道真地区 ZY1 井组取得了较好的效果,

单井试采产气量 4.5-6.8×10⁴m³/d,并且具有较好的经济效益,对四川盆地盆缘黔北道真地区及渝东南地区常压页岩气效益开发具有较好的指导作用。

## 参 考 文 献

[1] 郭彤楼.涪陵页岩气田发现的启示与思考[J].地学前缘,2016,23(01):29-43.

[2] 杨洪志,赵圣贤,刘勇,等.泸州区块深层页岩气富集高产主控因素[J].天然气工业,2019,39(11):55-63.

[3] 刘伟新,卢龙飞,魏志红,等.川东南地区不同埋深五峰组—龙马溪组页岩储层微观结构特征与对比[J].石油实验地质,2020,42(03):378-386.

[4] 韩贵生,雷治安,徐剑良,等.四川盆地深层页岩气储层特征及高产主控因素——以渝西区块五峰组——龙马溪组为例[J].天然气勘探与开发,2020,43(04):112-122.

[5] 于荣泽,郭为,程峰,等.四川盆地太阳背斜浅层页岩气储层特征及试采评价[J].矿产勘查,2020,11(11):2455-2462.

[6] 李娟,陈雷,计玉冰,等.浅层海相页岩含气性特征及其主控因素——以昭通太阳区块下志留统龙马溪组为例[J].石油实验地质,2023,45(02):296-306.

[7] 董大忠,施振生,管全中,等.四川盆地五峰组—龙马溪组页岩气勘探进展、挑战与前景[J].天然气工业,2018,38(04):67-76.

[8] 云露,高玉巧,高全芳.渝东南地区常压页岩气勘探开发进展及下步攻关方向[J].石油实验地质,2023,45(06):1078-1088.

[9] 何希鹏,何贵松,高玉巧,等.常压页岩气勘探开发关键技术进展及攻关方向[J].天然气工业,2023,43(06):1-14.

[10] 龙胜祥,曹艳,朱杰,等.中国页岩气发展前景及相关问题初探[J].石油与天然气地质,2016,37(06):847-853.

[11] 方志雄.中国南方常压页岩气勘探开发面临的挑战及对策[J].油气藏评价与开发,2019,9(05):1-13.

[12] 何希鹏,高玉巧,何贵松,等.渝东南南川页岩气田地质特征及勘探开发关键技术[J].油气藏评价与开发,2021,11(03):305-316.

[13] 何希鹏,王运海,王彦祺,等.渝东南盆缘转换带常压页岩气勘探实践[J].中国石油勘探,2020,25(01):126-136.

[14] 王运海,任建华,陈祖华,等.常压页岩气田一体

化效益开发及智能化评价 [J]. 油气藏评价与开发，2021，11（04）：487-496.

[15] 张培先，聂海宽，何希鹏，等. 渝东南地区古生界天然气成藏体系及立体勘探 [J]. 地球科学，2023，48（01）：206-222.

[16] 郭彤楼，蒋恕，张培先，等. 四川盆地外围常压页岩气勘探开发进展与攻关方向 [J]. 石油实验地质，2020，42（05）：837-845.

[17] 郭彤楼. 中国式页岩气关键地质问题与成藏富集主控因素 [J]. 石油勘探与开发，2016，43（03）：317-326.

[18] 何希鹏，齐艳平，何贵松，等. 渝东南构造复杂区常压页岩气富集高产主控因素再认识 [J]. 油气藏评价与开发，2019，9（05）：32-39.

[19] 姚红生. 南川地区浅层常压页岩气吸附解吸机理与开发实践 [J]. 天然气工业，2024，44（02）：14-22.

[20] 云露. 四川盆地东南缘浅层常压页岩气聚集特征与勘探启示 [J]. 石油勘探与开发，2023，50（06）：1140-1149.

[21] 刘超，包汉勇，万云强，等. 四川盆地涪陵气田白马区块效益开发实践与对策 [J]. 石油实验地质，2023，45（06）：1050-1056.

[22] 周德华，何希鹏，张培先. 渝东南常压与高压页岩气典型差异性分析及效益开发对策 [J]. 石油实验地质，2023，45（06）：1109-1120.

[23] 蔡勋育，周德华，赵培荣，等. 中国石化深层、常压页岩气勘探开发进展与展望 [J]. 石油实验地质，2023，45（06）：1039-1049.

[24] 聂海宽，张金川，金之钧，等. 论海相页岩气富集机理——以四川盆地五峰组—龙马溪组为例 [J]. 地质学报，2024，98（03）：975-991.

[25] 何希鹏. 四川盆地东部页岩气甜点评价体系与富集高产影响因素 [J]. 天然气工业，2021，41（01）：59-71.

# 渤海湾盆地南部莱州湾凹陷页岩油岩相划分及岩相发育模式研究

关 超 胡安文 彭靖淞 燕 歌 张 鑫

［中海石油（中国）有限公司天津分公司渤海石油研究院］

**摘 要** 页岩油岩相研究在页岩油勘探领域中扮演着至关重要的角色，是精确指导页岩油勘探的基础。本文以莱州湾凹陷沙河街组为研究对象，通过深入整合与分析岩心、钻井、测井以及丰富的分析化验数据，对沙河街组沙三中、下段，沙四上段页岩油岩相及岩相组合进行了精细的划分，并建立岩相组合发育模式。基于成分-构造-粒级多因素综合的岩相分类方案，共识别出4类6种岩相，其中，沙四上段主要发育层状粉砂质泥岩、纹层状混合质泥岩两种岩相；沙三下段主要发育块状泥质、块状长英质泥岩、层状混合质泥岩三种岩相；沙三中段主要发育块状黏土质泥岩，粉砂质泥岩两种岩相。岩相划分的基础上，对岩相进行组合，划分为夹层型、纹层型及基质型三种类型岩相组合，三种岩相组合又细分为基质型、砂质夹层型、混积纹层型、砂质纹层型、混积纹层型。最终建立莱州湾凹陷沙三中、下段及沙四上段岩相组合发育模式。本研究填补了研究区页岩油岩相研究的空白，为后续的页岩油勘探工作奠定了坚实的基础，也可为其他相似地区的页岩油岩相研究提供借鉴作用。

**关键词** 页岩油；岩相划分；发育模式；莱州湾凹陷；沙河街组

## 1 引言

近年来，我国陆相页岩油勘探开发已经取得明显进展，在多个盆地均获得工业油流，莱州湾凹陷作为渤海湾盆地的富烃凹陷，应具有较大的页岩油勘探潜力。但目前对于该凹陷的页岩油的研究尚处于空白。岩相研究是页岩油储层评价，甜点评价，有利区优选等研究的基础，是指一定沉积环境中形成的岩石或岩石组合，是岩石类型及沉积构造的综合，是沉积环境在岩性上的综合表现。本文以莱州湾凹陷沙河街组页岩油岩相为研究对象，充分利用岩心、钻井、测井、分析化验数据等资料对沙河街组沙三中、下段，沙四上段岩相进行划分，以期为后续该凹陷的页岩油研究提供基础。

## 2 技术思路和研究方法

目前，对于莱州湾凹陷沙河街组页岩油岩相的研究尚处于空白，业界内对页岩油相研究的重点集中在结构（粒度）、（构造）层理及成分特征。结构特征能够反映沉积物源、沉积位置、水体能量及岩石性质（比如孔隙度和渗透率），层理特征则可指示沉积物输入与沉积过程、底层水能量以及生物扰动现象，而成分特征与细粒沉积物沉积时及沉积后的物理、化学和生物耦合反应密切相

关。矿物组成是造成页岩岩相类型的根本因素，矿物组成一定程度上能够反映物质来源和水介质条件，决定着页岩的储集空间，不同的矿物组成决定了页岩的孔隙类型及结构。

研究区页岩油气可能赋存的泥页岩段样品较为丰富，探井钻遇高气测异常泥页岩段的有近20口，均进行了系统取样，受限于海上取样难度，样品以岩屑为主，有少量井壁取心及钻井取心，为研究提供了第一手资料。本次研结合临区济阳凹陷页岩油研究区实际，按照成因-结构构造-矿物成分依次递进的原则，提出成分-构造-粒级等多因素综合岩相分类方案（图1）。其中矿物组成

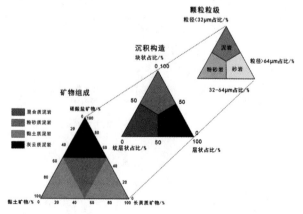

图1 渤海湾盆地莱州湾凹陷泥页岩岩相综合划分方案

是陆源输入沉积作用及（生物）化学沉积作用共同作用的结果；岩石层理发育程度能否反映岩石沉积水体动力情况及沉积速度快慢；粒级能够提供离岸远近等沉积信息及成岩改造程度。

在岩相划分基础上，本文尝试基于岩心照片、普通薄片、X衍射、有机质丰度等分析化验资料，通过综合岩性、岩相、曲线变化特征，进行岩相组合，划分为了夹层型、纹层型及基质型三种岩相组合类型。

## 3 结果和效果

### 3.1 莱州湾凹陷样品成分-构造-粒级特征

1）矿物成分

莱州湾凹陷沙四上-沙三中泥页岩矿物组成主要为石英、长石（斜长石和钾长石）、方解石、白云石及黏土矿物等基本矿物和铁白云石、黄铁矿、菱铁矿等副矿物两大类，粘土矿物和长英类矿物含量高。在全岩X射线衍射矿物组分分析的基础上，以长英质矿物、黏土矿物和碳酸盐矿物为三端元，采用斯伦贝谢的矿物组分划分方法进行投点，特征如图2所示，总体上，莱州湾凹陷沙四上-沙三中泥页岩长英质矿物含量最高，黏土矿物次之，碳酸盐岩矿物含量最少，但不同层段具有一定差异性，其中沙四上碳酸盐岩矿物含量较高，这与沙四上半咸水-咸水的沉积环境密切相关。

| 层段 | 黏土矿物 | 长英质矿物 | 碳酸盐矿物 |
|---|---|---|---|
| 沙三中 | 34% | 55% | 13% |
| 沙三下 | 30% | 50% | 20% |
| 沙四上 | 18% | 47% | 35% |

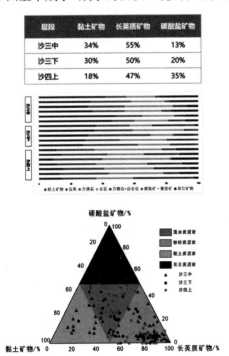

图2 渤海湾盆地莱州湾凹陷沙四上-沙三中泥页岩主要矿物组成

2）沉积构造特征

研究区页岩油赋存层段泥页岩普遍发育水平纹理，由矿物成分、颜色和纹层厚度变化显现。根据岩心和薄片镜下观察结果，将泥页岩构造类型分为纹层状、层状和块状三类。层状构造可根据发育程度及层间差异细分为显层状构造和隐层状构造两类：前者水平层理在岩心上即清晰可见；后者相邻层成分差异较小，故岩心观察仅隐约可见，而镜下观察则微观水平纹层发育，或由炭屑、介形虫碎片、有机质条带顺层定向产出显示层理；纹层状构造特指水平层理密集产出而使岩石呈纹层状构造，层厚小于2mm；块状构造：岩石成分较均匀或相混杂，总体呈块状，代表悬浮物快速堆积、沉积物来不及分异形成，也可由沉积物重力流快速堆积形成（图3）。

3）结构（粒度）特征

在颗粒粒度方面，分别以泥岩、粉砂岩和砂岩作为三个端元。其中泥岩颗粒粒度小于$32\mu m$；粉砂岩颗粒粒度为$32\sim64\mu m$；砂岩颗粒粒度为$>64\mu m$。除此之外，沙河街组还含有砾岩，在砂岩范畴内，当砾岩颗粒含量在$0\%\sim50\%$之间时，定义为砾质砂岩；当砾岩颗粒含量在$50\%\sim100\%$之间时，定义为砂质砾岩。

### 3.2 莱州湾凹陷泥页岩岩相类型及特征

根据上述岩相划分方案，研究区沙四上-沙三中泥页岩段共识别出4类6种岩相。

其中，沙四上段主要发育层状粉砂质泥岩、纹层状混合质泥岩；沙三下段主要发育块状泥质、块状长英质泥岩、层状混合质泥岩；沙三中段主要发育块状黏土质泥岩，粉砂质泥岩，。岩相特征如下（表1）：

1. 层状粉砂质泥岩：层状粉砂质泥岩相岩心观察为浅灰色，层状构造，岩心可见正粒序及冲刷面，发育沥青；薄片上主要是粉砂级及中砂级石英颗粒，黏土基质少。块状富黏土硅质（粉）砂岩相长英质矿物含量在$50\%\sim80\%$，碳酸盐矿物含量和长英质矿物含量均较低。这类岩相发育于较强水动力，沉积水体较震荡的条件下，有伽马、声波、中子、密度、电阻及磁化率均较低但比块状硅质砂砾岩较高的测井响应特征。

2. 纹层状粉砂质泥岩：纹层状粉砂质泥岩相岩心观察为灰黄色，多为砂质泥岩或泥质砂岩；薄片上主要是粉砂级石英颗粒，黏土基质较多。这类岩相发育于较强水动力，沉积水体较震荡的

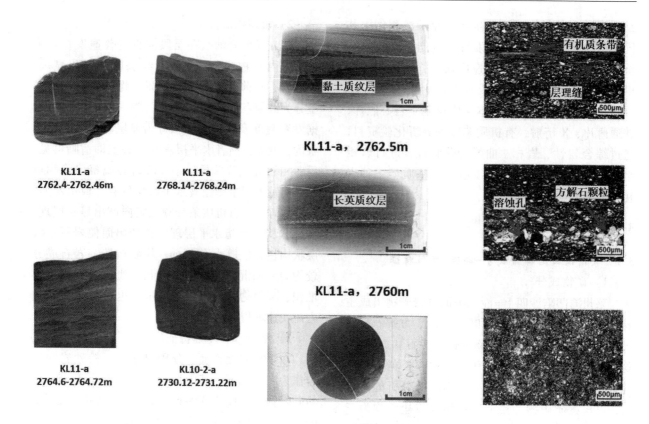

图3　莱州湾凹陷沙河街组岩心照片观察及镜下薄片特征

表1　海湾盆地莱州湾凹陷泥岩岩相及特征

| 大类岩相 | 岩相类型 | 岩心照片 | 薄片特征 | 镜下观察 | 测井特征 |
|---|---|---|---|---|---|
| 长英质泥岩 | 中有机质层状粉砂质泥岩 | KL11-a,2763.1m | | | |
| | 高有机质纹层状粉砂质泥岩 | KL11-a,2763.5m | | | |
| 黏土质泥岩 | 中有机质块状黏土质泥岩 | KL11-a,2763.4m | | | |
| | 高有机质层状黏土质泥岩 | KL10-2-a,2739.3m | | | |
| 钙质泥岩 | 中有机质层状泥质灰岩 | KL11-a, 2764.15m | | | |
| 混合质泥岩 | 高有机质层状混合质泥岩 | KL10-2-a, 2738.3m | | | |

条件下，有伽马、声波、中子、密度、电阻及磁化率均较低的测井响应特征。

3. 块状黏土质泥岩：块状黏土质泥岩相岩心观察为紫红色，块状构造，岩心及薄片上多见褐

铁矿，颗粒主要为中砂级石英，基质为泥级黏土，粒度多在32μm以下。具有TOC值较高，石英含量及黏土矿物相对较高、碳酸盐矿物低的特征。块状黏土质泥岩主要发育于弱水动力沉积环境中，

有伽马、声波、中子、密度、电阻及磁化率均高的测井响应特征。

4. 层状黏土质泥岩：层状黏土质泥岩相岩心观察为深灰色，层状构造，岩心及薄片上为较亮层与较暗层交互。可见少量 0.5～1.0cm 宽的含黄铁矿层与厚约 0.5cm 的含粉砂纹层，发育黄铁矿结核与沥青质团块。镜下可见棕色的藻碎片颗粒为粉砂级石英，基质为泥级黏土，粒度多在 32μm 以下。该类岩相是油页岩的一种，总有机碳含量（TOC）整体较高，岩心测试 TOC 值多大于 4%，平均值为 5.72%，有机质类型以 I-II₁ 型为主，具有良好的生烃潜力。X 射线衍射分析显示黏土矿物含量多在 50%～60%，碳酸盐矿物含量小于 10%，具有黏土矿物和长英质矿物含量较高，碳酸盐矿物含量低的特征。富硅黏土质泥岩相主要发育于半深湖-深湖沉积环境中，远离物源，具有相对低能、稳定的水动力条件。

5. 纹层状混合质泥岩：层状混合黏土质泥岩相岩心上表现为灰白色，滴酸起泡，纹层状构造，岩心及薄片上同样为较亮层与较暗层交互。可见黄铁矿层与含粉砂纹层，发育黄铁矿结核与沥青团块。镜下可见富含方解石的团块，颗粒为粉砂级石英或方解石，基质为泥级黏土，粒度多在 32um 以下。层状混合黏土质泥岩相黏土矿物含量在 75%～85%，碳酸盐矿物含量和长英质矿物含量均在 15%～25%。这类岩相发育水体略浅，水动力较弱，处于

沉积水体低幅震荡的条件下，有伽马、声波、中子、密度高，电阻及磁化率低的测井响应特征。

6. 状混合质泥岩：层状混合质泥岩相岩心上表现为深灰色，与黏土质泥岩相相比略浅，滴酸起泡，层状构造，岩心及薄片上同样为较亮层与较暗层交互。可见少量 0.5～1.0cm 宽含黄铁矿层与厚约 0.5cm 含粉砂纹层，发育黄铁矿结核与沥青团块。镜下可见棕色的藻碎片及富含方解石的团块，颗粒为粉砂级石英或方解石，基质为泥级黏土，粒度多在 32μm 以下。该类岩相同样是油页岩的一种，TOC 整体中高，岩心分析 TOC 值多大于 2%，有机质类型也为 I-II₁ 型，具有良好的生烃潜力。层状混合质泥岩相黏土矿物含量、碳酸盐矿物含量和长英质矿物含量均在 20%～50%，X 射线衍射分析显示碳酸盐矿物成分主要为方解石。这类岩相发育于半深湖-深湖沉积环境中，水体略浅，最显著的特征就是具有较高含量的方解石，常常与富硅黏土质泥岩相频繁互层，处于沉积水体低幅震荡的条件下。

### 3.3　岩相组合类型及特征

基于岩心照片、普通薄片、X 衍射、有机质丰度等分析化验资料，通过综合岩性、岩相、曲线变化以及五级旋回变化特征，对岩相组合划分为了夹层型、纹层型及基质型三种类型（表 2），三种岩相组合细分分为基质型、砂质夹层型、混积纹层型、砂质纹层型、混积纹层型。

表 2　莱州湾凹陷岩相组合分类表

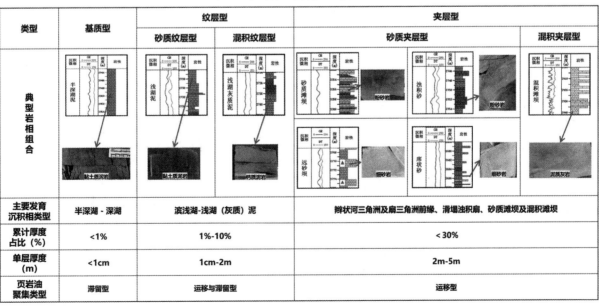

| 类型 | 基质型 | 纹层型 | | 夹层型 | | |
| --- | --- | --- | --- | --- | --- | --- |
| | | 砂质纹层型 | 混积纹层型 | 砂质夹层型 | | 混积夹层型 |
| 典型岩相组合 | 半深湖泥／黏土质泥岩 | 浅湖泥／黏土质泥岩 | 浅湖灰质泥／钙质泥岩 | 砂质滩坝／粉砂岩　浊积砂／细砂岩 | 远砂坝／席状砂／细砂岩 | 混积滩坝／泥质灰岩 |
| 主要发育沉积相类型 | 半深湖-深湖 | 滨浅湖-浅湖（灰质）泥 | | 辫状河三角洲及扇三角洲前缘、滑塌浊积扇、砂质滩坝及混积滩坝 | | |
| 累计厚度占比（%） | <1% | 1%-10% | | <30% | | |
| 单层厚度（m） | <1cm | 1cm-2m | | 2m-5m | | |
| 页岩油聚集类型 | 滞留型 | 运移与滞留型 | | 运移型 | | |

夹层型：主要发育层状泥质粉砂岩、块状粉砂岩与块状细砂岩相等优势相，优势岩相占比为30%，单层优势岩相厚度约2~5m，并与块状泥岩相、层状混合泥岩相等细粒沉积岩互层。基准面下降为主，水动力较强。五级层序主要发育下降半旋回为主。

纹层型：主要包含高有机质纹层状粉砂质泥岩、中有机质块状黏土质泥岩、中有机质层状泥质灰岩相等优势岩相及高有机质层状混合质泥岩相等潜在优势岩相，优势岩相占比为1~10%，单层优势岩相厚度约1cm~2m。基准面上升型旋回较发育，水动力中等。五级层序为下降半旋回为主、均衡、上升半旋回为主三种旋回类型均较发育。

基质型：以中有机质块状黏土质泥岩相和高有机质块状黏土质泥岩相为主，主要发育沉积相类型为半深湖~深湖。优势岩相占比小于1%，单层砂岩厚度小于1cm。基准面上升为主，水动力较弱。五级层序主要发育上升半旋回为主型。

### 3.4 岩相组合模式

结合湖平面变化、古气候、沉积相研究及上述岩相组合发育特征建立莱州湾凹陷沙三中、下段及沙四上段岩相组合发育模式，各层段岩相发育相控特征明显，具体特征如下：

沙四上沉积时期，湖平面相对较低，气候干旱，北部陡坡滨岸带区主要发育扇三角洲，可见部分重力流沉积，发育较多块状粉砂质泥岩和泥质粉砂岩，为砂质夹层型岩相组合。南部凹陷边缘主要发育扇三角洲前缘，岩相主要为细砂岩和粉砂岩薄层夹粉砂质泥岩，为砂质夹层型岩相组合。浅湖区发育较多层状黏土质泥岩和层状混合质泥岩相，洼陷内发育混积纹层型-浅湖灰质泥，混积夹层型-混积滩坝和基质型-半深湖泥；深湖区发育较多块状黏土质泥岩相，以基质型岩相组合为主。

沙三下亚段沉积时期，整体湖盆范围扩大，湖平面略有升高，盆地格局变化不大，北部陡坡带和南部缓坡带滨浅湖主要发育浅湖泥，岩相为层状粉砂质泥岩和泥质粉砂岩，为砂质夹层型页岩油组合。缓坡带浅湖区域发育浅湖灰质泥，岩相为灰质泥岩和粉砂岩质泥岩、和少量泥质灰岩，为混积纹层型岩相组合类型。凹陷带发育半深湖泥，岩相为块状黏土质泥岩，为基质型页岩油。

沙三中亚段沉积早期湖平面较高，整体水体较深，西部物源增加，主要发育三角洲前缘，岩相为粉砂质泥岩和纹层状泥质粉砂岩，为砂质纹

层型。沙三中沉积时间较长，气候变化大，后期湖平面降低，水体变浅，南北凹陷边缘发育辫状河三角洲，和砂质滩坝。陡坡带和缓坡带物源均较为充足，滨岸带主要发育辫状河三角洲前缘-前三角洲远砂坝、席状砂沉积相、岩相发育较多层状泥质砂岩，岩相组合主要为砂质夹层型；深湖一半深湖发育层状黏土质泥岩，以基质型岩相组合为主（图4）。

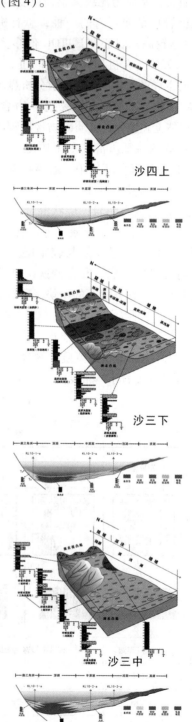

图4 莱州湾凹陷沙四上-沙三中段岩相组合发育模式

# 4 结论

1. 基于成分-构造-粒级多因素综合的岩相分类方案,莱州湾凹陷沙四上、沙三下、沙三中共识别出4类6种岩相,其中,沙四上段主要发育层状粉砂质泥岩、纹层状混合质泥岩两种岩相;沙三下段主要发育块状泥质、块状长英质泥岩、层状混合质泥岩三种岩相;沙三中段主要发育块状黏土质泥岩,粉砂质泥岩两种岩相。

2. 岩相划分的基础上,对岩相组合,划分为了夹层型、纹层型及基质型三种类型眼相组合,三种岩相组合又细分为基质型、砂质夹层型、混积纹层型、砂质纹层型、混积纹层型。

3. 建立莱州湾凹陷沙三中、下段及沙四上段岩相组合发育模式,明确各层段岩相组合相控特征及各类组合平面分布特征。

## 参 考 文 献

[1] 徐长贵,赖维成,张新涛,等.中国海油油气勘探新进展与未来勘探思考 [J].中国海上油气,2023,35 (02):1-12.

[2] 黎茂稳,马晓潇,金之钧,等.中国海、陆相页岩层系岩相组合多样性与非常规油气勘探意义 [J].石油与天然气地质,2022,43 (01):1-25.

[3] 王圣柱.复杂构造区不同岩相页岩油散失量研究——以准噶尔盆地博格达地区中二叠统芦草沟组为例 [J].科学技术与工程,2020,20 (35):14483-14491.

[4] 李一凡,魏小洁,樊太亮.海相泥页岩沉积过程研究进展 [J].沉积学报,2021,39 (01):73-87. DOI:10.14027/j.issn.1000-0550.2020.131.

[5] 姜在兴,张文昭,梁超,等.页岩油储层基本特征及评价要素 [J].石油学报,2014,35 (01):184-196.

[6] 王勇.济阳坳陷古近系沙三下—沙四上亚段咸化湖盆证据及页岩油气地质意义 [J].中国石油大学学报(自然科学版),2024,48 (03):27-36.

[7] 张欣,刘吉余,侯鹏飞.中国页岩油的形成和分布理论综述.地质与资源,2019,28 (2):165-170.

[8] 李政,包友书,朱日房,等.页岩油赋存特征、可动性实验技术及研究方法进展 [J/OL].油气地质与采收率,1-12 [2024-10-16]. https://doi.org/10.13673/j.pgre.202405070.

[9] 张顺.页岩沉积环境、岩相及储集空间特征研究进展 [J].地球科学前沿,2024,14 (7):1019-1029.

[10] 王铭乾,张元元,朱如凯,等.湖泊细粒沉积岩纹层特征与形成机制研究进展及展望 [J/OL].沉积学报,1-20 [2024-10-16]. https://doi.org/10.14027/j.issn.1000-0550.2024.080.

[11] 彭文绪,辛仁臣,孙和风,等.渤海海域莱州湾凹陷的形成和演化 [J].石油学报,2009,30 (05):654-660.

[12] 邵龙义,张天畅.泥质岩定义及分类问题的探讨 [J].古地理学报,2023,25 (04):742-751.

[13] 焦方正,邹才能,杨智.陆相源内石油聚集地质理论认识及勘探开发实践 [J].石油勘探与开发,2020,47 (06):1067-1078.

[14] 王培春,崔云江,马超,等.莱州湾凹陷沙三下段混积岩储层有效性测井评价方法 [J].中国海上油气,2023,35 (04):76-85.

[15] 邓美玲,王宁,李新琦,等.渤海莱州湾凹陷中部古近系沙三段烃源岩地球化学特征及沉积环境 [J].岩性油气藏,2023,35 (01):49-62.

# 页岩油纳米孔喉相态特征对注气提高采收率的启示

## ——以加拿大西加盆地 Duvernay 页岩为例

孔祥文[1]   于 伟[2]   黄文松[1]   汪 萍[1]   丁 伟[1]   刘 丽[1]   贾跃鹏[1]   赵子斌[1]

（1. 中国石油勘探开发研究院；2. University of Texas at Austin）

**摘 要** Duvernay 页岩是加拿大西加盆地上泥盆统的主要烃源岩，为一套最大海侵期形成的富含沥青质暗色页岩，总面积约 $2.43\times10^4$ km²，资源量达 $552\times10^8$ t 油气当量。在 Duvernay 页岩富含液烃的条带内，页岩油采收率随着气油比的减小而降低。中石油都沃内项目页岩挥发油资源丰富，但现有技术条件下挥发油采收率仅 5%~8%，需要进一步提高采收率。本文以 Duvernay 页岩挥发油为例，在明确该页岩孔隙主要为直径 3~100nm 的纳米孔隙的基础上，系统分析了纳米级孔隙的约束效应对页岩油相态和原油物性的影响，揭示了纳米级孔隙约束下原油各组分临界属性发生偏移，烃类组分越重、孔隙半径越小，偏移量越大；临界属性偏移导致相图包络线面积（两相区）收缩，孔径越小，收缩幅度越显著；同时，油藏原油粘度、密度及泡点压力均随孔径的缩小而减小，且孔径越小，降低幅度越显著。通过分析不同注入气体组成对油藏相态特征的影响，明确了该油藏注入 $N_2$ 混相难度最大，注入 $CO_2$ 混相压力最小，注入富气混相压力小于注入贫气，富气较贫气更易达到混相；在注入同一气体组分的情况下，最小混相压力随着孔径的减小而降低。提出了 Duvernay 页岩挥发油藏注气提高采收率的气源应以井口富气回注为主，管道气为辅；注气实施的主要原则为"提高注气量、缩短注气时间"，将地层压力快速提升至最小混相压力以上，以提高注气提高采收率的效果。本文对国内外页岩油注气提高采收率研究具有一定的借鉴意义。

**关键词** 页岩油；纳米孔喉；相态；注气；西加盆地；Duvernay 页岩；提高采收率

2017 年初以来，以美国二叠盆地页岩油增产为主导的页岩油呈现快速增长。美国页岩油产量持续攀升主要是通过持续的钻井投入来实现的，尽管近年来水平井钻井和分段压裂技术的不断进步正在逐步提高页岩油储层的开发程度，但其采收率通常低于 10%。处于较为成熟开发阶段的巴肯组一次采收率也仅为 7%，北美地区一些页岩储层的一次采收率甚至低至 1%~2%。

虽然常规油藏提高采收率方法研究已经较为深入，但对于非常规储层，提高采收率研究仍处于概念阶段，近十年来，从事页岩油开发的油公司及相关科研机构正在不断摸索不同提高采收率方法的适用性。

注气吞吐是提高页岩油采收率的方法中研究程度最高的方法之一。过去十年间，国内外开展了大量混相注气提高非常规储层原油采收率潜力研究。注入气体包括 $CO_2$、$N_2$ 和天然气，其中，研究程度最高是注入 $CO_2$。前人研究表明，$CO_2$ 可能易与页岩油混相，使其膨胀并降低其粘度，并且 $CO_2$ 与页岩油的最小混相压力低于其它气体（如 $N_2$ 和 $CH_4$）。在室内实验方面，Song 等（2013）从

事该研究较早，通过向加拿大巴肯组（Bakken）岩心注 $CO_2$ 和注水的实验，发现水驱最终采收率高于非混相 $CO_2$ 吞吐方案，而混相和近混相 $CO_2$ 吞吐最终采收率高于水驱。Hawthorne 等（2013）开展了巴肯组（Bakken）岩心注 $CO_2$ 提高原油采收率机理研究，证实了 $CO_2$ 提高非常规储层采收率的主要机理是扩散作用，同时，指出要使用 $CO_2$ 从页岩基质中采油，需要页岩储层与 $CO_2$ 具有较长时间和较大面积接触。Alharthy 等（2015）通过巴肯组（Bakken）岩心实验，对比了注入不同气体类型（如 $CO_2$、C1-C2 混合气体或 $N_2$）提高采收率的效果，其结论指出，注入 C1、C2、C3 和 C4 组成的气体可得到与注 $CO_2$ 相近的采收率，此外，中 Bakken 段岩心注 $CO_2$ 采收率为 90%，下 Bakken 段岩心注 $CO_2$ 采收率接近 40%。

近年来，Bakken 和 Eagle Ford 陆续开展了页岩油提高采收率先导性试验。Hoffman 等（2018）基于公开数据分析了 Eagle Ford 页岩 7 口注气吞吐先导试验井，初步揭示了注气是页岩油提高采收率的有效手段。美国 EOG 公司已在 Eagle Ford 页岩实施注气吞吐 200 口井以上，取得了显著效果，预

计单井最终可采储量（EUR）可提高 30%～70%，单井成本约 100 万美元，单桶增油成本约 6 美元。揭示了注气吞吐是页岩油提高采收率的主攻方向和现实领域。

与常规储层不同，页岩储层通常以纳米级孔喉为主，由于纳米级孔喉的约束效应，页岩储层的流体相态将发生显著改变。Alharthy 等（2016）通过 Eagle Ford 页岩油样品的分析和观察，认为在相同的页岩孔径中，流体组分越重，该组分在纳米级孔喉中的临界温度和临界压力下降越显著。Luo 等人（2018）以 Anadarko 盆地黑油为例，利用多尺度相平衡方法分析了纳米尺度孔隙分布对注气中流体相态的影响，研究表明，随着注入气体组分的增加，纳米尺度约束效应增加，从而导致泡点压力下降。

目前，页岩油注气吞吐提高采收率研究主要集中在注采控制方面，包括注气速度、注气时间、注入压力、焖井时间、生产时间、井底压力和吞吐周期数等。而关于页岩油注气吞吐中注入不同气体后的相态特征及纳米级孔喉的约束效应研究较少。该研究对注气吞吐过程中注入气体成分优化、注入压力优化和最小混相压力计算具有重要意义。此外，注入气体和储层原油的混相条件识别对于页岩油注气吞吐数值模拟和注气过程的现场操作具有重要意义。

本文以加拿大西加盆地 Duvernay 页岩挥发油为例，系统分析了纳米级孔喉的约束效应以及不同注入气体成分对储层流体相态的影响。基于 Peng-Robinson 状态方程，通过改变不同流体组分的临界性质来计算纳米级孔喉约束下的相态特征。通过分析不同注入气体组成对油藏相态特征的影响，探讨了注气过程中气体组成优化和最小混相压力计算方法。本文对国内外页岩油注气提高采收率研究具有一定的借鉴意义。

## 1　研究区概况

Duvernay 页岩是加拿大西加盆地上泥盆统的主要烃源岩，为一套最大海侵期形成的富含沥青质暗色页岩，与 Leduc 组灰岩同期异相，上覆 Ireton 组灰岩，下伏 Majeau Lake 组灰岩和 Beaverhill Lake 组灰岩。Duvernay 页岩总面积约 2.43×10⁴ km²，天然气、液烃和原油资源量分别为 23.22×10¹² m³，115.54×10⁸t，250.60×10⁸t。Duvernay 页岩的气油比受热演化程度和埋深的控制，总

体趋势为由北东向南西，气油比逐渐增大，北东以油为主，南西以干气为主，中间为富含液烃的条带。Duvernay 页岩开发始于 2011 年，主要集中在富含液烃的条带内。

中石油都沃内项目 Simonette 区块 Duvernay 页岩埋藏深度 3000～4200m，主体开发深度在 3500m 左右；渗透率 0.0001～0.0003mD；储层有效厚度 30～45m；孔隙主要为连通有机孔，有效孔隙度 3～6%；TOC 含量 2%～6%；压力系数 1.8～2.1，异常高压。

与国内页岩气藏相比，都沃内项目的突出特点是富含凝析油，且凝析油含量平面差异大（252～2028g/m³），分布复杂（图 1）。Simonette 区块 Duvernay 页岩按凝析油含量（CGR）划分为 4 个区带：挥发油区带（CGR>1125g/m³）、特高含凝析油区带（630g/m³<CGR<1125g/m³）、高含凝析油区带（293g/m³<CGR<630g/m³）和含凝析油区带（23g/m³ < CGR < 293g/m³）。其中挥发油区带面积 258.6km²，占该区块 Duvernay 页岩总租地面积的 35.5%。挥发油区带油资源量 1.62 亿吨，约占 Simonette 区块总油资源量的 40.7%。但在现有技术条件下挥发油区带原油采收率仅 5%～8%，低于其他区带，需要进一步提高采收率。本文基于 Duvernay 页岩挥发油区带典型井 PVT 数据分析，开展页岩油相态特征研究。

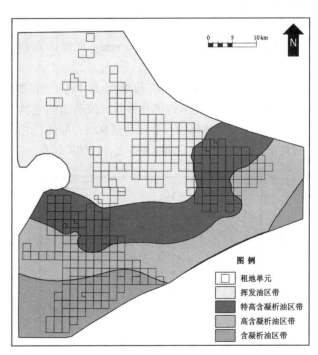

图 1　Simonette 区块凝析油含量分区图

图例
- 租地单元
- 挥发油区带
- 特高含凝析油区带
- 高含凝析油区带
- 含凝析油区带

## 2 页岩挥发油藏流体特征

在 Simonette 区块 Duvernay 页岩挥发油区带选取分析测试资料较为完善的 A 井作为研究对象，该井的气藏压力为 60.20MPa，温度为 119℃，流体在地下为液态。差异分离实验（DL）和等组分膨胀实验（CCE）分析表明该井的饱和压力为 26.63MPa，地饱压差为 33.57MPa。

在流体相态实验的基础上，运用 CMG 软件 WinProp 模块，对该井原油组分进行了劈分和合并。组分划分对于 PVT 拟合的临界参数有一定影响，针对目标油藏原油特征，可以将原油划分为 8 个拟组分（表1）。组分劈分和合并原则为：将拟作为注入气体的主要研究对象 $CO_2$、$N_2$ 和 $CH_4$ 分别单列一组；根据摩尔组成的分布规律将 $C_2$ 分为一组，$C_3$ 分为一组、$C_4$ 分为一组，$C_5$ 和 $C_6$ 分为一个拟组分 $C_{5+}$，将 $C_7$ 以后的物质分为 1 个拟组分 $C_{7+}$。通过 PVT 相态拟合分别对差异分离实验和等组分膨胀实验数据进行拟合，得到了拟合后的临界参数。原油拟组分和拟合参数见表1。

表 1 Duvernay 页岩原油拟组分及状态方程参数

| 序号 | 组分名 | 原油摩尔组分, f | 临界压力, atm | 临界温度, K | 偏心因子 | 摩尔质量 | ΩA | ΩB | 相对密度 |
|---|---|---|---|---|---|---|---|---|---|
| 1 | $N_2$ | 0.0026 | 33.50 | 126.20 | 0.04 | 28.01 | 0.4572 | 0.0778 | 0.8090 |
| 2 | $CO_2$ | 0.0053 | 72.80 | 304.20 | 0.23 | 44.01 | 0.4572 | 0.0778 | 0.8180 |
| 3 | $CH_4$ | 0.5403 | 45.40 | 190.60 | 0.01 | 16.04 | 0.4572 | 0.0778 | 0.3000 |
| 4 | $C_2H_6$ | 0.126 | 48.20 | 305.40 | 0.10 | 30.07 | 0.4572 | 0.0778 | 0.3560 |
| 5 | $C_3H_8$ | 0.0764 | 41.90 | 369.80 | 0.15 | 44.10 | 0.4572 | 0.0778 | 0.5070 |
| 6 | $C_4$ | 0.048 | 37.06 | 427.62 | 0.23 | 23.81 | 0.5271 | 0.0506 | 0.5778 |
| 7 | $C_{5+}$ | 0.0522 | 33.00 | 507.00 | 0.25 | 77.57 | 0.4368 | 0.0663 | 0.6532 |
| 8 | $C_{7+}$ | 0.1492 | 20.28 | 655.58 | 0.49 | 157.30 | 0.3884 | 0.0687 | 0.8000 |

依据拟合实验结果所得的状态方程参数，得到 Duvernay 页岩流体组分组成的 P-T 相图（图2）。从图中可以看出：

（1）与黑油油藏类似，Duvernay 页岩挥发油油藏温度低于临界温度；

（2）研究区地面分离器温度为 45℃，压力 3.93MPa；当地层流体到达分离器时闪蒸出的气体量相对较大，气体体积百分比达到 90%；液体量相对较小，仅占 10%，原油挥发性大，收缩率较高。

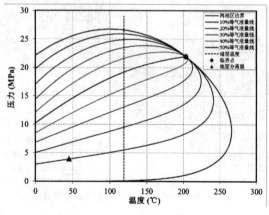

图 2 Duvernay 页岩挥发油 A 井 P-T 相图

## 3 页岩纳米级孔喉系统下的流体相态特征分析

目前确定烃类流体相态行为通常是在 PVT 筒中进行，而且在相当长一段时间内人们总是认为 PVT 筒中烃类流体所表现出的相态特征与实际相态特征相似。而实际上由于多孔介质的影响，两者之间存在一定差异。前人研究认为，致密多孔介质中，孔隙大小接近烃类分子尺度时，致密多孔介质中的流体相态将与 PVT 筒中的流体相态产生很大差异。

Duvernay 页岩孔喉为纳米级，孔喉直径集中在 3~100nm 之间。流体在纳米级（孔喉直径小于 1 微米）孔喉中与周围介质之间存在巨大的黏滞力和分子作用力，一般条件下流体不能自由流动，形成"滞留"，即使改变温压条件也仅能以分子或分子团的状态进行扩散。

### 3.1 纳米级孔喉系统流体相态表征方法

页岩储层中的纳米级孔喉系统导致毛管压力增大，对流体的相态特征、临界性质和溶解度等性质影响显著。当孔喉半径小于等于 10nm 时，由于孔隙表面与流体分子之间的相互作用，流体的性质和相态将发生改变，尤其是临界温度和临界压力。

数值模拟中，致密多孔介质对相态的影响可以通过修正的状态方程来考虑。主要包括两个方面：（1）修正纳米级孔隙中毛管压力对闪蒸计算的影响；（2）修正组分临界属性。

### 3.1.1 修正纳米级孔隙中毛管压力对闪蒸计算的影响

对于给定的油藏孔隙单元，假设孔隙尺寸固定，可以考虑毛管压力对于常规油藏流体闪蒸计算的影响。

假设流体由 $N_c$ 个组分组成，在油藏流体达到相平衡时，各个组分的液相和气相逸度均相等，即：

$$f_L^i(T, P_L, x_i) = f_V^i(T, P_V, y_i), \quad i = 1, \cdots, N_c \quad (1)$$

式中：$f_L$ 和 $f_V$ 分别表示第 $i$ 个组分的液相和气相的逸度；$T$ 为油藏温度；$P_L$ 和 $P_V$ 分别为液相和气相的压力；$x_i$ 和 $y_i$ 分别为第 $i$ 个组分的液相和气相的摩尔分数。

本文采用的物质平衡方程和 Rachford-Rice 方程分别为：

$$\sum_{i=1}^{N_c} x_i = \sum_{i=1}^{N_c} y_i = 1 \quad (2)$$

$$F z_i = x_i L + y_i V, \quad i = 1, \cdots, N_c \quad (3)$$

式中：$F$ 为原始流体的摩尔数；$L$ 和 $V$ 分别为液相和气相的摩尔数；$z_i$ 为第 $i$ 个组分的总摩尔数。

毛管压力是气相和液相压力的差异。本文通过 Young-Laplace 方程来计算毛管压力：

$$P_V - P_L = P_{cap} \quad (4)$$

$$P_{cap} = \frac{2\sigma \cos\theta}{r} \quad (5)$$

式中：$P_{cap}$ 为毛管压力；$\theta$ 为流体和固相之间的接触角；$r$ 为气液界面曲率半径；$\sigma$ 为气相和液相间的界面张力。

假设岩石表面是液相润湿，接触角 $\theta$ 为 0°，则：

$$r = \frac{r_p}{\cos\theta} = r_p \quad (6)$$

式中：$r_p$ 为孔喉半径。

式（4）可以改写为：

$$P_{cap} = P_V - P_L = \frac{2\sigma}{r_p} \quad (7)$$

气相和液相间的界面张力 $\sigma$ 可以通过 MacLeod-Sugden 公式依据等张比容计算得到：

$$\sigma = \left\{ \sum_i^{N_c} (\bar{\rho}_L [P]_i x_i - \bar{\rho}_V [P]_i y_i) \right\}^4 \quad (8)$$

式中：$\bar{\rho}_L$ 和 $\bar{\rho}_V$ 分别为液相和气相的密度；$[P]_i$ 为第 $i$ 个组分的液相或气相的等张比容。

液相和气相的逸度系数可以通过 Peng-Robinson 状态方程来计算：

$$P = \frac{RT}{V_m - b} - \frac{a\alpha}{V_m^2 + 2b V_m - b^2} \quad (9)$$

式中：$R$ 理想气体常数；$P$、$T$ 和 $V_m$ 分别为第 $i$ 个组分的压力、温度和摩尔体积；$a$ 和 $b$ 为通过范德华混合规则计算获得的参数。

由于液相和气相的压力不同，因此，对于液相来说，式（9）可以改写为：

$$(Z_L)^3 - (1 - B_L)(Z_L)^2 + [A_L - 2B_L - 3(B_L)^2] Z_L - [A_L B_L - (B_L)^2 - (B_L)^3] = 0 \quad (10)$$

对于气相来说，式（9）可以改写为：

$$(Z_V)^3 - (1 - B_V)(Z_V)^2 + [A_V - 2B_V - 3(B_V)^2] Z_V - [A_V B_V - (B_V)^2 - (B_V)^3] = 0 \quad (11)$$

式中：$A_L = \frac{a_L \alpha P_L}{R^2 T^2}$；$B_L = \frac{b_L P_L}{RT}$；$A_V = \frac{a_V \alpha P_V}{R^2 T^2}$；$B_V = \frac{b_V P_V}{RT}$；$Z_L$ 和 $Z_V$ 分别为液相和气相的压缩系数，该系数基于 Gibbs 自由能准则来确定。

液相和气相的逸度系数可分别由式（12）和式（13）计算：

$$\ln \Phi_L^i = \frac{b_{iL}}{b_L}(Z_L - 1) - \ln(Z_L - B_L) - \frac{A_L}{2\sqrt{2} B_L} \left[ \frac{2\sum_{i=1}^{N_c} x_{jL}(1 - k_{ij})\sqrt{a_{iL} a_{jL}}}{a_L} - \frac{b_{iL}}{b_L} \right] \ln\left[ \frac{Z_L + (\sqrt{2}+1)B_L}{Z_L - (\sqrt{2}-1)B_L} \right] \quad (12)$$

$$\ln \Phi_V^i = \frac{b_{iV}}{b_V}(Z_V - 1) - \ln(Z_V - B_V) - \frac{A_V}{2\sqrt{2} B_V} \left[ \frac{2\sum_{i=1}^{N_c} x_{jV}(1 - k_{ij})\sqrt{a_{iL} a_{jL}}}{a_V} - \frac{b_{iV}}{b_V} \right] \ln\left[ \frac{Z_V + (\sqrt{2}+1)B_V}{Z_V - (\sqrt{2}-1)B_V} \right] \quad (13)$$

图 3 为考虑纳米孔隙内毛管压力效应时，相平衡的详细计算过程。通过该流程可以修正纳米级孔隙中毛管压力对闪蒸计算的影响，从而修正毛管压力在纳米孔隙约束效应中的影响。

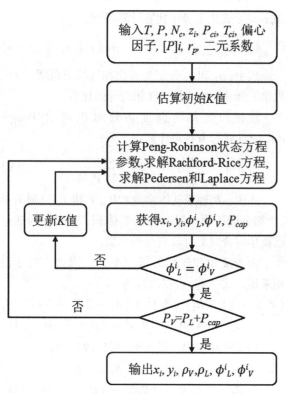

图 3 考虑纳米孔隙内毛管压力效应的相平衡计算流程图

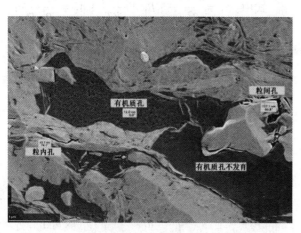

图 4 Duvernay 页岩挥发油区带扫描电镜背散射图像

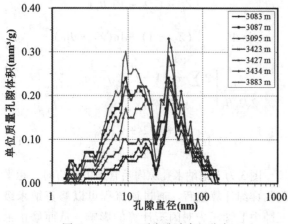

图 5 Duvernay 页岩孔隙直径分布

### 3.1.2 修正组分临界属性

Zarragoicoechea 和 Kuz（2004）基于实际实验数据拟合获得了临界属性随孔隙半径的变化公式。Singh 等（2009）利用蒙特卡洛模拟进一步证实了临界属性偏移量的相关关系，该方法中，蒙特卡洛模拟在一个标准的巨正则系综中进行，其中体积、化学势和温度保持恒定，而粒子数和能量波动。

纳米孔隙中流体临界温度和临界压力的变化可以通过下式计算：

$$\Delta T_c = \frac{T_c - T_{cp}}{T_c} = 0.9409 \frac{\sigma_{LJ}}{r_p} - 0.2415 \left( \frac{\sigma_{LJ}}{r_p} \right)^2 \tag{14}$$

$$\Delta P_c = \frac{P_c - P_{cp}}{P_c} = 0.9409 \frac{\sigma_{LJ}}{r_p} - 0.2415 \left( \frac{\sigma_{LJ}}{r_p} \right)^2 \tag{15}$$

$$\sigma_{LJ} = 0.244 \sqrt[3]{T_c / P_c} \tag{16}$$

式中：$T_c$ 为通常情况下流体临界温度，K；$P_c$ 为通常情况下流体临界压力，atm；$T_{cp}$ 为纳米孔隙中流体临界温度，K；$P_{cp}$ 为纳米孔隙中流体临界压力，atm；$\sigma_{LJ}$ 为 Lennard-Jones 特征尺度参数，nm。

鉴于 Zarragoicoechea 和 Kuz（2004）获得式 14-式 15 时采用的实际实验数据中 $\sigma_{LJ}/r_p \le 0.37$，因此，本文认为 $\sigma_{LJ}/r_p > 0.37$ 时，由于超出实验数据范围，式 14-式 15 存在不确定性。由式 16 计算表明，组分越重，相同孔径下 $\sigma_{LJ}/r_p$ 越大；本研究中涉及到的最重拟组分为 $C_{7+}$，当该组分 $\sigma_{LJ}/r_p \le 0.37$ 时，要求 $r_p \ge 3nm$。基于上述分析，本文中式 14-式 16 适用于 $r_p \ge 3nm$ 的孔隙。

### 3.1.3 纳米孔隙中流体相态模拟计算流程

本文在进行纳米孔隙中流体相态模拟时，综合考虑了毛管压力和临界属性变化对流体相态的影响。具体计算流程如下：

①针对目标油藏原油特征，对原油组分进行劈分和合并；

②通过 CMG 软件的 WinProp 模块分别拟合差异分离实验和等组分膨胀实验等数据，得到不考虑纳米孔隙约束时（常规状态）各拟组分的临界参数；

③基于常规状态各拟组分的临界温度和临界压力，通过式 16 计算获得各拟组分的 Lennard-Jones 特征尺度参数（$\sigma_{LJ}$）；

④通过式 14 和式 15 分别计算孔隙半径为 $r_p$ 时各拟组分的临界温度和临界压力；

⑤将常规状态各拟组分的临界温度和临界压力分别替换为孔隙半径为 $r_p$ 时各拟组分的临界温度和临界压力，根据考虑纳米孔隙内毛管压力效应的相平衡计算流程（图3），获得孔隙半径为 $r_p$ 时各拟组分的摩尔分数和密度等参数；

⑥在 CMG 软件的 WinProp 模块中，输入步骤④和⑤获得的参数，开展相态模拟，获得孔隙半径为 $r_p$ 时的 P–T 相图。

### 3.2　纳米级孔喉系统流体相态变化规律

Simonette 区块 Duvernay 页岩有效孔隙度 2%~6%，平均 4%。二维扫描电镜和三维聚焦离子束扫描电镜（FIB–SEM）等观察表明，孔隙以有机孔为主，连通孔隙占比达 80%（图4）。Simonette 区块 Duvernay 页岩样品氮气吸附实验结果表明，该页岩孔喉为纳米级，孔喉直径集中在 3~100nm 之间，其中有机孔的直径在 10nm 左右（图5）。

#### 3.2.1　组分临界属性变化特征

根据临界属性偏移量计算公式（式 14–式 16），计算了 Duvernay 页岩挥发油区带 A 井 8 个拟组分在孔隙半径分别为 4nm，5nm，10nm，20nm，30nm，50nm 和 500nm 时各组分临界温度和临界压力的偏移量（图6）。

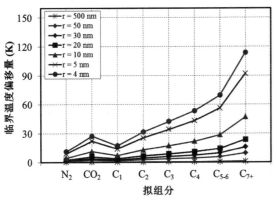

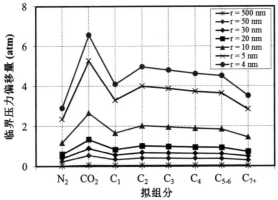

图 6　Duvernay 页岩挥发油藏在不同孔隙半径下各拟组分临界温度和临界压力偏移量变化

由图6可知，纳米级孔喉系统内，不同组分在不同孔径下，临界属性偏移量存在差异。其偏移量的变化具有以下特征：

（1）在同一孔隙半径下，烃类组分越重，临界温度偏移量越大。例如，孔隙半径为 5nm 时，$C_{7+}$ 临界温度偏移量是 $C_1$ 临界温度偏移量的 6 倍。

（2）在同一孔隙半径下，不同烃类组分临界压力变化幅度较小，由 $C_1$ 到 $C_2$，临界压力小幅增加；随后，由 $C_2$ 到 $C_{7+}$，临界压力逐步小幅递减。

（3）同一组分的临界温度和临界压力偏移量随着孔隙半径的减小而增大，即孔隙半径越大，临界属性的偏移量越小。孔隙半径达到 500nm 时，各组分的临界属性基本不发生偏移。

#### 3.2.2　P–T 相图变化规律

在 Duvernay 页岩挥发油各组分临界属性偏移量计算的基础上，考虑纳米孔隙内毛管压力效应，根据本文 3.1.3 提出的计算流程，分别获得了孔隙半径为 4nm，5nm，10nm，20nm，30nm，50nm，500nm 和不考虑纳米孔隙约束效应时的 P–T 相图（图7）。

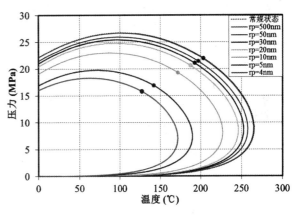

图 7　Duvernay 页岩挥发油不同孔隙半径下 P–T 相图

从图7中可以看出：

（1）相图包络线面积（两相区）随孔径的缩小而收缩，且孔径越小，收缩幅度越显著。

（2）孔隙半径>500nm 时，相图与常规状态下相图基本重合，说明此时可以不用考虑孔隙尺度对相态的影响。

（3）孔隙半径介于 20~500nm 时，相图包络线面积（两相区）收缩，但收缩幅度较小，临界点移动幅度较小，此时可以考虑纳米孔隙对流体相图的影响。

（4）孔隙半径<20nm 时，相图变化明显，相

图包络线面积（两相区）收缩幅度大，临界点向左下移动，此时必须考虑纳米孔隙对流体相图的影响。

### 3.2.3　泡点压力变化规律

由于纳米孔隙约束效应导致毛管力、静电作用力和范德华力增加，改变了流体的性质，导致油相的密度和粘度均降低，促进了气液平衡过程中气相和液相界面张力的下降，进而引起泡点压力的降低。

Teklu 等人（2014）计算了美国 Bakken 组在油藏温度 116℃ 下，当孔隙半径由 1000nm 下降到 4nm 时，泡点压力由 19.3MPa 下降到 7.9～13.8MPa，下降幅度为 28%～59%。Yu 等（2019）和 Zhang 等（2016）分别计算了 Eagle Ford 页岩油和 Bakken 致密油在油藏温度下的纳米孔隙约束效应对泡点压力的影响，当孔隙半径由 1000nm 下降到 4nm 时，泡点压力分别下降 25%～27%。

相态模拟结果表明，Duvernay 页岩挥发油藏泡点压力随孔径缩小而减小。孔隙半径为 4nm 时的泡点压力为 16.4MPa，较孔隙半径 1000nm 时的泡点压力下降达 38%。由此可推测，在相同的原始地层压力下，以纳米级孔隙为主的页岩油藏与常规储层相比，在生产中可能会维持更长的液相生产时间。

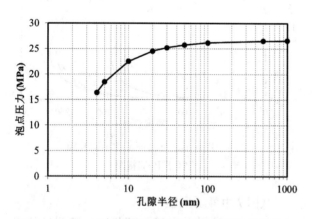

图 8　Duvernay 页岩挥发油不同孔隙半径下的泡点压力

### 3.2.4　原油物性变化规律

为进一步研究纳米孔隙对原油物性的影响规律，利用相平衡计算模拟恒质膨胀实验，在油藏温度下对流体进行模拟；基于流体物性计算模型计算得到原油密度和原油粘度。同时，为分析压力对原油物性影响，设计压力范围为 1～60MPa。

（1）原油密度

从图 9 可以看出：①在纳米级孔隙中，同一压

力下，原油密度随孔径的缩小而减小，且孔径越小，降低幅度越显著；②孔隙半径>500nm 时，原油密度与常规状态下密度一致；③孔隙半径介于 20～500nm 时，密度发生小幅度变化；④孔隙半径 <20nm 时，密度变化显著，相对于常规油藏，相同压力下原油密度减小。

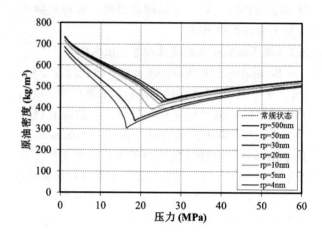

图 9　Duvernay 页岩纳米孔隙对油相密度的影响

（2）原油粘度

从图 10 可以看出：①在纳米级孔隙中，同一压力下，原油粘度随孔径的缩小而减小，且孔径越小，降低幅度越显著；②孔隙半径>500nm 时，原油粘度与常规状态下粘度接近；③孔隙半径介于 20～500nm 时，粘度变化不明显；④孔隙半径< 20nm 时，粘度变化明显，相对于常规油藏，在相同压力下原油粘度减小。

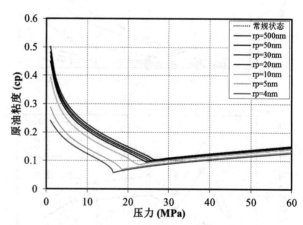

图 10　Duvernay 页岩纳米孔隙对油相粘度的影响

## 4　注气对页岩油相态的影响

相态特征的描述是研究注气驱替机理的重要基础。当注入气体与油藏原油混合后，油气体系的相间传质会引起混合体系相态特征发生变化。

注入气体后，原油的物理化学性质如粘度、密度、体积系数、气液相组分和组成均会发生变化。

为对比不同注入气体对原油相图的影响，基于 Peng-Robinson 状态方程和气液相平衡理论模型，针对 Duvernay 页岩挥发油藏 A 井，分别模拟注入气体为 $CH_4$，$CO_2$，$N_2$，富气（70% $C_1$ + 20% $C_2$ + 10% $C_{3-4}$）和贫气（85% $C_1$ + 10% $C_2$ + 5% $C_{3-4}$）时的相态特征。

### 4.1 注气对 P-T 相图的影响

假设注入气摩尔分数均为 30%，绘制了 Duvernay 页岩挥发油区带 A 井在注入不同气体组分时的 P-T 相图。如图 11 所示，每个相图从左向右依次为泡点线（临界点左上部）、等气液摩尔分数线（临界点左下部）和露点线（临界点右下部）。

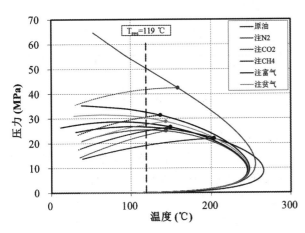

图 11 注气对 Duvernay 页岩挥发油 P-T 相图影响

为进一步分析注气过程中原油相态变化特征，分别统计了注入 5 种气体组分时 Duvernay 页岩挥发油藏的临界温度、临界压力、饱和压力和 $D_{b-50}$ 的变化（表 2）。其中，$D_{b-50}$ 定义为油藏温度下泡点线至等气液摩尔分数线无因次距离，数值越小表示流体挥发性越强。

表 2 注入不同气体时 Duvernay 页岩挥发油藏的相态参数

| 相态参数 | 原油 | 注 $N_2$ | 注 $CO_2$ | 注 $CH_4$ | 注富气 | 注贫气 |
|---|---|---|---|---|---|---|
| 临界温度，℃ | 203.54 | 158.56 | 143.73 | 136.89 | 149.46 | 143.52 |
| 临界压力，MPa | 21.95 | 42.42 | 25.04 | 31.39 | 26.55 | 28.81 |
| 饱和压力，MPa | 26.61 | 50.36 | 25.43 | 32.67 | 28.11 | 30.30 |
| $D_{b-50}$ | 0.12 | 0.14 | 0.04 | 0.03 | 0.05 | 0.04 |

由图 11 和表 2 可知：

①油藏初始临界温度较高，达 203.54℃，在 119℃ 油藏温度下对应饱和压力为 26.61MPa，$D_{b-50}$ 为 0.12。

②注入 $CO_2$ 后，相图包络线面积（两相区）收缩，临界温度降低，临界压力上升，油藏温度下饱和压力降低幅度较小，注气效果较好，但是油藏挥发性增强。

③注入 $CH_4$ 时，泡点线和临界点明显上移，$D_{b-50}$ 大幅降低，表明原油在注入 $CH_4$ 后在油藏温度下的饱和压力大幅度升高，原油挥发性显著增强，注气效果较差。

④注入 $N_2$ 时，泡点线和临界点上移幅度最大，表明原油注入 $N_2$ 后在油藏温度下的饱和压力升高幅度最大，注气效果最差。

⑤注入富气时，相图包络线面积（两相区）收缩，临界温度降低，临界压力上升，油藏温度下饱和压力上升幅度较小，注气效果较好，但是油藏挥发性增强。

⑥注入贫气时，泡点线和临界点上移，但是上升幅度小于注入 $CH_4$ 时的幅度，$D_{b-50}$ 大幅降低，表明原油在注入贫气后在油藏温度下的饱和压力升高，原油挥发性显著增强，注气效果较差。

综上所述，根据注气对 Duvernay 页岩挥发油 P-T 相图影响可以推测，注入气体为 $CO_2$ 时对油藏开发最有利，富气次之，其次是贫气和 $CH_4$，$N_2$ 效果最差。

### 4.2 不同注入气体混相压力分析

大量的研究认为混相条件与拟三角相图中注入流体、油藏原油、临界切线的相对位置有关。如果注入流体点与油藏原油点位于临界切线的左边，过程为非混相；如果注入流体点与油藏原油点位于临界切线的两边，过程为一次接触混相或多次接触混相。

为了对比不同注入气体与地层原油的混相差异，建立了注入气体与地层原油混合体系的拟三角相图，其中拟组分划分为三类：拟组分 1 为 $N_2$ + $CH_4$，拟组分 2 为 $CO_2$ + $C_2$ + $C_3$ + $C_4$ + $C_{5+}$，拟组分 3 为 $C_{7+}$。

#### 4.2.1 注入 $CO_2$

当模拟地层压力为 22.1MPa 和 119℃（地层温度）油藏原油点正好位于临界切线上，达到多次接触混相。通过多次接触模拟，注入气中 $CO_2$ 凝析到原油中，油藏流体不断富化，直到与注入气体达到凝析混相。

计算表明，注入 $CO_2$ 时，一次接触混相压力为 26.63MPa；多次接触混相压力为 22.13MPa，混相类型为向后接触，凝析气驱。

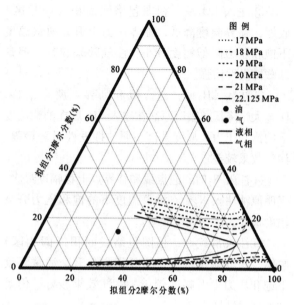

图12　地层流体与$CO_2$多次接触拟三角相图

### 4.2.2　注入$CH_4$

通过多次接触模拟，注入$CH_4$时，油藏原油的中间分子量$C_2$-$C_5$气化到注入气中，注入气体不断富化，直至与油藏原油达到蒸发混相。

注入$CH_4$时，一次接触混相压力为35.88MPa；多次接触混相压力为28.88MPa，混相类型为向前接触，蒸发气驱。

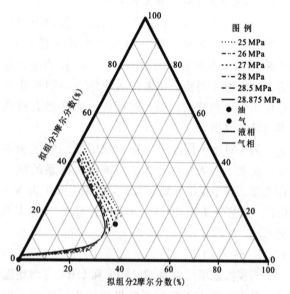

图13　地层流体与$CH_4$多次接触拟三角相图

### 4.2.3　注入$N_2$

通过多次接触模拟，注入气$N_2$时，油藏原油的中间分子量$C_2$-$C_5$气化到注入气中，注入气体不

断富化，直至与油藏原油达到蒸发混相。

注入$N_2$时，一次接触混相压力为100.75MPa，混相难度大；多次接触混相压力为29.00MPa，混相类型为向前接触，蒸发气驱。

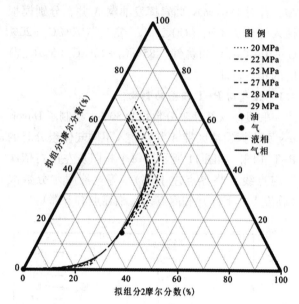

图14　地层流体与$N_2$多次接触拟三角相图

### 4.2.4　注入富气

注入富气时，通过多次接触模拟，注入气中$C_2$-$C_5$凝析到原油中，油藏流体不断富化，直到与注入气体达到凝析混相。

注入富气时，一次接触混相压力为28.25MPa；多次接触混相压力为27.63MPa，混相类型为向后接触，凝析气驱。

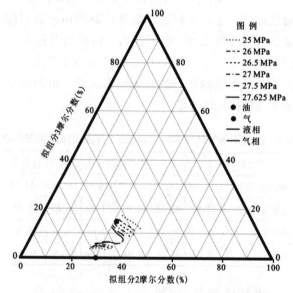

图15　地层流体与富气多次接触拟三角相图

#### 4.2.5 注入贫气

通过多次接触模拟，注入贫气时，油藏原油的中间分子量 $C_2$-$C_5$ 气化到注入气中，注入气体不断富化，直至与油藏原油达到蒸发混相。

注入贫气时，一次接触混相压力为 31.50MPa，混相难度大；多次接触混相压力为 28.88MPa，混相类型为向前接触，蒸发气驱。

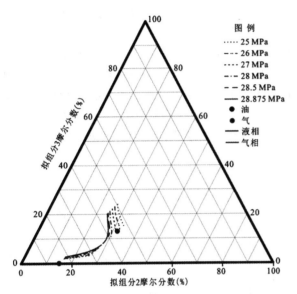

图16　地层流体与贫气多级接触拟三角相图

**表3　注入不同气体时的混相压力**

| 混相参数 | | 注 $CO_2$ | 注 $CH_4$ | 注 $N_2$ | 注富气 | 注贫气 |
|---|---|---|---|---|---|---|
| 一次接触混相压力，MPa | | 26.63 | 35.88 | 100.75 | 28.25 | 31.50 |
| 多级接触混相 | 混相压力，MPa | 22.13 | 28.88 | 29.00 | 27.63 | 28.88 |
| | 混相类型 | 向后接触凝析气驱 | 向前接触蒸发气驱 | 向前接触蒸发气驱 | 向后接触凝析气驱 | 向前接触蒸发气驱 |

由表3可知：

①注入 $N_2$ 混相难度最大；注入 $CO_2$ 多次接触混相压力最小，为向后接触，凝析气驱。

②注入富气混相压力小于注入贫气，富气较贫气更易达到混相。

③向后接触凝析气驱较易混相，混相压力较小；向前接触蒸发气驱混相较难，混相压力较大。

#### 4.2.6 纳米级孔隙对页岩油注气混相压力的影响

由于纳米级孔隙的约束效应对页岩油相态具有较大的影响，这将导致页岩油注气后的混相压力受纳米级孔隙的约束。受纳米孔隙中毛管力、静电作用力和范德华力增加等因素的影响，油藏流体与注入气体间的界面张力随着孔隙半径的减小而降低，从而促使混相压力的降低。Teklu 等（2014）研究表明，Bakken 原油与 $CO_2$ 以 1∶1 混合时，在油藏压力 13.8MPa 下，当孔隙半径由 1000nm 下降到 4nm 时，界面张力下降幅度可达 71%，由此导致混相压力的降低。

为了分析纳米级孔隙对注气混相压力的影响，根据前述分析结果，选取了具有注气潜力的 $CO_2$、富气和贫气三种气体组分，分别计算了三种气体组分在孔隙半径为 4nm、5nm、10nm、20nm、30nm、50nm、100nm、500nm 和 1000nm 时的最小混相压力。由图 17 可得出以下结论：

（1）注入同一气体组分时，最小混相压力随着孔径的减小而降低；孔径由 1000nm 减小到 500nm 时，最小混相压力基本无变化；孔径由 500nm 减小到 20nm 时，最小混相压力缓慢降低，幅度较小；孔径<20nm 时，随着孔径减小，最小混相压力迅速下降。以注入富气为例，在 4nm 孔径下，最小混相压力由初始状态（500~1000nm）下的 27.63MPa 下降到 16.55MPa，降幅达 40%。

（2）分别注入 $CO_2$、富气和贫气时，在同一孔径下，注入 $CO_2$ 时的最小混相压力始终最低，注入富气时次之，注入贫气时最高；但是，随着孔径的减小，相同孔径下注入三种不同气体对应的最小混相压力的差值逐步减小，尤其是孔径<20nm 时，该差值快速减小。在孔径≤5nm 时，注入富气和贫气时的最小混相压力基本相同。

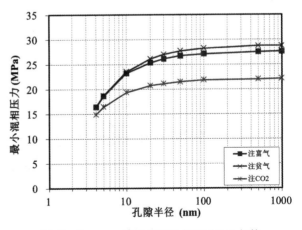

图17　Duvernay 页岩挥发油藏不同注入气体
在不同孔径下的最小混相压力

## 4.3　注气对原油物性影响

为研究注入溶解气对原油物性的影响规律，利用相平衡计算模拟注气膨胀实验，在油藏温度下对流体进行多次注气；每次注入气体后，流体组分发生变化，基于流体物性计算模型计算得到饱和压力、膨胀系数、原油密度和原油黏度。同时为分析溶解气主要组分对原油物性影响，注入气比例均从 0 至 40%。

### 4.3.1　注气对饱和压力的影响

饱和压力是挥发油藏的重要参数，直接影响着开发方案的选择和实施的效果。油藏压力在开发过程中一旦低于饱和压力将导致原油大量脱气，引起生产气油比急剧升高，同时，由于轻质组分大量脱出，原油粘度增大，流动性变差，采出难度增加。回注溶解气是弹性气驱的一种常用方法，但该方法并不能阻止油藏压力的衰竭，因此注气后应尽可能地降低或维持原始的饱和压力，以获得更高的溶解气回注采收率。

对不同注入气体组分，分别计算得到注气膨胀过程中的饱和压力，结果如图 18 所示。由图可知：

（1）注入 $CO_2$ 后，饱和压力随着注入气体摩尔分数增加略有下降；注入 $CH_4$ 后，饱和压力随着注入气体摩尔分数增加而增大；注入贫气和富气后，饱和压力介于注入 $CO_2$ 和 $CH_4$ 之间，且贫气升高幅度大于富气。

（2）注入 $N_2$ 后，饱和压力大幅度上升至 60.7MPa，达到原始饱和压力的 2.3 倍。

综上所述，注入 $CO_2$ 对饱和压力影响较小，注入 $CH_4$ 使饱和压力小幅增大，而注入 $N_2$ 将使得饱和压力显著增大。

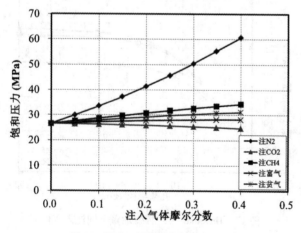

图 18　注气对原油饱和压力影响

### 4.3.2　注气对膨胀系数的影响

膨胀系数是指注气后流体在饱和压力下的体积与原始流体在饱和压力下的体积之比，表示注气后流体膨胀的能力，其中原始流体的膨胀系数为 1。膨胀系数越大，原油获得的弹性能量越大，更有利于促使原油脱离岩石孔喉的束缚，降低残余油饱和度，提高注气增油效果。

针对不同注入气体组分，分别计算得到注气膨胀过程中的膨胀系数，结果如图 19 所示。可以观察到，膨胀系数随着注气量增加而增大，并且注气量越大，膨胀系数增加越显著。注入气比例在 40% 时的膨胀系数从大到小依次为 $CO_2$>富气>贫气>$CH_4$>$N_2$。这说明原油注入 $CO_2$ 后的膨胀能力最高，有利于能量的补充和膨胀驱油，注入富气次之，注入贫气优于注入 $CH_4$。

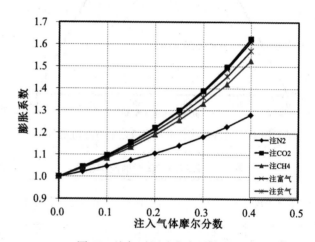

图 19　注气对原油膨胀系数影响

### 4.3.3　注气对原油密度的影响

原油密度是油藏重要的物理性质，也是计算粘度的重要参数，密度大小受注气膨胀特性和组分摩尔质量影响。

针对不同注入气体组分，分别计算得到注气膨胀过程中的原油密度，结果如图 20 所示。由图可知，注入 $CO_2$ 后，原油密度基本保持不变；注入 $N_2$ 后，原油密度升高；注入富气、贫气和 $CH_4$ 后，原油密度均下降，且降低幅度相当，曲线基本重合。这主要是由于 $CO_2$ 的摩尔质量较大，高于 $CH_4$ 和 $N_2$，但是 $CO_2$ 注气膨胀能力较强，导致密度基本不变；而尽管 $CH_4$ 注气膨胀能力也相对较强，但其分子量低，导致密度降低；虽然 $N_2$ 分子量低，但是由于饱和压力较大，同时膨胀能力较低，造成密度增大。

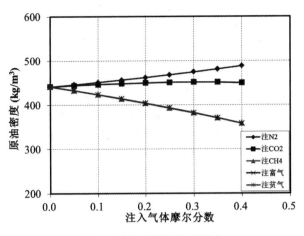

图 20 注气对原油密度影响

### 4.3.4 注气对原油粘度的影响

原油粘度是影响油藏流体流动的重要物理性质。油藏的注气开发通常存在气油流度比高的问题。油藏注气后促使原油粘度降低，可以增加原油流动性，并且降低气油流度比，减少注入气粘性指进，有利于提高波及效率，改善注气效果。

针对不同注入气体组分，分别计算得到注气膨胀过程中饱和压力下的原油粘度，结果如图 21 所示。从图中可以看出，原油粘度随着注气量增加而降低，且基本呈线性关系；注入气比例在 40% 时的原油粘度从大到小依次为 $N_2 > CO_2 > CH_4 >$ 贫气 > 富气。

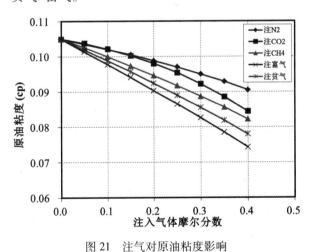

图 21 注气对原油粘度影响

## 5 页岩油相态特征对 Duvernay 页岩挥发油藏注气提高采收率的启示

（1）气体组分上，与注入其他几种气体相比，注入 $CO_2$ 或富气时，油藏流体具有较低的混相压力、较低的饱和压力、较高的膨胀系数和中等（$CO_2$）或较低（富气）的原油密度和粘度，表明

注入 $CO_2$ 或富气将具有较好的提高采收率效果。因此，在 $CO_2$ 较易获取且成本低廉的地区，可采用 $CO_2$ 作为注入气体。但是，对于 Duvernay 页岩而言，由于西加地区 $CO_2$ 市场尚不成熟，且需要购置相应的处理设施，实施成本较高。而该地区天然气价格低廉，并且从井口就可以获取。Duvernay 页岩挥发油藏井口分离器产出的气体以富气为主，$CH_4$ 含量约 70%，是较为理想的注入气体。因此，Duvernay 页岩挥发油藏注气提高采收率的气源应以井口富气回注为主，若井口气量不足，可适当增加管道气，作为气源补充。

（2）注入气体与地下流体发生混相是页岩挥发油藏提高采收率的核心。相态模拟表明，在相同的油藏条件下，注入气体越富，即乙烷、丙烷、丁烷等相对重的组分含量越高，则混相压力越低，注入气体越易与地层流体到达混相，提高采收率效果越显著。为使注入气体与地层流体更快达到混相，在注气实施中应采用"提高注气量、缩短注气时间"的原则，即以地面压缩机能够达到的最大注入量为标准，注入前期尽量提高注入量，以快速提高近井地带地层压力，从而缩短达到最小混相压力的时间。为了尽可能提高原油采收率，在实施注气吞吐过程中，注气阶段应尽量提高地层压力，确保地层压力高于最小混相压力，同时，可缩短每个注气吞吐轮次的生产时间、提高吞吐轮次，从而减少生产阶段地层压力的下降幅度，以促进注入气体与地层流体的混相，进一步提高原油采收率。

## 6 结论

（1）Simonette 区块 Duvernay 页岩挥发油藏孔隙类型以有机质孔为主，孔隙直径主要分布在 3~100nm。受页岩纳米级孔隙对流体的约束效应，原油各组分临界温度和临界压力发生偏移，烃类组分越重、孔隙半径越小，偏移量越大。各组分的临界属性偏移导致纳米级孔喉系统下相图包络线面积（两相区）收缩，且孔径越小，收缩幅度越显著；同时，油藏原油粘度、密度及泡点压力均随孔径的缩小而减小，且孔径越小，降低幅度越显著。

（2）Duvernay 页岩挥发油藏注入同一气体组分的情况下，孔径<500nm 时，最小混相压力随着孔径的减小而降低，尤其是孔径<20nm 时，随着孔径减小，最小混相压力迅速下降。注入不同气

体组分时的混相压力大小为，注 $CO_2$<注富气<注贫气<注 $CH_4$<注 $N_2$，因此，注入 $N_2$ 混相难度最大，注入 $CO_2$ 多次接触混相压力最小，为向后接触，凝析气驱；注入富气混相压力小于注入贫气，富气较贫气更易达到混相。随着孔径的减小，同一孔径下注入不同气体对应的最小混相压力的差值逐步减小，尤其是孔径<20nm 时，该差值快速减小；在孔径≤5nm 时，注入富气和贫气时的最小混相压力基本相同。

（3）西加地区天然气价格低廉且较易获取，同时，Duvernay 页岩挥发油藏井口气以富气为主。注气对油藏相态和原油物性的影响分析表明，注入富气时，油藏流体具有较低的混相压力、较低的饱和压力、较高的膨胀系数和较低的原油密度和粘度。因此，Duvernay 页岩挥发油藏注气提高采收率的气源应以井口富气回注为主，管道气为辅。

（4）注气实施的主要原则为"提高注气量、缩短注气时间"，将地层压力快速提升至最小混相压力以上，以提高注气提高采收率的效果。

## 参 考 文 献

［1］ U. S. Energy Information Administration. Annual Energy Outlook 2020 ［M］. https：//www. eia. gov/aeo, 2020：29-30.

［2］ 邹才能，潘松圻，荆振华，等. 页岩油气革命及影响［J］. 石油学报, 2020, 41 (01)：1-12. Zou Caineng, Pan Songqi, Jing Zhenhua, et al. Shale oil and gas revolution and its impact［J］. Acta Petrolei Sinica, 2020, 41 (01)：1-12.

［3］ Clark, A. J., (2009). Determination of Recovery Factor in the Bakken Formation, Mountrail County, ND. Society of Petroleum Engineers. doi：10. 2118/133719-STU.

［4］ Alharthy, N., Teklu, T., Kazemi, H. et al. 2015. Enhanced Oil Recovery in Liquid Rich Shale Reservoirs：Laboratory to Field. Society of Petroleum Engineers. DOI：10. 2118/175034-MS.

［5］ Kathel, P. and Mohanty, K. K. 2013. EOR in Tight Oil Reservoirs through Wettability Alteration. Society of Petroleum Engineers. DOI：10. 2118/166281MS.

［6］ Alvarez, J. O. and Schechter, D. S. 2016. Altering Wettability in Bakken Shale by Surfactant Additives and Potential of Improving Oil Recovery During Injection of Completion Fluids. Society of Petroleum Engineers. http：10. 2118/SPE-179688-MS.

［7］ Wang, D., Zhang, J., Butler, R., and Olatunji, K., (2016). Scaling Laboratory-Data Surfactant-Imbibition Rates to the Field in Fractured-Shale Formations. Sociatey of Petroleum Engineers. http：// dx. doi. org/10. 2118/178489-PA.

［8］ Alfarge, D., Wei, M., & Bai, B. (2017, April 23). IOR Methods in Unconventional Reservoirs of North America：Comprehensive Review. Society of Petroleum Engineers. doi：10. 2118/185640-MS

［9］ Ganjdanesh, R., Yu, W., Fiallos Torres, M. X., Sepehrnoori, K., Kerr, E., & Ambrose, R. (2019, September 23). Huff-N-Puff Gas Injection for Enhanced Condensate Recovery in Eagle Ford. Society of Petroleum Engineers. doi：10. 2118/195996-MS

［10］ Alfarge, D., Wei, M., Bai, B., & Alsaba, M. (2017, October 15). Selection Criteria for Miscible-Gases to Enhance Oil Recovery in Unconventional Reservoirs of North America. Society of Petroleum Engineers. doi：10. 2118/187576-MS

［11］ Hamdi, H., Clarkson, C. R., Esmail, A., & Costa Sousa, M. (2019, June 3). A Bayesian Approach for Optimizing the Huff-n-Puff Gas Injection Performance in Shale Reservoirs Under Parametric Uncertainty：A Duvernay Shale Example. Society of Petroleum Engineers. doi：10. 2118/195438-MS

［12］ Yu, W., Lashgari, H and Sepehrnoori, K., 2014a. Simulation Study of CO2 Huff-n-Puff Process in Bakken Tight Oil Reservoirs. Paper SPE 169575, presented at the SPE Western North American and Rocky Mountain Joint Regional Meeting held in Denver, Colorado, USA, 16-17 April 2014.

［13］ Yu, W., Xu, Y., Weijermars, R., Wu, K., and Sepehrnoori, K., 2017. A Numerical Model for Simulating Pressure Response of Well Interference and Well Performance in Tight Oil Reservoirs With Complex-Fracture Geometries Using the Fast Embedded-Discrete-Fracture-Model Method. SPE Reservoir Evaluation & Engineering, in press.

［14］ Yu, W., and Sepehrnoori, K., 2018. Shale Gas and Tight Oil Reservoir Simulation, 1st Ed.; Publisher：Elsevier, Cambridge, USA. ISBN：978-0-12-813868-7.

［15］ Zick, A. A. (1986, January 1). A Combined Condensing/Vaporizing Mechanism in the Displacement of Oil by Enriched Gases. Society of Petroleum Engineers. doi：10. 2118/15493-MS

［16］ Zhang, K., 2016. Experimental and Numerical Investigation of Oil Recovery from Bakken Formation by Miscible $CO_2$ Injection. Paper SPE 184486 presented at the

SPE international Student Paper Contest at the SPE Annual Technical Conference and Exhibition held in Dubai, UAE, 26-28 September 2016.

[17] Song, C., & Yang, D. (2013). Performance Evaluation of $CO_2$ Huff-n-Puff Processes in Tight Oil Formations. Society of Petroleum Engineers. doi: 10. 2118/167217-MS.

[18] Hawthorne, S. B., Gorecki, C. D., Sorensen, J. A., Steadman, E. N., Harju, J. A., & Melzer, S. (2013). Hydrocarbon Mobilization Mechanisms from Upper, Middle, and Lower Bakken Reservoir Rocks Exposed to $CO_2$. Society of Petroleum Engineers. doi: 10. 2118/167200-MS

[19] Hoffman, B. Todd. 2018. Huff-N-Puff Gas Injection Pilot Projects in the Eagle Ford. Presented at the SPE Canada Unconventional Resources Conference, Calgary, Alberta, Canada, 13-14 March. SPE-189816-MS. 10. 2118/189816-MS.

[20] Rassenfoss, Stephen. 2017. Shale EOR Works, But Will It Make a Difference? Journal of Petroleum Technology 10 (69): 34-40. 10. 2118/1017-0034-JPT

[21] 邹才能, 朱如凯, 吴松涛, 等. 常规与非常规油气聚集类型、特征、机理及展望——以中国致密油和致密气为例 [J]. 石油学报, 2012, 33 (2): 173-187.

[22] 邹才能, 杨智, 陶士振, 等. 纳米油气与源储共生型油气聚集 [J]. 石油勘探与开发, 2012, 39 (1): 13-26.

[23] Luo, S., Lutkenhaus, J. L., Nasrabadi, H. 2019. A Framework for Incorporating Nanopores in Compositional Simulation to Model the Unusually High GOR Observed in Shale Reservoirs. SPE Reservoir Simulation Conference, 10-11 April, Galveston, Texas, USA, 10-11 April, SPE-193884-MS.

[24] Luo, S., Lutkenhaus, J. L., Nasrabadi, H. 2018. Multiscale Fluid-Phase-Behavior Simulation in Shale Reservoirs Using a Pore-Size-Dependent Equation of State. SPE Reservoir Evaluation & Engineering 21 (04): 806-820, SPE-187422-PA.

[25] Kanatbayev, M., Meisingset, K. K., & Uleberg, K. (2015). Comparison of MMP Estimation Methods with Proposed Workflow. SPE Bergen One Day Seminar. doi: 10. 2118/173827-ms

[26] 李国欣, 罗凯, 石德勤. 页岩油气成功开发的关键技术、先进理念与重要启示: 以加拿大都沃内项目为例 [J]. 石油勘探与开发, 2020, 47 (4): 1-11.

[27] Zhu H., Kong X., Zhao W., Long H. (2019) Organic-Rich Duvernay Shale Lithofacies Classification and Distribution Analysis in the West Canadian Sedi-

mentary Basin. In: Qu Z., Lin J. (eds) Proceedings of the International Field Exploration and Development Conference 2017. Springer Series in Geomechanics and Geoengineering. Springer, Singapore.

[28] Lyster, S., Corlett, H. J., and Berhane, H. 2017. Hydrocarbon Resource Potential of the Duvernay Formation in Alberta-Update.

[29] Luo, S., Lutkenhaus, J. L., Nasrabadi, H. 2017. Multi-Scale Fluid Phase Behavior Simulation in Shale Reservoirs by a Pore-Size-Dependent Equation of State. Proc., SPE Annual Technical Conference and Exhibition, San Antonio, Texas, USA, 9-11 October, SPE-187422-MS.

[30] Luo, S., Lutkenhaus, J. L., Nasrabadi, H. 2018. Effect of Nano-Scale Pore Size Distribution on Fluid Phase Behavior of Gas IOR in Shale Reservoirs. Proc., SPE Improved Oil Recovery Conference, Tulsa, Oklahoma, USA, 14-18 April, SPE-190246-MS.

[31] Nojabaei, B., Johns, R. T., Chu, L. 2013. Effect of Capillary Pressure on Phase Behavior in Tight Rocks and Shales. SPEJ. 16 (3): 281-289, SPE-159258-PA.

[32] Zhang, Y., Yu, W., Sepehrnoori, K. 2017. Investigation of nanopore confinement on fluid flow in tight reservoirs. J. Pet. Sci. Eng. 150: 265-271.

[33] Zhang, Y., Di, Y., Yu, W., & Sepehrnoori, K. (2019, February 1). A Comprehensive Model for Investigation of Carbon Dioxide Enhanced Oil Recovery With Nanopore Confinement in the Bakken Tight Oil Reservoir. Society of Petroleum Engineers. doi: 10. 2118/187211-PA

[34] Yu, W., Zhang, Y., Varavei, A., Sepehrnoori, K., Zhang, T., Wu, K., & Miao, J. (2019, May 1). Compositional Simulation of CO2 Huff n Puff in Eagle Ford Tight Oil Reservoirs With CO2 Molecular Diffusion, Nanopore Confinement, and Complex Natural Fractures. Society of Petroleum Engineers. doi: 10. 2118/190325-PA

[35] Zarragoicoechea, G. J. and Kuz, V. A.. Critical Shift of a Confined Fluid in a Nanopore. Fluid Phase Equilibr. 2004, 220 (1): 7-9. https://doi.org/10.1016/j.fluid.2004.02.014.

[36] Singh, K. S., Sinha, A., Deo, G. et al.. Vapor-Liquid Phase Coexistence, Critical Properties, and Surface Tension of Confined Alkanes. J. Phys. Chem. 2009, 113 (17): 7170-7180. https://doi.org/10.1021/jp8073915.

[37] Metcalfe, R. S., Fussell, D. D., & Shelton, J. L. (1973). A Multicell Equilibrium Separation Model for

the Study of Multiple Contact Miscibility in Rich‐Gas Drives. Society of Petroleum Engineers Journal, 13 (03), 147-155. doi: 10. 2118/3995-pa

[38] Ahmadi, K., & Johns, R. T. (2011, December 1). Multiple‐Mixing‐Cell Method for MMP Calculations. Society of Petroleum Engineers. doi: 10. 2118/116823-PA

[39] Fazlali, A., Nikookar, M., & Mohammadi, A. H. (2013). Computational procedure for determination of minimum miscibility pressure of reservoir oil. Fuel, 106, 707-711. doi: 10. 1016/j. fuel. 2012. 09. 071

[40] Teklu, T. W., Alharthy, N., Kazemi, H., Yin, X., Graves, R. M., & AlSumaiti, A. M. (2014). Phase Behavior and Minimum Miscibility Pressure in Nanopores. SPE Reservoir Evaluation & Engineering, 17 (03), 396-403. doi: 10. 2118/168865-pa

[41] Tarybakhsh, M. R., Assareh, M., Sadeghi, M. T., & Ahmadi, A. (2018). Improved Minimum Miscibility Pressure Prediction for Gas Injection Process in Petroleum Reservoir. Natural Resources Research, 27 (4), 517-529. doi: 10. 1007/s11053-018-9368-5.

# 古龙页岩储集空间特征及演化研究

潘会芳[1,2]  高  波[1,2]  陈国龙[1,2]  王继平[1,2]  王永超[1,2]

（1. 多资源协同陆相页岩油绿色开采全国重点实验室室；2. 大庆油田有限责任公司勘探开发研究院）

**摘  要**  松辽盆地北部古龙页岩油为源储一体型非常规资源，属于纯页岩型储层，黏土矿物含量高，粒度细，形成了丰富的微纳米级孔隙，其孔径主要分布在几个纳米到几个微米之间。储集空间类型复杂多样识别难，微纳米孔隙孔径小定量难。通过薄片鉴定、扫描电镜及场发射扫描电镜分析，研究了古龙页岩中微纳米孔隙类型和分布特征；借助于高压压汞和氮气吸附等技术方法，研究了页岩微纳米孔隙结构特征；结合镜质体反射率、最大热解温度等参数，研究了不同热演化阶段页岩孔隙组合模式和演化规律。结果表明：根据孔隙的几何形态、与基质颗粒接触关系，识别出古龙页岩主要存在粒间孔、颗粒溶蚀孔、矿物晶间孔、有机质孔和微裂缝等 5 大类孔隙类型。氮气吸附表明页岩中多以孔径小于 32nm 的孔隙为主，且随着埋深增加孔径更加集中于小于 32nm 的区间。成岩作用和有机质演化程度对页岩孔隙发育具有重要的影响，在早成岩阶段末期到中成岩 A1 期，Ro<0.7%，储集空间以无机孔隙为主，主要为原生粒间孔、黏土矿物晶间孔和少量的颗粒溶蚀孔；中成岩 A2 期，0.7%<Ro<1.3%，储集空间为无机孔和有机孔共同作用，有机质孔、颗粒溶蚀孔较早成岩阶段发育；中成岩 B 期，1.3%<Ro<2.0%，储集空间以有机孔为主，主要为有机质过成熟，有机质热裂解形成裂解孔和有机页理缝。明确了储集空间发育和演化特征，为古龙页岩勘探目标层段的优选提供了可靠依据，为陆相页岩油原位成藏理论研究提供了支撑。

**关键词**  页岩；微纳米孔隙；储集空间；孔隙类型；孔隙结构；孔隙演化

中国陆相页岩油资源丰富，是石油接替的战略性领域。松辽盆地北部分布较广的陆相页岩油——古龙页岩油资源潜力较大，何文渊等认为由于青山口组沉积时期水体较深，具有较好的封闭作用，有机质保存条件好，发育了一套连续性好、厚度大的中—高有机质丰度的页岩。经过初步估算，古龙页岩油具有 $151×108'$ 的资源量。目前多口页岩油井已获得效益动用，实现了古龙页岩从"生"油到"产"油的历史性跨越，成为大庆油田重要油气接替领域。古龙页岩储层，基质颗粒粒度细、矿物类型复杂、黏土矿物含量高、有机质发育，孔隙多为纳米级、孔隙类型多样数量极多，储集性研究难度大。储集空间是页岩油储集和运输的关键场所，深入探讨页岩储层孔隙类型和演化规律成为研究的重点。综合应用场发射电镜、薄片鉴定、扫描电镜等多项分析技术，从宏观到微观系统研究古龙页岩储层微观特征，依据孔隙形态、与周围基质接触关系，识别孔隙类型、大小和成因；利用高压压汞和氮气吸附分析，定量分析页岩孔径大小和分布特征，结合古龙页岩成岩阶段，深入探讨古龙页岩成岩—孔隙演化模式，以期有助于页岩油原位成藏重要理论

的研究，有助于陆相页岩油的勘探、开发进展。

## 1  储层基本特征

松辽盆地北部青山口组发育一套暗色细粒沉积岩——古龙页岩，为半深湖—深湖相沉积，剖面上以一黑色和黑灰色页岩为主，发育灰白色的粉砂岩薄层或条带，常见到高密度、透镜状灰色白云岩薄层和深灰色介屑灰岩薄层。显微镜下观察到的岩石类型主要包括页岩、粉砂质页岩、粉砂岩、泥—粉晶云岩、介屑灰岩等 5 大类，其中以页岩、粉砂质页岩为主，占比达到 95%以上，其基质组分主要由粒径小于 0.0039mm 泥级碎屑组成。X 射线-衍射全岩矿物定量分析结果表明，页岩中矿物组成主要为黏土矿物（35%~50%）、石英（30%~40%）、长石（15%~25%），方解石、白云石和黄铁矿普遍存在，多呈零散分布，分布不均，平均相对含量多小于 10%，菱铁矿、重晶石、磷灰石等重矿物偶有发现。古龙页岩中纹层较为发育，纹层类型多样，常见的有粉砂质纹层、泥质纹层、有机质纹层、介屑质纹层、云质纹层和黄铁矿纹层（如图 1 所示）。这些复杂多样纹层，显示了古龙页岩沉积环境的微变化，为沉积成岩后形成不同储集空间类型提供了物质基础。

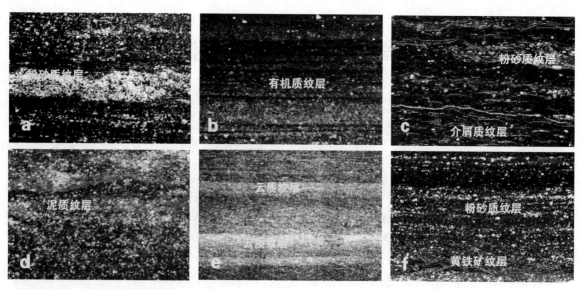

a 含粉砂页岩，A 井，2204.11m；b 页岩，Z 井，1868.9m；c 介屑粉砂质页，G 井，2529.1m；d 泥质粉砂岩，G 井，2461m；e 云质页岩，A 井，2262.83m；f 含粉砂页岩，G 井，2566m.

图1 古龙页岩岩石类型及纹层发育特征图版

## 2 储集空间类型及分布特征

### 2.1 储集空间类型

储集空间不仅为油气赋存、聚集提供场所，也为油气运移流动保证了通道。页岩中存在丰富的微纳米级孔隙，其孔径主要分布在几个纳米到几个微米之间，很多学者也对这些微纳米孔隙进行了研究和描述，但页岩成岩作用影响，在不同成岩阶段储集空间类型是变化的，很难用统一的标准来准确识别页岩孔隙特征。我们综合利用薄片鉴定、扫描电镜、氩离子-场发射电镜及能谱分析，从不同尺度进行孔隙的识别。岩心手标本和薄片鉴定可以进行页岩微裂缝识别；新鲜断面的扫面电镜观察可以识别微米级孔隙（5μm 以上），如粒间孔、溶蚀孔等；氩离子-场发射电镜分辨率高，样品面积小，可以观察到有限的微米级粒间孔、颗粒溶蚀孔等，主要用来观察大量纳米孔隙，如有机质孔、晶间孔等。通过对古龙页岩大量样品镜下微观精细研究，综合孔隙的几何形态、成因、与基质颗粒和有机质演化的关系，我们将古龙页岩的储集空间归纳为 5 大类孔隙类型：粒间孔、颗粒溶蚀孔、矿物晶间孔、有机质和裂缝（如图2）。其中粒间孔（图2c）主要发育在石英、长石等基质颗粒间；颗粒溶蚀孔（图2b、f）主要指长石、碳酸盐类矿物被溶蚀形成的规则或不规则的孔隙；晶间孔（（图2d、g）主要包括发育在伊利石、绿泥石、高岭石晶片间的缝状孔、搭桥

状孔和发育在自生黄铁矿晶簇间的孔隙；有机质孔的形成与有机质热演化密切相关，可发育在有机质体内部（图2i）或边缘，或在黏土有机复合体发育，形成黏土有机复合孔（图2e）。裂缝主要包括构造作用形成的裂缝（图2a）、页岩中不同纹层间由于成份的差异形成的层间裂缝、在黏土矿物转化和有机质生烃作用下，在黏土矿物和有机质层间形成的大量纳米级页理缝（图2e）。

### 2.2 不同岩性储集空间分布

在以上对页岩中微纳米孔隙类型和成因的研究和准确识别基础上，为了更好的研究古龙页岩中储集空间的分布特征，通过场发射电镜下样品的由低倍-高倍逐级放大分析，结合场发射电镜大视域自动拼接技术，系统分析和识别岩样中不同类型、大小的孔隙，提高样品分析代表性，又借助与人机交互孔隙识别和定量分析，对微纳米级孔隙数量、体积进行自动提取，实现了页岩孔隙从纳米到微米的全尺度连续表征（如图3），提高了对页岩中储集空间特征的认识。利用该项分析技术，我们对古龙地区不同岩石类型样品的孔隙类型和分布进行了统计，结果显示（见表1）不同岩性中孔隙发育的类型是由显著差别的。页岩以有机孔为主，其次是黏土晶间孔、粒间孔。长英质纹层较发育的粉砂质页岩孔隙类型以粒间孔为主，其次为有机孔、缝和黏土晶间孔为主。泥质粉砂岩以粒间孔为主，其次为黏晶间孔和有机孔。介屑灰岩中主要为粒内溶孔。孔隙类型的发育与

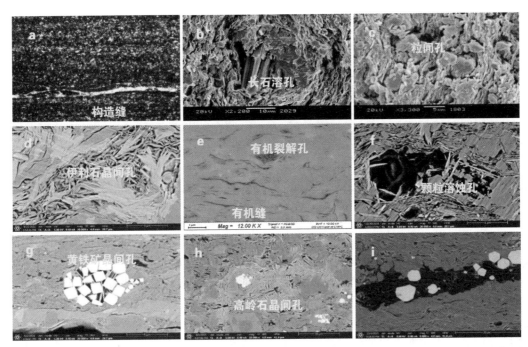

a. 构造缝，单偏光（×50）G1 井；b. 长石溶蚀孔，SEM（×2200），A1 井；c. 粒间孔，SEM（×3300），C6 井；d. 伊利石晶间孔，FE-SEM（×20000），G8 井；e. 有机孔、缝，FE-SEM（×10000），G1 井；f. 长石溶蚀孔，FE-SEM（×20000），Z1 井；g. 黄铁矿晶间孔，FE-SEM（×12000）；h. 高岭石晶间孔，FE-SEM（×20000）G8 井；i. 有机孔，FE-SEM（×8000），Z1 井

图 2　青山口组页岩储集空间类型及分布特征图版

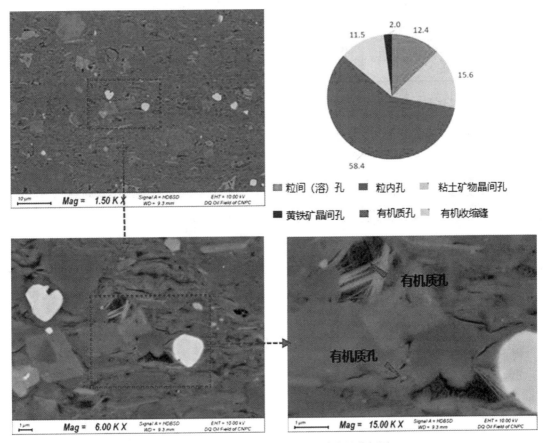

图 3　场发射电镜页岩微纳米孔隙定量分析图

表1  不同岩性孔隙类型特征场发射电镜分析结果表

| 样号 | 岩性 | 面孔率（%） | 粒间孔（%） | 粒内孔（%） | 有机质孔（%） | 有机缝（%） | 黏土晶间孔（%） | 黄铁矿晶间孔（%） |
|---|---|---|---|---|---|---|---|---|
| 1 | 页岩 | 1.09 | 12.4 | — | 58.4 | 15.6 | 11.5 | 2 |
| 2 | 页岩 | 2.09 | 9.4 | 5.7 | 36.2 | 7.2 | 41.6 | |
| 3 | 粉砂质页岩 | 1.85 | 39.7 | 1.4 | 18.6 | 21.2 | 18.8 | 1.4 |
| 4 | 粉砂岩 | 0.35 | 46.5 | 0.6 | 26.4 | | 26.4 | |
| 5 | 介屑灰岩 | 0.25 | — | 95.4 | 4.6 | — | — | — |

岩石中基质组分有着密切的关系。页岩中粘土矿物和有机质含量高，有机孔和粘土矿物晶间孔在页岩中更为发育。X 射线衍射矿物定量分析和页岩总孔隙度测量结果也表明，有机质含量和黏土矿物含量都与孔隙度之间具有较好的正相关性（如图 4 和图 5 所示），说明了页岩中纳米级有机质孔和黏土矿物晶间孔对于古龙页岩的储集性都具有重要的贡献。

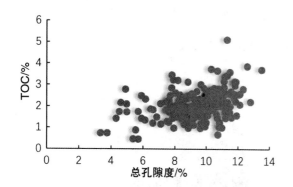

图 4  黏土矿物含量与总孔隙度关系图

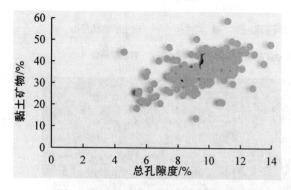

图 5  有机质含量与总孔隙度关系图

## 3  孔隙结构特征

高黏土矿物含量的页岩孔隙极细小，孔隙结构的研究难度更大，我们联合高压压汞和氮气吸附实验分析开展了古龙页岩孔隙结构的表征。高

压压汞实验结果表明（如图 7），页岩孔径大小分布范围较广，从几个 nm 到几个 μm，但主要是分布在小于 32nm 范围，少量微米级孔隙。低熟页岩油，孔径相对较大主要分布在 8～100nm，与该阶段孔径较大的发育粒间孔有密切关系；成熟页岩油阶段，有机酸大量产生促进矿物颗粒的溶蚀，颗粒溶蚀孔孔径较大，微米级孔隙有所增加；在高熟页岩油阶段，油气生成和高温裂解，该阶段孔隙类型主要为纳米级有机孔和有机黏土矿物复合孔，孔径更加集中小于 32nm 范围，但该阶段页岩页理最为发育，页理缝发育导致高压压汞测定出一部分微米的孔隙。

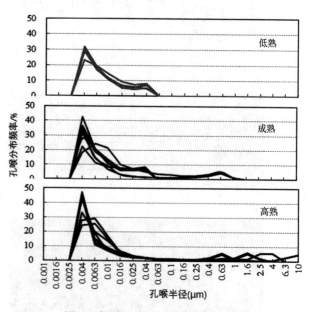

图 6  高压压汞页岩孔隙结构特征图

氮气吸附实验测定也适用页岩中纳米级孔隙表征，尤其是对孔径小于 200nm 的孔隙。我们采集不同成熟的的页岩进行了氮气吸附分析，其结果也表明（如图 7），页岩中孔隙孔径以小于 32nm 的孔隙为主，在页岩油低熟和高熟阶段，孔径峰值分布都较集中于 4～16nm 的区间，在页岩油成熟

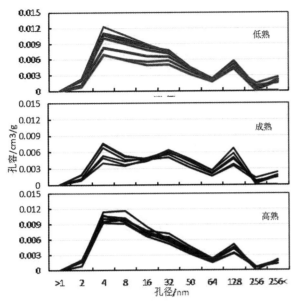

图7　氮气吸附页岩孔隙结构特征图

阶段孔径分布峰值趋于平缓,推测也与该阶段溶蚀孔发育有关。从不同阶段页岩孔径分布变化可知,页岩成岩演化会影响孔隙类型的发育,也会影响到孔径的大小和分布。

## 4　储集空间组合模式及演化规律

松辽盆地北部青山口组页岩埋深主要分布在

1000~2600m,处于早成岩阶段的末期-中成岩B期。为了明确不同阶段页岩中孔隙组合、分布特征及成岩对其的影响,我们选取不同成熟阶段的页岩样品,进行镜下成岩作用和微纳米孔隙特征的研究总结,结果见表2所示。在早成岩阶段末期到中成岩A1期,储集空间以无机孔隙为主,主要为原生粒间孔、黏土矿物晶间孔和少量的颗粒溶蚀孔,极少见到有机质孔隙,在该阶段机械压实作用对储层影响明显,储集空间呈降低趋势;中成岩A2期储集空间为无机孔和有机孔共同作用,随着埋深增加,压实作用对储集空间的影响减弱,地层温度升高会促进有机质成熟生烃,有机质和有机黏土复合体内会形成大量的有机质孔,同时生烃过程中伴生的酸性物质促进长石、碳酸盐矿物的溶蚀,形成一些微米级颗粒溶蚀孔,因此该阶段在生烃作用和溶蚀作用的影响下,储集空间呈现增加趋势;中成岩B期,储集空间以有机孔为主,随着地温进一步升高,有机质过成熟,滞留在页岩中有机质进一步裂解生烃,形成有机质裂解孔,同时滞留在黏土晶片间的有机质裂解会促进有机页理缝的形成。因此青山口组页岩在不同的演化阶段储集空间类型不同,成岩演化对孔隙类型发育和储集空间大小都显著影响。

表2　古龙页岩孔隙组合及演化特征表

| 成岩阶段 | 成熟度 | 成岩作用 | 孔隙组合 | 孔隙微观特征 | 成岩与孔隙关系 |
|---|---|---|---|---|---|
| 早成岩 Ro<0.5 | 未成熟 | 压实作用 粘土物转化 胶结作用 | 粒间孔 矿物晶间孔 颗粒溶孔 | | 基质颗粒接触较松散,以粒间孔、晶间孔为主,孔隙度:10-20% |
| 中成岩A1 Ro:0.5-0.9 | 低成熟 | 压实作用 粘土矿物转化 溶解作用 | 粒间孔 矿物晶间孔 颗粒溶孔 有机质孔 | | 基质颗粒接触紧密,粒间孔变小,孔隙度快速降低:5-8% |
| 中成岩A2 Ro:0.9-1.3 | 成熟 | 有机质生烃 溶解作用 粘土矿物转化 | 有机质孔缝 粒间孔 颗粒溶孔 矿物晶间孔 | | 有机质大量生烃,有机质孔、溶蚀孔发育,孔隙度增加:8-12% |
| 中成岩B Ro:1.3-2.0 | 高熟 | 有机质裂解 溶解作用 胶结作用 | 有机质孔缝 粒间孔 矿物晶间孔 颗粒溶孔 | | 页岩缝、有机质孔缝发育,有利于孔隙度增加:8-12% |

## 5　结论

（1）通过多种实验分析手段，明确了古龙页岩中主要发育5大类孔隙类型：有机质孔、粒间孔、矿物晶间孔、颗粒溶蚀孔和微裂缝等；

（2）古龙页岩储层粒度细、粘土矿物含量，孔隙主要为纳米级，孔径大小主要分布8~32nm范围，随演化程度升高，页岩孔径趋于减小；

（3）古龙页岩主要处于中成岩A期—B期，不同成岩阶段，孔隙发育的类型不同。早成岩晚期-中成岩A1期，粒间孔最为发育；中成岩A2期处于生烃高峰阶段，该阶段主要孔隙为粒间孔、颗粒溶蚀孔和有机质孔；中成岩B期有机质过成熟生烃裂解，形成大量有机孔、缝，为页岩油储集提供重要空间，为古龙页岩油源生原储理论研究提供关键支撑。

### 参　考　文　献

[1] 冯子辉，柳波，邵红梅，等．松辽盆地古龙地区青山口组泥页岩成岩演化与储集性能［J］．大庆石油地质与开发，2020，39（3）：72-85.

[2] 何文渊，蒙启安，张金友．松辽盆地古龙页岩油富集主控因素及分类评价［J］．大庆石油地质与开发，2021，40（5）：1-13.

[3] 高波，何文渊，冯子辉，等．松辽盆地古龙页岩岩性-物性-含油性特征及控制因素［J］．大庆石油地质与开发，2022，41（3）：68-79.

[4] 邵红梅，高波，潘会芳，等．松辽盆地古龙页岩成岩-孔隙演化［J］．大庆石油地质与开发，2021，40（5）：56-67.

[5] 何建华，丁文龙，付景龙，等．页岩微观孔隙成因类型研究［J］．岩性油气藏，2014，26（5）：30-35.

[6] 李尊芝，张帆，闫建平，等．沾化凹陷沙三下亚段泥页岩孔隙类型及其影响因素［J］．科学技术与工程，2018，18（2）：33-41.

[7] 王香增，张丽霞，李宗田，等．鄂尔多斯盆地延长组陆相页岩孔隙类型划分方案及其油气地质意义［J］．石油与天然气地质，2016，37（1）：1-6.

# 松辽盆地古龙页岩油成烃、成储与成藏耦合机制研究

曾花森[1,2,3]　霍秋立[1,2,3]　张晓畅[1,2,3]　范庆华[1,2,3]　乔　羽[1,2,3]　王雨生[1,2,3]　贾艳双[1,2,3]

（1. 多资源协调陆相页岩油绿色开采全国重点实验室；2. 黑龙江省陆相页岩油重点实验室；
3. 大庆油田有限责任公司勘探开发研究院）

**摘　要**　松辽盆地古龙页岩黏土矿物含量高、有机质富氢，页岩油主要富集在高黏土、富有机质页岩层系中，砂岩、碳酸盐岩等脆性岩石夹层不发育且含油性差，这些特征使古龙页岩油成为目前国内外成功开发的不同页岩油类型中的特例，其成烃、成储与成藏机制没有可借鉴的先例，亟待攻关。为此，本文基于实验、地质与模拟"三位一体、相互验证"的思路，宏观与微观评价相结合，通过有机碳、岩石热解、热解气相色谱、有机岩石学、全岩矿物、场发射扫描电镜等实验分析，定量评价古龙页岩全组分生烃演化模式，揭示生烃、矿物演化与孔缝形成的协同演化关系，明确生烃超压、孔隙结构与页岩油滞留成藏的耦合关系及动力机制。结果表明：（1）古龙页岩全烃组分生烃模式揭示生油高峰 Ro 为 1.3%，改变传统生油高峰的认识，指出 Ro≥1.3% 演化阶段，页岩烃演化产物仍以油为主，但由于重烃向轻烃转化，原油轻烃比例增加；（2）古龙页岩有机质生烃与黏土矿物转化协同作用，促进页岩孔隙和页理缝的发育，生烃与成孔时空耦合；（3）黏土矿物对有机质生烃与原油裂解具有催化加氢作用，一方面增加生油量，另一方面促进原油裂解转化为轻质油，形成古龙页岩特殊的有机质孔——有机黏土复合孔，揭示高黏土、富氢页岩与硅质、碳酸盐岩质页岩储层成孔机制的差异；（4）基于动态参数生烃增压数值模型，结合孔隙结构特征演化和生排烃数值模拟结果，揭示 Ro 在 0.75%~1.2% 大量生烃，超压排烃，常规油运聚成藏、页岩油滞留成藏；Ro≥1.2% 演化阶段，生烃增压效应减弱、页岩孔喉降至最小，页岩油自封闭成藏。研究成果对陆相高黏土储层页岩油的勘探开发和目标优选具有重要的科学与实践意义。

松辽盆地古龙页岩油是典型的页岩型页岩油，资源潜力巨大，页岩油地质资源高达 151 亿吨，是大庆油田重要的战略接替资源和高质量发展的资源基础。与国内外海陆相页岩油储层相比，古龙页岩储层中硅质、碳酸盐岩质等脆性岩石夹层不发育且含油性差，页岩油主要赋存于高黏土、富有机质页岩层系中，页岩油为原生源储原位一体成藏，这些特征使古龙页岩油与当前国内外成功开发的各类型页岩油完全不同，现有的理论技术面临挑战，亟待攻关。以经典生油模式为例，近年来古龙页岩油的勘探实践表明页岩油的勘探成熟度 Ro 下限达 1.7%，已经超出传统生油模式的下限（Ro 下限 1.3%），显然现有的生油理论已经无法有效指导页岩油勘探。其次，以往富有机质页岩主要作为生油岩研究，特别是富黏土页岩，一般不被作为有效储层，缺乏成储机理的研究。此外，黏土矿物作为有机质生烃的催化剂和页理结构发育的重要因素，对页岩油的形成演化和孔缝的形成的作用缺乏深入研究，特别是有机-无机协同演化对成烃、成储的作用机制不清。最后，常规油气成藏与页岩油滞留成藏之间的关系还没有完全理顺，页岩油成藏的动力学机制不清。针对这些问题，本文基于地质、实验和模拟的不同演化阶段的页岩样品，通过有机碳、岩石热解、热解气相色谱、高压压汞等宏观参数研究，结合有机岩石学、场发射扫描电镜等微观分析，开展古龙页岩成烃、成储与成藏的耦合机制研究，揭示有机-无机协同演化对富黏土页岩油形成与富集的作用机制，以期为页岩油勘探开发和甜点评价提供理论技术支撑。

## 1　技术思路与研究方法

基于古龙页岩地质演化剖面、实验室热模拟演化阶段及生排烃数值模拟，宏观与微观实验相结合，通过有机碳、岩石热解、热解气相色谱、有机岩石学、全岩矿物、场发射扫描电镜等实验分析，定量评价古龙页岩全组分生烃演化模式，揭示生烃、矿物演化与孔缝形成的协同演化关系，明确生烃超压、孔隙结构与页岩油滞留成藏的耦合关系及动力机制。

（1）基于页岩保压岩心含油量及组成准确分析，建立古龙页岩全组分生烃演化模式；

（2）基于不同演化阶段的地质样品与实验室热模拟样品，通过烃源岩、储层的宏观和微观实验分析，研究有机质、黏土矿物演化与孔缝形成的耦合关系；

（3）通过数值模拟与孔隙结构演化特征，研究有机质生烃超压与页岩排烃、页岩油滞留成藏的机制；

（4）结合热史演化特征，建立古龙页岩油古地温、成烃、成岩、成储与成藏"五史"耦合演化模式，明确常规油与页岩油有序成藏过程。

## 2 结果与效果

### 2.1 古龙页岩全组分生烃演化模式

B. P. Tissot 经典干酪根生油模式和我国陆相生油模式主要基于烃源岩可溶有机质含量（即氯仿沥青"A"）随深度的演化剖面。由于没有考虑页岩可溶有机质的轻烃损失校正，传统生油模式一般认为 Ro 在 1.3%～2.0%时的烃演化产物主要为湿气或干气。近年来的研究表明，页岩可溶烃的轻烃损失可达 15%～81%，并且热演化程度越高，轻烃损失量越大。如图 1 所示，与古龙页岩保压岩心含油组成相比，常规岩心氯仿沥青"A"的 $C_{11-}$ 烃类几乎全部损失，$C_{12}$-$C_{15}$ 烃类也大部分损失，因此基于常规岩心可溶有机质建立的生油模式在烃类产物的演化上存在问题，特别是在高成熟演化阶段，严重低估液态烃的含量。

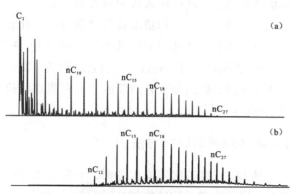

图 1　松辽盆地古龙页岩保压岩心游离烃
（a）与常规岩心氯仿沥青"A"（b）气相色谱图

本次研究基于保压岩心含量组成与常规岩心氯仿沥青"A"组分联合建立古龙页岩全烃组成生油模式，其中 $C_{15}$ 以上重烃含量基于氯仿沥青"A"，这与传统生油模式一致，原油轻烃（$C_{6-14}$）、

湿气（$C_{2-5}$）与甲烷（$C_1$）含量采用保压岩心含油组成。按照传统生油模式（图 2，$C_{15+}$ 演化剖面），古龙页岩生油主峰在 Ro1.1%；全组分生烃模式表明（图 2），生油主峰 Ro 为 1.3%，Ro>1.2%重烃含量开始下降，轻烃含量持续增加。与传统生油模式不同，古龙页岩全组分生烃模式表明 Ro>1.3%，页岩烃演化产物仍以油为主，但是轻烃比例增加。

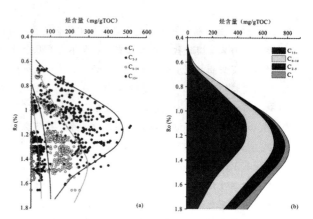

图 2　松辽盆地古龙页岩保压岩心全烃组成演化剖面
（a）与全烃组成生烃模式图（b）

### 2.2 古龙页岩有机-无机协同生烃与孔缝形成耦合

#### 2.2.1 有机质生烃与黏土矿物转化协同促进页岩孔缝发育

古龙页岩有机质来源主要为层状藻，占总有机质组成的 80%以上，扫描电镜下，层状藻与黏土矿物呈互层或复合体分布（图 3a-b）。古龙页岩生烃热模拟实验和不同演化阶段页岩样品扫描电镜分析表明，层状藻生烃转化率高，生烃后质量损失、体积收缩形成沿层方向的孔缝（图 3c-d）。

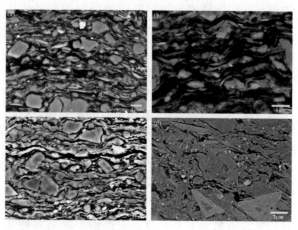

图 3　生烃模拟前后（a，c）、低熟与高过成熟古龙页岩扫描电镜（b，d）对比

另一方面，黏土矿物演化研究表明，蒙脱石向伊利石或伊蒙混层转化时，黏土矿物的有序度增加（如古龙页岩伊蒙混层结构有序度从 R0 增加到 R3），黏土片状结构越发育，促进页理缝的发育。

### 2.2.2　黏土矿物加氢催化增加生油量和原油轻烃比例

有机质生烃机理研究表明，富氢环境下，干酪根 C-C 键裂解反应形成油气，干酪根质量转化率高；而在贫氢环境下，C-C 键发生交联反应，形成焦沥青，干酪根质量转化率小。古龙页岩黏土含量高、有机质富氢为有机质生烃提供了富氢的环境。一方面，富氢有机质使古龙页岩干酪根质量转化率高、体积收缩率大。生烃热模拟实验研究表明，古龙页岩干酪根生烃前后体积收缩率可达85%以上，是古龙页岩孔缝形成的重要条件。另一方面，高含量黏土矿物为有机质加氢催化反应创造了条件。首先，黏土矿物转化过程会释放 $H^+$ 和金属阳离子，后者与水反应形成水合离子，进一步释放 $H^+$；其次，黏土矿物层间的金属阳离子与层间水结合形成水合离子，也会释放 $H^+$。理论上，这些额外的氢源将增加干酪根的生油量，同时降低原油裂解歧化反应的程度，使早期生成的重质油转化为轻质油。本次研究开展干酪根与黏土矿物混合物组分生烃模拟实验，结果表明（图4），一方面黏土矿物增加生烃量，如在蒙脱石催化下，干酪根生油量增加39%（图4a）。另一方面，黏土矿物促进重烃（$C_{14+}$）向轻烃转化（$C_{6-14}$），增加原油中的轻烃比例。如图4b所示，不同黏土矿物与干酪根混合生成的天然气比例相近，但轻烃含量普遍大于纯干酪根生成的原油，特别是蒙脱石参与的生烃产物，其轻烃比例高达46%，远高于纯干酪根的37%。

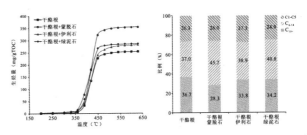

图4　松辽盆地古龙页岩干酪根与不同黏土矿物混合生烃量及组成

### 2.2.3　高黏土、富氢页岩有机质孔特征及形成机制

原油裂解反应为歧化反应，即同时生成贫氢的固体沥青和富氢的天然气。对于高黏土、富有机质页岩（图5），页岩油原位滞留于黏土相关孔缝中，受黏土矿物加氢催化作用，原油裂解歧化程度降低，转化为轻质油气，形成一种特殊的有机质孔——有机黏土复合孔，这类孔隙以黏土矿物和残碳为孔隙骨架，成因上与有机质生烃及滞留油裂解转化为轻质油气有关。与之相比，硅质、碳酸盐岩质页岩（代表大部分海相页岩），原油运移至刚性颗粒粒间孔，在高成熟阶段，由于没有额外的氢源，这些原油裂解为固体沥青，其内形成蜂窝状的有机质粒内孔，这类有机质孔的孔隙骨架是固体沥青，成因上与原油裂解成气有关。古龙页岩主要发育有机黏土复合孔，仅在高成熟阶段发育少量有机质粒内孔。

### 2.3　古龙页岩超压排烃与滞留成藏机制

生烃增压与干酪根转化率、干酪根密度、原油密度、原油压缩系数等参数有关，以往的生烃增压数值模型一般采用固定的参数进行计算，得到的生烃增压曲线总是单调上升的。事实上，随着成熟度的增加，干酪根密度、原油密度等参数

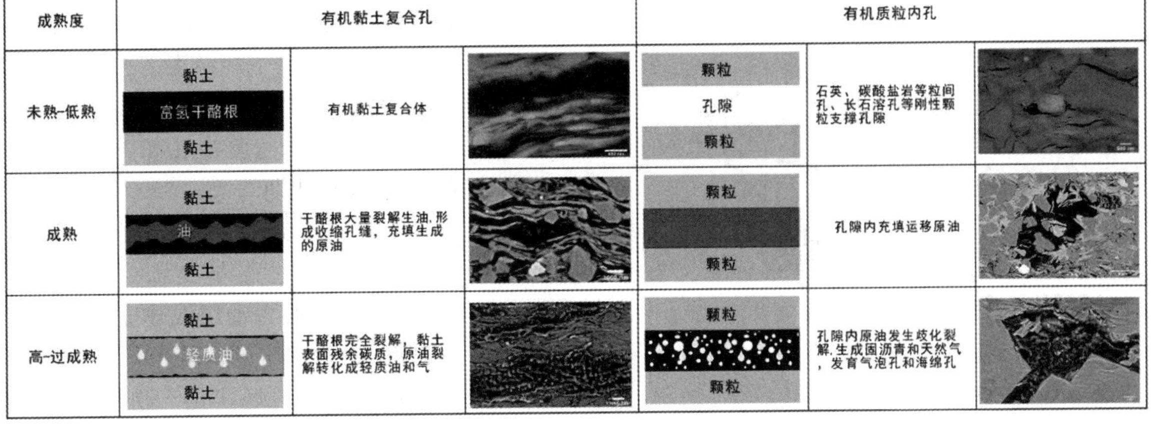

| 成熟度 | 有机黏土复合孔 | | | 有机质粒内孔 | | |
|---|---|---|---|---|---|---|
| 未熟-低熟 | 黏土 / 富氢干酪根 / 黏土 | 有机黏土复合体 | | 颗粒 / 孔隙 / 颗粒 | 石英、碳酸盐岩等粒间孔、长石溶孔等刚性颗粒支撑孔隙 | |
| 成熟 | 黏土 / 油 / 黏土 | 干酪根大量裂解生油，形成收缩孔缝，充填生成的原油 | | 颗粒 / / 颗粒 | 孔隙内充填运移原油 | |
| 高-过成熟 | 黏土 / 轻质油 / 黏土 | 干酪根完全裂解，黏土表面残余碳质，原油裂解转化成轻质油和气 | | 颗粒 / / 颗粒 | 孔隙内原油发生歧化裂解，生成固沥青和天然气，发育气泡孔和海绵孔 | |

图5　有机黏土复合孔与有机质粒内孔形成机制对比

都是变化的，为此本次研究各项参数均采用动态值，计算公式如下：

$$\Delta P = \frac{V_o - \Delta V_k}{C_o \times V_o} \qquad (1)$$

$$\Delta V_k = \frac{TOC_0}{0.83 \times \rho_k^0} - \frac{TOC_0 - TOC_e \times \gamma}{0.83 \times \rho_k} \qquad (2)$$

$$V_o = \frac{TOC_e \times \gamma}{\rho_o} \qquad (3)$$

$$TOC_e = TOC_0 \times HI_0 \times 0.00083 \qquad (4)$$

式中：$\Delta P$——生烃增压，MPa；$C_o$——原油压缩系数，$MPa^{-1}$；$TOC_0$——原始有机碳，%；$TOC_e$——有效有机碳，%；$HI_0$——原始氢指数，mg/gC；$\gamma$——生烃转化率，分数；$\rho_o$——地层原油密度，$g/cm^3$；$\rho_k$——干酪根密度，$g/cm^3$；$\Delta V_k$——生烃前后干酪根体积变化，$cm^3$；$V_o$——生成原油的体积，$cm^3$。

从结果来看（图6a），生烃增压呈先增加后降低的趋势。对于古龙页岩，生烃增压在2200m（Ro~1.2%）左右达到最高，对应干酪根裂解完成时。从高压压汞平均孔喉半径的演化剖面可以看出（图6b），古龙页岩埋深小于2200m时，平均孔喉半径较大，且随埋深增加呈下降趋势；埋深大于2200m时，平均孔喉半径降到最低，且随埋深加大变化不大。结合古龙页岩生烃曲线、生烃增压曲线和平均孔喉半径演化规律，不难看出，以Ro=1.2%为界，Ro<1.2%时，生烃增压大且随Ro逐渐升高，页岩平均孔喉半径较大、随Ro逐渐降低，有利于古龙页岩排烃，为常规油运聚成藏与重质页岩油滞留成藏阶段；Ro≥1.2%时，生烃增压随Ro逐渐降低，页岩平均孔喉半径降到最小，滞留油不易排出，为页岩油自封闭成藏的有利阶段。

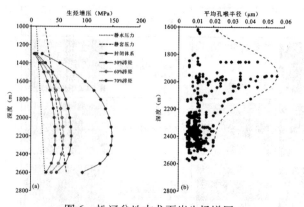

图6　松辽盆地古龙页岩生烃增压
（a）与平均孔喉半径（b）与深度关系

古龙页岩典型井生排烃数值模拟结果也表明（图7），古龙页岩大规模生排烃发生在75~65Ma，对应Ro为0.75%~1.15%，与生烃增压和平均喉半径分析的生、排、滞留阶段基本一致。

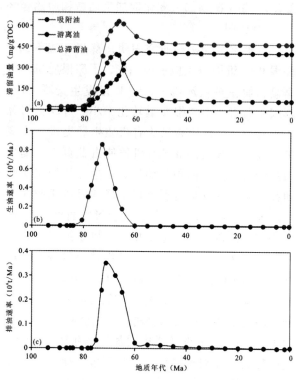

图7　松辽盆地GY8HC井青一段生、排、
滞留油量演化图

### 2.4　古龙页岩油五史耦合演化模式

结合古地温演化史、成烃、成岩、成储和成藏演化史研究，建立了古龙页岩油五史耦合模式图，明确了常规油与页岩油的有序成藏过程（图8）。（1）Ro=0.8%~1.2%时，干酪根大量裂解，生烃超压排烃、常规油气聚集成藏，滞留油量达到最大，页岩油以吸附油为主，油质较重，游离油则主要赋存于有机质孔缝和有机酸溶蚀孔中，此阶段为常规油与重质页岩油形成阶段。（2）Ro≥1.2%时，干酪根裂解生烃结束，页岩油在黏土矿物催化下，持续裂解转化为轻质油和气，页岩油主要赋存于有机质黏土复合孔和页理缝中，此阶段为轻质页岩油形成期。

## 3　结论

（1）基于保压岩心含油组成建立古龙页岩全烃组分生烃模式，揭示生油高峰Ro为1.3%，Ro≥1.3%演化阶段，页岩烃演化产物仍以油为主，但由于重烃向轻烃转化，原油轻烃比例增加。

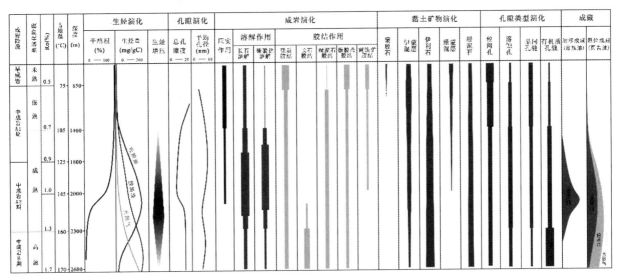

图 8 松辽盆地古龙页岩成烃、成岩、成储与成藏耦合演化模式图

（2）古龙页岩有机质生烃与黏土矿物转化协同作用，促进页岩孔隙和页理缝的发育，成烃、成岩与成孔时空耦合。

（3）黏土矿物对有机质生烃与原油裂解具有催化加氢作用，一方面增加生油量，另一方面促进原油裂解转化为轻质油，形成古龙页岩特殊的有机质孔——有机黏土复合孔，揭示高黏土、富氢页岩与硅质、碳酸盐岩质页岩储层成孔机制的差异。

（4）建立基于动态参数的页岩生烃增压数值模型，结合孔隙结构演化特征，揭示 Ro 在 0.75% ~1.2%大量生烃，超压排烃，常规油运聚成藏、页岩油滞留成藏；Ro≥1.2%演化阶段，生烃增压效应减弱、页岩孔喉降至最小，页岩油逐渐自封闭成藏。

## 参 考 文 献

［1］张赫，王小军，贾承造，等. 松辽盆地北部中浅层全油气系统特征与油气成藏聚集模式［J］. 石油勘探与开发，2023，50（4）：683-694.

［2］蒙启安，林铁锋，张金友，等. 页岩油原位成藏过程及油藏特征——以松辽盆地古龙页岩油为例［J］. 大庆石油地质与开发，2022，41（3）：24-37.

［3］TISSOT B，DURAND B，ESPITALIé J，et al. Influence of Nature and Diagenesis of Organic Matter in Formation of Petroleum［J］. AAPG Bulletin，1974，58（3）：499-506.

［4］BU H，YUAN P，LIU H，et al. Effects of complexation between organic matter（OM）and clay mineral on OM pyrolysis［J］. Geochimica et Cosmochimica Acta，2017，212：1-15.

［5］DAVIS J B，STANLEY J P. Catalytic effect of smectite clays in hydrocarbon generation revealed by pyrolysis-gas chromatography［J］. Journal of Analytical and Applied Pyrolysis，1982，4（3）：227-240.

［6］ESPITALIE J，MADEC M，TISSOT B. Role of mineral matrix in kerogen pyrolysis：Influence on petroleum generation and migration［J］. AAPG Bulletin，1980，64（1）：59-66.

［7］CHARPENTIER D，WORDEN R H，DILLON C G，et al. Fabric development and the smectite to illite transition in Gulf of Mexico mudstones：an image analysis approach［J］. Journal of Geochemical Exploration，2003，78-79：459-463.

［8］杨万里，李永康，高瑞祺，等. 松辽盆地陆相生油母质的类型与演化模式［J］. 中国科学，1981，24（8）：1000-1008.

［9］NOBLE R A，KALDI J G，ATKINSON C D. Oil saturation in shales：Applications in seal evaluation［M］// R. C. S. Seals，Traps，and the Petroleum System：AAPG Memoir 67. AAPG. 1997：1-355.

［10］JARVIE D. Components and processes affecting producibility and commerciality of shale resource systems［J］. Geologica Acta，2014，12：307-325.

［11］霍秋立，曾花森，张晓畅，等. 松辽盆地古龙页岩有机质特征与页岩油形成演化［J］. 大庆石油地质与开发，2020，39（3）：86-96.

［12］冯子辉，霍秋立，曾花森，等. 松辽盆地古龙页岩有机质组成与有机质孔形成演化［J］. 大庆石油地质与开发，2021，40（5）：40-55.

［13］WANG F，FENG Z，WANG X，et al. Effect of organic matter，thermal maturity and clay minerals on pore formation and evolution in the Gulong Shale，Songliao Basin, China [J]. Geoenergy Science and Engineering, 2023, 223: 211507.

[14] LEWAN M D. Experiments on the role of water in petroleum formation [J]. Geochimica et Cosmochimica Acta, 1997, 61 (17): 3691-3723.

[15] HUGGETT J M. Clays and Their Diagenesis [M] // SELLEY R C, COCKS L R M, PLIMER I R. Encyclopedia of Geology. Oxford: Elsevier. 2005: 62-70.

[16] WU L M, ZHOU C H, KEELING J, et al. Towards an understanding of the role of clay minerals in crude oil formation, migration and accumulation [J]. Earth-Science Reviews, 2012, 115 (4): 373-386.

[17] JOHNS W D. Clay mineral catalysis and petroleum generation [J]. Annual Review of Earth and Planetary Sciences, 1979, 7 (1): 183-198.

[18] 孙龙德, 王凤兰, 白雪峰, 等. 页岩中纳米级有机黏土复合孔缝的发现及其科学意义——以松辽盆地白垩系青山口组页岩为例 [J]. 石油勘探与开发, 2024, 51 (4): 708-719.

# 工 程 篇

在当今能源格局中，页岩油气资源的重要性日益凸显。随着技术的不断进步，页岩油气勘探开发工程正成为全球能源领域的焦点。页岩油气作为一种非常规能源，具有巨大的潜力，为满足不断增长的能源需求提供了新的途径。本篇深入探讨页岩油气勘探开发工程中的关键问题，包括先进的地球物理勘探技术、高效的钻井工艺以及创新的压裂增产措施等。通过对国内外研究现状的梳理和实际案例的分析，旨在为提高我国页岩油气勘探开发水平提供理论支持和实践指导，推动页岩油气产业的可持续发展，为保障国家能源安全贡献力量。期望为推动我国页岩油气产业的可持续发展提供有益的参考与借鉴。

# 页岩油藏压后产能数值模拟评价方法研究

孙　鑫　杜焕福　王春伟

(中石化经纬有限公司地质测控技术研究院)

**摘　要**　体积压裂后的页岩油藏储层多尺度孔隙结构发育，多相流体渗流规律复杂，对页岩油藏产能具有重要影响。本文基于页岩储层油水两相相渗计算方法和嵌入式离散裂缝模型，建立了考虑页岩油水两相渗流特性的体积压裂页岩油藏产能数值模拟方法。根据实际页岩储层孔径分布计算油水相渗曲线，结合页岩油藏压裂/生产流程，开展了页岩油藏压裂液空间分布以及油井产能评价模拟分析。结果表明：不同页岩孔隙结构下油水两相相渗曲线差异较大；压裂液主要分布在水力裂缝、与其相连的天然裂缝以及其周边基质中，在压裂后焖井过程中裂缝中压裂液逐渐渗吸进入基质，并在基质中逐步扩散；体积压裂后的页岩油藏可以实现整体动用。提出的模型和模拟方法从微观多相渗流特性到宏观产能评价为指导页岩油藏高效开发提供了技术支撑。

**关键词**　页岩油藏；油水相渗；压裂液分布；数值模拟

## 1　引言

随着我国油气对外依存度持续上升以及常规油气开发步入后期，页岩油气等非常规油气资源的地位日益显著。2022 年，中国石油的页岩油产量突破了 300 万吨，页岩油作为油气资源的后起之秀，其规模化开发正加速推进。水平井和体积压裂技术是实现页岩油藏规模效益开发的关键，但受页岩复杂孔隙结构及固液相互作用影响，目前在页岩油渗流机理、压裂液反排规律以及产能预测等方面仍面临诸多问题与挑战。

在页岩油藏压裂过程中，高压泵注的压裂液会促使主裂缝和次生裂缝的延伸扩展，形成复杂人工裂缝网络，同时压裂液会通过渗吸作用进入并滞留在基质中，在反排过程中少量排出，从而影响页岩油后续产能。实践表明，不同页岩油藏储层的压裂液反排率及产能差异较大，其反排特征主要受页岩储层中油水两相渗流特性影响，本质上由页岩孔隙结构特征控制。页岩油储层孔隙结构通常具有纳米级孔隙发育、孔径分布范围广的特点，前人基于页岩孔隙内流体流动规律、孔径分布等提出了两相相对渗透率计算方法，但未在此基础上开展页岩油藏压裂液分布和油井产能研究。数值模拟是常用的油藏产能评价手段，但体积压裂后的页岩油藏会发育多尺度的孔隙和裂缝储渗空间，数值模拟难度大。本文笔者结合页岩油藏相渗计算方法和油水两相渗流数学模型，

建立了页岩油藏产能数值模拟方法，并对页岩油藏压裂液空间分布特征和油井产能进行评价分析。

## 2　数学模型及求解

### 2.1　页岩油藏相渗计算方法

基于 Wang 等人提出的毛细管相渗计算模型，结合实际页岩孔隙的复杂形状和孔径分布，建立页岩油藏油水两相相渗计算方法。考虑到页岩储层中复杂的孔隙形状，本文采用三角形毛细管模型表征页岩油藏储层。根据三角形毛细管中油水分布状态，可得单个毛细管中的油水两相流动规律如下：

$$Q_o = \frac{\pi r_{eff}^4}{8\mu_o L}\Delta p$$

$$Q_w = \frac{\left(\frac{1}{4G} - \pi\right)r_d^4}{\beta\mu_w L}\Delta p$$

式中，$Q$ 为毛细管中流体流量，$m^3/s$；$\mu$ 为相粘度，$Pa \cdot s$；$L$ 为毛细管长度，$m$；$\beta$ 为考虑水与孔隙壁面相互作用的无因次阻力系数；$r_{eff}$ 为毛细管的有效油相半径，$m$；$G$ 为三角形毛细管的形状因子；$r_d$ 为油水稳定状态下的界面曲率半径，$m$。$r_{eff}$ 和 $r_d$ 的计算公式如下：

$$r_{eff} = \frac{2}{1/\sqrt{\left(GP^2 - (1/4G - \pi)r_d^2\right)/\pi} + 1/r_{in}}$$

$$r_d = \frac{P}{0.5G + \sqrt{\pi/G}}$$

式中，$P$ 为三角形毛细管截面周长，m；$r_{in}$ 为毛细管内切圆半径，m。

结合单个毛细管中油水流动规律和页岩孔径分布，可得页岩储层油水相对渗透率计算公式如下：

$$k_{ro, k} = \frac{5\pi \sum\limits_{j=1}^{k} f_j r_{\text{eff}, j}^4}{6 \sum\limits_{j=1}^{n} f_j r_{\text{in}, j}^2 A_j}$$

$$k_{rw, k} = \frac{20 \sum\limits_{j=1}^{k} f_j \left(\frac{1}{4G} - \pi\right) r_{d, j}^4}{3\beta \sum\limits_{j=1}^{n} f_j r_{\text{in}, j}^2 A_j} + \frac{\sum\limits_{j=k+1}^{n} f_j r_{\text{in}, j}^2 A_j}{\sum\limits_{j=1}^{n} f_j r_{\text{in}, j}^2 A_j}$$

$$S_{w, k} = \frac{\sum\limits_{j=1}^{k} f_j \left(\frac{1}{4G} - \pi\right) r_{d, j}^2 + \frac{1}{4G} \sum\limits_{j=k+1}^{n} f_j r_{\text{in}, j}^2}{\sum\limits_{j=1}^{n} f_j A_j}$$

式中，下标 $k$ 表示不同含水饱和度的下标；$A$ 为毛细管的截面积，$\text{m}^2$；$f$ 为孔径分布函数。因此，已知页岩储层的孔径分布后，便可通过上述公式计算出页岩油水两相相渗。

### 2.2 页岩油藏油水两相渗流数学模型

考虑页岩油藏中的油水两相渗流过程，其基质和裂缝中油水两相流体质量守恒关系可统一表达为如下连续性方程的形式：

$$\frac{\partial}{\partial t}(\varphi \rho_\beta S_\beta) = -\nabla \cdot (\rho_\beta v_\beta) + q_\beta$$

式中，下标 $\beta$ 为 o 或 w，代表油相或水相；$\phi$ 为孔隙度；$\rho$ 为流体密度，$\text{kg/m}^3$；$S$ 为流体饱和度；$q$ 为流体源汇项，kg/s；$v$ 为渗流速度，m/s。

基质中油水两相流动采用非线性渗流模型进行描述，即考虑页岩中流体流动的最小启动压力梯度效应，模型如下：

$$v_\beta = -\frac{k k_{r\beta}}{\mu_\beta} \nabla \psi_\beta \left(1 - \frac{1}{a + b|\nabla \psi_\beta|}\right)$$

式中，$k$ 为绝对渗透率，$\text{m}^2$；$k_r$ 为相对渗透率；$b$ 为拟启动压力梯度的倒数，$(\text{Pa/m})^{-1}$；$a$ 为非线性渗流凹形曲线段的影响因子；$\psi = p - \rho g D$ 为相流体的流动势，Pa；$p$ 为相流体压力，Pa；$D$ 为深度，m。裂缝中通常不存在启动压力梯度效应，因此采用常规达西定律描述裂缝内的油水两相流动过程。

### 2.3 页岩油藏渗流模型求解方法

为了对页岩油藏中油水两相流体流动进行高效求解，基于嵌入式离散裂缝模型对体积压裂后页岩油藏中复杂裂缝进行几何离散和网格剖分（图1）。对于给定的体积压裂页岩油藏模型，首先采用结构化网格对基质区域进行剖分，然后将水力压裂缝和天然裂缝网络嵌入至剖分后的结构化网格中，利用结构化网格边界对裂缝网络进行切割，形成离散裂缝网格单元，综合形成页岩油藏数值模拟的网格单元系统。

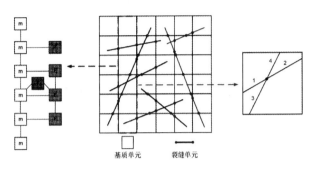

图1    嵌入式离散裂缝模型示意图

基于离散后的页岩油藏网格系统，采用有限体积法对油水两相渗流模型进行数值离散，并推导得到离散方程的残差形式如下：

$$R_{\beta, i}^{t+1} = \sum_{j \in \eta_i} \left[ (\rho_\beta \lambda_\beta)_{ij+\frac{1}{2}}^{t+1} T_{ij}^{t+1} (\psi_{\beta j}^{t+1} - \psi_{\beta i}^{t+1})(1 - \gamma_{ij}^{t+1}) \right] +$$
$$(V q_\beta)_i^{t+1} - \frac{(V \varphi \rho_\beta S_\beta)_i^{t+1} - (V \varphi \rho_\beta S_\beta)_i^{t}}{\Delta t}$$

式中，下标 $ij + 1/2$ 表示单元 $i$ 和 $j$ 界面上的上游迎风加权平均；$\eta_i$ 为单元 $i$ 的邻近单元集合；$t+1$ 为当前时间步；$t$ 为上一时间步；$\lambda$ 为流度，定义为 $\lambda = (k_r/\mu)$，$(\text{Pa} \cdot \text{s})^{-1}$；$T_{ij}$ 为单元 $i$ 和 $j$ 间的传导率，可分为基质和裂缝不同介质单元组合间的传导率，具体计算可以参考文献；$\gamma_{ij}$ 为启动压力梯度引起的附加阻力系数，计算如下：

$$\gamma_{ij} = \frac{1}{a + b|\psi_{\beta j}^{t+1} - \psi_{\beta i}^{t+1}|/d_{ij}}$$

式中，$d_{ij}$ 为单元 $i$ 和 $j$ 间的距离，m。

针对离散的残差方程，采用牛顿-拉夫森方法进行迭代求解，得到如下求解格式：

$$\sum_n \frac{\partial R_{\beta, i}^{t+1}(x_k^{t+1})}{\partial x_n} \delta x_{n, k+1} = -R_{\beta, i}^{t+1}(x_k^{t+1})$$
$$x_{k+1}^{t+1} = x_k^{t+1} + \delta x_{k+1}$$

式中，下标 $k$ 为迭代层次；$n$ 为主变量向量元素的下标；$x$ 为主变量向量，本文选取油相压力和含水饱和度为主变量。在每个时间步中，采用上述求解格式进行迭代计算，并更新主变量，直至残差向量的范数小于设定的允许误差，便可进入下一个时间步进行计算。

## 3　页岩油藏压裂液分布及产能模拟分析

页岩储层中油水两相渗流特性对于页岩油藏中压裂液分布和产能具有显著影响。本节首先根据页岩储层的孔径分布对油水相对渗透率进行计算，在此基础上，开展页岩油藏压裂液注入、焖井及生产过程数值模拟，分析页岩油藏压裂液分布及油井产能，形成页岩油藏生产全流程评价手段。

### 3.1　页岩油藏油水相对渗透率计算

选取两种典型页岩孔径分布，即单峰型孔径分布和双峰型孔径分布（图2），在孔隙形状参数相同的基础上，采用页岩油藏相渗计算方法对油水相对渗透率进行计算，计算所得相对渗透率曲线如图3所示。可以看出，相比于单峰型孔径分布，双峰型孔径分布的孔隙尺寸相对更大，油相的流动能力更强。因此，相比之下，双峰型孔径分布的页岩储层油相相对渗透率更大，水相相对渗透率更小。

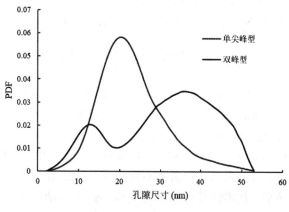

图2　页岩孔径分布

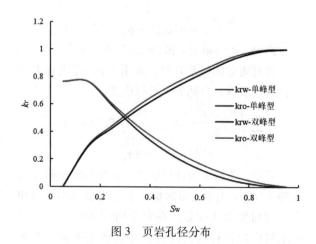

图3　页岩孔径分布

### 3.2　页岩油藏压裂液分布特征分析

为了分析页岩油藏压裂过程中压裂液的分布特征，建立如图4所示的体积压裂页岩油藏模型进行分析。该页岩油藏的基础物性参数如表1所示，油水相对渗透率曲线采用图3中单峰型孔径分布的计算结果。图5给出了注入压裂液后的页岩油藏基质和裂缝中的压力和含水饱和度分布模拟结果，图6则给出了压裂结束焖井30天后的基质和裂缝中的压力和含水饱和度分布。可以看出，压裂过程中，压裂液主要进入压裂缝及其周边天然裂缝和基质中，引起近水力裂缝周边区域压力升高，而且该区域裂缝内含水饱和度显著上升，近水力裂缝基质内含水饱和度有所提高。压裂结束进入焖井阶段后，在焖井过程中裂缝和基质中的压力会逐渐向周围区域耗散，导致近水力裂缝高压区域内的压力逐渐降低。同时，裂缝内的压裂液会在毛管力的作用下渗吸进入基质中，导致裂缝内含水饱和度降低，并对页岩基质中的原油产生一定的渗吸置换作用。

图4　体积压裂页岩油藏模型

表1　油藏基础物性参数

| 参数 | 数值 |
| --- | --- |
| 基质孔隙度 | 0.07 |
| 基质渗透率/mD | $5\times10^{-4}$ |
| 水力裂缝开度/mm | 4 |
| 水力裂缝渗透率/mD | 5000 |
| 天然裂缝开度/mm | 0.3 |
| 天然裂缝渗透率/mD | 100 |
| 初始油藏压力/MPa | 40 |
| 初始含水饱和度 | 0.05 |
| 水相粘度/（mPa·s） | 0.25 |
| 油相粘度/（mPa·s） | 0.4 |
| 压裂液注入量/m³ | 10000 |
| 压裂后焖井时间/d | 30 |

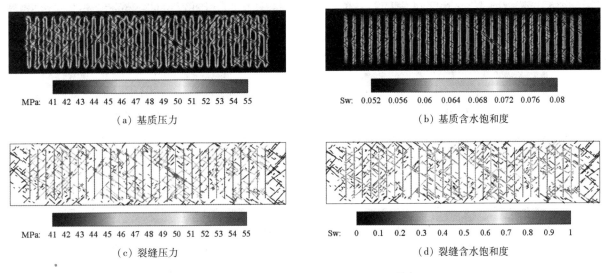

（a）基质压力　　　　　　　　　　　　（b）基质含水饱和度

（c）裂缝压力　　　　　　　　　　　　（d）裂缝含水饱和度

图 5　压裂后页岩油藏压力和含水饱和度分布模拟结果

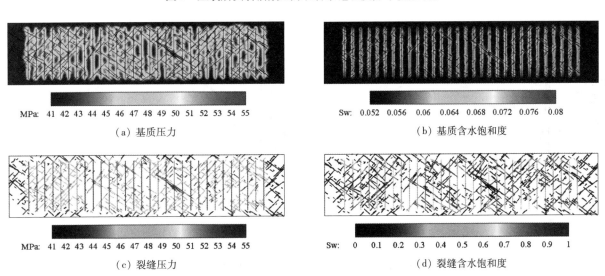

（a）基质压力　　　　　　　　　　　　（b）基质含水饱和度

（c）裂缝压力　　　　　　　　　　　　（d）裂缝含水饱和度

图 6　压裂后页岩油藏压力和含水饱和度分布模拟结果

### 3.3　页岩油藏压后产能分析

在压裂液注入和焖井的模拟结果基础上，开展页岩油藏压后产能数值模拟，对页岩油藏衰竭开发动用范围和产油量进行评价。图 7 为衰竭开发1000 天后的储层基质和裂缝中的压力和含油饱和度分布。可以看出，经体积压裂后的页岩油藏裂缝网络发育，衰竭开发过程中油藏动用程度高，天然裂缝发育范围内基本可以动用开发。此外，从储层含水饱和度分布可以看出，经衰竭开发后裂缝内基本不存在水，但基质内的含水饱和度分布与生产前差异不大。这主要是由于当压裂液进入基质后，在毛管力作用下会滞留在基质中，后续生产压差难以克服毛管阻力，这也解释了实际页岩储层压裂后压裂液返排率低的现象。图 8 给出了页岩油藏生产 1000 天的日产油量和累积产油量

曲线。可以看出，体积压裂页岩油藏衰竭开发产量递减速度快，经 1000 天开发后油井累积产油量可达 61145 $m^3$。此外，开发过程中累积产水量为3335 $m^3$，忽略地层水产出计算得出压裂液反排率为 33%，与现场实际基本符合。

## 4　结论

（1）基于页岩油藏油水两相相渗计算方法和嵌入式离散裂缝模型，建立了考虑页岩油水两相渗流特性的体积压裂页岩油藏产能数值模拟方法，可以实现页岩油藏油水相对渗透率、压裂液分布和反排以及油井产能的全流程评价。

（2）基于页岩储层孔径分布以及孔隙结构参数，采用毛细管模型可得到页岩油藏油水两相相对渗透率，分析发现页岩孔径分布会对油水两相

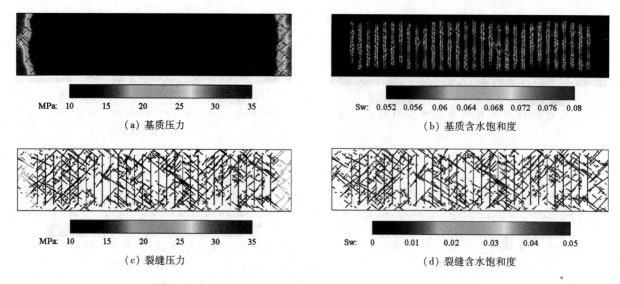

（a）基质压力 　　　　　　　　（b）基质含水饱和度

（c）裂缝压力 　　　　　　　　（d）裂缝含水饱和度

图 7　生产 1000 天后页岩油藏压力和含水饱和度分布模拟结果

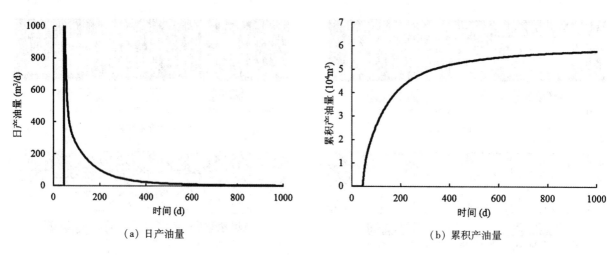

（a）日产油量 　　　　　　　　（b）累积产油量

图 8　页岩油藏生产 1000 天的日产油量和累积产油量曲线

相对渗透率产生较大影响。

（3）压裂过程中压裂液进入地层后主要分布于水力压裂缝以及其周边的天然裂缝和基质中，在压裂后焖井过程中，裂缝中的压裂液会在渗吸作用下进入周边基质。

（4）体积压裂页岩油藏衰竭开发动用范围和程度高，基质内压裂液在毛管阻力作用下排出量较少，压裂液反排率为 33%，且经 1000 天衰竭开发页岩油藏累积产油量可达 61145 $m^3$。

## 参 考 文 献

［1］邹才能，马锋，潘松圻，等 . 全球页岩油形成分布潜力及中国陆相页岩油理论技术进展［J］. 地学前缘，2023，30（1）：128-42.

［2］杨雷，金之钧 . 全球页岩油发展及展望［J］. 中国石油勘探，2019，24（5）：553-9.

［3］我国页岩油勘探开发在多领域获重要进展［J］. 天然气勘探与开发，2023，46（1）：118.

［4］于学亮，胥云，翁定为，等 . 页岩油藏"密切割"体积改造产能影响因素分析［J］. 西南石油大学学报（自然科学版），2020，42（3）：132-43.

［5］倪华峰，杨光，张延兵 . 长庆油田页岩油大井丛水平井钻井提速技术［J］. 石油钻探技术，2021，49（4）：29-33.

［6］欧阳伟平，张冕，孙虎，等 . 页岩油水平井压裂渗吸驱油数值模拟研究［J］. 石油钻探技术，2021，49（4）：143-9.

［7］王继伟，曲占庆，郭天魁，等 . 考虑压裂液渗吸的压后压裂液返排的数值模拟［J］. 深圳大学学报（理工版），2023，40（1）：56-65.

［8］徐润滋，杨胜来，王吉涛，等 . 高温高压下陆相致密油藏非稳态压裂液渗吸机理研究［J］. 油气地质与采收率：1-10.

［9］WANG J，DONG M，YAO J. Calculation of relative permeability in reservoir engineering using an interacting triangular tube bundle model [J]. Particuology, 2012, 10 (6): 710-21.

[10] LI R, CHEN Z, WU K, et al. A fractal model for gas-water relative permeability curve in shale rocks [J]. Journal of Natural Gas Science and Engineering, 2020, 81: 103417.

[11] SU Y-L, XU J-L, WANG W-D, et al. Relative permeability estimation of oil-water two-phase flow in shale reservoir [J]. Petroleum Science, 2022, 19 (3): 1153-64.

[12] 刘礼军, 姚军, 孙海, 等. 考虑启动压力梯度和应力敏感的页岩油井产能分析 [J]. 石油钻探技术, 2017, 45 (5): 84-91.

[13] 单安平, 石立华, 康恺, 等. 考虑启动压力梯度和应力敏感效应的超低渗透油藏新型产能模型研究 [J]. 新疆石油天然气, 2017, 13 (4): 41-6+3.

[14] 杨清立, 杨正明, 王一飞, 等. 特低渗透油藏渗流理论研究 [J]. 钻采工艺, 2007, (6): 52-4+144.

[15] LIU L, HUANG Z, YAO J, et al. Simulating two-phase flow and geomechanical deformation in fractured karst reservoirs based on a coupled hydro-mechanical model [J]. International Journal of Rock Mechanics and Mining Sciences, 2021, 137: 104543.

[16] 姚军, 刘礼军, 孙海, 等. 复杂裂缝性致密油藏注水吞吐数值模拟及机制分析 [J]. 中国石油大学学报 (自然科学版), 2019, 43 (05): 108-17.

# 致密气-煤层气合采井压裂开发主控影响因素分析

张　浩　白玉湖　房茂军　徐兵祥　李　娜

(中海油研究总院有限责任公司)

**摘　要**　随着开发的深入传统致密气资源逐渐枯竭，低品质致密气资源占比越来越高，而致密气资源常与煤层气资源伴生，将致密气与煤层气合采的工艺被视为一种创新性的开发策略，旨在有效提升低品位致密气的储量动用率和产量。然而，水力压裂是两气合采开发的重要技术手段，但这一开发技术目前仍处于起步阶段，其水力压裂的开发效果以及各类参数对水力裂缝的具体影响尚不明确。面对以上现状，本研究基于鄂尔多斯盆地东缘神府气区已实施两气合采的井数据，对其压裂效果及主要影响因素进行了细致的分析。通过采用相同参数组合对比、皮尔逊相关性分析等方法，对两气合采致密气层及煤层相关地质参数及压裂工程参数进行对比分析，明确了影响两气合采井产能的主要地质因素和工程因素。同时，利用压裂数值模拟，建立PL3D裂缝扩展数值模型，对两气合采压后高产井和低产井的裂缝形态进行了对比分析。研究结果显示，相较于煤层，致密气层的压裂开发效果对两气合采井的压后产能具有更为显著的影响，数值模拟结果进一步揭示了层系分布结构是影响两气合采井压裂效果和压后产能的关键因素。综上所述，本研究不仅增进了对两气合采压裂开发效果主要影响因素的认识，同时为两气合采的压裂工艺优化提供了一定的指导意义。

**关键词**　两气合采；水力压裂；压裂数值模拟；相关性分析；主控因素分析

## 1　引言

随着致密气藏勘探开发的深入，产气能力逐渐衰竭，大量井靠单采致密气无法维持其经济产量，同时致密气资源常和煤层气资源共生，利用同一气井将致密气和煤层气共同开发称为两气合采，该方法能够显著增加致密气储量动用，提升低品位致密气藏的产量。

水力压裂是实现两气合采的重要开发工艺，但两气合采水力压裂较常致密气压裂更为复杂，也存在着更大的风险与不确定性，国内外学者对两气合采的可行性和压后层间干扰等问题进行过一系列研究，并在鄂尔多斯盆地进行了初步开发实践。数值模拟是研究水力压裂的有效手段，从早期的 KGD 模型和 PKN 模型开始，已经发展出有限元模型（FEM），边界元模型（BEM），和离散元模型（DEM）等类，为了模拟水力裂缝在复杂地层中的扩展，学者们研发了三维和拟三维裂缝数值模型，以及裂缝网络模型等，为两气合采的压裂研究提供了有力支持。

但目前国内外对两气合采的研究与现场应用尚处于起步阶段，对影响水力压裂效果的的主控因素及其影响程度尚不明确，致密气与煤层气对产能贡献程度仍缺乏清晰认识。基于以上问题，

本文结合神府气区已开发两气合采井的现场数据，对包括储层物性、地质结构、压裂施工、压后产能等参数进行了全面整理与统计，利用数据分析方法和数值模拟相结合，进行了两气合采井压裂效果评价和主控影响因素的分析。

## 2　两气合采井压裂地质主控影响因素分析

目前神府气区已压裂投产的两气合采井为 64 口，根据压后稳产气量将其分为高产井（大于 1 万方/天）、低产井（小于 0.4 万方/天），以及中产井（0.4 万方/天至 1 万方/天），各类型井数量及占比如图 1 所示，两气合采井压后产能存在着较大差异性，压后高产井有 19 口，占总井数的 30%，而压后低产井为 23 口，占总井数的 36%，压后低产井占比较高，说明压裂总体效果还存在较大提升空间。

统计致密气层及煤层地质结构参数与压后产量的关系如图 2 所示，其中的致密气砂岩层厚度指致密气水力压裂波及到的全部砂岩层总厚度。由图可知，致密气层厚度与压后产量呈明显正相关性，而煤层厚度与压后产量相关性则不明显，说明致密气层厚度为影响压裂开发效果的主控地质因素，压后高产井的致密气层厚度界限为 4m。此外，致密气砂岩层厚度与压后产气量呈明显负相

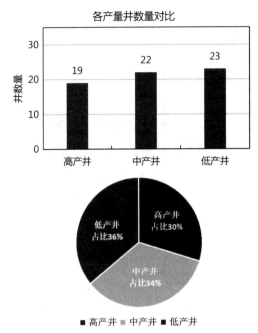

图 1　两气合采各产量井数量分布及占比

关，也是影响压裂效果的主控地质因素，说明砂岩层厚度越厚，水力裂缝沟通的无效层段越多，作用在有效层段的压裂液就越少，越不利于压后高

产，高产井的砂岩层总厚度界限为 25m，两气合采压裂致密气应首选气层厚度大于 4m 且总砂岩厚度小于 25m 的层段。

对两气合采井储层物性参数与压后产气量关系进行统计，并根据基础物性参数，分别定义致密气层及煤层的地层特征参数，该参数反映储层产气潜力，如公式（1）～（2）所示：

$$F_g = h_g \cdot k_g \cdot \emptyset_g \cdot S_g \qquad (1)$$

其中，$F_g$ 代表致密气地层特征参数；$h_g$ 是致密气层厚度；$k_g$ 是致密气层渗透率；$\emptyset_g$ 是致密气层孔隙度；$k_g$ 是致密气层含气饱和度。

$$F_c = h_c \cdot g_c \qquad (2)$$

其中，$F_c$ 代表煤层地层特征参数；$h_c$ 是煤层厚度；$g_c$ 是煤层含气量。

各物性参数与压后产气量关系分布结果如图 3 所示，致密气层与煤层基础物性参数与压后产量关系均不明显，但致密气层地层特征参数与压后产量呈较为明显的正相关，说明致密气层的产气潜力是影响压后产能的主控地质因素，煤层地层特征参数与压后产量存在一定正相关性，但不明显。

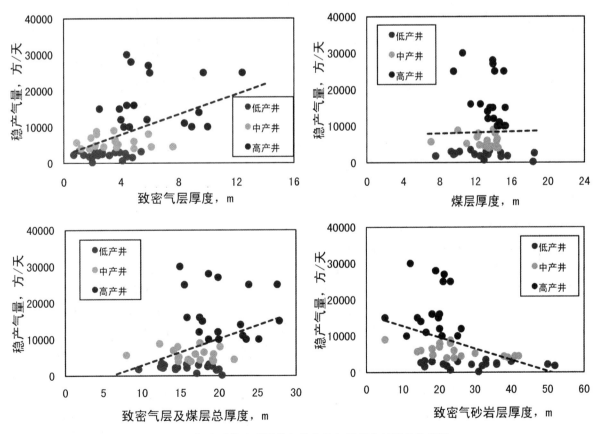

图 2　两气合采井地质结构相关参数与压后产气量的关系图

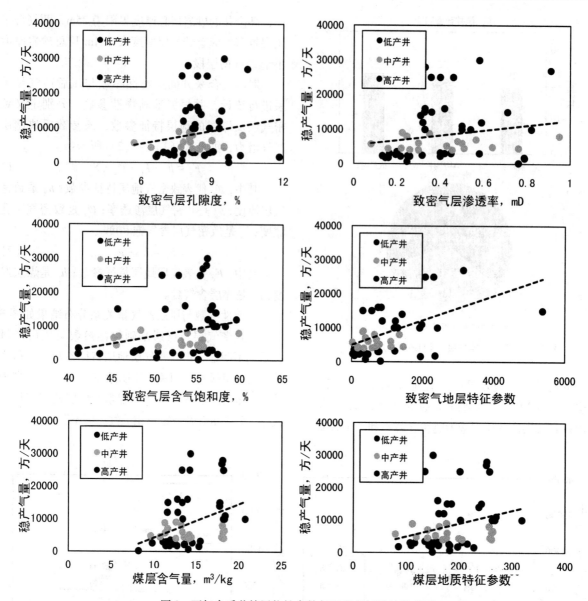

图 3　两气合采井储层物性参数与压后产气量的关系图

## 3　两气合采井压裂工程主控影响因素分析

对两气合采井压裂工程参数与压后产气量关系进行统计，并根据基础压裂参数，分别定义致密气层和煤层的米入井液量以及综合压裂指数，米入井液量是单位气层厚度下的入井液量，反映水力压裂对有效储层的改造程度，综合压裂指数反映考虑储层产气能力的综合压裂改造效果，如公式（3）至公式（6）所示：

$$q_g = Q_g / H_g \qquad (3)$$

其中，$q_g$，$Q_g$ 分别代表致密气层米入井液量和总入井液量；$H_g$ 是致密气层砂岩层厚度.

$$q_c = Q_c / h_c \qquad (4)$$

其中，$q_c$，$Q_c$ 分别代表煤层米入井液量和总入

井液量；$h_c$ 是煤层厚度。

$$\psi_g = F_g \cdot q_g \qquad (5)$$

其中，$\psi_g$ 代表致密气层综合压裂指数。

$$\psi_c = F_c \cdot q_c \qquad (6)$$

其中，$\psi_c$ 代表煤层综合压裂指数。

压裂工程参数与产气量关系统计结果如图 4 所示，致密气层入井液量与压后产量相关性不明显，但致密气层米入井液量与压后产量存在明显相关性，是主控工程因素，说明致密气层有效层段内入井液量越大则压裂效果越好，压后产量越高，致密气层综合压裂指数同样与压后产量存在明显相关性，说明产气潜力大压裂效果越好的层段产气量越高，而煤层相关压裂工程参数与压后产量相关性则不明显。

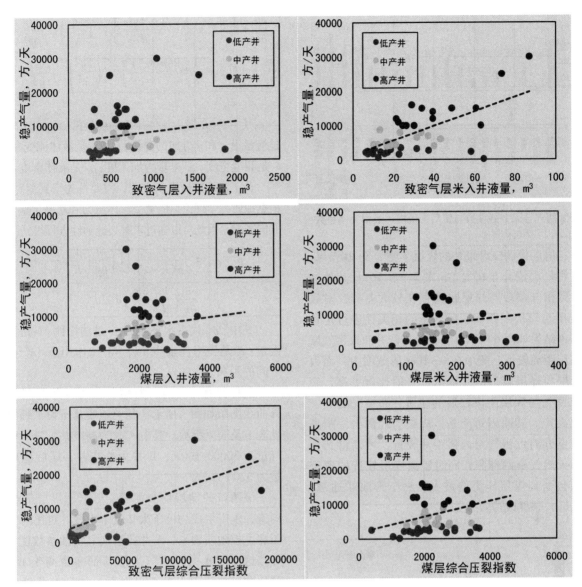

图4 两气合采井压裂工程参数与压后产气量的关系图

综合以上分析，两气合采井致密气层对压后产量的影响相较于煤层更为明显，影响两气合采井压裂效果的主控地质因素包括致密气层厚度、致密气砂岩层厚度和致密气地层特征参数、而主控工程因素包括致密气层米入井液量，致密气综合压裂指数。煤层的地质及压裂工程参数对压后产量有一定影响但不明显。

## 4 两气合采井各参数与压后产能相关性量化分析

采用皮尔逊相关性系数法对两气合采井各地质及工程参数与压后产能的相关性展开量化分析。皮尔逊相关性系数介于-1与1之间，值越接近1则两个参数正相关性越强，越接近于-1则负相关性越强，其计算公式如下：

$$r = \frac{\sum_{i=1}^{n}(X_i - \bar{X})(Y_i - \bar{Y})}{\sqrt{(X_i - \bar{X})^2}\sqrt{(X_i - \bar{X})^2}} \tag{7}$$

其中，$r$ 代表皮尔逊相关性系数；$X$，$Y$ 代表比较的样本，$\bar{X}$，$\bar{Y}$ 是样本的平均数；$n$ 代表样本个数。

两气合采井各参数与压后产气量的皮尔逊相关性系数如图5所示，其中致密气层厚度、致密气米入井液量，致密气综合压裂指数的皮尔逊相关性系数均达到0.5以上，表明较强的正相关性，而致密气砂岩层厚度则有最强的负相关性，均为影响压裂开发效果的主控因素，与上一节研究结果相印证。而煤层参数相关性则较弱，皮尔逊相关性系数普遍在0.3以下，对压裂产能的影响有限。

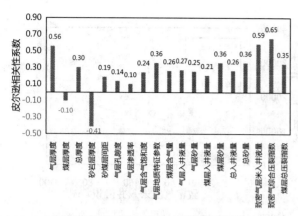

图 5　两气合采井各参数与压后产量皮尔逊相关性系数

神府区块两气合采井的煤层主要为 8+9#煤层，而致密气层位分布在太 1、太 2、本 1、及其他层段，致密气层段与煤层距离存在较大差异，对致密气层与煤层间距离压后产量的相关性进行定量分析，结果如图 6 所示，大部分高产井的致密气层与煤层距离较近，集中在 0~10m 的范围内，而致密气层与煤层较远的井则低产井的比例更高，表明致密气与煤层距离较近的地质分布情况更利于实现高产。其原因可能是，煤层为烃源岩，距离煤层更近的致密气层运移距离较近，可以得到更多的天然气资源储集；同时距离煤层较近的致密气层会受到煤层压裂的波及，易于形成联通缝，复杂缝，裂缝改造效果更好。

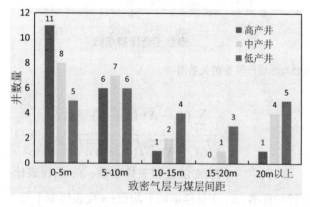

图 6　两气合采井致密气层段分布与压后产量关系

## 5　两气合采高产井与低产井水力压裂数值模拟

采用平面三维裂缝模型（PL3D）进行两气合采水力压裂模拟，该模型可实现裂缝三维扩展模拟，PL3D 模型主要基于物质平衡方程和裂缝弹性方程的耦合，裂缝扩展采用有限元方法求解，其中物质平衡方程为：

$$\begin{cases} \dfrac{\partial p}{\partial x} + \left[ k\left(2 + \dfrac{1}{n}\right) \dfrac{2(n+1)}{n} \right]^{1/n} \left( \dfrac{|q|}{w^2} \right)^{n-1} \dfrac{q_x}{w^3} = 0 \\ \dfrac{\partial p}{\partial y} + \left[ k\left(2 + \dfrac{1}{n}\right) \dfrac{2(n+1)}{n} \right]^{1/n} \left( \dfrac{|q|}{w^2} \right)^{n-1} \dfrac{q_y}{w^3} = \rho_f g_y \end{cases}$$

$$（8）$$

其中，$p$ 是缝内流体压力；$q$ 是注入流量，$q_x$，$q_y$ 是流量沿 $x$ 和 $y$ 方向的分量；$k$ 和 $n$ 是液体流变参数；$w$ 是裂缝宽度；$g_y$ 是重力加速度；$\rho_f$ 是液体密度。

为了求解物质平衡方程，需要首先得到缝宽 $w$，根据地质力学理论，缝宽受流体压力和水平主应力的共同影响，因此可以通过求解裂缝弹性方程得到：

$$p - \sigma_0 = \frac{G}{4\pi(1-v)} \iint \left( \frac{\partial}{\partial y'}\left(\frac{1}{R}\right) \frac{\partial w}{\partial y'} + \frac{\partial}{\partial x'}\left(\frac{1}{R}\right) \frac{\partial w}{\partial x'} \right) dx'dy'$$

$$（9）$$

其中，$\sigma_0$ 代表水平应力；$v$ 是泊松比；$G$ 是剪切模量；$R$ 是压力施加点（$x$，$y$）和作用点（$x'$，$y'$）之间的距离。

选择神府气区两口典型井，两口井的测井解释曲线图版如图 7 所示，相关地质及压裂工程参数见表 1 及表 2 所示。其中 A 井为高产井，压后稳产气量为 30000 方/天；B 井为低产井，压后稳产气量为 3200 方/天。

该两口井储层均为泥岩、砂岩、煤层等叠置构造，生产层段均位于太 2 及本 1 段。对比两口井压裂主控地质因素，A 井孔渗饱等物性参数优于 B 井，这使得 A 井致密气地层特征参数高于 B 井；对比两口井压裂主控工程因素，由于 A 井砂岩层总厚度比 B 井更薄，致密气层米入井液量为 B 井 3 倍，气层综合压裂指数也远高于 B 井，以上均表明 A 井有着更高的产气潜力。利用以上数据，结合 PL3D 模型进行水力压裂模拟，得到裂缝形态如图 8 所示，压后裂缝参数见表 3 所示。

根据模拟结果对比分析，A 井砂岩层段较薄且分布集中，隔层较厚，层间应力差也较大，因此 A 井压裂效果较好，缝高得到控制，缝长也较长达到 253m；而 B 井砂岩层较厚且分布离散，隔层脆弱，导致压后缝高控制不当，压开大量无效层段，大量压裂液被浪费，也导致缝长过短，仅有 112m；其次，缝高过大也导致支撑剂沉降严重，生产层段的缝宽和支撑剂浓度均低于 A 井。综上所述，A 井和 B 井的产量差异主要原因是储层物性和地质结构差异导致的压后裂缝形态差异，进而影响了压后产量。

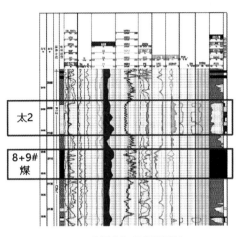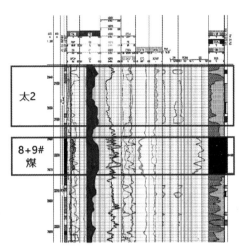

（a）A井测井解释曲线图版　　　　　　　（b）B井测井解释曲线图版

图 7　测井解释曲线图版

表 1　储层地质参数

| 井名 | 气层厚度（m） | 煤层厚度（m） | 砂岩层厚度（m） | 气层孔隙度（%） | 气层渗透率（mD） | 气层含气饱和度（%） | 煤层含气量（m³/kg） | 气层地层特征参数 | 煤层地层特征参数 |
|---|---|---|---|---|---|---|---|---|---|
| 高产 A 井 | 4.40 | 10.51 | 12 | 9.50 | 0.58 | 56.2 | 14.35 | 1362.51 | 150.81 |
| 低产 B 井 | 3.50 | 10.18 | 24 | 6.93 | 0.17 | 48.2 | 11.48 | 149.09 | 116.85 |

表 2　压裂工程参数

| 井名 | 气层入井液量（m³） | 气层米入井液量（m³/m） | 煤层入井液量（m³） | 煤层米入井液量（m³/m） | 气层综合压裂指数 | 煤层综合压裂指数 |
|---|---|---|---|---|---|---|
| 高产 A 井 | 445.0 | 37.08 | 1635.90 | 155.61 | 50412.16 | 2232.18 |
| 低产 B 井 | 420.7 | 10.02 | 2578.50 | 253.34 | 1493.52 | 2908.49 |

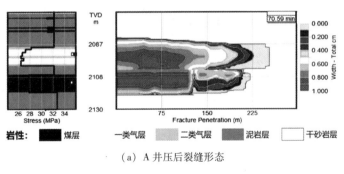

（a）A井压后裂缝形态

（b）B井压后裂缝形态

图 8　压后裂缝形态对比

表3    压后裂缝参数对比

| 井名 | 缝长<br>(m) | 缝高<br>(m) | 平均缝宽<br>(mm) | 平均支撑剂浓度<br>(kg/m²) |
|---|---|---|---|---|
| 高产 A 井 | 253 | 23 | 8.5 | 7.6 |
| 低产 B 井 | 112 | 56 | 3.8 | 1.4 |

## 6  结论

本文以神府气区为例，采用数据分析和数值模拟方法相结合对两气合采井压裂开发效果和主控影响因素进行分析，对压后高产井和低产井进行了对比，从压裂角度分析了低产原因，研究得到结论如下：

（1）两气合采井致密气层的储层物性和开发效果相较于煤层对压后产气量有更显著的影响，高产井的致密气层厚度界限值为4m。

（2）影响两气合采井压裂效果的主控地质因素包括致密气层厚度、致密气砂岩层厚度、致密气地层特征参数，主控工程因素包括致密气米入井液量、致密气综合压裂指数。

（3）两气合采井中致密气层与煤层分布较近的情况更利于实现高产，但砂岩层过厚且分布离散易导致压裂缝高失控和缝长不足，造成压后低产。

## 参 考 文 献

[1] 徐兵祥, et al.，致密气-煤层气合采可行性分析及优选方法. 天然气技术与经济，2021.

[2] 徐兵祥, et al.，煤层气-致密气合采层间干扰特征及选层建议. 中国煤层气，2019. 16（1）：p. 3-7.

[3] 冯毅, et al.，临兴地区砂岩与页岩两层合采效果试验探究. 非常规油气，2017. 4（2）：p. 73-77.

[4] Zheltov, A. J. W. P. C.，3. Formation of Vertical Fractures by Means of Highly Viscous Liquid. 1955.

[5] Perkins, T. K. and L. R. J. o. P. T. Kern, Widths of Hydraulic Fractures. 1961. 13（09）：p. 937-949.

[6] Gordeliy, E.，A. J. C. M. i. A. M. Peirce, and Engineering, Coupling schemes for modeling hydraulic fracture propagation using the XFEM. 2013. 253：p. 305-322.

[7] Lin, R.，et al.，Cluster spacing optimization of multi-stage fracturing in horizontal shale gas wells based on stimulated reservoir volume evaluation. 2017. 10（2）：p. 1-15.

[8] García, X.，et al. Revisiting Vertical Hydraulic Fracture Propagation Through Layered Formations-A Numerical Evaluation. in 47th U. S. Rock Mechanics/Geomechanics Symposium. 2013.

[9] Palmer, I. D. and H. R. Craig. Modeling of Asymmetric Vertical Growth in Elongated Hydraulic Fractures and Application to First MWX Stimulation. in SPE Unconventional Gas Recovery Symposium. 1984.

[10] Weng, X.，et al.，Applying complex fracture model and integrated workflow in unconventional reservoirs. 2014. 1：p. 1.

[11] Du, X.，et al.，Numerical Investigation for Three-Dimensional Multiscale Fracture Networks Based on a Coupled Hybrid Model. 2021. 14（19）：p. 6354.

[12] 李克智，鄂尔多斯盆地大牛地气田致密砂岩气藏 水平井压裂"甜点"识别方法. 大庆石油地质与开发，2022. 41（6）.

[13] Chen, B.，et al.，A review of hydraulic fracturing simulation. 2021：p. 1-58.

[14] Clifton, R. and A. Abou-Sayed. On the computation of the three-dimensional geometry of hydraulic fractures. in Symposium on low permeability gas reservoirs. 1979. OnePetro.

# 页岩气压裂用全金属可溶桥塞研制及应用

桑 宇 喻成刚 何 珏 喻 冰 刘 辉 李 明

（中国石油西南油气田分公司工程技术研究院）

**摘 要** 我国页岩气可采资源量位居世界前三，加快页岩气的勘探开发，能为我国实现天然气增储上产、能源独立提供重要支撑。页岩气孔隙度小、渗透率低，必须采用压裂改造才能获得工业产能。电缆泵送可溶桥塞分簇射孔分段压裂工艺作为页岩气储层改造主体技术，施工作业中存在常规可溶桥塞胶筒溶解不充分、溶解速率不可控、单段需追加助溶剂辅助桥塞溶解、后期连续油管通井作业时间长等问题，增加气井开发经济成本，影响气井投产进度。为此，在调研总结常规可溶桥塞作业特点的基础上，开展全金属可溶桥塞结构设计、材质优选与室内测试，并在四川盆地页岩气区块开展现场试验，以提高可溶桥塞溶解的稳定性、可靠性。结果表明：①优选高强度可溶金属材料和高延展性可溶金属材料，采用可溶金属密封环替代常规可溶胶筒密封，实现全金属结构设计，桥塞溶解更充分、更可控；②采用井下温度监测工具实时记录压裂段井筒温度数据，结合液体矿化度数据，可有效指导全金属可溶桥塞选型，提高桥塞溶解速率；③现场应用情况表明工具性能稳定可靠，配套施工工艺技术现场操作简单，节约助溶剂等配套费用，提高后期连续油管通井时效，在页岩气井压裂分段中具有广阔的应用前景。

**关键词** 分段压裂全金属可溶桥塞可溶金属密封环；井下温度监测；快速溶解

水平井多级分段压裂是实现页岩气效益开发的重要技术手段。电缆泵送可溶桥塞分簇射孔分段压裂技术作为水平井分段压裂主体工艺技术，在压裂时提供稳定的层间封隔，压裂完成后无需钻磨桥塞，一定时间内仅依靠井筒内液体温度及盐度即可实现完全溶解，保证井筒全通径，为后期生产测井及重复压裂等作业提供有利条件；有效避免井筒干预作业带来的施工风险，节省作业时间；有效实现高强度、无限级体积改造的目的，使气井获得比较理想的产能。

常规可溶桥塞作为分段关键工具，其主体可溶材质主要包含可溶金属和可溶橡胶。现场作业时，井筒温度过低造成桥塞溶解非常缓慢，需追加助溶剂辅助桥塞溶解，提高作业成本；同时，受制于可溶橡胶非常苛刻的溶解条件，在相同温度、矿化度等井筒环境下，存在溶解速度慢、溶解不充分、速率不统一等问题，导致桥塞溶解残留物多，易造成井筒堵塞，影响后期连续油管通井作业时效。为此，需要通过技术攻关，研制形成替代常规可溶桥塞的全新桥塞及配套技术，并在四川盆地页岩气区块开展现场试验，确保桥塞性能稳定可靠、无需助溶剂、溶解残留物少，以提高后期连续油管通井作业时效，降低工具及配套费用。

# 1 技术思路和研究方法

## 1.1 技术思路

可溶桥塞主要用于页岩气井的储层改造，其工作环境为：①地层温度介于 $40 \sim 150℃$；②工具承受压差介于 $0 \sim 70MPa$；③适用于 $5''$、$5\frac{1}{2}''$ 套管有效分段，以及部分套管变小井段的通过性需求；④工作液体氯根离子浓度范围为 $0 \sim 30000mg/L$。为此，需满足以下技术要求：①低/中/高温、高施工压力环境下的密封可靠性；②不同井筒液体环境下可实现快速溶解；③异常情况下具有快速返排的流体通道；④不同井筒通道条件下的良好通过性。

常规可溶桥塞中包含可溶橡胶密封结构，在上述工作条件下易出现溶解缓慢、溶解不充分等问题，不能满足溶解性要求。因此，主要的技术思路是优选可溶金属材料，研发可溶金属密封环，取代常规可溶桥塞的橡胶结构，优化形成全金属可溶桥塞及配套施工工艺技术，以提高桥塞分段压裂时效。

## 1.2 结构及材料方案

全金属可溶桥塞主要由中心杆、锥体、金属密封环、整体式卡瓦、下接头以及卡瓦牙、保径齿组成，为达到预期溶解效果，不同部件材质有所不同。其中，整体式卡瓦采用溶解速率较慢的可溶金属，可为卡瓦牙提供可靠载体，保证桥塞承压效果；下接头采用溶解速率较快的可溶金属，可为整体式卡瓦安装和坐封杆连接提供底座，后期实现快速溶解；金属密封环采用具有较大延展性的可溶金属，可通过金属受挤压沿径向膨胀与套管内壁实现密封；卡瓦牙采用陶瓷材料，可保证与套管内壁有效锚定，且通井时易破碎随返排液排出井筒。

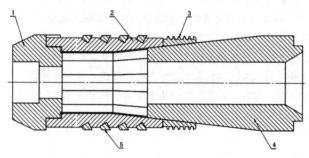

1. 下接头，2. 整体式卡瓦，3. 金属密封环，4. 锥体，5. 卡瓦牙

图 1-1　全金属可溶桥塞结构示意图

### 1.3　室内测试与评价

#### 1.3.1　坐封及承压性能试验

模拟低温、中温、高温等不同温度环境，测试全金属可溶桥塞的坐封性能和承压性能，具体试验步骤为：①测试用套管短节与现场实际使用类型相同，将全金属可溶桥塞与液压坐封工具连接后放入套管工装中；②将套管短节中注满测试介质，缓慢升温至额定测试温度后，将全金属可溶桥塞浸泡 2h，模拟桥塞入井至坐封时间段内与井筒内液体的反应情况；③坐封过程中，记录坐封时刻的实际坐封力大小；④投入配套可溶塞封堵桥塞内通道，从工装上端灌满测试介质，随后将试压接头与套管进行连接；⑤常温环境下，从桥塞承压端阶梯打压至额定测试压力，稳压15min，检测工装、桥塞封堵是否正常，随后泄压；⑥升温至额定测试温度，阶梯升压至额定测试压力，稳压 24h，记录压降值，检测全金属可溶桥塞在井下持续工作工况下的整体承压效果。

试验结果表明，外径 85~105mm 的全金属可溶桥塞在 15~20t 坐封力作用下均能成功坐封；在60~95℃温度条件下承压 50MPa，24h 后压降不超过 2.7MPa，满足承压需求，试验成功。

#### 1.3.2　整体溶解性能试验

模拟低、中、高等不同温度环境，测试全金

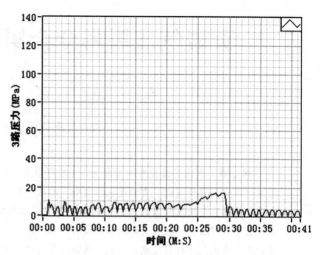

图 1-2　坐封性能测试曲线

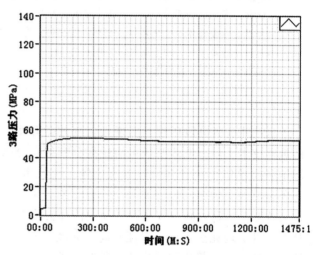

图 1-3　承压性能测试曲线

属可溶桥塞的整体溶解能力，具体试验步骤为：①将承压后的全金属可溶桥塞及工装称重并记录；②将桥塞及工装放置于恒温装置并确保工装内部充满溶解检测用介质，并升温至额定工作温度；③每间隔 24 小时取出压裂可溶桥塞及工装，用清水冲洗干净后用气泵吹干并称重并记录，计算压裂可溶桥塞溶解率，同时更换溶解介质；④达到压裂可溶桥塞设计溶解周期后，收集未溶解碎屑，清洗烘干称重，记录总体碎屑重量；⑤测量不溶物外观尺寸与重量，并记录外廓尺寸大于 10mm 的不溶物尺寸及重量。

试验结果表明，外径 85~105mm 的全金属可溶桥塞在温度 60~95℃、氯根含量 5000~10000mg/L 的条件下溶解 5 天，溶解残留物最大尺不超过10mm（陶瓷卡瓦牙），残留物占比不大于 4.6%，溶解速度快，溶解率高，溶解性能稳定。

## 2 研发成果和应用效果

### 2.1 全金属可溶桥塞系列

研发形成外径 85～105mm 全金属可溶桥塞系列，主要技术参数见下表。

表 2-1 全金属可溶桥塞系列主要技术参数

| 桥塞外径/mm | 桥塞内径/mm | 桥塞长度/mm | 温度等级/℃ | 压力等级/MPa | 溶解时间/d |
|---|---|---|---|---|---|
| 105 | 50 | 260 | 40～80 | 70 | 3～5 |
| 103 | 50 | 210 | 40～150 | 70 | 3～5 |
| 98 | 45 | 262 | 40～150 | 70 | 3～5 |
| 94 | 45 | 226 | 90～150 | 70 | 3～5 |
| 88 | 30 | 303 | 90～150 | 50 | 3～5 |
| 85 | 35 | 306 | 90～150 | 50 | 3～5 |

### 2.2 "一段一策"现场施工工艺技术

全金属可溶桥塞承压、溶解性能对温度、氯离子浓度等具有一定的敏感性，现场桥塞施工时入井到作业时长不均、井筒液体环境变化等，造成单井不同井段通井时效差异大。为此，研制电缆用井下温度监测仪短节，配套井口液体矿化度检测设备，能够获取井筒液体温度和矿化度数据，指导桥塞选型，实现可溶桥塞现场"一段一策"施工方案。

将组装好的温度检测仪短节连接到入井工具串中，跟随可溶桥塞一起泵送到坐封位置；在泵送过程中，温度检测仪采集并记录动态环境温度；坐封完成后，检测仪随工具串回到地面，将温度采集器取出，即可读取采集到的动态环境温度数据。

根据桥塞入井到作业时长情况、液体矿化度检测数据和温度采集器检测的数据，对后续压裂段桥塞的耐温、耐腐蚀、溶解速率等参数进行优选，形成"一段一策"的现场施工优化方案：

（1）针对桥塞入井到作业时长不均的现象，对入井后立即坐封作业的桥塞，选择同等条件下溶解速率较快的型号；对入井后需隔夜等待12小时左右再坐封的桥塞，选择同等条件下溶解速率较慢的型号；

（2）针对通井时效差异大的现象，可现场测定该段液体温度环境（因为地面注入液体温度的影响，同一口井在不同的压裂阶段，其井筒内温度并不相同）和液体矿化度，选择同等条件下更为匹配该段温度和氯离子浓度的桥塞型号。

### 2.3 典型井应用情况分析

#### 2.3.1 典型井井况

L井是一口深层页岩气水平井，完钻井深6037m，最大井斜92.37°，采用内径114.3mm、钢级BG140V套管完井，设计压裂25段。

#### 2.3.2 压裂施工概况

L井现场使用外径103mm全金属可溶桥塞进行分段压裂。

图 2-1 现场使用全金属可溶桥塞

第2段下入温度检测仪短节，测得桥塞坐封位置温度为92.7℃，为后续桥塞耐温等级提供精确参考，第三段改用温度等级为90℃的桥塞；第十段测温78℃，第十一段改用温度等级为80℃的桥塞；第十二段测出氯离子浓度偏高，第十三段桥塞表面涂抹缓蚀涂层。

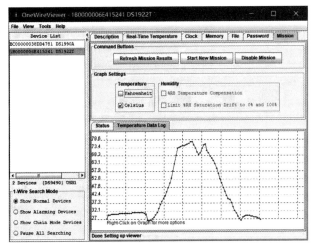

图 2-2 温度检测仪数据读取界面显示第十段测温78℃

本井通过上述"一段一策"精确化控制，全金属可溶桥塞承压可靠，分段效果稳定。压裂完

图 2-3　测出氯离子浓度偏高，桥塞表面涂抹缓蚀涂层

成后采用 73mm 冲洗头入井通井，全井 24 支桥塞均一次性通过，显示出良好的溶解性。

### 2.4　整体应用情况

截止目前，研制的全金属可溶桥塞系列及配套施工工艺技术在页岩气区块累计完成 109 口井、1226 套的推广应用，桥塞坐封、承压性能稳定可靠，压裂完成后快速溶解，展现出较大技术优势。

## 3　结论

（1）自主研制全金属可溶桥塞系列工具。优选高强度和高延展性可溶材料，设计可溶金属环密封环替代常规可溶胶筒密封，实现全金属结构设计，桥塞溶解更充分、更可控。

（2）形成"一段一策"现场施工工艺技术。配套采用井下数据监测工具和井口液体矿化度检测设备，实现桥塞下入、压裂过程中井筒内压力温度的实施监测与记录，结合在井口检测的矿化度数据，可有效指导全金属可溶桥塞选型，提高桥塞溶解速率和效果，节约连续油管通井时间。

（3）现场应用情况表明全金属可溶桥塞性能稳定可靠，配套施工工艺技术现场操作简单，应用效果显著，满足页岩气井压裂分段施工需求，具有广阔的应用前景。

### 参 考 文 献

［1］薛承瑾. 页岩气压裂技术现状及发展建议［J］. 石油钻探技术，2011，39（3）：24-29.

［2］郭娜娜，黄进军. 水平井分段压裂工艺发展现状［J］. 石油机械，2013，32（11）：1-3.

［3］付玉坤，喻成刚，尹强，等. 国内外页岩气水平井分段压裂工具发展现状与趋势［J］. 石油钻采工艺，2017，39（4）：514-520.

［4］刘辉，严俊涛，张诗通，等. 可溶性桥塞技术应用现状及发展趋势［J］. 石油矿场机械，2018，47（5）.

［5］杨小城，李俊，邹刚. 可溶桥塞试验研究及现场应用［J］. 石油机械，2018（7）.

［6］王林，张世林，平恩顺，等. 分段压裂用可降解桥塞研制及其性能评价［J］. 科学技术与工程，2017（24）：233-237.

［7］尹强，刘辉，喻成刚，等. 可溶材料在井下工具中的应用现状与发展前景［J］. 钻采工艺，2018，41（05）：84-87.

［8］郭思文，桂捷，薛晓伟，等. 可溶金属材料在长庆致密砂岩气藏改造中的应用［C］. 全国天然气学术年会论文集，2017：5.

# 海上低渗薄互储层探井分层压裂测试工艺及应用

徐　靖　马　磊　韩　成　王应好　阳俊龙

［中海石油（中国）有限公司湛江分公司］

**摘　要**　北部湾盆地涠西南区块流 X 段薄互层发育，储层具有低孔、低渗、高温等特点，传统笼统合层压裂测试难以充分释放产能。通过使用分层压裂测试一体化管柱，高温高压 SHLR 封隔器及 HLR 封隔器对压裂井段进行有效层间封隔，投球压裂滑套可实现逐层压裂；根据海上压裂作业特点优化可溶球材质，满足压裂施工过程中不溶解，压后快速溶解的要求；同时优化海水基压裂液抗温与溶胀性能，配合在线连续混配工艺，实现海上大液量大排量压裂；使用量子示踪剂技术定量刻画分层压裂各层油气产量，形成一套海上分层压裂测试一体化工艺技术。该技术在北部湾盆地 WZ-1 井流 X 段分层压裂作业中得到成功应用，流 X 段地层温度温度 165℃，两层压裂作业共计泵注海水基压裂液 1384m³，累计加砂 105m³，最高施工排量 7.1m³/min，测试获得高产商业油气流，中国海油首次实现了海上分层压裂作业，分层压裂技术为低渗薄互层油田勘探开发提供了良好的借鉴。

**关键词**　低渗；薄互层；分层压裂测试；海水压裂液；可溶球；示踪剂

北部湾盆地涠西南低凸起倾末端，预测油气藏整体规模可观、剩余潜力大，探井压裂测试作业对盘活流 X 段低渗薄互层储量有重大意义。流 X 段测井显示砂岩平均渗透率 1.63mD，平均孔隙度 7.5%，储层温度接近 170℃，表现为低孔、低渗、高温的特点。传统笼统合层压裂方式容易使得储层改造不均匀、不充分，裂缝开启效果不理想，常用的暂堵球无法完全封堵形状与尺寸不规则的炮眼，封堵率较低，不能保障每个层位的开启和精细改造的效果。海上压裂一般使用海水基压裂液，而陆地压裂作业多使用淡水基压裂液，不同于陆地淡水环境，高矿化度海水基压裂液加速可溶球的溶解，使得市面常规可溶球溶解时间难以满足海上压裂作业需求。目前海水基压裂液未有在温度超过 150℃ 的井中应用纪录，另外为提高海上压裂规模，一般使用在线连续混配工艺海水基压裂液，这些对压裂液的抗温性能及溶胀性能提出更高的要求。为评价薄互层分层压裂后各层改造效果，多使用第三代非放射性同位素示踪剂，但非放射性同位素示踪剂种类少，该示踪技术成本较高。针对以上问题，通过优化设计分层压裂测试一体化管柱，优选分层压裂关键工具，根据海上压裂作业井况优选可溶球材质，同时提高压裂液抗温与溶胀性能，配合连续混配工艺，在压裂液中使用量子失踪剂技术准确知道分层压裂后不同产层贡献率，形成海上分层压裂测试一

体化工艺技术，在现场应用过程中，成功实现流 X 段低渗薄互层两层连续压裂作业，测试获得高产商业油气流。

## 1　分层压裂测试一体化管柱

分层压裂测试管柱如图 1 所示，从下到到上依次为球座、Φ177.8mm HLR 封隔器、伸缩管、投球压裂滑套、Φ177.8mm SHLR 封隔器、锚定密封回接筒、锚定密封、伸缩管、双通道阀及测试油管组成。管柱下入后投 38mm 钢球后管柱加压同时坐封 Φ177.8mm HLR 封隔器及 Φ177.8mm SHLR 封隔器，继续加压直到球座剪切，坐封值及剪切值可以根据井况压力调整封隔器及球座的销钉数量来实现。第一段压裂作业结束后，投 50.8mm 可溶球，当可溶球落入坐封投球压裂滑套的球座后加压开启压裂滑套，实施第二层压裂作业。为补偿大排量大液量压裂液进入地层引起的管柱温度剧降而出现管柱收缩受力问题，在两封隔器之间以及上部油管设置伸缩管。第二层压裂作业结束后根据地质需求开井清喷返排和测试求产，待地质资料录取完后，井口投 65mm 钢球至双通道阀，加压直到双通道阀沟通油套环空，进行循环压井，然后上提管柱直到测试管柱在锚定密封处脱手，起测试管柱。一般为了降低压裂管柱摩阻，上部压裂测试油管一般采用大内径高强度油管，可显著降低井口压力，同时提高压裂排量。

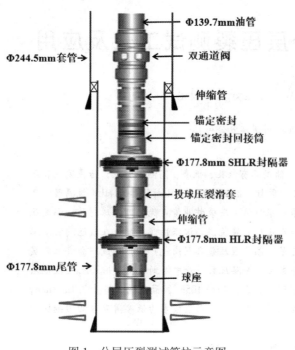

图 1 分层压裂测试管柱示意图

## 2 分层压裂关键工具

### 2.1 SHLR 封隔器及 HLR 封隔器

SHLR 封隔器内部结构如图 2 所示，SHLR 封隔器坐封主要通过管柱内正加压作用在上、下两级活塞，上下活塞同时上行，剪断启动坐封销钉以及上、下卡瓦套销钉，上、下活塞带动锥体上行，从而张开卡瓦完成坐挂，继续上行压缩胶筒，压力越高活塞推力越大，胶筒越压越实，密封效果越显著；锥体挤入卡瓦越多，卡瓦越张越大，使锚定更为有效。解封时，正转管柱使封隔器丢手，起出封隔器之上的管柱，然后下入专用解封工具，上提管柱剪断释放棘爪和释放环之间的解封销钉，释放中心管，具体解封力结合使用井况视解封剪切销数量而定，持续上提首先解封胶筒，然后依次解封卡瓦，最终使封隔器处于下井状态。

注：1.防砂环；2.上卡瓦套固定销钉；3.上卡瓦筒；4.上卡瓦释放销钉；5.上卡瓦；6.锥体；7.下卡瓦；8.下卡瓦释放销钉；9.上活塞；10.启动坐封销钉；11.下活塞；12.中心管；13.释放棘爪；14.解封销钉；15.释放环

图 2 SHLR 封隔器示意图

HLR 封隔器与 SHLR 封隔器坐封原理相同，不同的是 HLR 封隔器没有释放棘爪、释放环及解封销钉设计，HLR 封隔器为直接上提解封。HLR 封隔器与 SHLR 封隔器胶皮材质均为四丙氟橡胶，

抗温能力超过 204℃，同时封隔器上下卡瓦双向锚定作用，使得封隔器可承受 103MPa 压差，这使得 HLR 封隔器与 SHLR 封隔器尤其适用于高温压裂井作业。

### 2.2 投球压裂滑套

投球压裂滑套内部结构如图 3 所示，第一层压裂作业结束后，通过井口投入可溶球，待球入座后管柱内正加压剪切销钉，滑套及球座一同下行，滑套打开建立压裂通道，实施压裂作业，同时滑套及球座与下部密封机构配合隔离下部地层，待分层压裂施工结束后，可溶球在井底温度及井液环境中可完全溶解，不影响下部地层排液。

注：1.上密封圈；2.滑套；3.剪切销钉；4.下密封；5.可溶球；6.球座；7.下部密封机构

图 3 投球压裂滑套示意图

### 2.3 可溶球

可溶球溶解时间关系到压裂的成败。一般可溶球将镁和铝、钼等特定金属合金化后，自身形成了微电池，在微电池效应作用下破坏镁表面氧化膜的连续性，达到加速溶解镁反应的目的。但是由于海上压裂多使用海水基压裂液，在海水高矿化度环境下会加快微电池效应，从而导致可溶球的溶解速度，难以满足海上压裂作业时间要求。根据海上压裂期间井底温度统计及模拟，前 6h 内实验温度为 90℃，6h 后实验温度逐渐升高至 120℃，通过不断优化调整可溶球各金属含量，开展直径 50.8mm 可溶球海水基压裂液溶解实验，优化后的可溶球溶解实验结果如图 4 所示。根据海上压裂作业规模、泵注程序、井深、管柱容积、排量等可知，一般压裂一层施工时间为 2h 左右，由实验结果可知，在 6h 内可溶球在海水压裂液中的质量和直径基本不变，可见能较好满足分层压裂密封下部地层时间要求。而一般海上压裂作业结束后 2~3h 后就开始返排，需要可溶球快速溶解以便下层流体返排，由实验结果可知，经过 6h 浸泡后由于温度开始上升，可溶球在海水压裂液中的质量和直径开始逐渐变小，溶解速率开始显著增加，可见可溶球也能较好满足压裂快速返排的要求。优选可溶球 Mg、Al、Si、Cr、Mn、Co、Ni 等金属成分配比：86.94% Mg + 1.98% Al + 0.38% Si + 0.24% Cr + 5.05% Mn + 3.29% Co + 0.43% Ni。

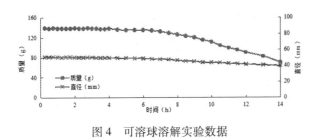

图 4　可溶球溶解实验数据

## 3　海水基压裂液

### 3.1　溶胀性能与高温性能优化

为了满足在线连续混配施工，使用经过胍胶分子改性形成的羧甲基羟丙基胍胶作为稠化剂，增强了分子链的空间位阻，分子亲水能力更强，在海水中溶胀速率更快，在海水中 3min 内黏度就能达到最终黏度的 80%。同时由于高矿化度海水基压裂液在高温情况下极易引起胍胶降解，为进一步提高海水基压裂液抗温性能，使用耐高温有机硼、有机锆作为复合交联剂，压裂液抗温能力超过 150℃。优化后的海水基压裂液配方为：海水+0.5%羧甲基羟丙基胍胶+0.1%杀菌剂+0.3%粘土稳定剂+0.3%表面活性剂+0.2%破乳剂+0.6%温度稳定剂+0.15%PH 调节剂+0.5%有机锆交联剂+0.1%有机硼交联剂。室内考察了压裂液在170℃、剪切速率 $170s^{-1}$ 下的高温剪切实验，实验结果如图 5 所示，经过 2h 连续剪切后，海水基压裂液黏度为 93mPa·s，黏度满足压裂作业要求。这主要是由于有机硼、有机锆作为复合交联剂可使的羧甲基羟丙基胍胶形成网状结构，形成的桥连化学键更稳定，因而具有更好的耐温耐剪切性能。

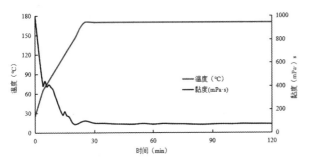

图 5　海水基压裂液高温剪切实验

### 3.2　储层保护性能评价

为保证海水基压裂液具有良好的储层保护效果，室内重点提高了海水基压裂液的防水锁和助排性能，降低压裂液的表面张力及界面张力。室

内取天然岩心 2 颗，设置实验温度为 170℃，同时根据各工作液进入地层的顺序，按照钻井液、射孔液、海水压裂基液、破胶液等顺序污染天然岩心，工作液顺序污染天然岩心后渗透率恢复值均超过 80%。由于低渗压裂储层孔喉极易受工作液影响，为进一步考察工作流体对岩心孔喉的影响，取其中一颗岩心，通过截取工作液顺序污染岩心前后的岩心断面进行电镜扫描，结果如图 6 所示，岩心经过工作液顺序污染后，观察岩心断面的孔喉受压裂液残渣影响不大。

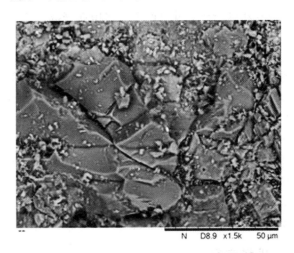

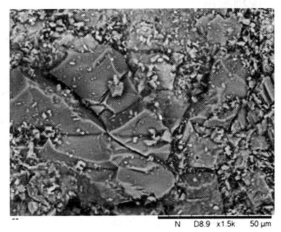

图 6　工作液顺序污染岩心前（上图）及污染岩心后（下图）断面扫描电镜

### 3.3　量子示踪剂

为更好评估和精确定量刻画分层压裂后各层油气产量贡献，将示踪剂通过量子点技术标记在聚合物中，将聚合物随着压裂液及支撑剂一同泵入地层，聚合物随着携砂液进入地层后，可以吸附在支撑剂、地层石英砂表面。返排阶段，当地层中的油、气、水与支撑剂或地层颗粒表面附着的聚合物接触后，就会释放出示踪剂，地面按照

一定采样时间、采样间隔进行排液取样。通过取样分析各层示踪剂的含量，即可定量得到压裂后各层油气产量贡献。量子示踪剂技术施工简单，不改变压裂施工工艺，具备用量少、精度高、有效时间长等优点，可与常规支撑剂一同随压裂液泵入地层，不额外增加注入设备。

## 4　连续混配施工工艺

现场压裂主流程为平台海水提升泵→过滤器→连续混配撬→基液缓存罐组→混砂撬→压裂泵组→方井口→压裂井口四通。应用连续混配施工工艺，压裂液配方中所有化学添加剂在压裂施工过程中实时加入，也可以实现实时调整各种添加剂与液体配方，有效提高压裂施工效率。另外备用流程为泥浆池→泥浆泵→基液缓存罐组，压裂作业时，提前清洗平台泥浆池，提前通过海水提升泵→过滤器→连续混配撬流程配置压裂液基液于泥浆池中，在压裂作业过程中海水提升泵、过滤器、连续混配撬等设备及流程发生故障时，可通过泥浆泵往基液缓冲罐泵入泥浆池储备的压裂液基液，保障压裂作业连续。

## 5　现场应用

WZ-1 井目的层流 X 段 Φ215.9mm 井段完钻井深为 3857m，将 Φ177.8mm 尾管并悬挂在 Φ244.5mm 套管上，Φ177.8mm 尾管顶深 2711m，底深 3855m。为有效实现分层压裂，根据流 X 段地应力、隔层应力差及测井岩性解释，优选两层压裂井段，即压裂井段 1（3500~3527m）与压裂井段 2（3555~3578m）。现场首先通过钻杆下入射孔枪进行射孔作业，两压裂井段中各射开 2.5m，然后对尾管进行清刮后，下入分层压裂工具串：圆头引鞋+Φ88.9mm 坐封球座+变扣+Φ114.3mm 油管 1 根+变扣+Φ177.8mm HLR 封隔器+Φ88.9mm 伸缩管+变扣+Φ114.3mm 油管 2 根+变扣+投球压裂滑套+变扣+Φ114.3mm 短油管 5 根+变扣+Φ177.8mm SHLR 封隔器+锚定密封回接筒+锚定密封+变扣+Φ114.3mm 油管 1 根+变扣+Φ88.9mm 双通道阀+变扣+Φ139.7mm 油管 1 根+变扣+伸缩管 2 根+变扣+Φ139.7mm 油管。

通过在下部 HLR 封隔器及上部 SHLR 封隔器设置油管数量进行配长，井口投压裂 38mm 坐封钢球，管柱加压坐封 HLR 封隔器及 SHLR 封隔器后继续加压直至剪切下部球座，最终下部 HLR 封隔

器坐封深度为 3538m，上部 SHLR 封隔器坐封深度 3460m，投球压裂滑套深度 3512m，这样使得两个封隔器对上层射孔段进行有效卡封，投球压裂滑套正对上层射孔段。确认下部球座剪切后即可以进行第一层压裂作业，图 7 为压裂井段 1 压裂施工曲线图，按照设计泵注前置液段塞、携砂液、顶替液，施工作业顺利，第一层压裂施工井口最高压力为 70MPa，施工排量为 6.2m³/min，最高砂比为 20%，总入井高温海水基压裂液净液量为 624m³，入井砂量 43m³。

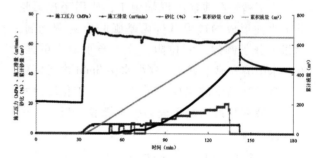

图 7　WZ-1 井压裂井段 1 压裂施工曲线图

第一层压裂结束后，焖井、测压降，井口投 57mm 可溶球，待球入座后，地面使用压裂泵井口加压打开投球压裂滑套，通过压力曲线波动判断压裂滑套打开，进行第二层压裂作业，图 8 为压裂井段 1 施工曲线图，按照设计泵注前置液段塞、携砂液、顶替液，施工作业顺利，第二层压裂施工井口最高压力为 62MPa，施工排量为 7.0m³/min，最高砂比为 20%，总入井高温海水基压裂液净液量为 760m³，入井砂量 62m³。

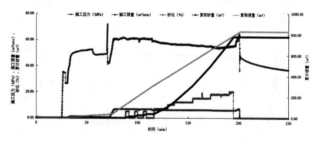

图 8　WZ-1 井压裂井段 2 压裂施工曲线图

第二层压裂作业结束后，焖井、测压降、开井、地质求产，测量返排液黏度为 2~3mPa·s，且返排液监测无支撑剂颗粒，可见高温海水基压裂液完全破胶，支撑剂有效支撑压裂裂缝，测试获得商业油流。根据两层取样的示踪剂分析结果，求产期间压裂井段 2 产油贡献在 54%~56%，压裂井段 1 产油贡献在 34%~46%，间接说明可溶球得

到充分溶解。

地质取完资料后通过井口投 65mm 钢球，井口加压打开双通道阀，建立压井循环通道进行压井，压井后起测试管柱。至此，中国海油首次在海上成功实现分层压裂作业，两层压裂共计入井高温海水基压裂液净液量为 1384m³，入井砂量 105m³，施工最大排量 7m³/min，也创造了海上最高压裂排量纪录。

## 6 结论

（1）分层压裂测试一体化管柱可实现海上低渗薄互层产能释放，依靠高温高压封隔器、投球压裂滑套、可溶球、双通道阀等关键工具实现多层压裂作业。

（2）建议根据海上压裂实际施工井况优选可溶球材质，确保可溶球满足压裂施工过程中不溶解而压后快速溶解的要求。

（3）海上压裂作业要确保海水基压裂液抗温性能和溶胀性能满足携砂及在线连续混配工艺要求，这也是实现海上大规模大排量压裂的关键，同时在压裂液加入示踪剂，可更准确评价隔层压裂改造效果。

## 参 考 文 献

[1] 刘淼，卢澍韬，翟庆红，等．大庆油田徐深气田分层压裂与测试一体化技术［J］．天然气技术与经济，2022，16（1）：30-33.

[2] 尹建，郭建春，曾凡辉．低渗透薄互层压裂技术研究及应用［J］．天然气与石油，2012，（6）：22-24.

[3] 李玮，汤学志，方红梅，等．分层测试技术在辽河油田的发展与应用［J］．天然气技术与经济，2015，（5）：30-31.

[4] 杨同玉，魏辽，李强，等．全自溶分段压裂滑套的研制与应用［J］．特种油气藏，2019，26（3）：153-157.

[5] 韩永亮，冯强，周后俊，等．直井全通径分层压裂关键技术及试验研究［J］．石油矿场机械，2020，49（2）：60-65.

[6] 谷磊．可溶压裂滑套材料性能优化及试验研究［J］．石油机械，2020，48（5）：84-88.

[7] 刘洪涛，肖诚诚，魏媛茜，等．泌阳凹陷砂砾岩薄层复杂缝分层压裂技术及应用［J］．石油地质与工程，2022，36（6）：104-108.

[8] 任山，王兴文，林永茂，等．三层及以上多层压裂技术在川西气田的应用［J］．钻采工艺，2007，30（5）：44-47.

[9] 郭彪，侯吉瑞，赵凤兰．分层压裂工艺应用现状［J］．吐哈油气，2009，14（3）：263-265.

[10] 刘鹏，许杰，徐刚，等．渤中 25-1 油田低渗透储层水平井分段压裂先导试验［J］．油气井测试，2018，27（3）：52-57.

# 四川盆地深层页岩气水平井套变成因机制研究

刘晏池　赵文韬　陈海力　李其鑫　赵珑昊　孙雪彬

（中国石油西南油气田公司蜀南气矿）

**摘　要**　水平井分段压裂导致井筒套变一直是制约我国深部页岩气高效开发的关键因素。目前，针对深层页岩气水平井的套变问题已经开展了大量的研究，但是对于套管变形形态的差异性区分及其成因机制相关研究的滞后，导致目前所采取的防控措施效果不佳，深部页岩气开发过程中套管变形问题依然严重。为了进一步明确套管变形机理，提高套变的防控效果，本文以川南盆地蜀南区块自201H54井台为例，基于裂隙发育及分布特征，结合微地震、测井和原位应力资料，分析了深部页岩气井的套管变形行为，确定了贯穿裂隙滑移和断裂尖端挤压2种套变机理，并总结了2种同套变模式下的不同套管变形特征。研究表明：①在贯穿裂隙-剪切套变机制下，井筒的损伤变形也表现出明显的剪切变形特性，且与井筒相交点接近裂缝中部的天然裂隙易形成较高的套变风险；②裂隙尖端靠近井筒，但不与井筒相交的裂隙在激活扩展过程中易形成较强的应力集中，压缩挤压井筒，形成非对称的挤压变形。③裂隙尖端扩展形成的应力集中远高于贯穿裂隙激活形成的剪切应力，因此由断裂尖端-应力挤压诱发的井筒套变，其风险更大，等级更高。结论认为，除贯穿裂隙-剪切滑移外，裂隙尖端-应力挤压是诱发页岩气水平井套管变形的另一重要机理，该研究成果可为深层页岩气的规模性开发制定良好的套变防控措施提供理论指导。

**关键词**　深部页岩气；水平井；井筒套变；天然裂隙；川南盆地

深层页岩气是中国未来天然气勘探开发的主战场，水平井及分段压裂技术是其有效开发的关键。通过水平井分段改造技术的进步，蜀南自营区块深层页岩产量得到了迅速增长。然而，随着簇间距距离越来越小、压裂规模越来越大，在压裂作业过程中，套变问题频发，限制了深层页岩气的大规模开发。截至到2023年12月，四川南部蜀南区块深层页岩气井发生的套管变形（套变）事件达到了51.0%，其中自201井区整体套变率高达77.3%，二者无疑严重影响了深层页岩气水平井的效益开发。

目前，针对四川盆地深层页岩气水平井井筒套变问题已经开展了大量的研究工作。研究发现，频繁的构造运动、发育的断层和天然裂缝以及大排量、大体积压裂液的持续注入，激活储层天然裂缝系统，是导致水平井套管变形，阻碍压裂正常作业的关键因素。因此，解决由裂隙激活引起的套管变形所带来的挑战一跃成为了各种学术研究的焦点。Xi等认为，压裂过程中产生不对称裂缝和不均匀应力，导致流体沿天然裂缝转移，诱发天然裂缝的滑动，容易导致套管发生剪切变形。李军等、Xi等、Zhang等则通过井下铅模型，结合三维（3D）地震、微地震和测井资料发现，四川盆地套管变形主要为天然裂缝滑移诱发的剪切变形。金亦秋等和Chen等发现，长宁-威远区块高角度天然裂缝发育，且大部分处于临界应力状态。在高工作压力下，断裂激活容易导致套管剪切变形。在研究天然裂隙滑移剪切引起的套管变形方面，路千里等构建了裂隙系统剪切滑移的数值模型，深入研究了裂隙滑移与套管剪切失效发生之间的相关性，并阐明了裂隙滑移与套管应力的相应变形之间的直接关系。以上研究的相互结合有助于更加全面地理解断层滑移的复杂动力学及其对套管力学的影响，并加以控制。

由此可见，目前水平井套管变形的研究主要集中在天然裂缝及断裂系统滑移导致套管的剪切变形尚，并取得了一些认识。然而，具现场数据显示，深层页岩气水平井套管出现了一种新的挤压变形形态。而目前广受关注的天然裂缝滑移-套管剪切套变机理尚无法解释水平井压裂现场频繁出现的挤压变形。研究区深层页岩气水平井套管差异性变形区分的缺乏及其与之相对应成因机理研究的滞后，导致目前水平井压裂现场针对套管变形问题采取的措施效果不佳，研究区深层页岩气开发过程中套管变形问题依然严重。

为有效解决深层页岩气水平井天然裂缝激活导致井筒的套变问题，本文基于裂隙发育及分布特征，结合微地震、测井和原位应力资料，构建了天然裂隙-微地震-井筒套变的响应图版，厘定了不同区域，不同井筒位置套管变形的差异性特征。在此基础上，围绕水力压裂过程中的诱导应力场以及裂缝系统滑移，深入研究人工裂缝和天然裂缝相互作用机理，揭示研究区深部页岩气水平井套管剪切与挤压变形的成因机理。针对不同套变的成因机制，对研究区天然裂缝风险进行了重新评估。研究成果对于研究区水力压裂施工识别和避免裂缝风险，并制定良好的套变规避措施，意义重大。

# 1 研究区深部水平井套管差异性变形特征

## 1.1 深层页岩气水平井套管套变情况分析

蜀南区块主体位于威远斜坡南翼，为威远单斜坡向泸州低陡背斜转换的过渡带，属于深水陆棚相沉积，Ⅰ类储层连续厚度 7~8.5m，北部紧邻的长城钻探威-202 井区已实现效益开发，是威远主体建产区向外围扩展的最现实领域。在区域构造上研究区主体位于川西南低褶构造带，受龙门山、江南雪峰山、大娄山和大巴山造山多方向挤压叠加作用，发育北东-南西向帚状构造，区内断裂系统复杂，网状缝发育（图1）。

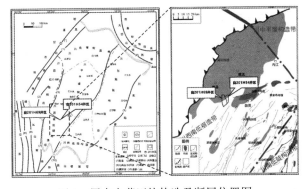

图1 蜀南自营区块构造及断层位置图

研究区多臂井径成像测井解释成果显示，自201H54 井台在压裂开发过程中，共发生了 50 余次大小不同的井筒套。按照套管内径变形的大小及严重程度的轻重，研究区套管变形被划分为三个等级，从轻到重依次为 A 类变形（套管内径>85mm）、B 类变形（54mm<套管内径<85mm）和 C 类变形（套管内径<54mm）。统计结果表明，自201H54 井台发生的 50 余次井筒套变事件大多数为

A 类变形，少数为 B 类变形。另外，在自 201H54 井台的 1 井、3 井和 4 井分别发生了一次严重的 C 类变形（图2）。

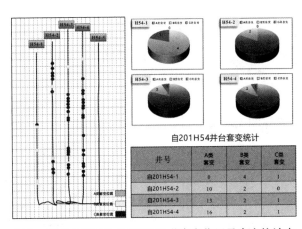

### 自201H54井台套变统计

| 井号 | A类套变 | B类套变 | C类套变 |
|---|---|---|---|
| 自201H54-1 | 0 | 4 | 1 |
| 自201H54-2 | 10 | 2 | 0 |
| 自201H54-3 | 13 | 2 | 1 |
| 自201H54-4 | 16 | 2 | 1 |

图2 蜀南自营区块自201H54 井套变位置及套变统计表

## 1.2 深部水平井套管差异性变形特征

自 201H54 平台微地震-天然裂隙-套损响应关系如图3所示。微地震-天然裂隙-套损位置叠合图显示，自 201H54-1 井共发生了三次典型的井筒套变，其中在第 17 压裂段范围内（4754m）发生了一次严重的 C 类套变。叠合结果显示，在井筒 C 类套变附近发育一条天然裂隙，该条天然裂隙裂隙尖端逼近井筒套变点，但并未与井筒发生斜交与贯通。另外，在套变的位置 1-2 和位置 1-3，均发育了一条与井筒斜交，并贯穿井筒的天然裂隙。根据微地震数据发现，这三条天然裂隙均被水力裂缝所激活。由此可见，201H54-1 井套管变形主要与水力压裂激活天然裂缝有关。但是裂缝的作用方式有所不同。位置 1-1 发生的 C 类套变，主要是由尖端逼近井筒的天然裂缝引起的。而位置 1-2 和位置 1-3 的井筒套变，均是与一条与井筒斜交，并贯穿井筒的天然裂隙有关。

自 201H54-2 井的套变情况如图3所示，其中位置 2-1 和位置 2-3 形成的系列套变主要由与井筒斜交，并贯穿井筒的天然裂隙激活，剪切井筒所导致的。位置 2-2 的两处套变，未见天然裂缝的发育，猜测可能是应力异常、岩性界面或岩性异常所导致的。叠合结果显示，自 201H54-3 井井筒套管变形位置 3-2、位置 3-3 形成系列的 A 类套变主要是由与井筒斜交，并贯穿井筒的天然裂隙激活剪切井筒所导致的。而位置 3-1 和位置 3-4 形成的 B 类和 C 类严重套变都与裂隙尖端形成的应力挤压有关。

自 201H54-4 井的套变情况与 1 井和 3 井的套

变情况相似，其中位置 4-2 和位置 4-3 发生系列的 A 类套变主要是由于与井筒斜交，并贯穿井筒的天然裂隙激活，剪切井筒所导致的。而套变位置 4-1 和位置 4-4 形成的 B 类和 C 类严重套变，则均是由裂缝尖端逼近井筒的天然裂缝，起裂扩展，形成的应力集中所导致的（图 3）。

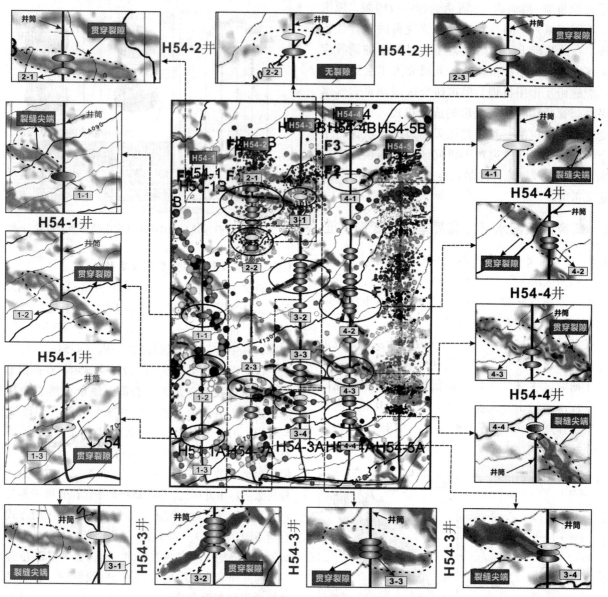

图 3　自 201H54 平台微地震-天然裂隙-套变响应关系

由此可见，自 201H54 井台的套管变形主要也与水力压裂激活天然裂缝有关。其中变形不严重的 A 类套变，绝大部分都是由与井筒斜交，并贯穿井筒的天然裂隙激活，剪切井筒所导致的。而严重的 B 类套变，尤其是导致井筒无法继续施工的 C 类套变，则都是由裂隙尖端靠近井筒的天然裂缝，其尖端形成的应力集中所导致的。

另外，据统计结果显示，自 201H54 井台的井筒套变位置大多位于裂缝发育处，与天然裂缝有关的套变事件占比高达 94%（图 4a）。这表明自 201H54 井台套管变形主要是由水力压裂激活天然

裂缝所导致的，这与压裂现场所得到的结论是一致的。然而，在以往的研究过程中，通常忽略了不同天然裂隙所起到的作用，尤其是对于裂缝尖端逼近压裂井筒，但并未与井筒发生斜交与贯通的天然裂隙。而这种天然裂隙恰恰在压裂诱发井筒套变的过程中发挥着至关重要的作用。

然而，强能量事件点的响应及强套变，大多处于裂缝尖端，其中 201H54 井台发生的全部的 3 次的 C 级套变以及 50% 的 B 级套变，均发生在裂隙尖端逼近压裂井筒，但并未与井筒发生斜交的天然裂缝末端（图 4b）。初步推测认为，在压裂施

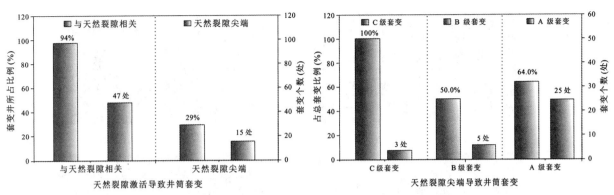

图4（a）　套管变形点处裂隙特征统计和（b）裂隙尖端诱发井筒套变统计

工过程中天然裂隙的起裂和扩展会导致裂隙尖端产生较强的应力集中，压缩井筒，从而产生较大程度的井筒套变。

## 2　天然裂隙激活诱发应力场变化及套变形成机理

根据对自201H54平台井筒套变原因的统计和分析发现，裂隙尖端逼近压裂井筒，但并未与井筒发生斜交的天然裂隙，诱发套变风险更大，诱发套变等级更高。但是，目前对于天然裂缝诱发井筒套变的研究仍停留在天然裂缝激活，剪切井筒使井筒产生套变上。对这些裂隙尖端靠近井筒，但不与井筒相交的裂隙，导致井筒套变的研究，不论是在压裂现场，还是在理论探讨尚，目前都缺乏相关的研究。然而，恰恰这些裂缝，又是诱发研究区套变最主要的因素。相关机理的缺乏，导致目前的相应的防控措施，比较盲目，缺乏相应的针对性。

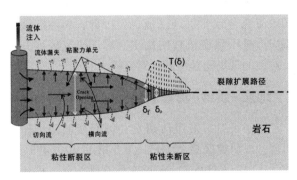

图5　粘聚力有限元裂缝激活起裂图

### 2.1　沿裂隙路径及裂缝尖端应力场变化特征

为了深入探讨裂隙尖端诱发井筒套变的作用机理，并针对其作用机理展开有效的防控措施。在本次研究过程中，在ABQOUS有限元数值模拟软件中，设置了一条天然裂隙，以分析裂隙激活

后，沿裂隙路径及其尖端应力场的变化情况（图5）。数值模型的基础力学参数、裂隙参数及应力参数情况见表1所示。

表1　有限元数值模拟基础参数表

| 类别 | 参数 | 值 |
|---|---|---|
| 力学参数 | 岩石密度，D | 2400 Kg/m³ |
| | 抗拉强度，$T_0$ | 2.3MPa |
| | 内聚力，c | 0.06MPa |
| | 内摩擦角，φ | 40° |
| | 杨氏模量，E | 30.0GPa |
| | 摩擦系数，μ | 0.5 |
| | 泊松比 | 0.21 |
| 模型设置 | 模型尺寸 | 50×100m |
| | 裂隙长 | 30m |
| 地应力设置 | 最大水平主应力，$S_H$ | 85MPa |
| | 最小水平主应力，$S_h$ | 79MPa |

水力压裂诱导天然裂缝应力场变化情况如图6所示。模拟结果显示，天然裂缝被水力裂缝激活后，沿裂隙路径的真实距离，应力呈双峰分布，应力集中分布在裂缝两端，而沿裂隙的水平段应力低水平，平稳分布。另外，通过对比不同注入速率下裂缝尖端应力的变化结果发现，天然裂缝被激活后，裂缝尖端形成的应力集中对注入流速敏感性较高。随着注入流速的增大，裂缝尖端的应力集中程度和集中范围均呈现出逐渐增大的趋势。

不同注入速率下应力数据统计结果如图7所示。统计结果显示，天然裂隙被水力裂隙激活后，其裂隙尖端现成的应力集中程度高达138MPa，相比裂隙水平段的86MPa，增加了56MPa。由此可见，裂隙尖端形成的应力集中，对井筒的压缩应

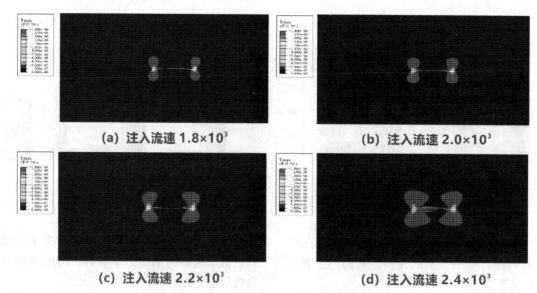

(a) 注入流速 1.8×10³          (b) 注入流速 2.0×10³

(c) 注入流速 2.2×10³          (d) 注入流速 2.4×10³

图6　不同注入流速下天然裂缝激活应力变化云图

力（138MPa），要远远高于贯通井筒天然裂隙激活后，其裂隙的水平段对井筒形成的剪切应力（86MPa）。故而，裂隙尖端形成的应力集中，诱发套变风险更大，诱发套变等级更高。

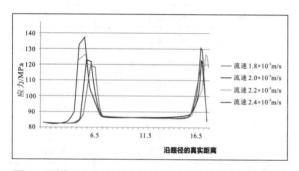

图7　不同注入流速下天然裂缝激活应力数据统计结果

### 2.2 裂隙剪切激活-裂隙尖端扩展诱发井筒套变机理

贯穿井筒天然裂隙的剪切、滑移和靠近井筒裂隙尖端的起裂、扩展是研究区深层页岩气井发生套变的两个重要机理。对于逼近井筒的裂隙尖端，其被水力裂缝激活后，裂隙尖端起裂、扩展，并在裂隙尖端形成较强的应力积累，压缩井筒，形成挤压效应，导致井筒形成较大程度的压缩变形（图8a）。而对于与井筒斜交，并贯穿井筒的天然裂隙，此类天然裂隙被激活后，在裂隙水平段剪切滑移形成的切应力剪切井筒，形成剪切效应，导致井筒剪切变形（图8b）。

目前，对于天然裂隙激活诱发井筒的变形机理多集中在贯穿裂隙应力剪切效应致变机理上，忽略了裂隙断裂尖端应力挤压的致变机理。裂隙

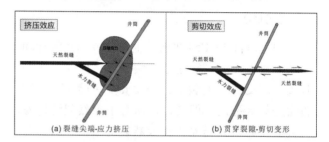

图8 （a）　裂缝尖端-应力挤压套变机理和
（b）　贯穿裂隙-剪切变形机理

断裂尖端应力挤压致变机理的提出，在一定程度上完善了目前所沿用天然裂隙滑移诱发套管剪切变形的作用机理。然而，很大程度上，研究区严重的井筒变形都是由断裂尖端应力挤压致变单独造成，或者断裂尖端应力挤压和贯穿裂隙应力剪切效应混合致变机理造成的。因此，裂隙断裂尖端应力挤压致变机理的提出，对于研究区展开有针对性的现场防控措施，意义重大。

## 3　地层-裂缝-套管联络型套损模型

基于天然裂缝激活诱发井筒套变的两种作用机理，以研究区自201H54-1井第17段（4754m）和第22段（4395m）套管变形事件为例，构建了地层-裂缝-套管联络型套损模型（图9）。

多臂井径成像测井解释成果显示，自201H54-1井在水力压裂施工过程中在第17段（4754m）和第22段（4395m）发生明显的套管变形，其中第17段形成的C类套变由于裂缝尖端应力集中-挤压变形所诱发的，而第22段（4395m）形成的C类是由裂隙剪切-剪切变形所有诱发的（图10）。

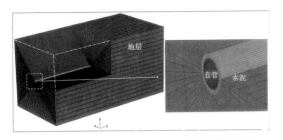

图 9 地层-裂缝-套管联络型套损计算模型

以上述两处套管变形为例，在该井 17 段和 22 段分别考虑应变前后地层-裂缝-套管的载荷变化，构建了地层-裂缝-套管联络型套损的计算模型。

图 10 自 201H54-1 井天然裂缝及套变位置叠合图

基于研究区的测井资料，获取了该井 17 段至 22 段弹性模量和泊松比，并将其赋予网络模型，201H54-1 井力学参数模型如图 11 所示。数值模拟采用 COMSOL 有限元分析软件，并采用结构网格和加密网格法对有限元模型进行离散化，提高了计算的效率和收敛性。根据测井数据，初始最大、最小水平主应力分别设置为 85MPa、79MPa，垂直主应力为 86MPa。内外径分别设置为 121.4mm 和 139.7mm。

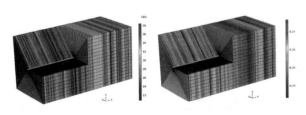

（a）弹性模量 （b）泊松比

图 11 自 201H54-1 井力学参数模型：
（a）弹性模量；（b）泊松比

### 3.1 贯穿裂隙-剪切套变

根据蚂蚁体刻画，自 201H54-1 井第 22 段（4395m）附近，发育一组与井筒斜交，并贯穿井筒的天然裂隙（图 10）。为了模拟这条天然裂缝对井筒的作用，在地层-裂缝-套管联络型套损三维模型构建了相应的天然裂缝。其中粉色部分为与井筒斜交、并贯通的天然裂隙，蓝色部分为储层岩石。模拟过程中，井筒、地层固定，裂隙沿水平方向剪切滑移。自 201H54-1 井 22 段附近与井筒斜交天然裂隙在模型中的设置情况如图 12 所示。

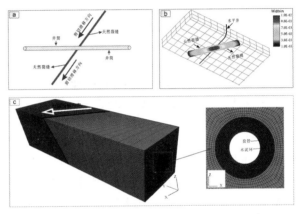

图 12 自 201H54-1 井 22 段地层-
裂缝-套管联络型套损三维模型

贯通裂隙滑动后，裂隙与井筒斜交处套管变形形态如图 13 所示。模拟结果显示，在裂隙剪切滑移的方向上，套管内径的减少，井筒的损伤变形也表现出明显的剪切变形特性。另外，从裂隙滑动后井筒冯米塞斯应力分布显示，在裂隙滑动过程中，远离裂隙平面套管冯米塞斯应力水平较低，套管内径几乎没有变化。而在裂隙平面与井筒斜交的附近，外载荷集中分布，且套管的冯米塞斯应力超过了屈服强度，此时靠近裂隙平面的套管内径急剧减小，导致井筒发生了剪切变形。

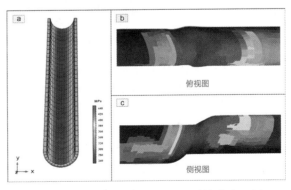

图 13 裂隙滑动后井筒冯米塞斯应力分布云图

根据以上研究，我们进一步分析了裂隙的剪切滑移量、套管强度和套管壁厚等因素对井筒套变的程度。模拟结果显示，随着裂隙的滑移量的增加，套管的变形程度显著增加。但是提高套管强度和套管壁厚，井筒的变形程度变化在 5% 以内，影响不大（图 14）。由此可见，贯穿裂隙-剪切套变机制下套管的变形主要取决于裂隙的剪切滑移量，与套管强度、壁厚和水泥环厚度相关度不大。

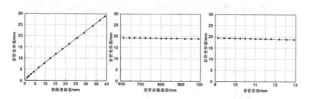

图 14 不同条件下井筒内径变化
（左：滑移量；中：套管屈服强度；右：套管壁厚）

另外，天然裂缝滑移量与裂缝近似角的关系表明，在相同原位应力条件下，裂隙的近似角（与最大水平主应力的夹角）为 30° 时裂隙的滑移量最大，套变风险最高；而天然裂隙的接近角大于 70° 时，裂隙难以被激活，井筒无套变风险（图 14a）。从天然裂隙滑移量分布情况来看，裂隙滑移量沿裂隙延伸路径呈抛物线形状变化，其最大的滑移量出现在裂隙中点（图 14b）。即井筒与裂隙相交处，离断裂中心越近，裂隙的滑移量越大，套变风险越高。由此可见，在贯穿裂隙-剪切套变机制下，中低接近角，且与井筒相交点接近裂缝中部的天然裂隙易形成较高的套变风险；而接近角较高或与井筒相交点接近裂缝两端的天然裂隙，其诱发的套变风险相对较小。

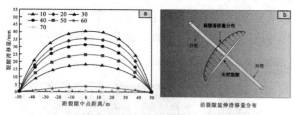

图 14 （a）裂缝滑移量与裂缝近似角对应关系；
（b）裂隙滑移量沿裂隙本身的分布情况

### 3.2 断裂尖端-挤压套变

根据自 201H54－1 井蚂蚁图的刻画，自 201H54－1 井第 22 段（4395m）附近，发育一组裂隙尖端靠近井筒，但不相交的天然裂隙，并且在这条天然裂隙的裂隙尖端形成了一个 C 类套变。

在研究模拟 201H54-1 井 22 段贯穿性裂缝形成剪切套变的基础上，进一步对比分析了自 201H54-1 井第 22 段（4395m）断裂尖端应力集中形成 C 类套变的作用机理（图 10）。

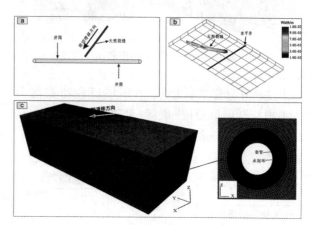

图 15 自 201H54-1 井 17 段地层-裂缝-套管联络型套损三维模型

为了模拟这条天然裂缝对井筒的作用，同样在地层-裂缝-套管联络型套损三维模型构建了相应的天然裂缝。在模型中粉色部分是一条断裂尖端靠近井筒，但不与井筒相交的天然裂隙，蓝色部分为储层岩石。在模拟过程中，井筒、地层固定，裂隙沿水平方向滑移，扩展。自 201H54-1 井 22 段附近天然裂隙与井筒位置关系在模型中设置情况如图 15 所示。

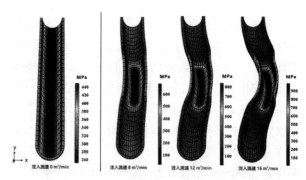

图 16 不同注入流速下井筒冯米塞斯应力分布云图

裂隙尖端挤压井筒形成的外载应力分布云图如图 16 所示。模拟结果显示，与裂隙滑动引起的套管剪切变形不同，裂隙尖端拓展后，导致的套管变形表现为应力作用下的挤压变形。与裂隙滑动引起的套管剪切形成的对称变形有所不同，由于裂隙尖端向前拓展时应力集中较大，导致在裂缝尖端一侧的套管变形更明显，挤压应力作用下套管变形呈现出非对称性的分布特征。

另外，通过对比不同注入流速下井筒套管的变形量发现，随着注入流速的增加，沿裂隙尖端应力集中方向井筒的挤压变形程度呈现出逐渐增大的趋势。在注入流速为 8m³/min 时，套管的变形量仅为 9.78mm；而当注入流速提高至 16m³/min，其套管的变形量达到了 44.17mm。注入流速提高至两倍，井筒的变形量增至了 4 倍有余。这与裂缝尖端应力场的变化相契合，即天然裂缝被激活后，裂缝尖端形成的应力集中对注入流速敏感性较高。随着注入流速的增大，裂缝尖端应力集中程度和集中范围均呈现出增大的趋势，进而导致井筒的变形程度也现出逐渐增大的趋势。因此，针对类裂隙发育的地层，在压裂施工时应以严格执行"避免应力集中"为第一原则。

### 3.3 裂隙尖端-挤压套变与贯通裂隙-剪切套变对比分析

通过对比裂隙尖端-挤压套变和贯通裂隙-剪切套变发现，在相同压裂施工方式、地质条件下（包括岩石力学性质、地应力条件等），贯通裂隙形成的最大套管变形量在 15.52mm 左右，而裂隙尖端扩展形成的挤压套，其最大变形量达到 44.17mm，远高于贯通裂隙诱发的井筒变形量（图 17）。由此可见，裂隙尖端形成挤压应力明显高于贯通裂隙剪切滑移产生的剪切应力，导致井筒附近裂缝尖端的扩展，更容易导致更高等级的井筒套变。因此，在压裂施工时更应该关注裂隙尖端逼近井筒的天然裂隙，并针对他诱发套管变形的作用机理开展有针对性的防控措施。

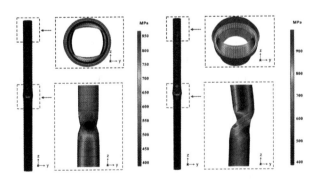

图 17    贯通裂隙-剪切套变（左）与裂隙尖端-挤压套变（右）

自 201H54-1 井第 17 段（4754m）和第 22 段（4395m）多臂井径成像测井结果显示，自 201H54-1 井第 17 段最大变形处（标准内径为 114.3mm）的最大内径、平均内径和最小内径值分别为 129.29mm、115.19mm、102.49mm，第 22 段的对

应值分别为 156.9mm、132.5mm、116.67mm（图 18）。二者的最大变形量分别为 14.99mm 和 42.6mm，与数值模拟得到的结果具有较高的可对比性。

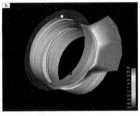

图 18    （a）自 201H54-1 井第 17 段和（b）第 22 段多臂井径测井解释成果图

另外，成像测井结果显示，自 201H54-1 井第 17 段主要套管变形形态为剪切变形，而 22 段的井筒套管变形表现出明显的挤压形态（图 18）。基于数值模拟结果和多臂井径成像测井解释成果的对比，进一步印证了贯穿裂隙易导致井筒产生剪切变形，而裂缝尖端扩展易挤压套管，导致井筒套更容易形成变形程度更高的挤压套变。

## 4    天然裂缝激活诱发套变风险重新评估

模拟结果显示，天然裂缝滑移量与裂缝近似角和裂隙延伸路径有关，在贯穿裂隙-剪切套变机制下，中低接近角，且与井筒相交点接近裂缝中部的天然裂隙（裂缝 1-1）易形成较高的套变风险，为套变-高风险裂缝；而接近角较高或与井筒相交点接近裂缝两端的天然裂隙（裂缝 1-2），其诱发的套变风险相对较小，为套变-低风险裂缝。

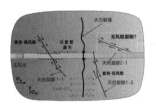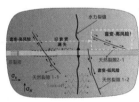

图 19    天然裂缝激活诱发套变风险重新评估图
（旧-单套变机制下；新-双套变机制下）

目前，对于天然裂隙激活诱发井筒的变形机理多集中在贯穿裂隙应力剪切效应致变机理上，忽略了裂隙断裂尖端应力挤压的致变机理，导致现有的研究在开展天然裂缝激活诱发套变风险评估时，通常将裂隙尖端靠近井筒，但不与井筒相交的天然裂隙（裂缝 2-1）划分为低风险或无风险裂隙。通过数值模拟、微地震-天然裂缝-套变

位置叠合关系以及成像测井资料可知，这种裂隙尖端靠近井筒，但不与井筒相交的天然裂隙诱发套变的风险较高，极易形成等级较高的井筒套变。因此，这些裂隙并不能将之划分为低风险或无风险裂隙，反而应将之归类于套变-高风险裂缝。

由此可见，裂隙断裂尖端应力挤压致变机理的提出，在一定程度上完善了目前我们所沿用天然裂隙激活诱发套管变形的作用机理。很大程度上，研究区严重的井筒变形都是由断裂尖端应力挤压致变单独造成，或者断裂尖端应力挤压和贯穿裂隙应力剪切效应混合致变机理造成的。因此，裂隙断裂尖端应力挤压致变机理的提出，对于研究区展开有针对性的现场防控措施，意义重大。

## 5 结论及认识

（1）贯穿裂隙滑移和断裂尖端应力挤压是研究区深层页岩气井发生套变的两个重要机理，二者在作用机理及套变形态等方面均存在明显差异。

（2）裂隙断裂尖端扩展-应力挤压-导致套管变形机理的提出，完善、丰富了目前主流所沿用天然裂隙激活-剪切套管-诱发套管变形的作用机理。研究表明，研究区严重的井筒变形都是由断裂尖端应力挤压致变单独造成，或者断裂尖端应力挤压和贯穿裂隙应力剪切效应混合致变机理造成的。裂隙断裂尖端应力挤压致变机理的提出，对于研究区展开有针对性的现场防控措施，意义重大。

（3）天然裂缝滑移量与裂缝近似角和裂隙延伸路径有关，在贯穿裂隙-剪切套变机制下，中低接近角，且与井筒相交点接近裂缝中部的天然裂隙易形成较高的套变风险，为套变-高风险裂缝；而接近角较高或与井筒相交点接近裂缝两端的天然裂隙，其诱发的套变风险相对较小，为套变-低风险裂缝。

（4）与裂隙滑动引起的套管剪切形成的对称变形有所不同，裂隙尖端-挤压应力作用下的套管变形呈现出非对称性分布特征，其诱发井筒套变的风险更大，等级更高。模拟结果显示，裂缝尖端形成的应力集中对注入流速敏感性较高。注入流速的越大，井筒的变形程度也越高。因此，针对类裂隙发育的地层，在压裂施工时应以严格执行"避免应力集中"为第一原则。

## 参 考 文 献

［1］赵金洲，雍锐，胡东风，等. 中国深层-超深层页岩气压裂：问题、挑战与发展方向［J］. 石油学报，2023，54（1）：295-311.

［2］毛良杰，林颢屿，余星颖，等. 页岩气储层断层滑移对水平井套管变形的影响［J］. 断块油气田，2021，28（6）：755-760.

［3］F. Yang, Z. F. Ning, H. Q. Liu, Fractal characteristics of shales from a shale gas reservoir in the Sichuan Basin, China, Fuel 15 (2014) 378-384.

［4］金亦秋，赵群，牟易升，等. 泸州地区深层页岩气水平井套变成因机理探讨［J］. 天然气工业，2024，44（2）：99-110.

［5］陈朝伟，石林，项德贵. 长宁-威远页岩气示范区套管变形机理及对策［J］. 天然气工业，2016，36（11）：70-75.

［6］孟胡. 水力压裂应力场变化及其对套管变形的影响［D］. 北京：中国石油大学，2022.

［7］韩玲玲，李熙喆，刘照义，等. 川南泸州深层页岩气井套变主控因素与防控对策［J］. 石油勘探与开发，2023，50（4）：853-861.

［8］张鑫. 深层页岩气井套管剪切变形机理及控制方法研究［D］. 北京：中国石油大学，2022.

［9］Xi, L. Lei, J. R. Su, Z. W. Wang, Growing seismicity in the Sichuan Basin and its association with industrial activities, Sci. China：Earth Sci. 50 (11) (2020), 1505-1532.

［10］李军，赵超杰，柳贡慧，等. 页岩气压裂条件下断层滑移及其影响因素［J］. 中国石油大学学报（自然科学版），2021，45（2）：63-70.

［11］Zhang F. S, Z. R. Yin, Z. W. Chen, et al., Fault reactivation and induced seismicity during multistage hydraulic fracturing：Microseismic analysis and geomechanical modeling, SPE J. 25 (02) (2020) 692-711.

［12］Meyer, J. J, Gallop, J, Chen, A, et al., Can seismic inversion be used for geomechanics? A casing deformation example, in：SPE/AAPG/SEG Unconventional Resources Technology Conference, July 23-25, Texas, USA, 2018.

［13］ChenS. B, Zhu Y. M, Wang H. Y, et al., A typical case in the southern Sichuan Basin of China, Energy. 36 (11) (2011) 6609-6616.

［14］路千里，刘壮，郭建春，等. 水力压裂致套管剪切变形机理及套变量计算模型［J］. 石油勘探与开发，2021，48（2）：394-401.

［15］Y. Xi, J. Li, G. H. Liu, et al., A new numerical method for evaluating the variation of casing inner diameter after strike-slip fault sliding during multistage fracturing in shale gas wells, Energy. Sci. Eng. 7 (5) (2019) 2046-2058.

[16] J. Rutqvist, A. P. Rinaldi, F. Cappa, et al., Modeling of fault activation and seismicity by injection directly into a fault zone associated with hydraulic fracturing of shale-gas reservoirs, J. Petrol. Sci. Eng. 127 (2015) 7-386.

[17] 张平,何昀宾,刘子平,等.页岩气水平井套管的剪压变形试验与套变预防实践 [J].天然气工业,2021,41 (5):84-91.

[18] 王孔阳.页岩储层水力压裂诱发断层错动规律及套管损坏特征研究 [D].北京:中国石油大学,2022.

[19] Meng, H, Ge, H, Yao, Y, et al. A new insight into casing shear failure induced by natural fracture and artificial fracture slip. Engineering failure analysis,

(2022), 137.

[20] 李留伟,王高成,练章华,等.页岩气水平井生产套管变形机理及工程应对方案:以昭通国家级页岩气示范区黄金坝区块为例 [J].天然气工业,2017,37 (11):91-99.

[21] 闫建平,来思俣,郭伟,等.页岩气井地质工程套管变形类型及影响因素研究进展 [J].岩性油气藏,2024,36 (5):1-14.

[22] Li, Y, Liu, W, Yan W, et al. Mechanism of casing failure during hydraulic fracturing:lessons earned from a tight-oil reservoir in China. Engineering Failure Analysis, 98, (2019), 58-71.

# CPLog 测井系统与 MEMS 固态陀螺测斜仪挂接技术研究

刘李春　严瑞峰　潘明宇

(中国石油集团测井有限公司物资装备公司)

**摘　要**　高精度陀螺测斜仪的应用已经逐渐得到了油田重视，本文研究了 CPLog 测井系统与 MEMS 固态陀螺测斜仪的挂接技术，旨在提高地层信息获取的精度和效率，扩展 CPLog 系统测井作业能力。首先介绍了 CPLog 测井系统和 MEMS 固态陀螺测斜仪的工作原理和特点，然后重点探讨了两种仪器的挂接技术方案、接口设计、信号处理和数据同步等问题。通过实验验证了挂接技术的可行性和优势。该研究为石油勘探和开发提供了重要的技术支持。

**关键词**　CPLog 测井系统；MEMS 固态陀螺测斜仪；挂接技术；地层信息获取；石油勘探；开发

## 1　前言

陀螺仪在测井仪器中已经广泛应用。主要包括机械陀螺仪，光纤陀螺仪，MEMS 固态陀螺仪。三种陀螺仪性能各有特点，见表 1 所示。相对于机械陀螺仪和光纤陀螺仪，MEMS 固态陀螺仪的优点是传感器体积小、抗震强，耐温高，精度高。不足之处是近几年研制的 MEMS 固态陀螺仪有独立的地面系统，不能挂接到 CPLog 测井系统，不利于 CPLog 测井系统兼容性。通过技术研究重新设计固态陀螺仪硬件和软件，完成该仪器与 CPLog 测井系统的挂接，实现 CPLog 仪器在有磁环境下进行井斜角、方位角、工具面角等参数的测量。尤其在丛式井、老井、开窗定向井的测量中应用，满足甲方的特殊测井需求。因此开发挂接 CPLog 测井系统的固态陀螺仪势在必行。

**表 1　三种陀螺仪性能比较**

| 陀螺类型 | 固态陀螺 | 光纤陀螺 | 机械陀螺 |
|---|---|---|---|
| 测量速度 | 4000m/h | 4000m/h | 4000m/h |
| 压力 | 140Mpa | 100Mpa | 100Mpa |
| 温度 | 175℃ | 175℃ | 125/175℃ |
| 抗震性 | 优 | 良 | 差 |
| 挂接能力 | 无 | CPLog 系统 | 无 |

## 2　CPLog 测井系统与 MEMS 陀螺测斜仪简介

### 2.1　CPLog 测井系统简介

CPLog 测井系统由地面测井系统+高速的遥传通讯短节+各种测井仪器组成，能够完成裸眼井、生产测井和射孔作业。

地面系统主要由电源箱体，接线控制箱体，信号采集箱体组成。电源箱体负责提供主交流/直流，辅交流/直流以及程控电源。接线控制箱体用来实现多芯电缆的缆芯分配、单芯电缆的电源与信号的分离、射孔作业的缆芯选择、各缆芯的绝缘测试。采集箱体采集模拟信号、脉冲信号、声波波形信号、编码信号以及深度信号，前端机负责数据的采集控制，计算机之间的通信采用以太网传输。地面系统配接的井下仪器主要包括 Eilog05 系列，Eilog06 系列，Eilog 小井眼系列，成像系列。

电缆通讯支持 BPSK、COFDM 等编码格式，能够满足高速电缆传输系统 430k 编码、BPSK 编码的缆芯分配要求。井下仪器总线通讯采用 CAN 总线传输模式，每支井下仪器相当于 CAN 总线的一个子节点。地面系统下发命令给遥传短节，遥传短节解码后通过 CAN 总线发送给对应仪器。井下仪器将上传数据通过 CAN 总线传输给遥传短节，遥传短节对数据编码后发送给地面系统。

系统软件 ACME 测井采集软件系统主要完成测井仪器数据的实时采集，测井过程的实时监控和测井数据的处理输出。具有高度可靠的多通道数据采集、开放式底层平台、可视化测井服务配置、丰富的数据显示、便捷的仪器挂接等特点，可以快速配接不同地面硬件系统和不同通讯接口井下仪器的需要，拥有统一的硬件抽象接口，提供方便的 SDK 开发向导。

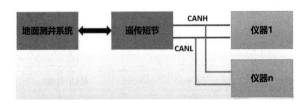

图 1  CPLog 系统井下仪与地面系统通讯框图

### 2.2  MEMS 陀螺测斜仪简介

固态陀螺测斜仪应用科里奥力原理计算地球自传角速度 ω 获得真北方向，再加上测量重力加速度以及当地纬度度就可以计算井眼倾角和方位角。MEMS 技术能承受严苛的井下条件，包括严重的冲击与振动，无需重新校准工具即可重新运行传感器。

MEMS 固态陀螺测井仪包括独立地面系统和井下仪。独立地面系统主要完成对井下生产测井仪器供电、下发控制命令和信号接收解码功能。井下仪主要由仪器主体短节，旋转短节，上下扶正器，引鞋短节组成。仪器和地面系统采用单芯电缆传输，编码方式为曼切斯特码。仪器性能指标见表 2 所示。

井下仪主要有两种测量模式：定点测量和连续测量

表 2  固态陀螺仪性能指

| 外径 | 温度 | 压力 | 测量模式 | 测速 | 井斜角精度 | 方位角精度 |
|---|---|---|---|---|---|---|
| 48mm/43mm | 175℃ | 100Mpa | 点测/连续 | 4000 米/小时 | ±0.2° | ±2° |

1）定点测量用于定向射孔或者定向开窗，实时跟踪定向 UBHO 接头键槽方位。仪器组合：仪器主体短节+定向引鞋短节。

2）连续测量模式用于实时跟踪井眼轨迹的测量。旋转短节+仪器主体短节+下扶正器短节。

## 3  陀螺测斜与 CPLog 测井系统接口技术

### 3.1  专用陀螺挂接通讯接口设计

由于 CPLog 系统挂接一串测系列是目前主要测井仪器。井下仪器通过 CAN 总线和一串测遥传建立通讯：既发送数据给地面系统，又接收地面系统的命令。遥传和地面系统采用 OFDM 数字调制解调技术的数据通信，通过方式变压器进行电缆信号传送。因此 MEMS 陀螺测斜仪挂接 CPLog 系统也要和一串测遥传建立通讯，通讯协议必须符合 CAN2.0 规范协议。

#### 3.1.1  通信协议的改进方案设计

1）下井仪器总线为 CAN 总线，传输速率为 800KBPS

2）分时的半双工命令数据传输方式

3）80ms 一帧的数据上传速率

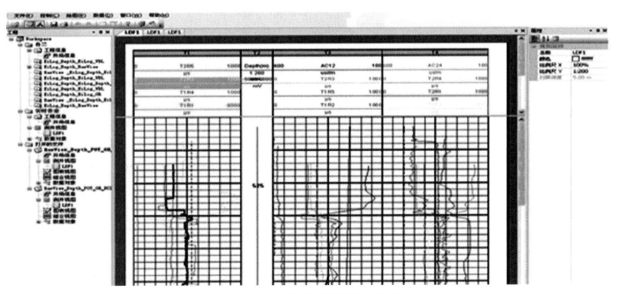

图 2  显示与绘图软件模块界面设计

### 3.1.2　地面系统软件功能开发

CPLog 地面系统挂接 MEMS 陀螺测斜仪，需要开发相关软件进行支撑。

开发仪器动态链接库和仪器组件库：

仪器动态链接库完成各种算法、图板校正，数据的显示；仪器组件库调用加载仪器动态链接库的相关功能、算法和数据。

软件界面设计

陀螺短节软件设计界的操作都有控制选项，并且允许用户对这些控制选项进行统一配置，然后保存为系统配置文件。系统每次启动时都会加载统一的配置文件，这样就避免了复杂和重复的操作。测井过程中设计内容主要有监视测井和实时出图。测井作业完成以后，设计的处理工作有：曲线编辑、曲线平移、与缩放、曲线校正。

### 3.1.3　硬件接口设计

MEMS 陀螺测斜仪 CAN 总线通讯电路采用半双工工作模式：接收地面系统下发命令，通过驱动电路，隔离电路进入固态陀螺仪主控芯片；在主控芯片 ARM 控制下通过隔离电路，驱动电路把自身数据通过 CAN 总线上传到地面系统。

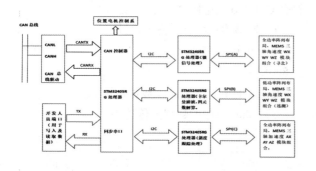

图 3　硬件接口设计

1）CAN 总线隔离电路芯片选用 ADI 公司的 ADuM1201 芯片。采用 1/1 通道方向性的双通道数字隔离器，隔离器件将高速 CMOS 与单芯片变压器技术融为一体，具有优于光耦合器等替代器件的出色性能用于提供 CAN 总线与仪器之间的电气隔离。

2）CAN 总线驱动电路芯片选用微芯公司的 MCP2551，传输速率达到 1Mbps。自动检测 TXD 输入端接地错误，连接节点上限 112 个，具有高压瞬态保护，短路保护，自动热关断功能。差分总线具有很强的抗噪特性。

### 3.2　缆芯分配与信号传输方案

按照 CPLog 测井系统电气接口规范对 MEMS

陀螺测斜仪进行缆芯分配。其 31 芯插头和插座芯线分配按表 3 所示。

表 3　固态陀螺仪缆芯定义

| 连接器编号 | 定义 | 备注 |
|---|---|---|
| Pin1 | 井下仪器供电 | 交流电压 220V±22V， |
| Pin4 | 井下仪器供电 | |
| Pin16 | CAN GND | 信号地 |
| Pin21 | CAN H | CAN 总线 |
| Pin22 | CAN L | CAN 总线 |
| Pin29 | TX | 串口调试端口 |
| Pin30 | RX | 串口调试端口 |
| Pin2 | 推靠电源 | 辅交流或辅直流 |
| Pin10 | 电缆外铠、鱼雷 ARMOR | 推靠电源地回路 |
| Pin7 | 井下自然电位 | SP |
| Pin8 | 加长电极 | SP |
| Pin9 | 加长 N 电极电位 | |
| Pin11 | 用于 Can 总线 Can 5V | 电源（供部分其他仪器使用） |
| Pin12 | 系统的模拟信号地 | |
| Pin13 | 系统的数字信号地 | |
| Pin14 | 数字 5V（最大电流 1A）电源 | （供部分其他仪器使用） |
| Pin15 | -12V（最大电流 1A）电源 | （供部分其他仪器使用） |
| Pin17 | +12V（最大电流 1A）电源 | （供部分其他仪器使用） |
| Pin18 | +24V（最大电流 1A）电源 | （供部分其他仪器使用） |
| Pin19 | 补中仪器的 S 计数 | |
| Pin20 | 补中仪器的 L 计数 | |
| Pin24 | Can 总线 Can 3.3V | （供部分其他仪器使用） |
| Pin25 | 模拟 5V | （供部分其他仪器使用） |

### 3.3　数据处理模块设计

数据处理模块选用 ARM 芯片 STM32F407 微控制器，其运行频率高达 168Mhz. 它融合了高速内嵌存储器，备用 SRAM 高达 4Kbytes，宽范围的强化输入输出以及外部连接至两个 APB 总线，三个 AHB 总线和一个 32-bit 多 AHB 总线矩阵. 所有设备提供三个 12 位模数转换器，两个数模转换器，一个低功率实时时钟，12 个通用 16 位计时器，包括两个 PWM 计时器用于电机控制，两个通用 32 位计时器，一个真随机数字发生器（RNG），还具有标准和高级的通讯接口。

MEMS 陀螺测斜仪采用多个（最高 288 个）超高精度的军工级 IMU 作为地球自转角速率和重力加速度的核心感知单元，通过阵列式布局 PCB 实现多个 IMU 的高精度硬件集成，基于高性能嵌入式实时处理器与 I2C 同步采样技术实现对所有集成 IMU 的精确采样同步。在经过对传感器原始数据的温度漂移、非正交、刻度系数、G 值敏感误差、安装误差矫正补偿后，通过自主研发的阵列传感器融合算法对所有 IMU 数据进行精确融合，获得高精度、高稳定性的融合 IMU 数据输出。其中 YZ 两个轴向的陀螺仪的零偏不稳定性指标可达 0.02°/h，X 轴向陀螺仪的零偏不稳定性指标可达 0.03°/h 以内。高性能 IMU 数据从最优寻北初始角度、旋转位置数、旋转顺序、间隔控制，以及寻北误差评定等多方方面进行了优化。STM32F407 微控制器数据采集实现 288 路传感器的数据同步采集的功能，同时也实现超低功耗的高精度定时器的精准定时。

### 3.4 陀螺优选与入井管串设计

按照 CPLog 测井系统要求，对井下仪器挂接设计：电极系+旋转短节+三参数测井仪+遥传短节+MEMS 陀螺测斜仪+井径仪+声波测井仪+感应测井仪。这种设计可以满足一串测快速测井要求。

## 5 现场应用

根据挂接方案设计，经过硬件接口、通讯协议改进及软件功能开发，成功实现了固态陀螺测斜仪与 CPLog 测井系统的挂接，完成了两支仪器的挂接升级以及车间校验工作，校验误差统计符合精度要求（如图 4）。

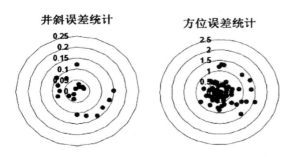

图 4　车间校验误差统计

在同一口井先后使用两支陀螺仪器进行井眼轨迹施工，施工结束后对两支仪器的数据进行对比分析。

在井深 1500 米的位置进行寻北，两支陀螺仪的井斜角都是 5.62 度，方位角相差 2.16 度。两支陀螺仪所测数据从井口到井深 1963 米，所测数据比较一致。两支陀螺仪在井深 1963 米的距离为 3.09 米。两支陀螺仪的数据是在分别下井施工的情况下取得，两支陀螺仪的一致性非常好，如图 5。

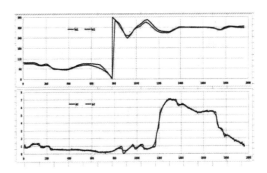

图 5　两支陀螺仪井斜、方位一致性对比

为了进一步验证改进后的陀螺仪性能，再与常规连斜测井仪器进行同一口井的测井资料对比，对比结果如图 6、图 7 所示。

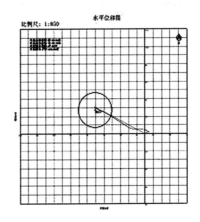

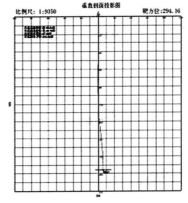

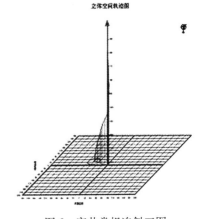

图 6　完井常规连斜三图

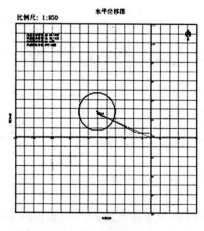

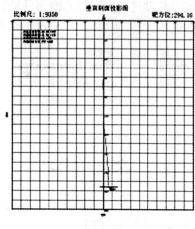

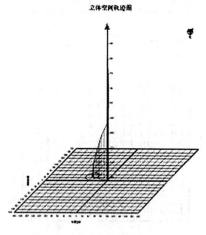

图 7 改进后陀螺仪三图

## 7 结论

通过实验验证了 CPLog 测井系统与 MEMS 固态陀螺测斜仪的挂接技术可以提高地层信息获取的精度和效率。在挂接后，地层信息获取的精度得到提高，同时测井效率也有所提升。这主要得益于两种仪器之间的信号传输和数据同步得到了优化处理。此外，该挂接技术具有较高的可靠性和稳定性，可以在各种地质条件下进行测井。

本研究成功解决了 CPLog 测井系统与 MEMS 固态陀螺测斜仪的挂接技术问题，提高了地层信息获取的精度和效率。该研究为石油勘探和开发提供了重要的技术支持。未来将继续优化该挂接技术方案，进一步提高地层信息获取的精度和效率。

## 参 考 文 献

[1] 时英元，基于参数优化的 ICEEMDAN-MEMS 陀螺信号处理研究［J］，自动化与仪器仪表，2024（04），5-10.

[2] 赵晶，基于固态陀螺的智慧连续测井仪数据分析［R］，科技成果，山西宇翔信息技术有限公司；2020.

[3] 谭欣，基于 MEMS 陀螺的随钻轨迹测定研究［D］，安徽理工大学，2022.

[4] 孙桂清，CPLog 测井系统与高分辨率侧向挂接技术研究［C］，第三届复杂油气藏勘探开发与测井技术研讨会论文集，2022.

# 川南深层页岩气水平井压裂套变规律

彭怡眉[1]　赵　毅[1]　陈明鑫[1]　李凡华[1]　孙学凯[2]　温　柔[1]

(1. 中国石油集团测井有限公司地质研究院；2. 中国石油集团测井有限公司测井技术研究院)

**摘　要**　为了深入研究和解决川南深层页岩气水平井压裂过程中套管变形（简称套变）的问题，本文首先明确了研究的目的，即通过对套变现象的分析，找到影响水平井压裂套变的主要原因，并提出相应的控制方法，以提高页岩气井的开发效益和经济性。针对这一目的，本文对大量压裂施工数据和井下监测数据进行了系统的收集与分析，总结了川南页岩气水平井压裂过程中套变的发生规律和特征，并对影响套变的因素进行了详细的探究。

在研究方法方面，本文采用了对比分析、实地测量和数值模拟相结合的方式，通过对水平井钻遇的地质构造特征、储层参数、压裂工艺参数以及地应力环境的综合分析，探索套变的形成机制。同时，利用测井曲线资料对井段进行套变风险的预测，并结合对断裂、天然裂缝、应力积累等因素的深入研究，探讨压裂设计参数与储层非均质性之间的关系，旨在找出影响套变的关键因素。

研究结果显示，套变的发生与页岩气储层的地质特点、压裂规模和地应力特征等因素密切相关，尤其与断裂、天然裂缝、应力积累、井距、改造强度等压裂设计参数有显著关联。此外，水平井段所钻遇的储层非均质性在套变的发生中起到了至关重要的作用，导致了压裂过程中不同井段发生套变的概率和程度存在较大差异。通过测井曲线的分析，发现套变主要发生在水平井段所钻遇的储层"甜点"区域，包括 A 靶点附近、断裂和层界面等位置。

结论部分指出，导致水平井压裂套变的根本原因在于压裂工艺参数与水平井钻遇的储层物性参数的不匹配，特别是当压裂工艺未充分考虑储层非均质性时，更易引发套变现象。为了有效控制水平井压裂套变，应针对储层非均质性优化压裂工艺参数设计，使其更好地与储层特征相匹配。本文提出了针对性技术措施，如精细化压裂设计、加强断裂和天然裂缝的预测、优化压裂参数与储层匹配性等，这些措施在实际应用中取得了显著效果，成功降低了川南深层页岩气水平井压裂过程中套变的风险，提高了页岩气井的开发效益和经济性，为未来的页岩气开发提供了重要的技术支持和指导。通过这些研究与应用，本文为深层页岩气压裂套变问题的解决提供了新的思路和方法，为川南页岩气的高效开发奠定了坚实的基础。

**关键词**　页岩气；水平井；压裂；套变；预测；控制

经过十余年的自主攻关，中国页岩气的勘探开发技术达到世界先进水平。四川盆地五峰组-龙马溪组页岩气总地质资源量约28.78万亿方，可采资源量5.75万亿方。2023年的川渝页岩气年产量达到240亿方，累产气超过1200亿方。考虑到我国川渝页岩气技术可开采的资源量高达21.8万亿方，页岩气在中国的发展还有很大的空间，大力开发页岩气也是我国近期国民经济发展的迫切需要。

中国石油前几年经过广大技术人员的共同努力，克服了浅层页岩气开发技术难题，川渝浅层页岩气的开发取得了很好的开发效果。中国石油近几年开展了3500米以上的中深层页岩气的开发，由于埋藏深、构造复杂、应力复杂，在深层页岩气 L203-Y101 区块的开发过程中，水平井压裂套变率和压窜率50%，影响了深层页岩气的开发效益，目前川渝深层页岩气的开发在技术和效益方面需要进一步提升。

针对页岩气水平井大规模体积压裂造成套管变形影响生产的技术问题，国内外专家学者开展过很多相关的研究，早在2015年田中兰建立了多因素耦合套管损坏评价模型，对影响套管损坏的各种因素进行过综合分析。于浩认为页岩气水平井套变是压裂过程中地层岩石性能降低、改造区域不对称、施工压力大以及地应力场重新分布等共同作用的综合结果。李凡华利用2019年之前的威远、长宁区块的页岩气水平井压裂套变资料，分析了套变特征和套变主控因素，提出了套变点预测方法，给出了套变控制技术措施。页岩气水平井压裂套变是压裂施工引起的，肯定和压裂有关。不同区块的套变率不同，认为储层地质力学特点是压裂套变的主控因素。套变受井眼轨迹、固井质量、液量规模强度、井距大小、周围井压裂后的应力积累、时间等等影响。

本文通过对 L203-Y101 区块 200 余口井的动静态资料的详细分析，初步总结了 L203-Y101 区块的水平井压裂套变规律，对控制水平井压裂套变的技术措施进行了讨论。

# 1 技术思路和研究方法

川渝深层页岩气的 L203 区块位于四川盆地川东南中隆高陡构造区自流井构造群、阳高寺构造群，主体位于福集向斜北段。L203 区块的西北角为自流井构造群，大部分区域属于阳高寺构造群，背斜发育较多。Y101 区块位于 L203 区块的东边，地层的中奥陶统断层较发育；深层从寒武系顶界开始断层逐渐减少，构造向上隆起幅度也明显降低，主体构造形态相对简单。L203-Y101 区块的页岩气藏的优质储层埋深 4000 米左右，主体断裂发育，为走滑应力机制断裂。

L203-Y101 区块深层页岩气 2019 年开始投入开发以来，套变、压窜影响了开发效果。L203-Y101 区块完钻的 217 口开发井，共计发生套变 108 口，占比 49.8%，未压裂就发生套变的井 35 口。完成压裂的 145 口井，压裂套变 63 口，占比 43.4%，压窜井 80 口，占比 55.2%。由于 L203 区块优质"甜点"储层有效厚度小，采用当时的压裂设计参数施工，整体套变率较高。分析 L203 井区 33 口井的 101 个套变点，套变点主要分布在裂缝、断层、穿五峰段的两侧、A 靶点附近、垂直井段等位置，其中 16.1%套变点位置处的储层无明显异常。

通过对动静态资料的详细分析，包括套变发生套变的井筒位置、套变形状、钻遇储层，套变处的固井质量、套管参数、压裂参数，套变与时间的关系，套变与井间干扰的关系等，总结了 L203-Y101 区块的水平井压裂套变的规律特点。依据套变点处的储层特点统计分析，除了优质"甜点"储层有效厚度小之外，认为影响套变的地质因素是断层、裂缝、优质储层厚度等，和工程上的压裂设计、A 点应力积累、钻遇五峰组、固井质量等有关。

## 1.1 套变形状特点

利用 24 臂的多臂井径测井探测了 L203-Y101

区块深层页岩气某水平井的套管变形形状，从形状上看主要是以剪切错动变形为主，如图 1。

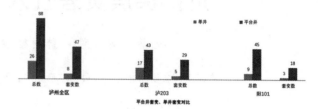

图 1　L203-Y101 区块平台井套变占比

## 1.4 套变与构造位置有关

构造高部位、断裂复杂的储层中的水平井压裂套变率高，构造平缓的部位套变率低，位于构造平缓的低部位的 Y101 区块的两个平台的 14 口井只有 3 口井发生套变，构造高部位断裂复杂易套变。

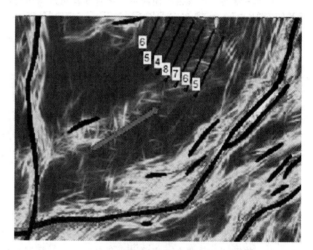

图 2　构造稳定的低部位的平台井位置

## 1.5 压窜的井段不套变

图 5 是 L203 区块的 4 个平台的井位图，红色点标识套变位置，椭圆圈标识压窜关系，整体上看井区断裂发育，发生 4 个区域的压窜现象，均在断裂、天然裂缝发育的位置，在这些井段压窜，没有发生套变。

## 1.6 A 靶点附近的套变

图 5 中共有 30 个套变点，典型的 A 靶点附近的套变有 9 个，A 靶点的套变点占比 30%左右，和其它区块大量资料的分析认识结论一致。A 靶点易发套变的原因是井轨迹处于造斜段，是井筒应力集中的地方，如图 6 指示的 H6-1 的套变点位于 3620 米，位于 H6-1 井的井轨迹造斜起始点（图 6 中间淡紫色虚线指示倾角），一般来说造斜段固井质量容易出现问题，图 7 是造斜段的固井检查结

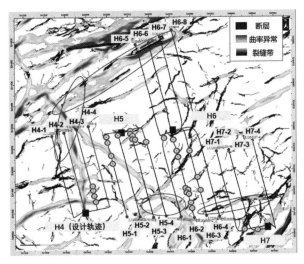

图 3   井位、套变压窜、断裂示意图
（红色点标识套变位置，椭圆圈标识压窜关系）

果，红色段表示固井质量差。

## 1.7  水平段的套变和断裂相关

图 8 显示的是 H6-2 井的水平井段的 4 个套变点位置都在断裂附近，整体上看水平井段的套变点位置和断裂位置密切相关，L203 区块规模较大的断裂比较发育，一些井受断裂影响发生套变，这也是预测水平井段套变风险位置的手段之一。由于易活化的断层处容易发生套变，可以利用声波测井的远探测分析技术识别易活化的断层，进而准确预测套变风险段。

图 7 是一口水平井的轨迹剖面图，该水平井有三个套变点，一个位于明显的小断层附近，一个位于 A 靶点附近的小断层处，中间的套变点附近也有小断层。图 8 是该水平井的交叉偶极声波测井

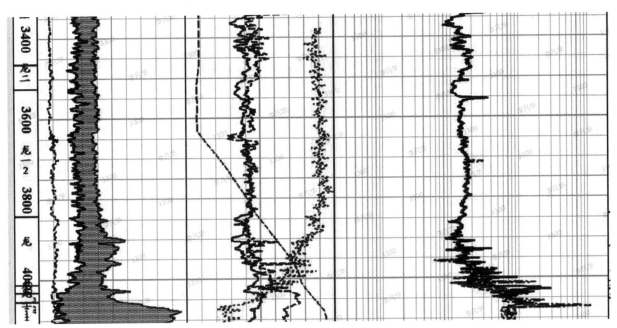

图 4   H6-1 的测井曲线

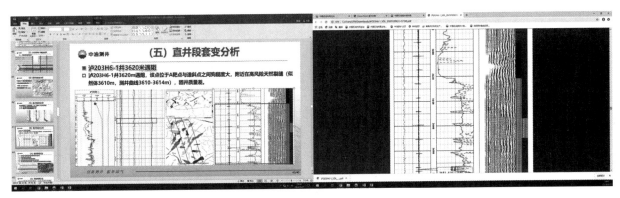

图 5   H6-1 的固井检查曲线

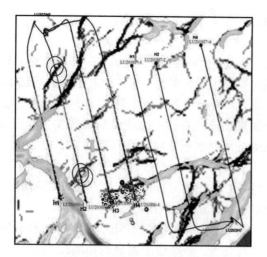

图 6　H6-2 的井位图

资料的远探测成像的波形分析成果图，图 9 是该水平井的交叉偶极声波测井资料的远探测成像的有效反射强度的分析成果图。图 8 与图 9 的偶极声波解释成果均显示了易活化的断层的位置，图 8 和 9 中红点处是已发生套变的井段，套变部位与断层部位高度重叠，表明了测井声波远探测分析技术能够识别易活化断层，从而预测易发生套变的井段。通过研究三十余口页岩气水平井的测井声波远探测技术分析的成果，认为声波测井远探测技术可以识别易活化的断层。

## 1.8　套变点几乎都位于"甜点"区

分析 L203—Y101 区块的 33 口井的 101 个套变

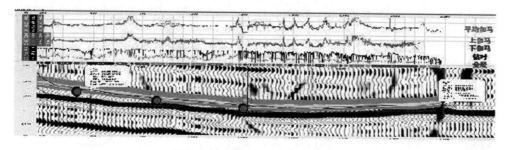

图 8　水平井轨迹和套变点位置

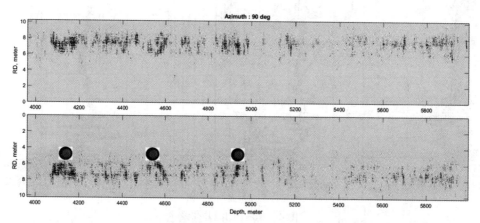

图 9　水平井交叉偶极声波测井的远探测成像的波形成像的分析结果和套变点位置

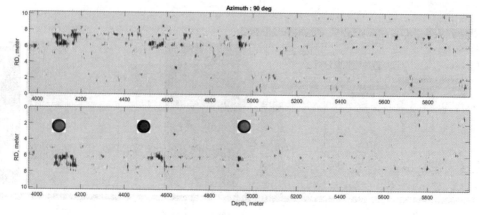

图 10　水平井交叉偶极声波测井的远探测成像的有效反射强度的分析结果和套变点位置

点，套变点的位置几乎都落在"甜点"区中，其中很多位于层界面处靠近"甜点"的一侧，或在"五峰组"和"甜点"界面处的"甜点"区中，如图12和13，这是因为在压裂的过程中，"甜点"段的破裂压裂压力低，首先破碎，"甜点"段的固井水泥环容易被破坏（水平井段的"甜点"段这部分固井检查结果一般较好），导致套管变形。图12和13中的条形框标识的是水平井钻遇的"甜点"段储层，利用常规测井资料可以识别出水平井段钻遇的"甜点"带，就是容易套变的"风险段"，结合声波测井分析成果识别易活化断层，可以进一步预测易套变点。分析完钻后的水平井测井资料，确定水平井段的"甜点"储层段，是做好精细压裂优化设计的前提，可以规避多数套变压窜的发生，一般原则是再"甜点"储层段可以增加压裂液用量，物性差的井段降低压裂液用量。

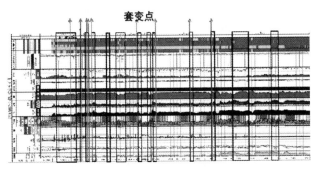

图11　水平井轨迹和套变点位置

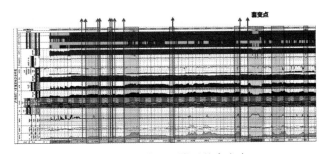

图12　"五峰组"附近的套变点

## 1.9　小结

通过对川渝深层页岩气 LY 区块 200 余口水平井资料的分析，总结压裂水平井的套变有以下的特点：（1）套管变形以剪切变形为主。（2）区块的套变率和优质储层的厚度成反比。（3）套变位置和断裂、天然裂缝有关。（4）套变点几乎都位于页理缝发育的甜点处。（5）水平井段的套变位置在龙一$_1^1$和龙一$_1^2$的界面处、龙一$_1^1$和五峰组的

界面处占比较高。（6）套变井的水平井段大多数钻遇相对坚硬的五峰组。（7）套变和应力积累关系很大，套变发生在 A 靶点的情况和应力积累有关。（8）套变和井距关系很大，和周边压裂井的应力积累有关。（9）套变和压裂改造规模强度密切相关。

## 2　结果和效果

虽然2022年以前的川渝深层页岩气水平井压裂套变率、压窜比例较高，但还有很多井没有发生套变，综合分析未套变井也能得出有益的结论，比如水平井钻遇的优质"甜点"储层比例高，不易发生压裂套变。李凡华等人在2019年提出过页岩气水平井压裂套变控制方法，在威远页岩气田的开发中得到了有效应用，图14是统计的威远页岩气田的历年的水平井大规模压裂的用液强度，从中可以看出2019年后的压裂用液强度逐年降低。综合分析近几年的川渝页岩气开发实践，认为对深层页岩气开发依然有效，具体包括：（1）精细地质研究，准确认识刻画"甜点"，建立准确的三维地质模型；（2）优化水平井轨迹设计，施工时保护"A 靶点"易套变区；（3）提升水平段钻井导向精度，使水平井段尽可能钻入"甜点"中，就不会发生套变；（4）水平段钻遇"五峰"组，意味着水平井段钻遇断裂，套变压窜概率增加，精细分析水平井段的储层非均质性，在此基础上精细地优化压裂设计至关重要；（5）优化增加水平井距，减少井间干扰；（6）降低非"甜点"区、断裂带的压裂段的压裂规模仍是减少套变发生的有效方法。

根据前期的大量研究成果，作者提出了水平井钻前的优质"甜点"储层的评价新方法，给出了水平井钻后的水平井段钻遇优质"甜点"段的

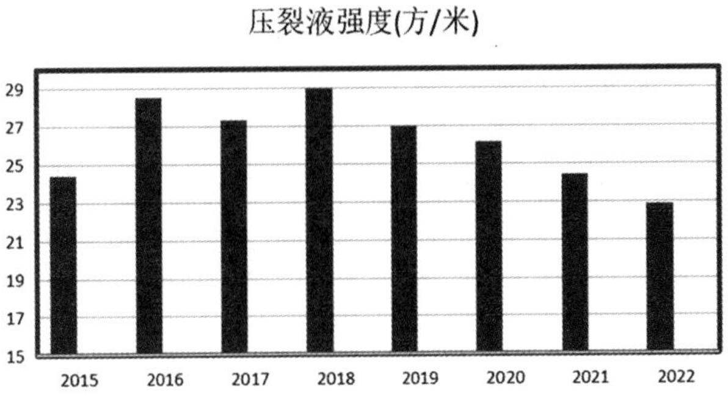

**压裂液强度(方/米)**

图13　历年的威远页岩气田的水平井压裂用液强度

识别和划分新方法，作为精细压裂优化设计的基础。经过广大技术人员的共同努力，2023 年中国石油西南油气田分公司推出了页岩气压裂工艺 2.0 升级版，提出了"双控＋双优＋两避免＋一提升"的压裂过程中的防套变对策，2023 年 LY 区块完成压裂 36 口井，套变率下降 31%，实现零丢段，压窜率降低到 11%，效果显著。

## 3 结论

（1）通过对川渝深层页岩气区块 200 余口水平井的动静态资料分析，总结了深层页岩气水平井压裂套变的规律。套变点绝大多数位于"甜点"区中，"A 靶点"附近也是套变多发区。套变发生主要和储层地质特点、压裂规模等有关，区块套变率和页岩气优质储层厚度成反比。

（2）讨论了深层页岩气水平井压裂套变控制技术，认为控制套变最重要的是定义和认清"甜点"，精确刻画"甜点"，提高水平井段钻进时的导向水平，切实提高水平井段的优质"甜点"钻遇率，是钻前降低套变率的关键技术手段。完钻后的优化压裂设计十分重要，也是解决水平井压裂套变问题的关键步骤。

## 致谢

向中国石油勘探开发研究院四川盆地中心、西南油气田页岩气研究院和中油测井西南分公司解释中心等各级部门的技术人员给与的大量帮助表示衷心感谢。

## 参 考 文 献

[1] 王红岩，周尚文，赵群，等 . 川南地区深层页岩气富集特征、勘探开发进展及展望 [J]. 石油与天然气地质，2023，44（06）：1430-1441.

[2] 何骁，陈更生，吴建发，等 . 四川盆地南部地区深层页岩气勘探开发新进展与挑战 [J]. 天然气工业，2022，42（08）：24-34.

[3] 田中兰，石林，乔磊 页岩气水平井井筒完整性问题及对策 [J]. 天然气工业，2015，35（9）：70-76.

[4] 于浩，练章华，林铁军 . 页岩气压裂过程套管失效机理有限元分析 [J]. 石油机械，2014，42（8）：84-88.

[5] 李凡华，董凯，付盼，等 . 页岩气水平井大型体积压裂套损预测和控制方法 [J]. 天然气工业，2019，39（04）：69-75.

[6] 李凡华，乔磊，田中兰，等 . 威远页岩气水平井压裂套变原因分析 [J]. 石油钻采工艺，2019，37（6）：799-808.

[7] 陈朝伟，石林，项德贵 . 长宁—威远页岩气示范区套管变形机理及对策 [J]. 天然气工业，2016，36（11）：70-75.

[8] 董文涛，申瑞臣，乔磊，等 . 体积压裂多因素耦合套变机理研究 [J]. 钻采工艺，2017，40（6）：35-37.

[9] 杨毅，刘俊臣，曾波等 . 页岩气井套变段体积压裂技术应用及优选 [J]. 石油机械，2017，45（12）：82-87.

[10] 李留伟，王高成，练章华，等 . 页岩气水平井生产套管变形机理及工程应对方案—以昭通国家级页岩气示范区黄金坝区块为例 [J]. 天然气工业，2017，37（11）：91-99.

[11] 高利军，柳占立，乔磊，等 . 页岩气水力压裂中套损机理及其数值模拟研究 [J]. 石油机械，2017，45（1）：75-80.

[12] 梁兴，朱炬辉，石孝志，等 . 缝内填砂暂堵分段体积压裂技术在页岩气水平井中的应用 [J]. 天然气工业，2017，37（1）：82-88.

[13] 吴奇，胥云，刘玉章，等 . 美国页岩气体积改造技术现状及对我国的启示 [J]. 石油钻采工艺，2011，33（2）：1-7.

[14] 郭旭升，胡东风，魏祥峰，等 . 四川盆地焦石坝地区页岩裂缝主控因素及对产能的影响 [J]. 石油与天然气地质，2016，37（6）：799-808.

[15] 刘学伟，田福春，李东平，等 . 沧东凹陷孔二段页岩压裂套变原因分析及预防对策 [J]. 石油钻采工艺，2022，44（1）：77-82.

[16] 刘双莲，陆黄生 . 页岩气测井评价技术特点及评价方法探讨 [J]. 测井技术，2011，35（2）：112-116.

[17] 钟森，谭明文，赵祚培，等 . 永川深层页岩气藏水平井体积压裂技术 [J]. 石油钻采工艺，2019，41（4）：529-533.

[18] 任岚，李逸博，彭思瑞，等 . 基于综合可压性的深层页岩气压裂经济效益预测方法 [J]. 石油钻采工艺，2023，45（2）：229-236.

[19] 舒红林，何方雨，李季林，等 . 四川盆地大安区块五峰组—龙马溪组深层页岩地质特征与勘探有利区 [J]. 天然气工业，2023，43（6）：30-43.

[20] 韩玲玲，李熙喆，刘照义，等 . 川南泸州深层页岩气井套变主控因素与防控对策 [J]. 石油勘探与开发，2023，50（4）：853-861.

[21] 詹国卫，杨建，赵勇，等 . 川南深层页岩气开发实践与面临的挑战 [J]. 石油实验地质，2023，45（6）：1067-1077.

[22] 贾利春，李枝林，张继川，等 . 川南海相深层页岩

气水平井钻井关键技术与实践 [J]. 石油钻采工艺，2022，44（2）：145-152.

[23] 杨永华，宋燕高，王兴文，等. 威荣页岩气田压裂实践与认识 [J]. 石油实验地质，2023，45（6）：1143-1150.

[24] 熊亮，赵勇，魏力民，等. 威荣海相页岩气田页岩气富集机理及勘探开发关键技术 [J]. 石油学报，2023，44（8）：1365-1381.

[25] 田宝刚，邱伟。泸州阳101井区深层页岩气压裂技术研究，[J]. 石油化工应用，2023，42（8）：72-76.

[26] 毛良杰，林颢屿，余星颖，等. 页岩气储层断层滑移对水平井套管变形的影响 [J]. 断块油气田，2021，28（6）：755-760.

[27] 边瑞康，孙川翔，聂海宽，等. 四川盆地东南部五峰组-龙马溪组深层页岩气藏类型、特征及勘探方向 [J]. 石油与天然气地质，2023，44（6）：1515-1529.

# 焦石坝区块"瘦身井"用高性能页岩水基钻井液技术

罗玉婧　王　谣　漆　琪　李　艳　姜　超　赵鸿楠

（中石化重庆涪陵页岩气勘探开发有限公司）

**摘　要**　焦石坝区块龙马溪组多井在钻水平段时因井壁失稳导致了漏失、卡钻等井下复杂情况，"瘦身井"井眼容积小环空返速高，更易导致井壁失稳。针对这一情况进行研究，发现龙马溪组页岩脆性矿物含量高、层理和微纳米级裂缝发育，常规钻井液无法满足龙马溪组"瘦身井"钻井需要。因此构建了集封堵、抑制、润滑为一体的 NanoDRILL 页岩水基钻井液，该体系具有纳米材料特质，能有效封堵微纳米裂缝，页岩滚动回收率高达 96%，EP 摩擦系数 0.09，能有效钻"瘦身井"，满足龙马溪组页岩微裂缝发育等要求。在 JY10-Z5HF 水平段代替油基钻井液应用，钻进过程中未出现卡钻、井壁失稳现象，机械钻速高达 22.81 米/小时，钻井周期 27 天，创涪陵工区瘦身井钻井周期最短纪录，实现了水平段"一趟钻"，为该区块"瘦身井"使用水基钻井液提供了宝贵经验。

**关键词**　页岩气；瘦身井；井壁稳定；水基钻井液；微纳米封堵

涪陵页岩气田构造位置处于四川盆地川东高陡褶皱带万县复向斜，是我国第一个国家级页岩气示范区，其页岩气储量丰富、开发潜力巨大，关系到中国能源安全。为降低页岩钻井过程的成本，充分实现油气资源有效动用，"瘦身井"逐渐走进钻井视野，通过"瘦身井"钻井方式可以提高油气藏开采效率，提高采收率和油井产量。但相比于常规钻井，"瘦身井"井眼容积小环空返速高，钻井液处于高剪切速率状态环空压耗高，更易导致井壁失稳，此外环空间隙小增加了钻具与井眼的接触面积，井下摩阻扭矩增大，对钻井液性能要求更高。

油基钻井液由于其井壁稳定性强常用于钻页岩气水平井，但存在不环保、成本高等缺点，违背了"降本增效"的初衷，因此亟需发展性能与油基钻井液性能相当的高效页岩水基钻井液。目前国内各油田都有成功应用水基钻井液钻页岩气井水平段的案例，康圆等针对龙马溪组页岩研制了一种疏水强封堵水基钻井液，有效解决了四川龙马溪组水敏性强，微裂缝发育问题；针对小井眼井，房炎伟等人针对中石炭系巴山组小井眼环空压耗高、岩屑携带问题研发出新型高效水基钻井液体系，该钻井液体系可发挥井壁稳定和提高钻速的优势。

目前针对钻页岩水平段和小井眼井均有适宜的钻井液，但未有同时针对页岩瘦身井的钻井液体系，由于涪陵龙马溪组页岩的复杂性以及"瘦身井"本身的局限性，急需一套适应于焦石坝区块龙马溪组瘦身井用的高效页岩水基钻井液，为涪陵页岩气田实现绿色钻探提供新思路并为"瘦身井"水基钻井液技术奠定基础。

## 1　地层地质研究

### 1.1　岩石微观结构

焦石坝区块 JY10-Z5HF 龙马溪组埋深在 2200～2400m 之间，属于中深层页岩，通过环境扫描电镜（SEM）观察其微观形貌，进一步了解岩样的结构及物理性质。

图 1　地层岩样环境扫描电子显微镜照片

从图1可以看出龙马溪组页岩层状结构明显，层理和裂缝较发育，裂缝宽度在2~6μm之间。在钻井压差的作用下，岩石之间的胶结能力变差，钻井液及其滤液易浸入微裂缝，使微裂缝扩张，进而易导致井壁失稳。

### 1.2 岩性及构造分析

通过X-射线衍射实验对龙马溪组水平段岩样进行全岩分析，检测其矿物组成并分析脆性指数，脆性指数的计算公式如下：

$$BI = \frac{R_{qua} + R_{dol}}{R_{qua} + R_{cal} + R_{dol} + R_{cla} + R_{oth}} \times 100\%$$

式中：$BI$ 为脆性指数，%；

$R_{qua}$ 为石英和长石含量，%；

$R_{dol}$ 为白云石含量，%；

$R_{cal}$ 为方解石含量，%；

$R_{cla}$ 为黏土总含量，%；

$R_{oth}$ 为其他矿物成分含量；

龙马溪组岩样的矿物组成以及黏土矿物的测试结果见表1、表2所示。

表1　龙马溪组水平段砂样全岩矿物分析

| 岩样序号 | 石英（%） | 钾长石（%） | 斜长石（%） | 方解石（%） | 白云石（%） | 黄铁矿（%） | 黏土矿物（%） |
|---|---|---|---|---|---|---|---|
| 1 | 37.16 | 2.72 | 6.73 | 3.25 | 5.78 | 3.96 | 40.4 |
| 2 | 38.52 | 2.46 | 6.65 | 3.37 | 6.03 | 4.05 | 38.92 |
| 3 | 42.08 | 2.84 | 5.05 | 4.05 | 6.56 | 4.63 | 34.79 |
| 4 | 39.73 | 2.92 | 5.84 | 3.57 | 6.18 | 4.28 | 37.48 |
| 5 | 40.32 | 2.35 | 6.23 | 6.02 | 4.84 | 3.83 | 36.41 |
| 平均值 | 39.56 | 2.66 | 6.10 | 4.05 | 5.88 | 4.15 | 37.60 |

表2　黏土矿物分析

| 岩样序号 | 蒙脱石 | 伊蒙混层 | 伊利石 | 绿泥石 | 脆性指数 |
|---|---|---|---|---|---|
| 1 | 0 | 40.07 | 36.56 | 23.37 | 52.39 |
| 2 | 0 | 42.36 | 34.25 | 23.39 | 53.66 |
| 3 | 0 | 43.09 | 35.72 | 21.19 | 54.67 |
| 4 | 0 | 42.95 | 32.33 | 24.72 | 58.24 |
| 5 | 0 | 44.18 | 33.72 | 22.1 | 53.74 |
| 平均值 | 0 | 42.53 | 34.52 | 22.95 | 54.54 |

由表1、表2结果可知，焦石坝区块龙马溪组水平段的主要矿物为石英，平均含量高达39.56%，其次为黏土矿物，存在少量的长石、方解石、白云石，黏土矿物主要为伊蒙混层和伊利石，平均脆性指数约为54.54。表明龙马溪组水平段页岩脆性矿物含量高，机械强度大，易于使微裂缝扩大，不利于钻井过程中的井壁稳定。

## 2 钻井液技术难点及对策

龙马溪组水平段页岩地层岩性、层理裂缝、全岩分析等结果表明龙马溪组页岩脆性矿物含量高、层理微裂缝发育，钻井液及其滤液浸入微裂缝时易发生垮塌、掉块等井壁失稳问题，油基钻井液井壁稳定性优异，但存在环境污染严重、不易处理、成本高等缺点，因此采用高性能水基钻井液是当前钻井液技术发展的趋势。

### 2.1 钻井液技术难点

JY10-Z5HF在钻进过程中易发生漏、垮、喷、气侵等问题，这要求钻井液需要具有良好的防漏、防垮、封堵性能、抑制性等能力。钻井液工作的重难点如下：

①井壁稳定问题；根据龙马溪组的地层地质

研究表明，龙马溪组页岩地层的硬脆性矿物含量高，页岩微纳米微裂缝发育，当加入钻井液时，钻井液易浸入微裂缝，导致微裂缝的继续扩张，并且黏土矿物主要为伊/蒙混层、伊利石，与水基钻井液接触接触时易发生水化作用，引起剥落，坍塌，造成憋压、卡钻等井下事故。②漏失问题。龙马溪组页岩地层存在许多孔径在微米级别的裂缝，这就要求钻井液应具有封堵微裂缝的能力。③井眼净化，井斜的增加会加大钻具与井壁的接触面积，摩阻增大，钻屑下沉在井筒内形成岩屑床，从而引起定向时的憋泵阻卡等现象。④降磨减阻，水基钻井液相对油基钻井液的润滑性较差，随着水平增长段的增长，摩阻和扭矩增加，可能导致起下钻困难。

## 2.2 钻井液技术对策

针对龙马溪组的地层地质特征以及钻井工程技术难点，构建了集润滑、抑制、封堵多效合一的 NanoDRILL 页岩水基钻井液体系，体系配方如下：

1%~2%淡水搬土浆+0~30%多功能材料 Nano-PRO+3%降滤失剂 POLYPAC +1.5%NaOH+0.25%消泡剂 DESIL+0.6%增粘剂 VIS-B+3%降滤失剂 HUK+3%降滤失剂 WITROL +4~6%KCl+6~10%抑制剂 KIN+3%辅助抑制剂 AUX+1%固体润滑剂 GLID（石墨）+重晶石。

## 3 NanoDRILL 页岩水基钻井液室内评价

### 3.1 钻井液基础性能

对密度在 $1.3~1.7g/cm^3$ 范围内的 NanoDRILL 水基钻井液体系对其进行流变性和滤失性评价，实验结果见表3。从表3可以看出，不同密度下的 NanoDRILL 水基钻井液在热滚前后黏度和切力变化不大，动塑比在 0.34~0.48 范围内变化，表明 NanoDRILL 水基钻井液流变性能优异，具有良好的携岩能力；除此之外，热滚后的 NanoDRILL 水基钻井液体系中压滤失量小于2mL，高温高压滤失量小于 7mL，表明该体系能有效减少滤液侵入地层。

表 3 NanoDRILL 体系流变性能

| $\rho$（g/cm³） | 条件 | AV（mPa·s） | PV（mPa·s） | YP（Pa） | YP/PV | $FL_{API}$（mL） | $FL_{HTHP}$（mL） |
|---|---|---|---|---|---|---|---|
| 1.3 | 滚前 | 29.5 | 22 | 7.5 | 0.34 | — | — |
| | 滚后 | 35 | 23 | 12 | 0.46 | 2.0 | 6.6 |
| 1.4 | 滚前 | 34 | 23 | 11 | 0.48 | — | — |
| | 滚后 | 37.5 | 27 | 10.5 | 0.39 | 1.6 | 7 |
| 1.5 | 滚前 | 35 | 25 | 10 | 0.40 | — | — |
| | 滚后 | 40 | 27 | 13 | 0.48 | 1.8 | 5.2 |
| 1.6 | 滚前 | 38 | 26 | 12 | 0.46 | — | — |
| | 滚后 | 44 | 30 | 14 | 0.47 | 1.6 | 6.0 |
| 1.7 | 滚前 | 39.5 | 27 | 12.5 | 0.46 | — | — |
| | 滚后 | 45 | 31 | 14 | 0.45 | 1.2 | 5.8 |

### 3.2 抑制性能

采用滚动回收率分析清水、油基钻井液、NanoDRILL 页岩水基钻井液的抑制性能，实验结果见表4。可以看出岩样在 NanoDRILL 页岩水基钻井液中的回收率高达 96.05%，显示出高性能水基钻井液良好的抑制性；将岩样研磨成 6~10 目大小颗粒进行滚动分散实验，发现其在清水中和钻井液中不分散，回收率高达 97%，表明 NanoDRILL 页岩

水基钻井液对能很好的抑制页岩的水化作用，并且抑制作用与常规油基钻井液相当。

表 4 体系滚动回收率

| 岩样 | 钻井液体系 | 滚动回收率 |
|---|---|---|
| 岩样 1 | 清水 | 3.10% |
| | 油基钻井液 | 97.02 |
| | NanoDRILL 页岩水基钻井液 | 96.05% |

续表

| 岩样 | 钻井液体系 | 滚动回收率 |
|------|-----------|-----------|
| 岩样 2 | 清水 | 3.25% |
| | 油基钻井液 | 97.68 |
| | NanoDRILL 页岩水基钻井液 | 97.15% |

### 3.3 封堵性能

钻进过程中，由于钻井液及其滤液易浸入微裂缝，使微裂缝扩张，会引发井壁失稳，这就要求钻井液具有良好的封堵性能。

（1）渗透性封堵评价

为增加封堵及粘结功效，采用粒径不同的刚性颗粒进行架桥，并将封堵剂和沥青粉挤进裂缝中，进一步降低钻井液及滤液侵入地层，防止地层垮塌。因此采用无渗透封堵仪进行填砂管封堵性能实验，并采用PPT封堵实验仪进行高温高压封堵实验，实验结果见表5。

表5 体系的封堵性能

| 实验方法 | 压力 | 温度 | 滤失量 |
|---------|------|------|--------|
| 无渗透填砂 | 0.7MPa | 室温 | 0mL（侵入1.1cm） |
| PPT | 3.5MPa | 100℃ | 8.2mL（泥饼2mm） |

可以看出在普通砂床上，侵入深度为1.1cm，在高温高压PPT实验上，滤失量仅为8.2mL，表明该钻井液体系具有较好的封堵性能。

（2）微纳米孔缝封堵评价

根据目的层位龙马溪组砂样孔隙特征，采用220nm微孔滤膜对NanoDRILL页岩水基钻井液进行微纳米孔缝封堵性评价，滤失量作为评价指标。

实验测得NanoDRILL页岩水基钻井液经过微孔滤膜时的瞬时滤失量为0，30min后滤失量仍然为0，表明NanoDRILL页岩水基钻井液具有较强的微裂缝封堵能力。

### 3.4 润滑性能

采用EP极压润滑仪测试不同钻井液体系的润滑性能，测试结果见表6所示。NanoDRILL页岩水

表6 EP摩擦系数

| 体系 | EP摩擦系数 |
|------|-----------|
| 清水 | 0.35 |
| 3%膨润土浆 | 0.63 |
| 油基钻井液 | 0.08 |
| NanoDRILL体系 | 0.09 |

基钻井液体系的摩擦系数为0.09，高于清水以及常规膨润土浆，并基本与油基钻井液润滑性相当，能起到很好的降磨减阻作用。

## 4 现场应用

### 4.1 NanoDRILL 页岩水基钻井液分段性能

JY10-Z5HF水平段长2207m，地层温度在70~90℃范围内，钻水平段时，该井易发生井漏、井塌、气侵、起下钻摩阻大等问题，在水平段钻井时采用NanoDRILL页岩水基钻井液取得了良好的施工效果。水平段钻井液分段性能见表7所示，从表中数据可以看出在水平段应用该钻井液时，滤失量小于4mL，钻井液表现出良好的滤失性，动塑比能控制在0.3以下，固相含量（MBT）保持在20%以下，钻井液综合性能优异。

表7 水平段钻井液分段性能

| 井深<br>（m） | ρ<br>（g·cm⁻³） | FV<br>（s） | FL<br>（mL） | Gel<br>（Pa/Pa） | MBT<br>（%） | PV<br>（mPa·s） | YP<br>（Pa） | YP/PV<br>（Pa/mPa·s） | pH |
|------|------|------|------|------|------|------|------|------|------|
| 2245 | 1.33 | 41 | 4.0 | 0.5/1 | 16 | 14 | 3 | 0.21 | 9.0 |
| 2475 | 1.40 | 39 | 3.8 | 0.5/1 | 18 | 11.5 | 2.5 | 0.22 | 9.5 |
| 2660 | 1.40 | 41 | 3.8 | 0.5/1.5 | 18 | 15 | 3.0 | 0.20 | 9 |
| 2880 | 1.40 | 41 | 3.8 | 0.5/1.5 | 18 | 15 | 3.0 | 0.20 | 9 |
| 3070 | 1.40 | 46 | 3.2 | 1.5/2.0 | 18 | 24 | 3.5 | 0.15 | 8 |
| 3285 | 1.40 | 48 | 3.8 | 1/2 | 18 | 21 | 3.5 | 0.17 | 9 |
| 3450 | 1.40 | 56 | 3.6 | 2/4 | 18 | 25 | 5 | 0.20 | 8.5 |
| 3735 | 1.40 | 60 | 3.2 | 3/7 | 18 | 26 | 8 | 0.31 | 8.5 |
| 3920 | 1.40 | 60 | 3.2 | 3/7 | 18 | 26 | 8 | 0.31 | 8.5 |

## 4.2 振动筛返砂情况

钻井过程中，根据钻进情况调整钻井液密度，降低钻井液滤失量，提高泥饼质量，减少钻井液浸入地层，从而达到稳定井壁的作用。在 JY10-Z5HF 水平段龙马溪组地层运用 NanoDRILL 页岩水基钻井液，钻进过程中振动筛的返砂情况如图 2 所示。

图 2　振动筛返砂情况

从图 2 可以看出井下返砂量大，砂土颗粒均匀，无大颗粒掉块现象，说明 NanoDRILL 页岩水基钻井液起到了良好的井壁稳定作用。取龙马溪组目的层钻屑，如图 3 所示，可以看出经 NanoDRILL 页岩水基钻井液作用后的龙马溪组上部地层页岩颗粒均匀，规整有型，并无大颗粒掉块，表明 NanoDRILL 页岩水基钻井液对龙马溪组地层具有良好的抑制性，能很好的起到抑制页岩水化，保证井眼清洁、稳定井壁的作用。

图 3　龙马溪组钻屑

## 4.4 JY10-Z5HF 水平段钻进情况

JY10-Z5HF 设计井深 4520m，二开龙马溪地层采用 NanoDRILL 页岩水基钻井液钻井，完钻井深 4527m，NanoDRILL 页岩水基钻井液通过现场配制入井，入井井深 2360m，未出现井垮、井漏现象，机械钻速高达 22.81 米/小时，钻井周期 27 天，创涪陵工区瘦身井钻井周期最短纪录，实现水平段"一趟钻"，为涪陵页岩气田瘦身井钻探积累了宝贵经验

## 5　结论

1）焦石坝区块龙马溪组地层为石英、伊蒙混层为主的硬脆性页岩，平均脆性指数为 54.54%。该地层微裂缝发育，钻井液易侵入裂缝造成井壁失稳，从而导致垮塌、掉块等复杂情况。

2）NanoDRILL 页岩水基钻井液具有纳米材料特质，能有效封堵微纳米裂缝，页岩滚动回收率高达 96%，EP 摩擦系数 0.09，能满足页岩地层"瘦身井"对钻井液性能的要求，具备在焦石坝区块龙马溪组易垮、易漏地层施工性能。

3）NanoDRILL 页岩水基钻井液成功应用于 JY10-Z5HF 龙马溪组地层，钻井液综合性能优异，钻进过程中未出现卡钻、井壁失稳现象，机械钻速高达 22.81 米/小时，钻井周期 27 天，创涪陵工区瘦身井钻井周期最短纪录，实现水平段"一趟钻"，为该区块"瘦身井"使用水基钻井液提供了宝贵经验。

## 参 考 文 献

[1] 齐荣荣. 页岩气多组分竞争吸附机理研究 [D]. 中国石油大学（北京），2019.

[2] 折海成. 页岩井壁多因素扰动细观损伤特性及稳定性研究 [D]. 西安理工大学，2020.

[3] 郭旭升著. 涪陵页岩气田焦石坝区块富集机理与勘探技术 [M]. 北京：科学出版社，2014：347.

[4] 王鸿远，明鑫，张玉强，等. 涪陵页岩气田瘦身井配套钻井关键技术实践与认识 [J]. 断块油气田，2024（第4期）：714-719.

[5] 丁晓洁. 渤海油田侧钻"瘦身井"关键钻完井技术研究与应用 [J]. 科学技术创新，2022（第10期）：143-146.

[6] 于辉. 小井眼技术 [J]. 石油钻采工艺，2005（第A1期）：63.

[7] 梁奇敏，杨永刚，何俊才，等. 摩擦系数与摩阻系数及其控制方法探讨 [J]. 钻采工艺，2019（第1

期）：11-13.

[8] 吕育声. 钻井侧钻技术研究与应用 [J]. 化工设计通讯, 2017（第 5 期）：229-243.

[9] 王波, 孙金声, 申峰, 等. 陆相页岩气水平井段井壁失稳机理及水基钻井液对策 [J]. 天然气工业, 2020（第 4 期）：104-111.

[10] 蒋官澄, 倪晓骁, 李武泉, 等. 超双疏强自洁高效能水基钻井液 [J]. 石油勘探与开发, 2020（第 2 期）：390-398.

[11] 康圆, 孙金声, 吕开河, 等. 一种页岩气疏水强封堵水基钻井液 [J]. 钻井液与完井液, 2021（第 4 期）：442-448.

[12] 房炎伟, 吴义成, 张蔚, 等. 滴西区块侧钻小井眼水平井钻井液技术 [J]. 钻井液与完井液, 2021（第 5 期）：611-615.

[13] 白杨, 李道雄, 李文哲, 等. 长宁区块龙马溪组水平段井壁稳定钻井液技术 [J]. 西南石油大学学报（自然科学版）, 2022（第 2 期）：79-88.

[14] 沈守文. X 射线衍射全岩分析和地层微粒分析 [J]. 西南石油学院学报, 1990（第 1 期）：29-36.

[15] 崔兆帮. 川南地区龙马溪组孔隙特征与页岩气赋存 [D]. 中国矿业大学, 2017.

[16] 曾联波, 吕文雅, 徐翔, 等. 典型致密砂岩与页岩层理缝的发育特征、形成机理及油气意义 [J]. 石油学报, 2022（第 2 期）：180-191.

[17] 赵素娟, 游云武, 刘浩冰, 等. 涪陵焦页 18-10HF 井水平段高性能水基钻井液技术 [J]. 钻井液与完井液, 2019（第 5 期）：564-569.

[18] 杨媚. 钻井液用有机胺抑制剂的研究及应用 [D]. 西南石油大学, 2017.

[19] 黄灿. 考虑邻井干扰的页岩气多段压裂水平井数值试井方法 [J]. 特种油气藏, 2018（第 3 期）：92-96.

[20] 宣扬, 刘珂, 郭科佑, 等. 顺北超深水平井环保耐温低摩阻钻井液技术 [J]. 特种油气藏, 2020（第 3 期）：163-168.

[21] 游云武, 许明标, 由福昌. 硅酸钾钻井液在页岩气水平井中的可行性研究 [J]. 探矿工程（岩土钻掘工程）, 2016（第 7 期）：116-120.

[22] 肖夏, 陈彬. 南海东部 M 区块古近系地层井壁稳定钻井液技术 [J]. 海洋石油, 2022（第 3 期）：81-84.

[23] 孙金声, 浦晓林等著. 水基钻井液成膜理论与技术 [M]. 北京：石油工业出版社, 2013：200.

[24] 曾义金, 杨春和, 张保平著. 页岩气开发工程中的理论与实践 [M]. 北京：科学出版社, 2017：441.

# 青西凹陷深层页岩油水平井固井技术研究与应用

张　鹏　蔡东胜　白　璐　曹　刚　葛　昕

（中国石油玉门油田分公司采油工艺研究院）

**摘　要**　玉门油田青西凹陷"满凹含油"，常规-非常规有序聚集。凹内前期按常规裂缝性油藏勘探，多口井获高产，页岩油资源量丰富，为规模勘探，明确青西凹陷页岩油勘探潜力，部署柳页1H井，采用直井系统评价，落实甜点段，再侧钻水平井，探索"水平井+大规模体积压裂"效益开发可行性。柳页1H井位于青西凹陷窟窿山、鸭儿峡两大正向构造带结合部，实钻直导眼井深6109米、层位$K_1c$，水平井井深5850米、层位$K_1g$，水平段长1297米。页岩油水平井固井质量对页岩油开发至关重要，针对该区岩油水平井固井存在地层温差大、封固段长，提高顶替油基钻井液效率难度大，施工压力高对固井设备压力级别要求高等技术难点，开展预应力一次上返固井工艺技术研究，提高套管居中度及顶替效率技术研究，高效冲洗隔离液技术研究，大温差高强度水泥浆体系研究，固井施工过程模拟研究等，攻关形成包括预应力固井、高温高强水泥浆体系，冲洗型加重隔离液+油污冲洗液等的青西凹陷深层页岩油水平井固井技术，为保障青西凹陷深层页岩油水平井页岩油固井质量奠定了基础。在柳页1H井三开生产套管固井成功应用，取得良好效果吗，其中第一界面固井质量合格率92.99%，第二界面固井质量合格率93.18%，水平段固井质量合格率100%。

**关键词**　青西凹陷；深层页岩油；水平井；固井质量；顶替效率

页岩油在中国含油气盆地广泛分布，是未来非常规石油发展的重要潜在资源。页岩为低孔、低渗储层，无明显圈闭界限，无自然工业产能，需要采用水平井体积压裂方式进行开发，形成"人造渗透率"，持续获得产能。页岩油水平井固井质量对页岩油开发至关重要，是影响环空封隔及分段压裂成功与否的关键技术之一。然而，受页岩油地质环境及开发方式的影响，页岩油水平井固井质量面临严重的挑战。

本文通过攻关研究，分析认为玉门油田青西凹陷页岩油水平井柳页1H井地层温差大，一次上返段长5850m，为玉门油田最长封固井段，提高固井水泥浆顶替效率难度大，对水泥浆体系要求高等是青西凹陷深层页岩油大斜度井固井主要技术难点，固井技术攻关思路以提高顶替效率、降低液柱压力为核心，通过优选固井工艺与水泥浆体系，保证固井质量，从而为青西凹陷深层页岩油大斜度井固井提供科学与现场依据。

## 1　固井主要技术难点

### 1.1　地层温差大封固段长

本井地层温度达到133.49℃，循环温度达到114℃，为玉门油田青西凹陷施工温度最高的井，

井底与井口温差约142℃，实际完钻井深5850m，水平段长1297m，一次上返段长5850m，是青西凹陷封固最长井段，井底温度高、封固段长、跨温度域多，固井水泥浆高温稠化时间长、缓凝剂加量大，易导致顶部超缓凝，大斜度段套管易贴井壁，居中不易保证，顶替效率低，注水泥时易窜槽，水泥环质量不易保证。

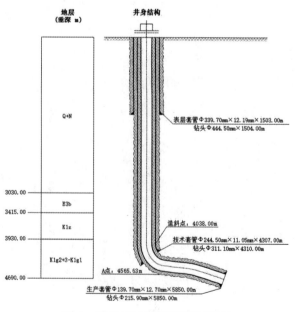

图1　柳页1H井井身结构示意图

## 1.2 提高顶替油基钻井液效率难度大

风险探井柳页1H井首次采用油基钻井液进行三开钻进，油基钻井液与水泥浆相容性差，界面上油浆、油膜冲洗不干净，影响水泥石界面胶结质量，对前置液冲洗能力要求高，大斜度段套管易贴井壁，居中不易保证，顶替效率低，注水泥时易窜槽，水泥环质量不易保证。

## 1.3 施工压力高对固井设备压力级别要求高

生产套管固井施工采用清水替浆，替浆采用清水替浆压力30~60MPa，顶替压力高至60MPa，注灰量大，注灰压力20~28MPa，固井施工时间长，施工压力高，对固井设备压力级别要求高。

## 2 对策制定及实施

### 2.1 预应力一次上返固井工艺技术

预应力固井方案中最先要研究技术原理，在油气勘探现场选择预应力固井的位置，低密度顶替液促使套管中产生很大的负压差，套管收缩时会产生弹性变形，在水泥石凝固收缩时产生微间隙，环空加压会再次增加套管中的负压差，改变水泥水化晶体尺寸、类晶体部分的比例与压实粉体颗粒，减小总孔隙率，提升抗压强度，填补水泥浆结晶可能产生的微孔隙，最终增强预应力固井的地层结构，水泥环与套管紧密的结合起来，预防产生微间隙。

采用双凝双密度防气窜水泥浆体系，双胶塞单级固井工艺，密度1.88g/cm³高强水泥浆封固0~3600m，密度1.90g/cm³高温高强水泥浆封固3600~5850m，为确保水泥浆返出地面，依据地区施工经验附加领浆水泥浆20m³。优选反向承压70MPa浮箍、浮鞋，配套105MPa水泥车组及井口工具、管线等，采用清水顶替的预应力一次上返固井工艺，解决洗井后造成第一交界面胶结产生微间隙。通过研究固井对设备、管材、工具附件的特殊要求，现场使用两只浮箍和一只旋转浮鞋，浮箍、浮鞋具备高反向承压能力（≥70MPa）、强制复位功能，送达现场后，进行了检查、合扣，保证入井工具可靠性和施工安全性；固井水泥车、高压管汇、水泥头、高压管线等进行了检查，水泥车双车同时施工作业，高压软管试压40MPa，高压硬管线试压72MPa，注水泥采用两台70~30双机泵同时自配自打水泥浆，1台大功率水泥车替清水碰压。

### 2.2 提高套管居中度及顶替效率技术研究

生产套管串中加入自旋转浮鞋，在套管入井后如遇井眼不规则，井壁粗糙，自旋转引导头可自动旋转偏心头角度，有利于套管通过，减小遇阻风险，浮鞋和浮箍之间第一根套管加一只整体弹性扶正器，实现套管抬头，扶正器加法根据轨迹及软件模拟数据确定，0m至3950m每三根套管加放一只弹性双弓扶正器，3950~5850m整体式弹性扶正器，保证居中度达到67%以上，居中度总体达到85%；现场根据套管到位后的实际循环情况，优选施工参数，在确保井下不漏情况下排量控制在1.8~2.0m³/min，环空返速1.0m/s以上，确保顶替效率。

图2　旋转浮鞋

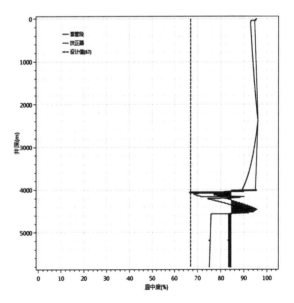

图3　套管居中度模拟

## 2.3 高效冲洗隔离液技术研究

针对油基钻井液的特点，前置液首次采用冲洗型加重隔离液+油污冲洗液，有效隔离钻井液与水泥浆的同时改善胶结界面的清洁度，提高固井质量。通过乳化反转、渗透、螯合等作用，在短时间内将附着在界面上油浆、油膜冲洗干净，使界面处从"油湿"变成"水湿"状态，改善水泥石的界面胶结效果，并在短时间内将油基钻井液冲洗干净，冲洗时间短、效率高，为改善固井环空的界面胶结效果和封固能力提供保障，高效冲洗隔离液体系在3min内将油基钻井液冲洗干净，冲洗时间短、效率高，为改善固井环空的界面胶结效果和封固能力提供保障，生产套管固井高效冲洗隔离液配方及性能见表1所示。

**表1 生产套管固井高效冲洗隔离液配方及性能**

配方：清水+1%悬浮剂DRY-S1+5%悬浮剂DRY-S3+3%稳定剂DRK-3S+166%重晶石+3%冲洗液DRY-1L+7%冲洗液DRY-2L

| | 项目 | 结果 |
|---|---|---|
| 性能 | 实验条件 | 124℃×84MPa×63min |
| | 密度，g/cm³ | 1.78 |
| | 游离液量，% | 0 |
| | 沉降稳定性，g/cm³ | 0.01 |
| 相容性 | 水泥浆:隔离液=9:1 | 413min/未稠 |

备注：领浆稠化时间239min

冲洗效率评价：

（1）将六速旋转粘度计的旋转外筒称重—m1；

（2）把六速旋转粘度计旋转外筒刻度线以下部分浸入钻井液样品中30秒，移开钻井液样品，沥干粘满钻井液样品的泥浆粘度计旋转外筒（以下称为试样转子）并称重—$m_2$；

（3）将试样转子放入装有隔离液的泥浆杯中，使试样转子刻度线与六速旋转粘度计样品杯中的隔离液液面线重合，用300转转速冲洗10min后，用200转转速清水搅拌1min，待无液体滴落时沥干并称重—$m_3$；

（4）计算冲洗效率：（$m_2$-$m_3$）/（$m_2$-m1）*100%。

通过实验，m1为176.22g，$m_2$为179.36g，$m_3$为176.35g，计算高效冲洗隔离液的冲洗效率为

95.86%，满足《固井技术规定》中冲洗液对钻井液冲洗效率达到95%以上的要求，与水泥浆、现场钻井液掺混后，未出现增稠、闪凝等现象，混浆稠化曲线平稳。

## 2.4 大温差高强度水泥浆体系研究

领浆密度1.88g/cm³，严格控制水泥浆稳定性≤0.01g/cm³（防止水泥浆在候凝过程中上下分层），API滤失量（ml）≤50ml；自由水为0，24小时强度>7MPa，体积弹性模量≤6GPa，具有较好的流变性能，初稠<30Bc，稠化时间在施工时间基础上附加60~90min；尾浆密度1.90g/cm³，严格控制水泥浆稳定性≤0.01g/cm³（防止水泥浆在候凝过程中上下分层），API滤失量（ml）≤50ml；自由水为0，24小时强度>14Mpa，48小时强度>40MP，体积弹性模量≤6GPa，具有较好的流变性能，初稠<30Bc，稠化时间在尾浆施工时间基础上附加30~60min。

针对深井超深井井底温度高、封固段长、跨温度域多，固井水泥浆高温稠化时间长、缓凝剂加量大，易导致顶部超缓凝等问题，通过宽温带低敏感度外加剂、新型早强剂的研选和固相材料颗粒级配等技术措施，开发了大温差水泥浆体系，早强剂DRA-1S具有"一剂双功能"，低温工况主动激活、提升强度发展，智能调凝新型早强剂型缓凝剂DRH-2L，低温工况分子链卷曲、延时基团包埋，优化对水泥水化进程的控制，由图4实验对比图分析得到，在高温条件下，水泥浆中加入智能调凝早强剂DRA-1S，显著延长了水泥浆稠化时间；由图5不同缓凝剂实验效果图分析得到，在低温条件下，水泥浆中加入缓凝剂DRH-2L，显著提高了水泥浆强度发展速率，生产套管固井水泥浆配方及性能见表2所示。

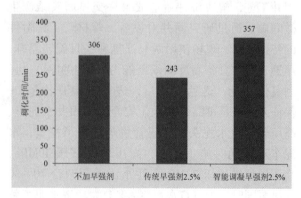

图4 实验对比图

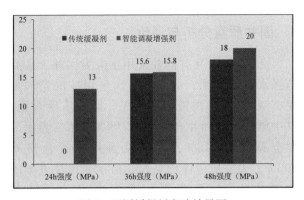

图 5　不同缓凝剂实验效果图

表 2　生产套管固井水泥浆配方及性能

| 项目 | 领浆 | 尾浆 |
|---|---|---|
| 干水泥类型 | 高温 | 嘉华 G 级 |
| 密度（g/cm³） | 1.88 | 1.90 |
| 配方 | G 级水泥＋10% 增强材料 DRB-1S＋15% 增强材料 DRB-2S＋5% 活性微硅＋6% 乳胶粉 DRT-1S＋8% 增韧材料 DRE-3S＋4% 早强剂 DRA-1S＋2% 稳定剂 DRK-3S＋3% 悬浮剂 DRY-S2＋2% 分散剂 DRS-1S＋5% 降失水剂 DRF-1S＋3% 缓凝剂 DRH-2L＋56% 清水 | G 级水泥＋10% 增强材料 DRB-1S＋15% 增强材料 DRB-2S＋5% 活性微硅＋6% 乳胶粉 DRT-1S＋8% 增韧材料 DRE-3S＋4% 早强剂 DRA-1S＋2% 稳定剂 DRK-3S＋3% 悬浮剂 DRY-S2＋2% 分散剂 DRS-1S＋5% 降失水剂 DRF-1S＋2.2% 缓凝剂 DRH-2L＋56% 清水剂 |
| 试验条件 | | |
| 循环温度（℃） | 114 | 114 |
| 养护温度（℃） | 114 | 114 |
| 试验压力（MPa） | 84 | 84 |
| 养护压力（MPa） | 0.1 | 21 |
| 实测性能 | | |
| API 失水量（ml） | 48 | 44 |
| 24h 抗压强度（MPa） | 12.3 | 35.1 |

续表

| 项目 | 领浆 | 尾浆 |
|---|---|---|
| 48h 抗压强度（MPa） | — | 42.6 |
| 自由水（%） | 0 | 0 |
| 沉降稳定性（g/cm³） | 0.01 | 0.01 |
| 稠化时间（min） | 239 | 193 |
| 3/7D 抗压强度（MPa） | 23.2 | |
| 弹性模量（GPa） | 5.6 | 5.8 |

大温差高强度水泥浆体系满足 137℃ 大温差，24h 抗压强度达到 39.6MPa，其他性能符合水平井固井技术规定要求。

## 2.5　固井施工过程模拟研究

用 SunnyCem 软件模拟计算固井施工过程：

（1）注入 1.75g/cm³ 先导钻井液 25m³，排量 1.8～2.0m³/min；

（2）注入 1.01g/cm³ 冲洗型隔离液（前置液）20m³，排量 1.2～1.4m³/min；

（3）注入 1.01g/cm³ 油污冲洗液（前置液）5m³，排量 1.2～1.4m³/min；

（4）停泵释放下胶塞；

（5）注入 1.88g/cm³ 高强水泥浆（领浆）105m³，排量 1.6～1.8m³/min；

（6）注入 1.90g/cm³ 高温高强水泥浆（尾浆）55m³，排量 1.6～1.8m³/min；

（7）停泵释放上胶塞；

（8）注入 1.0g/cm³ 压塞液 5m³，排量 1m³/min；

（9）注入 1.0g/cm³ 清水（顶替液）35m³，排量 1.2～1.4m³/min；

（10）注入 1.0g/cm³ 清水（顶替液）16.5m³，排量 1.0～1.5m³/min；

（11）注入 1.0g/cm³ 清水（顶替液）5m³，排量 0.5～0.8m³/min；

分析模拟得到，顶替结束时压稳正常，固井施工过程模拟图如图 6 所示。

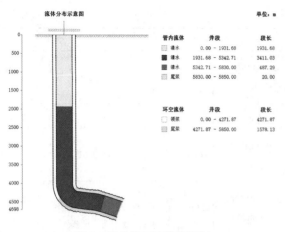

图6  固井施工过程模拟图

## 3  固井质量分析与评价

柳页1H井完井固井采用预应力固井、高温高强水泥浆体系、前置液首次采用冲洗型加重隔离液+油污冲洗液固井施工，固井质量合格，其中第一界面固井合格率92.99%，第二界面固井合格率93.18%，水平段固井质量合格率100%。固井质量评价见表3所示，顶替效率图如图8所示，分析得到水泥浆平均顶替效率93.55%。

表3  柳页1H井（完井）固井质量评价表

| 项目 | 胶结优良井段 | | 胶结中等井段 | | 胶结差井段 | | 空套管、泥浆 | | 合格率 |
|---|---|---|---|---|---|---|---|---|---|
| | 厚度（m） | 比例（%） | 厚度（m） | 比例（%） | 厚度（m） | 比例（%） | 厚度（m） | 比例（%） | |
| 第一界面 | 1988.10 | 34.32% | 3398.90 | 58.67% | 405.70 | 7.00% | | | 92.99% |
| 第二界面 | 1547.16 | 26.71% | 3850.54 | 66.47% | 395.07 | 6.82% | | | 93.18% |

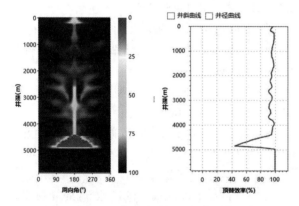

图7  柳页1H井（完井）固井顶替效率图

## 4  结论

（1）电测固井质量表明，预应力固井技术能增强地层-水泥环-套管紧密结合度，提高油气井固井质量，对防止出现微间隙和环空窜气起到有效作用。

（2）使用旋转浮鞋、优化扶正器加放位置及数量等技术措施，结合套管下入判断及套管居中度模拟分析，为套管安全下入及居中提供保障。

（3）研发的大温差高强度水泥浆体系体系具有浆体稳定、流变性好、稠化时间可调、综合性能优良等特点，解决了中低温长水平段固井水泥浆配方调配困难的难题，满足固井施工需要。

（4）页岩油水平井固井质量对页岩油开发至关重要，攻关形成的页岩油水平井固井系列技术为提高青西凹陷深层页岩油水平井页岩油固井质量奠定了基础。

### 参 考 文 献

［1］吴华，刘连恺，王磊，等 . GY5-1-4H页岩油水平井提高固井质量关键技术研究与实践［J］. 钻探工程，2023，50（04）：135-141.

［2］梅明佳，袁卓，兰小林 . 陇东页岩油水平井固井水泥浆体系研究［C］//中国石油新疆油田分公司（新疆砾岩油藏实验室），西安石油大学，陕西省石油学会 . 2022油气田勘探与开发国际会议论文集Ⅱ. 川庆钻探工程有限公司长庆固井公司；，2022：6. DOI：10.26914/c.cnkihy.2022.060709.

［3］郭建军，刘克全，孙栓科，等 . 吉木萨尔页岩油水平井固井技术探讨［J］. 西部探矿工程，2020，32（12）：51-55.

［4］杨智光，李吉军，杨秀天，等 . 页岩油水平井固井技术难点及对策［J］. 大庆石油地质与开发，2020，39（03）：155－162. DOI：10.19597/J. ISSN. 1000-3754.202004049.

［5］谢坤良，邓宁奇，张天翼 . 关于预应力固井技术的探讨［J］. 中国石油和化工标准与质量，2018，38（12）：179-180.

# 双缝干扰对裂缝扩展规律的影响研究

魏　旭[1,2,3]　刘　鹏[1,2,3]　王海涛[1,2,3]　周炳存[1,2,3]　赵德钊[1,2,3]

(1. 中国石油大庆油田采油工艺研究院；2. 多资源协同陆相页岩油绿色开采全国重点实验室；
3. 黑龙江省油气藏增产增注重点实验室)

**摘　要**　由于常规油气层已经进入开发中后期，致密油气成为其重要的接替领域。致密储层的低孔渗、致密特性，使得其必须采用体积压裂技术才能实现效益开采。但由于目前的压裂裂缝测试技术无法准确描述体积压裂裂缝的扩展规律。因此，需采用数值模拟技术进行预测。本文利用有限元法模拟双缝起裂及扩展过程中应力场的变化规律及主要影响因素。研究结果表明：双缝之外区域存在沿裂缝壁面的不转向条带，由于应力相互干扰，在一定的缝内净压力条件下，应力场可以完全反转，从而使得裂缝复杂化成为可能；应力差8MPa条件下，在净压力12MPa条件下双缝较为合理的间距为20~30m；在缝内净压力达到14MPa条件下缝间可实现应力转向；对于均质、高水平应力差储层，即使通过双缝应力干扰，其形成复杂缝网仍较为困难。本文的研究结果为致密储层缝间干扰规律研究提供依据。

**关键词**　致密储层；体积压裂；缝内净压力；应力干扰；复杂缝网

## 1. 前言

致密储层作为一种重要的非常规油气资源，近期在国内外受到越来越多的关注，正逐步成为中国非常规油气资源开发战略目标中最现实、最有利的领域。但致密储层具有岩性致密、低孔低渗、自然产能低、裂缝发育等典型特征，其渗透率范围一般为 $0.4\times10^{-3}-1\times10^{-3}\,\mathrm{m}^2$，甚至小到纳达级别，利用常规改造形成单一裂缝很难获得好的增产效果，常出现注不进去采不出来的现象，开发难度极大。随着微地震裂缝检测技术在油气藏开发中的普遍应用，人们发现使用分级多簇射孔，高排量、大液量、低黏液体对储层进行改造时，主裂缝与天然裂缝相互交错，使得形成的裂缝网络异常复杂。体积压裂的理念正是基于该现象被逐步提出，并成为开发致密砂岩油气、致密页岩气的热点技术。体积压裂技术的应用，对于提高超低渗或致密油藏具有重要意义。体积压裂是高排量、大规模、分段多簇的水平井压裂手段。在压裂施工过程中，改造体积最大化是永恒的目标。

本文考虑缝间距、应力差及净压力等因素对裂缝扩展规律的影响，分析裂缝相互干扰对裂缝扩展规律的影响，明确两簇裂缝压裂裂缝周围应力场变化情况，为多簇压裂提供理论支撑。

## 2　数学模型

### 1.1　诱发地应力场

根据裂缝扩展过程中产生的诱导地应力，计算压裂后地应力的分布状态。该模型可以有效地描述裂缝附近不同位置的地应力场根据净压力大小的变化。

$$\frac{1}{2}(\Delta\sigma_Y + \Delta\sigma_X) =$$

$$-p_o\left[\frac{r}{\sqrt{r_1 r_2}}\cos(\theta - 0.5\theta_1 - 0.5\theta_2) - 1\right] \quad (1)$$

$$\frac{1}{2}(\Delta\sigma_Y - \Delta\sigma_X) =$$

$$p_o\frac{2r\sin\theta}{L}\left(\frac{L^2}{4r_1 r_2}\right)^{3/2}\sin\left[\frac{3}{2}(\theta_1 + \theta_2)\right] \quad (2)$$

其中 L 是断裂长度，是断裂内部的净压力，并且分别是 x 方向和 y 方向上的诱导应力。压裂后最大和最小水平主应力的大小如下。.

$$\sigma_{min} = \sigma_{hmin} + \Delta\sigma_x \quad (3)$$

$$\sigma_{max} = \sigma_{hmax} + \Delta\sigma_y \quad (4)$$

### 1.2　流体流动方程

裂缝内的流体满足质量守恒定律，雷诺方程如下：

$$\frac{\partial w}{\partial t} - \frac{\partial}{\partial a}\left(\frac{w^3}{12\mu}\frac{\partial p}{\partial a}\right) + V_t - V(t) = 0 \quad (5)$$

其中 $w$ 是裂缝宽度，$t$ 是时间；$q$ 是流体流量，

$\mu$ 是有效流体粘度，$V_1$ 是泄漏到围岩中的流体体积，$V(t)$ 是总流体体积。

### 1.3 裂缝扩展标准

根据相互作用积分得出的应力强度因子 $K_I$ 和 $K_{II}$，得出等效应力强度系数 $K_e$ 如下

$$K_e = \cos\frac{\theta}{2}\left(K_I\cos^2\frac{\theta}{2} - \frac{3K_{II}}{2}\sin\theta\right) \quad (6)$$

其中 $K_e$ 是等效应力强度因子，$K_I$ 和 $K_{II}$ 是应力强度系数，是局部断裂尖端坐标系中的断裂扩展角，可由以下公式确定

$$\theta = 2\arctan\left(\frac{-2K_{II}/K_I}{1+\sqrt{1+8(K_{II}/K_I)^2}}\right) \quad (7)$$

## 3 双缝对应力场的影响

### 3.1 双缝影响

以两条裂缝间距 50m、应力差 8MPa 为例，在净压力为 12MPa 条件，两条水力裂缝诱导在一定范围内应力场发生变化，局部区域发生了应力反转；更为重要的是两条水力裂缝应力干扰作用明显，缝间与两条裂缝之外区域明显不同，在裂缝中间区域在一定条件下可能消除非转向条带（图1）。

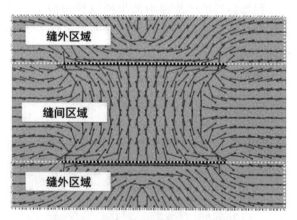

图 1　双缝应力干扰条件下应力方向变化区域及局部放大图

从计算结果可以看到，双缝之外区域与单缝相似，也存在沿裂缝壁面的不转向条带，但双缝之间由于应力相互干扰，在一定的缝内净压力条件下，应力场可以完全反转，从而使得裂缝复杂化成为可能。

### 3.2 裂缝间距

研究在应力差 8MPa、缝内净压力 12MPa 条件下双裂缝间距对应力场的影响，模拟结果如图2，从图中可以看到随着裂缝间距增大（10m 增加至100m），双缝间最大应力方向先发生转向；两缝间

的非转向条带则呈现逐渐消失的过程（20米~40米逐渐消除，），即存在合理的裂缝间距使得非转向条带消除；对于本地区应力差 8MPa 条件下，在净压力 12MPa 条件下双缝较为合理的间距为 20~30m。

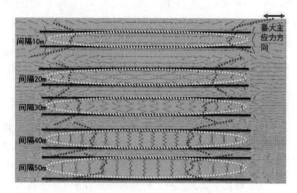

图 2　双缝不同间距条件下应力场变化情况

### 3.3 缝内净压力

考虑到在工艺上可通过缝内暂堵提高裂缝内的净压力，因此考察在不同缝内净压力条件下的裂缝转向情况，从模拟结果来看（图3），以水平应力差 8MPa 为例，裂缝间距 20m 条件下，随着缝内净压力的提高双缝间可实现应力转向且可消除不转向条带；以本计算案例为例，在缝内净压力达到 14MPa 条件下缝间可实现应力转向。

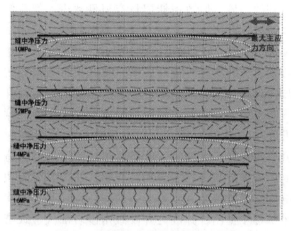

图 3　不同缝内净压力条件下双缝间应力场变化情况

### 3.4 高应力差

综合不同应力差条件下的模拟结果，对于双缝应力干扰条件下高应力差条件下合理间距总结结果如图4。通过该图可用于指导在不同应力差条件下、不同间距条件下的净压力需求，但总体来看，对于均质、高水平应力差储层，即使通过双缝应力干扰，其形成复杂缝网仍较为困难。

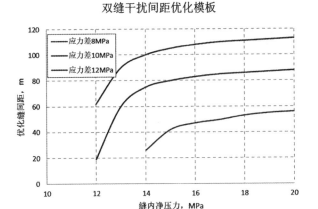

图4  高应力差储层双缝干扰间距优化模板

## 4  结论

通过双缝干扰对裂缝扩展规律的研究，可以得出以下几方面认识

（1）双缝之外区域存在沿裂缝壁面的不转向条带，由于应力相互干扰，在一定的缝内净压力条件下，应力场可以完全反转，从而使得裂缝复杂化成为可能；

（2）应力差8MPa条件下，在净压力12MPa条件下双缝较为合理的间距为20~30m；

（3）在缝内净压力达到14MPa条件下缝间可实现应力转向；

（4）对于均质、高水平应力差储层，即使通过双缝应力干扰，其形成复杂缝网仍较为困难。

### 参 考 文 献

［1］Wang Han. A Numerical Study on Vertical Hydraulic Fractur Configuration and Fracture Height Control. Hefei：University of Science and technology of China，2013.

［2］ZENG Fanhui，CHENG Xiaozhao，GUO Jianchun. Calculation of unsteady productivity of fractured horizontal wells. Journal of Central South University（Science and Technology），2016，47（4）：1353-1358.

［3］WEI Xu，ZHANG Yongping，SHANG Litao，et al. Analysis of influencing factors of reservoir stimulation effect in multi-cluster staged fracturing［J］. Petroleum Geology and Recovery Efficiency，2018，25（02）：96-102+114.

［4］YIN Jian，GUO Jianchun，DENG Yan. Analysis of influencing factors for breakdown point in horizontal wells under fracture interference［J］. Oil Drilling & Production Technology，2015，37（2）：89-93.

［5］WEI Xu. The application on horizontal well of cluster fracturing crack interaction numerical simulation［D］. Northeast Petroleum University，2016.

［6］LI Yongming，CHEN Xiyu，ZHAO Jinzhou，et al. The effects of crack interaction in multi-stage horizontal fracturing［J］. Journal of Southwest Petroleum University（Science&Technology Edition），2016，36（1）：77-83.

［7］SUN Keming，CUI Hu，LI Chengquan. Numerical simulation of propagation of oriented crack prefabricated in hydraulic fracturing［J］. Journal of Liaoning Technical University：Natural Science Edition，2006，25（2）：176-179.

［8］Asadpoure，A.，Mohammadi，S. Developing new enrichment functions for crack simulation in orthotropic media by the extended finite element method. International Journal for Numerical Methods in Engineering，2007，69（10），2150-2172.

［9］ZHAO Jinzhou，YIN Qing，LI Yongming et al. A pseudo-three-dimensional model for thermoelastic geostress field around a re－fractured gas well1［J］. Natural Gas Geoscience，2015，26（11）：2131-2136.

［10］Sneddon I N. The distribution of geostress in the neighbourhood of a crack in an elastic solid［J］. Proceedings of the Royal Society of London. Series A：Mathematical and Physical Sciences，1946，187（1009）：229-260.

［11］Zielonka，M. G.，Searles，K. H.，Ning，J.，et al. Development and validation of fullycoupled hydraulic fracturing simulation capabilities. In：Pre-sented at the 2014 SIMULIA Community Conference，Providence，Rhode Island，2014.

# 页岩气多段压裂水平井五线性流模型及应用

王益民　郑爱维　刘　莉　张　谦　刘　霜　汤亚顽

（中国石化江汉油田分公司勘探开发研究院）

**摘　要**　多段压裂水平井技术在页岩气藏开发中得到了广泛应用，与此同时，其渗流机理的研究也越来越受到重视。页岩孔隙类型多、结构复杂，具有多尺度性。目前，国内外对页岩气藏多段压裂水平井多尺度渗流理论的研究还不是很系统，围绕页岩气基础渗流理论研究滞后，导致对页岩气在跨尺度流动介质中的渗流规律认识不清。为揭示页岩气多段压裂水平井的渗流机理，本文根据页岩储层改造后渗流能力的大小，将储层划分为 5 个区域，综合考虑页岩气在基质中解吸、基质向裂缝扩散和裂缝向水平井筒渗流的特征，建立并求解了页岩气多段压裂水平井五线性流模型，并获得了拉普拉斯空间下的无因次井底压力解。利用 Stehfest 数值反演方法得到了实空间下的无因次井底压力解，通过计算机编程绘制了无因次压力和压力导数双对数典型样板曲线，并将流动阶段划分为 7 个阶段。研究发现，页岩气在多尺度介质中的流动主要包含裂缝双线性流阶段、裂缝线性流阶段、窜流段和外部区域综合线性流阶段。实例应用表明，该模型能有效地获取页岩气多段压裂水平井的地层参数。本文的研究结果揭示了页岩气多段压裂水平井的复杂渗流机理，为油田现场认识页岩气多段压裂水平井生产过程中压力动态变化特征和获取地层参数提供了便利。

**关键词**　页岩气；多段压裂水平井；五线性流模型；压力；压力倒数；渗流；解吸；扩散

为缓解能源紧缺，研究者将注意力由常规能源向非常规能源转移。页岩气是非常规能源中的一种，其储量丰富，具有很大的开发潜力。随着"页岩气革命"的成功，页岩气吸引了越来越多研究人员的关注。页岩气藏渗透率和孔隙度低，通常采用水力压裂进行开采。

围绕多段压裂水平井的渗流机理，国内外学者做了大量的研究。1998 年，El-Banbi 提出了双孔线性模型。Bello 和 Wattenbarger 认为大多数页岩气井生产处于基质到裂缝的线性流动阶段，他们将双孔线性模型应用到页岩气藏中模拟页岩气多段压裂水平井的渗流特征。Brown 等构建了三线性流模型模拟压裂水平井的渗流特征，他们将储层划分为人工裂缝、裂缝间的高渗透率区和裂缝外的低渗透率区等三个区域，并假定各个区域的流体流动方式为线性流动。Brohid 等基于 El-Banbi、Wattenbarger 和 Brown 等人模型，构建了复合三线性流模型，模型假设渗流内区为双孔介质，外区为单孔介质。Stalgorova 和 Mattar 构建了三线性流模型，与 Brown 模型类似，Stalgorova 和 Mattar 将储层也划分为人工裂缝、高渗透率区和低渗透率区等三个区域，不同的是高渗透区和低渗透区位于人工裂缝间。Stalgorova 和 Mattar 所提出的模型没有考虑裂缝外区域的影响，因而 Stalgorova 和

Mattar 对该模型进行了改进，将储层划分成 5 个区，构建了五线性流模型，并通过实例计算验证了模型的可靠性。

本文基于 Stalgorova 的五线性流模型，综合考虑页岩气吸附/解吸、扩散和渗流作用，建立并求解了基于复杂渗流机理的页岩气多段压裂水平井五线性流模型。此外，绘制了外边界为封闭边界的压力和压力倒数双对数曲线，通过流动阶段识别，揭示了页岩气多段压裂水平井的渗流机理。本文的研究成果有助于认识页岩气多段压裂水平井的渗流机理，并能为油田现场高效开发页岩气藏提供便利。

## 1　页岩气多段压裂水平井五线性流模型的建立

### 1.1　*物理模型*

水平井多段压裂施工过程中，人工裂缝主裂缝周围会存在分支裂缝，并且压裂液容易沿着天然裂缝延伸，使得原本闭合的天然裂缝激活或扩大，产生许多诱导裂缝，从而形成复杂的裂缝网络，使得未压裂区的渗透率有所差异。根据页岩气储层渗流能力的大小，将储层划分为 5 个区域：人工裂缝、区域 1、区域 2、区域 3 和区域 4，如图 1 所示。其中，区域 1 为压裂改造区域，区域 2、区域 3 和区域 4 为未改造区域。

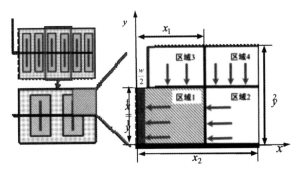

图1  页岩气多段压裂水平井五线性流物理模型示意图

模型假设如下：

①页岩气井经过多级水平压裂，气井连通的储层结构为基质和压裂裂缝；

②各级压裂段的裂缝结构、基质连通性、流动机理一致；

③基质由基质颗粒和微裂缝构成；

④基质颗粒具有吸附能力，符合Langmuir吸附解吸规律；

⑤裂缝系统中气体为游离态页岩气，其流动遵循Darcy定律；

⑥页岩气从基质向裂缝流动为拟稳态流动。

## 1.2 数学模型

### 1.2.1 渗流微分方程

利用多重介质模型中的"双孔双渗"模型（Warren-Root球体模型）模拟页岩气在多孔介质中的渗流过程。综合考虑页岩气解吸、扩散和渗流特征，分别构建页岩基质系统和裂缝系统的渗流模型。

基质渗流模型：

$$\frac{1}{r_m^2}\frac{\partial}{\partial r_m}\left(r_m^2\frac{\partial \psi_m}{\partial r_m}\right) = \frac{\varphi_m \mu_i}{K_m \beta_m}\left[c_{gm} + \frac{\rho_{sc}}{\rho_m \varphi_m}\frac{V_L P_L}{(P_L + P_m)^2}\right] \tag{1}$$

裂缝渗流模型：

$$\frac{\partial}{\partial x}\left(\rho_f \frac{K_{fh}}{\mu}\frac{\partial p_f}{\partial x}\right) + \frac{\partial}{\partial y}\left(\rho_f \frac{K_{fh}}{\mu}\frac{\partial p_f}{\partial y}\right) + \frac{\partial}{\partial z}\left(\rho_f \frac{K_{fv}}{\mu}\frac{\partial p_f}{\partial z}\right) =$$

$$\frac{\partial (p_f \varphi_f)}{\partial t} + \frac{3\rho_f}{R}\frac{K_m \beta_m}{\mu}\frac{\partial p_m}{\partial r_m}\bigg|_{r_m = R} \tag{2}$$

表1  无因次参数定义

| 无因次参数 | 无因次表达式 |
|---|---|
| 无因次坐标值 | $x_D = \frac{x}{L}$, $y_D = \frac{y}{L}$, $z_D = \frac{z}{L}\sqrt{\frac{k_{fh}}{k_{fv}}}$ |
| 储容比 | $\omega = \frac{\varphi_f \mu_i c_{gfi}}{\mu_i(\varphi_m c_{gmi} + \varphi_f c_{gfi})}$ |
| 窜流系数 | $\lambda = 15\frac{k_m}{k_{fh}}\left(\frac{L}{R}\right)^2$ |
| 无因次拟压力 | $\psi_{fD} = \frac{\pi k_{fh} h T_{sc}}{p_{sc} q_{sc} T}(\psi_i - \psi_f)$ |
| 无因次距离 | $x_{1D} = \frac{x_1}{L}$, $x_{2D} = \frac{x_2}{L}$, $y_{1D} = \frac{y_1}{L}$, $y_{2D} = \frac{y_2}{L}$ |

通过基质和裂缝接触面上的边界条件进行压力耦合，并进行无因次化处理（见表1），通过拉普拉斯变换可得到系统综合方程：

$$\frac{\partial^2 \bar{\psi}_{fD}}{\partial x_D^2} + \frac{\partial^2 \bar{\psi}_{fD}}{\partial y_D^2} + \frac{\partial^2 \bar{\psi}_{fD}}{\partial z_D^2} = \omega u \bar{\psi}_{fD} + \frac{\lambda \beta_m}{5}\frac{\partial \bar{\psi}_{fD}}{\partial r_{mD}}\bigg|_{r_{mD}=1} \tag{3}$$

$$\nabla^2 \bar{\psi}_m = f(s)\bar{\psi}_m \tag{4}$$

$$f(s) = \begin{cases} \omega s + \dfrac{\alpha_m(1-\omega)\lambda \beta_m s}{15\alpha_m(1-\omega)s + \lambda \beta_m} \\[2mm] \omega s + \dfrac{\lambda \beta_m}{5}\left[\sqrt{\dfrac{15(1-\omega)}{\lambda}\dfrac{\alpha_m}{\beta_m}s}\coth\left(\sqrt{\dfrac{15(1-\omega)}{\lambda}\dfrac{\alpha_m}{\beta_m}s}\right) - 1\right] \end{cases} \tag{5}$$

### 1.2.2 边界条件

基于渗流方程，结合简化后的五线性流模型，边界条件假设如下：

表2  五线性流模型边界条件

| 区域序号 | 沿线性流的流动方向 | | | | | | | |
|---|---|---|---|---|---|---|---|---|
| | 顶端边界 | | 末端边界 | | 左侧边界 | | 右侧边界 | |
| | 类型 | 流出 | 类型 | 供给 | 类型 | 供给 | 类型 | 供给 |
| 主裂缝 | 井筒储集 | 井筒射孔 | 封闭 | 边界 | 定产量 | 区域1 | 封闭 | 边界 |
| 区域1 | 定产量 | 主裂缝 | 定产量 | 区域2 | 封闭 | 沿井筒 | 定产量 | 区域3 |

| 区域序号 | 沿线性流的流动方向 | | | | | | | |
|---|---|---|---|---|---|---|---|---|
| | 顶端边界 | | 末端边界 | | 左侧边界 | | 右侧边界 | |
| | 类型 | 流出 | 类型 | 供给 | 类型 | 供给 | 类型 | 供给 |
| 区域2 | 定产量 | 区域1 | 封闭 | 边界 | 封闭 | 沿井筒 | 定产量 | 区域4 |
| 区域3 | 定产量 | 区域1 | 封闭 | 边界 | 封闭 | 边界 | 封闭 | 边界 |
| 区域4 | 定产量 | 区域2 | 封闭 | 边界 | 封闭 | 边界 | 封闭 | 边界 |

其中，定产量边界条件：

$$\frac{k_{2f}}{\mu}\frac{\partial \bar{\psi}_{2fD}}{\partial x_D}\bigg|_{x_D=x_{1D}} = \frac{k_{1f}}{\mu}\frac{\partial \bar{\psi}_{1fD}}{\partial x_D}\bigg|_{x_D=x_{1D}} \quad (6)$$

封闭边界条件：

$$\begin{cases} \dfrac{\partial \bar{\psi}_{2fD}}{\partial x_D}\bigg|_{x_D=x_{2D}} = 0 \\ \dfrac{\partial \bar{\psi}_{ifD}}{\partial y_D}\bigg|_{y_D=y_{2D}} = 0, \ i = 3, \ 4 \end{cases} \quad (7)$$

井筒储集边界条件：

$$\frac{\partial \bar{\psi}_{FD}}{\partial y_D} = -\frac{\pi}{F_{CD} \times s} \quad (8)$$

### 1.2.3　模型的解

（1）区域4

区域4的渗流数学模型为：

$$\nabla^2 \bar{\psi}_{4fD} = F_4(s)\bar{\psi}_{4fD} \quad (9)$$

$$F_4(s) = \begin{cases} \dfrac{\omega_4 s}{\eta_{14}} + \dfrac{\alpha_{4m}(1-\omega_4)\lambda_4\beta_{4m}s}{15\alpha_{4m}(1-\omega_4)s + \eta_{14}\lambda_4\beta_{4m}} \\[3mm] \dfrac{\omega_4 s}{\eta_{14}} + \dfrac{\lambda_4\beta_{4m}}{5}\left[\sqrt{\dfrac{15(1-\omega_4)}{\eta_{14}\lambda_4}\dfrac{\alpha_{4m}}{\beta_{4m}}s}\coth\left(\sqrt{\dfrac{15(1-\omega_4)}{\eta_{14}\lambda_4}\dfrac{\alpha_{4m}}{\beta_{4m}}s}\right) - 1\right] \end{cases} \quad (10)$$

模型通解为：

$$\bar{\psi}_{4fD}(y_D) = A_4\cosh\left((y_D - y_{2D})\sqrt{F_4(s)}\right) + B_4\sinh\left((y_D - y_{2D})\sqrt{F_4(s)}\right) \quad (11)$$

结合边界条件得到：

$$\begin{cases} A_4 = \dfrac{\bar{\psi}_{2fD}(y_{1D})}{\cosh\left((y_{1D} - y_{2D})\sqrt{F_4(s)}\right)} \\[3mm] B_4 = 0 \end{cases} \quad (12)$$

（2）区域3

区域3的渗流数学模型为：

$$\nabla^2 \bar{\psi}_{3fD} = F_3(s)\bar{\psi}_{3fD} \quad (13)$$

$$F_3(s) = \begin{cases} \dfrac{\omega_3 s}{\eta_{13}} + \dfrac{\alpha_{3m}(1-\omega_3)\lambda_3\beta_{3m}s}{15\alpha_{3m}(1-\omega_3)s + \eta_{13}\lambda_3\beta_{3m}} \\[3mm] \dfrac{\omega_3 s}{\eta_{13}} + \dfrac{\lambda_3\beta_{3m}}{5}\left[\sqrt{\dfrac{15(1-\omega_3)}{\eta_{13}\lambda_3}\dfrac{\alpha_{3m}}{\beta_{3m}}s}\coth\left(\sqrt{\dfrac{15(1-\omega_3)}{\eta_{13}\lambda_3}\dfrac{\alpha_{3m}}{\beta_{3m}}s}\right) - 1\right] \end{cases} \quad (14)$$

模型通解为：

$$\bar{\psi}_{3fD}(y_D) = A_3\cosh\left((y_D - y_{2D})\sqrt{F_3(s)}\right) + B_3\sinh\left((y_D - y_{2D})\sqrt{F_3(s)}\right) \quad (15)$$

结合边界条件得到：

$$\begin{cases} A_3 = \dfrac{\bar{\psi}_{1fD}(y_{1D})}{\cosh\left((y_{1D} - y_{2D})\sqrt{F_3(s)}\right)} \\[3mm] B_3 = 0 \end{cases} \quad (16)$$

（3）区域2

区域2的渗流数学模型为：

$$\frac{\partial^2 \bar{\psi}_{2fD}}{\partial x_D{}^2} + \frac{\partial^2 \bar{\psi}_{2fD}}{\partial y_D{}^2} = F_2(s)\bar{\psi}_{2fD} \quad (17)$$

$$F_2(s) = \begin{cases} \dfrac{\omega_2 s}{\eta_{12}} + \dfrac{\alpha_{2m}(1 - \omega_2)\,\lambda_2\beta_{2m}s}{15\alpha_{2m}(1 - \omega_2)\,s + \eta_{12}\lambda_2\beta_{2m}} \\[4mm] \dfrac{\omega_2 s}{\eta_{12}} + \dfrac{\lambda_2\beta_{2m}}{5}\left[\sqrt{\dfrac{15(1 - \omega_2)}{\eta_{12}\lambda_2}\dfrac{\alpha_{2m}}{\beta_{2m}}s}\coth\left(\sqrt{\dfrac{15(1 - \omega_2)}{\eta_{12}\lambda_2}\dfrac{\alpha_{2m}}{\beta_{2m}}s}\right) - 1\right] \end{cases} \tag{18}$$

对式（17）进行积分并整理得：　　　　　　　　　　　　其中，

$$\frac{\partial^2 \overline{\psi}_{2fD}}{\partial x_D^2} - c_1(s)\,\overline{\psi}_{2fD} = 0 \tag{19}$$

$$c_1(s) = F_2(s) - \frac{k_{4f}}{k_{2f}y_{1D}}\sqrt{F_4(s)}\tanh\!\left((y_{1D} - y_{2D})\sqrt{F_4(s)}\right) \tag{20}$$

模型通解为：

$$\overline{\psi}_{2D}(y_D) = A_2\cosh\!\left((x_D - x_{2D})\sqrt{c_1(s)}\right) + B_2\sinh\!\left((x_D - x_{2D})\sqrt{c_1(s)}\right) \tag{21}$$

结合边界条件得到：　　　　　　　　　　　　　　　　（4）区域1

区域1的渗流数学模型为：

$$\begin{cases} A_2 = \dfrac{\overline{\psi}_{1fD}(x_{1D})}{\cosh\!\left((x_{1D} - x_{2D})\sqrt{c_1(s)}\right)} \\[4mm] B_2 = 0 \end{cases} \tag{22}$$

$$\frac{\partial^2 \overline{\psi}_{1fD}}{\partial x_D^2} + \frac{\partial^2 \overline{\psi}_{1fD}}{\partial y_D^2} = F_1(s)\,\overline{\psi}_{1fD} \tag{23}$$

$$F_1(s) = \begin{cases} \dfrac{\omega_1 s}{\eta_{11}} + \dfrac{\alpha_{1m}(1 - \omega_1)\,\lambda_1\beta_{1m}s}{15\alpha_{1m}(1 - \omega_1)\,s + \eta_{11}\lambda_1\beta_{1m}} \\[4mm] \dfrac{\omega_1 s}{\eta_{11}} + \dfrac{\lambda_1\beta_{1m}}{5}\left[\sqrt{\dfrac{15(1 - \omega_1)}{\eta_{11}\lambda_1}\dfrac{\alpha_{1m}}{\beta_{1m}}s}\coth\left(\sqrt{\dfrac{15(1 - \omega_1)}{\eta_{11}\lambda_1}\dfrac{\alpha_{1m}}{\beta_{1m}}s}\right) - 1\right] \end{cases} \tag{24}$$

其中，

对式（23）进行积分并整理得：

$$\frac{\partial^2 \overline{\psi}_{1fD}}{\partial x_D^2} - c_2(s)\,\overline{\psi}_{1fD} = 0 \tag{25}$$

$$c_2(s) = F_1(s) - \frac{k_{3f}}{k_{1f}y_{1D}}\sqrt{F_3(s)}\tanh\!\left((y_{1D} - y_{2D})\sqrt{F_3(s)}\right) \tag{26}$$

模型的通解为：

$$\overline{\psi}_{1fD}(y_D) = A_1\cosh\!\left((x_D - x_{1D})\sqrt{c_2(s)}\right) + B_1\sinh\!\left((x_D - x_{1D})\sqrt{c_2(s)}\right) \tag{27}$$

结合边界条件得到：

$$\frac{\partial^2 \overline{\psi}_{FD}}{\partial x_D^2} + \frac{\partial^2 \overline{\psi}_{FD}}{\partial y_D^2} = \frac{s}{\eta_{1f}}\overline{\psi}_{FD} \tag{29}$$

$$\begin{cases} A_1 = \overline{\psi}_{1fD}(x_{1D}) \\[2mm] B_1 = \overline{\psi}_{1fD}(x_{1D}) \cdot c_3(s) \\[2mm] c_3(s) = \dfrac{k_{2f}}{k_{1f}}\sqrt{\dfrac{c_1(s)}{c_2(s)}}\tanh\!\left((x_{1D} - x_{2D})\sqrt{c_1(s)}\right) \end{cases} \tag{28}$$

对式（29）进行积分并整理得：

$$\frac{\partial^2 \overline{\psi}_{FD}}{\partial y_D^2} - c_4(s)\,\overline{\psi}_{FD} = 0 \tag{30}$$

其中，

$$c_4(s) = \frac{s}{\eta_{1f}} - \frac{2}{F_{CD}}c_5(s) \tag{31}$$

（5）人工裂缝区域

人工裂缝的渗流数学模型为：

$$c_5(s) = \frac{1}{c_6(s)}\left[\begin{array}{l}\sqrt{c_2(s)}\sinh\!\left((w_D/2 - x_{1D})\sqrt{c_2(s)}\right) \\[2mm] + c_3(s)\cosh\!\left((w_D/2 - x_{1D})\sqrt{c_2(s)}\right)\end{array}\right] \tag{32}$$

$$c_6(s) = \cosh\big((w_\mathrm{D}/2 - x_\mathrm{1D})\sqrt{c_2(s)}\big) + c_3(s)\sinh\big((w_\mathrm{D}/2 - x_\mathrm{1D})\sqrt{c_2(s)}\big) \tag{33}$$

结合边界条件，井底压力解为：

$$\overline{\psi}_{w\mathrm{D}} = \overline{\psi}_{F\mathrm{D}}(0) = \frac{\pi}{F_{C\mathrm{D}}s\sqrt{c_6(s)}\,\tanh\big(\sqrt{c_6(s)}\big)} \tag{34}$$

根据 Duhamel 原理，将井筒积液储集效应和表皮效应引入拟压力表达式：

$$\overline{\psi}_{w\mathrm{D}}(S_\mathrm{C},\ C_\mathrm{D}) = \frac{s\,\overline{\psi}_{w\mathrm{D}} + S_\mathrm{C}}{s\big[1 + C_\mathrm{D}s(s\,\overline{\psi}_{w\mathrm{D}} + S_\mathrm{C})\big]} \tag{35}$$

#### 1.2.4 流动阶段划分

利用 Stehfest 数值反演方法可获得实空间中页岩气多段压裂水平井无因次井底压力解，通过计算机编程可获得页岩气多段压裂水平井无因次井底压力和压力导数双对数曲线。设定模型参数为"$\omega_1 = 0.09$，$\omega_2 = 0.06$，$\lambda_1 = 0.6$，$\lambda_2 = 1$，$x_{e\mathrm{D}} = 0.2$，$y_{e\mathrm{D}} = 0.3$，$w_\mathrm{D} = 1.2 \times 10^{-6}$，$C_\mathrm{D} = 1.0 \times 10^{-3}$，$S_\mathrm{C} = 1$"，利用本文构建的五线性流模型计算并绘制外边界为封闭边界的无因次井底压力和压力导数双对数曲线，如图 2 所示。从图 2 中可以看出，流动阶段可以划分为 7 个阶段：

阶段 I：井筒储集阶段。地层流体不流动，井筒内流体流动。压力和压力倒数曲线重合，曲线的斜率为 1。

阶段 II：过渡段。近井地带地层流体流动，远井地带地层流体不流动。压力和压力倒数曲线随着时间的延长逐渐分离。

阶段 III：裂缝双线性流段。裂缝周围流体向人工裂缝线性流动，人工裂缝流体向水平井筒线性流动。压力倒数曲线的斜率为 1/4。

阶段 IV：裂缝线性流段。流体沿着垂直裂缝表面作线性流动。压力导数曲线斜率为 1/2。

阶段 V：窜流段。压裂改造区基质中的页岩气以拟稳态方式向天然裂缝扩散，再流入人工裂缝。拟压力导数曲线出现下凹。

阶段 VI：外部区域综合线性流段。2 区、3 区和 4 区的流体一起作线性流动。压力导数曲线的斜率为 1/2。

阶段 VII：系统拟稳态流动阶段。此阶段压力导数曲线斜率为 1，压力曲线向压力导数曲线靠近，最终重合。

## 2 实例应用

### 2.1 实例一

X1 井为涪陵页岩气藏一口压裂水平井，于

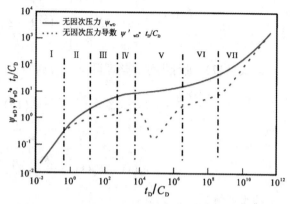

图 2 压力和压力导数双对数曲线流动阶段识别图

2013 年 9 月 23 日投产，水平井长 1500m，气层中部垂深为 2365.91m，压力计下入深度为 2130m，气层厚度 38m，孔隙度 3.68%，地层温度 89.96℃。压力恢复关井前产气量 $6.03 \times 10^4\,\mathrm{m}^3/\mathrm{d}$，关井时刻油压 6.27MPa，套压 7.1MPa，井底流压 8.92MPa，最高恢复压力 15.46MPa，关井时间为 525h。

利用 X1 井实测压力数据绘制压力双对数曲线，利用本文构建的五线性流模型进行拟合解释（如图 3），解释结果见表 3。

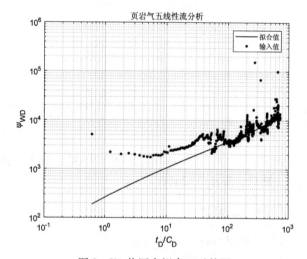

图 3 X1 井压力拟合双对数图

### 2.2 实例二

X2 井为涪陵页岩气藏一口压裂水平井，于 2014 年 1 月 23 日投产，水平井长 1616m，气层中部垂深为 2437.82m，压力计下入深度为 2300m，气层厚度 38m，孔隙度 3.98%，地层温度 89.96℃。压力恢复关井前产气量 $8.86 \times 10^4\,\mathrm{m}^3/\mathrm{d}$，关井时刻油压 5.76MPa，套压 6.68MPa，井底流压

**表3　X1 井主要参数解释结果**

| $K_m$（D） | $K_f$（D） | $K_{1f}$（D） | $K_{2f}/K_{1f}$ | $K_{3f}/K_{2f}$ | $K_{4f}/K_{3f}$ | 缝宽（m） | $x_f$（m） | $S_C$ | $C_D$ |
|---|---|---|---|---|---|---|---|---|---|
| $2.6\times10^{-7}$ | $1.35\times10^{-2}$ | $9.9\times10^{-4}$ | 0.646 | 0.855 | 0.898 | $2.02\times10^{-3}$ | 200 | 1 | $1.45\times10^{-3}$ |

7.69MPa，最高恢复压力 10.68MPa，关井时间为 390h。

利用 X2 井实测压力数据绘制压力双对数曲线，利用本文构建的五线性流模型进行拟合解释（如图4），解释结果见表4。

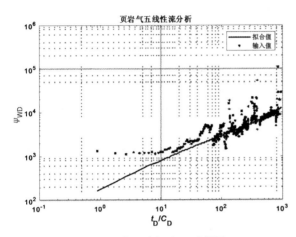

图 4　X2 井压力拟合双对数图

# 3　结论

1）基于 Stalgorova 的五线性流模型，综合考虑页岩气解吸、扩散和渗流特征，本文构建了基于复杂渗流机理的页岩气井五线性流模型，并获得了拉普拉斯空间下的无因次井底压力表达式；

2）通过流动阶段识别，页岩气多段压裂水平井的流动阶段可以分为 7 个阶段：井筒储集阶段、过渡段、裂缝双线性流段、裂缝线性流段、窜流段、外部区域综合线性流段和系统拟稳态流动阶段；

3）实例应用表明，本论文所提出的模型能获得页岩气多段压裂水平井的地层参数和裂缝参数，能为页岩气高效开发提供指导。

符号说明

$\psi$—拟压力，$Pa^2/（Pa\cdot s）$；

$\psi_i$—初始拟压力，$Pa^2/（Pa\cdot s）$；

**表4　X2 井主要参数解释结果**

| $K_m$（D） | $K_f$（D） | $K_{1f}$（D） | $K_{2f}/K_{1f}$ | $K_{3f}/K_{2f}$ | $K_{4f}/K_{3f}$ | 缝宽（m） | $x_f$（m） | $S_C$ | $C_D$ |
|---|---|---|---|---|---|---|---|---|---|
| $1.07\times10^{-7}$ | $1.18\times10^{-2}$ | $9.5\times10^{-4}$ | 0.89 | 0.65 | 0.862 | $2.01\times10^{-3}$ | 159 | 1 | $3.0\times10^{-3}$ |

$\mu$—页岩气黏度，$Pa\cdot s$；

$r_m$—基质半径，m；

$x_f$—裂缝半长，m；

$D$—扩散系数，$m^2/s$；

$\phi_f$，$\phi_m$—分别为裂缝和基质的孔隙度；

$K_f$，$K_m$—分别为裂缝和基质的渗透率，D；

$R$—基质块半径，m；

$\rho_{sc}$—标准状况下气体的密度，$kg/m^3$；

$p_{sc}$—标准状况下的压力，Pa；

$q_{sc}$—标准状况下气井产量，$m^3/s$；

$T_{sc}$—标准状况下的温度，K；

$T$—储层温度，K；

$\omega_i$—i 区的储容比，无因次；

$\lambda$—窜流系数，无因次；

$L$—水平井长度，m；

$\eta_{1i}$—i 区的无因次导压系数；

$V_L$—Langmuir 体积，$m^3/m^3$；

$P_L$—Langmuir 压力，Pa；

$x_D$，$y_D$，$z_D$—分别为 x 方向、y 方向和 z 方向无因次坐标；

$r_{mD}$—无因次基质半径；

$\overline{\psi}_{fD}$—拉氏空间裂缝无因次压力；

$\overline{\psi}_{mD}$—拉氏空间基质无因次压力；

$s$—拉普拉斯变量；

$\alpha_m$—吸附因子；

$F_{CD}$—无因次裂缝导流能力；

$\overline{\psi}_{FD}$—拉氏空间人工裂缝区无因次压力；

$\overline{\psi}_{wD}$—拉氏空间无因次井底压力；

$\overline{\psi}_{1fD}$，$\overline{\psi}_{2fD}$，$\overline{\psi}_{3fD}$，$\overline{\psi}_{3fD}$—拉氏空间 1 区、2 区、3 区和 4 区无因次拟压力；

$\alpha_{1m}$，$\alpha_{2m}$，$\alpha_{3m}$，$\alpha_{4m}$—1 区、2 区、3 区、4 区吸附因子；

$S_C$—表皮因子；

$C_D$—无因次井筒储集系数；

下标 D—无因次；

下表 f，F，m—分别为天然裂缝、人工裂缝和基质系统；

下标 Ⅰ，Ⅱ，Ⅲ，Ⅳ—分别为 1 区、2 区、3 区和 4 区。

## 参 考 文 献

[1] DENIEL M J, RONALD J H, TIMER U, et al. Unconventional shale - gas systems: the Mississippian Barnett Shale of north-central Texas as one model for thermogenic shale - gas assessment [J]. AAPG Bulletin, 2007, 91 (4): 475-499.

[2] 邹才能, 张卫光, 陶士振, 等. 全球油气勘探领域地质特征: 重大发现及非常规石油地质 [J]. 石油勘探与开发, 2020, 37 (2): 129-145.

[3] 江怀友, 鞠斌山, 李治平, 李钟洋. 世界页岩气资源现状研究 [J]. 中外能源, 2014, 19 (03): 14-22.

[4] 滕吉文, 刘有山. 中国油气页岩分布与存储潜能和前景分析 [J]. 地球物理学进展, 2013, 28 (03): 1083-1108.

[5] 李新景, 胡素云, 程克明. 北美裂缝性页岩气勘探开发的启示 [J]. 石油勘探与开发, 2007, 34 (4): 392-400.

[6] 闫村章, 黄玉珍, 葛泰梅, 等. 页岩气是潜力巨大的非常规天然气资源 [J]. 天然气工业, 2009, 29 (5): 1-6.

[7] 李建忠, 董大忠, 陈更生, 等. 中国页岩气资源前景与战略地位 [J]. 天然气工业, 2009, 29 (5): 11-16.

[8] ROSS D K, BUSTIN R M. The importance of shale composition and pore structure upon gas storage potential of shale gas reservoirs [J]. Marine and Petroleum Geology, 2009, 26: 916-927.

[9] 聂海宽, 张金川. 页岩气储层类型和特征研究: 以四川盆地及其周缘下古生界为例 [J]. 石油试验地质, 2011, 33 (3): 219-232.

[10] AROGUNDADE O, SOHRABI M. A review of recent developments and challenges in shale gas recovery [C]. Paper SPE 160869 presented at SPE Saudi Arabia Section Technical Symposium and Exhibition, Saudi Arabia, 8-11 April, 2012.

[11] 姜生玲, 张金川, 李博, 等. 中国现阶段页岩气资源评价方法分析 [J]. 断块油气田, 2017, 24 (5): 642-646.

[12] 张小龙, 张同伟, 李艳芳, 等. 页岩气勘探和开发进展综述 [J]. 岩性油气藏, 2013, 25 (2): 116-122.

[13] 邹雨时, 张士诚, 马新仿. 页岩气藏压裂支撑裂缝的有效性评价 [J]. 天然气工业, 2012, 32 (9): 52-55.

[14] 韩国庆, 任宗孝, 牛瑞, 等. 页岩气分段压裂水平井非稳态渗流模型 [J]. 大庆石油地质与开发, 2017, 36 (04): 160-167.

[15] LEE S T, BROCKENBROUGH J R. A new approximate analytic solution for finite- conductivity vertical fractures [J]. SPE- 12013-PA, 1986, 1 (1): 75-88.

[16] LOLON E P, CIPOLLA C L, WEIJERS L, et al. Evaluating horizontal well placement and hydraulic fracture spacing /conductivity in the Bakken formation, North Dakota [C]. paper 124905-MS presented at the SPE Annual Technical Conference and Exhibition, 4-7 October, 2009, New Orleans, Louisiana. SPE, 2009.

[17] BROWN M L, OZKAN E, RAGHAVAN R, et al. Practical solutions for pressure-transient responses of fractured horizontal wells in unconventional shale reservoirs [J]. SPE- 125043- PA, 2011, 14 (6): 663 -676.

[18] 郭小哲, 周长沙. 页岩气藏压裂水平井渗流数值模型的建立 [J]. 西南石油大学学报 (自然科学版), 2014, 36 (5): 90-96.

[19] 高杰, 张烈辉, 刘启国, 等. 页岩气藏压裂水平井三线性流试井模型研究 [J]. 水动力学研究与进展 A 辑, 2014, 29 (1): 108-113.

[20] 苏玉亮, 王文东, 盛广龙. 体积压裂水平井复合流动模型 [J]. 石油学报, 2014, 35 (3): 504-510.

[21] EL-BANBI A H. Analysis of tight gas well performance [D]. Texas A&M University, 1998.

[22] BELLO R O, WATTENBARGER R A. Modeling and analysis of shale gas production with a skin effect [J]. Journal of Canadian Petroleum Technology, 2010, 49 (12): 37-48.

[23] BELLO R O, WATTENBARGER R A. Multi-stage Hydraulically Fractured Horizontal Shale Gas Well Rate Transient Analysis [C]. paper SPE 126754 presented at the SPE North Africa Technical Conference and Exhibition, Cairo, Egypt, 14-17 February, 2010.

[24] BROWN M, OZKAN E, RAGHAVAN R. et al. Practical Solutions for pressure transient responses of fractured horizontal wellls in unconvetional reservoirs [C]. Paper SPE 125043 presented at the SPE Annual Technical Conference and Exhibition, New Orleans, Louisiana, 4-7 October, 2009.

[25] BROHI I, POOLADI - DARVOSH M, AGUILERA

R. Modeling fractured horizontal wells as dual porosity composite reservoirs-Application to tight gas, shale gas and tight oil cases [C]. Paper SPE 144057 presented at the SPE Western North American Region Meeting, Anchorage, Alaska, 7-11 May, 2011.

[26] STALGOROVA E, MATTAR L. Practical analytical model to simulate production of horizontal wells with branch fractures [C]. Paper SPE 162515 presented at the SPE Canadian Unconventional Resources Conference, Calgary, Alberta, 30 October-1 Novem-ber, 2012.

[27] STALGOROVA E, MATTAR L. Analytical model for unconventional multifractured composite systems [C]. Paper SPE 162516 presented at the SPE Canadian Unconventional Resources Conference, Calgary, Alberta, 30 October-1 November, 2012.

[28] STEHFEST H. Algorithm 368: Numerical inversion of Laplace transforms [J]. Communications of the Acm, 1970, 13 (1): 47-49.

# 页岩油藏压裂返排液复配影响因素分析及配方优化

时 光[1,2,3] 吴晨宇[1,2,3] 杜 辉[1,2,3] 盖嗣龙[1,2,3] 石胜男[1,2,3] 王尚飞[1,2,3]

(1. 中国石油大庆油田采油工艺研究院；2. 黑龙江省油气藏增产增注重点实验室；
3. 多资源协同陆相页岩油绿色开采全国重点实验室)

**摘 要** 随着大庆古龙页岩油开发力度逐年增加，压裂液用量不断增加，随之而来产生的页岩油返排液量也不断增加。返排液成份复杂，为了更有效地实现其循环再利用，降低返排液处理成本，减轻油田环保压力，开展了大庆古龙页岩油压裂返排液再利用研究，通过分析页岩油压裂返排液复配胍胶影响因素，并对胍胶压裂液体系进行优化。对 3 种取自页岩油现场的返排液组分及离子含量进行分析，并利用其进行胍胶压裂液复配，得出返排液复配胍胶压裂液的水质要求和水中不同离子的浓度界限，其中一价离子浓度 ≤1200mg/L、钙离子浓度 ≤300mg/L、镁离子浓度 ≤200mg/L、硼离子浓度 ≤4mg/L、pH 值介于 6~7 之间，COD 值 ≤2000mg/L。通过优化胍胶压裂液配方，添加 0.2~0.4% 的调控剂，有效降低返排液中的 $Ca^{2+}$、$Mg^{2+}$ 离子及残留聚合物的影响，压裂液的成胶性能及流变性能得到大幅度提高，优化后的基液粘度超过 50mPa.s，剪切终粘超过 200mPa.s。现场 8 口井利用"返排液配胍胶+清水配滑溜水"施工方式，与同区块清水配液施工井排采效果相当，消耗返排液 43×10⁴m³，平均日产油达 26.6m³/天，平均返排率 13.14%，返排液配制胍胶压裂液对施工效果影响较小，通过优化完善返排液复配体系，实现水资源循环利用，为后续页岩油高效环保开发奠定了基础。

**关键词** 页岩油开发；压裂返排液；水质分析；离子浓度界限；配方优化

## 1 前言

目前，我国的非常规油气资源开发力度逐年增加，相继在大庆古龙、新疆吉木萨尔等建立了国家级陆相页岩油示范区。页岩油与常规油气相比存储量可观，但由于页岩储层孔隙度小、渗透率低，只能通过压裂施工改造储层的方法才能保证产能。压裂液进入储层后与地层流体及岩石矿物接触，进行复杂的物理、化学反应后形成的混合物为压裂返排液。随着压裂方式由常规压裂转为大规模压裂后，压裂施工的返排液量也大幅度增加，其组成复杂、离子种类多、处理难度高、对环境易产生污染。国内外针对压裂返排液的处理方法主要包括催化氧化技术、沉淀过滤技术、膜分离技术等，大庆油田综合考虑井场施工条件及水源限制等实际情况，开展了利用返排液复配压裂液的技术研究及现场试验，通过对页岩油返排液进行消耗，达到了循环再利用的目的。本文通过分析 3 种返排液的水质特点及其中不同离子对压裂液性能的影响因素，优化了返排液复配配方，为进一步改善返排液复配压裂液现场应用效果提供实验依据。

## 2 压裂返排液水质分析

根据石油天然气行业标准《水基压裂液性能评价方法》（SY/T 5107-2016），将 3 种取自页岩油现场的返排液（1#、2#、3#），按照石油天然气行业标准《油田水分析方法》（SY/T 5523-2016），对返排液水质进行分析，实验结果见表 1。

表 1 返排液水质参数分析

| 返排液样品 | 1# | 2# | 3# |
|---|---|---|---|
| $Na^+ + K^+$（ppm） | 7139 | 2486.97 | 1460 |
| $Ca^{2+}$（ppm） | 186 | 22.92 | 23.46 |
| $Mg^{2+}$（ppm） | 8.84 | 17.25 | 10.91 |
| $B^{3+}$（ppm） | 17.49 | 17.04 | 14.76 |
| 硫酸盐还原菌（个/mL） | 6×10⁵ | 6×10⁴ | 6×10⁴ |
| 腐生菌（个/mL） | 6×10⁵ | 6×10³ | 6×10⁴ |
| 铁细菌（个/mL） | 6×10² | 1×10³ | 6×10³ |
| COD（mg/L） | 3500 | 1500 | 300 |
| pH 值 | 8.1 | 9.2 | 7.288 |

分析表 1 水质结果可知，返排液水质复杂、参数较差，其中阳离子以 $Na^+$、$K^+$ 为主，部分水样离

子表现为高钠、高钙、高硼的特征，水样中的 $Ca^{2+}$、$Mg^{2+}$ 等离子，也可能导致压裂液的性能发生变化。同时返排液放置一段时间后，水质颜色明显发黑，并伴有刺鼻气味。

## 3 返排液配制压裂液性能评价

利用取自现场的 3 种返排液水样，配制胍胶压裂液，体系的配方如下：0.38%羟丙基胍胶+0.2%复合添加剂+0.06%NaCO₃+0.22%交联剂。对配制后起粘的胍胶压裂液进行耐温耐剪切性能测试，结果如图 2 所示。

在石油天然气行业标准《水基压裂液技术要求》（SY/T 7627-2021）中规定，交联冻胶压裂液的耐温耐剪切能力需超过 50mPa·s 以上，才符合

1#

2#

3#

图 1 返排液实物图

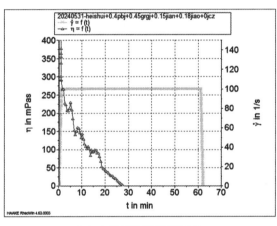

（a）1#返排液复配胍胶流变

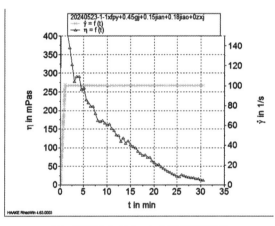

（b）1#返排液∶清水＝1∶1复配胍胶流变

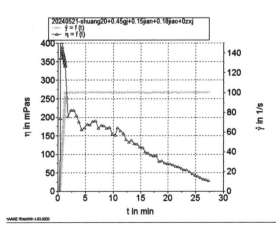

（c）2#返排液复配胍胶流变

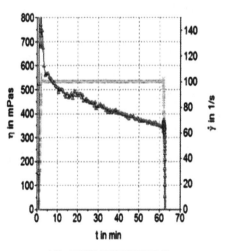

（d）3#返排液复配胍胶流变

图 2 不同返排液配制胍胶耐温耐剪切性能评价

技术要求。由图2可知，利用返排液复配胍胶体系能够溶胀进而成胶，但1#返排液复配胍胶剪切19min时，体系粘度低于50mPa·s；清水混配1#返排液复配胍胶剪切22min时，体系粘度低于50mPa·s；2#返排液复配胍胶剪切23min低于50mPa·s。只有3#返排液复配胍胶耐温耐剪切性能满足要求，其余3种方式配制胍胶流变性能均大幅下降，参数无法保证现场施工需求。由上述分析可知，由于不同返排液性能差异较大，无法利用其直接进行胍胶压裂液的复配，需进行组分及离子分析找出影响压裂液性能的主要因素，采取屏蔽措施，保证施工效果。

## 4　返排液复配压裂液性能影响因素分析

### 4.1　破胶液组分的影响

在室内配制不同压裂破胶液组合模拟现场不同井况的返排液性能，利用破胶液复配胍胶压裂液并进行耐温耐剪切性能测试，通过单一因素分析影响胍胶流变性能的主要原因，结果见表2。

由表2可知，滑溜水稠化剂+破胶剂形成的破胶液配制的胍胶压裂液剪切终粘为7.2mPa·s，而胍胶胶冻+破胶剂、胍胶胶冻+稠化剂+破胶剂的破胶液配制的胍胶压裂液剪切终粘均超过150mPa·s，符合《水基压裂液技术要求》，说明滑溜水稠化剂破胶液会大幅影响胍胶流变性能。

对比地层水配制胍胶、返排液复配胍胶、滑溜水破胶液复配胍胶的微观形貌可知（如图3），地层水复配胍胶具有明显的网络结构，返排液、滑溜水破胶液复配胍胶出现明显的不规则形状"小胶团"，影响复配胍胶压裂液的流变性能，导致剪切终粘过低。

表2　胍胶流变性能单因素分析

| 水质 | Al（ppm） | B（ppm） | Ca（ppm） | Fe（ppm） | K（ppm） | Mg（ppm） | Na（ppm） | Zr（ppm） | 剪切终粘（mPa·s） |
|---|---|---|---|---|---|---|---|---|---|
| 地层水 | — | 0.07 | 37.63 | 0.73 | 2.75 | 10.96 | 109.37 | 0.02 | 382.3 |
| 现场返排液 | 0.1 | 17.5 | 22.7 | 0.29 | 82.82 | 8.32 | 11456 | 0.06 | 2.7 |
| 滑溜水稠化剂+破胶剂 | 0.1 | 0.0 | 51.4 | 0.1 | 2.2 | 12.4 | 52.0 | 0.2 | 7.2 |
| 交联剂 | 0.1 | 8.6 | 40.4 | 0.0 | 2.2 | 12.0 | 55.6 | 0.0 | 411.8 |
| 胍胶胶冻+破胶剂 | 0.2 | 8.5 | 5.1 | 0.2 | 10.2 | 9.8 | 215.2 | 8.4 | 221.0 |
| 胍胶胶冻+稠化剂+破胶剂 | 0.1 | 3.4 | 43.9 | 0.2 | 5.4 | 11.2 | 112.5 | 3.7 | 159.9 |

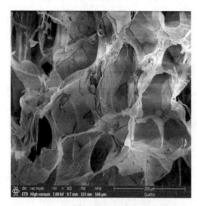

（a）地层水配胍胶微观形貌

（b）返排液复配胶微观形貌

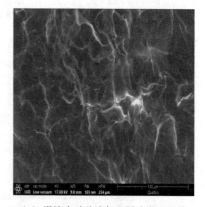

（c）滑溜水破胶液复配胍胶微观形貌

图3　不同水质复配胍胶微观形貌

现有的滑溜水稠化剂主要由聚合物、白油组成，由图4流变曲线分析可知，白油对胍胶流变无直接影响，剪切终粘为200mPa·s以上（图4（a））；

聚合物是主要的影响因素，复配胍胶1min内，粘度降至50mPa·s以下，剪切终粘7.2mPa·s（图4（b））。

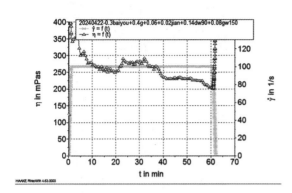

（a）复配胍胶压裂液（添加白油）流变曲线

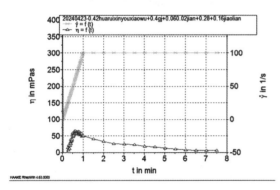

（b）复配胍胶压裂液（添加聚合物）流变曲线

图 4　滑溜水稠化剂组分对剪切终粘影响

综合上述分析可知，需引入水质调控剂体系，降低滑溜水稠化剂中聚合物的影响，进一步利用胍胶中的氢键作用，构建双交联互穿网络结构，减小返排液中"小胶团"对胍胶性能影响。

### 4.2　一价离子对复配压裂液性能的影响

分别配制离子浓度范围在 0~12000mg/L 的 $K^+$+$Na^+$离子溶液，用上述溶液配制胍胶压裂液，测试压裂液的基液粘度、破胶液粘度、静态悬砂时间及剪切终粘。由图 5 可知，一价离子对胍胶基液粘度影响较小，当一价离子的含量逐渐增加至 12000mg/L 时，基液粘度及破胶液粘度基本不受影响，静态悬砂时间与清水配制的相近，均超过 120min，一价离子的含量的增加也未影响压裂液的耐温耐剪切性能，均与清水配制的压裂液的性能相当。

### 4.3　二价离子对复配压裂液性能的影响

分别配制离子浓度为 0~500mg/L 的 $Ca^{2+}$、0~300mg/L 的 $Mg^{2+}$离子溶液，用上述溶液配制胍胶压裂液，测试压裂液的粘度及成胶情况。由图 6 可知，随着 $Ca^{2+}$、$Mg^{2+}$离子浓度的增加，其对胍胶压裂液基液粘度影响较小，压裂液的破胶性能也不受影响，但当钙离子的浓度≥300mg/L、镁离子浓

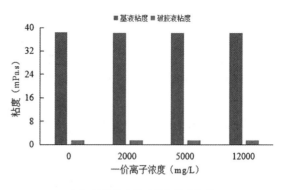

（a）基液粘度及破胶液粘度曲线

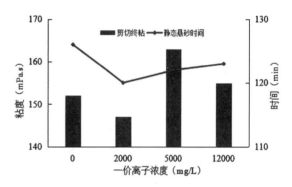

（b）剪切终粘及静态悬砂时间曲线

图 5　不同浓度一价阳离子压裂液性能评价

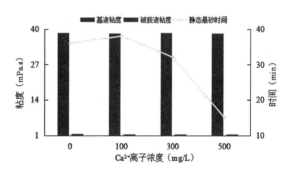

（a）不同钙离子浓度条件下胍胶性能

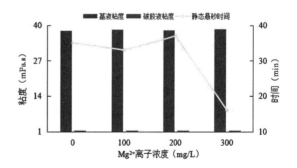

（b）不同镁离子浓度条件下胍胶性能

图 6　不同浓度二价阳离子压裂液性能评价

度≥200mg/L 时，静态悬砂时间会大幅下降，这是由于胍胶压裂液需要在碱性环境下进行交联，当二价离子浓度较高时，易与相关碱性阴离子形成沉淀，破坏胍胶成胶环境，导致胍胶压裂液水解、交联情况变差。

### 4.4 破胶剂对复配压裂液性能的影响

分别配制破胶剂浓度为 0.1%、0.15%、0.2%、0.25%、0.3% 的破胶剂溶液，用上述溶液复配胍胶压裂液，测试压裂液的粘度及成胶情况。由图 7 可知，不同浓度破胶剂溶液配制胍胶压裂液成胶良好，静态悬砂时间均超过 120min，残余破胶剂对胍胶压裂液性能无影响。

（a）胍胶溶解状态（pH>7）

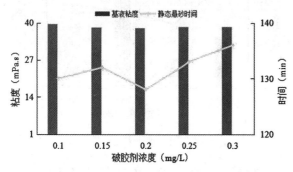

图 7　不同浓度破胶剂胍胶性能评价

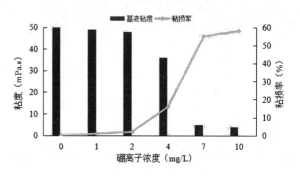

（b）硼离子对胍胶基液粘度影响

图 8　硼离子及 pH 对复配胍胶压裂液性能的影响

### 4.5 硼离子及 pH 对复配胍胶压裂液性能的影响

分别配制硼离子浓度为 0、1mg/L、2mg/L、4mg/L、7mg/L、10mg/L 的溶液，用上述溶液复配胍胶压裂液，测试压裂液的基液粘度及粘损情况。调节配制用水的 pH 值分别为 pH>7、pH 介于 6~7 之间、pH<6，利用其配制胍胶压裂液并观察胍胶溶解情况。由图 8（a）可知，胍胶在 pH>7 条件下无法溶解；胍胶在 pH6-7 条件下溶解性良好；胍胶在 pH<6 条件下溶解性略微下降；由图 8（b）可知，随着硼离子浓度增加，胍胶压裂液的基液粘度不断下降，体系粘损率不断增加，硼离子和 pH 共同作用下会导致胍胶表面溶解后迅速交联，然后絮凝沉降，初步分析当硼离子浓度大于 4mg/L 时，基液粘度快速下降。

### 4.6 COD 值对复配胍胶压裂液性能的影响

测试 3 种不同返排液（1#、2#、3#）COD 值，分析返排液中 COD 值与复配胍胶压裂液流变参数之间的关系。由表 3 可知，返排液中 COD 值越高，复配胍胶压裂液流变参数越差，返排液 COD 值是影响复配胍胶流变性能主要参数。通过测定不同 COD 值（COD1300、COD2000、COD2700）压裂液

的流变曲线（如图 9）可知，当 COD<2000mg/L 时，对胍胶的流变性能影响较小。

表 3　返排液 COD 值

| 返排液 | COD 值 | 剪切终粘 |
|---|---|---|
| 1# | 3500 | 19min 低于 50mPa·s |
| 2# | 1500 | 23min 低于 50mPa·s |
| 3# | 300 | 338mPa·s |

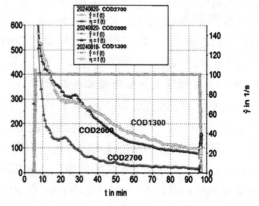

图 9　不同 COD 值压裂液的流变曲线

## 5 离子浓度范围及复配配方优化

结合返排液水质分析结果和不同离子对压裂液成胶及流变性能的影响分析，给出了返排液复配胍胶压裂液的水质要求和水中不同离子的浓度界限（见表4）。

**表4 页岩油返排液复配压裂液水质要求及离子范围**

| 项目 | 指标范围 |
|---|---|
| 一价离子浓度（mg/L） | ≤1200 |
| 总硬度（mg/L） | ≤200 |
| 硼离子（mg/L） | ≤4 |
| pH值 | 6~7 |
| COD（mg/L） | ≤2000 |

针对原胍胶压裂液体系配方，添加0.2~0.4%的调控剂，有效降低返排液中的$Ca^{2+}$、$Mg^{2+}$离子及残留聚合物的影响，体系优化后，压裂液性能大幅度提高，优化后基液粘度超过50mPa.s，成胶效果得到进一步提升，剪切后的流变性能得到较大改善，剪切终粘超过200mPa.s，能够满足施工要求。目前现场8口井利用"返排液配胍胶+清水配滑溜水"施工方式，与同区块清水配液施工井排采效果相当，消耗返排液43×10⁴m³，平均日产油达26.6m³/天，平均返排率13.14%，表明返排液配制胍胶压裂液对施工效果影响较小，通过优化完善返排液复配体系，实现水资源循环利用，保障古龙页岩油效益开发。

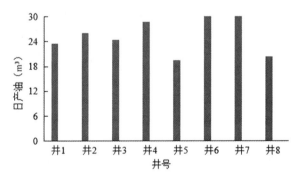

图10 施工井日产油情况

## 6 结论

（1）大庆页岩油现场3种返排液组分分析结果表明，影响复配胍胶压裂液的主要因素有残留聚合物、一价离子浓度、水体总硬度、硼离子浓

度、pH值以及COD值等。

（2）针对胍胶压裂液体系配方，添加0.2~0.4%的调控剂，可进一步改善返排液水质，有效解决钙离子、镁离子及残留聚合物对压裂液性能的影响，优化压裂液性能。

（3）利用"返排液配胍胶+清水配滑溜水"施工方式，现场应用效果较好，通过有效消耗返排液，实现水资源循环利用。

**参 考 文 献**

[1] 徐凌婕，张华，王毅霖，等．页岩油压裂返排液处理技术进展［J］．油气田环境保护，2023，33（04）：40-45.

[2] 赵文智，胡素云，侯连华，等．中国陆相页岩油类型、资源潜力及与致密油的边界［J］．石油勘探与开发，2020，47（01）：1-10.

[3] 张仁贵，刘迪仁，彭成，等．中国陆相页岩油勘探开发现状及展望［J］．现代化工，2022，42（03）：6-10.

[4] 崔宝文，王瑞，白云风，等．古龙页岩油勘探开发进展及发展对策［J］．大庆石油地质与开发，2024，43（04）：125-136.

[5] 孙志成，王贤君．大庆油田致密油藏压裂返排液复配影响因素分析［J］．石油地质与工程，2023，37（02）：97-101.

[6] 张方，高阳，李映艳，等．页岩油不同类型甜点对水平井压裂产能影响规律［J］．中国海上油气，2022，34（05）：123-131.

[7] 冯静，冉茂睿，周逸凝．油田压裂返排液处理工艺分析［J］．云南化工，2021，48（05）：115-117.

[8] 卫秀芬．压裂酸化措施返排液处理技术方法探讨［J］．油田化学，2007，（04）：384-388.

[9] 朱珺琼．油田压裂返排液处理技术探讨［J］．化工安全与环境，2022，35（19）：22-24.

[10] 石升委，杜佳佳，康定宇，等．页岩气压裂返排液再利用处理技术研究［J］．现代化工，2018，38（03）：110-113.

[11] 张丽，马鲁英．油田压裂返排液的常用处理方法［J］．石化技术，2016，23（12）：242.

[12] 李帅帅，杨育恒，陈效领，等．吉木萨尔页岩油压裂返排液再利用技术［J］．油田化学，2022，39（02）：258-262.

[13] 郝琦，马振鹏，段玉秀．延长油田胍胶压裂返排液循环利用技术研究［J］．应用化工，2020，49（10）：2478-2482.

# 页岩油井压裂示踪裂缝检测技术应用

姜海岩 邓大伟 侯堡怀 李 伟 王 宇

（中国石油大庆油田采油工艺研究院）

**摘 要** 在水力压裂施工过程中，射孔的每一簇是否能有效的开启，开启的每一簇缝高、缝宽关系无法确定，形成的裂缝是否是有效裂缝，有些射孔簇对于产量几乎没有贡献。为此，本文采用压裂示踪裂缝检测技术，确定压裂过程中裂缝的开起及缝高和缝宽的情况。本文通过压裂示踪剂具有放射性的特性，根据压裂设计中支撑剂的用量计算出示踪剂的用量，在压裂施工过程中与支撑剂一起注入地层，通过压后测井施工与后期数据处理分析获得裂缝缝高及缝宽。研究结果表明：根据示踪剂在井眼周围支撑剂分布等资料，可计算出裂缝单簇高度最高可达到10.2m，相比致密岩缝高20~30m，页岩的页理对缝高的扩展有一定的影响。研究结果和方法可以对压裂效果进行评价，为进一步优化压裂施工参数提供依据。

**关键词** 裂缝；示踪剂；缝高；缝宽

## 1 前言

水力压裂技术广泛应用于非常规油气藏，其形成的人工裂缝能有效增加基质之间的接触面积并产生高导流能力的流动通道，从而提升油气产量。目前压裂效果评价方法有很多，但都存在一些局限性，在油田现场应用较为广泛的是微地震裂缝监测、示踪剂监测等方法。

示踪剂监测技术对压裂施工效果评价，目前是现场采用较多的方法。孟令韬等利用示踪剂技术在非常规储层压裂改造中进行了研究，通过返排曲线对压裂施工效果进行分析评价。金晓春针对非放射性示踪剂监测技术进行了详细的分析，探讨了该技术在非常规油气藏中应用的可行性和可能创造的经济效益。景成等依据注入水与示踪剂在裂缝条带中运动的基本假设，建立了井间化学示踪剂监测分类解释模型。并验证了该模型在裂缝性特低渗透油藏示踪剂解释中的合理性和适用性，为制定治理方案和后期挖潜提供了重要依据，具有广阔的应用价值。马云等在分段体积压裂过程中加入不同种类的示踪剂，通过检测返排液中不同示踪剂的浓度来判断各层的返排率。实验结果发现，微量物质示踪剂在分段体积压裂过程中对压裂液的基液黏度、耐温性能和抗剪切性能均没有影响，可以作为压裂过程中的压裂示踪剂使用。赵政嘉等，在多段压裂过程中把7种不同的示踪剂分别加入到7个压裂层段，通过压后分析得到各段产液贡献率，为压裂效果评价和优化压裂设计提供了新的方法。

近年来化学示踪剂监测技术在压裂施工中运用比较广泛，但绝大多数应用在压后产能评价，直接对压裂裂缝检测和压裂效果评价的比较少。为了对大庆古龙地区页岩压裂效果进行评价，我们采用在压裂的不同泵注阶段伴注不同的示踪砂，示踪砂随支撑剂一同填充于裂缝缝隙之中。通过水平井压裂示踪裂缝监测技术测试，提供井眼周围支撑剂分布等资料，得到水平井压裂各段簇是否有效改造，以对压裂效果进行评价。

## 2 压裂示踪裂缝检测技术原理

压裂示踪裂缝检测技术是在压裂过程中，在压裂的不同泵注阶段伴注不同的示踪砂，示踪砂随支撑剂一同填充于裂缝缝隙之中。通过专用伽马能谱测井仪对井筒周围的伽马计数率进行测量，从而得到支撑剂的分布情况、得到裂缝的高度、宽度等信息。

压裂后，通过专用示踪剂伽马能谱测井仪对井筒周围的示踪剂进行能谱测量，能够检测出距离井筒50-80cm距离范围内的示踪剂的剂量分布情况，压裂示踪剂裂缝检测技术如图1。

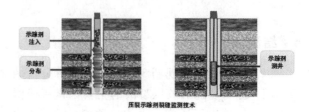

图1 压裂示踪剂裂缝检测技术

通过放射性同位素压裂示踪剂技术，可以准确的获得水力压裂裂缝的以下信息：

（1）井眼周围示踪剂的分布情况；

（2）裂缝的位置；

（3）支撑裂缝高度。

（4）裂缝宽度；

（5）不同施工阶段注入示踪剂剂的分布情况。

## 3 示踪剂介绍

压裂示踪剂是将高纯度特定金属元素包裹于高纯度三氧化二铝中烧制成大小、密度和硬度都与压裂支撑剂相似的陶瓷颗粒，经核反应堆堆照后特定金属元素被活化，生成具有单一放射性核素的陶瓷示踪剂，示踪剂图如图2。

图 2　示踪剂图

## 4 施工流程

压裂裂缝监测技术主要包括方案制定、示踪剂注入、能谱测井和数据处理分析等工作内容，施工流程图如图3。

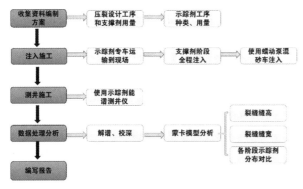

图 3　施工流程图

## 5 裂缝高度解释原理

示踪剂注入后，通过示踪剂伽马能谱测井仪检测示踪剂数据，使用测井数据中获得的伽马总计数曲线，选择没有示踪剂响应的区域与完井伽马曲线进行形态对照，校准测井曲线深度

所有核素都有其特定的、稳定的能谱图形，

全能谱解谱技术可以将多种核素混合能谱数据根据各种核素的特征峰分辨出存在哪些核素，并能通过各种核素稳定的谱特征将每种核素的实际含量单独计算出来，利用全能谱解谱技术能够剥离天然铀、钍、钾放射性和其他可能存在的放射性本底，排除因射孔和压裂造成的裂缝位置原伽马本底变化，得到单纯的示踪剂的伽马曲线

因为示踪剂的大小、密度等性质与支撑剂相似，其在井筒及裂缝中的流动特性及铺置状态与支撑剂也基本相同，因此在充分混合的情况下，示踪剂存在的纵向范围就是支撑剂存在的纵向范围。通过解谱数据可以明确每种示踪剂所在的纵向位置，那么有示踪剂存在的范围就是有效支撑裂缝的高度

裂缝宽度计算方法：

通过地面试验数据建立的蒙特卡罗模型来分析解谱数据，根据探测器效率、示踪剂的射线强度和地层屏蔽效果等综合条件，模拟出探测器有效高度和探测有效深度范围内示踪剂的理论分布情况，计算出每个有效探测范围内的示踪剂单位体积，根据设计中的示踪剂与支撑剂混合浓度就可以计算出有效探测范围内的支撑剂的单位体积，从而计算出裂缝的宽度。

$$C = \varepsilon\theta \frac{S\dot{}kA}{4\pi V} \iiint \frac{e^{-\mu\sqrt{x^2+y^2+z^2}}}{x^2+y^2+z^2} dxdydz \quad (1)$$

式中：C 为计数；A 为注入活度；V 为示踪剂浓度单位体积；k 为射线绝度强度；μ 为线性吸收系数；S 为探测器有效高度；ε 为探测器本征效率；θ 为蒙特卡罗模拟实验修正系数；积分限 x，y 由最远探测限决定；积分限 z 的范围为由裂缝宽度确定。

示踪剂用量的计算公式是：

$$A = S \times V_s \times \mu \quad (2)$$

A—示踪剂用量，mCi

$V_s$—压裂支撑砂用量，m$^3$

S—示踪剂检测灵敏度，mCi/m$^3$

μ—校正系数

## 6 现场应用裂缝监测解释及分析

（1）X 井裂缝监测结果

根据 X 井压裂施工设计方案中的施工工序、支撑剂用量等资料，结合检测需求，设计 X 井的压裂裂缝检测施工方案，确定选取示踪剂的类型、计算示踪剂的用量、设计示踪剂注入的工序。X 井共检测 1 段，选用铱-192 示踪砂作为示踪剂监测支撑剂的分布情，通过公式计算出示踪剂注入量。

（2）示踪剂能谱测井工作

通过测井获得 X 井测试成果图（如图4），图中按从左至右顺序，第一列中绿色曲线是完井伽马测井曲线、蓝色曲线为示踪剂测井伽马曲线、第二列深蓝色曲线为缝宽镜像曲线、第三列和第五列曲线为示踪剂响应曲线以井筒为中心的镜像效果、第四列为井筒示意图（中间部分井筒内的红色小段为射孔段位置）、第六列红色曲线为铱-192 示踪剂响应曲线。

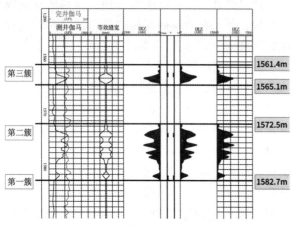

图 4　X 井测试曲线图

根据测试曲线图可以得到：

（1）在 1582.7～1572.5m 和 1565.1～1561.4m 范围内检测到明显的示踪剂的分布；

（2）较为明显的有效填充裂缝总高度和为 13.9m；

（3）其中第一簇与第二簇产生的裂缝高度为 10.2m，第三簇产生的裂缝高度为 3.7m；

（4）裂缝平均宽度为 0.41cm，最大裂缝宽度为 1.233cm；

（5）第一簇和第二簇裂缝裂缝平均宽度为 0.44cm，最大裂缝宽度为 1.233cm，第三簇裂缝平均宽度为 0.34cm，最大裂缝宽度为 1.207cm；

（6）第一簇和第三簇产生的裂缝较小，特别是第一簇在射孔段以下位置没有产生裂缝

## 6　结论

通过 X 井压裂示踪剂裂缝监测分析和评价，取得了一定的认识和结论。

（1）通过 X 井压裂示踪剂裂缝监测，给出井眼周围支撑剂分布情况，解释出近井筒支撑裂缝

高度与各段具体的裂缝宽度，X 井在各簇位置均形成有效支撑裂缝，与射孔段位置对应较好，裂缝整体连通效果较好，达到压裂目的。

（2）页岩油 X 井单段裂缝高度 13.9m，第一簇与第二簇产生的裂缝高度为 10.2m，第三簇产生的裂缝高度为 3.7m，相比致密岩缝高 20～30m 有很大的扩展空间，建议页岩油井在压裂过程中适当调节施工排量和压裂液浓度来提高裂缝的高度。

（3）裂缝平均宽度为 0.41cm，最大裂缝宽度为 1.233cm，建议采用大孔径射孔弹来提高裂缝的宽度，达到形成均匀展布的裂缝网络，增大裂缝和储层的接触面积、提高液体流动效率，为页岩油井压裂设计施工提供指导意见。

## 参 考 文 献

[1] WANG Lei, TIAN Ye, YU Xiangyu, et al. Advances in Improved/Enhanced Oil Recovery Technologies for Tight and Shale Reservoirs [J]. Fuel, 2017, 210：425-445.

[2] 邓大伟. 水平井压后示踪剂监测技术应用研究 [J]. 中外能源, 2021, 26 (04)：48-51.

[3] 任丽娟. 致密油水平井体积压裂裂缝间距优化及分段产能评价 [M] //大庆油田有限责任公司采油工程研究院. 采油工程文集：2018 年第 3 辑. 北京：石油工业出版社, 2018：59-62, 90.

[4] 魏旭, 张永平, 尚立涛, 等. 多段多簇压裂储层改造效果影响因素分析 [J]. 油气地质与采收率, 2018, 25 (2)：96-102, 114.

[5] 祁海涛. 海拉尔油田南屯组储层水平井分段压裂技术探讨 [M] // 大庆油田有限责任公司采油工程研究院. 采油工程文集：2017 年第 4 辑. 北京：石油工业出版社, 2017：34-37, 79.

[6] 孟令韬, 鲍文辉, 郭布民, 申金伟, 孙厚台. 示踪剂技术在压裂效果评价中的研究进展 [J]. 石油化工应用, 2022, 41 (03)：1-4+23.

[7] 金晓春. 水平井多段压裂非放射性压裂监测技术及实际案例分析 [C].//第三届非常规油气成藏与勘探评价学术讨论会论文集. 2015：751-752.

[8] 景成, 蒲春生, 谷潇雨, 等. 裂缝性特低渗油藏井间化学示踪监测分类解释模型 [J]. 石油钻采工艺, 2016, 38 (2)：226-231.

[9] 马云, 池晓明, 黄东安, 等. 用于多段压裂的微量物质示踪剂与压裂液的配伍性研究 [J]. 精细石油化工, 2016, 33 (2)：50-53.

[10] 赵政嘉, 顾玉洁, 才博, 等. 示踪剂在分段体积压裂水平井产能评价中的应用 [J]. 石油钻采工艺, 2015, (4)：92-95.

# 页岩油井套管大规模压裂后完井可控防喷技术

林忠超[1,2,3]　孙　江[1,2,3]　姚　飞[1,2,3]　李　亚[4]　郑忠博[1,2,3]　张激扬[1,2,3]

（1. 中国石油大庆油田采油工艺研究院；2. 黑龙江省油气藏增产增注重点实验室；
3. 多资源协同陆相页岩油绿色开采全国重点实验；4. 中国石油大庆油田勘探开发研究院）

**摘　要**　页岩油井套管大规模压裂后及时下泵排采能够有效保持储层能量、延长油井寿命，但压裂后井筒压力高，面临无法及时下泵投产的瓶颈难题。针对现有井筒防喷技术存在安装井口处于防喷空白、无法重复多次防喷等技术缺陷，开展了页岩油井套管大规模压裂后完井可控防喷技术的研究。发明了贴片式硬质合金卡瓦机构，实现高硬度套管锚定可靠；设计了金属+非金属双重密封防喷机构，确保多次重复开关有效。室内实验结果表明：防喷工具承压35MPa、耐温120℃，可重复开关20次以上。该技术现场试验10口井，防喷成功率100%，实现了更换井口及下泵全过程防喷，为页岩油井压裂后早期下泵排采及后续检泵绿色、高效、低成本作业提供技术保障。

**关键词**　页岩油；大规模压裂；可控防喷；套管锚定；重复开关

近年来我国陆相页岩油勘探开发取得了重大进展，某油田页岩油新增探明地质储量12.68亿吨，发展潜力巨大，是建设百年油田的重要接替资源。针对页岩油储层渗透率低、裂缝不同程度发育且形态复杂的特点，目前某油田主要是通过水平井大规模体积压裂技术进行储层改造、提高产能。为了有效保持储层能量、延长油井寿命、缩短施工周期，页岩油井压裂后需及时下泵进行排采。由于压裂后井筒压力大幅度升高、返排液量大，在高温、高压的情况下，现有防喷技术存在一定的防喷缺陷，无法满足页岩油高压及复杂工况下的防喷需求，而采用带压下电泵作业难度大、成本高、周期长，采用泥浆压井污染储层，因此存在无法及时下泵投产的瓶颈问题亟需解决。本文针对页岩油井压裂后带压下泵防喷问题，开展了完井可控防喷工艺技术研究，设计井下悬挂封隔器及可控防喷阀，为带压下泵排采提供技术支持。

## 1　防喷工艺现状

目前页岩油井下电泵投产主要采用井筒防喷技术，分为机械开关式防喷、压井防倒灌、溶解性暂闭桥塞防喷三种类型，均存在一定的不适用性，无法满足页岩油井高压条件下全过程不压井下泵需求。

### 1.1　机械开关防喷工艺

机械开关防喷工艺采用插入可取式防喷管柱实现压后防喷，主要由丢手封隔器、浮子开关、座封球阀、支撑卡瓦、桶杆组成。其工艺原理主要通过泵下桶杆实现浮子活门开关。起出原井管柱时井内油层压力使浮子开关关闭。投产时将通杆连接在泵抽管柱下，下入井内探底后打开浮子开关即可投产。再次作业时，直接将原井管柱起出，浮子开关关闭，实现油套防喷。该工艺结构简单，易于实现阀门开关。在下泵打开浮子活门后，安装井口过程处于防喷空白，存在一定井控安全隐患。

### 1.2　压井防倒灌工艺

该工艺由可取封隔器、正向单流阀组成，在进行压井液循环压井措施后下入泵抽管柱，通过单流阀防止压井液进入地层，实现压井后防喷下泵，该方法下泵及二次作业时均需压井后才能动管柱，具有一定的技术局限性，作业时压井液也会对油层产生污染。

### 1.3　溶解性暂闭桥塞防喷工艺

该工艺采用无中心通道的可溶桥塞对井筒进行封堵，实现一次性压后防喷。由普通油管或连续油管将桥塞和坐封器投送到设计位置，油管打压坐封桥塞。投产时下入泵抽管柱后，向套管打压，击落桥塞内置球座，形成过流通道，正常生产。该工艺不具备重复多次防喷功能，生产初期受到桥塞内径和未溶解的桥塞本体限制，过流通道减小，影响产量。

## 2  液控式防喷工艺设计

压后可控防喷工艺管柱由悬挂封隔器、可控防喷阀组成。利用连续油管携带防喷管柱下至设计深度，油管打压坐封、丢手后，通过悬挂封隔器密封油套环空，套管打压控制防喷阀开关，实现生产通道开启与关闭的切换。

### 2.1  悬挂封隔器的设计

#### 2.1.1  悬挂封隔器结构设计

悬挂封隔器结构如图 1 所示，主要由上接头、胶筒、上锥体、卡瓦、下锥体、下接头、等部件组成。

封隔器下到预定位置后，从油管加压至一定值，坐封销钉剪断，活塞下行，推动胶筒下行，下部的坐卡销钉、卡瓦销钉被剪断，卡瓦在上锥体和下锥体的挤压下伸出，当卡瓦套筒运动到下接头时，上部的坐卡销钉被剪断，上锥体继续下行直至完全锚定套管。胶筒继续压缩，与套管形成一定密封，工具内部的锁环限制胶筒的回弹。封隔器坐封完毕后，将管柱上提至原悬重，从油管继续加压至压力突降，实现丢手。需要解封时，可通过打捞工具打捞封隔器。悬挂封隔器技术参数如下：总长 1500mm、外径 108mm、内径 56mm、适应套管内径 118mm、坐封压力 15MPa、工作压力 35MPa、工作温度 120℃。

1-上接头、2-胶筒、3-上锥体、4-卡瓦、5-下锥体、6-下接头

图 1  悬挂封隔器示意图

#### 2.1.2  密封机构结构设计

压缩式封隔器进行坐封时，胶筒受压膨胀与套管形成密封，井下高温、高压等复杂情况加大了封隔器胶筒密封的要求。因此，封隔器胶筒采用了肩部保护设计，防止胶筒肩部应力集中，变形受损。同时，基于蝶形弹簧承载能力高、占用空间小的特点，设计了蝶形弹簧式应力补偿机构，安装在挡环与上锥体之间，在坐封过程中提供胶筒密封所需要的压缩载荷，保证胶筒承压密封有效。

应用微机控制电液伺服万能试验机进行蝶形弹簧压应变性能检验，实验示意图如图 2 所示，蝶形弹簧按照四种形式布置，将中心管、挡环、蝶形弹簧、承压座依次连接放置于垫块上，启动试验机，缓慢将压头接触承压座上方垫块。设置试验压力数据 100kN，记录蝶形弹簧形变量为 1mm、2mm、3mm、4mm 相应的压力值。蝶形弹簧每种布置形式做两次实验。表 1 为不同弹簧布置形式的蝶形弹簧组在一定形变量下的压应力。实验结果证明，采取三三三（面对面）布局方式的蝶形弹簧在形变量为 3mm 条件下，其压应力可达 64kN，满足胶筒坐封后应力补偿需求。

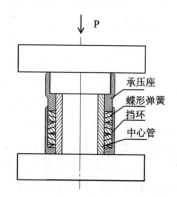

图 2  蝶形弹簧压应变实验示意图

表 1  蝶形弹簧压应变性能实验结果

| 序号 | 试验次数 | 蝶形弹簧布置形式 | 形变量 1mm 对应压应力（kN） | 形变量 2mm 对应压应力（kN） | 形变量 3mm 对应压应力（kN） | 形变量 4mm 对应压应力（kN） |
|---|---|---|---|---|---|---|
| 1 | 第一次 | 二二二二（面对面） | 9.1 | 21.5 | 31.8 | 45.7 |
| 2 | 第二次 | 二二二二（面对面） | 8.9 | 20.9 | 31.5 | 44.9 |
| 3 | 第一次 | 四四（背靠背） | 15.7 | 43.3 | 49.7 | 86.9 |
| 4 | 第二次 | 四四（背靠背） | 15.5 | 42.9 | 49.5 | 86.1 |
| 5 | 第一次 | 四四（面对面） | 24.4 | 54.2 | 99.6 | — |
| 6 | 第二次 | 四四（面对面） | 24.1 | 53.9 | 98.9 | — |
| 7 | 第一次 | 三三三（面对面） | 14.6 | 28.4 | 64.11 | — |
| 8 | 第二次 | 三三三（面对面） | 14.4 | 27.9 | 64.22 | — |

### 2.1.3 锚定机构优化设计

卡瓦是封隔器锚定机构重要构件之一，起到锚定套管、支撑封隔器的作用。页岩油井多采用 Q125 高强度套管，目前常见的卡瓦整体采用同一种合金材料加工，强度不够，易造成与套管之间锚定不牢固，若选用更高强度的材料，加工难度和加工成本增大，而且由于此类材料塑性较差，在锚定过程中卡瓦整体易发生断裂。

基于上述问题，设计了贴片式硬质合金卡瓦结构，利用高强度锚爪进行套管锚定，实现封隔器的稳定坐封。贴片式卡瓦结构由卡瓦基体、卡瓦牙、卡瓦销钉组成，如图 3 所示。其中卡瓦基体内侧与中心管相贴合，外侧的凹槽限制固定卡瓦牙，卡瓦牙采用过盈配合的方式与卡瓦基体之间相连接，整体呈片状贴合在卡瓦基体上。封隔器上均匀安装四个卡瓦基体，每个卡瓦基体安装一对双向卡瓦。卡瓦基体和卡瓦牙优选不同合金材料，卡瓦基体选用常用的中等强度钢材料，卡瓦牙根据要锚定的页岩油套管材料，选用高强度钢材料。

图 3　贴片式卡瓦示意图

## 2.2　可控防喷阀的设计

页岩油井套管大规模压裂后井口压力较高（≥20MPa），电泵完井及后续检泵作业需全过程防喷，要求防喷阀承压高、反复开关可靠。连续油管无法旋转和加压，导致开关工艺设计受限；井下出砂及杂质、瞬时停泵向下的水击压力等工况，影响防喷阀重复开关的稳定性。针对上述问题设计了液压控制防喷阀，如图 4 所示，可控防喷阀由筛管式挡板、密闭式换轨机构、双重密封式防喷机构等部分组成。防喷阀中开关机构采用滑轨式设计，通过滑销在换轨机构的长、短轨道交替实现重复开关。

为了实现良好的密封性与承压性，对密封结构进行优化设计，如图 5 所示，采取了形成"金属-非金属、金属-金属"双级密封形式。同时优选密封材质，软密封材质优选为聚四氟乙烯，金

属密封材质优选为 42CrMo，解决了高压差条件下重复开关时密封易失效的问题。此外，设计了全密闭换轨机构，轨道和弹簧始终处于密闭结构内，与井液隔离，既消除了返排液腐蚀、出砂磨蚀等因素影响，又能利用井液压差提供 11kN 复位力，保证长期重复工作可靠，重复开关次数可达 20 次以上，保证长期工作可靠。

图 4　可控防喷阀外观结构示意图
1-筛管式挡板 2-密闭式换轨机构（内部）
3-双重密封式防喷机构（内部）

（a）软密封实物图

（b）硬密封实物图

（c）双级密封结构实物图

图 5　密封结构实物图

可控防喷阀技术参数如下：总长 1173mm、外径 108mm、内径 140mm、开启和关闭压力 7～10MPa、工作压差 35MPa、工作温度 120℃、开关次数≥20 次。该防喷阀与悬挂封隔器相连构成整个防喷工艺管柱。当下到预定深度时进行坐封，此时防喷阀处于关闭状态，下泵坐井口，套管打压开启防喷阀，井口控压放喷，压力平稳后正常泵抽生产。检泵作业前可通过套管打压关闭防喷阀。

### 2.3 配套工具的设计

在打捞过程中常无法及时充分的对封隔器与套管之间的泥沙或其他杂质进行冲洗，导致在打捞时出现砂卡现象。设计了冲洗打捞一体化工具并优化打捞流程，单趟管柱即可实现打捞，提高施工效率。如图 6 所示，打捞工具由扶正头、加长杆、打捞爪、导向头几部分组成。打捞前明确冲砂位置、冲砂时长及冲洗排量，封隔器的解封打捞工具对井内杂质进行冲洗后，下入到封隔器的中心管内，打捞工具上的打捞爪捞住解封环，上提将解封销钉剪断进行解封打捞。存在异物时，将异物冲至解封环以下。

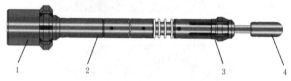

图 6　冲洗打捞一体化工具结构示意图
1-扶正头　2-加长杆　3-打捞爪　4-导向头

## 3　室内实验及现场试验

### 3.1 室内实验

为了保证现场试验成功率，模拟井下工况，对于悬挂封隔器及可控防喷阀进行了室内实验，检验其工作性能指标，如图 7 所示。

首先，进行了悬挂封隔器整体实验及胶筒油浸实验。通过液泵对封隔器进行打压，坐封压力为 16MPa，顺利完成坐封、丢手，反向承压 35MPa，稳压 20min，卡瓦锚定良好，胶筒无渗漏。在内径为 118mm 的套管内完成在套管内完成 62 小时的胶筒的油浸实验，满足温度 120℃、压差 35MPa 的承压需求。

其次，进行了可控防喷阀开关实验及油浸承压实验。在压差为 7～10MPa 的情况下，重复试验 90 次，均正常开关，未发生卡阻现象。在温度

（a）胶筒油浸实验

（b）悬挂封隔器整体实验

（c）可控防喷阀开关实验

（d）可控防喷阀承压实验
图 7　室内实验

120℃、压差为 35MPa 的条件下，承压 64h，起出反复开关 20 次，开关正常，防喷阀关闭后反向承压 35MPa，防喷阀不渗不漏，反向密封性能优良，密封腔干燥无进液，验证其在恶劣工况下的稳定性。

室内试验结果表明：所设计的封隔器经过长期反复实验，其坐封、丢手、解封性能可靠，防喷阀具有良好的密封性及稳定性，达到了设计目的。

### 3.2 现场试验

截止 2024 年，完井可控防喷工艺管柱在某油田页岩油现场试验共计 10 口井，防喷成功率 100%，均成功实施井口更换及下宽幅电泵投产，其中 8 口井由于冲砂通井或压力衰减进行了打捞，打捞成功率 100%。其中，A1 井在桥塞套管大规模压裂后放喷降压至 25MPa，利用连续油管进行了磨塞通井，施工后井口套压 17.5MPa，无法下泵排采。2022 年应用了压裂后完井可控防喷管柱，如图 8 所示，连续油管携带防喷工具下入深度 2270m，坐封、丢手正常；丢手后进行了防喷阀开关试验 3 次，开关过程均正常、无卡阻，在连续承压 52 小时后成功更换井口，并安全下入电泵顺利投产。防喷管柱有效工作时间 20 个月内，检泵作业 1 次，重复开关 2 次，防喷密封可靠，共减少带压作业 2 次，节约施工成本 200 万元。

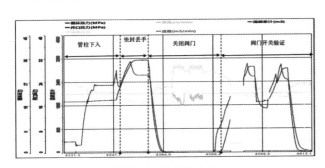

图 8　A1 井施工曲线

## 4　结论

（1）研制了悬挂封隔器，发明了贴片式卡瓦锚定机构和碟形弹簧式蓄能机构，实现了高钢级套管锚定密封可靠。

（2）研制了液控式防喷阀，设计了金属+非金属双重密封防喷机构及全密闭换轨机构，实现了高温高压条件下长期密封可靠、重复开关有效。

（3）完井可控防喷工艺防喷压力 35MPa、耐温 120℃，解决了页岩油井套管大规模压裂后高温高压条件下无法及时下电泵排采的瓶颈难题，实现了后续不压井检泵作业。

### 参 考 文 献

[1] 唐玮，张国生，徐鹏."十四五"油气勘探开发科技创新重点领域与方向 [J]. 石油科技论坛，2022，41（05）：7-15.

[2] 何海清，范土芝，郭绪杰，等. 中国石油"十三五"油气勘探重大成果与"十四五"发展战略 [J]. 中国石油勘探，2021，26（01）：17-30.

[3] 邹才能，马锋，潘松圻，等. 全球页岩油形成分布潜力及中国陆相页岩油理论技术进展 [J]. 地学前缘，2023，30（01）：128-142.

[4] 王坤，郭彬程，林世国，等. 中国陆相页岩石油资源地位与发展机遇 [J]. 能源与节能，2022（08）：1-7.

[5] 郭秋麟，白雪峰，何文军，等. 页岩油资源评价方法、参数标准及典型评价实例 [J]. 中国石油勘探，2022，27（05）：27-41.

[6] 孙龙德，刘合，何文渊，等. 大庆古龙页岩油重大科学问题与研究路径探析 [J]. 石油勘探与开发，2021，48（03）：453-463.

[7] 王广昀，王凤兰，蒙启安，等. 古龙页岩油战略意义及攻关方向 [J]. 大庆石油地质与开发，2020，39（03）：8-19.

[8] 杨智，唐振兴，李国会，等. 陆相页岩层系石油富集区带优选、甜点区段评价与关键技术应用 [J]. 地质学报，2021，95（08）：2257-2272.

[9] 蔡萌，唐鹏飞，魏旭，等. 松辽盆地古龙页岩油复合体积压裂技术优化 [J]. 大庆石油地质与开发，2022，41（03）：156-164.

[10] 张永平，魏旭，唐鹏飞，等. 松辽盆地古龙页岩油储层压裂裂缝扩展机理与压裂工程技术 [J]. 大庆石油地质与开发，2020，39（03）：170-175.

[11] 雷群，翁定为，熊生春，等. 中国石油页岩油储集层改造技术进展及发展方向 [J]. 石油勘探与开发，2021，48（05）：1035-1042.

[12] 吕红磊，于书新，姜丽，等. 松辽盆地古龙页岩油压裂后控排求产技术 [J]. 大庆石油地质与开发，2022，41（03）：165-171.

[13] 周娜. 压裂后快速返排转抽技术研究 [D]. 中国石油大学（华东），2014.

[14] 艾洪参. 抽油机井不压井防喷管柱的研究与应用 [J]. 石油机械，2018，46（12）：83-87.

[15] 李天聪，杨永明，王志涛. 文南油田防喷抽油泵工艺技术研究与应用 [J]. 中国西部科技，2011，10（22）：21+64.

［16］梁月松，卢道胜，周欢，等．海上热采防砂封隔器研制与室内试验［J］．石油矿场机械，2022，51（06）：26-35.

［17］谢宝玲，刘迪．蝶形弹簧组合式减震支座的结构设计［J］．中国市场，2017（04）：202+206.

［18］王玲玲，肖国华，贾艳丽，等．高压油井免带压作业检泵技术研究与应用［J］．石油机械，2018，46

（03）：100-105.

［19］张华礼，杨盛，刘东明，等．页岩气水平井井筒清洁技术的难点及对策［J］．天然气工业，2019，39（08）：82-87.

［20］魏文科，宋宏宇，李辉．月东油田防砂管柱打捞工艺及工具研究与实践［J］．石油地质与工程，2021，35（02）：122-126.

# 泥纹型页岩油浅表二开水平井钻井关键技术

孙平涛　李艳波　张　良　郭建勋　项忠华

（中国石油吉林油田分公司钻井工艺研究院）

**摘　要**　松辽南部余字井页岩油储层埋深 2000~2500m 之间，有机碳>1.0%，类型以 Ⅰ~Ⅱ 为主，成熟度处于低熟~成熟阶段，部分高熟阶段，是页岩油主要勘探目标。但是目的层目的层层里和裂缝发育，造成井壁稳定性差，水平段延伸困难。针对这个问题，以提高井壁稳定性为攻关目标，通过井身结构优化、强封堵钻井液应用、高效 PDC 钻头及提速工具优选、井筒清洁参数优化及压力精确控制等技术攻关，形成页岩油二开长水平段水平井钻井关键技术，水平段由 704m（三开结构）逐步延伸至 2145m（浅表二开结构），平均钻井周期由 80 天缩逐步短至 23 天，缩短 71%。为吉林油田页岩油高效勘探评价提供技术保障。

**关键词**　井筒清洁；页岩油；二开井身结构；提速；井壁稳定

目前，吉林油田已经完钻 5 口纯页岩水平井，井深 2500~4700m，水平段长 704~2145m、水平位移 900~2400m。在施工过程中，存在返砂效率低、井壁稳定性差易坍塌、水平段延伸困难、摩阻扭矩大等技术难题，因此，开展了井身结构优化、井筒清洁参数优化、高效 PDC 钻头及提速工具优选、油基钻井液封堵剂优选等技术攻关，形成页岩油二开长水平段水平井钻井关键技术。该技术在吉林油田 CYP1、CYP2、CYP3、CYP4 井进行了应用，应用后钻井周期缩短 41%，成本降低 10%，为吉林油田页岩油提速降本提供了技术支撑。

## 1　地质特点及施工难点

### 1.1　地质特点

吉林油田页岩油水平井自上而下钻遇地层主要为泰康组、大安组、明水组、四方台组、嫩江组、姚家组、青山口组。其中，嫩江组地层岩性以泥岩为主，夹泥质粉砂岩、粉砂岩薄层，地层不稳定易塌、易漏；青山口组二+三段（简称青二+三段）地层主要由泥岩与泥质粉砂岩、粉砂岩组成不等厚互层，均质性差，对钻头冲击破坏性强，且与青山口组一段（简称青一段）交接处存在裂缝，易发生漏失及井壁坍塌；青一段地层页岩主要发育在半深湖—深湖区，页岩页理较为发育，表现为层状、薄层状构造，占整个青一段地层厚度的 50%~60%，单层厚度 3~10m，累计厚度可达 30~100m。通过取心观察，部分页岩层中夹有白云岩，易对 PDC 钻头造成冲击破坏，缩短钻头使用寿命。

### 1.2　施工难点

吉林油田 2018~2021 年完成的页岩油试验水平井 4 口井，应用油包水钻井液体系，施工过程中出现了井壁坍塌、漏失摩阻大等复杂情况，影响了勘探评价效果。总结前期施工情况，页岩油水平井难点包括以下几个方面：

（1）井壁稳定性差，制约水平段打成、打长。HYP2 井三开钻进至 4197m 时进行短起下钻，下钻至井深 3984m 时发生井塌，被迫提前完钻，损失了 213m 水平段。

（2）摩阻扭矩大，影响水平段延伸。TYP1 井采用油基钻井液的情况下，水平段 1065m 时，摩阻达到 35t，限制了水平段的延伸。

（3）三开井身结构成本高，约 1860 万元，在油价低迷的情况下，制约了页岩油效益开发的进程。

### 1.3　技术需求

需要开展井身结构优化、强封堵强抑制钻井液性能优化、高效 PDC 钻头及提速工具优选、井筒清洁参数优化及起下钻压力波动精确控制等技术攻关，保证吉林油田页岩油高效的勘探开发。

## 2　技术对策

### 2.1　井身结构优化

#### 2.1.1　优化原则

能够封隔复杂层位，实现地质目的，且有利于应用先进的工具进行提速，同时要有利于水平井轨迹控制和安全钻井。

### 2.1.2　井身结构优化设计

页岩油水平井井身结构优化以安全、优快钻井为出发点，由于青山口组以上地层无浅层气，具备二开条件，采用二开井身结构，表套下至四方台组，封固明水组等保护浅层水资源，为二开创造有利条件。优化后井身结构为：一开311.1mm×562m+244.5mm×560m，二开215.9mm×4748m+139.7mm×4745m。

## 2.2　强封堵强抑制钻井液技术

### 2.2.1　页岩储层井壁失稳机理分析

（1）页岩组构特征

通过对目标区块页岩储层矿物组分分析：粘土矿物20%~40%，以伊利石为主，蒙脱石含量少，但伊/蒙混层比高，属弱膨胀、高分散速度硬脆性页岩。伊蒙混层中的伊利石和蒙脱石的吸水膨胀率不一致，引起应力集中，导致硬脆性泥页岩的剥落。

（2）水化机理

通过岩心浸泡实验发现：岩样毛细管效应突出，吸水能力极强，随时间推移，吸水量逐渐增大，且液体优先从渗透性较好的微裂缝、层理浸入地层内部，微裂缝就会出现延伸、扩展，并相互连通，最后与主裂缝贯通。

虽然没有出现明显剥落与掉块，但部分岩样局部出现肉眼可见的裂纹，表明液体浸泡后，岩样确实发生了水化反应，且常规抑制剂抑制页岩水化膨胀与分散效果不明显，通过页岩经水浸泡前后晶间距对比，发现伊利石晶层间距不变，说明无水分子进入晶层间，没有发生渗透水化。其水化膨胀与分散主要是由表面水化引起，表面水化是引起页岩地层井壁水化失稳的主要原因。

（3）页岩表面润湿特性分析

通过接触角实验（实验结果见表1）发现：水接触角10.5°，油接触角0°，具有强油润湿性和一定强度的水润湿性。表明油基钻井液和水基钻井液均会在岩心表面铺展，在岩心自吸作用下，引起页理间胶结力变弱进而解理破坏。

表1　接触角实验结果

| 润湿介质 | 页岩岩样 | |
|---|---|---|
| | CA [L] /° | CA [R] /° |
| 1#配方滤液 | 14.4 | 14.4 |
| 2#配方滤液 | 44.3 | 44.3 |

续表

| 润湿介质 | 页岩岩样 | |
|---|---|---|
| | CA [L] /° | CA [R] /° |
| 3#配方滤液 | 48.8 | 48.8 |
| 4#配方滤液 | 51.9 | 51.9 |
| 水 | 10.5 | 10.5 |
| 白油 | 铺展 | 铺展 |

（4）页岩储层井壁失稳机理认识

页岩为页理、微裂缝发育，通过对岩心进行电镜扫描测量出裂缝宽度0.5~8μm，以纳微米裂缝为主，为钻井液滤液侵入地层提供天然通道。钻井液滤液在井底压差、毛细管力、化学势差作用下，沿着微裂缝或页理面优先侵入，造成近井壁的孔隙压力增加，削弱了液柱压力对井壁的有效应力支撑作用。滤液侵入引起页岩表面水化作用，水化膜"楔入"作用，使微裂缝开裂、扩展、分叉、再扩展，相互贯通，造成井壁失稳，虽然油基钻井液具有强抑制性，能够抑制表面水化，但是页岩呈现双重润湿的特点，采用油基钻井液时，油相滤液侵入易引起油相与有机质相互作用（吸附、溶解、溶胀等），引起地层内部应力不平衡，地层强度降低，易造成地层沿薄弱面发生剥落和坍塌。因此，油基钻井液的封堵能力尤为重要。

### 2.2.2　强封堵强抑制钻井液优化措施

（1）提高封堵性防止固液浸入地层。优选4种封堵材料，以刚性+可变形为主的封堵技术进行复合封堵，提高井壁的承压能力。

表2　封堵剂种类及加量

| 序号 | 封堵剂类型 | 加量 | 粒径 | 作用 |
|---|---|---|---|---|
| 1 | 无荧光防塌剂 | 1% | 2~90μm | 软化 |
| 2 | 纳米封堵剂 | 1% | 5~500nm | 刚性 |
| 3 | 超细碳酸钙 | 2% | 6.5~10μm | |
| 4 | 聚合醇 | 0.5% | | 浊点 |

（2）提高抑制性防止页岩膨胀

青山口组页岩理化性能认识：通过对岩心实验分析发现青二+青三段岩样16h线性膨胀率为5.71%，水化膨胀能力较弱；青一段岩样16h平均线性膨胀率大于10%，水化膨胀能力较强。青二+青三段岩样滚动回收率较高，说明水化分散性相对较弱；青一段中部黑色泥页岩回收率较低，分散性强（见表3）。水化膨胀率和水化分散性主要受黏土矿物含量影响，青一段黏土矿物含量大于青二、青三段，更易受水化作用影响，目的层又位于青一段，因此提高钻井液抑制性有助于提高井壁稳定性。

提高抑制性措施：氯化钙浓度由20%提高40%，膨胀率由7.7%降至0.2%，可有效抑制页岩膨胀。

**表3 青山口组岩心理化性能实验数据**

| 层位 | 取心深度/m | 岩性描述 | 初始长度/mm | 线性膨胀量/mm | | | 线性膨胀率/% | | | 初始重量/g | 回收量/g | 滚动回收率/% |
|---|---|---|---|---|---|---|---|---|---|---|---|---|
| | | | | 2h | 16h | 30h | 2h | 16h | 30h | | | |
| 青二+青三段 | 2253.15 | 灰色荧光泥质粉砂岩 | 7.36 | 0.23 | 0.42 | 0.48 | 3.13 | 5.71 | 6.52 | 50 | 48.95 | 97.9 |
| 青一段 | 2288.83 | 灰黑色泥页岩 | 7.14 | 0.43 | 0.92 | 1.04 | 6.02 | 12.89 | 14.57 | 50 | 46.31 | 92.62 |
| | 2295.3 | 灰黑色泥页岩 | 7.46 | 0.38 | 0.91 | 0.98 | 5.09 | 12.2 | 13.14 | 50 | 45.06 | 90.12 |
| | 2314.39 | 黑色泥页岩 | 7.35 | 0.64 | 1.17 | 1.24 | 8.71 | 15.92 | 16.87 | 50 | 43.94 | 87.88 |
| | 2320.3 | 黑色泥页岩 | 7.48 | 0.39 | 0.94 | 1.09 | 5.21 | 12.57 | 14.57 | 50 | 46.83 | 93.66 |
| | 2369.5 | 黑色页岩 | 7.56 | 0.31 | 0.68 | 0.78 | 4.1 | 8.99 | 10.32 | 50 | 47.99 | 95.98 |

### 2.2.3 岩石强度实验

分别用研制的强封堵强抑制油基钻井液和常规油基钻井液，模拟地层温度浸泡现场取样岩心，通过单轴岩石力学实验测试岩心强度变化，观察岩心外观变化，结果见表4所示，岩心分别在强封堵强抑制油基钻井液和常规油基钻井液中90℃连续浸泡10天后，强封堵强抑制油基钻井液浸泡后的岩心抗压强度较未浸泡岩心略有降低，常规油基钻井液浸泡的岩心强度有一定降低。使用研制的强封堵强抑制油基钻井液有利于提高页岩井壁稳定性。

**表4 页岩岩心抗压强度实验**

| 岩心标号 | 浸泡液体 | 岩心抗压强度（MPa） |
|---|---|---|
| 2-3-11 | 未浸泡 | 198.95 |
| 2-3-5 | 强封堵强抑制油基钻井液 | 195.1 |
| 2-1-17 | 常规油基钻井液 | 140.29 |

## 2.3 高效PDC钻头及提速工具优选

### 2.3.1 高效PDC钻头优化设计

青二+三段存在大段砂泥岩互层，青一段页岩中不均匀分布白云岩，对常规PDC钻头冲击破坏严重，易使切削齿发生崩齿，切削齿一旦出现较小结构性破损，会在很短的时间内发生失效，从而影响钻速。为了实现二开井段"一趟钻"的目标，联合钻头厂家在对多种切削齿磨损和强度研究的基础上，研制了混合布齿PDC钻头。该钻头每个刀翼的鼻部齿采用斧型齿，提高抗冲击性，其他切削齿采用平面齿，保证钻头的破岩效率。

钻头冠部采取浅内锥形设计。受青山口地层不均质性性的影响，PDC钻头破岩过程中存在无规律振动。冠部采用浅内锥形设计，可以保证每个切削齿都能够主动切削岩石，更加均匀地分散地层的反作用力，实现钻头稳定破岩的目的。

鼻部齿后倾角由常规的15°减小到12°。由于鼻部齿选用抗冲击更好的斧型齿，抗冲击提高了，但是破岩效率会有一定的降低，为了保证鼻部齿的破岩效率，就要减小鼻部齿的后倾角。

### 2.3.2 提速工具优选

通过对斯伦贝谢、哈利波顿、贝克休斯、威德福四大品牌的旋导的优缺点对比，结合吉林油田青山口的地层特点，优选出贝克休斯AutoTrack Curve，该型号旋导具有较强的造斜能力，它的理论造斜能力为13.5°/30m，能够满足小靶前位移的施工需求。它的伽马零长为3.74m，能够满足地质导向快速找层的需求，且BHA具有更强的柔性，减少井下复杂事故。能够满足二开一趟钻的需求。

## 2.4 配套技术优化

TYP1井施工过程中采用油基钻井液，但是摩阻达到35t，分析原因是井眼清洁效果差，岩屑床堆积造成的摩阻增大，为了解决此问题，应用专业的水力学软件 HYDPRO 模拟研究了钻井液排量、钻具转速与岩屑床的关系，并对排量转速进行了优化设计。

#### 2.4.1 转速优化

钻井液排量为 30L/s、机械钻速为 14m/h、钻井液动塑比为 0.35，利用 HYDPRO 软件模拟得到了悬浮岩屑的浓度、岩屑床高度与钻具转速的关系（如图 1）。从图 5 可以看出，随着钻具转速增大，岩屑床高度逐渐降低，说明提高钻具转速有利于改善井眼清洁状况，当达到 80r/min 后，岩屑床高度变化趋于平缓，因此，钻具转速由常规 60~80r/min 提高至 80~120r/min。

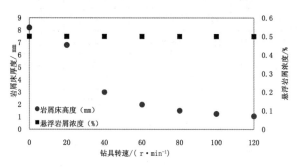

图 1　岩屑床厚度、悬浮岩屑浓度与钻具转速的关系

#### 2.4.2 排量优化

机械钻速为 14m/h、钻具转速为 60r/min、钻井液动塑比为 0.35，利用 HYDPRO 软件模拟得到了悬浮岩屑的浓度、岩屑床高度与排量的关系（如图 2）。从图 6 可以看出，随着钻井液排量增大，岩屑床高度及悬浮岩屑浓度逐渐减小，当排量达到 36L/s 后随着排量的提升，岩屑床高度降低加快，因此，钻井液排量应从常规 30~32L/s 提高至 36L/s 以上，以更好地减少岩屑沉降，确保井眼清洁。

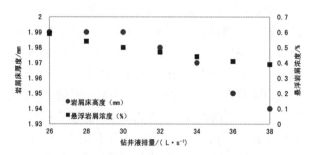

图 2　岩屑床厚度、悬浮岩屑浓度与排量的关系

#### 2.4.3 水力参数设计效果分析

钻井液密度为 1.35g/cm³，六速分别为 Φ600：96、Φ300：61、Φ200：45、Φ100：31、Φ6：11、

Φ3：10，钻头水眼面积为 886.74mm²，将排量从常规，30L/s 提高至 36L/s，则喷射速度，冲击力和喷射水功率的计算结果见表 5。由表 5 可知，相同钻头水眼当量面积，排量由 30L/s 提高至 36L/s 时，水力冲击力提高了 36%。可见，采用大排量的水力参数时，不仅可以提高射流冲击力，辅助钻头破岩而提高机械钻速，还可以保持井眼清洁。

表 5　水力参数设计效果分析

| 水力参数 | 不同排量对应的水力参数值 | | 提高幅度/% |
| --- | --- | --- | --- |
| | 30L/s | 36L/s | |
| 冲击力（kN） | 1.5 | 2.4 | 36 |
| 射流水功率（kW） | 54.68 | 74.42 | 36.1 |
| 射流速（m/s） | 33.33 | 38.89 | 16.7 |

#### 2.4.4 循环加重排量优化

在 HYP4 井施工过程中存在渗漏的情况，如果循环加重过程排量控制不当，可能会出现大量漏失或者井壁掉块坍塌的情况。为了保证井下安全，利用 HYDPRO 软件对起钻前循环加重过程的 ECD 进行分析，通过优化排量（通过计算在提高密度的同时合理的降低排量），保证循环加重过程中的 ECD 与正常钻进时基本相同。钻进时钻井液密度为 1.34g/cm³，密度提到 1.35g/cm³ 前循环排量为 30L/s，密度达到 1.36g/cm³ 后循环排量 25L/s。

#### 2.4.5 优化起钻速度

通过对 HYP2 井三开井壁坍塌原因分析，起下钻产生压力波动也是导致井壁坍塌的原因之一，利用 HYDPRO 软件对不同起钻速度产生的压力波动进行分析，并制定了起钻措施：倒划起钻 3-5 柱后，正常起钻 3-5 柱，观察摩阻、扭矩情况，无明显波动，正常起钻，起钻速度小于 6m/min。2021 年完成的两口井平均压力波动比 HYP2 井降低 52%，如图 3 所示。

### 3　现场应用效果

吉林油田页岩油水平井钻井关键技术在已在 4 口井进行了现场应用，平均井深 4570m，平均机械钻速 14.59m/h，钻井周期 23d，平均水平段长度 2000m，最长水平段 2145m。与应用该技术之前的水平井相比，水平段长度提高 82.75%，机械钻速

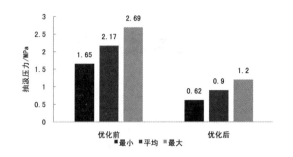

图3　起钻速度优化后井底压力波动

提高53.73%，钻井完井周期缩短了53.86%。下面以CYP4井为例介绍现场应用效果。

CYP4是位于松辽盆地南部余字井一口泥纹型页岩水平井，钻探目的是落实青一段页岩层水平井产能，为加快评价先导试验提供依据，采用三段制双增井眼轨道设计。该井实钻井身结构为：一开，Φ311.1mm钻头×572m，Φ244.5mm套管下深570m；二开，Φ215.9mm钻头×4651m，Φ139.7mm套管下深4649m。

该井二开井段使用强抑制强封堵高性能油基钻井液钻进，其中562~2636m井段使用"螺杆+LWD"钻井提速技术，钻压80~120kN，转速80r/min，排量38L/s，泵压24MPa；2636~4651m井段使用混合布齿PDC钻头钻进，并应用近钻头导向系统控制井眼轨迹，钻压100~120kN，转速80~100r/min，排量36L/s，泵压25MPa以上，顺利完成造斜段和水平段钻进，井眼轨迹平滑。HYP4井井完钻井深4651m，水平段长2000m，最大井斜角90°，水平位移2443.6m；钻井周期22d，钻完井周期25d，平均机械钻速14.98m/h。首次实现吉林油田井纯泥纹型页岩浅表二开水平井井身结构，钻井成本同比三开结构水平井降低33%。

## 4　结论

（1）针对页岩油水平井钻井存在的技术难题，开展了井身结构优化、强封堵强抑制钻井液性能优化、钻井参数强化设计、PDC钻头优化设计等技术攻关，形成了吉林油田页岩油水平井二开钻井关键技术。

（2）实现了吉林油田页岩油水平井由三开井身结构简化为二开井身结构，同时水平段长度提高82.75%，机械钻速提高53.73%，为吉林油田页岩油高效勘探提供了技术支撑。

（3）继续开展油基钻井液重利用及高性能水基钻井液技术攻关，持续降低页岩油钻井成本。

**参 考 文 献**

［1］许涵越．松辽盆地南部青山口组页岩油资源潜力评价［D］．大庆：东北石油大学，2014.

［2］杨灿、王鹏等．大港油田页岩油水平井钻井关键技术［J］．石油钻探技术，2020，48（2）：36-41

［3］王敏生，光新军，耿黎东．页岩油高效开发钻井完井关键技术及发展方向［J］．石油钻探技术，2019，47（5）：1-10.

［4］路宗羽，赵飞，雷鸣，等．新疆玛湖油田砂砾岩致密油水平井钻井关键技术［J］．石油钻探技术，2019，47（2）：9-14.

［5］王建龙，齐昌利，柳鹤，等．沧东凹陷致密油气藏水平井钻井关键技术［J］．石油钻探技术，2019，47（5）：11-16.

［6］杨灿，董超，饶开波，等．官东1701H页岩油长水平井激进式水力参数设计［J］．西部探矿工程，2019，31（3）：24-26，31.

# 庆阳地区页岩油三维地震勘探技术及成效

王正良[1] 和海雷[1] 陈大宏[2] 胡育波[1] 苏 战[1] 王 春[1]

(1. 中国石油集团东方地球物理勘探有限责任公司长庆物探分公司；
2. 中国石油集团东方地球物理勘探有限责任公司研究院长庆分院)

**摘 要** 鄂尔多斯盆地伊陕斜坡二级构造单元中生界延长组长7段发育3种类型的页岩油储层，盆地中南部庆阳地区为页岩油发育区，也是页岩油勘探优势区域，地表黄土厚度50～300m，障碍物众多；地下地质构造幅度小，页岩油单层厚度小于6m，且横向变化快；水平井不同段含油差异大；页岩油储层地震反射资料信噪比低、分辨率低，成为页岩油精细地震勘探的难点。三维地震勘探通过高清航拍影像精细布设激发点，黄土塬宽频可控震源激发弥补井炮激发空白区，节点仪器单点高频接收，"两宽一高"三维地震宽方位观测，高密度采集提升覆盖次数，最终获得高品质地震采集资料；三维地震资料与开发工程形成一体化技术，为水平井设计和施工进行导向，对页岩油的勘探开发进行有效支持，发现了大型的页岩油田，取得较好勘探开发效果。

**关键词** 页岩油；宽频激发技术；宽频接收技术；两宽一高；三维地震；黄土山地；庆阳地区；鄂尔多斯盆地

## 1 引言

国际页岩油勘探开发始于本世纪初，胜于2010年以后，2017年庆阳地区页岩油三维地震开始，依托某油田5000万吨持续高效稳产关键技术研究与应用科研项目及黄土塬宽方位三维地震示范工程，地质需要和三维地震勘探技术攻关突破为页岩油的勘探开发提供了条件。

庆阳地区地表巨厚黄土激发、接收条件差、厚度变化大，原始资料信噪比低，二维地震勘探无法满足油田大开发的需要；加之地表障碍物多，以往三维地震覆盖次数低且不均匀，达不到油气勘探需求；而且地下页岩油厚度薄、变化幅度小、断距小，地震响应复杂，分辨率低；期望通过三维地震来解决以上页岩油藏发现勘探难题。

通过2017年至今页岩油三维地震勘探经历了技术攻关，推广应用于勘探、开发和剩余油、页岩油等，最终克服了地表起伏剧烈，障碍物众多，表层黄土巨厚地震波衰减大，表层结构复杂和地下构造复杂的"双复杂"地震采集技术难题，形成以高覆盖次数、高炮道密度、井震混采激发，节点仪器接收等为基本特征的三维地震勘探开发及地质工程一体化技术应用，获得高信噪比、高分辨率、宽方位的三维地震采集资料，进一步深入页岩油水平井地震地质工程一体化等技术，有效支撑该区页岩油的勘探与开发。

## 2 庆阳地区页岩油三维地震勘探技术

该区自2017年庆阳地区国家页岩油示范项目三维地震勘探开始，围绕庆阳地区的页岩油气、深部油气藏开展三维地震勘探，截止2023年据不完全统计该区页岩油已进行18块三维地震勘探，单块面积在500～2100平方公里，总面积达10000平方公里以上，对该区页岩油三维地震勘探总体覆盖和连片。

目前盆地庆阳地区作为盆地主要的页岩油勘探地区，对地质目标需求高，地质"甜点"精细刻画难，页岩油储层薄，单层不超过6m，累积不超过20m，横向变化快，单油层的高精度预测难度大；改造压裂地质预测导向难，水平井部署技术地震支撑复杂；深度更深、层位更多、油层更薄，构造更小，水平井工程支撑更难等高水平课题，这些难题的解决需要对该区进行三维地震勘探，为开发技术提供支持。

"两宽一高"技术是该区页岩油三维地震的重要特征，面对目的层信噪比、分辨率低，资料保真度难，薄、小断裂页岩储层成像精细差，深部反射弱成像困难等难题，要实现"甜点区"和有效储层的预测，通过三维地震宽方位观测，高覆盖观测有利于压制噪音，提高偏移成像质量。同时也有利于全波场地震信息采样，为非均质"甜点"储层三维空间精细刻画和微断裂识别提供高保真地震数据。黄土山地三维覆盖次数从 2017 年 320 次提高到 2023 年 720 次，资料信噪比不断提升，满足了剖面深层成像的需要（如图 1）。

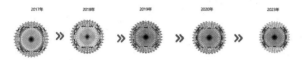

图 1 页岩油三维地震宽方位发展图

在激发方面为了实现三维地震均匀采样，克服众多障碍物及复杂地形对激发炮点的严重影响，首先进行高清航拍图片进行激发点设计，提升激发均匀性；其次巨厚黄土塬可控震源攻关试验获得了历史性突破，首次在黄土山地区获得了高品质的地震资料，可控震源资料较井炮资料频带拓宽 8Hz 以上。黄土山地区的可控震源设计点位可布设在较平坦的黄土塬上，道路，庄稼地，以及障碍物密集等区域，充分发挥震源品质好、成本低、安全环保等作业特点，应用连续振动的方式有利于提高下传能量，采用相关的方式压制噪音，拓展采集资料的有效频宽（如图 2）。

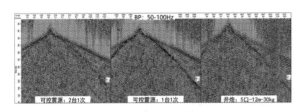

图 2 可控震源与井炮激发单炮资料

庆阳大型城区页岩油三维地震采集技术，工区为典型黄土山地地貌，西部塬面完整，周边沟壑纵横，沟塬相对高差最大可达 250m 左右。工区整体海拔在 1000～1430m。障碍物密集，主要分布在七大塬上（40.7%）。障碍物主要为房屋、窑洞、坟。庆阳三维地震黄土塬面积大，塬上障碍物密度高达到 545 个/km²，是周边邻区三维的 4～6 倍，障碍物间距小，可布设炮点面积少，炮点设计、施工、保障等难度高，加之炮道密度最高炮道密度每平方公里 180 万道，庆阳城区面积 75 平方公里涉及物理点 9500 个，均匀布点难。

通过井炮和可控震源融合激发，在庆阳城区以及黄土塬上障碍物密集区采用了可控震源激发，补充了庆阳城市及周边村镇范围的资料空白，提高了页岩油三维地震采集资料属性。

页岩油水平井地震地质工程一体化技术，通

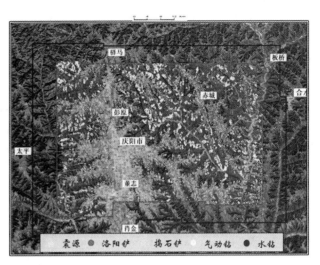

图 3 庆阳城区三维地震钻具及激发布点图

过三维地震勘探技术实现水平井现场支撑技术，在静态设计方面静态设计时选好地质甜点，通过三维地震成果的断裂带、构造背景、沉积相带宏观分析，再通过相控叠前地质统计反演及测井信息预测砂体结构、孔隙度、含有饱和度、烃源岩厚度等微观分析实现地质甜点确定，进一步确定出天然裂缝、脆性系数、水平应力差异，黏土矿物含量等工程甜点，最终实现综合定量评价。地震井位设计支撑要"避断裂、缓构造、稳砂体、优甜点"，微幅度构造、地震构造模型等设计井轨迹，钻前断裂预警；动态导向方面要精准定位、全天候服务，现场 24 小时支撑轨迹导向。三维地震向工程领域延伸优化压裂改造方案，提供详细的压裂方案及依据。

## 3 庆阳地区页岩油三维地震勘探效果

庆阳地区某块三维地震采集，地表障碍物众多，地表高差超过 260m，采用井炮、可控震源混合激发，井炮总药量 28～32kg 激发，面元 20m×20m，，覆盖次数 720 次，eSeis 节点仪器单点高频接收，炮道密度 180（10⁴/km²），横纵比 0.9 等基本采集方法。采集叠加剖面，整体信噪比、分辨率高，频宽能达到 5～65Hz，浅层、深层断裂清晰，中层河道沉积相特征明显，实现了该区油气勘探、评价等对地震采集的技术要求（如图 4）。

在庆阳地区黄土山地区规模三维地震的部署实施中，成功支撑了我国首个 10 亿吨级页岩油田的探明，成为 60 年来单体提交的最大储量。

页岩油气水平井地震-地质-工程一体化导向，水平井钻前断裂预警，钻井漏失事故发生率大幅

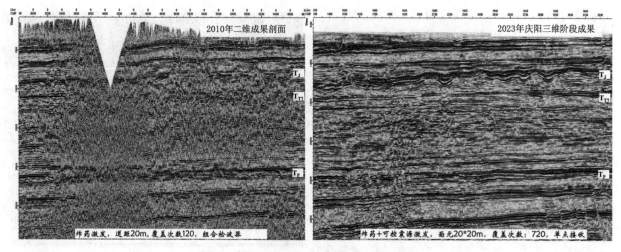

图 4　庆阳地区三维地震采集叠加剖面效果

度降低；从 2021 年上半年漏失率 30%，到 2022 年降低到 8%。

## 4　结论及展望

鄂尔多斯盆地西南部庆阳地区黄土山地区三维地震采集经过近 7 年的攻关、试验、生产和探索，形成井炮、可控震源综合激发技术实现障碍物密集区均匀布点技术、节点仪器高频接收技术、宽频激发接收、宽方位观测、400~700 次覆盖的高密度为基本特征的"两宽一高"三维地震勘探技术，浅层、中层和深层地质目标的反射波能量、主频和频带满足地质需求。页岩油三维地震采集资料多维度的成果满足页岩油发现、开发、工程等多方面油气发展需求，支撑 10 亿吨级大油田的探明。

页岩油水平井地震、地质、工程一体化解决方案，静态设计阶段选好"地质甜点和工程甜点"，三维地震多信息交互，多尺度断裂识别；多信息联合精细速度建场，地震速度谱+反演速度体+VSP 资料+测井资料联合建场，大幅度提升构造的精度；静态设计好水平井轨迹，动态导向阶段精准定位、实时现场支撑轨迹导向；完钻后试油阶段支撑好压裂。页岩油高精度甜点预测，支撑水平井的油层钻遇率实现提升 10% 以上。

庆阳地区页岩油三维地震勘探技术不断进步，页岩油地质体越来越小、薄、短的需求，要求三维地震采集技术向更精细布点均匀，激发向更高主频及更宽频宽探索发展，接收方式也会不断提升仪器性能及接收点密度等方向发展；三维地震资料做油藏建模，支撑平台开发；结合微地震技术，将会更好服务于工程等方面。

## 参 考 文 献

[1] 赵玉华，黄研，刘小亮，等. 鄂尔多斯盆地地震数据处理技术应用实例. 石油地球物理勘探，2018，53（增刊 1）：29-35.

[2] 胡育波，吕震川，普宗源，等. 黄土山地区高密度地震勘探激发方法分析. 延安大学学报（自然科学版），2014，33（1），83-87.

[3] 邹大文. 陕甘宁盆地中部气田高分辨率地震勘探. 勘探家，1998，3（2）：55-57.

[4] 唐东磊，李振山，杨海申. 复杂山地地震采集技术. 勘探家，2000，5（2）：25-30.

[5] 柳兴刚，朱国铭，王德江，王磊，王蒙. 复杂山地三维地震勘探中的现场处理技术［J］. 中国石油勘探，2013，18（3）：40-45.

[6] 付锁堂，王大兴，姚宗惠. 鄂尔多斯盆地黄土塬三维地震技术突破及勘探开发效果. 中国石油勘探. 2020，25（1）：67-77.

# 自 205 区块页岩气压裂套变预防兼高效压裂一体化技术研究

彭长勇　陈玉明　孙国翔

（中国石油吉林油田分公司勘探开发研究院）

**摘　要**　本文结合川南自 205 区块龙马溪组页岩气开发，针对页岩气压裂防套变和高效压裂一体化技术研究的目标，系统总结了页岩气压裂套变因素，开展压裂前和实施过程中预防和发生套变后处理措施研究；提出压裂套变预防与高效压裂开发一体化技术研究的理念。研究表明：断裂剪切滑移、弱面、天然裂缝发育特征是引起页岩气发生套变的主要地质因素；控制合理段长既有利于扩展压裂缝宽度，也有利于降低套变发生风险。通过控制施工压力、排量和加砂强度规模使其高于地层破裂压力，同时低于断裂滑移压力有利于降低套变风险。压裂前可结合穿五峰、实钻断层、实钻挠曲、临界注入压力、地震预测裂缝、逼近角、弱面、元素录井、测井裂缝、三维模型预测、地应力预测和断裂滑动概率法、已有微地震等多种方法预防套变风险。通过精细甜点刻画、分段划风险压裂施工参数预案、井数井距、井轨迹优化可有效防范套变风险。压裂过程中采用微地震法、施工参数监测、邻井压力监测、邻井生产动态监测、地震裂缝预测、应力预测、压裂施工数值模拟进行套变风险监测效果较好；通过合理制定压裂施工顺序、动态调整压裂施工参数、阻断流体通道（暂堵）、避射断层或高风险段来防控套变发生；套变之后采取的措施主要有采用小直径桥塞尝试通过、大段合并压裂、多次暂堵、填砂分段等措施。结合新型井网部署、井轨迹优化和压裂施工规模参数优化相结合有很大希望解决页岩气高效压裂和套变预防问题。高风险井段可以适当降低施工压力来预防套变。平台井由于井间干扰强烈，地质工程参数与探评井参数吻合率较差；不能用探评井的施工参数来直接利用，需要考虑到井距和压裂缝网形成的可容纳空间。

**关键词**　页岩气；压裂监测；微地震；高效压裂；套变预防

## 1　引言

据中国石油第四次资源评价结果，中国陆上页岩气地质资源量为 80.45 万亿 $m^3$，可采资源量为 12.85 万亿 $m^3$。随着国内页岩气的大规模开发，其日益成为煤、石油和常规天然气的接替资源。页岩气开发通常采用多分支平台水平井部署的方式进行开发，水平井长度从数百至三千米之间；井距大多分布在 300~450 米之间，一般仅 300 多米。由于页岩气平台井水平段较长、井距较小；压裂过程中同平台井之间互相影响甚至是本井压裂导致地应力和流体压力改变，从而诱发断裂活化和其它因素导致套变的情况大量发生。因此，如何避免页岩气水平井压裂过程中发生套变、以及高效压裂是一项急需解决又非常重要的研究课题。

国内学者对于页岩气压裂套变预防及治理开展了较多研究，但对于压裂套变预防同时兼顾高效压裂的一体化研究探索较少；本文则侧重于从这方面开展研究。

## 2　技术思路和研究方法

本文针对页岩气压裂防套变和高效压裂一体化技术研究的目标；结合川南自 205 区块龙马溪组页岩气开发，充分借鉴国内优秀做法经验，基于页岩气压裂套变的地质和工程因素分析；从压裂施工前、施工过程中套变监测、预防及套变后的处理措施开展了全方面的技术研究总结。并根据研究结果提出了兼顾压裂套变预防的高效压裂建议。

### 2.1　自 205 区块地质概况

自贡区块自 205 井区的主要构造以逆断层发育为主要特征，发育北东-南西向构造，构造褶皱强度整体较弱。上奥陶统五峰组~下志留统龙马溪组龙一 1 亚段富有机质页岩为现阶段勘探开发最有利的目的层段。龙一亚段自下而上细分为龙一$_1^1$、龙一$_1^2$、龙一$_1^3$、龙一$_1^4$、龙一$_1^5$、龙一$_1^6$、龙一$_1^7$等 7 个小层，其中下部龙一$_1^{1-3}$小层为开发目的层，以富有机质硅质泥棚相为主。I类储层连续厚度7~15m，有机碳含量在3.0%~4.4%之间，孔隙度值分布在4.8%~5.7%之间，含气饱和度分布在56%~74%之间，脆性矿物含量在60%~76%之间；宽缓向斜区最大水平主应力方向总体保持一致、为近东西向，介于70~110°之间；层理缝发育，杨氏模量33~48GPa，泊松比0.17~0.23，最小主应力96~99MPa。

## 2.2　页岩气套变因素

引起页岩气套变的因素很多，总体可分为地质类因素和工程类因素两大类。

### 2.2.1　地质因素

结合国内学者的研究成果和对自205井区页岩气套变因素的认识，断裂剪切滑移、天然裂缝发育特征、地应力、弱面、储层非均质性是页岩气压裂施工过程中发生套变的几个主要地质因素。

断裂剪切滑移是引起页岩气发生套变的主要地质因素。在本区压裂发生套变段因断裂剪切滑移的占64%以上，其余为应力积累引起套变；但也或多或少与邻近位置发生断裂活动相关。如：H94-4井第23段发生套变，该位置属于相对低风险位置，微地震事件点较少。该段邻近区域北西向缝事件点一直在该井A点附近有响应，属于长期应力累积导致套变。

弱面指的是分层界面、非均质性强烈的物性岩性分界面。页岩气压裂发生套变的位置常常伴随发生在弱面位置；自205井区套变发生在弱面位置的压裂段数量占比达到95%以上。因此，弱面是发生套变的重要先天地质因素。但实际上水平段上弱面位置较多，并不是弱面就会发生套变；还有压裂施工参数等其它因素有关。

天然裂缝发育特征不同，压裂时套管受力不同，套变发生概率不一样。断裂本身并不一定是垂直于水平面，而常常与垂直面相交成一定角度。当断裂面倾向面向压裂段时，应力较为稳定，不容易发生套变；相反的情况，当断裂面倾向不面向压裂段时，压裂施工施加的流体压力作用在断裂面的力量更大，更容易发生套变。如H53平台北半支1井11段和2井6段套变均属于这种情况：断裂倾向面向正压裂段。

地应力特征对套变发生机率有较大影响。本区东北部属于正断应力态，西南部属于走滑应力态区域；中间区域属于两种应力的转换地带。目前的共识是正断应力态区域压裂施工时不易发生套变，而走滑应力态区域则容易发生套变。自205

井区实际压裂情况与现有认识基本一致。H94、H76、H69平台区域属于正断应力态区域，仅有50%井发生套变；而西南部走滑应力态区域，已压裂平台井32口，其中23口井发生套变，套变率为71.9%。

一些研究认为水化膨胀也是引起套变的因素之一。水化膨胀引起套变主要是指压裂施工时，压裂液引起压裂地层中高岭石、蒙脱石等易发生膨胀的粘土矿物发生水化膨胀作用，从而引起套管不同位置应力不均衡；也可能因此诱发断裂活化从而造成套变。根据对自205区块X衍射粘土矿物分析表明，本区如自301井粘土矿物成分主要以绿泥石16.2%、伊利石23.3%和伊蒙混层比57.7%，高岭石基本上没有。蒙脱石与水或水蒸汽接触时水分子可侵入粘土晶格的层间引起粘土体积增大的现象。绿泥石遇水后水化膨胀能力弱。伊利石含量高的页岩不易发生水化作用，孔隙结构改善空间有限。由于本区高岭石、蒙脱石等易发生膨胀的粘土矿物发生水化膨胀的粘土含量较少，因此可以认为水化膨胀不是本区引起套变的主要因素。

### 2.2.2　工程因素

页岩气压裂套变的工程类因素包括：压裂施工参数、井网井距、井筒及套管状况、固井质量及方式等几种方式。

#### 2.2.2.1　压裂施工参数

压裂施工参数是引起页岩气压裂套变的最重要因素，包括：分段参数、压裂液类型参数、压力参数、排量参数、加砂参数、压裂液温度等。

（1）分段参数影响

分段参数又包括压裂水平段长、分段段长、分段位置、簇间距、单簇射孔数量和方位等。

根据实际开发和数模结果均表明：同等条件下，压裂水平段长越长，产量和EUR越高；这个结论基本是一个共识。但是由于是多分支平台水平井开发，断裂分布的复杂性；压裂水平段设计越长，越容易受到断裂影响发生套变。因此，压裂总段长需要结合区域断裂发育程度、井距综合考虑。

从不同的分段段长来看，自205井区分段长度低于50m时，人工压裂缝网扩张宽度大大降低。当分段长度高于60m之后，60~120m段长所产生的人工裂缝扩展宽度没有太大区别。但随着套变发生后，采取大段合并来看：不管是人工压裂缝扩展还是天然裂缝扩展的距离都明显增加了；说明大段压裂影响的范围较中短长度分段压裂，对于相邻井压裂套变风险的影响也相应增加了。

根据林魂等研究认为：簇间距离越小，套管内壁所受最大等效应力越大，"密簇"压裂还会增加套管所受应力的不均匀度。

（二）压裂液类型参数

目前页岩气压裂液主要采用滑溜水+陶粒+石英砂的混合液开展页岩气压裂施工。滑溜水对于地层的配伍性，粘土水化膨胀性在自 205 区块研究尚未有明确认识；从 H2 等平台压裂施工过程中发生遇阻到最小半径射孔工具组合无法下入至丢段发生的时间来看，基本上在数小时~数天以内。这与粘土水化膨胀时间较为一致。因此，压裂液类型参数还有进一步研究的需求。

（三）压裂施工压力参数

从储层破裂压力来看：五峰~龙一 1 亚段破裂压力分布在 85~152MPa 之间；而龙一 $1^{1+2}$ 小层破裂压力相对更低，分布在 95~120MPa 之间。按压裂液（混合砂子的滑溜水）密度 1.08，井深 4100m 计算；107.7MPa 能达到所有地层破裂压力。而龙一 $1^{1+2}$ 小层仅需 75.7MPa 施工压力就可以达到 120MPa；即使压裂液密度以 1.0 计算，如果仅需使龙一 $1^{1+2}$ 小层破裂的话，仅需 80MPa 即可。考虑井筒磨阻和现场压裂施工曲线，物性较好的储层仅需 80~90MPa 即可完成加砂方案设计。因此，在高风险井段，施工压力尽量不要超过 108MPa。

（四）压裂施工排量参数

从自 205 区块页岩气井压裂施工来看，增加排量，进液和加砂强度均得到了明显增加；这反映了裂缝发生了扩张。但裂缝扩张会增加断裂剪切滑移的风险，因此压裂时需要控制合理的施工排量。当前，本区已压裂井施工排量主要分布在 10-18m³/min。

（五）加砂参数

本区评价井加砂强度和产气量及 EUR 有较强正相关性（图 1）。但平台井加砂强度与产气量多数为负相关性（图 2），这其实反应了平台井和独立评价井之间压裂后产生的裂缝网络对于液量、砂量的可容纳空间的较大差距。说明本区当前井网条件下，平台井用同等压裂施工参数所开启的裂缝网络系统并不足以容纳评价井等量的加液和加砂量。过高的加砂量必然需要更高的用液强度，因此不合理的用液强度会加大套变风险。如最早

投产的 H1、H2 平台，套变率达到了 85% 以上。其套变前用液强度和加砂强度达到了 31m³/m 和 3.8t/m，均值甚至超过了评价井的平均施工规模；因此造成了严重套变。

（六）压裂液温度

从国内相关研究表明，由于压裂液温度与地层温度存在较大差异。当进行大规模体积压裂时，低温的压裂液和高温的地层和井筒之间会进行急剧的热交换，从而导致套管受力不均衡而导致套变加剧。从自 205 区块施工季节与套变发生情况来看，总体来说冬季和春季发生套变的情况要多于夏季和秋季（表 1）。

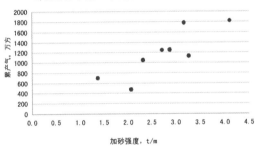

图 1　自 205 区块页岩气评价井标准段 200 天累产气与加砂强度关系散点图

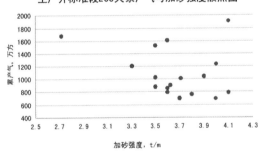

图 2　自 205 区块页岩气生产井标准段 200 天累产气与加砂强度关系散点图

表 1　自 205 区块页岩气水平井压裂套变情况与施工时间表

| 井号 | 套变次数 | 影响段数 | 压裂总段数 | 施工时段 |
|---|---|---|---|---|
| 自 205H76-4 | 2 | 3 | 24 | 2024. 2. 20-3. 25 |
| 自 205H76-1 | 2 | 3 | 24 | 2024. 2. 22-3. 18 |
| 自 205H59-2 | 4 | 4 | 23 | 2023. 9. 7-10. 16 |
| 自 205H59-3 | 1 | 2 | 24 | 2023. 9. 10-10. 20 |
| 自 205H59-4 | 2 | 2 | 23 | 2023. 9. 8-10. 19 |

续表

| 井号 | 套变次数 | 影响段数 | 压裂总段数 | 施工时段 |
|---|---|---|---|---|
| 自205H59-5 | 1 | 1 | 24 | 2023.9.7-10.20 |
| 自215H3-1 | 0 | 0 | 22 | 2023.6.27-8.31 |
| 自215H3-2 | 1 | 1 | 27 | 2023.6.27-8.30 |
| 自215H3-3 | 0 | 0 | 25 | 2023.7.1-8.30 |
| 自215H3-4 | 1 | 1 | 18 | 2023.6.28-7.15 |
| 自215H1-1 | 2 | 2 | 23 | 2023.8.10-12.6 |
| 自215H1-2 | 3 | 9 | 21 | 2023.8.10-12.5 |
| 自215H1-3 | 2 | 6 | 26 | 2023.8.10-12.6 |
| 自215H1-4 | 2 | 4 | 24 | 2023.7.19-12.3 |
| 自215H2-1 | 0 | 0 | 24 | 2023.9.25-11.3 |
| 自215H2-2 | 1 | 2 | 27 | 2023.9.24-11.2 |
| 自215H2-3 | 3 | 5 | 23 | 2023.10.3-11.3 |
| 自215H2-4 | 2 | 5 | 21 | 2023.10.1-11.2 |
| 自205H69-2 | 0 | 0 | 21 | 2024.5.17-6.15 |
| 自205H69-3 | 0 | 0 | 22 | 2024.5.12-6.15 |
| 自205H69-4 | 0 | 0 | 23 | 2024.5.12-6.14 |
| 自205H53-4 | 0 | 0 | 20 | 2024.6.19-7.29 |
| 自205H53-5 | 0 | 0 | 20 | 2024.6.18-8.1 |
| 自205H53-6 | 1 | 1 | 22 | 2024.6.18-7.31 |
| 自205H54-4 | 1 | 5 | 25 | 2023.11.24-1.9 |
| 自205H54-5 | 1 | 5 | 24 | 2023.11.27-2024.01.04 |
| 自205H54-6 | 1 | 1 | 29 | 2023.11.25-2024.1.14 |
| 自205H58-1 | 0 | 0 | 20 | 2023.10.21-11.20 |
| 自205H58-2 | 0 | 0 | 21 | 2023.10.21-11.19 |
| 自205H58-3 | 1 | 1 | 22 | 2023.10.22-11.23 |
| 自205H58-4 | 0 | 0 | 23 | 2023.10.22-11.23 |

#### 2.2.2.2 井网井距

考虑到川南地区最大水平主应力方向以近东西向为主，本区页岩气平台井井网根据具体地应力分布情况，通常将井轨迹方向按大致南北向设计成单分支3-6口井，或者南北双分支南3北3，或者南4北4口井。第一批页岩气平台井井距主要分布范围330~460m。相邻井之间距离越近，干扰就越严重。从早期压裂平台微地震人工缝事件点分布来看，几乎都大幅度嵌入进相邻井事件点群落中（图3）。而从后期投产来看，一些套变严重，

大段丢段，压裂段数小的井反而成为平台中高产井。这说明，330~360m井距页岩气平台井不足以承受评价井施工规模参数，反而容易发生套变，从而难以达到理想的投产效果。

图3 H1平台压裂人工缝事件点分布图

#### 2.2.2.3 井筒及套管状况

井筒及套管状况包括：井身结构、井眼轨迹、地层漏失、套管强度、固井质量、固井方式等方面。该状况对页岩气压裂套变也有较大影响。

从本区已发生套变井的深度、层位来看，仅有H59-4井套变发生在设计压裂水平段之外，接近A靶点附近位置；其余发生的套变均位于水平段内。尽管A靶点以上井段存在高狗腿度，穿层界面，也靠近一些断裂带等套变风险；但套变发生率相对很低。一方面是因为接近A点压裂施工通常降低了施工规模，另一方面由于井轨迹更加顺应断裂发育斜度；当断裂剪切滑移时，反而降低了套管受力程度，使得套变发生率降低。

一些学者研究认为套变点/遇阻点与水平段狗腿度关联不大。这种说法既正确也不正确。实际上本区套变发生的井轨迹也常伴随较高的狗腿度，但该类套变是与地层倾向的局部反转相关。这些套变位置不但狗腿度较大，也同时伴随地层倾向的反转；造成井身及管柱在这些位置成为应力的

集中受力点，因而较容易发生套变。

地层漏失常伴随钻遇裂缝带，因而是需要注意的井段。

多数学者研究表明：增加套管强度对于降低套变率效果不明显或者降低幅度有限。

国内一些学者从套变位置与固井质量关系发现：固井质量合格与差的井，其发生套变的频率是几乎相同的。说明固井质量不会显著影响套变发生几率。另外一些学者研究认为：当水泥环缺失及套管偏心等固井问题，会导致压裂期间套管局部应力增加，套管易发生损坏。研究表明，水泥环硬度越大，水泥环缺失位置对于套管产生的应力破坏越大，越易发生套变。因此，发展出了"以柔克刚"的预防方法：即用"低弹模"水泥石，即水泥石的抗压强度在满足要求的情况下其弹性模量尽可能低的预防套管变形方法；在高风险井段下入膨胀橡胶组合套管等特殊工具，用于吸收套管变形，保护套管。该方法有效降低了套变风险。

李凡华等认为，采用"分段完井、分段固井"等工程技术措施：钻遇强非均质性储层，采用"分段完井、分段固井"等工程技术措施，可减少套损发生。

### 2.3　压裂施工套变预防

#### 2.3.1　压裂施工前套变预防

##### 2.3.1.1　套变风险预测

页岩气压裂套变风险预测方法较多，包括穿五峰、实钻断层、实钻挠曲、临界注入压力、地震预测裂缝、逼近角、弱面、元素录井、测井裂缝、三维模型预测、地应力预测和断裂滑动概率法、已有微地震。

（一）穿五峰

当井轨迹穿五峰组时，常常伴随着钻遇断裂带；地震属性在蚂蚁体或者似然体上有较为清晰的显示。由于五峰组主要为泥灰岩，基质孔渗均较低，天然裂缝易向垂向扩张。因而，在压裂施工时，容易发生断裂剪切滑移。或者，即便没有断裂存在；在水平段中钻遇五峰组地层和龙马溪组地层在储层孔渗、岩性和可压性上存在较大差异，因而容易造成穿过五峰组的分界面上两边进液量和加砂量明显不一样，从而导致两边的应力状态不一致。从而造成在穿五峰组时容易发生套变。

（二）实钻断层

实际钻井时钻遇断层的情况直接表明了断裂的发育，该处位置直接定为压裂高风险井段。

（三）实钻挠曲

当实际钻井钻遇挠曲时，会导致层位跟踪发生突变，从而导致井轨迹有较大幅度调整；使得狗腿度较大，下入管柱在该处摩阻增加，从而增加了套变机率。

（四）临界注入压力

临界注入压力是指临界失稳状态下断裂的孔隙压力与原始状态下断裂的孔隙压力的差值。该方法是目前国内外断裂失稳评价的通用做法，通过该方法可以定量表征断裂失稳风险。临界注入压力越小，压裂施工发生套变风险越高。按照目前经验，临界注入压力小于2MPa为高风险，2~7MPa之间为中风险，大于7MPa为低风险。从配置区计算结果来看，临界注入压力基本大于2MPa，局部位于2~7MPa，且与曲率或蚂蚁体存在较好的对应关系，所以在曲率与蚂蚁体发育段作为重点关注的风险段。

（五）地震预测裂缝

利用物探资料提取的蚂蚁体、曲率体和相干体等属性体也是断裂预测的重要手段。蚂蚁体对于小型断裂、相干体对于较大规模断裂，曲率体发育方向也对压裂激活的裂缝带方向有较好指示作用。

（六）逼近角

逼近角指断裂面与最大主应力夹角。在原始地层状态下，当 α=30° 时，断裂最容易被激活，α=90° 时，断裂最难被激活。

（7）弱面

这里的层界面不但包括地质分层界面，也指岩性和物性界面。层界面在测井曲线上表现为低GR，元素录井钙、钾、硅、铝均有较大突变。该类界面水平段两边由于岩性、物性差异，多伴随天然裂缝发育；在压裂施工过程中极易发生套变。

（八）测井裂缝

测井解释裂缝目前在预测中小断裂发育上准确性还有待改进，自 205 区块发生的套变位置与测井解释裂缝没有较为独特特征。

（九）三维模型预测

利用三维地质建模的方法，对各种属性、裂缝、断层建立较为精确的三维立体模型。将微地震事件点离散化到三维模型中，可以更直观的观测到破裂点在平面、各分层和剖面上的分布情况。

并通过三维观察的方式观测与分析微地震事件点反映的裂缝扩展方向来对套变可能的风险位置作出评价。

（十）微地震法

微地震监测主要是对压裂过程中产生的微地震事件点位置、震级能量大小进行监测，从而用于分析刻画裂缝的形态分布及发育过程、描述裂缝间的相互作用、估算储层改造体积、进行储层应力分析和对本井或者其它井的压窜和套变预警；并开展地震灾害评价。微地震事件点离待压裂井井筒距离越近，能级越高，相邻事件点延展趋势性越强越集中；反映出该位置套变风险越高。利用老井已监测到的微地震资料能有效识别新井压裂风险。

（十一）录井显示

钻井期间发生的井涌井漏以及气测异常显示均可能指示了裂缝带或者高孔高渗发育带，与测井资料相结合可以有效预测裂缝带发育情况。

（十二）地应力预测

自205井区最大水平主应力为近东西向，西北部以正断应力态为主，东南部以走滑应力态为主。目前学术界基本上认为正断应力态区域较为稳定，压裂施工套变发生几率较低；而走滑应力态则容易发生断裂剪切滑移，套变机率较高。但从已压裂平台井地应力状态和套变发生率来看，该结论并不正确（见表2）。本区过渡应力态区域的三口井并未发生套变，位于正断应力态的2口井均发生套变；而位于走滑应力态区域的26口井，井套变率达到了69.2%。

2.3.1.2　套变防范措施

压裂前套变防范措施包含：精细甜点刻画、低弹模固井、分段划风险压裂施工参数预案、井数井距优化、井轨迹优化、提高套管强度、分段完井固井。

表2　自205区块地应力态与套变发生率统计表

| 地应力状态 | 井数 | 井套变率,% | 分段套变率,% | 影响段率,% | 用液强度（m³/m） | 加砂强度（t/m） |
|---|---|---|---|---|---|---|
| 过渡态 | 3 | 0.0 | 0.0 | 0.0 | 28.4 | 3.2 |
| 正断 | 2 | 100.0 | 8.3 | 12.5 | 29.7 | 3.3 |
| 走滑 | 26 | 69.2 | 5.0 | 9.5 | 29.0 | 3.6 |

（一）精细甜点刻画

在页岩气开发区块内开展精细地质研究，准确刻画甜点的储层地质特征，准确刻画出甜点的位置和范围；特别是精细刻画出铂金靶体和五峰~龙一1亚段整体储量丰度。以及精细刻画出各分层界面深度，和断裂展布特征；为钻井时水平井轨迹完全落在甜点中奠定基础，这样会大大减少套损的发生。

（二）低弹模固井

低弹模固井是近年正在兴起的一项固井技术。用"低弹模"水泥石，即水泥石的抗压强度在满足要求的情况下其弹性模量尽可能低的预防套管变形方法；在高风险井段下入膨胀橡胶组合套管等特殊工具，用于吸收套管变形，保护套管。陈朝伟等开展了"高强度微珠固井"工艺现场试验；试验井未发生套变。本区在H53-1和53-6井开展了玻璃微珠固井，对H53-3和H53-6井采用了"低弹模"水泥石固井。H53-3井目前是未压先变，套变十分严重，基本无法采用常规手段压裂。H53-1井有轻微套变，但采用85mm小直径桥塞措施通过，完成压裂。H53-6井在第2段发生套变，79m未压；其余井段未套变。从现场实际套变反馈来看，"低弹模"固井效果不理想，玻璃微珠固井防套变效果相对较好。由于影响因素复杂，实际这些特殊固井方式是否起到了预防作用还需更多的井应用试验以及深入分析。

（三）分段划风险压裂施工参数预案

本区采用了分段压裂，并根据每段划分高中低风险评价"一段一策"方式制定针对性压裂施工参数。根据储层非均质性、高风险要素情况，差异化分段，保证储层充分改造。分段原则：①同一小层分为一段；②储层品质与力学性质相近分为一段；③曲率异常带、挠曲、微地震、五峰组等高风险分为一段，适当增加段长；④实钻断层位置规避。

（四）井数井距优化

自205井区第一批投产页岩气平台井井距主要分布在330~365米；实际压裂过程中当施工规模达到评价井一样时，则发生严重套变。当降低压裂规模后，则有效降低了套变发生几率。同时，相邻井之间微地震监测人工缝事件点相互深度叠合。整体反映出井距过小，不能够采取加大压裂施工规模参数来加强储层改造的情况。同时，井距越小，压裂施工时井间干扰和套变影响也越严重。研究区目前页岩气水平井井距正考虑向 400～450m 尺度规划设计。

### （五）井轨迹优化

早期钻井时较为严格执行铂金靶体位置钻进预案。但实际地层由于挠曲、小断裂甚至地层反转等未预知情况时常发生；导致井轨迹调整幅度较大，这加剧了压裂施工时套变发生风险。根据微地震监测评价，压裂施工时垂向上有效改造距离达到了数十米距离。同时，数值模拟也表明：除了铂金靶体（占比 36.5%），其余层也贡献了较大产气量（占比 63.5%）。同时，钻井轨迹过于靠近铂金靶体下部时，不但容易钻入五峰组；而且压裂施工时还更加容易使裂缝向五峰组扩张，降低龙马溪组的改造效果。因此，将井轨迹优化至铂金靶体中上部，同时适当扩大铂金靶体厚度可以有效优化井眼轨迹，降低套变风险。

### 2.3.2 压裂施工过程中套变监测、预防及套变处理措施

#### 2.3.2.1 施工过程套变监测

压裂施工过程中套变监测方法包括：微地震法、分布式光纤法、分布式微弱电场监测、施工参数监测、邻井压力监测、邻井生产动态监测、地震裂缝预测、应力预测、压裂施工数值模拟等。自 205 区块页岩气压裂过程采用了以上监测方法的绝大部分，除了分布式光纤法和分布式微弱电场监测法尚未应用。

#### （一）微地震法

以三维建模软件 petrel 为载体，将微地震事件点加载进入软件中。分人工缝和天然缝事件点；通过三维旋转、剖面投影、离散化进入三维模型，分能级查看等多方面分析和评价压裂效果和可能的裂缝扩展方向。事件点沿某一方位单向和纵向扩展，距井筒距离越近、能级越高、事件点越密集表明井筒发生套变的风险越高。

#### （二）施工参数监测

施工参数监测主要指施工压力、排量、加砂强度、用液强度和暂堵、涨压等情况进行监测。通常形成施工压力曲线。

从平台井施工压力与加砂量来看，高施工压力阶段常常并不伴随高加砂量阶段，但与压裂液

的快速增长有关。这说明，过高的施工压力并不一定有助于提高加砂量，可能仅仅产生了一些新的无效的天然裂缝网络。从高施工压力时间段产生的微地震事件点位置关系来看，既能在正压裂段产生大量事件点，在其它裂缝带也时有事件点产生。

高排量阶段与高加砂量阶段并不对应。但液是砂的载体，现场通过提高压裂液粘度，加砂量提升的效果十分显著。因此，合理的调配压裂液粘度，控制累积进液量，增加累积加砂量十分重要。另外，排量和砂量的突然增加和减少，很可能与邻近压裂段新裂缝的开启相关。远端裂缝开启，在没有沟通的情况下，并不会影响液量和砂量。

暂堵之后，微地震事件点分布与暂堵前有较大差异；基本认为有利于裂缝扩张。但有时会在更远端产生新的微地震事件点。当暂堵之后在其它远端特别是靠近井筒连续产生事件点时，就需要注意套变风险。

一般情况下，本井压裂，邻井大多会有数个兆帕的涨压。当涨压特别高时，说明地层流体能量蓄积非常高，难以向其它区域卸载。这种情况就容易造成本井和邻井形成应力累积，发生套变。如 H2 和 H59 平台压裂期间，本井涨压常常非常高，多数高于 5 个兆帕，最高甚至达到了 20 多个兆帕。这两个平台井的套变率达到了 87.5%，相当严重。

#### （三）地震裂缝预测

在压裂施工过程中，利用已有的地震属性体，特别是蚂蚁体和曲率体通过分析不同时间切面和沿轨迹方向以及垂直于井轨迹方向的展布情况。本区断裂面大多为高角度，但并不完全是 90°垂直，而是与垂直方向呈一定夹角。笔者认为，断裂面的倾向与正压裂段关系，对于裂缝的压裂施工稳定性有一定关系。当断裂面倾向面向压裂段时，相同的压裂施工参数与不面向正压裂段时对断裂面的破坏要小很多。因为前者力学结构较为稳定，后者会对断裂面施加更大的力量。通过拉不同位置的地震属性体剖面，结合相关属性体的形状，延展趋势可以得知断裂的倾向。再结合测井曲线、元素录井可以较为准确的明确风险位置和定性的判断套变风险大小。

#### （四）应力预测和压裂施工数值模拟

应力预测和压裂施工数值模拟是基于三维地

质模型，开展压裂施工模拟，预测应力扩展、不同的施工参数加液和加砂以及裂缝网扩展对施工的影响。该类方法的准确度取决于地质模型的准确性和模拟敏感参数的准确性，目前更多的应用于概念模型方案模拟上，对于实际平台压裂跟踪调整方面准确性还需要进一步提高。

2.3.2.2 施工过程套变预防

压裂施工过程中的套变预防包括：合理制定压裂施工顺序、动态调整压裂施工参数、阻断流体通道（暂堵）、避射断层或高风险段。

（1）合理制定压裂施工顺序

首先依据各监测数据资料，明确平台井整体风险位置和风险大小；各井压裂可能的对邻井以及本井的风险影响。当各井下步风险趋同，或者无法判断近期风险优先级时；采取同步压裂顺序。当监测资料显示个别井套变风险相对较大，适当优先推进。当确定某一方向蚂蚁体或者断裂对套变起主导作用时，则大致沿该方向拉链推进。优先井与邻井压裂段领先段数一般不要超过2段，且优先井施工规模适当降低。落后井施工规模可相应增加。

（2）降低压裂施工规模参数。平台井压裂套变跟踪表明：降低排量、液量等能有效降低压裂套变发生情况发生。特别是进度超前井施工参数应相对较低。

（3）阻断流体通道

阻断流体通道是在压裂液中投放一定数量的暂堵球，暂堵球根据流速进行分配，倾向于流速大的孔眼，从而堵住与断层/天然裂缝沟通的孔眼，切断井筒和断层/天然裂缝的连接通道，从而控制住断层/天然裂缝的滑动。

（4）避射断层或高风险段

对钻遇断层或者压裂微地震监测显示的高风险段一般采取避射不压裂方式降低断裂滑移风险。

2.3.2.3 施工过程套变处理措施

页岩气压裂过程发生套变之后采取的措施主要有采用小直径桥塞尝试通过，大段合并压裂、多次暂堵、填砂分段等措施。

从本区已压裂平台来看，压裂过程发生套变之后采取更小直径桥塞尝试通过的办法是较为可行的。但由于遇阻到最小83mm桥塞都无法通过的时间窗口非常短，常常在遇阻之后数小时至一两天内就连最小83mm桥塞都无法通过，导致丢段。因此，对于本区页岩气压裂施工来说，当发生套

变遇阻后，建议立即直接采用最小83mm桥塞射孔；以免套变加剧发生丢段。

当套变位置与最近已压裂段距离1段以上时，往往大段合并压裂方式。根据各方面资料判断套变的严重程度，决定是否整个套变段合并为一段还是多段压裂。从本区压裂施工来看，当发生套变后，从轻微套变到严重套变的转变是很快的。不少大段套变采用多段合并压裂时，往往只能施工头一合并段，由于套变加重，剩余未压裂段往往丢段。因此，大段套变后，分段压裂方式在本区可行性相对较低。如 H54-2 井压裂第9段时，第14段发生套变。采用大段合并成两个段方式压裂，仅施工完第一个合并段（9、10、11）；剩余（12、13、14）段未能通过。

多次暂堵方式，也是针对套变之后将套变段一次性全部射开，利用暂堵的方式，暂时封堵裂缝；达到对于正压裂段的有效裂缝。该方法通过在压裂液中投放一定数量的暂堵球，暂堵球根据流速进行分配，倾向于流速大的孔眼，从而堵住与断层/天然裂缝沟通的孔眼，切断井筒和断层/天然裂缝的连接通道，从而控制住断层/天然裂缝的滑动。

填砂分段是对于套管变形但井筒承压符合要求的水平井，桥塞等工具无法下入的情况，采取填砂分段压裂技术，实现精细分段和储层有效改造。

3 研究结果和效果（兼顾压裂套变预防的高效压裂建议）

笔者以为，在页岩气井部署确定之时，就一定程度上影响着钻井轨迹的设计和实际钻井轨迹；而页岩气井的部署位置、井网井距、部署方式、井轨迹以及其对于甜点的钻遇程度又在一定程度上影响了压裂套变风险的大小和施工规模。而实际压裂过程是否发生套变又与断裂发育特征、压裂施工顺序、施工规模参数等关系较大。因此，兼顾压裂套变预防的高效压裂不能仅从压裂施工环节来考虑；而是需要从井位部署、井轨迹优化、风险预测、套变预防和高效压裂施工综合一起制定工作方案。

3.1 新型页岩气井网部署

从微地震人工裂缝扩展水平宽度来看，基本达到了200米以上；目前的330~365m井距套变率非常高，压裂过程为避免套变发生对于风险井段大大降低了压裂施工规模。这种情况下很难保证

后期投产效果。建议井距增加至 400～450m。但是，从套变发生的距离来看，即便井距增加至 450m，压裂施工时对于相邻井的套变风险影响也没有降到足够低的程度。

例如，根据对自 205 区块页岩气水平井从套变点离最近压裂段距离的角度统计的套变发生数量占比来看，0～100m 内占比 44.4%，100～200m 内占比 25%，200～300m 区间占比 16.7%，大于 300m 后发生套变数量占比仅为 13.9。说明：距离正压裂段越近区域，发生套变的风险越大；在最近压裂段 300m 以内发生套变的几率达到 86.1%（图 4）。目前，最远距离达到了 580m。

通过对压裂施工过程的数值模拟表明：正压裂段对于井周数段范围内流体压力影响较大，越接近正压裂段压力越大。受影响较大的范围也分布在数百米范围以内。最终的压力与施工压力和原始地层压力以及地层孔隙、裂缝发育有关（图 5）。

因此，常规井网部署和完井方式，如果要达到评价井的压裂施工规模和改造效果的话，很难以确保避免平台井套变的发生。

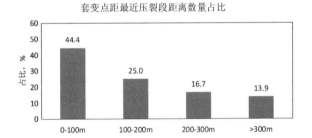

套变点距最近压裂段距离数量占比

图 4　自 205 区块页岩气井套变点距最近压裂段距离统计套变数量占比图

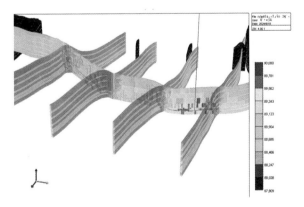

图 5　FY3 井压裂施工流体压力数值模拟图

接下来，笔者提供了一种新型水平井部署和完井方式——加密井部署方式。即：第一批次井距直接设计为 800～900m。当第一批次水平井压裂

施工完成，并且安装完生产装置后立即在相邻井中间位置实施第二批次加密水平井。当加密水平井完钻，并准备好压裂施工时；第一批次老井基本上已经扫塞完毕并下完油管。然后将老井关井，开始加密井的压裂施工。采取这种井位部署方式时，基本做到了老井压裂时，井间距离达到 800～900m。相邻井间影响和干扰较小，可以实施较大规模的压裂改造。之后，压裂加密井时，由于老井基本完成扫塞和油管下入。新井压裂时导致的老井套变基本不会对生产造成太大的影响。同时，也营造了一种新井之间井距 800～900m 的宽松压裂环境。这样，又可以实施较大规模的压裂改造；确保所有井的压裂改造效果，同时又大大减轻了套变风险（图 6）。

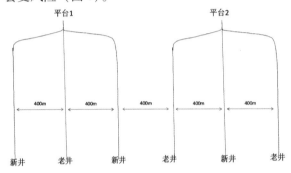

图 6　新型页岩气水平井部署方式示意图

上述新型页岩气水平井部署方式的好处有四个：①井距较大，压裂井间干扰较小；可较大规模实施充分改造。②加密井压裂时，客观上形成了对老井的二次改造。③加密井压裂时，老井井周区域已有一定压力亏空。达到了对新井已压裂区域泄压的作用，一定程度避免了压裂液的能量蓄积造成的应力累积套变风险。④解决水循环问题。老井排出的压裂液可以就近供给给加密井进行压裂。缺点是：①钻加密井和压裂施工时，老井的井装置对井场的影响。②为防止老井压窜，加密井压裂和排液采气达到老井地层压力相同的期间，老井需要关井防窜液，影响产量 3～4 月。

### 3.2　井轨迹设计建议

（1）靶体和井轨迹建议

本区页岩气水平井铂金靶体厚度根据 TOC、脆性指数等指标一般划分到 4～5m；层位主要基本分布在龙一 $1^1$～龙一 $1^2$ 小层。实际上从全烃值、微地震监测到的人工压裂缝高度、以及数值模拟分层动用情况来看；铂金靶体厚度可以向上扩展 1～2m，甚至达到龙一 $1^3$ 小层。全烃值从上部地层进

入龙一1³小层便开始大幅增加，表明3小层实际含气量比上部地层更高。微地震监测表明人工压裂缝纵向扩展距离井筒可以达到十数米至数十米距离。数值模拟研究也表明从五峰组向上至龙一1⁷小层均得到了动用（表3）。通过增加靶体厚度之后，钻井轨迹建议尽量以靶体中上部为主。这样既可以使钻井轨迹调整更宽松，又能将压裂缝网向中上部移动，更好的动用龙一1亚段中上部储量。

表3　H18-3井20年数值模拟分层产出情况表

| 层位 | 累产气，$10^8 m^3$ | 采出气占比，% |
| --- | --- | --- |
| 五峰 | 0.148 | 13.5 |
| 1-2小层 | 0.401 | 36.5 |
| 3 | 0.126 | 11.5 |
| 4 | 0.099 | 9.0 |
| 5 | 0.104 | 9.5 |
| 6 | 0.132 | 12.0 |
| 7 | 0.091 | 8.3 |

（2）井轨迹优化试验

由于本区主要发育北东向和北西向两个方向断裂。建议开展一两口沿北东向断裂和蚂蚁体大致平行部署的水平井开发试验。打破固有理论才能释放生产力。平台井压裂人工缝延展方向表明：是大致垂直于井轨迹方向；也常常具有与蚂蚁体或者曲率体趋同的趋势。天然裂缝也主要是北西向或者与蚂蚁体等趋同的北东向，因此如果将井轨迹部署方向接近断裂的一个主要方向时，该方向的套变影响就大大降低了。这就可以轻松的形成沿另一方向拉链压裂的局面，套变风险有可能会降低很多。

### 3.3　施工规模参数优化

页岩气水平井施工规模参数对于套变发生有重要影响。如本区早期完成压裂施工的H59、H1、H2平台由于压裂施工规模较大、井距较小；发生了非常严重的套变。而施工规模相对较低的H69、H53平台由于施工规模相对较低，基本没有发生套变（表4）。这反映了压裂产生的裂缝孔隙空间不能在不破坏套管完整性和保持断裂稳定性的情况下加入的设计的液量和砂量。而对于评价井来说，尽管压裂施工规模相对较大，但套变率却小得多，这说明扩大井距能有效降低套变率。建议将井距365m以下平台水平井压裂施工平均加砂强度控制在3.1~3.5之间，用液强度根据加砂难度调整，尽量小。

表4　自205区块压裂施工规模与地应力状态和套变情况统计表

| 井号 | 套变次数 | 影响段数 | 压裂总段数 | 地应力状态 | 用液强度（$m^3$/m） | 加砂强度（t/m） |
| --- | --- | --- | --- | --- | --- | --- |
| H76-4 | 2 | 3 | 24 | 正断 | 32.1 | 3.5 |
| H76-1 | 2 | 3 | 24 | 正断 | 27.3 | 3.1 |
| H69-2 | 0 | 0 | 21 | 过渡态 | 29.0 | 3.2 |
| H69-3 | 0 | 0 | 22 | 过渡态 | 28.2 | 3.1 |
| H69-4 | 0 | 0 | 23 | 过渡态 | 27.9 | 3.3 |
| H59-2 | 4 | 4 | 23 | 走滑 | 33.5 | 3.6 |
| H59-3 | 1 | 2 | 24 | 走滑 | 32.0 | 3.9 |
| H59-4 | 2 | 2 | 23 | 走滑 | 31.7 | 4.0 |
| H59-5 | 1 | 1 | 24 | 走滑 | 32.8 | 3.9 |
| H3-1 | 0 | 0 | 22 | 走滑 | 29.2 | 3.3 |
| H3-2 | 1 | 1 | 27 | 走滑 | 29.7 | 3.7 |
| H3-3 | 0 | 0 | 25 | 走滑 | 29.4 | 3.6 |
| H3-4 | 1 | 1 | 18 | 走滑 | 28.3 | 3.6 |
| H1-1 | 2 | 2 | 23 | 走滑 | 25.2 | 3.3 |
| H1-2 | 3 | 9 | 21 | 走滑 | 23.2 | 2.8 |
| H1-3 | 2 | 6 | 26 | 走滑 | 26.7 | 3.2 |

续表

| 井号 | 套变次数 | 影响段数 | 压裂总段数 | 地应力状态 | 用液强度（m³/m） | 加砂强度（t/m） |
|------|---------|---------|-----------|-----------|----------------|---------------|
| H1-4 | 2 | 4 | 24 | 走滑 | 25.1 | 2.7 |
| H2-1 | 0 | 0 | 24 | 走滑 | 29.1 | 3.5 |
| H2-2 | 1 | 2 | 27 | 走滑 | 30.1 | 3.5 |
| H2-3 | 3 | 5 | 23 | 走滑 | 31.5 | 3.9 |
| H2-4 | 2 | 5 | 21 | 走滑 | 32.6 | 3.4 |
| H53-4 | 0 | 0 | 20 | 走滑 | 25.3 | 3.1 |
| H53-5 | 0 | 0 | 20 | 走滑 | 22.5 | 2.8 |
| H53-6 | 1 | 1 | 22 | 走滑 | 25.1 | 2.9 |
| H54-4 | 1 | 5 | 25 | 走滑 | 30.1 | 3.6 |
| H54-5 | 1 | 5 | 24 | 走滑 | 30.4 | 4.1 |
| H54-6 | 1 | 1 | 29 | 走滑 | 31.7 | 4.0 |
| H58-1 | 0 | 0 | 20 | 走滑 | 30.6 | 4.1 |
| H58-2 | 0 | 0 | 21 | 走滑 | 29.9 | 4.0 |
| H58-3 | 1 | 1 | 22 | 走滑 | 28.5 | 4.1 |
| H58-4 | 0 | 0 | 23 | 走滑 | 29.1 | 4.1 |

### 3.4 压裂施工季节选择

尽量选择夏、秋两季地表温度较高的季节施工；自 205 区块冬春季温度和夏秋两季温度相差 10~30°左右。选择夏秋两季施工有利于使注入的压裂液保持较高的温度，最大限度降低套变风险。

## 4 结论

（1）页岩气水平井压裂套变预防是需要从地质、工程一体化以及压裂施工前预防、施工过程紧抓监测和风险防范处理；同时又需要与高效压裂紧密结合的前沿高难研究领域。

（2）断裂剪切滑移、弱面、天然裂缝发育特征是引起页岩气发生套变的主要地质因素；控制合理段长既有利于扩展压裂缝宽度，也有利于降低套变发生风险。通过控制施工压力、排量和加砂强度规模使其高于地层破裂压力，同时低于断裂滑移压力有利于降低套变风险。

（3）压裂前可结合穿五峰、实钻断层、实钻挠曲、临界注入压力、地震预测裂缝、逼近角、弱面、元素录井、测井裂缝、三维模型预测、地应力预测和断裂滑动概率法、已有微地震等多种方法预防套变风险。通过精细甜点刻画、分段划风险压裂施工参数预案、井数井距、井轨迹优化可有效防范套变风险。

（4）压裂过程中采用微地震法、施工参数监测、邻井压力监测、邻井生产动态监测、地震裂缝预测、应力预测、压裂施工数值模拟进行套变风险监测效果较好；通过合理制定压裂施工顺序、动态调整压裂施工参数、阻断流体通道（暂堵）、避射断层或高风险段来防范套变发生；套变之后采取的措施主要有采用小直径桥塞尝试通过，大段合并压裂、多次暂堵、填砂分段等措施。

（5）结合新型井网部署、井轨迹优化和压裂施工规模参数优化相结合有很大希望解决页岩气高效压裂和套变预防问题。

### 参 考 文 献

[1] 林魂，宋西翔，孙新毅，等．深层页岩气压裂井套管应力影响因素分析 [J]．石油机械，2022，50（6）：84-90.

[2] 韩玲玲，李熙喆，刘照义，等．川南泸州深层页岩气井套变主控因素与防控对策 [J]．石油勘探与开发，2023，50（4）：853-861.

[3] 乔磊，田中兰，曾波，等．页岩气水平井多因素耦合套变分析 [J]．断块油气田，2019，26（1）：107-110.

[4] 陈朝伟，项德贵．四川盆地页岩气开发套管变形一体化防控技术 [J]．中国石油勘探，2022，22（1）：135-141.

[5] 孟胡，申颖浩，朱万雨．四川盆地昭通页岩气水平井水力压裂套管外载分析 [J]．特种油气藏，2023，30（5）：166-174.

［6］王金刚，孙虎，任斌，等．填砂分段压裂技术在页岩油套变水平井的应用［J］.石油钻探技术，2021，49（4）：140-142.

［7］王兴文，刘琦，栗铁锋，等．威荣页岩气田水平井套变段暂堵分段压裂工艺技术研究［J］.钻采工艺，2021，44（6）：55-58.

［8］李凡华，董凯，付盼，等．页岩气水平井大型体积压裂套损预测和控制方法［J］.钻井工程，2019，39（4）：69-75.

［9］张平，何昀宾，刘子平，等．页岩气水平井套管的剪压变形试验与套变预防实践［J］.天然气工业，2021，41（5）：84-91

# 加拿大 D 页岩气项目地质工程一体化综合"甜点"优选方法

叶秀峰[1] 梁 冲[1,2] 叶 禹[1] 朱大伟[1,2] 邹春梅[1,2] 肖 玥[1,2]

（1. 中国石油国际勘探开发有限公司；2. 中国石油勘探开发研究院）

**摘 要** 加拿大D页岩气项目由于储层非均质性强、难动用储量储量大、产量差异大且影响因素复杂，"甜点区"优选难度大。为此，在综合地质研究的基础上，建立地质工程一体化模型，并针对页岩甜点多参数综合定量评价，提出了基于人工智能大数据分析的三维综合"甜点"评价新方法，建立了地质工程一体化综合"甜点"预测模型。研究结果表明：页岩气产能受多变量共同影响，地质工程单参数与产量之间不是简单的线性或多项式关系，基于人工智能大数据分析建立的页岩综合甜点指数模型与产量吻合度，可靠性较高。该方法可以综合地质和工程的多种评价参数，可以将定性分析和定量分析相结合，提供了一种页岩气甜点评价新思路，并提高了合理性和准确性。

**关键词** 地质工程一体化页岩气人工智能综合甜点预测

## 1 前言

近年来，随着油气田的勘探开发的深入，受页岩地质、工程条件复杂的影响，页岩气经济开发面临巨大压力，需要不断的降本增效才能实现效益开发。油气勘探开发中地质类要素是基础，工程类要素则是充分释放产能的关键，地质工程一体化技术将原先若干独立、相互分散的单元和要素整合，围绕提高单井产量这一关键问题，以三维建模为核心、以地质—储层综合研究为基础，开展动态研究和应用，通过多学科数据整合、协同管理来实现勘探开发效益最大化，并在国内外均取得较好的效果。

北美 Duvernay 页岩区块平面凝析油含量差异大，纵向上发育碳酸盐岩夹层，储层非均质性强，难动用储量储量大，产量差异大且影响因素复杂，"甜点区"优选难度大，前期地质工程综合"甜点"预测还处于定性—半定量阶段，目前缺乏能快速有效的将地质因素、工程因素综合在一起考虑的综合甜点预测方法。

页岩气地质工程综合"甜点"评价是其经济效益开发的基础，通过地质工程一体化技术能定量化评价有利于钻井和压裂施工，提高页岩气开发效率。因此，本次研究以中石油加拿大D页岩气项目为例，对加拿大D页岩气项目开展地质工程一体化研究，利用人工智能大数据分析进行综合"甜点"预测，明确页岩气甜点区，为中石油海外难动用储量及非常规开发方案实施提供技术支撑。

## 2 地质背景

Duvernay 页岩气田位于北美西加拿大前陆盆地，处于加拿大地盾和落基山脉之间，地层呈向北东方向减薄的楔状体展布，且页岩被碳酸盐岩台地和礁体环绕分割（图1a）。区内页岩埋深2000~4000m，具有Ⅱ型干酪根、TOC 含量高（0.5%~11.1%）、有机质成熟度变化大（0%~2.0%）、吸附气含量低（5.6%~8.5%）、纯页岩厚度薄（0~45m）的特点，局部发育富液超压凝析页岩气，资源量潜力巨大。

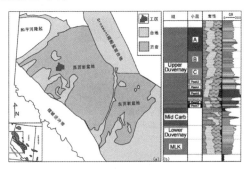

图 1 研究区域位置及地层柱状图

加拿大 D 页岩气项目主力开发区地层纵向上分布 Upper Duvernay、Mid_ Carb、LowerDuvernay、MLK 四套层系，其中 Mid_ Carb 为碳酸盐夹层，Upper Duvernay 为主力开发层系，自上而下细分为A、B、C、D 四个小层（图1b）。整体呈西低东高的单斜形态，构造平缓，各层构造继承性较好，具备良好的开发前景。

## 3　地质工程一体化技术

地质工程一体化技术，是以地震预测结果作为基础，以钻完井数据为驱动源，以储层建模和动态更新三维储层模型为核心，其成果可用于实时指导水平井位部署、钻井及压裂、开发管理方案优化等，进而有效动用地下储量、提升单井产能（图2）。其中利用地震、钻测井、实验资料动态更新的构造地质、储层属性、天然裂缝和地质力学地质工程一体化模型是实现地质工程甜点的三维空间综合评价的关键，通过地质工程一体化技术可以实现地质甜点、工程甜点空间展布特征的精细描述和优化，同样也为油藏、钻井、压裂等专业井网井型优选、井轨迹优化、地质导向、

压裂施工等提供模型基础和关键参数。

## 4　地质工程一体化模型建立

地质工程一体化涉及地震、地质和工程数据。在应用各项基础数据时，首先需检查核实数据，确保所用数据真实可靠，然后按照构造地质模型、储层属性模型、天然裂缝模型以及地质力学模型5类初始模型的需求分门别类收集整理，开展岩石物理建模、地震道集优化、地震时深转换、精细构造解释以及储层反演等基础工作。在此基础上，建立5类初始模型，然后利用实钻资料对其动态更新，获得可靠的地质工程一体化模型。

### 4.1　构造地质模型

在精细构造解释的层位、断层、时深速度场基础上，利用井分层进行校正，通过定义地层的接触关系和断面的交切关系，建立构造模型（图3a），

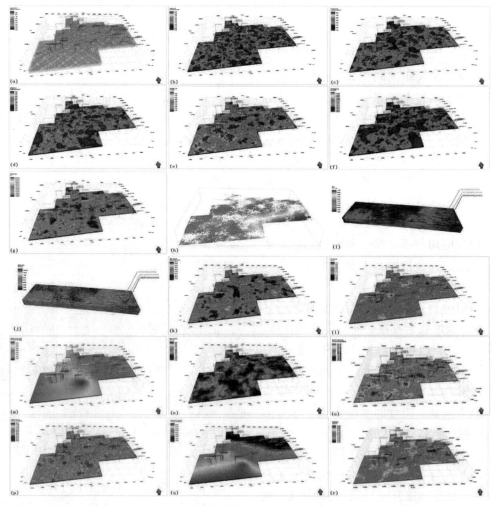

a. 构造地质模型；b. 吸附气含量模型；c. 有机碳含量模型；d. 有效含烃体积模型；e. 孔隙度模型；f. 渗透率模型；g. 含水饱和度模型；h. 裂缝模型；i. 裂缝孔隙度模型；j. 裂缝渗透率模型；k. 杨氏模量模型；l. 泊松比模型；m. 孔隙压力模型；n. 脆性指数BRIT模型；o. 水平最大主应力模型；p. 水平最小主应力模型；q. 垂向主应力模型；r. 水平应力差异系数

图3　地质工程一体化三维模型

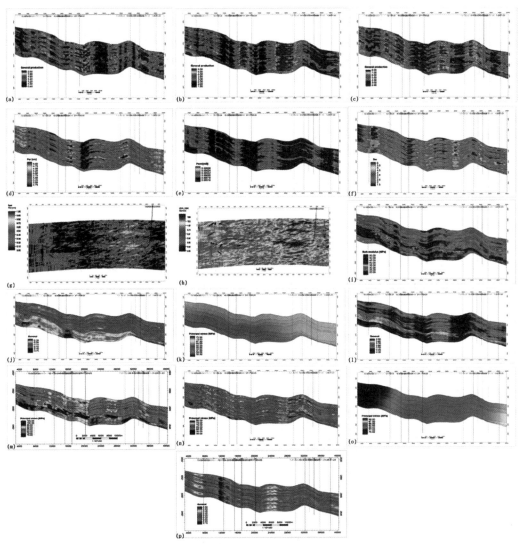

a. 吸附气含量；b. 有机碳含量；c. 有效含烃体积；d. 孔隙度；e. 渗透率；f. 含水饱和度；g. 裂缝孔隙度；h. 裂缝
渗透率；i. 杨氏模量；j. 泊松比；k. 孔隙压力；l. 脆性指数 BRIT；m. 水平最大主应力；n. 水平最小主应力；o. 垂
向主应力；p. 水平应力差异系数．。

图 4　地质工程一体化剖面模型

落实了井间的构造形态，对各层构造的细微变化
作出精确的定量描述。期间通过井分层与层面模
型的吻合度、构造形态与构造图的吻合度、层面
接触关系的正确性、层位之间接触关系合理等控
制层位模型质量。研究区根据钻井分层数据，建
立 UpperDuvernay（A、B、C、D）、Mid＿Carb、
LowerDuvernay、MLK 七套地层构造模型，地层厚
度均值为 2.9~13.7m，其中主要目的层 UpperDuv-
ernay 的 D 小层厚度最大，最厚可达 25m。

### 4.2　储层属性模型

在地震属性资料基础上，以储层反演成果作
为软数据约束横向分布，测井及实际生产数据作
为硬数据进行纵向约束，以沉积相模型作为外部
参数控制物性数据，应用的是地质统计学的方法，

采用协同模拟先模拟出孔隙度的分布，然后以孔
隙度分布作为外部变量对渗透率分布进行模拟，
建立页岩吸附气含量、有机碳含量、有效含烃体
积、孔隙度、渗透率、含水饱和度等属性模型
（图 3b-3g、图 4a-4f）。

### 4.3　天然裂缝模型

地下天然裂缝的分布情况复杂，通常表现出
大小不等的多尺度特征，主要通过测井及地震方
法来预测裂缝分布和表征裂缝发育特征。本文综
合利用测井资料、叠后地震数据从不同尺度进行
裂缝预测，最后再将二者的预测结果进行融合。
其中大尺度裂缝主要通过方差、曲率、蚂蚁体等
不连续性特征检测地震属性进行刻画，而小尺度
裂缝则依据成像测井资料，确定裂缝的密度、裂

缝方向、裂缝倾角、裂缝开度等，以其为硬数据，再以距断层的距离、蚂蚁体、曲率体三个数据体作为综合趋势约束，使用协同序贯高斯数值模拟生成裂缝密度属性，建立小尺度裂缝发育密度模型，进而利用离散裂缝网络（DFN）方法建立构造缝和层理缝组成的离散裂缝网格模型。最后采用 ODA 算法将大尺度裂缝与小尺度裂缝 DFN 模型粗化计算属性，形成裂缝孔隙度渗透率属性模型（图 3h-3j、图 4g-4h）。裂缝孔隙度数值为 0~1%，裂缝渗透率数值为 2~486md。

#### 4.4　地质力学模型

以井震结合和单井分析解释成果数据为基础，建立单井岩石力学模型，具体包括地应力方向、上覆地层压力、孔隙压力、岩石力学参数、水平主应力、脆性指数。在此基础上采用序贯高斯模拟建立杨氏模量、泊松比、孔隙压力、脆性指数 BRIT 等三维岩石力学参数模型（图 3k-3n、图 4j-4l）以及最大与最小水平应力、垂直地应力、水平两向应力差三维地应力模型（图 3o-3r、图 4m-4p），刻画储层三维应力场及可压性的非均质性。其中地应力方向通过成像测井、阵列声波测井资料分析得到；上覆地层压力通过对密度测井曲线积分求取；孔隙压力根据地层压力测试确定，同时结合对地震数据和电测资料的精细处理和分析进行预测；岩石力学性质根据测井曲线选取不同的经验模型进行计算，并用室内岩心力学试验数据进行检验；最小水平主应力综合测井曲线计算方法和地漏实验数据等；对于最大水平主应力大

小，通过组合弹簧估算模型计算，同时根据井筒破损和井眼扩径，对最大水平主应力进行反演模拟。

## 5　基于人工智能大数据分析的综合"甜点"预测

目前地质工程综合"甜点"预测还处于定性-半定量阶段，前期通常是基于评价参数的简单分级叠加或层次分析法量化进行多参数融合，其结果存在较大的不确定性。近年来，随着大数据与人工智能相关技术的迅速发展，在各行各业都取得了较好的效果。大数据分析目的在于从海量的未知相关数据里寻找出一定相关性，而综合"甜点"预测作为一种典型的多参数评价问题，同样可以通过人工智能大数据分析来进行评价指标的量化，进而更为准确预测甜点区域的分布。本文基于一体化模型及压裂施工、生产数据等，对数据进行数据整理、数据清洗、模型训练和预测，挑选与产能关系相对较密切而且影响较大的参数并排序，为指导区块高效开发提供参考依。

#### 5.1　基于一体化模型建立数据库

基于研究区的地质工程一体化模型及压裂施工、生产数据等，利用人工智能大数据分析软件（Timeline），建立工区的大数据分析"数据库"，为页岩气的产能主控因素分析提供数据分析基础。其中一体化大数据分析"数据库"主要包括地质模型、天然裂缝模型、岩石力学模型、地应力模型、压裂施工数据、生产数据（表 1）。

表 1　大数据类型

| 资料类别 | 数据类型 | 数量 |
|---|---|---|
| 工区三维地震 | 三维地震数据体 | 1 个 |
| 工区测录井数据 | 常规测井：声波、密度、伽马、自然电位、电阻率、中子 | 40 口直井、214 口水平井 |
|  | 测井解释成果：孔隙度、渗透率、饱和度曲线数据 | 40 口直井 |
| 工区井数据 | 井头、井轨迹、井分层 | 40 口直井、214 口水平井 |
| 解释的岩石力学参数曲线 | 岩石力学及地应力参数，包括杨氏模量、泊松比、上覆岩层压力、孔隙压力、最大最小水平主应力 | 13 口直井 |
| 地质、天然裂缝、岩石力学及地应力模型数据 | ①构造模型、孔隙度、渗透率、饱和度模型、TOC 模型、吸附气含量模型、天然裂缝模型<br>②上覆岩层压力模型、孔隙压力模型、最大水平应力模型、最小水平应力模型、水平应力差模型、杨氏模量模型、泊松比模型、脆性指数模型 | 15 个 |
| 工区压裂施工 | 水平井 | 3 口 |
| 工区产量数据 | 累计产量数据（180 天、1 年、2 年） | 260 口井 |

## 5.2　影响产量的主控因素分析

### 5.2.1　单因素分析

根据前期勘探成果及其各种综合数据，首先确定出参与大数据分析的 7 种地质甜点参数、7 种工程甜点参数、2 种生产数据。其中地质甜点参数具体为孔隙度、渗透率、饱和度、TOC 含量、吸附气含量、裂缝密度、裂缝渗透率、页岩厚度；工程甜点参数为杨氏模量、泊松比、脆性指数、

孔隙压力、最大水平主应力、最小水平主应力、水平应力差、上覆岩层压力；生产数据为单井 1 年、2 年产气当量（凝析油 1∶1000 折算成天然气）。然后分别对地质参数、工程参数进行与产量之间的相关分析。结果表明，7 种地质甜点参数和 7 种工程甜点参数和产量的相关性均不太明显，说明产能应该受多因素的影响明显（图 5-6）。

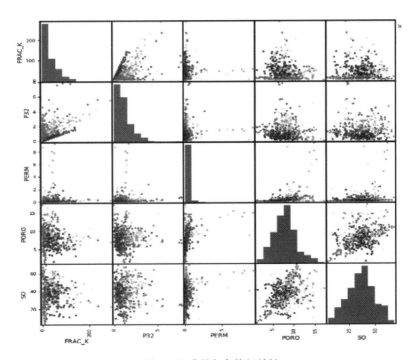

图 5　地质甜点参数相关性

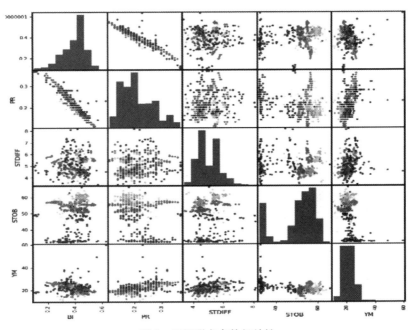

图 6　工程甜点参数相关性

### 5.2.2 多因素分析

产能受多变量共同影响，通过 Lasso 拟合、Linear 普通线性拟合、QuadraticLasso 拟合方法、GBR 梯度增强算法对地质参数、工程参数与产量之间进行拟合。结果显示 Lasso 拟合、Linear 普通线性拟合、QuadraticLasso 拟合度都较差，GBR 梯度增强算法结果训练集、测试集、全数据集层面，拟合度都比较高（图7），因此本文通过 GBR 梯度增强算法量化地质参数、岩石力学参数对产能的影响因素及其程度，确定了各参数的影响因子

（表2）。其中地质主控因素主要有 TOC 含量、孔隙度、含气饱和度等，岩石力学及地应力主控因素主要有脆性指数、水平应力差等（图8）。根据量化结果对各参数进行均一化，确定了综合甜点指数模型的计算方法：

综合甜点指数模型 $= \omega 1 * TOC + \omega 2 * POR + \omega 3 * BI + \omega 4 * Sg + \omega 5 * \Delta \sigma$。

其中的 TOC 为归一化的有机碳含量，POR 为归一化孔隙度，BI 为归一化脆性指数，Sg 为归一化含气饱和度，$\Delta \sigma$ 为归一化水平应力差。

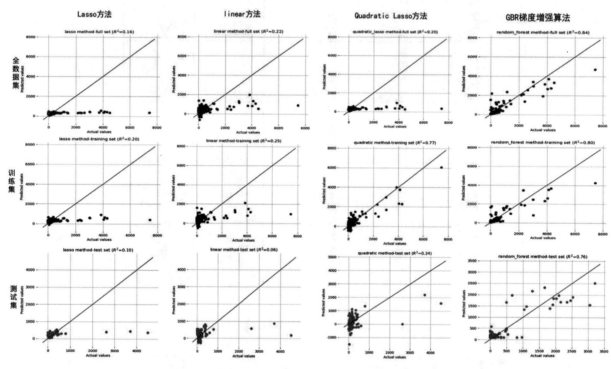

图7　人工智能大数据多因素算法分析

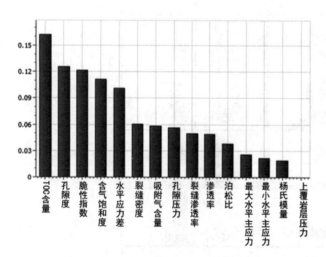

图8　多因素产能主控因素重要性排序

**表2　多因素产能主控因素重要性量化**

| 主要地质工程参数 | 影响因子 | 均一化系数 | 权重系数 |
|---|---|---|---|
| TOC 含量 | 0.213487 | 0.3121 | $\omega 1$ |
| 孔隙度 | 0.132934 | 0.1943 | $\omega 2$ |
| 脆性指数 | 0.120106 | 0.1756 | $\omega 3$ |
| 含气饱和度 | 0.113848 | 0.1664 | $\omega 4$ |
| 水平应力差 | 0.103688 | 0.1516 | $\omega 5$ |

### 5.3　应用效果

基于人工智能大数据分析的影响产量主控因素分析结果，主要选择 TOC 含量、孔隙度、含气饱和度、脆性指数、水平应力差等模型预测 D 层

综合"甜点"，先对各模型进行归一化处理，然后根据权重系数，计算综合甜点指数模型（图9）。将甜点指数和井的产量做对比，发现甜点指数高的地方对应的产量相对也较高（图10）；用已有的水平井进行验证，吻合度均较高（图11），说明甜点预测模型的可靠性，为地质工程一体化决策提供数据依据。

综合甜点指数模型 = 0.3121 * TOC + 0.1943 * POR + 0.1756 * BI + 0.1664 * Sg + 0.1516 * $\Delta\sigma$。

## 6　结论

（1）本文以地质工程一体化模型为核心，形成了基于人工智能大数据分析法的页岩气储层地质工程综合"甜点"评价方法，为页岩气甜点的圈定提供了一种新的思路。相比于简单的阈值划分法或指标法，该方法评价时考虑了多种参数间的综合影响，评价结果更为科学准确。

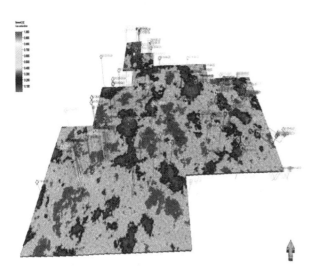

图9　D层综合甜点指数模型

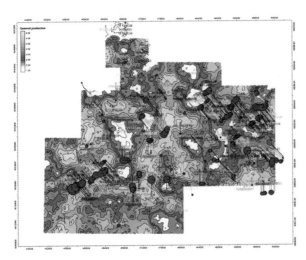

图10　D层综合甜点指数模型与产量平面图

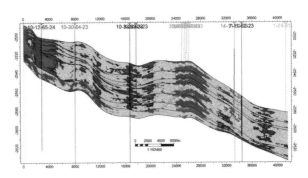

图11　综合甜点指数模型剖面图

（2）加拿大 D 页岩气项目产能受多变量共同影响，地质工程单参数与产量之间相关性不太明显，不存在简单的线性或多项式关系，人工智能大数据分析结果表明其产量主要受 TOC 含量、孔隙度、含气饱和度、脆性指数、水平应力差控制。

（3）基于 TOC 含量、孔隙度、含气饱和度、脆性指数、水平应力差等模型及各参数权重，建立了加拿大 D 页岩气项目综合甜点指数模型。结果显示甜点指数与产量吻合度均较高，甜点预测模型可靠性较高。

参 考 文 献

［1］陈更生，吴建发，刘勇等．川南地区百亿立方米页岩气产能建设地质工程一体化关键技术［J］．天然气工业，2021，41（01）：72-82.

［2］房超，张辉，陈朝伟等．地质工程一体化漏失机理与预防措施［J］．石油钻采工艺，2022，44（06）：684-692.

［3］蒋廷学，卞晓冰，孙川翔等．深层页岩气地质工程一体化体积压裂关键技术及应用［J］．地球科学，2023，48（01）：1-13.

［4］梁兴，朱斗星，韩冰等．地震地质工程一体化技术及其在山地页岩气勘探开发中的应用［J］．天然气工业，2022，42（S1）：8-15.

［5］包汉勇，梁榜，郑爱维等．地质工程一体化在涪陵页岩气示范区立体勘探开发中的应用［J］．中国石油勘探，2022，27（01）：88-98.

［6］梁兴，管彬，李军龙等．山地浅层页岩气地质工程一体化高效压裂试气技术——以昭通国家级页岩气示范区太阳气田为例［J］．天然气工业，2021，41（S1）：124-132.

［7］刘清友，朱海燕，陈鹏举．地质工程一体化钻井技术研究进展及攻关方向——以四川盆地深层页岩气储层为例［J］．天然气工业，2021，41（01）：178-188.

［8］刘卫彬，徐兴友，陈珊等．松辽盆地陆相页岩油地质工程一体化高效勘查关键技术与工程示范［J］．地

球科学，2023，48（01）：173-190.

［9］王惠君，卢双舫，乔露等．南川页岩气地质工程一体化优化中的参数敏感性分析［J］.地球科学，2023，48（01）：267-278..

［10］王瑞杰，王永康，马福建等．页岩油地质工程一体化关键技术研究与应用——以鄂尔多斯盆地三叠系延长组长 7 段为例［J］.中国石油勘探，2022，27（01）：151-163.

［11］尹准新.坚持地质工程一体化高效开发阜康矿区煤层气［J］.西部探矿工程，2023，35（03）：152-154.

［12］张益，卜向前，齐银等．鄂尔多斯盆地姬塬油田长7段页岩油藏地质工程一体化油藏开发对策——以安 83 井区为例［J］.中国石油勘探，2022，27（05）：116-129.

［13］赵勇，李南颖，杨建等．深层页岩气地质工程一体化井距优化——以威荣页岩气田为例［J］.油气藏评价与开发，2021，11（03）：340-347.

［14］孔祥文，汪萍，夏朝辉等．西加拿大沉积盆地 Simonette 区块上泥盆统 Duvernay 页岩地质特征与流体分布规律［J］.中国石油勘探，2022，27（02）：93-107.

［15］王金伟，侯晨虹，王涛等．加拿大 Duvernay 页岩凝析气藏水平井合理井距研究［J］.石油地质与工程，2021，35（04）：43-47.

［16］王平.加拿大泥盆系 Duvernay 页岩开发潜力分析［J］.内蒙古石油化工，2022，48（01）：116-119.

［17］Guoxin L，Kai L，Deqin S. Key technologies，engineering management and important suggestions of shale oil/gas development：Case study of a Duvernay shale project in Western Canada Sedimentary Basin［J］. Petroleum Exploration and Development，2020，47（04）：791-802.

［18］谌卓恒，黎茂稳，姜春庆等．页岩油的资源潜力及流动性评价方法——以西加拿大盆地上泥盆统 Duv-

ernay 页岩为例［J］.石油与天然气地质，2019，40（03）：459-468.

［19］张少龙，闫建平，郭伟等．基于岩石物理相的深层页岩气地质—工程甜点参数测井评价方法——以四川盆地 LZ 区块五峰组—龙马溪组为例［J］.石油地球物理勘探，2023，58（01）：214-227.

［20］吴宝成，李建民，邬元月等．准噶尔盆地吉木萨尔凹陷芦草沟组页岩油上甜点地质工程一体化开发实践［J］.中国石油勘探，2019，24（05）：679-690.

［21］王红岩，刘钰洋，张晓伟等．基于层次分析法的页岩气储层地质工程一体化甜点评价：以昭通页岩气示范区太阳页岩气田海坝地区 X 井区为例［J］.地球科学，2023，48（01）：92-109.

［22］兰正凯.数据驱动下的地质工程一体化甜点预测及压裂方案优化［D］.中国地质大学，2022.

［23］姜振学，梁志凯，申颖浩等．川南泸州地区页岩气甜点地质工程一体化关键要素耦合关系及攻关方向［J］.地球科学，2023，48（01）：110-129.

［24］朱斗星，蒋立伟，牛卫涛等．页岩气地震地质工程一体化技术的应用［J］.石油地球物理勘探，2018，53（S1）：249-255+17.

［25］杨志会，赵海波，黄勇等．地震信息约束的三维建模技术及其在松辽盆地古龙页岩油地质工程一体化中的应用［J］.大庆石油地质与开发，2022，41（03）：103-111.

［26］赵春段，张介辉，蒋佩等．页岩气地质工程一体化过程中的多尺度裂缝建模及其应用［J］.石油物探，2022，61（04）：719-732.

［27］吴新泉.地质力学在地质工程一体化中的应用研究［J］.西部资源，2022（04）：158-161.

［28］刘英君，朱海燕，唐煊赫等．基于地质工程一体化的煤层气储层四维地应力演化模型及规律［J］.天然气工业，2022，42（02）：82-92.

# 连续管钻井电驱定向系统及位移矢量控制方法

李　猛　刘继林　苏堪华　万立夫　郭晓乐　侯学军

(重庆科技大学石油与天然气工程学院)

**摘　要**　上世纪 90 年代初，国外研制成功第一代连续管钻井电驱定向系统，解决了泥浆脉冲系统定向效率低、精度低等不足，该系统通过人为发送定向指令，实现了边钻边调、所钻井眼轨迹光滑的目标，并在欧美地区应用。随着配套技术的进步，国外研了第二代连续管电驱定向系统，将信息控制单元集成化，开发了闭环控制系统，实现了连续管定向钻井自适应调整工具面，大大提高了定向效率，并成功应用，取得巨大经济效益。本文根据最小能量原则，避免了数学上的多解性问题，建立了导向装置肋位移矢量随纠偏井眼轨道变化的控制模型，得到了肋位移周期性变化规律。实例表明：基于所建立肋位移矢量控制方法，连续管钻井导向装置能够准确沿圆弧纠偏轨迹通过靶窗。连续管定向钻井纠偏过程中定向器肋位移矢量控制方法切实可行，有助于提高连续管钻井效率。

**关键词**　连续管钻井；电驱定向系统；定向工具；闭环控制；技术现状

自上世纪 60 年代中期开始，连续管已开始应用于洗井、打捞等作业领域。70 年代初，连续管初级钻井（无定向功能）开始应用于钻产油层内井眼延伸段。之后，随着 MWD 技术的应用，液压定向系统开始应用于连续管钻井，该系统中的定向工具通过开关泵实现单方向旋转 20°，通过泥浆脉冲传递定向信息，但一般需数十次调整可达到定向要求，钻井效率较低。随着石油钻井行业对高效率连续管钻井的需求，上世纪 90 年代初，国外斯伦贝谢、贝克休斯等大型石油企业研发了连续管钻井电驱动定向系统。该系统将液压定向系统（泥浆脉冲和涡轮旋转装置）变为电驱动系统，电驱动定向系统需要动力单元、信息控制单元和各种定向单元，通过在连续管中放置电缆，既可以为井下定向工具提供动力，又可以及时传递井下信息，能够根据井下钻井数据进行高效精确定向控制，且电驱动定向系统不受流体类型限制，亦能应用于欠平衡钻井。因此，连续管钻井得以广泛的应用，尤其是应用于老井侧钻领域。

1992 年，第一代连续管钻井电驱动定向系统研制成功并进行了室内实验及现场试验，该系统根据监测信息人工实时手动发送调整工具面指令。1994 年，该定向系统首先在欧洲商业化应用，随后在 1996~1997 年，相继在荷兰、委内瑞拉、阿曼、俄罗斯和阿拉斯加等地区进行了连续管钻井。2000 年，第二代电驱动定向系统在第一代的基础

上进行了信息控制单元集成化，开发了自动闭环井下定向控制系统，可以根据传递信息自动发出指令调整工具面，使工具面角保持在设计值范围内连续钻进。在 2003 年，第三代连续管钻井系统研发成功并开始商业化应用于中东、欧美、澳洲、东南亚等地。

由于连续管是柔性管柱，因此在连续管钻井过程中，随着地层因素（地层倾角变化、地层硬度变化、扩眼等）和工况的变化，井眼轨迹极易偏离原设计轨道，如果实钻井眼轨迹与设计井眼轨道之间的偏差超出了允许范围，需要用定向器进行纠偏，使之回到原设计轨道上。第三代连续管定向器的产生，使连续管钻井井眼轨迹变得光滑成为现实，但国内目前仍然缺少在纠偏过程中的闭合控制方法。为解决连续管钻井纠偏过程中的导向控制问题，本文采用矢量分析方法对连续管定向器的肋位移矢量进行合成与分解；为避免数学上的多解性，根据最小能量原则，建立了定向器肋位移矢量随纠偏井眼轨道变化的控制模型。该方法将对连续管定向钻井的应用具有一定的指导意义。

## 1　电驱定向系统技术现状

连续管钻井电驱定向系统中定向工具是连续管钻井过程中控制井眼轨迹的执行机构，定向工具输出高扭矩调整弯马达工具面从而达到目标方位，是连续管定向钻井中的核心工具。

## 1.1　第一代电驱动定向工具

（1）结构特点

连续管中内置电缆，既可为定向工具提供动力，又可及时将井下测量信息传至地面控制室，然后操作人员向定向工具发送相应的控制指令。该工具由电马达、减速机构、联轴器、万向节、角度位置感应器和空心驱动轴组成。

（2）工作原理

连续管钻井过程中，当井下弯马达工具面角度达不到设计要求时，地面操作人员可通过地面控制系统通过连续管内置电缆向定向工具输送电能和操作信号，驱动定向工具中微型电马达工作，微型电马达带动连接机构、减速机构和空心驱动

轴运转，空心驱动轴驱动井下工具实施定向钻井。根据井下测量信息，当工具面角度达到设计要求时，操作人员通过地面控制系统发出电信号，微型电马达停止工作，从而完成定向。

（3）技术分析

①工具面定向精度高（±1°），确保顺利完成开窗及出窗；②可边钻边调，无需起下钻，能够消除"鱼尾"现象（"鱼尾"现象是指"之"字型轨迹）。因此，钻出的井眼轨迹为光滑井眼，减小了轴向摩阻，使钻压传递更为顺利，可以增加水平钻进距离，而且光滑井眼更有助于固完井作业顺利实施；③但该工具无法锁紧工具面，且需要手动指令调整工具面。

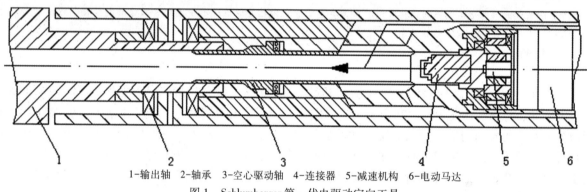

1-输出轴　2-轴承　3-空心驱动轴　4-连接器　5-减速机构　6-电动马达

图1　Schlumberger 第一代电驱动定向工具

## 1.2　第二代电驱动定向工具

（1）结构特点与工作原理

Baker Hughes 公司生产的一类电液定向工具由三个独立单元组成：电力供应单元、液压驱动单元和螺旋驱动单元。该工具工作原理是电力供应单元中的交流电马达，驱动液压驱动单元中的液压泵工作，液压泵将压力传递至螺旋驱动单元，通过驱动轴把液压能转换为双向旋转运动，从而进行工具面双向定向，定向过程中连续管中内置电缆将井下数据与地面控制数据双向实时传递，闭环控制系统实现连续管定向钻井的自动控制（参数见表1）。

（2）技术分析

①输出高扭矩（1355.8N·m），足够克服井下弯马达产生的反扭矩；②工具面定向精度为±1°，定向范围为0°~400°，双向连续旋转，旋转速度为1°/s~1.5°/s；③数据更新快（每5~8秒数据更新一次），能够及时控制井眼轨迹，防止连续管钻出目标层，并且会降低井眼的曲折度；④通过离合器锁住输出轴，继而防止井下工具旋转，同

时可根据井下闭环控制系统数据实时调整工具面。

表1　第二代电驱动定向工具规格参数

| 规格参数 | | 转向 | 连续双向 |
|---|---|---|---|
| 控制参数 | | 精度 | 1° |
| | | 最大扭矩 | 1355.8N·m |
| | | 转速 | 1°~1.5°/s |
| | 井斜角 | 范围 | 0~125° |
| | | 精度 | ±0.1° |
| | 方位角 | 范围 | 0~400° |
| | | 精度 | ±0.1°（井斜角大于5°） |
| | 工具面 | 范围 | -200°~+200° |
| | | 精度 | ±0.1° |

## 1.3　第三代电驱动定向工具

（1）结构特点与工作原理

除了上述三类定向工具，最近，Baker Hughes 公司研制了一种专门用于侧钻水平井的肋板导向马达系统（RSM）。此系统基于是旋转钻井的闭环操作系统研制的，这项技术通过操作三个液压肋

板的矢量位置大小来达到定向的目的。由于此RSM没有弯外壳，所以RSM能够钻出光滑井眼。其工作原理为三种模式：①井斜角保持模式——通过保持肋板位置固定维持当前的井斜角；②导向模式——通过改变输入参数控制三肋板位置改变，确保钻头能够按设计轨迹精确钻达目标点；③中心模式——所有的导向肋板导向力减小，保持三个肋板压力相等，RSM起到附加稳定器的作用。

　　（2）技术分析

　　自从2008年3″RSM工具现场试验之后，此种装置已经应用于连续管钻井并形成了一系列的标

准。RSM的优势是应用于侧钻水平井。RSM相比传统的液压定向工具组合有以下优点：①RSM相比其他定向工具近钻头井斜角传感器离钻头的距离减少了大约30%，能够更加准确确定钻头位置；②该装置地质导向具有灵活性，当需要在某个层位中钻稳斜段时，传统的弯马达通过左右摇摆才能维持一个固定的"平均"井斜角，而RSM采用专门的"井斜角保持"模式，自动保持目标井斜角，使井下工具一直稳定地维持在此层位中；③改善了井眼质量，减少了"鱼尾"现象的发生，降低了轴向摩阻，钻压传递更为顺利，从而延伸了连续管钻井侧钻长度。

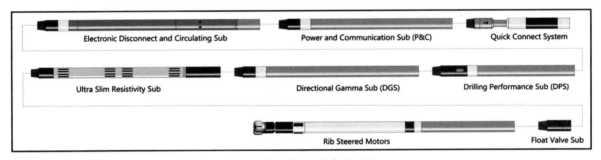

图2　第三代电驱动定向工具

　　由于连续管是柔性管柱，因此在连续管钻井过程中，随着地层因素（地层倾角变化、地层硬度变化、扩眼等）和工况的变化，井眼轨迹极易偏离原设计轨道，如果实钻井眼轨迹与设计井眼轨道之间的偏差超出了允许范围，需要用定向器进行纠偏，使之回到原设计轨道上。

　　为解决连续管钻井纠偏过程中的导向控制问题，本文采用矢量分析方法对连续管定向器的肋位移矢量进行合成与分解；为避免数学上的多解性，根据最小能量原则，建立了定向器肋位移矢量随纠偏井眼轨道变化的控制模型。该方法将对连续管定向钻井的应用具有一定的指导意义。

## 2　位移矢量控制方法

### 2.1　导向装置合位移矢量的计算

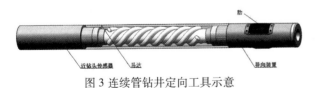

图3　连续管钻井定向工具示意

　　如图3所示为连续管定向工具，肋安装在导向装置之上，假设井壁呈刚性，则单肋最大伸缩位

移量为：

$$|D|_{max} = \lambda d_w - d_r \tag{1}$$

　　式中，$d_w$为井眼直径，m；$d_r$为定向器外径，m；$\lambda$为井眼扩大系数，无因次。

　　在定向工具的横切面建立平面直角坐标系$xoy$，$D = OA$为合位移矢量，$D_1 = OA_1$、$D_2 = OA_2$和$D_3 = OA_3$分别为3个分位移矢量（如图4（a）所示），合位移矢量$D$的取值范围为正六边形，正六边形与外圆（井筒）之间的黄色区域为无效控制区域。定向工具的中心轴与与定向工具壳体之间虽有润滑油，但也存在一定的摩擦，经测，摩擦系数在0.05~0.1之间，支撑肋与井壁的周向摩擦系数在0.6左右。在定向钻进过程中，钻头的旋转通过中心轴的周向摩擦会带动支撑肋所在的壳体发生一定的周向旋转，因此会形成内外圆之间的无效控制区域。由上述分析可知，最大可使用合位移矢量并不是单肋的最大工作位移$|D|_{max}$。通过位移合成原理及平面几何分析可得最大可使用合位移矢量幅值为：

$$\Lambda_{max} = \frac{\sqrt{3}}{2}|D|_{max} \tag{2}$$

　　式中，$\Lambda_{max}$为定向器最大可使用合位移幅值，m。

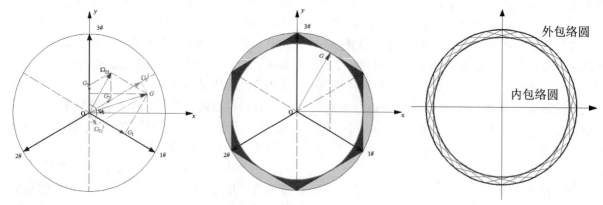

（a）合位移矢量分解　（b）最大可使用合位移（c）无效区域

图 4　连续管定向器合位移矢量解析

如图 3（a）所示，$\psi_0$ 为 1#肋的初始工具面角（0~360°），合位移矢量 $OD$ 的方向即连续管井下工具组合的工具面角 $\omega_{ij}$ 方向，若 1#肋位置确定，即 1#肋工具面角 $\psi_0$ 确定，则 2、3 号肋工具面角也可确定；则工具面角 $\omega_{ij}$ 与各肋位移矢量关系可表示为：

$$\sin\omega_{ij} = \frac{|D_x|_{ij}}{|D|_j} =$$

$$|D|_j = \sqrt{|D_x|_{ij}^2 + |D_y|_{ij}^2} = \sqrt{(D_{1ij} + D_{2ij} + D_{3ij})^2}$$

$$= \sqrt{|D_1|_{ij}^2 + |D_2|_{ij}^2 + |D_3|_{ij}^2 - |D_1|_{ij}|D_2|_{ij} - |D_1|_{ij}|D_3|_{ij} - |D_2|_{ij}|D_3|_{ij}}$$

(4)

其中，$D_y$ 为 $D_x$ 对应的余弦值。

由设计纠偏轨道圆心角 $\theta_j$，根据方程（7）可确定连续管定向器所需要的造斜率 $\rho_j$。然后，由结合式（7）能够得到定向器肋合位移矢量 $D$ 的大小（图 6 所示）：

$$\theta_j = \rho_j L_j / 30 \qquad (5)$$

$$\rho_j = \frac{360 \times 30}{\pi} \cdot \frac{\cos\left(\frac{\pi - \beta_j}{2}\right)}{M_{12}} \qquad (6)$$

$$\sin\beta_j = \frac{|D|_j}{S_{12}} \qquad (7)$$

式中，$\rho_j$ 为连续管定向器的造斜率，°/30m；$\beta_j$ 为井眼中心线与 $S_{12}$ 的夹角，°；$M_{12}$ 为接触点 1、2 之间的长度，m；$|D|_j$ 为合位移矢量位移大小，m。

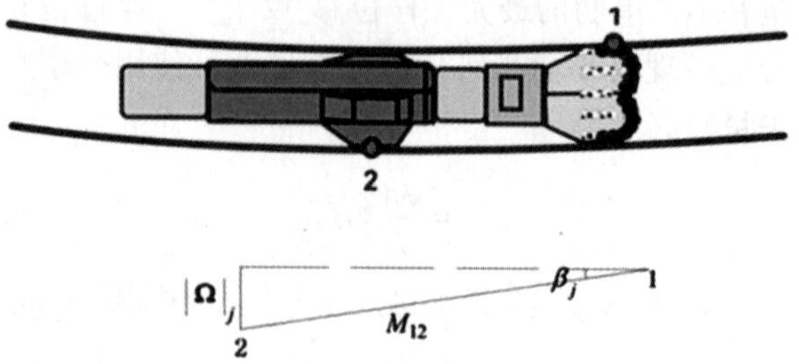

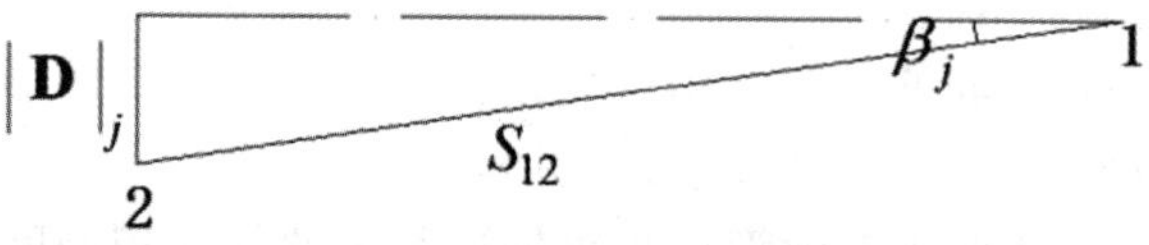

$$\frac{|D_1|_{ij}\sin\psi_0 + |D_2|_{ij}\sin(\psi_0 + 120°) + |D_3|_{ij}\sin(\psi_0 + 240°)}{\sqrt{|D_x|_{ij}^2 + |D_y|_{ij}^2}}$$

(3)

式中，$|D|_j \neq 0$，$|D|_j = 0$ 时为保持钻进模式，不存在工具面角。

则若已知设计纠偏轨道工具面角 $\omega_{ij}$，根据式（6）可确定合位移矢量 $D$ 的方向。

图 5　定向器肋合位移与井眼中心线的几何关系

## 2.2　导向装置肋合位移矢量控制

在确定合位移矢量 $D$ 的模型之后，还需根据式（6）和式（7）求解各肋的分位移，两个方程无法求解三个未知数 $|D_1|_{ij}$、$|D_2|_{ij}$、$|D_3|_{ij}$，故此方程有多解。为求得最优解，本文按照最小能量原则将肋作用区域等分三个区域（如图 6 所示），令距离合位移矢量 $D$ 最近的分位移为矢量 0（此肋处于最不利位置），然后可再根据式（6）和式（7）得到另外 2 个分位移矢量解，具体控制方案如下：

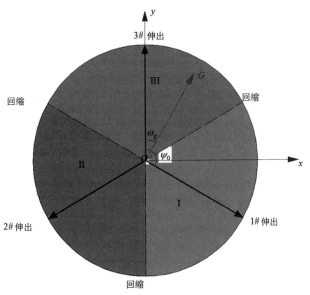

图 6  定向器 3 肋最小能量原则区域划分方法

表 2  导向装置肋合位移矢量控制方案

| 范围 | $\|D_1\|_{ij}$ | $\|D_2\|_{ij}$ | $\|D_3\|_{ij}$ |
|---|---|---|---|
| $300° \le \omega_{ij} - \psi_0 \le 360° - \psi_0$<br>$-\psi_0 \le \omega_{ij} - \psi_0 < 60°$ | $0$ | $\dfrac{2}{\sqrt{3}}\sin(\omega_{ij} - \psi_0 - 60°)\,\Gamma$ | $-\dfrac{2}{\sqrt{3}}\sin(\omega_{ij} - \psi_0 + 60°)\,\Gamma$ |
| $60° \le \omega_{ij} - \psi_0 < 180°$ | $\dfrac{2}{\sqrt{3}}\sin[60° - (\omega_{ij} - \psi_0)]\,\Gamma$ | $0$ | $-\dfrac{2}{\sqrt{3}}\sin(\omega_{ij} - \psi_0)\,\Gamma$ |

注：$\Gamma = S_{12}\sin\left(180 - 2\arccos\dfrac{\pi\theta_j S_{12}}{360 L_j}\right)$

## 2.3  肋位移变化规律

根据表 2 中控制方案，可得到连续管定向工具导向装置的各肋位移随工具面角变化规律。

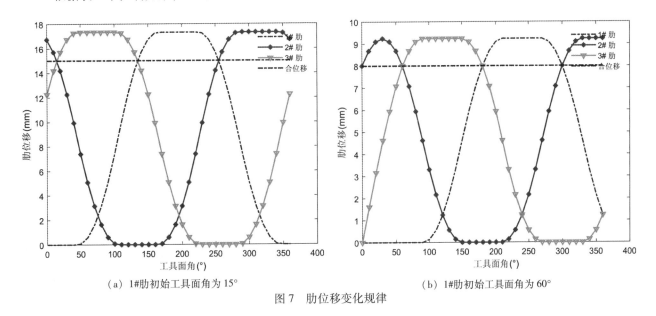

（a）1#肋初始工具面角为 15°        （b）1#肋初始工具面角为 60°

图 7  肋位移变化规律

从上图可知，黑色虚线的纵坐标表示合位移的大小，横坐标表示合位移的方向。图（a）表示 1#肋初始工具面角为 15°时，要达到合位移为 15mm 时的控制方案；例如，若要达到合位移大小为 15mm，合位移方向为 150°，此时 1#、2#、3#单肋位移需同时分别输出 15mm、0、15mm。图（b）表示 1#肋初始工具面角为 60°时，要达到合位移为 10mm 时的控制方案；例如，若要达到合位移大小为 10mm，合位移方向为 20°，此时 1#、2#、3#单肋位移需同时分别输出 0、9.13mm、3.13mm。

## 3　实例分析

为提高钻井效率，降低钻井成本，在某气田 QL-12 井应用连续管定向钻井技术。当钻至水平段井深 956m（D 点，垂深 800m）处突遇软硬地层

变化，井眼轨迹偏离原设计轨迹且超过允许偏差值 $\Delta$（$\Delta$ =5m），需要利用定向器进行纠偏。首先，按照前述轨道纠偏设计公式，可得设计纠偏轨道参数（坐标、方位角和工具面角等），如表 2 中所示。然后，按照前述定向器纠偏方法进行轨迹纠偏；在实际纠偏过程中，由于导向装置的外套受周向摩擦扭矩的作用，外套会发生周向转动，故连续管定向钻进过程中 1#肋工具面角在不断发生变化。由传感器测得钻进过程中 1#肋的实测工具面角如表 2 所示。已知，该井水平段设计井斜角为 88°，方位角为 50°；井眼直径 $d_w$ 为 86.2mm；定向器外径 $d_r$ 为 76.2mm；井眼扩大系数 $\lambda$ 为 1.02。

表 3　设计纠偏井眼轨道数据及实测 1#肋数据

| 井深增量（m） | 设计参数 | | | | | | 1#肋位置 |
|---|---|---|---|---|---|---|---|
| | 北坐标（m） | 东坐标（m） | 垂深（m） | 井斜角（°） | 方位角（°） | 工具面角（°） | |
| 0.00 | 387.00 | 450.00 | 853.65 | 80.00 | 45.00 | 78.73 | 55.30 |
| 10.00 | 393.81 | 457.13 | 855.34 | 80.53 | 47.65 | 78.28 | 208.30 |
| 20.00 | 400.28 | 464.57 | 856.94 | 81.08 | 50.29 | 77.86 | 6.30 |
| 30.00 | 406.42 | 472.32 | 858.44 | 81.65 | 52.93 | 77.46 | 154.30 |
| 40.00 | 412.21 | 480.36 | 859.84 | 82.24 | 55.56 | 77.10 | 309.80 |
| 50.00 | 417.63 | 488.66 | 861.14 | 82.84 | 58.18 | 76.76 | 172.80 |
| 60.00 | 422.30 | 496.55 | 862.25 | 83.35 | 60.33 | — | 35.80 |
| 65.00 | 424.76 | 500.87 | 862.82 | 83.35 | 60.33 | — | 147.30 |
| 70.00 | 426.87 | 504.55 | 863.32 | 83.62 | 59.71 | 293.91 | 251.60 |
| 80.00 | 432.12 | 513.01 | 864.31 | 84.98 | 56.66 | 294.21 | 42.60 |
| 90.00 | 437.82 | 521.19 | 865.06 | 86.35 | 53.61 | 294.44 | 193.60 |
| 95.00 | 440.83 | 525.17 | 865.35 | 87.04 | 52.09 | 294.53 | 270.10 |
| 100.00 | 443.95 | 529.07 | 865.58 | 87.74 | 50.57 | 294.60 | 346.60 |
| 101.00 | 444.59 | 529.84 | 865.62 | 87.88 | 50.27 | 294.61 | 1.90 |

注："/"代表不存在工具面角

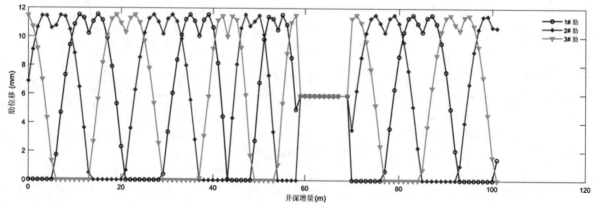

图 8　定向器各肋位移随井深增量变化规律

如图 8 所示，随着井深增量的增加，由于 1# 肋工具面角为类周期变化，故各肋位移也呈类周期变化，且由于外套旋转速度较快（12～25）°/m（每当钻进 1m，外套可旋转 12～25°），故各肋位移变动明显。由于钻进速度的不同，导致外套旋转速度不一样，在 [0, 40] m 和 [70, 101] m 段，导向装置为定向模式，钻速基本控制在 16～18m/h，各肋位移变化周期约为钻进 24m/周。在 [40-68] m 进行连续管提速钻进试验，钻速提高至 22～23m/h，由于钻速提高，外套旋转速度加快，各肋位移的变化周期缩短，各肋位移变化周期约为钻进 16m/周。在井深增量 59～68m 处，纠偏轨迹为斜直井段，不存在工具面角，故导向装置各肋位移由周期性变化在短时间内突变为各肋位移相等，导向装置进入保持钻进模式；在 68～101m 为第二圆弧段，导向装置恢复定向模式，由各肋位移相等的状态在短时间内突变为周期性变化状态。

根据第 1 节中的纠偏轨迹设计方法，设计纠偏轨道结果：第一圆弧段（红）、斜直井段（黑）和第二圆弧段（蓝）如图 9 中实线所示，并得到各个测点处的轨道参数（井斜角、方位角和工具面角等）。基于各个测点出轨道参数，按照第二节中的肋位移矢量控制方法，得到沿设计井深变化的各肋位移矢量矩阵，从而指引定向器进行定向钻井，实钻轨迹如图 8 中虚线所示。结果显示，实钻井眼轨迹与设计纠偏井眼轨道接近，实钻轨迹均在设计窗口内，在各目标点处均命中靶区，按照设计纠偏轨道最终回到原设计轨道上来，且钻进方向与原设计轨道井眼方向一致，这样便于实施后续固井等作业，满足连续管钻井精确定向的要求。

## 4　结论

（1）闭环控制系统可实时监测井下工具参数信息，并及时反馈到地面控制系统，地面控制系统实时判断是否达到目标工具面，同时向定向工具发出相应指令，维持或继续调整工具面，达到边钻边调的目的，因此，研发电控闭环系统是实现连续管高效钻井的重要环节。

（2）根据连续管定向钻井工艺技术的特点，本文基于微分几何理论，用圆弧段和直线段构造出三段式的修正设计轨道。然后，提出了考虑入靶井眼方向的修正轨道设计方法，得到了纠偏设计轨道参数，为连续管定向钻井井眼轨道的有效监控奠定了基础。

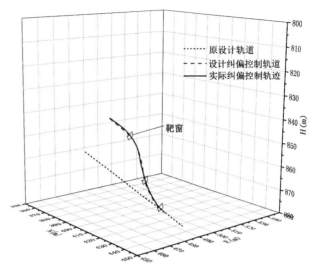

图 9　设计轨道与实钻纠偏轨迹

（3）基于矢量的合成与分解原理，结合连续管钻井轨道参数设计结果，建立了轨道参数与定向器肋合位移矢量与轨道参数的数学关系。指出了各肋位移矢量求解时数学意义上的多解性以及无效控制区域，并结合工程实际，提出了分位移矢量计算方法的最小能量原则。

（4）综合考虑了井眼扩大、实际钻进时定向器外套的转动影响，建立了连续管定向器纠偏过程中的肋位移控制方案，得到了肋位移变化规律及定向闭环控制方法，并以连续管钻井现场试验验证了该闭环控制方法的有效性，对连续管定向钻井的应用具有一定的指导意义。

**参 考 文 献**

[1] Stefan Krueger, Lars Pridat. Twenty Years of Successful Coiled Tubing Re-Entry Drilling With E-LineBHA Systems – Improving Efficiency and Economics in Maturing FieldsWorldwide [J]. SPE179046, 2006.

[2] Kozlov, A., Frantzen, S., Gorges, T. Al Khamees, S., Guzman, J., Aduba, A. 2010. Next Generation Technologies forUnderbalanced Coil Tubing Drilling [J]. SPE 132084, 2010.

[3] Ohlinger, J., Gant, L., McCarty, T. A Comparison of Mud Pulse and E-Line Telemetry in Alaska CTD Operations [J]. SPE74842, 2002.

[4] 李猛，贺会群，张云飞 . 连续管钻井定向装置技术现状与发展建议 [J]. 石油机械，2015，43（1）：32-37

[5] Okechukwu, A., Klotz, C., Labrecque, D. Optimized Downhole Mud Motor Delivers OutstandingPerformance Improvements in Alaska Coiled Tubing Drilling [J]. SPE 153474, 2012.

［6］ Keith, G., Killip, D., Krueger, S. Fifteen Years of Successful Coiled Tubing Re－entry Drilling Projects in the MiddleEast: Driving Efficiency and Economics in Maturing Gas Fields［J］. SPE166692, 2011.

［7］ D. D. Gleitman et al. 1996. Newly applied BHAelements contribute to mainstreaming of coiled－tubing drilling applications［J］. SPE35130, 1996.

［8］ Bimo Hadiputro, Troy Toner, Frak Fernandez. Case study: Innovation application of automated drilling system with hybrid coiled tubing drilling rig excels in cost－sensitive environment［J］. IADC/SPE114597, 2008.

［9］ Paul Mccutchion, Toni Miszewski, Joe Heaton, et al. Coiled tubing drilling: Directional and horizontal drilling with larger hole sizes［J］. SPE159349, 2012.

［10］ D. R. Anderson, Alain Dorel, Roy Martin. A new, integrated, wireline － steerable, bottom hole assembly brings rotary drilling－like capabilities to coiled tubing drilling［J］. SPE/IADC37654, 1997.

［11］ D. R. Turner, T. W. RHarris, M. Slater, et al. Electric coiled tubing Drilling: ASmarter CT Drilling System［J］. SPE/IADC52791, 1999.

［12］ J. Burke, G. Eller, D. Venhaus, et al. Coiled tubing drilling: Increasing horizontal reach in the Kuparuk field［J］. SPE168250, 2014.

［13］ Matthew Ross, Okechhukwu N. Anyanwu, Christian Klotz, et al. Rib－steered motor technology: The revolutionary approach extends the coiled tubing drilling application scope［J］. SPE153573, 2012.

［14］ 夏炎, 李艳丽, 郑颖异, 等. 一种连续管液控定向工具［P］. CN102758587A, 2012.

［15］ 李猛, 贺会群, 苏堪华, 等. 连续管定向工具工作原理及工具面角度调整分析［J］. 钻采工艺, 2017, 40 (1): 7-10.

# 长 7 段页岩油体积改造工艺优化及现场实践

马泽元[1,2] 田助红[1,2] 鄢雪梅[1,2] 张朝阳[1] 张艳博[1]

（1. 中国石油勘探开发研究院；2. 中国石油油气藏改造重点实验室）

**摘 要** 鄂尔多斯盆地的长 7 段页岩油储层具有多油层叠加、纵横向非均质性强以及砂体展布不连续等特征，导致页岩油储层的钻遇率较低，平均仅在 50%~80% 之间，水平井有效改造长度的占比也较低，约为 60%~80%，这显著降低了页岩油储层的完井效果。为了深入理解储层特征并提高有效改造水平段的长度，进行了长 7 段页岩油储层的地质工程一体化研究。研究通过三维地质建模和地质力学建模，描绘了页岩储层的含油分布和地应力场分布，为水平井的体积压裂分段、分簇设计提供了科学依据。同时，研究了水力裂缝在非均质储层中的扩展规律，优化压裂施工参数，从而为平台水平井的精准分段改造和穿层压裂提供了技术支持。通过平台井的现场试验应用，效果显著，试验井的初期产量相比同区块井提高 10% 以上，为页岩油的有效动用和效益开发提供了有力的技术保障。

**关键词** 长 7 储集层；地质油藏建模；地质力学建模；体积改造

鄂尔多斯盆地是我国第二大含油气盆地，其中页岩油主要分布在延长组长 7 段，为半深湖-深湖相的细粒沉积，长 $7_1$ 和长 $7_2$ 为泥页岩夹多期薄层粉细砂岩的岩性组合，多层叠置，烃源岩厚度大、分布广，是油田目前勘探开发的主要对象，开发过程中采用平台式布井实现工厂化作业，水平井体积压裂是实现页岩油有效动用的关键技术之一，合理分段分簇、提高水平段有效改造长度是提高裂缝控制储量和压后产量的关键因素。

长 7 段页岩油储集层呈现岩性致密、渗透率低、平面和纵向非均质性强、砂体展布不连续的特点，导致水平井油层钻遇率低，是限制效益开发最大化的主要原因。目前国内外已开展了穿层压裂的相关理论及现场试验研究。王燚钊等采用页岩油不同储集层全直径岩心进行真三轴压裂物理模拟实验，建立考虑界面强度、射孔层位、压裂液排量的页岩油多储集层拟三维裂缝扩展数值模型，研究水力裂缝在不同储集层中的纵向扩展形态；程万等研究了多岩性组合地层穿层压裂，提出了页岩气储集层穿层压裂效果评价体系，建立了页岩气储集层的水力裂缝缝高控制方法。以往的研究主要集中于通过物模和数模方法得出认识，较少涉及穿层压裂现场施工效果分析。邹雨时等人选用薄互层状页岩岩样开展小尺度真三轴加砂压裂实验，研究认为人工裂缝多以"阶梯"形式穿层扩展，可加砂的极限缝宽约为支撑剂粒径的 2.7 倍。

Wang 等人基于广义 Beltrami-Michell 方程和傅里叶变换，得到叠置储层中流固耦合的半解析解，研究非均质储层在生产或注水时产生的应力变化。层状致密砂岩或页岩在层理发育条件下，通常有明显的力学各向异性，影响人工裂缝的缝高及裂缝延伸的方向。针对多层叠置的非常规储集层效益开发的难题，北美提出立体开发的理念，采用多层布井拉链压裂的方式，实现纵向油气储量的"全动用"。

本文聚焦于长 7 段页岩油水平井压裂工艺技术，建立地质工程一体化数值模拟方法，通过三维地质建模和地质力学建模明晰有利地质条件，为平台水平井实施精准分段改造和穿层压裂提供了依据，模拟计算人工裂缝在非均质储层条件下的扩展情况，优化压裂参数并开展现场试验应用，实现水平井对储层纵向的有效控制和立体改造，探索提高长 7 段页岩油压裂效果的新途径。

## 1 三维地质建模和地质力学建模

鄂尔多斯盆地长 7 为最大湖范期，烃源岩厚度大、分布广、品质好，源内自生自储形成典型的陆相低压页岩油。依据岩性、沉积结构、构造特征、垂向序列和测井曲线的表现，可以将长 7 储层划分为砂质碎屑流和浊流沉积的微相。长 7 段发育细砂岩、粉砂岩、泥页岩等多种岩石类型，多期薄层砂岩夹持于泥页岩之中，单砂体厚度普遍小于 5m，储层纵向、横向非均质性强，实现规模效益开发难度大，这也决定了甜点识别是页岩油气高效开发的关键。

本研究以陇东页岩油 H 平台作为研究对象，采用"地质-地质力学-压裂模拟-生产动态"一体化数值模拟方法，结合水平井钻遇井段、测井解释成果和岩石力学参数，优选水平段甜点，指导分段分簇方案和压裂优化设计，并结合储层纵向分布选取层段开展穿层压裂现场试验。

结合 H 平台 7 口水平井以及附近 11 口直井、7 口水平井的测井数据，基于算术平均方法将测井数据粗化到与各井相邻的网格中，然后使用高斯随机函数算法进行空间差值得到整个模型的非均质物性展布，并通过网格质量控制确保模型准确性，地质模型大小为 7750m×8700m×268m，网格平面采用 50m×50m 的网格尺寸（图 1a）。以单井岩石力学解释数据为基础，在岩相模型约束下建立三维地质力学模型，大小 44725m×46125m，网格总数 241 万，并增加上覆岩层、侧向岩层和下伏岩层网格（图 1b），确保地质力学模型边界处保持恒定的远场应力状态。

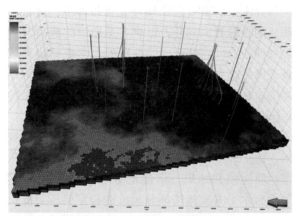

（a）含水饱和度模型

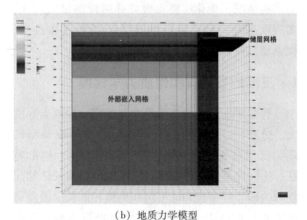

（b）地质力学模型

图 1  三维地质模型和地质力学模型

### 表 1  H 平台长 7 段储集层物性参数

| 储层类型 | 油层 |
| --- | --- |
| 平均埋深/m | 2015 |
| 渗透率/mD | 0.2 |
| 孔隙度 | 10.32% |
| 含水饱和度 | 30% |
| 密度/（g/cm$^3$） | 2.55 |
| 原始地层压力/MPa | 15.8 |
| 储层温度/℃ | 58.9 |
| 静态杨氏模量/MPa | 25800 |
| 静态泊松比 | 0.23 |
| 最小水平主应力/MPa | 30.98~31.45 |
| 最大水平主应力/MPa | 27.98~38.55 |

H1 平台共完钻 7 口水平井，其中 H1 井钻遇率 78.5%，油层 1059.8m，差油层 275.1m，H2 井钻遇率 76.6%，油层 1161.1m，差油层 217.6m。根据测井解释资料，H1 井水平段第 8 段（图 2）和 H2 井第 11 段（图 2）的位置为干层，但从含油饱和度的纵向分布表明，上述两段的上方或下方存在着高含油饱和度区域，且最小水平主应力模型中，储隔层应力差 2-4MPa，因此具备穿层条件。为实现在水平非储层段沟通高含油饱和度的区域，压裂设计施工采用了前置液阶段高粘液造缝实现纵向穿层+多级压裂砂充填方式，使得纵向裂缝支撑饱满，提高穿层压裂有效性。

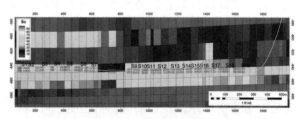

（a）沿 H1 井轨迹含油饱和度剖面

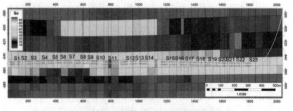

（b）沿 H2 井轨迹含油饱和度剖面

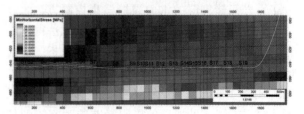

（c）沿 H1 井轨迹最小水平主应力剖面

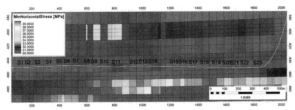

（d）沿 H2 井轨迹最小水平主应力剖面

图 2　纵向地质特征优化分段分簇方案

## 2　压裂设计优化

水平井压裂设计以体积改造技术和缝控压裂技术理念为指导，运用储层综合评估技术及长段多簇压裂工艺来实现对水平井全储量控制、增大液量注入适当补充地层能量，采用拉链式交错压裂顺序提高改造程度和作业效率，工艺设计包括长段多簇、限流射孔、桥塞封隔和暂堵转向等，压裂液选用低成本变粘滑溜水体系，支撑剂选用 40/70 目和 70/140 目石英砂，将储集层"密切割"，实现储集层流体从基质渗流到裂缝的距离"最短"，基质中流体向裂缝渗流所需压差"最小"。

页岩油储集层纵向不连续、多薄层叠置，裂缝网络以外的储量难以动用，测井解释结果无法提供对储集层的三维认识，纵向油层不能充分有效动用，造成储量损失。为充分挖掘水平井潜力，针对测井解释物性差但纵向有潜力两段采用穿层压裂工艺，施工前置液阶段采用高粘度滑溜水造缝+多级粉砂段塞打磨，利用人工裂缝的纵向延伸突破泥岩隔夹层，沟通水平段上下未钻遇的储层，实现人工裂缝对叠置储层的有效控制，提高缝控储量，实现油藏改造体积"最大"。

在构建地质模型和地质力学模型三维属性体的基础上，综合考虑储层非均质性、应力各向异性、应力阴影效应、层理等因素，采用 UFM 模型模拟复杂裂缝扩展，通过位移不连续边界法求解岩石变形，基于拟三维模型计算缝高和缝长扩展，实现三维裂缝非平面扩展。

### 2.1　施工排量

Zakhour 等人参与 2 号水力压裂试验场（HFTS-2）的研究，利用分布式光纤监测（DAS）采集施工数据，将单簇排量和单孔排量作为变量，分析水平井铺砂剖面，结果表明提高排量可以提高各簇铺砂的均匀程度，特别是对于长段多簇的情况。本文施工排量选取 10、12、14m³/min 进行对比研

究，在 10 和 12m³/min 时均存在裂缝无法起裂的情况，表明提高排量能够提高射孔簇的开启效率。如图 5 所示，统计裂缝模拟结果表明，排量越高，动态缝长标准差越小，表明缝长离散程度更低，多裂缝延伸更均匀。

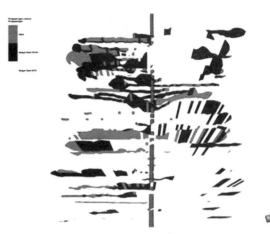

（a）排量 10m³/min

（b）排量 12m³/min

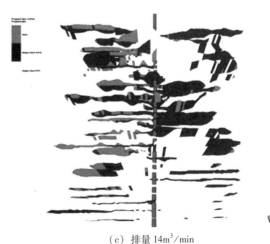

（c）排量 14m³/min

图 3　不同施工排量下裂缝扩展模拟结果

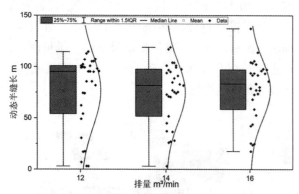

图4 施工排量与人工裂缝动态半缝长关系图

## 2.2 用液强度

模拟用液强度在 15~40 m³/m 范围内时的裂缝扩展情况，如图6所示，在用液强度不变的情况下，增加单段簇数，簇间距逐渐缩小，裂缝条数增加，每簇进液量减少，裂缝平均导流能力也逐渐降低。用液强度 30 m³/m 时，采用 15 m 簇间距，得到的裂缝平均导流能力约为 11 D·cm，而 3 m 簇间距条件下仅为 3.7 D·cm，裂缝条数为原来的 5 倍，平均导流能力降低至原来的 1/3。

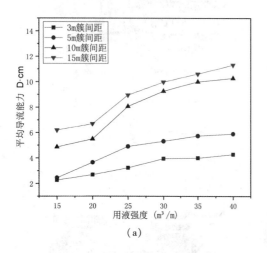

（a）

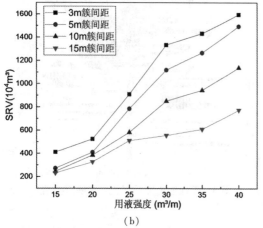

（b）

图5 簇间距和用液强度对裂缝平均导流能力和SRV的影响

相同簇间距条件下提高泵注程序用液强度，平均导流能力逐渐增加，但是，当用液强度 ≥35 m³/m 后，平均导流能力的增加不再明显，即经济性逐渐降低。裂缝距离越近，应力阴影越明显，簇间距为 3 m 和 5 m 时，平均导流能力大幅下降。

应力阴影会使裂缝延伸方向发生偏转，因此簇间距越小，越容易形成复杂裂缝，相应的裂缝与油藏改造体积（SRV）也会增加。当用液强度 ≥25 m³/m 时，缩小簇间距，SRV 大幅增加。以用液强度 30 m³/m 为例，簇间距从 15m 缩小到 5m，SRV 从 $551 \times 10^4 m^3$ 增加到 $1121 \times 10^4 m^3$，提高 103.45%。

## 2.3 限流射孔

由于簇间距较小，多裂缝在应力阴影的影响下延伸不均匀。压裂段内中间各簇受应力干扰较大，压应力使得中间裂缝缝宽过窄增大了缝内摩阻，致使进液量和进砂量逐渐变小。

为克服多簇裂缝扩展不均匀的问题，需采用限流射孔工艺，提高孔眼摩阻来有效平衡各条裂缝的进液差异。射孔孔眼摩阻越大，产生的孔眼压降越大，各裂缝流入阻力的差距相对较小，流量分配越均匀。为克服段内各簇间最小水平主应力差异和簇间应力干扰的影响，在施工排量 12m³/min 条件下，需确保孔眼摩阻在 3MPa 以上，同时，结合施工限压的要求，孔眼摩阻需在 8MPa 以下，因此确定单段 25-40 孔。

## 2.4 穿层压裂

基于测井数据计算得到导眼井应力剖面，储隔层纵向应力差 3-13MPa，将应力遮挡条件分为强（≥8MPa）、中等（4-8MPa）和弱-无（≤4MPa）3类。如图6和图7所示，应力遮挡强和应力遮挡中等时，井眼穿行长 $7_1^2$ 层、长 $7_1^2$ 层，裂缝无法突破上下隔层。如图8所示，应力遮挡弱-无，井眼穿行长 $7_1^2$、长 $7_2^1$ 层，排量 >5m³/min，裂缝可以突破隔层。

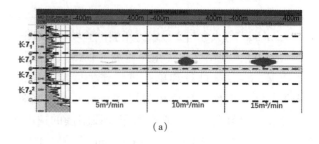

（a）

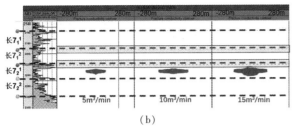

图 6　强应力遮挡下裂缝扩展结果：
（a）井眼穿行长 $7_1{}^2$；（b）井眼穿行长 $7_2{}^1$

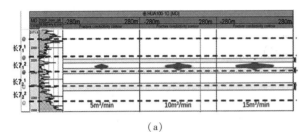

（a）

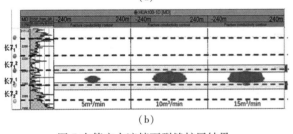

（b）

图 7　中等应力遮挡下裂缝扩展结果：
（a）井眼穿行长 $7_1{}^2$；（b）井眼穿行长 $7_2{}^1$

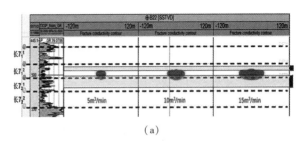

（a）

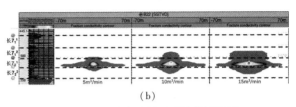

（b）

图 8　弱-无应力遮挡下裂缝扩展结果：
（a）井眼穿行长 $7_1{}^2$；（b）井眼穿行长 $7_2{}^1$

进一步，归纳了人工裂缝突破界限，见表 2 所示。产隔层应力差≤4MPa，排量>5m³/min，隔层无效，裂缝突破上下部隔层。

### 2.5　压裂设计

长 7 段储集层油藏物性差，需通过多簇射孔、高排量、大液量的改造模式将储层"打碎"，扩大油藏改造体积；为控制施工成本，在缩小簇间距的同时，对长段多簇的情况采用动态多级暂堵的

表 2　人工裂缝突破界限

| 应力遮挡 | 应力差 | 靶体 | 排量，m³/min | 隔层有效性 | 备注 |
|---|---|---|---|---|---|
| 强 | ≥8MPa | 长$_1{}^2$ | 5 | 有效 | |
| | | | 10 | 有效 | |
| | | | 15 | 有效 | |
| | | 长$_2{}^1$ | 5 | 有效 | |
| | | | 10 | 有效 | |
| | | | 15 | 有效 | |
| 中等 | 4~8MPa | 长$_1{}^2$ | 5 | 有效 | |
| | | | 10 | 有效 | |
| | | | 15 | 有效 | |
| | | 长$_2{}^1$ | 5 | 有效 | |
| | | | 10 | 有效 | |
| | | | 15 | 有效 | |

续表

| 应力遮挡 | 应力差 | 靶体 | 排量，m³/min | 隔层有效性 | 备注 |
|---|---|---|---|---|---|
| 弱-无 | ≤4MPa | 长$_1^2$ | 5 | 有效 | |
| | | | 10 | 无效 | 突破下部隔层 |
| | | | 15 | 无效 | 突破下部隔层 |
| | | 长$_2^1$ | 5 | 有效 | |
| | | | 10 | 无效 | 突破下部隔层 |
| | | | 15 | 无效 | 突破下部隔层 |

表3 压裂设计参数

| 井号 | 水平段长 m | 段数 | 簇数 | 液量 m³ | 砂量 m³ | 加砂强度 t/m | 进液强度 m³/m | 单缝砂量 t/缝 | 单缝液量 m³/缝 | 排量 m³/min |
|---|---|---|---|---|---|---|---|---|---|---|
| H1 | 1735.0 | 19 | 187 | 31072.3 | 3201.6 | 3.8 | 25.4 | 17.12 | 165.84 | 14 |
| H2 | 1835.0 | 22 | 209 | 35524 | 3661.2 | 3.8 | 25.3 | 17.52 | 169.97 | 14 |

方式，提高多簇裂缝起裂效率，达到提质增效的目的，表2为压裂设计参数，依据设计采用 UFM 模型模拟两口井裂缝扩展，并使用现场采集的数据拟合施工压力，模拟结果如图6所示。

层压裂试验，图7展示了相关施工曲线。试验中，两井的泥岩层均成功实现压裂。H1 井第 8 段的破裂压力为47.3MPa，延伸压力从 38 MPa 降至 34.2 MPa；H2 井第 11 段的破裂压力为49.2 MPa，延伸压力从 35.3 MPa 降低至 29.6 MPa。泥岩穿层前后，压降现象显著，人工裂缝成功穿透泥岩并延伸至砂岩。压裂施工曲线表明，穿层改造过程中施工压力平稳，具备较高的可行性，穿层压裂工艺能够有效沟通未钻遇的叠置储层。

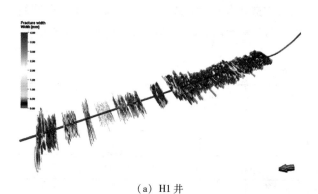

（a）H1 井

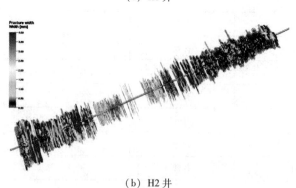

（b）H2 井

图9 裂缝扩展模拟结果

## 3 现场施工及效果分析

### 3.1 现场施工

H1 井第 8 段和 H2 井第 11 段在现场进行了穿

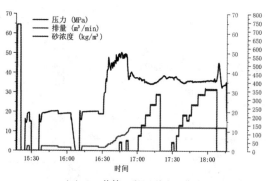

（a）H1 井第 8 段压裂施工曲线

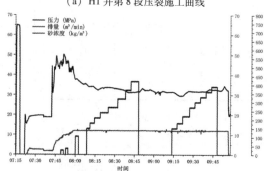

（b）H2 井第 11 段压裂施工曲线

图10 穿层压裂试验现场施工曲线

## 3.2　光纤监测

为直观认识射孔簇开启效率，在 H1 井部署套内泵送式光纤监测工具，针对主压裂施工分析各簇进液情况。在低频图谱中，能量较高位置代表该深度光纤周围射孔进液、液体流动等事件较多。光纤监测解释结果表明：①对比暂堵前后瀑布图（图 11），第一小级开启的射孔簇得到有效暂堵，投入暂堵剂后，之前未开启的射孔簇均得到有效改造；②采用限流射孔可以实现 8 簇射孔在暂堵前均能够有效进液，但是进液量有差别，体现出非均衡延伸的特点。

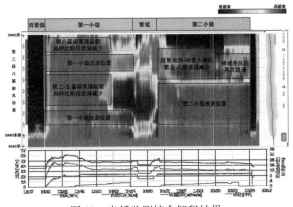

图 11　光纤监测综合解释结果

## 3.3　生产动态

收集两口水平井压后 851 天的生产数据，如图 8 所示，其中 H1 井初期日产油 21.76 t/d，累产油 12786 t，H2 井初期日产油 29.93 t/d，累产油 14637 t。两口井平均初期日产油与附近平台相比，1000 米水平段归一化初期产量提高 16.9%。在国际原油价格 45 美元/桶条件下，试验井平均内部收益率为 22.6%，财务净现值 787.5×10^4 元，吨油完全成本降低 5.4%。

因为页岩油储层渗透率极低，因此常规的开发理论和产量预测方法，例如 Arps 递减模型等，并不适用于非常规储集层水平井产量预测。对绝大多数非常规储集层的水平井来说，其生产动态可以归结为三个流动阶段，包括缝长控制的不稳态线性流、基质向裂缝的过渡流、由边界控制的拟稳态流。本文通过 YM-SEPD、YM-SEPD+双曲递减、Duong、Duong+双曲递减等多种方法拟合并预测水平井产量，采用 YM-SEPD+双曲递减方法计算得到两口井的 EUR 最为合理，产量与时间的函数关系式为：

$$q = \begin{cases} q_0 e^{-(\frac{t}{\tau})^n}, & t < t^* \\ q_{t^*}(1 + bD_{t^*} \cdot t) - \dfrac{1}{b}, & t \geq t^* \end{cases}$$

其中，递减率为：

$$D_{t^*} = n\tau^{-n}(t^*)^{n-1}$$

计算可得，H1 井 EUR 为 $2.21 \times 10^4$ t，H2 井 EUR 为 $2.28 \times 10^4$ t。

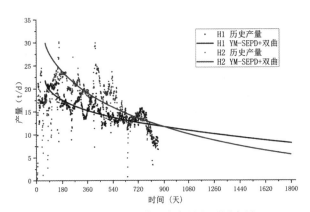

图 12　H1 和 H2 井历史产量和预测产量

## 4　结论

为解决页岩油储层水平井体积改造优化设计中的工程问题，针对鄂尔多斯盆地长 7 储层的地质特征，采用了地质工程一体化的数值模拟方法，开展了穿层压裂技术研究，主要得出以下结论：

（1）建立了三维地质模型和地质力学模型，并对模型中属性参数与测井解释结果的符合率进行了验证。针对综合测井解释中干层段的情况，结合三维地质模型中的砂体分布和岩石力学参数，提出了在水平非储层段进行穿层改造的射孔方案。现场施工结果表明，通过穿层压裂工艺可以有效沟通未钻遇的叠置储层。

（2）光纤监测结果表明，限流射孔结合暂堵的工艺设计，可以实现多簇射孔全部有效开启。

（3）两口井的平均初期日产油量与附近平台相比，1000 米水平段归一化初期产量提高了 10.9%，吨油完全成本降低了 5.4%。这表明结合三维地质认识开展完井设计，有助于提高裂缝对地质储量的控制效果。

### 参　考　文　献

[1] 雷群，翁定为，管保山，等．基于缝控压裂优化设计的致密油储集层改造方法［J］．石油勘探与开发，2020，47（3）：592-599.

［2］雷群，管保山，才博，等. 储集层改造技术进展及发展方向［J］. 石油勘探与开发，2019，46（3）：580-587.

［3］王燚钊，侯冰，王栋，等. 页岩油多储集层穿层压裂缝高扩展特征. 王燚钊［J］. 石油勘探与开发，2021，48（2）：402-410.

［4］程万，金衍，陈勉，等. 三维空间中非连续面对水力压裂影响的试验研究［J］. 岩土工程学报，2015，37（3）：559-563.

［5］侯冰，陈勉，程万，等. 页岩气储层变排量压裂的造缝机制［J］. 岩土工程学报，2014，36（11）：2149-2152.

［6］邹雨时，石善志，张士诚，等. 薄互层型页岩油储集层水力裂缝形态与支撑剂分布特征［J］. 石油勘探与开发，2022，（5）：1-9.

［7］Shihao Wang, Yanbin Zhang, Ouassim Khebzegga, et al. A Semi-Analytical Solution of the Induced Stress Change in a Layered Reservoir Based on the Stress Formulation［C］//Spe/aapg/seg Unconventional Resources Technology Conference, 2022.

［8］Zou, Yush, Ma, et al. Hydraulic Fracture Growth in a Layered Formation based on Fracturing Experiments and Discrete Element Modeling［J］. Rock Mechanics and Rock Engineering, 2017, 50（9）：2381-2395.

［9］Zou Yushi, Zhang Shicheng, Zhou Tong, et al. Experimental Investigation into Hydraulic Fracture Network Propagation in Gas Shales Using CT Scanning Technology［J］. Rock Mechanics and Rock Engineering, 2016, 49（1）：33-45.

［10］Hongjie Xiong, Weiwei Wu, Sunhua Gao. Optimizing well completion design and well spacing with integration of advanced multi-stage fracture modeling & reservoir simulation-a permian basin case study［C］//Spe Hydraulic Fracturing Technology Conference and Exhibition：Onepetro, 2018.

［11］Hongjie Xiong, Songxia Liu, Feng Feng, et al. Optimize Completion Design and Well Spacing with the Latest Complex Fracture Modeling & Reservoir Simulation Technologies-A Permian Basin Case Study with Seven Wells［C］//Spe Hydraulic Fracturing Technology Conference and Exhibition：Onepetro, 2019.

［12］Hongjie Xiong, Raja Ramanthan, Khang Nguyen. Maximizing Asset Value by Full Field Development—Case Studies in the Permian Basin［C］//Unconventional Resources Technology Conference, Denver, Colorado, 22-24 July 2019：Unconventional Resources Technology Conference（urtec）；Society Of …, 2019：527-553.

［13］Hongjie Xiong. The Effective Cluster Spacing Plays the

Vital Role in Unconventional Reservoir Development-Permian Basin Case Studies［C］//Spe Hydraulic Fracturing Technology Conference and Exhibition：Onepetro, 2020.

［14］吴奇，胥云，刘玉章，等. 美国页岩气体积改造技术现状及对我国的启示［J］. 石油钻采工艺，2011，33（2）：1-7.

［15］吴奇，胥云，张守良，等. 非常规油气藏体积改造技术核心理论与优化设计关键［J］. 石油学报，2014，35（4）：706-714.

［16］吴奇，胥云，王腾飞，等. 增产改造理念的重大变革——体积改造技术概论［J］. 天然气工业，2011，31（4）：7-12，16，121-122.

［17］吴奇，胥云，王晓泉，等. 非常规油气藏体积改造技术——内涵、优化设计与实现［J］. 石油勘探与开发，2012，39（3）：352-358.

［18］雷群，胥云，杨战伟，等. 超深油气储集层改造技术进展与发展方向［J］. 石油勘探与开发，2021，48（1）：193-201.

［19］雷群，杨战伟，翁定为，等. 超深裂缝性致密储集层提高缝控改造体积技术——以库车山前碎屑岩储集层为例［J］. 石油勘探与开发，2022，（5）：1-13.

［20］Sau-Wai Wong, Mikhail Geilikman, Guanshui Xu. Interaction of multiple hydraulic fractures in horizontal wells［C］//Spe Unconventional Gas Conference and Exhibition：Onepetro, 2013.

［21］Xiaowei Weng, Olga Kresse, C Cohen, et al. Modeling of hydraulic-fracture-network propagation in a naturally fractured formation［J］. Spe Production & Operations, 2011, 26（4）：368-380.

［22］Nancy Zakhour, Matt Jones, Yu Zhao, et al. HFTS-2 Completions Design and State-of-the-Art Diagnostics Results［C］//Unconventional Resources Technology Conference, 26-28 July 2021：Unconventional Resources Technology Conference（urtec）, 2021：1162-1185.

［23］Shaoyong Y.-U., 刘玉慧. 页岩及致密地层油气井的生产特征及可采储量计算方法［J］. 油气藏评价与开发，2021，11（2）：12-19.

［24］Krunal Joshi, John Lee. Comparison of various deterministic forecasting techniques in shale gas reservoirs［C］//Spe Hydraulic Fracturing Technology Conference：Onepetro, 2013.

［25］D. R. Long, M. J. Davis. A New Approach to the Hyperbolic Curve［C］//Spe Production Operations Symposium, 1987.

［26］Shaoyong Yu, Dominic J Miocevic. An improved method to obtain reliable production and EUR prediction for wells with short production history in tight/shale reservoirs ［C］//Spe/aapg/seg Unconventional Resources Technology Conference：Onepetro，2013.

［27］ Shaoyong Yu. Best practice of using empirical methods for production forecast and EUR estimation in tight/shale gas reservoirs ［C］//Spe Unconventional Re-

sources Conference Canada：Onepetro，2013.

［28］ Shaoyong Yu，Zhixiang Jiang，W John Lee. Reconciling empirical methods for reliable EUR and production profile forecasts of horizontal wells in tight/shale reservoirs ［C］//Spe Canada Unconventional Resources Conference：Onepetro，2018.

# 多物理场耦合作用下含压裂返排液页岩油采出液强化破乳脱水技术研究

梁月玖[1]   李 庆[1]   陈朝辉[1]   杨东海[2]   李默翻[2]

[1. 中国石油天然气股份有限公司规划总院；2. 中国石油大学（华东）]

**摘 要** 以页岩油为代表的"非常规能源"已逐渐成为全球新增能源供给的主力军，国内页岩油资源分布较为广阔。页岩油与常规油藏开发存在较大差异，通常采用压裂方式开发。含压裂返排液页岩油中含有多种药剂，原油乳状液具有粒径小、油水界面强度高的特点，导致乳状液稳定性极强，使用传统的热化学脱水或电脱水技术难以对页岩油实现高效稳定处理。为解决页岩油乳状液油水分离难度大、脱水规律认识不清、单电场脱水效果不稳定等问题，本文通过构建电场-磁场-超声场耦合的脱水实验系统，研究页岩油乳状液在不同单物理场及运行参数作用下的脱水特性，以期获得最优脱水效果的多物理场组合方式及运行参数。实验结果表明，单一电场作用下页岩油脱水效率在一定范围内随电场强度、电场频率、作用时间及处理温度的增大而增大；单独施加磁场或超声场的情况下，对页岩油乳状液的脱水效果甚微；双物理场组合脱水实验表明，电场-磁场耦合与单一电场作用相比，磁场的耦合并未显著提升脱水处理效果，并且随着磁场施加时间和磁场强度的增加，脱水效果呈现变差的趋势。而在电场-超声场耦合作用下，页岩油乳状液脱水效率得到了有效提升；多物理场组合脱水实验表明，电场-磁场-超声场耦合作用的方式对页岩油乳状液破乳脱水效果显著，可使处理后的页岩油含水率最低降至0.28%。

**关键词** 页岩油；乳状液；电场；磁场；超声场；相对脱水率

## 1 引言

页岩油被视为传统石油领域的重要接续。我国具有丰富的页岩油资源，具体涵盖20个省份和自治区、47个盆地以及80个含矿区域，其中页岩油资源总量为476亿吨，且目前可回收的页岩油资源预估可达120亿吨。然而，由于页岩油独特的地质储存条件以及压裂开发的特殊方式，采出液中混有由活性水、交联剂、稠化剂、破胶剂等复杂药剂组成的压裂返排液，同时页岩油本身具有高凝点、高含蜡量、高析蜡点等特点，使得含压液返排液页岩油乳状液粒径小，油水界面强度高，稳定性极强。目前，针对含压裂返排液页岩油采出液的脱水方式主要有两种，分别为热化学脱水和电脱水。根据现场应用情况来说，采用传统的热化学脱水方式存在运行能耗高、破乳剂使用量大、脱水时间长等问题。采用电脱水方式存在电场不稳定、脱水效果波动的问题。因此，如何实现含压液返排液页岩油采出液高效稳定脱水，是目前非常规原油开发地面工程领域亟需攻克的技术难题。

高频脉冲电脱水技术是一项新兴的原油高效破乳的研究方向，国内一些高校及科研单位开展了相关的攻关工作。牛俊邦等人采用二次逆变变压器升压方式，研制开发了电压、频率和占空比连续可调的HTA系列矩形波交流脉冲电源，并结合海上原油进行了室内静态和动态脱水试验，确定最佳频率范围为4300Hz~4500Hz。金有海等人认为由于油水乳状液呈容性负载特性，当脉冲频率低时，乳状液的电容较大，分布在乳状液上的电压较低；当频率增大时电压增大，频率较高时，作用于乳状液上的电场强度较高，从而促进了液滴的聚并。陈庆国等人研制开发了以三相全桥可控整流、IGBT全桥逆变为核心的高频脉冲原油脱水电源，电源频率在1kHz~5kHz之间自由调节，并且在大庆油田某联合站内成功进行了现场试验，具有脱水效率高、节能和运行稳定等优点。此外，为了进一步提高电脱水的效率，研究人员还将其他物理场与电场耦合进行原油脱水研究。薄家欣研究了超声与电场联合作用下原油乳化液脱水特性，在超声强度为0.5W/cm²、超声频率为28kHz、电场强度为2kV/cm、频率为1000Hz的条件下，对含水率为20%、脱水温度为60℃的普通中质原油乳化液进行脱水处理，发现声电共同作用的效果高于单电场。郭凯等人开展了电场与磁场耦合作用下油包水乳状液的脱水研究，发现电场与磁场同步垂直方式耦合的脱水效果优于电场与磁场顺序施加或者两场方向平行施加的脱水效果。

尽管电场与外加其它物理场耦合脱水的研究取得了一定进展，但目前的研究对象多以常规原油或配置的模拟油为主，还未有以页岩油为研究对象的多物理场耦合破乳脱水的相关研究。此外，电场、磁场以及超声场的耦合将导致油包水分散体系中的油水相互作用复杂多变，目前对于多场耦合与脱水效率之间的关联关系还未有定论。

## 2 技术思路和研究方法

### 2.1 技术思路

本文以含压裂返排液的页岩油为研究对象，搭建电场-磁场-超声场多物理场耦合脱水实验系统，分别研究单场、双场耦合以及多场耦合作用下的页岩油破乳脱水特性。结合不同物理场的施加强度、施加频率、作用时间参数下脱水效果及规律，分析实验结果的内在影响因素，提出最优的多物理场组合方式及运行参数，为含压裂返排液页岩油破乳脱水工艺的设计与优化提供科学的理论指导。

### 2.2 研究方法

本研究实验样品取自国内某油田页岩油开发区块，测试了该油样的油水界面张力、Zeta 电位、相对介电常数以及油品的四组分和含蜡量，明确油样乳状液特性。搭建可同时正交方向施加电场-磁场-超声场的耦合脱水实验系统，施加不同特性参数下的物理场，以破乳脱水实验结果为基础，分析各物理场对页岩油 W/O 型乳状液的作用方式，提出最优多物理场施加方案。

#### 2.2.1 油样及特性

本研究所使用的页岩油样品在 40 倍显微下的初始粒径分布如图 1 所示。可以看到，该页岩油样的含水率较高，且油中水滴细小且密集，乳化程度高。

图 1 页岩油样初始粒径显微图

另外，采用国标方法分别测试了页岩油样的密度与粘度，测试结果如图 2 所示。通过数据拟合获得了该页岩油样的密度曲线公式：$\rho = -7.88 \times 10^{-4} \cdot t + 0.94$。

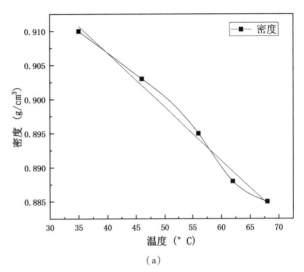

(a)

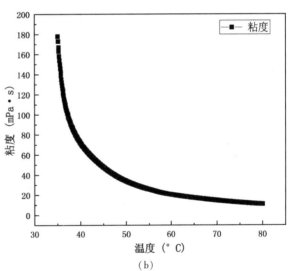

(b)

图 2 页岩油样基础物性 (a) 密度-温度曲线，(b) 粘度-温度曲线

为进一步明确页岩油样品的乳化特性，测试了该油样的油水界面张力、Zeta 电位、相对介电常数以及油品的四组分和含蜡量，测试结果如表 1 所示。

表 1 影响页岩油乳化特性的参数测定值

| 参数 | 测定值 |
| --- | --- |
| 油水界面张力，mN/m | 25.41 |
| Zeta 电位，mV | −5.06 |
| 相对介电常数 | 1.94 |
| 蜡含量，m% | 16.47 |

| 参数 | 测定值 |
| --- | --- |
| | 续表 |
| 饱和分，m% | 50.86 |
| 芳香分，m% | 16.07 |
| 胶质，m% | 17.47 |
| 沥青质，m% | 0.50 |

### 2.2.2 实验系统

本研究所采用的电场-磁场-超声场耦合脱水实验系统如图 3 所示。将 HTD 系列逆变式交流电源与实验样槽的上极板连接，下极板接地，以此在样槽中产生沿 Z 轴方向的高频脉冲电场，同时交流电源的电压与电流信号由示波器跟踪监测。将 PEM-120AC 型电磁铁与直流电源连通，可在样槽中生成沿 X 轴方向的恒稳磁场。将 AFG1022 型任意波形信号发生器与 HFVA-62 高频线性功率放大器连接，可向超声波换能器供给电压，超声波换能器再将电信号转换为超声波以在样槽中产生沿 Y 轴的声波场，这一过程的功率信号由 3332 型单相高频功率计监测。通过上述实验系统实现了对样槽中页岩油乳状液电磁超声耦合场的施加。

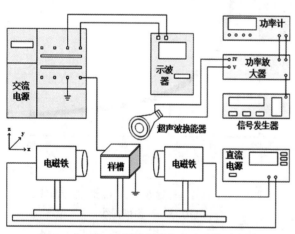

图 3　电-磁-超声耦合脱水实验系统示意图

## 3　结果和效果

本研究采用含水率 $\varphi$ 与相对脱水率 $\eta$ 来评价页岩油在外加物理场作用下的脱水效果，具体计算公式如下所示：

$$\varphi = \frac{m_1}{m_1 + m_2} \times 100\% \quad (1)$$

$$\eta = \frac{V_2}{V_1} \times 100\% \quad (2)$$

式中：$m_1$ 和 $m_2$ 分别为页岩油乳状液中水和油的质量，mg；$V_1$ 和 $V_2$ 分别代表页岩油乳状液初始总含水体积和脱水沉降出的水体积，mL。

### 3.1　单物理场作用下的页岩油脱水特性

单一电场作用下页岩油乳状液的脱水效果如图 4 所示。由图 4（a）可知，随着电场强度的增加页岩油含水率持续降低，电场强度在 0～100 kV/m 与 200 kV/m 以上时，页岩油含水率与相对脱水率降低幅度均较低，电场强度在 100～200 kV/m 间时，页岩油含水率与相对脱水率降低幅度较大。在为 0～100 kV/m 的电场强度范围内，液滴间的静电作用力较小，难以克服粘滞力等阻力，液滴间碰撞聚结效率不强；而当电场强度达到 100～200 kV/m 时，静电作用力足够大，增加液滴变形度，降低油水界面张力，相邻水滴充分碰撞聚结，进而脱水效果在此阶段增幅较大；当电场强度达到 200 kV/m 以上时，相对脱水率变化较小。因此，综合考虑脱水效果及电能能耗问题，得到最优电场强度为 200kV/m。

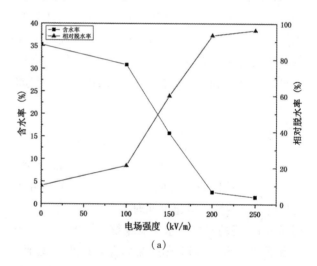

（a）

由图 4（b）可知，随着电场频率的增加，相对脱水率升高，这印证了高频脱水的优越性。因此，得到最优电场频率为 5kHz。由图 4（c）可以发现，在 0～60min 内，随着电场作用时间延长，相对脱水率逐渐升高，脱水效果越来越好，且曲线上升速度很快；在 60min 之后，相对脱水率反而反复波动，即存在最佳的加电时间。这可能是因为超高频的变压器加速了液滴的振荡聚结和偶极聚结，液滴在短时间内就可以聚结成大液滴沉降下来，当电场作用时间继续增加时，大液滴可能会发生"电分散"现象，破裂成微小液滴，从而使液滴平均粒径变小，相对脱水率反而下降，因此 60 min 后再施加电场意义不大。综合考虑脱水效果及热能、电能能耗问题，得到最优电场作用时间为 60 min。根据图 4（d），随着温度的升高，相对脱水率升高，脱水效果更好，这是因为油品粘度降低，更利于液滴聚结沉降；当温度达到 75℃时，油品含水率已低至 0.5%以下，再提升温度的意义不大。故综合考虑脱水效果及热能损耗，得到最优操作温度为 75℃。

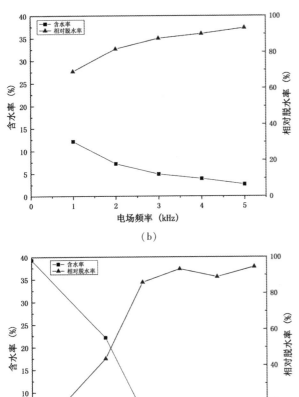

（b）

（c）

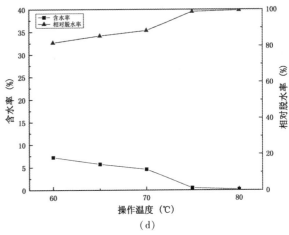

（d）

图 4　单一电场作用下页岩油脱水特性
（a）电场强度影响，（b）电场频率影响，
（c）电场作用时间影响，（d）操作温度影响

单一磁场与单一超声场作用下的页岩油脱水结果分别如表 2 和表 3 所示。磁场与超声场的强度均为实验系统中电磁铁与超声波换能器所能输出的最大外场强度。根据脱水结果可知，单一磁场与单一超声场对页岩油样的处理效果较差，与常规重力沉降的脱水效率接近，因此不能单独将磁场或超声场作为页岩油处理手段。

### 3.2　双物理场耦合作用下的页岩油脱水特性

根据单物理场的脱水实验结果可以发现，单一电场对页岩油的破乳脱水效果最佳，而单一磁场与单一超声场几乎不具备脱水效果。因此，为进一步探究双物理场耦合作用下的页岩油脱水特性，将以电场为主要作用场，分别以磁场与超声场为辅助调控场。

**表 2　单一磁场与单一超声场作用下的页岩油脱水结果**

| 外场强度 | 作用时间 | 处理温度 | 处理前含水率 | 处理后含水率 | 相对脱水率 |
|---|---|---|---|---|---|
| 单一磁场 | | | | | |
| 210 mT | 10 min | 70℃ | 24.92% | 22.42% | 10.00% |
| 210 mT | 30 min | 70℃ | 24.92% | 23.21% | 6.86% |
| 单一超声场 | | | | | |
| 0.35 W/cm$^2$ | 10 min | 70℃ | 24.92% | 24.45% | 1.89% |
| 0.35 W/cm$^2$ | 30 min | 70℃ | 24.92% | 23.55% | 5.50% |

首先开展了电-磁耦合场作用下的页岩油脱水特性实验。具体的外场设置方式为：在 70℃下，电场参数固定为 150kV/m、5kHz 以及作用 45 min，磁场方向与电场方向垂直，磁场强度与磁场同步

作用时间作为研究变量，经过耦合场处理后页岩油乳状液的最终含水率如图 5 所示。可以看到，与单一电场在相同工况下的脱水效果对比，磁场的耦合并未显著提升脱水处理效果，并且随着磁场

时间的增加，脱水效率先增加后减小。随着磁场强度增加，脱水效果变差。这可能是由于磁场的耦合延缓了液滴电聚结期间的液桥演变过程，增大了液滴聚结行为的不稳定性，使得液滴的聚结与沉降效率降低。

滴接触与聚结的机率，有效提升了液滴的聚结与沉降效率。

表3 电-超声耦合场处理后的页岩油最终含水率

| 超声场作用时间 | 耦合场处理后含水率 |
| --- | --- |
| 20min | 0.48% |
| 20min | 0.45% |
| 20min | 0.40% |
| 30min | 0.41% |

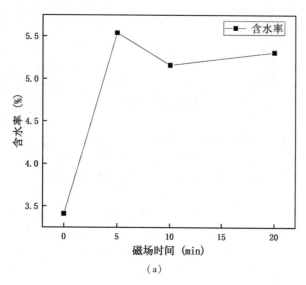

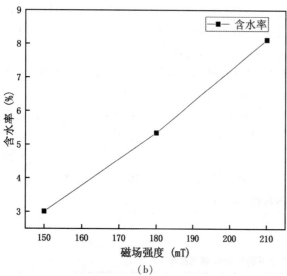

图5 电-磁耦合场作用下页岩油脱水特性
（a）磁场作用时间影响，（b）磁场强度影响

此外，还开展了电-超声耦合场作用下的页岩油脱水特性实验。具体的外场设置方式为：在70℃下，电场参数固定为150kV/m、5kHz以及作用时间为45 min，超声场方向与电场方向垂直，强度为0.35 W/m²，同步作用时间分别设置为20 min和30 min，实验结果列举于表3中。可以发现，在电场的基础上耦合超声场可以显著提升页岩油的脱水效率。这是因为超声波的条带效应使得液滴聚集于超声波场的波峰与波谷位置，这增大了液

### 3.3 多物理场耦合作用下的页岩油脱水特性

通过两场耦合的页岩油脱水实验可知，电场与超声场的耦合效果优于电场与磁场的耦合效果。为了进一步获得更佳的页岩油脱水方式，探究最优的破乳脱水效率，开展了将电场、磁场和超声场相耦合的多物理场作用下的页岩油脱水特性研究，实验结果如表4所示。由脱水实验结果可以看到，将电、磁与超声多物理场同步耦合作用后，页岩油的含水率显著降低，达到了合格油含水标准。并且，与单场与双场的脱水效果对比发现，多场耦合作用可以在更小的电场强度以及电场作用时间下获得更小的页岩油含水率，这也意味着多物理场耦合作用在处理页岩油时具有最优的脱水效率。这是因为油中水滴在多物理场耦合作用下同时受电场力、声场力以及极化电磁力的耦合作用，使得液滴的迁移轨迹更加复杂多变，极大程度增大了液滴间的接触与聚结机率。本实验所获得的最优的多物理场耦合脱水参数为：电场强度150kV/m、电场频率5kHz、电场作用时间60 min、磁场强度210 mT、磁场作用时间10 min、超声场强度0.35 W/m²、超声场作用时间20 min、操作温度80℃。

## 4 结论

本文通过构建多物理场耦合脱水实验系统，分别研究了含压裂液页岩油在单场、双场耦合以及多场耦合作用下的破乳脱水特性，主要结论如下：

（1）单一电场作用下，页岩油的脱水效率随着电场强度、电场频率、电场作用时间以及操作温度的增大而增大；而单一磁场与单一超声场作用对页岩油几乎不具备脱水效果。

表4　电-磁-超声耦合场处理后的页岩油最终含水率

| 电场强度 kV/m | 电场频率 kHz | 电场时间/min | 磁场强度/mT | 磁场时间/min | 超声场强度/W/cm² | 超声场时间/min | 操作温度/℃ | 处理后含水率 |
|---|---|---|---|---|---|---|---|---|
| 150 | 5 | 60 | 210 | 10 | 0.35 | 20 | 70 | 0.38% |
| | | | | | | 20 | 70 | 0.35% |
| | | | | | | 20 | 70 | 0.30% |
| | | | | | | 30 | 70 | 0.31% |
| | | | | | | 20 | 80 | 0.28% |

（2）在电-磁耦合场作用下，页岩油脱水效率随着磁场的增大反而有所降低，这与耦合磁场延缓液滴聚结期间的液桥演变效应有关；而由于超声场的条带效应，在电场的基础上耦合场声场可以显著提升页岩油的脱水效率。

（3）电-磁-超声多物理场耦合作用处理页岩油时具有最优的脱水效率，在电场强度为150kV/m、电场频率为5kHz、电场作用时间为60 min、磁场强度为210 mT、磁场作用时间为10 min、超声场强度为0.35 W/m²、超声场作用时间为20 min以及操作温度为70℃的参数设置下，页岩油含水率可降低至0.4%以下，满足合格油标准。

## 参 考 文 献

［1］刘招君，董清水，叶松青，等. 中国油页岩资源现状［J］. 吉林大学学报（地球科学版），2006，（06）：869-876.

［2］Donghai Yang, Mofan Li, Xiaorui Cheng, et al. Electrical dehydration performance of shale oil：From emulsification characteristics to dehydration mechanisms［J］. Colloids and Surfaces A：Physicochemical and Engineering Aspects, 2023, 676：132205.

［3］冯小刚，黄大勇，叶俊华，等. 高频脉冲原油脱水技术在页岩油处理中的应用［J］. 油气田地面工程，2021，40（10）：29-34.

［4］杨东海，程晓瑞，栾健，等. 大港页岩油高频脉冲处理参数优化研究［J］. 辽宁石油化工大学学报，2023，43（02）：1-6.

［5］牛俊邦，王建军，曾雄飞. 一种新型的实验室用老化油电脱水装置［J］. 机电产品开发与创新，2013，26（06）：55-57.

［6］金有海，胡佳宁，孙治谦. 高压高频脉冲电脱水性能影响因素的实验研究［J］. 高校化学工程学报，2010，24（6）：917-922.

［7］陈庆国，魏新劳，王永红，等. 复合式原油电脱水高压电源及其控制装置［P］. 黑龙江：CN101550353，2009-10-07.

［8］薄家欣. 超声与电场联合作用下原油乳化液脱水特性及机理研究［D］. 哈尔滨理工大学，2020.

［9］Kai Guo, Yuling Lv, Limin He, et al. Experimental study on the dehydration performance of synergistic effect of electric field and magnetic field［J］. Chemical Engineering & Processing, 2019, 142：107555.

［10］Kai Guo, Yuling Lv, Limin He, et al. Separation characteristics of water-in-oil emulsion under the coupling of electric field and magnetic field［J］. Energy & Fuels, 2019, 33：2565-2574.

［11］Kai Guo, Yuling Lv, Limin He, et al. Experimental study on the effect of spatial distribution and action order of electric field and magnetic field on oil-water separation［J］. Chemical Engineering & Processing, 2019, 145：107658.

［12］Xiaoming Luo, Haipeng Yan, Xin Huang, et al. Break-up characteristics of aqueous droplet with surfactant in oil under direct current electric field［J］. Journal of Colloid and Interface Science, 2017, 505：460-466.

［13］Mofan Li, Donghai Yang, Conglei Chen, et al. Expansion and growth of liquid bridge in saline water-in-oil emulsion under synchronized magnetic field coupled low-intensity electric field［J］. Physics of Fluids, 2024, 36：072013.

［14］Xiaoming Luo, Juhang Cao, Haoran Yin, et al. Droplets banding characteristicsof water-in-oil emulsion under ultrasonic standing waves［J］. Ultrasonics Sonochemistry, 2018, 41：319-326.

# 基于集成学习和知识图谱的页岩气压裂方案优化

林　霞　徐　超　米　兰　惠思源　郝冠宇

（中国石油勘探开发研究院；中国石油勘探开发人工智能技术研发中心）

**摘　要**　页岩气作为一种重要的非常规天然气资源，具有广阔的开发前景和重要的战略意义。页岩气储层具有非均质性强、低孔低渗的特征，水力压裂是页岩气储层改造增产的重要措施，其设计流程复杂、影响因素众多。为了实现压裂方案的快速和精准优化，本文提出一种基于集成学习和知识图谱的压裂方案优化方法。收集整理大量地质、测井、射孔、压裂施工及生产等数据，通过梳理压裂领域知识体系，构建压裂领域知识图谱；多维度、多尺度提取精细描述地质特征、工程特征的参数；运用相关性分析方法进行页岩气井压裂效果主控因素分析；基于 XGBoost、随机森林、梯度提升三种算法构建基础模型，利用投票回归器聚合多个基础模型的预测结果，最终构建压裂效果预测模型，实现压裂方案优化。本研究以某页岩气区块的 640 余口压裂井为对象，结果表明，水平段长、有机碳含量、总含气量、用液强度、加砂强度、裂缝簇数等因素对压裂效果影响显著；压裂效果预测结果与实际吻合率达 90% 以上，压裂方案设计工作时效提高了 20 倍以上。研究成果可为压裂效果预测和压裂工程参数优化提供科学依据，大幅度提高压裂设计的工作效率和工作质量，提升压裂施工成功率。

**关键词**　页岩气井；压裂方案优化；集成学习；知识图谱

页岩气作为一种重要的非常规能源，其储量在全球范围内分布广泛，具有巨大的开发潜力。页岩气藏因其独特的低孔低渗等特性，导致在未经人工干预的情况下，单井往往难以自然产出或产量远低于工业气流的最低要求。页岩气井需要通过水力压裂改造技术，人为形成复杂而密集的裂缝网络，用以沟通天然裂缝，形成便于油气运移的高速通道。压裂方案设计的准确性对于压裂施工及后续开发至关重要。如何高效、准确地设计页岩气井压裂方案，成为提高页岩气资源开发效果的关键一环。

压裂领域涉及油气勘探、生产的多个环节，相关专业与学科很宽泛，其中的地质、油气藏、钻井、测井、录井、试油试采、压裂和油气生产等资料数据既相互关联又相互独立，因此该领域对多学科专业知识有需求并具有独特的领域复杂性。目前压裂方案优化面临的问题：①前期基础数据整理繁琐、工作量大、效率低；②非常规储层具有低孔低渗、非均质性强等特点，大大增加了压裂设计及压裂施工难度；③压裂方案设计专业性强，严重依赖专家经验。

近年来，随着人工智能技术的发展，机器学习/深度学习算法也在多学科领域不断交叉融合，国内外学者已经开展了大量的研究，使用的方法包括 BP 神经网络、支持向量机（SVM）、自回归（AR）、人工神经网络（ANN）等。研究发现，人工智能算法的选择不当会导致训练过程冗长、预测精度低下，甚至出现过拟合的现象。此外，数据信息的丰富程度也对预测结果产生着重要影响，不同类型的样本数据往往会带来不同的预测精度。

本文提出了基于集成学习和知识图谱的的页岩气井压裂方案设计方法。利用知识图谱整合多源数据，基于集成学习方法，应用 XGBoost、随机森林、梯度提升等算法构建基础模型，利用组合策略聚合多个基础模型的预测结果，构建智能压裂分析预测模型，进行页岩气井压裂方案设计。

## 1　压裂领域知识图谱构建

知识图谱在大数据分析、智能推荐以及可解释人工智能等方面具有强大优势。基于知识图谱的检索方法是以实体为基础通过实体间大量关系进行检索的，并将实体的属性及属性值返回给用户。知识图谱能够将结构化、半结构化以及非结构化数据融合处理，并且图模式的知识存储方式有利于挖掘知识的内在关联。知识图谱能够以结构化的方式描述现实世界中不同概念、实体以及它们之间的关系，可以将压裂领域的知识通过知识图谱表达成更容易让人类接受的形式，梳理出压裂领域知识的体系架构，更好的发挥压裂领域相关数据的价值。

知识图谱的构建主要包括本体构建、知识获取、知识融合、知识存储及知识应用5个部分。压裂领域知识图谱的构建应遵从业务驱动设计的原则，针对不同类型油气藏的特点，融合压裂设计施工相关的大量测井、录井、试油、钻井、压裂和生产动态等多源结构化数据以及研究报告、文献和多媒体等非结构化资料，由知识体系分类、本体模型构建、命名实体识别、关系抽取、知识融合以及知识图谱生成等部分组成。本文以某致密砂岩区块为例构建压裂领域知识图谱，建立快速准确的压裂效果预测推理机制，探索基于知识图谱的压裂方案智能优化方法与技术。

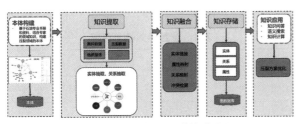

图 1　压裂领域知识图谱构建流程

## 1.1　压裂领域本体构建

本体构建是知识图谱构建的基础，由对象、活动和特征等3部分组成，活动作用于对象，特征用于描述活动和对象。最基本的本体包括概念、概念层次、属性、属性值类型、关系、关系定义域概念集以及关系值域概念集，可采用自顶向下和自底向上相结合的方法构建。

### 1.1.1　专业术语定义及分类

①整理测井专业领域内的概念和特有表达，添加相关的信息，并确定同义词。

从水平、垂直两个方向进行考虑：水平方向指的是领域的广度，例如在测井领域中，到底需要包括哪些概念。垂直方向指的是领域的深度，需要考虑包含何种粒度的专业词汇，如果粒度太小会导致低效率过载，如果粒度太大会造成信息遗漏。

②确定概念、属性、关系，并对专业词汇按照专业知识分类及层级划分。

例：测井工作作用于井，产生测井曲线，GR曲线低值为储层。活动：测井，对象：井、测井曲线、GR曲线、储层，特征：储层特征为GR曲线低值。

③将前面确定的词语概念，语义关系整合，形成本体。

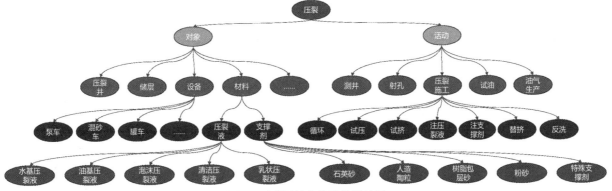

图 2　压裂领域本体结构描述图

## 1.2　知识图谱构建

### 1.2.1　信息抽取

完成压裂领域知识本体建模后，即可对区块内多源异构的知识成果、经验认识及结构化数据进行深度知识抽取和管理，主要包括命名实体识别、关系抽取、属性分类和属性值提取。

知识抽取的目标包括：各个类别的实体，实体之间的关系，实体的属性值。知识抽取可以简单叫做三元组抽取。

例：XX井XX压裂段孔隙度主要分布范围（2.0~7.0）%，平均值4.7%，中值4.5%。

表 1　三元组抽取示例

| 实体 | 属性 | 属性值 |
| --- | --- | --- |
| XX 压裂段 | 孔隙度分布范围 | （2.0~7.0）% |
| XX 压裂段 | 孔隙度平均值 | 4.7% |
| XX 压裂段 | 孔隙度中值 | 4.5% |

### 1.2.2　知识融合

知识融合用于将知识映射结果中潜在的同一实体进行匹配及合并，包括：实体匹配、属性对齐、冲突消解等。通过针对不同类型的实体定义匹配的相似度函数和阈值，完成同一实体的匹配及

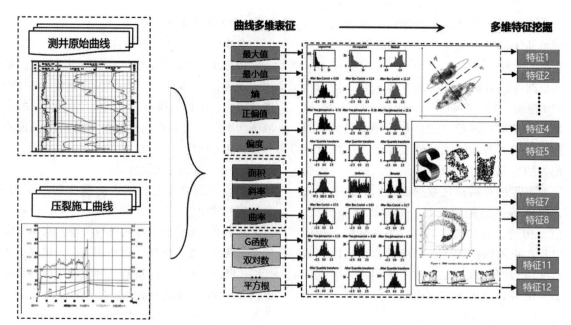

图 4    曲线多维特征参数提取

融合功能。压裂领域知识的融合包括概念层和实体层的融合，概念层的融合主要是基于压裂领域本体的知识扩展，实体层的融合则采用实体链接技术。

例：<NXX1 压裂段·孔隙度·（2.4~7.2)%>
　　<NXX2 压裂段·孔隙度·（2.1~6.8)%>

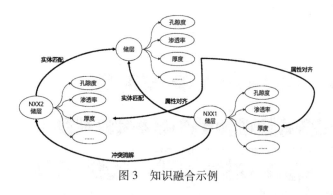

图 3    知识融合示例

## 2    页岩气压裂方案设计模型构建

### 2.1    主控因素分析

Pearson 相关性分析用于衡量两个变量之间的线性关系强度和方向。该方法基于协方差的概念，通过计算两个变量的协方差除以它们各自的标准差的乘积，得到一个范围在 -1 到 1 之间的相关系数。

$$r_{xy} = \frac{n\sum XY - \sum X \sum Y}{\sqrt{[N\sum X^2 - (\sum X)^2][N\sum Y^2 - (\sum Y)^2]}}$$

其中，X 为各分析因素，Y 为产能。

表 1    参数相关性分级表

| 相关系数 | 相关性 |
|---|---|
| 1 | 极强相关性 |
|  | 强相关 |
| 0.6 | 中等程度相关 |
|  | 弱相关 |
|  | 极弱相关或无相关 |

### 2.2    曲线多维特征参数提取

针对测井曲线、压裂施工曲线，开展多维度特征的提取和融合，深度强化学习表征多信息特征，曲线多维特征与相关业务数据相结合，为精准建模提供特征基础。主要为曲线的数值特征（最大值、最小值、均值和中位数等）、形态特征（方差、标准差和基线偏移度等）及曲线之间组合关系特征。测井曲线选择包括 SP、GR、AC、DEN、CNL 等，压裂施工曲线包括油压、套压、排量、砂比等。

### 2.3    基于集成学习的压裂效果预测模型

应用梯度提升、XGBoost、随机森林等算法构建基础模型，利用投票回归器聚合多个基础模型的预测结果，对所有模型预测值进行加权平均，构建压裂效果预测模型。

满足使用投票法获得较好结果的两个条件：
①基模型之间的效果不能差别过大。
②基模型之间应该有较小的同质性。

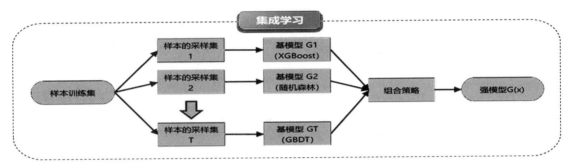

图 5　基于集成学习的压裂效果预测模型

## 3　应用案例及效果

### 3.1　页岩气井资料收集处理

　　收集某页岩气区块 640 余口压裂井的地质数据、测井数据、压裂施工数据、射孔数据、生产数据等资料。对海量数据进行清洗、质量分析、数据预处理和业务检查，并结合区块实际情况，对数据进行处理和加工，消除数据错误和噪声。包括去重、填补缺失值、异常值处理和数据格式转换等。

　　（1）数据去重：去除数据集中的重复记录。通过比较记录中的唯一标识符或关键字段来实现。

　　（2）缺失值处理：如果数据集的质量较高，则填补数据集中的缺失值，使用插值、平均值、中位数、众数等方法进行处理；如果数据集的质量较差，就对缺失值做剔除处理。

　　（3）异常值处理：检测和处理数据集中的异常值，对异常值进行删除或替换为可接受的值。

　　（4）数据归一化及标准化：将数据格式标准化为一致的格式，以便于处理和分析。

### 表 1　压裂影响因素表

| 影响因素 | 影响因素 | 影响因素 | 影响因素 | 影响因素 |
| --- | --- | --- | --- | --- |
| 压裂段深度 | 天然裂缝发育程度 | 射孔厚度 | 停泵压力 | 裂缝簇数 |
| 储层有效厚度 | 固井质量 | 孔密 | 支撑剂总量 | 裂缝导流能力 |
| 声波时差 | 横波时差 | 孔径 | 加砂强度 | 日产油量 |
| 体积密度 | 地层系数 | 射孔方位 | 前置液量 | 日产气量 |
| 自然伽马 | 杨氏模量 | 油压 | 顶替液量 | 日产水量 |
| 电阻率 | 泊松比 | 套压 | 平均砂比 | 日产液量 |
| 泥质含量 | 水平最小主应力 | 排量 | 综合砂比 | 累产油 |
| 孔隙度 | 破裂压力 | 砂比 | 最高砂比 | 累产气 |
| 渗透率 | 水平最大主应力 | 入地液量 | 延伸压力 | 累产水 |
| 含气饱和度 | 脆性指数 | 携砂液量 | 压裂液总量 | 累产液 |
| 有机碳含量 | 可压性指数 | 最大排量 | 裂缝半长 | …… |

### 3.2　主控因素分析

　　基于整理后的页岩气井数据，分别利用 Pearson、Spearman、Kendall 三种相关性分析方法进行压裂产能主控因素分析。综合三种方法分析结果，结合业务认识，最终确定影响压裂后产能的主控因素。

　　结果表明，水平段长、有机碳含量、总含气量、用液强度、加砂强度、裂缝簇数等因素对压裂效果影响显著。

### 3.3　压裂效果预测模型

　　基于页岩气井压裂样本库，利用集成学习对压裂后产能进行预测。应用梯度提升、XGBoost、随机森林等算法构建基础模型，利用投票回归器聚合多个基础模型的预测结果，对所有模型预测值进行加权平均，构建压裂效果预测模型。

　　目前使用集成学习方法构建的压裂效果预测模型，模型准确率为 92.3%。

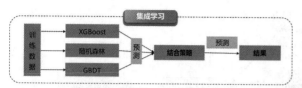

图 6 压裂产能预测模型构建

### 3.4 现场应用

本研究在某页岩气区块进行实际应用，目前共进行了 50 余口压裂井的产能预测。并基于建立的压裂产能预测模型，实现压裂工程参数优化，为压裂设计提供参考。

某页岩气井 well1 水平段井段巷道位置距五峰组底平均 5.0m，平均总孔隙度 5.8%，平均总有机碳 4.3%，平均总含气量（1.0）5.8m³/t，平均脆性指数（含碳酸盐）72.2%，页岩中有机碳、含气量高，测井资料显示，斯通利波衰减指示井段 3300～3345m，厚 45m；3435～3525m，厚 90m；4180～4275m，厚 95m；4450～4520m，厚 70m 可能存在细微裂缝；蚂蚁体预测过井裂缝可能发育 2 段，井段 3480m～3550m 弱响应（未过井，距 5m），井段 4650m～4800m 弱响应。脆性矿物含量高，利于水力压裂。

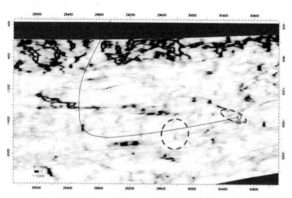

图 7 蚂蚁追踪裂缝预测图

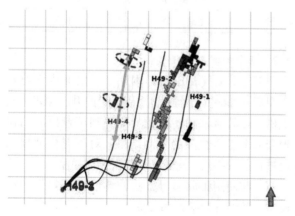

图 8 蚂蚁体裂缝预测顶视图

压裂效果预测：分别以四种不同主题为目标进行预测，预测结果与实际数据进行对比，相对误差在 10% 以内。

压裂工程参数优化：以 EUR 最优为目标，进行施工参数优化。优化的施工参数与实际施工参数基本吻合。

表 2 压裂效果预测与实际对比表

| 预测主题 | 预测（万方） | 实际（万方） |
|---|---|---|
| EUR | $1.45×10^4$ | $1.57×10^4$ |
| 措施后 90 天日产量 | 17.03 | 18.62 |
| 措施后半年日产量 | 16.56 | 17.97 |
| 措施后一年日产量 | 13.81 | 14.67 |

表 3 压裂参数优化与实际对比表

| 施工参数 | 优化参数 | 实际参数 |
|---|---|---|
| 平均段长（m） | 62 | 60 |
| 施工泵压（MPa） | 75.83 | 74.6 |
| 施工排量（m³/min） | 15.98 | 16.25 |
| 加砂强度（t/m） | 1.36 | 1.27 |
| 用液强度（m³/m） | 30.87 | 28.75 |

## 4 结论

本文通过收集整理大量地质、测井、射孔、压裂施工及生产等数据，运用多种相关性分析方法进行页岩气井压裂产能主控因素分析；多维度、多尺度提取精细描述地质特征、工程特征的参数；基于集成学习方法构建压裂产能预测模型，实现压后效果准确预测。应用结果表明，水平段长、有机碳含量、总含气量、用液强度、加砂强度、裂缝簇数等因素对压裂效果影响显著；产能预测结果与实际产能吻合率达 90% 以上，研究成果可为压裂效果预测和压裂方案设计提供科学依据。

需要指出的是，压裂产能预测仍然存在挑战。①压裂效果预测转向多学科、多参数协同研究。②压裂领域数据量大，且有极强的专业性和特殊性。应加强压裂相关数据的收集与处理工作，确保数据的准确性、可比性和可重用性。③业务专家与人工智能专家紧密结合、深化研究。

未来展望：从小模型到大模型，构建页岩油气大模型。利用大模型的强算法、高算力，融合多源异构数据，从海里数据中提取关键信息，构建页岩油气多模态大模型。研究人员只需使用少量样本标签进行微调，即可开发适用于针对性场景任务应用的下游模型。

## 参 考 文 献

[1] 马新华, 谢军, 雍锐, 等. 四川盆地南部龙马溪组页岩气储集层地质特征及高产控制因素 [J]. 石油勘探与开发, 2020, 47 (5): 841-855.

[2] MCCLURE M W, BABAZADEH M, SHIOZAWA S, et al. Fully coupled hydromechanical simulation of hydraulic fracturing in 3D discrete-fracture networks [J]. SPE Journal, 2016, 21 (4): 1302-1320.

[3] 孙艺涵. 基于机器学习的页岩有机质含量预测方法研究 [D]. 北京: 中国石油大学 (北京), 2019.

[4] 祝元宠, 咸玉席, 李清宇, 等. 基于大数据的页岩气产能预测 [J]. 油气井测试, 2019, 28 (1): 1-6.

[5] 马文礼, 李治平, 孙玉平, 等. 基于机器学习的页岩气产能非确定性预测方法研究 [J]. 特种油气藏, 2019, 26 (2): 101-105.

[6] 严子铭, 王涛, 柳占立, 等. 基于机器学习的页岩气采收率预测方法 [J]. 固体力学学报, 2021, 42 (3): 221-232.

[7] CHEN Y, LIU Z Y, CHEN J, HOU J H. History and theory of mapping knowledge domains [J]. Studies in Science of Science, 2008, 26 (3): 449-460.

[8] ZHANG F L, ZHANG E L, XIANG Y H, ZHAO H. Application of knowledge atlas technology in knowledge management of oil and gas exploration and development [J]. China CIO News, 2020 (1): 128-131.

[9] Kejriwal M. Domain-specific knowledge graph construction [M]. Cham: Springer International Publishing, 2019, 57-58.

[10] LIU Guoqiang, GONG Renbin, SHI Yujiang, Construction of well logging knowledge graph and intelligent identification method of hydrocarbon-bearing formation [J]. Petroleum Exploration And Development, 2022, 49 (3): 502-11.

[11] XIA L, WU B Y, LIU L X, et al. Question-answering using keyword entries in the oil & gas domain [R]. Shenyang: 2020 IEEE International Conference on Power, Intelligent Computing and Systems (ICPICS), 2020.

[12] LI Z, WANG Z F, WEI Z C, et al. Cross-oilfield reservoir classification via multi-scale sensor knowledge transfer [J]. Proceedings of the AAAI Conference on Artificial Intelligence, 2021, 35 (5): 4215-4223.

[13] LIANG Kun, REN Yimeng, SHANG Yuhu, et al. Review on research progress of deep learning driven knowledge tracking [J]. ComputerEngineering and Applications, 2021, 57 (21): 41-58.

[14] 匡立春, 刘合, 任义丽, 等. 人工智能在石油勘探开发领域的应用现状与发展趋势 [J]. 石油勘探与开发, 2021, 48 (01): 1-11.

[15] 褚冰. 基于知识图谱的油藏构造知识服务系统研究 [D]. 东北石油大学, 2020.

[16] 张富利, 张恩莉, 向永慧, 等. 知识图谱技术在石油天然气勘探开发知识管理中的应用探讨 [J]. 信息系统工程, 2020 (01): 128-131.

[17] 刘万伟, 刘瑞超, 张鸣歌. 石油勘探开发知识管理技术研究与应用 [J]. 大庆石油地质与开发, 2019, 38 (05): 290-293.

[18] 刘兴昱. 基于勘探开发知识图谱的深度问答系统关键技术研究 [D]. 中国石油大学 (北京), 2018.

[19] YUAN Lining, LI Xin, WANG Xiaodong, Graph Embedding Models: A Survey [J]. Journal of Frontiers of Computer Science and Technology, 2022, 16 (01): 59-87.

[20] CAI H, ZHENG V W, CHANG K C C. A comprehensive survey of graph embedding: problems, techniques, and applications [J]. IEEE Transactions on Knowledge and Data Engineering, 2018, 30 (9): 1616-1637.

[21] GOYALP, FERRARAE. Graph embedding techniques, applications, and performance: a survey [J]. Knowledge-Based Systems, 2018, 151: 78-94.

# CG STEER 国产旋导在深层页岩气的应用

熊　浩　高　林　陈　新　张　力　杨中亮　周善军　米　毅

（四川天石和创科技有限公司）

**摘　要**　【目的】四川深层页岩气资源储量丰富，开发利用前景巨大。为打破国外垄断，实现国产高温旋导在四川深层页岩气区块的推广应用与高效开发。【方法】基于四川盆地深层页岩气的地质特征与钻井难点，分析了国产 CG STEER-175 型旋转地质导向钻井系统的关键技术，开展了钻头优选等研究，完善了深层页岩气旋转导向配套钻井工艺。【结果】国产 CG STEER-175 型旋转地质导向钻井系统在 Y101HXX-X 井首次实现了国产高温旋导在深层页岩气的四开全井段作业，创造了国产旋转导向工具最大作业井深 6110m 的记录，水平段钻进期间最高循环温度达到 145℃，最高静止温度超过 151℃，单趟最高循环时间 224.5h，验证了国产高温旋导的抗高温性能。信号解码稳定可靠，解码正确率达到 98%。基于高精度的近钻头伽马，实时判断井眼轨迹所在层位及上下切状态，确保了轨迹始终在目标产层内钻进，储层钻遇率达到 100%。【结论】国产高温旋转导向工具技术已逐步成熟，关键核心技术研究已经取得了突破性进展，但仍需要深入开展现场试验与推广应用，完善技术体系，实现技术迭代与升级，提高工具的稳定性与可靠性。为提高深层页岩气的"一趟钻"比例，推进深层页岩气高效开发，需要开展耐高温旋导配套仪器及提速工具的研制与攻关。旋转导向工具在不同地区、地层的适应性不同，需要根据实际情况，完善钻完井提速提效模板。

**关键词**　CG STEER 国产旋导；深层页岩气；高温高压；水平井

随着经济快速发展，全球的能源需求量逐渐增加，以页岩气为代表的非常规油气资源逐渐成为勘探开发的热点。根据美国能源信息署统计，全球的页岩气资源量约为 $456×10^{12}m^3$，主要分布在北美、南美、中国、中东等地，其中，中国页岩气技术可采储量最多，约为 $31.6×10^{12}m^3$。我国的页岩气资源主要分布在四川盆地，其产量占比超过 90%。四川盆地的页岩气资源按照埋深又可分为中浅层页岩气和深层页岩气，目前，已在长宁-威远国家级页岩气示范区通过完善的钻完井技术体系，实现了中浅层页岩气的商业化开采。对于深层页岩气，因其埋藏深、地质构造复杂、层理及裂缝发育，尚未实现有效开发，但深层页岩气在四川页岩气中的储量占比超过 60%，开发深层页岩气具有重要意义。旋转导向钻井工具具备机械钻速快、井壁光滑、水平段延伸能力强等特性，能够有效缓解长水平段钻进时存在的摩阻扭矩大、能量传递低和托压严重等问题，在深层页岩气开发过程中受到了广泛应用。我国的旋导市场长期由三大国际油服公司占据，随着国际形势的变化，打破国外垄断，开展耐高温国产旋转导向工具研制，形成深层页岩气旋转导向配套钻井技术迫在眉睫。本文针对四川盆地深层页岩气工程地质特征与钻井难点，分析了国产旋导 CG STEER 的关键技术，开展了钻头优选等研究，完善了深层页岩气旋转导向配套钻井工艺，为促进深层页岩气的高效开发利用起到了积极作用。

## 1　钻井难点分析

### 1.1　地层温度高

泸州区块地温梯度为 $2.85 \sim 3.5℃/100m$，深层页岩气的龙马溪-五峰组储层埋深 3500~4500m 左右，水平段井底循环温度介于 135~155℃，相较于浅层页岩气高 24~53℃，超过了常规旋转导向工具、仪器的稳定工作温度。针对深层页岩气，通常使用高密度钻井液，相对密度在 2.0~2.35 之间，同时由于水平段设计较长，平均段长 1800m 左右，导致高转速钻进时井下温度升高得更快，目前测得的最高循环温度达到 167℃。长时间井下高温，会加速工具尤其是电子元器件的老化，对旋转导向工具的耐温性提出了挑战。

### 1.2　仪器信号解码差

相较于中浅层页岩气，深层页岩气在作业过程中的循环压耗更大，在泥浆密度、排量相同的条件下，循环所需的泵压更高，排量为 30L/s 时，泵压最高可达到 40MPa 以上，泵压越高，泥浆泵的负荷越大，产生的泵噪越强；同时，井深越大，钻井过程中，钻具扰动、岩石摩擦等干扰源对泵压的影响越大，对于通过监测泵压变化进行信号解码的旋转导向工具，信号解码错误率越高。

### 1.3 储层钻遇率低

深层页岩气储层构造特征复杂、断层发育，在横向和纵向上的展布呈现强非均质性特征，导致二维地震解释与二维地质导向对储层的预测精度低，难以为作业人员精准追踪优质储层提供准确指导，导致深层页岩气的 I 类储层钻遇率相对较低。前期实钻结果显示平均 I 类储层钻遇率低于 80%，限制了储层油气资源的开发潜力。

### 1.4 井下振动大

在深层页岩气的泥页岩储层中钻进时普遍存在着较高的粘滑振动，且粘滑指数大部分时间均达到 100%，处于较高的风险水平。局部含砾石、非均质性强的地层，在钻进过程中往往还会伴随强烈的横向振动与轴向振动。井下振动会导致钻具与井壁的摩擦加剧，降低钻进速度的同时加速钻具的磨损，强烈的振动可能会导致钻具的弹性破坏，严重时甚至造成钻具断裂。

### 1.5 地层可钻性差

对比四川中浅层页岩气，深层页岩气储层埋藏更深，地层更老，产层岩性主要以致密砂泥岩、灰岩、页岩为主，含有砾石，地层胶结非常致密，抗剪强度和抗压强度高，岩性坚硬且研磨性强，可钻性较差，泸 203 井区龙马溪组的可钻性级值比宁 209 井区高约 56%。产层上方韩家店～石牛栏组的非均质性较强，泥质含量高，在层位交界部分存在致密砂岩；茅口组和栖霞组的底部灰岩均可能含有燧石条带和团块，部分含黄铁矿，极易磨损 PDC 钻头。

## 2 技术研究

### 2.1 耐高温 175℃CG STEER 旋转导向

CG STEER-150 型旋转地质导向钻井系统作为基础型产品，已投入商业化应用，作业区域涵盖四川致密气、长庆页岩油、四川煤层气等地区，目前已推广应用超过 300 余井次，累计进尺超过 49 万米。在 CG STEER-150 基础型的基础上，对高温电路技术、密封技术、液压单元位置、主轴材料及结构等进行改进，结合大量的系统功能升级试验及现场试验，形成了 CG STEER-175 型旋转地质导向钻井系统。

表 1　CG STEER-175 型旋转导向钻井系统主要技术指标

| 项目 | 设计指标 | 项目 | 测量范围 | 控制精度 |
|---|---|---|---|---|
| 工具公称外径 | Φ178mm | 井斜 | 0～180° | ±0.1° |
| 适用井眼尺寸 | Φ215.9mm | 方位 | 0～360° | ±1° |
| 最大钻压 | 300kN | 工具面 | 0～360° | ±2° |
| 适用转速 | ≥200r/min | 近钻头井斜 | 0～180° | ±0.2° |
| 工作温度 | 175 ℃ | 合力方向 | 0～360° | ±15° |
| 抗压 | 140 MPa | 液压单元推力 | 0～265 bar | ±3 bar |
| 理论设计最高造斜率 | 16.14°/30m | 探管井斜零长 | 11.18m | |
| 最大抗扭 | 40kN·m | 近钻头方位伽马零长 | 1.86m | |
| 最大抗拉 | 2000kN | 近钻头井斜零长 | 0.96m | |

### 2.2 优化解码算法

CG STEER-175 型旋转地质导向钻井系统通过井下中枢控制模块对信号进行编码并通过脉冲引起压力波动实现信号上传。地面设备采集压力信号，通过基于小波变换的时频滤波和基于傅里叶变换的频域滤波方法对原始信号进行过滤，减少信号中存在的噪声，而后通过匹配滤波的方式提高泥浆压力信号的信噪比，达到增强信号的效果。

### 2.3 高精度近钻头伽马

CG STEER-175 型旋转地质导向钻井系统采用软件方式实现收缩方位伽马开窗角度，提升伽马分辨率；同时增加测量电路接地点，降低干扰，提升伽马测量精度。高精度的伽马数据为钻井过程中的"地震预测＋随钻 GR＋元素录井＋精细建模"四位一体地质导向技术提供了有力支撑，在储层破碎、地层非均质性强等不利条件下，保证了轨迹平滑，同时实现了优质储层的动态预测与追踪，确保了井眼轨迹的及时优化与调整，使得轨迹始终在工程地质"甜点"区域钻进，保障了优质页岩储层的钻遇率。

### 2.4 振动监测与控制措施

CG STEER-175 型 CGSTEER 旋转地质导向钻井系统集成了振动测量模块，能够全方位、高效率地对井下的各种复杂振动情况进行实时监测，当井下振动过大时，能够及时对作业人员进行提示以采取控制措施。当横向振动大于 6G 时，则认为其达到高值；当轴向振动大于 4G 时，则认为其达到高值；当粘滑指数大于 150 时，则认为其达到高值。振动达到高值时，可采取调整钻压、转速以及上提活动钻具释放扭矩的方式对振动进行控制。

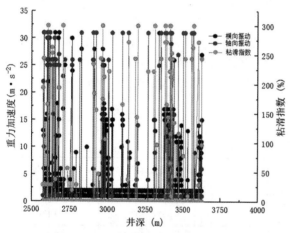

图 1　W204HXX-XX 井井下振动数据

### 2.5 钻头优选

针对龙马溪组等难钻地层可钻性差的问题，基于该层位大量实钻钻头的机械钻速和进尺数据，利用黄金分割算法科学优选出适应地层的高效钻头。如参考 2022～2023 年 Y101 区块 H12、H33、H25 等平台作业井水平段的钻头使用数据进行黄金分割优选，黄金分割图如图 1 所示，可以看出 Y101 区块作业井水平段的优选钻头包括：Z516D、DD505VS、DD505VSX、Z519 等，其中 Z516D 钻头的使用数量较少，推荐首选 DD505VSX，备选 DD505VS。

## 3 现场应用效果

Y101HXX-X 井是西南油气田公司部署在川南

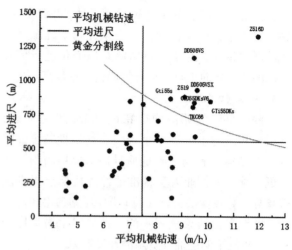

图 2　Y101 区块龙马溪组钻头优选

低褶带的一口页岩气开发井，目的是开发 Y101 井区龙马溪组优质储层页岩气资源。采用国产 CG STEER-175 型旋转地质导向钻井系统圆满完成钻井作业，是国产旋转导向高温工具首次在深层页岩气完成四开全井段的工业化推广应用，打破了 Y101 井区长期以来被视为国产旋导禁区的历史。

该井创造了国产旋转导向工具最大作业井深 6110m 的记录，水平段钻进期间最高循环温度达到 145℃，最高静止温度超过 151℃，单趟最高循环时间 224.5h，验证了国产高温旋导的抗高温性能及其稳定性。

通过优化后的解码算法，对信号中的噪声进行多次过滤，极大程度地提高了信号正确解码率，作业期间仪器上传信号的正确解码率达到 98%，下传发送指令稳定可靠，指令发送成功率 100%。

基于高精度的近钻头伽马，实时判断井眼轨迹所在层位及上下切状态，辅助作业人员及时优化与调整，有效避免误穿非目标地层，确保轨迹始终在目标产层内钻进，储层钻遇率达到 100%。

## 4 认识及建议

（1）CG STEER-175 型旋转地质导向钻井系统在四川深层页岩气首次实现四开全井段应用，代表着国产高温旋转导向工具技术已逐步成熟，深层页岩气高效勘探开发的关键核心技术实现自主可控，这一里程碑式的成就不仅彰显了我国在高温旋导工具领域的技术突破，更意味着长期以来由国外公司主导的市场垄断格局被有力撼动。

（2）持续深入开展国产高温旋导的现场试验与推广应用，实现技术迭代与升级，进一步提高仪器在高温条件下的稳定性及可靠性。探索隔热喷涂钻杆、可变导热钻井液等降温新技术，进一步提升井下降温效果。系统开展耐高温的螺杆、随钻震击器、旋流清砂器等旋导配套工具及高效破岩 PDC 钻头的研制及攻关，推进钻井提速提效。

（3）旋转导向工具在不同地区、地层中的适应情况不同，应该根据实钻地质特征和工程需要，优化井身剖面，优选钻具组合、钻井液体系、钻井参数等，形成并完善深层页岩气钻完井提速提效模板，优化完善井下复杂预防与处理技术，进一步降低钻完井成本。

## 参 考 文 献

［1］张锋. 页岩气工业开发现状和对策研究［J］. 石化技术，2021，28（4）：134-135.

［2］江怀友，宋新民，安晓璇，et al. 世界页岩气资源勘探开发现状与展望［J］. 大庆石油地质与开发，2008，27（6）：10-14.

［3］刘清友，朱海燕，陈鹏举. 地质工程一体化钻井技术研究进展及攻关方向——以四川盆地深层页岩气储层为例［J］. 天然气工业，2021，41（1）：178-188.

［4］邹才能，董大忠，王玉满，et al. 中国页岩气特征、挑战及前景（二）［J］. 石油勘探与开发，2016，43（2）：166-178.

［5］马新华，谢军. 川南地区页岩气勘探开发进展及发展前景［J］. 石油勘探与开发，2018，45（1）：161-169.

［6］赵文智，贾爱林，位云生，et al. 中国页岩气勘探开发进展及发展展望［J］. 中国石油勘探，2020，25（1）：31-44.

［7］陈雪，徐剑良，黎菁，et al. 威远区块页岩气水平井产量主控因素分析［J］. 西南石油大学学报（自然科学版），2020，42（5）：63-74.

［8］赵文智，董大忠，李建忠，et al. 中国页岩气资源潜力及其在天然气未来发展中的地位［J］. 中国工程科学 2012，14（7）：46-52.

［9］祝效华，李瑞，刘伟吉，et al. 深层页岩气水平井高效破岩提速技术发展现状［J］. 西南石油大学学报（自然科学版），2023，45（4）：1-18.

［10］严俊涛，叶新群，付永强，et al. 川南深层页岩气旋转导向钻井技术瓶颈的突破［J］. 录井工程，2021，32（3）：6-10.

［11］何骁，李武广，党录瑞，et al. 深层页岩气开发关键技术难点与攻关方向［J］. 天然气工业，2021，41（1）：118-124.

［12］杨瑞帆. 四川深层页岩气井钻井技术创新与实践［J］. 钻采工艺，2023，46（4）：13-19.

［13］谭宾. 四川盆地南部地区深层页岩气工程关键技术与展望［J］. 天然气工业，2022，42（8）：212-219.

［14］白璟，刘伟，黄崇君. 四川页岩气旋转导向钻井技术应用［J］. 钻采工艺，2016，30（2）：9-12.

［15］何新星，严焱诚，朱礼平，et al. 四川盆地威荣深层页岩气安全与提速钻井技术［J］. 石油实验地质，2024，46（3）：630-637.

［16］杨晓峰. 井身轨迹优化控制技术在四川页岩气开发中的应用［J］. 石油管材与仪器，2024，10（4）：18-23.

# 壶口气田两气合采地面集输工艺技术研究

王　刚　杨国胜

（中油辽河工程有限公司）

**摘　要**　我国非常规天然气储量丰富，目前已基本掌握了适合页岩气、致密气、煤岩气特点的集输工艺技术，但国内针对页岩气、致密气和煤岩气的单一气藏气田集输系统设计研究多，对两气合采或多气合采气田的地面集输系统研究较少。结合工程设计经验以及壶口气田在致密气和煤岩气两气合采开发过程中遇到的实际问题，阐述了壶口气田集输系统"致密气井下节流，煤岩气井上节流，单井带液计量、间断注醇，常温分离，井间串接，中、低压集气，集中增压，集中处理"的工艺技术路线，为类似工程的设计提供借鉴与参考。

与常规气藏相比，非常规气藏压力衰减快，气田滚动开发需要不断补充新井，因此既要充分利用新井较高的初期压力，又要适应压力衰减的老井低压生产的局面。陕西省宜川县的壶口气田蕴含丰富的致密气和煤岩气资源，是典型的非常规气藏。作为区块开发建设方的中国石油辽河油田公司为加快开发进度，拟进行两气合采开发。致密气井和煤岩气井在采出井流物、压力衰减速率等方面存在差异，导致地面集输工艺和集输压力级制复杂。

针对性地研究具有工艺流程适应性强、满足复杂集输压力的地面集输技术，成为壶口气田开发的迫切任务。

## 1　集输压力系统

宜川地区致密气与煤岩气气藏均属低压力系统，其中宜川地区盒8段—本溪组致密气原始储层压力在14.0~21.5MPa之间，煤岩气本溪组原始储层压力在16.99~21.48MPa之间。

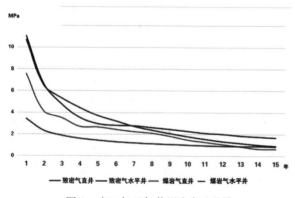

图1　壶口气田气井压力衰减曲线

首年煤岩气井压力衰减速率大于致密气井的衰减速率，次年后，虽然直面器井的衰减速率更大，但其压力均高于同期投产的煤岩气井。为充分利用地层温度，降低水合物形成概率，致密气井采用井下节流。煤岩气井投产初期含水量较大，采用井下节流影响排水采气，因此多采用井上节流。两气合采时，多压力体系条件下常采用中、低压分输或者统一到统一压力等级集输。以下对两种集输压力系统进行优选。

### 1.1　中、低压集输系统方案

尽量利用气井压力能，集输系统设置中、低压双系统。采气井场采用多井丛式部署，分为3种类型，分别是致密气井场、煤岩气井场和致密气、煤岩气合用井场（以下简称合用井场），致密气井

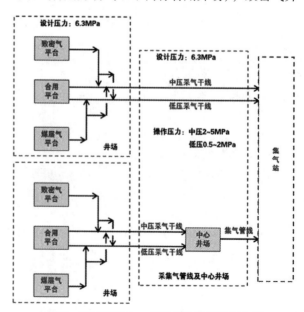

图2　壶口气田中、低压集输系统设置方案

场只部署致密气井丛，煤岩气井场只部署煤岩气井丛，合用井场即部署致密气井又部署煤岩气井。对于致密气井场和煤岩气井场的采气支线均采用单压力系统；合用井场采气支线采用中、低压力系统；集气干线采用中、低压力系统。

## 1.2　低压集输系统方案

站外采用单管集输，仅在集气站设中低压双系统，进站压力≤2.0MPa进低压系统，进站压力>高于2.0MPa进中压系统，其余条件不变。

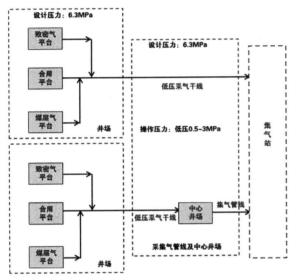

图3　壶口气田低压集输系统设置方案

## 1.3　集输压力系统选择

以壶口气田集输系统为例，集气规模$200 \times 10^4 m^3/d$，从集输管道工程量、集气站能耗、以及经济等角度对两种集输压力系统进行对比，结果见表1。

虽然从开发角度考虑，地面工程降低井口回压后，可解决气井目前生产存在排液困难和生产不连续等问题，提高天然气日产量，实现24小时连续携液生产。但低压集气与中、低压集气，单井EUR基本一致。从地面工程投资角度考虑，中、低压集输系统工程费用较低压集输系统高，但是低压集输系统下游集气站增压能耗巨大，中、低压集输较低压集输能耗降低56.8%。中、费用年值降低12.8%。

因此，壶口气田地面集输系统采用中、低压集输。

## 2　采气井场设计要点

致密气井采用"井下节流，单井带液计量、间断注醇，井间串接，气液混输"的工艺技术方案；煤岩气井采用"井上节流，单井带液计量、间断注醇，井间串接，常温分离，气液分输"的工艺技术方案。

表1　集输压力系统对比表

| | 中低压双系统集输 | | 低压单系统集输 |
|---|---|---|---|
| | 中压 | 低压 | 低压 |
| 压力匹配 | 井口≤2~5MPa 进站2.0~3MPa | 井口≤0.5~2MPa 进站0.3~2.0MPa | 井口≤0.5~3MPa 进站0.3~2.8MPa |
| 集气干线 | DN150　64km | DN250　64km | DN300　64km |
| 采气支线 | DN100　77km | | DN100　63km |
| 集气站增压电耗 | $5540.8 \times 10^4$kWh/a | | $8681.6 \times 10^4$kWh |
| 工程费用 | 29889.8万元 | | 20553.5万元 |
| 费用年值 | 7647.9万元 | | 8620.4万元 |
| 优点 | 费用年值低 | | 工程量小，工程费低 |
| 缺点 | 工程量大，工程费高 | | 费用年值高 |

## 2.1　采气井场工艺流程

（1）致密气井场工艺流程

致密气井井下节流，井口设置智控阀、高低压紧急切断阀。由于致密气井水气比为$0.35m^3/10^4 m^3$，采出水量很少，因此，致密气井场不设分

离器，单井天然气经过井口计量后通过采气管线与井场其他单井来气汇合输往集气站，在排采阶段水气比大时，采用移动式撬装气液分离器对采出气进行气液分离后再外输，分离出的液体采用移动式撬装采出水罐收集定期车拉外运。致密气

井场工艺流程图见图 4。

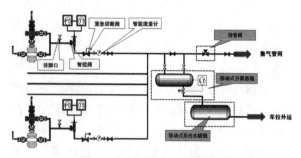

图 4　致密气井场工艺流程图

（2）煤岩气井场工艺流程

煤岩气井采取井上节流，井口设置智控阀、高低压紧急切断阀。井口天然气经过旋流除砂器橇除去直径 0.2mm 以上的颗粒后经过计量后进入气液分离器进行气液分离，分离后的天然气进入集输系统，分离出采出水由集水管线输送至集气站处理回用。煤岩气井场工艺流程图见图 5。

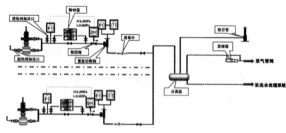

图 5　煤岩气井场工艺流程图

（3）合用井场工艺流程

合用井场单井流程分别与致密气单井、煤岩气单井流程相同。考虑煤岩气井压力衰减快，同井场不同期投产井存在压力不一致情况，合用井场设置中、低压集输系统，当井口压力处于相对较高水平时，通过中压系统集输；当先期投产井压力衰减，井口压力不足以进入中压系统集输时，低压气通过低压系统集输。合用井场工艺流程图见图 6。

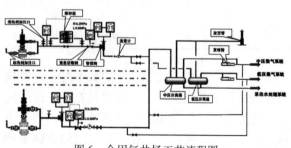

图 6　合用气井场工艺流程图

## 2.2　水合物抑制工艺

在气田集输系统中，主要在两个阶段可能产生水合物。第一，在井口节流过程中，由于节流温降效应，导致节流后的井口温度低于对应压力下水合物形成温度，产生水合物；第二，在集输管网中，由于介质与环境热交换，导致集输过程中致密气温度低于对应压力下水合物形成温度，产生水合物。

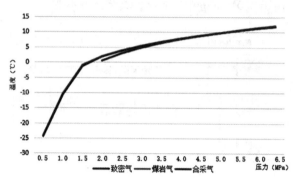

图 7　不同压力下井口采出气水合物形成温度曲线图

集输系统中，中压集输压力 2~5MPa，低压集输压力 0.5~2MPa。根据图 2.2-1 可以看出，当集输压力在 2MPa 时，水合物形成温度<2℃，集输压力在 5MPa 时，水合物形成温度10℃左右。壶口气田致密气井口温度 15~17℃，煤岩气井口温度 16~45℃，因此不会形成水合物。冬季采气管线埋地温度一般在 0℃左右，局部时间会有水合物生成，此时采用移动注醇橇在注醇，防止水合物生成。每个井口工程流程均预留注醇接口。

## 2.3　腐蚀监测

由于煤岩气组分中 $CO_2$ 含量偏高，集输过程中为饱和含水输送，$CO_2$ 分压 0.05~0.21MPa 时，属于轻度腐蚀；而且采出水中氯、硫酸根离子等含量很大（氯离子 29734mg/L、硫酸根离子 763mg/L），对采出容器设备内壁具有很强的腐蚀性。因此在集输系统设计时，需考虑设备和管道的内腐蚀防护，例如管道壁厚设计腐蚀余量、设备设计内防腐涂层、容器类设备设置牺牲阳极挂块等。

此外，在井场设置内腐蚀监测，目前在我国石油石化行业的腐蚀在线监测主要采用金属损失测量技术；例如：电阻法、超声波测厚、失重法等，其原理是通过物理方法来测量金属重量或者厚度的损失。

## 3 集输管网设计要点

### 3.1 集输管网布局

影响集输管网布局的因素包括气田开发方案、气井井口压力、单井间距、井位布置、气质组分、集气规模、地理和环境条件等。

集输管网常见布局主要有树枝状、放射状、环形管网和组合式管网，结合几种常用集输管网布局形式的特点，壶口气田集输管网采用树枝状和放射状管网组合式布局。

### 3.2 管网积液排除

天然气在集输管网内饱和含水输送，受"黄土塬、梁、峁、沟、塬"复杂地形高低起伏大的影响，管线积液问题不可避免，在起伏管道中，流体不仅受到气液相间作用力，还受到压力、重力、浮力等外力作用。上坡管道中，液体在重力作用下出现回流，气体在浮力作用下向上运动，此时，气液滑脱比增大，气体携液能力降低，持液率增加。下坡管道中，液体在重力作用下向下加速运动，气体在浮力作用下向上流动，气液滑脱比减小，气体携液能力增加，持液率降低。因此，气体携液实质是气液相间存在滑脱作用。在起伏管道中，重力作用和浮力作用不能忽略。因此通过相关理论研究，将集输管段压力变化情况作为积液预警的重要指标。

为了消除管网积液对集输系统的影响，在集气干线均设置了清管装置，定期进行清管作业，排除管道积液。同时集输管线预留起泡剂加注口，便于对上下游压差较大的管线，进行泡排作业，注入表面活性起泡剂，将积液转化成低密度含水泡沫进行排除。

## 4 结论

随着开发技术的发展，非常规天然气已经成为天然气能源发展的重要方向，通过对地面集输系统设计要点的分析研究，确定壶口气田集输系统关键点的工艺设计原则。

根据壶口气田的两气合采的特性，地面集输系统设计采用了"致密气井下节流，煤岩气井上节流，单井带液计量、间断注醇，常温分离，井间串接，中、低压集气，集中增压，集中处理"的工艺技术路线。

中、低压集输，从技术上可以最大限度利用地层能量，降低能耗。与低压集输相比，能耗降低 56.8%。从经济上费用年值中、低压集输较低压集输减少 12.8%。

## 参 考 文 献

[1] 张大双，周潮光，王学华. 页岩气井增压时机的确定—以四川盆地长宁区块为例 [J]. 天然气技术与经济·天然气开发，2020，4（8）：24-29.

[2] 孔德晶，吴玉婷，张凯丽. 致密气/页岩气地面集输技术及其对比分析 [J]. 化工设计通讯，2017，43（1）：37.

[3] 郭守国，李明星，乔慧明. 等煤岩气集输管道积液防堵装置：CN202123109093.6 [P]. CN216344676U [2024-07-14].

[4] 乔洪虎，黄少杰，巩鑫贤. 等. 致密气地面集输工艺系统设计要点探析 [J]. 山东化工，2019，48（10）：158-159.

# 辽河油田大民屯页岩油水平井钻完井提速技术研究与应用

李庆明　杜昌雷

(中国石油辽河油田公司采油工艺研究院)

**摘　要**　辽河油田页岩油油层薄、尖灭快，并且油藏不平直，储层纵向变化快、横向追踪难度大，油层钻遇率低。页岩油地层泥页岩/油页岩段井壁稳定问题突出，大斜度段应力失稳、垮塌掉块现象严重，导致钻井过程复杂频发，同时页岩油水平井钻井存在着机械钻速慢、摩阻扭矩大、钻井液体系优选难等难题，导致钻井周期长、钻井成本大，严重影响了钻井时效和效益勘探开发，影响经济有效动用。围绕上述难题，通过开展井壁失稳机理研究、防塌钻井液优选及性能优化、井身结构优化、提速工具优选及钻井参数优化等关键技术研究，配套形成安全、经济的页岩油优快钻完井工艺技术。通过井壁失稳机理研究，确定井壁失稳理化因素及力学因素，由此形成页岩油钻井精细化井壁稳定控制技术，指导设计优化和现场施工，从源头上解决井壁失稳难题；建立页岩油钻井工程设计模板，为现场施工提供精细化数据支持，提高坍塌压力预测精度，降低井壁失稳损失时间，提高设计参数精度，提高机械钻速；建立页岩油水平井钻井提速模板，提高破岩效率、提高寿命、提高携岩效率，提高了单趟进尺能力；通过技术应用，指导施工井设计优化，大民屯沈224块平均井壁失稳损失时间降低71%，实现水平段一趟钻突破，为相似地层钻井设计优化和施工提供了技术参考，为辽河致密油/页岩油效益开发提供了钻完井技术储备。

**关键词**　页岩油；水平井；井壁稳定；钻井提速

## 1　引言

致密油/页岩油资源丰富，是辽河油田今后很长时期的重要资源接替及规模增储领域，也是页岩油革命行动工作目标的重要地区，由于地质条件复杂、岩性多样、井壁失稳机理和岩石可钻性缺乏基础研究等原因，存在井壁失稳严重、速度慢、周期长等难题，严重影响经济有效动用。辽河油田页岩油油层薄、尖灭快，并且油藏不平直，储层纵向变化快、横向追踪难度大，油层钻遇率低。大民屯页岩油水平井平均井深3920m，平均水平段长827.7m，平均复杂损失时间14.6天，平均井径扩大率18%，平均钻井周期92.13天，平均机械钻速7.4m/h，技术指标较国内其他页岩油水平井钻井有一定差距。辽河油田前期完成页岩油水平井钻井存在井壁失稳机理认识不清、井壁失稳严重、提速技术适应性差，导致钻完井设计优化和现场施工缺乏有效理论技术支持，是造成钻井周期长、钻井效益差的主要原因之一。因此，通过开展地质力学研究、井身结构优化、长段水平井高效钻井液体系优选等技术研究，配套形成安全、经济的页岩油优快钻完井工艺技术，实现钻井提速提质提效，为页岩油快速见产增储起到技术支撑作用。

## 2　技术思路和研究方法

### 2.1　井壁稳定性分析

通过开展室内试验及数值模拟分析，确定了井壁失稳机理，细化了技术措施，为设计优化和现场施工提供了理论依据。

#### 2.1.1　室内试验分析

（1）进行了大民屯地区岩心孔缝连通性、阳离子交换容量等测试分析，确定了孔缝发育情况，认为孔缝连通性和粘土矿物类型及含量是影响井壁失稳的主要理化因素，影响因素排序为：连通性>粘土矿物类型及含量>阳离子交换容量>比表面积，为钻井液抑制性优化提供了理论依据。

**表1　粘土矿物检测结果**

| 地区 | 层位 | 全岩矿物组成（%） | | | |
|---|---|---|---|---|---|
| | | 粘土矿物 | 伊蒙混层 | 伊利石 | 混层比 |
| 大民屯 | 沙四下亚段 | 33.6 | 7 | 8 | 3 |
| 大民屯 | 沙四上 | 13.6 | 52 | 40 | 12 |

（2）进行了岩石吸水特征、渗析和驱替前后岩石强度测试等实验，油页岩吸水均较明显，大

民屯吸水 9.4%，浸泡后大民屯油页岩岩石强度降低 13%~46%，岩屑回收率为 35.6%，线性膨胀率为 15%，说明液体侵入岩样微裂隙，大幅度降低三轴抗压强度是井壁稳定性变差的主要力学原因，为钻井液封堵性优化提供了理论依据。

表 2　孔缝环境扫描电镜检测图像

| 地区 | 层位 | 岩性 | 页理发育（条/每米） | 缝宽（μm） |
|------|------|------|------|------|
| 大民屯 | 沙四上 | 深灰色泥岩 | 基本不发育 | — |
| | 沙四下 | 油页岩 | 211~611（平均 319） | 5~60（平均 31.2） |

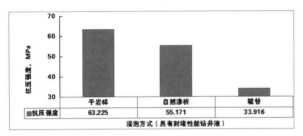

图 1　水化对大民屯油页岩、泥岩岩石强度影响
（沈 224 区块某井）

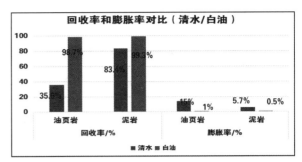

图 2　大民屯泥页岩回收/膨胀率对比
（清水/白油）（沈 224 区块某井）

### 2.1.2　数值模拟分析

数值模拟了大民屯油页岩地层在不同产状、井斜角、方位角时，地层坍塌压力当量密度分布及井壁应力分布情况，确定了大民屯页岩油不同倾角、井斜方位和含水率下地层坍塌压力与井斜方位关系云图，建立了分段密度设计模板，为现场施工提供了精细化指导。

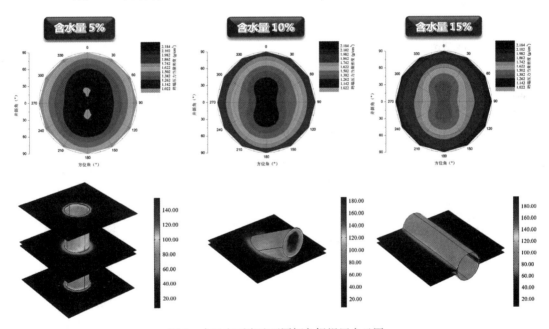

图 3　大民屯页岩油不同倾角坍塌压力云图

表 3　大民屯及后河油页岩分段密度设计模板

| 项目 | 区块 | 分段密度，g/cm³ |
|------|------|------|
| 推荐 | 大民屯 | 40~60°：1.38~1.50；60~80°：1.50~1.62；80~90°：1.62~1.70 |
| 实际 | | 40~60°：1.40~1.52；60~80°：1.52~1.62；80~90°：1.60~1.75 |

### 2.2　钻井液性能优化

针对大民屯页岩油水平井油基钻井液钻井过程中出现的抗低温性差、封堵性能有待提高的问题，在原有全油基钻井液的基础上进行改进，优化出大民屯页岩油强封堵高油水比油基钻井液体系 1 套，降低了温度敏感性（抗低温−10℃），强化了封堵性能（砂床侵入深度由 2.3cm 降至

0.9cm），保证了施工顺利安全。

针对油基钻井液成本高、环保压力大难题，开展了大民屯页岩油水基钻井液技术研究，形成适合该区页岩油水平井钻井的强抑制强封堵水基钻井液1套，该体系抑制封堵性接近油基钻井液，岩屑回收率（91.1%），线性膨胀率（4.6%），可实现从微米到纳米多级复配，更易于封堵微缝隙和层理，阻止钻井液液相和固相进入地层，岩石强度对比提高20%~50%，为下步钻井降本提供了技术储备。

**表4 大民屯油基钻井液封堵性优化**

| 配方 | 侵入深度/cm |
|---|---|
| 油基钻井液基础配方 | 3.5 |
| 油基钻井液基础配方+3%超细碳酸钙 | 2.8 |
| 油基钻井液基础配方+3%Soltex | 1.8 |
| 油基钻井液基础配方+3%无荧光防塌剂 | 3.2 |
| 油基钻井液基础配方+3%纳米聚合物 | 3.4 |
| 油基钻井液基础配方+3%聚合醇 | 3.3 |
| 优化前配方 | 2.3 |
| 优化后配方 | 0.9 |

**表5 大民屯水基钻井液封堵性优化**

| 封堵剂优选 | FLAPI/mL | FLHTHP/mL | FLPPT/mL |
|---|---|---|---|
| 基础浆+2%超细钙（800目）+1.5%磺化沥青+1.5%乳化沥青（优化前） | 4.9 | 14.4 | 24.3 |
| 基础浆+1.5%超细钙（3000目）+1.0%超细钙（1250目）+1.5%磺化沥青+1.5%乳化沥青 | 2.8 | 12.4 | 19.8 |
| 基础浆+1.5%超细钙（3000目）+1.0%超细钙（1250目）+1.5%磺化沥青+1.5%乳化沥青+1%纳米封堵剂 | 1.6 | 10.2 | 15.3 |
| 基础浆+1.5%超细钙（3000目）+1.0%超细钙（1250目）+1.5%磺化沥青+1.5%乳化沥青+1.5%纳米封堵剂 | 1.4 | 9.5 | 13.2 |

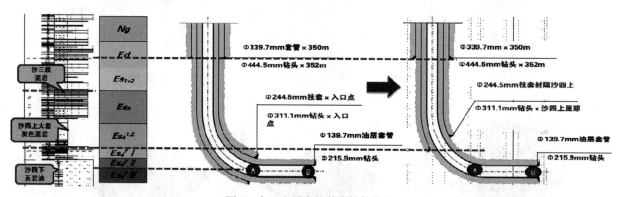

图5 大民屯页岩油井身结构模板

### 2.3 钻井设计优化

#### 2.3.1 井身结构优化设计

根据地层坍塌压力成果，结合地层三压力曲线和邻井施工情况，分析评估了施工难点和风险，对大民屯页岩油水平井井身进行了优化，建立了井身结构模板。

#### 2.3.2 分段提速模版

针对钻头定向稳定性差、曲率小和岩性复杂等特点，二开优选中等密度步齿钻头+小曲率螺杆，提高定向稳定性，三开优选胎体五刀翼钻头+

6头长寿命螺杆，提高破岩效率，进行了井眼清洁分析，降低了岩屑浓度（3.1%↓0.6%）和岩屑床厚度（8.8mm↓0mm），分段形成个性化钻头+不同类型钻具组合+钻进参数优化提速模板，实现机械钻速和单趟进尺双提升。

## 3 结果和效果

通过技术应用，建立了大民屯页岩油水平井钻井工程设计模板，进行了钻井工艺参数优化，有效保障了井下安全。应用"应力-化学井壁稳定"

表5  大民屯页岩油钻进参数模板

| 井眼尺寸/mm | | 排量 L/s | 岩屑浓度% | 岩屑床厚度 mm | 井底当量循环密度 g/cm³ |
|---|---|---|---|---|---|
| 311.1 | 优化前 | 50-55 | 2.8 | 5.6 | 1.67 |
| | 优化后 | 55-60 | 0.5 | 0 | 1.65 |
| 215.9 | 优化前 | 28-32 | 3.1 | 8.8 | 1.82 |
| | 优化后 | 32-36 | 0.6 | 0 | 1.75 |

技术、"封隔岩性-技套浅下"井身结构,优化的油基钻井液在沈224块应用3口井,平均井壁失稳损失时间降低73%(20.9↓5.6d),机械钻速提高13%(7.37↑8.31m/h),钻井周期实现"三连降",平均缩短15天(105↓90d),实现水平段一趟钻突破,单井技术降本100万元以上,可进一步为页岩油革命行动提供技术支撑。

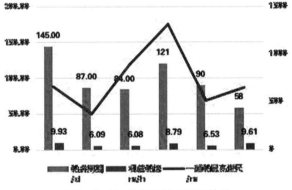

图6  沈224块提速情况应用效果

## 4  结论

(1)确定了井壁失稳理化因素和力学因素:综合分析认为孔缝连通性和粘土矿物类型及含量是影响大民屯页岩油井壁失稳的主要理化因素,影响井壁稳定理化因素排序为:连通性>粘土矿物类型及含量>阳离子交换容量>比表面积;钻井液侵入岩石导致三轴抗压强度大幅度降低(50%~75%)是井壁稳定性变差的主要力学原因。

(2)为大民屯水基钻井液可行性探索进行了室内评价:根据地层孔缝特性优化封堵性后的水基钻井液稳定井壁能力明显提升(岩石强度提高20%~50%),接近油基钻井液,提高封堵性是稳定井壁的关键。下步如大民屯开展页岩油规模动用,可推广应用,降低钻井成本。

(3)为细化分段密度设计提供了理论依据:大民屯地区坍塌压力均随井斜方位变化较大,沿着最小主应力方向坍塌压力相对较低,因此,建议大斜度井和水平井设计方位尽量减少与最小主应力夹角。

(4)形成的井身结构、钻井液、提速工具及钻进参数等钻井设计模板有效指导了现场施工,为页岩油水平井优快钻井提供了有力技术支撑。

(5)探索了钻进参数对井壁失稳的影响:钻井工艺参数对井壁稳定影响研究结果证明,适当强化钻进参数对大民屯泥页岩井段井壁稳定影响较小。

## 参 考 文 献

[1] 王斌,雍学善,潘建国,等.低渗透储层孔隙流体压力预测方法及应用[J].地球物理学进展,2015,30(2):695-699.

[2] 李婉君,张金川,荆铁亚,等.辽河西部凹陷页岩油聚集条件及有利区优选[J].特种油气藏,2014年01期.

[3] 李根,方石,孙平昌,等.辽河盆地大民屯凹陷古近系沙河街组页岩气成藏地质条件研究[J].世界地质,2016年01期.

[4] 单衍胜,张金川,李晓光,等.辽河盆地东部凸起太原组页岩气聚集条件及有利区预测[J].大庆石油学院学报,2012年01期.

# 四川盆地页岩气水平井全井段地层三压力预测

李昌有　曾　攀　叶鹏举　尹　飞

（成都理工大学能源学院）

**摘　要**　四川盆地油气资源丰富，但是大部分地区岩石成分多样且成岩作用复杂，全井段漏、溢、垮问题突出，严重影响深层页岩气资源效益化开发。针对不同岩性地层特征，建立了全井段地层三压力预测方法，具有重要的研究意义与工程价值。基于室内实验，建立不同岩性地层力学参数预测方法，评价了不同岩性地层力学参数分布规律，耦合地应力、力学试验数据及现场漏、溢、塌工程信息，建立了四川盆地页岩气水平井 Z203 井的全井段孔隙压力、坍塌压力、破裂压力的分布剖面。研究结果表明，沙溪庙组-须家河组泥岩层孔隙压力低，坍塌压力当量密度略大于钻井液密度，有水化坍塌、井径扩大风险，破裂压力当量密度大于钻井液密度，未发生井漏。雷口坡组-嘉陵江组白云岩层孔隙压力较大，属于超压地层，坍塌压力当量密度与钻井液密度相近，偶有井径扩大，破裂压力当量密度大于钻井液密度，未发生井漏。龙潭组煤岩、泥岩孔隙压力大，属于超高压地层，坍塌压力当量密度大于钻井液密度，此段多处发生井径扩大，破裂压力当量密度与钻井液密度相近，存在破裂风险。研究成果可为该地区井身结构优化设计、钻井液密度选择提供科学依据。

**关键词**　页岩气井；地层三压力；井壁稳定；全井段

## 1　引言

四川盆地是国内目前最大的海相页岩气生产基地，具有丰富的页岩气资源，开发潜力巨大，截止 2022 年年底，已经在奥陶系五峰组—志留系龙马溪组中深层页岩气（2000~3500m）和深层页岩气（3500~4500m）取得重要的勘探开发进展，中国石油在川南地区累计产气达到 $581×10^8m^3$，是中国油气主要的上产领域。渝西区块位于川中平缓带东南部和川南低陡弯形带北段，区内页岩油和页岩气的储量十分丰富。虽然渝西区块深层页岩气储层勘探开发潜力巨大，但同时也面临着构造复杂、储层非均质性强、钻井复杂频发等问题。因此，亟需建立准确的三压力剖面，为安全高效钻井提供依据。

地层三压力通常指地层孔隙压力、地层坍塌压力和地层破裂压力。目前的地层孔隙压力预测方法包括有效应力法、弹性参数法、声波分离法、压缩系数法等。Bowers 基于地层岩石的加载和卸载关系提出了适用于欠压实成因和流体膨胀成因的 Bowers 法。夏宏泉等建立了碳酸盐岩泊松比与有效应力的计算模型，并在川东罗家地区应用 8 口井 8 个点，预测的孔隙压力与实测值的相对误差小于 7%。路保平等基于小波变换法分离流体与岩石的纵波速度，从而建立了孔隙压力计算方法，应用模型计算的孔隙压力与实测孔隙压力的误差小于 15%。金衍分析了斜井的井周应力分布情况，考虑单一弱面破坏准则，建立了适用于大倾角地层的坍塌压力的计算新模型。蔚宝华针对高温高压储层，综合考虑井壁渗流、井壁温度变化等因素，给出了坍塌压力的计算模型，并针对各影响因素进行了敏感性分析。Hubbert & Wills 考虑到钻井液液柱压力必须能够克服地层孔隙压力以及水平有效应力，裂缝才能张开，建立了基础的破裂压力模型。在此基础上，Eaton 引入泊松比，推导出更准确的破裂压力模型。黄荣樽认为地层是否发生破裂取决于井壁上的应力状态，引入两个构造应力系数，建立了最常用的破裂压力模型。

全井段地层三压力预测可以为确定合理的钻井液密度提供依据，降低井壁失稳的风险。然而由于浅部地层资料不全、压力预测方法适用性差，目前全井段地层三压力预测研究较少。本文考虑全井段地层岩性特征，以现场溢漏临界钻井液密度、地层压力实测数据为依据，优选不同井段、不同岩性的三压力预测模型，以渝西区块一口井为例，预测了全井段三压力纵向分布剖面。

## 2　地层三压力模型建立

### 2.1　孔隙压力预测

根据有效应力原理，地层压力为上覆岩石压

力与岩石有效应力的差值，有效应力是作用在地层岩石骨架颗粒上的应力。

$$\sigma_e = \sigma_v - \alpha p_p \qquad (1)$$

利用密度测井曲线积分可计算上覆岩层压力 $\sigma_V$，其计算公式为：

$$\sigma_V = \int_0^{TVD} \rho g dz = 0.00981\left(\rho_0 TVD_0 + \sum_{i=1}^n \rho_i \Delta TVD_i\right) \qquad (2)$$

式中，$\sigma_V$ 为上覆岩层压力；$\rho$ 为地层岩石密度；g 为重力加速度；$\rho_0$ 为未测量密度井段地层岩石密度；$TVD_0$ 为未测量密度测井井段底部垂深；$\rho_i$ 为测点 $i$ 处地层岩石密度；$TVD_i$ 为测点 $i$ 处垂深。

孔隙压力预测方法主要包括等效深度法、泥岩密度法、Eaton 法、Fillippone 法、有效应力法等。根据岩性的不同，可通过不同的模型预测地层的孔隙压力。针对于沙溪庙组-须家河组常压砂泥岩地层，通常选择 Eaton 法预测孔隙压力。

$$P_p = \sigma_v - (\sigma_v - \alpha P_n) \cdot \left(\frac{\Delta t_{cn}}{\Delta t_c}\right)^c \qquad (3)$$

式中，$P_p$ 为孔隙压力，MPa；$\sigma_v$ 为垂向应力，MPa；$\alpha$ 为有效应力系数；$P_n$ 为正常压实孔隙压力，MPa；$\Delta t_{cn}$ 为声波时差正常值，$\mu$s/ft；$c$ 为经验系数。

对于雷口坡组-嘉陵江组三段白云岩地层，Eaton 法不适用于碳酸盐岩地层，因此选择 Bowers 模型预测孔隙压力。Bowers 于 1995 年基于地层岩石的加载和卸载关系提出了测井纵波速度与有效应力的关系：

$$V_p = V_0 + A\sigma_e^B \qquad (4)$$

式中：$V_p$ 为测井声波速度，m/s；$V_0$ 为 1525m/s；$\sigma_e$ 为有效应力，MPa；A 和 B 为区域系数。

对于龙潭组煤岩泥岩地层，选择多参数模型预测孔隙压力。结合纵波速度随有效应力变化情况，最终可以建立纵波速度多参数计算模型：

$$V_p = a + b\varphi + c\sigma_e + dV_{sh} \qquad (5)$$

式中，$V_p$ 为纵波速度，m/s；$\varphi$ 为孔隙度；$V_{sh}$ 为泥质含量；$a$、$b$、$c$、$d$ 为经验系数，无量纲。

## 2.2 地层坍塌和破裂压力预测

首先需要对岩石力学参数计算，根据纵横波时差、密度、伽马等测井数据，利用经验公式，得到动态弹性模量 $E_d$、动态泊松比 $u_d$、孔隙度 $\varphi$、泥质含量 $V_{sh}$。再结合三轴、单轴、抗拉等岩石力

学实验资料进行拟合回归，得到静态的岩石力学参数。抗拉强度根据上述实验数据分段计算，通过岩性比例系数乘上抗压强度所得。

$$E_d = \rho_{ma} \times (3\Delta t_s^2 - 4\Delta t_p^2)/[\Delta t_s^2 \times (\Delta t_s^2 - \Delta t_p^2)]$$
$$\mu_d = 0.5(\Delta t_s^2 - 2\Delta t_p^2)/(\Delta t_s^2 - \Delta t_p^2)$$
$$\mu_s = A_1 + B_1\mu_d$$
$$E_s = (A_2\varphi + B_2)E_d;$$
$$\varphi = (\Delta t_p - \Delta t_{ma})/(\Delta t_f - \Delta t_{ma})$$
$$V_{sh} = (2^{2 \cdot I_{GR}} - 1)/(2^2 - 1)$$
$$I_{GR} = (GR - GR_{min})/(GR_{max} - GR_{min})$$
$$\sigma_c = A_3(1 - V_{sh})Ed + B_3 E_d V_{sh}$$
$$St = t \cdot \sigma_c \qquad (6)$$

式中，$\Delta t_s$ 为横波时差，$\Delta t_p$ 为纵波时差；$E_d$ 为动态弹性模量；$E_s$ 为静态弹性模量；$\rho$ 为密度；$\mu_d$ 为动态泊松比；$\mu_s$ 为静态泊松比；$V_{sh}$ 为泥质含量；$C$ 为黏聚力；$\varphi$ 为孔隙度；$\sigma_c$ 为抗压强度；$S_t$ 为抗拉强度；$t$ 为岩性比例系数；$A_1$、$A_2$、$A_3$、$B_1$、$B_2$、$B_3$ 为经验系数。

根据 Mohr-Coulomb 强度理论，岩石峰值强度和围压存在线性关系，通过不同围压条件下的三轴岩石力学实验，可得到岩石的内聚力、内摩擦角等强度参数。

$$\sigma_1 = K\sigma_3 + C_0 \qquad (7)$$

式中，$K$ 和 $C_0$ 为强度准则参数，通过将三轴压缩峰值强度与围压进行线性回归可得到，它们与内聚力和内摩擦角的关系为：

$$\begin{cases} K = \dfrac{1 + \sin\varphi}{1 - \sin\varphi} \\ C_0 = \dfrac{2C\cos\varphi}{1 - \sin\varphi} \end{cases} \qquad (8)$$

$C_0$ 表示直线与 y 轴交点的纵坐标值，$K$ 表示直线的斜率。

在得到峰值强度与围压关系曲线的基础上，可根据下列公式计算岩石在全局围压下的内聚力和内摩擦角，故可计算得到内聚力 $C$ 和内摩擦角 $\phi$ 的值分别为：

$$\begin{cases} C = C_0 \dfrac{1 - \sin\varphi}{2\cos\varphi} \\ \varphi = \arcsin\dfrac{K - 1}{K + 1} \end{cases} \qquad (9)$$

计算地应力，利用黄氏地应力模型，利用实测地应力数据，结合先前计算所得的对应深度的泊松比、地层压力、上覆岩层应力等参数，对构造应力系数进行反推。

$$\sigma_h = \frac{\mu}{1-\mu}(\sigma_V - \alpha P_p) + \beta_1(\sigma_V - \alpha P_p) + \alpha P_p \quad (10)$$

$$\sigma_H = \frac{\mu}{1-\mu}(\sigma_V - \alpha P_p) + \beta_2(\sigma_V - \alpha P_p) + \alpha P_p \quad (11)$$

坍塌压力计算模型为：

$$P_b = \frac{\eta(3\sigma_H - \sigma_h) - 2CA + \alpha P_p(A^2 - 1)}{A^2 + \eta} \quad (12)$$

破裂压力计算模型为：

$$p_f = \frac{3\sigma_h - \sigma_H + S_t - \alpha(1 - 2\mu)/(1 - \mu)P_p}{2 - \alpha(1 - 2\mu)/(1 - \mu)} \quad (13)$$

式中，$\sigma_H \sigma_h$ 分别是对应深度点的最大、最小水平地应力，由地应力预测模型求得；$C$ 为内聚力；$A = \cot(45° - \phi/2)$，$\phi$ 为内摩擦角，单位为°；$\mu$ 为泊松比，无量纲；$S_t$ 为抗拉强度，单位为MPa；$\alpha$ 为 Biot 系数，工程计算可以取1，当泥质含量 $V_{sh} < 0.2$ 时，$\alpha$ 可取 0.9；$P_p$ 为地层压力，单位为MPa；$\eta$ 为应力非线性修正系数，工程上通常取1。

当计算斜井壁的应力分布时，采用弹性力学及坐标变换方法，结合 MC 准则和拉伸破坏准则等井壁失稳破坏准则，通过软件迭代求解，可获得不同井斜角和井斜方位角下的坍塌压力及破裂压力。

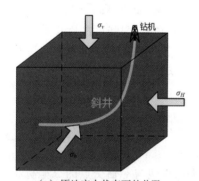

（a）原地应力状态下的井眼

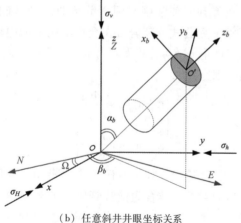

（b）任意斜井井眼坐标关系

图1　井周坐标转换关系

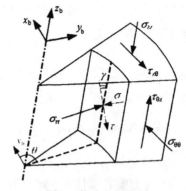

图2　井壁应力状态

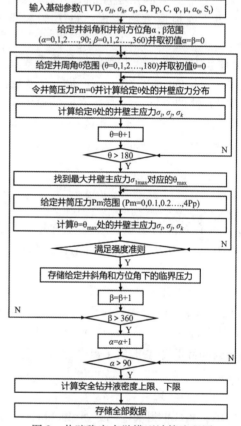

图3　井壁稳定力学模型计算流程图

## 3　结果分析

### 3.1　孔隙压力预测结果

将测井数据中的地层深度与声波速度进行拟合，绘制泥岩层正常压实趋势线图，下图4为声波测井数据拟合的压实趋势线图，其方程为：

$$\ln(\Delta t) = -1.87 \times 10^{-4}TVD + 4.447 \quad (14)$$

将测点深度值代入该式可求出对应的正常压实声波时差，再将正常压实声波时差代入式（3），即可通过 Eaton 法求出实际的地层压力 $P_p$（图4）。

对于 Bowers 模型预测孔隙压力，通过实测孔隙压力和气侵反演值拟合模型系数，Z203 井区雷

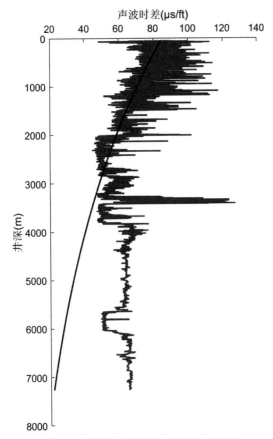

图 4　Z203 区块泥岩层正常压实趋势线

口坡组-嘉陵江组三段孔隙压力预测模型为：

$$V_p = 1.5 + 0.0026\sigma_e^{2.2576} \qquad (15)$$

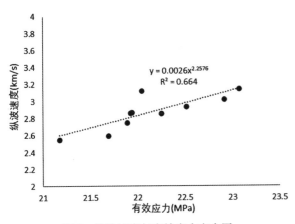

图 5　纵波速度与有效应力交会图

利用上述模型对 Z203 井进行了计算，图 6 为全井段的孔隙压力剖面结果。结果表明，沙溪庙组-须家河组预测孔隙压力系数为 1～1.15，属于常压地层；须家河组底-嘉陵江组三段预测孔隙压力系数为 1.2～1.25，属于超压地层；嘉陵江组二段-石牛栏组地层预测孔隙压力系数为 1.6～1.8，属于超高压地层；龙马溪-五峰组预测孔隙压力系

数为 1.89～2，属于超高压地层。孔隙压力预测结果与钻井液密度趋势一致；且邻井龙马溪组实测孔隙压力为 1.96，在相同井深下，预测结果为 1.99，预测误差为 1.5%。

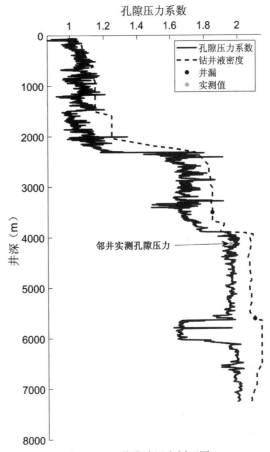

图 6　Z203 井孔隙压力剖面图

### 3.2　坍塌和破裂压力预测

通过（6）式分段计算得到的岩石力学参数如下图 7。

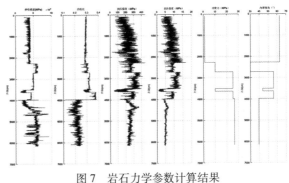

图 7　岩石力学参数计算结果

将上述各段岩石力学参数计算结果与邻井实测值进行对比分析，预测结果符合实际。并结合先前计算所得的对应深度的泊松比、地层压力、

上覆岩层应力等参数，代入（12）、（13）式，得到的三向地应力预测结果如下图所示。

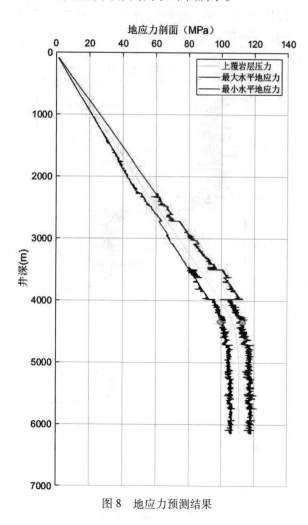

图 8　地应力预测结果

分析坍塌压力的变化规律时，可根据预测各井段的坍塌压力当量密度与钻井液密度进行比较，分析该井段是否发生坍塌或者井径扩大。例如，0~1726m 沙溪庙-自流井砂泥岩，坍塌压力当量密度 1.05~1.3g/cm³，钻井液密度 1.05~1.24g/cm³，平均井径扩大率大于 15%，分析原因是部分井段钻井液密度小于坍塌压力，也可能是浅部地层使用水基钻井液，泥岩易水化垮塌。1726~2278m，须家河组页岩、砂岩，坍塌压力当量密度 1.1~1.3g/cm³，钻井液密度 1.24~1.27g/cm³，偶有井径扩大>10%。2350~2700m，嘉陵江组白云岩、石膏层，坍塌压力当量密度 1.45~1.8g/cm³，钻井液密度 1.24~1.81g/cm³，石膏层易垮塌，平均井径扩大率大于 15%。3504~3630m，龙潭组泥页岩，坍塌压力当量密度 1.8~1.9g/cm³，钻井液密度 1.85g/cm³，平均井径扩大率大于 15%。综上所述，坍塌压力预测结果与井径扩大情况一致，证

实了坍塌压力预测的准确性。

分析破裂压力的变化规律时，可根据预测各井段的破裂压力当量密度与实验结果对比分析，1831m 地破实验破裂压力为 42.4MPa 时地层未破，预测破裂压力为 43.6MPa，与实验结果吻合。3981m 地破实验破裂压力为 92.4MPa，预测破裂压力为 95.76MPa，精度达 96%。

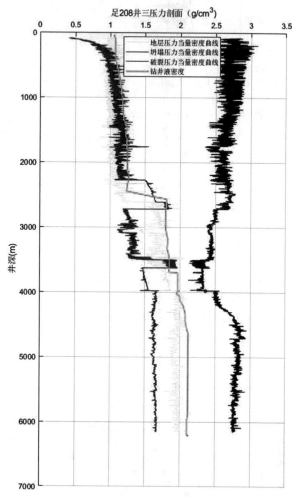

图 9　Z203 井三压力预测结果

## 4　结论

（1）根据超压成因优选及创建孔隙压力预测模型，其中砂泥岩地层孔隙压力预测采用 Eaton 法最佳，碳酸盐岩地层选择 Bowers 模型预测孔隙压力，煤岩泥岩地层可选择多参数模型预测孔隙压力，孔隙压力整体预测精度达 90% 以上。

（2）经全井段井径扩大率统计及地破实验结果解释分析，坍塌压力和破裂压力预测结果与井壁失稳情况吻合，证实了井壁稳定性预测结果的准确性。

（3）综合利用改进预测模型、实验数据和前期经验积累，目前获得的地层三压力结果与实钻情况吻合，能够为不同区块构建准确合理的三压力剖面。

## 参 考 文 献

［1］石学文，王畅，张洞君，等．四川盆地泸州北区五峰组—龙马溪组深层页岩气储层地应力地震预测技术［J］．天然气地球科学，1-19.

［2］BOWERS G L. Pore Pressure Estimation From Velocity Data: Accounting for Overpressure Mechanisms Besides Undercompaction ［J］. SPE Drilling & Completion, 1995, 10（2）: 89-95.

［3］夏宏泉，游晓波，凌忠，等．基于有效应力法的碳酸盐岩地层孔隙压力测井计算［J］．钻采工艺，2005, 28（3）: 28-30.

［4］程远方，时贤，李蕾，等．考虑裂隙发育的碳酸盐岩地层孔隙压力预测新模型［J］．中国石油大学学报：自然科学版，2013, 37（3）: 83-87.

［5］刘宇坤，何生，何治亮，等．基于多孔介质弹性理论的碳酸盐岩地层超压预测［J］．地质科技情报，2019, 38（4）: 53-61.

［6］路保平，鲍洪志，余夫．基于流体声速的碳酸盐岩地层孔隙压力求取方法［J］．石油钻探技术，2017, 45（3）: 1-7.

［7］ATASHBA V, TINGAY M, ZAREIAN M H. Compressibility method for pore pressure prediction ［R］. SPE 156337, 2012.

［8］金衍，陈勉，陈治喜，等．弱面地层的直井井壁稳定力学模型［J］．钻采工艺，1999, （03）: 13-14.

［9］蔚宝华，卢晓峰，王炳印，等．高温井地层温度变化对井壁稳定性影响规律研究［J］．钻井液与完井液，2004, （06）: 17-20.

［10］Hubbert M K, Willis D. Mechanics of hydraulic fracturing ［J］. Transactions of the AIME, 1972, 18（1）: 369-390.

［11］Eaton, Ben. The Equation for Geopressure Prediction from Well Logs ［C］, 1975.

［12］黄荣樽，庄锦江．一种新的地层破裂压力预测方法［J］．石油钻采工艺，1986（3）: 1-14.

# 页岩油开发地面工艺关键技术

梁　钊　杨德水　周立峰　陈　华　孙晓明

（中油辽河工程有限公司）

**摘　要**　国内页岩油地面集输处理工艺技术仍处于起步探索阶段，百家争鸣，各具特色，都在积极攻关页岩油由产量递减快、压力衰减快、采出液处理工艺复杂等特点带来的油气地面集输技术难题和降低工程投资的技术攻关；各油田页岩油地面建设起步较晚，在地面集输技术、压裂返排液处理技术、一体化撬装设备技术、数字化与智能化油气田技术等方面存在诸多挑战。针对这些难题和挑战，提出单管不加热集输、水资源综合利用、全装置撬装化、全流程智能化管控等技术对策，构建新型劳动组织管理架构，经济效益大幅提高，单位用工成本大幅下降，打造页岩油开发地面建设示范区。

**关键词**　页岩油；地面集输工艺；压裂返排液处理；数智化油田

中国页岩油及致密油分布广泛。当前，页岩油及致密油的勘探开发已经进入快速发展的新阶段，特别是中国石油天然气股份有限公司所属的新疆油田和长庆油田已经开展了规模开发和生产，大庆和大港等油田也即将开展页岩油的全面开发。由于页岩油及致密油在开发方式和生产规律等方面与常规油藏存在较大差异，采用传统的地面工程建设技术难以满足高效开发的要求，迫切需要开展探索和研究，形成针对性强、经济有效的地面建设技术和做法，仍而降低地面建设投资和运行成本，提高整体开发效益。

## 1　地面工艺难点

1）黄土塬地区高油气比、快速递减区块如何实现高效集输

油田处于黄土塬地貌，油井采出液前期，溶解气油比介于 73.06~91.10m³/t 之间，生产前期液量 20~30t/d、后期液量 3~5t/d、年递减率 25~30% 且油品的凝点高，含蜡量高，三分之二液量采用车拉进站，井场平台伴生气放空。黄土塬地区油井分布分散、沟壑纵横、产量递减快，管道设备选型适应性差，设备运行负荷率低；产量递减后对管道的安全运行带来难题，采用传统井口加热工艺或油气分输工艺能耗高且后期液量低时适应性差。

2）采出水矿化度高，采出水如何高效处理

主要进行长 2、长 6、长 7、长 8 等多层系的开采，典型 $CaCl_2$ 型，采出水矿化度高，不同层系立体开发下配伍性结垢机理不清，现场集输管线和设备结垢严重，增大摩阻和能耗，同时为管道安全运行带来风险。

3）常规加热和三相分离器脱水处理工艺能耗高

如何实现低能高效脱水工艺原油脱水能耗高，已建成原油脱水工艺借鉴邻近油田成熟的进站加热、加药和三相分离器脱水工艺，进站 25~30℃ 采出液加热至 60℃ 以上脱水，运行能耗高，不利于节能减排，运行成本高。

4）常规的建设模式无法满足快速上产开发要求，如何实现快速建站

传统的建站模式为全部现场预制安装，现场工程量大，并受天气制约，施工周期长，施工质量无法保障，设备无法重复利用；随着撬装化模块化技术的推进，受制于撬装模块体积大，拉运吊装困难，安装周期长，预制深度低，现场需要投入大量的管工和电焊工进行组焊，现场安装组焊施工功效低，建设周期长，施工成本居高不下，造成施工投资高。

## 2　总体思路

针对页岩油生产递减快、稳产期短、阶段性强的特点，地面工程建设需统筹分析不同类型站场不同生产阶段的规律、功能及规模，科学制定通用性的、基于模块的生产装置系列，优化配置各阶段工艺设施，经济有效地满足地面建设和生产各阶段的建设要求。

概括起来，地面工程建设模式为"统筹优化、骨架先行、模块组合、集成撬装、分期匹配、搬

迁复用、集中处理"。此外，结合当前形势，地面工程建设还应符合油田数字化、智能化生产的总体要求；采用全密闭流程，严格控制 VOC（挥发性有机化合物）排放，做到环保低碳；因地制宜，在技术经济可行的前提下，充分利用新能源。

## 3 地面关键技术

### 3.1 采出液集输系统工艺技术

**1）单管不加热集输工艺技术**

单管不加热集输是页岩油及致密油集输的推荐技术。当原油凝点低于集输最低温度时，可直接采用单管不加热集输。对于凝点与出油温度相差不大的油田，如，××油田页岩油田，原油凝点（普遍在 20℃以下）和出油温度（15～20℃）接近，管道埋深处最冷季节地温 3℃左右，由于气油比较高（大多 100m³/t 左右，最高达到 200m³/t 以上），加强了对凝油在管壁上粘附的冲刷作用，在配套井场投球清管的情况下，可以实现凝点以下单管不加热集油。又如，XX 油田页岩油田，原油凝点为 12.5℃，出油温度大都在 12.7～37.1℃，气油比也较高（400m³/t 左右），原油密度和黏度都较低，尽管油田环境温度较低，管道埋深处最冷季节地温－5℃左右，也可以实现单管不加热集油。

**2）加热集输工艺技术**

对于部分凝点较高的油田，凝点和集输环境温度差异较大，需要采用井口加热集油工艺，加热方式宜选用电加热器。由于掺水流程系统复杂、投资高、能耗大，应避免采用；但在有已建掺水系统依托的情况下，可以作为一个方案进行经济比选。在设计井口加热流程时，宜尽量缩短单井管道长度，避免后期液量低时，集油管道热力条件变差，沿程温度条件不能满足正常生产导致凝管。虽然油品物性等与其他油田相似，但由于井距大、集油半径长、液量变化大、非金属管道未设置通球工艺等因素，部分井在较低液量时需要采用井口加热集油。近年来，应用隔热油管提高井口产液温度、降低集输系统能耗已经在部分油田得到验证，因此，在确定油田加热集输方案时，应与采油工艺充分结合，探讨应用隔热油管的技术和经济可行性。

### 3.2 水资源综合利用技术

水平井压裂作业具有周期短、用水量大、作业集中的特点，页岩油开发过程中钻井、压裂、吞吐供水采用多源集中供水、管线环联成网、返排液全回用、采出水有效利用的闭环供水技术。

**1）多源集中供水、管线环联成网**

钻井初期供水由平台水源井供给，后期压裂采用临时管线将各平台水源井环联成网，供压裂作业平台压裂用水。同时设临时供水点，补充压裂用水。

**2）返排液全回用**

油井返排阶段，在大井组设置自主研发的返排液三相分离处理装置，脱出低含水率原油进入附近已建集输系统或拉运至附近站点。采出水在大井组就地储存回用至附近压裂井场，实现了返排液就地处理、采出液全回用。

**3）采出水有效回注**

采出水一部分在周边注水井有效回注，通过已建加药装置投加缓蚀阻垢剂，缓解采出水与地层水结垢趋势，回注采出水可节约清水资源，降低投资，此外另一部分可作为周边平台压裂用水。

### 3.3 采出液低温电脱技术

采出液中含有大量压裂返排液，不同的压裂返排液组分，对处理技术影响很大。

**1）采用滑溜水压裂液体系的采出液**

由于压裂液是以低分子聚合物为主剂，非化学交联体系，具有耐盐抗菌、破胶彻底、无残渣的特点，压后返排液不易腐败，经简单物理处理即可重复利用，同时降低了采出液处理工艺压力，采用常规一段热化学脱水就可以达到合格指标。

**2）采用瓜尔胶压裂液体系的采出液**

页岩油及致密油不同开发区块采用的压裂液配方不同，采出液组分极为复杂，是一种复杂的多相分散体系。

采出液乳化严重，油水体系稳定，这将导致常规的预脱水、脱水工艺达标处理难度加大，往往需要更长的处理流程和时间、更高的处理温度，以及更多的加药量。为缩短处理流程、降低脱水成本，需针对性地研发应用高效预脱水、脱水设备及药剂，实现一段热化学预脱水、二段电化学脱水。目前，已经成功应用了新型填料高效预脱水器，在加药 50mg/L 的情况下，沉降时间 30min，脱水后原油含水率可以达到小于 10% 的指标，而常规脱水设备在同等条件下，脱水后原油含水率为 23.5%，可见新型预脱水器脱水效率大幅度提升；二段脱水采用高频震荡聚结电脱水器，可以较好地控制出油含水指标。

另外，为了从根源解决采出液处理的难题，地面工程需要和开发结合，针对压裂液开展综合优化研究，开发出既能满足压裂携带支撑剂要求，又能降低地面工程原油脱水和采出水处理难度的压裂液配方，实现综合经济效益的最大化。

### 3.4 装置撬装化技术

依据页岩油单井产液量大、递减快的特点，研制并应用撬装化设备，替代中小型站场和大型站场主要生产单元，采用撬装拼接技术、撬装组合技术，研发了系列化一体化集成装置，形成了页岩油从井场—增压点—接转站—联合站全撬装化建设，利用撬装装置可搬迁易改造的优势，增强布站的灵活性，加快地面建设速度，提高工程质量，降低工程投资。

中小型站场推行"先大后小"的地面建设方式，采用装置集成和拼接技术，适应生产初期产量高、中后期递减快的特点。根据站场负荷变化，三年后实现装置及设备的灵活调配和重复利用。

1）增压装置。主要由原油接转、油气分输、集油收球加药、电控一体化集成装置组合成站，共有5种规模，可灵活组合，实现井站无人值守。

2）撬装联合站。由原油脱水、原油加热、采出水回注等5类一体化集成装置组成，具有来油计量、原油加热、采出水处理及回注等功能，可替代常规联合站，减少占地面积，缩短建设周期，降低投资，同时配套先进的数字化控制系统，可大幅缩减用工。

3）35kV撬装组合式变电站技术。35kV变电站采用撬装组合式变电站技术，实现了设计标准化、设备撬装化、采购集约化、作业预制化、管理数字智能化、维护模块化的目标。

### 3.5 全流程智能化管控技术

全面搭建地面工程信息化、智能化平台，通过"远程集中监控、数据自动采集、后台智能分析、指令实时发布、工况动态匹配"的建设思路，实时采集油井压力、温度以及振动等参数，站点外输原油外输排量、温度压力以及站内工艺设备运行参数，利用SCADA系统实现了运行参数自动优化。另一方面，促进中心站管理模式的转变，基本生产管理单元缩减、劳动组织架构改革、实现扁平化管理，将原有的作业区直管井区以及站点优化为核心的中心站管理模式，形成了中心站模式下的无人值守、集中监控、定期巡检的生产组织方式，盘活用工，减少前端驻点人员。大幅

减少人工干预，体现了节能、高效、无人值守的智能化管理模式。

1）区域中心站智能化控制。创新形成中心站+无人值守站劳动组织架构模式，依托作业区SCADA系统，通过完善基础网络，提升智能化控制水平，井（站）无人值守，联合站少人操作，实现智能化管控。

2）站场智能化设计。联合站、接转站内使用的一体化集成装置本体智能化程度较高，具备无人值守功能，在集油收球装置后增加进事故油箱流程，并设切换电动三通阀。装置缓冲后增加去事故油箱流程，并设电动阀，配套相应的控制流程，确保含气原油经气液分离后进入事故油箱。优化事故油箱设计，增加进油立管、扩大排气孔，提高安全可靠性。

3）区域智能电网架构。电网形成"三级网络"构架，采用"四级无功补偿"，变电站无人值守，智能操作，集成电力SCADA系统、综合自动化管理系统、地理信息系统，实现了四遥五防、数据采集、在线监控、电子巡护、数据上传、远程调度等功能。

## 4 结束语

目前，页岩油及致密油的开发在我国仍然处于初级阶段，新的开发和提高采收率技术还在不断地研究探索中。本文提出的油田地面工程建设模式和工艺技术也需要在今后的持续研究和工程应用中进一步完善和提升，最终实现总体布局合理化、技术水平先进化、生产管理系统化、数据采集自动化、生产成本最优化，总体建设标准达到国内一流、国际领先水平。

### 参 考 文 献

[1] 刘合. 中国致密油工程技术面临的挑战与对策[J]. 世界石油工业, 2016, 23 (5): 15-18.

[2] 李庆, 王坤, 李秋忙, 等. 中国石油致密油开发地面工程面临的挑战与对策[J]. 石油规划设计, 2019, 30 (5): 1-5.

[3] 黄维和, 王军, 黄翼, 等. "碳中和"下我国油气行业转型对策研究[J]. 油气与新能源, 2021, 33 (1): 1-5.

[4] 赫晓岚. 大规模压裂返排液地面处理方案设想[J]. 油气田地面工程, 2015, 34 (10): 48-49.

[5] 翟怀建, 汪志臣, 董景锋, 等. 胍胶压裂液快速起粘研究及在页岩油体积压裂中的应用: 2019油气田

勘探与开发国际 会议论文集［C］. 西安 ：西安石油大学，745-750.

［6］王斐，朱国承，霍富永，等. 庆城油田长 7 页岩油地面工艺技术研究与应用［J］. 油气田地面工程，2024，7（5）：56-60.

［7］闫林，陈福利，王志平，等 . 我国页岩油有效开发面临的挑战及关键技术研究［J］. 石油钻探技术，2020，48（3）：63-69.

# 智能钻头姿态控制系统研究

袁　恺[1,2,3,5]　严梁柱[1,2,3,4,5]　严　军[4]　方琼瑶[3]　谢祥凤[1,2,5]　汪　洋[3]

[1. 油气藏地质及开发工程全国重点实验室（成都理工大学）；2. 长江大学电子信息与电气工程学院；
3. 中国石油集团川庆钻探工程有限公司；4. 中国石油西南油气田分公司；5. 湖北省油气地质工程有限公司]

**摘　要**　主动控制技术在石油钻井中发挥着重要作用，但现有方法在提高钻头稳定性和钻进效率方面仍有不足。为此，开发了一种新的伺服液压钻头姿态主动控制系统。利用 Ziegler-Nichols 方法设计 PID 控制器，开发了神经网络控制器。搭建伺服液压试验台，对石油钻头主动控制进行实验研究。使用 MATLAB/Simulink 软件，对控制系统进行建模和仿真，模拟不同工况下的性能。结果表明，两种控制方案均能显著抑制钻头振动，提高钻井效率。神经网络控制器性能优于 PID 控制器，响应更快，精度更高。实验数据证明，神经网络控制器在不同地层条件下均表现良好。提出的控制方案有效抑制钻头振动，神经网络控制器性能更佳。建议在实际钻井系统中应用该策略。

**关键词**　伺服液压主动钻头控制系统，神经网络控制器，PID 控制器，钻头振动抑制，仿真与实验

## 1　引言

主动控制技术在油气井钻探中发挥着越来越重要的作用，可显著提高钻井性能。根据系统添加或提取能量的能力，钻井系统可分为被动、半主动和主动控制系统。其中，被动钻井系统最为常见，广泛应用于大多数钻井作业中。然而，被动系统由于仅依赖于机械稳定器和被动阻尼器等元件，缺乏添加外部能量来控制钻井动态的能力。半主动系统可以通过可控阻尼器或可变钻井参数调整能量耗散率，但性能提升有限。相比之下，主动钻井系统能够从外部提供能量，产生力以实现最佳钻井性能。因此，本文重点研究主动钻井系统。

已有研究表明，对钻井系统的主动控制引起了越来越多的关注。各种控制策略被提出，以减少钻柱振动和提高钻井效率。一些研究利用自适应控制方法增强性能，另一些则应用经过遗传算法优化的模糊逻辑控制器。鲁棒控制技术被用于补偿液压执行器的动态不确定性。非线性控制方法也被探索，以解决钻井效率和系统稳定性之间的固有权衡。然而，许多这些研究仅基于计算机仿真，缺乏实验验证。

在实际钻井作业中，钻柱是一个延伸很长距离的复杂系统。在实验室环境中，使用简化模型，重点控制对钻井性能至关重要的钻头振动。有效控制钻头振动可改善系统中其他不良运动的管理。

本文讨论了一种新开发的伺服液压主动钻井试验台的设计理念、建模、仿真和实验研究。采用了两种控制方案：常规的 PID 控制器和神经网络控制器。以下章节将概述主动钻井控制系统的结构。

## 2　主动钻头控制系统

引入主动钻头控制系统有望有效提升钻井过程中的控制性能和钻进效率。一般而言，高品质的主动控制系统可以将钻柱与地层振动隔离，确保钻头与岩层的稳定接触，从而提高钻井效率和安全性。

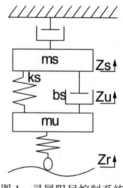

图 1　灵犀阻尼控制系统

如图 1 所示，采用所谓"灵犀阻尼器"的 1/4 钻头模型。这里的灵犀阻尼器指的是一个连接在钻头与固定参考点之间的阻尼器，研究发现其对抑制钻头振动有出色的效果。其中，$b_{sky}$ 表示灵犀阻尼器的阻尼系数。

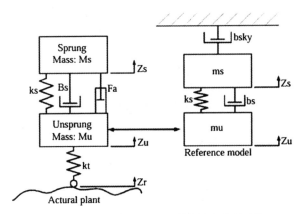

图 2　基于灵犀参考模型的主动钻头控制系统

由于实际中难以实现灵犀阻尼器系统，本研究采用反馈控制结构替代灵犀阻尼器，设计了如图 2 所示的伺服液压主动钻头控制系统。基本原理如下：在钻柱和钻头之间安装液压作动器，利用液压缸的可控输出力替代灵犀阻尼器提供的虚拟阻尼力，从而实现与灵犀阻尼器相同的阻尼效果。参数 $F_a$ 表示液压缸提供的输出力。

主动钻头控制系统的动力学方程为：

$$m_s\ddot{z}_s = k_s(z_u - z_s) + b_s(\dot{z}_u - \dot{z}_s) + F_a \quad (1)$$

$$m_u\ddot{z}_u = -k_s(z_u - z_s) - b_s(\dot{z}_u - \dot{z}_s) + k_t(z_r - z_u) - F_a \quad (2)$$

其中：$m_s$：钻柱质量（303 kg），$m_u$：钻头质量（65 kg），$k_s$：钻柱弹簧刚度（16812 N/m），$k_t$：钻头与岩层接触的弹簧刚度（190000 N/m），$b_s$：阻尼系数（10000 Ns/m），$z_s$：钻柱相对于基准点的位移，$z_u$：钻头相对于基准点的位移，$z_r$：岩层不平度相对于基准点的位移，$F_a$：伺服液压缸提供的输出力。

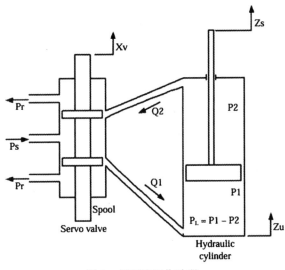

图 3　伺服液压作动器

如图 3 所示，伺服液压作动器由伺服阀（或比例阀）和液压缸组成。输出驱动力 $F_a$ 计算如下：

$$F_a = AP_L \quad (3)$$

根据连续性方程，推导得：

$$\frac{V_t}{4\beta_e}P_L = Q_L - C_t P_L - A(\dot{z}_s - \dot{z}_u) \quad (4)$$

根据伯努利方程，假设活塞杆直径可忽略，得到：

$$Q_L = C_d w x_v \sqrt{(-)} \quad (5)$$

其中：

$A$：液压缸的有效截面积（903mm²），$P_L$：负载压力，$V_t$：液压缸的有效容积，$\beta_e$：油液的体积弹性模量，$C_t$：液压缸的泄漏系数，$Q_L$：负载流量，$C_d$：流量系数，$w$：伺服阀的流通面积梯度，$x_v$：伺服阀阀芯位移，$\rho$：油液密度，$P_S$：供油压力（110bar）。

此外，伺服阀的阀芯位移 $x_v$ 由输入电流 $u$ 控制，其动态关系可简化为一阶微分方程：

$$\dot{x}_v = \frac{1}{\tau}(-x_v + k_a u) \quad (6)$$

由方程（1）至（6），选择状态变量：

$$\begin{aligned}x_1 &= z_s - z_u,\\ x_2 &= \dot{z}_s,\\ x_3 &= z_u - z_r,\\ x_4 &= \dot{z}_u,\\ x_5 &= P_L,\\ x_6 &= x_v,\end{aligned} \quad (7)$$

则主动钻头控制系统的状态方程可表示为：

$$\dot{x}_1 = x_2,$$
$$\dot{x}_2 = \frac{1}{m_s}[-k_s(x_1 - x_3) - b_s(x_2 - x_4) - Ax_5],$$
$$\dot{x}_3 = x_4,$$
$$\dot{x}_4 = \frac{1}{m_u}[k_s(x_1 - x_3) + b_s(x_2 - x_4) + k_t(z_r - x_3) - Ax_5],$$
$$\dot{x}_5 = -\beta x_5 - \alpha A(x_2 - x_4) + \gamma x_6 P_S - sgn(x_6)x_5,$$
$$\dot{x}_6 = \frac{1}{\tau}(-x_6 + k_a u),$$
$$y = Ax_5. \quad (8)$$

其中：

$$\alpha = \frac{4\beta_e}{V_t},\ \beta = \alpha C_t,\ \gamma = \alpha C_d w\left(\frac{1}{\rho}\right) \quad (9)$$

以上公式中，各参数的物理意义已在前述列出。

PID 和神经网络控制理论

在本研究中，首先采用的控制方案是 PID 控制器，其最优增益由 Ziegler 和 Nichols 提出的准则［13］确定。离散时间的 PID 控制器可表示为：

$$u(k) = u(k-1) + \Delta u(k) \quad (10) \quad \Delta u(k) =$$
$$K_P[e(k) - e(k-1)] + K_I e(k) + K_D[e(k) - 2e(k-1) + e(k-2)] \quad (11)$$

其中：$u(k)$：控制信号，$\Delta u(k)$：控制信号的变化量，$e(k)$：误差信号，$K_P$：比例增益，$K_I$：积分增益，$K_D$：微分增益。

本文提出的第二个控制方案是神经网络控制器。一方面，神经网络采用多层感知器（MLP）结构，并使用误差反向传播（EBP）算法。MLP 与 EBP 的结合称为 BP 神经网络（BPN），这是工程应用中最常用的神经网络控制器。另一方面，BPN 的主要框架由多层前馈结构和监督学习架构组成，具有较强的非线性映射能力和快速学习特性。因此，BPN 可以用来替代传统的非线性方程和复杂计算 2。

图 4 展示了本文提出的 BPN 控制器示意图。可以看到，该控制器由输入层、隐藏层和输出层组成，这种结构称为多层前馈网络，可用于解决复杂的非线性问题。输入层和输出层分别代表输入值和输出值。输入层和输出层中神经元的数量由模型中使用的输入或输出变量的数量决定。此外，隐藏层所需的神经元数量主要取决于控制系统的复杂程度。一般来说，更多的神经元会提高学习能力，但会降低学习效率，因为需要更多的计算时间。因此，通常采用试错法来确定隐藏层的最佳神经元数量。此外，隐藏层的数量可以根据系统的复杂性从一层增加到多层。然而，本文仅使用了一个包含三个神经元的隐藏层，且输入层和输出层各包含一个神经元。各层的神经元通过不同的权重相互连接。输入模式通过输入层直接传递到隐藏层，经过加权、求和和激活等计算后，得到隐藏层的一组输出值。同样，可以得到输出层的实际输出值。

图 5 显示了使用神经网络控制器的主动钻头控制系统的简化控制框图。期望输入 $Z_{sd}$ 被设定为零，以便在受到地层不均匀引起的扰动 $Z_t$ 时，保持钻柱（即上部质量）的位移为零。显然，输入层的唯一输入值是钻柱位移的负值 $-Z_s$。以下段落将详细描述 BPN 的一些细节。

神经网络中最基本的元素是神经元（在本研究中称为 Neuro）。图 6 展示了一个 Neuro 的模型，

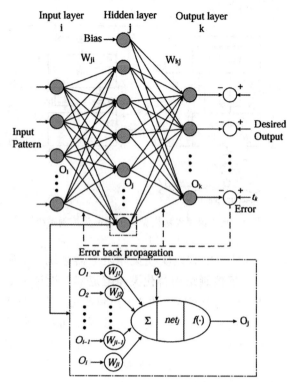

图 4　BP 神经网络控制器

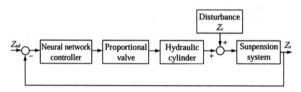

图 5　使用神经网络控制器的主动钻头控制系统简化框图

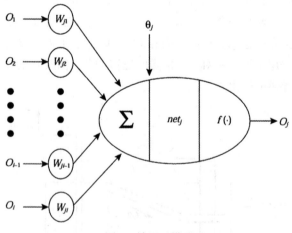

图 6　神经元模型

其中符号 $f(\cdot)$ 表示激活函数。本文采用 Sigmoid 激活函数，因为它是连续可微的。Neuro 的数学方程为 2：

$$net_j = \sum (W_{ji} \cdot O_i) + \theta_j \quad (12)$$
$$O_j = \frac{1}{1 + exp(-net_j)} \quad (13)$$

其中：$W_{ji}$：从输入层第 $i$ 个神经元到隐藏层第 $j$ 个神经元的权重，$\theta_j$：隐藏层第 $j$ 个神经元的偏置或阈值，$O_i$：输入层第 $i$ 个神经元的输入值，$O_j$：隐藏层第 $j$ 个神经元的输出值。

图 7 展示了误差反向传播（EBP）网络，它被证明是最有效的监督学习架构。其基本原理是利用梯度最速下降法（GSDM）。首先，使用 GSDM 定义一个误差函数，从而在学习过程中，如果该误差函数最小化，就可以调整权重和/或偏置。误差函数 $E$ 定义为：

$$E = \frac{1}{2} \sum (t_k - O_k)^2 \qquad (14)$$

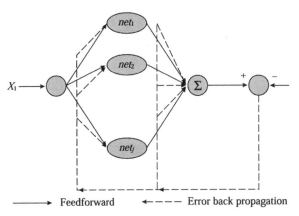

图 7  误差反向传播（EBP）网络

其中：$t_k$：输出层第 $k$ 个神经元的期望输出值，$O_k$：输出层第 $k$ 个神经元的实际输出值。

输出层的输出值 $O_k$ 可通过以下公式得到：

$$O_k = f_k(\mathrm{net}_k) = \frac{1}{1 + exp(-\mathrm{net}_k)} \qquad (15)$$

$$\mathrm{net}_k = \sum (W_{kj} \cdot O_j) + \theta_k \qquad (16)$$

其中：$W_{kj}$：从隐藏层第 $j$ 个神经元到输出层第 $k$ 个神经元的权重，$O_j$：隐藏层第 $j$ 个神经元的输出值，$\theta_k$：输出层第 $k$ 个神经元的偏置或阈值。

为了最小化误差函数 $E$，利用以下公式：

$$\Delta W = -\eta \frac{\partial E}{\partial W} \qquad (17)$$

其中 $\Delta W$ 是权重的变化量，$\eta$ 表示学习率，即权重变化量与误差函数的偏导数之间的比例系数。因此，可以通过以下方式调整或更新权重：

$$W(k) = W(k-1) + \Delta W \qquad (18)$$

当误差函数 $E$ 收敛到预设范围内时，迭代过程停止。

## 3  实验测试装置

图 8 展示了实验装置的示意布局，其功能框图如图 9 所示。该实验装置中安装了两个闭环液压控制单元：一个是用于模拟不同地层扰动的地层模拟器单元，另一个是闭环控制的伺服液压主动钻头控制系统，用于减小地层扰动的影响。

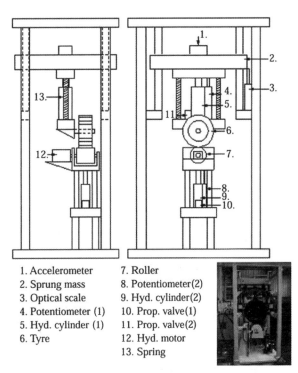

1. Accelerometer
2. Sprung mass
3. Optical scale
4. Potentiometer (1)
5. Hyd. cylinder (1)
6. Tyre
7. Roller
8. Potentiometer(2)
9. Hyd. cylinder(2)
10. Prop. valve(1)
11. Prop. valve(2)
12. Hyd. motor
13. Spring

图 8  主动钻头控制系统的 1/4 试验台

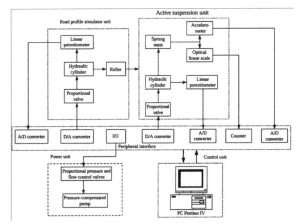

图 9  试验装置的功能框图

地层作动器基本上是一个最大行程为 150 毫米的单作用液压缸。为了精确控制地层作动器的位移，采用了线性电位计和高速比例阀（Parker－D1FH 系列）。系统压力固定在 70 巴，因此可以在实验室中生成不同的地层扰动。

对于主动钻头控制系统，利用单作用液压缸的可控输出力来保持钻头的零位移。为此，同样使用了线性电位计和高速比例阀（Parker-D1FH系列）。钻头液压缸（图8中的组件5）具有903平方毫米的有效截面积，最大行程为150mm。为了评估钻进稳定性，在钻头上安装了加速度计，以测量垂直加速度。系统压力固定在110Pa。最后，该实验装置的控制以及测量数据的采集和处理，都集成在带有多功能外围接口卡的基于上位机的控制单元中。

## 4　仿真和实验结果

对于钻井作业，影响钻进稳定性的最关键因素是地层的不均匀性和随机扰动。然而，在实验室中，需要对真实的地层扰动进行简化。本研究中选择的地层扰动测试输入是一个平坦的地层表面，随后是一个正弦凹陷和一个正弦凸起，由闭环控制的地层模拟器（图8中的组件9）生成。

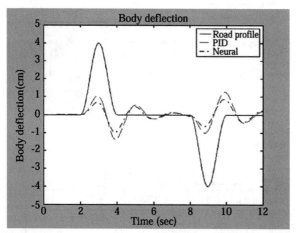

图10　钻头在受到4厘米凸起和凹陷扰动下的位移仿真结果

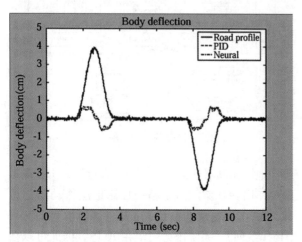

图11　钻头在受到4厘米凸起和凹陷扰动下的位移实验结果

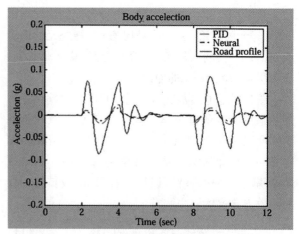

图12　钻头在受到4厘米凸起和凹陷扰动下的
加速度仿真结果

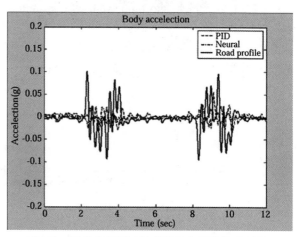

图13　钻头在受到4厘米凸起和凹陷扰动下的
加速度实验结果

图10显示了使用状态方程（7）以及MAT-LAB/Simulink软件进行仿真的结果。实验结果如图11所示。位移信号是由安装在钻柱（即上部质量）上的光学线性尺（图9中的组件3）测量的。可以观察到，使用神经网络控制器的主动钻头控制系统在通过地层起伏后，钻头振动的振幅比使用PID控制器时略小，即控制性能有所提升。

另一方面，图12和图13展示了相应的仿真和测量的加速度信号。除了分别由PID和神经网络控制器得到的钻头主要加速度信号外，图中还显示了由伺服液压地层模拟器生成的地层加速度，供参考。尽管测得的加速度信号存在振荡，但使用神经网络控制器的钻头加速度较小。换言之，钻进稳定性得到了改善。表1显示了使用PID和神经网络控制器的性能定量比较。无论是钻头加速度的最大绝对值还是位移，都可以得出结论：所提出的神经网络控制器比传统的PID控制器略胜一筹。

表 1　PID 控制器和神经网络控制器的定量比较

| 控制器类型 | PID | 神经网络控制器 |
| --- | --- | --- |
| 仿真最大绝对加速度（g） | 0.03 | 0.02 |
| 实验最大绝对加速度（g） | 0.04 | 0.03 |
| 仿真最大钻头绝对位移（cm） | 1 | 0.7 |
| 实验最大钻头绝对位移（cm） | 0.8 | 0.7 |

## 5　结论

本文成功开发了一种用于钻井的伺服液压主动钻头控制系统的实验装置。从仿真和实验结果可以证明，两种控制方案都能显著抑制钻头的振动和加速度。然而，有以下三点需要指出：

1. 在实际的钻井应用中，所提出的主动控制结构不可避免地面临一些挑战，包括成本、在钻井设备中所需的空间，以及获取钻头位移 $Z_u$ 的困难。在所开发的实验装置中，钻头的位移可以通过安装的电位计（图 8 中的组件 8）轻松测量。然而，在实际钻井中，安装这样的电位计实际上是不可能的。一个可能的解决方案是使用加速度计先获取钻头的加速度，然后通过数值积分计算所需的位置信号。

2. 所开发的基于上位机的控制器由于尺寸庞大，实际上无法在实际钻井应用中实施。一个可行的解决方案是引入 DSP 控制系统。

3. 由于伺服液压系统高度非线性且时变，因此，所提出的神经网络控制器能够比传统的 PID 控制器更有效地抑制钻头的振动幅度和随后的加速度，这是合理的。然而，在实际应用中，由于 PID 控制器的简单性和易于实现，仍然是最佳选择。

## 参 考 文 献

［1］　Merritt　H　E. Hydraulic　Control　Systems　［M］．　New York：John Wiley & Sons, 1991.

［2］　Fukuda T, Shibata T. Theory and applications of neural networks　for　industrial　control　systems　［J］．　IEEE Transactions on industrial electronics, 1992, 39（6）： 472-489.

# 中低成熟度页岩油体积压裂工艺探索与实践

苏　建　张子明　郭斯尧　景宏伟　张　伟　郭丁菲

（中国石油辽河油田公司采油工艺研究院）

**摘　要**　与国内外已规模开发的页岩油相比，辽河雷家页岩油是一种"中低成熟度"特殊类型页岩油，具有"粘土含量高、原油粘度大、压力系数低"等一系列不利因素，压裂改造和有效动用难度更大。2012年以来，辽河油田持续对雷家页岩油进行压裂技术攻关与探索，先后经历了"常规大规模、高导流裂缝、直井缝网、体积压裂V1.0、体积压裂V2.0"等五个阶段迭代升级，逐步形成了以构造"丰字型"复杂裂缝为目的，以"纵向穿层+复杂造缝+高强加砂+蓄能置换"组合压裂工艺为特征的"区域化体积压裂V2.0"技术。综合雷家页岩油压裂探索历程，总结得到四项关键认识：（1）页岩层理对压裂裂缝具有强遮挡作用，有效缝高30-40m，要求钻井轨迹必须保障较高的钻遇率；（2）实践证实体积压裂2.0技术方向的正确性，通过提升改造规模和强度，单井首年产油量显著提升；（3）中低成熟度页岩成岩作用差、粘土含量高，压裂液防膨性能是关键指标；（4）返排率低是中低成熟度页岩压裂的普遍规律，压裂液进入地层后，在渗吸置换的作用下易进入微细毛管、粘土晶格、干酪根等微小孔隙中，最终以束缚水状态赋存于页岩中。

**关键词**　页岩油；中低熟；辽河雷家；体积压裂

根据GB/T 38718—2020《页岩油地质评价方法》标准定义，页岩油是指已生成、仍滞留于富有机质页岩地层微纳米级储集空间中的石油，页岩既是生油岩，又是储集岩。辽河油田页岩油资源丰富，先后发现雷家、大民屯、后河等三大页岩油区块，据地质最新评价，总资源量约30亿吨，巨大的资源潜力，使得页岩油成为辽河油田未来油气产量接替的重要领域。其中，雷家页岩油资源相对落实，成为目前勘探开发攻关的重点目标。

与国内外已规模开发的页岩油相比，雷家页岩油是一种"中低成熟度"特殊类型页岩油，Ro值0.3~0.7%，表现出"成岩条件差（粘土14.1~29.7%）、原油粘度偏大（粘度14~30mPa.s）、压力系数低（0.9~1.1）"等一系列先天劣势，压裂改造和有效动用难度更大。2012年以来，以雷家页岩油"杜三组"和"高升组"两套层系为"核心甜点"，开展了不同类型的压裂工艺探索，通过对雷家页岩地质特征、压裂工艺、压裂材料等研究的不断深入，逐步摸清雷家页岩油体积压裂关键因素，并有力推动了该区油井压裂效果提升，为中低成熟度页岩油体积压裂技术探索积累了宝贵经验。

## 1　雷家中低熟页岩油地质特征

雷家页岩油位于辽河坳陷西部凹陷中北部，沙四段时期发育一套浅湖相白云岩沉积，埋深2000~3500m，厚度200~500m。纵向上分为杜家台和高升两个油层，其中上部的杜家台组进一步划分为杜一、杜二、杜三等三个小层（图1），根据油气显示情况，杜三组和高升组是"油气甜点"相对集中发育的层段。

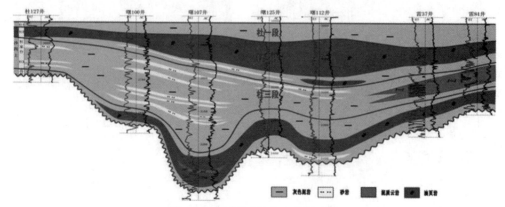

图1　雷家页岩油纵向地质剖面图

储层岩性比较复杂，共分为白云岩类、方沸石类、泥页岩类3大类14种岩性，其中含泥白云岩和泥质白云岩是主要含油岩性（图2），根据页岩油划分标准归类于混积型页岩油。

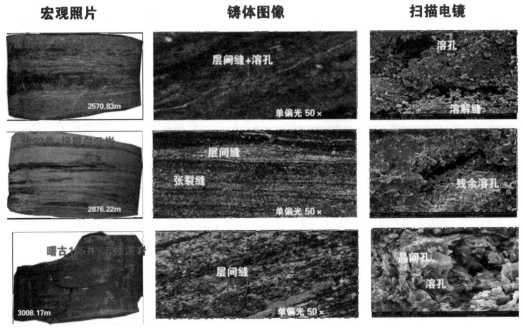

图2 雷家页岩油典型岩相

与同处渤海湾盆地的胜利、大港页岩油相比，雷家页岩油具有典型的"中低成熟"特征，在"甜点规模、原油粘度、压力系数、脆性指数"等方面存在劣势（表1），有效动用难度更大。因此，必须针对雷家页岩油独特储层特征，探索适用的体积压裂技术。

表1 渤海湾盆地同类型页岩油地质参数对比

| 序号 | 对比指标 | 济阳坳陷 | 黄骅坳陷 | 辽河坳陷 |
|------|----------|----------|----------|----------|
| 1 | 沉积环境 | 陆相咸化湖盆沉积 | | |
| 2 | 目标层位 | 沙河街组 | 孔店组 | 沙河街段 |
| 3 | 页岩油类型 | 混积纹层型/泥纹型 | | |
| 4 | 埋深（m） | 3500~4500 | 2600~4200 | 2500~3200 |
| 5 | 厚度（m） | 600~1350 | 200~500 | 150~300 |
| 6 | 甜点规模（km²） | 2300 | 900 | 296 |
| 7 | TOC（%）/S1（mg/g） | 2~6/2~10 | 2~8/2~25 | 3.5~8/1~15 |
| 8 | Ro（%） | 0.7~1.0 | 0.7~1.2 | 0.3~0.7 |
| 9 | 甜点段岩性 | 长英质、灰云质、混合质页岩 | | |
| 10 | 孔喉半径 | 100nm~2.0μm | 100nm~1.0μm | 30nm~2.5μm |
| 11 | 孔隙度（%） | 3~10 | 3~7 | 7~13 |
| 12 | 渗透率（mD） | 0.0001~2 | 0.001~1 | 0.01~7.1 |
| 13 | 原油密度（g/cm³） | 0.81~0.87 | 0.83~0.92 | 0.87~0.91 |
| 14 | 原油粘度（mPa·s） | 10.6 | 12.7 | 27 |
| 15 | 气油比（m³/m³） | 60~100 | 50~90 | 40~75 |
| 16 | 压力系数 | 1.4~2.0 | 1.2~1.9 | 0.9~1.1 |

## 2 页岩油压裂技术发展历程

2012 年以来，持续对雷家中低成熟度页岩油进行压裂改造技术攻关，尝试了不同类型的压裂工艺探索。按照技术发展历程，大致分为"常规大规模、高导流裂缝、直井缝网、体积压裂 V1.0、体积压裂 V2.0"等五个阶段（图3）。

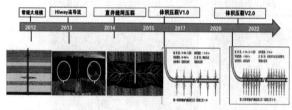

图 3　雷家页岩油压裂技术发展历程（2012~2024）

（1）常规大规模阶段（2012 年）：高古 2、雷 29-7 井是雷家致密油实施的第一批压裂井，沿用的是常规低渗砂岩储层的改造思路，主要技术特点有两点：①大规模：增大施工规模，在储层中形成一条长裂缝，增大泄油面积；②高砂比：由于储层泥质含量高达 30%，为抵消因支撑剂嵌入造成的导流能力损失，采取了"高砂比"的施工措施，达到获得具有长期有效导流能力人工裂缝的目的。两口井主要施工参数为：加砂量 60m³，液量 500m³，排量 4.2 ~ 4.8m³/min，平均砂比 26.0%，压裂后初期获得了较好效果，平均产油量 5.0t/d，但产量迅速递减，30 天后日产油量衰减到 1.0t/d 以下，平均单井增油仅有 80t。

（2）高导流裂缝阶段（2013 年）：在"大规模、高砂比"压裂方式失利后，2013 年引入了斯伦贝谢"Hiway 高速通道"压裂技术，期望通过提高裂缝导流能力达到提高产量的目的，现场应用 3 井次的"高速通道"压裂工艺，但 3 口井仅 1 口井稳定生产，其余 2 口井平均产量不足 0.5t/d，高导流裂缝压裂工艺仍未解决雷家致密油低产的问题。因此推断，导流能力不是制约致密油储层改造的关键问题。

（3）直井缝网阶段（2014~2015 年）：随着国内"体积压裂"概念的提出及推广，长庆、大庆、新疆等油田掀起了致密储层改造的热潮。辽河也将"体积压裂"引入到雷家致密油的改造中，总体压裂思路是"提高裂缝复杂程度，最大化改造储层体积"，采取的体积压裂工艺泵注分三步：①泵注前期，高排量泵注低粘度滑溜水和 100 目粉陶，开启支撑天然微裂缝；②泵注中期，泵入线

性胶和 40~70 目陶粒，支撑分枝裂缝；③泵注后期，泵入交联胍胶压裂液和 20~40 目大粒径陶粒，支撑主裂缝。主要施工参数有：簇状射孔，单次压裂射孔 4.5m/3 簇；套管压裂，排量 ≥12.0m³/min；低粘液体：交联胍胶 ≈ 1∶1；单段液量 1200m³，加砂量 50~60m³。此阶段实施了 4 口井，压后均获得工业油流，平均单井增油量由常规压裂的 80t 提高到 800t。但压裂施工成功率较低，50% 的井在加砂过程中出现砂堵的问题。

（4）体积压裂 V1.0 阶段（2016~2021 年）：参考哈里伯顿在页岩储层中应用的"逆混合控破裂"压裂技术，对泵注程序进行改进，解决了体积压裂施工成功率较低的问题。此压裂工艺泵注分三步：①泵注前期，低排量泵入高粘交联胍胶液，形成主裂缝；②泵注中期，高排量注入滑溜水和 100 目石英砂，致力远端裂缝复杂化；③泵注后期，泵入交联胍胶压裂液和 20~40 目大粒径陶粒，支撑主裂缝。主要施工参数有：簇状射孔，单层射孔 3.0m/3 簇；套管压裂，排量 ≥12.0m³/min；低粘液体：交联胍胶 ≈ 2∶1；单段液量 1200m³，加砂量 40m³。此阶段共实施了 6 口直井、4 口水平井体积压裂施工，其中水平井分段改造后，单井初期产量达到 15~20t/d，但自喷周期短、递减过快，平均 105 天结束自喷期，首年递减率高达 75%，稳定产量 2~5t/d，不具备规模开发价值。

（5）体积压裂 V2.0 阶段（2022~2024 年）：2022 年地质部门对雷家页岩油甜点进行重新刻画，将"100nm 以上大孔喉占比、地层原油粘度"作为甜点评价核心指标，锁定杜三组上下两套甜点层，并参考国内页岩油气水平井体积压裂 V2.0 技术开展现场试验。针对页岩层层理发育、压力系数低等特点，以形成"丰字型"复杂裂缝为目的，实施"纵向穿层+复杂造缝+高强加砂+蓄能置换"组合压裂工艺。该阶段压裂工艺典型特征：①密集布缝，将水平井裂缝簇间距由 24.6m 降至 12.8m，同时采用极限限流策略，进一步降低单段孔数至 25~30 孔，保障每簇裂缝开启；②复杂造缝，利用胍胶高粘液造主缝、扩缝高的作用，对页岩储层纵向"劈裂"，然后高排量注入低粘滑溜水，致力裂缝复杂，最终形成"丰字型"复杂裂缝系统；③提升规模，砂强度由 1.2t/m 提升至 4.7t/m，液体强度由 17.8m³/m 提升至 38.9m³/m，施工排量由 12.0m³/m 提升至 18.0m³/m；④焖井置换，综合压后油压压降速率、室内渗吸置换实

验及前期单井压后见油时间等三方面因素，将焖井时间定为 10~15 天。目前已实施了 3 口直井、2 口水平井，其中直井压后首年累产量达到 940t/井，相对体积压裂 V1.0 阶段提升了 43%。因此，对 2 口水平井按照"长水平段+体积压裂 V2.0"思路设计，目前正处于现场实施中，预计首年累产量 7000t/井，单井 EUR2.6~2.9 万吨。

## 3 页岩油压裂工艺关键认识

（1）多层理页岩对压裂裂缝具有强遮挡作用

针对雷家页岩层理对压裂裂缝遮挡作用认识不清的问题，在直井中通过压前压后两次测取阵列声波，确定压裂裂缝实际延伸高度。雷平 6 井杜三组共分两段压裂，井段分别为 3362.3~3382.0m（厚度 19.7m）、3459.2~3489.6m（厚度 30.4m）。阵列声波监测结果，实际缝高范围分别为 3358.0~3390.0m（跨度 32.0m）、3446.0~3494.0m（跨度 48.0m），裂缝高度 30~40m，有效穿层范围为射孔段±10m，如图 4 所示。因此，页岩储层中，在多层理对压裂裂缝具有强遮挡作用，水平井必须保障较高的钻遇率。

（2）构造复杂裂缝系统是压裂技术的攻关方向

雷家页岩油压裂技术经过五大阶段的迭代发

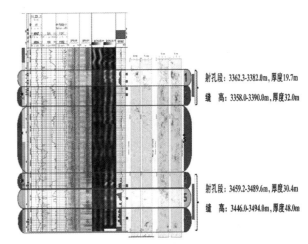

射孔段：3362.3~3382.0m，厚度 19.7m

缝　高：3358.0~3390.0m，厚度 32.0m

射孔段：3459.2~3489.6m，厚度 30.4m

缝　高：3446.0~3494.0m，厚度 48.0m

图 4　阵列声波监测压裂实际缝高

展，逐渐形成了当前的体积压裂 V2.0 技术，总体趋势与国内页岩油压裂技术发展一致，均以形成高效复杂裂缝、最大限度打造地下连通体为目标，页岩油压裂效果逐渐提升。以杜三组已实施的 10 口直井为例，分别试验了"常规大规模压裂、体积压裂 V1.0、体积压裂 V2.0"三种工艺（表 2），其中体积压裂 V2.0 效果更优，压后首年平均产量 969.6t（平均 2.69t/d），相对以往工艺，效果分别提升 80%、50%。

表 2　雷家页岩油杜三组不同压裂工艺参数与效果对比

| 压裂工艺 | 井号 | 深度（m） | 砂量（m³） | 滑溜水（m³） | 胍胶液（m³） | 排量（m³/min） | 首年累油（t） | 日产油（t/d） |
|---|---|---|---|---|---|---|---|---|
| 常规大规模 | 雷 29-7 | 2657.9~2719.5 | 60.0 | — | 379.7 | 4.8 | 144.0 | 0.4 |
| | 曙古 172 | 3480.9~3529.1 | 35.0 | — | 570.0 | 6.0 | 367.2 | 1.02 |
| | 曙古 173 | 2890.4~2921.2 | 40.0 | — | 479.0 | 5.0 | 691.2 | 1.92 |
| | 高古 15 | 3026.0~3039.0 | 40.0 | — | 650.0 | 5.0 | 957.6 | 2.66 |
| 体积压裂 V1.0 | 雷 37 | 2709.1~2745.3 | 110.0 | 300.0 | 836.4 | 10.0 | 691.2 | 1.92 |
| | 雷 93 | 2865.0~2930.0 | 85.0 | 760.0 | 650.4 | 10.0 | 568.8 | 1.58 |
| | 雷 97 | 3116.7~3210.0 | 69.0 | 930.0 | 650.0 | 10.0 | 691.2 | 1.92 |
| 体积压裂 V2.0 | 雷 88-53-63 | 2974.5~3052.4 | 85.0 | 1330.0 | — | 12.0 | 867.6 | 2.41 |
| | 雷 96 | 3510.2~3529.0 | 110.0 | 1920.0 | — | 12.0 | 957.6 | 2.66 |
| | 雷平 6 | 3362.3~3489.6 | 93.0 | 3840.0 | — | 12.0 | 1083.6 | 3.01 |

（3）粘土防膨性能是中低熟页岩油压裂液体系关键指标

雷家页岩油为一套中浅湖相混积岩与泥页岩交互体系，页岩中长英质含量约 45.3%、碳酸质含量约 24.9%、粘土含量 22.6%。其中，粘土由伊利石、高岭石、绿泥石、伊蒙混层组成，其中主要成份为伊利石和伊蒙混层，占比分别为 50%、45.1%。由于成熟度较低（Ro 0.3~0.7%），页岩成岩作用差、粘土的膨胀性较强。将岩心进行粉碎，筛选 20~40 目岩石颗粒进行"泥岩损失率"

实验（参考标准 SY/T5791—2016），置于无防膨剂的滑溜水中，平均泥岩损失率2.6%，同时，一维核磁测试结果证实，黏土膨胀造成了大孔隙减少、中小孔隙增多的情况，影响了页岩孔隙结构

的变化。因此，针对雷家中低熟页岩防膨，开展了不同类型防膨剂的优选，最终选择 2.0‰KCl+2.0‰CYY 组合防膨剂用作雷家页岩油粘土防膨，测定泥岩损失率为 0.6%（图5）。

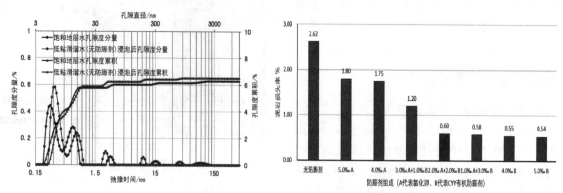

图5　核磁法测定页岩孔隙变化及防膨剂优化筛选

（4）中小孔毛管力束缚是页岩油压后低返排的主要原因

雷家页岩油压力系数偏低（0.9~1.1），水平井压后生产具有"自喷周期短、累计返排率低"的特点，平均自喷周期为105.6天，五年累计返排率约39.2%，大量的压裂液滞留于地层中。通过

岩心二维核磁实验评价，岩心饱和模拟油后进行滑溜水渗吸，压裂液主要进入微细毛管、粘土晶格、干酪根等微小孔隙中，且无法通过生产压差有效驱动，最终形成束缚水状态（图6），以至于页岩压裂后普遍出现大量压裂液赋存于地层中的现场。

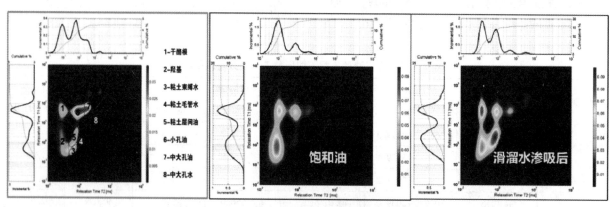

图6　二维核磁测定压裂液在页岩储层中的赋存状态

## 4　结论

（1）与国内外已规模开发的页岩油相比，辽河雷家页岩油是一种"中低成熟度"特殊类型页岩油，成岩作用差、原油粘度高、压力系数低等一系列先天不足，给页岩储层压裂改造和有效动用带来更大难度的挑战。

（2）雷家页岩油先后经历了"常规大规模、高导流裂缝、直井缝网、体积压裂 V1.0、体积压裂 V2.0"等五大阶段，逐步形成了以构造"丰字型"复杂裂缝为目的，以"纵向穿层+复杂造缝+

高强加砂+蓄能置换"组合压裂工艺为特征的"区域化体积压裂 V2.0"技术，单井首年产油量和 EUR 大幅度提升。

（3）页岩油层理缝对压裂裂缝具有强遮挡作用，压裂裂缝的有效缝高通常为 30~40m，工程穿层能力约 10m；中低成熟度页岩油粘土含量高，入井流体的防膨性能是压裂液的关键指标，建议针对不同地区页岩特征优选"无机与有机"相结合的复合防膨剂。

（4）中低成熟度页岩压后返排率低是普遍规律，压裂液进入地层后，在渗吸置换的作用下易

进入微细毛管、粘土晶格、干酪根等微小孔隙中，且无法通过生产压差有效驱动，最终以束缚水状态赋存于页岩中。

## 参 考 文 献

[1] 冯其红，王森.页岩油流动机理与开发技术 [M].北京：石油工业出版社，2021.

[2] 贾承造，邹才能，李建忠，等.中国致密油藏评价标准、主要类型、基本特征及资源前景 [J].石油学报，2012，33（3）：343-350.

[3] 邹才能，朱如凯，白斌，等.致密油与页岩油内涵、特征、潜力及挑战 [J].矿物岩石地球化学通报，2015，34（1）：3-17.

[4] 胡英杰，王延山，黄双泉，等.辽河坳陷石油地质条件、资源潜力及勘探方向 [J].海相油气地质，2019，6（24）：43-54.

[5] 赵政璋，杜金虎，邹才能，等.致密油气 [M].石油工业出版社，2012.

[6] 李登华，刘卓亚，张国生，等.中美致密油成藏条件、分布特征和开发现状对比与启示 [J].天然气地球科学，2017，28（7）：1126-1136.

[7] 李国欣，朱如凯.中国石油非常规油气发展现状、挑战与关注问题 [J].中国石油勘探，2020，25（2）：1-13.

[8] 焦方正，邹才能，杨智.陆相源内石油聚集地质理论认识及勘探开发实践 [J].石油勘探与开发，2020，47（6）：1067-1078.

[9] 单俊峰，黄双泉，李理.辽河坳陷西部凹陷雷家湖相碳酸盐岩沉积环境 [J].特种油气藏，2014，21

（5）：7-11.

[10] 单俊峰，周艳，康武江，等.雷家地区碳酸盐岩储层特征及主控因素研究 [J].特种油气藏，2016，23（3）：7-10.

[11] 宋明水，刘慧民，王勇，等.济阳坳陷古近系页岩油富集规律认识与勘探实践 [J].石油勘探与开发，2020，47（2）：225-235.

[12] 赵贤正，周立宏，蒲秀刚，等.陆相湖盆页岩层系基本地质特征与页岩油勘探突破 [J].石油勘探与开发，2018，45（3）：361-372.

[13] 吴奇，胥云，王晓泉，等.非常规油气藏体积改造技术：内涵、优化设计与实现 [J].石油勘探与开发，2012，39（3）：352-358.

[14] 吴奇，胥云，刘玉章，等.美国页岩气体积改造技术现状及对我国的启示 [J].石油钻采工艺，2011，33（2）：1-7.

[15] 张永平，魏旭，唐鹏飞，等.松辽盆地古龙页岩油储层压裂裂缝扩展机理与压裂工程技术 [J].大庆石油地质与开发，2020，39（3）：170-175.

[16] 雷群，翁定为，熊生春，等.中国石油页岩油储集层改造技术进展及发展方向 [J].石油勘探与开发，2021，48（5）：1035-1042.

[17] 郑新权，何春明，杨能宇等.非常规油气藏体积压裂2.0工艺及发展建议 [J].石油科技论坛，2022，41（3）：1-9.

[18] 雷群，胥云，才博，等.页岩油气水平井压裂技术进展与展望 [J].石油勘探与开发，2022，49（1）：1-8.

# 页岩油气体积压裂关键技术研究与探索

邱守美[1] 季 鹏[1] 王 超[1] 王显庄[1] 苑秀发[2] 焦建军[1]

（1. 中国石油集团海洋工程有限公司油气技术分公司；2. 中国石油集团长城钻探压裂公司）

**摘 要** 随着国内外页岩油气的大力开发，压裂已成为页岩油气开发最重要、最长效的增产措施，在各油田页岩油气开发过程中，也基本形成了适合各自区块的针对性开发策略。从压裂增产角度讲，页岩油气开发，在基于地质工程一体化设计及地质、油藏方案认识充分且准确的前提下，页岩油气压裂效果的好坏，主要取决于各段/簇压裂所涉及的缝控体积及油流通道搭建的合理性。归根结底，即水平井各簇压裂裂缝形态优化及液体携带支撑剂的最优铺置。各簇压裂裂缝形态优化，需要基于地质油藏一体化基础上的多方案比对、投入产出比计算等，给出最优分段/簇数、导流能力等参数，以此为指导依据开展压裂工艺参数优化，同时，页岩油气为提高压裂缝控体积，还需充分考虑段内各簇均匀改造程度，目前，暂堵转向技术是经过实践验证且有效的技术，因此，暂堵转向技术机理研究尤为重要，本文将针对此技术展开详细论证；支撑剂最优铺置，需结合油藏给出最优裂缝导流能力，充分考虑工艺条件前提下，结合支撑剂铺置相关室内实验，进一步论证各项参数对铺砂效果的影响。针对以上问题，首先，本文从实现簇间均匀改造方面，开展暂堵转向压裂技术机理分析、进一步明确段内各簇间裂缝均匀开启的有效手段，提高单井体积压裂效果；其次，本文将基于地质油藏方案给出最优裂缝导流能力前提下，充分考虑工程因素（海上压裂需充分考虑平台现状下最大施工规模及排量），开展详细的支撑剂粒径组合、压裂液粘度、施工排量对铺置效果影响的论证。通过以上两方面分析，得出指导意见，作为页岩油气工艺参数指定的指导依据，提高单井产能，助力页岩油气田增储上产。

**关键词** 页岩油气压裂；体积压裂；簇间暂堵转向；支撑剂铺置

## 1 前言

压裂是非常规储层非常有效的增产改造措施，页岩油气压裂，最终目标是最大程度提高水力裂缝的缝控体积及合理的支撑剂铺置效果，单簇裂缝形态优化主要通过基于地质油藏方案进行合理的工艺参数优化，具体的施工规模、排量等参数各油田经过多年摸索也基本形成一定思路，但通过采用各类监测手段发现，段内各簇开启程度及支撑剂的铺置效果，往往存在较大差异，同时，斯伦贝谢公司通过数值模拟压后产量发现，当单段簇数超过4簇时，由于簇间干扰的加强，裂缝开启不充分，射孔簇受效率低，产能不增反降；中科院岩土所通过室内实验和数值模拟的方法得出，当簇间距减小时，中间裂缝延伸受限；产剖测试统计液结果表明30%的射孔簇贡献了70%的产量。种种证据表明"分段压裂，单段多簇"的压裂模式并不能使全井改造充分，除了地质甜点因素外，射孔簇的不充分改造也是造成低效或者无效的重要原因，这些问题一定程度上影响了整体产能，通过簇间暂堵技术，可进一步提升各簇均匀改造

程度，有必要结合实验结果，通过数值模拟等手段，结合常规案例，有针对性进一步开展机理研究，探索暂堵压裂技术最优设计思路，为水平井大规模压裂簇间暂堵设计提供设计依据；同时，通过室内实验，进一步探索支撑剂合理铺置的有效手段，提高裂缝导流能力。

本文在阐述暂堵原理基础上，通过案例，对暂堵后射孔摩阻、缝长、缝口变化趋势分析、暂堵球（也可为其他暂堵材料）用量、暂堵次数、暂堵时机开展分析，明确各项参数对段内各簇裂缝形态的影响；通过室内实验，开展压裂液粘度、支撑剂粒径组合及施工排量对裂缝形态的影响规律研究，指导后续方案设计优化。

## 2 水平井压裂暂堵转向技术研究

目前深层页岩气储层压裂缝网复杂程度普遍偏低，多簇裂缝非均衡起裂延伸现象普遍，在一定程度上制约了页岩气的规模效益开发，暂堵转向技术，一定程度缓解了这类问题的发生。

### 2.1 暂堵转向理念及理论支持

由于"应力阴影"效应的影响，随着单段射

孔簇数的增加，中间缝的缝长和缝宽呈减小趋势，使得中间缝的扩展受到抑制。单段簇数对多簇裂缝扩展均衡程度的影响较大，随着单段射孔簇数的增大，跟端进液逐渐占主导，不同射孔簇间的进液差异逐渐增大，如图1所示。

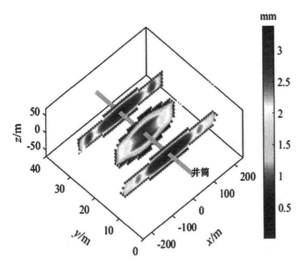

（a）3 簇/段、簇间距 20m 的裂缝形态

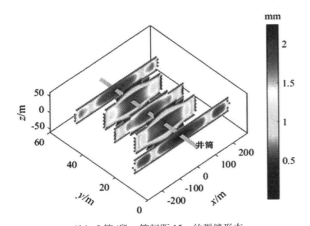

（b）5 簇/段、簇间距 15m 的裂缝形态

图 1　不同段簇参数下的模拟裂缝形态

基于 PL3D 多簇裂缝扩展数值模型开展段内暂堵裂缝扩展模拟研究，明确投球封堵参数（投球个数、次数、时机）对液量、砂量在各射孔簇的分配、对井筒压力及裂缝形态的影响规律。假定暂堵球分配受流量分配控制，并与流量成正比。每个暂堵球的直径大于射孔孔眼，即 1 个暂堵球可以封堵一个射孔，如图 2 所示。

计算步骤如下：

S1：向下取整确定堵球分配，$n_{b,k}^l = n_b \dfrac{Q_k}{Q_t}$；

S2：计算剩余堵球数量；

S3：计算各簇堵球余量，$n_{b,k}^l = n_{b,k} - n_b \dfrac{Q_k}{Q_t}$；

S4：根据各簇堵球余量从大到小排序，依次分配剩余堵球；

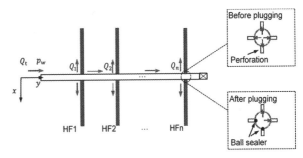

图 2 多射孔簇暂堵球分配示意图

## 2.2　基础案例分析

设置试验段长 100m，5 簇/段，12 孔/簇，暂堵球数量 20，暂堵次数 1，暂堵时机为施工时间（$t_e$）的中间时刻（即 $\dfrac{t_d}{t_e} = 0.5$）。暂堵前，各簇射孔孔眼均处于打开状态，加入暂堵球以后，各簇射孔数由原来的 12 孔/簇依次变为 10、9、8、7、6 孔，如图 3a 所示。暂堵后，各簇裂缝的液量分配发生变化，有利于促进各簇裂缝均衡进液，靠近跟端 HF5 液量分配从 25% 减小至 20%，靠近趾端 HF1 液量分配从 7% 增大至 18%，，如图 3b 所示。暂堵后，井底压力也随之升高约 1.5MPa，如图 3c 所示。

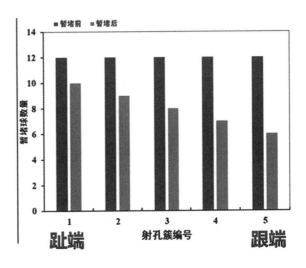

（a）暂堵前后每簇射孔数

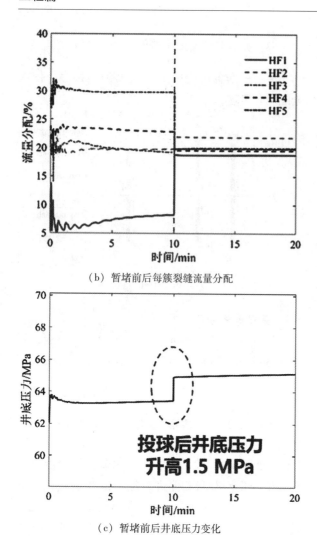

（b）暂堵前后每簇裂缝流量分配

（c）暂堵前后井底压力变化

图 3　暂堵前后每簇射孔数、流量分配和井底压力变化图

1）暂堵后射孔摩阻、缝长、缝口变化趋势

各簇射孔孔眼的摩阻增大，且靠近跟端射孔簇的孔眼摩阻提升幅度更大，趾端簇 1 的射孔摩阻增大了约 1MPa，跟端簇 5 的射孔摩阻增大了约 1.5MPa，如图 4a 所示。趾端裂缝 HF1 的缝长扩展速度明显提升，大约增加了 1 倍，跟端裂缝 HF5 的缝长扩展速度略微减小，如图 4b 所示。各簇缝口的宽度趋于向同一宽度区间值变化，趾端 HF1 缝口的宽度迅速增加，跟端 HF5 缝口宽度减小，最终各簇缝口的宽度稳定在 2.3mm 左右，如图 4c 所示。

2）暂堵球数量的影响

随着暂堵球数量增加，趾端 HF1 的缝长明显增大，缝宽略微增大；跟端 HF5 的缝长变化不大，缝宽显著减小，各簇裂缝扩展的更加均匀，如图 5a 所示。暂堵球数量从 10 个（射孔数的 16.7%）增加到 30 个（射孔数的 50%），各簇缝长的差异

系数从 5.30% 下降到 4.13%；缝宽的差异系数从 1.35% 下降到 0.62%，如图 5b 所示。

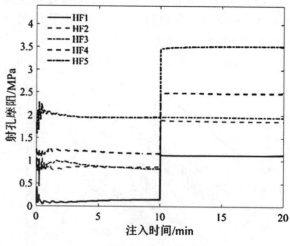

（a）暂堵前后射孔摩阻变化

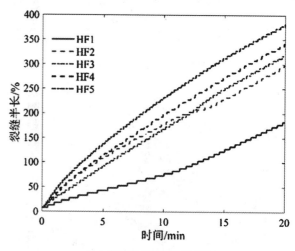

（b）暂堵前后裂缝半长变化

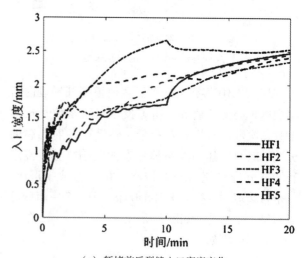

（c）暂堵前后裂缝入口宽度变化

图 4　暂堵前后射孔摩阻、缝长、缝口变化图

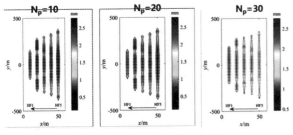

（a）不同暂堵球数量下多裂缝形态

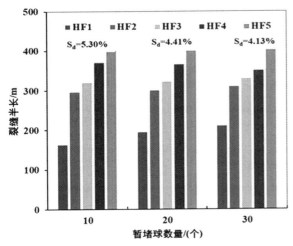

（b）不同暂堵球数量下多裂缝缝长变化

图 5　暂堵球数量的影响

3）暂堵时机的影响

随着暂堵时机的延后，各簇裂缝的扩展更加不均衡，趾端 HF1 的缝长减小，趾端 HF5 的缝长增大，缝宽均略微增大，如图 6a 所示。早期注入（td = 1/3te）、晚期注入（td = 2/3te）时，各簇缝长的差异系数分别为 3.19%、5.15%；缝宽的差异系数分别为 0.74%、0.19%，如图 6b 所示。

4）暂堵次数的影响

随着暂堵次数的增加，各簇裂缝的扩展更加均匀，趾端 HF1 的缝长显著增大，跟端 HF5 的长度先增大后减小，缝宽略微减小，如图 7a 所示。暂堵次数从 1 次增加到 3 次时，每簇裂缝缝长的差异系数从 7.41% 减小到 4.91%，如图 7b 所示。

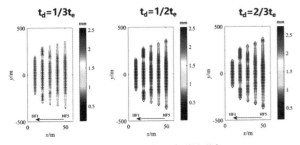

（a）不同暂堵时间下多裂缝形态

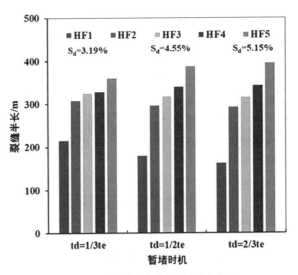

（b）不同暂堵时机多裂缝缝长变化

图 6　暂堵时机的影响

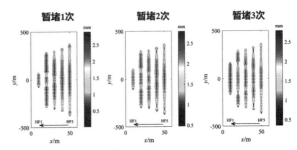

（a）不同暂堵次数下多裂缝形态

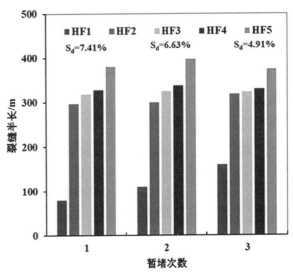

（b）不同暂堵次数多裂缝缝长变化

图 7　暂堵次数的影响

## 3　支撑剂铺置实验研究

支撑剂铺置效果目前主要通过室内实验及数值模拟手段进行，以此为依据，开展压裂方案支撑剂相关参数设计，提高支撑剂铺置效果及导流能力，本文主要通过实验方法，进一步明确各项参数对铺砂效果的影响。

### 3.1 实验研究

1）压裂液粘度的影响：

设置排量为 8.64m³/h，砂比 8%、20/40 目、中密度支撑剂，泵砂 5min。实验结果表明：压裂液在裂缝中剪切稀释后的粘度大于 10mPa·s 时才可远距离携砂，如图 8 所示

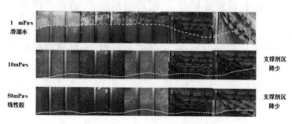

图 8　不同压裂液粘度下的沉砂剖面

2）支撑剂粒径的影响：

实验结果表明：单一粒径不能使裂缝内的导流能力均匀分布，如图 9 所示，宜采用组合加砂方式：小粒径（40/70 目）——中粒径（30/50 目）——大粒径（20/40 目）。

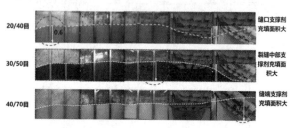

图 9　不同支撑剂粒径下的沉沙剖面

3）排量影响：

实验结果表明，设置实验排量为 4.32m³/h 时，对应的现场排量为 8.0m³/min，缝端未被支撑剂填充，使得导流能力缺失。设置实验排量为 17.28m³/h 时，对应现场排量为 14.0m³/min，缝口填砂面积小，使得导流能力降低，缝端填砂面积大。总体上，排量在 10m³/min 以上才能远距离携砂，如图 10 所示。

## 4　结论

（1）组合加砂方式如 40/70 目+30/50 目+20/40 目粒径组合更适合页岩油气支撑剂的有效铺置，不同粒径支撑剂支撑不同裂缝，高效支撑。

（2）页岩油气压裂排量在 10m³/min 以上才能更好实现远距离携砂，提高单井导流能力。

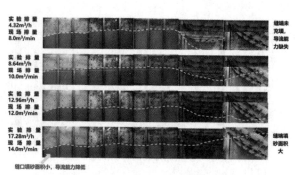

图 10　不同排量条件下的沉沙剖面

通过段内簇间暂堵技术可以有效解决分段多簇压裂支撑剂和压裂液在不同射孔簇间的不均匀分配引起的多裂缝非均匀起裂、扩展现象，从而促进多裂缝均匀扩展。

（3）针对暂堵压裂，暂堵前，各簇射孔均处于打开状态，加入暂堵球以后，逐渐分配至射孔孔眼；暂堵后，各簇裂缝液量分配发生变化，整体出现跟端进液量减少、趾端进液量增加的趋势，有利于促进各簇裂缝均衡进液；各簇裂缝射孔摩阻增大，靠近跟端的射孔簇增大趋势更加显著，井底压力也相应增大，在一定程度上增大了跟端簇裂缝的进液难度，有利于促进各簇裂缝的均匀均匀进液与起裂；趾端裂缝的缝长明显增大，各簇裂缝的缝宽趋向于同一宽度区间变化，暂堵结束后，各簇裂缝的缝长和缝宽差异系数变小，裂缝形态的差异性更小。

（4）增大暂堵球数量，可以提高多裂缝的起裂均匀程度。暂堵球数量从 10（射孔数的 16.7%）增加到 30（射孔数的 50%）时，沿趾端到跟端，各簇射孔被封堵的射孔数量分别从 1、2、2、2、3 变为 1、7、6、7、9；各簇裂缝进液差异系数从 6.25% 减小到 1.93%。

（5）提前暂堵的时间，可以提高多裂缝均匀起裂程度。早期注入（td = 1/3te）、晚期注入（td = 2/3te），井底压力变化不大；缝长差异系数分别为 3.19%、5.15%；缝宽差异系数分别为 0.74%、0.19%。

（6）暂堵次数，在一定程度上可以提高多裂缝的起裂均匀程度。暂堵次数从 1 次增加到 3 次时，沿趾端到跟端，各簇射孔被封堵的数量分别为 1、1、2、3、4 和 3、5、6、7、9；各簇裂缝进液量差异系数从 8.65% 减小到 4.79%；暂堵 2 次时裂缝缝宽分布更均匀，缝宽差异系数最小，为 0.86%。

## 参 考 文 献

[1] 刘晓龙，牛路遥. 投球暂堵技术在页岩气水平井压裂中的应用分析 [J]. 石化技术，2024，(6)：286-287.

[2] 蒋廷学，王海涛，赵金洲等. 深层页岩气水平井多级双暂堵压裂关键工艺优化 [J]. 天然气工业，2023，43（11）：100-105.

[3] 黄越，金智荣. 花庄区块页岩油密切割体积压裂对策研究 [J]. 石油地质与工程，2022，36（5）：100.

[4] 邱守美，郭布民，袁文奎，等. 基于实验、测井数据的低渗油藏缝网压裂储层评价 [J]. 石油化工应用，2021，40（7）：74-78.

[5] 唐述凯，郭天魁，王海洋等. 致密储层缝内暂堵转向压裂裂缝扩展规律数值模拟 [J]. 岩性油气藏，2024，36（04）1：73-174.

# 川渝深层页岩气钻机装备配套分析与探索

王孟法[1] 刘江涛[1,2] 严俊涛[3,5] 吴昌亮[1] 高德伟[4,5] 刘 成[1] 李骥然[2] 马骋宇[4,5]

(1. 北京康布尔石油技术发展有限公司；2. 中国石油集团工程技术研究院有限公司；
3. 重庆页岩气勘探开发有限责任公司；4. 中石油川渝页岩气前线指挥部；5. 中国石油西南油气田公司)

**摘 要** 随着川渝地区页岩气开发油气藏埋深不断增加、水平段不断加长，钻井周期长、工程成本高已成为严重制约该地区页岩气开发速度、规模上产的瓶颈问题。进一步"强化钻井参数，提高钻井效率"是实现"川渝页岩气85天钻井周期"目标的有效手段。现有川渝深层页岩气钻机装备存在电控系统动力容量不足、钻井泵性能使用达到极限，无法满足进一步"强化钻井参数"要求，同时还存在顶驱设备现场停工检修时间损失较多、固控设备未有效投入使用引起的井下复杂及旋导工具故障等时间损失等问题。摒除原有钻机整体型号升级的固有思维模式，提出了一套问题导向性钻机装备配套方案。在ZJ70钻机配套基础上，钻井泵组升级为2台1600HP/52MPa+1台2200HP/52MPa，电控系统动力容量以实际工作需要进行升级扩容，配套激震负压筛、高性能密封冲管等先进工艺设备。通过分析及实践证明，该钻机装备配套方案科学合理，既适应"强化钻井参数，提高钻井效率"的要求，为实现川渝地区页岩气85天钻井周期目标的实现提供装备基础保障，又可以起到减少非正常时间损失，节能降耗的效果。基于需求的钻机装备配套技术符合"增速提效"理念和可持续发展要求，对我国其他区域页岩油气开发钻机装备配套提供了重要的参考和借鉴价值。

**关键词** 钻机装备；配套；页岩气；时间损失；强化钻井参数

川渝地区深层页岩气累计探明地质储量达1.19万亿立方米，约占全国的66%。而按照国家自然资源部评价，四川盆地约有21万亿方页岩气资源等待开发。因此，大力推动川渝页岩油气资源开发对于确保我国能源安全具有重要意义。

随着川渝地区页岩气开发油气藏埋深不断加深、钻井水平段不断加长，在开采过程中面临很多挑战，其中钻井周期长、工程成本高已经成为严重制约国内非常规油气资源快速规模上产的瓶颈问题。近年来，各方积极开展深层页岩油气钻机装备配套探索与实践，取得了很好的成效，形成的川渝深层页岩气钻机设备配套方案可供借鉴，大大提高了页岩气开发周期及施工作业安全性，据统计数据，川渝地区深层页岩气井钻井周期已由2022年的115.01天提速到2024年90.65天。但随着"川渝页岩气85天钻井周期"目标的提出，进一步"强化钻井参数，提高钻井效率"及升级钻机装备配套是重要基础保障。通过引进ZJ80或ZJ90钻机，很大程度上可以解决钻机装备配套问题，但其工程成本高是不可绕过客观存在，如ZJ70钻机日费约10.5万/天，而ZJ80钻机至少13万/天，按一口井平均周期90天计，费用增加270万，"提速增效"理念和可持续发展要求会大折扣。

本文在归纳现有川渝地区页岩气开发钻机装备存在的问题或不足，分析影响"强化钻井参数、提高钻井效率"的因素，借鉴国外页岩油气勘探开发先进经验，结合川渝页岩气井身结构设计，作者摒除原先钻机整体型号升级的固有思维模式，提出了一套问题导向性钻机装备配套方案。实践证明，该钻机装备配套方案是科学合理的，即适应进一步"强化钻井参数，提高钻井效率"的要求，又可以起到减少非正常时间损失，节能降耗的效果。

为川渝地区页岩气开发，提供适应进一步"强化钻井参数、提高钻井效率"的钻机装备配套升级方案，具有现实指导意义。基于需求的钻机装备升级配套技术对我国其他区域页岩油气开发钻机装备配套提供具有重要的参考和借鉴价值。

## 1 川渝地区现有页岩气钻机装备存在的问题

通过对川渝地区页岩气钻机调研和评估，发现现有钻机装备配套主要存在以下问题：

1. 钻机电控系统动力容量不足。主要表现在：①网电开关柜动力容量不足。部分钻机配备网电动力开关柜容量偏小，其断路器规格为 3200A/4000A，使用过程中出现跳闸现象，致使钻机电控系统不能正常工作，据前期调研时井队反应，出现问题的设备有 12 台，占比 14.3%；②VFD/SCR 配套的钻井泵电控柜动力容量不够：大功率运行时，经常出现电气设备和元器件烧毁现象，如钻井泵变频器元器件损坏、SCR 元器件烧毁等，不适应最大钻井水马力工况和高泵压工况下钻井泵的长时间运行，据前期调研时井队反应，出现问题的设备有 21 台，占比 25%；③辅助配套设备配

备容量不够：网电 600V 出线开关柜、无功补偿装置、电机供电电缆、电控房内空调等。钻机电控系统动力容量不足的问题，限制了钻井泵、绞车等设备性能的发挥。

2. 钻井泵性能使用达到极限，不满足进一步"强化钻井参数、激进钻井作业"需要。主要表现在：各开次排量达标率不高，即各井区钻井指导意见规定的钻井参数未得到全面落实。表 1 给出了川渝地区深层页岩气钻机作业各开次排量达标情况，表中数据为有效数据，已剔除明显不合理的数据。

表 1  页岩气钻机作业各开次排量达标情况统计表

| 作业开次 | 二开<br>Φ444.5/406.4mm 井眼 | 三开<br>Φ311.2mm 井眼 | 四开<br>Φ215.9mm 井眼 |
|---|---|---|---|
| 强化钻井参数要求排量（L/s） | 大于 65 | 大于 55 | 大于 35 |
| 统计数据有效的钻机数量（台） | 78 | 75 | 64 |
| 排量达标的钻机数量（台） | 30 | 43 | 10 |
| 排量达标比例（%） | 38.5% | 57.3% | 15.6% |

3. 固控设备未有效投入使用，钻井液中有害固相不能得到有效清除，导致性能指标恶化，影响钻井作业安全及时效。据统计 2024 年上半年深层岩页气上部井段累计 17 口井 23 井次因钻井液性能差，导致泥包、阻卡、起套管等复杂，共损失 38 天；2024 年上半年深层页岩气旋导工具故障起钻 92 趟，累计损失 230 天，钻井液环境原因引起故障占比 21%。

4. 顶驱设备现场停工检修时间损失多。主要表现在以下两个方面：①高转速、大扭矩、长时间稳定作业能力不足。强化参数要求顶驱作业转速不低于 80rpm，实际作业时一般在 60-80rmp，不利于水平段井眼清洁。②顶驱配套的冲管多种多样，使用寿命存在明显差别（使用寿命短），冲管更换频繁。调研钻机中有 30 台钻机顶驱配套的

冲管使用寿命短，纯钻时间仅 200~500 小时，占比 32%，影响钻井作业效率和井下作业安全。

## 2  钻机装备配套方案与分析

针对现有钻机装备配套存在的问题，通过局部配套性能升级或改良优化传统工艺设备，适应进一步"强化钻井参数，提高钻井效率"的要求，同时减少非正常时间损失，实现"增速提效"目的。

### 2.1  钻机装备配套方案

与现有 ZJ70 钻机装备配套的区别主要有两点：一是对原钻机的钻井泵、电控系统进行升级扩容；二是配套使用可靠性、先进性更高的固控设备或工艺、顶驱及密封冲管。现有钻机配套与升级后钻机装备配套区域见表 2。

表 2  升级方案钻机配套与原钻机配套区别

| 升级项目 | 现有钻机配套 | 升级后钻机装备配套 |
|---|---|---|
| 钻井泵 | 3 台 1600HP，52MPa 泵 | 2 台 1600HP+1 台 2200HP，52MPa 泵 |
| 电控系统 | 网电柜容量（断路器）：3200A，或 4000A；<br>钻井泵控制柜容量（断路器）：<br>SCR 系统：1600A | 网电柜容量（断路器）：5000A（或 2500×2）及以上；<br>钻井泵控制柜容量（断路器）：<br>①SCR 系统：增加到 2000A 或以上；<br>②VFD 系统：每台 600kW 电机由 1 套 710kW 及以上变频器驱动；每台 1200kW 电机由 1 套 1300kW 变频器驱动；每台 900kW 电机由 1 套 1200kW 变频器驱动 |

| 升级项目 | 现有钻机配套 | 升级后钻机装备配套 |
|---|---|---|
| 固控系统 | 3/台振动筛、除砂器、除泥器、中/高速离心机四级净化 | 4台激震负压筛+中/高速心机，两级净化； |
| 顶驱 | 功率有：298kW×2，367kW×2，450kW×2多种规格；<br>额定转速有：0-110/120/200/220多种；<br>推荐使用机械密封冲管 | 功率：不小于450kW×2；<br>可适应大扭矩（连续扭矩输出应不小于35kN·m）、高转速（120-150rpm）长时间运行；<br>使用高性能密封冲管 |

## 3 升级后钻机配套可行性分析

### 3.1 钻井泵

据统计知川渝地区深层页岩气井在二开、三开排量为65L/S、55L/S时，泵压分别达到25-28MPa，36-38MPa，此时配套的3台1600HL时钻井泵实际工作输出功率与额定输出功率之比分别为85.8%、97.4%，超过泵制造厂推荐使用值，

（制造厂推荐：泵应在80%负荷下长期使用），这也是为什么当前多数作业队伍各开次排量达标率不高的原因。

升级后钻井泵配置为2台1600HL/52MPa+1台2200HL/52MPa，日常作业模式为：1台1600HL+1台2200HL，1台1600HL备用。在川渝深层岩气强化钻井参数运行时，钻井泵水功率的使用情况见表3，2200HL、1600HL钻井泵相关技术参数见表4。

### 表3 强化钻井参数下钻井泵使用情况

| 强化钻井参数 | 2200HL钻井泵 | 1600HL钻井泵 | 按80%额定输出功率使用 |
|---|---|---|---|
| 二开：<br>排量不少于65L/S；<br>泵压25-28MPa | 选用190或180缸套；<br>额定泵压满足要求；<br>额定排量分别为：52.96L/S，47.54L/S | 选用160缸套：<br>额定泵压满足要求；<br>额定排量分别为：36.77L/S | 综合排量：（47.54+38.84）×80%=67.45L/S≥65L/S。<br>可满足强化参数指标要求。 |
| 三开：<br>排量不少于55L/S；<br>泵压36-38MPa | 选用160缸套：<br>额定泵压满足要求；<br>额定排量分别为：37.56L/S | 选用140缸套：<br>额定泵压满足要求；<br>额定排量为：28.15L/S | 综合排量：（37.56+28.15）×80%=52.57L/S≤55L/S。<br>略小于强化参数指标：可短时间超负荷运转或三台泵同时运行可以解决。 |

### 表4 2200HL、1600HL钻井泵相关技术参数

| 序号 | 2200HL三缸泵（额定冲数：105r/min） | | | 1600HL三缸泵参数 | | |
|---|---|---|---|---|---|---|
| | 缸套直径（mm） | 压力（MPa） | 排量（L/S） | 缸套直径（mm） | 压力（MPa） | 排量（L/S） |
| 1 | 230 | 19.0 | 77.61 | — | — | — |
| 2 | 220 | 20.8 | 71.01 | — | — | — |
| 3 | 210 | 22.8 | 64.70 | 180 | 22.76 | 46.53 |
| 4 | 200 | 25.1 | 58.69 | 170 | 25.51 | 41.51 |
| 5 | 190 | 27.9 | 52.96 | — | — | — |
| 6 | 180 | 31.0 | 47.54 | 160 | 28.84 | 36.77 |
| 7 | 170 | 34.8 | 42.40 | 150 | 32.77 | 32.31 |
| 8 | 160 | 39.3 | 37.56 | 140 | 38.1 | 28.15 |
| 9 | 150 | 44.7 | 33.01 | 130 | 44.2 | 24.27 |
| 10 | 140 | 51.3 | 28.76 | — | — | — |
| 11 | 130 | 51.7 | 24.80 | 120 | 51.9 | 20.68 |

注：表中2200钻井泵参数来自宝鸡石油机械有限责任公司产品；1600钻井泵参数来自四川劳玛斯特高胜石油钻采设备有限公司产品。

从表 3 可知，2 台 1600HL/52MPa + 1 台 2200HL/52MPa 钻井泵配套，可适应现有"强化钻井参数"。

### 3.2 电控系统

以不发生因动力容量原因导致的跳闸、电气元器件烧毁等现象为基准，结合目前强化钻井参数运行时功率、电流等参数及市场通用规格的电气元器件，配套电控系统性能参数升级扩容或更换为：①配置的网电柜容量（断路器）不小于 5000A（或 2500A×2）；②钻井泵控制柜容量（断路器）：对于直流电动钻机，其 SCR 系统应满足 2000A 以上（断路器和可控硅）；对于交流变频电动钻机，其 VFD 系统应满足每台 600kW 电机由 1 套 710kW 及以上变频器驱动；每台 1200kW 电机由 1 套 1300kW 变频器驱动；每台 900kW 电机由 1 套 1200kW 变频器驱动。

### 3.3 配套 4 台激振负压筛

固控系统由常规的四级净化简化为激振负压筛+中/高速心机两级。有以下优势：①简化固控净化流程，节能降耗。将四级固控流程变为二级，泥浆处理流程简单化并能减少井场占地面积和人员投入；②减少钻井液消耗：利用负压和高频微振技术，提高分离效率，减少钻井液损耗，保持钻井液完整性，提高井筒质量，提高钻井速度；③设备实现了全封闭运行，减少了钻井液油蒸汽对操作人员的身体危害；④可实现远程监控和远程控制，清洁安全；⑤有效保护环境：利用负压和高频微振技术将钻井液中固相和液相快速分离，降低岩屑含液率，减少钻井废弃物的回收处理量，

有效保护环境。配套应用激震负压筛可以有效解固控设备配套及流程不满足标准要求带来的不利影响，规避了传统工艺固控设备未有效使用问题，如除砂器、除泥器某一级净化设备不使用，有效减少了因钻井液原因导致的复杂或故障时间损失，提高了钻井效率。

### 3.4 配套功率更大的顶驱及高性能密封冲管

配套使用电机功率不小于 450kW×2 的顶驱，包括加大电控系统容量，配备软扭矩技术、扭摆减阻技术、主轴精确定位等技术，提高使用性能，以适应连续扭矩输出应不小于 35kN·m 大扭矩、120~150rpm 高转速长时间运行的作业需求。上述提到约有 32% 队伍未使用顶驱高性能密封冲管，最主要原因在于其价格较高、一次性投入较大，然而实践证明使用高性能密封冲管与常规冲管盘根总成费用相差不大。以捷杰西机械密封冲管为例，价格在 8~10 万，使用寿命为常规冲管盘根总成寿命的 7~8 倍；按更换盘根冲管总成需 2.5 小时/次，可节约 17.5 小时，按日费 10.5 万/天，节约时间成本约 7.7 万。

## 4 装备配套升级钻机的现场应用

1. 调研过程中知川渝深层页岩气队伍中，配置使用 2200HP 钻井泵的钻机有 11 支，其中 2 支队伍配置 3 台 2200HP/52MPa 的钻井泵，2 支队伍配置 2 台 2200HP/52MPa 泵+1 台 1600HP 泵，7 支队伍配置为 2 台 1600HP/52MPa + 1 台 2200HP/52MPa 的泵，但实际强化钻井参数使用情况数据信息有效的队伍有 7 支，见表 5。

表 5 配置使用 2200HP 钻井泵 8 支队伍强化钻井参数数据统计

| 序号 | 队伍 | 钻井泵配置 | 二开、三开排量 | 使用过程电控系统问题 |
|------|------|------------|----------------|----------------------|
| 1 | XXXX1JH 队 | 2 台 1600HP+1 台 2200HP | 二开 60L/S；<br>三开 52L/S； | 网电进线柜出现偶尔跳闸；<br>无功率补偿房需要升级扩容 |
| 2 | XXXX2JH 队 | 2 台 1600HP+1 台 2200HP | 二开 61L/S；<br>三开 50L/S； | 网电进线柜出现偶尔跳闸；<br>无功率补偿房需要升级扩容 |
| 3 | XXXX1Y 队 | 2 台 1600HP+1 台 2200HP | 二开 41.51L/S；<br>三开 36.77L/S； | 偶然出现功率或电流限制保护的； |
| 4 | XXX2ZY 队 | 2 台 1600HP+1 台 2200HP | 二开 70L/S；<br>三开 60L/S； | 无 |
| 5 | XXXX3JH 队 | 2 台 1600HP+1 台 2200HP | 二开 65-70L/S；<br>三开 50-55L/S； | 无 |
| 6 | XXXX1DQ 队 | 1 台 1600HP+2 台 2200HP | 二开 /；<br>三开 70.4L/S； | 无 |
| 7 | XDXXXX1 队 | 3 台 2200HP | 二开 68-71L/S；三开未开始 | 无 |

由表 6 可知：

配置 2 台 1600HP + 1 台 2200HP 钻井泵，但电控系统不匹配（动力容量不足），限制钻井泵性能的发挥，不能适应"强化钻井参数，提高钻井效率"要求；

电控系统动力容量足够时，配置有 2200HP 钻井泵的钻机均可适应强化钻井参数要求。

然而，钻井泵超规格配置，如 2 台及以上 2200HP/52MPa 的 XXXX1DQ 队、XDXXXX1 队二开、三开作业时每天电费消耗达 60000 度，费用超出预期及收益，对高配置钻井泵的投入使用存有较大争议。同时对配置 3 台 1600HP 钻井泵、满足强化钻井参数的 6 支钻机的使用情况进行了调研，发现 6 支队伍均是使用 3 台钻井泵同时作业方式，安全冗余不足，存在风险或隐患。如在重点关注井作业的贝肯 XXX 队，二开近中完时发生 3 台钻井泵阀体均刺漏损伤、电机联轴器损坏等停事故，累计损失 8 天，见图 1。

图 1　泥浆泵电机联轴器螺栓断裂、法兰盘损坏

综上所述，配套 2 台 1600HP + 1 台 2200HP（52MPa）钻井泵，及与之匹配配置的电控系统并

可以妥善平衡适用"强化钻井参数"与超高工程成本两者关系。

2. 从激振负压振动筛投入市场使用以来，众多单位相继进行了经济性、可靠性比对分析。2022年在威页某井应用结果：钻井液减少浪费 101.05 方，降低费用 70.735 万元；减少岩屑产量 233 吨，降低费用 64.27 万元，其中含 20 万泥浆不落地处理费；2023 年在宁某井应用结果：油基泥浆应用井段长度 4089 米，累计产生油基岩屑 652.5 吨，平均每米产生 0.159 吨，同比传统工艺每米产生 0.25 吨，测算本井少产生油基岩屑 372 吨，折算处置费用节约 42 万元；油基泥浆消耗 203.1 立方米（不含井漏量），平均 100 米消耗量 4.96 立方米，相比传统工艺 100 米消耗量低值 8 立方米测算本井至少节约油基泥浆损耗 122 立方米，折算节约泥浆成本 98 万元。2023 年 -2024 年长宁某公司开展的滚动式负压振动筛替代"常规振动筛+传统场内清洁生产工艺"试验，结果表明负压振动筛可以大幅减少油基泥浆消耗量和油基岩屑产生量，完钻 10 口井均成本节约 75 万元。大量实践、案例均证明激震负压振动筛的应用提质增效显著。

## 5　结论

1. 配套 2 台 1600HP + 1 台 2200HP，52MPa 钻井泵，是适应"强化钻井参数"之排量、泵压输出要求下，最优配置；

2. 电控系统配置满足以下条件，可适应"强化钻井参数"功率使用要求，不存在跳闸、功率受限等问题：①网电柜容量（断路器）不小于 5000A（或 2500×2）；②钻井泵控制柜容量（断路器）：对于直流电动钻机，其 SCR 系统应满足 2000A 以上（断路器和可控硅）；对于交流变频电动钻机，其 VFD 系统应满足每台 600kW 电机由 1 套 710kW 及以上变频器驱动；每台 1200kW 电机由 1 套 1300kW 变频器驱动；每台 900kW 电机由 1 套 1200kW 变频器驱动。

3. 配套使用激震负压振动筛有着显著的经济效益和环保、安全价值，是一种效果明显的节能、增效手段。

4. 配套使用功率更大的顶驱及高性能密封冲管，可以适应大扭矩（连续扭矩输出应不小于 35kN·m）、高转速（120~150rpm）长时间运行的作业需求，减少更换冲管总成频次及非正常维修时间，提高作业时效。

本文提出的钻机装备配套方案是科学合理的，适应进一步"强化钻井参数，提高钻井效率"的要求，可为川渝页岩气奋战 100 天打赢攻坚战坚决完成 85 天钻井周期目标的实现提供装备基础保障，又可以起到减少非正常时间损失，节能降耗的效果。作者摒除了原先钻机整体型号/规格升级的固有思维模式，提出了一套问题导向性钻机装备配套技术方案。可以一定程度上缓解了工程成本与钻机作业能力不足的关系，对我国其他区域页岩油气开发钻机装备配套提供重要的参考和借鉴价值。

## 参 考 文 献

［1］金之钧，张谦，朱如凯，等．中国陆相页岩油分类及其意义［J］．石油与天然气地质，2023，44（4）：801-819.
JIN Z J, ZHANG Q, ZHU R K, et al. Classification of Iacustrine shale oil reservoirs in china and its significance ［J］. Oil & Gas Geology, 2023, 44（4）: 801-819.

［2］金之钧，白振瑞，高波，等．中国迎来页岩油气革命了吗？［J］．石油与天然气地质，2019，40（3）：451-458.
JIN Z J, BAI Z R, GAO B, et al. Has China ushered in the shale oil and gas revolution? ［J］. Oil & Gas Geology, 2019, 40（3）: 451-458.

［3］牛新明．涪陵页岩气田钻井技术难点及对策［J］．石油钻探技术，2014，42（4）：1-6.
NIIU X M. Drilling technology challenges and reolutions in fuling shale gas field ［J］. Petroleum Drilling Technigeues, 2014, 42（4）: 1-6.

［4］刘江涛，邹灵战，李忠明，等．页岩油气钻机配套能力提升研究与认识［J］．石油机械，2023，51（12）：38-43

［5］张家希，于家庆。GALCHENKO R，等，北美非常规油气超长水平井优快钻井技术及实例分析［J］．钻探工程，2021，48（8）：1-11

［6］西南石油大学．负压钻井液振动筛．中国 CN201620942205.6 ［P］，2015，9

［7］河南赫锐达石油工程技术有限公司．滚动式空气激振负压筛［R］．2023 年 11 月．

［8］四川长宁天然气开发有限责任公司．长宁区块上半年钻井管理工作汇报［Z］．2024，7.

# 浅析页岩气开发中大型压裂装备现状及发展趋势

关利永　宋国强　季　鹏　杨　朔　王思源

（中国石油集团海洋工程有限公司）

**摘　要**　页岩气压裂成本高，能耗高及噪音大，且传统的 2500 型压裂泵车体积大占地多，压裂施工参数低。针对此难点，优选了 6000 型电动压裂机组作为页岩油气储层改造的主压设备，该泵注引入了大功率变频电机直接驱动压裂泵的理念，省掉了传动压裂泵车的发动机+变速箱，新型的 6000 型电动压裂设备使用成本低、体积小、能耗低、施工排量大、泵注压力高，可以很好的解决上述难题，目前电动压裂设备已经在页岩油气领域得到广泛的应用。电动设备优势明显，但是电力布置是影响电动压裂设备大范围推广使用的主要制约因素。本文介绍了目前发电能力最强的燃气轮机型发电机，其发电功率达到目前最大的 35MW，可在无法布置网电的页岩油气区域为大规模电驱压裂设备提供电力支持，为后期电动压裂设备的大范围推广使用打下坚实的基础。同时针对页岩气压裂现场管线连接复杂、由任管线使用量多、使用成本高等难题，介绍了目前大力推广使用的大通径压裂井口装备及柔性压裂软管，大通径管汇、万向节及柔性压裂软管的使用，极大的减少了高压由任直管和活动弯头的使用，并将由任连接方式升级成法兰连接方式，在面对页岩油气压裂施工中极高的施工压力中更保险，更安全。此外，本文还介绍了电动压裂设备及大通径压裂井口装备在川渝页岩气中的应用，其低成本、高效性、安全性得到广大使用方的认可。

**关键词**　燃气发电；电动压裂；柔性软管；大通径

## 1　引言

随着钻完井等生产技术的发展，作为三大主要非常规资源之一的页岩气资源被越来越多的得到有效利用。近年来，受天然气供需关系及国际安全形式影响，页岩气的开采一直是全球资源开发的热点之一，中国页岩气资源同样丰富，具有良好的勘探开发前景。页岩气藏不但具有埋藏深、低孔低渗、上覆岩层压力大、储层致密等特点，其天然裂缝发育，但是连通性差，且大多被钙质、粘土充填，需要通过水力裂缝沟通天然裂缝，因此必须通过大规模压裂改造改善储层渗流条件，进而达到页岩气藏开发的目的。相较常规压裂改造作业，页岩气藏压裂对压裂设备要求更为严格，其施工排量和压力远高于常规压裂，因此就向主压裂设备、井口设备、高压管汇设备及其他附属设备提出更高的要求。本文针对页岩气压裂具体情况，介绍了目前在用的主流设备，并说明了其性能参数及未来发展方向，为国内页岩气开发提供参考。

## 2　技术思路

针对页岩油气压裂现状，为解决页岩油气压裂实施过程中存在的困难，本部分主要介绍了大型电驱压裂配套设备、大功率燃气发电设备、管汇系统及柔性压裂软管等。

### 2.1　大型电驱压裂配套设备

进行页岩气压裂作业时，地层破裂压力多为 95Mpa 左右，此压力下 2500 型柴驱压裂车最大泵注排量不超过 $1m^3/min$，而开展大规模页岩气压裂改造，压裂排量一般需要达到 18~20$m^3/min$ 甚至更高，为满足排量要求，需要准备 2500 型压裂车 22 台以上，且设备尺寸大，噪音高，对压裂场地及健康安全环保要求高。因此，近年来大功率电动压裂设备越来越被各大压裂公司所青睐，目前电驱压裂泵撬功率已实现 5000hp、6000hp，最大可实现 8000hp。相较于柴驱压裂车，电动压裂撬性能更强，单撬施工排量最大可达 2.4$m^3/min$，最高泵注压力 140MPa，10 台电动压裂撬即可达到施工排量要求；130bbl 电动混砂撬输砂、混砂精度高、响应快，排量大，"一键施工"操作简单；智能指挥控制中心自动化控制与检测系统功能强大，集成了局域电站管理系统、中高压变配电系统、压裂泵健康监视系统、压裂泵控制系统、数据采集系统、中压变频驱动系统，让整套电动压裂设备，在监测、控制、保护、故障诊断、数据处理等多方面均得到有效保障；且拥有尺寸小、噪音低、不受燃油限制、不受电网基础设施限制及低排放低能耗等优势。

## 2.2 燃气发电技术

在清洁、低碳、智能化的大背景下，天然气发电以其灵活、高效、清洁、低碳的优势，逐步崭露头角，成为了目前广泛应用的一种清洁能源发电方式。而燃气轮机则是天然气发电的重要途径之一，其工作原理是利用空气和燃料的混合物在高温高压条件下燃烧，推动涡轮旋转，产生动力。相较于传统燃气轮机更具有可靠性高、启停速度快、体积小、重量轻、噪声低和振动小等优点。这些特点使得航改型燃气轮机发电机组在需要快速响应、高机动性和高效能的电力需求及驱动场合中扮演重要角色，尤其是在电动压裂设备越来越普及的情况下，能有效的解决电动压裂现场电力补给的问题。目前发电功率最大已经做到35MW，其中35MW发电机启机后功率从0-20MW提升过程平稳迅速，实际作业中实现2分钟之内即可令负载端排量达到100桶，完全满足了国内市场高强度、高效率的压裂作业需求。燃气发电以其极高的功率密度使发电机组在相同功率段内成为占地最小、重量最轻的产品，燃料综合利用率高达85%以上，是未来大功率发电设备的发展趋势，适合应用在无法布置电网大型压裂作业中。

## 2.3 管汇系统

（1）高低压管汇

压裂高低压管汇将混砂设备内的低压压裂液汇集并分配给多台压裂泵送设备，并将压裂泵送设备增压后的压裂液汇集，通常由高压部分和低压部分组成，也称高低压管汇橇，是实现页岩气大规模压裂的关键设备之一，按照连接方式可分为活接头式和法兰式两种。

活接头式高低压管汇在页岩气压裂及其他油气田压裂施工中应用最为普遍，页岩气压裂现场常以两套及两套以上管汇橇组合使用，可以连接18~20台压裂泵送设备进行施工，最高额定工作压力140MPa，最大排量可达18m³/min。高压管汇部分主要由整体直管、活动弯头、旋塞阀、单向阀等高压部件组装而成，单橇可连接10台压裂泵送设备。低压管汇由低压主管和侧管、低压蝶阀及低压法兰组成。

法兰式高低压管汇与活接头式高低压管汇区别在与其高压主体部分采用法兰连接，主要由螺柱式多通、整体式法兰直管、法兰等部件组成。其低压管汇部分与活接头式的低压管汇部分配置基本相同。法兰式高低压管汇一般由两个或三个橇组合连接使用，最多可连接24台压裂泵送设备，最高设计压力20000psi，最大施工排量可达20m²/min。法兰式高低压组合管汇重量大，稳定性强，有效缓解管汇振动带来的不利影响。另外，高压主体部分采用法兰连接，可靠性好，更具安全性。缺点是重量大，吊装和运输不便，且两橇之间采用法兰直管连接，对地面基础的平整性要求较高，现场安装连接存在一定困难。

（2）分流管汇

压裂分流管汇橇是将来自高低压组合管汇的高压压裂液汇集再分配的一种高压管汇装置，是实现"井工厂"压裂模式的重要管汇之一。为实施"井工厂"模式下"一平台多井口"同步压裂施工，利用闸板阀的开启与关闭，控制压裂液的走向，可以在不拆卸管汇的情况下实现多口井交替压裂施工，同时进行桥塞坐封及射孔作业，提高压裂施工效率。

大规模压裂高压分流管汇均为法兰结构，由大通径防砂闸板阀、压裂头、螺柱式多通等部件组成，管汇规格有 5′/8in-15K/20K 和 71/16in-20K，闸板阀可根据用户需求配置液动或手动形式。常规分流管汇有 H 型、一字型和 U 型。51/8in-15KH 型分流管汇，单路配置液动防砂闸板阀和滚珠丝杠式手动防砂闸板阀，可同时连接 4 口井进行"井工厂"模式压裂施工。5′/8in-15K 一字型分流管汇，单路采用两套 5/in-15K 齿轮箱式防砂闸板阀，该型防砂闸板阀具有防沉砂双阀座结构，能够延长阀门使用寿命，降低维修保养频率，且带有齿轮箱助力机构，操作省力。5′/8in-15KU 型分流管汇和分流管汇模块。U 型分流管汇可连接两口井并进行交替压裂施工，将分流模块连接在 U 型分流管汇两侧，可组装成一套能够同时连接多口井的分流管汇。根据现场施工井口数量选择模块进行组装，降低冗余运输成本，增加管汇选择灵活性，合理使用法兰管线连接，减少活接头管线使用量，优化分流管汇与井口之间的管线连接及占地空间，资页岩气大规模压裂中应用最广泛。

（3）井口连接管汇

井口连接管汇主要包含井口压裂头、分流管汇与井口压裂头之间连接的高压管汇。目前应用广泛的主要是活接头连接和法兰连接，其中以活接头连接为主。常规油气井压裂及页岩气大规模压裂，普遍使用活接头管线（活动弯头、整体直管）连接井口压裂头和分流管汇出口。页岩气压裂一般采用5~6根活接头管线连接至井口，保证每根管线排量不超过其允许使用的排量，延长管汇使用寿命，保证施工安全。

除活接头管线连接分流管汇与井口压力头外，单管万向压裂管汇是近几年出现的一种全法兰连接方式。分流管汇出口与井口之间通过单根高压法兰管线连接，其三维可调，实现高压压裂液的单管传输，改变了传统多路活接头管线连接至井口的连接方式，使压裂高低压管汇橇出口至井口全部采用法兰连接成为可能，与模块分流管汇组合使用，在"井工厂"模式多井口同步压裂施工中优势明显，为多井口同步压裂施工提供了一种更安全、更高效、更简洁的管汇方案。

该管汇系统由模块分流管汇、井口单通道三维可调连接装置及可旋转法兰管线组成，形成单通道压裂管汇系统，相比于传统多路活接头管线连接压裂管汇，实现了从分流管汇出口至井口的单根管线连接，呈现清晰简洁的施工现场。该管汇采用API法兰连接替代活接头敲击连接，减少了90%的活接头敲击工作量，配置自动化的螺母紧固工具，提高安装效率，降低了劳动强度，减少了60%的人工需求。金属密封替代橡胶密封，减少了75%潜在的泄漏风险点，提高了压裂施工安全性。提高了施工效率，确保施工安全。

管汇串连后图1　大通径压裂井口

### 2.4　柔性压裂软管

柔性压裂软管主要由内胶层、承压骨架层、外胶层组成，内胶层和外胶层含有警示层，用于柔性压裂管检测。内胶层采用橡塑合金耐磨材料，提高内壁的冲击强度、柔韧性能、耐磨性能和耐酸碱性能；承压骨架层采用高强度钢丝绳和高强度纤维织物，为内胶层提供骨架支撑，保障管体的强度和韧性；外胶层采用合成橡胶材料，具有

阻燃、耐磨、耐氧化老化等特性，用于提高延长柔性管体使用寿命。压裂施工中柔性压裂软管主要是替代压裂施工中的高压管线及井口的万向节，相较于常规的由任管线连接方式，柔性压裂软管可有效减少管阀件数量，简化压裂管线布局，降低管汇运营成本；单管线两点连接方式，可减少70%连接点，降低潜在的泄漏风险；柔性连接可降低管线装配和拆卸难度，减轻劳动强度，提高作业效率；柔性管体减小安装预应力，吸收振动，减少疲劳损耗，提高使用寿命；流线型管线布局，减小流体转向频率、流体磨阻，提高管汇系统排量和压力稳定性。目前柔性压裂软管最高工作压力已做到140MPa，最大允许流量达到$24m^3/min$，满足页岩气藏压裂需求。

图2　柔性压裂软管在压裂中的应用

## 3　应用效果

截止到目前，电动压裂设备、大通径压裂井口设备及柔性压裂软管已经在国内川渝、大庆及大港区块进行了大规模应用，其中2020年11月在重庆的足xxx井进行深层页岩气压裂施工，压裂完成1井/25段，累计注入液量$61939.2m^3$，累计加砂6028.5T。在施工压力107MPa下，启用12台电动泵最大施工排量$19m^3/min$，实现深层页岩气压裂全电动化，最高加砂强度达4.3T/m。采用"140MPa压裂井口+高压分流橇+万向节"的井口设备，压裂泵与高压管汇之间采用140MPa的柔性压裂软管连接，取代了常规的由任管线和活动弯头的组合，成本较由任管线降低15%左右。本井供电采用35KV压裂专线，可用容量38000KV·A，全井场电驱设备的使用，减少了隔音围挡的使用，同时电驱设备亦大幅降低燃油的使用费用，极大地降低了规模压裂成本。

2022年11月下旬，35MW燃气轮机发电机组在美国德克萨斯州西部页岩油气井首次使用，为近 5 万水马力的拉链式电驱压裂井场提供了电力服务，在 2 个多周的压裂作业中，为电驱压裂作业提供了累计约 350 小时的稳定供电支持，完全满足北美市场高强度、高效率的压裂作业需求。

## 4 结论

（1）电动压裂机组通过网电或燃气发电，进行大规模页岩气压裂的方案可行。

（2）新型高压压裂井口设备适用于页岩气压裂改造施工，可节约生产成本，降低生产成本，提高生产时效。

（3）单台 6000hp 电动压裂泵可取代 2.5 台 2500 型传统压裂泵车，运维成本更低。

（4）电动压裂设备采用电机直驱的方式，结构简单，故障率低，使用更加安全可靠。

（5）"电动压裂泵组+大通径压裂井口设备+柔性压裂软管"的组合模式，解决了页岩气大规模成片开发的高效、经济和环保问题，为实施页岩气压裂设备选型提供指导。

## 参 考 文 献

[1] 田雨，解梅英 . 新型大功率电动压裂泵组的研制，石油机械，2017，45（4）：94-97.

[2] 樊开赟，荣双，周劲，徐永 . 电动压裂泵在页岩气压裂中的应用，钻采工艺，2020，40（4）：81-83.

[3] 杨勇 . 页岩气压裂用高低压管汇撬方案研究，工程技术，2017，第 4 卷：9，57.

[4] 邹新林，顾守录 . 燃气轮机发电机组与柴油机发电机组特点分析及应用，能源研究与信息，2016，14（3）：44-46.

# 页岩油气水平井预置封隔多簇射孔分段压裂完井技术

刘言理[1]　贾　涛[1]　徐丙贵[1]　刘志同[1]　曲庆利[2]　张全立[1]　周　毅[1]

(1. 中国石油集团工程技术研究院有限公司；2. 中国石油大港油田公司石油工程研究院)

**摘　要**　针对套管固井分段压裂、可钻桥塞多簇射孔等页岩油气低渗油藏分段压裂完井工艺存在的施工密封不严、钻塞耗时等问题，为提升页岩油气开发效果和压裂增产施工效率，急需对配套压裂完井工具进行结构设计与改进。笔者开展了预置封隔多簇射孔分段压裂完井工艺及配套工具的自主与研发，研制了预置封隔压裂工具、液压丢手和电缆丢手密封工具，形成了预置封隔多簇射孔分段压裂完井工艺技术。预置滑套提前随套管下入到预定位置，固井后，通过使用电缆将密封工具及射孔工具等送入到油层段，采用密封工具将已压裂段与未压裂段封隔开，配合多簇射孔压裂技术，能够实现对页岩油气等低渗油藏的有效开发，确保了压裂效果。研究结果表明：研究形成的预置封隔多簇射孔分段压裂完井技术实施后，四级封隔压裂工具最大内径达100mm，配套工具密封效果良好，耐压达到70MPa，稳压120min，压降小于0.5MPa，密封工具丢手压力14MPa，丢手安全可靠。结论：预置封隔多簇射孔分段压裂完井工艺技术及配套工具的成功研制为低孔低渗油藏的有效开发提供了一种全新的解决方法，解决了页岩油气开发过程中的压裂效率不高、压裂工具密封不严等问题，该技术能够大大提升页岩油气开发效果与施工效率，在我国东部、西部等页岩油气田中具有较广阔的应用前景。

**关键词**　预置封隔；多簇射孔；分段压裂；大通径；密封工具

## 1　前言

大港油田低渗透难动用储量丰富，低渗油藏特点为：长井段、薄互层、断块小，长井段直井或斜井压裂3~5段，水平井受小断块限制，水平段200~500m，压裂3~6段。

近年来"套管固井分段压裂"和"可钻桥塞多簇射孔"两项技术已成为大港油田低渗油藏开发的重要手段，迄今现场共应用30余口井。其中，"套管固井分段压裂"具有管柱简单、风险小、压裂作业连续、滑套钻除等优点，但每段为单点（滑套）压裂，不适合薄互层压裂。"可钻桥塞多簇射孔"技术，借助桥塞在有限的井段内增加水力裂缝的条数和密度，从而获得比常规分段改造更高的改造效率，但应用过程中也存在该工艺施工过程复杂、桥塞下入过程中遇卡、坐封后不密封等风险。

为此，笔者研制了预置封隔压裂工具和液压丢手密封工具，形成了预置封隔多簇射孔分段压裂完井技术。该技术吸取了"可钻桥塞多簇射孔压裂工艺"的优点，能实现大规模压裂改造，同时兼具"套管固井分段压裂工艺"的优点，操作简单、安全可靠。通过使用预置封隔压裂工具和液压丢手密封工具，替代进口的"可钻桥塞多簇射孔"技术，实现低渗油藏低成本、高效率、安全可靠的多簇压裂改造，满足大港油田致密油气藏多簇射孔压裂完井的需要。

## 2　配套工具研制

### 2.1　预置封隔压裂工具

预置封隔压裂工具连接在套管串中随套管一起下入到裸眼井中，然后进行固井作业。能有效将下层的已压裂段与上部的待压裂段封隔开来。预置封隔压裂工具基本结构如图1所示。

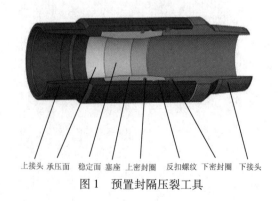

上接头　承压面　稳定面　塞座　上密封圈　反扣螺纹　下密封圈　下接头

图1　预置封隔压裂工具

预置封隔压裂工具主要由上接头、塞座（承压面、稳定面）、上密封圈、下密封圈、反扣螺纹、下接头组成。其中，上街头通过螺纹与套管串连接；上接头最下端内侧加工有梯形螺纹，与下接头上端外侧的梯形螺纹连接在一起，在螺纹上涂抹厌氧锁固脂实现二级密封；上接头下端内侧也加工有反扣内螺纹，与塞座下端外侧的反扣外螺纹连接在一起，后期如需钻除塞座，钻塞过程中可有效避免塞座与钻头一起转动导致钻塞无进尺的情况发生。塞座本体采用铸铁材料制作，容易磨削钻除，钻后可实现预置封隔压裂工具与套管内径一致。塞座本体的承压面和稳定面结构与液压丢手密封工具的密封锥和稳定锥配合，实现井筒的有效封隔。上密封圈主要实现上接头和塞座之间的密封，为密封工具顺利丢开创造密闭腔室，同时在本级压裂过程中，可避免上下层互串。下密封圈实现上接头与下接头之间的密封，确保在上级压裂过程中管柱内腔的密闭性。预置封隔压裂工具总长度 572mm，外径 178mm，内径Φ100mm、Φ105mm、Φ110mm，工作温度 150℃，耐压 70MPa。

## 2.2　液压丢手密封工具

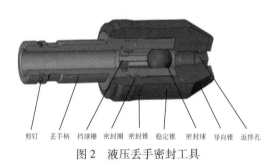

图 2　液压丢手密封工具

液压丢手密封工具主要由剪钉、丢手柄、档球栅、密封圈、密封锥、稳定锥、密封球、导向锥、返排孔组成。其中丢手柄与档球栅为一体件，充分保证机械强度。丢手柄上部连接射孔枪，当套管环空压力达到一定值时剪钉剪断实现丢手。档球栅的作用是防止密封球在压裂前被井内液体冲出密封工具，同时与返排孔配合为压后求产提供液流通道。密封圈实现丢手柄和导向锥之间的密封。密封锥与预置封隔压裂工具的承压面配合，稳定锥和稳定面配合。密封球实为单向阀结构，正向密封，反向流通。导向锥起引导密封工具进入预置封隔压裂工具的作用。该液压丢手密封工具总长度 260 mm，刚体外径 Φ102mm、Φ107mmΦ112mm，返排通道 20 mm，工作温度150℃，耐压 70MPa。

传统的密封工具一般采用投球式密封设计，球与球座为线密封，虽然在球座锥面粗糙度满足要求的前提下能够实现密封，但是由于使用密封球为较大直径圆球，因此也存在着应力过大、高压力下球容易打脱等缺点。

新设计的密封工具改变了投球式设计，采用锥形密封工具，将原来的球与锥面之间的线密封改进为锥面与锥面之间的面密封，增加密封效果，提高承压能力。线密封和面密封结构如图3所示。

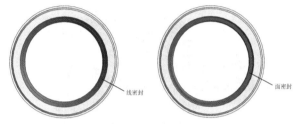

图 3　线密封和面密封结构示意图

## 2.3　工具材料优选

为确保预置封隔压力工具中塞座的可钻除性，结合常用的可钻材料特性，优选铸铁为塞座及液压丢手密封工具的本体材料。铸铁熔点相对不高、其铸造性能也较好、脆性材料易切削，其生产工艺流程不复杂，生产成本不高，加入微量元素后可大大提升其耐腐蚀性能。

塞座在压裂施工过程中要被几千方甚至上万方的砂浆冲蚀，投入密封工具后还要承受 70MPa的施工压力，预置封隔压力工具的承压面和液压丢密封工具的密封锥会承受巨大的压力，其本体制作必须具有较高强度，同时保证期耐冲击的材料，同时要考虑到其易钻性，因此材料的韧性不能过大。经不断优化筛选，最终确定较为合适的材料为 QT500 材料。

## 2.4　有限元分析

为获取 70MPa 施工压力下，工具内部的应力应变等力学信息，进行了有限元分析，分析结果如图4-图7所示。

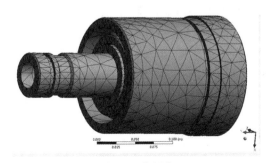

图 4　网格划分

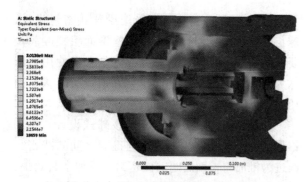

图 5 应力分析

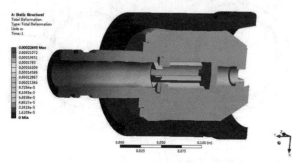

图 6 应变分析

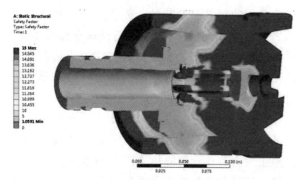

图 7 安全因子分析

物体在外载荷作用下,是处于弹性变形区,还是塑性变形区,以及在变形过程中应力应变所对应的关系,如何将拉伸实验所提供的一维应力-应变曲线数据与物体变形本身的多维复杂应力状态相联系,都有待进一步研究。米泽斯在结合特雷斯卡一系列金属实验的基础上,提出了新的屈服准则,即米泽斯屈服准则,很好的解决了上述问题。von Mises 屈服准则:

$$(\sigma_x - \sigma_y)^2 + (\sigma_y - \sigma_z)^2 + (\sigma_z - \sigma_x)^2 + 6(\tau_{xy}^2 + \tau_{yz}^2 + \tau_{zx}^2)$$
$$= (\sigma_1 - \sigma_2)^2 + (\sigma_2 - \sigma_3)^2 + (\sigma_1 - \sigma_3)^2 \leqslant 2R_{eL}^2$$

(1)

其中,该式(1)左侧中包含了物体内任一点的 6 个应力分量状态,因此变形体内任一点的等效应力可以定义为:

$$\sigma_{eq} = \sqrt{\frac{1}{2}\left[(\sigma_1 - \sigma_2)^2 + (\sigma_2 - \sigma_3)^2 + (\sigma_1 - \sigma_3)^2\right]}$$

(2)

由表达式(2)可知,若分别在以 $\sigma_1$、$\sigma_2$、$\sigma_3$ 为坐标轴的 3D 主应力空间中,米泽斯屈服面将是一个圆柱体,如下图所示。圆柱体以为对称轴,如果物体内任一点的应力状态位于圆柱体内,则物体处于弹性变形阶段。当物体内任一点的应力状态位于圆柱体外表面时,则物体处于塑形变形阶段。

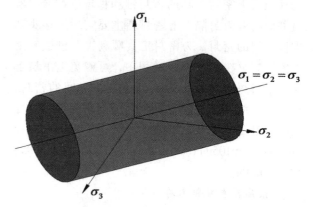

图 8 von Mises 屈服应力空间

通过不同应力组合的拉伸或扭转实验结果表明,等效应力-等效应变曲线基本相同。因此可以假设对于同一种材料,在变形条件相同的条件下,等效应力与等效应变曲线是单一的,称为单一曲线假设。所以,等效应力与应变的相对关系可以采用最简单的单轴拉伸或单轴压缩实验方法来确定。

力学分析结果显示,在 70MPa 压力作用下,工具内部最大应力为 301.38MPa,小于本体材料 370MPa 的屈服强度。工具最大变形为 0.227mm,变形量为 0.21%,小于本体材料 3% 的变形极限。因此工具在力学强度方面满足压裂施工要求。

## 2.5 密封工具重心分析

为确保液压丢手密封工具丢手后保持入座状态,此处可理解为"不倒翁"效果,对丢手后的密封工具重心进行了计算和设计优化。重心位置距离上端面 178mm,位于密封锥下端以下,确保密封工具在丢开后不会发生倾斜现象,从而确保密封效果。

### 2.6 压裂工具性能参数

表 1    配套工具性能参数

| 名称 | 封隔工具外径 mm | 塞座内径 mm | 密封工具最大外径 mm | 密封工具稳定锥外径 mm | 工作温度 ℃ | 工作承压 MPa |
|---|---|---|---|---|---|---|
| 一级压裂工具 | 172 | 100 | 102 | 99 | 150 | 70 |
| 二级压裂工具 | 172 | 105 | 107 | 104 | 150 | 70 |
| 三级压裂工具 | 172 | 110 | 112 | 109 | 150 | 70 |

## 3    工艺管柱结构

预置封隔多簇射孔分段压裂完井工艺主要包括两套管柱结构，分别是内管柱和外管柱。

### 3.1    外管柱结构

外管柱：浮鞋+套管+浮箍+套管串+预置封隔工具 1#+套管串+预置封隔工具 2#+套管串+预置封隔工具 3#+套管串（至井口）。

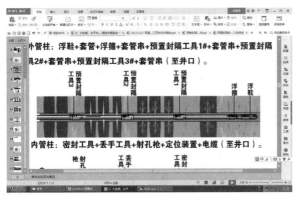

图 10    外管柱结构

## 4    工作原理与技术特点

### 4.1    工作原理

将预置封隔压裂工具连接在套管串中的设计位置，下入到裸眼井中，然后注水泥固井。水泥凝固后，采用油管传输射孔枪进行第一段射孔压裂，随后将液压丢手密封工具连接在射孔枪上，用电缆将内管柱送入到预置封隔压裂工具位置，环空打压至丢开密封工具，密封工具坐在塞座上封隔两个不同层位，上提射孔枪射孔，起出射孔枪后进行压裂。后续压裂层段以此类推。最终实现油层多簇射孔分段压裂改造。

### 4.2    技术特点

（1）预置封隔压裂工具和液压丢手密封工具实现了面接触，受力面积大，承压能力高。

（2）四级压裂，钻塞前可实现管柱大通径，通径达 100mm，可以实现后期 2~7/8 外加厚油管下入。

（3）可实现多簇射孔分段压裂改造，油层改造面积大。

（4）套管环空打压丢手，节省桥塞配套的贝克 20 坐封工具费用及电缆点火费用。

（5）预置封隔工具采用易钻除材料、反扣结构设计，容易钻塞，避免了滑套钻塞过程中产生的转动现象，钻后实现与套管通径一致。

## 5    工艺流程

预置封隔分段压裂工艺流程如下所示。

5.1    通井后，下入完井管柱；

5.2    注水泥固井；

5.3    当水泥浆完全泵入后，释放顶替胶塞；

5.4    碰压；

5.5    候凝；

5.6    下入射孔枪，第一段位置射孔；

5.7    提出射孔枪，第一级压裂；

5.8    电缆输送射孔枪和密封工具至预置封隔工具 1#处；环空打压丢手密封工具；

5.9    上提射孔枪到预定位置，进行多簇射孔；

5.10    提出射孔枪，进行第二级压裂作业；

5.11    同理，重复以上 8、9、10 的步骤，进行多级的多簇射孔压裂作业；

## 6    室内试验

### 6.1    预置封隔工具室内密封强度试验

6.1.1    试验方法：将球座上端连接 Φ139.7mm 试压接头，并与 100MPa 试压泵连接，下端与 Φ139.7mm 母死堵连接，进行强度密封试验。

图 12　预置封隔工具室内密封强度试验

### 6.1.2　试验结果：

表 2　预置封隔工具室内密封强度试验试验结果

| 试验次数 | 预制封隔工具外径 mm | 试验介质 | 试验温度 | 试验压力 MPa | 稳压时间 min | 压降 MPa |
|---|---|---|---|---|---|---|
| 1 | Φ178 | 清水 | 室温 | 78 | 120 | 0.5 |
| 2 | Φ178 | 清水 | 室温 | 78 | 120 | 0.5 |
| 3 | Φ178 | 清水 | 室温 | 78 | 120 | 0.5 |

### 6.2　预置封隔工具及密封工具的密封试验

6.2.1　试验方法：将密封装置放入预置封隔工具内，上端安装 Φ139.7mm 试压接头，并与 100MPa 试压泵连接，进行强度密封试验。

图 13　预置封隔工具及密封工具的密封试验

## 6.2.2 试验结果：

表 3　预置封隔工具及密封工具的密封试验结果

| 试验次数 | 密封工具直径<br>mm | 试验介质 | 试验温度 | 试验压力<br>MPa | 稳压时间<br>min | 压降<br>MPa |
|---|---|---|---|---|---|---|
| 1 | Φ112 | 清水 | 室温 | 70 | 120 | 0.5 |
| 2 | Φ107 | 清水 | 室温 | 75 | 120 | 0.5 |
| 3 | Φ102 | 清水 | 室温 | 80 | 120 | 0.5 |

## 6.3　丢手工具的打压丢开试验

6.3.1　试验方法：将配套球座上端连接 Φ139.7mm 试压接头，并与 100MPa 试压泵连接，将密封、丢开工具安置于球座上，进行打压丢开试验。

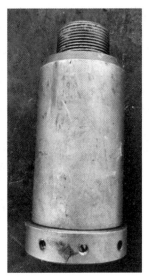

图 14　丢手工具的打压丢开试验

## 6.3.2 试验结果：

表 4　预置封隔工具及密封工具的密封试验结果

| 试验次数 | 密封工具直径<br>mm | 试验介质 | 试验温度 | 丢手压力<br>MPa | 打压密封情况 | 丢开情况 |
|---|---|---|---|---|---|---|
| 1 | Φ102 | 清水 | 室温 | 13 | 无泄漏 | 完全丢开 |
| 2 | Φ102 | 清水 | 室温 | 14 | 无泄漏 | 完全丢开 |
| 3 | Φ107 | 清水 | 室温 | 14 | 无泄漏 | 完全丢开 |
| 4 | Φ107 | 清水 | 室温 | 14 | 无泄漏 | 完全丢开 |
| 5 | Φ112 | 清水 | 室温 | 13 | 无泄漏 | 完全丢开 |
| 6 | Φ112 | 清水 | 室温 | 14 | 无泄漏 | 完全丢开 |

## 7　结论与建议验

1）研制的预置封隔压裂工具和液压丢手密封工具密封效果可靠，丢手方便，可实现 3~5 级多簇射孔分段压裂。

2）密封工具为铸铁材料，后期可打捞或钻除，建议下步研制可溶解密封工具，实现密封工具的免钻免捞。

3）预置封隔分段压裂完井压裂级数有限，下步研制可变径压裂球座，实现无限级压裂。

4）该技术只能针对新井压裂，建议下步研制无极限内通径超过 90mm 的免钻压裂工具，实现新井老井的无限级压裂。

## 参 考 文 献

[1] 孙宁. 侧钻水平井应成为老区油气低产井改造增产的重要技术政策 [J/OL]. 石油科技论坛，2018（02）：1-7.

[2] 王帅，李军亮，解婷. ReFRAC~（TM）滑套技术在水平井重复压裂工艺上的应用研究 [J]. 广东化工，2018，45（06）：113-115+123.

[3] 张恒. Q 油区长 6 油层一层多缝水力压裂技术的现场应用 [J]. 石化技术，2018，25（03）：137.

[4] 吴晋霞. 水平井分段压裂裸眼封隔器的研制与应用 [J]. 石油矿场机械，2018，47（02）：54-58.

[5] 张鹏. 双封单卡带压拖动压裂工艺管柱研究 [J]. 机械工程师，2018（03）：146-148.

[6] 任厚毅，董建国. 胜利油田工程院：分段压裂工具助难动用储量开发 [N]. 中国石化报，2018-03-05（006）.

[7] 朱珺琼. 坐压工艺在水平井改造中的应用 [J]. 化学工程与装备，2018（02）：84-85.

[8] 路保平，丁士东. 中国石化页岩气工程技术新进展与发展展望 [J]. 石油钻探技术，2018，46（01）：1-9.

[9] 高海涛. 连续油管在复杂结构井中的应用 [J]. 内蒙古石油化工，2018，44（01）：27-31.

[10] 刚学爱，劳海桩，赵军梅，赵刚，张勇，冷强. 一种验封验窜单层压裂管柱的研制与应用 [J]. 内蒙古石油化工，2018，44（01）：113-114.

[11] 张海林，刘苗苗，黄桅. 酸化压裂工艺管柱优化研究 [J]. 石化技术，2018，25（01）：123.

[12] 聂建华. 低渗薄互层深层油气藏多层压裂工艺技术 [J]. 石油化工应用，2018，37（01）：20-24.

[13] 周歆，杨小城. 可降解压裂球试验研究及现场应用 [J]. 石油矿场机械，2018，47（01）：62-66.

[14] 罗波，马新东. 水平井老井改造压裂工艺探讨 [J]. 中国石油和化工标准与质量，2018，38（02）：174-175.

[15] 舒勇，温川. 水平井水力喷射压裂工具分析及应用 [J]. 化工管理，2018（03）：178.

[16] 吴春洪. 不动管柱分层压裂在坪北油田的推广应用 [J]. 江汉石油职工大学学报，2018，31（01）：23-25.

# 页岩油气开发配套降温压缩机动密封
# 副热变形规律与间隙控制研究

刘　珂[1,2]　龚湛超[1,3]　管　康[1,2]　彭　浩[1,2]　奚筱宛[1,2]

（1. 中国石油集团工程技术研究院有限公司；2. 油气钻完井技术国家工程研究中心；3. 中国石油勘探开发研究院）

**摘　要**　页岩油气勘探开发的力度不断加深，对于开发配套设备在严苛环境下的稳定性带来了新的要求。在页岩油气钻采领域，井下空气压缩机作为关键控温设备，动密封作为降温压缩机核心部件，一般采用间隙配合。在常温环境下预设计加工的结构间隙在深井高温环境下也会发生失效。因此，动密封副结构在深井高温高压等极端环境下的热响应规律是影响动密封副工程应用和井下仪器性能安全的重要因素。M42高速钢进是一种高性能材料，拥有良好的机械性能，被广泛应用于工业环境中，该试验测定了M42高速钢在不同温度下的热膨胀系数，并应用于有限元仿真分析。模拟真实特深井环境，在不同工况条件下，研究包括井下温度变化、动密封部件温度差异，高温工质热源温度影响以及金属材料热变形引起动密封相对间隙变化导致的性能改变。M42高速钢的热膨胀造成了动密封副轴向和径向不同的热变形，结构内气体换热影响造成了整体温度场和应力场的梯度分布，引起活塞外壁和气缸内壁相对位置的变形量差异，其最小间隙出现在热应力最大、温度最高的头部区域，最小间隙为2.5μm。通过对动密封副结构不同参数设置，分析了相对间隙受温度分布和气压力的影响规律，气体工质温度对于间隙变化占据主导作用，在250℃的温度环境下，相对间隙值变化量保持在2~3μm之间。通过研究为动密封副结构设计和M42高速钢材料的工程应用提供直接参考。

**关键词**　页岩油气；M42高速钢；热膨胀；热响应规律；动密封

## 1　引言

随着资源开发不断加深，页岩油气勘探开发面临着诸多难题，深层岩层超过700米后岩温普遍超过35℃，更深岩层温度甚至超过200℃。岩层高温导致工作条件恶化，造成劳动生产率和设备工作效率下降，严重危害生命财产安全。因此，在复杂工况下页岩气开采配套设备的高可靠性成为油气勘探开发技术开发的新需求。

在油气钻采领域，井下空气压缩机作为关键控温设备，通过气体工质的压缩膨胀进行热量交换，承担着深井环境主动降温的重要任务。然而，在特深井（9000m以上）高温高压环境下，传统设备高温耐久性和密封技术的高效性受到严峻考验，对于仪器的精确控制是确保设备性能安全和工作稳定的关键。动密封作为降温压缩机核心部件，一般采用间隙配合，以往复式动密封副为例，活塞和气缸的相对间隙是影响空压机工作效率、密封副泄漏特性等关键性能的主要因素。结构相对间隙一般保持在0n8级，金属基底材料的变形不均会导致两者相对间隙出现动态变化，在常温环境下预设计加工的结构间隙在深井高温环境下

也会发生失效，因此动密封的结构设计与材料属性、工作环境密切相关。

M42高速钢作为一种高性能材料，具备良好的耐磨性和机械强度，在切削刀具、耐磨轴承以及对金属加工模具等高要求的工业环境中得到广泛应用。高速钢的高温硬度、热稳定性和抗热疲劳特性一定程度上保证了材料在高温环境下的良好表现，在深井设备领域有着广阔应用前景。在实际工程应用中，金属材料的热变形是不可回避的问题之一，在高温高压等极端条件下尤其需要关注。热变形直接影响仪器结构的尺寸、形状和性能，可能导致失效或降低工作效率。但对于热变形极其敏感的部分结构，材料的微小热变形影响仍然会造成结构性能的变化。然而，目前金属材料应用研究的主要关注方向主要集中于结构和金属材料的热力耦合。靳洪涛使用数值模拟的温度载荷应用于实际耦合变形并试验验证了温度场的合理性；于晓东运用计算流体动力学、弹性理论和有限元法对静压支承摩擦副变形进行流热力耦合求解，得出了变形规律和摩擦机理。在工程领域，热仿真研究成为了深入了解材料行为和结构性能的不可或缺的手段。通过数值模拟，可以

精确模拟复杂工程场景中的热传导、热膨胀等关键过程。以此为基础，能够深入研究材料在高温环境下的行为，进而预测结构在实际工作条件下可能出现的热响应。国内外学者在包括切削钻头、斯特林制冷机、双金属带锯条齿材等应用场景下对于 M42 高速钢其本身的耐磨性和力学性能都进行了充分的研究，但对于 M42 高速钢材料本身热膨胀特性以及与动密封副结构耦合下的热变形规律，仍缺乏系统的研究支持。

本研究对降温压缩机动密封副展开研究，试验获取 M42 材料的热膨胀系数并进行仿真验证。模拟真实特深井环境，在不同工况条件下，研究包括井下环境温度变化、动密封部件温度差异，

高温工质热源温度影响以及金属材料热变形引起动密封相对间隙变化导致的性能改变，从而深入探究动密封副在不同环境下的热变形规律。通过分析动密封副的环境响应规律，揭示了不同因素对密封副密封性能的潜在影响，提出合理的初始间隙区间。

## 2　技术思路和研究方法

### 2.1　研究对象

动密封副基底材料为商用 M42 高速钢，M42 高速钢（High Speed Steels）属于高碳高合金莱氏体钢，具体成分如表 1 所示。

表 1　M42 高速钢成分表

| 牌号 | C | W | Mo | Cr | V | Co | Fe |
|------|------|------|------|------|------|------|------|
| M42 | 1.08~1.15 | 1.15~1.85 | 9.00~10.00 | 3.50~4.25 | 0.95~1.35 | 7.75~8.75 | Bal |

动密封副的结构如图 1 所示，主要由活塞和气缸两部分组成，活塞和气缸采用非接触式间隙密封，活塞沿气缸轴线方向往复运动，气体工质在狭长间隙内形成流体气膜将密封端面完全分离，避免活塞与气缸直接接触带来的摩擦磨损影响。动密封副采用无油润滑，在保证气体工质不被污染的同时，气体工质能保持稳定的工作压力，具有更低的维修率和更长的使用寿命。

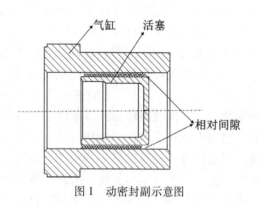

图 1　动密封副示意图

### 2.2　热膨胀试验

M42 高速钢材料的热膨胀系数直接影响了结构在实际工作时的热变形。采用全自动膨胀仪测定 M42 高速钢的热膨胀系数，通过仪器内置位移传感器传递金属试样在不同温度下的位移变化值，通过数据处理可得到不同温度下的热膨胀系数。热膨胀试验原理图如图 2 所示。

通过热膨胀仪测得的 M42 高速钢在不同温度

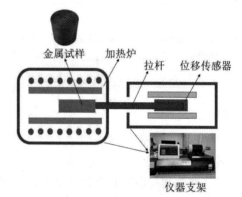

图 2　热膨胀试验原理图

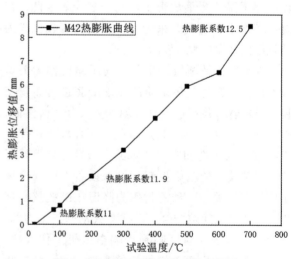

图 3　M42 高速钢热膨胀系数曲线图

下的热膨胀位移值如图 3 所示，热膨胀位移值随着温度的升高不断增大。根据实验原理，不同曲线

段的曲线斜率即为热膨胀系数。在室温 20℃ 时初始热膨胀系数为 $11 \times 10^{-6}$ m/℃，在 0 到 200℃ 之间，热膨胀系数变化较大，当温度上升到一定阶段，热膨胀系数趋近于 $12.5 \times 10^{-6}$ m/℃ 并保持稳定，不同温度下的热膨胀系数如表 2 所示。

表 2　M42 高速钢热膨胀系数

| 温度/℃ | 100 | 200 | 300 | 400 | 500 | 600 | 700 |
|---|---|---|---|---|---|---|---|
| 热膨胀系数/$10^{-6}$ m/℃ | 11 | 11.5 | 11.9 | 12.3 | 12.4 | 12.5 | 12.5 |

### 2.3　有限元模型

动密封副的热腔与冷腔温度梯度明显，在工作过程中，气体工质的热量传递会带来热腔或冷腔的温度变化。但由于换热器的作用，气缸热腔部分温度变化并不显著，因此气缸的热变形分析可以采用稳态热分析，同理活塞的热变形也可采用稳态热分析。

如图 4 所示，使用三维建模软件对于活塞和气缸进行模型建立，考虑到活塞和气缸都是完全圆周对称，且活塞和气缸所受温度和应力在径向方向分布较为均匀，为了简化计算可以采用轴对称模型进行计算，轴对称模型。网格剖分采用 Multi-Zone 方法，在接触区域做边缘尺寸调整，单元尺寸 0.2mm，网格剖分示意图如图 5 所示。

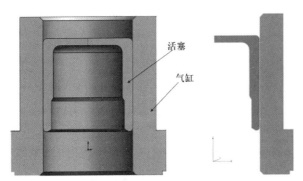

图 4　二维轴对称模型

图 5　模型网格剖分示意图

## 3　动密封副热变形规律和间隙影响因素

### 3.1　动密封副结构的热变形规律

考虑到动密封副的运动形式，活塞和气缸内壁在运动过程中直接与气体工质接触，气体压缩时的热量通过活塞头部和气缸内壁进行传导。由于 M42 高速钢本身的材料属性在热载荷作用下发生热变形，将活塞头部和气缸内壁设置为温度边界条件 250℃，研究 M42 高速钢材料对于动密封副的热变形影响。

动密封副材料为 M42 高速钢，其热导率 20w/m·℃，弹性模量 220Gpa，密度 8.1g/mm³，热膨胀系数见表 2，初始间隙设置为 5 0m，通过施加边界条件和均匀温度场求解可得热变形情况。

在热载荷下，模型热变形明显（图 6），以气缸模型为例，在轴向方向上呈现梯度分布，径向方向上由于圆周尺寸的差异产生了不同的热变形。内径变形量最小，外径变形量最大，沿半径增大方向变形量呈递增趋势，符合理论受热变形效果，变形最大值为 0.0534mm。

在实际工况中，动密封副进气口出气口存在不同的温度差异，气缸外壁与空气实际存在热对流关系，有一定的热量损失，同时由于气缸端部的冷腔与冷空气存在着快速的热交换，因此气缸实际并不是一个完全均匀的温度场，稳态均匀温度

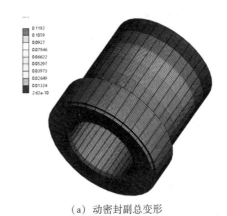

（a）动密封副总变形

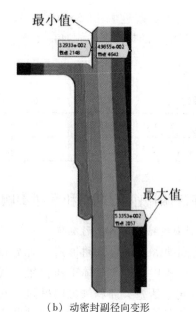

（b）动密封副径向变形

图6　动密封副热变形示意图

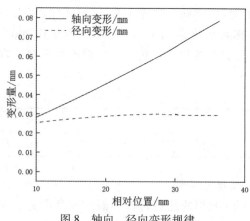

图8　轴向、径向变形规律

场下的传统热仿真方法无法体现工件实际受热变形的非相似性特征。设置活塞和气缸的温度场（图7），A点处活塞头部与高温气体工质直接接触，温度最高，此时活塞和气缸底部与冷腔和外界空气接触温度最低（图中B），整体温度场呈现明显的沿梯度分布，气缸内壁与活塞头部接触区域C存在着明显的温度升高。

在稳态分析中，发生直接接触的位置摩擦副温度基本保持一致，由M42高速钢材料带来的热变形量相同，对应位置保持相对平行。

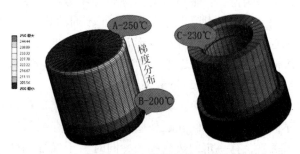

图7　不均匀温度场分布图

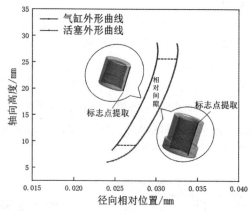

图9　不同径向位置上的外形曲线

不均匀的温度场下表现出类似的热变形规律，呈现明显的梯度分布趋势，导出标志点的轴向变形量和径向变形量（图8），沿轴向方向上的热变形量远大于径向位置的变形量，变形规律与温度场分布规律相似。

如图9所示，分别选择活塞外壁、气缸内壁不同轴向高度上的数据点，径向变形与温度场分布保持一致。以径向相对位置为纵坐标绘制模型变形后的外形曲线分布，活塞和气缸间隙最小位置出现在头部区域，间隙值为2.5μm，在相同轴向高度上，对应位置的动密封副材料发生直接接触。

从动密封副等效应力云图（图10）分析，在活塞外壁头部和尾部部分有明显的应力集中区域，在集中区域，动密封副受热应力影响明显，出现相对间隙最小值。因此，如初始设计间隙不当，由于材料的热变形带来的间隙变化容易造成气缸与活塞发生直接接触，引起气缸内壁的摩擦磨损加剧。

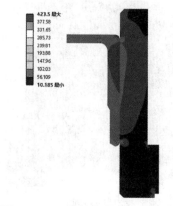

图10　Mises等效应力云图（250℃）

### 3.2　动密封副结构的间隙变化规律

动密封采用间隙配合，气缸和活塞之间的配合间隙是保持机构工作稳定，满足密封特性的决定性因素。M42 高速钢材料在动密封结构中的热响应直接影响影响间隙变化，因此可对动密封的间隙变化规律进行深入研究。

#### 3.2.1　温度分布影响

动密封副的温度场设置是影响两者变形不均匀，进而导致两者的间隙产生动态变化的根本因素。如图 11，活塞和气缸模型的温度场是一个只有压缩气体做功成为热源（红色部分）的完全密闭环境，活塞和气缸作为整体模型，系统外部环境为充斥着凝滞空气的对流换热场（黄色部分），模型气缸外壁（绿色部分）与空气存在着对流换热关系。在稳态温度场下，只有气缸外壁存在热对流和冷端的热量损失，通过修改对应边界条件来实现环境温度场的影响研究：

（1）改变单位面积热通量/初始温度改变；
（2）改变对流换热系数/流体初始温度改变。

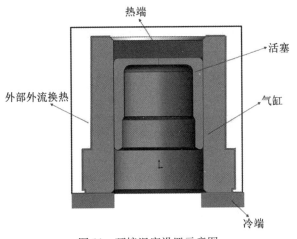

图 11　环境温度设置示意图

设置不同温度下竖直平面的凝滞流体对流换热系数，随着温度的升高，气体分子的运动越剧烈，对流系数明显升高。但是随着温度的不断升高，密闭环境下的热量损失饱和，对流换热系数保持在稳定范围，在不同的初始环境设置下，对应的温度场存在差异。

图 12 显示了真实试验条件下不同环境温度下的排气温度值，降温幅度随着环境温度的升高有明显的增大，实际的冷端热交换受到不同因素的影响。为了简化模型，根据试验结果在不同的环境温度下对应设置冷端热边界条件：排气温度越低，热通量越大，气缸底部温度初始设置越低。

由于稳态温度场的存在，最终冷端温度影响气缸底部的最低温度，整体温度场也呈现出轴向梯度分布规律：活塞头部与高温气体直接接触，温度最高，气缸外壁因为与空气发生了热交换，底部冷腔向外排出热量，温度明显的沿着气缸的轴线梯度分布，顶部温度高底部温度低。图 13 展示了热通量的改变只影响气缸的温度梯度分布情况，最低温度区域明显扩大。

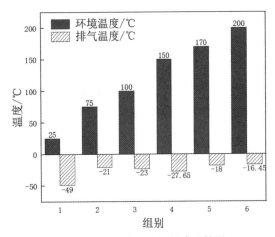

图 12　不同环境温度下的降温情况

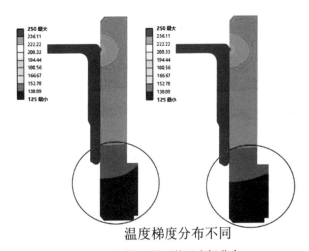

图 13　不同热通量下的温度场分布

在动密封副往复运动过程中，活塞在密闭环境中温度基本保持不变，气缸上下位置接触区域不同，会造成温度分布不均匀，以气缸头部温度（图 14 区域Ⅰ）、活塞头部温度（区域Ⅱ）、气缸底部冷端温度（区域Ⅲ）为变量进行有限元分析。按照变量温度设置不同温度分组，A-B-C 设置相同的活塞头部温度 250℃，气缸底部冷端温度分别为 100℃、120℃、150℃，气缸头部温度作为变量（250℃、200℃、180℃、150℃、120℃、100℃，默认气缸温度不低于底部冷端温度）；D-E-F 设置相同的活塞头部温度 300℃，气缸底部冷端温度分别为 120℃、150℃、180℃，气缸头部温度作为变量（250℃、200℃、180℃、150℃、120℃、100℃）。在不同的温度初始设置条件下，温度场云图的温度趋势分布基本相同，沿着模型轴线分布，头部接近工作热腔温度最高，底部接近换热冷腔温度最低，呈带状分布，模型径向变形云图也呈现的明显的周向带状分布。

图 14 中，随着温度的升高，动密封副整体变形量增大，相对间隙减小。气缸头部温度升高导致气缸的温度场分布趋于稳定，温度差异随轴向方向变化较小，相对间隙不断下降至趋于稳定。活塞初始温度的升高，相对间隙值随温度的变化越剧烈，随着头部温度的升高，相对间隙值减少幅度更大，整体间隙值优于 250℃初始条件。

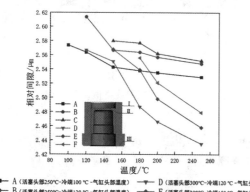

- ■ A（活塞头部250℃-冷端100℃-气缸头部温度）
- ● B（活塞头部300℃-冷端120℃-气缸头部温度）
- ▲ C（活塞头部250℃-冷端150℃-气缸头部温度）
- ▼ D（活塞头部300℃-冷端120℃-气缸头部温度）
- ◀ E（活塞头部300℃-冷端150℃-气缸头部温度）
- ▶ F（活塞头部300℃-冷端180℃-气缸头部温度）

图 14　不同温度下的相对间隙变化

结合工程试验数据，随着相对间隙的减小，降温范围有着明显的增大，实际降温效率明显提高。因此，温度越高，相对间隙减小，泄漏量降低，压缩气体量增加。利用理想质量泄漏率公式进行泄漏率计算如下：

$$G = \rho \pi Dh \cdot U = \rho \pi D \left[ \frac{1}{2} u_p - \frac{h^3}{12\mu} \cdot \frac{dp}{dx} \right]$$

其中气体平均密度 $\rho$（mol/mm²）：

$$\rho = \frac{P_1 + P_2}{2RT}, \quad \frac{dp}{dx} = \frac{P_2 - P_1}{L}$$

式中，$P_2$ 为排气压力（MPa）；$P_1$ 为进气压力（MPa）；$L$ 为气缸长度（mm）；$T$ 为平均温度（K）；$R$ 为气体常数（J/K·mol）。

活塞移动速度 $u_p$（mm/s）：

$$u_p = \frac{s\pi}{\tau} \cos\left( \frac{2\pi}{\tau} t \right)$$

式中，$D$ 为气缸直径（mm）；$s$ 为活塞行程（mm）；$\tau$ 为活塞运动周期（s）；$t$ 为活塞运动时间（s）；$h$ 为活塞气缸相对间隙值（mm），$0$ 为流体运动粘度（mm²/s）。结合实际工况条件，设置条件如表 3。

相对间隙从 10μm 变为 5μm 时，实际泄露率从 6.97% 降低至 0.9%，单位体积内的有效气体工质物质的量显著增加，按照理想气体方程 $PV = nRT$ 会带来换热效率的显著提高。同时随着温度的升高，带来的换热侧工质的气体运动速度加快，单

## 表 3　动密封副工作参数

| 进气压力 $P_1$（MPa） | 排气压力 $P_2$（MPa） | 气体常量 R | 平均温度 T | 气缸内径（mm） | 活塞行程（mm） | 周期（s） | 运动粘度（mm²/s） | 气缸长度（mm） |
|---|---|---|---|---|---|---|---|---|
| 0.1 | 5 | 8.314 | 358K | 26 | ±2.2 | 0.02 | 15.753×10⁻⁶ | 26 |

位时间内释放热量效率即气体吸热效率提高，带来制冷效率提高，解释活塞头部温度升高时动密封副相对间隙明显减小。

### 3.2.2　气压力影响

在实际工作情况下，活塞式压缩机的工作过程分为吸气、压缩、排气、膨胀四个阶段，在间隙内的气体工质会对活塞和气缸产生周期性的气压力，如图 15 所示。

为了进一步考虑气压力对于动密封的热响规律，在活塞外壁和气缸内壁添加周期性的载荷。活塞和气缸之间的相对间隙随着温度的升高不断降低，气压力的存在一定程度上阻碍了动密封副

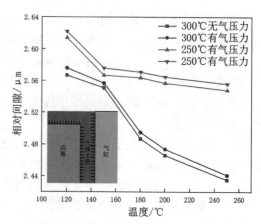

图 15　气压力对于相对间隙变化影响

结构的热变形，但温度的变化仍然是影响两者相对间隙的主要因素，热变形是影响动密封副密封特性的重要原因。

### 3.2.3　初始间隙影响

通过预加工不同初始间隙的动密封副进行摩擦试验，在同样的温度变化下，动密封副的间隙变化量基本保持一致，间隙变化值维持在 $2\sim3\mu m$ 之间。初始间隙设置为 $3\mu m$ 以下的动密封副样件，活塞和气缸由于热变形两者之间的初始间隙已经不满足两者的热变形量，活塞和气缸实际已经发生了直接接触，在活塞的头部区域出现了部分磨损，对应了头部的热应力集中区域即最小相对间隙的出现区域。动密封副的活塞和气缸直接接触由于摩擦力的存在，在轴向方向会存在着一个部件拖拽另一个部件的现象，这个区域的基底材料在往复摩擦下发生脱落，脱落的磨屑在这个区域内胶合严重时使活塞和气缸运动卡死，降低整体使用寿命。

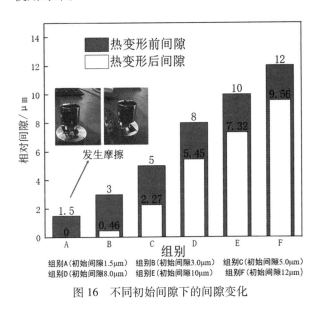

图 16　不同初始间隙下的间隙变化

## 4　结论

（1）M42 高速钢的热膨胀系数随温度的升高而增大，在室温 20℃下达到 $11\times10^{-6}$ m/℃，对于井下环境敏感的 20-200℃温度区间，热膨胀系数上升明显。温度到达 200℃以后，热膨胀系数基本趋于稳定，保持在 $12.5\times10^{-6}$ m/℃。

（2）基于 M42 高速钢材料的动密封副热变形符合理论变形效果，温度场在轴向方向上呈梯度分布，头部温度高，受热应力影响大，热变形量大。热变形带来的结构变化较小，动密封副的间

隙保持相对稳定，最小间隙在 $2.5\mu m$ 左右。

（3）以 M42 高速钢材料的动密封在实际工况下，间隙受其温度分布、气压力影响，材料的热变形带来的间隙变化是影响结构性能的主要因素。在温度影响中气体工质的温度占据主导作用，在保证材料耐热性要求下，提高气体工质温度可以有效减小相对间隙，提高气密性和工作效率。同时，由于材料本身的热响应，在 250℃的温度下，动密封副的变形量在 $2\sim3\mu m$ 之间，初始间隙在 $3\mu m$ 以下的动密封副实际已经发生直接接触，在设计初始间隙中应该考虑 $3\mu m$ 以上的设计余量以防止材料热变形对于结构的整体影响。

### 参　考　文　献

[1] 崔圣基．活塞和气缸装配间隙对微型空压机轴功率的影响［J］．压缩机技术，1988，2：2-4.

[2] 李廷宇，陈曦，曹广亮．冰箱直线压缩机活塞间隙密封泄漏的特性研究［J］．真空与低温，2016，22（4）：205-209.

[3] 黄柏祥．余隙间隙对活塞压缩机排气量的影响［J］．压缩机技术，2001，5：44-45.

[4] 郭军刚，宋振坤，高春峰，等．伺服系统超高速机械密封热力变形分析与研究［J］．重庆理工大学学报（自然科学）．2022，36（4）：306-312.

[5] 张秀英．热变形对高压干气密封结构件的影响及材料的选用［J］．能源化工，2017，38（3）：82-88.

[6] Abouelmagd G. Hot deformation and wear resistance of P/M aluminium metal matrix composites［J］．Journal of Materials Processing Technology，2004，155－156：1395-1401.

[7] Gupta R. K, Kumar V A, Krishnan, J A S. Hot Deformation Behavior of Aluminum Alloys AA7010 and AA7075［J］Journal of Materials Engineering and Performance，2019，28：5021-5036.

[8] Hiroyuki S, Yasuo M, Akihiro M, et al. Effect of the surface structure on the resistance to plastic deformation of a hot forging tool［J］．Journal of Materials Processing Technology，2001，113：22-27.

[9] 靳洪涛，刘隆建．底卸式环冷机热机耦合变形有限元分析［J］．中国冶金．2022，32（10）：136-142.

[10] 于晓东，刘超，左旭．静压支承摩擦副变形流热力耦合求解与实验［J］．工程力学．2018，35（5）：231-238.

[11] 童莉莉，丁永根，李星明．车用电机控制器散热结构及热仿真分析［J］．微特电机，2021，49（11）：30-33，37.

[12] 刘若愚，陶键，徐志伟，等．弹上大功率伺服驱动

器散热设计与仿真 [J]. 机械制造与自动化,
2023, 52 (3): 149-152.

[13] Elahi S M, Tavakoli R, Boukellal A K., et
al. Multiscale simulation of powder-bed fusion process-
ing of metallic alloys [J]. Computational Materials
Science, 2022, 209 (11383).

[14] 潘志勇, 韩礼红, 王建军, 等. 稠油热采井用防砂
筛管温度效应试验研究 [J]. 石油管材与仪器.
2017, 3 (5): 42-46.

[15] 张岸, 蒋克仁. 用于不锈钢的 M42 高速钢钻头的切
削性能研究 [J]. 热处理, 2022, 37 (6): 33-35.

[16] 包磊. M42 高速钢用于斯特林制冷机工况干摩擦磨
损特性研究 [D]. 南京: 南京航空航天大
学, 2020.

[17] 马凯. 双金属带锯条齿材 M42 高速钢性能评价及淬
火冷却方式研究 [D]. 长沙: 中南大学, 2014.

[18] Colaco R, Gordo E, Ruiz-Navas E M, et al. A com-
parative study of the wear behaviour of sintered and laser
surface melted AISI M42 high speed steel diluted with i-
ron [J]. Wear, 2006, 260 (9-10): 949-956.

[19] 迟宏宵, 徐辉霞, 方峰. M2 高速钢的高温力学性能
[J]. 中国冶金, 2016, 26 (1): 31-34.

[20] 罗哉, 费业泰, 陆艺. 稳态均匀温度场中圆柱轴
热变形研究 [J]. 农业机械学报. 2007, 38 (4):
127-129.

[21] 程宁, 李薇, 洪国同. 自由活塞斯特林发动机间隙
密封泄漏特性分析 [J]. 真空与低温, 2012, 18
(2): 94-100.

# 基于上下行波场分解的回折波及棱柱波成像方法研究

张光德[1]　刘守伟[2]　杨　浩[2]　张怀榜[3]

（1. 中石化石油工程地球物理有限公司；2. 上海青凤致远地球物理地质勘探科技有限公司；
3. 中石化石油工程地球物理有限公司胜利分公司）

**摘　要**　当介质速度随深度线性增加时会产生回折波，盐丘或垂直断层陡倾角构造会产生棱柱波，相比一次反射波这两类波能携带更多的地下介质信息，尤其是高陡构造相关信息。逆时偏移可以准确模拟全波场信息，理论上可以实现全波场成像，然而不同类型的波互相关会引入假象，限制了逆时偏移的成像质量。本文分析了回折波及棱柱波在在高陡构造处的成像特征，利用波场分解思想构建了针对回折波、棱柱波的成像条件，提高逆时偏移对高陡构造的成像能力，通过 SEG FootHills 复杂构造模型和实际资料成像验证了本文方法的有效性和实用性。

**关键词**　回折波；棱柱波；波场分解；逆时偏移

## 1　引言

常规反射波对地下盐丘侧翼或者接近垂直断层照明较弱，当地下存在盐丘或垂直断层构造时，地震记录中通常会观测到回折波或者棱柱波。对于这两类波场，常规成像波场要么无法成像，要么会在成像的同时产生干扰（如逆时偏移产生低频噪音），影响成像质量。因此，需要针对性的成像方法对回折波和棱柱波进行成像，改善高陡构造的成像效果。

很多学者对回折波和棱柱波应用做了研究，提出不同的方法对地下盐丘和垂直构造进行成像，Foley 指出把回折波偏移应用到三维地震勘探中，对盐丘的突起成像很有帮助，并在实际数据中得到验证。Biondi 等利用逆时偏移角度道集对回折波和棱柱波进行成像。Hale 和 Hussein 把传统的相移法进行修改扩展进而利用回折波对盐丘和盐下构造进行成像。Zhang 把传统的深度延拓偏移旋转90°做水平延拓利用回折波对盐的侧面陡倾角部分进行成像，然后把水平延拓的像和深度延拓的像结合作为最后的成像结果。Xu 把源检波场分解为上下行波然后同时做深度外推并做褶积，炮端波场的下行波与检端波场的上行波褶积结果累加上炮端波场的上行波与检端波场的下行波褶积结果是回折波的成像结果，数值实验表明这种方法能显著提高岩丘边界的成像质量。这些方法对盐丘的构造和垂直构造的成像有很大提升，验证了进行针对性成像的必要性。

另一方面，回折波和棱柱波容易对常规成像方法产生干扰，很多学者研究了压制这类波场噪音的方法。如在速度变化剧烈的介质中，对速度场做平滑处理（比如高斯平滑）则会人为引入强速度梯度带而产生回转波，此时利用常规相关成像条件逆时偏移不能对回转波进行正确成像。Fe 等提出分解源、检波场的思路，在相关成像时只利用震源波场的下行波与检波点波场的上行波，类似单程波成像，以消除此类假象。伴随而来的问题是此类方法会对高陡倾构造成像产生一定影响，且震源（检波点）波场的显式分解需在频率—波数域进行，导致计算较复杂度变大。唐永杰等提出一种基于波长平滑算子的回转波假象去除方法。该方法的原理是通过引入波长平滑算子，使波场在强速度梯度处的传播特征更接近于真实速度中波场传播特性，使得源端波场在正向外推时不产生回转波，当源检波场互相关时，不产生回转波假象，而且不需要波场分解，因此该方法既能够对盐丘或高陡构造的地质体成像又能够提升计算效率。

本文根据回折波和棱柱波的波场传播特征，利用逆时偏移方法实现回折波和棱柱波偏移成像，实现高陡倾角构造的针对性成像。文章首先分析了回折波和棱柱波在成像点处的波场特征，然后将逆时偏移成像条件分解为四部分，并解释了不同部分对应的波场类型，去掉常规反射波成像部分，从而实现了回折波和棱柱波的成像。最后本文通过理论资料和实际资料验证了方法的正确性。

### 逆时偏移回折波及棱柱波成像方法

逆时偏移由源点波场的正传、检波点检波场反传和互相关成像条件施加两个步骤，其中，源点波场正传把震源子波正向外推到地下任意成像点，检波点波场反传则把观测波场反向外推到地下任意点，互相关成像条件提取零时刻零偏移距成像条件。由于逆时偏移利用双程波方程进行波场传播，能够准确模拟各种波型（即直达波、反射波、透射波、折射波以及多次波等），其优势的能够同时成像各种波型，缺点是不同波型互相关会引入一些假象。

互相关成像条件可表示为

$$I(x) = \int_0^{T_{\max}} s(t, x) \, r(t, x) \, dt$$

式中：$x$ 为地下成像点位置；$t$ 为记录时间；$s(t, x)$ 为源点端波场；$r(t, x)$ 为检波点端波场；$T_{\max}$ 为最大成像时间；$I(x)$ 为单炮成像结果。要实现多炮成像，只需要将各炮成像结果进行叠加即可。Liu 等为了消除成像假象，将波场进行上下行波分解，并类似于单程波成像方法利用源端下行波与检波点端上行波进行互相关，即可得到消除假象的成像结果。波场分解互相关成像条件可以表示为

$$I(x) = I_1(x) + I_2(x) + I_3(x) + I_4(x)$$
$$= \int_0^{T_{\max}} s_d(t, x) \, r_u(t, x) \, dt + \int_0^{T_{\max}} s_u(t, x) \, r_u(t, x) \, dt$$
$$+ \int_0^{T_{\max}} s_d(t, x) \, r_d(t, x) \, dt + \int_0^{T_{\max}} s_u(t, x) \, r_d(t, x) \, dt$$

式中：$I_1(x)$ 表示源端下行波与检波点端上行波成像结果；$I_2(x)$ 表示源端上行波与检波点端上行波成像结果；$I_3(x)$ 表示源端下行波与检波点端下行波成像结果；$I_4(x)$ 表示源端上行波与检波点端下行波成像结果。当地下构造比较复杂，数据中存在回折波或者棱柱波等波型时，$I_1(x)$ 表示为图1所示常规反射波成像；$I_2(x)$ 则对应图2所示回折波成像结果，即源端波场产生了回转，并在成像点处产生反射；$I_3(x)$ 也可能对应图2中回折波成像情况，与 $I_2(x)$ 不同的是检波点端波场产生了回转，并在反射点处反射；$I_4(x)$ 与 $I_2(x)$ 类似，表示源端和检波点端均发生了回转。由于（1.2）式的成像条件只考察成像点处的波场传播方向，显然，图3所示棱柱波的传播也满足 $I_2(x)$、$I_3(x)$ 或者 $I_4(x)$ 其中某个成像条件。

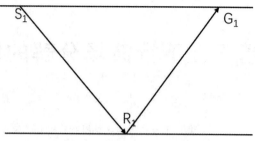

图1　常规反射波传播与成像示意图

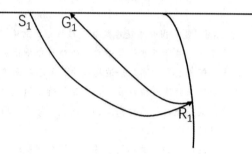

图2　回折波传播与成像示意图

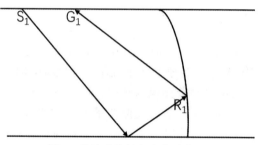

图3　棱柱波传播与成像示意图

根据上述分析，基于波场分解的逆时偏移回折波及棱柱波成像方法可以表述为，

$$I(x) = I_2(x) + I_3(x) + I_4(x)$$

即在常规逆时偏移成像基础上中，通过在成像之前对源端和检波点端波场进行波场分解，去除源端下行波和检波点端上行波对应的像。

理论资料及实际资料测试

首先我们使用 SEG FootHills 模型测试验证本文方法正确性。图4为式1.2利用表示源端下行波与检波点端上行波对反射波成像的结果，可以观察到高陡构造区域成像效果较差；图5为式1.3包含回折波以及棱柱波成像结果，可以观察到成像能量主要集中在高陡构造区域；图6为常规反射波成像结果与回折波以及棱柱波成像结果的叠加结果，整体成像效果在传统反射波成像结果的基础上高陡构造成像质量明显提升。

图 4  SEG FootHills 模型逆时偏移常规反射波成像

图 5  SEG FootHills 模型逆时偏移回折波+棱柱波成像

图 6  SEG FootHills 模型逆时偏移全波场成像

为了验证本文方法的实际应用效果，本文选取一块包含高陡构造的实际资料进行测试。图 7 为传统反射波成像结果、回折射波以及棱柱波成像结果和两者的叠加结果。测试效果和模型测试表现一致，回折波以及棱柱波能够针对高陡构造成像，将其与反射波成像相结合得到全波场成像结果，高陡构造的成像质量有了明显提升（图 7）。

## 2  结论与讨论

在构造比较复杂情况下，回折波、棱柱波等复杂波型被能够被检波器观测到。对于这类波型，对于复杂高陡断层以及盐丘侧翼成像具有重要的作用。本文通过波场上下行波分解方法，将源端波场和检波点端波场分解为上下行反射波，并将常规反射波成像无关的波场进行互相关成像，得到针对回折波和棱柱波的成像结果。理论资料和实际资料测试验证了本文方法的正确性。

本文方法成像也是常规逆时偏移成像中的噪音成分，因此成像结果中会存在较强的低频噪音干扰。对于这类低频噪音干扰的消除，业界已经进行了大量研究，其中最为常用的做法是成像后利用拉普拉斯滤波予以消除。对于回折波和棱柱波成像，拉普拉斯滤波仍旧有效，因此，可以利用拉普拉斯滤波消除回折波和棱柱波的成像低频噪音。

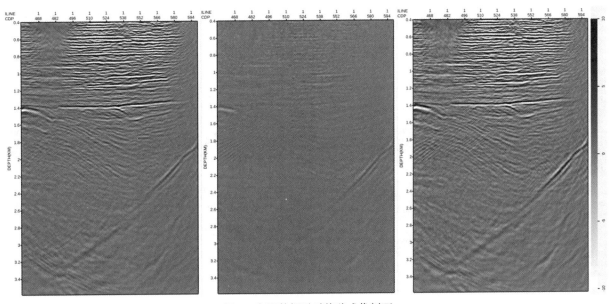

图 7  实际数据逆时偏移成像剖面

（左：常规反射波成像；中：回折波+棱柱波成像；右：本文全波场成像结果）

# 参 考 文 献

［1］ Foley W C, Abriel W L, Wright R M. Application of turning wave migration to a 3-D seismic survey in Main Pass Block 299, Offshore Louisiana, and its impact on field development ［C］. SEG Technical Program Expanded Abstracts, 1991.

［2］ Biondi B. Prestack imaging of overturned and prismatic reflections by reverse time migration. Stanford Exploration Project, Report 111, June 9, 2002, pages 123-138.

［3］ Hale D, Hill N R, Stefani J. Imaging salt with turning seismic waves ［J］. Geophysics, 1992.

［4］ Hussein S, Desler J, Miller G. Imaging salt substructures in the Gulf of Mexico using 3-D turning wave migration ［J］. The Leading Edge, 1997, 16（10）: 1487-1495.

［5］ Zhang J, McMechan G A. Turning wave migration by hor-izontal extrapolation ［J］. Geophysics, 1997, 62（1）: 291-297.

［6］ Xu S, Zhang Y, Pham D et al. Antileakage Fouriertransform for seismic data regularization ［J］. Geophysics, 2005, 70（4）: V87- V95.

［7］ Fei T W, Luo Y, Yang J, et al. Removing false images in reverse time migration: The concept of de-primary De-primary reverse time migration ［J］. Geophysics, 2015, 80（6）: S237-S244.

［8］ 唐永杰, 宋桂桥, 刘少勇, 等. 基于波长平滑算子的逆时偏移回转波假象去除方法 ［J］. 石油地球物理勘探, 2018, 53（01）: 80-86.

［9］ Liu F, Zhang G, Morton S A, et al. Reverse-time migra-tion using one-way wavefield imaging condition ［C］. SEG Technical Program Expanded Abstracts, 2007.

# 长庆油田页岩油 $CO_2$ 区域增能压裂技术研究与规模应用

陶　亮[1]　齐　银[1]　王德玉[1]　陈文斌[1]　马　兵[1]　赵国翔[1]　王法懿[1]　曹　炜[1]　郭冰如[2]

(1. 中国石油长庆油田分公司油气工艺研究院；2. 中国石油长庆油田分公司第十二采油厂)

**摘　要**　针对鄂尔多斯盆地页岩油低压储层流体流动阻力大和增能效率低等难题，提出了 $CO_2$ 区域增能体积压裂新理念。本文首先开展了不同注入介质压裂物模实验，利用高能 CT 扫描实现了 $CO_2$ 压裂裂缝动态扩展在线可视化监测，揭示了 $CO_2$ 压裂裂缝扩展规律，评价形成复杂缝网可行性；其次采用油藏数值模拟方法，优化了 $CO_2$ 注入关键参数，形成了 $CO_2$ 区域增能体积压裂技术模式。研究表明：前置 $CO_2$ 压裂可提高长 7 页岩油裂缝复杂程度，裂缝沿层理弱面扩展并纵向穿层形成缝网；增能理念由单井段间交替增能向平台化整体注入实现井间、段间协同一体化增能转变，优化增能模式为全井段注入，可实现缝控区域全覆盖，优化单段注入排量 4~6 方/分钟，液态 $CO_2$ 注入量为 300 方，闷井时间为 5 天。在庆城油田开辟页岩油 $CO_2$ 区域增能体积压裂示范平台，试验井井均压力保持程度提高 2.1 倍，单井初期产油量由 19.6 吨/天提高到 23.3 吨/天，展现出较好的提产潜力，研究成果可为其他同类型页岩油藏高效开发提供新思路。

**关键词**　庆城油田；页岩油；$CO_2$ 区域增能；增能模式；闷井时间

中国页岩油资源丰富，技术可采资源量为 $145×10^8 t$，是最具有战略性的石油接替资源，成为中国"十四五"原油增储上产的主力军，其中鄂尔多斯盆地庆城油田为我国发现的首个 10 亿吨级页岩油大油田，经过多年技术攻关，形成了水平井细分切割体积压裂主体技术，单井产量大幅度提升。然而随着产建区域扩大，储层地质特征认识逐渐加深，盆地页岩油部分区域存在砂泥薄互层交互、低压、粘度相对较高特征，现有体积压裂技术与储层匹配性面临巨大挑战，矿场微地震监测显示庆城油田页岩油体积改造裂缝总体呈现主裂缝为主、分支缝为辅的条带状缝网形态，形似"仙人掌"，同时现有滑溜水增能方式相对较单一，压裂液向多尺度微纳米孔隙扩散难度大，能量波及范围有限，导致单井产量下降快、稳产期短，亟需探索提产新方向，进一步提高单井产量。

在国家"十四五"双碳目标大背景下，近年 $CO_2$ 因具有粘度低易注入、扩散系数高、溶解性能强、增能效果明显、节约水资源等独特优势，在各大油田广泛应用。$CO_2$ 增产机理研究与应用在非常规页岩油气开发领域一直被广泛关注，国内外学者主要采用实验与数值模拟手段聚焦 $CO_2$ 压裂裂缝扩展规律、$CO_2$ 增产影响因素分析、矿场应用 3 个方面的研究。目前我国陆相页岩油前置 $CO_2$ 体积压裂还处于矿场探索试验阶段，$CO_2$ 注入工艺、关键施工参数、压后返排制度等方面大多依靠矿场施工能力与经验实施，缺乏相关技术支撑。因此，本文以庆城油田长 7 页岩油为研究对象，采用物模实验与数值模拟方法，评价 $CO_2$ 在长 7 页岩油提高缝网复杂度可行性，优化形成适合目标区块 $CO_2$ 体积压裂高效施工模式，助力 10 亿吨级页岩油庆城油田高效开发。

## 1　长 7 页岩油地质力学特征

鄂尔多斯盆地晚三叠世发育典型的大型内陆坳陷湖盆，庆城油田位于盆地南部，主要含油层系为延长组，自上而下划分为长 1-长 10 共 10 个含油层组，长 7 为最大湖泛期，沉积了一套广覆式富有机质泥页岩与细粒砂质沉积，自生自储、源内成藏，为典型的陆相页岩油（图 1a）。长 7 自上而下划分为长 $7_1$、长 $7_2$、长 $7_3$ 共 3 个亚段，主要以半深湖—深湖亚相沉积为主（图 1b）。

盆地页岩储层埋深 1600~2200m，基质渗透率 0.11~0.14mD，孔隙度 6%~12%，含油饱和度 67.7%~72.4%，压力系数 0.77~0.84。通过对盆地 360 块井下岩心 232 组岩石力学参数测试实验和 80 组地应力测试实验得出，研究区块页岩油样品脆性指数主要介于 35%~45%，平均值为 43.3%，水平应力差主要介于 4MPa~6MPa，平均值为 5.1MPa。对比北美二叠盆地和国内页岩油，盆地页岩油具有岩石脆性指数低、水平应力差相对较高、地层压力系数低等特点（表 1）。

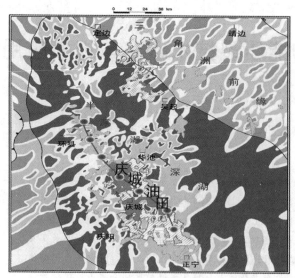

（a）长7沉积相平面分布图

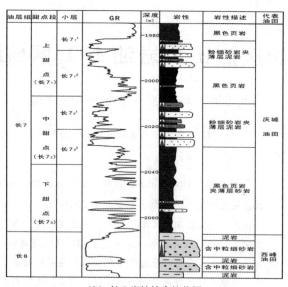

（b）长7岩性综合柱状图

图1　鄂尔多斯盆地延长组长7沉积相平面分布与岩性综合柱状图

表1　鄂尔多斯盆地页岩油与国内外页岩油特征参数对比表

| 特征参数 | 鄂尔多斯盆地 | 国内 | | | 国外 |
| --- | --- | --- | --- | --- | --- |
| | | 准噶尔芦草沟组 | 三塘湖条湖组 | 松辽白垩系 | 北美二叠盆地 |
| 沉积环境 | 湖相 | 湖相 | 湖相 | 湖相 | 浅海相 |
| 埋深/m | 1600~2200 | 2700~3900 | 2000~2800 | 1700~2200 | 2134~2895 |
| 油层厚度/m | 5~15 | 10~13 | 5~20 | 10~30 | 400~600 |
| 孔隙度/% | 6~11 | 8~14.6 | 8~18 | 5~18 | 8~12 |
| 渗透率/mD | 0.11~0.14 | 0.01~0.012 | 0.1~0.5 | 0.02~0.5 | 0.01~1.0 |
| 含油饱和度/% | 67.7~72.4 | 78~80 | 55~76.5 | 48~55 | 75~88 |
| 油气比/m³/t | 75~122 | 18~22 | — | — | 50~140 |
| 原油粘度/mPa·s | 1.2~2.4 | 11.7~21.5 | 58~83 | 4.0~8.0 | 0.15~0.53 |
| 压力系数 | 0.77~0.84 | 1.2~1.6 | 0.9 | 1.1~1.32 | 1.05~1.5 |
| 水平应力差/MPa | 4~6 | 5~9 | 1~5 | 3~6 | 1~3 |
| 脆性指数/% | 35~45 | 50~51 | 31~54 | — | 45~60 |

　　长7页岩油储层发育微纳米孔隙，以溶孔、粒间孔组合为主，面孔率低，平均1.74%，孔隙半径主要集中在2~8微米，喉道一般为20~100纳米。粒间孔含量相对较低，中值半径相对较小，排驱压力相对较高，两区渗流阻力相对较大。

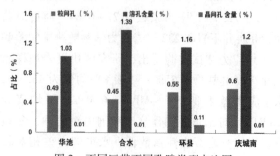

图2　不同区带不同孔隙类型占比图

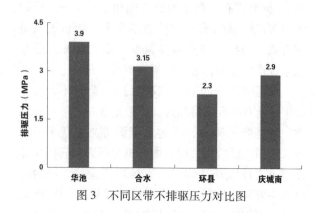

图3　不同区带不排驱压力对比图

## 2　长7页岩油 $CO_2$ 压裂裂缝特征

　　为了刻化盆地页岩油前置 $CO_2$ 体积压裂缝网

形态与扩展机制，开展不同注入介质拟三轴压裂物模实验（图4），获取了长7页岩油储层露头，加工成尺寸 50×100mm 圆柱岩样，为了模拟地层压裂过程，在岩样中心钻取直径 8mm、深度 45mm 的圆柱形孔眼，用于固结模拟井筒。根据长7页岩油储层实测地应力加载实验应力，并利用相似原理，由矿场施工排量计算实验注入排量，对比分析滑溜水和 $CO_2$ 裂缝起裂与扩展规律，采用高能 CT 对裂缝起裂动态监测和缝网形态精细刻化（图4），从图中可以看出 $CO_2$ 压裂裂缝更复杂，沿层理弱面扩展并纵向穿层形成缝网，诱导裂缝面积和裂缝体积均较大，实验证实 $CO_2$ 压裂可提高长7页岩油储层缝网复杂程度与改造体积。

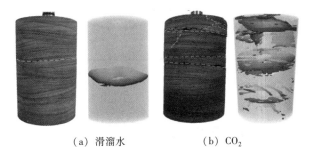

(a) 滑溜水          (b) $CO_2$

图4 长7露头岩心不同注入介质压裂裂缝扩展实验
实物图和 CT 扫描图

## 3 $CO_2$ 区域增能油藏数值模拟研究

### 3.1 $CO_2$ 组分模型建立

获取研究区块储层地质力学参数，油藏埋深 2000m，平均油层厚度 12m，孔隙度 8.6%，渗透率 0.12mD，原始地层压力 15.8MPa，地温梯度 2.76℃/100m，压力系数 0.81，油藏温度 60℃。采用 CMG 软件的三维三相组分模型（GEM 模块）进行数值模拟，分别为单段缝压裂增能模拟模型和全井段全生产过程模拟模型，模型的网格数量分别为 80×100×3 及 150×50×3，平面网格步长分别为 5m 和 10m，垂向上网格步长均为 4m，单段模型如图5所示，该模型考虑了 $CO_2$ 随地层压力和温度变化发生相态变化气体膨胀增能驱油，反映 $CO_2$ 在孔介质中真实流动规律，为区域增能关键参数优化提供基础依据。

### 3.2 $CO_2$ 区域增能参数优化

结合研究区块储层流体、相渗曲线、压裂改造参数、生产动态参数，开展 $CO_2$ 增能理念、增能模式、注入排量、注入量、闷井时间等优化，形成 $CO_2$ 区域增能体积压裂技术模式，为 $CO_2$ 压

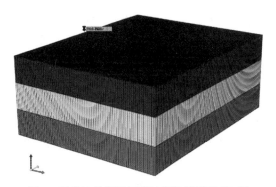

图5 页岩油单段缝压裂油藏数值模型 3D 图

裂方案设计优化和矿场实践提供依据。

#### 3.2.1 $CO_2$ 增能理念优化

基于 $CO_2$ 组分基础模型，分别建立页岩油水平井全井段单井和平台多井油藏数值模型，水平段长为 1500m，井距 300m，设计压裂 20 段，单段 3 簇，裂缝簇间距 10m，裂缝段间距 20m，单段 $CO_2$ 注入量 300 方，注入排量 4 方/分钟，单井总注入 6000 方，分别得到地层压力场分布图（图6 和图7）。数值模拟结果显示，单井平均地层压力由 15.8MPa 提高到 23.4MPa，提升 1.4 倍，平台多井区域平均地层压力由 15.8MPa 提高到 31.5MPa，提升 2.0 倍，由此可见 $CO_2$ 可以大幅提高地层能量，解决长7页岩油低压能量不足问题，同时 $CO_2$ 区域增能可提高平台整体能量，波及范围可实现缝控区域全覆盖，优化增能理念由单井增能向平台化整体注入实现井间、段间协同一体化增能转变。

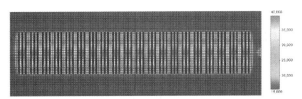

图6 单井 $CO_2$ 注入地层压力分布场图

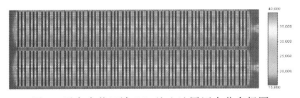

图7 平台多井区域 $CO_2$ 注入地层压力分布场图

#### 3.2.2 $CO_2$ 增能模式优化

不同增能模式基础参数设置水平段长为 1500m，井距 300m，设计压裂 20 段，单段 3 簇，裂缝簇间距 10m，裂缝段间距 20m，其中全井段注

入模式单段 $CO_2$ 注入量 300 方，注入排量 4 方/分钟，单井总注入 6000 方，段间交替注入模式单段 $CO_2$ 注入量 300 方，注入排量 4 方/分钟，单井总注入 3000 方，得到地层压力场分布图（图 8）。模拟结果显示段间交替注入波及范围 5～10m，对相邻段有一定增能与驱替作用，由于储层致密，多尺度微纳孔隙扩散流动能力相对较弱，段间相邻段未得到有效波及，因此，优化目标区域 $CO_2$ 增能模式为全井段注入。

图 8　段间交替注入模式地层压力分布场图

### 3.2.3　$CO_2$ 增能效率对比

利用单段 $CO_2$ 组分模型，分别注入 $CO_2$ 与滑溜水，以动态泄流面积内地层平均压力为指标，研究不同注入流体的增能效果。单段 3 簇，裂缝簇间距 10m，单段液态 $CO_2$ 注入量 300 方，单段滑溜水注入 300 方，注入排量 4 方/分钟，闷井 30 天，得到注入与闷井阶段地层压力随时间变化曲线（图 9），其中注入结束阶段，$CO_2$ 注入后平均地层压力为 36.2MPa，滑溜水注入后平均地层压力为 30.8MPa，相比滑溜水增能效果提高 35.0%。闷井结束阶段 $CO_2$ 注入后平均地层压力为 37.4MPa，滑溜水注入后平均地层压力为 29.8MPa，相比滑溜水增能效果提高 54.3%，闷井过程中注入流体向地层扩散，$CO_2$ 相态变化气体膨胀能够使地层平均压力进一步提升，而滑溜水难以维持增能效果，地层平均压力呈现下降趋势。

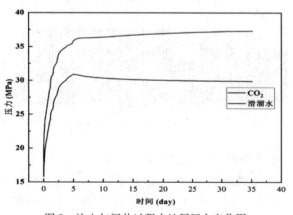

图 9　注入与闷井过程中地层压力变化图

为进一步评价不同注入介质增能效果，得到缝控区域不同位置地层压力分布图（图 10），对比分析 $CO_2$ 与滑溜水的增能效果，在近裂缝区域内，由于 $CO_2$ 相态变化导致体积膨胀，$CO_2$ 增能效果较滑溜水提高 3～25%，$CO_2$ 较滑溜水能显著提高基质内压力，在距离裂缝 50m 范围内的基质区域压力提高 12～33%。

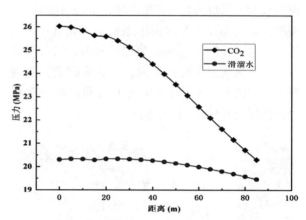

图 10　闷井结束后地层压力随距离变化图

### 3.2.4　$CO_2$ 注入量与排量优化

数值模型设置液态 $CO_2$ 注入量分别为 100～400 方，单段 3 簇，注入排量为 4 方/分钟，得到不同注入量下地层压力变化场图（图 11），能量波及范围与注入量成正相关，进一步通过模型获取不同注入量下能量动态波及面积和横向波及距离（图 12），随 $CO_2$ 注入增加，能量波及面积和地层压力逐渐增加，在 200～300 方时，提升幅度显著增加，当超过 300 方后，继续提高注入量能量波及面积提升幅度减小，因此优化注入量为 300 方。

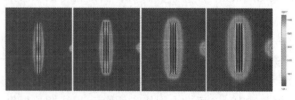

(a) 100 方　(b) 200 方　(c) 300 方　(d) 400 方
图 11　不同 $CO_2$ 注入量下地层压力变化图

在注入量优化的基础之上，数值模型设置液态 $CO_2$ 注入排量为 2～8 方/分钟，单段 3 簇，注入量为 300 方，得到不同注入排量下地层压力变化场图（图 13），能量波及范围与注入排量呈正相关，进一步通过模型获取不同注入排量下地层压力随时间变化图（图 14），$CO_2$ 注入排量越高，在相同时间内注入量越多，压力上升幅度越快，有利于

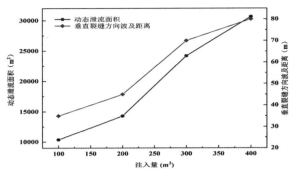

图 12 不同 $CO_2$ 注入量对应能量波及面积、垂直裂缝方向距离图

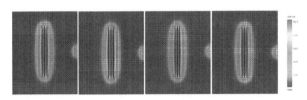

（a）2 方/分钟 （b）4 方/分钟 （c）6 方/分钟 （d）8 方/分钟

图 13 不同 $CO_2$ 注入排量下地层压力变化图

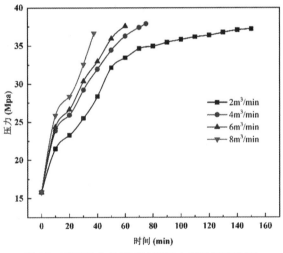

图 14 不同注入排量下地层压力随时间变化图

$CO_2$ 快速向储层小孔隙扩散，提高波及范围，增能效果主要体现在注入前期，在注入后期，压力逐渐趋于平稳，压力上升幅度减小，优化注入排量为 4~6 方/分钟。

### 3.2.5 $CO_2$ 注入闷井时间优化

压后返排是衔接压裂与生产的重要环节，闷井时间直接影响能量波及范围与有效利用率，闷井过程是流体与基质孔隙压力平衡从而提高地层能量过程，数值模型设置闷井时间分别为 0~30 天，单段 3 簇，注入量为 300 方。得到不同闷井时间下近裂缝区域地层压力变化曲线图（图 15），分为簇间区域、缝控区域、和基质区域，其中随着

闷井时间的增加，簇间压力呈现快速递减的趋势，压力储层深部扩散，最终达到平衡。闷井时间为 5 天时，缝控区域内压力较高，且相邻基质区域内增压效果好，结合段间波及范围和协同作用，闷井 5 天时为合理闷井时间，其动态泄流面积内地层压力 37.4MPa，是初始地层压力的 2.38 倍。

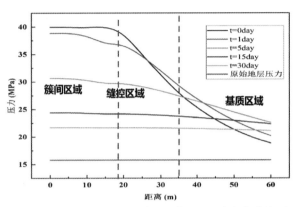

图 15 不同闷井时间下近裂缝区域地层压力变化曲线图

## 4 典型示范平台应用

庆城油田合水-庆城南能量整体偏低，地层原油粘度相对较高，2022 年在前期单井试验基础上，开展 $CO_2$ 区域增能体积压裂试验，探索提产新方向，平台试验 3 口井，施工排量 4 方/分钟，累计注碳 1.06 万吨。压裂阶段，对比相邻平台压裂 115 段停泵压力（图 16），试验井井均停泵压力由 13.7↑15.5MPa，提高 1.8MPa，表明 $CO_2$ 压裂可提高缝内净压力，进一步提高缝网复杂程度。

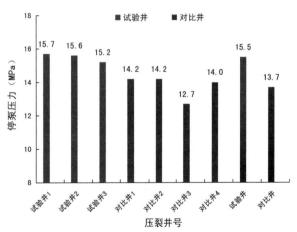

图 16 试验井与相邻平台井停泵压力对比图

放喷阶段相同排液制度和时间下，试验井井均井口压力高于对比井 2.6MPa（图 17），试验井生产压力保持程度 55.1%，对比井 38.0%，压力

保持程度提高 1.5 倍（压力保持程度为目前井口压力与初始井口压力比值），说明 $CO_2$ 可以快速有效补充地层能量。

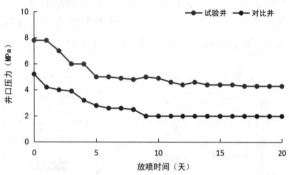

图 17　试验井与相邻平台井放喷井段井口压力对比图

试验平台 3 口井正常投产生产，截止目前生产 90 天，井均初期日产量达到 21.6 吨/天，相邻平台井 16.8 吨/天，提高 4.8 吨。进一步对比典型井在储层特征相近、压裂改造规模一致情况下百米油层日产油变化规律（图 18），试验井百米日产油 1.5 吨/天，对比井百米日产油 1.0 吨/天，矿场实践证实 $CO_2$ 区域增能体积压裂试验显示较好的单井提产潜力。

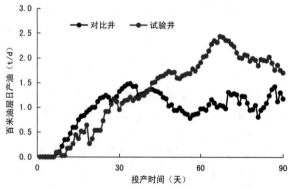

图 18　典型试验井与相邻平台井百米油层日产油对比图

## 5　结论

（1）基于 $CO_2$ 压裂物模实验和高能 CT 扫描证实长 7 页岩油前置 $CO_2$ 压裂可形成复杂缝网，裂缝沿层理弱面扩展并纵向穿层形成缝网。

（2）油藏数值模拟结果表明：区域增能理念由单井段间交替增能向平台化整体注入实现井间、段间协同一体化增能转变，优化增能模式为全井段注入，可实现缝控区域全覆盖，优化单段注入排量为 4~6 方/分钟，液态 $CO_2$ 注入量为 300 方，闷井时间为 5 天。

（3）研究成果应用于庆城油田页岩油示范区，矿场证实 $CO_2$ 区域增能体积压裂试验井井均压力保持程度提高 2.1 倍，单井初期产油量由 19.6 吨/天提高到 23.3 吨/天，展现出较好的提产潜力，为加快庆城油田高效开发和探索提产新方向提供科学依据。

## 参 考 文 献

[1] 焦方正，邹才能，杨智. 陆相源内石油聚集地质理论认识及勘探开发实践 [J]. 石油勘探与开发，2020，47（6）：1-12.

[2] 雷群，胥云，才博，等. 页岩油气水平井压裂技术进展与展望 [J]. 石油勘探与开发，2022，49（1）：1-8.

[3] 付锁堂，姚泾利，李士祥，等. 鄂尔多斯盆地中生界延长组陆相页岩油富集特征与资源潜力 [J]. 石油实验地质，2020，42（5）：699-710.

[4] 付金华，李士祥，牛小兵，等. 鄂尔多斯盆地三叠系长 7 段页岩油地质特征与勘探实践 [J]. 石油勘探与开发，2020，47（5）：870-883.

[5] Fu S, Yu J, Zhang K, et al. Investigation of Multistage Hydraulic Fracture Optimization Design Methods in Horizontal Shale Oil Wells in the Ordos Basin [J]. Geofluids, 2020, 65, 1-7.

[6] Zhang K, Zhuang X, Tang M, et al. Integrated Optimisation of Fracturing Design to Fully Unlock the Chang 7 Tight Oil Production Potential in Ordos Basin. Asia Pacific Unconventional Resources Technology Conference, Brisbane, Australia, 18 - 19 November 2019. SPE - 198315-MS.

[7] Bai X, Zhang K, Tang M, et al. Development and Application of Cyclic Stress Fracturing for Tight Oil Reservoir in Ordos Basin [C]. Abu Dhabi International Petroleum Exhibition & Conference. 2019.

[8] 慕立俊，赵振峰，李宪文，等. 鄂尔多斯盆地页岩油水平井细切割体积压裂技术 [J]. 石油与天然气地质，2019，40（3）：626-635.

[9] 吴顺林，刘汉斌，李宪文，等. 鄂尔多斯盆地致密油水平井细分切割缝控压裂试验与应用 [J]. 钻采工艺，2020，43（3）：53-55.

[10] 胥云，雷群，陈铭，等. 体积改造技术理论研究进展与发展方向 [J]. 石油勘探与开发，2018，45（05）：874-887.

[11] 李士祥，牛小兵，柳广弟，等. 鄂尔多斯盆地延长组长 7 段页岩油形成富集机理 [J]. 石油与天然气地质，2020，41（4）：719-729.

[12] 付金华，郭雯，李士祥，等. 鄂尔多斯盆地长 7 段多

类型页岩油特征及勘探潜力 [J]. 天然气地球科学, 2021, 32 (12): 719-729.

[13] 李树同, 李士祥, 刘江艳, 等. 鄂尔多斯盆地长7段纯泥页岩型页岩油研究中的若干问题与思考 [J]. 天然气地球科学, 2021, 32 (12): 1785-1796.

[14] 刘博, 徐刚, 纪拥军, 等. 页岩油水平井体积压裂及微地震监测技术实践 [J]. 岩性油气藏, 2020, 32 (6): 172-180.
LIU Bo, XU Gang, JI Yongjun, et al. Practice of volume fracturing and microseismic monitoring technology in horizontal wells of shale oil [J]. Lithologic Reservoirs, 2020, 32 (6): 172-180.

[15] 焦方正. 鄂尔多斯盆地页岩油缝网波及研究及其在体积开发中的应用 [J]. 石油与天然气地质, 2021, 42 (5): 1181-1187.
JIAO Fangzheng. Research and application of fracture network swept in the development of shale oil in the Ordos Basin [J]. Oil &Gas Geology, 2021, 42 (5): 1181-1187.

[16] 张矿生, 唐梅荣, 杜现飞, 等. 鄂尔多斯盆地页岩油水平井体积压裂改造策略思考 [J]. 天然气地球科学, 2021, 32 (12): 1859-1866.

[17] Tao L, Zhao Y, Wang Y, et al. Experimental study on hydration mechanism of shale in the SichuanBasin, China. 55th U. S. Rock Mechanics/Geomechanics Symposium, 20-23 June 2021. ARMA-1159.

[18] Tao L, Guo J, Halifu M, et al. A New Mixed Wettability Evaluation Method for Organic-Rich Shales. SPE Asia Pacific Oil & Gas Conference and Exhibition, 17-19 November, 2020. SPE-202466.

[19] 郭建春, 陶亮, 陈迟, 等. 川南龙马溪组页岩储层水相渗吸规律 [J]. 计算物理, 2021, 38 (5): 565-572.

[20] 袁士义, 马德胜, 李军诗, 等. 二氧化碳捕集、驱油与埋存产业化进展及前景展望 [J]. 石油勘探与开发, 2022, 49 (4): 828-834.

[21] 戴厚良, 孙义脑, 刘吉臻, 等. 碳中和目标下我国能源发展战略思考 [J]. 石油科技论坛, 2022, 41 (1): 1-8.

[22] 袁士义, 王强, 李军诗, 等. 提高采收率技术创新支撑我国原油产量长期稳产 [J]. 石油科技论坛, 2021, 40 (3): 24-32.

[23] 刘合, 陶嘉平, 孟诗炜, 等. 页岩油藏 $CO_2$ 提高采收率技术现状及展望 [J]. 中国石油勘探, 2022, 27 (1): 127-134.

[24] 黄兴, 李响, 张益, 等. 页岩油储集层二氧化碳吞吐纳米孔隙原油微观动用特征 [J]. 石油勘探与开发, 2022, 49 (3): 557-563.

[25] 黄兴, 倪军, 李响, 等. 页岩油储集层二氧化碳吞吐纳米孔隙原油微观动用特征致密油藏不同微观孔隙结构储层 $CO_2$ 驱动用特征及影响因素 [J]. 石油学报, 2020, 41 (7): 853-864.

[26] 伦增珉, 吕成远, 等. 页岩油注二氧化碳提高采收率影响因素核磁共振实验 [J]. 石油勘探与开发, 2021, 48 (3): 603-612. 石油学报, 2020, 41 (7): 853-864.

[27] 史晓东, 孙灵辉, 展建飞等. 松辽盆地北部致密油水平井二氧化碳吞吐技术及其应用 [J]. 石油学报, 2022, 43 (7): 998-1006.

# 陇东页岩油 5000 米超长水平井钻完井技术实践

欧阳勇  李治君  余世福

（中国石油长庆油田分公司油气工艺研究院）

**摘　要**　鄂尔多斯盆地页岩油资源量丰富，环境敏感区储量占比较大。随着页岩油开发深入，该部分储量如何有效，将对页岩油中长期开大意义重大。为探索环境敏感区地质储量动用方式、探索极限条件下的钻完井工艺、超长水平井提高单井产量，2021 年长庆油田在陇东油区马岭西 233 区块华 H90 平台部署了 1 口水平段长度 5000 米的水平井。该井水平段长、位垂比大、且属于三维井，施工过程将面临长水平段钻进机械钻速低，水平段断层堵漏难度大，井壁容易失稳，钻具偏磨严重、完井套管下入等诸多施工挑战。本次实践重点通过优化井眼轨迹和优选个性化钻头、优化钻具组合、强化钻井参数、使用新型堵漏材料、套管双漂浮下入等技术攻关，保障了华 H90-3 井 5060 米的超长水平水平井完井，实例验证了各技术的有效性，为国内超长水平井钻完井提供了借鉴经验。

**关键词**　陇东　页岩油　超长水平井　钻井

鄂尔多斯盆地页岩油资源量约 40.5 亿吨，其中水源区、林缘区储量 7.8 亿吨，随着页岩油开发动用储量逐步向 Ⅱ 类过渡，建产区域地表条件日趋复杂，该部分储量如能有效动用，将对"十四五"页岩油 300 万吨远景规划意义重大。为动用环境敏感区地质储量、探索极限条件下的钻完井工艺、超长水平井提高单井产量。2021 年陇东页岩油在华 H90 平台部署 6 口水平井，其中井华 H90-3 井，设计井深 7300m、水平段长 5000m、偏移距 98.7m、靶前距 425.7m，是长庆油田首口设计水平段超过 5000m、位垂比超 2.7 的超长水平段的三维水平井。

## 1　概况

### 1.1　地质概况

该井地处甘肃省华池县王咀子乡，目的层为三叠系延长组长 $7_1^2$ 段，垂深 2005.31m，地层温度 58.9℃，地温梯度 2.8℃/100m，原始地层压力 15.8MPa，压力系数 0.75，地层层理裂缝发育，遇水极易剥落掉块。目的层长 7 储层岩性以灰绿色、褐灰色细粒岩屑长石砂岩和长石岩屑砂岩为主，碎屑成份占 82.3%，其中石英平均含量为 43.3%，长石平均含量为 20.1%，岩屑平均含量为 14.3%，其他 4.7%。填隙物含量 16.5%，以水云母、铁白云石为主，铁方解石、硅质次之。粘土矿物主要以伊利石、绿泥石为主。该区岩性致密，该区平均孔隙度为 9.1%、渗透率为 0.22mD。

### 1.2　工程概况

采用"导管+三开"井身结构。Ø393.1mm 钻头 × 339.7mm 套管 × 200m + Ø311.1mm 钻头 × 244.5mm 套管×2236m+Ø215.9mm 钻头×139.7mm 套管×7339m。Ø339.7mm 表层套管封固第四系，封固胶结疏松地层，Ø244.5mm 技术套管封固延长组，封固上部低压及复杂地层。

## 2　难点分析

（1）311mm 三维水平井井眼轨迹控制难度大，钻进速度低。311mm 井眼破岩面积大，轨迹控制稳定性差，增斜率低。目的层垂深不明确，入窗着陆时井眼轨迹急升急降。井斜超过 35°扭方位时造斜能力下降、钻头加压困难、轨迹控制难度大、钻井速度慢。同井型 311mm 斜井段曾出现最慢滑动钻时达 50 分钟/米。环空上返速度易受到钻井泵功率限制而无法实现。

（2）水平段长达 5000 米，长水平段轨迹控制难度大，摩阻扭矩大。在水平段超过 3000 米后调整工具面不易到位，滑动钻进拖压严重，旋转钻进扭矩易达到钻杆抗扭强度，钻具上下活动过程中易发生屈曲变形。

（3）水平段中部存在天然断层漏失带，水平段堵漏难度大。在水平段 1200、2000 米左右分布两个断层，段长 5~8 米，邻井在钻进过程中均出现失返性漏失。断层前后 2 端界面易发生大型漏失，现有桥塞堵漏、纯水泥堵漏效率低，裸眼施工周期长，泥岩容易坍塌，堵漏后摩阻大，井筒安全风险高（图1）。

（4）水平段施工周期长，长水平段施工后期泥岩防塌难度大。预测水平段施工周期大于30天，水平段泥岩容易垮塌。

（5）长水平段高位垂比，完井套管顺利下入难度大。本井位垂比2.74，水垂比2.53，借鉴相同井型的宁H7-2井、华H50-7井数据，预算本井下套管摩阻预计达65吨，套管下入难度较大。

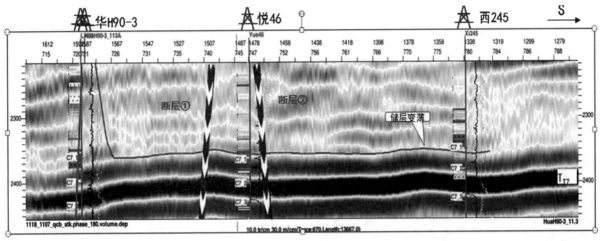

图1  水平段断层

表1  以往长水平段井下套管摩阻统计表

| 井号 | 结构 | 井眼尺寸（mm） | 水平段长（m） | 井深（m） | 井底位移（m） | 垂深（m） | 位垂比 | 下套管磨阻（t） |
|---|---|---|---|---|---|---|---|---|
| 宁H7-2 | 二开 | 215.9 | 3025 | 4970 | 3428 | 1689 | 2.02 | 44 |
| 华H50-7 | 三开 | 215.9 | 4088 | 6266 | 4456 | 1991 | 2.23 | 35 |
| 华H90-3 | 三开 | 215.9 | 5060 | 7339 | 5478 | 2004 | 2.74 | 23 |

## 3  关键技术

**3.1**  优化井眼轨迹控制，优选钻头，强化钻井参数，提高施工效率。

### 3.1.1  开展大井眼三维剖面优化设计

针对目的层垂深变化幅度大，造斜工具实际造斜工作量不确定，依据理论分析和现场施工实践，将五段制轨迹剖面改为六段制剖面"直井段-二维增斜段-稳斜段-三维变向段-二维增斜段-水平段"，在"三维变向段"之后增加一个二维低造斜率"增斜段"，可有效解决地层垂深及实际造斜率的不确定性（图2）。六段制剖面在"三维变向段"完成扭方位工作后，低斜率"增斜段"可适当改变造斜率，轨迹更加平滑，有利于后期长水平段降低钻井摩阻扭矩。

### 3.1.2  井眼轨道设计技术

井眼轨道设计原则以最短钻井周期、最大复合钻井比例复合入窗的优化设计理念。为减小井

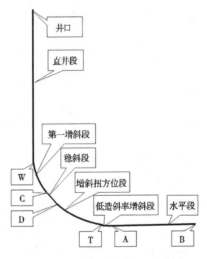

图2  改进后三维井眼轨迹设计剖面

内摩阻扭矩，确保技术套管及完井管柱顺利下入，井眼轨迹造斜率应小于5.5°/30m。此外，实钻造斜率往往以设计造斜率上下波动，波动大小受现场施工水平影响。为避免部分井段波动范围超出

允许范围，设计造斜率应给予一定的波动空间，三维井眼轨迹造斜率上限为 5°/30m。若造斜率过低，会造成斜井段段长增加、靶前位移增加、轨迹控制工作量增加。三维井眼轨迹造斜率下限为 3.5°/30m，经研究结果表明，造斜率在（4°～4.8°）/30m，摩阻扭矩都处于较低的区间，为 244.5mm 套管的下入和固井创造了良好的条件。

3.1.3　优选 311.2mm 钻头，提高机械钻速与增斜效果。

优选 8 刀翼直径为 16mm 进口复合片，采用浅锥、双圆弧冠部轮廓同轨布置，长保径四长四短八刀翼、倒划眼设计的 Φ311.2mm 钢体钻头，该钻头吃入地层深，攻击性、耐研磨性强，导向性稳定，机械钻速高。

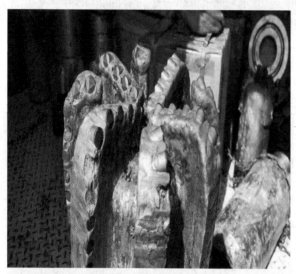

图 3　二开斜井段钻头选型

3.1.3　强化钻井排量，优化钻井液性能。

配套 3 台 F1600-HL 耐压 52MPa 的超高压钻

井泵，在 311mm 井眼钻进期间，开双泵钻进，钻井泵安装 180mm 缸套，合计泵冲达到 130 冲/分钟，保证排量达到 50L/S，环空上返速度达到 0.8米/秒以上，及时带离井底岩屑。将钻井液中钾盐含量保持在 7%、动切力保持在 8Pa 以上，提高钻井液动切力，保证井壁稳定、井筒净化能力。返出钻井液全过振动筛除砂，24 小时开启所有固控设备，使钻井液固相含量低于 0.25%，确保"打得快、带得出、除得净"。

3.2　使用旋转导向钻进工具，解决滑动拖压、滑动钻进速度慢的问题。

采用倒装钻具组合，全井段使用新进口 S135格兰特钻杆，提高抗扭强度和抗拉强度，满足钻井需求。当钻至井深 6363 米，水平段 4089 米，钻压 10 吨，缸套 160mm，排量 35L/S，泵冲 115，泵压 25MPa，转速 65 转每分钟，钻进扭矩 4.2 万，空转：2.7~2.9 万，考虑到 5 吋钻具扭矩过大，起钻加入部分 5 吋半钻具。

钻具结构为：127DP×5200 米+127 厚壁钻杆×800 米+转换接头+139.7HWDP500 米+139.7DP700米。钻进中水平段全部使用 5 吋 S135 格兰特钻杆，利用短起，使 5 吋半钻具处于井斜 30 度以上，保证井口扭矩传递。

**3.3　制定针对性堵漏方案，超前组织，精细实施。**

根据地震资料显示，水平段 1200、2000m 为天然断层发育，断距 5~8m，现场施工与相关预测存在一定差距。在钻遇漏层前，超前组织低密度阻水型可固化堵漏液（表2）。

前置液配制 7m³，配方：基浆+1t 封堵剂-1+2t 降失水剂+1tZDS+重晶石+1 袋 GD-3，ρ=1.35

低密度阻水型可固化堵漏液配制量：38m³，配方：25m³ 基浆+12.5kFQ+100kgG407+12 固化剂+2.5tWG+24tDLY-2+3 桶 GXP-401

**3.4　高性能水基钻井液体系防塌、降摩减阻**

在水平段 3150m 之前，整体钻井平稳。但由于储层变化，水平段共轨迹调整 72 次，实钻轨迹整体呈前倾后仰的特征。钻遇泥岩主要为碳质泥岩，遇水易发生膨胀坍塌、掉块。

本井共钻泥岩 12 段，总长 407 米，其中遇灰黑色炭质泥岩五段，总长 214 米，最长连续段处于井深 6382 至 6493 米处，段长为 111 米；共钻遇深灰色泥岩 7 段，总长 173 米，其中 5785 至 5844 米处，最长连续段长井段为 59 米（图4、图5）。

**表 2　井漏数据统计**

| 漏失井深 m | 对应水平段长度 m | 断距 m | 伽马值 | 漏速 m³/h |
|---|---|---|---|---|
| 3223 | 849 | 1 | 0.5 | 24 |
| 3126~3129 | 852~855 | 3 | 0.5 | 24 |
| 3801~3808 | 1527~1534 | 8 | 0.5 | 失返 |
| 3933 | 1659 | 1 | 8~14 | 10~12 |
| 3941 | 1667 | 1 | 8~14 | 10~12 |
| 3950 | 1676 | 1 | 8~14 | 10~12 |
| 3959 | 1685 | 1 | 9~10 | 12 |
| 4002 | 1728 | 1 | 9~15 | 6 |

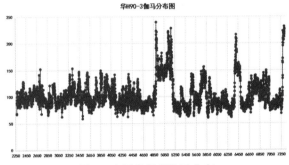

图 4　水平段泥岩伽马分布

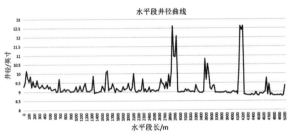

图 5　水平段井径曲线

CQSP-RH 水基钻井液体系具有低磨阻，低固相，强抑制等特点。该体系通过以有机可溶盐+小分子镶嵌抑制剂代替重晶石提高基液密度，使钻井液自身固含降至最低。具有超强抑制强封堵能力，避免超长水平段钻遇多段泥岩引起的井塌故障。固、液润滑剂复配使用，更好地提高体系的润滑效果，减小钻具摩阻。体系具备强悬浮能力（高动切力）和较高的低剪切速率粘度（Φ3、Φ6 读数），避免长水平段岩屑床的形成。防塌周期由 10 天延长至 30 天以上，满足了实钻低摩阻扭矩、稳定井壁安全钻井要求。

**3.5　优化完井措施，确保下套管顺利。**

3.5.1　分段循环清扫携砂，水平段填充润滑剂降低摩阻。

由于前期井漏，循环排量受限，环空返速仅 1.0~1.1m/s，岩屑床已经形成，在水平段 3500 时钻具无法有效下放，需借助顶驱开泵旋转下放，完钻时空转扭矩 3.3~3.4 万，加压：4.4~4.7 万。电测前进行主动采用划眼扶正器通井，钻具组合：通井组合：216 三牙轮+430×460+411×410 回压阀+461×410+划眼扶正器+411×460+165DC 一根+461×410+127HWDP 两根+127DP5000 米+127 厚壁钻杆×800 米+转换接头+139.7DP600 米+139.7HWDP550 米+139.7DP500 米。

进水平段每 500 米循环一周，携砂破坏岩屑床，并在碳质泥岩段反复倒换处理，清洁井眼，保证井筒畅通（图 6），在短起验证正常后，加入提切剂，提高动切比和 6 转读值，提高岩屑清除能力，加入固体和液体润滑剂提高润滑性能，开始电测。

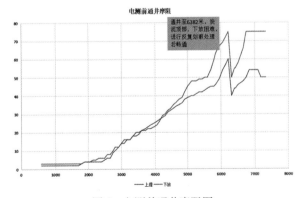

图 6　电测前通井摩阻图

下套管前通井，仍采用原钻具钻具通井，井底摩阻降至上提 45 吨下放 43 吨时，空转扭矩 25KN.M，循环处理泥浆打入 80 方润滑剂，上提 40 吨下放 42 吨，固体、液体、表面活性剂各三吨，配润滑剂 120 方入井后起钻，上提 40 吨下放

38 吨。

### 3.5.2　优化套管串结构。

水平段入窗井深 2279 米，垂深 2004.8 米，垂深最高点位于 7282 米，垂深 1994.43 米，垂深最低点位于 3623 米，垂深 2007.62 米，垂深差为 13.19 米，水平段总计调整 72 次。

管串端部使用旋转引斜。采用美国黑德尔 NDS 进口漂浮接箍，优化漂浮水平段长度。综合考虑直-斜井段套管悬重与下入摩阻，应用 landmark 软件，钻井液密度 1.27g/cm³，依据华 H50-7 井 5000 米水平段及两趟通井摩阻，反算计得出下

套管近似平均摩阻系数 0.25，预计 1#漂浮节箍入井时（套管下入 4021m）钩载为 18t，2#漂浮节箍入井时（套管下入 4881m）钩载 3t。两个漂浮节箍间距 860m，灌 1.3g/cm³ 泥浆，灌入 4.6 方（段长 400m），增加 6t，460m 空气不灌浆，860 米体积 9.9 方。套管内重浆每米质量：15.26kg，套管内原浆每米质量：14.68kg。1#、2#漂浮接箍不灌浆最大悬重在下至 6630 米悬重 25.3t，最小悬重在下至 5124 米 18t。1#、2#之间灌满浆最大悬重在下至 5229 米时悬重 28t，最小悬重 7334 米时悬重 12t。

表3　漂浮接箍下入方案

| | 井深（m） | 上部比重 | 下部流体 | 水平段位置 |
|---|---|---|---|---|
| 入窗点 | 2274 | 1.3 | 1.3 | |
| 2#漂浮接箍下入位置 | 2453 | 1.27 | 1.27 | 4881 距井底 |
| 1#漂浮接箍下入位置（水平段长80%） | 3313 | 1.3 | 空气 | 4021 距井底 |

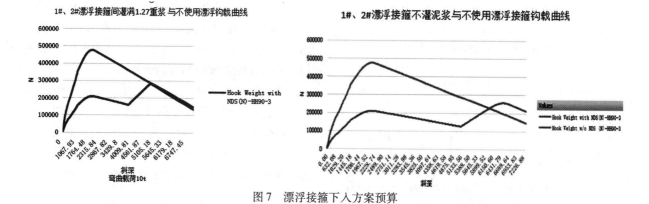

图7　漂浮接箍下入方案预算

## 4　应用效果

### 4.1　斜井段轨迹控制顺利，钻井速度得到提高，摩阻得到控制。

#### 4.1.1　斜井段符合要求。

第一段增斜率为 4.4 度/30 米，降井斜增至 8.5 左右，方位调至 320 左右，进行稳斜消偏。钻至 1400 米微增井斜扭方位，第二段增斜率 3.8 度/30 米，入窗井斜角 89.5 度。最高滑动增斜率高达 2.4 度每根，在井斜 78 度以后，复合增斜 1.1 至 1.3 度每根，可实现复合入窗。整体平滑（图8），244.5mm 套管下入顺利，为后面水平段低摩阻钻进打下基础。

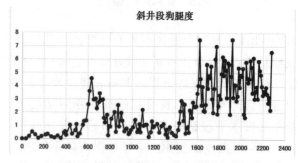

图8　二开井段井眼轨迹及狗腿度

#### 4.1.2　二开大井眼井段机械钻速得到提高。

二开全井段平均机械钻速 12.16m/h，比前期同井型华 H50-7 井（二开平均机械钻速 8.11m/h）提高了 56.35%。

表4  华 H90-3 井二开三维井段钻头进尺及指标统计表

| 钻头类别 | 钻头型号 | 下入井深 | 起出井深 | 钻井进尺 | 纯钻（小时） | 机械钻速（米/小时） |
|---|---|---|---|---|---|---|
| PDC | 12 1/4CZS1685SL | 400 | 1595 | 1195 | 65 | 18.38 |
| PDC | 12 1/4CZS1685SL | 1595 | 2277 | 682 | 83 | 8.22 |
| 合计 | | | | 1877 | 148 | 12.68 |

**4.1.3  斜井段摩阻得到控制，滑动钻时快。**

从二开至二开完钻，斜井段最大上提摩阻 12 吨，下放摩阻 11 吨，比同井型水平井摩阻下降 2~4 吨。滑动钻时最大值为 20 分钟/米，平均滑动钻时 16 分钟/米，滑动钻进期间未发生严重托压现象。

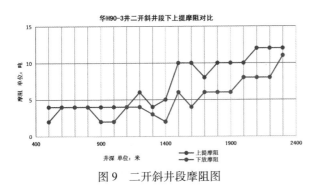

图 9  二开斜井段摩阻图

**4.2  解决了长水平段滑动困难和钻井扭矩大的难题。**

使用 1200 米 5 吋半 S135 钻杆，放在消偏段以上，保证后期扭矩有效传递。水平段全井使用旋转导向钻进，克服了长水平段滑动困难的难题。完钻前顶驱最大扭矩 47KN.M，未发生钻具故障。

**4.3  使用低密度阻水型可固化堵漏液堵漏成功。**

优选了一种阻水缔合物阻水型改性剂（M-TSP），通过配位链桥、网络束缚、链接包裹、动态缔合形成网状立体空间结构，确保进入垂直裂缝的堵漏浆体与裂缝中的液体不相容，起到隔断效果，提高了低密度阻水型可固化堵漏液体系的抗污然能力，保证堵漏浆体的恒流变特性。

依据"架桥-建骨-拉嵌-填充-固化"机理，通过对减轻材料、纤维材料、阻水剂等材料优选，形成多级匹配恒流变低密度阻水型可固化堵

漏体系，有效解决富集孔隙流体类漏失层位，堵漏施工中不易留塞易冲刷的难点，断层堵漏一次性成功。

**4.4  CQSP-RH 钻井液体系保证了井壁稳定和降摩减阻。**

针对超长水平段钻井施工存在的钻具摩阻扭矩大、井眼清洁困难、泥岩钻遇率高、水平段易漏失等技术困难，研发了超长水平段高性能水基钻井液技术。该技术通过"三高三低一全双润滑"的技术特点较好地解决了水基钻井液的降摩减阻难题，通过"泥岩协同防塌技术"解决了泥岩防塌难题。"三高"即高动切力、高动塑比和高低剪切速率粘度，有利于钻井液携砂，能够较好地抑制钻井过程中形成岩屑床，提高钻屑清除率；"三低"是指低塑性粘度、低 n 值和低 CEC 值，能够使钻井液具有较好的流动性、较低的粘度和固相含量；"一全"指全可溶，即全部使用优选的可溶性处理剂，降低钻井液固相含量，从根源上解决摩阻大的问题；"双润滑"是指刚性微粒滚动润滑和多重分子间力吸附润滑相结合的复合润滑，从钻井液润滑性上降摩减阻。

华 H90-3 井下套管前通井的钻具摩阻仅有 38 吨，下完套管的钩载还余 17 吨，水平段长度有继续延伸的能力。"泥岩协同防塌技术"即通过离子镶嵌、水活度匹配、级配封堵和高滤液流动阻力四种防塌机理对泥岩进行协同性防塌，实现较低密度下的泥岩稳定。华 H90-3 井水平段钻遇泥岩 407m，其中炭质泥岩 214m，最大伽马值 246，钻井液密度 1.27g/cm³ 就保证了泥岩稳定，井下均一切正常，而同区块井需要密度 1.35g/cm³ 以上才能维持炭质泥岩的稳定。

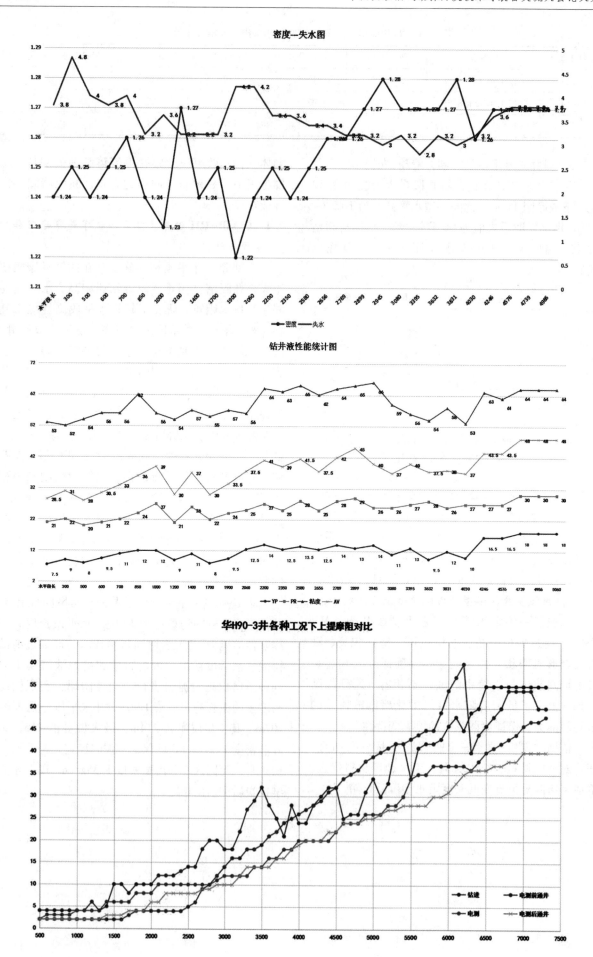

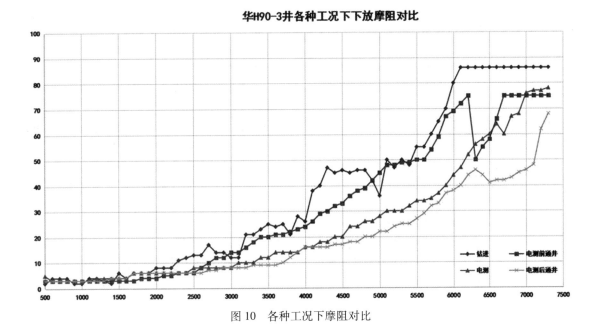

图 10　各种工况下摩阻对比

### 4.5　完井套管顺利下入

第一个漂浮接箍处于井深 3336 米处，下部漂浮空段 3961 米，占水平段总长的 78.28%，封闭空气段 46 方；下至钩载余量至 6 吨左右时，下入第二个漂浮接箍，工具入井后为有效恢复钩载，保证套管顺利下入，采用每根套管连续灌浆，直至套管全部下完。

第二个漂浮接箍其处于井深 2380 米处，下部漂浮空段 956 米，占水平段总长的 18.89%，其中间空段为 10.85 方，1# 至 2# 漂浮接箍之间下套管期间未灌泥浆。下套管最终钩载余 17 吨，顺利座封。

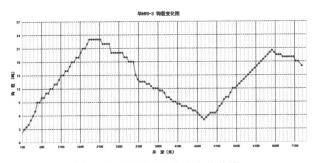

图 11　下套管摩阻钩载变化曲线

## 5　结论与认识

**5.1**　超长水平段水平井应将偏移距控制在 100 米以内，有效靶前距位于 450～490 米之间，主动控制造斜段、纠偏段、斜井段狗腿度，降低上部井段扭矩增加值对后期全井段总扭矩的影响。

**5.2**　本区块部分砂岩段钙质含量高，特点为伽马值低、钻时慢，现场可做滴酸实验，准确判断井下情况。

**5.3**　在确保设备安全的前提下，稳定提高钻井排量和钻井液性能，可降低井筒有害固相，降低井壁摩擦系数。

**5.4**　旋转导向钻井能有效解决长水平段轨迹控制困难问题，有利于防止钻具发生屈曲，在水平段 3500 米后钻具偏磨严重，需继续优化谁，建议每钻进 500～700 米起钻一次，检查倒换钻。

**5.5**　通过大排量（大于钻进排量 3～5L/S）高转速（100 转以上）循环一周，ECD 可降低 0.2 至 0.3，可有效清洁井筒，建议水平段 3000 米后每天循环一至两周。

**5.6**　CQSP-RH 钻井液体系具有较好的低固相性、低摩阻性、强抑制性，超长水平段水平井等施工周期较长的井眼较适合使用。

**5.7**　优选超长水平井套管悬浮器下入井深，有效延长漂浮段长，能降低未灌浆前下套管浮力及下套管后期摩阻，保证套管顺利入井。

**5.8**　通过改变转速、钻压等参数可有效缓解钻具偏磨，具体的理论支持还需进行深入的研究。

## 参 考 文 献

[1] 付金华，李士祥，刘显阳. 鄂尔多斯盆地石油勘探地质理论与实践 [J]. 天然气地球科学，2013，24（06）：1091-1101.

[2] 樊建明，杨子清，李卫兵等. 鄂尔多斯盆地长 7 页岩

油水平井体积压裂开发效果评价及认识［J］. 中国石油大学学报（自然科学版），2015，39（04）：103-110.

［3］熊友明，刘理明，张林等. 我国水平井完井技术现状与发展建议［J］. 石油钻探技术，2012，40（1）：1-6.

［4］王万庆. 陇东气田水平井钻井技术［J］. 石油钻探技术，2017，45（2）：15-19.

［5］韩来聚，牛洪波，窦玉玲. 胜利低渗油田长水平段水平井钻井关键技术［J］. 石油钻探技术，2012，40（3）：7-12.

［6］韩来聚，牛洪波. 对长水平段水平井钻井技术的几点认识［J］. 石油钻探技术，2014，42（2）：7-11.

［7］张映红，路保平，陈作等. 中国陆相页岩油开采技术发展策略思考［J］. 石油钻探技术，2015，43（1）：1-6.

［8］杨力. 彭水区块页岩气水平井防漏堵漏技术探讨［J］. 石油钻探技术，2013，41（5）：16-20.

［9］陈述，张文华，王雷，等. 委内瑞拉浅层高水垂比三维水平井下套管工艺［J］. 石油钻探技术，2013，41（1）：56-60.

［10］沈国兵，刘明国，晁文学，等. 涪陵页岩气田三维水平井井眼轨迹控制技术［J］. 石油钻探技术，2016，44（2）：10-15.

［11］赵向阳，张小平，陈磊，等. 甲酸盐钻井液在长北区块的应用［J］. 石油钻探技术，2013，41（1）：40-44.

［12］张明昌，张新亮，高剑玮. 新型 XPJQ 系列下套管漂浮减阻器的研制与试验［J］. 石油钻探技术，2014，42（5）：114-118.

# 页岩气数字化井口关键技术研究及应用

申朋玉[1]　范子谅[2]　王俊承[1]　张学铭[1]　宋雪纯[1]　许相如[1]　翟振杰[1]　何浩淼[1]

（1. 北京石油机械有限公司，2. 中国石油吉林油田公司油气工艺研究院）

**摘　要**　国内页岩气井的大力开发过程中，由于生产压差过大使得最终可采储量（Estimated Ultimate Recovery，EUR）未达预期水平，井场自动化程度低使得气井生产策略难以依据实际情况及时进行调整优化。因此，形成一套可提升页岩气井 EUR 井口工艺技术尤为重要。本文聚焦于页岩气井生产过程井口压力控制等关键问题，通过优化地面节流工艺、优选在线调控设备、构建远程多层调控系统，形成一套数字化井口工艺，从控制气井压降或控制气井产量不同控制策略，实现对气井的精细控制；通过对井下到井口的流体流动研究，明确压力和流量在各环节的紧密联系，综合地质储层及地面工程参数，借助临界出砂流量预测模型、气井油嘴流动模型和产能分析模型和气井压力、流量数据，评估井下裂缝状态以及储层供气能力，指导油嘴程序实时优化，形成生产制度动态优化设计方案。对比同一区块工程条件相近的两口试验井，从返排策略和产能分析两方面对比分析得出：采取合理的压力调控举措能够优化生产过程中的动态变化情况，提高开采作业的效率，有效维持气井稳定生产，提高单井最终可采储量（EUR）。本研究为页岩气井控压生产提供关键技术支持，助力实现气井长期稳定高效生产，提高气井最终可采储量；为实现高效、稳定、可持续的油气开采提供了坚实工艺基础与实践支撑。

**关键词**　页岩气；数字化井口；多级节流工艺；高精度电控装置；返排制度优化

随着国内页岩气井开发数量迅速增长，在同一区块相同地质区域内开采过程中发现，相同压裂规模不同的返排制度下气井产能测试结果差异性大。研究表明，生产压差过大会导致压裂缝内支撑剂回流和重新分布，造成裂缝失效或局部裂缝导流能力损失等不可逆的储层伤害，单位压降产气量下降迅速。国外先进生产经验表明，采用控压生产方式可在保持地层能量的同时，最大限度提高单井预测最终可采储量，实现气井长期稳定生产。然而，为实现页岩气井商业化开发，当前页岩气井通常采用丛式井平台布井模式，现场控压生产普遍采用固定油嘴与手动可调节流阀的生产方式。由于气井规模大、井数多，采用人工手动调节的生产方式，存在对人员经验依赖性大、阀门自身调控精度低、调节不及时等问题，难以实现页岩气井长期稳定的动态生产。气井选着何种控压生产方案，如何实现页岩气井口压力的精细控制是提升页岩气井最终可采储量（EUR）的关键问题。

目前，业界有关气井控压生产工艺主要采用固定式油嘴等本地装置。川南页岩气试验平台利用"固定油嘴+笼套式调节阀"地面流程的精细压生产技术开展现场先导性试验方案；长庆油田采用"固定油嘴+可调式油嘴"相结合的方式，可调式油嘴当前多采用本地调控方式，其正向控制精度在 1% 左右。上述现场应用验证了上述现场试验验证了精细控压生产技术的适用性，实现页岩气开采由"放压生产"向"控压生产"转变。然而，所采用装置为本地控制装置，现场操作人员的劳动强度大，控制精度相对较低，对气井压力、产量等生产参数控制效果不理想。

国内学者在气井控压生产工艺理论研究方面尚在起步阶段。李凯等基于实验建立了考虑应力敏感的页岩气井产能模型，根据模拟结果建议使用控压生产方式生产。甘柏松通过递减分析方法和数值模拟方法重点分析页岩气单井产量和累计产量的影响因素；庞进等运用页岩气多级压裂水平井数值模拟方法，认为当地层层流动达到复合线性流以后，才能准确预测页岩气井长期拟稳态流阶段的产量；贾爱林等对页岩气压裂水平井控压生产动态预测模型进行了研究推断，采用控压方式在生产初期的产气量及累计产气量偏低，但最终累计产气量更高，采取控压生产的方式更能实现长期稳产。上述一系列研究逐步揭示了气井控压生产的内在规律与潜在优势，为实现了气井压力的精细控制提供理论基础。

综上所述，国内外研究已有气井控压生产的现场试验和气井控压生产工艺理论，但鲜有控压在线调控的相关研究。本技术方案拟通过人工智能和高精度节流设备调控生产制度，精细控制压力，防止支撑剂回流，避免人工裂缝快速闭合，延缓压力递减，最大化单井采收率；同时可以以不同精细制度下收集的生产状况，通过智能系统大数据分析，了厘清气井控压生产的合理生产规律，对明确生产目标、明确排采工艺介入时间、优化排采制度、落实产能、支撑开发方案编制提供数据支撑、提高气井 EUR 具有重要意义。

# 1　数字化井口工艺体系

## 1.1　总体技术方案

本技术基于对井口安全截断、压力节流控制以及原料气计量等功能需求，优化井口压力控制方案，优选精准感知与调控、支持在线运行模式井口管件设备，为井口工艺数字化管理提供装备支撑；引入配备智能数据采集与传输模块的远程监控系统，利用数据交互协议与集成技术，将选定设备与远程监控系统进行深度融合，实现从数据共享到协同控制的一体化运作，构建了一套完整且高效的数字化井口工艺流程体系，为井口的安全、稳定、精准运行提供坚实保障。

## 1.2　井口多级节流降压工艺流程

目前气井生产普遍采用单一固定油嘴节流方式进行管道控压生产。油嘴尺寸过小管道节流压力过高，易造成节流管线冻堵；油嘴尺寸过大流体流速过高，易导致地层出砂严重堵塞管道。因此，本技术采用多级节流工艺，其工艺流程架构如图1所示。

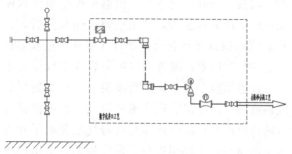

图1　多级节流降压工艺流程

本技术将井口安全保障、压力控制与流量计量各环节有效整合，打破传统井口工艺中各环节相对独立的局面。井底气水混合物经采气树后进入地面采气设备，依次经过井口安全截断系统对采气平台系统进行安全保护、多级节流回路进行逐级降压、高精度电控装置对压力进行精细调节、多相流量计进行计量，随后进入平台后续气液分离工艺流程。

相比于传统井口一级/二级节流工艺流程技术，本技术工艺流程中根据实际地层压力依次接入不同尺寸固定式节流装置，根据实际地层压力和动态生产制度设置，限制流体压力单次压降等级，使得井口气液混合物压力由高压段（≥21MPa）逐级下降至低压段（≤8.5MPa），避免回路节流件尺寸不合理造成的堵塞、降低管线局部高压产生疲劳或损坏风险，延长设备管线使用寿命。流程中利用高精度电控装置和多相流量计对经过多级降压后的原料气进行压力精细调节与流量计量，为生产管理和工艺优化提供准确的数据支持。

## 1.3　在线调控关键设备

在现代油气生产领域，实现精准在线调控对于提高生产效率、保障生产安全至关重要。本技术引入高精度电控阀和多相流量计作为压力与流量在线调控设备，提升系统智能化、高效化水平。

### 1.3.1　高精度电控装置

相比于当前控压生产方式普遍采用的本地可调式油嘴，高精度电控装置通过精确的电机控制算法和反馈调节机制，能够实现对阀门开度的高精度调节。如图2所示。

图2　高精度电控装置

采用高精度电控装置可细化节流回路压力控制台阶，实现1mm内等效油嘴微小压力的补充控制，从而实现对流量或压力的精确调节。当生产制度无大幅波动时，不需要人工更换节流装置节流件尺寸。

此外，高精度电控装置可以与控制系统集成，实现自动化操作和远程监控功能。高精度电控装置上下游设有多个工况参数检测装置则为系统提供了实时、全面的监测数据，高精度电控装置根据实时的工况变化，迅速而准确地调整设备的运行状态，减少了人工干预和操作误差，提高生产效率和稳定性。

### 1.3.2　多相流量计

当前采用的传统分离计量工艺包含分离器、各类流量计以及众多辅助装置，工艺流程冗长且分散，装备占地面积大，各环节之间的衔接与协调问题频现，如图 3 所示。本技术应用多相计量工艺替代传统的分离计量。

图 3　单井多相流量计与分离计量

多相流量计的引入为系统的精确控制和简化设备提供了有力支持，应用多相计量工艺，使得装备工艺流程结构紧凑，不需经过传统的气水分离作业，直接计量气水混合物中各相产量，大幅优化橇装设备，简化工艺流程，优化井口设备布局；另一方面，多相流量计可实时精确采集气液多相流的流量、组分等数据并与后台监控系统集成，根据监测数据为系统提供决策依据，实现协同运作，优化生产过程，提升生产效率与安全性，辅助调控系统完成井口节流压力自动化调控及远程监测。

### 1.4　远程多层调控系统

远程多层调控系统的构建是实现高效、精准生产控制的关键。该系统涵盖生产平台、精细控压系统和远程监控中心三个核心层级，各自具有独特且不可或缺的控制逻辑。其逻辑图如图 4 所示。

生产平台作为数据采集与执行的基础层级，

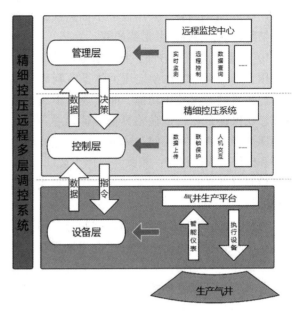

图 4　远程多层调控系统逻辑

配备了大量高精度的传感器与执行机构。传感器实时感知井口的各项生产参数，如压力、流量、温度以及气液多相组成等信息，并将这些原始数据进行初步处理与整合。执行机构则依据上层指令对井口设备进行直接操作，如阀门的开关、流量的调节等动作，确保井口生产的基本运行与即时响应。

精细控压系统处于中间层级，起着承上启下的数据处理与智能控制作用。它接收来自生产平台的数据，并运用先进的算法与模型进行深度分析。一方面对压力数据进行精细解析与预测，通过计算流体力学模型和压力控制算法，制定精准的控压策略；另一方面将处理后的数据上传至远程监控中心，并向生产平台下达更为优化的控制指令，以实现井口压力的稳定与精确调控。

远程监控中心作为最高层级，具有全面的监控与决策功能。汇聚来自精细控压系统和生产平台的数据，利用大数据分析技术和可视化手段，对整个井口工艺系统的运行状况进行实时评估与深度分析，根据数据分析结果制定宏观的生产策略与调控方案，并将指令下发至精细控压系统和生产平台，实现对整个井口生产过程的远程多层级协同控制。

### 1.5　数字化井口技术路线

基于上述井口多级节流降压工艺和在线调控关键设备，配合构建的远程多层调控系统，形成数字化井口技术体系。该技术根据气井压力波动情况或气液产出情况进行气井工况参数预测分析和生产制度动态调整。采用以下不同路线，实现气井精细控制，提高气井最终产量：

1）控制气井压降方面，将高精度电控装置与井口压力进行联锁，在预定压力体系后利用高精度电控装置的节流控压功能，能实现微小压力的补充，在保证日产气量在临界携液值以上，确保气井压力稳定在合理区间，减少了因压力波动对设备和地层造成的损害；兼顾井口压力波动情况，准确控制气井单位时间压降速率，从而实现控制压降的目的。

2）控制气井产量方面，将电控阀与多相流量计进行联锁，将高精度电控装置作为执行端，多相流量计作为检测端，前期通过节流回路固定节流装置降压，高精度电控装置进行微调，准确的控制手段使气井产量能够维持在较高水平，并且避免了产量的大幅波动，保障生产的连续性和稳定性。

该体系通过优化生产流程，提高生产效率；在线数据采集与数据融合技术，实现了数据实时共享与协同控制，有助于准确预测气井工况参数，精准控制压力与产量；智能化联锁控制模式减少了人工干预，降低了操作风险，推动井口朝着安全、稳定、精准、高效的方向发展。

## 2　生产制度优化基础模型—以 1#试验井为例

### 2.1　总体技术方案

从井下裂缝到井筒再到地面节流油嘴，各环节压力和流量相互影响。井下裂缝中的压力分布影响着气体和液体向井筒的流动，而井筒内的压力变化又与油嘴处的流量调节紧密相关。因此，合理的压力和流量组合能够保障流体的顺利产出，同时减少对储层和裂缝系统的损害。通过将压力和流量作为关键因素，对裂缝—井筒—油嘴流动进行耦合研究，综合分析井下裂缝状态及储层供气能力，动态调节油嘴尺寸，控制气、液流速，保障裂缝导流能力、减少储层伤害，发挥单井产能。

### 2.2　临界出砂流量预测模型

随着压裂等增产措施在油气井中广泛应用，支撑剂回流问题逐渐成为影响油气井生产寿命和效率的关键因素之一。准确预测临界出砂流量对于预防支撑剂回流、维持气井生产稳定性具有重要意义。

已有研究通过建立基于流体力学和颗粒力学的模型，基于分析流体对支撑剂颗粒的曳力、浮力以及颗粒间的摩擦力等作用力，通过实验测定松散支撑剂在不同流体流速下的启动条件，结合理论分析，建立临界出砂流量与流体性质（如黏度、密度）、支撑剂特性（如密度、粒径分布）以及地层孔隙度、渗透率等参数的关系模型。

通过统计 1#试验井的压裂段数、施工参数以及支撑剂组合等基础资料，得出松散支撑剂、不同应力下压裂砂临界出砂流量，如表1所示。

表1　1#试验井压裂参数统计

| 井号 | 1#试验井 |
| --- | --- |
| 改造段长（m） | 1735 |
| 压裂段数 | 18 |
| 支撑剂组合 | 石英砂（70/140目+40/70目） |
| 砂量（t） | 6062 |
| 支撑剂名义强度（MPa） | 35 |
| 支撑剂密度 ρ（kg/m³） | 2630 |
| 压裂液 | 滑溜水 |
| 总液量（m³） | 51427 |
| 闭合应力（MPa） | 106 |

预测结果显示：1#试验井裂缝闭合前临界流量为 402 方/天，闭合后日产液不应超过 590 方/天。

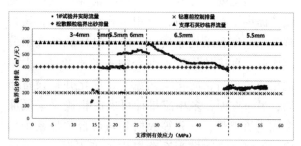

图5　1#试验井出砂预测

在针对 1#试验井展开的系统测试中，当油嘴规格设定为 3~6mm 时，经全面且细致的观测流程，未发现出砂迹象。而在后续采用 6.5mm 油嘴进行测试阶段，流量攀升至 600 立方米/天，此阶段现场井口取样结果显示有部分支撑剂呈现弱夹持状态出现返出情况，同时观测到微量出砂现象。此实际测试结果与模型预测情况高度吻合，有力地证实了模型具有较高的可靠性，能够较为精准地对出砂情况进行预测，为后续油气井开采工程中的出砂风险防控及生产方案优化提供了坚实的理论依据和数据支撑。

## 2.3 气井油嘴流动模型

对于多数气井而言其所生产的原料气会以气液两相的流动形式通过油嘴。气体具有可压缩性，其压力、温度和体积之间的关系遵循气体状态方程。在通过油嘴时，气体的流速会随着压力的变化而显著改变且不同气体成分，如甲烷、乙烷等含量的差异，会影响气体的物理性质，进而影响气液两相流的整体流动特性；在气液两相流中，液体可能会在管壁形成液膜，改变气体与管壁的摩擦情况，继而影响气体的流动空间和速度分布。

基于气液两相临界流动特征规律，建立气井油嘴流动模型如式 2-1 所示，将气、液量或气水比之一作为已知条件进行迭代计算，可进行不同压力、制度下产量预测。

$$Q_g = \frac{95.94 x_{g1} C d^2 \sqrt{\frac{n x_{g1} v_{g1} p_1}{n-1}\left[1-(r_p)^{\frac{n-1}{n}}\right]+(1-x_{g1})p_1 v_l(1-r_p)}}{\rho_{gsc}\left[x_{g1} v_{g1} r_p^{-\frac{1}{n}}+(1-x_{g1})v_l\right]} \quad (2-1)$$

式中：$Q_g$ 为产量，$m^3/d$；$p_1$ 为压力，$Pa$；$x_{gl}$ 为气相的质量分数；$v_g$ 为气相比容，$m^3/kg$；$v_l$ 为液相比容，$m^3/kg$；$n$ 为多变指数；$C$ 为流量系数；$d$ 为油嘴直径，$mm$；$\rho_{gsc}$ 为标况气相密度，$kg/m^3$；$R_{lg}$ 为气液体积比。

通过修正流量系数，预测不同制度下产液量 1#试验井实际数据进行误差分析如图 6 所示，结果显示模型计算误差 0.19-13.6%，平均误差 6.7%，模型准确度较高。

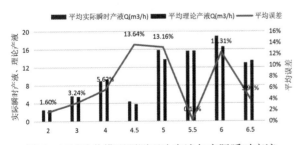

图 6 1#试验井模型预测理论产液与实际瞬时产液

通过不断收集不同的生产条件、地质环境下的页岩气样本的组分数据以及对应的压力（Pressure）、体积（Volume）、温度（Temperature）实测数据，将模拟得到的 P-V-T 物性参数与实测实验数据进行对比分析，实时调整模型参数，不断

更新和优化模型，提高对页岩气 P-V-T 物性参数的预测准确性，为气田开发、生产管理等提供可靠的依据。

## 2.4 产能分析模型

准确评估气井产能和优化生产制度是提高气田开发效益的关键环节。在气井生产领域，单位气液体积下的生产压差是衡量气井产能的关键要素之一，生产压差反映了驱动地层流体从储层流向井底再到井口的动力大小。不同的生产制度会导致单位气液体积下生产压差呈现出不同的特征。引入流动指数表征单位气液体积下所呈现的生产压差量。如式 2-2 所示。

$$D = \frac{P_i - P_{wf}}{(V_L + \frac{V_g}{B_g})/1000} \quad (2-2)$$

式中：$P_i$ 为地层压力，MPa；$P_{wf}$ 为井底流压，MPa；$V_L$ 为产液量，$m^3/d$；$V_g$ 为产气量，$m^3/d$；$B_g$ 为气体体积系数。

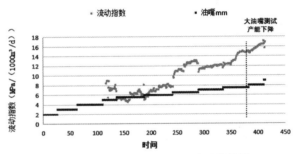

图 7 1#试验井不同制度下流动系数曲线

由图 7 为 1#试验井不同制度下流动系数曲线，从储层供能及制度合理性评估角度来看，当节流油嘴在合理范围内时，流动指数数值处于较低水平且呈现稳定的趋势状态，表明当前储层具备充足的供气能量来维持气井的生产运作。直观反映出当前所采用的生产制度合理且适配，能够确保气井在高效、稳定的状态下运行。

当采用大有油嘴测试时，流动指数的斜率不断增大，其数值呈现持续上涨的态势，表明气井产能出现下降。此时生产压差过大，超过了储层的合理承受范围，地层流体的渗流阻力增大，进而影响了气井的产能。

综上，通过对流动指数的深入分析，可以有效地评价储层的供气能力，并且将其作为判断控压排采制度合理性的关键指标。这有助于在实际生产过程中，及时发现问题并调整生产制度或采取相应的增产措施，以保障气井产能的稳定和提高，促进气田开发的可持续发展。

**2.5 返排制度动态优化设计**

为实现合理控压，构建一套以焖井期、速调期、突破期、稳产期为核心要素的一体化流程，具体的：

焖井期以裂缝闭合这一关键的地质工程现象作为确定时间节点的标准，科学指导焖井时间。

速调期以"临界出砂流量"设定为调整生产制度的上限约束条件。在控制出砂基础上，利用临界出砂预测模型结合实时监测数据，对生产制度进行快速优化调整。通过精确计算不同工况下的临界出砂条件，动态调整生产压差、流量等参数，从而在安全范围内最大限度地提升返排效率。

突破期重点关注多个关键生产指标，包括压力降幅、产气量增幅、气液比增幅、流动指数以及临界流量等。通过实时采集并分析参数的变化趋势，利用产能预测模型，准确把握气井生产动态变化特征。在合适的时机精准地调整油嘴尺寸，突破生产瓶颈，实现气井产能的快速提升并逐步趋于稳定高产。

稳产期遵循以控制日压降速度、实现水气比和单位压降产气量最大化等为基本原则。通过精细调控生产压差、优化气液流动状态等手段，维持气井处于高效、稳定且可持续的生产状态。提高气藏的最终采收率，实现气田开发经济效益与生产效益的最大化。

**3 试验井实施效果及产能评估**

本研究选取了两口地质及工程条件相近的试验井进行深入分析，通过对比其返排策略与产能分析结果，评估不同生产管理方式对气井生产效果的影响。

**3.1 1#试验井**

**3.1.1 返排策略**

焖井阶段：共焖井142小时，井口压力68MPa降至56MPa返排；

排液初期：钻塞前采用2~4mm油嘴泄压，见气返排率5.3%，严格执行逐级上调油嘴，未见明显出砂情况；

钻塞阶段：连油钻磨桥塞通扫顺利，压力由39MPa上涨至51.6MPa，扫塞后见气；

稳定试气阶段：5.5mm油嘴时压力、产量平稳，单位压降产气量最高（35.3万方/MPa），关停重新开井后产能下降；

1#试验井返排最大油嘴为6.5mm，峰值气量10.29万方/天，压力24.71MPa。

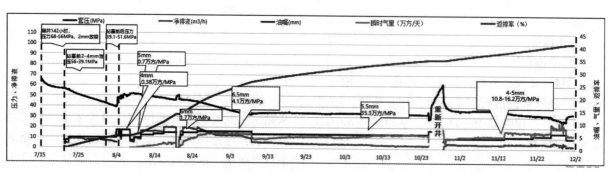

图8　1#试验井试气曲线

**3.1.1 产能分析**

该井重新开井后，4mm排液产能指数平稳，水气比较高，设计生产制度4mm，对应配产4~4.5万方；生产阶段稳定后配产3.9~4.8万方/天，日压降0.07MPa/d，符合控压生产指标要求。

对提产阶段（6.5mm，5.5万方/天）和控压生产阶段（5.5mm，4.5万方/天）采用线性流产能分析方法进行分析控压生产阶段地层渗流能力影响提高约5.6倍，生产效果大幅改善。结果如表2、图9所示。

表2　1#试验井线性流产能分析

| 参数 | $A_c\sqrt{k}/mD\cdot m^2$ | $k_m/mD$ | $A_{SRV}/m^2$ |
|---|---|---|---|
| 控压阶段 | 3783 | 3.0E-6 | 269621 |
| 提产阶段 | 575 | 3.0E-6 | 41008 |

表中：$A_c\sqrt{k}/mD\cdot m^2$ 为渗透面积与渗透率平方根的乘积；$k_m$ 为地层基质渗透率；$A_{SRV}$ 为地层渗流面积。

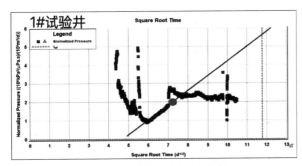

（a）1#试验井提产阶段产能分析

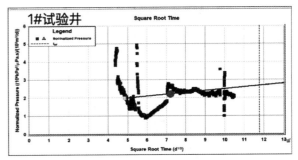

（b）1#试验井控压生产阶段产能分析

图 9    1#试验井产能分析

采用 Blasingame 和 Wattenbarger 方法拟合，预测 EUR 分别为 0.85 亿和 0.84 亿方。预测结果如图 10 所示。

### 3.2    2#试验井

#### 3.2.1    返排策略

焖井阶段：共焖井 32 小时，井口压力 65MPa 下降至 61MPa 开井返排；

排液初期：连油通井前最大 6mm 油嘴泄压，井口压力下降较快，见气返排率 3.3%；

钻塞阶段：井筒堵塞、钻塞困难，第一次通井后井口压力 31 上升至 50.3MPa，钻塞 16/23；

稳定试气阶段：由于产量需求，现场采用 10mm 油嘴放压生产，日气量 15 万方，压力 44.3 ～ 36MPa（图 11）。

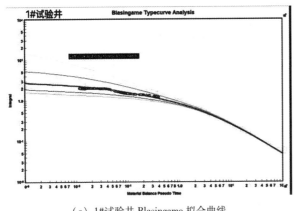

（a）1#试验井 Blasingame 拟合曲线

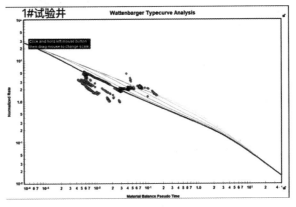

（b）1#试验井 Wattenbarger 拟合曲线

图 10    1#试验井 EUR 拟合曲线

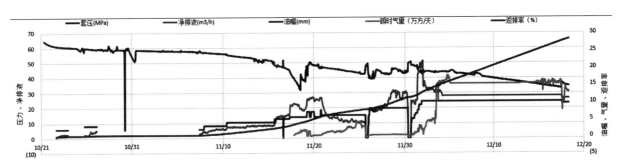

图 11    2#试验井排液试气曲线

#### 3.2.2    产能分析

对控压生产阶段（6.5mm，2.85 万方/天）和提产阶段（9～10mm，15 万方/天）采用线性流产能分析方法进行分析，结果如表 3、图 12 所示。提产阶段地层渗流能力影响降低约 240%，产能损失较大，影响气井累产。

采用 Blasingame 和 Wattenbarger 方法拟合，预测 EUR 分别为 0.74、0.82 亿方。预测结果如图 13 所示。

表 3  2#试验井线性流产能分析

| 参数 | $A_c\sqrt{k}/\mathrm{mD}\cdot\mathrm{m}^2$ | $k_m/\mathrm{mD}$ | $A_{SRV}/\mathrm{m}^2$ |
|------|------|------|------|
| 控压阶段 | 2649 | 7.6e-05 | 52559 |
| 提产阶段 | 778 | 7.6e-05 | 12701 |

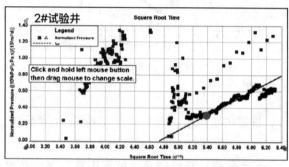

（a）2#试验井提产阶段产能分析

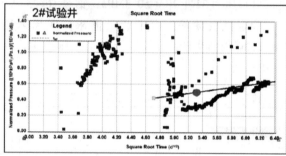

（b）2#试验井控压生产阶段产能分析

图 12  2#试验井产能分析

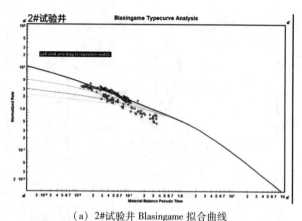

（a）2#试验井 Blasingame 拟合曲线

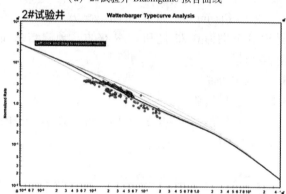

（b）2#试验井 Wattenbarger 拟合曲线

图 13  2#试验井拟合曲线

## 3.3  试验对比分析

表 3  实施效果对比

| 井号 | 1#试验井 | 2#试验井 |
|------|------|------|
| 初期日产气量（$10^4\mathrm{m}^3/\mathrm{d}$） | 5.2 | 11.7 |
| 折算日产气量（$10^4\mathrm{m}^3/\mathrm{d}/1800\mathrm{m}$） | 5.4 | 10.53 |
| 井底流压压降（MPa/d） | 0.36 | 0.75 |
| 单位压降下的产气量（万方/MPa） | 14.98 | 14.04 |
| $Ac\sqrt{k}$（线性流阶段） | 3783 | 2649 |
| Blasingame-EUR（$10^8\mathrm{m}^3$） | 0.85 | 0.74 |
| 折算 EUR（$10^8\mathrm{m}^3/1800\mathrm{m}$） | 0.87 | 0.67 |

在对 1#和 2#试验井的产能研究中发现，2#试验井在初始阶段呈现出较高产能水平，然而在进入线性流阶段后其产能出现了迅速降低的情况。主要有以下两方面原因：

1#试验井进行短期的 6.5mm 放压生产后，及时采取了回调控压措施。这种精细的压力调控方式有效减轻了对地层的伤害，使得地层能够保持较好的渗流能力。在合适的压力制度下，储层中的流体能够持续稳定地流向井筒，进而使该井产能得到提升。

2#试验井在生产过程中，当调大生产制度进行放压操作后，由于地层压力快速释放，导致压裂裂缝在短时间内快速闭合，影响了流体从储层向井筒的流动，进而造成产能大幅下降。

综合以上对1#和2#试验井产能变化原因的分析可知，实施控压生产能够有效维持地层的稳定状态，保障流体的顺利产出，对提高单井最终可采储量（EUR）具有显著的积极作用。通过合理的压力调控措施，可以优化油气井的生产动态，提高油气开采效率，为实现油气田的高效开发提供有力的技术支持与理论依据。

## 4 结论

本研究成功构建了一套完整且高效的数字化井口工艺流程体系，并在油气井生产过程中取得了显著成果。

1）在井口工艺方面，基于功能需求优化井口节流工艺并优选设备，同时引入智能远程监控系统实现深度融合，从控制气井压降或产量两方面指导气井高效生产，构建了一套完整且高效的数字化井口工艺流程体系。

2）综合地质储层特性以及工程参数，借助临界出砂流量预测模型、气井油嘴流动模型和产能分析模型，对气井在不同生产阶段的产能进行精准评估，为油嘴选型和调控提供理论依据；给出适配性强、安全性高、高效的气井返排制度设计方案，从而实现对气井生产过程的精细化管理，保障气井长期稳定运行。

3）通过对两口试验井的深入分析，证实了控压生产在维持地层稳定、保障流体产出方面具有关键作用。合理的压力调控措施不仅能优化生产动态、提高开采效率，还对提高单井EUR意义重大，为油气田高效开发提供了有力的实践经验与理论依据。

未来应进一步深化数字化井口工艺体系的应用与研究，不断优化压力流量控制策略，加强试验井分析评估，持续推动油气开采技术的进步与发展，以适应日益复杂的油气开采环境，实现油气资源的高效、可持续开发利用。

## 参 考 文 献

［1］赵金洲，雍锐，胡东风，等．中国深层—超深层页岩气压裂：问题、挑战与发展方向［J］．石油学报，2024，45（01）：295-311.

［2］OZKAN E. The way ahead for US unconventional reservoirs［J］. The Way Ahead, 2014, 10（3）：37- 39.

［3］王勇，王自明，张林霞，等．控压生产页岩气井早期产能评价方法研究［J］．石油化工应用，2023，42（07）：20-25.

［4］于洋，尹强，叶长青，等．精细控压生产技术在宁209H49平台的应用［J］．天然气与石油，2022，40（02）：32-37.

［5］陈学忠，郑健，刘梦云，等．页岩气井精细控压生产技术可行性研究与现场试验［J］．钻采工艺，2022，45（03）：79-83.

［6］邱艳华，吴宇，温庆，等．页岩气平台中压工艺流程的现场应用与评价［J］．天然气与石油，2023，41（03）：27-35.

［7］李凯，张浩，冉超，等．考虑应力敏感的页岩气产能预测模型研究——以川东南龙马溪组页岩气储层为例［J］．西安石油大学学报（自然科学版），2016，31（03）：57-61.

［8］甘柏松．页岩气单井产量和累计产量影响因素分析［J］．石油天然气学报，2013，35（03）：127-129+168.

［9］庞进，李尚，刘洪，等．基于流态划分的页岩气井产量预测可靠性分析［J］．特种油气藏，2018，25（02）：60-64.

［10］贾爱林，位云生，刘成，等．页岩气压裂水平井控压生产动态预测模型及其应用［J］．天然气工业，2019，39（06）：71-80.

［11］齐亚东，贾爱林，位云生，等．页岩气控压生产的理论认识与现场实践［C］//中国石油学会天然气专业委员会．第31届全国天然气学术年会（2019）论文集（03非常规气藏）．中国石油勘探开发研究院；，2019：9.

［12］刘合，许建国，苏健，等．采油采气工程智能化愿景［J］．石油科学通报，2023，8（04）：398-414.

［13］LECAMPION B, GARAGASH D I. Confined flow of suspensions modelled by a frictional rheology［J］. Journal of Fluid Mechanics, 2014. 759（11）：197-235.

［14］BOYER F, GUAZZELLl É, PouliquenO. Unifying suspension and granular rheology［J］. Physical review letters, 2011, 107（18）. 188301.

［15］殷洪川，胥良君，吕泽宇，等．天然气井临界出砂产量预测方法［J］．特种油气藏，2023，30（06）：135-140.

［16］王智，宫敬，吴海浩，等．天然气井井口油嘴的两相流动特性及流量预测［J］．油气田地面工程，2013，32（12）：1-3.

［17］蒋克成，周刚，一刘胜．页岩气地质工程一体化产能优化研究［J］．地质论评，2024，70（S1）：339-341.

［18］张文龙，涂广玉，吴世东．页岩气藏的产能分析和预测［J］．当代化工，2016，45（07）：1622-1624.

［19］陆努．天然气水合物降压开采生产动态特征及产能

预测研究［D］. 中国石油大学（华东），2020.

［20］邓亨建，陈维铭，钟铮，等. 渝西深层页岩气井精
　　　细控压生产技术应用［J］. 石油管材与仪器，
　　　2024，10（03）：60-64+112.

［21］于萃群，唐亚会. Blasingame 产能分析方法在徐深

气田的应用［J］. 科学技术与工程，2012，12
（19）：4770-4772.

［22］崔英敏，郭红霞，陆建峰，等. 非常规气井产量递
　　　减与 EUR 预测方法评述［J］. 特种油气藏，2022，
　　　29（06）：119-126.

# 庆城油田页岩油水平井复杂井筒采油工艺技术研究

黄战卫[1,2] 李怀杰[1,2] 赵 晖[1,2] 刘小欢[1,2] 张 鑫[1,2] 岳渊洲[1,2]

（1. 中国石油长庆油田页岩油开发分公司；2. 低渗透油气田勘探开发国家工程实验室）

**摘 要** 庆城油田页岩油自 2018 年开始大规模产建，基于新发展理念、生态保护、油藏开发需求，形成了大井丛、多层系、立体式布井、长水平井体积压裂开发的新建产模式，实现了页岩油的效益开发。受水平井开发方式、油藏特性、原油物性等因素影响，油井表现出"砂、蜡、垢、气、磨"矛盾突出的特点，严重制约了油田的高效开发。通过分析各类矛盾机理，明确主控因素，结合页岩油水平井生产特点，开展全生命周期"防蜡、防垢、防砂、防气、防磨"采油工艺技术及智能化工况诊断决策系统研究与现场试验，实现了油井的高效、智能管理，形成了庆城油田页岩油复杂井筒采油工艺"五防一配套"高效防治技术体系，采油工艺技术指标持续好转，油井维护性作业频次由 1.49 次/口×年下降至 0.64 次/口×年，检泵周期从 169 天延长至 539 天，生产成本下降30%以上，制约页岩油高效、智能采油的工艺关键技术问题得以解决，打造了页岩油采油工艺原创技术策源地，引领页岩油高质量发展。

**关键词** 鄂尔多斯盆地；长 7 页岩油；水平井；井筒防治；智能诊断

近年来长庆油田采用"大井丛多层系、三维立体式布井、长水平井细分切割体积压裂"等技术实现了庆城页岩油规模效益开发，2018 年以来建成水平井 680 口，平均水平段长 1800m，钻遇率 85%，压裂入地液量液 26918m³，加砂量 3069m³，年产能达到 252×10⁴t，产量占比达到全国页岩油的 70%，页岩油已成为长庆油田重要油气战略接替资源。

页岩油钻完井工程技术领域采用"三维立体式布井+水平井大规模体积压裂"，井眼轨迹复杂导致管杆偏磨严重，大规模体积压裂加砂量大、压裂地表水与地层水不配伍导致出砂、结垢严重，同时页岩油含蜡量高且结蜡普遍、原始气油比高（107.2m³/t）造成油井结蜡、气体影响严重。常规井筒治理工艺及工况诊断方法无法满足页岩油高效开发需求，需对油井复杂井况开展系统性研究，探索全生命周期复杂井况下井筒治理技术，完善高效智能工况诊断技术，实现页岩油高效开发。

# 1 "五防一配套"采油工艺技术研究

针对页岩油井筒"砂、蜡、垢、气、磨"五大矛盾以及复杂井况工况难以诊断等问题，分析各类问题特征及表现、开展机理研究及影响因素分析，优选合理工艺技术，形成了页岩油"五防

一配套"采油工艺高效开发技术体系。

## 1.1 清防蜡技术

### 1.1.1 结蜡现状

页岩油结蜡井占比 71.1%，结蜡主要集中在井口下 200～800m 处，800m 以上硬质蜡占比高，800m 以下蜡质相对较软，部分高产井呈现出全井段结蜡严重的特征，平均结蜡速率 3～5mm/月，油井正常生产 15～20 天后载荷上升明显，结蜡周期短且热洗清蜡效果不佳。

### 1.1.2 结蜡原因分析

（1）原油物性分析

采集不同区域页岩油井原油样品共计 9 组开展油品蜡质特征分析，测试结果显示平均含蜡量 23.7%，平均析蜡点 23.2℃，平均凝固点 9.1℃，平均熔蜡温度 6.8℃。典型井气相色谱-质谱联用（GC-MS）全组分分析表明，原油碳数主要集中在 $C_8$-$C_{25}$ 之间，原油中低碳数蜡占比高，以低碳粗晶蜡为主。非蜡质组分中无机物占 69.5%～97.7%，剩余主要为沥青、胶质等有机质。与长庆油田常规油藏对比原油呈现"含蜡量高、析蜡点高、凝固点高、熔蜡温度高"的特点，原油无机质易充当结晶核导致蜡晶提前析出，是造成井筒结蜡深度深的主要原因，胶质与沥青质共同作用更易形成较为密实的结蜡层，使得清理难度较大。

表1　部分井原油理化性质

| 井号 | 20℃密度/g/cm³ | 凝固点/℃ | 含蜡量/% | 析蜡温度/℃ | 四组分分析 | | | |
|---|---|---|---|---|---|---|---|---|
| | | | | | 饱和烃/% | 芳香烃/% | 胶质含量/% | 沥青质含量/% |
| 华H1*-8 | 0.9187 | 8.6 | 22.16 | 22.36 | 65.31 | 17.02 | 14.08 | 3.59 |
| 华H1*-10 | 0.9325 | 8.9 | 18.52 | 23.85 | 64.21 | 17.37 | 14.54 | 3.88 |
| 华H*0-3 | 0.8848 | 8.4 | 19.84 | 25.83 | 65.28 | 15.48 | 14.53 | 4.71 |
| 华H*0-8 | 0.8680 | 8.6 | 19.1 | 25.83 | 65.25 | 15.78 | 14.71 | 4.26 |
| 华H*0-5 | 0.9012 | 8.3 | 20.51 | 23.42 | 64.27 | 18.57 | 12.78 | 4.38 |
| 华H*0-10 | 0.8972 | 8.1 | 30.42 | 22.47 | 63.57 | 17.84 | 13.56 | 5.03 |
| 华H*0-11 | 0.8964 | 6.5 | 28.63 | 23.58 | 65.37 | 16.79 | 14.25 | 3.59 |
| 华H*0-14 | 0.8917 | 8.3 | 24.36 | 23.36 | 64.31 | 16.05 | 13.72 | 5.92 |
| 华H*0-15 | 0.9048 | 8.1 | 19.22 | 22.67 | 65.22 | 16.94 | 12.47 | 5.37 |

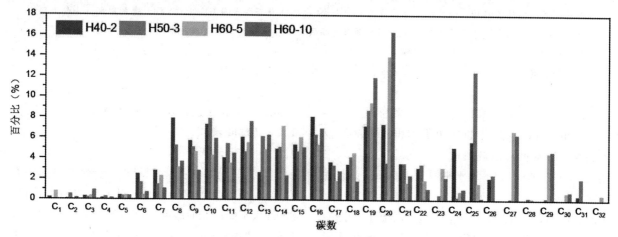

图1　页岩油典型井油样碳数分布

（2）结蜡影响因素分析

结蜡主要包含了析蜡、蜡晶长大及沉积三大阶段，温度下降至析蜡点时原油中蜡晶开始析出，随后进一步增多并逐渐聚集成较大的蜡结晶，最终附着沉积在井筒内较为粗糙的油管杆表面形成结蜡层。结蜡受多种因素共同影响：

温度的影响：温度越低，尤其是温度低于析蜡点时，原油中蜡组分越容易析出且析出越彻底，结蜡量加大，导致原油流动性受影响，更容易出现结蜡堵塞等情况。井下温度场测试显示页岩油水平井1200m井深处井筒温度46.3℃，地温梯度2.3℃/100m，在井深400m左右井筒温度逐步下降至析蜡点以下，井下温度偏低，容易产生结蜡问题。

原油组分的影响：原油中高碳数组分占比越高，析蜡点越高，更容易出现结蜡问题。胶质可以防止蜡组分结晶，沥青质会促使胶质形成较大的聚合体，容易成为蜡组分结晶的核心，使得沉积下来的结蜡层更加密实、附着力更强难以清理。

原油中细小砂粒及机械杂质易充当晶核促使蜡晶过早析出。轻质组分能够增加蜡在原油中的溶解度，原油脱气易导致蜡的析出。含水较高时，易在油管杆表面形成水膜阻碍蜡的沉积，含水超过70%后有助于形成水包油型乳状液，不利于蜡的凝结沉积。

管杆表面性质影响：管杆表面越粗糙，蜡越易沉积附着。亲水性越强，管杆表面越易形成水膜，蜡越不易附着。若管杆表面存在腐蚀、生锈等问题则容易积蜡。

1.1.3　清防蜡技术研究

针对页岩油井筒结蜡普遍、结蜡量大、热洗清蜡效果不佳的问题，通过对比各类清蜡工艺优缺点，优选了涂层防蜡、电加热清蜡、化学清防蜡等清防蜡工艺开展试验，同时优化热洗方案完善高效热洗清蜡技术。

（1）热洗清蜡工艺

应用分布式光纤监测生产管柱以上井筒温度

（DTS）分布，对比不同热洗参数下的温度场分布，不同排量、不同热洗温度下加温深度差异显著，相同热洗排量下，随着时间延长至一定深度达到平衡状态后温度不再上升；相同热洗温度下，排量越大可波及深度越深，至一定深度达到平衡后温度不再上升。热洗过程中提高排量或者温度、延长热洗时间并不能使清蜡深度加深。以 40℃ 为有效热洗深度计算，排量 $1\sim2m^3/h$、温度 90℃时，最深有效作用 80m；排量 $3\sim5m^3/h$、温度 90℃时，最深有效作用 430m；排量 $4\sim6m^3/h$、温度 95℃时，最深有效作用 500m。分析认为页岩油准自然能量开发的模式导致井筒普遍存在漏失，热洗难以建立有效循环导致清蜡效果不佳，热洗清蜡工艺在页岩油水平井上不完全适用。

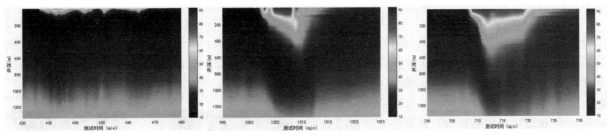

（a）热洗排量 $1\sim2m^3/h$，温度 90℃　　（b）热洗排量 $3\sim5m^3/h$，温度 90℃　　（c）热洗排量 $4\sim6m^3/h$，温度 95℃

图 2　井筒热洗时温场测试结果

（2）涂层防蜡工艺

研发了聚四氟乙烯树脂、改性氧化石墨烯材料复合而成的防蜡涂层，表面能相对下降 62%，蜡晶粘附力下降 58%，同时通过精密喷涂使表面光滑程度提升 43%，蜡晶着床后易被液流冲掉带出井筒，从而实现高效防蜡的目的。配套防蜡涂层后产出测试原油中含蜡量平均上升 12.7%，表明蜡析出后更多被带出井筒，井筒热洗工作量下降 40~80%，部分结蜡严重井检泵周期延长 2~3 倍，结蜡造成的维护性作业频次由 0.35 井次／（口·年）下降至 0.04 井次／（口·年）。内涂层防蜡管杆的应用，极大减轻了井筒结蜡程度，目前已全面推广涂层防蜡油管应用，具有免维护、成本相对较低的优势。

图 3　下入防蜡管杆前结蜡情况

图 4　运行 544d 起出后管杆结蜡情况

（3）电加热清蜡工艺

通过在井内下入专用设备，通电后加热熔蜡并随产出液排出井筒，达到清蜡目的，常规有杆泵井采用油管电加热技术，无杆采油井采用电缆加热、连续敷缆管电加热工艺。电加热工艺热效率较高，可根据所需加热深度调整设备下深，便于智能化调控，入井后免维护且可动态调整加热制度。

在抽油机井上试验油管电加热 3 口，加热时产出液平均温度由 26 上升至 42℃，载荷整体平稳，清蜡效果良好，但应用过程中受井眼轨迹复杂等因素影响设备故障率高达 60%，偏磨、结垢等问题造成检泵周期并未有效延长。无杆采油井试验了钢护套电缆加热清蜡装置及非金属连续敷缆管加热清蜡技术，HH100 平台投产试验配套 29 口井加热电缆，优化加热制度每 8~9d 加热 12h，加热时产出液平均温度由 22 上升至 39℃，有效解决了结蜡问题，对比同期 HH60 平台结蜡导致的作业下降 60% 以上。在 HH60 平台试验 5 口非金属连续敷缆管加热清蜡技术，加热制度每 10d 加热 24h，加热时产出液平均温度由 25 上升至 41℃。

（4）化学清防蜡工艺

页岩油生产气油比高，井口加药困难且难以作用于产出液，针对性研发了井下固体防蜡器，通过井下缓释释放使药剂直接作用于产出液，药剂有效利用率提升 95% 以上，有利于井筒—地面全流程清蜡。

固体防蜡器总计入井试验 63 井次，但油井产液量高，有效期相对较短，日产 20m³ 油井配套 3 支有效期不足 60 天，建议用于 10m³ 以下液量较低的井，延长有效作用时间。

## 1.2 清防垢技术

### 1.2.1 结垢现状

页岩油井筒结垢占比 46.3%，主要集中在眼管至泵上 300m 处，厚度 0.5~3mm，垢渣易沉积在泵球座及泄油器位置，结垢量不大，但易导致卡泵、泵阀漏失、油流通道堵塞等故障，造成的作业占比约 32.4%，是油井检泵的主要原因之一。近年来开展冲砂酸化处理井筒时发现水平段普遍存在砂垢胶结现象，主要发生在水平段射孔炮眼附近，分布没有明显规律。

### 1.2.2 结垢原因分析

（1）垢型及成垢离子分析

通过对不同开发阶段直井段的垢样进行 EDS 能谱分析及扫描电镜分析，结果显示直井段井筒主要以碳酸钙垢为主，含有少量碳酸亚铁、硫酸钙和二氧化硅。水平段砂垢胶结物微观呈砂质核结构，二氧化硅核被碳酸亚铁、碳酸钙和硫酸钙胶结成块。

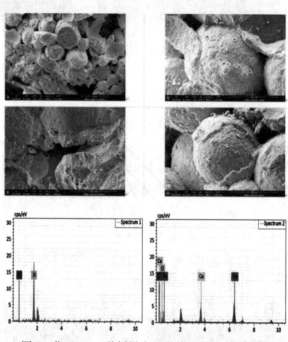

图 5　华 H22-＊井垢样表面形貌及 EDS 能谱分析

对不同开发阶段采出液进行水质全分析，研究采出液中成垢离子变化规律。结果显示生产初期采出液中亚铁离子含量较高、钙离子浓度相对较低，随生产时间延长，亚铁离子浓度逐步由 60mg/L 下降至 20mg/L，钙离子浓度由 550mg/L 逐步上升至 1350mg/L，钡锶离子浓度由 20~70mg/L 上升至 80~140mg/L。

表 2　不同生产阶段页岩油水平井

| 类型 | pH 值 | K⁺+Na⁺ | Ca²⁺ | Mg²⁺ | Ba²⁺+Sr²⁺ | Cl⁻ | SO₄²⁻ | HCO³⁻ | 水型 |
|---|---|---|---|---|---|---|---|---|---|
| | | | | | mg/L | | | | |
| 长 72 原始地层水 | 6.2 | 16207 | 2528 | 270 | 642 | 29703 | 34 | 337 | CaCl₂ |
| 2012 年投产井 | 6.3 | 15190 | 1752 | 236 | 691 | 19929 | 55 | 299 | CaCl₂ |

续表

| 类型 | pH 值 | K⁺+Na⁺ | Ca²⁺ | Mg²⁺ | Ba²⁺+Sr²⁺ | Cl⁻ | SO₄²⁻ | HCO³⁻ | 水型 |
|---|---|---|---|---|---|---|---|---|---|
| | | mg/L | | | | | | | |
| 2017 年投产井 | 6.3 | 14270 | 2540 | 283 | 571 | 19400 | 92 | 309 | CaCl₂ |
| 2018~2020 年投产井 | 6.5 | 14397 | 2263 | 325 | 443 | 19887 | 95 | 439 | CaCl₂ |
| 2020~2023 年投产井 | 6.9 | 11590 | 1853 | 325 | 163 | 15350 | 555 | 944 | CaCl₂ |

（2）成垢机理

按照苏林分类法长 7 地层水为氯化钙水型，pH 值 5.52~6.7，地层水偏酸性，普遍矿化度很高，最高可达 65691mg/L。采出液中钙镁等成垢阳离子、碳酸氢根等成垢阴离子含量较高，成垢离子含量高是结垢的主要内部因素。储层高温高压环境中铁白云石等矿物极易溶解于弱酸性流体中释放亚铁离子，由于碳酸亚铁溶度积常数为 $10^{-10.55}$，小于碳酸钙溶度积常数 $10^{-8.30}$，因此返排期先出现碳酸亚铁垢沉淀，生产过程中温度、压力变化，先前的热力学条件发生破坏，钙、碳酸氢根离子相互结合生成碳酸氢钙并分解形成碳酸钙颗粒，反应达到平衡后，采出液中各成分会维持动态的平衡，碳酸钙颗粒会逐渐沉积结垢。表现出了生产初期水平段以碳酸亚铁垢为主，后期以碳酸钙垢为主，直井段主要以碳酸钙垢为主。

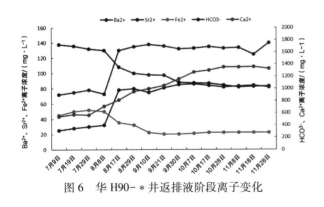

图 6　华 H90-＊井返排液阶段离子变化

### 2.2.3　防垢技术研究

页岩油结垢呈现出全流程、全生命周期的特征，防垢工作应从前端即开始着手，目前采用化学防垢工艺为主，对阻垢药剂进行优化，前端应用阻垢压裂液、支撑剂，后端配套固体缓释技术、点滴加药技术，组建页岩油长效结垢防治工艺体系。

（1）压裂前端防垢

考虑全生命周期结垢现象，压裂阶段研发了新型阻垢压裂液及新型高强度固体防垢颗粒 GZ-2，利用羧酸基团螯合成垢金属离子并通过吸附作用破坏垢晶稳定性，合成了基于主链结构与侧链防垢基团的优化型液体防垢剂。通过室内测试对比不同压裂液体系与地层水混合后的结垢趋势，防垢压裂液应用后各类垢型结垢指数由 0.78~1.23 下降至 0.65~0.83。将高强度固体防垢颗粒随支撑剂铺置于裂缝深部，缓慢释放阻垢剂，达到全流程长期防垢的目的，测试显示对 CaCO₃ 阻垢率达到 86.3~90.6%，对 BaSO₄ 阻垢率达到 60%（表2）。

现场入井试验显示采出液螯合出的成垢离子含量明显高于同平台对比井，且 5 口检泵井均无明显垢生成，应用效果较好（图5）。

表 2　地层水-压裂液反应前后水样离子成分分析

| 水样 | pH | 离子成分/（mg/L） | | | | | | | | | | | 水型 | 结垢指数 | | |
|---|---|---|---|---|---|---|---|---|---|---|---|---|---|---|---|---|
| | | HCO₃⁻ | CO₃⁻ | K⁺ | Na⁺ | Ca²⁺ | Mg²⁺ | Fe³⁺ | Ba²⁺ | Sr²⁺ | Cl⁻ | SO₄²⁻ | | 钡垢 | 钙垢 | 铁垢 |
| 地层水与清水混合 | / | 178 | 2.14 | 260 | 13974 | 2017 | 149 | 0.48 | 489 | 289 | 22477 | 37 | / | / | / | / |
| 地层水与1#压裂液20MPa反应5d | 7.96 | 364 | 0 | 2496 | 6920 | 549.66 | 133 | 12 | 20 | 113 | 10293 | 237 | 碳酸氢钠 | 0.84 | 1.07 | 0.78 |
| 地层水与2#压裂液20MPa反应5d | 7.50 | 317 | 0 | 284 | 8436 | 715.57 | 159 | 154 | 17 | 137 | 12892 | 459 | 硫酸钠 | 1.20 | 1.15 | 1.23 |
| 地层水与3#防垢压裂液20MPa反应5d | 6.88 | 443 | 0 | 691 | 6961 | 766.66 | 148 | 6.6 | 5 | 110 | 12587 | 225 | 氯化钙 | 0.66 | 0.83 | 0.65 |

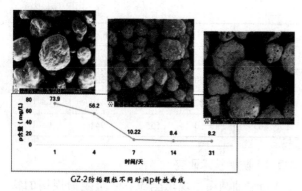

图 7　固体颗粒阻垢剂缓释性能及微观形貌分析

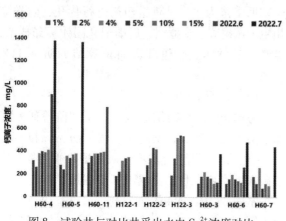

图 8　试验井与对比井采出水中 $Ca^{2+}$ 浓度对比

（2）井筒后端防垢

针对页岩油水平井气油比高、单井液量大，油套环空定期投加阻垢剂效果不佳的问题，将井口加药改为井下加药，研发改进了两类井下缓释投加技术。一类是通过将阻垢药剂加工为固体药块随尾管下入井下，通过缓释加药延长阻垢剂作用时间，另一类是将液体药剂装入尾管，配套专用的点滴加药装置下入井下定时释放实现缓释目的。

通过浓缩固体加药块，将药剂浓度提高 4 倍，同时通过添加强吸附材料使缓释速率降低 20%，将固体阻垢器作用有效期由 60 天延长至 300 天，

提升了固体阻垢器的适用性。改进的井下点滴加药器将出药孔从底部出药改为侧向出药，端部造扣，能够连接防坠落装置，将单次释放药量从 40ml 提高到 150ml，一次性投放阻垢剂最大可达 0.8 吨，可连续投加一年，以满足页岩油水平井大液量加药需求。配合研发的高效 EDTMPS 高效阻垢剂使用，油井结垢速率 0.55↓0.31mm/a，结垢周期 90↑120 天。

## 2.3　井筒防气技术

### 2.3.1　气体影响现状

页岩油原始气油比 $107.2m^3/t$，不同生产阶段气油比变化大，目前生产气油比大于 $200m^3/t$ 井 120 口，主要为生产时间大于 3 年以上油井，功图显示受气体影响严重，生产过程中套管压力波动大，间歇出液现象明显，部分井频繁气锁，泵效下降明显。

### 2.3.2　气体影响因素分析

气体影响主要原因是抽油泵进气后，因气体可压缩性较高使得泵筒内无法及时产生使凡尔球打开的压差，导致吸入阀或排出阀延迟打开甚至无法打开形成气锁。投产初期产出液含水高，生产气油比低，气体影响弱，随着开发时间延长，地层压力逐渐降低，尤其是当地层压力下降至饱和压力以下时，溶解气大量逸出，生产气油比显著升高，气体影响加剧。统计发现，油井气体影响程度与沉没度、井底流压之间有较密切关系，沉没度低于 4MPa、井底流压低于 8MPa 时，油井更倾向于出现严重气体影响甚至气锁现象，压力越低，油井气体影响倾向越严重（图 7）。

### 2.3.3　防气技术研究

结合页岩油井气体影响因素及气体影响特征，从保持合理流压防脱气、井口合理套压控气、井下防气工具防气等方面入手，延缓油井脱气，减轻气体影响。

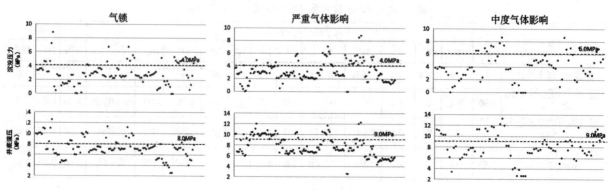

图 9　气体影响程度与沉没度、井底流压散点关系图

（1）源头流压控制防气

气体影响程度与井底流压相关，通过控制合理流饱比可减少地层脱气，从源头减轻气体影响。通过优化抽汲参数，控制采液强度，能够有效避免地层过早脱气，一定程度上延长油井的高产期。结合液量及功图、动液面情况实施参数优化泵径 60 口，实施优化井日产液量上升 6m³/d，日产气量降低 1328m³，生产载荷降低 9.1kN。

（2）配套防气工具

针对抽油泵气锁问题研发应用中空防气泵，通过增加中空管给泵内气体开辟了通道，从而增液体的充满系数，降低泵内的气液比，排除气体的干扰，有效减轻气体影响程度提高泵效，现场应用发现中空防气泵可提升泵效 8% 左右。

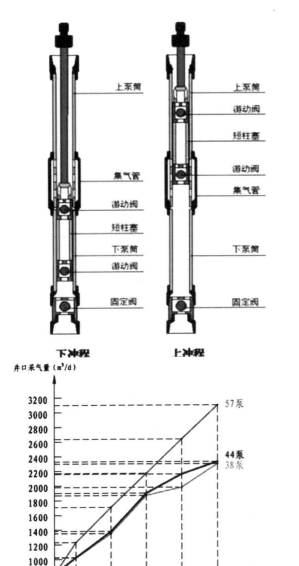

图 10　中空防气泵工作原理示意及中空接箍长度优化

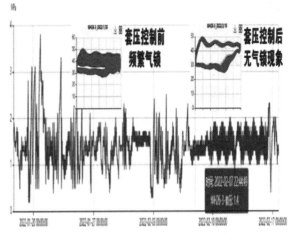

图 11　"一井一套压"控气效果

（3）一井一套压控气技术

现场生产过程中发现油井示功图饱满程度、载荷与套压值有密切关系，通过配套地面定压放气阀，控制合理套压使得示功图保持最优范围，实现泵况最优。探索形成了功图对比法、载荷有效冲程交会法两种合理套压确定方法，结合物联网云平台使用，取得了明显效果，泵效整体提升 8.4%。

**2.4　井筒防偏磨技术**

**2.4.1　偏磨现状**

页岩油水平井存在偏磨情况的井占 92.8%，偏磨严重井占比 57.1%，偏磨主要集中在泵上 500m，以管体磨损、丝扣漏失为主，偏磨导致的故障占比 36.7%。部分偏磨严重井检泵周期不足 60 天，偏磨段长，管杆更换比例高于 60%。

**2.4.2　偏磨原因分析**

三维水平井井眼轨迹复杂，油杆运动时易与油管壁接触，且杆管侧向力大，易造成局部磨损形成偏磨。上下冲程油管受力发生交替变化，中和点以下抽油杆易失稳弯曲产生偏磨。页岩油井液量高，生产参数偏大，油杆下行阻力增大更易弯曲，使得管杆间摩擦程度及次数显著增加。

柱塞下行时液体通过游动凡尔会产生阻力、柱塞与泵筒间摩擦也存在阻力。

液体通过游动凡尔产生的阻力 $F_v$，

式中：$\rho$ 为液体密度；$s$ 为冲程；$n$ 为冲次；$f_p$ 为活塞截面积、$f_o$ 为凡尔孔的截面积；$\mu$ 为由实验确定的凡尔流量系数。

柱塞与泵筒之间的摩擦阻力为 $F_p$，$F_p = 0.94d/e-140$

式中：$d$ 为泵柱塞直径；$e$ 为柱塞与衬套间的

间隙。

从公式中可以看出，冲程、冲次、泵径越大，油杆下行受到的井液阻力越大，杆柱越易发生弯曲。

### 2.4.3　防偏磨技术研究

页岩油水平井生产参数大、油杆失稳弯曲是造成偏磨的主要因素。

（1）生产参数优化

形成不同产量油井生参数建议表，按照长冲程，慢冲次，先地面后地下原则，不断优化生产参数，管杆摩擦频次减少30%，有效缓解了井筒偏磨问题。

表3　不同液量油井建议生产参数

| 序号 | 日产液（m³/d） | 建议生产参数 | | | 理论排量（m³/d） | 预计泵效（%） |
|---|---|---|---|---|---|---|
| | | 泵径（mm） | 冲程（m） | 冲次（n⁻¹） | | |
| 1 | 5 | 32 | 3.0 | 3.5 | 12.15 | 41.1 |
| 2 | 8 | 32 | 3.0 | 4.5 | 15.63 | 51.2 |
| 3 | 10 | 38 | 3.0 | 4.0 | 22.04 | 45.4 |
| 4 | 12 | 38 | 3.0 | 4.5 | 22.04 | 54.5 |
| 5 | 14 | 38 | 3.0 | 5.0 | 24.48 | 49.0 |
| 6 | 15 | 44 | 3.0 | 4.0 | 26.26 | 57.1 |
| 7 | 16 | 44 | 3.0 | 5.0 | 32.83 | 48.7 |
| 8 | 18 | 44 | 3.0 | 4.0 | 26.26 | 68.5 |
| 9 | 20 | 44 | 3.0 | 5.0 | 32.83 | 60.9 |
| 10 | 22 | 56 | 3.0 | 3.5 | 37.22 | 59.1 |
| 11 | 24 | 56 | 3.0 | 4.0 | 53.17 | 45.1 |
| 12 | 25 | 56 | 3.0 | 4.0 | 37.22 | 67.2 |
| 13 | 26 | 56 | 3.0 | 4.5 | 53.17 | 48.9 |
| 14 | 28 | 56 | 3.0 | 4.5 | 37.22 | 75.2 |
| 15 | 30 | 56 | 3.0 | 4.5 | 53.17 | 56.4 |
| 16 | 32 | 56 | 3.0 | 5.0 | 53.17 | 60.2 |

（2）杆柱组合优化

开展井筒三维力学仿真模拟，基于侧向力分析，结合检泵管杆偏磨情况，优化扶正器配套位置。根据API修正古德曼应力强度校核，调整各级油杆比例，将原杆柱组合由22×31%＋19×53%＋22×16%优化为22×40%＋19×40%＋22×20%，一定程度上解决了底部抽油杆失稳偏磨问题。全面推广应用后，偏磨导致的管杆故障比例下降5.3%。

（3）防磨油管配套

一是泵上500m配套聚乙烯内衬防磨油管，结合Φ46mm小扶正块抽油杆配套应用，将硬性滑动摩擦转变为滚动摩擦，具有降载防磨双重作用；二是试验NHW-01型涂层耐磨防腐管，解决56mm柱塞不能通过内衬套的问题，2023年应用以来高频偏磨故障井由48口减少至23口。

（4）无杆采油技术

无杆采油将动力部件置于泵下，没有抽油杆机构，能够完全消除管杆偏磨问题，具备排量可调范围大、智能化程度高的优势，是解决大斜度井偏磨问题的有效技术手段，目前庆城页岩油超大水平井平台在用电潜螺杆泵、电潜离心泵两类泵型，平台最大井数达到31口，有效解决了超大平台偏磨严重的问题。

### 2.5　井筒防砂技术

#### 2.5.1　出砂现状

页岩油水平井出砂井占比12.2%，出砂位置主要集中在水平段中部凹点位置。地层出砂导致油流通道受阻，部分油井产量短期内出现迅速下降。水平段越长，井筒趾部与跟部的压差越大，沿井筒方向的压差分布的非均质性越强，出砂量也越大。近三年实施冲砂井平均返出砂量4.9m³，最大 21.4m³，最小 0.2m³。

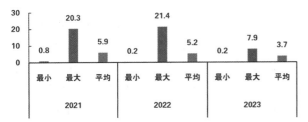

图 12    2021~2023 年冲砂返出砂量统计

### 2.5.2    出砂影响因素分析

页岩油体积压裂模式入地液量大、加砂量大，全生命周期生产过程中都存在出砂问题。矿场统计显示焖井时间不合理会导致井筒出砂、结垢等问题。返排初期不合理的放喷制度会导致地层激动出砂，影响油井产能发挥。生产阶段含水率的变化易使远井地带泥质填充物膨胀堵塞地层，近井地带泥质填充物松动后与裂缝壁面游离砂随流体进入井筒造成出砂。

### 2.5.3    防砂技术研究

分析井筒出砂主要控制因素，从源头出发考虑防砂措施，探索形成了"压裂源头固砂、放喷过程控砂、井筒配套防砂、生产过程清砂"全生命周期控、防砂技术。

（1）尾追固结砂

通过尾追树脂涂层固结砂，在缝口固结形成高导流支撑剂屏障，实现压裂前端固砂、防砂。固结砂在 50℃ 下 2 小时可固结，抗压强度 5.5MPa、液相渗透率大于 3.5D，可满足各级裂缝最低导流能力需求。在超长水平井华 H9＊-3、庆 H2＊平台开展尾追固结砂 2 口，出砂系数由 0.613% ↓ 0.430%。

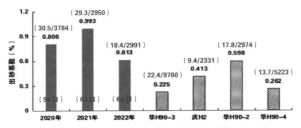

图 13    不同年度页岩油水平井出砂系数对比图

注：出砂系数＝100×出砂量/入地砂量

（2）"连续、稳定、按量"放喷

依据支撑剂回流运移理论，建立了不同裂缝簇数与不同粒径支撑剂的临界出砂流速图版，形成了连续控压放喷校正图版，现场严格执行"连续、稳定、按量"制度，极大较少了井筒激动出砂，出砂导致的产能下降井减少了70%以上，平均单井出砂量从 7.1m³ 下降到 5.3m³。

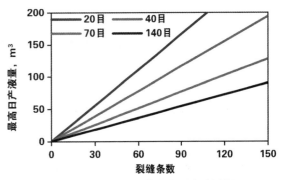

图 14    不同粒径石英砂临界流速图版

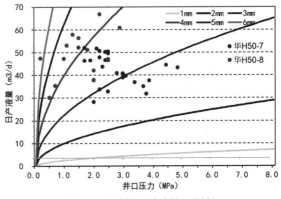

图 15    连续控压放喷校正图版

（3）防砂筛管选型优化

针对井筒出砂易导致活塞卡、进液通道堵塞等问题，配套防砂筛管，结合页岩油井产出物特征开展筛管孔眼直径优化。现场试验不同规格防砂筛管47口，根据使用情况不断优化配套标准与筛管孔眼目数，首选20目防砂筛管作为防砂工具，既能防砂又不堵塞进液通道，优化后的筛管还能预防碎胶皮、垢渣、异物导致泵阀漏失的问题。同时研制了沉砂筛管，根据重力沉降原理，设计了进液通道、油管内腔、泵筒进液口处防漏失功能的沉砂筛管，可以隔离大部分井液杂质。现场试验 5 口井，目前均正常生产，对比井检泵周期延长 150d。

## 2.6    页岩油智能工况诊断决策技术

### 2.6.1    工况诊断现状

页岩油高气油比特征导致油井功图、载荷波动大，间歇出液严重，常规的示功图诊断及功图计产准确率偏低，导致难以及时发现故障，产量损失较大。同时，受气体影响油套环空实际液面以上存在泡沫段导致动液面测试不准，人工录取资料难度高、准确性差。参数跟踪、作业历史记录、热洗及油套压管理等均依靠人工实施，难以适应页岩油扁平化化组织架构少人、高效管理的需求。

### 2.6.2　智能工况诊断决策技术研究

通过硬件设施配套、软件算法升级，实现了油井"功图、载荷、液面、液量"实时在线采集、工况自动比对、数据自动分析，推进了油井智能预警、智能诊断、智能决策，大幅减小了人员工作强度。

（1）智能功图

通过电机驱动端电参数和电机转速的密集采集，建立两个力学模型，通过核心算法实现采油参数的动态实时运算，实时获取连续地面示功图、地下泵功图。利用大数据、人工智能，采用交叉点校验、载荷差校验、几何特征分析及 CNN 卷积神经网络等多种算法融合并举的思路，结合油井历史功图综合分析，形成"大数据诊断算法+图形识别算法+专家经验公式算法+人工智能 AI 算法"四联工况诊断架构，实现对页岩油井的精准诊断。同时通过对各类工况开展分级预警，通过系统推荐相关措施，极大提升了工作效率，故障诊断准确率由 75% 提升至 98% 以上，人员工作量下降 40% 以上。

（2）智能动液面

通过实时连续监测井下泵功图，计算泵功图上行程平均载荷和下行程平均载荷，得到抽油泵的液柱载荷，结合油压、套压，利用流体动力学算法计算出动液面值，能够消除泡沫段影响，便于获得准确动液面，基于功图+算法的动液面连续测量为实时掌握井底流压提供了技术支撑，使人员测试工作强度减少 90% 以上。

（3）智能计产

通过加密功图录取，计算每一冲程的有液有效行程，根据抽油泵泵径与有效行程高度得出每一抽的有效排量，对全天 24 小时每一个冲程有效排量进行累加，进而得到精确的油井日产液量，能够满足页岩油高气油比、间歇出液特征。通过对比，智能功图计产方式平均相对误差为 1.18%，精度高于传统功图计产的 18.86%。

## 3　应用效果

通过不断试验探索，建立了适合长庆页岩油复杂井况的 6 类 19 项页岩油水平井工艺配套体系，推进了页岩油的规模效益开发。采油工艺指标领先，经济效益指标不断提升，受到企地领导和国内主流媒体的高度关注。

### 3.1　技术效益

庆城页岩油水平井采油工艺关键技术规模应用以来，维护性作业频次由 1.49 井次/（口·年）下降至 0.64 井次/（口·年），作业井数减少 57%。抽油泵效由 41.9% 提升至 52.4%，采油时率由 97.0% 上升至 99.5%，检泵周期由 365 天上升至 539 天，采油工艺指标不断向常规油田看齐，打造了页岩油水平井开发原创技术策源地。

### 3.2　经济效益

采油工艺技术体系应用以来，大幅减少了作业工作量，材料更换量明显下降，采油时率明显提升，经济效益显著，以目前 500 口井的生产规模计算，年度总计可节约生产费用 4400 万元，减少油量损失 7.35 万吨。

表 4　经济效益测算表

| 分类 | 单井节约费用（万元） | 总节约费用（万元） | 备注 |
|---|---|---|---|
| 井下作业费用 | 2.0 | 800.0 | 年减少井下作业 400 井次 |
| 井下材料费用 | 3.0 | 1200.0 | 平均单井更换管杆 300m |
| 热洗作业费用 | 0.4 | 2400.0 | 年减少 6000 井次热洗作业 |
| 热洗影响油量 | 单井次减少油量损失 6.0t | 年度减少油量损失 3.6 万吨 | |
| 时率影响油量 | 提升采油时率 2.5%，年减少油量影响 3.75 万吨 | | |

### 3.3　社会效益

庆城页岩油受到企地领导和国内主流媒体的高度关注，国内外多家油气田单位赴现场调研学习，社会影响力和技术示范引领作用凸显。长庆页岩油实现了百万吨用工人数 200 人以内的突破，相对于常规采油厂用人规模缩减 80% 以上。2022 年以来累计迎接各级调研参观 80 余次，打造了长庆页岩油高效开发品牌，采油工艺技术影响力和美誉度不断提升。

## 4 结论及认识

页岩油水平井井眼轨迹复杂、产出物成分复杂是造成各类工程问题的主要原因，结合页岩油"创新、智能、高效、绿色"的建设理念，考虑全生命周期综合治理，形成了页岩油水平井"五防一配套"综合治理体系。

1. 页岩油水平井治理应打破传统的治理思路，从前端储层改造开始，贯穿油井生产各个阶段，并尽可能采取智能、免维护的治理措施，进一步提升油田开发管理水平，通过实践结合现场主要矛盾采取综合性治理方案效果更为明显。

2. 形成了全生命周期井筒治理体系。解决了制约页岩油高效、智能采油工艺关键技术问题，采油工艺指标、经济效益指标显著提升，能够为国内陆相页岩油开发提供借鉴依据。

## 参 考 文 献

[1] 何永宏，薛婷，李桢等. 鄂尔多斯盆地长7页岩油开发技术实践——以庆城油田为例 [J]. 油勘探与开发，023，0 (06)：245-1258.

[2] 张矿生，慕立俊，陆红军等. 鄂尔多斯盆地页岩油水力压裂试验场建设概述及实践认识 [J/OL]. 钻采工艺 (2024-10-08).

[3] 郑春峰，魏琛，张海涛等. 海上油井井筒结蜡剖面预测新模型 [J]. 石油钻探技术，2017，45 (04)：103-109.

[4] 孔红芳. 低能井泵车热洗清蜡不足问题及解决方案 [J]. 石油石化节能，2022，12 (05)：28-30+9-10.

[5] 王兵，李长俊，刘洪志等. 井筒结垢及除垢研究 [J]. 石油矿场机械，2007，(11)：17-21.

[6] 丁富骏，王彭通，丁文龙等. 油田伴生气的规律性研究 [J]. 价值工程，2018，37 (13)：97-99.

[7] 赵丹，雷武刚. 抽油井管杆偏磨原因及防治措施. 长江大学学报（自然科学版），2009，12 (06)：177-178.

[8] 罗杨，徐进杰，王建忠等. 致密油水平井出砂机理 [J]. 大庆石油地质与开发，2018，37 (03)：168-174.

# 庆城夹层型页岩油地质工程一体化压裂改造技术实践

曹　炜　齐　银　拜　杰　陶　亮　张洋洋　赵国翔　涂志勇

（中国石油长庆油田分公司油气工艺研究院）

**摘　要**　庆城页岩油储层单砂体厚度薄、孔隙压力系数低、储层异常致密且纵横向砂泥岩交互、砂泥互层关系复杂、砂体连续性差、力学性质差异大。为进一步增加储量动用程度，提高单井产量。在多学科数据集成认识的基础上，充分刻画储层砂体展布与特征，结合压裂改造难点，创新建立了一套适用于庆城页岩油的地质工程一体化细分切割体积压裂技术，通过开展段簇布置优化、压裂参数优化、差异化极限限流射孔优化、绳结与颗粒复合暂堵与小粒径支撑剂占比优化，有效实现了庆城页岩油差异化、针对性改造。研究结果表明：段簇匹配位置优化从压裂布缝设计源头实现了分段多簇裂缝均衡扩展；压裂参数优化可针对性改造储层，减少储层欠改造和过改造的问题；差异化极限限流射孔与绳结颗粒复合暂堵进一步提高了多簇压裂条件下的充分起裂和均匀扩展；全程小粒径支撑剂通过增加缝内运移距离与缝面铺置效果，可有效提高单井产能。该集成技术目前现场累计应用已达 150 余井次，暂堵有效率可达 87.5%，段内多簇裂缝扩展均衡性从前期的 30% 提高至 60% 以上，应用井平均单井初期产量达到 14.2 吨/天，其中大于 15 吨/天井比例由 2021 年 20% 提升至 50% 以上。该技术为庆城页岩油规模效益开发提供了有力的技术支撑，也为下步技术迭代提供了优化方向。

**关键词**　鄂尔多斯盆地；页岩油；地质工程一体化；体积压裂

近年来非常规油气藏逐步成为我国油气开发的热点领域，为接替常规油气能源，保障我国能源安全，页岩油勘探开发力度不断加大，页岩油开发经济效益不断提升。在地质工程一体化理念的指导下，结合水平井细分切割体积压裂技术，鄂尔多斯盆地庆城延长组长 7 页岩油已初步实现规模效益开发。

以北美 Bakken 页岩油储层为例，其为海相沉积，地层稳定且连续；埋深在 3100 ~ 3300m，有效厚度大（30 ~ 120m）；岩性以砂岩、粉砂岩和白云岩为主，孔隙度为 8 ~ 12%，渗透率范围在 0.05 ~ 0.5 mD；原油性质较好，密度 0.82g/cm³，地层原油粘度 0.53mPa·s，压力系数大于 1.2；储层两向应力差较小（2 ~ 6MPa），脆性指数高（50 ~ 70%）。与北美页岩油相比，庆城夹层型页岩油属于深湖-半深湖相沉积，纵横向非均质性较强，纵向薄夹层发育，单砂体厚度薄 6 ~ 12m，孔渗相当，压力系数低（0.7 ~ 0.8），两向应力差较大（4 ~ 8MPa）、脆性指数低（35% ~ 40%），开发难度大。

本文针对上述问题，通过地质工程一体化方法的应用，精细刻画地质特征，针对性差异化高效改造，进一步迭代优化压裂技术，在开发地质

条件"由肥到瘦"的转变阶段实现了单井产能的提升，有效支撑了庆城页岩油百万吨级建产，为陆相页岩油的效益开发提供了有力的技术支持和参考。

## 1　庆城夹层型页岩油地质特征

庆城页岩油开发区域位于鄂尔多斯盆地陕北斜坡西南段，构造形态属于西倾单斜。延长组长 7 层整体为一套三角洲前缘分流河道砂岩和湖相泥页岩交互发育的沉积地层。结合井下岩心和野外露头分析，可将庆城页岩油储层沉积微相划分为分流河道、席状砂、河道间湾。按照中国陆相页岩油三大类型划分（夹层型、混积型、页岩型），鄂尔多斯盆地庆城长 7 页岩油主要发育夹层型和页岩型。目前的主要开发层位为长 $7_1$ 和长 $7_2$ 小层，为泥页岩夹多期薄层粉细砂岩组合下的夹层型页岩油，是目前规模开发的主要对象。

庆城夹层型页岩油属于半深湖 ~ 深湖相的细粒沉积，如图 1 所示，纵横向非均质性较强，纵向上呈多薄层特征，纵向发育 4 ~ 6 个小层，隔层厚度 1 ~ 10m，应力差 0.5 ~ 6MPa，纵向甜点与压裂改造有效缝高的匹配难度大；横向上变化快，油层、干层交互出现，同平台同层系钻遇率差异大。宏

观上发育北东向多条走滑断裂，断裂附近微裂缝发育，局部天然裂缝发育，天然裂缝密度 1.45 条/m（基于 70 余口井共 1700 多米长的岩心描述结果）。总体来看，长 7 夹层型页岩油储层整体体现出非均质性较强、岩性致密、物性差（孔隙度

7.4%~9.2%，渗透率 0.03~0.2mD），压力系数低（0.7~0.8）的特点，但含油饱和度高（70%）、原油性质较好（地层原油黏度为 1.55mPa·s，气油比 102m³/t）。如何精确布缝实现储层控制程度最大化仍然是存在的难题。

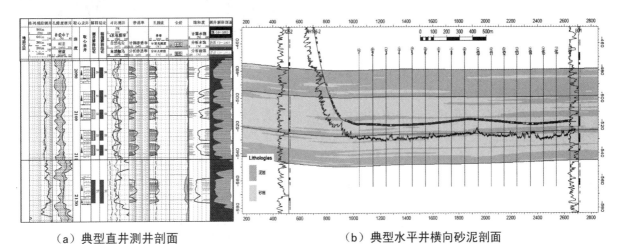

（a）典型直井测井剖面 　　　　（b）典型水平井横向砂泥剖面

图 1　储层纵横向非均质性特点剖面

## 2　地质工程一体化工作流程

为了充分对储层进行认识刻画并高效动用，结合多专业人员和一体化软件平台开展地质工程一体化协同办公，如图 2 所示，形成了从地震反演、地质建模、压裂设计、现场实施、方案调整、压后评估和迭代优化的深度融合一体化工作流。

通过地质、地震、钻井、测井、压裂等多学科专业一体化协同优化方案，大幅提升平台和单井方案质量；同时进一步规范要求，建立相应图表基础资料，开展平台化论证压裂技术要点及测试评价规划。从平台压裂要点论证到单井压裂精细设计，为保障单井产能提供支撑。

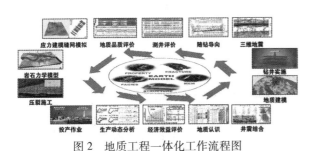

图 2　地质工程一体化工作流程图

## 3　细分切割体积压裂技术

在页岩油开发的早期阶段，储层刻画精细程度低，各段规模通过划分簇数控制，同时采用大

簇距下的单段多簇改造模式，裂缝以主缝特征为主，缝间动用程度低；使用大粒径支撑剂充填裂缝，支撑剂输送距离近，造成支撑裂缝长度有限，井间动用程度低；忽视段内非均质性，由于段内各簇应力差异造成裂缝延伸扩展不均匀，单段改造不充分。

为此，通过地质工程一体化工作流的开展，针对储层纵横向非均质性的特点，结合压裂认识的迭代更新和地质特征差异需求，逐步形成了庆城夹层型页岩油特色的细分切割体积压裂技术。

### 3.1　段簇匹配与参数优化

水平井段簇优化是提高页岩油水平井单井产能的关键因素，针对段长的选择、单段簇数的选择和簇间距大量学者开展了相关研究。在测井一维尺度下，庆城夹层型页岩油由于横向非均质性较强的特点，水平井钻遇砂泥岩变化快，连续Ⅰ类油层段长有限。如图 3 所示，以典型井 H1 为例，连续Ⅰ类油层段长有限特征明显，50m 以内的连续Ⅰ类油层段数共 29 段，而大于 50m 的连续Ⅰ类油层段数仅 5 段。针对水平井钻遇连续Ⅰ类油层长度特征差异性，开展了压裂段长优化，形成了差异化段长原则。同时考虑水平段力学性质差异大的特点，在压裂段划分的基础上进一步结合力学性质相近、减少差异的均衡起裂原则，优化形成了体积压裂差异化段簇组合模式。从提高多簇

均衡扩展角度开展了相应的裂缝扩展模拟优化研究。如图4所示，模拟结果表明，当储层非均质性较强的条件下，由于段内水平应力差异和簇间应力干扰，簇数越多段内多簇裂缝扩展均一性越差，裂缝竞争起裂效应明显，容易出现超长缝和超短缝，采用单段3~5簇；储层相对均质条件下，段间水平应力差异小，裂缝扩展较为均一，竞争起裂效应不明显，同时为避免分段造成的优质甜点段间未改造，考虑整体动用原则，采用单段6~8簇。在庆城夹层型页岩油砂泥交互控制下结合均衡扩展和充分改造的需求形成了目前均质储层大段多簇与非均质储层多段少簇的段簇组合模式。

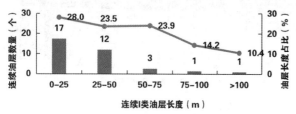

图3 典型井H1连续Ⅰ类油层长度特征统计

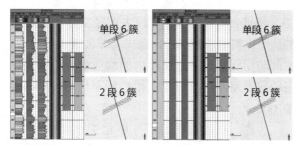

图4 不同储层条件不同压裂方案下裂缝扩展模拟图

水平井多级压裂参数和规模优化是储层高效改造的重点，海相沉积下的页岩油气常规单井统一优化思路并不适合庆城陆相夹层型页岩油，需要针对水平井各段储层纵向特征差异化改造。结合前期直探井储层展布认识，融合精细地震反演和水平井测井精细解释，刻画不同平台下长7夹层型页岩油空间三维展布。考虑鄂尔多斯盆地储层砂泥互层条件下快速变化，仅考虑井筒尺度下的钻遇情况影响仍不充分，为此基于建立的地质工程一体化三维地学模型，利用地质品质空间评价的方法，充分挖掘三维模型井周信息，通过将三维模型属性映射到沿井的一维测井曲线，定量表征井周三维空间甜点，如图5所示。

如图6所示，结合三维空间品质量化，考虑储

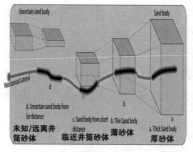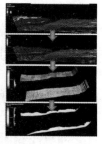

图5 地质品质计算流程图

层特征差异下的改造技术需求，将油层纵向特征划分为三种类型，通过压裂数模一体化模拟优化提出了差异化改造策略。针对单一薄油层型储层，改造目标是避免缝高失控并提高支撑缝长，改造策略是采用适度规模压裂（单段排量控制在 $8\sim12m^3/min$，单段液量控制在 $800\sim1200m^3$，采用变黏滑溜水压裂液体系）；针对单一厚油层型储层，改造目标是纵向充分改造，提高支撑缝高，改造策略是提高压裂改造的规模（单段排量控制在 $10\sim14m^3/min$，单段液量控制在 $1000\sim1400m^3$）；针对多油层叠置型储层，需要根据隔层发育情况，差异化改造，对于叠置隔层厚度大于10m的油层采用单层改造思路，对于叠置隔层厚度小于10m的油层则采用穿层改造思路（单段排量提高至 $12\sim16m^3/min$，单段液量提高至 $1200\sim1600m^3$，并采用前置胍胶高粘）。

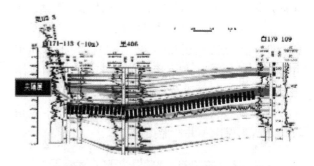

（a）单一薄油层型

（b）单一厚油层型

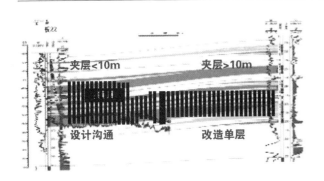

（c）多油层叠置型

图6　不同油层发育情况下改造策略示意图

### 3.2　限流压裂与差异化射孔

在水平井分段多级压裂工艺全面应用的情况下，压裂有效性已经不是制约产能的关键，大量现场试验测试结果和数值模拟研究结果均表明段内各簇存在进液不均匀或压后不出液等现象，存在多簇射孔产能贡献低的问题。针对水平井段内各簇应力差异特征，如何高效开启段内多簇并均匀进液才是储层充分改造的关键。限流射孔压裂技术则是提高段内各簇有效性，保证均衡起裂扩展延伸的重要优化手段。基于庆城页岩油水平井井筒参数和压裂液性能参数，通过孔眼摩阻计算公式，对影响孔眼摩阻的排量和有效孔数进行了分析计算，建立了适用于庆城页岩油的孔眼摩阻计算图版。

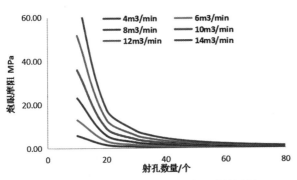

图7　不同排量和孔数下孔眼摩阻计算图版

如图8所示，以典型井H2为例，通过纵横波数据计算、岩石力学实验数据转换和小压测试地应力校准建立的一维地质力学模型来看，段内各簇应力差异较小，在0~4MPa范围内波动，平均段内各簇应力差为2.6MPa；同时开展了200余口水平井簇间应力大数据统计分析，结果表明簇间应力差分布范围在0~5MPa，主要集中在1~3MPa。基于单孔流量≥0.4m³/min的要求，在保证孔眼摩阻可有效克服簇间1~6MPa应力差的条

件下，优化后的单段孔数限制在40孔之内，单段3簇在20孔之内。如图9所示，根据概念模型下的限流射孔压裂模拟结果来看，在存在簇间应力差的条件下，通过限流射孔可有效提升各簇裂缝扩展均匀性。

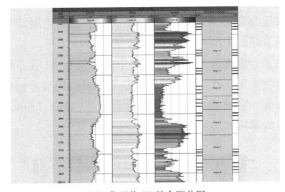

（a）典型井H2综合测井图

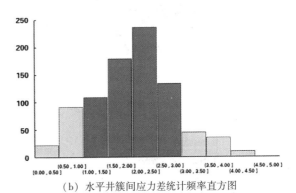

（b）水平井簇间应力差统计频率直方图

图8　页岩油典型与大数据统计段内各簇应力差异

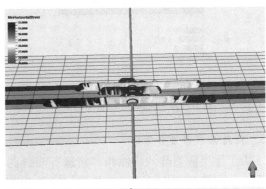

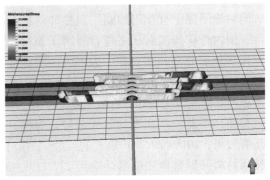

图9　簇间应力差异下的限流射孔裂缝扩展模拟图

　　结合限流压裂思路，为进一步提高段内多簇扩展均匀性，针对测井地质参数和工程参数响应差异，对地质工程因素融合评价，以均衡起裂为目标，调整孔眼摩阻，在地质力学强度高的位置增加射孔数，强度低的位置减少射孔数，精细化定制射孔数，充分保证均衡起裂。如图10为例，该压裂段针对段内各簇差异采用了差异化限流布孔策略，中间簇自然伽马值高，最小水平主应力大，为促进进液均匀性，对中间簇采用12孔，两侧簇采用9孔。从光纤解释结果来看，通过差异化限流，有效提高了中间簇的进液量占比，促进了段内各簇扩展的均衡性。

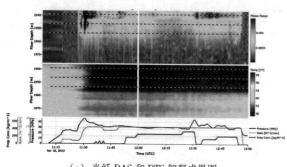

（a）光纤 DAS 和 DTS 解释成果图

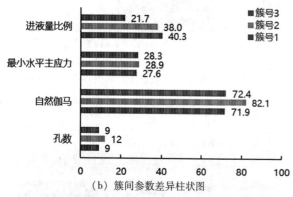

（b）簇间参数差异柱状图

图10　典型段差异化限流光纤测试综合结果图

### 3.3　绳结与颗粒复合暂堵

　　由于地层应力非均质性和"密簇"布缝的联合影响，多簇压裂中的水力裂缝难以同步起裂扩展，同时缝间强干扰作用加剧了裂缝非均衡延伸程度，国内外矿场实践证实缝口暂堵压裂可以有效调控多簇裂缝非均衡延伸。为了进一步提高段内各簇进液均匀性，在差异化限流射孔的基础上，针对单段5簇及以上设计了暂堵压裂。考虑不同暂堵材料使用下所反应出来的效果差异。为提升暂堵压裂效果，2018~2022年庆城页岩油水平井对不同暂堵材料开展暂堵压裂累计应用237口井4503段，暂堵阶段升压集中在 5.5~12MPa，平均升压

7.9MPa，最高升压 33.5MPa；暂堵前后工压升高值集中在 0~6MPa，平均升压 5.0MPa，最高升压 26.7MPa。现场试验结果表明，单一颗粒暂堵效果要差于单一绳结暂堵和绳结与颗粒复合暂堵，单一绳结暂堵和绳结与颗粒复合暂堵有效性较高，均可达到80%以上且暂堵升压明显。

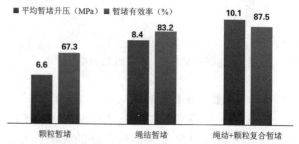

图11　不同暂堵材料下暂堵升压和有效性对比图

　　同时，针对复合暂堵工艺开展了暂堵转向影响因素研究和试验，结果表明排量、加入时机、用量和比例是影响暂堵效果的关键因素。针对单段多簇工艺下射孔孔眼数多，单个孔眼分流小，提高暂堵阶段的泵送排量具有更好的暂堵效果；绳结数量与孔眼数比例在 2.2~2.4 之间，升压值较好；暂堵效果与暂堵时机相关性明显，暂堵前加砂量越大暂堵升压值越小。通过以上认识优化，进一步提高了暂堵有效性。

### 3.4　全程小粒径支撑剂

　　压裂支撑剂的选择对于压后产能效果同样重要，针对庆城页岩油低压储层，合适的支撑剂可在保证支撑裂缝导流能力的同时尽可能提高支撑裂缝的长度。为此，围绕提高主缝-支缝-微缝多级充填，系统开展了复杂缝网条件下的不同粒径和组合下的支撑剂运移铺置规律研究。室内支撑剂沉降速度实验表明，小粒径支撑剂由于沉降速度慢，室内静置条件下40/70、70/140目支撑剂沉降时间是20/40目的 2~5 倍。不同粒径下单一直缝中支撑剂铺置数值模拟研究表明，如图12所示，在相同的排量条件下，随着粒径变小，砂堤高度降低且运移距离增加，铺置更均匀。而如图13所示，从一体化裂缝扩展模拟结果表明，随着小粒径比例的提升，缝内支撑裂缝面积不断提升，小粒径的缝面铺置改善效果显著。结合庆城页岩油水力压裂试验场现场取心评价和不同粒径铺置模拟实验，支撑剂铺置不均、空间差异大，且小粒径支撑剂的远端输送几率高，由此确立强化小粒径支撑剂应用比例的技术方向：一是大粒径与小

粒径组合支撑剂既能实现裂缝远端铺置、又能提高缝口充填；二是增加小粒径支撑剂比例，有利于提高主缝远端充填与分支缝的铺置程度。

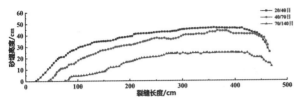

图 12　单一主缝条件下不同目数支撑剂铺置运移模拟图

20/40：40/70 (1：4)　20/40：40/70 (1：9)　40/70：70/140 (1：2)

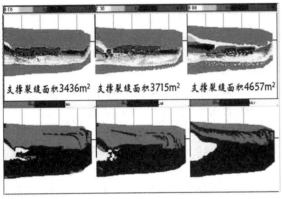

图 13　不同案例下支撑剂铺置分布情况

　　为了充分认识小粒径支撑剂的现场应用效果，在庆城页岩油 20 余个平台开展 40/70+70/140 目全程组合小粒径支撑剂试验，累计共 60 口水平井，目前已全部投产。试验井和对比井生产动态变化数据对比表明，试验井日产油量（油层段长归一化）明显高于对比井；基于优选的产能指标来看，试验井长期产能指标同样高于对比井，展现出较好的提产效果。同时，采用全程小粒径支撑剂可有效降低单井出砂量。

## 4　矿场实践效果

　　2023 年以来，庆城页岩油通过持续推广应用综合地震、测井、地质、压裂、钻井等多专业地质工程一体化协同方案优化。结合矿场试验测试认识、室内物模和数模认识不断更新，迭代优化庆城页岩油水平井细分切割体积压裂技术并规模应用。目前现场累计应用已达 150 余井次，应用井平均单井初期产量达到 14.2 吨/天，其中大于 15 吨/天井比例由 2021 年 20% 提升至 50% 以上（图14）。

## 5　结论

　　（1）庆城页岩油储层孔隙度低、渗透率低、

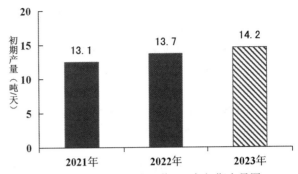

图 14　庆城页岩油水平井近三年初期产量图

孔隙压力低，纵横向非均质性较强，通过储层精细刻画与认识，如何差异化、针对性的改造是压裂技术的核心和难点。

　　（2）基于庆城页岩油地质特征，结合地质工程一体化多学科知识、现场试验和室内模拟认识，形成了"段簇匹配与参数优化+限流压裂与差异化射孔+绳结与颗粒复合暂堵+全程小粒径支撑剂"为核心的细分切割体积压裂技术，充分认识储层并改造储层，提高了庆城页岩油压裂技术适应性。

　　（3）地质工程一体化压裂技术在庆城页岩油开展的现场应用已达 150 余井次，在储层品质逐渐变差的开发背景下，初期产量从 2021 年的 13.1t/d 提高到 2023 年的 14.2t/d，实现了页岩油水平井单井产量大幅提升，有力支撑了庆城页岩油规模效益开发。

### 参　考　文　献

[1] 付金华，董国栋，周新平，等. 鄂尔多斯盆地油气地质研究进展与勘探技术 [J]. 中国石油勘探，2021，26 (3)：19-40.

[2] 李国欣，刘国强，侯雨庭，等. 陆相页岩油有利岩相优选与压裂参数优化方法 [J]. 石油学报，2021，42 (11)：1405-1416.

[3] 蒋廷学 卞晓冰，左罗 等. 非常规油气藏体积压裂全生命周期地质工程一体化技术 [J]. 油气藏评价与开发，2021，11 (3)：297-304.

[4] Qiu K, Cheng N, Ke X, et al. 3D Reservoir Geomechanics Workflow and Its Application to a Tight Gas Reservoir in Western China [C]. International Petroleum Technology Conference, 2013.

[5] Zhang K, Tang M, Du X, et al. Application of Integrated Geology and Geomechanics to Stimulation Optimization Workflow to Maximize Well Potential in a Tight Oil Reservoir, Ordos Basin, Northern Central China [C]. 53rd U. S. Rock Mechanics/Geomechanics Symposium, 2019.

[6] 雷群，翁定为，管保山，等. 基于缝控压裂优化设计

的致密油储集层改造方法［J］. 石油勘探与开发, 2020, 47（3）: 592-599.

［7］张矿生, 唐梅荣, 陈文斌, 等. 压裂裂缝间距优化设计［J］. 科学技术与工程, 2021, 21（4）: 1367-1374.

［8］王瑞杰, 王永康, 马福建, 等. 页岩油地质工程一体化关键技术研究与应用——以鄂尔多斯盆地三叠系延长组长 7 段为例［J］. 中国石油勘探, 2022, 27（1）: 151-163.

［9］Zhang K, Zhuang X, Tang M, et al. Integrated Optimisation of Fracturing Design to Fully Unlock the Chang 7 Tight Oil Production Potential in Ordos Basin［C］. SPE/AAPG/SEG Asia Pacific Unconventional Resources Technology Conference, 2019.

［10］李国欣, 吴志宇, 李桢, 等. 陆相源内非常规石油甜点优选与水平井立体开发技术实践——以鄂尔多斯盆地延长组 7 段为例［J］. 石油学报, 2021, 42（6）: 736-750.

［11］翁定为, 雷群, 管保山, 等. 中美页岩油气储层改造技术进展及发展方向［J］. 石油学报, 2023, 44（12）: 2297-2307.

［12］张福祥, 李国欣, 郑新权, 等. 北美后页岩革命时代带来的启示［J］. 中国石油勘探, 2022, 27（1）: 26-39.

［13］周庆凡, 金之钧, 杨国丰, 等. 美国页岩油勘探开发现状与前景展望［J］. 石油与天然气地质, 2019, 40（3）: 469-477.

［14］付金华, 李士祥, 牛小兵, 等. 鄂尔多斯盆地三叠系长 7 段页岩油地质特征与勘探实践［J］. 石油勘探与开发, 2020, 47（5）: 870-883.

［15］李士祥, 牛小兵, 柳广弟, 等. 鄂尔多斯盆地延长组长 7 段页岩油形成富集机理［J］. 石油与天然气地质, 2020, 41（4）: 719-729.

［16］付锁堂, 付金华, 牛小兵, 等. 庆城油田成藏条件及勘探开发关键技术［J］. 石油学报, 2020, 41（7）: 777-795.

［17］何永宏, 薛婷, 李桢, 等. 鄂尔多斯盆地长 7 页岩油开发技术实践: 以庆城油田为例［J］. 石油勘探与开发, 2023, 50（6）: 1245-1258.

［18］慕立俊, 拜杰, 齐银, 等. 庆城夹层型页岩油地质工程一体化压裂技术［J］. 石油钻探技术, 2023, 51（5）: 33-41.

［19］王天驹, 陈赞, 王蕊, 等. 致密砂岩油藏体积压裂簇间距优化新方法［J］. 新疆石油地质, 2019, 40（3）: 351-356

［20］肖剑锋, 何怀银, 李彦超, 等. 四川盆地威远页岩气田缝控压裂关键技术［J］. 天然气工业, 2023, 43（7）: 63-71

［21］张矿生, 唐梅荣, 陈文斌, 等. 压裂裂缝间距优化设计［J］. 科学技术与工程, 2021, 21（4）: 1367-1374.

［22］李扬, 邓金根, 刘伟, 等. 水平井分段多簇限流压裂数值模拟［J］. 断块油气田, 2017, 24（1）: 69-73.

［23］卓仁燕, 马新仿, 李建民, 等. 水平井限流压裂对射孔孔眼冲蚀的影响［J］. 钻采工艺, 2023, 46（2）: 77-82.

# 陇东页岩油电驱压裂储能系统应用探索

张增年[1]  杨小朋[2]  张铁军[2]  闫育东[2]  杜 龙[2]

（1. 中国石油川庆钻探工程有限公司；2. 中国石油川庆钻探工程有限公司长庆井下技术作业公司）

**摘 要** 电驱压裂作为一种经济高效、节能环保的作业模式，成为非常规油气资源效益开发的有效途径。陇东页岩油作为中国石油集团电驱压裂规模化应用的重点区域，由于该区域电网资源匮乏，燃气发电经济性不高，钻井电网容量小、末端电压低无法接续使用等因素限制了电驱压裂规模化发展。川庆钻探结合电驱压裂场景，通过储能系统应用，拓宽了电驱压裂供电模式，缓解了陇东页岩油电驱压裂应用困局，为电驱压裂规模化应用提供新路径。

**关键词** 储能；电驱压裂；陇东页岩油

在双碳背景下，储能技术不断迎来新突破，并在智能电网、光伏、风电等领域普遍应用，为电网运行提供调峰、调频、应急备电、需求侧响应等多种策略，成为提升电力系统灵活性、经济性和安全性的重要手段。近年来川庆钻探开展了"网电+储能"和"燃气发电+储能"电驱压裂供能方式探索，应用"源、网、荷、储"一体化储能技术，提升电网利用率，提高燃气发电经济性，发挥储能系统供电增容、平抑负载、应急保障、峰谷套利降低用能成本的价值。

## 1 电驱压裂供电方式及主要问题

### 1.1 电驱压裂供电模式

川庆钻探根据陇东页岩油压裂规模、作业周期、网电资源、天然气资源等实际情况，形成网电和燃气发电两种电驱压裂供电方式：

1.1.1 网电：主要依托自建电网，根据电网供电能力，开展全电驱或混驱压裂。

1.1.2 燃气发电：使用井口气、管道气、CNG、LNG 等供气方式，在具备综合经济性的平台开展天然气发电（燃气涡轮发电和燃气内燃机发电），为电驱压裂提供电能。

### 1.2 供电模式存在的问题

1.2.1 网电：陇东页岩油区域网电资源不足，区域内可调配容量 50MW，电网容量有限，仅满足 5 个平台开展全电驱压裂，且电驱压裂大功率、峰谷式用电特性，易打破区域电力供应平衡，自建电网容量申请困难；电动钻井前期架设了电网专线，因钻井供电线路线径细、容量小、末端电压低，无法用于电驱压裂，造成电网资源浪费；依托网电开展全电驱压裂时，在应对电网突发停电情况，因缺乏备用电源，通常采用柴驱压裂设备作为应急设备，存在占用设备资源的问题。

1.2.2 燃气发电：燃气发电分为大功率燃气涡轮发电和分布式燃气内燃机发电两种，燃气涡轮发电具有单机大功率的特点，抗负载冲击能力强，存在低负载工况下发电经济性低的问题；分布式燃气内燃机发电机组由多台小功率发电机组成，可根据负载变化自动调整发电机启停数量，具有发电效率高的的优势，但抗冲击能力不足，电驱压裂负载突变时存在拉停发电机组的风险。

## 2 电驱压裂储能系统构成

陇东页岩油电驱压裂主要采用网电或燃气发电，增加储能系统与网电或燃气发电共同为电驱压裂供电，可解决电网容量不足、燃气发电效率不高的问题，减轻电驱压裂对供电电源的负荷冲击，同时为电驱压裂提供应急电源。

### 2.1 电驱压裂储能系统运行模式

2.1.1 燃气发电削峰填谷模式。保持燃气发电设备在最佳工况下运行，电驱压裂低负载工况时，燃气发电过剩电能给储能充电，高负载工况时储能自动投入，满足电驱压裂时的功率突增；现场泵送桥塞作业、送球、现场生活用电等低功率用电工况，储能以离网模式运行，单独采用储能进行供电，不启用燃气发电机组，降低燃气消耗。

2.1.2 电网扩容供电模式。采用双回路电源供电，储能系统以并网模式运行，压裂间隙通过电网给储能充电，电驱压裂时电网与储能并网供电，用于电网扩容提高供电功率，夜间以峰谷套利方式节省电费；在电力系统双回路电源断电时，储能系统以离网模式运行为负载应急供电。

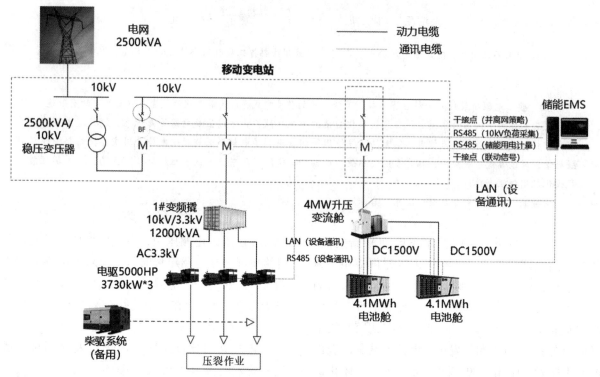

图1 储能系统接入拓扑图

## 2.2 电驱压裂储能系统构成

电驱压裂储能系统由储能电池仓、电池管理系统（BMS）、储能变压逆变系统（PCS）和能量管理系统（EMS）等模块组成，各模块功能如下：

### 2.2.1 储能电池仓

储能电池仓采用模块化集装箱设计，适用于压裂野外作业工况，由电池架、电池组（PACK）温控系统、照明系统、自动消防系统、应急系统等组成，电池组分区设置消防隔断，舱外设置声光报警器；自动消防系统由烟雾传感器、声光报警器、全氟己酮灭火器、超细干粉灭火器组成，探测到烟火信号自动触发启动扑救；温控系统由液冷机组及液冷管道系统组成，保持箱仓内温度在 15℃~35℃ 范围内，延长电池使用寿命，提高电池组运行安全性。

### 2.2.2 储能变压逆变系统（PCS）

储能变压逆变系统用于电池充放电时的交直流转换和电压升降，充电时将交流电降压后转换为直流给储能充电，放电时将直流电转换交流，升压后给负载供电；储能变压逆变系统由储能变流器、10kV 干式变压器、10kV 开关柜、辅助变压器一体化箱式集成，具有独立温度控制系统、隔热系统、阻燃系统、自动消防系统、应急系统等自动控制和安全保障系统。

### 2.2.3 BMS 电池管理系统

电池管理系统（BatteryManagementSystem，BMS）作为储能系统的大脑，由电池模组管理单元 BMU 和电池簇管理单元 BCMU 及电流、温度检测单元组成，用于采集电池的各项运行数据，实时监测显示电池电压、电流、温度、SOC 等状态，通过和上层控制器的联合控制电池簇充、放电，确保电池安全和高效运行。

### 2.2.4 能量管理系统（EMS）

能量管理系统（EMS）是储能系统的重要组成部分，对储能系统进行数据采集分析、集中监测、实时控制、智能运维等，为储能系统安全、稳定、高效运行提供保障。系统采用实时层，数据层，验证层三层架构，具有能耗统计、报表管理、设备管理、实时监控等功能（图2）。

### 2.3.4 安全保护系统

储能系统具有直流侧和交流侧电压、电流过载保护，短路保护，超温保护及电网安全保护；

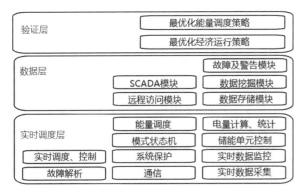

图 2　EMS 软件架构图

配置防逆流装置，当负载低于储能系统的输出时，系统对变流器进行降功率处理，防止出现电力倒送的问题，同时在并网点安装二级保护双向闭锁装置确保防逆流的可靠性。

## 3　储能系统在电驱压裂中应用

### 3.1　电网与储能并网供电模式应用

2024 年，川庆钻探在陇东页岩油乐 XX 平台，利用 10KV、3150KVA 钻井遗留电网，配套 4.1MW/8.2MWh 大功率储能装置，开展小容量电网+大功率储能组合供电电驱压裂现场试验，试验取得圆满成功，打造了网电储能压裂的节能作业新模式，为电驱压裂应用提供了新思路。

图 3　储能现场应用

#### 3.1.1　乐 XX 平台钻井遗留电网情况

线经 95mm²，带载时末端电压 9.0KV，可用功率 1.5~2.0MW，由于供电线路距离长、电压低、功率小、抗冲击性差，经测试无法驱动 1 台 5000 型电驱压裂橇工作。

#### 3.1.2　设备配套

现场投用 4.1MW/8.2MWh 移动式储能装置一套（0.5C 电芯），采用标准 20 英尺集装箱，单台设备重量控制在 30 吨以下，以满足油区山区道路运输需求。电驱压裂配置 3 台 5000 型电驱压裂橇、1 台 130 桶电驱混砂橇和 1 台仪表橇供电。

#### 3.1.3　作业工况运行策略

每天压裂三段的情况下，每段 6MWh 的放电，有效压裂的时间 2h，充电时间 2.5h。在这样的工况下，储能初始电量 SOC 为 100%，第一段压裂结束后电量 SOC 为 27%；在压裂第二段前充电至 90%，在第二段压裂结束后进行充电，开始第三段前电量 SOC 为 77%。当第三段结束为电量为 5%。保障在最短的等停时间完成电驱压裂工作，提高压裂施工效率。

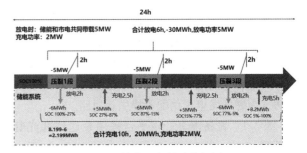

图 4　储能运行策略分析图

#### 3.1.4　现场应用情况

压裂施工间隙及夜间电网给储能充电，施工时电网+储能同期并网供电，并网输出电压稳定在 10.5KV，储能最大输出功率 3.8MW，电网+储能组合供电最大输出功率 5.5MW；累计完成乐 XX 平台 97 段油电混驱压裂，平均工作压力 38MPa 工况下，电驱最大排量 7.2m³/min，储能累计充电 4.07 万度、放电 3.6 万度，充放效率 88.2%，供电性能稳定可靠；储能系统具备电网功率自动跟随功能，负载低于电网供电功率时优先投用网电功率，负载超过电网供电功率阈值时快速投用储能功率补充，保持总功率稳定输出工况下储能最大用电时长。

#### 3.1.5　应用效果及认识

1）安装调试快捷。该套大功率储能装置安装、调试简单，占地面积小，首次调试成功后转场至新的作业平台，2 天内可完成供电安装调试准备。

2）实现钻井原电网接续使用。通过大功率储能设备给钻井电网扩容、升压，实现钻井电网电驱压裂接续使用，拓宽了电驱压裂应用的深度和广度，可缓解电网资源欠发达地区电驱压裂规模化应用困局。

3）实现应急供电保障。电网异常停电时，储能无缝切换持续给电驱压裂供电，防止电驱压裂设备全部停机，能够有效保障井筒安全。

4) 降低电网投资风险。目前油气田开发实行"边打边看"的开发模式，若后期开发效果不理想，区域工作量压减，将造成电网建设投资亏损；压裂前钻井供电线路已建成，钻井完成后基本已回收线路投资，利用钻井遗留的小容量电网，压裂时配套大功率储能装置开展电驱压裂，无前期自建电网投资风险。

## 3.2　燃气发电与储能并网供电模式应用（高桥 XX 平台）

燃气涡轮发电具有单机功率大、车载机动性强的特点，适用于电驱压裂工况特点，为进一步提高燃气涡轮发电经济性，川庆钻探在高桥 XX 平台开展了燃气发电+储能并网供电模式探索并取得成功，为燃气发电优化配置提供新思路。

3.2.1　设备配套。该平台采用泵送桥塞光套管压裂工艺，排量 10.0m³/min，平均工作压力 35MPa；配套 1 台 5.8MW 燃气涡轮发电机组+1 套 2.4MW/3.4MWh 储能，为 5 台 5000 型电驱压裂橇、1 台 130 桶电驱混砂橇和 1 台电驱仪表橇供电，实施全电驱压裂。

3.2.2　现场应用情况

压裂施工前燃气涡轮发电机组以最大功率给储能充电，电驱压裂时燃气涡轮发电机组与储能并网供电，施工结束后利用泵送桥塞间隙燃气涡轮发电机组不停机持续给储能充电，1 台 5.8MW 燃气涡轮发电机组+1 套 2.4MW/3.4MWh 储能并网供电功率可达 6.8MW，该平台累计发电 17.5 万度，用气 5.9 万方，平均发电效率 2.97 度/标方。

3.2.3　应用效果及认识

1) 提高燃气发电效率。将涡轮发电效率从 2.0 度/标方提升至 2.97 度/标方，发电效率提高 30%，减少燃气消耗，降低综合用电成本。

2) 提高发电机组利用率。该平台全电驱压裂施工需配置 2 台 5.8MW 燃气涡轮发电机组，增配储能系统后，减少了 1 台燃气涡轮发电设备配置，提高了发电设备利用率，解决了市场上大功率燃气涡轮发电设备资源不足的问题。

3) 提供应急备用电源。燃气发电异常停电时，储能无缝切换持续给电驱压裂供电，防止电驱压裂设备全部停机，能够有效保障井筒安全。

## 4　结论

4.1　燃气涡轮发电和燃气内燃机发电使电驱压裂摆脱了电驱压裂对网电的依赖，规避了用电高峰期网电限制，为电驱压裂推广提供了新路径，但均存在发电浪费问题，配套储能装置可提高燃气发电效率和供电稳定性，降低综合用电成本。

4.2　大功率储能供电是实现钻井遗留电网接续使用的有效方式，可解决电驱压裂电网专线建设周期长、费用高、容量申请困难等制约电驱压裂规模化应用的瓶颈问题，前景广阔。

### 参 考 文 献

[1] 张斌，李磊，邱勇潮等. 电驱压裂设备在页岩气储层改造中的应用 [J]. 天然气工业. 2020, 40 (5): 50-57.

[2] 谢元杰. 电驱压裂设备在页岩气储层改造中的应用 [J]. 智能制造与设计. 2021, (4): 73-74.

[3] 刘文宝，姚孔，王元忠. 电驱压裂装备整体供电技术方案分析及应用 [J]. 机械研究与应用. 2020, 33 (3): 210-213.

# 页岩油水平井连续油管产液剖面测试技术试验

朱洪征　郑　刚　李楼楼　苏祖波　杨海涛　高　宇

（中国石油长庆油田分公司油气工艺研究院；低渗透油气田勘探开发国家工程实验室）

**摘　要**　鄂尔多斯盆地陆相页岩油主要采用水平井方式开发，开发油井水平段长、压裂改造段簇多，投产水平井生产过程中井口液量变化大、平均单井液量低、受叠合区立体开发等因素影响含水波动明显，水平井段簇产出干扰、各段产出不均衡的突出问题，对于油田水平井压裂改造参数优化设计、生产制度、人工举升以及后期开发政策的优化调整、措施实施带来了巨大挑战。为了有效监测页岩油水平井段簇产出贡献能力及产出规律特征，在现有常规水平井产液剖面监测技术适应性分析基础上，通过技术集成与创新，提出了一种采用 2″预置式内穿芯连续油管电缆供电、电潜泵或氮气气举举升排液增大井筒流量，通过连续油管拖动井下测井仪器对水平井段流量、含水、压力、温度等参数进行连续监测为核心的快速找水新方法，研发配套了关键装置、工具，设计了两种适应长水平井段页岩油水平井多段簇、复杂井况油井高效产出监测工艺管柱，形成了页岩油水平井连续油管产液剖面测井技术。开展了 11 口井现场先导试验，测试技术能够实现 1500m 水平段页岩油水平井产液和含水率的准确监测，保证了实时数据传输优势，真正做到了井下监测与地面实时可读同步，单井测试周期 1 天以内，为定量快速分析解释页岩油水平井产液分布状况提供了技术手段，生产实践意义重大。

**关键词**　低液量；页岩油水平井；产液剖面；连续油管输送；电潜泵（气举）举升

## 1　前言

近年来，随着油气勘探开发的不断深入发展，页岩油、页岩气等非常规油气在现有经济技术条件下展示了巨大潜力，我国陆相页岩油资源丰富，是现阶段我国油气增储上产的重要接替领域，实现页岩油规模 化效益开发将对中国原油自给供应的长期安全形成重大支撑。近年来，通过持续理论研究与技术攻关，在准噶尔盆地二叠系、鄂尔多斯盆地三叠系、渤海湾盆地古近系、松辽盆地白垩系、四川盆地侏罗系等页岩层系先后取得突破，证实了陆相页岩油巨大的资源潜力。水平井产液剖面的准确监测，了解掌握水平井各产层段产出贡献能力及产出特征，对于页岩油水平井压裂改造参数优化设计、提升储层改造效果，以及后期水平井开发过程中生产动态调整、措施实施具有重要的指导意义，在油田开发中是一项重要的监测内容。相对常规低渗透、高渗透油藏，陆相页岩油储层渗透率极低，叠加物性差、非均质性强、孔隙度低等综合因素，常规直井、定向井方式无法实现经济效益开发，目前主要采用长水平井、多段多簇大规模体积压裂方式开发生产；以长庆油田庆城页岩油为例，平均水平段长度超过 2000m、改造段数 30 段、井口液量 $10-15m^3/d$；但在生产初期，表现出井口液量变化、含水波动幅度大的生产问题，给生产制度、开发政策优化调整提出了新挑战，为此急需开展页岩油水平井段簇产出规律特征监测，为油井高效生产提供基础资料。陆相页岩油水平井，受到水平井段长、改造段数多、单井液量低的井况特征影响，常规产液剖面监测技术无法实现高效、准确监测，对于这种页岩油水平井，测试时一方面要考虑产液剖面测试仪的流量测量下限问题？另一方面要考虑如何解决含水率测量分辨率问题？同时如何实现长水平段高效测试工艺方法？针对以上页岩油水平井产出监测技术难点，创新设计了适应长水平井段、多层段压裂改造特征、低液量井筒条件的连续油管+电潜泵（气举）+测井仪水平井产出监测工艺管柱，为油井动态监测、后期高效生产提供了技术手段。

## 2　页岩油水平井连续油管产液剖面测井工艺设计

### 2.1　页岩油油藏水平井主要特点

鄂尔多斯盆地页岩油主要分布在延长组长 7 段，为一套半深湖~深湖相的细粒沉积，地层厚度约 110m，纵向上划分为长 $7_1$、长 $7_2$、长 $7_3$ 三套小层。页岩油水平井主要采用分段多簇细分切割体积压裂改造方式完井，采用人工举升方式生产，平均水平段长 1500m、压裂改造 20 段、95 簇以上，平均入地液量 2.5 万方，井口液量 $15 \sim 40m^3/d$；投产后，表现出井口液量递减大、含水变化不稳定等特征。文献资料显示，对于产液量大于 $50m^3/d$ 的水平井，采用电缆或连续油管、爬行器等将产液剖面测试仪器通过油套环空输送至射孔段，在抽油机不停抽情况下采用涡轮流量计、持水率仪实时监测流量、含水。而对于产液量小于 $20m^3/d$ 的低产水平井，利用上述手段既不能准确测试流量与含水，因此需研究适合这类井的测试方法。

## 2.2 设计思路

基于页岩油水平井产液剖面测试技术难点，结合技术调研情况，立足连续油管测试作业优势，自主设计配套了连续油管专用滚筒、动力缆预置式穿芯连续油管，探索形成了连续油管拖动+人工举升生产+测井仪为主要内容的页岩油水平井产液剖面测试工艺技术。提出了电潜泵（气举）工艺设计思路，电潜泵（气举）举升实现测试液量由小到大的转变，从本质上规避了小流量测试精度低的瓶颈问题，连续油管实现分段测试到连续测试的转变，从源头上解决常规测试效率低的短板，监测方式实现了由井下监测到井下、地面相结合的转变，从技术上提供了降本提效监测手段。采用 $2^3/_8$" 预置式穿芯连续油管带测井仪器入井测试。通过电潜泵（气举）举升生产，保持井筒稳定流动状态，依靠连续管拖动井下测井仪器，完成测试井已改造层段的产液剖面测试。

## 2.3 工艺管柱

### 2.3.1 水平井连续油管+电潜泵+测井仪产液剖面测试工艺

通过技术集成，设计了基于连续油管作业、电潜泵举升、测井仪监测为核心、多项配套技术协调融合的页岩油水平井产出监测工艺技术管柱，通过连续油管作业，上提下放工艺管柱完成水平井段产层段的产出监测，相对常规产液剖面测试工艺，测试效率显著提升，连续油管作业实现了长水平井段（大于 1500 m）连续高效监测作业，提高了技术适应性。优选配套小直径宽幅电潜泵，通过电潜泵提升井筒液流速度有效提高，满足了常规 FIT、FSI 等测井仪器对井筒排量的要求。

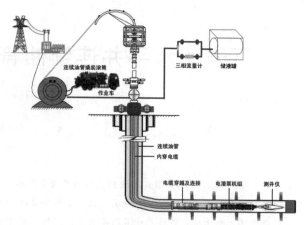

图 1 连续油管+电潜泵+测井仪产液剖面测试工艺管柱图示

地面变频器通过多芯电缆中的三根动力缆给井下电潜泵供电；测井仪器通过多芯电缆中的信号线与地面采集系统通讯，完成井下数据的采集；多芯电缆供电和通讯经过特制的滑环来实现。国内首次自主研制工艺相匹配的大尺寸内穿承压电缆连续油管系统，研制配套了国内最小直径的大功率电潜泵系统，研制了连续管测井连接工具，优选配套了测井仪器。水平井连续油管产液剖面测试工艺管柱结构（自上而下）：$2^3/_8$" 预置式穿芯连续油管+卡瓦连接器+测井连接工具串+电潜泵机组+测井仪器串，如图 1 所示。

### 2.3.2 水平井连续油管+气举+测井仪产液剖面测试工艺

设计配套了连续管专用滚筒、动力缆预置式穿芯连续管、快速找水工艺管柱，结合生产测井的技术应用，探索形成了连续管拖动+人工举升生产+测井为主要内容的水平井快速找水工艺技术，工艺管柱由负压生产管柱和测试管柱两部分组成。负压生产管柱（自上而下）：制氮车+油管悬挂器+3 1/2 in 普通油管+喇叭口；测试管柱（自下而上）：2 in 穿芯连续油管+卡瓦连接器+测井连接工具串+测井仪器串（见图 2）。制氮车从连续管与 3 1/2 in 油管之间的小环空持续稳定注入氮气，通过调整注入排量，保持井筒稳定流动状态，以井下压力传感器实时参数为依据，待井下流压稳定后开始测试。

## 3 关键工具和装置

### 3.1 大尺寸内穿承压电缆连续油管系统

采用预置方式一体生产，实现地面强电到井下的输送，为产层流体的稳定流动提供动力和举升通道。

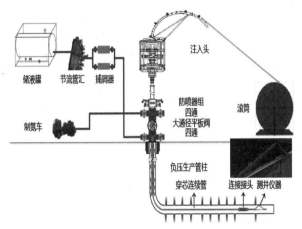

图2　连续油管+气举+测井仪产液剖面测试工艺管柱图示

### 3.1.1　穿芯连续管设计与定型

设计了预置动力和信号复合电缆的 $2\frac{3}{8}''$ 连续管，采用预置方式一次成型生产。电缆由外铠、内铠、泵供电电源线、信号线、填充物组成，内外铠是钢丝，提供承载力；泵供电电源线为三根，通过地面变频器给井下泵组供电；信号线两根，作为测井仪器的供电线和信号线（图3）。

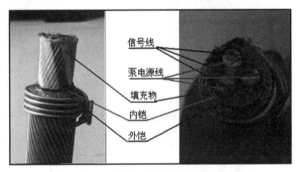

图3　连续油管内部预置电缆

### 3.1.2　连续油管测井专用撬装滚筒

采用撬装结构，在滚筒马达+减速器+链条传动结构改造基础上提高系统可靠性，实现拖动状态下供电，满足大重量穿芯连油起下测试需求。

### 3.1.3　撬装滚筒与高压滑环

根据电潜泵功率、额定电压，考虑线损电压，折算地面输入交流电压在 1000V 左右；为提高施工作业安全，设计了可承载最高电压 1200VAC，最大电流 60A 滑环，实现动力、信号的不间断传输。

### 3.2　举升系统

### 3.2.1　小直径电潜泵举升

基于产液量范围大、井下温度高、井筒相对复杂等条件要求，优选配套小直径电潜离心泵系统作为水平井连续油管产液剖面测试工艺技术的举升方式。利用电潜泵作为井底动力，通过拖动的方式，将地层产液逐层泵出地面，分析含水率情况，评价分段产能情况（图4）。

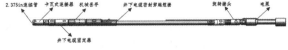

图4　电泵举升井下工具串

### 3.2.2　气举举升

通过在 $3\frac{1}{2}''$ 油管中下入 $2''$ 穿芯连续油管实现环空负压举升，采用多相流模拟软件，结合单井压力、温度、产液指数等参数，设计气举管柱下入深度。模型参数为套管尺寸 $5\frac{1}{2}''$、油管尺寸 $3\frac{1}{2}''$、连续管尺寸 $2''$、环流水力等效直径 $0.992''$、含水 96%、氮气排量 $600m^3/d$，分别模拟气举管柱下深 1500m/2000m 条件下井液排量，均在 $50m^3/d$ 以上，满足 FIT 测井仪器流速测试要求：

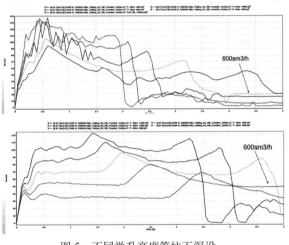

图5　不同举升高度管柱下深设

### 3.3　连续管测井连接工具

工具串包含（自上而下）：连续管连接器+电缆固定器+安全丢手+电缆穿越短接+变扣+偏置短接+旋转接头（见图6）。工具串总长度 3.5m，密封压力等级 35MPa，抗拉强度 30t；解决了井下高压密封和电缆气爆、绝缘等问题。电缆固定器解决管、缆不同步的问题；电缆穿越短接兼具电缆穿越、密封、安全丢手功能；偏置短接作业过程中保护电缆；旋转短节实现连续油管工具串与电潜泵的连接。

图6　连续管测井连接工具串示意图

### 3.4 测井仪器优选配套

FIT 测井仪器通过沿井筒截面分布的 5 个微转子和 6 对电阻持水率探针，能准确获取每个深度的流体分布和流速，综合解释得到总的产液剖面和分层贡献，可消除因井斜变化而造成的流态变化的影响。一个仪器臂上有四个微转子流量计，测量流动速度剖面，另一个臂上有五个电探针，分别测量局部的持水率。另外，仪器壳体上还有第五个转子流量计和第六对电探针，测量井筒底端的流动。所有传感器的测量是同时在相同深度上进行的。偏心仪器结构测量时，仪器主体位于井筒的底端，测量臂可展开，最大可到井筒的内直径，像井径仪一样，提供计算流动速率所需的井筒内全范围测量（图 7）。

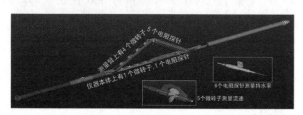

图 7　FIT 测井仪器流量含水测试原理示意图

仪器串构成主要由连接工具串、传输短节、柔性短节、张力短节、四参数短节、旋转短节、流体成像测井仪传感器系统及偏心短节组成。该仪器设置有微转子流量计和电阻探针，具备油水两相识别。多相流模拟实验装置对精度进行了室内标定，通过设置井筒井斜角度，配比油、气、水的各相流量（含水率），进行 FIT 阵列电阻、阵列涡轮在油水（柴油、自来水）中的实验标定。水相持率-3.9% 至 0，油相持率-0.3% 至 0，气相持率-8.5% 至 0，满足持率±10% 标准（图 6）。涡轮流量-8% 至-5%，满足持率±10% 标准（图 7）。

## 4　现场试验及评价

开展了 11 口井（4 口电潜泵举升，7 口气举）现场试验，施工成功率 100%，平均单井有效测试时间 18 小时，采集数据满足产剖解释要求。数据录取成功率 100%，明确了主要出水层段，为后续堵水措施提供了依据，实现水平井连续油管产液剖面测试工艺试验成功。

### 4.1 水平井连续油管+电潜泵+FIT 测井仪产液剖面

测井井况：长 M 井采用多级水力喷砂分段压裂改造，共压裂 10 段，2013 年 6 月投产，初期日产液 15.08m³，日产油 9.42t，含水 26.5%。2014

年 9 月 12 日含水上升至 97.3%，2015 至 2017 年实施分段采油，日产液 7.35m³，日产油 1.84t，平均含水 70.6%，2018 年 2 月该井含水再次上升至100%，含盐 42689mg/L，分析认为桥塞失效，2020 年 2 月高含水关停。

测试管柱：电缆预置式穿芯连续管+卡瓦连接器+测井连接工具串+电潜离心泵机组+FIT 测井仪器。

测试过程：第一趟：模拟通井，连续油管接通井工具（下井，得到最深下入深度，及进一步清理井下残留碎屑）。第二趟：按照测试流程，连接流体扫描成像仪到电潜泵上，进行 80m³/d、50m³/d 和 30m³/d 共 3 个测试制度下的 FSI 产剖测试，覆盖全部层位，进行数据采集。

测试结果：第 6、5、4、7 段为主产层，其中第 5、6 段产液最多（图 8）。

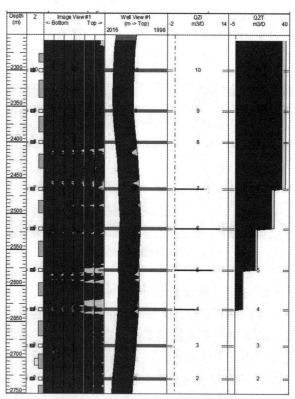

图 8　长 M 井全井段测试监测曲线图

### 4.2 水平井连续油管+气举+FIT 测井仪产液剖面测试测试工艺试验

测井井况：平 M 于 2018 年 2 月 2 日投产，压裂 10 段，水平段长 637m。投产初期日产液 8.31m³，日产油 5.67t，含水 18.8%。2019 年 10 月底含水突然上升，由 27.9% 上升至 99.6%，水型 MgCl₂，矿化度 7014mg/L。对应 4 口注水井停注观察，产液量、含水无明显变化。用 Cerberus 软件对该井连续管+工具串的下入性及受力情况进行了模拟分析，结果显示可顺利下至人工井底。

测试过程：制氮车从 $5^1/_2''$ 套管与 $3^1/_2''$ 油管之间环空持续稳定注入氮气，排量 $600m^3/h$，通过调整注入排量，保持井筒稳定流动状态，计算井筒内关键节点深度压力值如表 1 所示。

**表 1    气举时井筒内关键节点深度压力值**

| 序号 | 返出排量 $m^3/d$ | 井口压力 MPa | 喇叭口压力 MPa | 井底流压 MPa |
|---|---|---|---|---|
| 1 | | 1 | 2.51 | 6.51 |
| 2 | 60 | 2 | 4.78 | 8.78 |
| 3 | | 3 | 6.88 | 10.88 |
| 4 | | 1 | 2.78 | 6.78 |
| 5 | 70 | 2 | 5.22 | 9.22 |
| 6 | | 3 | 7.42 | 11.41 |

在井口套压 1.7MPa，井口产出 $100m^3/d$ 的工作制度下，基于井口产液状况和井斜数据，选取数据质量较好的 6 趟不同测速情况下的温度、压力、阵列涡轮转速和阵列电探针响应的曲线，进行综合分析。产层段井斜在 $85° \sim 90.66°$ 之间变化，显示井眼轨迹近似水平，存在下坡段、水平段和上坡段，井内流体以水相为主，并含有油相。

阵列涡轮转速与测井速度进行交汇，可计算得到各产层处的流体速度，发现在产层附近有不同程度的数值变化。其中，压裂段 5 段、7 段、8 段处，上、下流体速度变化幅度大，表明这三处

产出量最多，产液量分别为 $23.12m^3/d$、$17.29m^3/d$、$18.97m^3/d$。电阻探针持水率曲线有微小波动，测量井段内在 $0.22 \sim 0.97$ 之间变化，测量曲线显示有水和油的响应（经对井口产液进行刻度：地层水响应值为 $0.221 \sim 0.230$，原油响应值为 $0.966 \sim 0.967$）。

测试结果：本次测井共测量压裂段 10 段，其中第 5 段、7 段、8 段产液最多，压裂段中第 3、4、5、7、8 段产油水，产水层中第 1、2 段产水最多。经综合解释，计算得出总产液量为 $108.72m^3/d$，产油为 $24.66m^3/d$，含水率为 77.32%，（见图 9）。

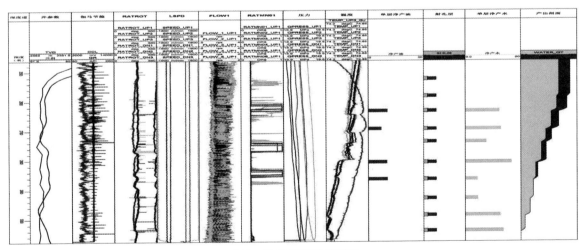

图 9   平 M 涡轮曲线对比

## 5   结论与认识

（1）针对页岩油水平井，通过连续油管作业、水平井段电潜泵（气举）举升、测井仪器监测的快速找水测试方法，解决了多段压裂长水平段、复杂井眼轨迹、尤其是页岩油水平井产液剖面测试效率低、周期长问题；

（2）通过现有技术集成，设计了连续油管+电

潜泵（气举）+测井仪产剖测试工艺管柱，研发了关键配套工具，保证了实时数据传输，满足了高效、产液剖面测试要求；

（3）现场先导试验11口井取得成功，实现一趟钻测试流量、含水、压力、温度等参数，达到1天测试1口井的技术能力。但水平井连续油管产液剖面测井设备撬装化还需进一步研究，同时进一步提升需复杂井眼轨迹的长水平段（1500～2500m）的适应性。

## 参 考 文 献

[1] 赵文智，胡素云，侯连华，等．中国陆相页岩油类型、资源潜力及与致密油的边界［J］．石油勘探与开发．2020，（1）．

[2] 杨华，付金华，牛小兵．鄂尔多斯盆地致密油勘探开发的思考［C］//中国石油地质年会．中国石油学会；中国地质学会，2013．

[3] 聂飞朋，石琼，郭林园等．水平井找水技术现状及发展趋势［J］．油气井测试．2011，20（3）：32-34．

[3] 李忠兴，屈雪峰，刘万涛，等．鄂尔多斯盆地长7段致密油合理开发方式探讨［J］．石油勘探与开发，2015，42（002）：217-221．

[4] 王文东，赵广渊，苏玉亮，等．致密油藏体积压裂技术应用［J］．新疆石油地质，2013，34（3）：4

[5] 朱洪征，郭靖，黄伟，等．低液量水平井存储式产液剖面测井技术与应用［J］．钻采工艺，2018，41（6）：50-52．

[6] 闫正和，罗东红，唐圣来，等．基于光纤分布式声波传感的井下多相流测试研究［J］．油气井测试，2017，26（2）：9-12．

[7] 闫正和．水平井产出剖面监测新方法［J］．油气井测试，2022，31（2）：49-56．

[8] 邹顺良，杨家祥，胡中桂，等．FSI产出剖面测井技术在涪陵页岩气的应用［J］．测井技术，2016，40（2）：209-213．

[9] 郭海敏，戴家才，陈科贵．生产测井原理与资料解释［M］．北京：石油工业出版社，2007：209-210．

[10] 付晓松，姚艳华，王德有，等．光纤井下监测技术装备及应用［J］．油气井测试，2010，19（3）：69-70．

# 复兴地区侏罗系陆相有利页岩气测响应特征与评价

刘建清　张　恒　叶应贵

（中石化经纬有限公司江汉测录井分公司）

**摘　要**　四川盆地复兴地区拔山寺向斜侏罗系录井现场评价难度较大。通过对气测烃类组分差异性分析，明确复兴区块侏罗系陆相有利页岩凝析油气储层气测响应特征，进一步选取测录井评价敏感参数，构建了测录井解释评价标准，在实践中取得良好的应用效果，可为其他陆相区块凝析油气储层评价提供有益借鉴。

**关键词**　四川盆地；复兴区块；侏罗系；凝析油气；解释评价

## 1 前言

复兴地区构造上位于四川盆地川东褶皱带万县复向斜，东西被大池干背斜和明月峡背斜带夹持，中部被黄泥塘背斜分割为拔山寺向斜和梁平向斜，整体为北东向展布。

侏罗系自下而上发育自流井组的东岳庙段、大安寨段、凉高山组 3 套浅湖-半深湖富有机质泥页岩，分布广泛，具有较好的物质基础和储集条件。区内构造稳定、断层不发育、油气藏埋深适中、保存条件较好，拔山寺向斜和梁平向斜呈现两翼高陡，轴部平缓的平底向斜特征，向斜主体区地层倾角 0°~5.0°，整体平缓，在靠近背斜带地层产状较陡，但范围较窄；目的层埋深一般小于 3000.0m。

目前，区内共钻探了 30 余口井，其中以侏罗系为目的层的预探井 11 口、评价井 12 口，另有前期钻探的过路井 11 口。从实际钻井情况来看，进入侏罗系后多层段气测显示活跃，多项录井信息均指示该区是页岩油气、致密砂岩气勘探有利区域，已钻井试气（油）结果证实东岳庙段、凉高山组为典型的陆相自生自储含油气系统，呈大面积、多层段、多类型、多压力系统的页岩凝析油气藏特征。

由于陆相油气层系勘探程度较低、岩相类型多样、流体性质复杂，其页岩储层特征与涪陵海相页岩气储层特征存在较大偏差，录井现场评价难度较大。因此，开展本地区侏罗系陆相页岩储层气测组分差异性分析，建立适合本地区的解释方法与标准，满足测录井现场快速评价要求，对今后复兴区块页岩陆相油气高效开发具有重要意义。

## 2 复兴区块侏罗系有利页岩气测响应特征

气测录井作为油气发现与识别的有效手段，能够实时连续检测环空钻井液流体中携带出的地层烃类气类，其在油气勘探开发过程中，一直起着其他手段无法替代的作用。气测录井表征参数较多：一是由气测仪在随钻过程中直接测定的原始数据，包括钻时、全烃、烃组分等；二是由原始数据计算的派生参数，包括全烃基值、全烃增量、烃对比系数、烃组分比、烃湿度比 $W_H$、烃平衡比 $B_H$、烃特征比 $C_H$ 及烃组分相对含量等，这些参数在储层油、气、水等流体性质判别方面具有不同的指示意义及特殊的敏感性。

多井实钻揭示，凉高山组—东岳庙段均具有整体含气的特征，气测显示好，烃组分齐全，无明显的分层界限，对应裂缝、层理缝发育段会出现多组尖峰，气侵频繁，全烃、甲烷曲线形态呈现箱形、梯形、钟形，气测全烃值远大于烃组分之和，直井在取心条件下全烃绝对值一般大于 2.0%，且东岳庙段气测显示普遍高于凉高山组、大安寨段。

### 2.1 气测组分特征

在相同或相近的地球化学环境，生油母岩会产生具有相似成分的烃，由此可以通过提取侏罗系东岳庙段、大安寨段、凉高山组已试气（油）井的气测烃类组分的差异性特征，来判断正钻井的储层流体性质。基于气测录井解释的基础，选取区块直井及其侧钻后的水平井侏罗系东岳庙段、大安寨段、凉高山组共典型有利页岩层段，分析典型层段随钻气测组分数据，研究不同井型和不同岩相层段的组分特征和影响关系。

钻井条件相对稳定的4口典型直井，3套有利页岩层段烃组分之和占全烃值60.0%左右，各段烃组分占比表现出了明显的分异性（图1），凉高山组页岩：$C_1$ 相对含量分异较大，一般在60.0%～75.0%之间，$C_2>C_3$，$nC_4>iC_4$，部分层 $C_5$ 含量升高，近似呈"W"形状；大安寨段页岩：$C_1$ 相对含量比较高，一般在80.0%～90.0%之间，$C_2>C_3$，

$nC_4$ 与 $iC_4$ 接近，$C_1-nC_5$ 依次减小；东岳庙段页岩：$C_1$ 相对含量一般在75.0%～80.0%之间，$C_2>C_3$，$nC_4>iC_4$，$iC_4-nC_5$ 组分相对含量一般都<5.0%。A井3套有利页岩典型层段 $C_1$、$C_2$ 相对含量区分明显，$C_1$ 相对含量表现为大安寨段>东岳庙段>凉高山组，$C_2$、$C_3$ 相对含量表现为凉高山组>东岳庙段>大安寨段。

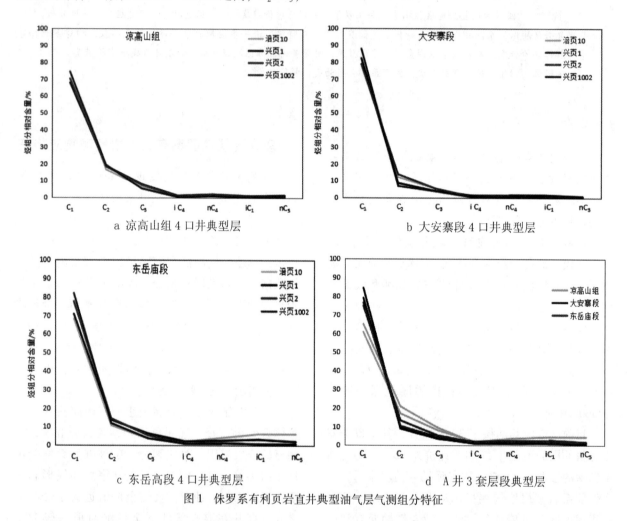

a 凉高山组4口井典型层

b 大安寨段4口井典型层

c 东岳高段4口井典型层

d A井3套层段典型层

图1 侏罗系有利页岩直井典型油气层气测组分特征

A井以东岳庙段为目的层侧钻水平井后对比发现，随着井斜增大、钻速加快，气测全烃值与烃组分之和差值缩小，烃组分中 $C_1$ 相对含量增高。以A井侧钻水平井为例，气测烃组分之和占全烃值较直井占比增加至60.0%以上；烃组分中 $C_1$ 相对含量也明显增加，一般在85.0%～90.0%之间，增幅10.0%（图2）。

## 2.2 气测解释图版

凉高山组-东岳庙段气测整体显示好，组份齐全，气测组分特征与油层相似，烃类组分中甲烷相对含量占比波动较大；与海相五峰-龙马溪组页

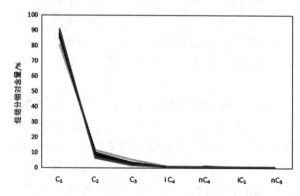

图2 东岳庙段水平段典型油气层气测组分特征

岩气测显示特征差异明显，储层评价类别不易区分，现场评价困难。因此，针对侏罗系陆相凉高山组—东岳庙段典型页岩储层段，通过分析复兴区块侏罗系有利页岩储层随钻气测烃类组分差异性，结合本区钻、测、录、试气等资料，分析传统PIXLER皮克斯勒、3H轻质烷烃比值、双对数统计图版解释等几种气测解释方法和图版的适用性，研究价值点的分布规律，划分相应的价值区界限，刻画不同流体特征，为后续水平井开发水平段箱体优选提供重要的参考依据。

### 2.2.1 PIXLER 皮克斯勒图版

#### 2.2.1.1 基本定义

PIXLER 皮克斯勒图版以交会图的形式反映储集层的含油气特征，根据 $C_1/C_2$、$C_1/C_3$、$C_1/C_4$、$C_1/C_5$ 确定储层流体性质。

#### 2.2.1.2 解释方法

典型气层 $C_1/C_2$、$C_1/C_3$、$C_1/C_4$ 连线落在气层区，呈"八"字型，$C_5$ 含量低、$C_1/C_5$ 值极高，往往解释为气层；$C_1/C_2$、$C_1/C_3$、$C_1/C_4$、$C_1/C_5$ 连线落在油层区，呈"V"字型，$C_5$ 含量低、$C_1/C_5$ 值高，往往解释为油层；比值斜率是反映不同类型油气藏气测响应的一个特征指数，往往气层斜率更陡。

#### 2.2.1.3 PIXLER 图版特征

凉高山组、大安寨段、东岳庙段典型页岩油气储层皮克斯勒图版形态（图3），凉高山组在皮克斯勒图版上跨越油气区，比值连线具有正斜率，斜率较陡。其中 $C_1/C_2$ 值较小，普遍<10、落在油区，$C_1/C_5$ 值较大、落在气区。大安寨段在皮克斯勒图上主要位于气区，比值连线具有正斜率，斜率较缓。其中 $C_1/C_2$ 值较小，普遍<10、落在油区。东岳庙段在皮克斯勒图版上位于油气区，比值连线 $C_1/C_2$、$C_1/C_3$、$C_1/C_4$ 为正斜率，斜率较平缓，比值较小，$C_1/C_2$、$C_1/C_3$、$C_1/C_4$ 与 $C_1/C_5$ 之间出现负斜率特征。

凉高山组、大安寨段、东岳庙段有利页岩层段皮克斯勒图版特征与大量前人研究典型油气层特征并不完全符合，图版显示比值连线斜率不稳定，表明陆相页岩油气流体储层呈复杂多样化特征，具体表现为：3套储层气测烃组分甲烷含量区分明显，但普遍<10，呈现油层特征，而 $C_1/C_3$、$C_1/C_4$ 值一般高于油层解释标准，值在 6.0～35.0、平均 21.7，$C_1/C_4$ 落在气层区；$C_1/C_5$ 值出现分离，区分明显。

### 2.2.2 3H 轻质烷烃比值法

#### 2.2.2.1 基本定义

3H 轻质烃烃比值法简称 3H 烃比值法，主要依据烃湿度比 $W_H$、烃平衡比 $B_H$、烃特征比 $C_H$ 三个参数来确定储层流体性质。烃湿度比 $W_H$ 即重烃与全烃之比，$W_H = (C_2+C_3+C_4+C_5)/(C_1+C_2+C_3+C_4+C_5) \times 100$；烃平衡比 $B_H$ 反映气体组分的平衡特性，$B_H = (C_1+C_2)/(C_3+C_4+C_5)$；烃特征比 $C_H$ 是对以上两种比值的补充，$C_H = (C_4+C_5)/C_3$。

#### 2.2.2.2 解释方法

一般气层 $0.5 < W_H < 17.5$，$W_H < B_H < 100$；轻质油层和凝析油气层 $0.5 < W_H < 17.5$，$B_H < W_H$；典型油层 $17.5 < W_H < 40$，$B_H < W_H$，且原油密度随着两条曲线间距增大而增大；含烃水层 $W_H > 40.0$、$B_H < W_h$。

#### 2.2.2.3 3H 解释图版特征

凉高山组、大安寨段、东岳庙段有利页岩层段烃湿度比值 $W_H$ 介于 16.0%～40.0% 之间，烃平衡比值 $B_H$ 介于 4.0%～14.0% 之间，烃特性比值 $C_H$ 介于 0.53%～2.15%、平均 1.2%。

烃湿度比值 $W_H$ 与烃平衡比值 $B_H$ 交会图版显示（图4），3套典型储层的多数样本数据点落在一般解释标准油层区间内，且 $B_H < W_H$。

利用最小二乘法进行曲线拟合，3套有利页岩储层的烃湿度值 $W_H$ 与烃平衡值 $B_H$ 均呈线性相关，其中凉高山组烃湿度比 $W_H$ 与烃平衡比值 $B_H$ 的相关性最好，东岳庙段的烃湿渡比值 $W_H$ 普遍小于凉高山组，且烃湿度比 $W_H$ 与烃平衡比值 $B_H$ 相关性稍差，也间接说明东岳庙段页岩储层流体性质更复杂，烃组分相对含量占比欠稳定。

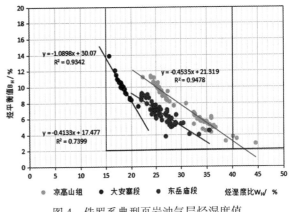

图 4 侏罗系典型页岩油气层烃湿度值
Wh—烃平衡值 Bh 交会图

### 2.2.3 双对数统计图版

#### 2.2.3.1 基本定义

在气测组分中出现 $C_3$ 可用（$C_3/C_1$）×1000、（$C_2/C_1$）×1000 两个参数，建立双对数交会图版解释地层含油、气类型。

#### 2.2.3.2 解释方法

解释规则：一般干气、天然气——凝析油区间分割线为（11，1）-（44，1000）；天然气）—凝析油、伴生气——石油区间分割线（22，1）-（88，1000）；伴生气—石油、向氧化油过渡区间分割线为（120，1）-（480，1000）。

#### 2.2.3.3 双对数图版特征

采用双对数刻度，以（$C_3/C_1$）×1000 为 X 轴、以（$C_2/C_1$）×1000 为 Y 轴，建立凉高山组、大安寨段、东岳庙段有利页岩储层的双对数统计图版（图5）。凉高山组、大安寨段、东岳庙段有利页岩层段（$C_3/C_1$）×1000 值介于数据点 35.0~260.0，（$C_2/C_1$）×1000 值介于 85.0~365.0；3 套典型储层的样本点在双对数据统计解释图版上区分明显，双对数值呈现大安寨段<东岳庙段<凉高山组的特征，与凉高山组偏油层、东岳庙段偏气层的试油结论相吻合。

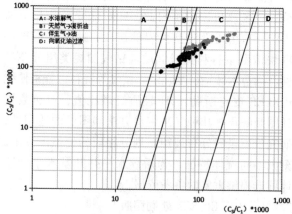

图5　侏罗系典型页岩油气层双对数统计图版

## 3 气测显示规律与解释

统计分析复兴区块侏罗系凉高山组、大安寨段、东岳庙段 A 井 3 层段有利页岩层段平均气测组分比值大小和相互关系（表1），进一步明确侏罗系凉高山组、大安寨段、东岳庙段不同层段所对应的参数区间范围和流体性质。气测烃组分平均值 $C_1$ 相对含量、$C_1/C_2$、$C_1/C_3$、$C_1/C_4$、烃湿度比 $W_H$ 均具有大安寨段>东岳庙段>凉高山组>，且 $W_H>B_H$，烃特性比 $C_H$ 普遍大于 1。

表1　复兴区块 A 井侏罗系有利页岩层段气测烃组分比值关系统计

| 层段 | $C_1$ 相对含量 | $C_1/C_2$ | $C_1/C_3$ | $C_1/C_4$ | $W_H$ | $B_H$ | $W_H$ 与 $B_H$ 关系 | $C_H$ |
|---|---|---|---|---|---|---|---|---|
| 凉高山组 | 67.3 | 4.1 | 10.1 | 19.2 | 33.7 | 6.6 | $W_H>B_H$ | 1.1 |
| 大安寨段 | 82.8 | 9.6 | 21.8 | 35.1 | 17.4 | 11.4 | $W_H>B_H$ | 1.1 |
| 东岳庙段 | 73.9 | 6.1 | 14.1 | 20.2 | 26.6 | 6.7 | $W_H>B_H$ | 1.5 |

利用气测组分解释方法在凝析油气层解释中未充分考气测基值的影响和气测全烃增量；且不能动态分析凝析油气层烃组分在储层未钻开前和钻开后流体相态的复杂变化。因此，基于气测组分的解释方法存在明显的局限性，有必要探索不基于气测组分的综合评价方法，进一步提高这一类复杂岩性的凝析油气层解释精度。

气测烃组分解释方法的局限性：对于侏罗系页岩段整体含气的情况，应重点考虑随钻录井的岩性，可引入能反映储层含油气丰度的全烃增量、烃对比系数、地化有机碳含量和现场解析含气量，反映储层孔渗特性的钻时比值、测井解释孔隙度；反映储层可压性的基于元素分析的脆性指数等解释评价参数。

本次研究综合有利页岩层段录井、测井响应特征和测试结果，借鉴已有解释经验，参考海相页岩气储层评价指标与标准，构建了侏罗系陆相页岩油气储层评价标准（表2）。

表2　复兴区块侏罗系陆相页岩油气储层评价标准

| 评价参数 / 评价级别 | 全烃增量（%） | 烃对比系数 | TOC（%） | 含气量（m³/t） | 钻时比值 | 孔隙度（%） | 脆性指数（%） |
|---|---|---|---|---|---|---|---|
| Ⅰ类页岩油气层 | ≥1.5 | ≥12.0 | ≥2.0 | ≥2.5 | ≥1.3 | ≥4.0 | ≥38.0 |

续表

| 评价参数<br>评价级别 | 全烃增量<br>（%） | 烃对比系数 | TOC<br>（%） | 含气量<br>（m³/t） | 钻时比值 | 孔隙度<br>（%） | 脆性指数<br>（%） |
|---|---|---|---|---|---|---|---|
| Ⅱ类页岩油气层 | 1.0~1.5 | 8.0~12.0 | 1.2~2.0 | 1.5~2.5 | 1.1~1.3 | 3.0~4.0 | 38.0~30.0 |
| Ⅲ类页岩油气层 | 0.5~1.0 | 4.0~8.0 | 0.8~1.2 | <1.5 | <1.1 | <3.0 | <30.0 |

注：全烃增量为直井取心情况下统计

## 4 方法验证

利用气测烃组分解释图版和综合解释评价方法，在复兴区块的新钻井中解释评价6口井、已试气（油）3口，解释结论与试气（油）成果相符，较好地解决了该区块侏罗系陆相页岩岩相多变、凝析油气储层流体性质复杂现场难以判别的难题，对认清区块侏罗系复杂流体性质和水平井靶框选取提供了依据。

B井是部署在拔山寺向斜北部的一口评价井，本井在侏罗系陆相凉高山组—东岳庙段有利页岩段气测显示活跃，全烃值最高4.1%，曲线形态多为"箱型"、"梯形"，峰形饱满。3套有利页岩层段烃组分之和占全烃值一般在45.0%~80.0%、平均65.0%，烃组分特征表现为凉高山组页岩$C_1$相对含量一般在57.0%~72.0%之间，$C_2>C_3$，$nC_4>iC_4$，近似呈"W"形状；大安寨段页岩$C_1$相对含量比较集中，一般在76.0%~81.0%之间，$C_2>C_3$，$nC_4$与$iC_4$接近，$C_1-nC_5$依次减小；东岳庙段页岩$C_1$相对含量集中在80.0%，$C_2>C_3$，$nC_4>iC_4$，$iC_4-nC_5$组分相对含量一般都<5%。6组有利页岩组分特征（图6），3套有利页岩层段$C_1$、$C_2$、$C_3$相对含量区分明显，组分特征规律与典型井相符。

3套有利页岩层段在皮克斯勒、3H法、双对数气测等图版投点（图7），显示凉高山组、大安寨段、东岳庙段典型页岩油气储层在PIXLERl图版上均跨越油气区，比值连线具有正斜率，斜率较

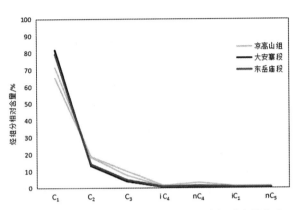

图6 B井侏罗系有利页岩层段气测组分相对含量占比

陡，其中$C_1/C_2$值较小，普遍<10、落在油区，$C_1/C_3$落在油气交界处，其余组分比值落在气区；凉高山组、大安寨段、东岳庙段有利页岩层段烃湿度比$W_H$、烃平衡比$B_H$、烃特性比$C_H$与典型井特征基本相符；烃湿度比值$W_H$与烃平衡比值$B_H$进行曲线拟合均呈线性相关，多数样本数据点落在标准油区间内，且$B_H<W_H$；双对数值（$C_3/C_1$）×1000值介于数据点35.0~200.0，（$C_2/C_1$）×1000值介于110.0~580.0；大安寨段双对数图版值略有变化，东岳庙段、凉高山组双对数值与典型井特征基本相符。

综合复兴区块侏罗系陆相页岩综合解释评价标准，东岳庙段解释Ⅰ类油气层1.1m/层、Ⅱ类油气层21.1m/6层、Ⅲ类油气层24.3/3层（表3），选取解释的Ⅰ类油气层、Ⅱ类油气层侧钻水平井、

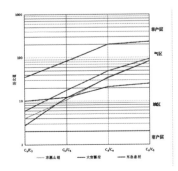
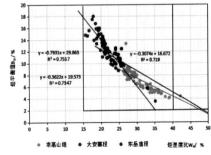
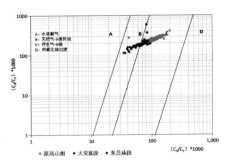

图7 B井侏罗系有利页岩层段气测解释图版

水平段长 1 500.0m，经大型压裂试气（油），获日产气 2.21m$^3$、产油 18.0m$^3$/d，与解释结论相符。

## 4　结论

1）复兴区块侏罗系高山组、大安寨段、东岳庙段 3 套有利页岩层随钻气测显示好，组份齐全，气测组分整体表现为凝析油气层特征，烃类组分甲烷占比波动较大，其中气测组分平均值 $C_1$ 相对含量、$C_1/C_2$、$C_1/C_3$、$C_1/C_4$、烃湿度比 $W_H$ 均具有大安寨段>凉高山组>东岳庙段，且烃湿度比 $W_H$>烃平衡比 $B_H$，烃特性比 $C_H$ 普遍大于 1。

2）复兴区块侏罗系凉高山组、大安寨段、东岳庙段有利页岩层段各组段气测组分响应特征和多种气测解释图版上反映均有差异，这一特征有助于区分复杂多变的流体性质。利用传统气测解释图版对侏罗系页岩油气储层评价的的敏感顺序为：双对数图版>3H 轻质烷烃比值法>PIXLER 皮克斯勒图版，现场推荐利用双对数据解释图版进行快速解释。

3）结合录井随钻岩性变化，引入能反映储层含油气性丰度的全烃增量、全烃比值、有机碳含量，反映储层孔渗特性的钻时比值、孔隙度，反映可压性的脆性指数等综合评价指标，依据海相页岩储层解释经验和区块试气结论建立的评价标准，对认清区块侏罗系复杂流体性质和水平井靶框选取提供了依据，满足了复兴区块侏罗系凉高山组、大安寨段和东岳庙段有利页岩层段的快速评价需求。

## 参 考 文 献

［1］李金顺，纪伟，姬月凤，等．油气层录井综合评价概论［Z］．录井工程，2004.

［2］刘玉梅，侯国文，龚艳春，等．气测录井 3R 渐趋法在凝析气藏解释评价中的应用［J］．录井工程，2013，24（04）：33-35+81.

［3］方锡贤，李三明．特殊类型油气显示层录井解释评价难题的破解［J］．录井工程，2018，29（03）：6-11+111.

［4］廖勇，赵红燕，石元会，等．一种基于页岩油气储层三参数评价图版的评价方法［P］．中国发明专利 CN202211532404.6.

［5］赵红燕，等．川东南地区中深层含气页岩的录井评价［J］．江汉石油职工大学学报，2017，30（4）：1-4.

# 川东南走滑应力特征下深层页岩水力压裂裂缝扩展机理

常　鑫[1]　刘宇鹏[2]　侯振坤[2]　郭印同[1]　王兴义[3]

(1. 岩土力学与工程安全重点实验室·中国科学院武汉岩土力学研究所;
2. 广东工业大学土木与交通工程学院; 3. 重庆大学煤矿灾害动力学与控制国家重点实验室)

**摘　要**　当前深层-超深层页岩已成为页岩气探勘开发的主阵地, 川东南地区作为我国页岩气开发的主要场地, 其复杂的应力构造和层理发育等特点, 导致水压缝高扩展受限, 严重影响了页岩气资源的开发利用。通过真三轴实验设备对温度-围压下页岩力学性质及破裂模式进行了探究。利用大尺寸高低温多向流三轴压力试验机对页岩试样裂缝扩展形态与影响因素进行了分析。研究结果表明: (1) 高温会使页岩抗压强度降低, 降低效果随围压增大而显著, 破裂模式向韧性转变。围压条件下页岩由单轴劈裂破坏, 转变为高围压剪切破坏。(2) 结构-应力双控机制下裂缝多为"十"字和"丰"字两种, 少量呈缝高扩展的"1"字形。(3) 地应力差为考虑因素中影响裂缝延伸形态和缝高扩展的最大诱因, 高温、小排量、低粘压裂液均为缝高扩展的不利因素。(4) 大排量有助于扩展层理的同时提升缝高, 高粘度压裂液不易被层理诱导发生转向, 有助于缝高扩展。(5) 暂堵转向技术能够高效处理裂缝型储层改造难度大的问题, 实现储层增产。(6) 对于结构+应力双控机制页岩气层压裂改造, 推荐尽可能选择大排量施工。前期采用高粘压裂施工促进缝高, 中期低粘度压裂均匀起裂, 后期可采用暂堵工艺促使裂缝暂堵转向, 提升改造效果。

**关键词**　深层-超深层; 走滑应力; 层理; 水力压裂; 页岩; 室内实验

当前深层-超深层页岩已成为页岩气探勘开发的主阵地, 我国深层页岩气开发集中在四川盆地东南部地区, 其资源量占川南地区页岩气总资源量的86.5%。泸州—渝西区块是川南地区深层海相页岩气开发的主战场, 区内单井最高测试气产量达137.9万方每天, 彰显了该地区深层页岩气开发的巨大潜力。但是工程测试结果显示随着储层埋深增大, 面临一系列难题, 具体原因为层理发育、复杂应力和高温这三个因素, 为后续的页岩水力压裂工程实践带来了诸多难题和挑战, 集中表现为高温走滑应力机制与层理发育条件下水压裂缝缝高扩展能力降低, 水力压裂缝网复杂程度减小。弄清楚高温高压状态下页岩物理力学性质变化规律以及水力压裂复杂缝网起裂及扩展机理是非常重要的, 对于该方面许多学者已经进行了大量的研究。周建等通过大尺寸真三轴水力压裂物理模型实验发现水力裂缝总是垂直于最小地应力方向扩展。侯振坤等通过实验发现水力裂缝除了能沿着主应力方向扩展外还能够产生其他方向的裂缝网络, 弱面诱导水力裂缝止裂、转向、分叉、穿越是产生复杂裂缝网络的重要原因。Wasantha等指出最小地应力与天然裂缝都是影响水力裂缝扩展的重要因素, 水力裂缝扩展类型受应力状态与天然裂缝的大小及位置的影响。例如, 刘越梁等和赵欢等研究发现当天然裂缝发育较小时, 水力裂缝扩展类型受最小地应力影响, 反之受天然裂缝的影响, 且天然裂缝角度越大地应力差越大则越有可能形成穿越天然裂缝的水力裂缝。天然裂缝的存在而导致的应力集中现象对水力压裂的破裂压力有显著的影响, 任兰等发现天然裂缝的存在能够显著降低破裂压力, 并且能够缩小不同方向射孔破裂压力差, 使得水力裂缝同时在不同方向射孔处发生起裂形成近井筒复杂裂缝, 同时指出天然裂缝的长度和倾角以及与射孔的相对位置有显著影响, 天然裂缝越长岩石破裂压力越小, 倾角越大剪切破裂压力越小张性破裂压力越大。并且, 压裂液排量对破裂压力和裂缝扩展也有显著的影响, 更大的排量能够使水力裂缝更快的延伸, 脉冲注水和循环注水等工艺能够有效的促进水力裂缝的扩展。压裂液的粘度对水力裂缝的形态有很大的影响, 使用低粘度的流体压裂更能够形成更复杂的沿主裂缝的多重裂缝网格。但是之前的一些室内水力压裂实验研究更多的是利用人造材料(水泥砂浆、混凝土和人造树脂)模拟真实岩石进行试验的, 其材料的力学性质如渗透率、抗拉强度和导热系数相对于真实页岩而言是否一致有待考究。并且，受限于试验设备，大部分室内试验结果是在低温低应力情况获得的，对于室内实验基础的高温高应力情况真实页岩物理力学性质改变规律和水力压裂裂缝扩展机理研究存在很大的空缺。

针对这种情况，本文以页岩露头试样为研究对象、进行了高温和不同围压下的三轴压缩实验，根据实验结果总结了温度与压力作用下页岩脆-塑性的具体变化规律和降低幅值。采用具备水力压裂模块与高温模块的真三轴压裂试验系统对温度高达150℃，应力为60MPa的高温高应力情况下的真实页岩进行了水力压裂试验研究，探究了高温高压状态深层-超深层页岩在不同因素影响下的水力压裂复杂缝网起裂及扩展机理并对各因素的影响程度进行分析，其中因素包括温度、排量、粘度和暂堵。根据水力压裂实验结果，回答了深层-超深层页岩水力压裂过程中应采取何种措施来提升裂缝复杂度的问题。研究结果可为现场压裂设计优化提供数据支撑和理论指导

# 1 实验内容

## 1.1 试样力学性质

深层页岩高温高应力机制作用下，其岩石力学性质相较于中浅层有较大差异。本研究选取距页岩气开发主力区域涪陵区约150km的重庆市彭水地区页岩露头样品加工进行实验。通过设计不同温度-围压情况三轴压缩实验，研究了不同温度-围压条件对页岩力学性质和破裂类型的影响。实验测试结果证实温度升高会使页岩的抗压强度有所降低，随着围压的增大，温度对岩石强度的减弱更显著。高温条件下，页岩的破裂模式会从脆性破裂转变为韧性破裂，表现为破裂后压力曲线降低跟为缓慢。围压的增加会显著提高页岩的抗压强度，页岩的脆性破裂模式明显，破裂形态也由单轴状态下劈裂破坏转变为高围压状态下的剪切破坏。

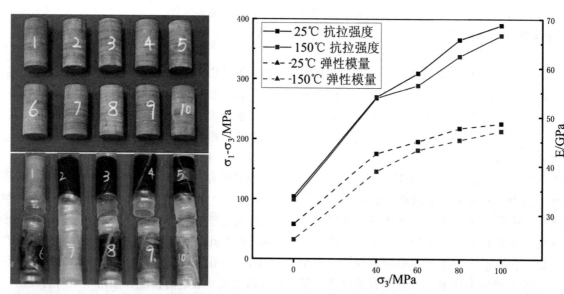

图1　天然气储层页岩试样与三轴抗压强度与弹性模量-围压曲线

## 1.2 实验设备

现有的水压室内实验设备多为静水压力的常规三轴设备或加载应力值低于30MPa的真三轴设备，不能很好的模拟出深层页岩高温高压的特性。中国科学院岩土力学研究所实验室最新研制的高低温多项流三轴压裂试验系统，能最大输出的8000KN的荷载，加载速率最高可达到300KN/min，加热装置最高加热温度为300℃。高压流体泵注系统最高能够泵注140MPa的流体，最大泵注排量可达到150ml/min。配备三个压力-位移传感器以实

时监测实验过程中的数据变化，有四个独立的热电偶以实现对温度的精确监测（图2）。

## 1.3 实验设计

此次室内试验具体方案如表1所示。基于页岩水力压裂试验，考虑了温度、排量、粘度与地应力差异对储层改造效果的影响。温度分为常温、高温150℃，排量有10、30、60 mL·min⁻¹，粘度设有15、30、40 mPa·s三种，地应力差设有两种，分别为15、20MPa。同时还进行了压后暂堵试验，对压后的试样1%混合暂堵剂裂缝暂堵转向压

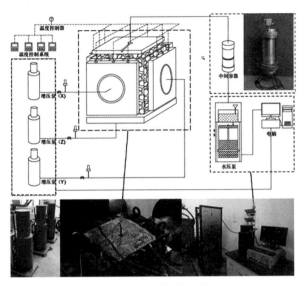

图 2　水力压裂设备示意图

裂施工（表1）。

## 2　实验结果

### 2.1　压力曲线

试样 S-1 泵注压力上升较快，启动泵注 108s 时首次发生破裂，破裂压力 66.76MPa，破裂压力为 66.74MPa，后续再次发生一次蓄压破裂，破裂压力为 41.84MPa，闭合压力为 14.31MPa。试样 S-2 在 40 MPa 左右时泵注压力上升变缓，随后在 700 s 左右升至 47.22 MPa 时发生第一次破裂。破裂后压力缓慢下降，至 1150 s 左右时闭合压力稳定，为 37.44MPa。试样 S-3 首次破裂压力为 50.84 MPa，发生在泵注开始 100 s 左右，经过短暂下降后再次上升至仅 50 MPa，闭合压力为 36.57MPa，后停泵跌落。试样 S-4 首次破裂压力为 56.81 MPa，发生在泵注开始 50 s 左右，破裂后压力迅速下降至 15 MPa 左右后再次缓慢上升，停泵后压力开始跌落，稳定为 1.62MPa。试样 S-5

首次破裂压力为 53.49 MPa，发生在泵注开始 70 s 左右，破裂后压力迅速下降至 13 MPa 左右后再次缓慢上升，停泵后压力开始跌落，最终稳定在 10.47MPa。试样 S-6 首次破裂压力为 72.60 MPa，发生在泵注开始 100 s 左右，破裂后压力迅速下降，而后缓慢下降，停泵后稳定在 49.16MPa。试样 S-7 增压过程中呈现曲折上升，首次破裂压力为 45.56 MPa，发生在泵注开始 125 s 左右，破裂后压力迅速下降至 28 MPa 左右后缓慢上升，停泵后闭合压力为 26.73MPa。试样 S-8 首次破裂压力为 42.07 MPa，首次破裂后短暂下降再次上升至 56.64 MPa，此时停泵静置，暂堵后再次泵入时压力超过了首次破裂压力为 58.27MPa，暂堵后闭合压力为 33.69MPa。页岩各试样压力-时间曲线如图 3 所示。

试验结果证明，高温使岩石破裂压力降低，降幅达到 63.82%，常温状态下页岩脆性破坏特征显著。排量增大，破裂压力非线性上升，排量越大页岩更易发生脆性起裂。粘度提高，使得页岩破裂压力增加，过高或过低的粘度施工皆不利于页岩的脆性起裂。最小地应力大小是决定页岩破裂压力的关键因素。

### 2.2　裂缝形态

S-1 试样在井底生成垂直井筒的主缝，主缝穿透了两条与之垂直的层理缝。S-2 试样形成一条垂直井筒的主缝穿透了两条层理缝。S-3 试样产生一条主缝，垂直穿透并沟通了一条层理缝。S-4 试样剖开试样发现产生一条主缝，垂直穿透了层理缝。S-5 试样产生一条主缝，穿透并沟通两条层理缝。S-6 试样产生一条主缝。S-7 试样产生一条主缝，穿透并沟通一条层理缝。S-8 试样剖开试样发现该试样暂堵过后发生了再次起裂，共产生了四条主缝并沟通了一条层理缝。

表 1　水压物理模型实验方案

| 编号 | 温度/℃ | $S_H$/MPa | $S_h$/MPa | $S_h$/MPa | 排量/（mL·min$^{-1}$） | 粘度/mPa·s | 破裂压力/MPa | 闭合压力/MPa |
|---|---|---|---|---|---|---|---|---|
| S-1 | RT | 60 | 45 | 56 | 30 | 15 | 66.74 | 14.31 |
| S-2 | 150 | 60 | 45 | 56 | 10 | 15 | 47.22 | 37.44 |
| S-3 | 150 | 60 | 45 | 56 | 30 | 15 | 50.84 | 36.57 |
| S-4 | 150 | 60 | 45 | 56 | 60 | 15 | 56.81 | 1.62 |
| S-5 | 150 | 60 | 45 | 56 | 30 | 30 | 53.49 | 10.47 |
| S-6 | 150 | 60 | 45 | 56 | 30 | 40 | 68.13 | 49.16 |
| S-7 | 150 | 60 | 40 | 56 | 30 | 15 | 45.56 | 26.73 |
| s-8 | 150 | 60 | 45 | 56 | 30 | 15 | 56.64/58.27 | 31.58/28.47 |

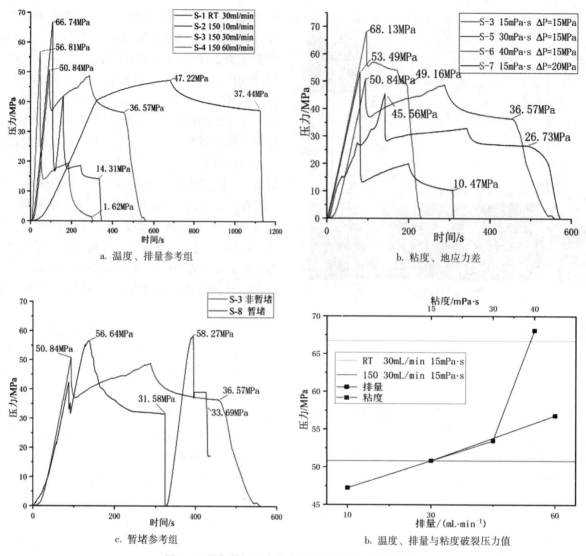

a. 温度、排量参考组

b. 粘度、地应力差

c. 暂堵参考组

b. 温度、排量与粘度破裂压力值

图3  天然气储层页岩水力压裂试样压力-时间曲线

页岩主水力裂缝扩展方向受最小水平应力方向主控，优先沿着克服最小主应力方向起裂在走滑应力机制下，由于页岩试样层理发育，试样过早的沟通层理裂缝，不利于主裂缝的缝高扩展，对水力压裂储层改造效果产生不利影响。在结构-应力双控机制作用下，裂缝形态总体呈现"十"字和"丰"字两种，如图4、5，少量呈缝高扩展的"1"字形，如图6。采用暂堵压裂技术可对初次裂缝进行有效暂堵转向，促使多段起裂裂缝，形成"卅"字形裂缝，如图7。

a. S-1 号岩样

b. S-2 号岩样

c. S-5 号岩样

图4  S-1、S-2、S-3 号岩样压裂后产生"丰"字形裂缝

a. S-3 号岩样　　　　　b. S-4 号岩样

c. S-7 号岩样

图 5　S-3、S-4、S-7 号岩样压裂后产生"十"字形裂缝

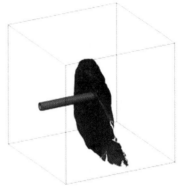

图 6　S-6 号岩样压裂后产生"1"字形裂缝

图 7　S-8 号岩样压裂后产生"卅"字形裂缝

## 3　影响页岩气储层水压裂缝扩展因素分析

### 3.1　温度影响分析

　　为研究温度对页岩裂缝扩展的影响，设计有温度分别为常温、高温 150℃两组实验，实验获得不同温度下的裂缝扩展情况，形成的各裂缝面面积如表 2 所示。对比 S-1 与 S-3 号试样试验结果，常温状态下页岩试样破裂压力高于高温状态试样。常温状态裂缝破裂呈脆性破坏特征，初次破裂后压力迅速跌落，后裂缝闭合，再次起压破裂。常温试样主水力裂缝面积比高温试样大 1.63%，且沟通更多的层理。说明高温会对岩石结构造成损伤，致使高温页岩向塑性发展，不能有效积累更多的净压力，对缝高扩展和储层复杂缝网改造有不利影响。高温试样总裂缝面积高于常温试样，说明温度升高能在降破压条件下依然沟通大面积层理裂缝。

**表 2   S-1、S-2 号岩样压后裂缝面积**

| 编号 | 面号 | 面积/mm² | 总面积/mm² | 体密度 |
|------|------|----------|------------|--------|
| S-1 | F-1 | 54156.02 | 93375.04 | 0.00345 |
| | BP-1 | 17484.47 | | |
| | BP-2 | 21734.55 | | |
| S-3 | F-1 | 53288.88 | 95583.05 | 0.00354 |
| | BP-1 | 42294.17 | | |

### 3.2  排量影响分析

排量是压裂施工的重要参数，研究排量对裂缝扩展的影响，以 10ml/min、30ml/min、60ml/min 三种排量对页岩试样进行压裂施工，获得的各裂缝面面积如表 3 所示。排量的增加引起破裂压力及延伸压力的升高。排量增大，页岩破裂压力增加，缝内净压力增加，产生的主水力裂缝也随着增大。排量从 10ml/min 增加到 30ml/min 与 60ml/min 过程中，主裂缝面积分别增幅 0.88% 与 5.26%。小排量有助于沟通更多的层理面，大排量泵注则有利于提升缝高穿层扩展能力。对于页岩层理面发育的工况，大排量泵注也极易早期沟通大面积层理面，对缝高扩展有一定限制，压裂过程中需要更高的施工排量来达到储层体积压裂，页岩气增产的效果。

**表 3   S-2、S-3、S-4 号岩样压后裂缝面积**

| 编号 | 面号 | 面积/mm² | 总面积/mm² | 体密度 |
|------|------|----------|------------|--------|
| S-2 | F-1 | 52821.83 | 99927.24 | 0.00396 |
| | BP-1 | 16441.90 | | |
| | BP-2 | 30663.51 | | |
| S-3 | F-1 | 53288.88 | 95583.05 | 0.00354 |
| | BP-1 | 42294.17 | | |
| S-4 | F-1 | 55602.67 | 115383.09 | 0.00427 |
| | BP-1 | 59780.42 | | |

### 3.3  粘度影响分析

对于不同地层，施工时通常会选取不同粘度压裂液泵注，以达到目的效果。探究不同粘度压裂液对页岩压裂施工中储层改造效果的影响也很重要。分别配置粘度为 15mPa·s、30mPa·s 和 40mPa·s 三种液体进行试验，压后各试样裂缝面积参数如表 4。粘度的增加对应流体与岩石基质的摩擦强度增加，页岩的破裂压力增加。15mPa·s 排量条件岩石破裂压力为 50.84MPa，30mPa·s 与

40mPa·s 排量条件岩石破裂压力分别增幅 5.21% 和 34.01%。中低粘度压后产生一条平行最大主应力的主缝，各沟通两条层理缝，形成"丰"字行封网。高粘度压裂液压后仅产生一条主缝，且主缝面积低于低粘度压裂施工主裂缝面积。就裂缝面积与压后沟通裂缝条数来看，提高粘度对提升储层改造效果不具优势。从缝高扩展来看，高粘度压裂液能扩缝高，抑制流体往层理面过量流失。S-5 号试样沟通一处大面积层理裂缝，从泵压曲线可以看到，此试样破裂后压力迅速下降，封内维持净压力也较小，结果是此试样的压裂改造面积低于更低粘度压裂试验样品，主裂缝面为三组最低。说明层理面的发育会造成施工流体的滤失，对缝高扩展与储层增产改造造成不利影响。

**表 4   S-3、S-5、S-6 号岩样压后裂缝面积**

| 编号 | 面号 | 面积/mm² | 总面积/mm² | 体密度 |
|------|------|----------|------------|--------|
| S-3 | F-1 | 53288.88 | 95583.05 | 0.00354 |
| | BP-1 | 42294.17 | | |
| S-5 | F-1 | 33715.34 | 91000.72 | 0.00337 |
| | BP-1 | 54064.01 | | |
| | BP-2 | 3221.39 | | |
| S-6 | F-1 | 37897.01 | 37897.01 | 0.00141 |

### 3.4  地应力影响分析

在川东南走滑应力机制作用下，裂缝形态扩展受应力因素差异影响显著。最小地应力是决定裂缝起裂和扩展的主控因素。设计 15MPa、20MPa 两中水平最大应力差，以探究应力差异对裂缝扩展的影响。试验结果表明，裂缝抵抗最小地应力起裂，扩展方向与水平最大地应力平行，最小地应力值是决定破裂压力的主导性因素。低应力条件下井底憋压难度大，微裂缝早期扩展，压力曲折上升，憋压时间相应延长。压后裂缝形态简单，主缝扩展显著。地应力差条件，最小地应力与垂向应力差异小，压裂时流体易沟通层理裂缝并沿层理流失，影响后续主缝的进一步延伸。

**表 5   S-3、S-7 号岩样压后裂缝面积**

| 编号 | 面号 | 面积/mm² | 总面积/mm² | 体密度 |
|------|------|----------|------------|--------|
| S-3 | F-1 | 53288.88 | 95583.05 | 0.00354 |
| | BP-1 | 42294.17 | | |
| S-7 | F-1 | 57880.97 | 81377.43 | 0.00301 |
| | BP-1 | 23496.46 | | |

### 3.5 暂堵影响分析

水力压裂施工中，天然裂缝或层理发育区段，一般压裂流体极易沿着原有裂缝流失，造成泵压动力不足，难以形成复杂缝网，压裂对储层增产改造效果有限。针对该类储层，通常选择压裂流体中混合添加可降解纤维与颗粒复合暂堵材料，对原生裂缝进行缝间封堵。实现后续压裂的暂堵转向，达到储层增产改造的目的。本研究采用不同粒径1%浓度暂堵剂混合封堵压裂施工，初次压裂破裂压力为56.64MPa，暂堵后再次泵入时压力超过了首次破裂压力增幅2.88%。压后改造效果提升显著，形成4条水力裂缝，沟通一条大面积层理。储层改造面积相较于非暂堵试样提升168.99%，产生水力裂缝与天然裂缝面积均大于非暂堵试样。说明，暂堵压裂施工能够有效的应对裂缝型储层改造难度大的问题，获得高效改造。

**表6 S-3、S-8号岩样压后裂缝面积**

| 编号 | 面号 | 面积/mm² | 总面积/mm² | 体密度 |
|---|---|---|---|---|
| S-3 | F-1 | 53288.88 | 95583.05 | 0.00354 |
| | BP-1 | 42294.17 | | |
| S-8 | F-1 | 41207.52 | 257078.77 | 0.00952 |
| | F-2 | 43631.49 | | |
| | F-3 | 42744.72 | | |
| | F-4 | 26802.99 | | |
| | BP-1 | 55834.75 | | |

## 4 结论

（1）高温会使页岩抗压强度降低，降低效果随围压增大而显著，破裂模式向韧性转变。围压的增加会显著提高页岩的抗压强度，破裂形态由单轴劈裂破坏，转变为高围压剪切破坏。

（2）走滑应力与层理面发育双控机制条件下，水力压裂缝高扩展困难，压裂过程中极易过早沟通层理面，造成泵压动力不足，改造困难。表现为裂缝形态总体呈现"十"字和"丰"字两种，少量呈缝高扩展的"1"字形。

（3）温度、排量、粘度、地应力差都是影响裂缝延伸形态和缝高扩展的主控因素。其中地应力差为其中最大诱因，决定主缝的起裂方向，对是否沟通层理起一定控制效果。高温、小排量、低粘压裂液均为缝高扩展的不利因素，容易使施工流体向层理面流失。

（4）大排量施工有助于流体填充扩展层理的同时继续提升缝高，高粘度压裂液在经过层理时不易轻易发生转向，有助于缝高扩展形成"1"字形裂缝。

（5）暂堵工艺能够高效应对裂缝型储层改造难度大的问题，不同粒径混合暂堵能实现缝间的有效封堵，诱发裂缝暂堵转向，形成多簇裂缝，实现储层增产。

（6）对于结构+应力双控机制页岩气层压裂改造，推荐尽可能选择大排量施工。前期采用高粘度压裂施工促进缝高穿层扩展，中期低粘度压裂均匀起裂裂缝与层理，后期可采用暂堵工艺对裂缝进行缝间暂堵，促使裂缝暂堵转向，实现高效改造。

## 参 考 文 献

[1] 王红岩，周尚文，赵群，et al. 川南地区深层页岩气富集特征、勘探开发进展及展望[J]. 石油与天然气地质，2023，44（06）：1430-41.

[2] 郭旭升，胡宗全，李双建，et al. 深层—超深层天然气勘探研究进展与展望[J]. 石油科学通报，2023，8（04）：461-74.

[3] 曾波，冯宁鑫，姚志广，et al. 深层页岩气储层水力压裂裂缝扩展影响机理[J]. 断块油气田，2024，31（02）：246-56.

[4] 李阳，薛兆杰，程喆，et al. 中国深层油气勘探开发进展与发展方向[J]. 中国石油勘探，2020，25（01）：45-57.

[5] JIAN Z, MIAN C, YAN J I N, et al. Experiment of propagation mechanism of hydraulic fracture in multi-fracture reservoir [J]. Journal of China University of Petroleum Edition of Natrual Science, 2008, 32 (4): 51.

[6] 侯振坤，杨春和，王磊，et al. 大尺寸真三轴页岩水平井水力压裂物理模拟试验与裂缝延伸规律分析[J]. 岩土力学，2016，37（02）：407-14.

[7] WASANTHA P L P, KONIETZLCY H, WEBER F. Geometric nature of hydraulic fracture propagation in naturally – fractured reservoirs [J]. Computers and Geotechnics, 2017, 83: 209-20.

[8] LIU Y L, ZHENG X B, PENG X F, et al. Influence of natural fractures on propagation of hydraulic fractures in tight reservoirs during hydraulic fracturing [J]. Marine and Petroleum Geology, 2022, 138.

[9] ZHAO H, LI W, WANG L, et al. The Influence of the Distribution Characteristics of Complex Natural Fracture on the Hydraulic Fracture Propagation Morphology [J].

Frontiers in Earth Science, 2022, 9.

［10］REN L, ZHAO J Z, HU Y Q, et al. Effect of Natural Fractures on Hydraulic Fracture Initiation in Cased Perforated Boreholes ［J］. Przeglad Elektrotechniczny, 2012, 88 （9B）: 108-12.

［11］ZHUANG L, JUNG S G, DIAZ M, et al. Laboratory True Triaxial Hydraulic Fracturing of Granite Under Six Fluid Injection Schemes and Grain-Scale Fracture Observations ［J］. Rock Mechanics and Rock Engineering, 2020, 53 （10）: 4329-44.

［12］CHEN Y Q, NAGAYA Y, ISHIDA T. Observations of Fractures Induced by Hydraulic Fracturing in Anisotropic Granite ［J］. Rock Mechanics and Rock Engineering, 2015, 48 （4）: 1455-61.

［13］JIA Y Z, LU Y Y, ELSWORTH D, et al. Surface characteristics and permeability enhancement of shale fractures due to water and supercritical carbon dioxide fracturing ［J］. Journal of Petroleum Science and Engineering, 2018, 165: 284-97.

［14］白岳松, 胡耀青, 李杰. 压裂液黏度和注液速率对含层理页岩水力裂缝扩展行为的影响规律研究 ［J］. 煤矿安全, 2023, 54 （12）: 18-24.

［15］SARMADIVALEH M, RASOULI V. Test Design and Sample Preparation Procedure for Experimental Investigation of Hydraulic Fracturing Interaction Modes ［J］. Rock Mechanics and Rock Engineering, 2015, 48 （1）: 93-105.

［16］DEHGHAN A N. An experimental investigation into the influence of pre-existing natural fracture on the behavior and length of propagating hydraulic fracture ［J］. Engi-neering Fracture Mechanics, 2020, 240.

［17］CHEN Y L, MENG Q X, ZHANG J W. Effects of the Notch Angle, Notch Length and Injection Rate on Hydraulic Fracturing under True Triaxial Stress: An Experimental Study ［J］. Water, 2018, 10 （6）.

［18］YANG R Y, HONG C Y, HUANG Z W, et al. Liquid Nitrogen Fracturing in Boreholes under True Triaxial Stresses: Laboratory Investigation on Fractures Initiation and Morphology ［J］. Spe Journal, 2021, 26 （1）: 135-54.

［19］CHENG Y X, ZHANG Y J, YU Z W, et al. An investigation on hydraulic fracturing characteristics in granite geothermal reservoir ［J］. Engineering Fracture Mechanics, 2020, 237.

［20］翟梁皓. 油页岩水平井射孔完井水力压裂裂缝起裂与扩展机理研究 ［D］, 2021.

［21］李勇, 何建华, 邓虎成, et al. 深层页岩储层现今地应力场特征及其对页岩储层改造的影响——以川南永川页岩气区块五峰—龙马溪组为例 ［J］. 中国矿业大学学报, 2024, 53 （03）: 546-63.

［22］张瑛堃. 川南龙马溪组页岩可压性评价及压裂裂缝扩展地质控因 ［D］, 2022.

［23］张军义, 贾光亮. 影响鄂尔多斯盆地致密砂岩储层水力压裂效果关键因素分析 ［J］. 非常规油气, 2024, 11 （03）: 114-9.

［24］曾从良. 塔河油田缝内暂堵转向可行性研究 ［J］. 石化技术, 2024, 31 （09）: 129-31.

［25］唐述凯, 郭天魁, 王海洋, et al. 致密储层缝内暂堵转向压裂裂缝扩展规律数值模拟 ［J］. 岩性油气藏, 2024, 36 （04）: 169-77.

# 顶驱集成内防喷器机构及控制方法

张军巧　齐建雄　谢宏峰　王　博　张红军　张淑瑶

（北京石油机械有限公司）

**摘　要**　内防喷器是顶驱的重要组成部分，连接在顶驱主轴和转换接头之间，顶驱在钻井作业过程中，当井内压力高于钻柱内压力时，可以通过关闭内防喷器切断钻柱内部通道，从而防止井涌或者井喷的发生。顶驱通常配备一对内防喷器，上部内防喷器可以通过液压系统控制，下部内防喷器则通过手动操作，以关闭钻柱通道。但对于一些小吨位车载山地钻机，为适应不同地理条件的施工需求，钻机要具备体积小、重量轻的特点，与之配套的顶驱为满足其钻机井架空间尺寸的限制，就必须缩短本体高度。鉴于此，研制了集成内防喷器机构及控制方法。通过集成上部内防喷器和下部内防喷器，缩短了顶驱高度。通过将操作手柄组中的转销由内嵌设计成凸出的方式，实现了集成内防喷器既可作为遥控内防喷器也可以作为手动内防喷器使用的功能。通过液压控制的系列逻辑设计实现了内防喷器自动和本地手动操控的切换。与常规内防喷器及控制方法相比，在保证顶驱各项功能的前提下，改动小，成本低，互换性好。公司内试验结果表明，内防喷器自动和本地手动操控的切换灵活方便，开关自如到位，同时满足小型车载钻机井架空间对顶驱本体高度的要求。

**关键词**　顶驱；内防喷器；集成；控制

顶驱是一种新型的钻井系统，已成为石油钻井行业的标配产品，它适用性很广，钻井深度从2000米到15000米都可以使用。内防喷器安装在顶驱主承载通道中，与主轴和转换接头等零部件构成了顶驱主机的泥浆通道部分，是顶驱上重要的安全设备，在关闭状态下能防止井涌或者井喷时钻井液从钻柱通道喷出。顶驱上通常配备一对内防喷器，其中上部内防喷器可通过液压系统控制，完成自动关闭内部通道的作业，而下部内防喷器则通过手动的方式，人工完成关闭内部通道作业。但是，随着钻修井自动化要求的发展，目前一些小型车载钻机由于井架空间受到多方面限制，对配套顶驱整机的高度要求较为严苛，顶驱整机高度面临较严重的压缩空间。在此种情况下，提出了将上部内防喷器和下部内防喷器合二为一的设计方法，为安全起见，在降低整机高度的同时，优先保证唯一内防喷器的自动操控功能，可通过液压控制系统完成远程操控，在自动操控意外失效时，可通过远程操控卸荷或本地卸荷，使唯一内防喷器切换为可手动关闭模式，完成手动关闭内部通道的功能。

## 1　常规内防喷器机构及控制方法

### 1.1　常规内防喷器

顶驱主要由动力水龙头、管子处理装置、电

气传动与控制系统、液压传动与控制系统、司钻操作台、导轨和滑车等组成，内防喷器（IBOP）是顶驱上的重要组成部件之一。常规IBOP主机结构图如图1。

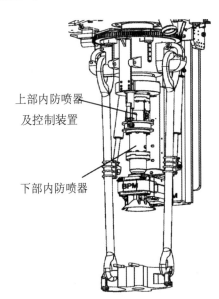

图1　常规IBOP主机结构图

常规IBOP由上部IBOP和下部IBOP组成，上部IBOP是通过液压系统远程控制的，可以在司钻控制台上方便的开关内防喷装置使上部IBOP液压油缸换向，完成自动关闭内部通道的作业。下部IBOP则通过手动的方式，直接操作其上的球阀换向，由人工完成关闭内部通道作业。常规 IBOP 相关位置结构图如图 2 所示。

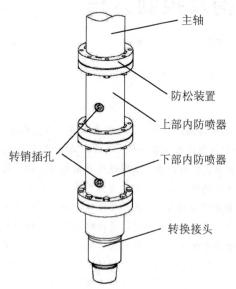

图 2　常规 IBOP 相关位置结构图

IBOP 与主轴和转换接头等零部件构成了顶驱重要的泥浆通道的一部分，泥浆通道是高压泥浆从地面到井底的通道，高压泥浆通过这些管件的内部通道到达井底推动井下工具进行钻井作业，同时携带岩石碎屑经钻杆和套管间的井筒排出地表，泥浆同时还具有压井和紧固井壁的作用。一旦钻遇高压地层或油气层时，如果钻井工艺处理不当，可能会发生井涌甚至井喷的风险，井底高压会推动泥浆油气等经井筒或钻杆内通道排出地表，造成钻井事故。上部 IBOP、下部 IBOP 分别是自动和手动关闭内部泥浆通道的重要安全设备。下部 IBOP 连接的转换接头可实现顶驱与不同钻杆接头螺纹之间的转换连接，同时起到保护手动IBOP 接头螺纹的功能。

### 1.2　上部内防喷器控制机构

上部 IBOP 齿轮齿条式控制机构如图 3。它是为上部 IBOP 实现自动开关的控制机构，其原理为：转销插入 IBOP 操作手柄组件的销孔内，同时转销露出操作手柄组件的部分安装齿轮，这样齿轮、转销和操作手柄组件构成 IBOP 转销组件，是与 IBOP 旋转运动相关联的组件；齿条、套筒、盖板构成套筒组件，齿条通过某种形式固定到套筒上，外部用盖板限定齿条位置，套筒组件与 IBOP 转销组件相关联，通过套筒组件的上下移动，使套筒组件的齿条带动 IBOP 转销组件的齿轮旋转，齿轮的旋转带动转销，驱动操作手柄组件及 IBOP

球体旋转，实现通断 IBOP 通道的功能；套筒组件的上下移动是通过 IBOP 油缸组件的运动控制的，IBOP 油缸组件包括 IBOP 油缸、导板、支座、轴和滚轮等，通过液压系统的控制，实现对 IBOP 油缸运动的控制，IBOP 油缸的伸缩带动套筒组件的上下移动，拖动 IBOP 组件旋转，实现通断 IBOP 内部通道的目的。其中，IBOP 油缸组件安装在固定零件回转头上，而套筒组件和 IBOP 转销组件与主轴相对位置固定，随主轴一起旋转。因此，滚轮的存在实现了动静组件机构的过渡与连接。

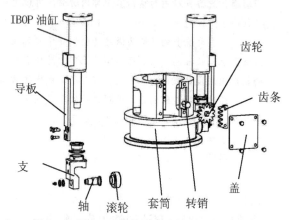

图 3　上部 IBOP 齿轮齿条式控制机构结构图

### 1.3　上部内防喷器控制方法

上部 IBOP 控制油路如图 4 所示。由减压阀、防爆电磁换向阀和液控单向阀三单元组成，减压阀调节执行机构所需的压力，防爆电磁换向阀切换 IBOP 的打开和关闭的状态，液压锁的作用是锁住油缸上行程位置（即防止油缸下滑），维持IBOP 当前的状态。

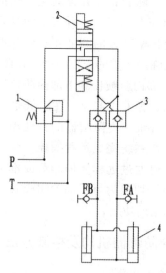

1-减压阀　2-电磁换向阀　3-液压锁　4--执行油缸
图 4　上部 IBOP 液压控制原理

## 2　集成内防喷器机构及控制方法

### 2.1　集成内防喷器及其控制机构

为了满足中小型车载钻机井架的空间要求，达到不影响顶驱各项功能，而缩短顶驱主机高度的目的，将上部 IBOP 和下部 IBOP 合二为一，形成手自一体 IBOP，即集成 IBOP，安装位置依然安装在主轴和转换接头之间，集成 IBOP 相关位置结构图如图 5，集成 IBOP 结构图如图 6，主要由壳体、球体、操作手柄组件、上下阀座等组成，通过操作手柄组件的旋转运动，传递到球体在上下阀座之间旋转，实现 IBOP 壳体内上下两腔泥浆之间的通断。

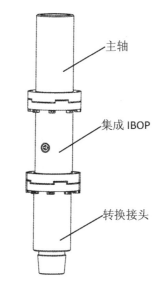

图 5　集成 IBOP 相关位置结构图

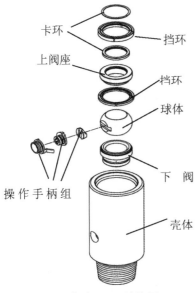

图 6　集成 IBOP 结构图

### 2.2　集成内防喷器控制机构

集成 IBOP 控制机构结构图如图 7 所示。

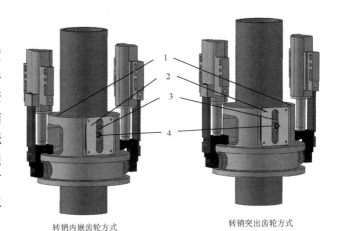

转销内嵌齿轮方式　　　　转销突出齿轮方式

1-套筒 2-盖板 3-齿轮 4-转销

图 7　集成 BOP 控制机构结构图

当 IBOP 油缸不能对 IBOP 球阀进行远程操控时，需解除 IBOP 油缸对套筒组件机构的影响，实现 IBOP 本地的关闭动作，因此，集成 IBOP 控制机构中转销与齿轮位置有两种方式：其一，转销内嵌齿轮方式，即转销长度较短，齿轮厚度较大，转销长度没于齿轮厚度内，可通过内六方扳手插入齿轮与转销的配合孔内，手动转动阀芯球体，关闭 IBOP；其二，转销突出齿轮方式，即转销的高度高于齿轮面外露，可通过外六方扳手或活扳手等工具，旋转转销带动 IBOP 内部球体，关闭 IBOP。

其结构如图 7 所示这种方式的实现满足两个条件：1）、套筒组件装置中盖板结构变化，满足手动开关 IBOP 的条件；2）、IBOP 油缸无压力负荷，处于可自由移动的状态。

### 2.3　集成内防喷器控制方法

根据顶驱工作时对 IBOP 的功能和性能要求，充分考虑钻井工艺和现场环境因素，确保 IBOP 及时关闭钻柱通道以及系统工作的稳定性和有效性，设计了集成 IBOP 液压控制系统，其原理图如图 8 所示。

集成 IBOP 液压控制系统主要包括减压阀、电磁换向阀、液压锁、自动卸荷换向阀、IBOP 油缸、本地卸荷阀等组成。当 IBOP 可远程操控时，减压阀、电磁换向阀、液压锁、IBOP 油缸及相关接头管线等组成远控液路，通过电磁换向阀不同电磁阀的得失电情况，实现 IBOP 油缸的伸缩，完成 IBOP 的通断。当需要 IBOP 油缸泄荷时，可通过自动电磁卸荷换向阀换向远程卸荷，也可以打开本地卸荷阀，完成本地卸荷。油缸完成卸荷后，可通过扳手工具旋转转销，实现 IBOP 的通断，集成 IBOP 既可以作为上部 IBOP 也可以作为下部 IBOP 使用。

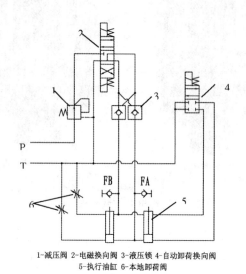

1-减压阀 2-电磁换向阀 3-液压锁 4-自动卸荷换向阀
5-执行油缸 6-本地卸荷阀

图 8　集成 IBOP 液压控制原理图

## 3　样机试验

集成 IBOP 机构及控制方法在公司内随顶驱整机一起进行了台架试验，试验情况如下：

（1）空负荷远程开关试验：远程操作 IBOP 液压控制系统，分别开启和关闭 IBOP 不少于 3 次，在按下"IBOP 关闭"按钮后 5 秒内完成关闭 IBOP 球体、按下"IBOP 打开"按钮后能顺畅打开，操作方便，开关到位，无卡阻，相关液压管路无渗漏。

（2）空负荷手动开关试验：用专用扳手手动操作转销，顺时针和逆时针分别动作，可方便地打开和关闭 IBOP 球体到位，最大开启和关闭扭矩值小于 200N·m。

（3）IBOP 带压动作试验：井控过程中，首先需要关闭上部 IBOP，即优先启动液压控制系统关闭 IBOP。为此，模拟钻井现场井喷或井涌发生的实际情况，从包含转换接头、IBOP 和主轴在内的主通道下端进行打压至额定工作压力后，操作液压控制系统，关闭 IBOP，保持 10 分钟，压力降低小于 0.7MPa，IBOP 密封部位无渗漏。

## 4　结论

（1）研制的集成 IBOP 机构及控制方法，主要

包括集成的 IBOP 元件、可完成远程操控 IBOP 开关的控制机构、可实现本地开关 IBOP 元件的控制组件以及控制该控制机构动作的液压原理。

（2）集成上部 IBOP 和下部 IBOP 的 IBOP 组件，通过 IBOP 油缸的动作带动 IBOP 执行机构驱动 IBOP 阀芯旋转，完成 IBOP 的打开与关闭的动作，且当不能远程遥控操控 IBOP 油缸完成相应的动作时，可通过对 IBOP 组件的本地操作，实现关闭 IBOP 的功能，保证钻井作业的安全。

（3）与常规 IBOP 控制机构相比，仅对转销和盖板进行改动，改动小，互换性好。

（4）与常规 IBOP 液压控制系统相比，仅增加了本地卸荷阀和自动卸荷换向阀，成本低，且不影响顶驱各项功能。

（5）顶驱整机高度缩短 0.4 米左右，满足了车载钻机井架空间的需要，同时保留了顶驱泥浆通道可自动关闭和手动关闭的功能，并通过液压控制的系列逻辑设计实现了 IBOP 远程遥控和本地手动操控的切换。

**参 考 文 献**

[1] 国家市场监督管理总局国家标准化管理委员会. 石油天然气钻采设备 顶部驱动钻井装置：GB/T 31049—2022 [S]. 北京：中国标准出版社，2022.

[2] 北京石油机械有限公司. 顶部驱动钻井装置使用说明书 [M]. 北京. 北京石油机械有限公司，2024，14-25.

[3] 北京石油机械有限公司. 顶部驱动钻井装置操作手册 [M]. 北京. 北京石油机械有限公司，2024，6-10.

[4] 刘广华. 顶部驱动钻井装置操作指南 [M]，北京：石油工业出版社，2009 年.

[5] 刘广华，刘新立. 顶部驱动钻井装置操作维护图解手册 [M]，北京：石油工业出版社，2009 年.

[6] 成大先. 机械设计手册：第 5 卷 [M]. 第 6 版. 北京：化学工业出版社，2017.

[7] 雷毅，冯勇建. 一种顶部驱动钻井装置的液压系统设计 [J]. 液压与气动，2012，(11)：76-79.

[8] 张远深，李岭. DLS180 顶驱液压动力水龙头电液系统设计 [J]. 液压与气动，2010，(7)：1-2.

[9] 国家能源局. 石油天然气钻采设备 旋转钻井设备 上部和下部方钻杆旋塞阀：SY/T 5525—2020 [S]. 北京：中国标准出版社，2020.

[10] 张军巧，李美华，齐建雄，等. 4500kN 变频直驱顶部驱动钻井装置设计 [J]. 石油矿场机械，2021，50 (5)：48-51.

[11] 中国石油天然气集团公司. 钻井井控技术规范：Q/SY 02552—2022, 钻井井控技术规范 [S]. 北京：石油工业出版社, 2022.

[12] American Petroleum Institute. Rotary Drill Stem Elements：API Spec 7-1：2023 [S].

[13] 国家市场及其年度管理总局 国家标准化管理委员会. 石油天然气钻采设备 顶部驱动钻井装置：GB/T 31049—2022 [S]. 北京：中国标准出版社, 2022.

[14] 中华人民共和国国家质量监督检验检疫总局, 中国国家标准化管理委员会. 石油天然气工业钻井和采油提升设备：GB/T 19190—2013 [S]. 北京：中国标准化出版社. 2014.

[15] American Petroleum Institute. Drilling and Production Hoisting Equipment（PSL1 and PSL2）：API Spec 8C：2012 [S].

# 涪陵页岩气田加密井防碰关键技术

宋明阶　马建辉　文　涛　侯　亮　薛晓卫

（中石化经纬有限公司江汉测录井分公司）

**摘　要**　经过前期产能建设及加密调整开发，涪陵页岩气田初步形成了多层系开发格局。因井网日趋密集，加密井施工中各井段均存在碰套管风险，制约了钻井提速提效。在分析涪陵页岩气田加密井防碰绕障难点的基础上开展技术攻关，制定磁性随钻测量仪器防磁干扰的技术措施，确定各井段防碰预警条件，优化防碰绕障轨迹设计，制定各井段防碰绕障技术措施，并将地质导向技术应用在防碰绕障施工中，形成了适应涪陵页岩气田的加密井防碰绕障关键技术。该技术已在涪陵页岩气田加密井平台应用，防碰绕障施工顺利，井身质量优良率100%，提速效果显著。涪陵页岩气田加密井防碰绕障技术为涪陵页岩气田加密调整开发提供了技术支撑，也为国内页岩气开发提供了技术参考和借鉴。

**关键词**　页岩气；防碰绕障；加密井；水平井；轨迹控制；涪陵页岩气田

## 1　前言

涪陵页岩气田是我国首个大型页岩气田，地表属山地喀斯特地貌，海拔 300.00～1000.00m。为进一步提高资源储量动用率，实现稳产增效，涪陵页岩气田在焦石坝主体区块部署了 200 余口加密井。为了降低开发成本，涪陵页岩气田加密井继续在现有平台或扩建平台上采用丛式井开发模式，主要应用交叉型和鱼钩型布井方式。根据涪陵页岩田储层特征，涪陵页岩气田加密井主要有井间加密和层间加密 2 种部署方式。涪陵页岩气田焦石坝区块的目的层主要为五峰组和龙马溪组暗色碳质、硅质泥页岩地层，厚度在 80.00～110.00m，地质上划分为①～⑨小层，依次分为上、中、下三套开发气层。涪陵页岩气田一期、二期产能建设主要开发下部气层（①～③小层），水平段标准井间距 600m，两井水平段中间部分储层资源未能动用，提高储量动用率和采收率的潜力较大。为此，涪陵页岩气田将井间加密井的间距缩短为 300.00m，以提高下部储层资源动用率。层间加密则指加密开发上部（⑦～⑧小层）和中部（④～⑤小层）气层。

经过前期产能建设及加密调整开发，涪陵页岩气田初步形成了多层系开采开发格局。因井网日趋密集，加密井各井段均存在较高的碰套管风险，制约了钻井提速提效。加密井多处于页岩气压裂改造区，钻进过程中受压裂影响，易引发井下复杂情况，增加井下施工安全风险。为此，笔者在分析涪陵页岩气加密井防碰绕障难点的基础上开展技术攻关，制定了磁性随钻测量仪器防磁干扰的技术措施，确定了各井段防碰预警条件，提出了防碰绕障轨迹设计方法，制定了各井段防碰绕障技术，将地质导向技术应用防碰绕障施工中，形成了适应涪陵页岩气田的加密井防碰绕障关键技术，以期为涪陵页岩气田加密调整开发提供技术支撑，为国内页岩气开发提供技术参考和借鉴。

## 2　加密井防碰施工的难点

### 2.1　三维水平井施工特点

#### 2.1.1　轨道设计特点

涪陵页岩气田采用丛式井开发，为了提高储层动用率，主要部署三维水平井。三维水平井轨道设计复杂，三维水平井是井口和各个靶点不在同一个铅垂面内的多目标井，区别于常规二维水平井，三维水平井由于存在偏移距，轨道设计时不但要实现增井斜，还要考虑如何扭方位，因此轨道设计难度较大。部分井靶前位移有限，需要设计反向位移，形成鱼钩型轨道，井眼轨迹更加复杂。

#### 2.1.2　轨迹控制特点

三维井眼摩阻扭矩大，斜井段需要增斜和扭方位，钻具与井壁接触面积大，摩阻扭矩较二维水平井大幅增加，钻具在下放、滑动钻进工况下易发生屈曲，滑动钻进托压严重，轨迹控制难度大。

## 2.2 加密井轨道设计难点

加密井相比前期部署的三维水平井在轨道设计上，具有更加严苛的防碰约束条件。加密井部署在已施工的丛式井平台上，井口间距不大于10m，平台上井口数逐渐增多，分批次部署且井口排列无统一规则。基于最大程度动用页岩气储量资源的基本原则，涪陵页岩气田主要采用交叉式全覆盖布井方案（图1）。为了充分动用储层产量，气田逐步进行三层立体加密调整开发，加密井在穿越上部层系时，与上部气层井眼垂向间距30~60m，横向间距最小50~80m（图2）。在原有井网条件下部署加密井，待钻井与多井眼存在相碰风险，井眼轨道空间可行域大幅减少，轨道设计难度增大。

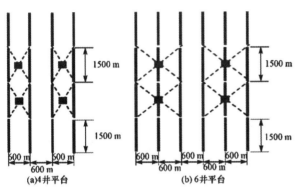

图1 交叉式全覆盖布井方案示意

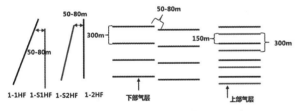

图2 双层开发水平段部署水平投影示意图

## 2.3 绕障井眼轨迹控制难点

### 2.3.1 测斜数据标准不一

涪陵页岩气田采用丛式井开发多层系页岩气，地下井网密集，待钻井与多个井眼存在相碰风险。已钻井由不同施工单位在不同时期施工，且测量仪器类型不同，井眼轨迹数据标准不统一，为防碰绕障增加了不确定性。

### 2.3.2 测量误差与盲区

仪器测量误差及测量数据滞后直接影响绕障井眼轨迹控制。为了适应涪陵页岩气田低成本开发需要，施工方主要使用国产无线随钻测斜仪器，测量零长15~18m，因不能及时获取井底数据，只

能预测井底空间位置，增加了轨迹控制难度和防碰风险。我公司现使用的随钻测量仪器误差范围为方位角±1.5°、井斜角±0.1°、磁性工具面角±1.5°、重力工具面角±1.5°，随着井深增加，测点增加，误差累积，井眼位置不确定逐渐增大。

### 2.3.3 磁干扰

涪陵工区内普遍使用磁性随钻测量仪器进行井眼轨迹控制，磁性随钻测量仪器在井下易受钻柱剩余磁化、邻井套管、地层中含铁磁性矿物等影响，磁干扰会导致磁性随钻测斜仪测量的方位角不准确，容易造成脱靶、井眼相碰等风险。

## 3 技术对策

### 3.1 制定防碰预警条件

目前井眼相碰风险普遍基于分离系数定义高中低三种风险系数，斯伦贝谢为1（高）-2（中）-5（低），配合施工预案在进入中风险区域就需要绕障设计或者停钻，并向上级汇报。哈里伯顿为1（高）-1.25（中）-1.5（低），配合施工预案在进入中风险区域就需要绕障设计或者停钻，并向上级汇报。国内通常在井眼轨道设计阶段就将中风险设置为分离系数1.5，以便为现场施工预留下足够的绕障空间。

涪陵页岩气田不同层系气层垂向间距30~60m，部分新部署加密井在着陆段或水平段与邻井的空间距离不能满足分离系数大于1.5的距离要求，因受靶区的限制，在着陆段或水平段防碰绕障空间有限。针对涪陵页岩气层间加密井防碰特点，空间距离上基于分离系数的预警条件具有局限性。在空间距离不能规避相碰风险的情况下，理论上在不同层位钻进，也能避免井眼相碰。因此，应用地质导向技术，控制正钻井防碰井段与邻井在不同层位钻进，也可有效避免井眼相碰。

针对涪陵页岩气田加密井施工特点，在不涉及层间加密的情况下，推荐将分离系数小于等于2.0作为防碰预警条件（邻井带压时分离系数2.3），如果分离系数小于2.0必须采取防碰技术措施。在涉及层间加密的情况下，适当降低空间距离要求。涪陵页岩气田焦石坝区块的目的层主要为五峰组和龙马溪组地层，地质上划分为①~⑨小层，每个小层厚度小于15m，因此将参考井与邻井垂向距离15m作为防碰预警条件。

### 3.2 加密井轨道设计

页岩气三维轨道设计轨道主要有五点六段制、

斜面圆弧六段制（直井段—造斜段—稳斜段—斜面圆弧段—增斜调整段—水平段）、双二维等三种类型，通过对定向段长、摩阻、扭矩等指标对比优选出斜面圆弧三维轨道设计更适合涪陵工区加密井轨道设计。同时在各井段与邻井的防碰距离须满足《涪陵页岩气田钻井井眼防碰实施细则》中规定的防碰距离要求。

### 3.3 防碰绕障技术措施

（1）施工前收集邻井相关资料数据，确认防碰井井口坐标、磁偏角、电测连斜和多点数据，保证电测数据与随钻数据的一致性，统一方位数据、统一地磁模型，井深均要修正到统一基准面。待钻井各开次中完后进行多点测量，分别用多点和实钻数据进行防碰扫描，按照风险较高的数据进行指导防碰绕障施工。防碰扫描宜采用最近距离扫描法。根据中心距和分离系数综合评价防碰风险等级。

（2）根据设计轨道数据模拟计算邻井空间防碰最近距离，确定防碰绕障重点、难点井位及井段，优选防碰绕障技术，制定绕障施工方案。

（3）施工中严密监测井斜数据变化。仪器设备入井前按照行业标准检测标定。应用的随钻仪器存在盲区，测斜数据有延迟，在防碰重点井段施工时，依据已钻井眼变化规律预测井底数据，实时分析防碰数据。考虑测斜仪误差，修正防碰模拟数据，指导现场施工。

（4）邻井防碰间距缩小时，及时加密测量，勤模拟多分析，发现问题及时定向调整；测量井斜数据时，认真观察磁场强度数据变化情况，辨识、判断有无邻井套管磁场干扰。防碰井段密切观察钻井参数和振动筛返砂情况，发现钻参异常或发生返出水泥、铁屑，及时停钻分析，查明原

因再采取下步措施。测斜数据显示磁场值异常时，应分析原因，必要时使用陀螺仪复测数据。

### 3.4 分段防碰绕障技术

#### 3.4.1 直井段

直井段防碰主要是防止与同平台邻井相碰，控制井眼轨迹朝远离邻井的方位预斜，逐渐拉开与邻井的距离达到防碰的目的。绕障点选择直接影响防碰绕障定向工作量，通过模拟计算不同绕障点轨道摩阻和定向工作量大小，优选绕障点。

从图3、4中可知 $\alpha<\beta<\gamma$，完成相同绕障距离，绕障点越浅绕障角越小，定向工作量也越小。

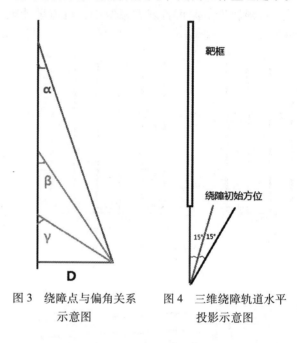

图3　绕障点与偏角关系　　图4　三维绕障轨道水平
　　　示意图　　　　　　　　　投影示意图

预斜方位的选择对井下摩阻也有影响。预斜方位与增斜段方位夹角依次增加15°针对不同绕障点进行绕障轨道模拟计算（表1）。

**表1　不同造斜点和方位下绕障摩阻评价结果**

| 序号 | 绕障点（m） | 相同偏移距时井斜（°） | 0°夹角绕障摩阻（T） | 15°夹角绕障摩阻（T） | 30°夹角绕障摩阻（T） |
|---|---|---|---|---|---|
| 1 | 500 | 1.5 | 17.21 | 17.27 | 17.32 |
| 2 | 1000 | 3.1 | 17.23 | 17.32 | 17.37 |
| 3 | 1350 | 14.5 | 17.43 | 17.46 | 17.89 |

从表1数据可知，在三维绕障情况下绕障点越浅，绕障完成后扭方位工作量越小，摩阻相对也最小。特别是绕障点靠近防碰井段，扭方位工作量增长越快。相同绕障点情况下，预斜方位与增斜方位夹角越小，对整体轨道摩阻影响越小。

因此，为了降低摩阻和定向工作量，应提前防碰绕障，结合涪陵工区井身结构和地质特点，如一开没有防碰风险，绕障点优选在一开中完井深以下50~100m以内。满足防碰要求前提下，预斜角不大于5°，全角变化率不大于5°/30m，设计

偏移方位与增斜段方位夹角尽可能小，降低整体轨道设计摩阻扭矩。

### 3.3.2 定向段

定向井段为了防止与邻井相碰，主要采取变方位法和高差法进行防碰绕障。高差法就是改变绕障井与障碍井垂直距离影响空间距离大小，从而达到绕障目的。根据绕障井与障碍井之间的距离，再综合绕障井与障碍井的实际轨迹，选择合理的绕障点，并对绕障之后的井斜与方位进行控制和预测，保证达到施工目的。变方位法就是改变绕障井的轨迹方向，从而达到绕开障碍井。在丛式井施工中，由于直井段钻井参数选用不合适，或者纠斜钻具不能发挥其作用，就会引起直井段井斜偏大，如果偏斜的方向朝已钻井方向或者下口井方向靠近，就必须采取防碰绕障措施，运用井下动力钻具可达到改变其方向的目的。

### 3.3.3 着陆段和水平段

焦石主体区块基本形成了多层系开发格局，加密井在着陆井段或水平段与邻井也存在相碰风险。受靶区限制，防碰绕障轨道设计空间有限，且对摩阻扭矩影响大。实践中主要采取靶点调整方法，达到防碰绕障的目的。靶点调整一般采用平移法和轴移法。

通过井眼空间距离约束防碰距离，防碰标准要求，空间距离要求分离系数大于 1.5 以上，然而页岩气田加密开发过程中，为了尽最大限度动用优质储层，加密井网日趋密集，不可避免的存在部分井在着陆段或水平段与邻井的距离小于以上距离要求。为了避免井眼相碰，同时满足加密开发需要，将地质导向技术应用到井眼防碰中，有效解决了加密井目的层防碰问题。涪陵页岩气经过几年的勘探开发，随钻地质导向技术应用逐渐普及，对地层的认识逐渐加深，借鉴地质导向技术应用在井眼防碰施工中，综合应用地质导向和几何导向技术，通过空间距离和层位关系双重约束，在满足防碰安全距离的前提下，可降低空间距离的要求，满足页岩气加密开发的需要。

如垂向距离大于 15m，可适当放宽空间距离要求，应用地质导向技术，控制实钻轨迹防碰井段与邻井错层钻进，保障井眼在不同层位穿行，避免井眼相碰。水平段处于同一层位时，如风离系数 ≤1.5 时，需申请平移靶点，使井眼距离满足分离系数>1.5 或垂向上距离大于 15m 的要求。

### 3.4 防磁干扰技术措施

磁性随钻测量仪器在井下主要受钻具剩余磁化、地层磁性矿物、钻井液磁化和邻井套管等磁干扰影响。实际钻井过程中，为了防止磁性随钻测斜仪受钻具磁化的干扰，一般将其放置在无磁钻铤内，但由于无磁钻铤前后端仍为磁性钻具，会产生附加的干扰磁场，如果无磁钻铤的长度不够，或是无磁钻铤被磁化，都会导致地磁场磁感应强度分量测量不准确，使计算得到的方位角偏差较大，进而影响井眼轨迹控制精度。在防碰井段或方位处于正东、正西 ±20° 范围时，必须采用双无磁钻具（在随钻仪器无磁悬挂接头上方加装无磁钻铤、无磁钻杆或无磁短节），减少磁干扰，确保方位测量的准确性，并且无磁钻铤定期进行消磁处理。针对地层矿物、邻井套管等径向磁干扰，可采用随钻陀螺测量仪进行轨迹控制施工，待避开干扰源后再更换磁性随钻测量仪器。

## 4 应用情况

涪陵页岩气田加密井防碰绕障技术已在焦页 A 号平台等 5 个平台应用，均安全完成防碰绕障施工，井身质量优良率 100%，其中 9 口井井身质量被甲方评定为优。下面以焦页 A-6 井防碰绕障施工为例介绍技术应用情况。

### 4.1 焦页 A-6HF 井防碰风险

焦页 A 号西平台位于川东高陡褶皱带万县复向斜焦石坝背斜带焦石坝断背斜上，部署了 7 口加密井，我公司承钻北半平台 4 口井，井口间距 10m（图 4 所示）。

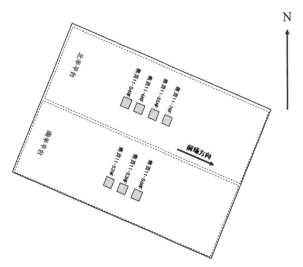

图 4 焦页 A 号西平台井位布局示意图

直井段长度均超过1300m，井口间距10m，防碰风险较高。定向段轨迹交叉，空间距离近，相碰风险高（图5）。焦页A-6HF井原设计轨道在井深2190.00m处与焦页A-S4HF井中心距35.39（分离系数2.38）m，相碰风险较高。着陆井段穿越上部气层井，空间距离近，相碰风险较高。焦

页A-6HF井在井深2520.00m处与焦页30-S1HF井实钻轨迹最近距离105.52m（分离系数0.85），均位于相同层位（图6），相碰风险高。焦页A-6HF井在井深2610.00m处与焦页30-1HF井实钻轨迹最近距离59.18m（分离系数0.67），相碰风险高。

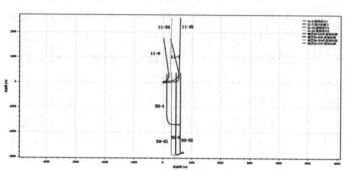

图5　焦页A号西北半平台井与部分邻井水平投影图

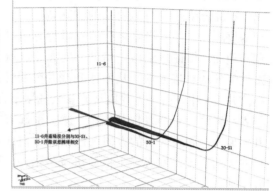

图6　焦页A-6HF井与部分邻井位置关系立体图

### 4.2　焦页A-6井轨道优化设计

同平台轨道整体设计，统筹优化防碰绕障轨道设计方案。造斜点错开，焦页A-S4HF井设计造斜点1726.00m，焦页A-6HF井设计造斜点1834.00m，焦页A-S5HF井设计造斜点771m。直井段设计朝不同方向预斜，主动拉开距离。焦页A-S4HF井在井深523.00m朝165°方向偏斜；焦页A-6HF井直井段防斜打直。定向段采用斜面圆

弧轨道设计。着陆段和水平段防碰通过靶点平移降低防碰风险。将焦页A-6HF井A靶点西移45.00m，A靶点垂深上提11.00m。平移后焦页A-6HF井与焦页30-S1HF井最近距离增大至148.51m，着陆段与焦页30-1HF井底最小垂差增大至22.11m，最近段位于不同层位。焦页A-6井调整后轨道优化设计如表2。

表2　焦页A-6HF井调整优化设计数据表

| 井深（m） | 井斜角（deg） | 方位角（deg） | 垂深（m） | 南北（m） | 东西（m） | 备注 |
|---|---|---|---|---|---|---|
| 371.00 | 0.36 | 347.40 | 370.98 | 2.62 | 1.44 | 一开井底 |
| 1834.00 | 0.36 | 347.40 | 1833.95 | 11.59 | -0.56 | KOP |
| 1843.00 | 0.90 | 76.31 | 1842.95 | 11.66 | -0.50 | |
| 2053.00 | 26.10 | 76.31 | 2045.51 | 23.17 | 46.74 | |
| 2063.00 | 26.30 | 76.31 | 2054.48 | 24.21 | 51.03 | |
| 2283.00 | 30.88 | 21.87 | 2247.60 | 92.38 | 126.06 | |
| 2323.00 | 33.28 | 14.04 | 2281.49 | 112.58 | 132.57 | 二开中完 |
| 2343.00 | 33.68 | 14.04 | 2298.17 | 123.29 | 135.25 | |
| 2495.00 | 55.18 | 355.25 | 2406.07 | 228.43 | 141.56 | |
| 2703.00 | 90.54 | 355.25 | 2466.40 | 423.38 | 125.36 | A |

### 4.4　分段轨迹控制

#### 4.4.1　一开直井段

（1）钻具组合：Φ406.4mm钻头+Φ244mm螺

杆（1°，Φ398扶正器）+浮阀+Φ241mm液推+Φ402mm扶正器+Φ228.6mmDC×3根（含无磁1根）+731＊630+Φ203.2mmDC×4根+Φ203.2mm

随钻震击器+Φ203.2mmDC×2 根+Φ139mmHWDP×9 根+Φ139.7mmDP。

（2）一开防斜打直。一开钻进井段 0-370m，每钻进 80-100m 测斜一次，如果井斜超过 1°，降低钻压钻进。一开完钻，使用多点测斜仪器测量井斜方位数据。

### 4.4.2 二开直井段

（1）钻具组合：Φ311.2mm 钻头+Φ244mm 螺杆（1°，Φ308 扶正器）+浮阀+Φ308mm 扶正器+Φ203.2mm 无磁钻铤+MWD 短节+Φ203.2mm 无磁钻铤+Φ203.2mm 钻铤 4 根+配合接头+Φ139.7mm 加重钻杆×30 根+Φ139.7mm 钻杆。

（2）二开直井段防斜打直。采用四合一钻具组合，带随钻测量仪器监测，每柱测斜，井斜超过设计要求时及时定向调整。

### 4.4.3 二开定向段

（1）钻具组合：Φ311.2mm 钻头+Φ216mm 螺杆（1.25°，Φ308 扶正器）+浮阀+Φ285mm 稳定器+Φ203.2mm 无磁钻铤×1 根+MWD 无磁悬挂短节+Φ203.2mm 无磁钻铤×1 根+Φ139.7mm 加重钻杆×30 根+Φ139.7mm 钻杆。

（2）通过优化调整设计，定向段与邻井距离均在 37m 以上，施工过程中按照设计轨道控制轨迹，及时预测待钻轨迹并进行防碰扫描，合理分配滑动和旋转钻进进尺，确保轨迹平滑。

### 4.4.4 三开着陆段

（1）钻具组合：Φ215.9mm 钻头+Φ172mm 螺杆（1.25°）+浮阀+Φ127mm 无磁承压钻杆+LWD 短节+Φ127mm 无磁承压钻杆+Φ127mm 斜坡加重钻杆 9 根+Φ127mm 斜坡钻杆+Φ127mm 斜坡加重钻杆 21 根+Φ139mm 斜坡钻杆。

（2）模拟计算，靶点调整后焦页 A-6HF 井在井深 2610.00m 处与焦页 30-1HF 井井底（五峰组）最近距离 28.46m，垂差 22.11m，防碰风险高。该井段加密测量，密切关注随钻测量仪器磁参数变化，并与地质导向人员密切配合，控制焦页 A-6HF 井在龙马溪组地层穿行，层位上与焦页 30-1HF 井错开。钻进至 2670m，最近距离 79.69m，分离系数 2.49，风险解除。

### 4.5 施工效果

焦页 A-6HF 井安全顺利完成钻井施工，与邻井防碰情况如图 7 所示，钻井周期 31.37 天，周期节约率达 28.70%，刷新涪陵工区加密井最短钻井周期纪录，并实现全井"142"钻次钻井目标。

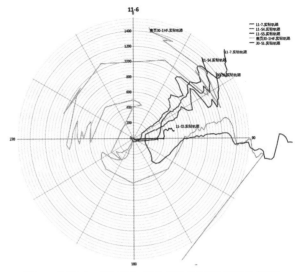

图 7　焦页 A-6HF 井与部分邻井防碰扫描极坐标图

## 5　结论与建议

（1）涪陵页岩气田在焦石老区部署的加密井，平台上井口数增加，地下井网密集，在各井段均存在井眼相碰风险，防碰绕障施工增加了轨迹控制难度。涪陵页岩气田采用层间和井间加密方式，目的层井段单一地依据分离系数为标准进行防碰绕障，不能满足涪陵页岩气田加密开发要求。

（2）针对涪陵页岩气田加密井防碰特点，确定了各井段防碰预警条件。优化直井段防碰方案，优选绕障点和偏斜方位，降低摩阻扭矩。定向段采用高差法和变方位法绕障技术。目的层井段应用地质导向技术，结合井间层位关系和空间距离，合理降低井眼空间防碰距离可以保障加密井施工防碰安全。

（3）建议合理部署井位，优选靶区，优化钻井设计，在设计阶段降低防碰风险，从源头上提高钻井安全性。

**参 考 文 献**

［1］牛新明. 涪陵页岩气田钻井技术难点及对策［J］. 石油钻探技术，2014，42（4）：1-6.

［2］艾军，张金成，臧艳彬，等. 涪陵页岩气田钻井关键技术［J］. 石油钻探技术，2014，42（5）：9-15.

［3］刘伟，何龙，胡大梁，等. 川南海相深层页岩气钻井关键技术［J］. 石油钻探技术，2019，47（6）：9-14.

［4］张金成，艾军，臧艳彬，等. 涪陵页岩气田"井工厂"技术［J］. 石油钻探技术，2016，44（3）：9-15.

［5］刘衍前．涪陵页岩气田钻井技术难点及对策［J］．石油钻探技术，2020，48（5）：21-26.

［6］范光第，蒲文学，赵国山，等．磁力随钻测斜仪轴向磁干扰校正方法［J］．石油钻探技术，2017，45（4）：121-126.

［7］宋明阶，彭光宇，胡春阳，等．涪陵页岩气田加密井轨道优化设计技术［J］．探矿工程（岩土钻掘工程），2020，47（5）.

［8］王万庆，田逢军．长庆马岭油田水平井钻井防碰绕障技术［J］．石油钻采工艺，2009，31（2）：35-38.

［9］李亚南，于占淼．涪陵页岩气田二期水平井钻井防碰绕障技术［J］．石油钻采工艺，2017，39（3）：303-306.

# 鄂西地区牛蹄塘组页岩气储层测井评价

朱 江 李艳群 季运景 曹明浩

（中石化经纬有限公司江汉测录井分公司）

**摘 要** 鄂西地区下寒武统牛蹄塘组页岩是中国页岩气勘查的重要层系。通过分析YC2井测井资料和岩心样品测试数据，综合评价了牛蹄塘组页岩岩性、物性、有机碳丰度及含气性等。鄂西地区牛蹄塘组页岩具备"四高三低"测井响应特征。页岩储层矿物以石英为主，其次是方解石和白云石，储层脆性矿物含量达70%以上。根据测井曲线和岩心分析测试数据的对应关系，建立了牛蹄塘组页岩储层测井评价模型。进行了地质与工程相结合的双优储层综合评价研究，对牛蹄塘组页岩进行优选，划分出有利层段。本研究为该区牛蹄塘组页岩储层测井评价和工程施工提供参数依据。

**关键词** 下寒武统牛蹄塘组；页岩储层参数；测井评价

近年来，随着油气勘探的快速发展，页岩气已转变成我国油气产能上新的突破口。目前，我国已在西南地区涪陵、长宁—威远一带以及昭通等地区五峰组—龙马溪组实现了页岩气的工业化生产。为了进一步扩大我国南方页岩气勘探的区域和层系，中国地质调查局自2015年以来在鄂西地区钻探10余口页岩气井，其中YY1井在寒武系水井沱组获得平均日产 $6.02 \times 10^4 m^3$ 产能引起研究者的广泛关注。目前勘探实践表明，我国南方下寒武纪牛蹄塘组页岩具备沉积厚度稳定、有机质丰度高、勘探潜力大等优点。

本文以YC2井为例，系统分析了牛蹄塘组页岩测井曲线特征，综合利用测井资料和岩心数据，建立岩心分析测试数据与测井曲线的对应关系，运用线性回归分析、页岩储层物理体积模型法，分析了牛蹄塘组页岩储层矿物组成、烃源岩有机碳含量特性、孔隙度和含气性等储层参数，试图为该区页岩测井储层评价提供参数依据。

## 1 地质概况

构造上鄂西地区位于扬子板块中段，处于川东褶皱带与湘鄂西褶皱带的结合部位。YC2井位于研究区黄陵背斜南缘，井区主要发育有天阳坪断裂。区内主要出露南华纪—二叠纪以及白垩纪地层，岩层一般呈北东走向，南东倾向，地层产状较为平缓，倾角多在30°以下，整体表现为一向北西抬升的单斜构造（图1）。与YC2井同在黄陵背斜南缘的井有YE1井、YY1井等。

研究区早寒武世沉积基底演化处于沉降阶段，此时海平面迅速上升，广泛发育台地边缘斜坡深水陆棚沉积。通过岩心观察，下寒武统牛蹄塘组岩性在纵向上可以分为2段，下段厚度约12m，岩性主要为黑色炭质泥岩、页岩，顶部炭质含量稍微减少，与下伏灯影组顶部灰色白云岩区分明显；上段厚约40m，岩性主要为灰色~深灰色泥质灰岩与深灰色灰质泥岩呈略等厚~不等厚互层，上覆地层是石牌组深灰色泥质粉砂岩。

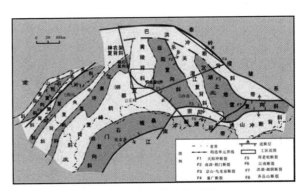

图1 研究区构造位置图

## 2 测井响应特征

为进行精细储层评价，在YC2井开展了自然伽马能谱、补偿声波、中子、岩性密度、双侧向电阻率等常规测井和Litho Scanne岩性扫描、正交偶极子声波等特殊测井。另外，在实验室进行了有机碳含量、孔隙度、渗透率共78组分析测试数据。

下寒武统牛蹄塘组页岩在测井曲线上具有"四高三低"测井响应特征：①高自然伽马、高铀：当地层中有机质含量高时，铀含量也会增加，所以页岩地层放射性测井值增大。YC2 井牛蹄塘组下段富有机质页岩自然伽马值在 160API 以上，铀在 9×10-6ppm 以上，明显高于普通泥岩。②高电阻率：因干酪根和油气导电性较差，所以富含有机质的页岩地层其电阻率往往在测井曲线上呈现为高值特征。YC2 井牛蹄塘组下部页岩深侧向值大于 950Ω·m，显示出较高的电性特征。③高声波时差：一般情况下随地层埋深增加，泥页岩地层的声波时差会变小，但因有机质和油气的声波时差值要高于岩石骨架，所以当地层中存在油气时声波时差值增大。YC2 井牛蹄塘组下部页岩声波时差为 230-248μs/m。④低密度：由于有机质密度低于黏土矿物的骨架密度，当地层中含油气时，就会使地层岩性密度值减小。YC2 井牛蹄塘组下部页岩段密度为 2.42g/cm³ 左右，低于普通泥岩密度。⑤低中子：由于"挖掘效应"，页岩地层中含有天然气时，导致补偿中子曲线数值降低（图2）。参考测井曲线响应特征，结合气测异常，YC2 井牛蹄塘组下部划分出一套较优质页岩层段（2470-2482m）。

18%，在下部高伽马地层含量相对较高，为 20-40%；硅质矿物含量平均为 42.2%，以石英为主；碳酸盐岩矿物含量平均为 37.8%，上部以方解石为主，下部以云岩为主；黄铁矿平均为 2%，在下部高伽马地层中相对富集，可达 5% 左右。总体上，地层脆性矿物（石英+方解石+白云石+长石）含量平均达 80%，利于后期压裂改造。

### 3.2 页岩储层物性

物性参数主要包括孔隙度、渗透率。一般而言，核磁共振测井因不受地层岩性和流体性质的影响，可以提供较为准确直观的物性参数。YC2 井因井况原因，只在灯影组和陡山沱组进行核磁共振测井，牛蹄塘组未进行核磁共振测井。因此，本井根据岩心数据，采用常规测井曲线拟合计算孔隙度。分别用声波时差、中子、密度曲线与岩心孔隙度实验数据建立交汇图，结果表明岩心孔隙度与声波、中子对应性相对较好（图3、图4）。采用线性回归法建立声波、中子计算孔隙度模型，拟合公式为：孔隙度 = 0.015 * AC + 0.118 * CNL - 4.370，模型计算结果与岩心孔隙度吻合较好（图5）。

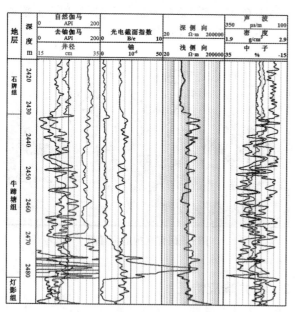

图2　YC2 井牛蹄塘组页岩测井响应特征

## 3 页岩储层关键参数评价

### 3.1 岩石矿物组成

在页岩储层中，脆性矿物的类型与含量对储层改造和开采尤为重要。Litho Scanne 岩性扫描结果显示，YC2 井牛蹄塘组整体粘土含量平均为

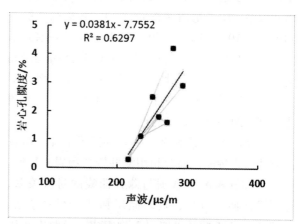

图3　牛蹄塘组岩心孔隙度与声波交互图

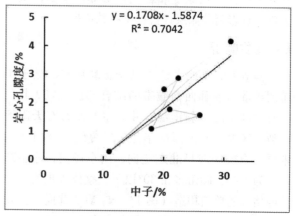

图4　牛蹄塘组岩心孔隙度与中子交互图

YC2井牛蹄塘组页岩孔隙度介于1.2~4.7%，平均为2.5%，下部富有机质页岩孔隙度介于2.6~4.7%，平均为3.6%。由于页岩储层的渗透率一般较低，常规的测井评价方法难以取得准确可靠

的结果。本文采用实验室中页岩样品的测试分析数据，确定牛蹄塘组页岩层段的渗透率为0.0005~0.0023×10-3μm²（表1）。

表1 YC2井牛蹄塘组页岩孔渗岩心实测值

| 深度 m | 长度 cm | 直径 cm | 岩石密度 g/cm³ | 孔隙度% | 渗透率×10⁻³ μm² |
|---|---|---|---|---|---|
| 2437.80 | 1.478 | 2.520 | 2.66 | 2.9 | 0.0010 |
| 2450.25 | 2.341 | 2.520 | 2.68 | 1.1 | 0.0023 |
| 2457.50 | 1.937 | 2.520 | 2.62 | 1.6 | 0.0010 |
| 2461.89 | 1.879 | 2.520 | 2.55 | 1.8 | 0.0005 |
| 2465.90 | 1.951 | 2.525 | 2.67 | 0.3 | 0.0005 |
| 2480.40 | 1.333 | 2.510 | 2.45 | 4.2 | 0.0008 |
| 2488.13 | 0.971 | 2.520 | 2.49 | 5.9 | 0.0006 |

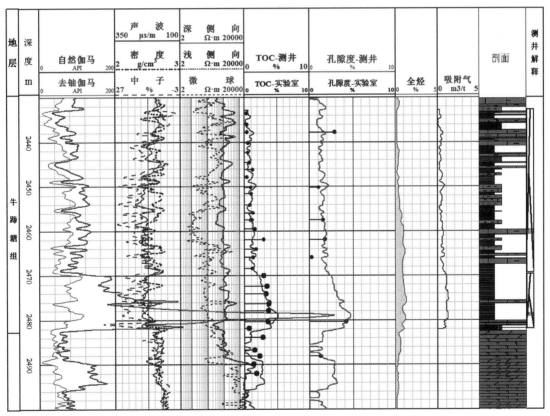

图5 YC2井牛蹄塘组页岩储层测井评价

### 3.3 有机碳含量评价

有机碳含量是评价页岩储层品质较为直接的指标之一。对于页岩储层来说，有机碳的存在会导致地层声波时差、电阻率、铀含量增大，岩性密度降低，所以铀曲线法、体积密度法、声波-电阻率曲线法等常规测井常用于有机碳的评价。方

法是采用多曲线回归法，经过有机碳含量测井模型建立、测井计算和岩心刻度检验后，取得合理的计算结果。

研究表明，四川涪陵地区五峰组—龙马溪组页岩有机碳含量与岩性密度之间具有极好的相关性，通过岩心数据的标定，可建立由密度曲线回

归得到计算有机碳含量的模型。本研究区以 YC2 井为例，尝试用有机碳-密度、有机碳-铀、声波时差-电阻率三种交汇法计算有机碳含量。对比发现，铀与有机碳含量拟合的相关系数最高，利用铀测井曲线计算的有机碳含量与实测有机碳含量相关性最好（图6）。从图5可以看出，利用铀曲线计算的有机碳含量与岩心有机碳二者吻合度较高，证明该测井计算模型较为有效。计算公式为：TOC = 1.3333 * LOG（U）-0.6667。

YC2 井牛蹄塘组测井评价有机碳含量介于 0.4~4.7%，平均值为 2.2%，下部富有机质页岩段有机碳含量介于 2.3~4.7%，平均值为 3.2%。实验室分析测试 TOC 介于 0.36~3.8%，平均值为 1.70%，其中优质页岩段有机碳含量介于 0.75~3.8%，平均值为 3.0%。

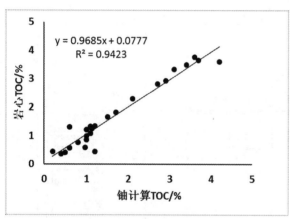

图6　牛蹄塘组岩心 TOC 与铀计算 TOC 关系图

### 3.4　页岩含气性

在页岩储层中含气量主要包括有吸附气和游离气，游离气是指以游离状态存在于页岩的孔隙和裂缝之中，吸附气则以吸附状态存在于页岩有机质（或黏土矿物）的表面。含气量主要以吸附气为主，占页岩气总量的 20%~85%。吸附气含量与页岩层中的有机质含量有着密切的关系，有机质丰度高，则吸附气含量高。将常规测井曲线声波、密度、中子、铀及有机碳含量与吸附气含量进行拟合，发现有机碳含量、声波与吸附气含量之间具有很好的正相关性（图7、图8）。吸附气含量的计算模型为 $V_{吸附} = 0.4514 * TOC$，$V_{吸附} = 0.0177 * AC - 2.9605$。

游离气是指存在于页岩孔隙以及裂缝中的天然气，其计算方法与常规储层计算相似，公式如下：$VFG = 1/Bg × [\Phi e × (1 - SW)] × A/\rho b$，其中 Vfg 为游离气体积，m3/t；Bg 为气相地层体积系

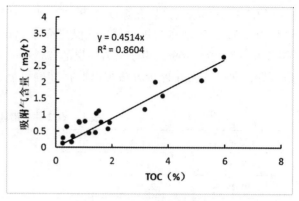

图7　TOC 与吸附气量关系图

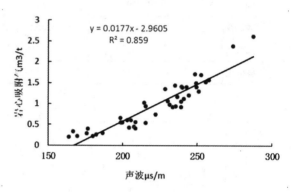

图8　声波与吸附气量关系图

数；$\Phi e$ 为有效孔隙度，小数；$\rho b$ 为地层体积密度，$g/cm^3$；A 为转换常数，取值为 32.1052；SW 为页岩含水饱和度，小数。

吸附气和游离气计算结果显示，牛蹄塘组下部富有机质页岩段总含气量介于 0.8~2.1m³/t，平均 1.5m³/t。其中，吸附气含量介于 0.6~2.0m³/t，平均为 1.3m³/t。

### 3.5　可压性评价

页岩储层由于孔隙度、渗透率较低，无法采用常规开采方式开发，一般需要进行压裂改造来提高储层渗透性，因此储层岩石力学参数评价是必不可少的一环。页岩中石英等脆性矿物含量越高，则页岩的脆性越高，反之如果泥质含量越高则塑性越高。根据密度、孔隙度、岩性含量等常规测井曲线，结合正交偶极子阵列声波测井提取的纵、横波时差资料，计算页岩储层的泊松比、杨氏模量、切变模量、体积弹性模量、破裂压力、水平主应力和脆性指数等参数。泊松比值范围在 0~1 之间，其值越小，表明岩石弹性越大，越易发生脆性变形，利于储层的压裂改造。杨氏模量大小则反映地层的刚性，杨氏模量越大，越不容易发生形变。

对 YC2 井牛蹄塘组计算的岩石力学参数进行

了统计分析：2470.0～2482.0m 主要页岩段地层，泊松比值集中在 0.20～0.24 之间，杨氏模量值集中在 30～45GPa，破裂压力集中在 46～50MPa 之间，脆性指数集中在 65～75% 之间，水平应力差集中在 10～11MPa，水平应力差异系数在 0.17～0.21 之间（图9）。

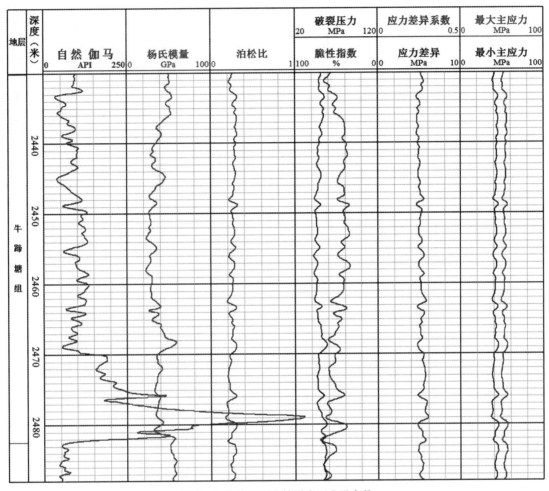

图 9　牛蹄塘组页岩储层岩石力学参数

页岩储层中地质指数和工程指数两者相互牵制共同影响页岩气储层产能，因此采取地质指数和工程指数交汇的方式来综合评价页岩气储层的品质。地质表征参数优选密度、含气量、孔隙度、有机碳、声波时差、中子，孔隙度参数；工程参数表征优选脆性指数、岩性非均质性、压裂施工参数等。

通过地质和工程参数的综合评价，纵向上可将牛蹄塘组页岩储层品质分为三类。以 YC2 井为例，2477～2480m 页岩段储层物性好、有机碳含量高、含气量相对好，且脆性高、适合工程压裂地层划分为 Ⅰ 类层；2470～2477m、2480～2482m 页岩段储层物性较好、有机碳含量和含气量相对较好，岩石脆性高、适合工程压裂划分为 Ⅱ 类层；2430～2470m 页岩段储层物性较差、有机碳含量和含气量相对较低，不利于工程压裂的地层划分为 Ⅲ 类层（图10）。

## 4　测井评价对比分析

研究区内 YY1 井下寒武系有良好的页岩气发现。通过与邻井测井评价对比，YC2 井牛蹄塘组富有机质页岩厚度相对变薄（YE1 井优质页岩厚 46m，YY1 井优质页岩厚 22m，本井为 12m）；埋深处于 2470m 附近，地化录井分析表明，YC2 井 2459.41～2479.47m 井段，烃源岩平均裂解峰顶温度 556.5℃，牛蹄塘组有机质处于过成熟阶段。电性上看，本井深侧向值 1000～2000Ω·m 左右，高于 YY1 井，而 YE1 井富有机质页岩段电阻极大，深侧向普遍大于 2000Ω·m，甚至上万；从储层物性上看，本井孔隙度大于 YE1 井、YY1 井；在有

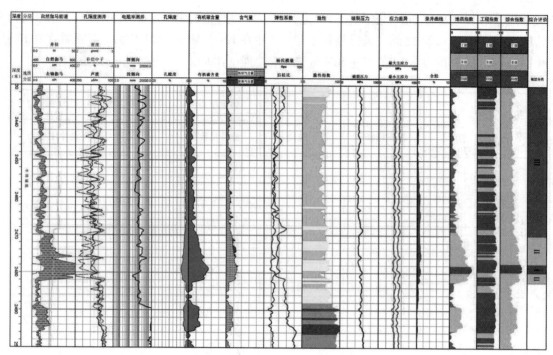

图 10　YC2 井牛蹄塘组页岩储层有利层段划分

机碳含量和含气性方面，本井有机碳含量、含气量及气测显示较 YY1 井变差（表2）。

研究区内页岩气的成藏受富有机质页岩厚度、岩相古地理条件、有机质成熟度、保存条件等因素的制约，导致不同井含气性上存在差异。前人研究表明，构造上 YY1 井处于中扬子板块相对稳定的区域，沉积属于浅水陆棚相区，富有机质页岩沉积厚度较大，且岩层埋深、成熟度适中；但

由于断层、岩相古地理条件等方面因素的制约，页岩气有利区带可能有限。YE1 井牛蹄塘组页岩有机质含量高，但岩性较致密，孔隙度低于 2.5%，是页岩气藏开发的不利因素。本井位于 YY1 井东北方向，页岩厚度不足、有机质含量均会影响页岩储层含气性。因此，应深化研究区基础研究和地球物理资料的处理，谨慎勘探。

表 2　研究区牛蹄塘组下部优质页岩储层测井评价对比

| 井号 | 有利页岩厚度 m | 测井数据 | | | | | 储层参数 | | | 气测录井 |
| | | 自然伽马 API | 深侧向 Ω·m | 声波 μs/m | 密度 g/cm³ | 中子 % | 孔隙度 % | TOC % | 含气量 m³/t | 全烃 （%） |
| --- | --- | --- | --- | --- | --- | --- | --- | --- | --- | --- |
| YE1 井 | 46 | 466 | 2900~21000 | 215 | 2.52 | 9 | 2.1 | 6 | | 2.9~8.1 |
| YY1 井 | 22 | 469 | 840~1200 | 246~270 | 2.56~2.63 | 15 | 2.2 | 3.8 | 3.3 | 1~2.5 |
| YC2 井 | 12 | 481 | 1000~2000 | 236 | 2.44 | 21 | 3.6 | 3.2 | 1.5 | 0.88~1.28 |

## 5　结论

（1）对鄂西牛蹄塘组页岩储层应用测井曲线结合岩心分析刻度，通过交会图和线性回归分析，可以有效评价研究区内牛蹄塘组岩性、物性、有机碳含量及含气性等储层评价关键参数。YC2 井牛蹄塘组下部富有机质页岩段孔隙度介于 2.6%~4.7%，平均为 3.6%；有机碳含量介于 2.3%~4.7%，平均值为 3.2%；总含气量在 1.5m³/t 左

右。建立的测井计算模型可为该区页岩储层评价提供参考。

（2）地层的可压性关系到页岩储层的产能，在页岩地层中开展地质优质与工程优质相结合的双优储层综合评价研究，可以更好地识别优质层位以及指导页岩储层的压裂改造。

（3）测井对比表明，研究区不同井位牛蹄塘组储层在地质参数特征和含气性上差异明显，因此，对鄂西地区牛蹄塘组储层的测井评价要结合

区域地质特征细化研究。

参 考 文 献

[1] 王保忠. YY1井钻获寒武系水井沱组页岩气工业气流的成因探讨 [C]. 中国地球科学联合学术年会,2017,1592-1593.

[2] 许露露,刘早学,温雅茹,等. 中扬子鄂西地区牛蹄塘组页岩储层特征及含气性研究 [J]. 特种油气藏,2020,27 (4):1-9.

[3] 吴诗情,郭建华,李智宇,等. 中国南方海相地层牛蹄塘组页岩气"甜点段"识别和优选 [J]. 石油与天然气地质,2020,41 (5):1048-1059.

[4] 王胜建,任收麦,周志,等. 鄂西地区震旦系陡山沱组二段页岩气储层测井评价初探 [J]. 中国地质,2020,47 (1):133-143.

[5] 李海,刘安,罗胜元,等. 鄂西宜昌斜坡区寒武系页岩储层发育特征—以YY1井为例 [J]. 石油实验地质,2019,41 (1):76-82.

[6] 李忠雄,陆永潮,王剑,等. 中扬子地区晚震旦世—早寒武世沉积特征及岩相古地理 [J]. 古地理学报,2004,6 (2):151-162.

[7] 陈代钊,汪建国,严德天,等. 中扬子地区早寒武世构造—沉积样式与古地理格局 [J]. 地质科学,2012,47 (4):1052-1070.

[8] 张晋言,李淑荣,王利滨,耿斌等. 页岩气测井电性解析及含气性评价—以四川盆地涪陵地区龙马溪组一段—五峰组为例 [J]. 《天然气勘探与开发》,41 (3):33-41.

# 非常规油气套中固套等孔径射孔技术研究及应用

杨大昭[1]　卜　军[2]　汪长栓[1]　刘　林[1]

[1. 北方斯伦贝谢油田技术（西安）有限公司；2. 中国石油长庆油田分公司油气工艺研究院]

**摘　要**　为了提升非常规致密油气水平井重复压裂施工效率和改造效果，长庆油田通过下入 Ø114.3mm 套管、热固树脂环空封固等套中固套技术重造新井筒，形成了 4.5in/5.5in 双层套管水平井。但是双层套管水平井采用现有 73 型等孔径射孔器射孔完井后，水力加砂压裂出现破裂压力高，施工难度大的问题，为此本文设计了一种新型等孔径射孔器，该射孔器设计通过分析双层套管井结构，结合射孔行业标准，优选了 76 型射孔枪，并采用正交设计以及数值模拟方法对射孔弹药型罩锥角、壁厚、配方以及射孔弹的装药结构进行了优化设计，保证了射孔弹穿孔性能和一致性。地面 API 环靶检测表明采用新型等孔径射孔器在内层 4.5in 套管、外层 5.5in 套管的双层套管水平井中射孔，可达到内层套管孔眼直径 10.6mm，孔径相对标准偏差率 3.8%；外层套管孔眼直径 8.6mm，孔径相对标准偏差率 4.3%；API 混凝土靶平均穿深 667.6mm，相比 73 型等孔径射孔器外层套管孔径 6.4mm 提高 34.4%，穿深 478mm 提高 39.7%。新型等孔径射孔器在长庆油田 XX 双层套管水平井进行了现场下井验证试验，射孔后水力压裂的地层平均破裂压力 41MPa，相比 73 型等孔径射孔器降低了 15.5%。通过地面试验以及井下试验验证，采用设计的新型等孔径射孔器射孔，能够有效穿透水平井双层套管，降低后续水力压裂的地层破裂压力和施工难度，为非常规页岩油气后期挖潜增效提供了技术支撑。

**关键词**　套中固套；双层套管；水平井；等孔径射孔器；地层破裂压力；正交设计

## 1　引言

"套中固套"又称重建井筒重复压裂技术，起源于北美，是在气井原套管内下入更小尺寸的套管，然后在小套管内进行分段压裂施工，对储层进行再次改造，以达到提高储量动用率和气藏采收率的目的。如涪陵焦页 21-3HF 井完成重建井筒和储层改造施工后，试获 11.28 万立方米/日高产气流，有效支撑国内页岩气田老区开发增储上产，重建井筒重复压裂技术已成为提高页岩气田老区采收率的重要手段。近年来，国内四川页岩气、长庆油田非常规致密油气的一些低产低效井均开展了水平井套中固套重复压裂技术攻关，通过恢复水平井井筒完整性，配套桥射联作重复压裂工艺提高施工效率和改造效果。长庆油田的水平井套中固套改造是在 5.5in 套管中下入 4.5in 无接箍套管，两层套管采用低粘度高强度树脂固化，形成双层套管水平井。其结构如示意图 1 所示。

目前 4.5in 的套管与之匹配的射孔器多采用 73 型射孔器，但是 73 型射孔器针对双层套管水平井穿孔能力较差，特别是穿透 4.5in 套管后在 5.5in 套管上形成的孔眼直径孔眼小，均一性差，导致后续水力压裂的破裂压力高，施工难度大，为此

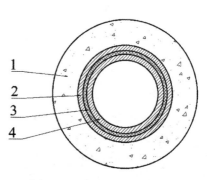

1-固井水泥，2-5.5in（φ139.7mm）套管，3-固井树脂，4-4.5in（φ114.3mm）

图 1　双层套管水平井结构图

本文研制了一种针对双层套管水平井用的新型等孔径型射孔器，满足了等孔径、大孔径、深穿透的性能要求，取得较好效果。

## 2　套中固套双层套管水平井用等孔径射孔器设计

双层套管水平井用等孔径射孔器设计包括射孔枪的设计和配套等孔径射孔弹的设计。

### 2.1　射孔枪设计

射孔枪的设计主要考虑射孔效果和射孔安全性，依照 SY/T6163—2018《油气井用聚能射孔器

材通用技术条件及性能试验方法》行业标准要求，射孔弹起爆前后的射孔枪膨胀量不大于5mm。综合考虑射孔前后射孔枪的状态，在设计射孔方案时，射孔枪与套管之间的间隙为10mm左右较为合理。

双层套管水平井的内层套管为4.5in，壁厚8.56mm，由于井筒改造存在回接管，内层套管的最小内径为93mm，所以射孔枪的外径选择为76mm安全性更高，射孔枪的材料选用32CrMo4无缝钢管，射孔枪设计壁厚为7.5mm；孔密16孔/m；为保证压裂效果射孔相位设计为60°。

### 2.2 等孔径射孔弹设计

#### 2.2.1 射孔弹正交设计

目前水平井射孔主要采用等孔径射孔弹，其射孔原理枪管与套管间隙及其之间液体介质对其药型罩形成的射流干扰很小，从而使得其在水平井中射孔后在套管上形成均一性很好的孔眼，从而降低后续水力压裂的破裂压力。等孔径射孔弹的药型罩采用圆锥等壁厚结构，影响其性能的因素包括壁厚、锥角、高度、以及直径。药型罩的结构与射孔枪有关，可根据经验与射孔枪尺寸设计为定值，药型罩的高度与装药结构有关，同时射孔弹采用的是粉末药型罩，药型罩的粉末配方也是影响射孔弹性能的关键因素。

综上所述，影响射孔弹性能的主要因素包括药型罩的壁厚、锥角、配方以及射孔弹的装药结构等四个因素。如果固定某些参数，由单一参数变化进行设计，试验次数多、周期长、费用大。所以本文采用正交设计法及数值模拟技术开展射孔弹优化设计。

正交优化设计中选择药型罩锥角、药型罩壁厚、装药结构、药型罩配方4个对射孔弹穿孔性能有主要影响的参数，作为正交试验的4个因素，每个因素选择2个水平，试验因素和水平值见表1，因装药结构和配方表述复杂，2种装药结构和配方分别用$C_1$、$C_2$和$D_1$、$D_2$表示。

**表1 水平因素表**

| 水平 | 因素 | | | |
|---|---|---|---|---|
| | 罩锥角 A/(°) | 罩壁厚 B/mm | 装药结构 C | 配方 D |
| 水平1 | 43 | 1.3 | $C_1$ | $D_1$ |
| 水平2 | 45 | 1.5 | $C_2$ | $D_2$ |

在试验因素及水平确定后，下一步选择正交试验表，考虑到交互作用，最终选择用L8（$2^7$），如表2所示进行数值计算。

**表2 正交试验表 L8（$2^7$）**

| 试验号 | 因素 | | | | | | | 数值模拟方案 |
|---|---|---|---|---|---|---|---|---|
| | A | B | A×B | C | A×C | B×C | D | |
| 1 | 1 | 1 | 1 | 1 | 1 | 1 | 1 | $A_1B_1C_1D_1$ |
| 2 | 1 | 1 | 1 | 2 | 2 | 2 | 2 | $A_1B_1C_2D_2$ |
| 3 | 1 | 2 | 2 | 1 | 1 | 2 | 2 | $A_1B_2C_1D_2$ |
| 4 | 1 | 2 | 2 | 2 | 2 | 1 | 1 | $A_1B_2C_2D_1$ |
| 5 | 2 | 1 | 2 | 1 | 2 | 1 | 2 | $A_2B_1C_1D_2$ |
| 6 | 2 | 1 | 2 | 2 | 1 | 2 | 1 | $A_2B_1C_2D_1$ |
| 7 | 2 | 2 | 1 | 1 | 2 | 2 | 1 | $A_2B_2C_1D_1$ |
| 8 | 2 | 2 | 1 | 2 | 1 | 1 | 2 | $A_2B_2C_2D_2$ |

#### 2.2.2 数值模拟计算

按照表2所列的试验方案，分别建立有限元仿真数值计算模型，计算模型如图2所示。计算得到不同方案的钢靶穿深$L$、4.5in套管的孔眼直径$d_1$、5.5in套管的孔眼直径$d_2$，根据参数指标的计算结果进行极差分析。

仿真LS-DYNA动力学软件进行分析，数值模型几何参数如表3所示。

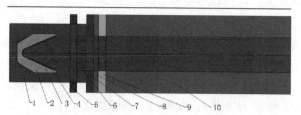

1-空气，2-弹壳，3-炸药，4-药型罩，5-模拟 76 枪片，6-水层，7-模拟 4.5in 套管片，8-树脂层，9-模拟 5.5in 套管片，10-钢靶

图 2　仿真计算模型

**表 3　数值模型几何参数**

| 名称 | 壁厚/mm | 外径/mm | 主要性能参数 | | | |
|---|---|---|---|---|---|---|
| | | | 钢级 | 密度/（g * cm⁻³） | 弹型模量/GPa | 泊松比 |
| 内层套管 | 8.56 | 114.3 | P110 | 7.8 | 205 | 0.30 |
| 树脂 | 5 | — | | 1.2 | 14 | 0.14 |
| 外层套管 | 7.72 | 139.7 | P110 | 7.8 | 205 | 0.30 |
| 钢靶 | 200 | — | #45 | 7.8 | 205 | 0.30 |

根据表 2 各个试验方案进行数值模拟计算，图 3 是射孔弹聚能装药形成射流并侵彻套管及钢靶的过程。①t = 10μs，射流初步形成；②t = 12μs 时刻，射流开始侵彻枪管；③t = 16μs 时刻，射流开始侵彻 4.5in 套管；④t = 20μs 时刻，射流开始侵彻 5.5in 套管；⑤t = 100μs 时刻，射流出现断续，侵彻能力下降，主要以扩孔为主；⑥t = 196μs 时刻，射流已失去侵彻能力，开始在孔道底部堆积，侵彻结束。

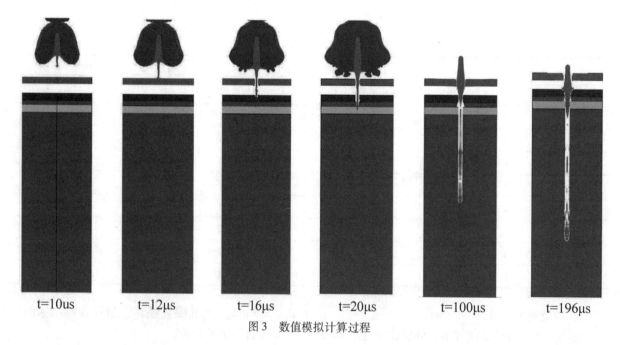

| t=10us | t=12μs | t=16μs | t=20μs | t=100μs | t=196μs |

图 3　数值模拟计算过程

### 2.2.3　仿真计算结果及分析

将数值模拟计算的各方案结果对应填入正交分析表 4 中，其中 $K_1$、$K_2$ 分别表示各因素取 1、2 水平相应的试验结果之和的平均值，R 为极差。

#### 表4　各方案仿真结果

| 试验号 | 因素 | | | | | | | 数值模拟方案 | 穿深 L/mm | 4.5in 套管孔眼直径 $d_1$/mm | 5.5in 套管孔眼直径 $d_2$/mm |
|---|---|---|---|---|---|---|---|---|---|---|---|
| | A | B | A×B | C | A×C | B×C | D | | | | |
| 1 | 1 | 1 | 1 | 1 | 1 | 1 | 1 | $A_1B_1C_1D_1$ | 168 | 8.8 | 7.2 |
| 2 | 1 | 1 | 1 | 2 | 2 | 2 | 2 | $A_1B_1C_2D_2$ | 160 | 10.4 | 9.2 |
| 3 | 1 | 2 | 2 | 1 | 1 | 2 | 2 | $A_1B_2C_1D_2$ | 147 | 9.6 | 8 |
| 4 | 1 | 2 | 2 | 2 | 2 | 1 | 1 | $A_1B_2C_2D_1$ | 148 | 8.8 | 7.2 |
| 5 | 2 | 1 | 2 | 1 | 2 | 1 | 2 | $A_2B_1C_1D_2$ | 158 | 10.4 | 8 |
| 6 | 2 | 1 | 2 | 2 | 1 | 2 | 1 | $A_2B_1C_2D_1$ | 164 | 9.6 | 7.2 |
| 7 | 2 | 2 | 1 | 1 | 2 | 2 | 1 | $A_2B_2C_1D_1$ | 160 | 9.6 | 7.2 |
| 8 | 2 | 2 | 1 | 2 | 1 | 1 | 2 | $A_2B_2C_2D_2$ | 155 | 10.4 | 8.8 |
| $K_1$ | 155.75 | 162.50 | 160.75 | 158.25 | 158.5 | 157.25 | 160 | 钢靶穿深 L 计算结果 | | | |
| $K_2$ | 159.25 | 152.50 | 154.25 | 156.75 | 156.5 | 157.75 | 155 | | | | |
| $R_L$ | 3.5 | 10 | 6.5 | 1.5 | 2.0 | 0.5 | 5 | | | | |
| $K_1$ | 9.4 | 9.8 | 9.8 | 9.6 | 9.6 | 9.6 | 9.2 | 4.5in 套管孔眼直径计算结果 | | | |
| $K_2$ | 10 | 9.6 | 9.6 | 9.8 | 9.8 | 9.8 | 10.2 | | | | |
| $R_{d1}$ | 0.6 | 0.2 | 0.2 | 0.2 | 0.2 | 0.2 | 1 | | | | |
| $K_1$ | 7.9 | 7.9 | 8.1 | 7.6 | 7.8 | 7.8 | 7.2 | 5.5in 套管孔眼直径计算结果 | | | |
| $K_2$ | 7.8 | 7.8 | 7.6 | 8.1 | 7.9 | 7.9 | 8.5 | | | | |
| $R_{d2}$ | 0.1 | 0.1 | 0.5 | 0.5 | 0.1 | 0.1 | 1 | | | | |

对表4中的数据进行分析得出：

（1）从极差 $R_L$ 可以得出，各因素对射孔弹钢靶穿深性能的影响程度为：药型罩壁厚 B>A×B>药型罩配方 D>药型罩锥角 A>装药结构 C>A×C>B×C。

药型罩壁厚 B 为影响射孔弹钢靶穿深性能的首要因素，而因素 B 的 $K_1$>$K_2$，则因素 B 的水平1优于因素 B 的2水平，因此药型罩壁厚 B 应取1水平 $B_1$。第二因素为 A×B 交互，考察 A×B 交互作用，见表5，从表5可知 $A_1B_1$ 最优。第三因素为药型罩配方，以第1水平较好，取 $D_1$。第四因素为药型罩锥角 A，以第1水平较好。第五因素为装药结构，以第1水平较好。A×C，B×C 交互作用较小，不进行分析。所以射孔弹钢靶穿深最佳方案为 $A_1B_1C_1D_1$。

#### 表5　因素 A 与 B 搭配

| 因素 | $A_1$ | $A_2$ |
|---|---|---|
| $B_1$ | $\dfrac{168+160}{2}=164$ | $\dfrac{158+164}{2}=161$ |
| $B_2$ | $\dfrac{147+148}{2}=147.5$ | $\dfrac{160+155}{2}=157.5$ |

（2）从极差 $R_{d1}$ 可以得出，各因素对 4.5in 套管孔眼直径的影响程度为：药型罩配方 D>药型罩锥角 A>药型罩壁厚 B＝装药结构 C＝A×C＝B×C＝A×B。

药型罩配方是影响 4.5in 套管孔眼直径的首要因素，取第2水平，药型罩锥角 A 是影响 4.5in 套管孔眼直径的次要因素，取第2水平，其他因素的影响程度相同，不做分析。所以 4.5in 套管孔眼直径最好的方案为 $A_2B_1C_2D_2$。

（3）从极差 $R_{d2}$ 可以得出，各因素对 5.5in 套管孔眼直径的影响程度为：药型罩配方 D>A×B＝装药结构 C>药型罩锥角 A>药型罩壁厚 B>A×C＝B×C。

药型罩配方是影响 5.5in 套管孔眼直径的首要因素，取第2水平，第二因素为 A×B 交互，考察 A×B 交互作用，见表6，从表6可知 A1B1 最优。装药结构 C 是影响 5.5in 套管孔眼直径的第三因素，取第2水平，A×C，B×C 交互作用较小，不进行分析。综上所示 5.5in 套管孔眼直径最佳方案为 $A_1B_1C_2D_2$。

表6　因素A与B搭配

| 因素 | $A_1$ | $A_2$ |
|---|---|---|
| B1 | $\dfrac{7.2+9.2}{2}=8.2$ | $\dfrac{8+7.2}{2}=7.6$ |
| B2 | $\dfrac{8+7.2}{2}=7.6$ | $\dfrac{7.2+8.8}{2}=8$ |

根据以上分析，最好的射孔弹钢靶穿深方案为 $A_1B_1C_1D_1$，4.5in 套管孔眼直径最佳方案为 $A_2B_1C_2D_2$，5.5in 套管孔眼直径最佳方案为 $A_1B_1C_2D_2$。由于射孔目的主要为降低破裂压力，所以首先保证 5.5in 套管孔眼直径，其次保证 4.5in 套管孔眼直径，最后保证射孔弹穿深。所以射孔弹的设计方案首先考虑 $A_1B_1C_2D_2$，又通过对比，$A_1B_1C_2D_2$ 的方案的钢靶穿深只比 $A_1B_1C_1D_1$ 降低了 8mm，但是两层套管上的孔眼均是八种方案中最大的。

综上所述，射孔弹的最优设计方案为 $A_1B_1C_2D_2$。

# 3　试验验证

## 3.1　射孔弹模拟钢靶实验

新设计的聚能射孔弹按照模拟装枪实验的方法进行了聚能射孔弹地面穿钢靶实验，如图5所示，试验结果的 5 个数据中最小穿深为 153mm，4.5in 套管孔眼直径 10.6mm，5.5in 套管孔眼直径 8.5mm，钢靶试验结果达到了预期。

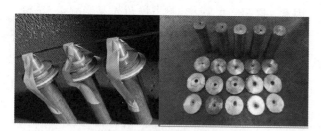

图5　模拟钢靶实验及图片

## 3.2　射孔弹 API 环靶试验

采用地面环靶进行了验证试验，混凝土环靶的制作依据 SY/T6163—2018 行业标准及双层套管水平井结构。混凝土环靶直径为 2m，高 1.4m，混凝土中心先固定 $\varphi139.7mm$ 的套管，然后再下入 $\varphi114.3mm$ 的套管，两层套管之间浇入固井树脂。混凝土环靶固化 28 天后，测试环靶的强度为 38MPa。

试验时将装配好的射孔器下入套管中，射孔

器紧靠套管一侧，模拟射孔枪在水平井射孔时的状态，如图6所示。试验采用 73 型等孔径射孔器和 76 型等孔径射孔器进行打靶对比。

图6　环靶及套管图

## 3.2　试验结果分析

双层套管水平井用 76 射孔枪和 73 型射孔枪分别装配 16 发 DP36RDX22－3EH 射孔弹和 DP32RDX18-1EH 射孔弹，相位均为 60°，混凝土环靶及套管的侵彻效果如图7所示。

图 7 （a）双层套管水平井用 76 型等孔径
射孔器射孔后的环靶效果图

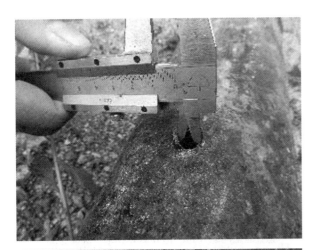

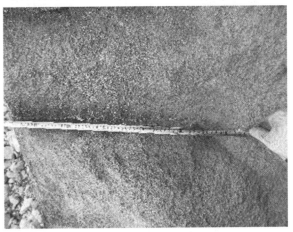

图 7 （c）双层套管用 73 型等孔径射孔器射孔后的
环靶效果效果图

图 7 （b）双层套管用 76 型等孔径射孔器射孔后的
套管效果图

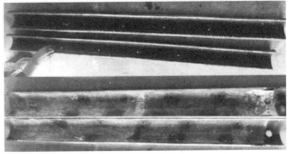

图 7 （d）双层套管用 73 型等孔径射孔器射孔后的
套管效果图

表 6　环靶试验结果

| 射孔器名称 | 混凝土平均穿深/mm | 4.5in 套管平均孔径/mm | 5.5in 套管平均孔径/mm | 4.5in 套管孔径相对标准偏差/% | 5.5in 套管孔径相对标准偏差/% | 射孔枪涨径/mm |
|---|---|---|---|---|---|---|
| 76 型等孔径射孔器 | 667.6 | 10.6 | 8.6 | 3.8 | 4.3 | 3.2 |
| 73 型等孔径射孔器 | 478 | 7.5 | 6.4 | 4.0 | 4.8 | 3.8 |

将表 6 中的数据进行对比可知,双层套管水平井用 76 型等孔径射孔器的混凝土靶平均穿深为 667.6mm,4.5in 套管平均孔径为 10.6mm,5.5in 套管平均孔径 8.6mm,4.5in 套管孔径相对标准偏差 3.8%,5.5in 套管孔径相对标准偏差 4.3%。73 型等孔径射孔器的混凝土平均穿深为 478mm,4.5in 套管平均孔径为 7.5mm,5.5in 套管平均孔径 6.4mm,4.5in 套管孔径相对标准偏差 4.0%,5.5in 套管孔径相对标准偏差 4.8%。76 等孔径射孔器的混凝土平均穿深比 73 型等孔径射孔器提高 39.7%,4.5in 套管平均孔径提高 41.3%,5.5in 套管平均孔径提高 34.4%。

### 4 现场应用

套中固套双层套管水平井用 76 型等孔径射孔器经过多次地面打靶试验,达到预期设计要求后,选择长庆油田 CP14-XX 进行了下井试验,该井属旧井改造,垂直深度 1800m,水平段长 3328m,内层套管为 4.5in,外层套管为 5.5in,套管间隙为树脂胶结,本井施工共设计 19 段,其中四段采用 73 型等孔径射孔器作对比,其它段均采用 76 型等孔径射孔器,射孔后起枪过程顺利,施工安全,测的 76 枪的涨径为 2.8mm,符合行业标准,说明射孔枪安全可靠。后续水力压裂,采用 73 型等孔径射孔器射孔后地层平均压裂压力 48.5MPa,76 型等孔径射孔器平均压裂压力 41MPa,破压降低 15.5%,降低了施工难度,达到了预期效果。

### 5　结论

(1) 设计的适合套中固套双层套管水平井射孔 76 型射孔枪,经过混凝土环靶验证射孔枪射孔后的涨径为 3.2mm,符合标准要求,井下试验后的涨径为 2.8mm,起枪过程顺利,说明采用该枪射孔安全可靠。

(2) 利用正交设计及数值模拟仿真优化了等

孔径射孔弹的药型罩结构和装药结构,缩短了研发周期。

(3) 通过环靶试验验证双层套管井用 76 型等孔径射孔器在 114 套管混凝土靶的平均穿深 667.6mm,内层套管平均孔径 10.6mm。外层套管平均孔径 8.6mm,孔径相对标准偏差 3.8%,达到预期的设计指标。

(4) 通过下井试验对比,采用 76 型等孔径射孔器和 73 型等孔径射孔器比较,破压平均降低 15.5%,降低了施工难度。

### 参　考　文　献

[1] 刘尧文,明月,张旭东,等. 涪陵页岩气井"套中固套"机械封隔重复压裂技术 [J]. 石油钻探技术,2022,50 (3):86-91.

[2] 王飞,慕立俊,陆红军,等. 长庆油田水平井套中套井筒再造体积重复压裂技术 [J]. 石油钻采工艺,2023,45 (01):90-96.

[3] 王正国,齐德鹏,刘春艳,孙金浩. 浅析射孔枪与套管匹配问题 [J]. 国外测井技术,2008,23 (5):52-54.

[4] 石健,季红鹏,王宝兴,郭红军. 聚能射孔弹的正交试验方法 [J]. 测井技术,2008,32 (6):581-583.

[5] 李磊,马宏昊,沈兆武. 基于正交设计方法的双锥罩结构优化设计 [J]. 爆炸与冲击,2013,33 (06):567-573.

[6] 费爱萍,郭连军,陈朝军,朱万刚. 线性聚能装药射流的二维数值模拟 [J]. 矿业研究与开发,2007,27 (2):72-75.

[7] 文敏,邱浩,毕刚,马楠,潘豪,侯泽宁. 海上油气田双层套管射孔穿透性能研究 [J]. 西安石油大学学报 (自然科学版),2021,36 (6):37-43.

[8] 叶小军. 数值模拟分析在选取战斗部缓冲材料时的应用 [J]. 微电子学与计算机,2009,26 (4):226-229.

# 庆城页岩油地面工程核心装备与关键技术研究

刘环宇[1,3]　马立军[1,3]　李怀杰[2,3]　钟建伟[1,3]　陈旭峰[1,3]

(1. 中国石油长庆油田页岩油开发分公司；2. 中国石油长庆油田陇东油气开发分公司；
3. 低渗透油气田勘探开发国家工程实验室)

**摘　要**　长庆油田所处的鄂尔多斯盆地页岩油资源丰富，是长庆油田增储上产和可持续发展的重要接替资源，页岩油采用"大井丛、多层系、三维立体式布井、水平井体积压裂"方式开发，平台井数多、液量高、气量大，新的建产模式、新的开发对象给地面工程带来巨大挑战，常规油田地面工程技术难以适应页岩油、气、水的高效集输和处理。通过分析庆城页岩油地面工程矛盾，立足技术创新和提质增效，对原油计量、集输、伴生气回收及利用、水资源综合利用等核心装备与关键技术开展研究，经工程应用后解决了地面工程建设难度大、周期长、员工操作劳动强度大、运行效能低等问题。探索形成了具有长庆油田特色的页岩油地面新模式，强力支撑了庆城200万吨页岩油开发示范基地建设，为该区域页岩油开发由技术突破向商业化开发提供了强有力的保障，在国内页岩油开发领域树立起示范标杆，具有可复制、可推广的重要意义。

**关键词**　庆城油田；页岩油；地面工程；关键技术；核心装备

页岩油作为非常规油气的代表，是中国油气增储上产的重要战略接替资源，加快页岩油勘探开发不仅关系到国家能源安全，也是推动能源生产和消费革命的重要力量。近年来长庆油田立足技术创新与科技攻关加快页岩油开发，在甘肃庆阳率先建成200万吨页岩油开发示范基地。庆城页岩油开发过程中采用"大井丛、多层系、三维立体式布井、水平井体积压裂"技术，特点为平台井数多、全生命周期液量变化快、伴生气资源丰富、采出水缺乏处理回用手段，传统的油田地面工程技术已难以适应页岩油开发需求。长庆油田页岩油开发分公司打破常规技术界限，按照"高质量、有效益、可持续"的发展理念不断创新地面工艺、集成先进技术，构建了一套适应于页岩油特点的地面工程综合技术体系，实现了规模效益开发。

## 1　地面工程技术难点

（1）地面工程配套难度大。与常规油藏不同，庆城页岩油采用自然能量开发，呈现初期产量高、生产递减快、产出介质组分波动大等特点。在单井资料录取方面智能化水平低，地面设施建设规模与页岩油生产机制匹配难度大，前期场站满负荷运行，进入正常生产期第一年单井产液量下降20~30%，在缺少新井归入情况下，部分集输站场的负荷率逐年降低，存在"大马拉小车"问题（见表1）。

**表1　常规油田与页岩油开发方式对比**

| 类型 | 常规油田 | 页岩油 |
|---|---|---|
| 开发方式 | 水驱和化学驱等，形成驱替关系。 | 规模压裂，不形成驱替关系。 |
| 生产规律 | 原油生产相对平稳，初期产油量高、平稳下降，产液相对平稳，气油比变化不大。 | 分阶段生产，产液、产油、产气量波动大，递减快。 |
| 地面系统 | 按产量预测和开发安排确定建设规模，站场处理负荷率高于80%保持在10年以上。 | 按照产量预测高峰值建站时站场处理负荷率高于80%仅能维持1~2年。 |

（2）伴生气资源量丰富，回收利用过程复杂。单井伴生气产量是常规油井的8~10倍，开采阶段油井采用控套压生产方式，单井伴生气点多、线长、面广，冬季输气管道产生凝液易发生冻堵，下游场站处理回收工艺复杂，需结合页岩油生产特点，选择经济、高效的处理工艺。

（3）自然能量开发，水资源处理回用难度大。开发采用"长水平井+体积压裂"工艺，采出水残存有减阻剂、聚合物、助排剂、防膨剂、杀菌剂等多种有毒有害难降解物质，呈现出"三高"（高COD值、高稳定性及高粘度）特征，常规处理工艺水质难以达标，缺乏适应的处理、回用手段。

## 2　核心装备与关键技术

### 2.1　单井智能资料录取

页岩油单井产液表现为"间歇性出油、段塞式出水、持续性出气"的特征，资料取全取准难度大、员工操作劳动强度大，近年来通过试验应用油井智能功图采集、油井含水智能监测仪、动液面分布式远程监测仪、多井式智能计量装置等装备，实现了油井资料的智能、准确录取，极大减轻了员工劳动强度。

#### 2.1.1　油井智能功图采集

针对页岩油气油比高、常规功图采集诊断误差大的问题，通过运用自感知智能动态机采装置（见图1）替代传统载荷仪、角位移等设备，利用大数据、人工智能，采用交叉点校验、载荷差校验、几何特征分析及CNN卷积神经网络等多种算法，形成"大数据诊断算法＋图形识别算法＋专家经验公式算法＋人工智能AI算法"的页岩油井综合型工况诊断、预警系统，故障诊断准确率由75％提升至98％以上，员工工作量下降40％以上。

图1　油井智能功图采集系统

#### 2.1.2　油井含水智能监测

利用电磁波在油、水介质中传输相位及衰减幅度差异性的原理，检测采油井口油水混合介质的含水率（见图2）。配套的92口油井准确率达到90.0～95.0％，实现了油井含水实时监测和准确录取。

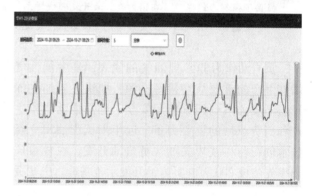

图2　油井智能含水监测仪

#### 2.1.3　油井动液面远程监测

将油井套管内伴生气作为传输介质，在放气过程产生次声波，利用微音器接收回波信号，进行时域、频域计算，通过先进的声速、动液面计算模型测算液面深度（见图3）。该类仪表主要应用于投产2年以上稳定生产油井的动液面监测，适用于套压0～5MPa范围内的测量，精度±5％。

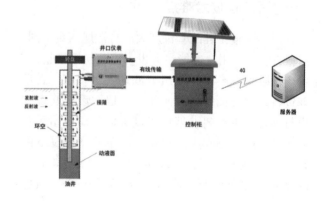

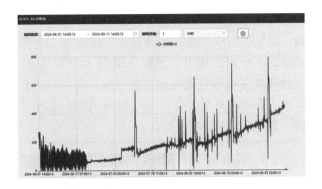

图3　油井动液面分布式远程监测仪

### 2.1.4　多井式智能计量装置

针对原油含蜡量高、含气量大、结垢出砂严重等问题，优选 GLCC 分离型多井式智能计量装置进行单井计量（见图4）。通过多通阀选井单元、分离多相计量单元、智能控制单元对油井液、水（油）、气、温度、压力等多参数计量，相关数据和控制状态传送至无线传送单元进行分析处理，计量精度控制在±3%范围内，代替了传统的集油阀组＋单井计量仪方式，装置高度集成化、橇装化、智能化，实现了大平台无人值守和远程自动计量，员工劳动强度降低80%以上。

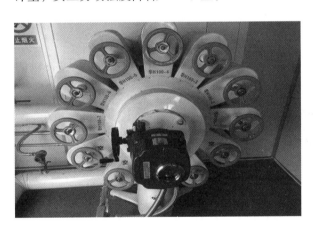

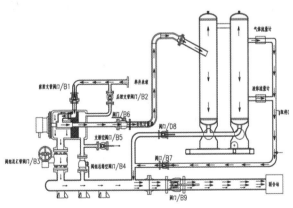

图4　多井式智能计量装置

### 2.2　原油高效集输

#### 2.2.1　原油输送

（1）油气混输技术。经矿场原油析蜡特征化验分析，随着温度降低，原油在23℃时进入析蜡高峰区，针对输送介质液量、气量特点及自然地形特征，研发形成"双螺杆泵、气液分离分相、同步回转油"等3项油气混输工艺（见图5），该

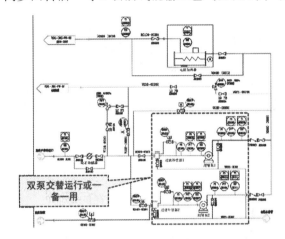

（a）双螺杆泵油气混输装置

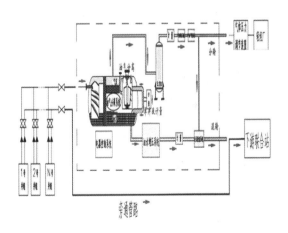

（b）气液分离分相增压混输装置

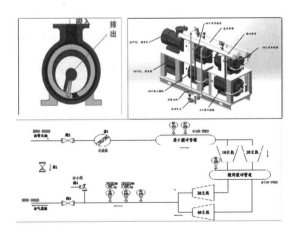

（c）同步回转油气混输装置

图5　油气混输工艺及设备

技术主要用于老油田优化简化、一级布站和降回压生产。经测算，在一定液量、气量范围内，预计降低投资 760 万元，年节约运行费用 132 万元、节省燃气 44 ×10⁴Nm³、节约标煤 586t、减排二氧化碳 950t。

（2）油气分输技术。对于地理位置相对集中、区块内平台数量多、液量高、气量大的平台，采用油气分输技术，油气混合介质经缓冲罐进行分离，脱气后的原油通过输油泵增压输送至下游集输场站，分离的伴生气经脱水装置去除游离水，通过伴生气压缩机增压输送至下游轻烃场站进行深加工处理（见图 6），实现了区域内油气集中输送、集中管理和集中监控。

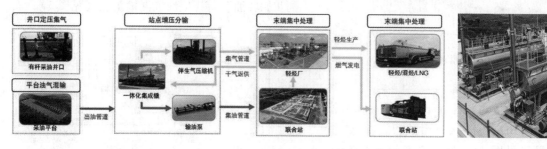

图 6　油气分输工艺及设备

### 2.2.2　原油脱水

为解决大罐自然沉降脱水存在的伴生气散排、油水界面运行不稳定问题，在页岩油脱水场站全面推广三相分离器密闭脱水技术。经多年探索研究，对三相分离器运行模式进行优化调整，将原来的"一段脱水"调整为"两段脱水"（见图 7），一段不加温粗分离，脱除游离水，二段加热破乳，分离合格净化油。经处理后净化油含水能够控制在 0.1 ~ 0.3%，出口污水含油 ≤100mg/l，节约能耗约 40%，攻克了返排初期原油进入脱水系统能耗高、分离效果差等技术难题。

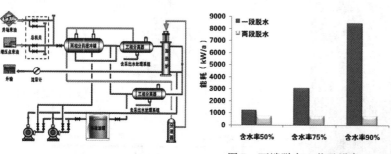

图 7　两端脱水工艺及设备

### 2.2.3　原油稳定

页岩油在储存环节的蒸发损耗约为原油进罐量的 0.71%，利用原油稳定方式对 $C_1$ ~ $C_4$ 轻质组分进行分离。主要采用负压闪蒸工艺进行原油稳定，核心装备主要包括原油稳定塔、抽气压缩机和换热器（见表 2）。

表 2　负压闪蒸原稳工艺核心设备和主要技术参数

| 序号 | 核心装备 | 装备定型 | 主要技术参数 |
|---|---|---|---|
| 1 | 原油稳定塔 | 处理规模 <100×10⁴t/a 采用填料塔<br>处理规模 ≥100×10⁴t/a 采用板翅塔 | 设计压力 0.3MPa，工作压力 50 ~ 106kPa（A）<br>设计温度 80℃，工作温度 65℃<br>填料塔操作弹性 ±20%，板翅塔作弹性 ±50% |
| 2 | 抽气压缩机 | 考虑外形尺寸小，结构简单，连续运行周期长的需求，优先选用螺杆式抽气压缩机 | 抽气压力 –30Kpa，流量 3 ~ 300m³/min，排气压力 0.2 ~ 1.6MPa |
| 3 | 换热器 | 页岩油原油物性复杂、粘度大，优先选用管壳式换热器 | 热负荷 1035.5Kw，对数平均温差 159.1℃，最小传热温差 3 ~ 5℃，传热面积 23.9m²，总传热系数 271.8W/m²·K |

负压闪蒸原稳工艺将三相分离器原油经加热、节流减压后，呈气液两相进入稳定塔，塔顶与压缩机入口相连，由于进口节流和压缩机的抽吸使塔的绝对操作压力控制为 50～70kPa 形成负压，原油在塔内闪蒸，易挥发组分在负压下析出变为气相，并从塔顶流出，稳定气和凝液经回收装置进一步处理，塔底稳定原油经泵增压外输（见图8）。通过该装备可以实现原油三相分离后凝液和伴生气的稳定外输，目前已在页岩油联合站普遍配套，有效保障了油品交接质量。

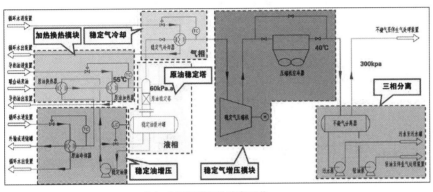 

（a）负压闪蒸原油稳定工艺                 （b）原油稳定塔

图8   负压闪蒸原油稳定工艺及设备

### 2.2.4   其他配套技术和装备

（1）智能投球清蜡。针对集输管道运行过程中管内壁结蜡严重的问题，设计研发智能投球清蜡装置和新型芯片清蜡球（见图9），一次性填装12枚清蜡球，通过控制系统实现远程投球和定时自动投球，同时新型芯片清蜡球表面具有凸钉结构，较传统清蜡球重量减轻12%，单次清蜡量增加 25～32%，智能芯片清蜡球经过监测系统将投球信息传送至油田物联网云平台，实现了清蜡球自动跟踪。智能投球清蜡装置应用后减少了人工投收球存在的安全风险，保障了管道在原油凝固点以下 3～5℃稳定运行。

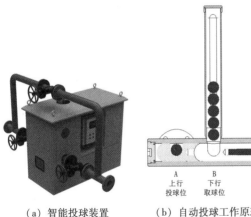 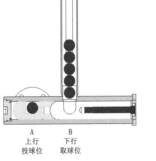 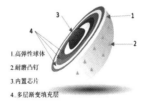 

（a）智能投球装置     （b）自动投球工作原理     （c）新型凸钉结构清蜡球     （d）多井投球流程示意

图9   智能自动投收球设备及芯片球

（2）管网结垢防治。页岩油采出液复杂导致平台至站内管网结垢严重，结垢周期60天，垢型主要成份为 $CaCO_3$、$BaSO_4$、$SrSO_4$，垢质坚硬，清除难度极大。针对结垢严重的问题研制了罐式集中成垢装置和管式集中成垢装置（见图10），利用不相溶水体混合成垢原理，通过改变水体热力、流变形态、增加活性金属吸附面积、延长滞留时间，诱导各类垢晶在指定的地点结垢析出，避免水体在后续管网和设备中结垢。两类装备安装依据场地操作空间、安全距离进行灵活选择配套，应用后结垢周期延长 1.5～3.0 倍。

（3）管道泄漏监测。针对页岩油高含气、大输量、长管程管道泄漏监测困难的问题，研发基于负压波＋流量平衡法管道泄漏监测系统（见图11），结合压力和流量变化特征判断管道是否发生泄漏。目前所有集输油管道已全部配套，实现了泄漏自动报警、自动定位，降低了人工徒步巡线劳动强度，确保了管道安全受控运行。

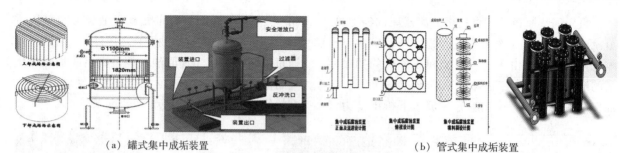

（a）罐式集中成垢装置                                                    （b）管式集中成垢装置

图10　诱导式集中成垢装置

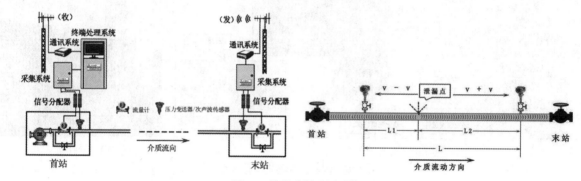

图11　管道泄漏监测系统

### 2.3　伴生气回收及利用

#### 2.3.1　伴生气回收

紧盯气源生产环节，按照"应收尽收、全额回收"的思路，优选了适用于庆城页岩油的大气量定压放气阀、油气分输一体化集成装置、凝液回收装置、伴生气压缩机、大罐抽气装置，实现了井口至终端接收场站的全流程、全链条伴生气回收（见表3）。

**表3　不同生产节点伴生气回收工艺及核心设备**

| 序号 | 伴生气来源 | 核心设备 | 应用范围 |
|---|---|---|---|
| 1 | 井口套管气 | 压差式防冻定压放气阀 | 用于单口油井稳定油井套压生产，集气量≤2000Nm³/d。 |
| 2 | 增压站、转油站 | 油气分离装置<br>伴生气分液装置<br>无水氯化钙脱水装置<br>伴生气压缩机 | 平台油气混合介质经分离、脱水、增压输送，伴生气压缩机单套最大输气量25000Nm³/d，可拼接使用。 |
| 3 | 脱水站、联合站 | 大罐抽气装置 | 大罐抽气装置回收储罐挥发性散排气6000~8000Nm³/d。 |

（1）压差式防冻定压放气阀。针对页岩油井口套管伴生气资源丰富，研发大气量压差式防冻定压放气阀，套压高于油压时放气阀自动开启伴生气进入输油管道，套压低于油压时阀体自动关闭阻止输油管道中的液体回流进入套管。油液流经阀体外部环形通道对内部阀体形成长效保温，预防冬季阀体冻卡失效。装置适用于套气压力≤6.0MPa的采油井，目前采油井口配套率已达到100%，实现了井口伴生气的全密闭回收（见图12）。

（2）大罐抽气装置。针对未稳定原油进入大型储罐产生伴生气散排问题，采用大罐抽气方式回收（见图13）。核心装备为螺杆压缩机组，在抽气压力100~700Pa（G）工况下气相拔出率约为0.24%。

回收伴生气260×10⁴Nm³/a，消减了大罐伴生气排放存在的安全环保隐患，实现了集输场站绿色生产。

（3）凝液处理及回收装置。伴生气输送过程中，受温度、压力变化，集气设备、管网内产生大量凝液，严重时发生设备和管道冻堵。探索形成了适用于陇东黄土塬高寒地区的"气液旋流分离＋无水氯化钙吸附脱水＋凝液回收"工艺，核心装备为无水氯化钙脱水装置、气液分离器、凝析油密闭回收装置（见图14），伴生气湿气经处理后含水率控制在0.05%以内，水露点控制在-15℃以下，有效保障了伴生气集输系统的安全运行，回收凝液中烃类产品280t/a，年增加经济效益110余万元。

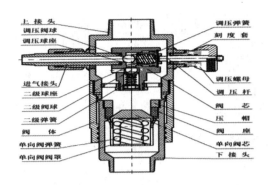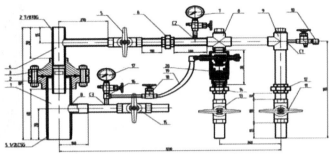

（a）机械机构　　　　　　　　（b）井口安装示意图

1. 套管三通　2. 下法兰　3. 上法兰　4. 油管三通　5. 生产阀门　6.12.14. 油壬
7. 油压表　8. 四通　9. 三通　10. 取样口　11.13. 回压阀门　15. 套管阀门
16. 套管三通　17. 气表　18. 进气管阀门　19. 进气软管　20. 组合式定压放气阀

图12　压差式防冻定压放气阀

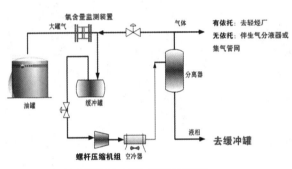

（a）大罐抽气工艺技术流程示意图　　　　　　（b）抽气机组现场应用

图13　大罐抽气工艺技术

（a）无水氯化钙脱水装置　　　（b）气液分离器　　　（c）凝析油密闭回收装置

图14　伴生气分离、脱水及凝液回收装置

### 2.3.2　伴生气处理

页岩油伴生气中甲烷含量占比约64%，丙烷及以下烃含量约17.8%，结合气体组分特点优选增压、脱酸、脱水、脱汞、冷却处理工艺，$C_3+$组分经过原料气压缩机三级增压至4~5MPa、经冷箱冷却至-50℃分离出混烃产品，$C_1$~$C_2$轻组分经深冷至-160℃液化为LNG产品，实现了混烃+LNG高效生产（见图15）。

（1）原料气增压橇。为有效去除原料气中游离水和凝液，应用柱塞式三级增压将伴生气增压至4.6MPa，各级增压出口配套水冷器进行原料气冷却，去除原料气中游离水和凝液（见图16（a））。

（2）分子筛脱水装置。对原料气中微量游离水应用分子筛脱水装置去除，脱水流程为再生气预干燥+双塔脱水工艺，一塔吸附脱水，二塔干燥再生，伴生气经装置处理后水含量≤1ppm（见图16（b））。

（3）低温分离液化橇。为保证不同温度下分离混烃和LNG产品，优选板翅式冷箱，在冷剂选用方面主要形成了混合冷剂和丙烷冷剂两类，最高运行压力高达5.0MPa，最低温度可达-196℃，经过低温冷凝物理分离后保证了产品的正常产出（见图16（c））。

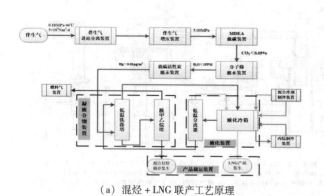

（a）混烃＋LNG联产工艺原理

（b）5万方/天伴生气处理能力的混烃＋LNG联产处理站

图15　混烃＋LNG联产设备生产流程示意

（a）原料气增压橇

（b）分子筛脱水装置

（c）低温分离液化橇

图16　混烃＋LNG联产核心装备

## 2.4　水资源处理及利用

### 2.4.1　水资源处理

页岩油采出水含有大量表面活性剂等组分，针对采出水乳化程度加剧、油水分离难度加大问题，试验气浮处理、生化处理、过滤处理、微电解氧化、污泥减量化等装置，投产初期采用"分类分质＋破胶预处理＋油水分离＋固液分离＋污泥减量"处理工艺，生产正常后采用"沉降除油＋微电解氧化＋气浮/生化过滤"处理工艺（见图17）。经过现场应用，处理后水指标达到含油≤30mg/l、悬浮物≤30mg/l的技术要求。

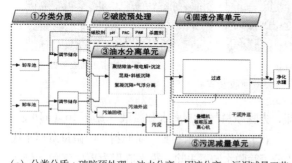

（a）分类分质＋破胶预处理＋油水分离＋固液分离＋污泥减量工艺

（b）沉降除油＋微电解氧化＋气浮/生化过滤工艺

图17　页岩油水处理工艺

（1）气浮处理装置。针对采出水中悬浮胶体状态的乳化油、细小颗粒悬浮物无法彻底去除的问题，优选溶气气浮处理工艺（见图18），通过氮气与水中含油、悬浮物结合快速上浮至顶部，由刮渣机刮出，实现水中含油及悬浮物初步分离。

（2）生化处理装置。主要解决采出水中原油及有机物、$H_2S$的去除，通过预先培养好的专性微生物自身代谢活动，将水体中的有机污染物吸收代谢达到水质净化目的（见图19）。可处理矿化度在≤100000mg/l、污水含油≤200mg/l、悬浮物含量≤200mg/l、硫化物含量≤10mg/l的采出水。

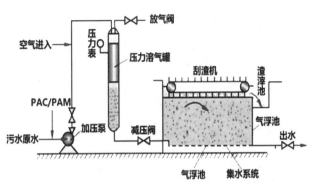

（a）气浮除油工艺原理

（b）气浮除油装置

图 18　气浮除油工艺原理及装置

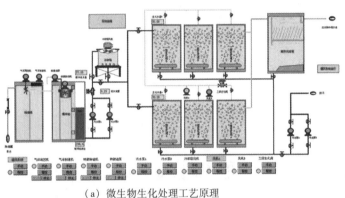

（a）微生物生化处理工艺原理

（b）500m³/d 处理量的生化处理装置

图 19　微生物生化处理工艺原理及装置

（3）过滤处理装置。通过颗粒介质组成的过滤层，经过截留、筛分、惯性碰撞等作用，进一步去除采出水中的悬浮物和油（见图 20）。目前已成功应用了改性纤维球过滤器、核桃壳过滤器及多介质过滤器。综合应用气浮 + 过滤、生化 + 过滤设施，部分采出水可达到 IV 级水质指标。

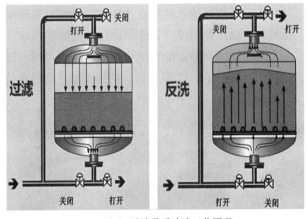

（a）过滤及反冲洗工艺原理

（b）组合式成套过滤装置

图 20　过滤处理工艺原理及装置

（4）微电解氧化装置。页岩油采出水中聚合物分子链长，通过应用微电解氧化电化学反应对采出水进行电解（见图 21），产生的新生态的［H］、$Fe^{2+}$ 与采出水中组分发生氧化还原反应，对大分子物质进行破乳、断链、降粘、去聚合物，经氧化、聚合形成氢氧化铁胶体，提高采出水的沉降性能。

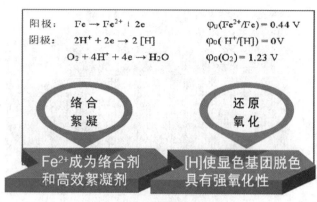

$$阳极：\quad Fe \rightarrow Fe^{2+} + 2e \qquad \varphi_0(Fe^{2+}/Fe) = 0.44\ V$$
$$阴极：\quad 2H^+ + 2e \rightarrow 2[H] \qquad \varphi_0(H^+/[H]) = 0V$$
$$O_2 + 4H^+ + 4e \rightarrow H_2O \qquad \varphi_0(O_2) = 1.23\ V$$

络合絮凝　　　还原氧化

Fe²⁺成为络合剂和高效絮凝剂　　　[H]使显色基团脱色具有强氧化性

（a）微电解氧化处理工艺原理　　　　　　（b）微电解氧化处理装置

图 21　微电解氧化处理工艺原理及装置

（5）污泥减量化装置。为减少污泥人工清掏工作量，减少储罐清理、管网清障工作量，探索应用了"预浓缩 + 叠螺脱水 + 干粉加药"污泥处理工艺。通过水力喷射泵使污泥流化提取至污泥减量化装置（见图 22）进行处理，装置采用橇装化车载方式在站场间流动，污泥含水率由 99% 降至 80% 以下，体积缩小 20 倍，极大降低了人工进入受限空间作业存在的安全风险，油泥经脱水后每年降低处理费用 300 余万元。

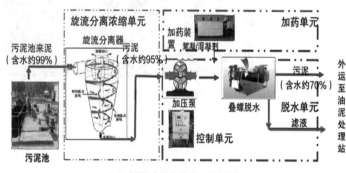

（a）污泥减量化处理工艺原理　　　　　　（b）污泥减量化处理装置

图 22　污泥减量化处理工艺原理及装置

### 2.4.2　水资源利用

以"循环、再生、环保、高效"为指导思想，多举措打造全生命周期水资源利用的"源、网、处、储、用"新机制，含水≥60% 返排液通过油水分离后优先作为通洗井、前置液、顶替液回用，处理后采出水就近依托清水注水系统回注，无注水系统的依托现有储水井回注（见图 23）。水资源利用率逐年增加，2024 年通过油井二次补能、压裂回用、错峰投产等方式用水超 10 万方，解决了生产高峰水处理大的问题。

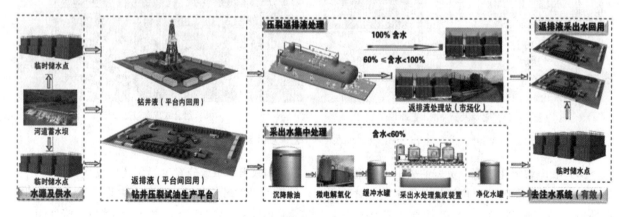

图 23　水资源综合利用示意图

## 3　典型工程应用与效益分析

　　庆城页岩油自2018年规模开发以来，始终秉持"创新、智能、高效、绿色"的开发理念，高度注重深化理论认识及开发技术创新，实现了规模效益开发，为推进鄂尔多斯盆地"页岩油革命"做出了重要贡献。截止目前，已建成采油平台130余座，油气水场站60余座，油田管道1190余公里，整套地面系统处理能力180万吨/年，伴生气处理规模达到21.9万方/年。

### 3.1　典型地面工程实例

　　地面工程的集成创新进一步总结形成了"综合利用、资源共享、高效集成、智能管理"的页岩油

建设新模式，有力推动了传统技术的更新迭代。在对现有核心技术和关键设备统筹优化、高度集成，实现了资料智能录取、原油高效集输、伴生气经济回收、采出水达标处理。

　　（1）集输场站。建成国内首座应用橇装化、模块化技术的岭二联合站（见图24）。按照"橇装集成、智能控制、循环利用"地面工程设计理念，全站按功能模块划分为原油集输、伴生气回收加工、水资源处理等模块，设备设施高度集成，工厂预制好后直接拉运至现场组装，大幅缩短了施工作业周期，320余天建成了年处理原油能力50万吨、伴生气能力10万方、采出水能力35万方的骨架联合站。

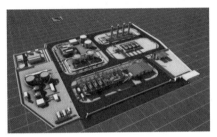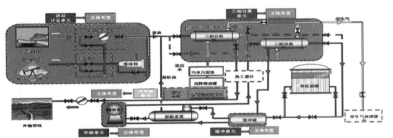

　　（a）岭二联合站三维图　　　　　　（b）模块化布站技术

图24　橇装化、模块化联合站

　　（2）采油平台。建成亚洲最大的陆上采油航母华H100平台，管辖油井31口，油井全部采用智能化、集成化井口装置，平台配套多井式智能计量装置，完

全实现了自动轮井计量，单座平台减少用工6人，同步应用油气分输工艺+橇装拼接技术，施工工期缩短40余天，投资比例下降近12%（见图25）。

　　（a）大平台立体开发　　　　　　　（a）建成后的示范平台

图25　亚洲最大的陆上采油航母华H100平台

　　（3）油气混输技术。在HH-C等3座平台应用6套同步回转混输装置（见图26），已无故障稳定运行300余天。应用后油井回压均控制在了1.0MPa以内，最大降幅达到70%，常温集输半径

延长了51%，伴生气回收率增加了73%，装置数据接入物联网云平台，实现了远程操作和智能监控，替代了传统的增压站实现了一级布站，场站优化为无人值守，极大减轻了员工劳动强度。

（a）同步回转混输装置

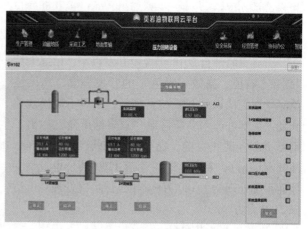

（b）物联网云平台智能监控

图 26　高气油比同步回转油气混输技术

### 3.2　综合效益评价

（1）资产轻量化降低了生产成本。结合庆城页岩油黄土梁峁建设条件和滚动开发建产需求，将多台单项设备高度集成在同一套装置上，突出小、巧、精的一体化集成特色，已形成 66 个油田标准化站场系列。创新形成了"标准化设计、集约化采购、工厂化预制、模块化建设、智能化管理、数字化交付"为主要内容的"六化"地面工程建设模式，建设工期同比缩短 50%，设备设施数量减少了 12%，工程投资降低 10～20%，企业固定资产的减少实现了资产轻量化，相对应的各类维修维护支出明显减少，人均劳效 4400 吨/年，是传统采油单位的 10 倍。

（2）生产清洁化减少了碳排放量。对关键技术和核心装备的综合应用和适应配套取得了良好的环保效益，有力践行了"绿水青山就是金山银山"的生态文明理念。其中，原油集输系统优化简化地面工艺流程，大力推行一级布站、橇装拼接、常温输送、井站合建，吨油单耗 31.2 千克标煤，为常规油田开发吨油单耗的 1/3。同时，节约土地资源 60%，革新了庆城页岩油示范区与黄土高原腹地林缘区的生态融合程度，在行业内具有土地资源高效利用的示范作用；伴生气全生命周期、全流程密闭回收处理实现了"零排放、零污染"，每年生产轻烃、LNG 等高附加值产品 15 万吨，减排二氧化碳 3.3 万吨，节约标煤 9800t；油田采出水通过达标处理、高效回用技术年节约水资源 60 万方，累计减量化处置油泥 13.3 万吨。

（6）运行智能化解放了人力资源。单井智能资料录取、管道泄漏监测等系列技术与物联网云平台相融合，实时监测、采集油井生产信息和装备的运行数据，并将这些数据同步至生产系统远程办公电脑、监控中心，达到远程智能监控和装备的故障自动检测，实现了中小型场站无人值守、大型场站集中智能监控，大幅降低了员工劳动强度，提高了生产应急处置能力，百万吨规模原油生产用工控制在 200 人以内，成功构建了符合新质生产力的智慧油田。

## 4　结论

（1）庆城百万吨级页岩油示范区在地面工程的配套及建设方面通过集成创新、现场试验，坚持开展"整体优化、效率提升、产品增值、费用最优"等综合论证，挖掘提质增效潜力，已经形成了适合陇东黄土塬地貌下的地面工程技术体系。

（2）庆城油田形成的核心装备与关键技术在场站、平台广泛应用，建成了支撑庆城页岩油规模、效益开发的高效地面工程，在原油集输、伴生气回收、水资源处理方面均取得了新突破，在行业内起到了示范带动、标杆引领，尤其是在资产轻量化、生产清洁化、运行智能化方面具有绝对优势，在一定程度上推进了页岩油革命向前发展。

（3）页岩油地面工程技术是一个不断"总结、优化、固化、强化、提升"的过程，目前地面工程技术虽然取得了长足的发展，但在集输管网防砂、水资源深度利用方面仍然面临技术短板；在管道油气混输的精准计量和泄漏监测方面尚缺乏成熟的技术方案。此外，伴生气湿气管道输送过程中产生凝液的利用率依然较低，仍需探索先进技术。

### 参　考　文　献

[1] 贾承造；王祖纲；姜林；赵文．中国页岩油勘探开

发研究进展与科学技术问题［J］. 世界石油工业，2024，31（04）：1－11＋13.

［2］汤林；熊新强；云庆. 中国石油油气田地面工程技术进展及发展方向［J］. 油气储运，2022，41（06）：640－656.

［3］屈雪峰；何右安；尤源；薛婷；李桢；吴阿蒙. 鄂尔多斯盆地庆城油田页岩油开发技术探索与实践［J］. 大庆石油地质与开发，2024，43（04）：170－180.

［4］慕立俊；拜杰；齐银；薛小佳. 庆城夹层型页岩油地质工程一体化压裂技术［J］. 石油钻探技术，2023，51（05）：33－41.

［5］黄纯金；杨筱珊；孟飞；朱乐；黄蕊红；黄晶晶. 原油稳定工艺模拟与参数优化技术研究［J］. 油气田地面工程，2024，43（02）：16－21.

［6］蔡广新，杜卫华，田晓霞. 螺旋半强制式投球机自动输球控制装置设计［J］. 石油矿场机械，2002（05）：65－66.

［7］赵梓涵. 油田结垢预测及防垢技术的研究进展［J］. 辽宁石油化工大学学报，2018，38（05）：19－23.

［8］屈璇；尹安伟；方艾伦；李春燕；冯东磊；李昂. 难降解含聚采出水处理技术研究进展［J］. 环境工程，2021，39（11）：46－51. DOI：10.13205/j. hjgc. 202111005.

［9］刘铭；阳华玲；易峦. 某钨多金属矿选矿废水处理与回用技术试验研究［J］. 矿业研究与开发，2024，44（05）：260－266. DOI：10.13827/j. cnki. kyyk. 2024. 05. 027.

［10］王庆吉；杨雪莹；李炯；王庆宏；桂雨飞；裴茂辰；史权；陈春茂. 油田生产过程污染物源头协同治理的思考与建议：以聚驱采出水处理过程控制油泥产生为例［J］. 环境工程学报，2024，18（06）：1475－1479.

［11］袁士义；雷征东；李军诗；韩海水. 陆相页岩油开发技术进展及规模效益开发对策思考［J］. 中国石油大学学报（自然科学版），2023，47（05）：13－24.

［12］徐辉；周生懂；王智；杨连殿；白章. 油田联合站多能互补系统应用与节能降耗分析［J］. 油气与新能源，2024，36（02）：104－112.

# 页岩油伴生资源综合利用技术及运营管理模式研究

马立军　黄战卫　陈康林　马红星　邹　伟

（中国石油长庆油田页岩油开发分公司；低渗透油气田勘探开发国家工程实验室）

**摘　要**　中国页岩油资源丰富，在庆城油田规模效益开发，已成为国家能源安全最重要的战略接替资源。页岩油开采过程中产生大量的气、水等伴生资源，受页岩油准自然能量开发及大型体积压裂方式、油藏点多面广、平台分散等因素影响，伴生资源回收利用存在处理难度大、处理工艺复杂、投资成本高等瓶颈问题。针对伴生资源回收利用难度大的问题，深刻剖析了庆城油田伴生资源现状及回收技术，深入思考了页岩油伴生资源回收利用的痛点、难点，认为当前伴生资源回收利用主要面临技术能力、运营管理和绿色发展三大挑战。围绕伴生资源综合利用，提出了实现伴生资源高效运营的对策和建议，构建市场化机制下的战略合作共同体、打造多元化协作生产运行模式、构建数字化赋能运行信息支撑新模式、共建开创绿色低碳产业化新格局、营造高契合友好企地合作新环境。

**关键词**　伴生资源；综合利用；绿色；低碳；提质增效

页岩油作为国家能源安全最重要的战略接替资源，在庆城油田规模效益开发，页岩油开采过程中产生大量的气、水等伴生资源，由于页岩油藏具有点多面广、气油比高（106m³/t）的特征，主要采用准自然能量开发方式，通过大型体积压裂、焖排采工艺提高采收率，油井投产后采出水中含聚合物、大量表活剂等组分，常规的"沉降除油＋气浮/生化过滤"处理工艺难以处理，大大增加水处理成本，处理后的采出水无法驱油，主要回注于非目的层，伴生气受平台分散、处理工艺复杂、投资成本高等影响，伴生气未有效回收，主要散排于大气，造成伴生资源大量浪费。随着2024年《环境影响评价技术导则－陆地石油天然气开发建设项目》出台实施，对页岩油水质、伴生气提出更高要求，环保风险增加，已成为制约页岩油高效开发的主要矛盾。为此，笔者在总结分析常规油藏伴生资源处理工艺及运行模式的基础上，剖析了页岩油伴生资源面临的挑战，提出了页岩油伴生资源综合利用及高效运营的对策建议，探讨构建与页岩油伴生资源综合利用相适应的高效运行机制，助推页岩油伴生资源综合利用大突破、大发展，积极践行习近平总书记坚持"既做国家能源的开发者，也做美好环境的保护者和绿水青山的再造者"的生态文明思想和"绿水青山就是金山银山"的绿色发展理念，为页岩油伴生资源经济高效开发提供机制保障。

## 1　页岩油伴生资源现状

庆城页岩油位于鄂尔多斯盆地西南部，长7页岩油探明地质储量4.96亿吨，动用地质储量1.75亿吨。2011年以来，页岩油开发经过地质理论创新和关键技术攻关，经历了"先导试验、扩大试验、规模开发"三个开发阶段，开辟了国内页岩油规模效益开发主战场，建成国内首个百万吨页岩油效益开发示范区。随着页岩油规模效益开发，页岩油产量持续逐年攀升，伴生气和采出水量迅速增加，生产主力区伴生气主要用于轻烃生产、站点加温，产建新区伴生气利用率较低；采出水主要经处理后，大部分用于非目的层回注，部分用于油井热洗、压裂回用，水资源综合利用率低（见图1）。

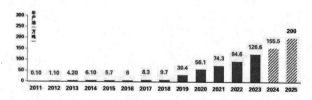

图1　庆城页岩油勘探开发历程产量柱状图

## 2　面临的问题及挑战

### 2.1　技术差异需求的挑战

1）页岩油藏分布不均，回收难度大。页岩油平台在平面上呈点多面广布局、数量上部署存在差异，伴生气量分布不均，由于伴生气回收工艺复杂，一次性投入成本高，投资回报周期长，集中回收伴生气难度大，伴生气资源未有效回收利用造成资源浪费。

2）采出水成分复杂，处理难度大。压裂返排液及采出水是一种复杂的多相分散体系，具有高稳定性、高粘度和高悬浮物的"三高"特征，压裂返排液处理需要投加大量药剂氧化和絮凝沉降，处理成本高于常规采出水处理。而投加的混凝剂和絮凝剂受液体高粘度影响沉淀效果差，造成药剂量增加、药剂分散不均匀，处理成本上升，采出水处理费达 50 元/吨。

3）地面建设与油田开发统筹程度不够。根据产建部署，优先开展钻井、压裂、试油，由于轻（混）烃站、返排液站、采出水站受投资下达、三同时、土地征借地手续办理等与地方政府沟通不畅，地面建设严重滞后，出现伴生气散排、采出水无法处理造成水资源无法就近处理、利用。

### 2.2 高效组织运营管理的挑战

1）现行运行体制机制不顺畅。页岩油伴生资源开发利益主体多元化，价值化、产业化发展体制尚未形成，多专业、多学科、多兵种、大兵团联合作战模式尚未定型，市场化机制不到位，资源统筹配置能力不足，需要打破部门（单位）企地、条块分割、自成体系的碎片化运行格局，调动各方的积极性。

2）产业政策不配套。美国"页岩革命"成功得益于雄厚的资本投入、配套的税收优惠政策和灵活的投融资环境，经过 5~6 年发展，逐渐将成本降至常规油气水平。目前页岩油没有配套特别的税收和补贴政策，继续按常规石油标准缴税，增加了企业负担重。页岩油主产区勘探开发征地多，施工周期长，企地关系更加复杂，伴生资源回收难度增大。

3）数字化赋能程度不高。页岩油劳动用工采用"厂级 - 中心站"两级组织架构，劳动用工控制在 300 人左右，是同等规模采油厂用工人数的 1/10，页岩油产建部署平台及场站数字化配套不足，伴生气处理站、采油平台、水处理站数字化、智能化管控不足，平台、场站运行参数无法在线采集、监控、共享及智能化分析，现场运行管理存在盲区，无法保障平台、场站系统高效运行，严重影响伴生资源回收利用。

4）企业投入高、成本压力大。页岩油开发投资大、回收周期长，在大规模工业化量产前，勘探开发成本是常规油气的数倍甚至数十倍，需要通过技术创新和市场机制驱动持续降本增效，实现规模效益开发。以庆城页岩油为例，平台分散，伴生气量分布不均，受制于环保压力，投入伴生气回收装置，投入产出比低，投资回报周期长，增压了企业负担，压缩了利润空间。

### 2.3 安全绿色发展的挑战

1）安全绿色发展标准更高、要求更严。我国已将绿色发展纳入"五位一体"战略布局，提出"碳达峰、碳中和"的双碳目标，政府监管日趋严格，公众和公益组织对企业担负的 ESG（环境、社会和治理）责任更加关注。页岩油勘探开发需要大规模钻井、压裂等高能耗、高碳排放、高废弃物作业，在努力增储上产的同时需要坚持绿色生态、安全发展、高效开发的绿色发展观，让绿色发展理念成为产业高质量发展的最靓丽的名片。

2）安全绿色生产存在风险隐患。施工过程面临高温、高压、高含硫等高危安全风险隐患，建设过程中面临 VOCs 排放、高能耗、地下水污染、地表恢复利用和采空区地质灾害等风险隐患，还没有形成风险识别评价和最佳缓解时机的科学应对技术和管理体系。

3）安全环保制度标准体系还不够完善。页岩油伴生资源开发涉及领域广、专业门类多、作业场面大、协同性强，各环节新技术、新工艺成熟度不一，需要加快配套与之相适应的安全环保质量制度标准体系。

## 3 技术与运营管理模式的探讨

### 3.1 伴生资源综合利用的主要技术

页岩油伴生资源综合利用技术已形成数智赋能的多元化伴生气利用、水资源综合利用技术体系，建成"油气水综合利用、全系统资源共享、多功能高效集成、全过程智能管理"的页岩油伴生资源利用新模式（见图 2）。

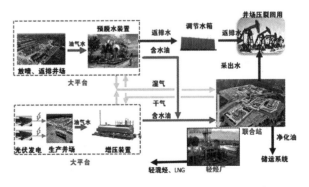

图 2　页岩油伴生资源利用工艺流程示意图

### 3.1.1 伴生气综合回收利用技术

页岩油伴生气形成"前端井口定压集气、油气密闭集输、同步回转混输工艺，中端油气分输为主、油气混输为辅，末端伴生气集中处理为主，燃气发电、零散气移动回收为辅"的多元化利用模式（见图3）。

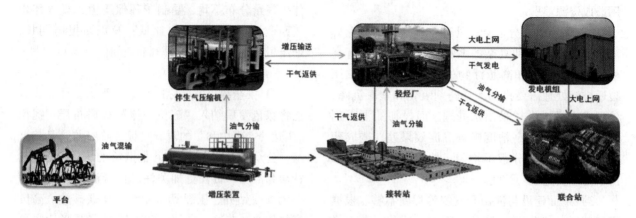

图3 伴生气利用工艺流程示意图

1）前端平台集气。主要以定压阀油气混输为主，当套管气压力超过设定值时伴生气便泄放到采油流程中，混入原油输到下游，该工艺简单、运行平稳、投资少、易操作、维护方便，已在页岩油水平井推广应用。

2）中端站点集气。主要以油气分输工艺为主、混输为辅，主要安装配套压缩机，增压输送至下游站点；联合站主要采用三相分离、原油稳定、大罐抽气工艺；末端通过伴生气集中处理回收轻混烃。

3）末端伴生气处理。根据C3 + 回收率要求不同分为浅冷和深冷两种工艺。浅冷分离是指冷凝温度不低于 - 40℃ 的分离工艺，通常使用氨或丙烷制冷，适用于回收轻烃，如丙烷。浅冷工艺的C3 收率一般仅为50% ~ 65%。这种方法相对简单，但回收率较低，能耗较大。深冷分离是指冷凝温度达到 - 50℃ 及以下的分离工艺，需要混合冷剂、透平膨胀制冷或冷剂和膨胀机联合制冷来实现，通常用于回收乙烷或丙烷收率要求高的工况，C3 + 回收率较高，能耗更高（见图4）。

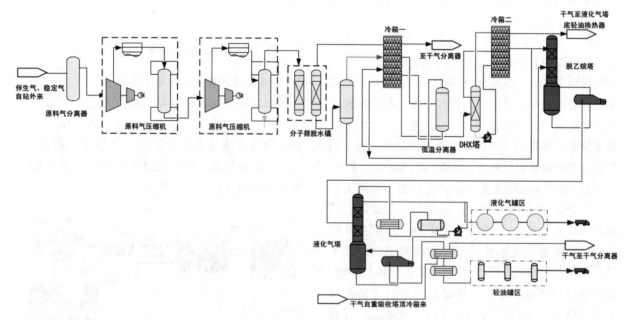

图4 轻烃回收工艺流程示意图

4）零散气移动回收工艺。对于偏远场站，无系统依托，气量达到一定规模后，采用车载一体化装置就地处理利用。车载设备便于移动，应用分子筛脱水 + 原料气二级增压 + 冷凝分馏收混烃 + 三级增压生产 CNG 的工艺回收零散伴生气，实现伴生气资源应收尽收，提升油田效益开发。

对于偏远区域系统建设不完善的场站以及产建新区，伴生气未形成规模的站点应用燃气发电机组，实现短平快的快速回收利用。

### 3.1.2 水资源综合利用技术

针对页岩油采出水成份复杂，常规的"气浮 + 过滤"、"生化 + 过滤"等常规处理工艺处理难以处理问题，根据不同开发阶段采出水特点，开展了处理工艺技术攻关，形成了预处理 + 生化 + 过滤技术、预处理 + 气浮 + 过滤技术为主体的水处理技术。结合页岩油水平井钻井、压裂、试油及生产运行特点，净化水主要用于常规油藏注水、水平井大型体积压裂、油井热洗、页岩油水平井二次补能等。

1) 预处理 + 生化 + 过滤技术。利用高效好氧微生物菌种，生物降解返排液中原油及有机物，将有机污染物转变成 $CO_2$、水以及生物污泥，生物污泥经沉淀池固液分离，在微生物装置前端增设"絮凝沉降 + 纤维球过滤"工艺，通过生化作用将悬浮物、残油进行分解去除（见图5）。

图5 "预处理 + 生化 + 过滤"水处理工艺流程图

2) 预处理 + 气浮 + 过滤技术

在返排液通入或产生大量的微小气泡，使微小气泡粘附于杂质絮粒上，或使水中的细小悬浮物、油珠黏附在空气泡上，造成整体比重小于水，并依靠浮力使其上浮到液面，从而实现固液分离，在气浮 + 过滤装置前端增设一套"絮凝沉降 + 核桃壳多级过滤"预处理装置，发挥除油除悬浮物作用（见图6）。

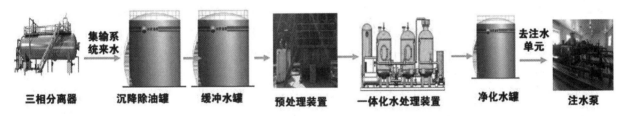

图6 "预处理 + 气浮 + 过滤"水处理工艺流程图

3) 有效回注。页岩油藏主要采用准自然能量开发，常规侏罗系、三叠系油藏主要以水驱开发方式，在开发平面上存在水资源不平衡，通过将页岩油净化水替代清水用于侏罗系、三叠系油藏开发，建立常规油藏有效驱替系统，实现采出水从非注水开发区向注水开发区有效利用。

4) 体积压裂。同一平台满足东西或南北向分开压裂的，投一部分井，返排液除油、除砂、沉降处理，供同平台压裂回用；相邻平台压完一个平台投产，使用移动式返排液处理装置处理后，管输或拉运供邻近平台压裂回用。从表1可以看出，在通洗井、顶替阶段，返排液可直接回用，物理沉砂后不需处理，直接用于通洗井、顶替，单井回用液量2900方，在压裂阶段，返排液与清水按比例混配，用于前置液、低砂比携砂液配液，单井回用液量3860方（见表1）。

表1 返排液配制 CNI 压裂液回用液量统计表

| 回用方案 | 工艺阶段 | 清水用量（m³） | 最大混掺比例（返排液∶清水） | 回用液量（单井，m³） | 水质要求 |
|---|---|---|---|---|---|
| 直接回用 | 通洗井、顶替 | 2900 | — | 2900 | 物理沉砂 |
| 混掺回用 | 前置液（滑溜水阶段） | 3400 | 1∶01 | 1700 | pH 为 6 ~ 8 矿化度≤30000mg/L 硬度≤3000mg/L |
| | 低砂比携砂液（低粘压裂液） | 7200 | 3∶07 | 2160 | |
| | 共计回用液量（m³） | | | 6760 | |

## 3.2　构建市场化机制下的战略合作共同体

庆城页岩油伴生资源潜力大、地质条件复杂，现有技术条件下回收成本高、效益开发难度大。建议加快市场化运营管理机制的改革，在持续深化技术和管理突破的基础上，推进页岩油伴生资源回收利用。

1）高效组织架构。以市场化统筹资源配置，整合各方资源、技术和管理优势，大力引入先进技术和管理经验，确保优质资源优先开发，高效推动生产运营新动能。通过公开招标，依托市场化队伍开展轻烃场站、水处理站建设、运营管理，高效推进伴生资源开发利用。

2）构建多元战略共同体。采用市场化方式组织技术引进，以最大公约数统筹各方目标，共同做大产业、共享发展成果，将页岩油视为业务增量保增效空间，增量以社会服务价格为基础核算，倒逼降本。

3）创新高效经营新机制。聚焦控投资、降成本、增效益，深化全产业链全要素降本创效。以竞争性价格为起点，通过生产全过程分解制定目标成本，建立服务方倒逼机制。

4）完善激励约束机制。基于页岩油伴生资源利用回报周期长等特点，构建不同发展阶段与各方利益诉求相契合的战略目标协同、超常规降本创效和全产业链降本增效机制，引导各方树立长远眼光、着眼产业发展、打造行业标杆，承包商质量、技术、效率和安全考核规则，对轻烃产品质量、水质实行考核，淘汰落后队伍，推动质量进步、标准提升、技术创新和管理升级。

### 3.2.2　数字化赋能运行新模式

针对目前数据库多、系统平台多、孤立应用多、综合支撑不够的问题，建立贯通业务流、管理流和监督流，涵盖科研攻关、工程施工和开发生产全链条的新场景信息支撑体系。

1）加强数据源头治理。在现有扁平化组织架构条件下，持续提升伴生资源综合利用，页岩油坚定不移走数智化转型发展道路，在上线应用首个页岩油物联网云平台、建立数智化无人值守联合站的基础上持续探索实践，率先部署中国石油陆上首个集群化无人及智能巡检系统，深化页岩油全生命周期"数智+"管理业务。

强化数据分析综合应用。通过梳理页岩油勘探开发业务流程和分析业务相关数据，实现参数交互优化调整、专业相互协同推进，运行中即时

记录过程、逐步积累经验、实现学习曲线的优化升级。支撑全生命周期精细化管理与考评，支持数据产生、提交、审核及应用，实现各种数据的图形化展示与深入对比分析，助力管理优化和效率提升。

3）建设智能决策平台。坚持以页岩油物联网平台为载体，打造集中监控、集中巡护、集中调度的"天+地+人"多维度、立体式页岩油生产运行新模式。综合利用物联网、5G、大数据、数字孪生及人工智能等先进信息技术，打造地质模型透明化、指挥决策数智化、指令发布高效化、现场操作自动化和信息反馈即时化的系统平台，实现决策依靠人机交互、操作依靠机械自动，以数智化释放新动力、塑造新优势，推进数智化页岩油田建设。

### 3.2.3　开创绿色低碳产业化新格局

贯彻落实国家"双碳"战略目标，走生态优先、绿色低碳之路，使页岩油勘探开发与脱碳固碳双向发力，为页岩油产业高质量发展注入绿色动能。

1）减污降污。推进"无废"页岩油开发建设，构建源头减量、重复利用和无害化处理为核心的绿色环保技术体系，推动污染防治由单一末端治理向全过程综合防治转变。抓好页岩油勘探开发过程的污染物控制和处理，开展低污染水基钻井液替代油基钻井液技术攻关和现场应用，加强环保友好型压裂返排液重复利用和无害化处理，强化固废处理、废气回收的资源化利用。

2）减碳固碳。推动生产过程低碳化，优化能耗结构，加快钻完井装备电驱替代油驱步伐，提高清洁能源使用率；统筹整合注采输体系，加强地面简化优化、流程再造，促进全方位降能耗、减损耗、控物耗和减排放。推动页岩油气与CCUS协同发展，加快CCUS规模化应用，实现增能提产和降碳固碳相统一，提升全产业链价值创造能力。

3）绿色用能。以清洁、高效、低碳和循环为目标，以页岩油勘探开发基地为载体，立足生产区域和大平台建设生态化，进行页岩油伴生资源开发设计。依据页岩油产区地貌特点，因地制宜推动风能、光能、电能和余热等自产绿能布局利用，支撑页岩油自喷期用电运行。推进"源-网-荷-储"多能互补协同利用，打造"自产自消、清洁低碳、多能互补"的能源供给体系，形成页岩油绿色生态产业化发展格局。

#### 3.2.4　开创企地合作共建模式

围绕页岩油产业化发展进行专题调研，摸清家底潜力，刻画产业前景，反映现实问题，谋划发展路径，创造良好产业发展环境。

1）争取国家配套政策支持。建议国家能源局牵头制定页岩油伴生资源中长期发展专项战略规划，明确配套支持政策，引领产业发展。设立国家页岩油风险勘探基金，出台减免特别收益金、降低所得税、阶段性免征资源税、比照页岩气给予补贴等政策，减小企业投入压力。

2）联合地方政府布局产业。探索与地方政府建立战略合作机制，推动页岩油自身发展的同时，积极融入区域经济社会发展布局。及时跟进国家安全环保新政，统筹生态敏感区和页岩油潜力区，加快基础设施区域性整体布局建设。推动地方政府"放管服"，简化页岩油伴生资源开发建设各环节审批程序，实施区域环评，缩短建产周期。

3）国有油公司配套政策赋能。区分页岩油勘探开发不同阶段的伴生资源战略和开发目标，配套差异化投资、考核等政策。勘探初期对页岩油伴生资源开发实行风险投入兜底保障，突出建产规模、技术进步和运行效率考核，淡化经济指标评价；规模开发阶段，回归常规管理考核模式。支持重点区域采取混合所有制方式实施油地合作开发，更好地融入区域经济社会发展，促进共建共享共赢。

### 3.3　效益评价

#### 3.3.1　经济效益

庆城油田伴生资源通过市场化运营机制已在区域范围内引进第三方投资建设的伴生气站8座、返排液站5座，投资3.5亿元，年生产混烃＋LNG 10万吨，处理返排液110万方，创造效益2.5亿元，节约清水投资成本5170万元。

#### 3.3.2　社会效益

伴生资源综合利用工作的开展是深入践行习近平总书记关于黄河流域生态保护和高质量发展的精神要求，筑牢生态安全屏障，推动构建页岩油伴生资源综合利用全流程密闭回收治理体系，在消除散排的同时提高页岩油开发效益，拉动内需创造地方就业岗位160人，创造税收增加地方财政收入1500万元，提高油田公司社会影响。

#### 3.3.3　安全效益

开展伴生资源综合利用工作，充分发掘回收油藏的气、水资源，形成低投入、高产出、少排污、可循环的油田生产模式，建立页岩油伴生资源利用的良性循环，改善环境，促进人、自然和社会的和谐发展，都有着十分重要的意义。

## 4　结论及认识

开展伴生资源综合利用技术及运营管理模式研究技术可行，能有效减少伴生资源散排提高油田开发效益，对推动页岩油绿色低碳开发，意义重大。

4.1 伴生资源的综合回收利用实现节能减排、节能降耗，还可有效改善环境质量，兼顾环境保护的需求，在助推页岩油效益开发方面有着积极的意义，符合国家推进绿色矿山建设的要求，满足油田公司绿色低碳战略的需要和社会担当。

4.2 总结页岩油伴生资源利用技术及运营管理经验，形成可复制、可推广、可借鉴的页岩油伴生资源利用模式，填补页岩油伴生资源综合利用运营管理机制的空白。

4.3 页岩油伴生资源"市场化＋数智化"运营管理模式，灵活机动高效，可有效推动页岩油管理水平的提升；市场化的介入实现企地合作共建共享、风险共担、资产轻量、带动地方经济发展，社会意义重大。

#### 参　考　文　献

[1] 付锁堂，姚泾利，李士祥，等. 鄂尔多斯盆地中生界延长组陆相页岩油富集特征与资源潜力 [J]. 石油实验地质，2020，42（5）：698-710.

[2] 李士祥，牛小兵，柳广弟，等. 鄂尔多斯盆地延长组长7段页岩油形成富集机理 [J]. 石油与天然气地质，2020，41（4）：719-729.

[3] 杨华，李士祥，刘显阳. 鄂尔多斯盆地致密油、页岩油特征及资源潜力 [J]. 石油学报，2013，34（1）：1-11.

[4] 邹才能，杨智，崔景伟，等. 页岩油形成机制、地质特征及发展对策 [J]. 石油勘探与开发，2013，40（1）：14-26.

[5] 李士祥，周新平，郭芄恒，等. 鄂尔多斯盆地长73亚段页岩油可动烃资源量评价方法 [J]. 天然气地球科学，2021，32（12）：1771-1784.

[6] 付金华，李士祥，牛小兵，等. 鄂尔多斯盆地三叠系长7段页岩油地质特征与勘探实践 [J]. 石油勘探与开发，2020，47（5）：870-883.

[7] 刘惠民，王敏生，李中超，等. 中国页岩油勘探开发面临的挑战与高效运营机制研究 [J]. 石油钻探技术，2024，52（03）.

[8] 钟建伟；黄战卫；刘环宇；岳渊洲；陈康林；高佳睿；付宇鑫；孙晟. 高气油比页岩油同步回转混输装置 [J/OL]. 石油钻采工艺工程科技 I 期，2024.5

[9] 薛瑾艳，孙恪成，黄国良，等. 碳达峰、碳中和背景下油田伴生气回收项目的经济评价方法和案例分析 [J]. 天津科技，2021，48（10）：55 – 58.

[10] 辜新业，汪青松，潘国辉，等. 油井套管气回收利用技术与装置研究 [J]. 中国设备工程，2021（S01）：223 – 225.

[11] 刘雨文，朱贵友. 油田套气回收利用技术研究及应用 [J]. 石油石化绿色低碳，2017，2（6）：48 – 52.

[12] 李武平，武玉双，郭淑琴，等. 储油罐挥发性有机物的回收与利用 [J]. 石油石化节能，2021，11（2）：41 – 43.

[13] 赵智玮，金业海. 油田伴生气回收技术现状及对策 [J]. 安全、健康和环境，2020，20（7）：31 – 34.

[14] 李武平，崔艳丽，李渊，等. 基于绿色低碳的伴生气回收与利用技术 [J]. 石油石化节能，2023，13（04）：23 – 28.

[15] 刘雨奇，陈哲伟，雷启鸿，等. 庆城页岩油后期补能注伴生气吞吐注采参数优化 [J]. 科学技术与工程，2023，23（12）：5033 – 5040.

# 抗高温环保润滑剂的研制与应用

王晓军[1] 孙云超[1] 景烨琦[1] 李 刚[2] 戴运才[1] 鲁政权[1] 任 艳[1] 袁 伟[1]

（1. 中国石油集团长城钻探工程有限公司工程技术研究院；2. 中国石油集团长城钻探工程有限公司钻井液公司）

**摘 要** 针对常规润滑剂特殊工况下减摩降阻性能不足导致的定向托压、起下钻困难、粘卡和完井管串无法顺利下入等难题，通过植物油环氧化改性，并引入极压抗磨剂组分，制备了抗高温环保润滑剂。对该润滑剂的结构进行了表征，并对其性能进行了评价。结果表明，润滑剂分子结构中含有大量的强吸附基团和长链烷基，能够牢牢吸附在钻具和井壁表面；抗温性能200℃以上，四球摩擦系数降低率达52.2%，钢球磨斑直径缩短了43.6%，在金属表面形成润滑膜厚度100nm以上，半数效应浓度100000mg/L以上，重金属含量远远低于排放标准。现场应用表明：抗高温环保润滑剂凭借着优异的油膜强度适用于小井眼侧钻井、深层大井眼定向井和长水平段水平井等复杂结构井。

**关键词** 润滑剂；分子结构；吸附基团；摩擦系数；无毒环保

随着油气勘探开发的不断深入，深井超深井、长水平段水平井、大位移定向井、短半径/超短半径水平井等复杂结构井逐年增多，施工时钻具与井壁接触面积明显增大，摩阻和扭矩较高，引发定向托压、起下钻困难、粘卡和完井管串无法顺利下入到底等诸多难题，对钻井液在高温、极压状态下的抗磨减阻性能提出了更高要求。而现有润滑剂存在着极压抗磨效果不理想、荧光级别高、环保处理难度大、抗温性能差和起泡严重等诸多问题，导致使用范围受限、重复添加且成本过高，无法满足高效钻完井和降本增效的要求。针对上述问题，笔者研发了一种具有优良的吸附性、高温稳定性和极压抗磨能力，且无毒环保的高效润滑剂，在对其结构表征的基础上进行了性能评价，并通过现场试验进行了验证。

## 1 实验

### 1.1 实验材料与仪器

豆油，工业级，中储粮油脂有限公司；双氧水，分析纯，茂名市雄大化工有限公司；甲酸，分析纯，湖北成丰化工有限公司；氨基乙酸，分析纯，茂名市雄大化工有限公司；乙酸酐，分析纯，南京化学试剂股份有限公司；三硫化钼，工业级，山东昌耀新材料有限公司；十二烷基苯磺酸钠分析纯，分析纯，广东翁江化学试剂有限公司；石油醚，分析纯，东莞市勐业化学试剂有限公司；无水乙醇，分析纯，南京化学试剂股份有限公司；1#润滑剂，美国倚科能源有限公司缔合型钻井液用润滑剂 DFL；2#润滑剂，长城钻探公司工程技术研究院 GW – ELUB。

JJ1A 增力电动搅拌器，上海科兴仪器有限公司；HZ – 9912S 水浴振荡器，常州市凯航仪器有限公司；Thermo Scientific Nicolet iS 10 型红外光谱仪，赛默飞分子光谱仪器；Bruker AVANCE III 400 MHz 核磁共振波谱仪，布鲁克（北京）科技有限公司；NETZSCH STA 449F5 型热重测试仪，青岛启翔仪器设备有限公司；MRS – 1J 四球摩擦试验机，济南竟成测试技术有限公司；K – Alpha 型 X 射线光电子能谱仪，赛默飞分子光谱仪器；JC2000D 接触角测量仪，北京奥德利诺仪器有限公司；OFITE 型高温滚子加热炉，奥莱博（武汉）科技有限公司。

### 1.2 实验方法

#### 1.2.1 抗高温环保润滑剂的制备

使等摩尔比的大豆油与双氧水在甲酸催化下进行环氧化反应，生成环氧化大豆油，在乙酸存在的条件下，使等摩尔比的环氧化大豆油与乙酸酐在64℃下进行开环反应，得到改性大豆油；将改性大豆油置于容器内部搅拌加热至48℃，边搅拌边向容器内部加入粒度为50nm的三硫化钼，搅拌均匀；继续向容器内部加入十二烷基苯磺酸钠，并升温至53℃，持续搅拌30分钟，得到抗高温环保润滑剂 GW – ELUB；其中，改性大豆油与三硫化钼的质量比为1:0.05，三硫化钼与十二烷基苯磺酸钠的质量比为1:0.3。

#### 1.2.2 抗高温环保润滑剂的分子结构测试

傅里叶红外光谱测试。利用 Nicolet iS 10 型红外光谱仪，将少量抗高温环保润滑剂置于金刚石 ATR 模块中，设定仪器参数如下：波数范围 400 ~ 4000cm⁻¹，扫描次数 32，分辨率 4cm⁻¹，测定抗高温环保润滑剂的红外光谱图。

核磁共振波谱测试。采用 Bruker AVANCE III 400MHz 核磁共振波谱仪，将少量抗高温环保润滑剂置入核磁管中，测定其核磁氢谱，其中 DMSO 作为样品溶剂，测试磁场为 400M，谱图类型为一维谱。

### 1.2.3 抗高温环保润滑剂的性能测试

热重分析测试。采用 NETZSCH STA 449F5 型热重测试仪测定抗高温环保润滑剂的抗温性能，将少量抗高温环保润滑剂至于铝坩埚中，测量其重量随温度的变化，考察润滑剂的热稳定性，测试条件为 $N_2$ 氛围，设定测试温度范围为 30 ~ 600℃，升温速度为 10℃/min。

四球摩擦系数测试。采用 MRS‐1J 四球摩擦试验机测定不同试验浆的四球摩擦系数，摩擦钢球选择二级轴承钢球，直径 12.7mm，GCr15 材质。摩擦方式为圆周运动，摩擦时间 30min，摩擦速率为 300rpm，施加力固定为 300N，摩擦行程为 40mm。

磨斑直径测试。四球摩擦测试结束后，利用石油醚和无水乙醇超声清洗钢球，去除钢球磨斑表面残留的润滑剂和粘土矿物，自然干燥后对钢球磨斑进行拍照，利用磨斑直径来表征其抗磨损性能。

润滑膜厚度测试。采用 K‐Alpha 型 X 射线光电子能谱仪测定试验浆的润滑膜厚度，将磨损钢球的磨损面作为测试面，测试类型为氩离子刻蚀/溅射，每次刻蚀深度 20nm，共刻蚀 5 次，采谱 6 次，利用常规精细谱模式设定测试元素的轨道，通过分析主要元素的原子含量来测定润滑膜厚度。

接触角测试。为考察润滑剂在金属表面的吸附性，将润滑剂溶液滴至钢片表面，自然风干后测试钢片润湿性变化；为考察润滑剂在泥饼表面的吸附性，将制备的润滑剂/膨润土悬浮液滴至载玻片表面，自然风干后测试泥饼润湿性变化。润湿性试验采用 JC2000D 接触角测量仪，利用悬滴法测试，拍照记录润湿性照片，采用内置软件计算接触角大小，润湿角测量范围：0 ~ 180°。

## 2 抗高温环保润滑剂的分子结构测试

### 2.1 傅里叶红外光谱测试

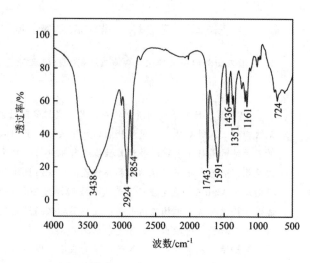

图 1  抗高温环保润滑剂的红外光谱图

抗高温环保润滑剂的红外光谱如图 1 所示，3438cm⁻¹ 处的宽峰为 ‐OH 的伸缩振动吸收峰，2924cm⁻¹ 和 2854cm⁻¹ 是 ‐CH₃ 和 ‐CH₂ 的 C‐H 伸缩振动吸收峰，1591cm⁻¹ 和 1743cm⁻¹ 为酯键羰基的 ‐C＝O 伸缩振动吸收峰，1436cm⁻¹ 和 1351cm⁻¹ 是烷基 C‐H 弯曲振动吸收峰，1161cm⁻¹ 为饱和脂肪族中酯的 C‐O 伸缩振动吸收峰，724cm⁻¹ 为 C‐H 面内摇摆振动吸收峰，因此推测抗高温环保润滑剂分子结构中含有羟基、烷基、酯基等官能团，与设计分子结构相符。

### 2.2 核磁共振波谱测试

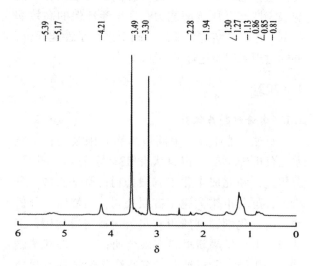

图 2  抗高温环保润滑剂的核磁氢谱图

抗高温环保润滑剂的核磁氢谱图（图 2）中，δ = 0.81 ~ 0.86ppm 为润滑剂中 ‐CH₃ 的特征信号，

δ＝1.27～1.30ppm 为润滑剂中－CH₂的特征信号，δ＝1.94～2.28ppm 为润滑剂中－CH₂－CH＝CH－CH₂－的特征信号，δ＝3.30～3.49ppm 为润滑剂中－CH₂－OH 的特征信号，δ＝4.21ppm 为润滑剂中－CH₂－COO－的特征信号，进一步说明抗高温环保润滑剂分子结构含有烷基、羟基、酯基等官能团。

# 3　抗高温环保润滑剂的性能测试

## 3.1　抗温性能测试

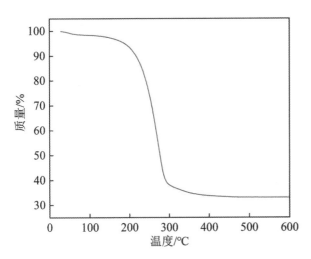

图3　抗高温环保润滑剂的热失重曲线

抗高温环保润滑剂的热失重曲线如图3所示，室温至120℃的热失重为1.87%，归因于溶剂的热蒸发；温度接近200℃时润滑剂开始发生热分解，失重率也仅仅为10.96%；297℃后润滑剂的重量

基本趋于稳定，润滑剂含量保持在56.80%左右。由此可见，所测抗抗高温环保润滑剂的具有较好的热稳定性，200℃以下聚合物骨架结构不会发生热分解。

## 3.2　抗磨性能测定

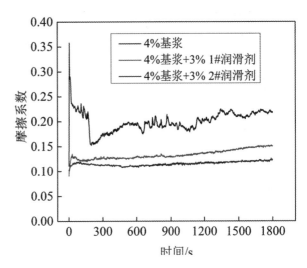

图4　不同试验浆的四球摩擦系数

不同试验浆的四球摩擦系数测定结果如图4所示，基浆在前5s测试过程中，四球摩擦系数上升迅速，平均摩擦系数为0.23。基浆中分别加入3%润滑剂后，四球摩擦系数的上升幅度均显著减小，平均摩擦系数分别降低至0.13、0.11，且随着时间推移，摩擦系数基本保持稳定，说明自主研发的抗高温环保润滑剂其极压润滑性能略优于国外产品DFL。

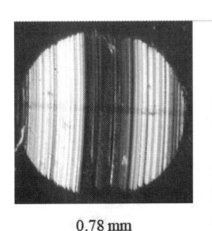  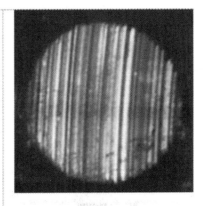

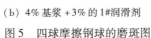

（a）4%基浆　　　　　（b）4%基浆＋3%的1#润滑剂　　　　　（c）4%基浆＋3%的2#润滑剂

图5　四球摩擦钢球的磨斑图

四球摩擦钢球的磨斑直径如图5所示，对比四球摩擦系数的测试结果可以看出，四球摩擦系数越大，对应的磨斑直径越大。其中4%基浆的钢球磨斑直径达0.78mm，加入润滑剂后钢球磨斑直径

分别降低至 0.49mm、0.44mm。说明自主研发的抗高温环保润滑剂和国外产品 DFL 在抗磨损方面性能相当。

### 3.3 润滑膜厚度测试

碳元素含量随扫描深度变化图（图6）中可以看出，在 100nm 深度范围内，基浆与钢球表面作用后，除表层碳元素，碳元素含量均在 5% 以下。基浆中分别加入润滑剂后，金属表面至 100nm 内均具有较高的碳元素含量，100nm 处的碳元素含量分别为 92%、94%，说明基浆未在钢球表面形成明显的润滑膜，而抗高温环保润滑剂和国外产品 DFL 在钢球表面形成的润滑膜厚度均在 100nm 以上。

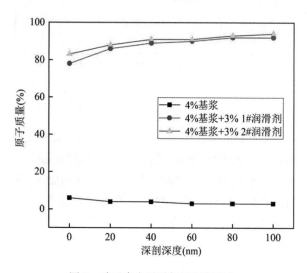

图6 碳元素含量随扫描深度变化

铁元素含量随扫描深度变化如图 7 所示，在 100nm 深度范围内，随着深度增加，基浆对应的钢球铁元素含量快速上升，最终含量高达 95%。基浆中分别加入 1#润滑剂和 2#润滑剂后，铁元素含量基本为 0，铁元素深剖分析进一步证实抗高温环保润滑剂和国外产品 DFL 在钢球表面均可形成 100nm 以上润滑膜。抗高温环保润滑剂分子结构上具有酯基、羟基强吸附基团，能够牢牢吸附在表面为水润湿的钻具表面，朝外延展的烷烃基形成致密的吸附油膜。

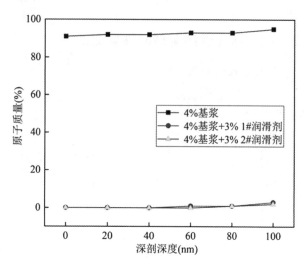

图7 铁元素含量随扫描深度变化

### 3.4 接触角测试

将润滑剂/膨润土悬浮液均匀地涂抹在干净的载玻片上，室温下自然风干形成泥饼。使用去离子水对三种泥饼进行接触角测试，实验结果如图 8 所示。去离子水在泥饼表面的接触角为 20.89°，展现出较强的亲水性，加入润滑剂后，泥饼表面的接触角分别增加至 52.27°、54.21°，主要归因于润滑剂中的烷基等疏水基团在泥饼表面的吸附，使其疏水性增强，进一步说明润滑剂在泥饼表面具有较强的吸附性，在井壁表面形成的油膜有利于有利于降低摩阻和扭矩。

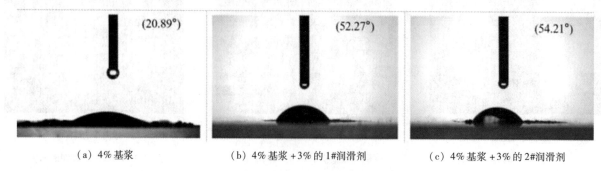

（a）4%基浆　　　　（b）4%基浆+3%的1#润滑剂　　　　（c）4%基浆+3%的2#润滑剂

图8 泥饼表面的接触角测试

### 3.5 环保性能测试

委托广东省微生物分析检测中心测定了抗高温环保润滑剂的化学毒性、生物毒性和生物降解性，结果见表1。

表1 抗高温环保润滑剂的环保性能参数

| 测试对象 | 总铬（mg/kg） | 总镍（mg/kg） | 总铜（mg/kg） | 总锌（mg/kg） | 总铅（mg/kg） | 总镉（mg/kg） | 总镉（mg/kg） | 总汞（mg/kg） | EC$_{50}$（mg/L） | BOD$_5$/COD$_{Cr}$ |
|---|---|---|---|---|---|---|---|---|---|---|
| GW–ELUB | 14 | <3 | <1 | 2 | <10 | <0.01 | <0.01 | <0.002 | >100000 | 0.46 |
| 规定值 | ≤1000 | ≤200 | ≤1500 | ≤3000 | ≤1000 | ≤15 | ≤75 | ≤15 | ≥30000 | ≥0.1 |

注：EC$_{50}$急性生物毒性值；BOD$_5$/COD$_{Cr}$可生物降解性指数；BOD$_5$五天生物耗氧量；COD$_{Cr}$化学耗氧量

由表1可知，研发的抗高温环保润滑剂其重金属含量、生物降解性和生物毒性完全满足国家相关环保标准要求。

## 4 现场应用

抗高温环保润滑剂 GW–ELUB 在辽河油田、吉林油田、长庆油田累积应用200余井次。现场应用中与钻井液配伍性良好，润滑性能优异，起出钻头表面清洁，极大地缓解了定向托压严重带来的机械钻速慢、粘卡风险高及软泥岩钻头泥包等技术难题，下面3个案例能够充分说明抗高温环保润滑剂在不同井型中均具有良好的减摩降阻效果。

### 4.1 在连续油管侧钻井中的应用

抗高温环保润滑剂在辽河油田4口连续管侧钻井现场试验中应用效果良好。其中，Q22–17C井井身轨迹为增–稳–降–直4段制，创下了国内连续管侧钻井完钻井深最深1759m新纪录；J2–9–303CH井是国内第一口连续油管侧钻水平井，创下了连续油管侧钻井最长裸眼段802m、最长水平段123m、最大井斜角90.11°和最大水平位移414.5m多项国内纪录。

### 4.2 在长裸眼水平井中的应用

SH**–36H3井从600m开始定向，增斜至15°后稳斜至2366m，从2366m至A点2999m增斜增方位，水平段4100m之前要求井斜控制在89.8°±0.2°钻进，4100m之后要求井斜控制在90°平推，水平段长1500m，定向工作量繁重，井眼轨迹控制难度大。抗高温环保润滑剂凭借着优异的润滑减阻性能，确保全井段施工中上提附加拉力均在10t以内，定向过程中无托压现象，水平段仅用两趟钻，二开造斜段机械钻速10.8m/h，三开水平段机械11.08m/h，比邻井分别提高了36.7%和33.5%，两项指标均创同区块最快纪录。

### 4.3 在深层大井眼定向井中的应用

RT–1**井采用大三开井身结构，二开井眼尺寸311.1mm，从2500m开始定向，由于地层倾角

原因，复合钻进掉井斜严重，定向工作量繁重。φ311.1mm大井眼深层定向托压问题普遍存在，严重影响机械钻速的提升。邻井沈307井1238m～3709m共计七趟钻，纯钻进时间391.1h，平均机械钻速6.3m/h；本井1206m～3885m只用了三趟钻，纯钻进时间154h，平均机械钻速18.56m/h，机械钻速提高了近3倍，钻井综合成本明显降低。

## 5 结论

（1）通过对植物油进行改性，同时复配极压抗磨剂和分散剂协等环境友好型组分，研制出新型抗高温环保润滑剂 GW–ELUB。

（2）抗高温环保润滑剂具有优良的吸附性、高温稳定性和极压抗磨能力，且无毒环保，其性能优于国外同类产品。

（3）抗高温环保润滑剂能够有效缓解小井眼侧钻井、长裸眼段水平井和深层大井眼定向井中由于钻井液润滑性能不足引发的定向托压难题。

## 参 考 文 献

[1] 屈沅治，黄宏军，汪波，等. 新型水基钻井液用极压抗磨润滑剂的研制 [J]. 钻井液与完井液，2018，35（1）：34–37.

[2] 王晓军. 一种润滑剂及其制备方法：CN2020111194706.8 [P]. 2023–04–25.

[3] American Petroleum Institute. Recommended practice standard procedure for laboratory testing drilling fluids [M]. NewYork：Production Dept. Of American Petroleum Institute，1990.

[4] 中华人民共和国环境保护部. GB/T156181–1995 土壤环境质量标准 [s]. 北京：中国标准出版社，1995.

[5] 中华人民共和国环境保护部 GB/T15441–1995 水质：急性毒性的测定：发光细菌法 [s]. 北京：中国标准出版社，1995.

[6] 中国土壤学会农业化学专业委员会. 土壤农业化学常规分析方法 [M]. 北京：科学出版社，1983.55–108.

# 南翼山油田支撑剂回流控制措施研究

马　彬　　熊廷松　　郭得龙　　汪剑武　　何　平　　何金鹏　　杨建轩　　江昊焱　　杨启云

(中国石油青海油田公司油气工艺研究院)

**摘　要**　柴达木盆地南翼山区块储层低孔低渗,采用压裂改造进行开发生产,但在压裂后放喷时,由于液体性能、裂缝宽度、自喷井管理等因素引起支撑剂回流,造成砂堵地面管线、砂堵油嘴等现象,严重影响正常生产,造成人力、资金和效果的三重损耗。针对此情况,南翼山油田采取合理的管理制度、压裂设计方案优化、自喷制度优化、压裂尾追纤维等方式,改善支撑剂回流问题。最终形成了南翼山油田支撑剂防回流应用的工艺模板,同时也对同油田其它低孔低渗油藏支撑剂防回流工艺技术提供了重要支撑,为后期增产提效起到指导作用。

**关键词**　压裂改造;支撑剂回流;原因分析;控制措施;工艺模板

## 1　引言

南翼山油田做为青海油田低渗油藏的典范,具有孔隙度低,渗透率低等特点。通过水力压裂改造是开发低渗油藏的重要手段和有效方法,支撑剂被带入地层支撑起裂缝,增大泄油面积,同时保障裂缝不完全闭合,提升措施效果。但在返排或生产过程中,支撑剂回流时有发生,其中压裂液性能、施工参数、施工工艺、返排制度都是出现回流影响效果的重要环节,通过研究,降低支撑剂回流造成的导流能力降低,保障压裂效果,因此就南翼山油田5口开发井开展支撑剂防回流工艺应用及压后跟踪,对支撑剂回流现象进行及效果进行了分析,并提出了控制措施。

## 2　支撑剂回流原因分析

(1)放喷时未合理控制生产压差,选择较大的油嘴放喷时,导致井底压力释放过快,排液流速增加,当流体流速超过支撑剂回流的临界流速时,支撑剂发生回流。

(2)东端翼3井区具有储层埋深浅、地温梯度低的特点,在返排过程中由于压裂液未破胶完全,返排液拖拽力过大,带有粘度的返排液将支撑剂携出地层,造成回流。

(3)压裂施工过程中,携砂阶段砂比较高,砂浓度较大,收口过程中部分支撑剂未完全被带入地层或端口堆砌,造成支撑充填层支撑结构不稳定,造成返砂。

## 3　防支撑剂回流研究

### 3.1　临界出砂流速与油嘴计算模型

设某井压裂用砂为20~40目石英砂(粒径中值 $d_s = 0.64\text{mm}$, $\rho_s = 2.25\text{g/cm}^3$),放喷初期含水95%,原油密度 $\rho_o = 0.835\text{g/cm}^3$,地层水密度 $\rho_1 = 1.12\text{g/cm}^3$,混合液密度 $\rho_f = 1.11\text{g/cm}^3$,自喷生产油压5MPa,阻力系数 $C_D$ 取0.08,$g = 9.8\text{m/s}^2$。

当固体颗粒密度大于流体密度,即 $\rho_s > \rho_f$,设固体颗粒流速为 $v_s$,流体流速 $v_f$,选取固体颗粒流速达到流体流速50%条件下计算(井筒直径对携砂流速无影响),即 $v_s = 0.5 v_f$

$$v_s = v_f - \sqrt{\frac{4}{3} d_s g \frac{\rho_s - \rho_f}{\rho_f} \frac{1}{C_D}} \quad (3-1)$$

式中:ds – 固体颗粒直径,g – 重力加速度,$C_D$ – 阻力系数

可得临界携砂液体流速

$$v_f = 2 \times$$
$$\sqrt{\frac{4}{3} \times 0.64 \times 10^{-3} \times 9.8 \times \frac{2.25 - 1.11}{1.11} \times \frac{1}{0.08}}$$
$$= 0.655\text{m/s} \quad (3-2)$$

采用φ89mm外加厚油管生产,计算横截面积

$$S = \frac{\pi d^2}{4} = 0.0045 m^2 \quad (3-3)$$

由流速公式

$$v_f = \frac{Q}{S} \quad (3-4)$$

可得流量

$$Q = v_f \times S = 0.655 \times 3600 \times 0.0045 =$$
$$10.6 m^3/h \qquad (3-5)$$

将临界携砂液体流速带入嘴流公式

$$Q = K \frac{\pi D^2}{4} \sqrt{\frac{2P}{\rho_f}} \qquad (3-6)$$

可得油嘴直径

$$D = \sqrt{\frac{4Q}{K\pi \sqrt{\frac{2P}{\rho_f}}}} =$$

$$\sqrt{\frac{4 \times 10.6}{0.74 \times 3.14 \times \sqrt{\frac{2 \times 5}{1.11}}}} \approx 2.466mm$$

$$(3-7)$$

通过下述计算过程可得出：若放喷油嘴 > 2.466mm，井下石英砂更易被携带至地面。

### 3.2 压裂液破胶与闷井时间研究

#### 3.2.1 压裂液破胶研究

翼3井区平均地温梯度为4.41℃/100m，平均储层埋深1100m，井温较低不利于压裂液破胶，现场使用的低浓度胍胶出现破胶缓慢，未完全破胶的液体具备一定的粘度，在一定拖拽力的作用下，将支撑剂携带出地层，造成砂堵。通过室内液体破胶实验表明，破胶温度在50℃下，破胶效果远差于60℃，低浓度胍胶在低温情况下破胶不完全，具体见表1。

**表1　低浓度胍胶压裂液破胶实验数据**

| 压裂液配方 | | 破胶温度（℃） | 破胶时间（h） | 破胶液粘度（mPa.s） |
|---|---|---|---|---|
| 基液 | 破胶剂浓度（%） | | | |
| 0.25%胍胶 | 0.002 | 50 | 3.0 | 未破 |
| | 0.004 | | 3.0 | 未破 |
| | 0.006 | | 3.0 | 4.78 |
| | 0.002 | 60 | 3 | 5.3 |
| | 0.004 | | 2.4 | 4.02 |
| | 0.006 | | 2.4 | 3.09 |
| | 0.008 | | 2.4 | 2.43 |

相比低浓度胍胶低温破胶差的问题，开展变粘滑溜水的适用性评价，开展乳液破胶性能室内评价，通过实验表明变粘滑溜水在低温状态下的破胶性能优于低浓度胍胶，同时具备40℃环境下的破胶能力，具体见表2。

**表2　变粘滑溜水破胶实验数据**

| 变黏滑溜水配方 | | 破胶时间 h | 破胶温度,℃ | 破胶液粘度（mPa.s） |
|---|---|---|---|---|
| 体系 | 过硫酸铵浓度,% | | | |
| 0.5%变粘滑溜水 | 0.02 | 120 | 40 | 未破胶 |
| | 0.04 | 120 | | 4.652 |
| | 0.04 | 240 | | 3.3417 |
| | 0.1 | 120 | | 5.1 |
| | 0.01 | 240 | 50 | 未破胶 |
| | 0.04 | 120 | | 3.0158 |
| | 0.04 | 240 | | 2.3062 |
| | 0.1 | 120 | | 1.9514 |

通过室内实验评价，采用变粘滑溜水体系在低温条件下，具备更好的破胶性能，可以降低液体破胶不完全，受拖拽力作用将支撑剂携带出地层。

#### 3.2.2 闷井时间研究

闷井时间决定了压裂液是否充分破胶、出泥沙量是否降到最低以及是否到达生产要求需要的最佳状态，同时应考虑到压裂液未及时返排造成的近井地带污染，确定最合理的闷井时间。通过现场压裂后不同闷井时间放喷情况进行对比，跟踪摸索现场的返排液是否达到正常生产需要（主要有破胶程度、含水量、含砂量、含泥量等要素），确定了合理的闷井时间。

现场分析 14 口（低浓度胍胶体系）井闷井周期分别为 3 天、4 天、5 天时，见油返排率见油时间情况（见表 3），结果发现，当闷井时间为 5 天时见油返排率最低，见油时间最短，达到了充分的渗析置换效果。

**表 3 不同闷井周期下对返排周期的影响**

| 闷井时间 d | 见油返排率% | 见油时间 d |
|---|---|---|
| 5 | 4 | 1 |
| 4 | 7.6 | 3 |
| 3 | 13.5 | 5 |

对返排液开展现场取样化验分析，通过图 1 可以看出 5 天闷井周期各项指标达到要求（返排压裂液全部破胶、含水 70% 以下、含泥含砂小于 2%）时间最短（见表 4）。

**表 4 不同闷井周期下对返排指标的影响**

| 闷井时间 d | 含泥沙量% | 含水率% |
|---|---|---|
| 5 | 1.5 | 41 |
| 4 | 15 | 65 |
| 3 | 11 | 72 |

3 天泥沙量 11% 含水 72% 胶质物　4 天泥沙量 15% 含水 65%　5 天泥沙量 1.5% 含水 41%

图 1 不同闷井周期下返排样情况

通过现场研究评价，闷井时间在 3 天时仍有胶质物返出，破胶不完全，当闷井周期在 5 天时，达到油水充分置换的效果，且返排出砂量复合现场要求，返排出砂问题有效降低。

### 3.3 尾追纤维工艺应用

现场开展尾追纤维实验井 5 口，采用尾追纤维、过顶替两项技术，高砂比携砂阶段均匀加入纤维，提升支撑剂进入裂缝后的稳固性，单层顶替量提升 1.5 倍左右，增加支撑剂推进深度（见表 5）。

**表 5 不同浓度尾追纤维井现场应用效果**

| 序号 | 井号 | 设计层段 | 施工层段 | 理论顶替量 | 实际顶替量 | 纤维用量 | 应用效果 |
|---|---|---|---|---|---|---|---|
| 1 | NQ－1 | 4 | 4 | 6/6/7/7 | 9/9/10/10 | 纤维 0.5%：10kg/10kg/10kg/10kg | 返排液见少量石英砂，未出现频繁砂堵 |
| 2 | NQ－2 | 2 | 2 | 6/7 | 9/10 | 纤维 0.6%：13kg/13kg | 返排期未无砂堵 |
| 3 | NQ－3 | 2 | 2 | 6/7 | 9/10 | 纤维 0.6%：13kg/13kg | 返排期未无砂堵 |
| 4 | NQ－4 | 2 | 2 | 6/7 | 9/10 | 纤维 0.8%：16kg/16kg | 返排期未无砂堵 |
| 5 | NQ－5 | 2 | 2 | 6/7 | 9/10 | 纤维 0.6%：13kg/13kg | 返返排期未无砂堵 |

对现场实验井每半小时进行一次取样，计量返出的支撑剂，观察不同加量下的应用效果。

**表 6 NQ－1 井返排液含砂量跟踪**

| 放喷时间（min） | 取样体积（ml） | 砂量体积（ml） | 返排液含砂比例（%） |
|---|---|---|---|
| 30 | 500 | 2 | 0.4 |
| 60 | 500 | 3 | 0.6 |
| 90 | 500 | 4 | 0.8 |
| 120 | 500 | 4 | 0.8 |

**表 7 NQ－2 井返排液含砂量跟踪**

| 放喷时间（min） | 取样体积（ml） | 砂量体积（ml） | 返排液含砂比例（%） |
|---|---|---|---|
| 30 | 500 | 1 | 0.2 |
| 60 | 500 | 2 | 0.4 |
| 90 | 500 | 1 | 0.2 |
| 120 | 500 | 1 | 0.2 |

**表8 NQ-3井返排液含砂量跟踪**

| 放喷时间（min） | 取样体积（ml） | 砂量体积（ml） | 返排液含砂比例（%） |
|---|---|---|---|
| 30 | 500 | 1 | 0.2 |
| 60 | 500 | 1 | 0.2 |
| 90 | 500 | 1 | 0.2 |
| 120 | 500 | 1 | 0.2 |

**表9 NQ-4井返排液含砂量跟踪**

| 放喷时间（min） | 取样体积（ml） | 砂量体积（ml） | 返排液含砂比例（%） |
|---|---|---|---|
| 30 | 500 | 1 | 0.2 |
| 60 | 500 | 1 | 0.2 |
| 90 | 500 | 1 | 0.2 |
| 120 | 500 | 2 | 0.4 |

**表10 NQ-5井返排液含砂量跟踪**

| 放喷时间（min） | 取样体积（ml） | 砂量体积（ml） | 返排液含砂比例（%） |
|---|---|---|---|
| 30 | 500 | 1 | 0.2 |
| 60 | 500 | 1 | 0.2 |
| 90 | 500 | 1 | 0.2 |
| 120 | 500 | 1 | 0.2 |

通过现场取样分析，尾追纤维用量在0.6%时，返出砂量将至较低水平，将用量调整至0.8%时，返排液含砂比例无明显变化，综合考虑尾追纤维对支撑剂导流能力及渗透率影响，认为纤维加量浓度在0.6%时，效果与效益最佳。

## 4 控制措施

（1）通过临界出砂流速与油嘴计算模型确定理论放喷油嘴临界值，降低因生产制度不符，造成的出砂影响。参考如下；

**表11 不同压力下理论放喷油嘴临界值**

| 油压（MPa） | 2 | 3 | 4 | 5 | 6 | 7 |
|---|---|---|---|---|---|---|
| 油嘴（mm） | 3.10 | 2.80 | 2.61 | 2.47 | 2.36 | 2.27 |

（2）针对南翼山低温区块油井，建议采用0.5%变粘滑溜水，具备更好的低温破胶性能，降低因胶液原因返砂影响。

（3）通过现场研究当闷井周期在5天时，返排液未发现胶质，返排液中泥沙含量将至最低，且返排见油时间最短。

（4）尾追纤维在现场防吐砂取得一定的效果，通过现场研究确定加量浓度在0.6%配合过顶替技术，防返砂效果达到最佳。

## 5 结语

（1）针对南翼山生产制度、低温特征、施工工艺等对支撑剂回流影响因素较大的几个方面开展研究，分别优化了不用情况下支撑剂防回流的工艺效果，确定了现场实施的工艺参数，为下步措施提供依据。

（2）尾追纤维工艺在南翼山支撑剂防回流应用中取得了较好的效果，下步可以通过结合以上几个重点方面的研究，综合运用，以达到更佳的预防效果。

**参 考 文 献**

[1] 马彪，刘书落，李锋，等.勘探井压裂后支撑剂回流现象及预防措施[J].油气井测试，2015，24（6）：67-69.

[2] 张锋，陈晓明，洪将领，等.新疆低渗透储层压后返排制度优化研究[J].地质与勘探，2019，55（2）：622-629.

[3] 程翊珊.压裂后支撑剂回流机理及其影响研究[D].北京：李治平，2021.

[4] 孟伟，焦国盈，罗雄，解修权.纤维对导流能力影响的实验研究[J].西部探矿工程，2020，（1）：82-84.

[5] 关伟.纤维充填控制支撑剂回流技术的评价实验研究[J].辽宁化工，2012，41（5）：444-446.

[6] 王雷，张士诚.防回流纤维对支撑剂导流能力影响实验研究[J].钻采工艺，2010，33（4）：97-98.

[7] 辛军，郭建春，赵金洲，等.控制支撑剂回流技术新进展[J].断块油气田，2008，15（5）：99-102.

[8] 叶晓端，张绍彬，曹学军，等.压裂液破胶效果对支撑剂回流影响的实验研究[J].钻采工艺，2006，29（4）：94-95.

[9] 张云鹏，向蓉，朱西柱，等.水力压裂支撑剂回流控制措施探讨[J].甘肃科技，2010，26（13）：89-92.

# 深井双层高钢级厚壁套管开窗关键技术研究

孙立伟 高清春 施连海 陈振刚 赵 展

(中国石油集团长城钻探工程有限公司技术研究院)

**摘 要** 针对国内外油田区块深井双层高钢级厚壁套管开窗侧钻的技术难点及需求,长城钻探公司于2023年底成立研发小组,开始技术攻关。从优化斜向器材料和提高铣锥磨铣效率入手,进行一系列的方案设计,经过3个多月的科研攻关,研发了1套高效稳定的双层套管开窗工具。目前,该套工具已成功开展两次地面模拟试验,试验效果达到设计要求。

**关键词** 深井;高钢级;厚壁套管;双层套管;开窗

## 1 国内外技术现状

国外贝克休斯、威德福、哈里伯顿等主流技术服务商均有自己的套管开窗工具。贝克公司在墨西哥湾完成过 φ250.8mm(钢级 TP140,壁厚 15.88mm)和 φ346mm(钢级 TP140,壁厚 16.16mm)双层套管开窗作业(见图1)。

国内中海油在海上完成过 φ609.6mm 隔水导管(钢级 X52,壁厚 25.4mm)加 φ339.7mm(钢级 K55,壁厚 9.65mm)技术套管双层复合套管的开窗作业;川庆钻探在平2井采用 φ150mm 铣锥对 φ244.5mm(钢级 P110,壁厚 11.99mm)和 φ177.8mm(钢级 TP140,壁厚 12.46mm)套管实现双层套管开窗作业;中原油田在文25-侧61井成功实施 φ139.7mm(钢级 N80,壁厚 7.72mm)和 φ244.5mm(钢级 P110,壁厚 11.05mm)双层套管开窗作业(见图2)。

SilverBack™ Window Mill

Best for higher casing grades, chrome casing, multi string casings, and shale formation type 适用于高钢级,高含铬套管;多层套管和中-软地层的应用

图1 贝克休斯高钢级套管开窗斜向器与铣锥

图2 国产斜向器与铣锥

## 2 技术难点

工程难点:

1. 开窗点位置选择:双层套管开窗的窗口铣锥要穿双层套管,这两层套管的接箍往往不会在同一位置,所以在选择开窗点难度很大,同时还需充分考虑地层、固井质量等因素;

2. 开窗工具选择:双层套管开窗要穿越双层套管,对铣锥的耐磨性和攻击性要求很高,要满足长时间作业对工具的磨损。但为了避免工具提

前出窗口，对斜向器硬度要求并不是越高越好，铣锥在切削套管的时候，不易确定作用位置，无法很好地掌握在作业中的技术参数；

3. 双层套管在开窗作业工程中会遇到两个"死点"：上死点和下死点，在钻压和钻柱等技术参数选择上很重要，要打破内外都硬的套管障碍是很难的技术操作；

4. 双层套管磨铣工况复杂：磨铣过程中内层套管与外层套管偏移程度（居中、靠边）、内外套管接箍位置、内外层之间固井质量等复杂因素较多，对磨铣最终结果产生巨大的影响；

5. 保证窗口平滑问题：在开双层套管窗开窗作业中选择什么样的操作能开出足够长、大且平滑的窗口来保证后续作业的进行也是重中之重。

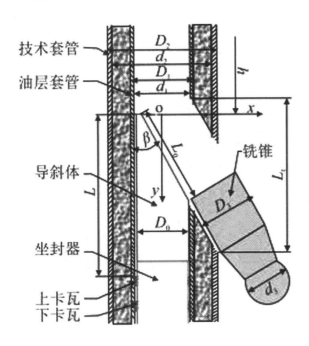

图 3　双层开窗示意图

技术难点：

1. 斜向器、铣锥与套管三者之间硬度匹配问题：如何选择好三者之间的硬度差，成了开窗成功的关键因素之一。高钢级套管硬度固定、铣锥合金硬度也在一定范围内，这时候斜向器材料硬度选择就变得特别重要。斜向器硬度过软或过硬都容易开窗失败，过软容易被过度切削，将斜向器锚定机构破坏；过硬容易过度破坏铣锥，影响切削效率，是铣锥过早失效。

2. 铣锥高效进尺问题：由于高钢级套管强度高、硬度大对铣锥切削齿合金的切削和耐磨能力提出了更高的要求。常规铣锥过度磨损，单只进尺小、效率低，必要对铣锥结构及材料进行优化设计，保证单只铣锥的高效进尺能力，才能满足双层套管开窗施工需求。

3. 斜向器稳定锚固问题：由于高钢级套管双层套管开窗施工过程中振动和冲击较常规套管开窗大，对斜向器锚定结构的抗冲击和振动能力提出更高的要求，因此锚定机构要求锚定力大、牢固。

## 3　工具研发

长城钻探公司于 2023 年底成立技术攻关小组。项目组成员在充分调研国内外技术现状的基础上，着重从优化斜向器材料和提高铣锥磨铣效率入手，经过 4 个多月的科研攻关，研发了 1 套高效稳定双层高钢级厚壁套管开窗工具。

### 3.1　斜向器的研发

着重优化斜向器材质、斜面形状、角度及锚定结构。选择材质较硬材料，同时表面硬度处理，增大斜向器耐磨性。将原来常用的斜面固定角度，设计成弧面、变角度。根据双层套管开窗铣锥理论出窗位置，合理增加斜向器斜面角度，以增加铣锥侧向切削力，今儿保证铣锥能正常出窗，进入地层。同时，设计三重锚定机构，进一步提高斜向器锚定机构的稳定性。

图 4　斜向器

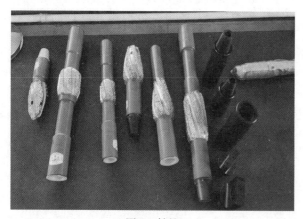

图5　铣锥

## 3.2　铣锥的研发

着重优化铣锥结构、合金材质等。突破传统一个铣锥开一个窗的观念，根据双层套管开窗施工的三个重要过程，分初始磨铣、中间磨铣和末端出窗三个阶段分别设计铣锥，每个阶段的铣锥功能及结构均不同，保证每个铣锥各司其职，提高单只铣锥不同阶段磨铣效率。

## 3.3　地面试验工装的研发

结合油气井钻完井技术国家工程研发中心分室（长城钻探分试验室）的现有试验设备，配套设计了双层套管开窗直井试验系统。该试验系统可以实现全程自动钻进，远程可视化控制，试验全过程监控，可提供最大循环排量41L/s，最大循环压力35MPA、最大扭矩12KN.m，最高转速100r/min，最大钻压100t的试验能力，同时配备振动筛、沉降罐等净化设施，可充分满足双层套管开窗地面模拟试验的需求。

图6　远程控制室

图7　双层套管开窗直井试验井筒

## 3.4　模拟分析计算

考虑开窗铣锥在双层套管开窗时和内层套管、水泥环、外层套管及地层岩石的实际接触情况，建立双层套管开窗模型，利用Matlab软件计算优化钻具组合刚性，计算钻压、扭矩和位移之间的关系，为磨铣作业提供指导。

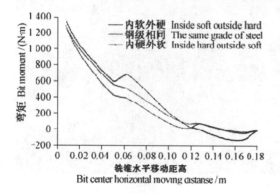

图8　铣锥侧向移动距离与扭矩的关系

$$\begin{cases}(x+r)^2+y^2=r_1^2\\x^2+y^2=R_0^2\end{cases} \quad (1)$$

式中，$R_0$—钻头底面圆半径，m；$r_1$—油层套管内圆半径，m；$r$—钻头水平移动距离，m。

由图中几何关系知

$$x_2=r_1-r \quad (2)$$

钻压为均布载荷 $q_0$ 与接触面积 $S$ 的乘积

$$F=2q_0(S_2-S_1) \quad (3)$$

可得

$$q_0=\frac{F}{2(S_2-S_1)} \quad (4)$$

综合可得钻头弯矩 $M$，（N•m）

$$M=2q_0(C_2-C_1) \quad (5)$$

图9　部分计算公式

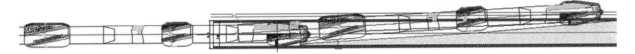

图 10　双层套管开窗过程模拟分析图

## 4　地面试验情况

2024 年 1～5 月期间，成功开展两次双层高钢级厚壁套管开窗地面模拟试验，窗口形成后下入刚性钻具后无刮卡，顺利通过，验证了工具及工艺的可行性。

通过试验有以下几点认识：

（1）形成的窗口长度与单层套管开窗不同。由于外层套管的束缚，导致内层套管切削长度较单层套管开窗长，最终形成的窗口长度与单层套管开窗有很大的区别。

（2）斜向器斜面的磨铣严重。由于两层套管，钢级高，硬度和厚度大，铣锥磨铣厚度大，铣锥在磨铣套管的同时也在磨斜向器。

（3）单只铣锥磨铣效率较低。铣锥同时磨铣两层套管，对铣锥切削合金齿的磨损较大，影响铣锥的切削效率。

（4）开窗磨铣施工过程中的钻压和扭矩等参数与单层常规套管开窗也有很大的区别。

（5）双层套管开窗所用钻具组合刚性与单层常规套管开窗也有一定的区别，钻具刚性过大容易过度磨铣斜向器，窗口长度过长，刚度过小窗口长度短，后期刚性钻具难以通过。

图 11　开窗铁屑　　　图 12　铣锥出窗　　　图 13　窗口形状

图 14　磨损后的斜向器

## 5　结论及认识

（1）通过铣锥和导斜器的结构、材料和工艺优化，能够实现双层高钢级厚壁套管开窗作业需求，实现从不能实施到能实施。

（2）通过 2 次成功试验的经验看，铣锥磨铣效率相对于常规套管开窗仍然较低，仍有进一步优化提升的空间。

（3）虽然地面模拟试验尽可能模拟井下实际工况，但与井下实际情况还是不同，现场试验时需要考虑的因素还有很多，因此还需要下井试验进一步验证该套工具及工艺的可行性。

## 参 考 文 献

[1] 李涛. 超深井 155V 高钢级厚壁套管开窗技术 [J]. 复杂油气藏, 2022 (3).

[2] 刘亮. 双层套管开窗工艺在某井中首次成功应用 [J]. 工艺管控, 2022 (5).

[3] 孟照峰. 波纹 25 - 侧 61 井双层套管开窗钻井技术实践 [J]. 科学管理, 2017 (5).

[6] 张斌. 双层套管开窗技术在平 2 井的应用 [J]. 钻采工艺, 2018 (9).

[7] 崔月明. 双层套管开窗侧钻小井眼水平井技术在吉林油田的应用 [J]. 工艺技术, 2012 (10).

[8] 李涛. 超深井高强度厚壁套管开窗侧钻技术难点与对策 [J]. 石油工业技术监督, 2022 (2).

[9] 张德荣. 双层套管高效快速分叉技术研究及应用 [J]. 西南石油大学学报, 2015 (2).

[10] 张德荣. 双层套管开窗工艺设计 [J]. 钻采工艺, 2013 (2).

[11] 滕志想. 塔里木油田 140V 高钢级厚壁套管开窗技术 [J]. IPPTC - 202314120.

# 英雄岭页岩油"压准缝"研究及应用

郭得龙[1]　林　海[1]　万有余[1]　熊廷松[1]　申颖浩[2]　江昊焱[1]　何　平[1]　马　彬[1]　杨启云[1]

[1. 中国石油青海油田油气工艺研究院；2. 中国石油大学（北京）非常规油气科学技术研究院]

**摘　要**　为英雄岭页岩油最大程度提高缝控储量，以"改造体积最大化、形成复杂的裂缝网络"改造目标为指导，系统梳理措施改造室内、现场各项工作技术环节，将压裂工作细化为"建准模、识准缝、选准段、射准孔、控准缝、选准料、把准质、监准测"八分准，通过构建精准压裂模型和三维地质力学模型，识别天然裂缝，分析天然裂缝对改造效果的影响，结合地质、工程甜点差异分段分簇，优选射孔方式，采用缝网主动控制技术，通过缝内缝口暂堵，最大程度增加储层压裂改造的均匀性和有效性，实现人工裂缝与井网井距匹配，精准支撑人工裂缝，保持长期导流能力，实现非常规效益动用。按照英雄岭页岩油压裂的"八分准"工作流程，形成了页岩油岩石力学评价方法，建立了分段分簇流程，明确不同岩相的改造策略，开展井下微地震、高频压力计、分布式光纤、示踪剂监测工作，建立了非常规水平井入井材料监测管理模式，确保入井材料"数量、质量"达标，完善了非常规水平井压裂现场管理流程规范，高质量完成英雄岭页岩油3个平台的压裂任务。YY2H平台31天完成98段压裂任务，最高压裂效率5段/天，平均3.16段/天，相较YY1H平台含水下降15%，4口井日产油达到70吨。英雄岭页岩油压准缝的"八分准"涵盖非常规压裂改造全流程，具备推广复制的价值。

**关键词**　英雄岭页岩油；岩石力学评价方法；分段分簇；地质工程甜点识别；缝内缝口暂堵；"八分准"工作流程

## 1　引言

2020年以来柴达木盆地英雄岭区块根据页岩油勘探理念，按照"直井控规模、水平井提产"的原则，先后部署直井13口，水平井13口。2021年为实现页岩油高效动用而实施的CP1井，水平段长997.33m，分21段124簇压裂，4mm油嘴放喷，油压31.8MPa，日产油124.3m³，日产气15358m³，综合分析单井EUR约3.5万吨，实现了英雄岭页岩油勘探战略突破。2022年开始，在以往"直井勘探、水平井提产"评价的基础上，分别在上、中甜点有利区部署了3个先导试验平台，其中部分成功部分失利。刘国勇教授等人贯彻"一全六化"管理理念，在总结以往经验教训的基础上，系统梳理页岩油关键勘探开发环节，提出"十准"工作方针（见图1），即"认准藏、定准段、选准区、穿准靶、构准网、压准缝、引准流、计准量、算准账、行准策"。压裂技术人员为实现"压准缝"的战略目标，深刻分析措施改造室内、现场各工作技术环节，将工作细化为"建准模、识准缝、选准段、射准孔、控准缝、选准料、把准质、监准测"涵盖压裂全流程的八分准，力求英雄岭页岩油压裂效益突破。

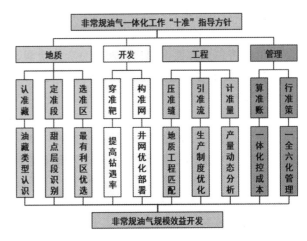

图1　英雄岭页岩油"十准"工作方针

## 2　英雄岭页岩油地质基本特征

英雄岭页岩层系主要发育在古近系下干柴沟组上段（$E_3^2$）Ⅳ—Ⅵ油组。为半深湖-深湖间互沉积，灰云质/云灰质页岩连续发育，沉积厚度达1000～2000m，涉及23个准层序，其中，准层序4～6、11～16和19～21的累积厚度近600m，构成了英雄岭构造带最优的上、中、下3套一类"甜点"集中段。TOC 介于 0.4 ~ 2.7%，平均 1.0%；Ro 大于 0.8%。英雄岭页岩层系以碳酸盐矿物为主，并与陆源碎屑、蒸发岩矿物和黏土矿物等混积形成混积型碳酸盐岩。根据层理厚度（层状 > 1cm，纹层状 < 1cm）和矿物组分分为 6 类岩相，为纹层状灰云质页岩、纹层状云灰质页岩、纹层状黏土质页岩、层状灰云质页岩、层状云灰质页岩、层状泥岩。其中纹层状灰云质页岩、纹层状云灰质页岩、层状灰云质页岩、层状云灰质页岩为最主要岩相类型，占比 71%。黏土矿物以伊蒙混层为主，混层比为 5%，伊利石占比多大于 80%，水化膨胀弱。敏感性实验表明，干柴沟页岩油页岩层系水敏、酸敏、盐敏中等偏弱。

孔隙度主要分布在 0.29% ~ 11.12%，中值为 2.39%。渗透率分布范围为 0.012 ~ 0.773mD，中值为 0.047mD。含油饱和度 33.1 ~ 88.0%，平均 51.0%。区域内普遍发育异常高压，压力系数达 1.7 ~ 2.4。原油具有气油比高（40 ~ 300$m^3/m^3$）、油质轻（密度为 0.78 ~ 0.85$g/cm^3$）、流动性好（50℃黏度为 4.86mPa·s）、原油颜色浅等特点，且环烷烃含量相对较高。

## 3 "压准缝"研究内容

将压裂工作细化为"建准模、识准缝、选准段、射准孔、控准缝、选准料、把准质、监准测"，下面将各个方面按照内涵解释、工作流程、研究内容、英雄岭页岩油目前该方面的研究进展这个顺序进行详细说明。

### 3.1 建准模

通过实验和数值模拟结合，构建准确的三维地质力学模型和精准压裂模型，支撑分段分簇及改造方案优化，并结合好裂缝的扩展机理研究，开展人工缝网的空间展布预测及压后评估，最大化缝控储量，提高压裂效果，实现油气藏效益开发。

工作流程及研究内容：通过岩石力学实验包括单三轴测试、地应力测试、动态波速测试、划痕测试、应力敏感测试等，获取岩石力学和地应力参数，并加强对非均质性、各向异性、破裂规律的研究。利用偶极声波数据建立地质力学剖面，利用实验数据及施工数据等进行剖面的质控，保证单井力学剖面的准确性。在构造和属性体基础上，结合单井地质力学剖面，得到三维地质力学模型。基于三维地质—地质力学一体化模型，对不同方案条件下的水平井裂缝延伸进行建模研究，

支撑方案的优化。

英雄岭页岩油岩石显示硬脆性特征，抗压强度较高，杨氏模量平均 40.7GPa，泊松比 0.28，单轴抗压强度 165MPa。通过连续划痕测试发现，英雄岭页岩油非均质性强，厘米级的力学性质变化显著（见图 2）。纹层状灰云质页岩单轴抗压强度更低，更易破裂，微观显示纹层状页岩压后的破裂更复杂，纹层对裂缝扩展具有控制作用。水平最大主应力梯度 2.47 ~ 2.51MPa/100m，水平最小主应力梯度 1.93 ~ 1.95MPa/100m，上覆应力梯度 2.39 ~ 2.41MPa/100m，储层两相水平应力差在 14 ~ 16MPa 之间。

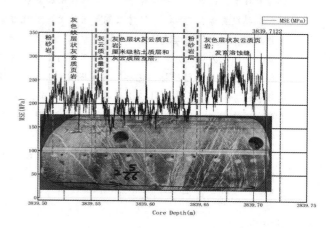

图 2　英雄岭页岩油连续划痕实验

基于实验室单三轴压缩实验结果表明，裂隙发育储层杨氏模量偏低，泊松比偏高，由岩石力学法计算的脆性指数偏低，不足以表征裂隙储层的脆性。为此基于阵列声波测井，需结合脆性矿物法（脆性矿物平均 75%以上），与岩石力学法按照权重，形成了利用基质脆性评价岩石脆性的新方法，更能准确反应含裂隙储层脆性。天然裂隙是储层在水力压裂后能够形成复杂缝网的重要因素之一，天然裂隙越发育，越有可能形成较大的储层改造体积。基于有效介质理论（NIA），根据波速各向异性测量结果反演得到页岩储层中连续的裂隙密度剖面，与室内岩心评价（波速应力敏感测试）进行对比，进而来评价储层天然裂缝发育程度。基于地质力学评价结果和测井回归计算模型，考虑脆性、水平地应力差异、天然微裂隙发育情况等因素，形成英雄岭页岩储层可压性量化评价方法。相较层状灰云质页岩，纹层状灰云质页岩层理发育，裂隙密度高。

基于单轴压缩和超声波速测试实验，得到基础的岩石力学参数，并将其对测井结果进行校核，

通过测井资料计算力学参数。根据建立的可压性评价方法对甜点进行评价，整体来看，上甜点4箱体、5箱体，中甜点15箱体、14箱体可压性好，可压性大于0.6。

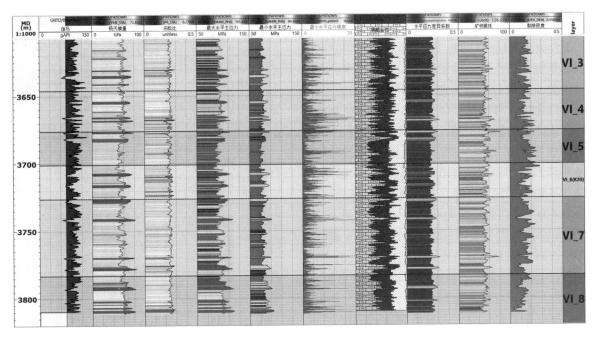

图3　柴904井地质力学剖面图

从建立的单井力学剖面看（见图3），具有：（1）纵向上岩石属性和力学性质高频变化的特征；（2）整体的脆性矿物较高，但是层间的差异较大，低黏土矿物的岩石强度高、地应力梯度较大。

刻画纵向上裂缝起裂规律：高频混积带来的力学剖面纵向上的高频变化对裂缝纵向扩展具有重要影响，需要基于地质力学模型，准确模拟不同起裂位置的裂缝纵向延伸情况。裂缝延伸的主控因素：岩石脆性（包括矿物脆性和模量脆性）、地应力（层间应力差、应力差异系数）、天然裂缝。以14箱体为例，相同的泵注程序下，中部的起裂明显强于上部及下部，分析认为，上部及下部的薄互层更加发育，易使得裂缝在强度较低、应力较低的黏土质页岩层中扩展（见图4）。

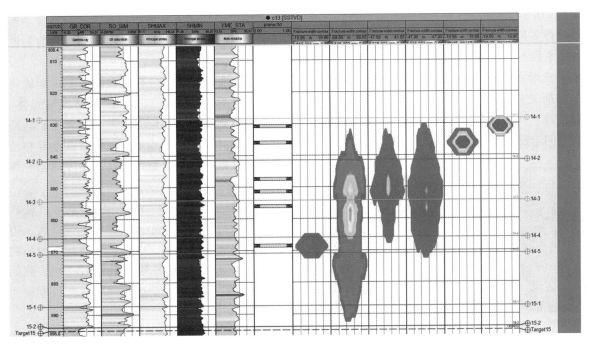

图4　14箱体不同位置的裂缝纵向起裂规律

### 3.2 识准缝

英雄岭页岩油的天然裂缝较为发育，需要准确识别天然裂缝，分析不同尺度天然裂缝对改造效果的影响，从而制订针对性的改造技术对策。

工作流程及研究内容：通过地震资料识别天然裂缝系统，在三维地质模型上，明确井眼与裂缝立体关系，最后结合天然裂缝的尺寸和方位，进行差异化压裂方案设计。大尺度断裂和微裂缝带对改造产生的影响不同，应差异化对待：大尺度断裂容易发生剪切滑移，产生套变，应避开；近井天然裂缝不利于人工缝延伸，易产生砂堵，应提高高黏液体用量；远井天然裂缝带能够有效增加裂缝复杂程度，应增大小粒径支撑剂用量。

CP1 井获得勘探突破后，在上甜点 5、6 箱体部署了 YY1H 先导试验平台，以 300m 井距为主，水平段长 1500m，部署 8 口水平井双层立体井网。压裂过程压力响应和示踪剂发现井间干扰，分析认为局部存在着尺度较大的天然裂缝。YYH5 - 1 第 8 段施工总液量 400 方时压力在 2 分钟内由 81MPa 降低至 70MPa，随后监测到邻井 CP1 井压力有明显上升，判断 YYH5 - 1 第 8 段与 CP1 井存在裂缝窜通可能。多井示踪剂监测显示立体窜扰明显，见剂距离 300～1252m（见图 5）。分析判断井间存在大尺度天然裂缝，压裂过程中开启天然裂缝后，压裂液主要进去天然裂缝，未形成井间复杂缝网，表现出压裂规模与井网井距不匹配的问题。

YY2H 平台采取了地震＋测井＋实钻分析等多方法进行多尺度裂缝预测及精细刻画，明确平台井在水平段不同区域裂缝发育特征（见图 6）。并制定了"增大井距（500～550m）、避射大裂缝、邻井提前关井、优化规模、同步拉链压裂、窜扰监测预警"六项防窜扰措施。通过高频压力监测发现井间未发生窜扰。

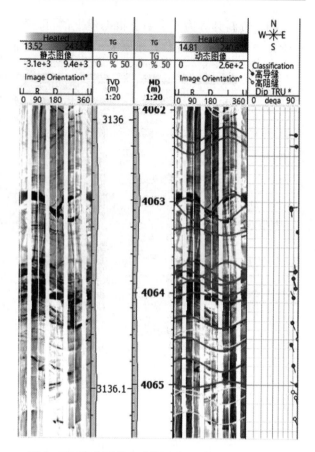

图 6　YY2H 水平井电成像测井识别天然裂缝示意图

### 3.3 选准段

准确设置簇间距、簇数、明确合理的段长、强化段内均质程度以及确定射孔簇的最优位置，是选准段的核心内涵，是保证段内充分改造、确定针对性的改造对策的关键。选准段的主要原则是将储层物性和完井参数相近的层段划分为同一压裂段，最大程度增加储层压裂改造的均匀性和有效性。

工作流程及研究内容：根据压裂模型优化本区块最优的簇间距、簇数，达到最大缝控体积。然后根据地质甜点、应力大差异、天然裂缝情况划分压裂井段。结合地质、工程甜点差异在压裂井段的基础上细分压裂段。最后在段内结合簇间距设置具体簇的位置。

英雄岭页岩油高应力差，密切割后改变缝间应力差，若簇间距过小，应力阴影效应大，边缘裂缝的裂缝长度更长，中间裂缝受到应力场的作用裂缝长度较短。优选簇间距为 6～10m，簇间干扰程度适中，在造复杂缝的同事裂缝长度较为均匀（图 7）。

英雄岭页岩油建立了建立了分段分簇优化流程：

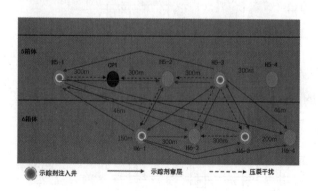

图 5　YY1H 平台压裂窜扰示意图

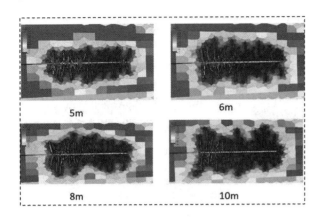

图7 英雄岭页岩油不同簇间距裂缝扩展情况

（1）分井段：根据地质甜点、天然裂缝、应力大差异、井眼轨迹钻遇等情况划分井段。

以 CP2 为例，根据地质甜点、应力大差异、井眼轨迹钻遇情况划分 5 井段（见表1、图8）。

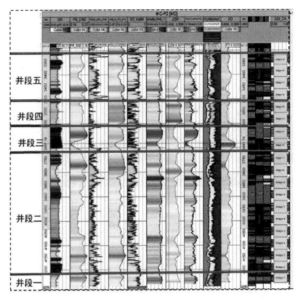

图8 CP2 井分段分簇示意图

表1 CP2 井划分井段标准

| 井段 | 深度段（m） | 储层品质 | 完井品质 | 射孔策略 |
|---|---|---|---|---|
| 一 | 4215 – 4263.5 | 出层段 | 出层段 | 等孔径 + 定向射孔方式，水平方向两端分别向下30° |
| 二 | 3720 – 4215 | 有效孔隙度 >2.1%<br>含油饱和度 >28.7% | 应力梯度 <20.4KPa/m<br>脆性指数 >57.4%<br>裂隙密度 >12.32% | 等孔径射孔，相位角60° |
| 三 | 3610 – 3720 | 有效孔隙度 >0.95%<br>含油饱和度 >28.1% | 应力梯度 <20.3KPa/m<br>脆性指数 >56.2%<br>裂隙密度 >12.32% | 等孔径射孔，相位角60° |
| 四 | 3510 – 3610 | 出层段 | 出层段 | 等孔径 + 定向射孔方式，水平方向两端分别向下30° |
| 五 | 3340 – 3490 | 有效孔隙度 >3.2%<br>含油饱和度 >56.4% | 应力梯度 <20.2KPa/m<br>脆性指数 >58.9%<br>裂隙密度 >12.32% | 等孔径射孔，相位角60° |

（2）分压裂段：CP2 井 5 井段的基础上划分了 19 个压裂段。综合品质较好的段，缩短了簇间距以强化改造（如井段五单段段长 37.5m）；综合品质较差及出层段（井段二单段平均 55m），适当拉长其段长，有针对性的进行差异化设计。

（3）综合簇间距，确定簇具体位置：①天然裂缝、泥浆漏失部位避射；②优选孔隙度较大、含油饱和度较高的位置射孔保障高产；③工程甜点选择水平应力小、水平应力差异系数小、脆性指数高的位置，保证起裂容易、均匀起裂、裂缝复杂高；④簇间地质、工程参数相近，4 簇的段内应力差控制在 1MPa 以内，5 簇以上配合暂堵转向，段内应力差可控制在 3MPa 以内。

### 3.4 射准孔

合理设置射孔位置和数量，可以实现对储层应力的有效调控，有助于优化压裂液的分布，促进裂缝的扩展和延伸。通过精心设计和实施射孔作业，可以确保压裂施工成功，提高油气采收率。

工作流程及研究内容：根据理论模型和不同储层情况，优选射孔方法；再结合簇数，合理设置射孔孔眼数；最后现场施工时，优选枪型、弹型，并定位准确。

英雄岭页岩油采用"等孔径 + 极限限流 + 出层段定向射孔"方式，等孔径射孔器实现不同相位套管孔径趋于一致，同时优化单段孔数 ≤32 孔，使孔眼磨阻大于射孔簇间应力差，压裂过程各孔眼和各射孔簇均匀进液，提升了压裂改造效果。

通过光纤监测发现在均匀射孔条件下，靠近跟部的簇进液多，靠近趾部的簇进液少，根据这种现象，现场对射孔的方式进行了调整，由原来的"均匀射孔"调整为"锥形射孔"方式，减少跟部簇孔眼数，增大趾部簇的孔眼数，调整以后段内各簇进液的均衡性得到极大提高（见图9）。

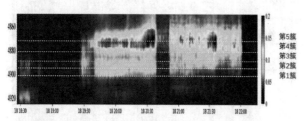

（a）15-4第5段5簇每簇6孔下分布式光纤DAS声波监测

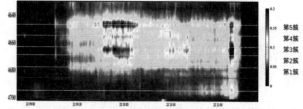

（b）15-4第9段5簇射孔孔眼数分别为4、6、6、6、8下分布式光纤DAS声波监测

图9　"均匀射孔"与"锥形射孔"方式进液情况对比

现场为实现桥射联作精准定位，利用磁定位测量短套管（或特殊套管）进行深度校正，当泵送过标准节箍后，上提跟踪标准节箍进行深度定位，以实现"射准孔"目标。工具入井前，精准测量并记录每簇射孔枪射孔零长。校深完毕后，利用数套管节箍数量方式，以确保深度准确。利用《射孔跟踪距表》以及《每段射孔资料表》，使校深位置计算公式化智能化。施工点火前严格执行操作工程师、现场负责人"双确认"。

### 3.5　控准缝

控准缝是指通过液体黏度排量控制、规模优化、支撑剂比例优化、极限限流+暂堵转向等人工控制手段，实现造复杂缝网、人造裂缝与井网匹配、压后长期有效支撑目标，实现长期稳产的任务。

研究内容包括规缝网主动控制技术、支撑与缝网匹配、模优化与井网匹配、暂堵等提高簇开启率等方面。

室内岩心测试表明，英雄岭纹层状页岩油易沿层理扩展，采用"冻胶+滑溜水"复合改造，高粘冻胶造突破纹层，开启更多裂缝条数，在注入滑溜水加强裂缝复杂。层状页岩油脆性矿物含量高、受层理影响小，采用大排量滑溜水可实现复杂缝网。但英雄岭页岩油纹层与层状高频旋回，纵向延伸难度大，前置高黏液体保证纵向控制；纹层发育，体积缝形成潜力高，中段低粘液体扩网；因闭合压力系数高，高强度加砂保证支撑。三段式压裂，实现人造裂缝形态可控，长期高导流。

在支撑剂铺置与缝网匹配方面，室内研究表明，较小的缝宽会导致进入分支缝的颗粒数量大幅减小，故提高细粒支撑剂比例支撑微缝，保持长期导流能力；70/140目石英砂、40/70目石英砂、30/50目陶粒组合比例为5∶4∶1。

在人工缝网与井网匹配方面，在对压裂及生产历史拟合的基础上，开展四维地质力学模拟，分析柴平2、柴平4井压后应力场变化控制范围。YY2H平台应用kinetix压裂模块，优化关键参数，未发生窜扰。

为提高段内多簇裂缝开启率，采用绳结暂堵球（1颗/孔）进行簇间暂堵；两向应力差大，采用暂堵颗粒（3~4公斤/孔）进行缝内暂堵，预期达成形成分支裂缝的目的，提高裂缝复杂程度。通过光纤与微地震监测发现，暂堵后能够有效提升簇开启率，并且形成更为复杂的缝网系统。暂堵过程中减排量暂堵效果要优于未减排量暂堵，组合式材料暂堵效果要优于单一材料暂堵效果，暂堵井簇开启率要高于未暂堵井簇开启率。

### 3.6　选准料

选准料是通过精确选择适配地层特性的压裂材料，保障顺利施工，形成理想的裂缝网络，提高裂缝的导流能力，从而最大程度地提高产量。

工作流程研究内容：通过储层敏感性和储层岩石和液体相互作用评价实验，确定压裂液助剂选择，建立入井液体优选评价标准，在根据标准对压裂前、压裂中、压裂后全周期进行质检筛选合格液体入井。同样按照支撑剂标准筛选支撑剂。

储层敏感性评价结果显示，英雄岭为中等偏弱水敏、弱碱敏、弱酸敏、弱盐敏。在经过黏土矿物组分分析（伊利石为主）、核磁测试、电镜扫描均表明，防膨剂对干柴沟页岩油储层无显著影响，在压裂施工时可减少或取消防膨剂的使用，以便降低压裂液整体费用。

综合国标和行标评价方法，重点规定不同加量的分级黏度，控制加量防止伤害地层，制定了青海油田页岩油压裂液评价方法和技术指标。对入围的四家单位液体体系进行量化对比，各家指标均能满足标准。

依据行业标准分别对送检的70/140石英砂、30/50目石英砂及30/50目陶粒进行圆度、球度、抗破碎率、导流能力等指标进行评价。评价结果表明，70/140、40/70目石英砂各项性能指标满足评价标准（28MPa）各项要求，30/50目陶粒满足（69MPa）条件的各项要求。

### 3.7 把准质

针对勘探重点水平井及开发平台井等重点井，勘探总院、哈里伯顿、渤海钻探及青海油田等单位按照"背靠背设计、面对面讨论"的模式，开展了多轮次压前方案论证讨论，并由勘探生产分公司进行审核及把关。

成立以建设方、施工方为主体的质量控制组织机构，严格控制压裂液、支撑剂质量数量以及施工质量，建立了以"压裂管汇及设备维护制度、水资源及施工材料供给制度、方案讨论制度、桥射联作把控制度、压裂施工质量控制、开工验收

及技术交底制度、压裂施工中日总结分析制度、入井材料质量把控制度、压裂监测管理制度、重要信息上报制度"为主的青海油田非常规水平井压裂施工质量管理制度，提升压裂成功率，形成了压裂各环节全流程质量控制规范。

### 3.8 监准测

高频压力监测+微地震实施监测防止压窜。现场开展井下微地震、高频压力计监测工作，实时掌握人工裂缝延伸情况，新井、老井在压裂过程中压力上升速度小于1MPa/h。结合第一批油相及水相示踪剂监测结果，表明YY2H平台未发生井间窜扰。

高频压力监测评价簇开启率。高频压力计分析，14~2井压裂23段138簇，开启113簇，平均开启率85%；暂堵转向前开启3~4个进液点、暂堵后新开启2~3个进液点，最终开启5~6个进液点，从高频压力监测分析来看，暂堵转向有效，达到了多开启进液点的效果。

示踪剂评价动用程度。跟踪2H14-2井油型示踪剂产出剖面，在各段施工参数接近情况下，一类层整体贡献率高。2H14-2井一类层以42.8%的井段生产了57.2%的油、二类层以30%的井段生产了32%的油、三类层以27.3%的井段生产了12%的油（见图10）。

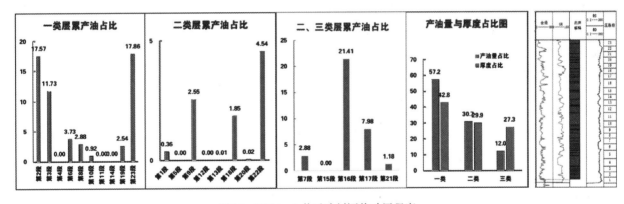

图10  2H14-2井示踪剂评价动用程度

英雄岭页岩油开展了"示踪剂、高频压力、井下微地震、套外永久光纤"四类监测，比较各监测手段的优势及性价比，发现示踪剂优势在于评价不同段产能贡献；高频压力优势在于监测井间干扰；井下微地震监测人工裂缝走向及延伸形态，发现未评价出的大尺度的天然裂缝带；套外光纤监测优势在于区块开发初期评价各段生产贡献及特征，以及工程上评价单段各簇开启率，建议下步针对成熟区块压裂开展"示踪剂+井间干扰压力监测+井下微地震"组合监测。

## 4  英雄页岩油的开发现状

YY2H平台是青海油田页岩油第2个平台，在总结YY1H的经验教训的基础上，设计4口井98段，历时31天完成98段压裂施工，最高压裂效率5段/天，平均压裂效率3.16段/天。施工排量16方/分，总液量17.15万方，用液强度28.8方/米，总砂量1.72万方，加砂强度2.88方/米，设计符合率100%。YY2H平台2023年10月30日投产，日产油55~70吨，含水75%，较YY1H平台含水

下降16%，288天4口井累产油15775吨。

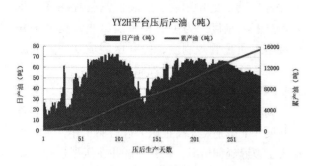

图11　YY2H平台生产情况

## 5　结论与建议

### 5.1　结论

（1）英雄岭"十准"工作方针，是页岩油标准勘探开发流程，其中"压准缝"的8分准涉及非常规压裂的全流程，具备推广复制的价值。

（2）英雄岭页岩油具有"巨厚多箱体、低饱和度、低黏油、强非均质性、高频旋回、高应力、高脆性矿物、高孔压、高度缺水"即"一多、两低、一强、五高"的独特工程地质特征。

（3）结合英雄岭地质工程特征，以"提高缝控程度、提高单井产量"为目标，以"地质工程一体化"研究为手段，采用"密切割＋限流射孔＋大排量施工＋携砂液高强度连续加砂＋闷井渗吸置换＋控压生产"为核心的体积压裂工艺技术，能够满足造复杂缝网的要求。

### 5.2　存在的问题及下步工作建议

（1）英雄岭页岩油三维空间品质认识难。英雄岭页岩油处于构造强改造区，高角度天然裂缝发育，隐蔽性强，给井眼周围三维空间的地层品质识别带来困难。若大尺度裂缝未识别，未开展针对性的差异化压裂设计，人工缝网与井网井距不匹配，易发生井间压窜。受地震资料制约，高精度的天然裂缝识别难度大，人工裂缝易受断层和天然裂缝的影响，需加强地震数据的解释和天然裂缝的精准刻画。

（2）英雄岭页岩油高频旋回，不同岩石组构裂缝起裂、扩展机理认识难。目前裂缝形态扩展主要以单井软件模拟优化为主，但英雄岭页岩油层理、天然裂缝发育规律复杂，层间岩性差异导致力学性质强弱差异大，强非均质性和不同的岩石组构使得立体改造的井间、层间裂缝扩展规律不清，亟需开展大物模实验。

（3）英雄岭页岩油高应力梯度纹层发育，复杂缝网支撑模式认识难。英雄岭页岩油破裂压力梯度0.0226～0.0295MPa/m，水平主应力差12～18MPa，整体表现为高应力特性。针对英雄岭页岩油支撑剂在复杂裂缝系统中有效支撑、裂缝闭合规律、缝网有效性保持还未开展系统研究，需开展支撑组合方式、加砂方式、加砂强度优化等方面研究。

## 参 考 文 献

[1] 邹才能，朱如凯，白斌，等．致密油与页岩油内涵、特征、潜力及挑战［J］．矿物岩石地球化学通报，2015，34（1）：1－17.

[2] 杜金虎，刘合，马德胜，等．试论中国陆相致密油有效开发技术［J］．石油勘探与开发，2014，41（2）：198－205.

[3] 李国欣，覃建华，鲜成钢，等．致密砾岩油田高效开发理论认识、关键技术与实践：以准噶尔盆地玛湖油田为例［J］．石油勘探与开发，2020，47（6）：1185－1197.

[4] 刘惠民．济阳坳陷页岩油勘探实践与前景展望［J］．中国石油勘探，2022，27（1）：73－87.

[5] 包汉勇，梁榜，郑爱维，等．地质工程一体化在涪陵页岩气示范区立体勘探开发中的应用［J］．中国石油勘探，2022，27（1）：88－98.

[6] 李国欣，雷征东，董伟宏，等．中国石油非常规油气开发进展、挑战与展望［J］．中国石油勘探，2022，27（1）：1－11.

[7] 李国欣，朱如凯，张永庶，等．柴达木盆地英雄岭页岩油地质特征、评价标准及发现意义［J］．石油勘探与开发，2022，49（1）：18－31.

[8] 李国欣，伍坤宇，朱如凯，等．巨厚高原山地式页岩油藏的富集模式与高效动用方式——以柴达木盆地英雄岭页岩油藏为例［J］．石油学报，2023，44（1）：144－157.

[9] 郭得龙，申颖浩，林海，等．柴达木盆地英雄岭页岩油CP1井压裂后甜点分析［J］．中国石油勘探，2023，28（4）：117－128.

[10] 万有余；王小琼；雷丰宇，等．柴达木盆地英雄岭E32页岩油可压性评价及应用［J］．非常规油气，2024，11（03）：120－129.

[11] 王小琼，葛洪魁，王文文等．2021．致密储层岩石应力各向异性与材料各向异性的实验研究．地球物理学报，64（12）：4239－4251.

[12] 王小琼；宋嘉欣；盛茂；侯朔阳；吴华；葛竣涛；韩明星．基于声发射b值的非常规岩心地应力预测方法及装置［P］．北京市：cn118209635a，2024－06－18.

[13] 韩明星；王小琼；钟毅；侯朔阳；宋嘉欣. 基于微纳米压痕的页岩油储层微观岩石力学特性实验研究 [C] //中国地球物理学会. 2023 年中国地球科学联合学术年会论文集——专题一百零二非常规油气岩石物理、专题一百零三超深层缝洞型碳酸盐岩成储机制、油气成藏机理与富集规律. 北京伯通电子出版社，2023：20.

[14] 孟胡，吕振虎，王晓东，等. 基于压裂参数优化的套管剪切变形控制研究 [J]. 断块油气田，2023，30（4）：601 – 608.

[15] 孟胡；申颖浩；朱万雨；李小军；雷德荣；葛洪魁. 四川盆地昭通页岩气水平井水力压裂套管外载分析 [J]. 特种油气藏，2023，30（05）：166 – 174.

[16] 李国欣；鲜成钢；熊延松；李曹雄；郭子义；申颖浩. 水力压裂缝网主动控制方法 [P]. 北京市：cn115126462a，2022 – 09 – 30.

# 英页 3H 平台水平井钻井提速关键技术

刘 璐 邢 星 邓文星

(中国石油青海油田公司油气工艺研究院)

**摘 要** 青海柴达木英雄岭区块前期水平井钻井过程中存在水平段机械钻速低、单只钻头进尺少、地层可钻性差、仪器故障率高及轨迹调整次数多等诸多钻井难题。针对以上技术难点，在英页 3H 平台水平井开展以下试验：通过优化井身结构，根据井下风险优选井眼轨迹控制技术，优化激进钻井参数，优选减振和高效破岩提速钻具组合，利用 Landmark 软件模拟分析确定下套管方式，形成了英雄岭区块深层水平井钻井关键技术。该技术在英雄岭区块英页 3H 平台 4 口井中进行试验，其中英页 3H14 ~ 4 井创下了页岩油中甜点水平井 68.54d 最短钻井周期记录，表明该钻井技术可以满足英雄岭区块页岩油高效开发的需求，同时对国内其他地区超长水平段水平井钻井有一定借鉴和指导作用。

**关键词** 页岩油；水平井；提速；井眼轨迹；钻具组合；下套管

英雄岭页岩油发育于柴达木盆地西部坳陷英雄岭凹陷古近系下干柴沟组上段（$E_3^2$），为高原强改造咸化湖相混积型页岩油，具有 TOC 值低、甜点单层厚度薄、气油比高、含油饱和度高、地层压力高等特征，沉积厚度 1000 ~ 2000m，面积 1500km²，埋深小于 5500m 的页岩油资源量约为 21 × 10⁸ 吨，埋深小于 6000m 的页岩油资源量约为 44.5 × 10⁸ 吨，是青海油田"十四五"期间增储上产最现实的勘探接替领域之一。

近年来，按照常规勘探向常规与非常规结合转变的勘探思路，优选英雄岭地区干柴沟和柴深两个优质盐岩盖层最发育的构造稳定区域开展探索，页岩油勘探取得明显成效。2021 年 11 月，探索英雄岭（下干柴沟组上段）页岩油领域，柴平 1 井首获突破，360 天累计产油 1.1 × 10⁸ 吨，后经历了英页 1H 平台、英页 2H 平台，对英雄岭页岩油的认识逐步清晰、深入与客观，进一步明确了甜点发育富集规律，并在此基础上部署了英页 3H 平台。截止 2024 年 6 月，英页 3H 平台部署实施 5 口井（含实验平台 1 个/4 口井），其中英页 3H15 - 4 井已二开完钻，其余井正常二开钻进。

## 1 钻井提速技术难点

（1）局部井段地层可钻性差，高效钻头序列尚未建立，钻头与地层配伍性差。直井段 $N_1$ 下部地层灰质含量增加，研磨性增强，岩石单轴抗压强度陡增，平均单只钻头进尺 211m；中甜点段 $E_3^2$ 地层岩性复杂，硅质含量由 20% 增至 30%，研磨性强导致钻头磨损严重。英页 2H 平台 4 口井造斜段及水平段平均单井钻头用量 9.5 只，平均单只钻头进尺 301m。

（2）井眼轨迹调整频繁，影响钻井效率。目的层黄金靶体薄，地层倾角变化大，设计地层倾角与实钻存在差异，水平段井斜角差值最高 14.35°，2023 年试验平台水平段钻进过程中，平均单井轨迹调整次数 73 次，最高达到 87 次，影响水平段钻井效率。

（3）仪器无信号问题突出，制约趟钻效率。

受定向仪器的稳定性及钻具粘滑振动影响，试验平台 12 口水平井造斜、水平段累计发生 33 次定向仪器无信号事件，损失时间 47 天；其中 2023 年英页 2H 平台 4 口井发生 18 次定向仪器无信号情况，平均单井损失时间长达 7 天，英页 2H15 - 2 井损失 15.9 天。2024 年 3H 平台四口井在钻进过程中，仍然存在定向仪器无信号现象，导致趟钻进尺短、钻井周期长。

（4）已钻井中完时间长，占总钻井时间比例高。

因通井次数多、钻塞以及工序衔接不紧密等因素导致中完时间长。英雄岭页岩油已钻水平井二开井设计中完时间 8 天、占比 14%，实际平均中完时间 21 天、占比 22%；三开井设计中完时间 14 天、占比 20%，实际中完时间 62 天，占比达到 45%。

## 2 钻井提速关键技术

### 2.1 井身结构定型

综合考虑地层压力、必封点、钻井施工难点、投产作业及后期措施改造等因素，开展英页 3H 平台页岩油水平井井身结构优化研究。针对英雄岭干柴沟页岩油水平井开展常规四开、瘦身三开、常规二开井身结构优化滚动试验，以实现勘探目标和钻井安全为基础，尽可能减少开次设计，定型主体区域采用常规二开井身结构，如图 1 所示。$\varphi 244.5mm$ 表层套管下至下干柴沟组上部 $E_3^2 - I$ 油组顶部，封固上干柴组 N1 及以上低压层，采用 $\varphi 139.7mm$ 油层套管封固目的层（见图 1）。

### 2.2 井眼轨迹控制

前期在英页 2H、3H 先导试验平台采用"直 – 增 – 降 – 增"锅盖型井眼轨迹，与实钻轨迹存在差异，导致井眼轨迹调整频繁。英页 3H 平台采用"直 – 增 – 稳 – 增 – 平"五段式双二维井眼轨道设计思路，狗腿度控制在 5.85°/30m 以内，且适当放大靶前距，消除反向位移，造斜点下移，控制在 2750m 以下，从而减少造斜段长度。通过将实钻轨迹与设计轨道实时更新对比，及时进行轨迹

调整，精准匹配"地层倾角、钻井井斜、靶点位置"，从而保证水平段钻进期间减少出现大角度轨迹调整，提高黄金靶体钻遇率。英页 3H 平台水平井轨迹设计如表 1 所示，英页 3H15 – 4 井设计轨道如图 2 所示。

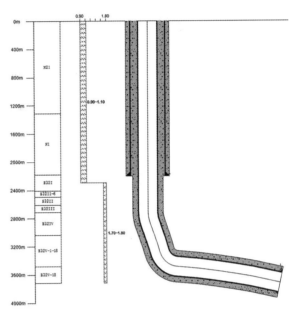

图 1 英雄岭页岩油 3H 平台水平井井身结构示意

表 1 英雄岭页岩油 3H 平台水平井轨迹设计表

| 井号 | 靶前距/m | 偏移距/m | 反向位移/m | 215.9mm 井眼狗腿度（°/30m） | 造斜点/m | 井深/m |
|---|---|---|---|---|---|---|
| 英页 3H15 – 3 | 299.82 | 237.5 | 7.75 | 2.85/5.75 | 2200 | 5053.30 |
| 英页 3H14 – 3 | 309.74 | 64.28 | 0 | 3.5/5.85 | 2720 | 4995.97 |
| 英页 3H15 – 4 | 336.42 | 119.97 | 0 | 3.5/5.85 | 2700 | 5175.42 |
| 英页 3H14 – 4 | 449.98 | 297.08 | 0 | 3.0/5.75 | 2270 | 4725.16 |

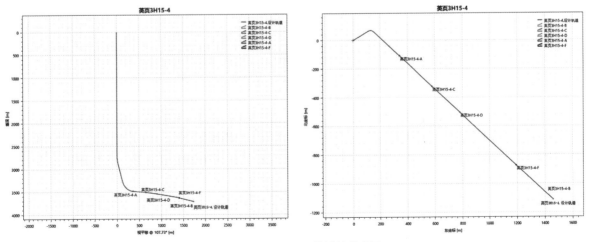

图 2 英页 3H15 – 4 井设计轨道图

## 2.3 钻具组合优选

通过利用 Landmark Wellplan 软件进行不同提速工具组合在不同井段钻进工况时的不定参数摩阻分析，确定不同提速工具适用的钻井参数范围，最终确定选用出"旋导 + 大扭矩螺杆提速工具组合"；通过利用软件模拟对优选钻头进行应力传递计算实验，最终确定一开复制推广非平面齿 19mm 复合片 5 刀翼结构高效 PDC 钻头，且备用 16mm 复合片 5 刀翼结构 PDC 钻头；二开在兼

顾攻击性的同时提高研磨性，造斜段采用"5 刀翼 16mm、浅内锥、双排齿 PDC 钻头 + 江钻大功率螺杆 + 水利振荡器"，水平段采用"耐磨混合齿 PDC 钻头 + 江钻大扭矩螺杆 + 近钻头地质导向"工艺。

在井段 2100m - 设计井深，钻井液密度 1.85 ~ 2.00g/cm³，钻压 120KN，转速 60 - 80 + DNrpm，排量 28 - 32L/s，模拟泵压 25 ~ 30MPa。其井眼循环压耗及井眼环空 ECD 模拟分析如图 3 所示。

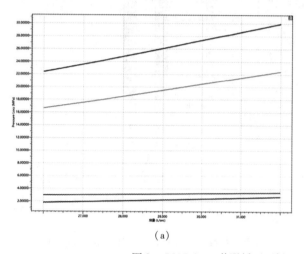

(a)

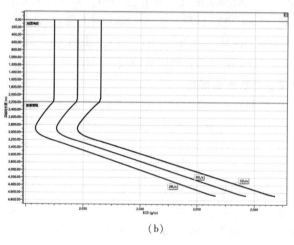

(b)

图3   Φ215.9mm 井眼循环压耗（a）、井眼环空 ECD（b）模拟分析

## 2.4 固井方式选择

按英雄岭区块地层破裂压力梯度平均值 0.028MPa/m、排量 18m³/min 进行预测，中甜点压

裂最高施工压力为 98.44MPa，如表 2 所示。按压裂施工限压 85% 计算，应选用 140MPa 套管头。

表 2   英雄岭页岩油中甜点压裂施工井口压力模拟

| 排量（m³/min） | 4 | 6 | 8 | 10 | 12 | 14 | 16 | 18 | 压力梯度 MPa/m |
|---|---|---|---|---|---|---|---|---|---|
| | 51.67 | 54.74 | 58.5 | 62.85 | 67.74 | 73.14 | 79.02 | 85.35 | 0.024 |
| | 58.22 | 61.29 | 65.05 | 69.4 | 74.29 | 79.69 | 85.57 | 91.9 | 0.026 |
| 井口压力（MPa） | 64.76 | 67.83 | 71.59 | 75.94 | 80.83 | 86.23 | 92.11 | 98.44 | 0.028 |
| | 71.31 | 74.38 | 78.14 | 82.49 | 87.38 | 92.78 | 98.66 | 104.99 | 0.03 |
| | 3.41 | 6.48 | 10.24 | 14.59 | 19.48 | 24.88 | 30.76 | 37.09 | 0.024 |
| 总摩阻 | 4 | 6 | 8 | 10 | 12 | 14 | 16 | 18 | |

套管选用钢级 P125V、壁厚 12.7mm 的气密扣套管完井，抗内压强度 137MPa，能满足大规模体积压裂技术需求。分别针对 1000m 及 1500m 水平段 Φ139.7mm 套管下入可行性进行模拟分析，如图 4、5 所示，可知：（1）1000m 水平段通过实钻悬重，反演、校正摩阻系数，综合经济性考量推荐常规下套管工艺；（2）1500m 水平段当裸眼摩阻系数 0.40 时，常规下套管在 3070m 会出现螺旋屈曲，摩阻 229kN（图 4.a）；摩阻系

数 0.45 时，漂浮和旋转下套管均未发生屈曲（图 4.bc），能保证套管一次下至井底。综合考虑套管扭矩要求及现场实施情况，推荐采用漂浮下套管工艺。

英页 3H 平台表层套管采用双凝抗盐水泥浆固井（领浆：1.60g/cm³，尾浆：1.88g/cm³），水泥浆返至地面。油层套管采用凝抗盐抗高温弹塑性防窜水泥浆固井（领浆：2.10g/cm³，尾浆：1.88g/cm³），水泥浆返至地面。

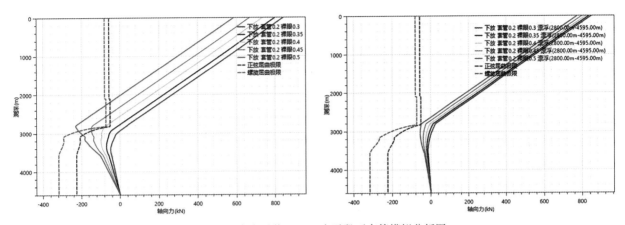

图 4    英页 3H 平台水平井 1000m 水平段下套管模拟分析图

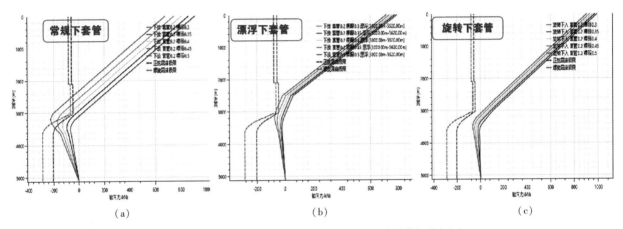

（a）                                  （b）                                  （c）

图 5    英页 3H 平台水平井 1500m 水平段下套管模拟分析图

## 2.5    其他提速措施

（1）针对二开实钻过程中出现的仪器信号丢失问题，应在流程管理、生产运行、物资采购、配件设计、材料工艺等方面建立标准体系，开展旋转导向等仪器入井前的井况评估从而降低定向仪器信号故障率，同时要求现场严格按规范使用钻具扭矩仪，持续优化钻井参数，确定非故障情况下仪器信号不稳定时段及原因。

（2）英页 3H 平台与 2H 平台相比，一开中完时间缩短 4.58d，降幅 48.46%。一开钻井过程中，3H 平台应用 Φ311mm 偏心扩眼器从而确保井壁规则，有效减少了通井和下套管时间，通井时间相比 2H 平台缩短 5.9h，下套管时间相比 2H 平台缩短 2.5h。其中英页 3H14-3 井开展不通井下套管试验，采取原钻头+偏心扩眼器短起下钻确认无阻碍，顺利完成了下套管，固井质量合格率 90% 以上。

基于以上成功试验，针对中完时间长，占总钻井时间比例高的问题，具体应对措施如下：

a. 利用随钻伽马测井进行开发井储层解释，取消电测工序；

b. 一开及水平段采取随钻微扩眼技术，减少或取消通井工序；

C. 量化分解中完及完井各项工序作业时间，做好组织管理及工序衔接。

## 3    应用效果

英页 3H 试验平台共部署水平井 4 口，平均一开中完时间 4.87d，同比英页 2H 平台，中完时间缩短 4.58d，降幅 48.46%，如图 6 所示。英页 3H14-4 井于 2024 年 3 月 21 日开钻，6 月 3 日完钻，完钻井深 5000m，二开钻进过程中因定向仪器无信号及钻时慢起钻两次，完井设计周期 86d，实际周期仅 68.54d，创下了页岩油中甜点水平井钻井周期最短记录。

## 4    结论与建议

以实现勘探目标和钻井安全为基础，尽可能减少开次设计，选用二开井身结构，一开封固上干柴组 N1 及以上低压层；选用"直-增-稳-增-平"五段式双二维井眼轨道，消除反向位移，下压造斜

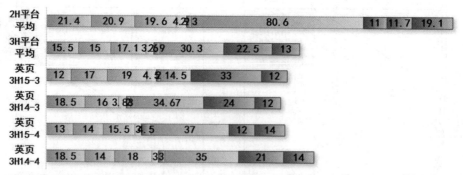

图6　英页3H平台水平井1500m水平段下套管模拟分析图

点深度300~500m，实现全部Φ215.9mm井眼造斜扭方位，缩短300m造斜井段，更利于二开提速；二开为减少粘滑振动，造斜扭方位段采用"旋转导向+大扭矩螺杆+大钻压"提速，减少定向时间，水平段试验"双排齿钻头+超大扭矩螺杆+近钻头方位伽马"提速工艺；1500m长水平段采用漂浮下套管技术，优选漂浮长度，能降低套管下入难度和摩阻，可保证套管顺利下至设计位置，对更长水平段水平井下套管作业有一定的借鉴作用；开展仪器入井前井况评估，现场按规范使用钻具扭矩仪，可确定非故障情况下仪器信号不稳定时段及原因，从而找到旋导发出指令时间；取消电测，利用随钻伽马测井开展储层解释，同时通过采取随钻微扩眼技术减少或取消一开及水平段通井工序，可以有效缩短中完时长。

## 参 考 文 献

[1] 孙澜江，张抒夏，等。青海英雄岭构造中部地区安全钻井技术研究 [J]. 新疆石油天然气，2020，16 (4)：28-32.

[2] 李国欣，朱如凯，张永庶，等。柴达木盆地英雄岭页岩油地质特征、评价标准及发现意义 [J]. 石油勘探与开发，2022，49 (1)：18-31.

[3] 邢浩婷，匡立春，伍坤宇，等。柴达木盆地英雄岭页岩岩相特征及有利源储组合 [J]. 中国石油勘探，2024，29 (2)：70-82.

[4] 王建龙，于志强，苑卓，等。四川盆地泸州区块深层页岩气水平井钻井关键技术 [J]. 石油钻探技术，2021，49 (6)：17-22.

[5] 席传明，史玉才，张楠，等。吉木萨尔页岩油水平井JHW00421井钻完井关键技术 [J]. 石油钻采工艺，2020，42 (6)：673-678.

[6] 柳伟荣，倪华峰，王学峰，等。长庆油田陇东地区页岩油超长水平段水平井钻井技术 [J]. 石油钻探技术，2020，48 (1)：10-14.

# 柴达木盆地西部坳陷古近系页岩油可压性评价及应用

万有余　林　海　郭得龙　江昊焱　何　平　马　彬

（中国石油青海油田公司油气工艺研究院）

**摘　要**　页岩储层基质渗透率极低，需要通过体积压裂形成复杂裂缝网络以形成产能，可压性指的是储层形成复杂裂缝网络的能力，有效评价储层的可压性对于优选压裂井段、预测经济效益具有重要的意义。目前国内外对页岩储层可压性的评价几乎等价于"脆性系数"，但脆性属于岩心小尺度、标量力学性质，没有方向性，不足以表征矿场尺度储层的性质，要表征矿场尺度三维空间的可压性，需要考虑储层的地应力、裂缝等性质的影响。柴达木盆地西部坳陷发育独特英雄岭页岩油，潜力巨大，是增储上产的希望所在，但储层组构力学性质多变，高频旋回地层改造难度大，为此，本研究基于研究区块精细一维地质力学评价的基础上，综合考虑了基质的脆性、地应力、天然裂隙对水力裂缝扩展的影响，储层中基质脆性越大、裂隙密度越大、水平应力差异系数越小，越容易形成复杂缝网；并建立了适用于英雄岭干柴沟页岩油的综合可压性方法，将该方法应用于 CP1 井，评价结果表明 CP1 井主要是 I 类储层，有利于形成复杂裂缝网络，压后微震结果显示裂缝网络相对复杂，与可压性评价结果较一致，表明了建立的综合可压性评价方法可靠。

**关键词**　柴达木盆地；页岩油；可压性；脆性；裂隙密度

随着世界油气需求的不断增长，以及常规油气产量的持续下降，具有较大资源潜力的页岩油成为保障我国石油供应安全的战略接替资源。页岩油储层由于其非均质性强、低孔低渗、油流阻力大等特征，其特殊性给勘探开发都带来了巨大挑战。与常规储层压裂不同，页岩油储层的压裂要求形成"弥散式体积裂缝网络（体积压裂）。这取决于页岩油储层所能形成复杂裂缝网络的能力以及压裂施工等参数。可压性指的是储层形成复杂裂缝网络的能力，并非所有的页岩油储层都能通过大规模的体积压裂实现覆盖范围广的体积压裂改造，可压性评价是页岩油储层工程甜点表征的重要参数，而有效评价储层的可压性对于压裂参数优选、以及优选压裂井段、预测经济效益具有重要的意义。

目前国内外对页岩储层可压性的评价几乎等价于"脆性系数"，主要通过岩心的脆性矿物比例、泊松比和弹性模量、抗拉强度与抗压强度之比等方法来评价页岩储层的成缝能力。但实际上脆性并不等同于成缝能力，脆性属于岩心小尺度、标量力学性质，没有方向性，不足以表征矿场尺度储层的性质，要表征矿场尺度三维空间的可压性，需要考虑储层的地应力、天然裂缝发育状况及各向异性等性质影响，这些参数共同决定了储层是否具备实施体积改造的条件。

柴达木盆地西部坳陷古近系下干柴沟组上段（$E_3^2$）发育独特英雄岭页岩油，潜力巨大，是增储上产的希望所在，但储层组构力学性质多变，高频旋回地层改造难度大，需要开展储层可压性评价研究。为此本研究针对英雄岭页岩油储层，基于高脆性矿物及储层层理发育的特点，基于研究区块精细一维地质力学评价的基础上，综合考虑了基质的脆性、地应力、天然裂隙对水力裂缝扩展的影响，并建立了适用于英雄岭干柴沟页岩油的综合可压性方法，并将该方法应用于 CP1 井，取得了较好的应用效果。

## 1　影响页岩可压性的脆性分析

页岩的脆塑性是影响页岩成缝能力的重要因素，一直以来也是储层评价研究的重点。通过全岩矿物成分分析，表明页岩储层中矿物组分主要有石英、方解石、长石、白云石、粘土等矿物。储层中粘土矿物成分较高时，岩石的塑性较强，塑性储层并不是一个好的储层，因为会自动地将天然裂缝以及水力压裂人工裂缝慢慢愈合。当石英、长石、方解石等脆性矿物居多时，页岩的脆性会增强，容易进行水力压裂形成人工诱导裂缝网络。

目前脆性的评价方法较多。较常用的方法主要有两种，一种是基于矿物组分（石英、长石、碳酸盐岩等）含量的计算方法，可通过矿物组分测井求取；另外一种是通过岩石的力学参数的计算方法，即采用岩石的泊松比和杨氏模量计算，其中，静态的泊松比和杨氏模量可通过岩心测试所得，然后利用静态的模量和泊松比对声波测井获得的动态模量和泊松比进行校正，计算得到测井的静态泊松比和杨氏模量。

随着对可压性认识的不断深入，以矿物组分为主的脆性评价方法也在不断的发展和丰富。Jarvie 等认为石英为脆性矿物，通过石英含量占矿物成分的质量百分比建立了脆性公式，以表征岩石的脆性；Wang 和 Gale 通过研究，得出白云石含量对岩石的脆性起到正向作用，将石英和白云石共同定义为脆性矿物；Matthews 等对北美典型的页岩开发区块进行了总结评价，认为碳酸盐相对粘土来说更脆，应属于脆性矿物范畴，李矩源等也认为碳酸盐岩含量是影响脆性的重要因素之一，定义石英和碳酸盐矿物为脆性矿物，并以此来表征矿物脆性；Jin 等通过研究，确定了云母、石英、方解石、长石和白云石均可以增加岩石的脆性，定义了脆性指数。表1是用脆性矿物来定义脆性的四种常见方法。

**表1　第二代电驱动定向工具规格参数**

| 序号 | 页岩脆性（B）计算公式 | 物理含义 |
|---|---|---|
| （1） | $B_1 = \dfrac{w_{石英}}{w_{总}} \times 100\%$ | 脆性为 石英 占总矿物组分的比例 |
| （2） | $B_4 = \dfrac{w_{石英} + w_{长石} + w_{云母} + w_{碳酸盐矿物}}{w_{总}} \times 100\%$ | 脆性为 石英、长石、云母、碳酸盐矿物之和和总矿物组分的比例 |
| （3） | $B_3 = \dfrac{w_{石英} + w_{碳酸盐矿物}}{w_{总}} \times 100\%$ | 脆性为 石英 和碳酸盐矿物之和和总矿物组分的比例 |
| （4） | $B_2 = \dfrac{w_{石英} + w_{白云石}}{w_{总}} \times 100\%$ | 脆性为 石英 和白云石长石矿物之和和总矿物组分的比例 |

英雄岭凹陷古近系下干柴沟组上段（$E_3^2$）页岩储层岩石矿物组分复杂，图1是c2~4井X衍射矿物含量图，由图可以看出，矿物主要包括石英、长石、方解石、白云石、粘土等。岩性总体上混积特征明显，以碳酸盐矿物为主，划分为灰云质页岩和粘土质页岩两类岩性。岩石矿物学分析以石英、白云石等为主的脆性矿物含量占比达 60~90%。从矿物成分三相图中可得出（图2）：灰云质页岩占比较高，其次为粘土质页岩，碎屑岩占比最少，同时，页岩沉积构造特征明显，层理较为发育，大概3000~5000 条/m。由于灰云质页岩含有大量的碳酸盐成分，是影响储层脆性的重要影响因素，与粘土质页岩具有较大差异性。为此本研究主要采用石英和碳酸盐矿物之和在总矿物组分中的占比比例来确定脆性。

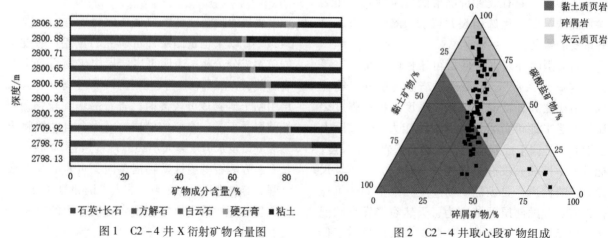

图1　C2-4井X衍射矿物含量图          图2　C2-4井取心段矿物组成

脆性评价另一常用的方法是基于岩石力学参数来表征脆性。研究和实践表明，杨氏模量越大、泊松比越小，所对应岩石的脆性越强，越容易在压裂施工时形成比较复杂的人工裂缝。Rickman 等在文中介绍了岩石物理性质在压裂改造设计优化中的应用，根据岩石力学参数中的杨氏模量和泊松比的大小，建立了分别取 0.5 的权值来计算脆性指数的方法，计算公式如式 5～7：

$$E_{brit} = \frac{(E - 10)}{80 - 10} * 100 \quad (5)$$

$$v_{brit} = \frac{(0.4 - v)}{0.4 - 0.15} * 100 \quad (6)$$

$$BI = 0.5 E_{brit} + 0.5 v_{brit} \quad (7)$$

其中 $E_{brit}$ 为岩石归一化的静态杨氏模量，单位 GPa；$v_{brit}$ 为归一化的泊松比。当脆性指数 BI > 40

时，岩石是脆性的；BI > 60 时，岩石脆性很强。

Rickman 对北美 Barnett 页岩效果进行总结分析，在 2008 年建立脆性指数 B5。Goodway 等人在 2010 年建立了岩石力学参数（弹性模量和泊松比）表征脆性公式 B6，将他们转化为拉梅系数 $\lambda$ 及剪切模量 $\mu$。Guo 等人在 2013 年提出可以利用岩石力学参数（杨氏模量、泊松比）表征页岩脆性的物理模型，该脆性指数为 B7。刘致水等人在 2015 年利用测井和地震得到储层杨氏模量和泊松比，构建了评价储集层脆性的脆性因子，通过总结岩石力学参数表述岩石脆性后，提出了一种基于归一化的岩石脆性公式 B8。

**表 2　非常规页岩储层脆性常用弹性参数评价方法**

| 序号 | 页岩脆性（B）计算公式 | 参数含义 |
| --- | --- | --- |
| (8) | $B_5 = \dfrac{E_{BI} + v_{BI}}{2}$ | $E_{BI}$ 为正归一化的弹性模量，$v_{BI}$ 为反归一化的泊松比 |
| (9) | $B_6 = \dfrac{\lambda}{\lambda + 2\mu}$ | $\lambda$ 为拉梅系数，$\mu$ 为剪切模量 |
| (10) | $B_7 = \dfrac{E}{v}$ | $E$ 为弹性模量，$v$ 为泊松比 |
| (11) | $B_8 = \dfrac{E_{BI}}{v_{BI}}$ | $E_{BI}$ 为正归一化的弹性模量，$v_{BI}$ 为反归一化的泊松比 |

虽然矿物组分法和弹性模量法都能够定量的表征和评价岩石脆性特征，但都存在缺陷，矿物组分法仅仅依靠脆性矿物的比例来表征脆性，其精确性不够；弹性模量法受到取样点的约束，其标定的数据连续性不够，同时，通常要用纵横波测井资料计算脆性剖面，对于钻探井眼不规则等因素需要重新进行校正，层理发育程度对脆性的影响也比较大，计算结果通常偏小，难以精确的评价基质脆性。

本文通过分析，认为英雄岭干柴沟页岩油储层岩石中脆性矿物高、层理较发育，因此需要将脆性矿物和模量脆性综合考虑来表征岩石的脆性，以减少高脆性矿物和层理发育带来的影响，提出的改进基质脆性指数公式为：

$$E_{Brit} = (E_j - 10)/(60 - 10) \times 100 \quad (12)$$

$$\mu_{Brit} = (\mu_j - 0.4)/(0.1 - 0.4) \times 100 \quad (13)$$

$$B_{Brit} = 0.5 E_{Brit} + 0.5 \mu_{Brit} \quad (14)$$

$$K = (W_{石英} + W_{碳酸盐岩})/ W_{总} \quad (15)$$

$$BI = (B_{Brit} + K)/2 \quad (16)$$

式中，$B_{Brit}$ 为模量脆性指数，%；$E_j$ 为弹性模量，GPa；$\mu_j$ 为泊松比；$E_{Brit}$ 为通过杨氏模量计算的脆性指数；$\mu_{Brit}$ 为通过泊松比所计算的脆性指数。$K$ 为矿物脆性指数，%；$W$ 为各种矿物成分的百分含量，%；BI 为基质脆性指数，%。

将阵列声波测井得到的波速数据以及密度测井资料来计算储层的动态岩石力学参数，再通过实验室得到的动、静态参数转换关系式得到储层的静态弹性模量和泊松比，将杨氏模量和泊松比归一化后利用式 12～16 得到储层全井段的脆性指数，计算结果如图 3 所示。结果表明干柴沟页岩油储层脆性指数主要分布在 40%～70% 之间，平均为 54.7%，整体脆性指数较高，高于行业压裂标准（>40%），分类标准如表 3 所示，具有高弹性模量、低泊松比的特点。Yang 等通过数值模拟分析表明随着杨氏模量的增加，压裂形成的裂缝网络越复杂，改造的储层体积越大，由此可知岩石的脆性对储层的裂缝形成能力有重要影响。

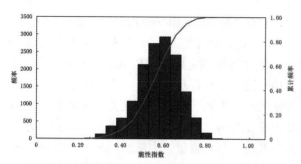

图3　研究区典型井脆性指数分布直方图

表3　柴达木盆地英雄岭页岩油脆性评价分类

| 基质脆性 | 评价分类 | 描述 |
| --- | --- | --- |
| ≤40 | III类 | 难以形成裂缝网络 |
| 40 ~ 60 | II类 | 能够形成复杂缝 |
| ≥ 60 | I类 | 易形成复杂缝 |

## 2　水平主应力差对可压性影响

在压裂过程中，人工裂缝总是垂直于最小主应力，沿着最大应力的方向延伸。为了压裂时能够产生更多人工裂缝，形成复杂的裂缝网络系统，最大限度地沟通天然裂缝，地层中的最大与最小水平主应力的差值越小越好。

在某一确定的地层，评价地应力参数对人工裂缝形态造成的影响，第一选择参数是水平应力差异系数，用该系数来评价压裂改造时形成复杂缝网的能力：

$$K_h = \frac{\sigma_H - \sigma_h}{\sigma_h} \qquad (17)$$

式中，$K_h$ 水平应力差异系数，无量纲；$\sigma_H$ 为最大水平主应力，MPa；$\sigma_h$ 为最小水平主应力，MPa。

水平应力差异系数是指最大水平主应力和最小水平主应力之差值与最小水平主应力之间的比值。研究结果表明：水平应力差异系数大于0.3时，很难形成复杂人工裂缝；水平应力差异系数在0.2~0.3时，能够形成复杂的人工裂缝；水平应力差异系数为0~0.2时，易形成比较复杂的人工裂缝（表4）。

表4　英雄岭页岩油水平应力差异指数评价分类

| 水平应力差异指数 | 评价分类 | 描述 |
| --- | --- | --- |
| >0.3 | III类 | 难以形成裂缝网络 |
| 0.2 ~ 0.3 | II类 | 能够形成复杂缝 |
| 0 ~ 0.2 | I类 | 易形成复杂缝 |

为了确定储层的地应力，利用声发射凯泽效

应在室内测试地应力对岩心进行单轴加载。记录加载过程中的声发射事件，通过声发射事件突变点求出相应的应力值，即地层历史所承受的最大载荷。根据0°、45°、90°3个水平方向求取岩心，利用水平方向上不同角度的应力值通过地应力转换公式得到水平方向最大、最小主应力，基于弹性力学原理，主应力计算表达式为：

$$\sigma_H = \frac{\sigma_{0°} + \sigma_{90°}}{2} + \frac{\sigma_{0°} - \sigma_{90°}}{2}(1 + tan^2 2\theta)^{1/2}$$
$$(18)$$

$$\sigma_h = \frac{\sigma_{0°} + \sigma_{90°}}{2} - \frac{\sigma_{0°} - \sigma_{90°}}{2}(1 + tan^2 2\theta)^{1/2}$$
$$(19)$$

$$tan2\theta = \frac{\sigma_{0°} + \sigma_{90°} - 2\sigma_{45°}}{\sigma_{0°} + \sigma_{90°}} \qquad (20)$$

式中，$\sigma_{0°}$、$\sigma_{45°}$、$\sigma_{90°}$ 分别为实测正应力；$\sigma_H$ 为最大水平主应力，MPa；$\sigma_h$ 为最小水平主应力，MPa；$\theta$ 为最大水平主应力的方向。

根据岩心地应力评价结果对测井数据解释地应力结果进行校正（图4），准确的解释了干柴沟页岩油全井段应力值。由测井数据计算得到的地应力大小及水平应力差异系数结果显示，如图5 - 6，储层的水平应力差集中分布在15 - 25MPa之间，水平差异系数主要分布在0.18 - 0.30之间，平均为0.24，属于 I 类和 II 类储层之间，整体上应力差较大，压裂时需要提高排量、提高净压力来使改造储层更加复杂化。

## 3　裂隙密度对可压性的影响

天然裂隙是储层在水力压裂后能够形成复杂缝网的重要因素之一，在天然裂隙发育的储层段，岩石的破裂压力和抗张强度远远低于不含微裂隙的储层段，同时会提高储层局部渗透率，所以在压裂过程中，当储层中存在大量微裂隙时，压裂产生的诱导缝会与天然裂缝沟通，形成较大的储层改造体积，同时缝网形成能力也就越好。因此，在含裂隙的脆性储层中，需要考虑微裂隙的影响。考虑岩石裂隙有效介质理论，岩石在高频状态下有效体积模量 $K$ 可表示为：

$$\rho_c = \frac{1}{V} \sum_1^n c_i^3 \qquad (21)$$

$$h = \frac{16(1 - v_0^2)}{9(1 - v_0/2)} \qquad (22)$$

$$\frac{K_0}{K} = 1 + \rho_c \frac{h}{1 - 2v_0}\left(1 - \frac{v_0}{2}\right) \qquad (23)$$

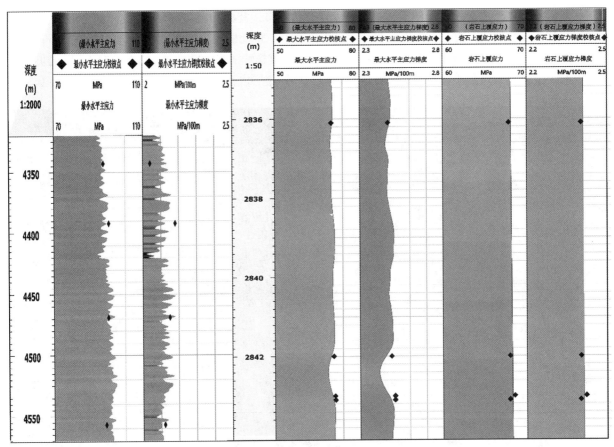

图4　干柴沟区块典型井地应力综合曲线

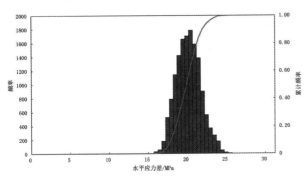

图5　研究区典型井水平应力差分布直方图

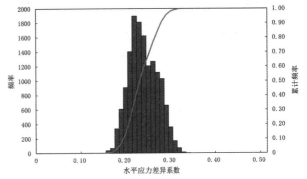

图6　研究区典型井水平应力差异系数分布直方图

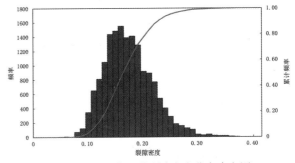

图7　研究区典型井裂隙密度分布直方图

式中，$\rho_c$ 是裂隙密度，无量纲，代表统计意义上的损伤量；$c_i$ 是第 $i$ 个裂隙的半径，N 是镶嵌在体积元 V 内的总裂隙数。$K_0$、$h$、$v_0$ 分别是岩石基质的体积模量，裂隙密度参数和泊松比。表5是英雄岭页岩油裂隙密度评价分类标准。

根据表达式21～23，结合阵列声波测井数据反演获得页岩储层全井段连续的裂隙密度剖面，如图7所示。由测井数据计算得到储层天然裂隙密度主要分布在 0.05～0.25 之间，平均为 0.17，属于 I 类和 II 类储层之间，整体上微裂隙较发育。

从沉积构造上分析，$E_3^2$ 页岩沉积构造特征明显，根据层理厚度可区分出层状（层理厚度 >1cm）和纹层状（层理厚度 <1cm）。结合矿物成分，将储层岩性划分为：纹层状灰云质页岩、层状灰云质页岩、纹层状粘土质页岩、层状粘土质页岩、砂岩。

纹层状灰云质页岩形成于静水条件下，微观上表现为泥岩与碎屑交叠沉积，宏观上表现为深灰色或灰色细条纹互层，岩性为灰云质泥/页岩、泥/页岩。储集空间类型以灰云岩基质微孔为主，铸体呈弥散

状分布，其次为晶/粒间微溶孔，部分孔隙连通性良好，层间缝较为发育，此类储层约占 33.6%。图 8 是英雄岭凹陷 C902 区块页岩油储层纹层状灰云质页岩储层岩石学特征，表明存在大量的微裂隙。

a）纹层状灰云质页岩；b）纹层状灰云质页岩，荧光扫描；c）纹层状灰云质页岩，荧光扫描；d）纹层状灰云质页岩；
e）纹层状灰云质页岩，层间缝；f）纹层状灰云质页岩，层间缝。

图 8 英雄岭凹陷 C902 区块页岩油储层纹层状灰云质页岩储层岩石学特征

表 5 英雄岭页岩油裂隙密度评价分类

| 裂隙密度评价分类 | 评价分类 | 描述 |
| --- | --- | --- |
| ≤ 0.1 | III 类 | 难以形成裂缝网络 |
| 0.1 ~ 0.25 | II 类 | 高净压力下能够形成较为复杂的裂缝网络 |
| ≥ 0.25 | I 类 | 能形成充分的放射状裂缝网络 |

由裂隙密度的研究可知，干柴沟页岩油储层天然裂缝的发育为复杂裂缝网络的形成提供较为有利的条件。

## 4 综合可压性指数的提出

根据分析结果，可压性综合评价参数包括：基质脆性指数（综合考虑模量脆性和矿物脆性）、水平应力差异系数和裂隙密度，将数据归一化形成可压性指数公式 24 ~ 27。

在指标归一化计算过程中，把可压性指标分为正向和负向两种指标。正向指标为指标越大对可压性评价结果越好，如基质脆性指数、裂隙密度；而负向指标即指标值越小，对可压性越有利，如水平应力差异系数等。归一化表达式如下：

$$B_{rit} = \frac{B_j - B_{jmin}}{B_{jmax} - B_{jmin}} \times 100\% \qquad (24)$$

$$\rho_a = \frac{\rho_j - \rho_{jmin}}{\rho_{jmax} - \rho_{jmin}} \times 100\% \qquad (25)$$

$$K_h = \frac{K_j - K_{jmin}}{K_{jmax} - K_{jmin}} \times 100\% \qquad (26)$$

式中，$B_{rit}$、$\rho_a$、$K_h$ 分别为基质脆性指数归一化、裂隙密度指数归一化和水平应力差异系数归一化；$B_j$、$\rho_j$、$K_j$ 分别为基质脆性测试值、裂隙密度测试值和水平应力差异系数测试值。

鉴于目前研究分析三个参数对裂缝的影响基本

相当，故初步确定权重取值均为 1/3。可压性指数计算公式：

$$FI = \frac{B_{rit} + \rho_a + K_h}{3} \quad (27)$$

表 6 是英雄岭页岩油可压性评价分析的分类标准。当可压性指数 FI 值大于等于 60 时为一类储层，表明能够形成充分的放射状裂缝网络。当 FI 值处于 40 至 60 之间时，为二类储层，表示高净压下力能够形成较为复杂的裂缝网络。当 FI 值小于 40 时，为第三类储层，表明难以形成裂缝网络。

**表 6　英雄岭页岩油可压性评价分类**

| 可压性评价分析 | 评价分类 | 描述 |
| --- | --- | --- |
| ≤ 0.4 | III 类 | 难以形成裂缝网络 |
| 0.4 - 0.6 | II 类 | 高净压力下能够形成较为复杂的裂缝 |
| ≥ 60 | I 类 | 能形成充分的放射状裂缝网络 |

## 5　应用实例

将综合可压性指数评价方法应用于英雄岭地区的 CP1 井上。CP1 井水平井长 997m，基质脆性 0.51 ~ 0.67，水平应力差异系数 0.18 ~ 0.22，裂隙密度 0.25 ~ 0.38，综合可压性指数 0.52 ~ 0.69，整体属于 I ~ II 类储层，以 I 类储层为主。

通过地质工程一体化甜点优选，设计及施工压裂 21 段 124 簇，施工排量 18m3/min，总液量 34677m3，用液强度 34m3/m，总砂量 3301 方，加砂强度 3.3m3/m，平均破裂压力 74.2MPa，平均砂比 22.5%（见图 9）。

从微地震监测事件点分布分析，事件点高度平均 55m，事件点长度平均 438m，缝带宽 132m，总事件波及体积 2322.3 万方。裂缝复杂性指数分析来看，平均裂缝复杂性指数在 0.303，裂缝网络相对复杂。与可压性评价结果较一致，表明了建立的综合可压性评价方法可靠（见图 10）。

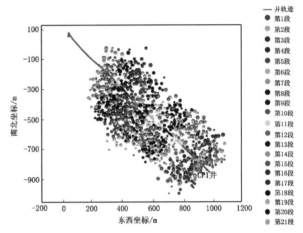

图 10　CP1 井井下微地震监测事件点分布俯视图

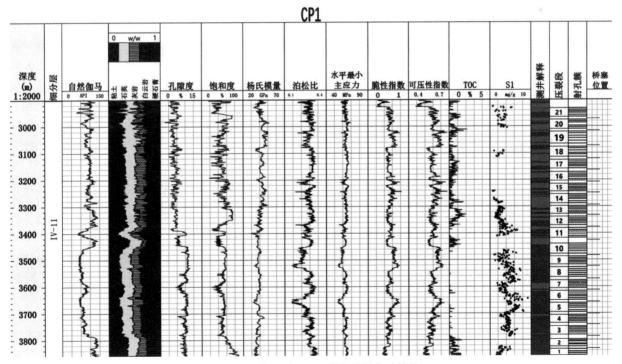

图 9　CP1 井地质工程一体化段簇优选结果

## 6 结论

（1）本文提出的综合基质脆性指数，包括了矿物含量以及层理发育等特征，综合脆性指数更适用于英雄岭干柴沟页岩油储层的脆性评价。

（2）微裂隙、层理缝的发育也是影响可压性的重要因素之一。当储层中存在大量微裂隙时，该储层形成复杂缝网的能力越强，可压性也就更好。为此在进行储层可压性评价时需要考虑微裂隙对其影响。

（3）本文综合基质脆性、微裂隙发育评价及地应力，提出了一套综合的可压性评价方法。储层中基质脆性越大、裂隙密度越大、水平应力差异系数越小，越容易形成复杂裂缝网络。

（4）将本文建立的综合可压性指数评价方法应用于英雄岭地区的 CP1 井的评价中。CP1 井的基质脆性处于 0.51～0.67 之间，脆性中等偏上。水平应力差异系数 0.18～0.22，具备形成复杂缝网的条件，裂隙密度 0.25～0.38 表明微裂隙较发育。综合可压性指数为 0.52～0.69，整体上属于 I～II 类储层，以 I 类储层为主，有利于形成复杂裂缝网络。

（5）CP1 井压裂微地震监测事件点分布分散且均匀，平均裂缝复杂性指数为 0.303，裂缝网络相对复杂。与可压性评价结果较一致，表明了建立的综合可压性评价方法可靠。

### 参 考 文 献

［1］ Cipolla C L, Warpinski N R, Mayerhofer M J, et al. The Relationship Between Fracture Complexity, Reservoir Properties, and Fracture – Treatment Design ［C］//SPE 115769.

［2］ 吴奇, 胥云, 王腾飞, 等. 增产改造理念的重大变革——体积改造技术概论 ［J］. 天然气工业, 2011, 31 （4）: 7 – 12 + 16.
WU Qi, XU Yun, WANG Tengfei, et al. The revolution of reservoir stimulation: An introduction of volume fracturing ［J］. Natural Gas Industry, 2011, 31 （4）: 7 – 12 + 16.

［3］ 郭天魁, 张士诚, 葛洪魁. 评价页岩压裂形成缝网能力的新方法 ［J］. 岩土力学, 2013, 34 （4）: 947 – 54.
GUO Tiankui, ZHANG Shicheng, GE Hongkui. A new method for evaluating ability of forming fracture network in shale reservoir ［J］. Rock and Soil Mechanics, 2013, 34 （4）: 947 – 954.

［4］ Sondergeld CH, Newsham KE, Comisky JT, et al. Petrophysical Considerations in Evaluating and Producing Shale Gas Resources ［C］//SPE 131768.

［5］ Rickman R, Mullen M, Petre E, et al. A Practical Use of Shale Petrophysics for Stimulation Design Optimization: All Shale Plays Are Not Clones of the Barnett Shale ［C］//SPE Annual Technical Conference & Exhibition. Society of Petroleum Engineers, 2008.

［6］ LI Qinghui, Chen Mian, JIN Yan, et al. Rock Mechanical Properties of Shale Gas Reservoir and their Influences on Hydraulic Fracture ［M］. IPTC: International Petroleum Technology Conference, 2013.

［7］ Jahandideh A, Jafarpour B. Optimization of Hydraulic Fracturing Design Under Spatially Variable Shale Fracability ［J］. Journal of Petroleum Science and Engineering, 2014, 138: 174 – 188.

［8］ 袁俊亮, 邓金根, 张定宇, 等. 页岩气储层可压裂性评价技术 ［J］. 石油学报, 2013, 34 （3）: 523 – 527.
YUAN Junliang, DENG Jingen, ZHANG Dingyu, et al. Fracability evaluation of shale – gas reservoirs ［J］. Acta Petrolei Sinica, 2013, 34 （3）: 523 – 527.

［9］ 张新华, 邹筱春, 赵红艳, 等. 利用 X 荧光元素录井资料评价页岩脆性的新方法 ［J］. 石油钻探技术, 2012, 40 （5）: 92 – 95.
ZHANG Xinhua, ZOU Xiaochun, ZHAO Hongyan, et al. A new method of evaluation shale brittleness using X – ray fluorescence element logging data ［J］. Petroleum Drilling Technique, 2012, 40 （5）: 92 – 95.

［10］ 王鹏, 纪友亮, 潘仁芳, 等. 页岩脆性的综合评价方法——以四川盆地 W 区下志留统龙马溪组为例 ［J］. 天然气工业, 2013, 33 （12）: 48 – 53.
WANG Peng, JI Youliang, PAN Renfang, et al. A comprehensive evaluation methodology of shale brittleness: A case study from the Lower Silurian Longmaxi Fm in Block W, Sichuan Basin ［J］. Natural Gas Industry, 2023, 33 （12）: 48 – 53.

［11］ 李庆辉, 陈勉, 金衍, 等. 页岩气储层岩石力学特性及脆性评价 ［J］. 石油钻探技术, 2012, 40 （4）: 17 – 22.
LI Qinghui, CHENn Mian, JIN Yan, et al. Rock Mechanical Properties and Brittleness Evaluation of Shale Gas Reservoir ［J］. Petroleum Drilling Technique, 2012, 40 （4）: 17 – 22.

［12］ 李庆辉, 陈勉, 金衍, 侯冰, 张保卫. 页岩脆性的室内评价方法及改进 ［J］. 岩石力学与工程学报. 2012 （08）: 1680 – 5.
LI Qinghui, CHENn Mian, JIN Yan, et al. Indoor evaluation method for shale brittleness and improvement

［J］. Chinese Journal of Rock Mechanics and Engineering, 2012, 31（8）: 1680 - 1685.

［13］刁海燕. 泥页岩储层岩石力学特性及脆性评价［J］. 岩石学报, 2013, 29（9）: 3300 - 3306.
DIAO Haiyan. Rock mechanical properties and brittleness evaluation of shale reservoir［J］. Acta Petrologica Sinica, 2013, 29（9）: 3300 - 3306.

［14］Chong K K, Grieser W V, Jaripatke O A, et al. A Completions Roadmap to Shale - Play Development: A Review of Successful Approaches toward Shale - Play Stimulation in the Last Two Decades［C］//. SPE Deep Gas Conference and Exhibition, 2010.

［15］Matthews H L, Schein G W, Malone M R. Stimulation of Gas Shales: They're All the Same? Right?［C］// SPE, 2007.

［16］Mullen M, Roundtree R, Turk G. A Composite Determination of Mechanical Rock Properties for Stimulation Design (What to Do When You Don't Have a Sonic Log)［C］//Rocky Mountain Oil & Gas Technology Symposium. 2007.

［17］Jarvie D M, Hill R J, Ruble T E, et al. Unconventional shale - gas systems: The Mississippian Barnett Shale of north - central Texas as one model for thermogenic shale - gas assessment［J］. Aapg Bulletin, 2007, 91（4）: 475 - 499.

［18］Wang F P, Gale J F. Screening criteria for shale - gas systems. Gulf Cosst Association of Geological Societies Transactions, 2009, 59: 779 - 793.

［19］Xiaochun Jin, Subhash N. Shah, Jean - Claude Roegiers, et al. Fracability Evaluation in Shale Reservoirs - An Integrated Petrophysics and Geomechanics Approach［C］//SPE 168589.

［20］Rickman R, Mullen M J, Petre J E, et al. A practical use of shale petrophysics for stimulation design optimization: all shale plays are not clones of the Barnett Shale［C］//SPE Technical Congerence and Exhibition, Society of Petroleum Engineers, Colorado USA: 2008.

［21］LIU Zhishui, SUN Zandong. New brittleness indexes and their application in shale/clay gas reservoir prediction［J］. Petroleum Exploration And Development, 2015, 42（1）: 117 - 124.

［22］Yang Z, Wang X, Ge H, et al. Study on evaluation method of fracture forming ability of shale oil reservoirs in Fengcheng Formation, Mahu sag［J］. Journal of Petroleum Science and Engineering, Volume 215, Part A, 2022, 110576, ISSN 0920 - 4105.

［23］Beugelsdijk L J L, Pater C, Sato K. Experimental Hydraulic Fracture Propagation in a Multi - Fractured Medium［C］. SPE Asia Pacific Conference on Integrated Modelling for Asset Management. 2000.

［24］Ljunggren C, Chang Y, Janson T, et al. An overview of rock stress measurement methods［J］. International Journal of Rock Mechanics and Mining Sciences, 2003, 40（7 - 8）: 975 - 989.

［25］陈诚, 雷征东, 房茂军, 等. 致密砂岩储层缝网形成能力评价与极限参数压裂技术［J］. 科学技术工程, 2022, 22（16）: 6400 - 6407.

［26］Gale J, Reed R M, Holder J. Natural fractures in the Barnett Shale and their importance for hydraulic fracture treatments［J］. AAPG Bulletin, 2007, 91（4）: 603 - 622.

［27］Bowker K A. Barnett Shale gas production, Fort Worth Basin: Issues and discussion［J］. Aapg Bulletin, 2007, 91（4）: 523 - 533.

# 川西北地区钻头优选方法及应用

孙立伟　罗　欢　孙少亮　白冬青

（中国石油集团长城钻探工程有限公司工程技术研究院）

**摘　要**　合理的钻头选型有助于缩短钻井周期、提高机械钻速，降低钻井成本。综合经济效益评价对探井已使用钻头进行分析，优选出经济高效钻头，能加速新区块勘探开发速度。本文根据川西北部地区双鱼石构造 ST1 井、ST2 井和 ST3 井已使用钻头资料，利用灰色关联分析法，对钻头经济效益指数、纯钻时间、进尺、机械钻速、钻头单价和出井新度进行综合评价，优选出适用于须家河组和自流井组的经济高效钻头；将钻头选型结果与双鱼石构造 SY001－1 井的已用钻头对比，验证了优选出钻头的高效性。因此，根据灰色关联法对已使用钻头进行选型，能节约钻井成本，提高钻井经济效益。

**关键词**　钻头选型；灰色关联理论；自流井组；须家河组；经济效益

双鱼石构造位于四川盆地西北部，地质构造复杂。浅部地层层间多为不整合接触，井漏频繁；须家河组地层断裂发育、易坍塌，砂砾岩、泥岩互层，地层可钻性差，岩石可钻性达 6 级以上，钻井难度大、机械钻速低。2012 年至今，双鱼石构造分别部署了探井：ST1 井、ST2 井和 ST3 井。

ST1 井在自流井组和须家河组共使用 32 只钻头，占全井钻头使用总数的 50% 以上，钻头使用效果极不理想。在自流井组钻进过程中，PDC 钻头和牙轮钻头进尺短，平均单只钻头进尺仅为 20m，平均机械钻速 0.41m/h；在须家河组钻进过程中，机械钻速为 1.2m/h，平均单只钻头进尺仅为 34.03m。因此，为实现双鱼石构造低成本勘探开发，优选钻头、提高钻头使用效率，对双鱼石构造优快化钻井至关重要。

长期以来，诸多学者利用学科交叉，先后在钻头选型方面形成了较多成熟的理论。其中一种方法是灰色理论分析法，通过收集已钻井的钻头资料，分地层或分井段统计钻头的使用记录，把钻头使用效果作为钻头选型的依据进行钻头选型。前人用灰色关联分析法优选钻头时，模型中仅考虑钻头机械钻速、钻头价格、钻头进尺、钻头寿命四项指标。本文在前人研究基础上，结合钻头出井新度和技术经济效益指数进行钻头选型，提供一种重视钻头经济效益的选型方法。

## 1　灰色关联分析法

灰色关联分析法，是通过量化事物内部各因素重要性的大小，来确定事物重要性的一种动态研究过程，其基本研究思路如下：

（1）确定比较数列和参考数列

假设有 m 个样本，每个样本有 n 个参数，比较数列为：

$$X_i = \{X_i(1), X_i(2), \cdots, X_i(n)\} (i = 1, 2, \cdots, m) \tag{1}$$

参考数列为：

$$X_0 = \{X_0(1), X_0(2), \cdots, X_0(n)\} \tag{2}$$

（2）求差序列：

$$\Delta_i(k) = \{\Delta_i(1), \Delta_i(2), \cdots, \Delta_i(n)\}, i = 1, 2, \cdots, m \tag{3}$$

其中 $\Delta_i(k) = |X_0(k) - X_i(k)|$

（3）求关联系数：

关联系数

$$\xi_i(k) = \frac{\min_i[\min_k \Delta_i(k)] + \rho \max_i[\max_k \Delta_i(k)]}{\Delta_i(k) + \rho \max_i[\max_k \Delta_i(k)]} \tag{4}$$

其中，$\rho$ 为分辨系数，$\rho \in [0, 1]$。$\rho$ 越小，分辨力越大，一般取 $\rho = 0.5$。

（4）求关联度

计算关联度的方法主要分为平权处理和非平权处理两种方法，非平权处理方法更符合实际情况，故使用非平权处理方法。

$$\gamma_i = \sum_{k=1}^{n} \xi_i(k) \cdot a(k) \qquad (5)$$

式中 $\gamma_i$ 为灰色关联度；$a(k)$ 按重要性大小赋予的相应权值；$a(k) \geq 0$，$k = 1,2,\cdots,n$，且 $\sum_{k=1}^{n} a(k) = 1$。

实践指出，层次分析法计算权数 $a(k)$ 可减少主观因素，故推荐使用层次分析法。具体实施步骤如下：

①确定研究目标和评价因素。

②构造判断矩阵。构造判断矩阵 A－m

$$\vec{P} = \begin{bmatrix} m_{11} & m_{12} & \cdots & m_{1n} \\ m_{21} & m_{22} & \cdots & m_{2n} \\ \vdots & \vdots & \cdots & \vdots \\ m_{n1} & m_{n2} & \cdots & m_{nn} \end{bmatrix} \qquad (6)$$

③计算重要性排序。

④检验。判断矩阵进行一致性检验，来判断权数的分配是否合理。根据公式有

$$GR = \frac{GI}{RI} \qquad (7)$$

若计算结果 GR ＜ 0.10，即可认为判断矩阵满足一致性，权数分配合理。

根据上述原理，笔者在 MATLAB 软件中编程，处理现场实钻钻头数据，为钻头选型提供快捷方法。

## 2 实例计算

本文针对钻头进尺、纯钻时间、机械钻速、钻头成本、钻头单价、钻头效益指数和出井新度六项指标，对钻头进行综合评价，将进尺、成本和经济效益有机的结合起来。根据钻头实际使用情况，笔者将 ST1 井、ST2 井和 ST3 井自流井组已使用钻头进行如下分类如图 1，列出每种型号钻头的平均机械钻速和平均进尺：

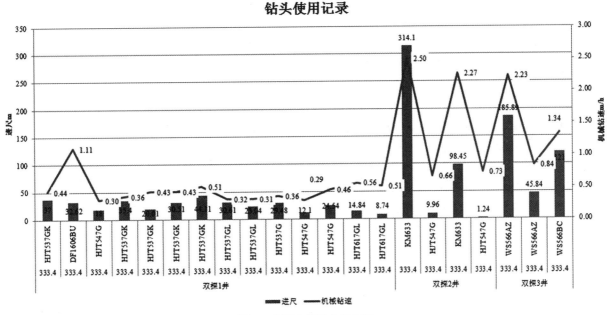

图1 自流井组钻头使用图

（1）确定比较数列

自流井组总共使用 21 只钻头，按照钻头类型进行分类，并引入钻头效益指数来控制钻头成本，钻头效益指数计算模型为：

$$E_b = \alpha \frac{L \cdot V}{C_b} \qquad (8)$$

式中，$E_b$ 为钻头经济效益指数；$L$ 为钻头的总进尺；$V$ 为机械钻速；$C_b$ 为钻头成本；$\alpha$ 为系数。$E_b$ 越大，钻头使用效果越优。

统计出自流井组已使用的每一种钻头型号、数量、平均进尺、平均纯钻时间、平均机械钻速、单价和出井新度，如表1。

根据公式（3），用标准化处理方法对表 1 数据进行处理，消除数据间在单位和数量级上的差异，可得表 2。

（2）确定参考数列

从钻井经济效益角度判断，选取参考数列 $X_0 = \{1,1,1,0,1,1\}$，各数值表示意义：

$X_0(1) = 1$，经济效益指数最大的钻头；$X_0(2) = 1$，平均机械钻速最大的钻头；

表1  自流井组钻头使用参数表

| 序号 | 型号 | 数量 | 平均进尺（m） | 平均纯钻时间（h） | 平均机械钻速（m/h） | 单价（元） | 经济效益指数 | 出井新度 |
|---|---|---|---|---|---|---|---|---|
| 1 | HJT537GK | 8 | 31.27 | 79.78 | 0.39 | 68910 | 0.000106185 | 35 |
| 2 | HJT547G | 5 | 13.16 | 34.66 | 0.32 | 62205 | 0.0000406 | 22 |
| 3 | HJT617GL | 2 | 10.58 | 20.01 | 0.53 | 65594 | 0.00005824 | 0 |
| 4 | DF1606BU | 2 | 32.62 | 29.33 | 1.11 | 184615 | 0.000117677 | 50 |
| 5 | KM633 | 2 | 206.27 | 84.51 | 5.99 | 543590 | 0.001363775 | 10 |
| 6 | WS566AZ | 3 | 117.58 | 76.08 | 1.55 | 184615 | 0.00059231 | 10 |

表2  生成的处理结果（子数列）

| $k$ | 1 | 2 | 3 | 4 | 5 | 6 |
|---|---|---|---|---|---|---|
| $X_1$ | 0.0196 | 0.0123 | 0.1057 | 0.0139 | 0.9267 | 0.7000 |
| $X_2$ | 0 | 0 | 0.0132 | 0 | 0.2271 | 0.4400 |
| $X_3$ | 0.0133 | 0.0370 | 0 | 0.0070 | 0 | 0 |
| $X_4$ | 0.0583 | 0.1393 | 0.1126 | 0.2543 | 0.1445 | 1 |
| $X_5$ | 1 | 1 | 1 | 1 | 1 | 0.2000 |
| $X_6$ | 0.4170 | 0.2169 | 0.5468 | 0.2543 | 0.86936 | 0.2000 |

$X_0$（3）=1，平均进尺最大的钻头；$X_0$（4）=0，钻头价格最小的钻头；

$X_0$（5）=1，平均纯钻时间最大的钻头；$X_0$（6）=1，磨损情况最轻的钻头；

（3）计算关联系数

对钻头选型影响因素排序：钻头效益指数（$m_1$）>平均机械钻速（$m_2$）>平均进尺（$m_3$）>钻头单价（$m_4$）>平均纯钻时间（$m_5$）>出井新度（$m_6$），构造判断矩阵 A-m。

计算关联系数 $\xi_i(k)$，取 $\rho = 0.5$，则根据公式（4），计算关联系数，结果见表3。

$$\vec{P} = \begin{bmatrix} 1 & 2 & 3 & 5 & 5 & 5 \\ \frac{1}{2} & 1 & 3 & 5 & 5 & 3 \\ \frac{1}{3} & \frac{1}{3} & 1 & 2 & 2 & 5 \\ \frac{1}{5} & \frac{1}{3} & \frac{1}{2} & 1 & 2 & 3 \\ \frac{1}{5} & \frac{1}{5} & \frac{1}{2} & \frac{1}{2} & 1 & 5 \\ \frac{1}{5} & \frac{1}{3} & \frac{1}{5} & \frac{1}{3} & \frac{1}{5} & 1 \end{bmatrix}$$

表3  灰色关联度系数结果

| $k$ | 1 | 2 | 3 | 4 | 5 | 6 |
|---|---|---|---|---|---|---|
| $\xi_1$ | 0.9504 | 0.9877 | 0.8943 | 0.0139 | 0.0733 | 0.7000 |
| $\xi_2$ | 1 | 1 | 0.9868 | 0 | 0.7729 | 0.4400 |
| $\xi_3$ | 0.9867 | 0.9630 | 1 | 0.0070 | 1 | 0 |
| $\xi_4$ | 0.9417 | 0.8607 | 0.8874 | 0.2543 | 0.8555 | 1 |
| $\xi_5$ | 0 | 0 | 0 | 1 | 0 | 0.2000 |
| $\xi_6$ | 0.5830 | 0.7831 | 0.4532 | 0.2543 | 0.1307 | 0.2000 |

（4）计算关联度

根据非平均法进行权函数处理，得出经济效益指数、机械钻速、进尺、钻头单价、纯钻时间和出井新度，六项选型参数的权重值，如图2。

由公式（5）可以得出这六种钻头关联度的值，如图3。

其中：关联度值分别为 $\gamma_1 = 0.4518$，$\gamma_2 = 0.4112$，$\gamma_3 = 0.4280$，$\gamma_4 = 0.3857$，$\gamma_5 = 0.9095$，$\gamma_6 = 0.5096$。灰色关联度越大，则反应的钻头的效果越好，可以判断，四种钻头优选之后的排列顺序

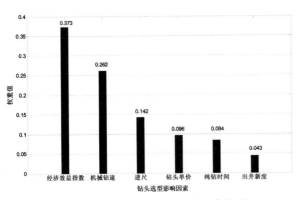

图2 钻头选型影响因素权重

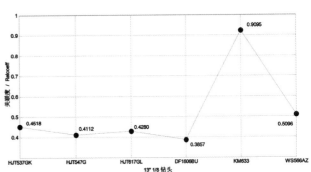

图3 自流井组钻头灰色关联度评价结果

为 KM633，WS566AZ，HJT537GK，HJT617GL，HJT547G，DF1606B。对于川西双鱼石构造，在自流井组钻井过程中，KM633 和 WS566AZ 的钻头的经济效益较高。DF1606B 钻头，在川西双鱼石构造 ST1、ST2 和 ST3 井中综合效益指数低于 KM633 和 WS566AZ。

（5）实例验证

SY001－1 井距 ST1 井为 2.3km，距 ST3 井 6.2km，是双鱼石构造部署的一口新开发井。在该井钻探过程，自流井组使用了灰色关联度优选出的 WS566BE 钻头，其机械钻速为 1.83m/h，平均单只 WS566BE 钻头的进尺高达 95m，单只钻头的机械钻速和进尺分别比 ST1 已使用钻头提高了 1.43m/h 和 75 米，证明了该钻头选型结果的有效性。

同理可得，须家河组钻头综合评价结果：

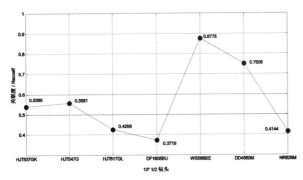

图4 须家河组钻头灰色关联综合评价结果

对 HJT537GK，HJT547G，HJT617GL，DF1605BU，WS566BE，DD4560M，NR826M 这 7 种类型钻头采用灰色关联分析法综合评价，得出每只钻头的关联度分别为：$\gamma_1 = 0.5395$，$\gamma_2 = 0.5581$，$\gamma_3 = 0.4256$，$\gamma_4 = 0.3719$，$\gamma_5 = 0.8775$，$\gamma_6 = 0.7506$，$\gamma_6 = 0.4144$。因此，WS566BE 使用效果最好，钻头优选之后的排列顺序为 WS566BE，DD4560M，HJT547G，

HJT537GK，NR826M，HJT617GL，DF1605BU。

## 3 结论

（1）基于灰色关联分析法，本文提出一种重视钻头经济效益的选型方法，根据进尺、机械钻速、纯钻时间、钻头单价、钻头经济效益指数和出井新度对钻头进行综合评价，优选出双鱼石构造自流井组和须家河组中高效、经济的钻头，一定程度上加速川西北部地区二叠系的勘探开发。

（2）与双鱼001－1 井已使用钻头数据进行对比，证明了优选出钻头的高效性。因此，采用重视钻头经济效益的选型方法，可为钻井设计人员对钻头选型提供参考。

**参 考 文 献**

[1] 胡大梁，严焱诚，李群生等. 混合钻头在元坝须家河组高研磨性地层的应用 [J]. 钻采工艺，2013，36（6）：8－12.

[2] 兰凯，张金成，母亚军等. 高研磨性硬地层钻井提速技术 [J]. 石油钻采工艺，2015，37（6）：18－22.

[3] 张辉，高德利. 钻头选型方法综述 [J]. 石油钻采工艺，2005（8）.

[4] 王俊良，刘明. 用灰色关联分析评价和优选钻头 [J]. 石油钻采工艺，1994，16（5）：14－18.

[5] 杨进，李文武，高德利. 灰关联聚类在钻头选型中的应用 [J]. 石油钻采工艺，1999，21（4）：48－52.

[6] Fabian Robert T，Ronald Birch. Canadian Application of PDC Bits Using Confined Compressive Strength Analysis [C]. CADE/CAODC Spping Drilling Conference，1995，04.

[7] 毕雪亮，阎铁，张书瑞. 钻头优选的属性层次模型及应用 [J]. 石油学报 2001，22（6）：82－85.

[8] 冯定. 神经网络在钻头选型中的应用研究 [J]. 石油探技术，1998，26（1）：43－45.

[9] 王越之. 用灰色聚类法评选钻头类型 [J]. 石油钻

采工艺，1991，4（1）：19 – 24.

［10］于润桥 . 用"综合指数"方法选择钻头类型 ［J］. 石油钻探技术，1993，21（3）：46 – 50.

［11］傅立，系统科学 . 灰色系统理论及其应用 ［M］. 科学技术文献出版社，1992.

［12］杨纶标，高英仪 . 模糊数学原理及应用图册 ［M］.

华南理工大学出版社，2006 – 7 – 1.

［13］杨进，高德利 . 一种钻头选型新方法研究 ［J］. 石油钻采工艺，1998，20（5）：38 – 40.

［14］高德利，张辉，潘起峰 . 流花油田地层岩石力学参数评价及钻头选型技术 ［J］. 石油钻采工艺，2006，28（2）：1 – 3.

# 干柴沟长水平段页岩油高效开发钻井液技术探索及认识

郝少军[1]　邢　星[1]　安小絮[2]　郝　添[1]　赵维超[1]

（1. 中国石油青海油田公司油气工艺研究院；2. 中国石油青海油田公司勘探开发研究院）

**摘　要**　为了提高干柴沟页岩油效益开发，决定部署水平段长 1500m 的水平井，但随着水平段长度增加，钻井液携岩难度大、钻具起下钻摩阻大、泥岩井壁易失稳等矛盾尤为突出。为此，通过资料调研和室内研究，筛选出适合干柴沟长水平段页岩油优快钻井且储层保护性能优良的油基钻井液和聚胺有机盐两套钻井液体系，通过应用实践表明：油基钻井液体系、聚胺有机盐钻井液体系均可满足 1500m 水平段三维井眼轨迹水平井钻井技术需求，但油基钻井液钻井成本高、环保压力大，长水平段推荐使用聚胺有机盐钻井液体系，该体系抗温达到 180℃、一次滚动岩屑回收率达到 93.04%，钻井液润滑系数≤0.08。另外，$E_3^2$ 地层裂缝发育等原因导致漏失频发，地层承压困难等难题，研发了一种可酸溶快失水固结堵漏剂，能够在进入漏层后迅速失水，形成高强度封堵层。可酸溶快失水固结堵漏对 0.5~7mm 缝板的承压能力 >15MPa，具有较强的广谱封堵能力，同时其酸溶率达 66.87%，能够满足储层保护需求。高性能钻井液体系配套堵漏技术能有效解决干柴沟页岩油水平井钻井中存在的问题，满足该地区水平段安全快速钻井需求。

**关键词**　页岩油；水平井；长水平段；钻井液体系；固结堵漏

为了提高干柴沟页岩油效益开发，决定部署水平段长 1500m 的水平井，但随着水平段长度增加，钻井液携岩难度大、钻具起下钻摩阻大、泥岩井壁易失稳、$E_3^2$ 地层地层存在异常高压，安全密度窗口窄、地层裂缝发育等原因导致的诱导裂缝型漏失频发等问题尤为突出，影响了造斜段、水平段的钻速。针对这些难点，开展了干柴沟地区高效开发系列钻井液技术研究，最终形成了油基钻井液和聚胺有机盐两套钻井液体系以及裂缝性地层固结堵漏技术。通过应用实践表明：油基钻井液体系、水基钻井液体系均可满足 1500m 水平段三维井眼轨迹水平井钻井技术需求，但油基钻井液钻井成本高、环保压力大。两套体系均很好地解决了长水平段水平井裸眼井段长，粘土矿物遇水膨胀，造成井壁不稳定，容易发生井壁垮塌、井眼失稳和机械钻速低等问题，为加快干柴沟区块页岩油勘探开发提供了技术支撑。

## 1　工程概况

### 1.1　地质特点

干柴沟地区是柴达木盆地西部坳陷区茫崖坳陷亚区英雄岭构造带上的一个三级构造。本井区共钻遇下油砂山组（$N_2^1$）、上干柴沟组（$N_1$）、下干柴沟组上段（$E_3^2$）、下干柴沟组下段（$E_3^1$）及路乐河组（$E_{1+2}$），目的层位为下干柴沟组上段

（$E_3^2$），储层岩性主要为灰色泥岩、砂质泥岩、灰质泥岩为主，夹灰色泥灰岩、泥质粉砂岩，少量灰色石膏质泥岩及灰白色盐岩；Ⅱ 油组压力系数为 1.94~2.18，Ⅳ~Ⅵ 油组压力系数略有降低，为 1.88~1.96，均为异常高压系统；本区地温梯度为 2.95℃/100m，属于正常温度系统。

### 1.2　钻井液技术难点

1）泥页岩井壁易失稳问题。长水平段为泥页岩，地层黏土含量较高，主要以伊利石、伊/蒙混层为主，易发生水敏伤害；同时受机械力和化学作用力的影响，容易造成井壁剥落掉块，从而影响井下施工安全；2）$E_3^2$ 发育高压油气层，含盐岩，且地层承压能力较低，易发生井漏及溢漏共存；3）水平段钻进，卡钻风险高。水平段钻进井眼清洁难度大，易形成岩屑床；钻井时间长，频繁起下钻易形成键槽；井眼易缩径、坍塌，造成起下钻遇阻卡。同时目的层深度的预测可能存在误差，为保证水平段在有利储集层内钻进，可能需频繁调整轨迹，卡钻风险高；4）$E_3^2$ 盐岩层安全钻井难度大。$E_3^2$ 盐层钻进钻井液易污染，易发生阻卡；井眼不规则，易形成"大肚子"井眼；地层微裂缝发育，易井漏；盐膏层蠕变变形，存在挤毁套管的风险。

## 2　钻井液技术研究

根据干柴沟页岩油水平井钻井技术难点、地

质特点、钻井液技术措施，开展干柴沟区块钻井液体系筛选及优化，针对 $E_3^2$ 地层地层存在异常高压，安全密度窗口窄、地层裂缝发育等原因导致的诱导裂缝型漏失频发等问题，开展了固结堵漏技术研究，最终形成了适合干柴沟区块优快钻井配套钻井液技术，从而有效解决干柴沟地区水平井钻井中出现的系列问题。

### 2.1 油基钻井液配方研究

室内通过对油基钻井液体系的油水比、主乳、辅乳、有机土、润滑剂，生石灰等处理剂不同配比进行筛选及评价，最终形成适合干柴沟页岩油性能优良的油基钻井液体系。具体配方为：90∶10

（柴油∶水）+3.5% 有机土 +4% 主乳化剂 +2.5% 辅乳化剂 +3% 氧化钙 + $CaCl_2$ 水溶液（25%）+1.0% 提切剂 +1.5% 润湿剂 +1% 流型调节剂 +4% 降滤失剂 +3% 页岩稳定剂 +3% 封堵剂 +1% 石墨 + 重晶石粉。（后续根据现场情况可适当调整比例）。体系经不同密度的高性能油基钻井液老化前后性能保持定，破乳电压维持在 1200～2047V；随着密度升高，钻井液的切力和黏度相应上升，高温高压滤失量可控制在 3.0mL 以下。（具体结果见图1），同时体系抗污染能力强，可抗 15% 钻屑、30% 地层水和 10% 水泥的污染（具体结果见图2、图3、表1）。

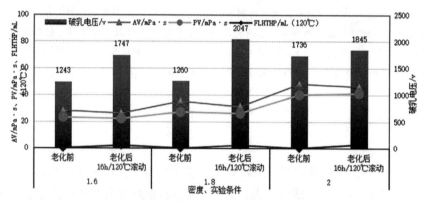

图1　高性能油基钻井液的加重性能评价结果图

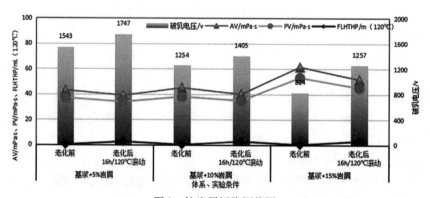

图2　抗岩屑污染评价图

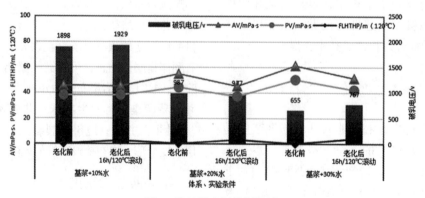

图3　抗地层水污染评价图

表 1　抗水污染评价表

| 体系 | 条件 | AV/mPa·s | PV/mPa·s | Gel 10s/10min Pa/Pa | FL<sub>HTHP</sub>/mL（120℃） | 破乳电压/v |
|---|---|---|---|---|---|---|
| 基浆 + 10% 水泥 | 老化前 | 51 | 44 | 5.5/16 | / | 2047 |
| | 老化后 | 43 | 37 | 3/11 | 2.6 | 2047 |

## 2.2 聚胺有机盐钻井液技术研究

体系主要在普通盐水聚磺钻井液的基础上，引入有机盐、聚胺抑制剂等材料，转化为聚胺有机盐钻井液体系。具体配方为：4 – 6）% 抗盐土 + （土量的 5%）$Na_2CO_3$ + 0.5% NaOH + （2 – 4）% 降滤失剂 + （3 – 4）% 白沥青 + （2 – 3）% 聚合醇 + （0.5 – 1）% 包被剂 + （1 – 2）% 抑制剂 + （3 – 4）% SPNH + （3 – 4）% SMP – 2 + 5% KCl + 30% 有机盐 + （1 – 2）% YG – 29 + （3 – 5）% QS – 2 +

（2 – 3）% RH220，配方抗温达到 180℃，加重最高到 2.2g/cm³（具体见表 2），体系经 15% NaCl、1.0% $CaCl_2$ 污染后（具体见表 3），钻井液性能变化不大，表明钻井液具有良好的抗污染性能，同时体系用现场柴 904 井（2750 米）岩屑进行滚动回收率实验（，岩屑一次滚动回收率达到 93.04%（见表 4），表明其具有极强的抑制性能，钻井液润滑系数 ≤ 0.08，说明聚胺有机盐钻井液性能满足现场施工要求。

表 2　加重后基本性能评价表

| 实验条件 | AV mPa·s | PV mPa·s | YP Pa | Gel 10s/10min Pa/Pa | FlAPI mL | pH | ρ g/cm³ | HTHP（150℃）/mL |
|---|---|---|---|---|---|---|---|---|
| 室温加重后 | 91 | 76 | 15 | 2/5 | 2 | 9 | 2.20 | 7.2 |
| 热滚后 16h | 86 | 72 | 14 | 1/4 | 2.6 | 9 | 2.20 | 6.8 |

表 3　钻井液抗污染能力评价表

| 盐浓度 | 实验条件 | AV mPa.s | PV mPa.s | YP Pa | Gel 10s/10min Pa/Pa | FlAPI mL | HTHP（150℃）/mL | pH |
|---|---|---|---|---|---|---|---|---|
| 体系浆 + 15% NaCl | 常温 | 97 | 87 | 10 | 3/9 | 2.2 | / | 9 |
| | 130℃/16h | 95 | 84 | 11 | 2.5/8 | 2.4 | 7.6 | 9 |
| 体系浆 + 1.0% $CaCl_2$ | 常温 | 99 | 87 | 12 | 3/7 | 2.4 | / | 9 |
| | 130℃/16h | 100 | 86 | 14 | 3.5/9 | 2.6 | 8.0 | 9 |

表 4　现场钻井液抑制性评价表

| 介质 | 热滚前/g | 热滚后/g | 岩屑回收率/% |
|---|---|---|---|
| 清水 | 50.004 | 2.42 | 4.84 |
| 聚胺有机盐钻井液 | 50.030 | 46.548 | 93.04 |

## 2.3 固结堵漏技术

针对干柴沟地区 $E_3^2$ 地层，井漏处置困难，漏失量大，钻井液密度高等难题，优选固结堵漏技术，体系克服了现有技术存在的凝胶堵漏剂强度不够以及水泥滞留能力差、无机堵漏材料固化时间难以精确控制，抗水侵能力差等一系列问题。体系的主要特点表现为：①主要成分为可酸溶材料，形成的堵漏塞在 15% HCl 中的溶解率达

66.87%（见表 5），为实现单井高产奠定良好基础；②当堵漏浆浓度 ≤ 70% 的情况下，体系在 15s 以内全部滤失，形成封堵层，有助于堵漏成功率的提高；③对不同裂缝宽度漏失通道封堵并固结后的承压能力达 15.1MPa 以上（见表 6），堵漏体系能够高效封堵 7mm 以下裂缝通道，完全满足干柴沟组 E32 层组堵漏要求。

表 5　堵漏剂酸溶率

| 序号 | 实验前样/g | 实验后烘干残样/g | 酸溶率,% | 平均值,% |
|---|---|---|---|---|
| 1 | 5.00 | 1.62 | 67.60 | 66.87 |
| 2 | 5.00 | 1.65 | 67.00 | |
| 3 | 5.00 | 1.70 | 66.00 | |

表6 不同缝宽裂缝的封堵情况

| 裂缝宽度 mm | 浓度% | 挤注压力 MPa | 累积漏失量 ml | 固结后承压能力 MPa |
|---|---|---|---|---|
| 0.5 | 30 | 13.3 | 0 | >20 |
| 1 | 40 | 11.7 | 0 | >20 |
| 3 | 50 | 8.9 | 4 | 17.8 |
| 5 | 60 | 7.4 | 11 | 15.6 |
| 7 | 70 | 5.2 | 25 | 15.1 |

## 3 现场应用

### 3.1 油基钻井液、水基钻井液应用比对

#### 3.1.1 常规性能对比分析

干柴沟页岩油1H平台共进行了8口井的先导试验,其中英页H5-1、H5-4、H6-1、H6-4井应用油基钻井液体系、H5-2、H5-3、H6-2、H6-3应用聚胺有机盐钻井液体系。①塑性粘度比对。使用油基钻井液的四口井的塑性粘度控制在38~70MPa.s之间,使用水基钻井液的四口井的塑性粘度控制在40~100MPa.s之间,油基钻井液的流变性优于水基钻井液。该井段现场未出现事故复杂,塑性粘度的降低有利于提高钻井排量,充分利用水力破岩;②漏斗粘度比对。油基钻井液的漏斗粘度维持在50~70s之间,水基钻井液的漏斗粘度维持在50~90s,造斜段水基钻井液漏斗粘度低于油基钻井液,水平段油基钻井液漏斗粘度低于聚胺有机盐钻井液,漏斗粘度控制合理;③初切和终切比对。油基钻井液的初切范围为5.5~10.5Pa,水基钻井的初切范围为2.5~8Pa。油基钻井液的终切范围为12~20.5Pa,聚胺有机盐钻井液的终切范围为8~18Pa之间。聚胺有机盐钻井液的初终切整体低于油基钻井液,有利于降低开泵时的激动压力,降低漏失风险;④HTHP滤失量比对。油基钻井液的HTHP滤失量≤5mL(大部分井段≤2mL),聚胺有机盐钻井液的滤失量为≤12mL(大部分井段在7~9mL左右)。该井段地层稳定性强,将HTHP滤失量控制在9mL左右既能够满足防止地层坍塌掉块的需求,又能够通过滤液侵入岩石,降低岩石强度,提高机械钻速;⑤润滑行比对。长水平段要求钻井液有足够的润滑性,降低摩阻和托压。使用油基钻井液,现场油基钻井液的泥饼摩擦系数(滑块式)0.06,润滑性良好,使用聚胺有机盐钻井液的泥饼摩擦系数(滑块式)为0.06~0.0.09,能够满足长水平段钻井液润滑性要求。

#### 3.1.2 水力破岩分析

接触角方面,地层岩屑与盐水的接触角为30°左右,亲水性较强。孔隙度平均7.0%,基质渗透率0.93mD,储层基质致密,毛细管作用力强。地层亲水,毛细管力强,有助于水基钻井液接触井底岩石后被自发吸入,大量液相进入孔隙后可以降低岩石抗剪切强度,有助于钻头破岩。油基钻井液瞬态滤失量较水基钻井液低,井底出现裂缝后不易进入,造成负压真空,会将岩屑吸附在井底,造成压持效应。此外,由于油基钻井液无法进入裂缝,导致裂缝闭合,无法形成"液楔"。

#### 3.1.3 高温岩屑浸泡实验

通过室内实验可知,岩屑在30% weight2中浸泡后吸液质量为0.96~1.42g,吸液体积为0.7300-1.0798mL。岩屑在煤油中浸泡后吸液质量为0.12~0.49g,吸液体积为0.1500~0.6135mL。浸泡相同时间的条件下,岩屑吸收盐溶液的体积是吸收煤油的1.33~4.87倍。岩屑吸收盐溶液和煤油的速率基本持平,皆在1min内达到吸液水平的上限。岩屑吸水速率高、3min内岩屑在盐溶液中基本完全分散,抽滤后岩屑粉在玻璃棒上粘连。在煤油中状态稳定,20min后岩屑状态不变,抽滤后使用玻璃棒按压,岩屑易碎。与油基钻井液相比,聚胺有机盐浸泡岩屑后,岩屑胶结强度明显降低,有利于钻井提速。(具体结果见表7、图4、图5)

#### 3.1.4 返出钻井液形态

聚胺有机盐钻井液造斜段和水平段返出的岩屑表面水化明显,岩屑较软,岩屑之间相互粘连,部分岩屑已经分散,具有一定流动性。油基钻井液造斜段和水平段返出的岩屑,切削痕迹明显,棱角分明,岩屑之间相互分离,无粘连现象,性脆,硬度较低,按压易碎。(具体见图6)

表7　高温岩屑浸泡实验结果

| 时间（min） | 吸油质量（g） | 吸盐质量（g） | 吸油体积（mL） | 吸盐体积（mL） |
|---|---|---|---|---|
| 1 | 0.40 | 1.38 | 0.5000 | 1.0494 |
| 3 | 0.12 | 0.96 | 0.1500 | 0.7300 |
| 5 | 0.49 | 1.07 | 0.6125 | 0.8137 |
| 7 | 0.39 | 1.31 | 0.4875 | 0.9962 |
| 9 | 0.39 | 1.42 | 0.4875 | 1.0798 |
| 11 | 0.43 | 1.10 | 0.5375 | 0.8365 |
| 13 | 0.37 | 1.15 | 0.4625 | 0.8745 |
| 15 | 0.37 | 1.08 | 0.4625 | 0.8213 |
| 17 | 0.45 | 1.13 | 0.5625 | 0.8593 |
| 20 | 0.42 | 1.15 | 0.5250 | 0.8745 |

浸泡1min　　浸泡3min　　浸泡9min　　浸泡20min

图4　聚胺有机盐侵泡实验

浸泡1min　　浸泡3min　　浸泡9min　　浸泡20min

图5　柴油侵泡实验

水基岩屑　　　　　　　　　　　　　　柴油岩屑

图6　岩屑返出形态

### 3.1.5　指标对比

第一轮井中在均使用常规旋导工具的前提下，使用油基钻井液的英页1H6－1、H6－4井机械钻速慢于使用聚胺有机盐钻井液的英页1H5－2、H5－3井，但在第二轮均使用旋导＋螺杆钻具组合，油基与水基钻井液机械钻速相当。

### 3.1.6　认识

认识1：从现场使用效果来看，油基钻井液体系、聚胺有机盐钻井液体系均可满足1500m水平段三维井眼轨迹水平井钻井技术需求，但油基钻井液钻井成本高、环保压力大，因此推荐在后续水平井钻井过程中使用聚胺有机盐钻井液体系。

认识2：油基钻井液和聚胺有机盐钻井液的抑制性、润滑性能够满足长水平段井壁稳定和降低摩阻需求，高密度条件下，油基钻井液的塑性粘度、动切力、漏斗粘度较低，初终切较高。

**表8　造斜段油基、聚胺有机盐钻井技术指标**

| 井号 | 井段（m） | 钻井液体系 | 钻具组合 | 机械钻速（m/h） | |
|------|-----------|-----------|----------|----------------|------|
| H5 - 2 | 2578 - 2944 | 聚胺有机盐 | 常规旋导 | 4.63 | 第一轮 |
| H5 - 3 | 2598 - 2997 | 聚胺有机盐 | 常规旋导 | 3.45 | |
| H6 - 1 | 2588 - 3106 | 油基 | 常规旋导 | 2.37 | |
| H6 - 4 | 2698 - 3102 | 油基 | 常规旋导 | 2.38 | |
| H6 - 2 | 2580 - 3028 | 聚胺有机盐 | 旋导 + 螺杆 | 3.84 | 第二轮 |
| H6 - 3 | 2648 - 3100 | 聚胺有机盐 | 旋导 + 螺杆 | 4.12 | |
| H5 - 1 | 2690 - 3111 | 油基 | 旋导 + 螺杆 | 3.94 | |
| H5 - 4 | 2668 - 3136 | 油基 | 旋导 + 螺杆 | 3.81 | |

认识3：应用聚胺有机盐钻井液体系重点提高钻井液封堵性和润滑性，保证起下钻通畅，适当降低粘切，进一步提高水力破岩效率。应用油基钻井液应加强固控设备的使用，降低钻井液的初终切，减少开泵时的激动压力。水平段地层稳定性强，将钻井液的 HTHP 滤失量靠近设计上限，协助提高破岩效率。

## 4　结论

（1）根据柴达木盆地干柴沟页岩油水平井的储层特征和长水平段的钻进要求，通过现场应用探索，油基钻井液体系、聚胺有机盐钻井液体系均可满足 1500m 水平段三维井眼轨迹水平井钻井技术需求，但油基钻井液钻井成本高、环保压力大，因此推荐在后续水平井钻井过程中使用聚胺有机盐钻井液体系。

（2）油基钻井液和聚胺有机盐钻井液的抑制性、润滑性能够满足长水平段井壁稳定和降低摩阻需求。

（3）形成 $E_3^2$ 地层固结堵漏技术，为后续干柴沟页岩油高效开发，提供技术储备。

## 参 考 文 献

[1] 王建华，闫丽丽，谢盛，等.塔里木油田库车山前高压盐水层油基钻井液技术 [J].石油钻探技术，2020，48（2）：29 - 33.

[2] 王志远，黄维安，范宇，等.长宁区块强封堵油基钻井液技术研究及应用 [J].石油钻探技术，2021，49（5）：31 - 38.

[3] 郝广业.抗高温油基钻井液有机土的研制及室内评价 [J].内蒙古石油化工，2008，34（1）：108 - 110.

[4] 冯萍，邱正松，曹杰，等.国外油基钻井液提切剂的研究与应用进展 [J].钻井液与完井液，2012，29（5）：84 - 88.

[5] 黄汉仁，杨坤鹏，罗平亚.钻井液工艺原理 [M].北京：石油工业出版社.

[6] 张文波，戎克生，李建国，等.油基钻井液研究及现场应用 [J].石油天然气学报，2010，32（3）：303 - 305.

# 陆相高黏土页岩储层水平井井壁稳定技术研究

邹灵战[1]　徐新纽[2]　黄　鸿[2]　阮　彪[2]　曹光福[2]　楚恒志[2]　刘　刚[1]　罗　飞[1]

（1. 中国石油集团工程技术研究院有限公司；2. 中国石油新疆油田公司）

**摘　要**　针对古龙陆相高黏土页岩储层在井斜超过 60°后发生严重井壁垮塌问题，通过岩心三轴强度、扫描电镜（SEM）、X 射线衍射分析黏土矿物组份、润湿性测定、浸泡清水对强度影响等实验测定，研究了页岩矿物组成、微观孔缝特征、力学特性、水化特性、吸附特性，揭示了古龙页岩井壁失稳主导机理，页理面每米多达 2000 个，页理面是强度弱面，水平井钻井时井壁围岩强度下降到直井的 1/6，易发生剪切破坏，坍塌压力高；页岩的黏土矿物组份含量高达 40%，以伊利石为主，页理面上伊利石定向排列，易受表面水化作用影响丧失粘聚力；页岩纳微米孔缝发育，具有亲水亲油的特性。制定了井壁稳定配套措施，力学上确定合理钻井液密度平衡坍塌压力；采用油基钻井液消除黏土矿物的表面水化，配合纳微米的广谱封堵，维持良好的钻井液流变性。现场应用获得成功，有效解决了陆相纯页岩井壁失稳问题，水平段长突破 2500m，钻完井作业顺利。

**关键词**　陆相页岩油；水平井；井壁稳定

古龙页岩油具有优越的地质条件和巨量的资源基础，勘探开发前景广阔，是大庆油田的重要接替领域，青山口组一段和二段页岩油资源丰富，实现了战略意义的勘探突破。古龙页岩油为典型的原生原储原位油藏，页岩储层主体是纯页岩型，不同于国内外其他类型页岩油，尚无大规模商业开发的成功案例。北美海相致密油、页岩油开发往往是在页岩层系中选取致密夹层作为开发目的层，借助于长水平段体积压裂模式进行商业开发，国内的吉木萨尔芦草沟组、鄂尔多斯长 7 段页岩油同样是借鉴了北美的经验。古龙页岩油作为全新的资源类型，国内外尚无可复制套用的现成地质理论、开发和工程技术。对钻完井而言，在纯页理型页岩储层钻长水平段，钻井的井壁稳定面临着很大挑战。

在大位移井和水平井中，需要考虑地应力和井眼轨迹对井壁稳定性的影响，类似的研究方法已经成熟。在层理性页岩储层，还存在层理弱面的力学特性，在大斜度井眼状况下，层理面容易发生剪切破坏，坍塌压力大大增加，井壁稳定性变差，需要提高钻井液密度来平衡坍塌压力。页岩的黏土矿物以伊利石为主，含有少量或者不含伊蒙混层，主要发生伊利石的表面水化作用，导致层理面结构力丧失，发生坍塌。古龙页岩油水平井，井壁垮塌一度是制约钻井安全的瓶颈难题。

本文通过开展矿物含量、扫描电镜、润湿性等测试分析，系统揭示了古龙页岩油水平井井壁失稳机理，并针对性提出应对措施，为古龙页岩油水平井钻井井壁稳定性研究提供技术支撑。

## 1　区域井壁失稳概况

### 1.1　前期水平井井壁失稳情况

统计前期 5 口已完钻水平井青山口组钻井液体系、钻井液密度、井径扩大率、事故复杂以及损失情况（表 1），发现青山口组地层极易垮塌，容易导致阻卡或卡钻，处理难度大且耗时长。英页 1H、古页 2HC 主要表现为井径扩大，古页油平 1 井设计三开井身结构，三开在 3942m 处发生卡钻事故，处理时间 33.9d，打水泥回填，后于井深 2174m 处开始侧钻，提高钻井液 1.55 ~ 1.58g/cm³，本井事故复杂时效 28.8%。松页油 2HF 井三开最大井径扩大率 63.9%，钻进至井深 2367m（密度 1.44g/cm³、井斜角 87.5°）水平段时发生阻卡，后将钻井液密度提高至 1.60g/cm³ 后恢复正常，处理阻卡耗时 24.33d，通井 10.59d，完井通井耗时 64.96d，且最后 700m 井段电测无法下钻到底。

表1　古龙页岩油水平井青山口组典型复杂情况

| 井号 | 钻井液体系 | 钻井液密度，g/cm³ | 井径扩大率 | 事故复杂类型 | 损失情况 |
|---|---|---|---|---|---|
| 英页1H | 油基 | 1.45~1.50 | >48% | — | — |
| 古页2HC | 油基 | 1.55~1.60 | 最大69% | — | — |
| 古页油平1 | 油基 | 1.44~1.60 | | 卡钻 | 侧钻 |
| 松页1HF | 油基 | 1.55 | 未测 | 阻卡 | 提前完钻 |
| 松页2HF | 类油基 | 1.44~1.60 | 未测 | 阻卡 | 损失24.33d |

### 1.2　典型井壁失稳垮塌特征

古龙页岩油井水平井青山口组井壁失稳形成的垮塌特征非常显著，且页岩垮塌受井斜影响明显，某典型井在造斜段到水平段入靶井段为页岩，该段井径曲线比较有代表性，可以看到，在40°井斜内时页岩井壁较为稳定，扩大率不超过20%，随后在井斜角增至65°过程中井塌逐渐加剧，井斜角65°时井径扩大率超过48%，大斜度段（青一段，65°~90°）严重垮塌，井径扩大率大于48%，从该典型井可以看出，古龙页岩油的井径曲线与井斜存在相关性。此外，细观井径局部变化，井径存在"忽大忽小"特征，反映古龙页岩储层井壁失稳机理具有独特性。

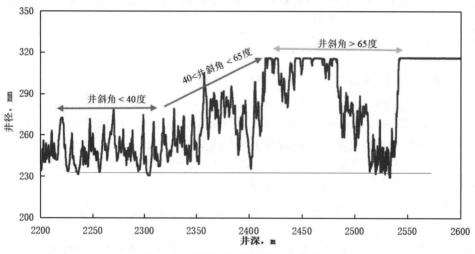

图1　古龙页岩油典型水平井井径曲线

## 2　井壁失稳机理研究

### 2.1　储层岩矿特征测试

（1）页岩微观细观特征

古龙目的层为陆相纯页岩储层，岩心观察表明，页理面每米多达2000个，电镜观察到页理面上伊利石定向排列，形成"千层饼"状结构（见图2）。

（2）矿物组份测定实验

岩心全岩及粘土矿物分析结果显示（表2）：古龙目的层石英等矿物含量相对较低、黏土矿物含量高，为34.03%，粘土矿物组分中伊利石含量为88%，伊利石定向排列形成了页理面。

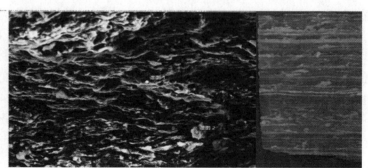

图2　古龙陆相页岩照片（左）及扫描电镜图像（右）

表2 古龙陆相页岩全岩及粘土矿物含量

| 粘土矿物相对含量（%） | | | | 全岩定量分析（%） | | | | | | | |
|---|---|---|---|---|---|---|---|---|---|---|---|
| 绿泥石 | 伊利石 | 伊/蒙间层 | 间层比 | 粘土总量 | 石英 | 钾长石 | 斜长石 | 方解石 | 铁白云石 | 黄铁矿 | 脆性矿物 |
| 6.08 | 88.2 | 5.72 | 10.0 | 34.03 | 28.9 | 1.03 | 18.42 | 5.16 | 9.67 | 3.76 | 47.49 |

（3）润湿性测试

对古龙页岩开展润湿性测试实验，明确页岩井壁稳定对液相作用的敏感性（图3），结果表明古龙页岩具有油水双亲特征。

（4）孔缝特征测定

数字岩心实验测定表明（图4），储层页岩大量发育黏土矿物的纳米和微米孔、缝，半径主要分布在200～500nm和2μm级别。

白油/柴油                清水

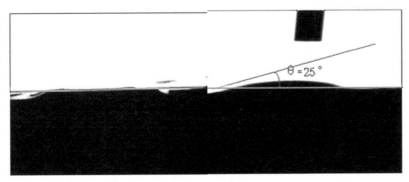

图3 润湿性测试

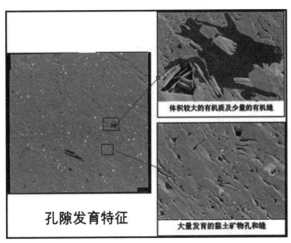

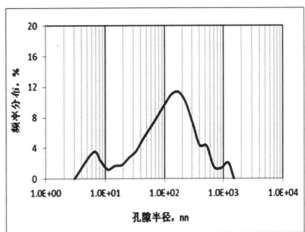

图4 古龙页岩油孔径分布情况

（5）清水浸泡实验

古龙页岩岩心浸泡实验表明（图5），页岩能够发生表面水化作用，伊利石页理面是清水侵入的主要通道，水沿着页理面浸入岩心内部导致页理面强度降低，致使岩心发生沿页理面的断裂，质量增加7.8%。

（6）页理面强度实验测定

岩心页理面较为明显，破碎后沿层理方向形成多组小体积碎片（图6）。从岩石力学实验测定看，页岩发生剪切破坏复合弱面破坏（表3、表4）。

图5 古龙页岩岩心浸泡实验

由图7摩尔库伦圆可以明确，当取样夹角β1 < β < β2时，弱面先于本体发生破坏，因此，在

大斜度井条件下，井壁岩石的强度受弱面控制，页理面优先发生剪切破坏是页岩井壁发生失稳的力学本质。

图6　古龙页岩岩心破碎图片

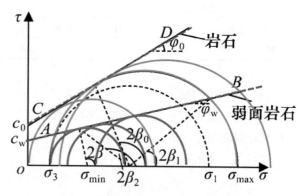

图7　弱面存在情况下的摩尔库伦圆

**表3　古龙页岩油岩石力学参数**

| 井号 | 层位 | 取心深度（m） | 加载方向 | 围压（MPa） | 杨氏模量（MPa） | 泊松比 | 抗压强度（MPa） |
|---|---|---|---|---|---|---|---|
| 古龙北 544 - 斜436 | 青一 | 2275.17— 2275.31 | 平行页理 | 0 | 12020.00 | 0.12 | 27.88 |
| | | | | 12 | 8152.70 | 0.19 | 49.17 |
| | | | | 24 | 12199.40 | 0.17 | 65.66 |
| 古693 - 66 - 斜68 | 青一 | 2317.79— 2317.91 | 垂直页理 | 0 | 2945.10 | 0.26 | 55.79 |
| | | | | 12 | 4634.10 | 0.18 | 77.21 |
| | | | | 24 | 6567.30 | 0.18 | 93.68 |

**表4　古龙页岩油岩石内聚力和内摩擦角**

| 本体 | 内聚力（MPa） | 内摩擦角（°） | 内摩擦系数 |
|---|---|---|---|
| | 15.00 | 40.00 | 0.84 |
| 弱面 | 内聚力（MPa） | 内摩擦角（°） | 内摩擦系数 |
| | 5.00 | 20.00 | 0.36 |

基于前述实验结果分析认为：页岩井壁失稳的实质是力化学作用共同参与影响的结果，页岩井壁失稳机理主要体现在两个方面：一是页岩页理面中粘土矿物具有较强的润湿性，钻井液侵入页理面中的微纳米孔缝并持续与粘土矿物发生水化作用，导致页理面丧失结构力，页岩强度降低；二是受井斜角增加和井壁应力集中影响，弱页理面优先于页岩本体达到坍塌压力并发生剪切破坏，导致页岩力学稳定性变差。

## 3　页岩井壁稳定技术对策

### 3.1　钻井液体系性能对策

充分考虑页岩井壁失稳机理，古龙区块页岩油水平井青山口组优选油基钻井液体系，钻井液密度由以往的 $1.45 \sim 1.60 \mathrm{g/cm^3}$ 提升至 $1.68 \sim 1.72 \mathrm{g/cm^3}$，长水平段钻进需要保持良好的流变性，严格控制有

害固相含量，保持流变性能稳定。另外，考虑到纳微米孔缝具有吸附特性，需要配套纳微米广谱封堵剂，严格控制滤失量、流变性和有害低密度固相含量。特别地，对于平台水平井重点考虑到油基钻井液重复利用，长水平段钻进后需要加入新浆，重新调整性能，体系性能要求中区分了起步性能和水平段完钻性能，更具有现场指导意义，见表6。

### 3.2　现场应用效果

通过合理选调钻井液密度、油基钻井液和良好的流变性能，古龙页岩油水平井的井壁稳定难题得到了大大改善，为井下安全提供了保障。典型井的井径曲线见图8，该井水平段长2500m，相比较初始阶段，井斜大于60°后的垮塌问题得到有效治理，井径曲线较为规则，平均井径扩大率在基本10%以内。虽然个别井段的井径仍有明显扩大（>10%），但钻井中没有发生阻卡复杂现象，完井下套管作业顺利。

表6 古龙页岩油钻井液性能参数

| 古龙页岩油油基钻井液性能 | | 造斜段和水平段起步性能 | 水平段完钻性能 |
|---|---|---|---|
| 力学平衡 | 钻井液密度，g/cm³ | 1.65 – 1.70 | 1.68 – 1.72 |
| 流变性 | Φ6 读数 | 4 – 8 | 8 – 20 |
| | 漏斗黏度，s | ≤60 | ≤80 |
| | 动切力，Pa | 4 – 8 | 10 – 18 |
| | 塑性黏度，mPa·s | ≤30 | ≤45 |
| 滤失造壁性 | HTHP 失水（110℃），mL | ≤3 | ≤2 |
| 固相含量 | 固相含量，% | ≤32 | ≤38 |
| | 有害低密度固相含量，% | ≤4 | ≤8 |

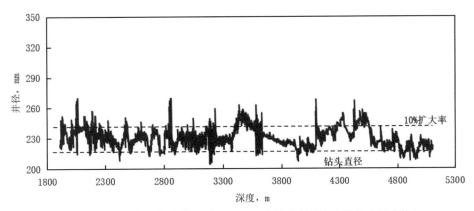

图8 古龙页岩油水平井三开215.9mm井眼造斜段和水平段井径曲线

# 4 认识与建议

本研究通过扫描电镜、润湿性测试等手段系统研究得到古龙页岩储层水平井井壁失稳机理，明确该页岩地层井壁失稳的主要力学机理是弱面强度降低；岩矿和理化机理是地层伊利石定向排列，形成"千层饼"状结构，清水浸泡后容易发生表面水化作用，页理面强度丧失。针对该地层特点，确定了合理的钻井液密度用于平衡地层压力；采用油基钻井液提高对地层水化的抑制性，同时优化油基钻井液的乳化稳定性、提高封堵性降低高温高压滤失、控制粘度、切力和塑性粘度保持优良的流变性能。这些技术措施应用在水平井钻井中，页岩储层井壁稳定得到大大改善，井径扩大率控制在10%以内，水平段长度突破2500m，为优快钻井提供了井下安全保障。

## 参 考 文 献

[1] 孙龙德，刘合，何文渊，等. 大庆古龙页岩油重大科学技术问题与研究路径探析［J］. 石油勘探与开发，2021，48（3）：453 – 463.

[2] 冯子辉，柳波，邵红梅，等. 松辽盆地古龙地区青山口组泥页岩成岩演化与储集性能［J］. 大庆石油地质与开发，2020，39（3）：72 – 85.

[3] 何文渊，蒙启安，冯子辉，等. 松辽盆地古龙页岩油原位成藏理论认识及勘探开发实践［J］. 石油学报，2022，43（1）：1 – 14.

[4] 周庆凡，金之军，杨国丰，等. 美国页岩油勘探开发现状与前景展望［J］. 石油与天然气地质，2019，40（3）：469 – 477.

[5] CHO Y, EKER E, UZUN I, et al. Rock characterization in unconventional reservoirs：A comparative study Bakken, Eagle Ford, and Niobrara formations［R］. SPE 180239, 2016.

[6] GUPTA I, RAI C, SONDERGELD C H, et al. Rock typing in Eagle Ford, Barnett, and Woodford Formations［J］. SPE Reservoir Evaluation & Engineering, 2018, 21（3）：654 – 670.

[8] 付金华，牛小兵，淡卫东，等. 鄂尔多斯盆地中生界延长组长7段页岩油地质特征及勘探开发进展［J］. 中国石油勘探，2019，24（5）：601 – 614.

[9] 金衍，陈勉，柳贡慧，等. 大位移井的井壁稳定力学分析［J］. 地质力学学报，1999（01）：6 – 13.

[10] 邓金根，蔚宝华，邹灵战，等. 南海西江大位移井

井壁稳定性评估研究［J］. 石油钻采工艺，2003
（06）：1 - 4 + 83.

［11］ Rongchao Cheng, Haige Wang, Lingzhan Zou, etc. "Achievemengts and Lessons Learned from a 4 - Year Experience of Extended Reach Drilling in offshore Dagang Oilfild, Bohai Basin, China" ［J］, SPE/IADC 140024.

［12］ 邹灵战，汪海阁，张红军，等. 大港滩海大位移井井壁稳定技术研究［J］. 重庆科技学院学报（自然科学版），2012，14（05）：80 - 82 + 95.

［13］ 任铭，汪海阁，邹灵战，等. 页岩气钻井井壁失稳机理试验与理论模型探索［J］. 科学技术与工程，2013，13（22）：6410 - 6414 + 6435.

［14］ 刘敬平，孙金声. 页岩气藏地层井壁水化失稳机理与抑制方法［J］. 钻井液与完井液，2016，33（03）：25 - 29.

［15］ 谢刚. 黏土矿物表面水化抑制作用机理研究［D］. 西南石油大学，2020.

［16］ 李茂森，刘政，胡嘉. 高密度油基钻井液在长宁——威远区块页岩气水平井中的应用［J］. 天然气勘探与开发，2017，40（01）：88 - 92.

［17］ 王建华，张家旗，谢盛，等. 页岩气油基钻井液体系性能评估及对策［J］. 钻井液与完井液，2019，36（05）：555 - 559.

［18］ 张高波，高秦陇，马倩芸. 提高油基钻井液在页岩气地层抑制防塌性能的措施［J］. 钻井液与完井液，2019，36（02）：141 - 147.

# 常规控压钻井在四川页岩气技术应用探讨

李 照 蒋 林 何贤增 宋 旭 唐 明 姜 林

（中国石油集团川庆钻探工程有限公司钻采工程技术研究院；欠平衡与气体钻井试验基地）

**摘 要** 四川盆地页岩主力产层龙马溪组埋藏深，地质条件复杂，同裸眼段存在多个压力系统，水平长裸眼井段地层研磨性强，压力系统敏感、安全窗口狭窄，井控风险大，井下频发的漏喷复杂严重制约了钻井速度。长期以来常规钻井对溢漏复杂地层缺乏有效的工程技术手段，2014年川庆钻采院针对川南页岩气储层段不同工程、地质情况，开始了欠平衡、控压钻井技术进行的防漏、治漏探索试验，在提速提效、复杂处理方面取得了良好的效果，随着精细控压钻井理论和控压设备的成熟完善，欠平衡、控压钻井技术应用为解决页岩气井溢漏复杂提供了一条有效的技术思路。

**关键词** 窄安全密度窗口、漏喷复杂、欠平衡钻井、井口压力控制

四川盆地页岩气资源丰富，页岩气资源量约为27.5万亿立方米，位居全国第一，四川页岩气区主要集中在四川的长宁、威远、泸州等地区，近年来通过加大开发力度川南地区龙马溪组气藏页岩气日产量大幅增加，达到全国天然气日产量的4%以上。页岩气主力气藏龙马溪组埋深普遍在3500~4500米之间，与国外相比，其无论是埋藏深度还是地质条件都更加复杂，"漏、喷、卡"等问题更加突出，前期壳牌、BP公司等多家外国公司在该地区开展了多轮投资勘探，都因开发难度大，效果不理想而退出。

由于龙马溪组储层安全密度窗口较窄，易发生诱导裂缝性井漏，常规钻井中恶性井漏和溢漏同存井下复杂时常发生，使井控工作面临巨大的考验，极大地限制了钻井工程进度，钻井成本压力使施工方难以承受。虽然通过PDC钻头的适配性选型、地质旋转导向的应用等新技术的推广，四川页岩气钻井工程时效已大幅提高，储层段水平延伸也大幅提升，但如何有效解决"漏、喷、卡"问题，常规钻井仍缺乏有效的技术手段。

## 1 工程地质难点

### 1.1 区域内不同井区地层压力系数差异较大

长宁、威远和泸州等不同区块，甚至同一区块间不同井区的地层压力系数均可能存在较大差异，龙马溪组储层地层压力系数从1.0到2.0以上（见表1），地层压力系统的差异使得邻井的地质、工程情况缺乏足够的参考性，给地层压力预测和施工参数的设计带来了较大困难，龙马溪组页岩地层，油气显示活跃，地质作用下破碎带地层、断层、孔缝发育地层，使储层具备了较好天然气渗透、储存能力，部分井实际地层压力可能高于地质预测，水平井钻进可能突发异常高压形成溢流（见表2），给井控安全工作带来很大的风险和难度。

**表1 长宁区块龙马溪地层实测压力表**

| 井号 | 层位 | 产层中部深度（m） | 地层压力（MPa） | 地层压力系数 |
|---|---|---|---|---|
| N201 | 龙马溪组 | 2506.00 | 49.88（压裂后） | 2.03 |
| N203 | 龙马溪组 | 2385.00 | 31.57（未稳） | 1.35 |
| N208 | 龙马溪组 | 1309.00 | 6.71 | 0.50 |
| N209 | 龙马溪组 | 3112.50 | 61.02 | 2.00 |
| N201－H1 | 龙马溪组 | 2418.50 | 47.278（推算） | 1.98 |
| CNH2－1 | 龙马溪组 | 2243.66 | 39.66（实测） | 1.80 |
| CNH3－1 | 龙马溪组 | 2418.50 | 45.728（推算） | 1.93 |
| CNH3－2 | 龙马溪组 | 2430.00 | 45.74（推算） | 1.92 |
| CNH3－3 | 龙马溪组 | 2373.00 | 45.637（推算） | 1.96 |

表2　长宁区块储层段溢流显示情况表

| 井号 | 层位 | 井深（m） | 溢流原因 | 地压系数 | 实钻密度（g/cm³） | 损失时间（h） |
|---|---|---|---|---|---|---|
| N209H16 – 3 | 韩家店 | 2281.48 | 裂缝气 | 1.4 | 1.02 | 75.84 |
| | 韩家店 | 2345.67 | 裂缝气 | 1.4 | 1.45 | 12.24 |
| N216H5 – 1 | 石牛栏 | 1996.6 | 裂缝气 | 2 | 1.6 | 7.83 |
| | 龙马溪 | 2867 | 井漏置换气侵 | 1.2 | 1.98 | 6.28 |
| N209H16 – 2 | 龙马溪 | 4477.53 | 裂缝气 | 2 | 1.91 | 5 |
| N209H11 – 4 | 龙马溪 | 3451.97 | 压裂窜漏 | 2 | 1.95 | 88.8 |
| N209H47 – 6 | 龙马溪 | 2703.4 | 后效气侵 | 1.8 | 1.6 | 5.5 |
| Y101H25 – 4 | 韩家店 | 2738 | 漏转溢 | 2.10 | 2.10 | 236 |
| Y101H37 – 4 | 韩家店 | 3028.54 | 裂缝气 | 2.25 | 2.25 | 150 |

## 1.2　窄安全密度窗口

随着对区域内地质认识的逐渐成熟，川南页岩气已经形成了较为统一的井身结构模式，目前采用韩家店 – 石牛栏 – 龙马溪组同一裸眼段同打和龙马溪储层专打的技术思路，由此存在龙马溪组储层与上部韩家店、石牛栏组（部分区块存在异常高压）地层形成高低不同多个压力系统的窄安全密度窗口，以及龙马溪组地层由于地质断裂带，发育的孔隙、裂缝性储层形成的井下窄安全密度窗口，甚至部分井形成负安全密度窗口，长宁地区 2018 年龙马溪组发生恶性井漏 9 井次，油基钻井液条件下堵漏效果差，损失时间 105.24 天，井均损失时间 11.7 天，L212 – L213 井区钻进过程中有 5 口井发生不同程度漏失，漏失井占比约 45%，井漏时平均使用钻井液密度 2.23g/cm³，平均钻井液漏失量 106m³，平均复杂处理时间 111h，川南页岩气因此因窄安全密度窗口引起的严重井漏复杂是影响钻井进程和安全的主要问题。（见表3）

表3　页岩气储层段井漏复杂情况表

| 井号 | 层位 | 地层压力系数 | 密度（g/cm³） | 漏速（m³/h） | 损失 | | 漏失原因 |
|---|---|---|---|---|---|---|---|
| | | | | | 漏失量（m³） | 时间（d） | |
| CNH24 – 3 | 龙马溪 | 1.90 | 2.06 | 失返 | 415 | 13.75 | 天然裂缝 |
| CNH23 – 5 | 龙马溪 | 1.90 | 1.97 | 4.7 | 176 | 14.36 | 天然裂缝 |
| CNH23 – 7 | 龙马溪 | 1.90 | 1.9 | 7 | 290 | 21.29 | 断层 |
| CNH16 – 2 | 龙马溪 | 1.90 | 2.02 | 失返 | 460 | 32 | 断层、裂缝 |
| N209H29 – 12 | 龙马溪 | 1.90 | 1.80 | 失返 | 1811 | 42 | 邻井压裂 |
| N209H29 – 6 | 龙马溪 | 1.90 | 1.97 | 失返 | 379 | 7.43 | 断层 |
| L212 | 石牛栏 | 1.90 | 2.27 | 3.6 | 139.3 | 250.5 | 天然裂缝 |
| L213 | 韩家店 | 1.90 | 2.25 | 5.6 | 50 | 139.2 | 天然裂缝 |
| L224 | 韩家店 | 1.90 | 2.2 | 20 | 400 | 14.42 | 天然裂缝 |

## 1.3　页岩井壁失稳

川南龙马溪页岩、泥岩、泥质粉砂岩储层页岩水平应力差 >15MPa，页岩脆性较大、层理裂隙发育、井壁易失稳垮塌，高密度钻井液、高参数钻进是改变页岩微裂缝孔隙压力和强度，引起层理剥落的主要原因，断层、地质分层交接处如龙一$_1^4$～龙一$_2$段等存在破碎带，钻进过程中容易出现井壁失稳，据统计仅 2018 年长宁地区就因水平段卡钻 8 井次，损失 327.34 天，平均单井损失 40.92

天，旋转导向工具被埋 6 套，经济损失巨大。为维持井壁稳定，常使用较高密度钻井液钻进，高钻井液密度导致机械钻速更慢，井漏更加频发。

## 1.4　井间压力干扰

川南页岩气大都采用丛式井组开发，井口间距 5m，平台密集、规模大，随着区域内勘探开发的规模推进，正钻井受同一平台或附近平台邻井的压力干扰日趋明显，宁 209H11 – 4 井用密度 1.95g/cm³、粘度 69s 的油基钻井液正常钻至龙马溪组 3449.93m 时液面突然上涨，关井后套压线性上涨至 22.8MPa，后经调查发现溢流原因为邻井 N209H10 - 1 井压裂所致；此后 N209H10 - 1 井压裂时又导致邻井 N209H11 - 4 井发生溢流。同样 N209H29 - 12 井完钻电测过程中，地层压力系统与附近注水井 N209H7 - 3 井连通，两井间形成"井间压力干扰"，无法正常施工作业，处理复杂 30 天，共计漏失油基泥浆 1527m³。

近年来川南页岩气井间压力干扰问题对钻井作业的影响逐渐显现，导致正钻井龙马溪组目的地层压力系统敏感、窗口狭窄、井筒压力情况判断困难，处理难度大，突发出现的喷漏复杂井控风险较大。

### 1.5 储层埋藏深、可钻性差、温度高易粘卡、机械

川南页岩气储层埋藏深、地层老，地层压实程度较高，据实钻情况表明，韩家店～石牛栏组泥岩、灰岩、页岩研磨性强，普遍机械钻速不到 4m/h，长宁区块的 H3，H2 平台平均机械钻速 3.1m/h，行程钻速 42m/d，威荣区块该段平均钻速仅 2.91m/h；而龙马溪页岩硅质矿物含量较高，在井底高密度压持效应加持下与高参数条件作用下对钻头的磨损严重，钻头磨损导致的机速变慢，地质导向受轨迹调整频繁影响，后期水平段摩阻高（最高 300~400kN）、钻压传递困难，部分低压地层采用较高的钻井液密度钻井（1.90g/cm³ 以上）的钻井液密度在起钻或划眼过程易发生粘卡，

阳高寺区块阳 101 井区 4 口井发生卡钻复杂，平均处理卡钻时间 38.7h，增加非生产时间，目的层井底温度高（>140℃），易造成工具、仪器易失效，上述等影响因素严重制约了该段的钻井速度，勘探前期龙马溪组平均机械钻速约 4m/h、单趟进尺不足 500m。

## 2  常规控压钻井技术解决方案

近年来控压钻井技术在龙马溪组及上部地层实施控压钻井情况来看，解决龙马溪组严重漏喷复杂、机械钻速低问题，大幅降低钻井液密度进行近平衡钻井是非常有效的低成本解决手段。

### 2.1  装备及工艺流程

川庆钻探采院经过多年的优化形成了适合页岩气井大排量钻进和井口控压需求，结构简单、实用的欠平衡、控压钻井工艺流程，鉴于页岩气的地质特征，采用旋转防喷器与专用节流管汇是较为经济实用的解决策略，可以有效的对井筒压力实施人工干预，保证不同工况下的控压需求。

正常钻进流程：旋转防喷器出口与常规钻井返出通道连接，可以实现不控压情况下的大排量钻进，侧旁通出口加装液动平板阀，在低压情况下可以实施远程关井。

控压流程：与钻井队节流管汇连接共用一套液气分离器、排气管线系统，可以满足钻进、起下钻等工况的压力控制需要。

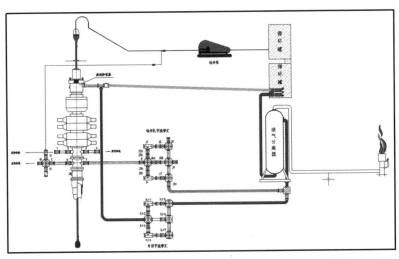

图 1  页岩气常规控压钻井地面流程

### 2.2  提速方案

韩家店组 - 石牛栏组：该段层井段长、研磨性强，是制约全井钻井速度的拦路虎，实钻表明韩家店组 - 石牛栏组常规钻进油气显示不明显，

地层压力情况较清楚，部分区块虽然存在异常高压，通过排气降压技术可以短期内迅速降低井底压力，因此该段具备实施大幅降密度欠平衡钻井条件，在井底欠压值 3MPa 的思路下采用较低密度

的钻井液实施欠平衡钻井，提高钻井速度，如钻进过程中出现掉块应适当提高井底 ECD，保持对井壁的支撑作用，钻至石牛栏组底部对上部地层做承压试验，提高上部地层承压能力，为下部龙马溪高压储层创造密度窗口。

部分区块韩家店组 - 石牛栏组存在异常高压地层，油气显示活跃，钻进过程中发现溢流立即关井求压，根据地层压力调整钻井液密度，实施欠平衡控压钻进，根据地层出气量大小，可以通过排气降压方式在短期内快速降低地层压力后恢复钻进，也可以采用边喷边钻的方式进行控压钻进，稳定出气量控制在 300m³/h 以内，以保证井控安全。

龙马溪组：龙马溪组水平段油气显示活跃，不含硫化氢，由于可能钻遇破碎带地层、裂缝发育地层，安全密度窗口窄造成突发异常高压和恶性井漏复杂，过高的钻井液密度也导致钻头磨损严重、循环摩阻大，龙马溪组地层钻进前应根据地层压力情况采用欠平衡或微过平衡的设计思路确定密度范围，适当降低钻井液密度在 0.2g/cm³ 以内，使井底 ECD 减低 3~5MPa，可以有效降低井筒液柱对井底的压持效应，降低环空循环摩阻。

### 2.3　井口压力控制

井口压力控制的目标是保持井底压力动态平衡，液面基本平稳，利用井口控压、环空水力摩阻和钻井液静液柱压力动态调节、精确控制井筒压力，确保井底压力保持相对恒定在设定的范围内，停泵时根据环空循环压耗，提高井口压力补偿因停泵循环压耗降低带来的井底压力波动，保持井底压力不低于钻进时的井底压力，控压值宜控制在 4MP 以内，停泵应根据环空循环压耗提高井口控压值，补偿井筒压力损失。应该注意的是在实钻过程中应根据立压变化、进出口密度变化、液面变化、火焰高度以及钻井参数综合监测、判断井筒压力情况，不断摸索地层压力窗口，为压力控制调整提供依据。

### 2.4　控压＋重浆帽起下钻

当井下出现溢漏复杂时，常规起下钻方式已不能满足安全作业要求，因此控压起钻结合盖重浆帽的起下钻方式成为行之有效的技术方法，起钻之前要求循环控压的方式清洁井筒并确定地层压力窗口情况，控压循环不低于 1.5 个循环周，起下钻井口压力的控制以保持井底压力始终大于地层压力，且相对稳定为原则，其取值为钻进循环

时环空流动摩阻加上钻进时井口的控压值，推荐控制在 4.5MPa 以内，防止井底处于欠平衡状态地层流体侵入，如起钻过程中因计算误差或压力控制不当等人为因素致使地层流体进入井筒，控压值升高超过 4.5MPa，应下钻循环排气或反推措施将地层流体全部推回地层，并调整起钻施工参数。

考虑到起钻时的抽吸压力影响，计算控压值和重浆帽注入量时，应根据起下钻速度、钻井液密度、井下溢漏复杂程度等因素附加一定的安全附加值，重浆帽注入位置应根据气、漏层位置、出气量、漏失量和井身结构等因素确定。

### 2.5　井下溢漏复杂的处置

因钻遇断层、裂缝和孔洞形成漏喷复杂是龙马溪组井下复杂主要问题，窄密度窗口地层确定密度窗口后，降低钻井液密度使井筒液柱压力保持在密度窗口内，通过井口压力调节，保证不同工况下的井底压力基本恒定，无安全密度窗口地层，排气降压释放地层压力是解决井漏复杂的有效措施和预防手段，钻遇异常高压地层，为了保证后续施工安全，发生溢流后停止钻进，不轻易提高钻井液密度，通过控压循环排气、点火的方式有控制的释放局部高压气层压力，建立安全密度窗口。排气降压过程中应加强地层出水、硫化氢和地层稳定性的监测，针对无法实施排气降压的井，应对易漏层采用封堵材料进行承压堵漏提高地层承压能力。

### 2.6　卡钻复杂的应对

龙马溪组水平段井壁受应力作用发生剥落、垮塌导致钻进阻卡现象时常发生，因此龙马溪组应选用性能优良的防塌油基钻井液体系，钻进中加强对井壁情况的判断分析，做好工程防塌措施，开展不同工况下的井底压力追踪和快速调节，保持井筒压力系统基本恒定，对井壁稳定具有一定的帮助作用，当井下发现阻卡现象后应立即停止钻进采取解卡措施，并适当提高控压值增加对井壁的支撑作用，或提高钻井液密度保持井下稳定。

## 3　现场应用

### 3.1　常规控压钻井在川南页岩气应用效果

四川页岩气储层埋藏深、构造复杂、裂缝断层发育，地层可钻性差，纵向压力系统多，溢、漏、卡等井下复杂频发，使井控工作面临巨大的考验，欠平衡、控压钻井技术已成为当前四川页岩气的常用技术得到了大量推广，从近年龙马溪

组水平段储层及上部韩家店组、石牛栏组等地层欠平衡、控压钻井实施情况来看，该技术能有效解决井下溢流复杂，大幅提高钻井时效，据统计该段降密度钻井平均机械钻速超过了 6m/h，与常规钻井相比提高了 50% 以上，提速提效均效果显著。2021 年泸州区块开展降密度欠平衡、控压钻

井技术应用，龙马溪组钻井液密度从原来的 2.0g/cm³ 以上的降低至最低 1.80g/cm³，最大降低 0.30g/cm³，单井平均漏失量 62m³，较区块平均单井漏失量减少近 70%，起下钻次数较区块平均减少了 2.6 趟，钻井周期较区块常规钻进周期平均缩短 13 天，实施效果显著。

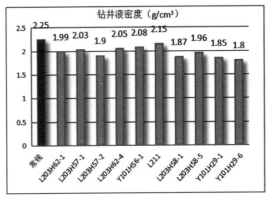 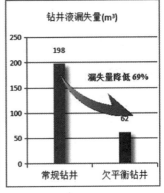 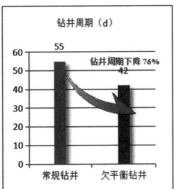

图 2　2021 年泸州区块马溪组欠平衡、控压应用效果

川庆钻探欠平衡钻井公司从 2013 年在川南页岩气首次开展欠平衡提速、复杂处理现场应用试验，2020 年开始大范围推广应用，仅 2020～2022 年三年就实现欠平衡、控压进尺近 27 万米，截止 2022 年底已完成欠平衡、控压钻井超过 130 余口

井，其中 2020～2022 年均近 40 口井，超过了 2020 年以前作业量的总和，2023～2024 年欠平衡、常规控压钻井技术应用还将大幅增加，预计超过 180 口井，应用前景十分乐观。

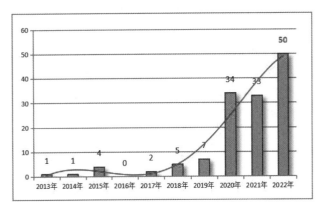

图 3　川庆公司页岩气欠平衡、控压年作业井数

图 4　泸州区块降密度后机械钻速大幅提高

### 3.2　CNH6-6 井现场应用实例

#### 3.2.1　概述

CNH6-6 井 Φ244.5mm 套管下深 1499.42m，用密度 2.05g/cm³ 钻井液常规钻进至井深 2083.29m（龙马溪组）发生井漏，其下部井段钻井过程中一直处于井漏和漏喷转换状态，单日最高漏失量近 50m³，共漏失钻井 446.3 方，处理复杂及辅助时间达到 17 天，经过多次堵漏效果不理想。

#### 3.2.2　压力窗口分析

3.2.2.1　地层压力系数分析：根据溢流显示情

况，钻井液密度时 2.05g/cm³（静止未控压），发生溢流，采用下调至密度至 1.95g/cm³，停泵控压 3MPa 未发现溢流、气侵，此时井底 ECD 为 2.10g/cm³，因此，分析地层孔隙压力压力在 2.05～2.10g/cm³。

3.2.2.2　漏失压力分析：用密度 2.05g/cm³ 钻进时发生井漏，采用 2.00g/cm³ 的密度钻进时未漏失，计算井底 ECD 为 2.15g/cm³，因此，分析地层漏失压力大于 2.15g/cm³。

因此可以确定该段密度窗口为 2.10～2.15g/cm³，井下呈现窄安全密度窗口状态。

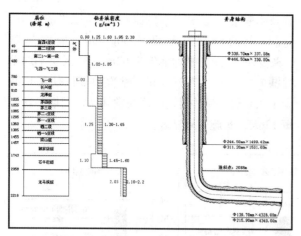

图 5　CNH6 - 6 井井身结构

**表 4　CNH6 平台邻井产量统计**

| 井号 | 试油层位 | 试油井段 m | 测试产量 ×10⁴/d | 地层压力 MPa | 压力系数 |
|---|---|---|---|---|---|
| N203 井 | 龙马溪 | 2379~2391 | 1.29 | 31.57 | 1.35 |
| N201-H1 井 | 龙马溪 | 2705~3750 | 15 | — | — |
| N209 井 | 龙马溪 | 3059~3170 | 1.26 | 61.02 | 2.01 |
| N210 井 | 龙马溪 | 2218~2239 | 0.99 | 21.80 | 0.99 |
| N211 井 | 龙马溪 | 2313~2341 | 0.77 | 29.56 | 1.29 |
| N212 井 | 龙马溪 | 2077~2106 | 0.96 | 18.41 | 0.90 |

根据邻井油气水测试情况分析，龙马溪组储层在有效增产作业前，气产量不大，因此，实施欠平衡钻井作业井控风险相对较小。

### 3.2.3　施工情况

#### 3.2.3.1　控压循环降密度

井口控压 0.5~4MPa 分段循环处理钻井液，为了保证井底 ECD 在窄密度窗口内，避免后续钻井施工可能出现的漏喷复杂，控压降低密度由

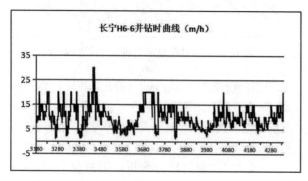

图 6　长宁 H6 - 6 井钻时曲线

## 4　认识与建议

4.1　四川深层页岩气欠平衡、控压钻井技术

2.05g/cm³ 降低至 1.95g/cm³，继续至 1.86g/cm³，循环液面正常。

#### 3.2.3.2　安全密度窗口确定

根据前期控压循环排气、降密度、井漏情况，估算地层压力系数 1.96g/cm³，地层漏失压力系数 2.02g/cm³，确定地层实际密度窗口为 1.96~2.02g/cm³。

#### 3.2.3.3　欠平衡控压钻进

采用 1.86~1.93g/cm³，控压 0~2MPa，排量 30L/s，控压钻进；接单根过程，井口控压补压 0.5~3MPa，整个钻井过程控制 ECD 在 1.96~2.02g/cm³，井下未见明显漏失，接单根后效火焰高度约 1m，持续时间在 3min 以内，说明井下基本保持了不溢不漏的安全状态。

#### 3.2.3.4　控压 + 重浆帽起钻

由于安全密度窗口较窄，且地层对压力极其敏感，常规起钻将引起井漏，因此采用重浆帽方式起钻，控压 1.5~2.5MPa 起钻至 1400m 左右，注入密度 2.20g/cm³ 的重浆（井底附加压力 2.5MPa），转入常规起钻，下钻至重浆帽底循环替出重浆，控压 1.5~3MPa 下钻到底。

#### 3.2.3.4　应用效果

CNH6 - 6 井采用欠平衡、控压钻井技术通过循环排气降压和井口压力控制，成功将钻井液密度从 2.05g/cm³ 降至最低 1.86g/cm³，井底压力降低近 5MPa，解除了因窄密度窗口地层形成的井下漏喷复杂，保证了后续龙马溪组储层的安全钻进，大幅提高钻井机械钻速，完成进尺 1258.83m，机械钻速达到 7.58m/h，较区域该段机械钻速提高了 89.5%。

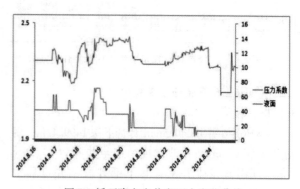

图 7　循环降密度井底压力变化曲线

现场应用表明，可以有效应对和预防深层页岩气井下漏喷复杂的技术难题，有利于保持井底压力稳定，及时处理溢漏复杂，并为井下复杂提供更

多的技术处置手段，提高了页岩气孔隙压力差异大地层钻井的安全性，低密度钻井液可以减少对井底的压持效应，降低循环摩阻和井底温度，有利于提高机械钻速，近年来良好的应用效果和经济效益，展示了欠平衡、控压钻井技术仍具有较大的技术进步空间和推广应用的前景。

4.2 四川页岩气埋藏深、地区差异大，给欠平衡钻井应用带来一定的难度和风险，根据不同平台地质情况单独制定性欠平衡、控压钻井技术方案，可以更有针对性的指导现场施工。

4.3 针对安全密度窗口窄、溢漏复杂问题，建议开展排气降压技术和相关井控技术研究，并形成适用于四川页岩气钻井欠平衡、控压钻井作业技术规范。

4.4 开展上部茅口组恶性漏失地层的控压钻井试验，形成一套微过平衡的控压钻井技术方案和工艺流程。

4.5 开发针对大尺寸钻具、大排量和高转速的控压专用装备，提高耐油胶芯的使用时间，扩大欠平衡、控压钻井技术适用范围。

4.6 引入精细控压钻井技术和装备，与欠平衡、控压钻井技术形成高低技术搭配，以应对不同类型溢、漏、卡等井下复杂带来的技术挑战。

## 参 考 文 献

[1] 左星，周峰，江迎军．控压钻井技术在四川油气田易漏失水层中的探索与应用［J］．钻采工艺，2015，38（3）：4-6.

[2] 晏凌、吴会胜、晏琰．精细控压钻井技术在喷漏同存复杂井中的应用．天然气工业，2015.35（2）：59-63.

[3] 何淼，柳贡慧，李军，等．控压钻井井口恒压控制方法初探［J］，钻采工艺，2015，38（6）：4-7.

[4] 乔李华，张果，范生林．美国 Haynesville 页岩气区块优化钻井技术［J］．钻采工艺，2019，7（1）：112-113.

[5] 李传武1，兰凯2，杜小松2，等．川南页岩气水平井钻井技术难点与对策，石油钻探技术，2020，48（3）：16-21.

# 川东吴家坪组深水陆棚相页岩气井身结构方案探讨

陈 宽

（中国石油集团川庆钻探工程有限公司钻采工程技术研究院）

**摘 要** 为寻找页岩气上产后备领域，在川东大天池构造带部署页岩气探井 – DY1H 井，主探吴家坪组页岩。该井为吴家坪组首次实施的水平井，存在目的层井壁稳定性不确定、过路层嘉陵江组低压易漏及飞仙关组气漏同存、盖层高含 $H_2S$ 等难点。为此，在分析钻井工程面临的难点和风险的基础上，优化设计 1 套四开备用一开膨胀管的非常规井身结构，实钻中采用该井身结构顺利完钻，对后续井钻井设计及施工具有重要的借鉴意义。

**关键词** 大天池构造；页岩气；吴家坪组；高含 $H_2S$；非常规井身结构

川东吴家坪组页岩储层含气性好，勘探潜力大。大天池构造带已钻井超 60 口，钻遇吴家坪组页岩时气显示频繁，但目前对川东地区吴家坪组深水陆棚相页岩认识程度低，故部署 DY1H 井加快页岩气增储上产及地质认识。本构造已钻井目的层以石炭系为主，采用四开井身结构，必封点为浅表层、嘉二³亚段和石炭系顶部，已钻井分析表明：上部沙溪庙组等地层倾角大易斜、自流井组易发生垮塌卡钻、嘉陵江组低压易漏、飞仙关组气漏同存、大隆组～茅二段存在异常高压，现有井身结构基本满足石炭系勘探开发需求，但对于吴家坪组实施 1500m 长水平段的 DY1H 井参考性不强。为此，需研究设计适用于本构造页岩气水平井的井身结构，满足吴家坪组页岩气开发需求。本研究基于"复杂压力系统段合打可靠、承压堵漏保障同一裸眼段密度窗口可行、储层专打、套管层次留有备用"的原则，优化设计出 1 套适用于 DY1H 井钻井实施方案可行的非常规井身结构。

## 1 地层特点

### 1.1 地层分层与岩性特征

DY1H 井自上而下分别钻遇侏罗系沙溪庙组、凉高山组、自流井组；三叠系须家河组、雷口坡组、嘉陵江组、飞仙关组；二叠系大隆组、吴家坪组、茅口组。特殊岩性主要有雷口坡、嘉陵江含石膏、盐岩，易造成井眼缩径，或盐岩溶解后形成"大肚子"使得上部井壁失去支撑造成垮塌；二叠系含铝土质泥岩、硅质灰岩，可钻性差，且含页岩极易垮塌。

**表 1 地层分层岩性表**

| 组 | 段 | 岩性 | 底界垂深（m） | 厚度（m） |
|---|---|---|---|---|
| | 沙溪庙组 | 泥岩夹粉砂岩 | 1550 | 1550 |
| | 凉高山组 | 页岩、泥岩夹粉砂岩 | 1750 | 200 |
| 自流井组 | 大安寨～马鞍山段 | 介壳灰岩、泥岩、页岩 | 1980 | 230 |
| | 东岳庙段 | 粉砂岩、页岩、灰岩 | 2030 | 50 |
| | 珍珠冲段 | 泥岩、粉砂岩、砂岩 | 2180 | 150 |
| | 须家河组 | 砂岩、细砂岩、页岩 | 2599 | 419 |
| | 雷口坡组 | 灰岩、粉泥质云岩、云岩、石膏 | 2759 | 160 |
| 嘉陵江组 | 嘉五 | 泥岩、云岩、灰岩 | 2849 | 90 |
| | 嘉四 | 灰岩、白云质石膏 | 3019 | 170 |
| | 嘉三 | 石膏、灰岩 | 3229 | 210 |
| | 嘉二³ | 云岩、石膏 | 3314 | 85 |

| 组 | 段 | 岩性 | 底界垂深（m） | 厚度（m） |
|---|---|---|---|---|
| 嘉陵江组 | 嘉二² | 云岩、灰岩 | 3369 | 55 |
| | 嘉二¹ | 云岩、灰岩 | 3399 | 30 |
| | 嘉一 | 灰岩、泥质灰岩 | 3664 | 265 |
| 飞仙关组 | 飞四 | 泥质云岩、泥岩、石膏 | 3709 | 45 |
| | 飞三~飞一 | 灰岩、泥质灰岩 | 4315 | 606 |
| 大隆组 | | 页岩、灰岩 | 4357 | 42 |
| 吴家坪组 | | 页岩、灰岩、铝土质泥岩 | 4443 | 86 |
| 茅口组 | 孤峰段 | 有机质泥岩、硅质泥页岩 | 4448 | 5 |
| | 茅二段 | 灰岩 | 4468 | 20（未完） |

## 1.2 地层压力特点

参考完钻井钻井液密度数据，预测沙溪庙组地层压力系数为 1.0，凉高山组~自流井组地层压力系数 1.05，须家河组地层压力系数 1.1，雷口坡组地层压力系数 1.1，嘉陵江组地层压力系数 1.2，飞仙关组地层压力系数 1.3，大隆组地层压力系数 1.6，吴家坪组~茅口组地层压力系数 1.7。

## 2 工程地质难点分析

DY1H 井计划采用"导眼井找层 + 侧钻水平井追层"模式实施勘探开发，本井设计导眼垂深 4468m，主探吴家坪组，兼探大隆组、茅口组孤峰段页岩，结合地质资料并参考邻井实钻情况，综合分析钻井工程地质难点如下：

### 2.1 上部地层自然增斜能力强

预计地层倾角超过 6°，邻井实钻井斜严重超标，距离本井 1.32km 的 TD018 - H1 井在井深 925m 井斜角 7.25°，距离本井 1.25km 的 TD108 井在井深 1550m 井斜角 6.11°。两口井实钻轨迹数据显示井斜角方位持续维持在 290°左右，井底位移均超过 200m，本井设计侧钻水平井闭合方位 208°，上部井段自然增斜不利于水平井实施。

### 2.2 自流井组井壁稳定性差

自流井组岩性为泥岩、粉砂岩夹页岩，极易水化膨胀导致井壁失稳。TD018 - H1 井和 TD108 井在珍珠冲段测井资料显示平均井径扩大率超 30%，井径扩大非常明显，TD018 - H1 井下钻至井深 1872m（当前井深 2060m）遇阻，划眼至井深 1954.53m 上提接单根时发生垮塌卡钻，爆炸松扣后自 1800m 侧钻。

### 2.3 沙溪庙组、嘉陵江组存在低压易漏层

邻井 TD55 井在沙溪庙组用密度 1.12g/cm³ 低固相钻井液钻至井深 1702m 井漏失返，堵漏失败后强钻至中完井深，间断性井漏下技术套管封固，累计漏失钻井液 1330m³。TD018 - H1 井在嘉陵江组用密度 1.28g/cm³ 钻井液钻至井深 2598.1m 发生井漏，堵漏后续钻至 2599.42m 井漏失返，桥浆堵漏无果后强钻至 2613.33m，水泥浆堵漏成功，累计漏失钻井液 905m³，耗时 175h。

### 2.4 飞仙关组气漏同存，大隆组~茅二段异常高压

飞三~飞一段区域内气显示频繁，同时裂缝发育易漏失，茅口组为邻构造产层。TD018 - H1 井用密度 1.46g/cm³ 的钻井液钻至井深 3575.91m 发生气侵，提密度 1.69g/cm³ 钻至井深 3922.51m 发生气侵，再次提密度到 1.78g/cm³ 钻至井深 3937.54m 发生井漏；TD108 井用密度 1.68g/cm³ 的钻井液钻至井深 4218.2m 发生井涌，涌出喇叭口，提密度至 2.01g/cm³ 恢复钻进。

### 2.5 吴家坪组页岩首次实施水平井，井壁稳定性存在不确定性

吴家坪组页岩发育，钻井过程中易发生垮塌。此外，吴家坪组首次实施水平井，与直井相比井筒暴露面积更大，岩石的层理结构更易被破坏，井眼浸泡时间更长，页岩遇水膨胀更易发生井壁脱落和垮塌等情况，提高井壁稳定性是需要接受的考验。

### 2.6 油层套管强度满足压裂的同时还需抗硫

预测飞仙关组 $H_2S$ 含量 250g/m³、大隆组 $H_2S$ 含量 120g/m³，页岩气盖层高含硫。常规页岩气井油层套管封固层段不含 $H_2S$，抗内压强度只需满足体积压裂施工要求，该井与常规页岩气井相比，油层套管封固段包括高含硫地层，除了抗内压强度满足体积压裂，在材质上还需抗硫，油层套管的选型困难。

上述工程地质难点给井身结构设计带来了很大的挑战。

## 3 井身结构方案设计

### 3.1 必封点分析

依据邻井实钻资料、DY1H 井的压力系统、地层特点及目标层位，确定 DY1H 井必封点如下：

1. 浅表层。下加深导管安装井口防浅层气并封固地表疏松层，保护井架基础；

2. 沙溪庙组 1000m 左右。因邻井表层存在易漏层，需下表层套管将其封隔，安装井口装置，为下步高压地层钻进创造条件；

3. 飞三～飞一段中部。因自流井组井壁易失稳、嘉陵江组为该区域低压易漏层、飞仙关组气漏同存等，需封隔上部复杂井段为储层专打创造条件，但将飞仙关组封隔后侧钻吴家坪组水平井造斜垂深不够，因此将必封点调整至飞三～飞一段中部；

4. 备选封隔点一。飞仙关组底部。导眼井未完全封隔飞仙关组，邻井实钻中在飞仙关组气显示频繁，提密度发生井漏，因此该井侧钻水平井提密度也有发生井漏的风险。

### 3.2 井身结构方案设计

结合必封点和套管封隔的分析，充分考虑飞仙关组可能钻遇的复杂以及吴家坪组水平段的顺利实施，优化设计出 DY1H 井兼顾"打成与打快"的井身结构方案 1 套：

一开：Φ660.4mm 钻头钻至 80m，下 Φ508mm 套管，安装井口并封固地表疏松层，保护井架基础。

二开：Φ455mm 钻头钻至 1100m，下 Φ374.65mm 套管，为下部高压地层钻进创造条件。

三开：Φ333.4mm 钻头钻至飞三顶（3715m），承压 1.40～1.45g/cm³ 合格续钻至飞三～飞一段中部垂深（3900m）固井，承压不合格就此固井，下 Φ273.05mm 套管。

四开：Φ241.3mm 钻头钻至导眼完钻井深，取全资料后用 Φ241.3mm 钻头侧钻水平井，入靶前承压 2.10g/cm³，若承压能力满足要求则改用 Φ215.9mm 钻头钻至完钻井深下 Φ144.7mm + Φ139.7mm（水平段）油层套管完成压裂作业。

备用膨胀管：侧钻水平井若钻遇复杂，继续钻井困难或承压不合格，则扩眼后悬挂 Φ219mm 膨胀管；下一开采用 Φ215.9mm 钻头钻至完钻井深。

井身结构方案如图 1 所示：

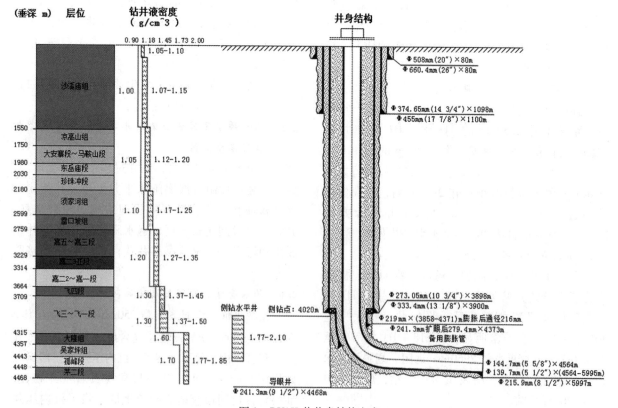

图 1  DY1H 井井身结构方案

## 3.3 套管设计

为满足套管安全性，根据井筒完整性设计原则，三开设计采用 Φ273.05mm 尺寸套管，壁厚 13.84mm，钢级 110TS，以满足三开下入飞三～

飞一段中部的安全需求；四开创新设计特制 144.7mm 高强度抗硫套管以满足压裂施工需求；DY1H 井各开次套管设计见表 2。

**表 2   DY1H 井套管设计表**

| 套管程序 | 下入井段 m | 尺寸 mm | 扣型 | 长度 m | 钢级 | 壁厚 mm | 段重 kN | 累重 kN | 抗外挤额定强度 MPa | 抗内压额定强度 MPa | 抗拉额定度 kN |
|---|---|---|---|---|---|---|---|---|---|---|---|
| 加深导管 | 0～80 | 508 | 偏梯 | 80 | J-55 | 11.13 | 110 | 110 | 3.59 | 14.55 | 6232 |
| 表层套管 | 0～1098 | 374.65 | 气密封 | 1098 | 110S | 18.65 | 1761 | 1761 | 38.30 | 66.00 | 11608 |
| 技术套管 | 0～3898 | 273.05 | 气密封 | 2599 | 110TS | 13.84 | 3454 | 3454 | 51.00 | 67.30 | 8548 |
| 油层套管 | 0～4564 | 144.7 | 气密封 | 4564 | 110S | 15.20 | 2212 | 2772 | 157.00 | 139.40 | 3843 |
|  | 4564～5995 | 139.7 | 气密封 | 1431 | 140V | 12.7 | 560 | 560 | 172.40 | 153.00 | 4880 |
| 膨胀管（备用） | 3858～4371 | 219 | BTLH | 513 | 胀后 N80 | 12 | 320 | 320 | 21.90 | 52.50 | 1960 |

油层套管设计方法如下，封固段飞仙关组预测 $H_2S$ 含量 250g/$m^3$，约 164705ppm，飞仙关组预计最高地层压力 55.2MPa，根据分压计算公式：

$$P_{H_2S} = P_总 \cdot X_{H_2S}$$

式中：$P_{H_2S}$—$H_2S$ 分压，单位 MPa；

$P_总$—系统总的绝对压力，单位 MPa；

$X_{H_2S}$—$H_2S$ 在气相中所占的摩尔分数。

通过上式求解方法，$H_2S$ 分压 9.09MPa 约 89atm，根据 SY/T 5087《硫化氢环境钻井场所作业安全规范》不进行长期开采的探井可不考虑二氧化碳腐蚀，结合住友石油管选材图版，设计钢级 110S 抗硫套管。为了确保现有桥塞等压裂工具顺利下入，油层套管内径 114.3mm 与页岩气常用油层套管保持一致，通过 139.7mm 套管外加厚提高抗内压强度。经与套管厂家技术交流，特制 Φ144.7mm 的高强度抗硫套管壁厚 15.2mm，以满足飞仙关～大隆组高含硫地层及页岩气压裂所需高抗内压的要求。

## 3.4 配套技术

为了井身结构方案能顺利实施，需对钻机、钻井液、井控装备等配套技术进行充分的准备。

1. 钻机选型：DY1H 井设计导眼井垂深 4468m，水平井斜深 5997m，设计最重套管柱为 Φ273.05mm 技术套管，空重 3454kN，浮重 2851kN，选择 ZJ70 钻机（提升能力 4500×0.8=3600kN）满足要求。

2. 钻井液：自流井组夹页岩，雷口坡、嘉陵江组长段膏盐层，易发生垮塌、缩径卡钻及盐溶扩径、高压盐水侵等问题，飞仙关组气、漏同存，要求钻井液具有良好抑制、包被及封堵性。因此，设计采用钾聚磺钻井液，提高钻井液抗污染能力，适当提高的钻井液密度，减缓盐膏层缩径，保持高矿化度防止盐溶扩径，在易漏地层使用刚性桥浆复合堵漏材料防漏治漏，同时保证足够的除硫剂含量。水平段设计油基钻井液，维持良好的封堵性和润滑性，确保水平段的延伸能力。

3. 垂直钻井：本井位于主体构造高点的缓坡带，预计地层倾角超过 6°，邻井实钻易斜，轻压吊打等措施影响钻井进度。因此，设计采用"PDC+垂钻+大扭矩螺杆"，充分释放钻井参数，保障井身质量。

4. 井控装备：三开井段预测最高地层压力 49.74MPa，预计关井压力 39.15MPa；四开井段预测最高地层压力 74.51MPa，预计关井压力 56.65MPa，结合套管悬挂器尺寸要求，故分别选择 48-70 和 28-70 的防喷器组。

5. 精细控压钻井：因飞仙关组安全密度窗口窄，易发生漏、喷同存复杂，钻井液密度控制难度大，吴家坪组页岩首次实施水平井，井壁稳定存在不确定性。因此，设计四开使用精细控压钻进，减少窄密度窗口引起的喷、漏、垮等复杂。

## 4   实施情况

本井按照设计一开 Φ660.4mm 钻头钻至 80m，下 Φ508mm 加深导管固井；二开 Φ455mm 钻头钻至设计井深 1100m，下 Φ374.65mm 表层套管固井，地层稳定；三开 Φ333.4mm 钻头钻至飞三顶（3766m），按当量密度 1.45g/$cm^3$ 承压合格续钻至设计井深 3900m（飞三～飞一段中部）固井；四

开导眼井用 Φ241.3mm 钻头钻至 4414m 完钻（茅二段）。取全地质资料后自井深 3950m 侧钻，用 Φ241.3mm 钻头增斜至井深 4287m（入靶前）按当量密度承压 2.10g/cm³ 合格，转油基钻井液换用 Φ215.9mm 钻头钻至完钻井深 6037m 下 Φ144.7mm + Φ139.7mm（水平段）油层套管完井。

## 5 结论与建议

1. 充分借鉴邻井实钻资料，挖掘井身结构优化空间。实钻显示飞仙关组气漏同存，与水平段合打存在风险，但通过堵漏等措施飞仙关组承压能力提至当量密度 2.10g/cm³ 存在可能性，承压能力满足则可节约一层套管。

2. 针对 DY1H 井复杂的地质条件，充分考虑飞仙关组的不确定性，设计四开（备用一层膨胀管）的井身结构，既保证了水平段的常规井眼尺寸需求，又未放大上部井眼，确保地质目标实现的同时又加快了吴家坪组页岩的勘探开发进度。

3. 膨胀管技术目前在川渝页岩气有成功应用案例，对不放大井身结构封隔复杂井段有一定优势。但 Φ219mm 膨胀管胀后抗内压强度约 50MPa、抗外挤强度约 20MPa，允许掏空度低，建议后续开展高强度膨胀管技术攻关，提高膨胀管技术应对复杂深井的适用性。

4. DY1H 井采用的井身结构和高强度抗硫套管、垂直钻井等工艺技术对后续井钻井设计及施工具有重要的借鉴意义。若取得勘探发现，区域后续井技术套管可直接下至目的层顶，从而简化井身结构。

## 参 考 文 献

[1] 黄志远，陈思安，薛龙. 东溪气田深层页岩气探井井身结构设计及优化 [J]. 西部探矿工程，2022，34（09）：49-52.

[2] 邹灵战，牟少敏，耿明明等. 川西复杂地质井壁稳定及井身结构优化技术 [J]. 重庆科技学院学报（自然科学版），2022，24（06）：1-7.

[3] 史配铭，李晓明，倪华峰等. 苏里格气田水平井井身结构优化及钻井配套技术 [J]. 石油钻探技术，2021，49（06）：29-36.

[4] 谢继容，赵路子，沈平等. 四川盆地吴家坪组相控孔隙型储层勘探新发现及油气勘探意义 [J]. 天然气工业，2021，41（10）：11-19.

[5] 邹灵战，毛蕴才，刘文忠等. 盐下复杂压力系统超深井的非常规井身结构设计——以四川盆地五探1井为例 [J]. 天然气工业，2018，38（07）：73-79.

[6] 杨哲，李晓平，万夫磊. 四川长宁页岩气井身结构优化探讨 [J]. 钻采工艺，2021，44（03）：20-23.

[7] 李同勇. 某复杂超深井非常规井身结构设计 [J]. 化工管理，2021（13）：182-183. DOI：10.19900/j.cnki.ISSN1008-4800.2021.13.085.

[8] 刘宝军，曹思阁，陈友生. 川东盐下复杂超深井井身结构设计与实践——以楼探1井为例 [C] //. 第31届全国天然气学术年会（2019）论文集（05 钻完井工程），2019：25-32.

[9] 吴建军，龙学，黄力等. 元坝1-侧1井高温高压高含硫超深大斜度井测试技术 [J]. 钻采工艺，2012，35（03）：34-35+43+8.

[10] 杨宁宁. 川东北气田井身结构设计研究 [D]. 中国石油大学，2007.

[11] 胡超. 川东地区大地层倾角深井井身结构探讨 [J]. 钻采工艺，1998（04）：22-24+31+3.

[12] 王实其. 深井钻井综合配套技术在大天池构造带的应用 [J]. 钻采工艺，1994（02）：9-14.

# 大安区块深层页岩气钻井提速技术研究

冯俊雄　齐　玉　余来洪

（中国石油集团川庆钻探工程有限公司钻采工程技术研究院）

**摘　要**　渝西大安区块龙马溪组深层页岩气是浙江油田公司"十四五"重要上产区，位于川东南中隆高陡构造区临江向斜，目前大安区块钻井存在"上慢＋垮、中漏＋溢、下高温＋慢"等提速难点。其中"上慢＋垮"是指沙溪庙、自流井组（特别是马鞍山）夹致密砂岩，非均质性强、研磨性强，导致钻头单只进尺少，机速慢。龙潭组页岩、粉砂岩，夹煤层、铝土质泥岩，地层可钻性差，降密度过程中易发生井壁失稳；"中漏＋溢"是指二叠系断层发育，存在漏转溢风险。"下高温＋慢"是指龙马溪组垂深达4370米，井温高（大安1井达158℃），易导致导向工具、仪器失效；区域微构造发育，断层、裂缝解释准确度不高，目的层铂金靶体垂厚仅3.6米，易下穿五峰组高硅高钙造成钻速慢，钻遇率低。针对上述问题，本文从区域地质研究入手，研究适用于大安区块的安全快速钻井、高储层钻遇率等技术，形成大安区块钻井效益开发技术研究，有效缩短钻完井周期，支撑大安优快效益开发。

**关键词**　大安区块；精准地质导向；钻井提速；效益开发

2018年以来，围绕泸州、自贡、黄瓜山等深层页岩气区块开展技术攻关，制定了钻井提速模板，个性化钻头、地面降温装置广泛应用，基本形成了适用于上述区块的钻完井技术，但是仍存在钻井周期长、高温储层高效钻进技术不完善等难题，支撑效益开发的钻完井技术仍需进一步升级。

本文通过对大安区块深层页岩气大量的钻井工程实践，分析总结了该地区提速面临的主要钻井工程难点，提出了地质评价与动态跟踪、井身结构、安全快速钻井等技术方案研究，并通过现场试验，形成了针对性的钻完井效益开发技术，以期为该地区的钻井工程实践提供借鉴。

## 1　钻完井难点

### 1.1　地质条件复杂，精准地质导向困难

大安区块原始地震数据与实钻地质情况差异大，断裂、微幅构造及裂缝发育情况预测难度大，大安2H井实钻过程中箱体钻遇率仅88.14%，见图1。

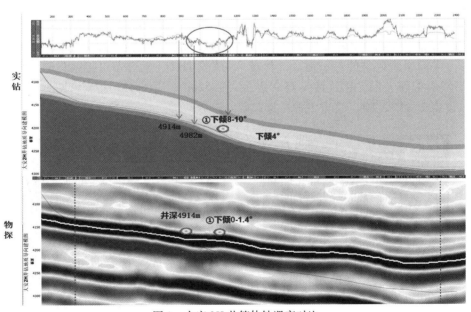

图1　大安2H井箱体钻遇率对比

多断裂系统及微幅构造发育情况下，地质导向模型失真严重，无法准确为轨迹设计提供依据；伽马拟合精细度低，恢复地层倾角存在误差，如图2所示，箱体元素特征不明显。

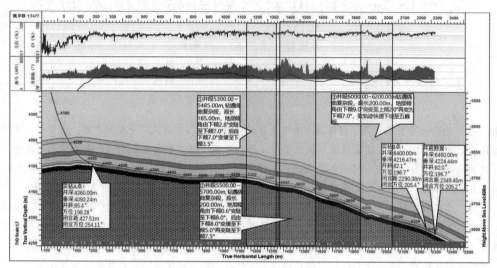

图2 大安2H1-4井实钻地层倾角统计

## 1.2 大尺寸井段层位交界存在垮塌，时有阻卡长

沙溪庙与凉高山顶界面成岩胶结性差，常见掉块返出。起下钻遇阻，需要长段划眼，多次举砂，大安1H26、大安1H32、大安2H1平台5口井损失时间74h，中完密度最高到1.90g/cm³，如表1所示，钻井液抑制、封堵性能有待进一步优化。

表1 已钻井倒划眼统计

| 序号 | 井号 | 井深（m） | 层位 | 遇阻井深（m） | 层位 | 发生密度（g/cm³） | 稳定密度（g/cm³） | 倒划时间（h） | 重浆举砂（h） | 损时（h） |
|---|---|---|---|---|---|---|---|---|---|---|
| 1 | 大安1H32-4 | 1085 | 珍珠冲 | 976 | 马鞍山 | 1.52 | 1.90 | 13 | 8 | 21 |
| 2 | 大安1H26-5 | 1065 | 凉高山 | 1024 | 凉高山 | 1.52 | 1.60 | 9 | 2.5 | 11.5 |
| 3 | 大安1H26-3 | 1315 | 马鞍山 | 1207 | 马鞍山 | 1.58 | 1.60 | 7 | 1 | 8 |
| 4 | 大安1H26-1 | 1456 | 须家河 | 1349 | 珍珠冲 | 1.55 | 1.60 | 16 | 6 | 22 |
| 5 | 大安2H1-2 | 1428 | 须家河 | 872 | 大安寨-马鞍山 | 1.42 | 1.50 | 9.5 | 2 | 11.5 |

## 1.3 上部难钻地层多，钻头寿命短、钻速慢

以龙潭组、茅口组为典型的难钻地层，普遍钻遇黄铁矿、燧石等硬夹层，导致钻头寿命短，机械钻速慢，见表2。大安2H1-2井龙潭~茅口组钻头进尺177m，机械钻速2.77m/h，钻头报废；大安1H27-6井茅口组钻头进尺50m，机械钻速1.52m/h，冠部环切报废，见图3、图4。

图3 栖霞组黄铁矿

图4 大安1H27-6茅口组钻头磨损

表2 已钻井硬地层钻遇统计

| 平台 | 大安2H1-2 | | | 大安1H32-1 | | | 大安1H27-6 | | | 大安1H26-3 | | |
|---|---|---|---|---|---|---|---|---|---|---|---|---|
| 组（阶） | 岩（心）屑（m） | | | 岩（心）屑（m） | | | 岩（心）屑（m） | | | 岩（心）屑（m） | | |
| | 底界斜深 | 斜厚 | 实钻 | 底界斜深 | 斜厚 | 实钻 | 底界斜深 | 斜厚 | 实钻 | 底界斜深 | 斜厚 | 实钻 |
| 长兴组 | 2948.00 | 64.00 | — | 2730.00 | 64.00 | — | 3152.00 | 64.00 | — | 2988.00 | 66.00 | — |
| 龙潭组 | 3074.00 | 126.00 | 2972-2996钻遇黄铁矿带 | 2842.00 | 112.00 | | 3272.00 | 120.00 | — | 3104.00 | 116.00 | 2994-3080间断钻遇黄铁矿带 |
| 茅口组 | 3310.00 | 236.00 | 茅二段3146~3149/3160-3163钻遇燧石 | 3086.00 | 244.00 | 2914-2936慢钻时,可能为燧石 — | 3498.00 | 226.00 | 茅二段3150~3153/3170-3371钻遇燧石 | 3324.00 | 220.00 | — |
| 栖霞组 | 3414.00 | 104.00 | 栖一段3407-3413钻遇黄铁矿带 | 3226.00 | 140.00 | — | 3600.00 | 102.00 | — | 3426.00 | 102.00 | — |

**1.4 储层高温高密度,工具仪器失效率高,单趟进**

大安区块储层埋藏深,大安1H、2H实钻最高温度152℃、146℃,旋转导向等工具、仪器失效率高。完钻4口井Φ215.9mm井眼使用旋导钻进15趟钻,因高温仪器失效9趟钻,失效率高达60%;其中,大安1H被迫换用螺杆+MWD导向工具,严重制约提速提效,见表3。

表3 大安1H井造斜段+水平段趟钻情况

| 起下钻 | 入井井深（m） | 出井井深（m） | 进尺（m） | 纯钻时间（h） | 机械钻速（m/h） | 备注 |
|---|---|---|---|---|---|---|
| 第1趟钻 | 3959 | 5204 | 1245 | 156 | 8.0 | 斯伦贝谢钻头+旋导+达坦螺杆更换旋导 |
| 第2趟钻 | 5204 | 5631 | 427 | 46.5 | 9.2 | 斯伦贝谢钻头+旋导+达坦螺杆旋导无信号 |
| 第3趟钻 | 5631 | 6300 | 669 | 60 | 11.2 | 斯伦贝谢钻头+旋导+达坦螺杆旋导无信号 |
| 第4趟钻 | 6300 | 6310 | 10 | 1.5 | 6.7 | 斯伦贝谢钻头+旋导+达坦螺杆旋导无信号 |
| 第5趟钻 | 6310 | 6433 | 123 | 17.5 | 7.0 | NOV钻头+北石螺杆+水力振荡器出层起钻 |
| 第6趟钻 | 6433 | 6435 | 2 | 1 | 2.0 | NOV钻头+达坦近钻头伽马+北石螺杆仪器无信号 |
| 第7趟钻 | 6435 | 6725 | 290 | 38 | 7.6 | NOV钻头+凯钻远钻头伽马+北石螺杆完钻 |

## 2 优快钻井关键技术

通过大安区块三维地震地质异常体精细解释、地质导向建模技术研究,形成地质导向建模技术方法,根据预测的多断裂系统、微幅构造以及裂缝发育情况,准确刻画并展示地下真实地质构造形态,指导轨迹精确控制,提高储层及铂金靶体钻遇率,降低工程复杂,缩短钻完井周期。

优选高温旋转导向工具及螺杆钻具,配套钻井液降温装置,降低导向工具失效频率,提高工具使用寿命;在保证井壁稳定的条件下可降低钻井液密度实施欠平衡或微过平衡钻井,实时控制井口回压,实现防溢防漏快速钻进。

通过对水基钻井液水敏性评价,对油基钻井液封堵性评价,优化钻井液配方,提高钻井液减阻防塌能力,解决大尺寸井眼钻进阻卡划眼,强化断层、裂缝发育井段固壁防塌,为钻井液降密度创造技术基础。

### 2.1 开展三维地震资料处理和解释研究

对该区块开展三维地震资料处理和解释研究，恢复区块的地质构造，可以进一步提高地质导向模型的精准度指导地质导向工作顺利开展。根据已钻井地质资料对三维地震资料进行重新处理和解释，重新建立新的速度场（如图5），速度场实时更新是在高精度速度场的基础上，不断应用实钻数据对原有的速度场进行更新与迭代，以获取精度越来越高的速度场。在开展新一轮的速度场数据更新时，以上一次获取的老速度场作为质量控制，及时利用新一轮的实钻数据计算误差趋势面，并对初始速度场进行局部误差校正，以提高局部速度的精度，进而更新全区三维速度场，在全区速度场实时更新完成之后，迅速利用新的速度场对时间域地震资料进行时深转换，以获取构造形态更加逼近真实地下情况的地质导向模型。

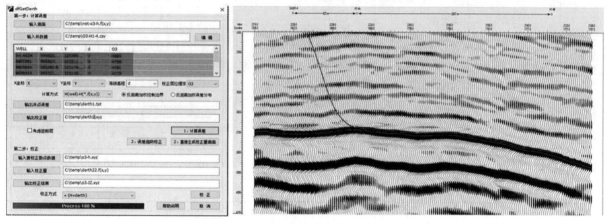

图5　大安1H1-4井建立高精度速度场

### 2.2 提速提效措施

#### 2.2.1 优选旋导工具、推广使用有效的泥浆地面冷却降温系统

采用抗温性能较好的哈里伯顿旋导工具、斯伦贝谢旋导工具等，如：大安1井采用斯伦贝谢旋导工具Orbit，抗温能力提高到145℃以上。引进钻井液地面冷却降温系统（如图6），在地面降温可以达到20℃左右，井底温度能够降低4~6℃，在井底温度150℃的环境下，施工情况比较正常。大安2井通过优选旋导工具厂家，创大安区块水平段钻井周期最短（22.75天）、平均日进尺最多（129.28米/天）、产层钻遇率最高（100%）、完钻垂深最深（4295.35米），水平段最长（2050米）等多项新纪录。

图6　钻井液地面冷却降温系统

#### 2.2.2　精准控压降密度，释放提速新动力

通过地层三压力模拟与随钻 ECD 跟踪分析，创建"上低、中控、下降"分段密度精准控制模式，实现单一储层向全井筒精准控压钻井转变，平均机速提高 33.61%（如图7）。

（1）直井段：按照密度低限起始作业，其中二开沙溪庙组最低值 1.15g/m³，三开须家河组最低值 1.35g/cm³，嘉陵江组最低值 1.70g/cm³；有效降低了井漏风险，助力二、三开机械钻速分别提高 40.58%、33.27%。

（2）水平段：建立页岩气水平段降密度技术方案，设计可控压 3~5MPa。大安区块应用 7 井次，密度平均下降 0.13~0.3g/cm³，机械钻速提高 10%。

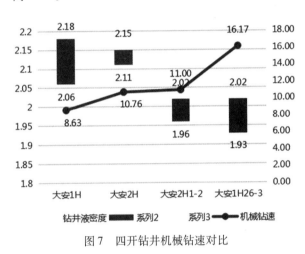

图7　四开钻井机械钻速对比

#### 2.2.3　升级多功能钻井液体系，破解地质复杂难题

（1）以"复合润滑、多元多级封堵"为核心，形成"多重抑制＋全尺寸封堵＋多相润滑"水基钻井液体系，泥岩段划眼减少 30%，膏盐段无划眼，实现不通井下套管、卡钻 0 井次；集成 $CO_2$ 络合＋高固相流体稀释技术，实现精准防治大安区块茅口组高密度酸性气体污染。

①上部泥岩井段采用"大井眼井壁强化技术"，延长聚合物钻井液使用深度，强化砂泥岩界面多元多级封堵，成功解放钻井液密度。

②大安区块茅口、栖霞组采用强润滑封堵防卡封闭浆技术，未发生卡钻故障。

③大坝1H采用水基钻井液多元多级复合封堵技术，顺利完成茅口组水平段930m，全程无垮塌、井壁稳定。井径扩大率教同井场大坝1井下降 52.0%，划眼时率降低 93.9%。

（2）以"强化微裂隙封堵、降低压力传递

"为核心，集成封堵纤维＋多元多级微纳米封堵＋油水稳定技术，形成多元多级微纳米强封堵油基钻井液，解决了裂缝发育破碎地层井壁失稳及大安区块沿程水侵难题，保障旋导安全使用。

①微米纤维：具有及时有效封堵井壁微孔隙裂隙作用，形成致密不渗透井壁高效封堵，砂床承压能力 ≥5.0MPa。

②国产油基钻井液：自主研发 HY 系列油基钻井液核心处理剂，打破国外垄断，ES ≥ 880v，HTHP ≤ 1.8ml。

## 3　结论与建议

（1）目前，通过地质、钻井工程与钻井液等方面的攻关，大安区块深层页岩气钻井提速提效工作取得了阶段性成效，但仍面临资源品质复杂化和深层的新挑战，急需钻井提速、井筒提质、产建提效等新技术。

（2）需持续强化使用耐高压、耐油、耐高温且使用寿命长的易损件，降低强化参数连续作业下的修泵频率，完善地面装备的配套；加强钻杆和工具的检测和保养，减少因工具的井下复杂事故。

（3）虽然经过多次井身结构优化，大安区块井身结构相对成熟，但依然有部分井 Φ244.5mm 套管封龙马溪顶时，Φ311.2mm 井眼中完井斜较大，将面临大井眼扭方位及下套管难度大，施工效率低，安全风险高等难题，大安区块井身结构仍需持续优化。

（4）建议建立由甲乙双方共同组建的提速攻关组，定期召开钻井提速分析会，分析原因和制定措施，为钻井提速提效提供技术支撑。全面实现提前预警、及时分析、动态调整、总结交流，形成日跟踪分析、周对比学习、月专报总结等常态化工作机制，保障提速有序推进。

#### 参　考　文　献

[1] 李奎. 泸州深层页岩气水平段钻井提速关键技术 [J]. 钻探工程，2022，49（05）：100-105.

[2] 余道智. 深层页岩气钻井关键技术难点及对策研究 [J]. 能源化工，2019，40（01）：69-73.

[3] 郭彤楼，熊亮，雷炜等. 四川盆地南部威荣、永川地区深层页岩气勘探开发进展、挑战与思考 [J]. 天然气工业，2022，42（08）：45-59.

[4] 张露，张玉胜，王希勇. 永页1井区深层页岩气优快钻井关键技术 [J]. 西部探矿工程，2021，33

（03）：95 – 97 + 100.

［5］谭宾. 四川盆地南部地区深层页岩气工程关键技术与展望［J］. 天然气工业，2022，42（08）：212 – 219.

［6］舒红林，何方雨，李季林等. 四川盆地大安区块五峰组——龙马溪组深层页岩地质特征与勘探有利区［J］. 天然气工业，2023，43（06）：30 – 43.

［7］罗平亚，李文哲，代锋等. 四川盆地南部龙马溪组页岩气藏井壁强化钻井液技术［J］. 天然气工业，

2023，43（04）：1 – 10.

［8］李茂森，李俊材，范劲等. 基于纳米复合材料的强封堵性油基钻井液技术［J］. 广东化工，2023，50（07）：31 – 34.

［9］王根柱，高学生，张悦等. 泸州深层页岩气优快钻井关键技术［J］. 中国石油和化工标准与质量，2022，42（24）：154 – 156 + 159.

# 页岩气水基钻井液的室内改进与现场应用

许夏斌[1,2] 欧阳伟[1,2] 夏先富[1,2] 吴正良[1,2] 贺 海[1,2] 欧 翔[1,2]

(1. 油气田应用化学四川省重点实验室；2. 中国石油集团川庆钻探工程有限公司钻采工程技术研究院)

**摘 要** 长宁-威远地区页岩气水基钻井液现场应用中存在流变性调控困难、起下钻摩阻大、防塌性能待完善等问题，本文在分析以上问题原因基础上，通过选择具有"双疏"和"插层"特性的抑制剂及采用具"膜效应"的合成脂润滑剂，对高密度页岩气水基钻井液进行优化。室内评价表明：优化后密度 2.10g/cm³ 的钻井液流变性能稳定、岩屑滚动回收率达 96.6%、极压润滑系数 0.076、泥饼黏滞系数 0.114，可抗 10% 易分散岩屑的污染。在阳 X 井 1088m 水平段钻进过程中，起下钻和短起下无任何阻卡、垮塌现象。

**关键词** 页岩气；高性能水基钻井液；双疏；插层

我国拥有丰富的页岩气资源，目前在长宁、威远、昭通及焦石坝地区的页岩气勘探开发中已经取得较显著的效果。随着国际油价的低迷和环保要求日益严格，页岩气勘探中因使用油基钻井液表现的环保性能差、钻屑处理费用高等问题也更加突出。虽然长宁—威远等地区使用水基钻井液成功钻完钻一批页岩气井，但在钻进过程中水基钻井液流变性调控困难、掉块、起下钻遇阻、防塌性能待完善等问题仍未得到根本解决，使其大规模推广应用受到限制，因此，针对页岩气水基钻井液进行改进、深化研究势在必行。

## 1 现有页岩气水基钻井液存在的难点及解决方案

前期通过对长宁—威远地区页岩矿物成分、微观结构和岩石力学等方面的分析研究，形成了一套页岩气水基钻井液体系，并在长宁—威远地区使用了 50 余口井，但该钻井液使用过程中仍然存在以下主要问题：

（1）高密度条件下流变性能控制困难

现有页岩气水基钻井液主要采用低膨润土含量、部分聚合物进行流变性和滤失性的调节，而聚合物处理剂的加入，导致了体系液相粘度高、高温稳定性差，且随着钻井时间的延长，低密度固相增加，流变性能严重恶化。

（2）防塌性能有待改善

目前页岩气水基钻井液防塌技术主要采用的是抑制和封堵技术，但在抑制性防塌方面，抑制岩石的表面水化仅采用了"双疏"技术，而缺少

"插层"技术的协同作用，封堵防塌性、滤失造壁性与流变性的矛盾也没有得到解决。

（3）润滑性能与油基钻井液存在差距

现用页岩气水基钻井液的润滑性无论室内测试数据，还是现场起下钻过程中的摩阻普遍比油基钻井液大，因此需要在页岩气水基钻井液中加入大量润滑剂，但同时也对高密度钻井液的流变性能产生较大的影响。

针对上述不足，笔者对已应用成功的页岩气水基钻井液体系进行配方改进、优化，通过对前期页岩气水基钻井液应用成果的综合分析，结合目前技术状况，提出了页岩气水基钻井液的优化思路：（1）强化"双疏"和"插层"抑制技术的协同作用，并进一步改善高密度条件下水基钻井液流变性能（2）协调封堵防塌性、滤失造壁性与流变性的矛盾（3）强化钻井液润滑性能

## 2 页岩气水基钻井液改进配方及性能

在现有页岩气水基钻井液的基础上，优选出了聚合物降滤失剂、沥青处理剂、合成脂润滑剂及其它功能性处理剂，最终形成了一套性能优良的适合长水平段的高性能页岩气水基钻井液体系，基本性能见表 1，配方如下：

配方：3% ~5% 膨润土浆 + 0.2% ~0.4% CQ - C + 0.5% ~0.8% PAC - LV + 3.0% ~5.0% SMP - 3 + 3.0% ~4.0% CQ - B + 2.0% ~4.0% 封堵剂 + 5% ~7% CQ - A + 0.3% NaOH + 0.5% CaO + 0.8% ~1.5% 润滑剂 + 7.0% KCL + 重晶石

表1　页岩气水基钻井液优化前后性能（140℃热滚16小时后）

| 实验配方 | ρ（g/cm³） | AV（mPa·s） | PV（mPa·s） | YP（Pa） | G10"/G10'（Pa/Pa） | FL_API（ml） | FL_HTHP（140℃）（ml） | pH |
|---|---|---|---|---|---|---|---|---|
| 优化前 | 2.10 | 45.0 | 42.0 | 3.0 | 2.0/5.0 | 1.8 | 9.8 | 10 |
| 优化后 | 2.10 | 43.5 | 42.0 | 1.5 | 1.0/3.5 | 1.6 | 9.2 | 10 |

备注：（1）流变性能测试温度50℃；（2）高温高压滤失测试温度140℃。

## 2.1　滚动回收率

参照标准SY/T5613-2016钻井液测试泥页岩理化性能试验方法，分别进行了抑制剂CQ-A、优化前页岩气水基钻井液、优化后页岩气水基钻井液在80℃×16h、140℃×16h条件下的滚动回收率试验，结果见表2。

表2　页岩气水基钻井液优化前后泥页岩滚动回收率结果

| 实验配方 | 80℃×16h回收率,% | 140℃×16h回收率,% |
|---|---|---|
| 蒸馏水+50g岩屑 | 26.8 | 5.6 |
| 蒸馏水+7%抑制剂CQ-A+50g岩屑 | 116.8 | 106.2 |
| 优化前页岩气水基钻井液（ρ2.10g/cm3）+50g岩屑 | 99.4 | 95.2 |
| 优化后页岩气水基钻井液（ρ2.10g/cm3）+50g岩屑 | 99.6 | 96.6 |

结果表明：抑制剂CQ-A具有较强的抑制、包被和吸附能力，其不仅抑制岩屑分散，而且能够包被吸附在岩屑上，具体表现在岩屑质量增大，同时优化后的页岩气水基钻井液岩屑滚动回收率也比优化前有一定程度提高。

## 2.2　抑制泥岩分散性能

实验用10%威233井龙马溪上部灰绿色泥岩（80℃清水回收率0.51%）加入钻井液，经过140℃滚动16h进行抑制泥岩分散性能评价，结果见表3：

表3　页岩气水基钻井液优化前后的抑制泥岩分散实验结果（140℃热滚16小时后）

| 实验配方 | ρ（g/cm³） | AV（mPa·s） | PV（mPa·s） | YP（Pa） | G10"/G10'（Pa/Pa） | FL_API（ml） | FL_HTHP（140℃）（ml） | pH值 |
|---|---|---|---|---|---|---|---|---|
| 优化前钻井液 | 2.10 | 45.0 | 42.0 | 3.0 | 2.0/5.0 | 1.8 | 9.8 | 10 |
| 优化前钻井液+10%岩粉 | 2.10 | 60.0 | 52.0 | 8.0 | 5.0/15.0 | 2.0 | 10.6 | 9.5 |
| 优化后钻井液 2.10 | | 43.5 | 42.0 | 1.5 | 1.0/3.5 | 1.6 | 9.2 | 10 |
| 优化后钻井液+10%岩粉 | 2.10 | 52.5 | 49.0 | 3.5 | 1.5/7.5 | 1.6 | 9.4 | 9.5 |

备注：（1）流变性能测试温度50℃；（2）高温高压滤失测试温度140℃。

从表中实验数据看出：优化后的页岩气水基钻井液加入10%威233井龙马溪上部灰绿色泥岩经过140℃滚动16h后粘度、切力比相同条件下优化前的页岩气水基钻井液更低，说明优化后的页岩气水基钻井液具有更强的抑制泥岩分散能力。这是因为配方中加入了即疏水又疏油具有"双疏"特性的抑制剂，同时也加入了含烷基胺基团的抑制剂，因此通过"双疏"和"插层"抑制技术协同作用，使钻井液的抑制能力得到较大提升。其中"双疏"的抑制机理是将粘土表面亲水亲油的润湿性能转变为疏水疏油的双疏润湿性，使液相极难润湿粘土表面更不能渗透进入粘土晶层，最终实现抑制粘土的表面水化、渗透水化的效果。另外含烷基胺吸附基团可最大程度降低泥页岩基底间距（d001），并通过亲水基团与疏水链的协同作用挤出层间水分子，从而抑制粘土矿物表面水化。

## 2.3　抗低固相岩屑污染实验

在优化前后的页岩气水基钻井液中分别加入5%、8%和10% 6～10目极易分散的自流井岩屑（80℃清水回收率21.3%），经过140℃滚动16h后对钻井液常规性能进行评价，结果见表4：

**表4　页岩气水基钻井液优化前后抗岩屑污染实验结果（140℃热滚16小时后）**

| 实验配方 | ρ（g/cm³） | AV（mPa·s） | PV（mPa·s） | YP（Pa） | G₁₀″/G₁₀′（Pa/Pa） | FL_API（ml） | FL_HTHP（140℃）（ml） | pH值 |
|---|---|---|---|---|---|---|---|---|
| 优化前钻井液 | 2.10 | 45.0 | 42.0 | 3.0 | 2.0/5.0 | 1.8 | 9.8 | 10 |
| 优化前钻井液 + 5%岩屑 | 2.10 | 48.0 | 44.0 | 4.0 | 3.0/7.0 | 2.4 | 11.4 | 10 |
| 优化前钻井液 + 8%岩屑 | 2.10 | 50.0 | 39 | 0.5 | 4.0/11.0 | 2.0 | 15.6 | 9.5 |
| 优化前钻井液 + 10%岩屑 | 2.10 | 52.0 | 43 | 3.0 | 4.5/13.0 | 3.6 | 23.8 | 9.5 |
| 优化后钻井液 | 2.10 | 43.5 | 42 | 1.5 | 1.0/3.5 | 1.6 | 9.2 | 10 |
| 优化后钻井液 + 5%岩屑 | 2.10 | 40.0 | 38 | 2.0 | 0.5/3.0 | 2.4 | 10.6 | 10 |
| 优化后钻井液 + 8%岩屑 | 2.10 | 39.5 | 39 | 0.5 | 2.0/8.0 | 2.0 | 13.8 | 9.5 |
| 优化后钻井液 + 10%岩屑 | 2.10 | 46.0 | 43 | 3.0 | 1.0/7.0 | 3.6 | 22.2 | 9.5 |

备注：（1）流变性能测试温度50℃；（2）高温高压滤失测试温度140℃。

从表4可以看出：钻井液加入不同含量的岩屑进行污染，经过140℃热滚16小时后，优化钻井液仍有优良的流变性能，而优化前的钻井液黏切明显增加，同时优化钻井液经过简单处理，在保证流变性能变化不大的情况下就能够将滤失量基本维持在原有状态，说明优化后的钻井液与优化前比具有较强的抗低密度固相污染能力，能够满足页岩气长水平段水平井钻井的要求。

## 2.4　封堵性能

选用美国 FANN 公司的 PPA 渗透试验仪（过滤介质：孔径3μm、渗透率500毫达西人造岩心），评价优化前后钻井液的高温高压封堵性能，结果见表5。

**表5　页岩气水基钻井液优化前后 PPA 封堵滤失量实验结果（140℃热滚16小时后）**

| 实验配方 | PPA 高温高压封堵滤失量/mL |
|---|---|
| 优化前钻井液 | 1.2 |
| 优化后钻井液 | 0.6 |

备注：PPA 封堵滤失量测试温度140℃、压差3.45MPa、时间30min。

实验结果看出：优化后的页岩气水基钻井液与优化前比具有更低的 PPA 高温高压封堵滤失量，这可能是优化钻井液提高了膨润土含量有利于形成质量更好的泥饼，对封堵孔隙和微裂缝，阻止滤液进入有较大帮助的原因。

## 2.5　润滑性能

实验分别采用手柄式摩擦系数测定仪和极压润滑仪对白油基钻井液及优化前后的页岩气水基钻井液润滑性能进行了评价，结果见表6。

**表6　页岩气水基钻井液优化前后润滑性能实验结果（140℃热滚16小时后）**

| 钻井液 | 极压润滑系数 | 泥饼摩擦系数 |
|---|---|---|
| 优化前钻井液（ρ = 2.10g/cm³） | 0.138 | 0.120 |
| 优化后钻井液（ρ = 2.10g/cm³） | 0.076 | 0.114 |
| 白油基钻井液体系（威远现场 ρ = 2.05）g/cm³ | 0.12 | 粘不起 |

从表6可以看出：优化后的页岩气水基钻井液比优化前无论是极压润滑系数，还是泥饼摩擦系

数都更低，特别是极压润滑系数。原因可能是选用的合成脂润滑剂 HYR-1 可以在金属表面"成膜"，把两个固体的直接接触变成间接接触（中间是润滑剂液膜），那么两个固体产生相对位移时其摩擦力将大大减小，从而使钻井液的润滑性能增强。

## 3 现场应用

### 3.1 阳X井应用情况

阳X井是浙江油田部署在昭通区块的一口页岩气水平开发井，设计井深 3521m，水平段长 1400m。该井二开钻至 1100m 固井，三开采用该优化后的页岩气水基钻井液钻至 2200m 进入 A 点后继续用该钻井液进行水平段钻进，目前钻至井深 3288m，已钻水平段长 1088m，特别是在水平段钻遇断层 2 个、下穿进入宝塔组和五峰组各 1 次，水平段井眼轨迹经造斜段扭方位后再次呈现反复 6 次进行"增斜/降斜"调整，且狗腿度波动较大条件下，未发生井下垮塌，起下钻正常。

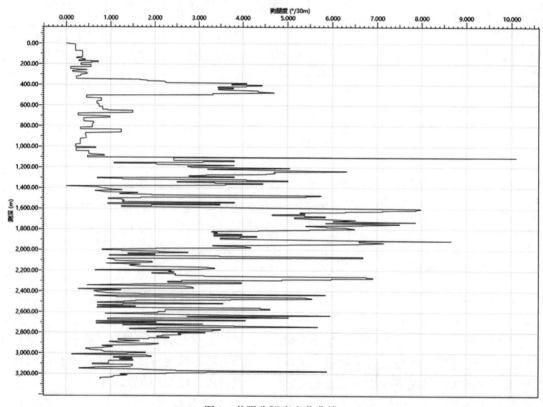

图 1 井眼狗腿度变化曲线

### 3.2 应用效果

#### 3.2.1 稳定的流变性能

阳X井水平段钻进期间，随着劣质固相的增加，钻井液性能长时间无明显波动，仅通过基本的胶液维护即可保持良好性能。钻进期间造斜段~水平段钻井液性能参数如表7：

表 7 页岩气水基钻井液性能参数

| 井段（m） | ρ（g/cm³） | PV（mPa·s） | YP（Pa） | $G_{10'}/G_{10'}$（Pa/Pa） | $FL_{API}$（ml） | pH 值 | 备注 |
|---|---|---|---|---|---|---|---|
| 1600~2200 | 1.75~1.76 | 29.0~36.0 | 7.0~10.0 | 2.0~4.0/10.0~15.0 | 3.4~3.8 | 9.5~10.0 | 造斜段 |
| 2200~3288 | 1.75~1.76 | 23.0~27.0 | 8.0~9.5 | 3.0~4.0/13.0~14.5 | 3.4~3.8 | 9.5~10.0 | 水平段 |

#### 3.2.2 较好的防塌性能

该井钻进过程中钻遇 2 次断层，导致下穿进入宝塔组段长 104m（2456m~2560m）、下穿五峰段长 74m（3179m~3253m），且在实钻期间返出钻屑虽有明显薄片，但未表现出存在井下垮塌现象，表现了该钻井液良好的防塌性能，岩屑如图 2 所示。

图 2　五峰组返出岩屑

### 3.2.3　优越的润滑性能

阳 X 井井眼轨迹变化频繁，有反复 6 次明显的增斜/降斜调整，但使用该页岩气水基钻井液起钻摩阻 200N～250KN，下钻摩阻约 80KN～120KN，与油基钻井液基本相当，表现了该钻井液良好的润滑性能，该井井眼轨迹如图 3 所示：

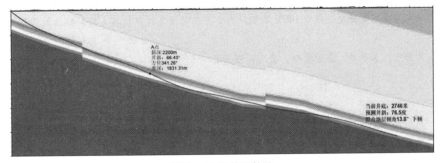

图 3　阳 X 井眼轨迹

## 4　结论与建议

结论：

1. 针对现有页岩气水基钻井液存在的问题，提出了拓展其低密度固相含量容纳限、强化"双疏"和"插层"抑制技术的协同作用、适当提高膨润土含量强化钻井液防塌封堵性和滤失造壁性、引入"成膜"润滑技术提高钻井液润滑性能的改进思路。

2. 改进后的页岩气水基钻井液 140℃高温滚动 16h 后流变性能稳定、易分散岩屑滚动回收率达 96.6%、极压润滑系数 0.076、泥饼黏滞系数 0.114，可抗 10%易分散岩屑的污染，性能较优化前有明显提高，为水基钻井液在长宁威远地区页岩气钻井中的推广应用提供了可能。

3. 在阳 X 井现场试验过程中，未出现井下垮塌复杂井况，钻井液性能稳定，流动性控制佳，携砂能力强，井眼通畅，未出现明显的岩屑床，起下钻摩阻小。

建议：多开展几口井的现场试验。

### 参 考 文 献

[1] 鄢捷年. 钻井液工艺学 [M]. 东营：石油大学出版社，2001

[2] 张克勤，何纶，安淑芳，等. 国外高性能水基钻井液介绍 [J]. 钻井液与完井液，2007，24 (3)：68 – 73.

[3] 王平全，马瑞. 泥饼质量的影响因素研究 [J]. 钻井液与完井液，2012，29 (5)：21 – 25.

[4] 张洪伟，左凤江，李洪俊，等. 微裂缝封堵剂评价新方法及强封堵钻井液配方优选 [J]. 钻井液与完井液，2015，32 (6)：43 – 45.

[5] 宋碧涛，马成云，徐同台，等. 硬脆性泥页岩钻井液封堵性评价方法 [J]. 钻井液与完井液，2016，33 (4)：51 – 55.

[6] 刘清友，敬俊，祝效华，等. 长水平段水平井钻进摩阻控制 [J]. 石油钻采工艺，2016，38 (1)：18 – 22.

[7] 金军斌. 钻井液用润滑剂研究进展 [J]. 应用化工，2017，46 (4)：770 – 774.

[8] 刘云峰，邱正松，杨鹏，等. 一种钻井液用高效抗磨润滑剂 [J]. 钻井液与完井液，2018，35 (5)：8 – 13.

[9] 王伟吉，邱正松，钟汉毅，等. 钻井液用新型纳米润滑剂 SD – NR 的制备及特性 [J]. 断块油气田，2016，23 (1)：113 – 116.

# 页岩气水平井套变治理措施分析

冉龙海 乔 雨 戴 强 万夫磊

（中国石油集团川庆钻探工程有限公司钻采工程技术研究院）

**摘 要** 页岩气规模化开采现阶段已成为我国能源安全的重要保障。受地质、工程等因素的综合影响，页岩气开发过程中时常出现套变情况，近三年，中石油川渝地区页岩气压裂施工 596 口井，发生套变 183 口井，套变率 30.7%，严重影响后续改造和生产施工。而随着普遍使用 125 及以上高钢级厚壁套管，在降低页岩气井套变几率的同时，也加大了井筒治理难度。综述目前水平井套变情况，为井筒治理提供依据；调研目前常用的井筒治理技术，并对其弊端及适用情况进行分析；开展套管磨铣试验，验证高钢级厚壁套管磨铣的可行性，结果表明套管磨铣技术与膨胀管修复、小套管固井等技术集成使用，仍可解决大部分高钢级厚壁套管套变问题。研究为页岩气开发过程中 140V 高钢级套变井井筒修复提供数据支持，对后续现场井筒修复具有一定指导意义。

**关键词** 页岩气；水平井；套管变形；套变治理措施

## 0 引言

目前页岩气开发已进入白热化阶段，年产在 240 亿 m³ 以上，已形成了一套成熟的开采工艺，页岩气产量逐年上升，并且国家税务局、财政部明确对页岩气资源税减征 30%，在技术发展及国家政策的推动下，必将促进油气企业对页岩气等非常规油气的开采。但随着页岩气规模开发，产量与改造规模矛盾加深，套变、压窜复杂频出，近三年，中石油川渝地区页岩气压裂施工 596 口井，发生套变 183 口井，套变率 30.7%，其中泸州区块套变率高达 50.43%、威远区块套变率达 30.72%、长宁区块套变率也在 25.21% 以上（表 1），套变后，前期可导致井筒不能满足射孔和分段条件，后期则会污染产层、造成产量下降，套管变形已成为制约页岩气高效开发的关键问题。为解决套变问题，诸多学者提出了各种针对性修复技术，大部分修复技术均需先磨铣套管打通通道，但目前页岩气开采逐渐向深层进发，井筒也逐渐普遍使用 125 及以上高钢级厚壁套管，虽降低了套变概率，但高钢级厚壁套管磨铣困难，在一定程度上增加了井筒治理难度。综述目前水平井套变类型及套变原因，对目前常用的治理技术弊端进行分析，并开展 140 钢级厚壁套管磨铣试验，验证高钢级厚壁套管磨铣的可行性，以期对现场井筒修复提供数据支持及一定指导。

**表 1 川渝地区各区块井套变统计情况**

| 区块区块 | 施工井数/口 | 套变井数/口 | 套变率/% |
|---|---|---|---|
| 威远 | 166 | 51 | 30.72 |
| 长宁 | 119 | 30 | 25.21 |
| 昭通 | 114 | 24 | 21.05 |
| 泸县 | 115 | 58 | 50.43 |
| 自贡 | 31 | 16 | 51.61 |
| 渝西 | 43 | 3 | 6.98 |
| 其他深层 | 8 | 1 | 12.5 |
| 合计 | 596 | 183 | 30.71 |

## 1 套变现状

现阶段套变类型主要分为径向载荷引起的椭圆变形、岩层沿裂缝面或层理面滑动剪切套管、套管接箍附近受到应力作用发生脱扣或破裂三种，大规模储层增产改造是造成套变的直接原因。部分学者认为在微幅构造发育位置、穿越小层较多位置、A 靶点附近井段高强度改造时易发生套变，这些位置岩石物性非均质性特别强，若甜点区厚度小，大规模体积压裂的巨大能量超出储层的吸收能力，会使得这些位置成为"薄弱点"发生套损。其他如地应力场、温度、流体性质等发生改变也会引发套变，针对此，大量学者进行了研究。

乔磊等综合温度效应、弯曲效应、压力效应等因素，构建了套管损坏评估模型，利用模型模拟得知，水泥环虚空断中的流体在压裂时会随温度下降快速收缩，在套管弯曲应力以及摩阻综合影响下，使套管发生变形，这也说明固井质量对套变有较大影响。压裂过程中会使地层岩石的性能降低，若压裂时施工的压力过大而改造位置不对称，则会使地应力场发生较大改变。于浩等对此建立有限元模型，模拟结果表明体积压裂会造成波及范围内的地应力场发生明显变化，甚至出现"张应力"区和"零应力"区的应力反转现象，该特征导致套管沿径向产生一定程度的挠度变形，沿轴向产生"S"型变形。但该模型考虑并未明确地层杨氏模量等参数对套管变形的影响，对此张永平等考虑压裂过程中地层杨氏模量、地应力差、固井质量、温度变化等因素，建立套管－水泥环－地层耦合模型，研究各因素综合引发的套管受力变化，结果表明，地应力差越大，套管所受应力

越大，据统计，川渝地区浅层页岩气套变率为26.3%，而深层页岩气套变率达39.6%。地层杨氏模量及温度的降低也会使套管所受应力变大，但变化趋势较缓，短时间内不易使套管变形，但固井水泥环缺失会导致套管受到应力急剧升高，地应力差大于50MPa，套管存在变形风险。

地质条件对于井筒套变也有重大影响。据川庆公司统计（表2），泸州区块套变率高达50.43%，泸203井区套变井占比61%，阳101井区套变井占比43%。上述统计中，存在未压先变井占45%，尤其是泸203井区占绝大多数，对此，韩玲玲等从地应力状态及断裂走向入手，发现这与泸203井区所在福集向斜发育的复杂断裂系统有关，据此提出针对地质因素引起套变的两大防治措施：避让风险断裂及选择应力机制因子低值区布井。

**表2 泸州区块未压裂发生套管变形井情况统计表**

| 编号 | 平台 | 井号 | A点 m | B点 m | 与A点距离 m |
|---|---|---|---|---|---|
| 1 | L2H2 | L2H2－1 | 3670 | 5765 | 1099.6 |
| 2 | | L2H2－2 | 4070 | 5740 | 319.7 |
| 3 | | L2H2－3 | 3925 | 5405 | 311 |
| 4 | | L2H2－4 | 4030 | 5510 | 220 |
| 5 | L2H4 | L2H4－1 | 4175 | 5960 | 143 |
| 6 | | L2H4－3 | 4125 | 5925 | 50.5 |
| 7 | | L2H4－4 | 4205 | 6005 | 166.1 |
| 8 | L2H51 | L2H51－1 | 3840 | 5990 | 166.7 |
| 9 | | L2H51－2 | 3840 | 5990 | －10（A点以上） |
| 10 | | L2H51－3 | 3900 | 5440 | 40.5 |
| 11 | | L2H51－4 | 3850 | 5390 | 194.7 |
| 12 | L2H52 | L2H52－1 | 3850 | 5310 | －33（A点以上） |
| 13 | | L2H52－2 | 3850 | 5284 | 60 |
| 14 | | L2H52－3 | 3860 | 5310 | 80.5 |
| 15 | | L2H52－4 | 3925 | 5425 | 119.7 |
| 16 | L2H53 | L2H53－1 | 4160 | 5660 | 244.38 |
| 17 | | L2H53－4 | 4130 | 5630 | 746.7 |
| 18 | L2H55 | L2H55－1 | 3820 | 5568 | 1327 |
| 19 | | L2H55－2 | 3880 | 5683 | 1338 |
| 20 | | L2H55－3 | 3830 | 5580 | 1180 |
| 21 | L2H57 | L2H57－1 | 4040 | 5790 | 37 |
| 22 | | L2H57－3 | 4130 | 5830 | 109 |
| 23 | | L2H57－4 | 4120 | 5870 | 59 |
| 24 | L2H58 | L2H58－2 | 4050 | 5850 | 683 |
| 25 | | L2H58－3 | 4120 | 5920 | 416 |
| 26 | L2H59 | L2H59－1 | 4080 | 5580 | 397 |
| 27 | L2H60 | L2H60－2 | 3810 | 5810 | 333 |
| 28 | Y1H4 | 阳101H4－1 | 4370 | 6470 | 130 |

据上表还可得知泸州区块 A 点附近造斜段及以下水平段占套损井段的绝大部分，水平段套变原因主要是区块复杂地质条件与高强度改造工艺相耦合，导致裂缝或断层剪切滑移，引发套管变形，付盼等通过 COMSOL 软件数值模拟对此进行了证实。

在 A 点附近及水平段受力复杂，井筒修复工具下入困难，对修复技术提出了较高要求，选择合适的井筒修复技术，在提高修复成功概率的同时也能降低治理成本。

## 2 常用套变治理措施分析

页岩气井受地质条件影响，以及常用大型增产改造技术，套变几率高，严重制约页岩气规模化开发，套变治理已成为油气开发过程中的研究重点。但目前套变治理面临套变时间不定、套变形态复杂、井筒重建困难等问题，现有的治理措施无法满足现场页岩气套变治理施工需求。

### 2.1 套变预防及补救措施

套变发生前，针对地层条件的"薄弱处"，可依据录井和测井解释来预测套变，根据预测的套变位置，提高固井质量，并在压裂时对套变高风险段控制施工规模，适当降低排量和施工压力。套变发生后，对于变形不严重且未压裂的井，可以进行简单的磨铣或更换小尺寸暂闭桥塞进行分段加砂压裂，或采用长井段多级暂堵压裂进行补救。对于变形严重的井，需针对井筒实际情况使用合适的井筒修复技术。

### 2.2 国内外常用套变治理技术

#### 2.2.1 低程度套变治理技术

目前国内外现有的井筒治理技术主要为机械整形技术、爆炸整形技术、液压整形技术、套管补贴水泥加固修井技术、膨胀管修复技术、小套管固井技术、磨铣技术等。

机械整形技术是利用物理手段对变形段套管进行治理，整形工具下入后在钻压的作用下对套管部位进行挤胀、碾压等，使套管变形部位逐渐恢复通径，但在治理过程中很容易出现套管重新变形、错断等现象，且施工周期长、费用高、易卡钻，使用时限制条件较多且适用于套管变形程度低的井；爆炸整形技术是将炸药送至变形处附近井液中，引爆后巨大能量冲击套管内壁，使其迅速胀大恢复，此技术仅适用于低钢级、不破裂且通径适合的井，变形处套管往往伴有壁厚不均

的情况，爆炸的无向性特征会对套管造成极大破坏，甚至有加剧套变的风险，修复结果难以预期；液压整形技术是将整形管柱下到油井内预定位置，地面加压后，液压缸组将液压力转换成轴向机械推力修复套管，对于套管错段变形严重、通道较小、高钢级套管变形井，液压整形技术目前仍不适用。

#### 2.2.2 高程度套变治理技术

以上技术基本都适用于变形程度低的井，不需要额外打通通道。套管补贴技术、膨胀管修复技术、小套管固井技术需磨铣技术还原井内通道才能开展修复。套管补贴技术是在磨铣、通刮等措施初步处理套损井段后，把与原套管损坏长度及直径相适应的模拟套管下入，匹配成熟的水泥封堵技术，将模拟套管固在原套管壁上，实现补贴加固、再造井筒，适用于套管破裂、套管小角度错断、变形等各种套损情况，但不适合套变套损严重、井筒内通道较小井筒修复情况；膨胀管修复技术是利用整形器、磨铣工具打通通道后，将膨胀管管柱下放到预定深度，通过地面高压管线实施初始胀管，使膨胀管管柱与原套管内壁形成悬挂和密封，然后连续胀管形成牢固坐挂完成胀管，膨胀管承压级别有限，较适用于套管破损井，修复后井筒有较大缩径，可能影响后续改造措施，长城工程院在威 204H19 – 1 井等 2 口井开展套管补贴试验，补贴后最大通径 90mm，试压 90MPa，国外斯伦贝谢也有套管补贴成功案例，但补贴后套管通径和承压能力都限制了改造规模，套管补贴结合树脂补壁是未来的一个研究重点；小套管固井技术是将套损段磨铣、通刮等措施处理后，用水泥封堵，然后下入小套管重新固井，再造新井筒，适用于套管破漏、腐蚀损坏严重，套损段长井筒，目前配套固井工具及工艺还不成熟，现场推广应用困难。

目前页岩气逐渐普遍使用 125 及以上高钢级厚壁套管，打通通道难，目前贝克休斯 125 钢级 8.5"套管磨铣作业成功 4 口井、140 钢级 9.5"套管开窗作业成功 1 口井、斯伦贝谢无现场 125 及以上钢级成功磨铣案例，国内也只停留在室内实验阶段。而打通通道后传统补贴或膨胀管承压级别是否满足压裂要求还需进一步研究。不论哪种修复措施都存在各类限制条件与弊端，并且套变严重的井修复后也会对后期作业造成不利影响，现有的井筒修复技术并不能完全满足现场井筒修复。

### 2.3 高钢级厚壁套管磨铣可行性研究

井筒修复的根本是清理"障碍"形成完整、坚固的通道，完成后续增产改造及生产，"障碍"清理是修复的第一步，也是决定后续能否继续修复的关键一步。磨铣打通法作为最直接、最根本的清理方法，具有较大研究前景，可成为目前页岩气套变严重井井筒修复前置技术的首要选择。但对于高钢级厚壁套管，磨铣打通法是否具有可行性、打通后套管进一步损伤情况尚需试验评价。为初步分析高钢级套管磨铣效果，开展室内高钢级变形套管磨铣试验。

#### 2.3.1 试验准备

将两根 BG140V 套管按变形要求进行加工，加工后试件参数及试验参数见图 1 与表 3。

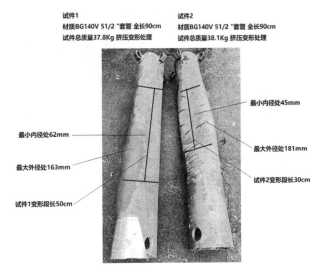

图 1　变形套管参数标注图

表 3　磨铣套管性能参数及试验条件参数

| 试件 | 外径 mm | 壁厚 mm | 钢级 | 长度 m | 变形段长度 m | 最小内径 mm | 钻压 kN | 钻速 r/min |
|---|---|---|---|---|---|---|---|---|
| 1 号 | 139.7 | 12.7 | BG140V | 0.9 | 0.5 | 62 | 15 | 50 – 60 |
| 2 号 | 139.7 | 12.7 | BG140V | 0.9 | 0.3 | 45 | 20 | 50 – 60 |

#### 2.3.2 试验过程及结果

将变形套管安装在 ZJ10/60 修井机下的模拟井口，校正并拉好绷绳防止试件摆动，使用方钻杆连接外径 106mm 进口合金齿耐磨磨鞋进行磨铣。

图 2　实验平台

图 3　实验平台下面模拟井口

1 号试件试验钻压 15kN，转盘转速 50 – 60r/min，排量 2 – 3L/S，泵压 0MPa。纯磨时间 150min，在一侧磨出约长 430mm、宽 70mm 长条形孔洞，由于偏磨及变形情况的影响，另一侧变形套管内被扒皮约长 400mm、宽 65mm 但未磨穿；磨铣前 37.8kg，磨铣完成后总质量为 34.6kg，磨损 3.2kg，磨铣了总质量的 8.47%，变形部位末端剩余少量未磨铣完，累计进尺 550mm。

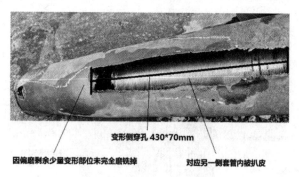

图 4　试件 1 磨铣结果图

因磨鞋磨铣 1 号试件后存在小部分磨损，保持其他试验条件不变，2 号试件试验钻压增加至 20kN。纯磨时间 70min 后，在一侧磨出约长 80mm、宽 70mm 的孔洞，另一侧被扒皮约长 80mm、宽 40mm，累计进尺 270mm，此时磨鞋胎体牙齿趋于光滑，磨铣速度明显变慢，停止试件 2 磨铣。经分析，由于 2 号试件变形度过大，变形套管的横截面对正了磨鞋的中心，造成顶芯磨铣，使得磨鞋裙边合金齿磨损 1 ～ 1.5mm，胎体牙齿趋于光滑，磨鞋外径也由 106mm 磨损至 105.5mm，导致 2 号试件未能彻底磨铣。

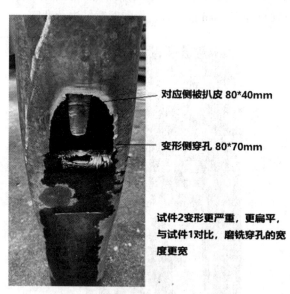

图 5　试件 2 磨铣结果图

总体实验说明进口合金齿磨铣工具能够磨铣高钢级厚壁套管，并且在合金齿未损坏前磨铣效率较高，但磨铣高钢级厚壁套管时，短期内磨损太大，虽有一定损坏依然可继续磨铣套管，但磨铣效率大大降低。并且磨铣过程中出现顶芯磨铣甚至偏磨，对应实际工况可能造成井筒侧钻开窗事故，管柱材质也难以长时间使用，很难满足实际工况中长时间、高强度磨铣，因扭矩难以传递

到水平段，也可能造成磨不动的情况。这些都对磨鞋材质选择、合金齿的堆焊水平以及减阻扶正器等配套工具研发提出了新的要求。即使解决磨铣技术问题，后续井筒修复技术的选择仍面临挑战。目前普遍将套管磨铣技术与膨胀管修复、小套管固井等技术集成使用，以达到井筒修复目的，但无法满足页岩气井中，A 点以上套变不严重、满足后续改造规模。

## 3　结论与展望

套管变形已严重影响后续改造和生产施工，直接或间接造成了巨大经济损失。但目前井筒修复技术并不能满足现场应用，不论采取哪种修复措施，套变严重的井修复后都会对后期作业造成不利影响，套管铣补工艺是井筒修复最直接有效的方式，目前磨铣技术与膨胀管修复、小套管固井等技术集成使用，可解决部分套变问题，但远不能满足页岩气水平井尤其是水平段井筒修复，针对此，建议继续开展以下研究：

（1）套变修复时需综合考虑套变发现时间、套变位置及套变严重程度三大影响因素，根据三大影响因素优化井筒修复措施；

（2）大部分井筒修复技术均需先打开通道，因此需优选磨鞋材质、优化磨鞋尺寸结构及合金齿堆焊水平，并研发减阻扶正器等配套工具，确保磨铣过程高效、合理，也能进一步降低钻具取不出的几率；

（3）通道打通后还需研发配套修复技术，目前井筒修复技术如膨胀管修复，其材质强度不够，管柱也难以顺利下入，不能满足页岩气水平井水平段井筒修复，可从套变机理入手，研发能更精准预测套变位置仪器，做到早发现、早预防；

（4）在研发新技术的同时，也应制定防侧钻、防井壁垮塌、防漏失措施，早日实现页岩气井水平段套变修复。

## 参 考 文 献

[1] 赵宗举.《石油学报》页岩油气勘探开发技术论文专辑主编寄语 [J]. 石油学报，2023，44（01）：2.

[2] 侯正猛，罗佳顺，曹成，等. 中国碳中和目标下的天然气产业发展与贡献 [J]. 工程科学与技术，2023，55（01）：243 – 252.

[3] 蔡勋育，赵培荣，高波等. 中国石化页岩气"十三五"发展成果与展望 [J]. 石油与天然气地质，2021，42（01）：16 – 27.

［4］童亨茂，张平，张宏祥，等．页岩气水平井开发套管变形的地质力学机理及其防治对策［J］．天然气工业，2021，41（01）：189－197.

［5］余夫．页岩气井生产套管变形分析及选材建议［J］．宝钢技术，2018（02）：75－78

［6］李凡华，董凯，付盼，等．页岩气水平井大型体积压裂套损预测和控制方法［J］．天然气工业，2019，39（04）：69－75..

［7］戴强．页岩气井完井改造期间生产套管损坏原因初探［J］．钻采工艺，2015，38（03）：22－25＋10.

［8］李凡华，乔磊，田中兰，等．威远页岩气水平井压裂套变原因分析［J］．石油钻采工艺，2019，41（06）：734－738.

［9］乔磊，田中兰，曾波，等．页岩气水平井多因素耦合套变分析［J］．断块油气田，2019，26（01）：107－110.

［10］于浩，练章华，林铁军，等．页岩气体积压裂过程中套管失效机理研究［J］．中国安全生产科学技术，2016，12（10）：37－43.

［11］张永平，王鹏，张楠，等．大庆深层致密气水平井大规模压裂条件下套管变形分析［J］．采油工程，2021（03）：1－4＋80

［12］［1］韩玲玲，李熙喆，刘照义，等．川南泸州深层页岩气井套变主控因素与防控对策［J］．石油勘探与开发，2023，50（04）：853－861.

［13］范明涛．页岩气井体积压裂套管变形及水泥环密封失效机理研究［D］．中国石油大学（北京），2018.

［14］付盼，廖明豪，田中兰，等．页岩气水平井压裂中地层滑移数值模拟研究［J］．石油机械，2019，47（04）：73－79.

［15］杨毅，刘俊辰，曾波，等．页岩气水平井套变段复合暂堵多级转向压裂改造工艺及应用［C］//中国石油学会四川省石油学会．中国石油学会四川省石油学会，2016.

［16］赵祚培，钟森，郑平，等．页岩气水平井套管变形防治技术［J］．天然气技术与经济，2020，14（06）：47－52.

［17］徐鑫，宋康，孔令民．油井套损治理修井技术探讨［J］．中国石油和化工标准与质量，2018，38（20）：162－163.

［18］董双平，李鹏，刘兰涛，等．爆炸整形修套工艺技术［J］．河南石油，2005（02）：75－76＋80－10.

［19］田玉刚，皇甫洁，李华彬．套变井液压整形技术研究［J］．胜利油田职工大学学报，2009，23（03）：45－46＋48.

［20］史永杰．复合磨铣修套工艺技术的现场应用［J］．中国石油和化工标准与质量，2021，41（22）：180－181.

［21］王琳，廖雄，朱安明，等．威远页岩气水平井压裂套变原因分析［J］．石化技术，2020，27（10）：67－68.

［22］陈朝伟，宋毅，青春，等．四川长宁页岩气水平井压裂套管变形实例分析［J］．地下空间与工程学报，2019，15（02）：513－524.

［23］邵崇权．套损井膨胀管补贴作业技术研究与应用［D］．西南石油大学，2016.

［24］杨玉伟，尚领军，冯智，等．膨胀管补贴修复套管技术在石西油田的应用［J］．长江大学学报（自科版），2013，10（32）：161－164.

［25］郑瑞，杜建平，李兆丰，等．页岩气水平井修井工艺技术应用［J］．化工管理，2019，（25）：207－208.

［26］徐煜东，冯果，郑波，等．水平井磨铣打捞技术研究与应用［J］．石化技术，2019，26（11）：309＋298.

# 页岩油近钻头方位伽马成像地质导向关键技术

魏书泳　陈　琪　贾武升　杨大千　杨碧学

（中国石油集团川庆钻探工程有限公司长庆钻井总公司）

**摘　要**　为提高水平井有效储层钻遇率，当前，在长庆油田国家级页岩油示范基地建设和延长油田页岩油开发过程中，水平井近钻头方位伽马成像地质导向技术已成为提高单井产量和油田开发效益的重要手段之一。钻井时，通常面临着区域地质构造复杂、储层岩性物性变化大、平台部井多、水平段长等工程和地质风险。地质导向装备经历了从最初的 MWD + 居中伽马测量、MWD + 螺杆后方位伽马成像测量，到目前的近钻头方位伽马成像测量。在地质导向钻井应用过程中，通过对近钻头方位伽马近钻头方位伽马、井斜等实时资料建模分析，结合地震、录井、气测、定向等资料，实现"工程地质一体化"地质导向应用。靠近钻头的储层边界探测技术，有利于及时探测出地层边界并实时调整井眼轨迹，可大幅减少地质循环与指令等停时间，在提高有效储层钻遇率的同时，大幅提高钻井时效。

**关键词**　页岩油；水平井；近钻头；方位伽马成像；地质导向

地质导向钻井（Geo – Steering Drilling）技术是 20 世纪 90 年代国际钻井界发展起来的前沿钻井技术之一。目前，近钻头方位伽马成像地质导向钻井已经形成页岩油开发的标配技术。水平井具有可最大限度增大泄油面积、增加单井产量、减少建井投资、提高单井开发效益等优势，近年来在煤层气、页岩油、页岩气等非常规油气开发中得到了广泛应用。随着油田公司部署井井型的变化，钻探工艺技术也发生了根本变革：在定向井钻井时，钻探公司往往只关注"工程靶点"钻穿储层；但是，在水平井钻井时，钻探公司需要研究"地质甜点"钻遇储层，进行地质导向钻井。

## 1　近钻头方位伽马成像地质导向难点

鄂尔多斯盆地延长组长 7 段页岩油指长 7 段烃源岩层系内致密砂岩和泥页岩中未经过长距离运移而形成的石油聚集。目前，开发的主力区块是长庆油田的华庆油田和延长油田的陕北油区（下寺弯油田、志丹油田、定边油田等）。通过陇东地区建成的西 233 国家页岩油规模开发示范基地、延长油田页岩油产能建设项目等的建设，页岩油地质导向钻井面临以下技术难点：

（1）水平井轨迹设计难度大。页岩油长 7 地质构造复杂，特别是在陕北南部油区地层在横向上变化大，再加上很多区块缺乏三维地震勘探及邻井资料，地质设计动用储量困难，水平井设计轨迹与实钻轨迹在目的层存在较大的误差。页岩

油开发区域通常在长 6、长 8 及其他层位的交叉开发区，特别是延长油田自 1953 年正式开发以来，部分区域采用 100m 井距的"密井网"开发模式，再加上超前注水的注水井较多，在页岩油水平井布井时，防碰距离越来越短，已经接近石油行标要求的极限。

（2）地质导向方法与导向流程有待优化。当前，页岩油地质导向主要由甲方地质办主导，现场需要对随钻测井、录井、定向、工程、地质导向等专业进行整合，加强对地质的认识，完善对近钻头地质导向工具的应用，建立精准的地层识别方法和地质导向方法。

（3）地质导向模型建模困难。2010 年美国页岩油开发取得快速发展后，使页岩油成为国内新的储量、产能接替主力资源，勘探开发不断深入，但因为对页岩油成藏机理研究不充分，认识还不深入，对页岩油的区域地质构造展布规律还有待提升；地震勘探覆盖面窄，大部分页岩油开发区块均未实施过二维地震勘探，只在国家级页岩油示范基地，有少量面积的三维地震勘探；储层三维建模方法应用不足。这客观上制约了水平井地质模型的建立。

（4）井眼轨迹控制难度大。页岩油聚集在长 7 的砂岩中，延长组 7 段沉积期（长 7 期），是印支运动的高峰期之一，区域构造较活跃，盆地同时受西南方向强烈挤压和东北方向垂向隆升的影响，发生了南北不均衡、不对称的快速坳陷过程，造

成湖盆基底呈"南陡北缓"的格局，局部构造复杂，目的层在井间海拔变化大，储层内夹层较多，砂岩沟槽、泥岩团块发育，部分区域断层、裂缝并存，长7砂体致密岩性差，层位不发育且层薄，水平段井眼轨迹控制与地质导向难度大。

（5）方位伽马标定手段单一建标困难。近钻头方位伽马成像工具在使用时需要进行三级刻度，受低成本开发模式的制约，鄂尔多斯盆地页岩油开发过程中，绝大部分水平井仍然采用居中伽马进行地质导向，这客观上增加了对地层识别的难度；伽马现场刻度采用"黄布包"或者"瓦片"刻度器，对近钻头方位伽马测量工具无法进行扇区精准刻度；复合盐钻井液体系在钻具降摩减阻中发挥了关键性的作用，但泥浆中的K离子对NaI晶体的测量结果造成了"虚高"现象，影响地质导向人员对地层岩性的判断，需要建立近钻头方位伽马标定装置，形成近钻头方位伽马及扇区标定技术。

（6）方位伽马仪器与页岩油优快钻井的要求匹配困难。近钻头方位伽马仪器是在水平井开发后诞生的随钻工程地质参数测量工具，鄂尔多斯盆地是国内低成本快速钻井的标杆区块，常规的定向井钻具组合与近钻头工具在应用过程中表现出：滑动钻进慢，复合钻井降斜，摩阻扭矩增大，在一定水平段长度后或井斜达到一定程度下，会出现井斜控制困难，钻进困难，需要对近钻头方位伽马成像工具与常规钻具的组合进行研究。

## 2 页岩油近钻头地质导向关键技术

根据页岩油大平台大井丛井高效钻完井理论，通过多年来在长庆油田和延长油田页岩油近钻头方位伽马成像技术现场技术服务和不断的技术攻关、优化方案设计、室内近钻头方位伽马刻度实验与现场试验验证，对近钻头方位伽马成像水平井钻井技术、地质导向技术、实时解释与评价技术进行全方位优化与创新，形成以下关键技术。

### 2.1 近钻头井身轨迹优化设计技术

通过分析区域地质设计，对复测井口坐标、海拔等参数，并对老井的数据进行复查，有必要的重新利用陀螺复测轨迹，确保所有控制井、井眼轨迹边沿井的防碰要求达标。选择直——增——稳——增——稳井身剖面结构，全井段PDC钻头+高效螺杆复合钻进。

根据井设计功能的不同页岩油钻井井身结构分为：二开浅表层、二开深表层、三开井身结构等三种，目前主要采用二开深表层井身结构。二开井身结构分造斜段和水平段，必要时可下技术套管，可防止超长水平段出现井漏、溢流等复杂，同时提高上部地层承压能力，提高井控处置能力，减少井下风险。二开井身结构为：一开采用$\varphi 311.2mm$钻头钻至220m，下入$\varphi 244.5mm$表层套管，封固地表黄土层及石板层；二开采用$\varphi 215.9mm$钻头钻穿延安组至延长组长7水平段完钻，利用"泵出式测井技术"对储层进行综合解释评价，下入$\varphi 139.7mm$油层套管至3324m管固井完井。

近年来，逐步在大平台、大位移、长水平段水平井开展优化三开井身结构试验，在水平段降摩减阻和对上部地层的封固上取得了较好的应用效果。

### 2.2 地质导向建模技术

水平井地质导向时，在设计完井眼轨道参数、剖面后，还需要建立：连井剖面模型、反演待钻地层地质模型、综合地质导向模型。利用区域地质、地震解释、综合录井、邻井测井等资料，结合地质靶点资料，建立如图1所示的连井剖面图：

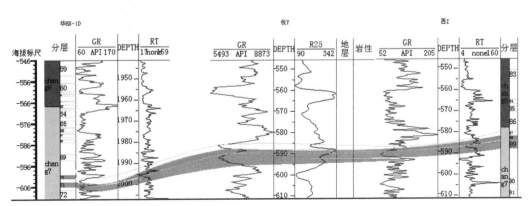

图1 华HX水平井连井剖面建模图

综合地质导向图是利用钻井地质设计、工程设计、邻井资料、地震解释资料等对待钻井轨迹、靶点进行建模，如图2所示。

区域地质构造的复杂程度与资料的齐全与否对综合地质导向图模型的精度影响很大，如果建模的井有导眼井，井眼轨迹设计方向上控制井越多、资料越全、解释结论越准确，建立的综合地质导向模型对水平井入窗、水平段轨迹控制的指导意义就越大。当前，随着地质建模软件的不断升级，邻井资料越来越丰富、精度越来越高，三维地质导向建模将成为主流建模技术。

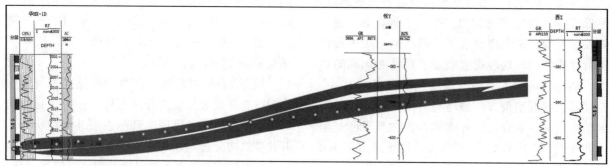

图2　华HX井综合地质导向建模图

### 2.3　近钻头井眼轨迹精细控制技术

鄂尔多斯盆地长7段页岩油是以吸附与游离状态赋存于生油层系内的砂岩和泥质砂岩中，未经过大规模长距离运移而形成的石油聚集，鄂尔多斯盆地三叠系延长组发育的长7段泥页岩层系是该盆地主要的烃源岩层系。现场地质导向时，一般应用岩性分层法，通过地质构造、测井资料、综合录井资料、地球物理化学实验资料，根据鄂尔多斯盆地各地质时代岩性组合，按照"组、段、层"三级地层模式，确定储层顶底界线。对延长组中下部长7段油层组的长$7_1$、长$7_2$、长$7_3$三个亚段储层，利用自然伽马、声波、电阻率等测井参数，结合综合录井、气测、点滴荧光实验及元素录井资料，通过典型井段基准面旋回的识别，对比重要标志层，划分地层，精细控制井眼轨迹，如图3所示。

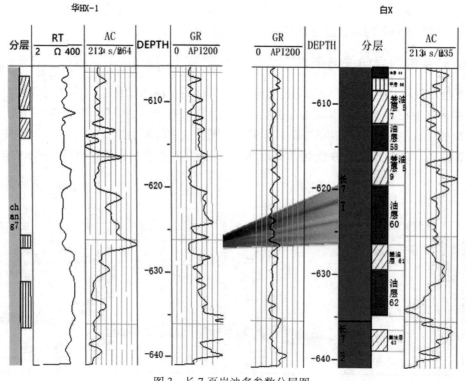

图3　长7页岩油多参数分层图

### 2.4　近钻头地质导向方法

通过方位伽马和方位伽马成像图，可准确判断井眼轨迹与储层边界位置的相对关系，如图 4 所示。

在方位伽马成像地质导向时，由于方位伽马可探测井周上、下、左、右"四个方位"的伽马值，当井眼轨迹"上切入泥岩"时，上伽马较下伽马先探测到顶部盖层的泥岩，上伽马较下伽马数值上升较快，伽马成像图响应为"笑脸"特征；当井眼轨迹"下切入泥岩"时，下伽马较上伽马先探测到底板的泥岩，下伽马上升较快，伽马成像图响应为"哭脸"特征。通过方位伽马曲线及成像图，可快速、直观、准确地判断井眼轨迹与地层边界的相对关系，及时调整井眼轨迹，减少无效进尺，提高有效储层钻遇率。

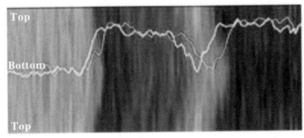

图 4　近钻头方位伽马成像层界面识别图

在地质导向过程中，需要对实时采集的近钻头方位伽马成像、井斜、方位、气测、岩屑录井等资料，配合邻井地震勘探、综合录井、测井解释等资料，建立单井解释、连井剖面和综合地质导向图模型，根据设计轨迹与靶点参数，实时调整井眼轨迹。采用"钻前建模分析、钻中修正模型、钻后模型评价"的技术措施，配套单井专人进行地质导向技术支撑作业，配套"近钻头方位伽马地质导向系统"，针对页岩油地质导向现场需求，实现了地质导向数据管理与分析、曲线标准化与分层、单井解释分析、连井剖面图及综合地质导向图等功能模块。

### 2.5　近钻头方位伽马标定技术

川庆钻探公司开发了业内首套方位伽马刻度系统，通过控制"模拟标准地层"模块和方位伽马测量短节之间的相对运动，对方位伽马测量短节进行测试校对，并对方位伽马的扇区测量，进行标定，该系统对外进行方位伽马刻度技术服务，如图 3 所示。

图 5　方位伽马刻度系统

为确保近钻头方位伽马测量准确，在仪器入井前，需要在方位伽马刻度系统上对伽马测量短节进行高、低刻模块采样，通过刻度器的标称值，计算出装置的刻度系数，并计算高、低刻度模块的测量值，确保测量值与模块标称值误差在 ±3% 的范围内。

### 2.6　近钻头方位伽马钻具组合优化技术

页岩油水平井开发往往采用大平台、大井丛模式。HH100 平台井场部署的水平井、导眼井总井口数超过 30 口。水平段井眼轨迹控制面临偏移距大、靶前距短、水平段长、绕障等困难，再加上 LXM 短节接在螺杆与钻头之间，增加了螺杆前钻具的长度与重量，且外径达 171.5mm，井眼轨迹控制难度增大。针对长水平段水平井钻井存在

偏移距、水平段长和井眼轨迹控制难的情况，在现场实践中，采用"稳定器 + 单弯螺杆 + 清砂钻具"的钻具组合：钻头 + 近钻头测量短节 LXM + 螺杆 + 扶正器 + 回压阀尔 + 转换接头 410 * 461 + 近钻头上部接收短节 UXM + 下无磁钻铤 + 上无磁钻铤 + 清砂钻杆 + 加重钻杆 + 常规钻杆。

近钻头方位伽马成像测量短节位于螺杆与钻头之间，与常规钻具组合不同，其对系统的摩阻、扭矩、稳斜及螺杆的造斜效果等均产生影响。通过研究 BHA 各段位移方程对钻压、密度、扶正器、螺杆弯角、本体弯曲强度、当量刚度等建模，结合中转角值突变、弯矩尖角最大弯矩、钻头处最大侧向力等参数优选钻具组合，如图 6 所示。

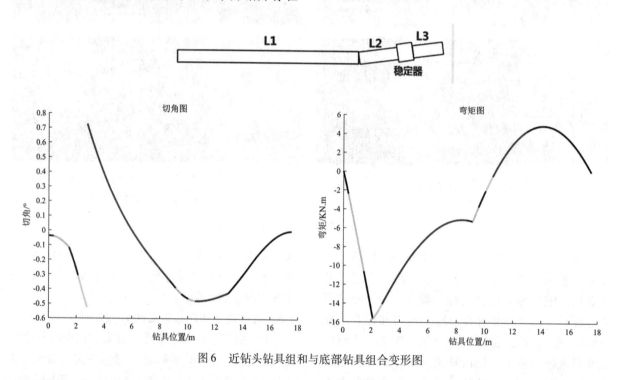

图 6　近钻头钻具组和与底部钻具组合变形图

## 3　现场应用效果

长 7 段暗色块状泥岩类型是近期页岩油勘探开发的最有利目标。长庆油田页岩油水平井钻探面临复杂的区域地质构造和层内多变的超薄储层、砂泥岩薄互层、沟槽带及夹层对有效储层钻遇率的影响和制约。现场应用应针对研究区块地质导向的难点，解决地质目标的不确定性。

### 3.1　泥岩团块与沟槽带储层段地质导向应用

华 HX 钻至 2520m 时，井眼轨迹上切入顶部泥岩团块，现场地质导向指令降斜钻井追踪储层，井深 2645m 时，井斜 89.2°，海拔 -605.37m，通

过方位伽马成像图计算地层倾角约 0.4°（上倾），从 2640m 钻遇砂岩，近钻头方位伽马下伽马持续降低，伽马成像图颜色持续变亮，砂岩响应特征明显，如图 7 上图"指令前"所示。方位伽马成像图指示：湖相泥质岩层段岩相变化快且非均质性强。

近钻头伽马指示本段储层为砂岩，录井显示为灰色泥质粉砂岩，气测全烃值迅速上升至 1.2045%，C1 值上升至 0.8792%。地质导向模型显示当前井眼轨迹位于长 71 砂体上部。继续降斜钻进后，第一个单根钻完，近钻头伽马降低到 103.53 API，储层岩性较前段大为变好；第二个单

根打完后，在 2670m 处，方位伽马快速下降至 90 API，录井岩屑显示为粗砂岩，现场定级为油斑，气测全烃值达 5.25%，井眼轨迹处岩性整体持续向好，如图 7 下图"指令后"所示。

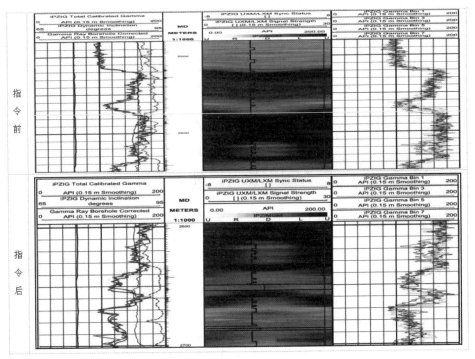

图 7　泥岩团块与沟槽带储层段地质导向图

## 3.2　砂泥岩薄互层地质导向应用

钻至井深 3160m 时，井斜 90.1°，轨迹处于长 71 砂体下段底部，从 3165m，近钻头方位伽马成像指示砂体岩性变差；至 3166m 时，方位伽马成像呈现亮黄色条带，如图 8 上图"指令前"所示。

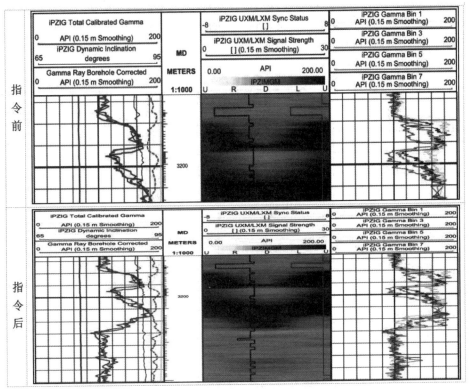

图 8　砂泥岩薄互层段地质导向图

随后近钻头伽马值快速上升，至3173m时，上方位伽马上升至120 API，截止当前井深，计算储层厚度约0.95m，判断井眼轨迹触及底部泥岩，现场地质导向建议增斜1°钻进。持续调整井斜后，井眼轨迹在3230m重新追上前段储层；至3282m，垂深1995.44m时，井斜90.8°，录井显示为灰褐色细砂岩，定级油斑；气测全烃值20.3086%，成功追上砂岩薄层。

### 3.3　工程地质一体化导向应用

"工程地质一体化"导向技术是整合现场录井、气测、钻井工程、定向工程、随钻测量、地质导向等专业，各岗位人员之间有效衔接，统一对地层的认识和地质导向指令，实现"钻头跟着油气走"的导向目标。

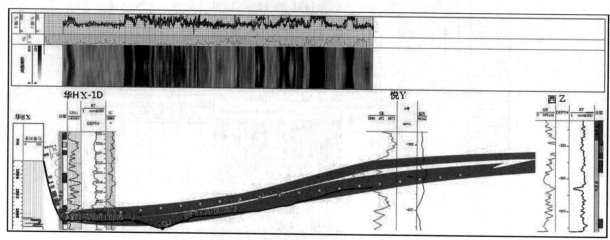

图9　华HX井工程地质一体化综合地质导向图

通过全面分析区域地震、地质、测井及邻井录井气测资料，掌握目的储层的构造规律及展布趋势，根据近钻头井斜、方位伽马成像图及变化趋势，预测即将钻遇储层的响应特征；取得第一手地质响应资料后，结合录井岩屑、含油性级别、气测全烃值、当前井眼轨迹、实时靶点、设计轨迹与靶点等信息，在综合地质导向图分析实钻层位海拔、地层倾角等信息，结合井眼轨迹控制，利用测井资料特征对比结果，并参考地质预测资料，可以对特定情况下的地层倾角、倾向进行描述，为后续井的钻井设计和区域构造图的修正提供可靠依据，充分发挥"工程的监督"和"地质的眼睛"的作用，如图9所示。

表1　华HX井近钻头方位伽马成像地质导向VS同平台常规伽马地质导向

| 华HX平台3口水平井基本数据对比分析 | | | | | |
|---|---|---|---|---|---|
| 项目/井号 | 华HX－1 | | 原华HX－4 | 华HX－4 | |
| 完钻井深（m） | 3798 | 钻遇率/占时比例 | 2670 | 3900 | 钻遇率/占时比例 |
| 油斑（m） | 178 | 11.51% | 0 | 1066 | 62.89% |
| 油迹（m） | 352 | 22.77% | 29.3 | 231 | 13.63% |
| 粉砂质泥岩（m） | 334 | 21.60% | 155.0 | 30 | 1.77% |
| 泥岩（m） | 19 | 1.23% | 246.0 | 368 | 21.71% |
| 砂岩（m） | 663 | 42.88% | 16.0 | 0 | 0.00% |
| 水平段作业时间（day） | 总时 | 11 | 48.53% | 17 | 11 | 57.20% |
| | 钻进 | 9 | 39.71% | 2.5 | 8 | 41.60% |
| | 循环 | 40/24 | 7.35% | 130/24 | 3.5/24 | 0.76% |
| | 等停 | 24/24 | 4.41% | 220/24 | 2/24 | 0.43% |
| 储层钻遇率（%） | 34.28% | | 10.16% | 76.52% | |
| 水平段长（m） | 1546 | | 446.3 | 1695 | |

从表1可看出：华 HX－4 循环等停时间总共 5.5 小时。华 HX－1 为同平台常规仪器地质导向井，循环等停时间合计 64 小时，是华 HX－4 井的 11.64 倍。华 HX－4 有效钻进时间 8 天，占水平段作业总时间的 41.60%，水平段进尺 1695m；华 HX－1 有效钻进时间 9 天，占水平段作业总时间的 39.71%，水平段进尺 1546m，华 HX－4 较华 HX－1 少用时 12.5%，且水平段多打 149m。华 HX－4 储层钻遇率 76.52%，录井解释油斑 1066m，占比 62.89%，油迹 231m，占比 13.63%；华 HX－1 储层钻遇率 34.28%，录井解释油斑 178m，占比 11.51%，油迹 352m，占比 22.77%。华 HX－4 钻遇较好储层（油斑）是华 HX－1 的 5.46 倍，且油迹储层占比远比油斑少，"工程地质一体化"导向技术服务取得了良好的应用效果。

## 4　结论

1）该区域长 7 页岩油储层存在大量泥岩沟槽、团块或砂泥岩薄互层，近钻头方位伽马成像地质导向钻井技术可快速（距离钻头 0.88m）、准确识别（方位伽马成像可清晰指示目的储层的位置、与钻头井眼轨迹交汇的方向）、科学（近钻头井斜距离钻头 1.33m，可科学调整井眼轨迹）调整控制井眼轨迹，为后续工程作业创造良好的井筒条件。

2）地质导向过程中需要进一步加强现场随钻测井、综合录井、工程、定向、地质导向、甲方地质组等岗位的实时沟通、联合会诊，采用"钻前建模分析、钻中修正模型、钻后模型评价"的技术方案和地质导向岗全程跟踪的保障措施，减少井下装备的地质循环等停时间，在提高钻井效率的同时，提高有效储层钻遇率。

3）该地质导向技术缺乏井下震动、粘滑、泥浆当量循环密度、工具转速等井下钻具工程状态监测参数，缺乏"工程地质一体化"钻井安全技术参数，需下一步进行重点研究。

4）需要加强实时解释评价及地质导向应用研究，发挥随钻数据的实时地层评价与地质导向作用，提升地质导向技术服务能力和水平井钻探、开发综合效益。

## 参　考　文　献

[1] 刘俊杰，汪鸿鹏，刘佳文，等．地质导向钻井技术在七个泉油田应用效果评价．化学工程与装备，2012，第 4 期：70－72.

[2] 鄂尔多斯盆地中生界延长组长 7 段页岩油地质特征及勘探开发进展，中国石油勘探，2019 年 9 月，第 22 卷第 5 期．

[3] 付金华，李士祥，牛小兵，等．鄂尔多斯盆地三叠系长 7 段页岩油地质特征与勘探实践，石油勘探与开发，2020 年 10 月，Vol. 47 No. 5.

[4] 黄振凯，郝运轻，李双建，等．鄂尔多斯盆地长 7 段泥页岩层系含油气性与页岩油可动性评价——以 H317 井为例，中国地质，2020 年 2 月，第 47 卷第 1 期。

[5] 贾武升，陈琪，刘李宏，等．方位伽马测试系统操作与维护规程，中国石油集团川庆钻探工程有限公司，2020.

[6] 刘伟荣，倪华峰，王学枫，等．长庆油田陇东地区页岩油超长水平段水平井钻井技术，石油钻探技术，2020 年 1 月，第 48 卷第 1 期．

[7] 杨华，牛小兵，徐黎明，等．鄂尔多斯盆地三叠系长 7 段页岩油勘探潜力，石油勘探与开发，2016 年 8 月，Vol. 43，No. 4.

[8] 冯张斌，马福建，陈波，等．鄂尔多斯盆地延长组 7 段致密油地质工程一体化解决方案——针对科学布井和高效钻井，中国石油勘探，2020 年 3 月，第 25 卷第 2 期．

[9] 刘群，袁选俊，林森虎，等．湖相泥岩、页岩的沉积环境和特征对比———以鄂尔多斯盆地延长组 7 段为例，石油与天然气地质，2018 年 6 月，第 39 卷第 3 期．

[10] 闫振来，基于随钻测井的地质导向解释系统研究与应用，钻采工艺，2010 年 9 月，第 33 卷第 5 期．

# 陇东页岩油大平台多钻机"工厂化"水平井钻井工艺关键技术

田逢军 陶海君 陈琪

（中国石油集团川庆钻探工程有限公司长庆钻井总公司）

**摘 要** 位于鄂尔多斯盆地陇东国家级页岩油示范区范围内的陇东页岩油田，施工区域沟壑纵横，水资源、基本农田、森林资源保护区较多，水平井开发受地形地貌及资源保护区影响比较大，单平台钻井，开发周期长，影响地下资源的有效动用。不能实现钻井资源共享，不能实现多层系地质甜点的有效动用，钻井投资高，影响水平井平台布井数量及大平台工厂化作业，为此，通过大平台工程地质一体化设计，井网布置，多钻机工厂化施工排序，井场钻机优化放置，优化剖面设计有效防碰，完善井眼轨迹控制方式实现降摩减阻，通过优化水基 CQSP-4 钻井液体系，强化参数激进钻井，优化常规螺杆钻具和 PDC 钻头等技术，形成了陇东页岩油大平台水平井多钻机"工厂化"钻井主要工艺技术。平台水平井数由 6 口增加到 12 口，增加到 22 口，最大到 31 口；平台施工钻机数量由 1 部增加到 2 部再增加到 4 部，实现多机组工厂化钻井作业，平台施工钻机数量由 2 部增加到 4 部，最多达到 5 部，多钻机"工厂化"钻井，钻机月速度较平均速度提高 20%，华 H100 平台提高 42%。钻进过程安全高效，取得了很好的现场应用效果。该技术成功应用，支撑了陇东页岩油大平台多层系多钻机工厂化高效开发，也支撑了钻井钻机作业方式由单机单队向工厂化集群化转型。

**关键词** 页岩油大平台；多钻井；水平井；工厂化；防碰绕障；钻井技术

一体化运行，工厂化作业，平台化管理，信息化决策，等体积压裂等已成为目前陇东页岩油效益开发的核心技术。国家级页岩油示范区建设，区块内的典型平台，典型大平台多钻机工厂化平台华 H100、华 H60、合 H9 平台、构造位置属鄂尔多斯盆地鄂尔多斯盆地庆城油田华池区块，按照"水平井、多层系、立体式、小井场、超大井丛、工厂化"的理念，立体开发长 63、长 71、长 72 层，平台部署钻机 4~5 部，部署水平井 20 口以上，单层井距 300~400 米，为三层系开发，最大偏移距 1266m。最大钻井水平井井口数为 31 口，其中双向两边布井 29 口，中间布井 2 口，为此，通过对典型平台——华 H100 平台的 31 口水平井研究，水平井的井场布局，钻井排序，防碰钻井技术，实现资源共享，保障大平台施工安全高效。

## 1 技术难点

大平台井口数多、钻机多、布局与井位排序，防碰难度大，方案优选，防碰轨迹的优选，施工过程防碰技术。每一个环节把控不好，都会出现防碰故障，轻则填井侧钻，重则老井井眼受损，既要处理新井眼，又要处理老井，难度大，费用高。如果老井压力异常高压，引发井控风险，造成井喷或井喷失控，着火或爆炸，如果出现有毒有害其它，可能造成人员中毒等重大事故。同时大偏移距降摩减阻，剖面优化及轨迹控制难度都比较大。主要有以下难点。

（1）多钻机优化布局排序防碰难度大；

（2）多钻机大平台钻井防碰方案难度大；

（3）大偏移距钻井降摩减阻轨迹控制难度大；

（4）大偏移距水基钻井液重复使用难度大；

## 2 主要技术

### 2.1 钻机布局

2.1.1 双钻机防碰布局，双钻有"一字型"布局摆放，双排平行布局，双排向向布局，丁字形布局等，常用的"一字型"钻机布局摆放及双排平行布局摆放。

2.1.2 四钻机防碰布局，四钻机布局有"双排双钻机"平行布置摆放四部钻机，"双排双钻机"相向布置四部钻机等工厂化摆放模式，实现营地、物业服务、生产保障全产业链部署；平台材料装备、应急保障专业最大化共享，实现电动化、撬装化、集约化、专业化、自动化。实现钻井泵，循环罐、泥浆出口管线的集约共享，实现钻井工程技术指挥，泥浆检测，钻井人员的等共享。节约劳动力，最大限度的实现共享。

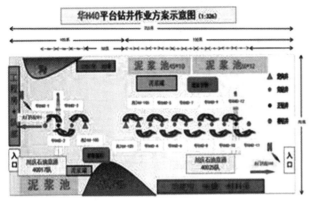

双钻机一字型示意图

图 1　华 H40 平台钻机布局图

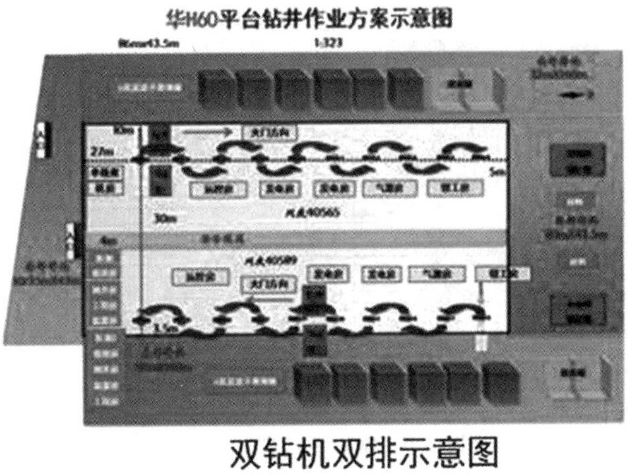

双钻机双排示意图

图 2　华 H60 平台钻机布局图

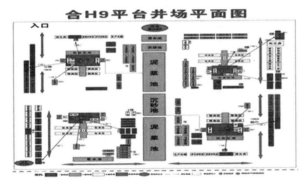

图 3　合 H9 平台钻机布局图

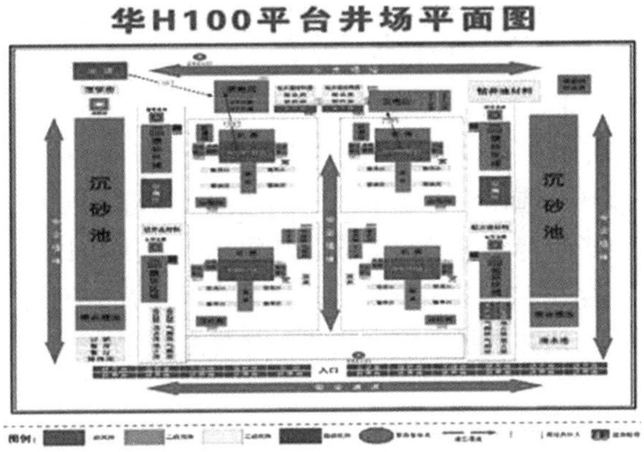

图 4　华 H100 平台钻机布局图

## 2.2　多钻机施工靶体设计

有双排平行布井，双排平行布井＋靶前区斜交，双排平行＋扇形布井，典型平台有，华 H100 双排平行布井＋靶前距区斜交布井，合 H9/合 H60 平台双排平行布井＋扇形布井。

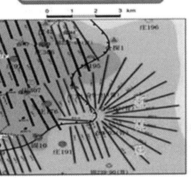
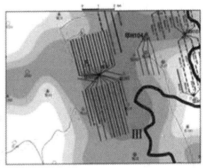

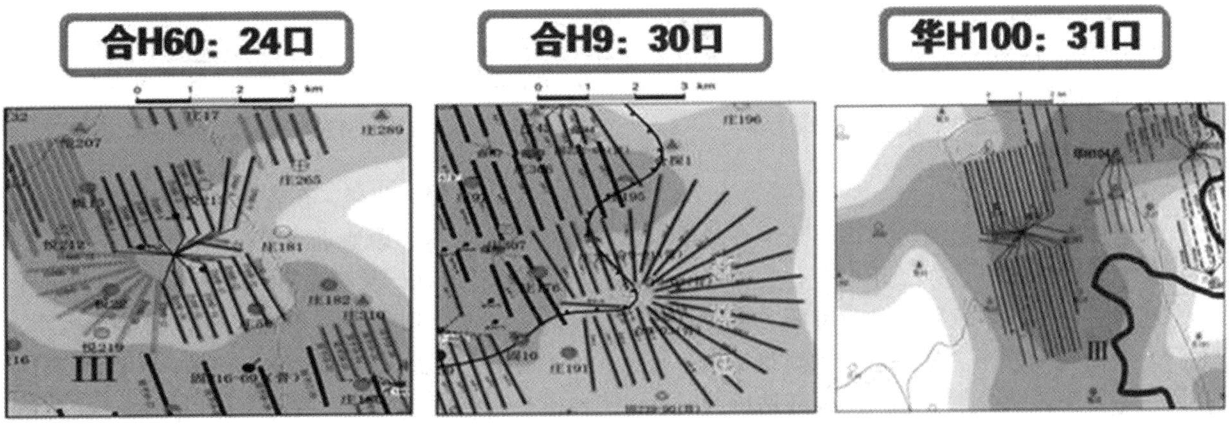

图 5　大平台工厂化多钻机平台靶体设计

## 2.3　钻井施工排序

分区布井排序，井场大门方向与靶体垂直时双向两侧排序下左图，大门方向与靶体平行时，后场 2 部钻机分别从内向外，前场 2 部钻机从外向内，避免空间交叉。

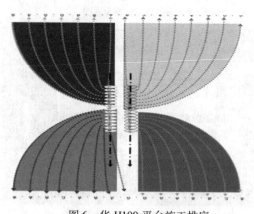

图6　华 H100 平台施工排序

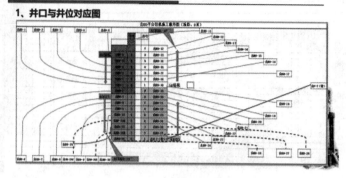

图7　合 H9 平台施工排序

**五、钻井顺序排序**

**1、井口与井位对应图**

**2.4 防碰技术**

2.3.1 平台所有布井靶点坐标一次到位，查阅防碰井号，做整体防碰方案。

2.3.2 井队就位后收集邻井资料及全井场所有待钻井靶点坐标，按照"大门方向铅垂线预分"的原则，选择错开造斜点，轨迹控制要求精细化制定平台待钻井防碰方案，从源头上减少防碰风险。存在空间交叉的井，确定井口位置后，充分利用已钻井数据，多次预算，选择最佳的绕障方

案，积极防碰，加强施工过程轨迹预算；

2.3.3 "预分法"井眼防碰绕障技术。即每口井开钻时使井眼轨迹在保证井身质量的前提下向有利于防碰的方位钻进，根据每口井偏移距和靶前距设计不同纠偏点，合理控制纠偏稳斜段的方位和扭方位井段狗腿度，做到主动防碰。大井丛，错开造斜点，相差50m以上，同方向水平井，利用左右20m偏差，一边外着陆，另一边内着陆。

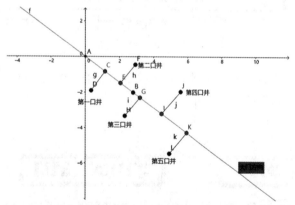

图8　表层及二开直井段预分示意图

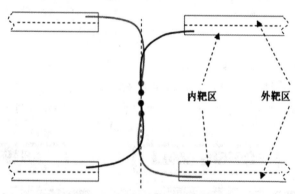

图9　内、外靶区入窗示意图

**2.5 防碰绕障技术**

大平台防碰，表层测斜，二开减少直井段长度，减少防碰绕障难度；二开根据有效偏移距大小，选择适当的井斜稳斜消除偏移距，造斜垂直大门方向消除偏移距。扭方位井段轨迹平滑。提高滑动增斜率。减少滑动进尺。两部钻机同时在平台施工，增加防碰难度。提前小井斜消偏，做好全井轨迹控制预算，小井斜扭方位，保证在30度以内方位调整到位再开始增斜入窗。多钻机同时施工，存在井网交叉风险。受井场限制，井口间距小，实时防碰。既要与已钻井静态防碰，还要与邻井正钻井动态防碰。

2.5.1 静态防碰，在表层与直井段施工期间严格执行30米测距要求测斜，严格控制井斜，测斜后预算100米，及时绘制防碰图，为后续井防碰打好基础。合理设置造斜点，根据偏移距大小，错开造斜点位置，避免在造斜初期人为失误或仪器误差造成两井相碰。表层有防碰趋势，滑动钻进绕障。

2.5.2 动态实时防碰，两队正钻井实时动态防碰，数据及时共享，方案共享，确保施工过程两井安全。

2.5.3 防碰绕障，正钻井和邻井，测点计算以井口补心海拔为起点，必须进行海拔校核，防

止出现数据误差；邻井井口坐标校核，校核到一个坐标系，一般把邻井校核到正钻井的坐标系；实钻过程，利用误差模型分析的分离系数 SF 控制两井间最小距离。在进行测斜时，由于测量深度、井斜、方位等各种测量误差会对实际井眼位置产生一些不确定影响，这种影响就称为井眼空间位置的不确定性，可用一个误差椭球来表示。为了有效控制井眼轨迹确保井眼之间最小防碰距离，采用分离系数 SF 进行控制。施工过程防碰距离大于表中数据。

**表1 不同井深两井最短距离表（分离系数 SF=1.5）**

| 井深 m | 500 | 1000 | 1500 | 2000 | 2500 | 3000 |
|---|---|---|---|---|---|---|
| 最短距离 m | 5.25 | 10.5 | 15.75 | 21 | 26.25 | 31.5 |

## 2.6 三维井井眼轨迹剖面优化与控制

设计有效靶前距达到工具造斜能力，不走负位移延长靶前距，减少轨迹在空间空间交叉，根据空间五段制剖面进行剖面优化，井身剖面"直－增－双稳－稳斜扭方位－增斜未扭方位－增－平""七段制"剖面较"双二维"剖面，摩阻扭矩最小，适合偏移距延伸，现场控制容易。

### 2.6.1 井眼轨道设计优化

（1）造斜点优化。对于大偏移距三维水平井，造斜点越浅，斜井段越长，地面扭矩越大，摩阻越小；造斜点越深，起下钻摩阻越大，扭矩越小。考虑大平台施工特点，根据钻井设备能力、邻井防碰绕障设计出的造斜点，优化为出套管 30.00 ~ 50.00m 造斜。

（2）靶前距优化。入窗垂深 2000.00m 左右的大偏移距三维水平井，有效靶前距越长，井深越大，摩阻、扭矩越大。有效靶前距短，增斜率不能满足要求时，需要负位移钻进，以增加有效靶前距，但会导致摩阻扭矩增大。通过分析钻具受力可知，有效靶前距为 400.00 ~ 550.00m 时，下钻及滑动钻进都不产生屈曲，比较适合井眼轨迹控制。

（3）消偏方位角优选。钻具造斜率不能满足有效靶前距需要的造斜率时，延长有效靶前距消偏（靶体方位与消偏方位的夹角大于 90°时，负位移消偏）；钻具造斜率能满足有效靶前距需要的造斜率时，缩短有效靶前距消偏（靶体方位与消偏方位的夹角小于 90°消偏）；钻具造斜率稍大于有效靶前距造斜要求时，不改变有效靶前距消偏

（靶体方位与消偏方位的夹角等于 90°）。然后根据单井具体情况，用三维水平井设计软件优选出最小摩阻、扭矩对应的最佳消偏方位角。

（4）消偏井斜角优选。根据设计的偏移距优选合理的消偏井斜角。消偏井斜角越小，钻井中的摩阻、扭矩越小，越有利于水平段延伸。进行井眼轨道设计时，根据具体情况，利用水平井设计软件选择最小的消偏井斜角。

### 2.6.2 井眼轨迹控制技术

（1）页岩油二开浅表层井身结构及套管串如下：311.2mm 钻头 ×247m－244.5mm 表套（T55、壁厚 8.94mm、螺纹 LTC）×247m＋（215.9mm 钻头 ×7000m 以上 ＋139.7mm 生产套管（P110、壁厚 7.72mm，螺纹 LTC）×7000m 以上）

（2）"直＋斜"井段一趟钻井眼轨迹控制。使用增斜钻具组合 $\phi$215.9mm PDC 钻头 ＋$\phi$172.0mm×1.50°螺杆（$\phi$212.0mm 稳定器）＋$\phi$165.1mm 回压阀 ＋$\phi$165.1mm MWD 接头 ＋$\phi$127.0mm 无磁钻杆 ×1 根 ＋$\phi$127.0mm 加重钻杆 ×5 根 ＋$\phi$172.0mm 水力振荡器 ＋$\phi$127.0mm 钻杆。直井段滑动钻进时控制井斜，以保证井身质量。消偏井段及扭方位井段，控制井斜角、方位角，使之与设计相符，井斜角大于 60°后钻具滑动增斜率较高，滑动钻进时应及时预测井底井斜角，控制增斜率不大于 7.5°/30m。

（3）水平段一趟钻井眼轨迹控制。使用稳斜钻具组合 $\phi$215.9mm PDC 钻头 ＋$\phi$172.0mm×1.25°螺杆（$\phi$210.0mm 稳定器）＋$\phi$210.0mm 球形稳定器 ＋$\phi$165.1mm 回压阀 ＋461×460MWD 接头 ＋$\phi$127.0mm 无磁钻杆 ×1 根 ＋$\phi$127.0mm 钻杆。设计靶体上倾时，以井斜角 88° ~ 90°入窗，保持井斜角不大于 91°复合快速钻进；设计靶体下倾时，以井斜角 86° ~ 88°入窗，保持井斜角不大于 90°复合快速钻进，控制水平段井斜角变化不大于 3.0°/30m，以保证轨迹平滑。

## 2.7 优快钻井技术

2.7.1 水平段钻具组合：$\Phi$215.9mmPDC ×0.3m ＋$\Phi$172mmLZ ×1.25° ×$\Phi$208mm 螺扶 ×7.24m ＋$\Phi$213mm 球扶 ×0.54m ＋$\Phi$165mm 回压凡尔 ×0.48m ＋$\Phi$165mmMWD 接头 ×0.87m ＋461/410 ×0.50m ＋$\Phi$127mmNMDP ×9.22m ＋$\Phi$127mmHWDP ×8 ＋$\Phi$127mmDP（60－213）根 ＋$\Phi$127HWDP ×24 － 45 根 ＋$\Phi$127mmDP

2.7.2 通过强化钻井参数，以"大钻压、大排

量、高转速"激进钻井，φ311.1mm 及以上井眼上部地层开双泵钻进，φ215.9mm 井眼使用 φ180.0mm 缸套；

使用大功率、多头多级长寿命螺杆，钻头、螺杆钻具与 MWD 随钻测量仪器的配合使用，以减少起下钻次数；提高钻井工具在井下的有效使用率；

2.7.3 斜井段优先选用六刀翼 φ16.0mm 复合片深水槽、中长保径强化钻头，水平段优先选用五刀翼 φ16.0mm 复合片、长保径钻头。斜井段优选自研 CZS1663BR 钻头，水平段优选 CZS1653B，一趟钻比例达到 75%，二开一趟钻达到 90 口井，占 60%。

2.7.4 水平段主要钻进参数：钻压 10～18 吨，转数 50RPM，泥浆排量 28L/S，泥浆密度 1.25g/cm³。加压后扭矩达到井深 * 5 万 n.m + 1 万 n.m。如 7 千米井深，扭矩大于 4.5 万 n.m。

### 2.8 降摩减阻工具应用

在使用常规螺杆钻具组合钻进大偏移距三维水平井时，应用性能优异的降摩减阻工具，是一种省时省力的选择。如在水平段钻具组合中，用球型扶正器替代螺旋扶正器，用无磁承压钻杆替代无磁钻铤，使用 CQWZ-172 型水力振荡器，在顶驱的钻机中使用"顶驱 + 扭摆"。尤其是多种工具的综合应用，可有效防止滑动钻进中出现的托压问题，降低摩阻，增加大偏移距三维水平井的偏移能力与水平段延伸能力。

## 3 应用效果

多钻机钻井工厂化钻井施工，2018 年的双钻机 12 口水平井，2019 年的双钻机 20 口井，2020 年的双钻机 22 口井，2021 年的四钻机 31 口水平井，其中 2021 年四钻机工厂化达到 3 个大平台，华 H100 平台创亚洲陆上最大水平井平台。2021 年钻成 600m 以上大偏移距水平井 37 口，其中 900m 以上大偏移距三维水平井 15 口，水平段长度平均 1711m。应用新技术后，钻井周期较 2020 年缩短了 19.8%，成功钻成了偏移距超过 1000m 的井 6

口，最大偏移距 1266m、水平段长 1335m。1900 米以上水平 72 口，平均建井周期较 2020 年缩短 6.46 天。钻机月速度由 4191m/ty 提高到 5504m/ty，提高 31.33%。其中 HH100-29 井有效靶前距 494m，偏移距 1266m，入窗垂深 1942m，水平段长 1335m，位垂比 1.37，水垂比 0.94，偏垂比 0.65。

## 4 结论与建议

（1）多钻机工厂化钻井，钻机搬迁前，一定要工程地质一体化，结合地质甜点，做好工厂化钻井排序，避免中途改变增加施工防碰风险，

（2）通过优化井身剖面设计，优选造斜点、消偏井斜角、方位角及消偏井段，完善井眼轨迹控制方式，应用七段制剖面，实现降摩减阻及有效防碰，

（3）陇东页岩油多钻机工厂化钻井带来了钻井生产方式的改变，支撑了陇东页岩油大平台多层系多钻机工厂化高效开发，也支撑了钻井钻机作业方式由单机单队向工厂化集群化转型。取得了很好的现场应用效果，钻进过程安全高效，资源重复共享，钻井周期与未工厂化井相比缩短 24.19%。其中华 H100 平台速度较平均提高 42%。

（4）大平台部分井偏移距大，钻井过程中扭矩比较大，钻具受力复杂，应用陇东页岩油大偏移距三维水平井钻井技术时要加强对钻具的检测检查，防止发生井下故障。

### 参 考 文 献

[1] 付锁堂，金之钧，付金华等.鄂尔多斯盆地延长组 7 段从致密油到页岩油认识的转变及勘探开发意义". 石油学报.2021，42（05）北大核心 EICSCD

[2] 王勇著，余世福，周文军等.长庆致密油三维水平井钻井技术研究与应用［J］西南石油大学学报（自然科学版）2015，37（06）：79-84

[3] 田逢军，王运功，唐斌，等长庆油田陇东地区页岩油大偏移距三维水平井钻井技术［J］.石油钻探技术，2021，49（4）：34-38.

# 页岩油长水平段高效冲砂技术应用及研究

聂　俊[1,2,3]　胡东锋[1,2,3]　刘环宇[4]　田伟东[4]　马学如[5]

（1. 中国石油集团川庆钻探工程有限公司钻采工程技术研究院；2. 低渗透油气田勘探开发国家工程实验室；
3. 中国石油天然气集团公司油气藏改造重点实验室；4. 中国石油长庆油田页岩油开发分公司；
5. 中国石油集团川庆钻探工程有限公司长庆固井公司）

**摘　要**　随着长庆油田页岩油开采进入加速期，水平井应用规模的不断增加和储层改造规模不断加大，在开发过程中逐渐出现部分水平井产量与储层钻遇率和改造规模不匹配等问题，分析是由于井筒出砂结垢堵塞产液通道，严重影响油井正常生产。针对常规冲砂方式效率低，漏失量大、砂床胶结段不易冲散，冲砂过程中管柱易砂堵同时造成地层二次污染问题，分析了氮气泡沫冲砂液低伤害高携砂性能的液体体系。为提高页岩油长水平段冲砂效率，开展了连续油管在不同水平井施工工况下氮气泡沫强力冲砂技术携砂、管柱摩阻适应性研究，优选高效冲砂参数，配套了冲-磨钻一体化氮气泡沫强力冲砂洗井工艺技术，提高了连续油管氮气泡沫冲砂施工效果，该技术在页岩油后期的开发及改造当中能达到持续稳产和效益挖潜的目的，具有广阔的应用前景。

**关键词**　氮气泡沫；冲砂；连续油管；水平井

中国页岩油资源丰富，随着 2019 年，在鄂尔多斯盆地发现 10 亿吨级非常规页岩油庆城大油田，建立页岩油开发示范基地，水平井体积压裂开发规模不断加大，在储层改造过程中逐渐出现部分水平井产量与储层钻遇率和改造规模不匹配等问题，水平井出砂问题越来越严重，加之水平井特殊的井深结构特殊，尤其是低压储层漏失等因素的影响。传统的冲砂方式效率低，漏失量大、砂床胶结段不易冲散，冲砂过程中管柱易砂堵，同时造成地层二次污染。给水平井水平段冲砂、井筒内胶结物处理、桥塞钻磨等带来了很多困难。针对水平井冲砂存在的问题，各油田设计配套了高效冲砂液体及冲砂工艺，在一定程度解决掉了水平井冲砂难度大的问题。但对于长水平井井筒冲砂问题高效处理还缺乏较好的解决办法，为此进行了长水平段连续油管强力冲砂工艺适应性研究，开展了"连续油管氮气泡沫强力冲砂"一体化处理工艺，进一步发挥油井潜力，取得了较好效果。

## 2　出砂分析及清砂现状

### 2.1　出砂分析

目前长庆页岩油水平井主要目的层为长 7 层，完井方式主要是水力泵送桥塞分段多簇压裂为主，随着水平段长增加，压裂段数增多，支撑剂运移

规律更加复杂，压裂参数与储层匹配性不足，井间段间压窜，平均水平段达到 1700 米，人工井底平均深度 3800 米，改造规模约为 3300 方/井次，长庆页岩油水平井井筒出砂总体可以划分为压后放喷出砂、排液阶段出砂、生产过程出砂三个阶段，分析认为是在压后放喷及生产过程中以射孔孔眼为吐砂口，裂缝内支撑剂返吐，在水平井段井筒堆积，沿水平段呈现出"单个砂丘"前后串接的波浪状长"砂床"（图 1），造成产液通道堵塞，严重时出现局部通道堵塞。

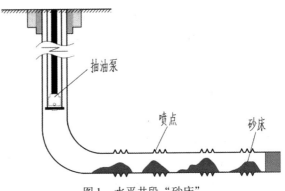

图 1　水平井段"砂床"

对长庆油田页岩油 62 口井进行出砂统计，不同年度投产水平井均有砂子返出，平均出砂超过 6m³，井筒内形成胶结物现象的井占比达到 51%，分析发现，生产时间越长，形成的胶结块越大，

经分析，胶结块主要成分为 $FeCO_3$、$CaCO_3$，形成的这些胶结快质地硬，附着在水平段油管内壁，很难清理，这对井筒清洁提出了更高的要求。

### 2.2 清砂现状

由于长庆页岩油井水平段长，普通油管冲砂效率低，一般采油连续油管进行冲砂或者钻磨，统计了页岩油连续油管冲磨井共 68 口，其井深选择 3300m 至 4000m 之间，应用常规冲砂液进行冲砂钻磨，统计结果显示，当井口剩余压力大于 6Mpa、或冲开地层后喷势大、即返排量增值大于 150L/min，合计出口排量大于 550L/min 以上者，大部分可冲磨至 3600m 上下达完井标准。极个别井通过加减阻剂、井底振荡器、注入头下推力等使用凑效，采用长起 – 短起循环回拖现场操作得当、准确把控可清理含砂液柱临界高度，及时将悬砂清除出井筒者，可冲磨至达 4000m 左右。清理过程遇到的情况可以总结为以下三种，第一种为冲磨前井口压力小于 3MPa 或为零，或无持续返排增值，冲至 3500m 左右进尺缓慢或无进尺。其二、井筒喷势过大，返排量增值持续大于 400L/min，管柱处于中和点后被大喷势举升而无进尺。其三、冲磨过程中发生复杂无法再继续冲磨者。

针对页岩油水平井井段出砂严重、连续油管冲磨异常的问题，需要解决冲砂液这一关键问题，常规冲砂液冲砂工艺存在着循环漏失严重、管柱下入遇阻频繁、冲砂效率低下、砂床胶结段不易冲散、易造成地层二次污染等问题，研发出了氮气泡沫冲砂液。该泡沫流体一种可压缩非牛顿流体，由不溶性或微溶性的氮气分散于液相混合流体中所形成的分散体系，流变实验显示 $170S^{-1}$ 剪切速率下，25℃，2500s 时间，泡沫粘度 >140mPa.s，表观粘度及携带能力强，在井筒压力及温度影响下的泡沫稳定性好，泡沫流体密度低 $0.1 \sim 0.9g/cm^3$。

## 3 连续油管氮气泡沫冲砂技术

连续油管氮气泡沫冲砂，即把连续油管从生产油管柱下入井内，使用正冲方式，由专用氮气泡沫发生器将氮气和冲砂液均匀混合，形成高纯度氮气泡沫冲砂液，用泵车或水泥车泵入井底，将堵在生产油管中的砂子、泥浆和其他岩屑冲洗出来，达到冲洗目的（图2），3000m 井深预计施工压力大约 25MPa。

对于长水平段应用连续油管冲砂工艺后，由于无接单根步骤，可实现不停泵连续循环，避免

了光油管冲砂过程中由于接单根过程中砂子的二次沉降问题，其次，利用氮气泡沫密度低可实现负压循环、携带能力强的特性，把井筒中的砂冲出地面，泡沫冲砂过程中长时间负压循环，还能够对近井地带起到疏通解堵的作用，达到冲洗解堵双重功效，氮气泡沫膨胀性能为返排提供能量，泡沫液相成分少，对地层造成的伤害也较小，从而解除近井地带堵塞的问题，缩短作业时间，有效提高油气井产能。

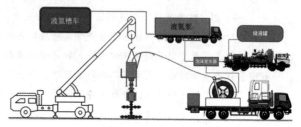

图 2　连续油管氮气泡沫冲砂

针对长庆页岩油区域使用水基冲砂液无法正常建立循环，漏失量大的问题，采用氮气泡沫冲砂技术，对比使用常规水基冲砂工艺的井，氮气泡沫冲砂井平均日增油 3.57t，相比常规冲砂洗井提高了 86.2%；平均产能恢复率 80.6%，相比常规冲砂洗井提高了 79.6%；且持续稳产有效期更长。

### 3.1 应用现状

连续油管冲砂在长庆页岩油现场应用过程中也存在一定的局限，主要由于连续油管管径较小下入深度受限，发生砂卡等井下事故后，相对常规油管不能倒扣、不能有效活动、不能交替正反冲，处理难度大后果惨重。所以需要针对连续油管氮气泡沫冲砂工艺在不同井况下的排量及下入能力进行研究。

### 3.2 水力学计算

#### 3.2.1 冲砂液排量计算

对于连续油管氮气泡沫冲砂工艺，冲砂过程采用正冲方式，为将砂子带出地面，反排液上返速度应满足：

$$V_1 > 2V_2 \qquad (3-1)$$

其中：$V_1$ 为冲砂液上返速度，m/s；

$V_2$ 为砂子的沉降速度，m/s，与粒径、砂粒密度、液体密度、雷诺数成函数相关。

得出不同环空面积下最低临界上返所需排量：

$$Q_{min} = 60V_1 \times A \qquad (3-2)$$

其中：$Q_{min}$ 为冲砂要求的最低排量，$m^3/min$；

A 为冲砂液上返流动的截面积，在这里为连续油管与油管形成的环形空间截面积，$m^3$。

泡沫流体携带固体颗粒的能力强。泡沫流体主要依靠粘度减小砂子的沉降速度，泡沫流体中砂子被气泡承托着，并且气泡和气泡之间的相互作用夹持着砂子。只有当砂子下面的气泡被挤出一条通道或变形的时候，砂子才会下沉，并且由于气泡面存在弹性，砂子很难使气泡变形或破裂。当有足够的气泡存在时，砂子在泡沫中的沉降速度非常缓慢（图3），由式子（3-2）可知，采用氮气泡沫液冲砂所需的最小排量会低得多。直径为 2mm 的大砂粒在质量分数为 85% 的泡沫中，自由沉降速度力 0.0015m/s，基本上可以忽略不计，携砂问题不是主要矛盾，重点应该考虑低密度冲砂液的配置，防止在冲砂过程中大量漏失后，砂子沉降将连续油管卡在井内的情况出现。

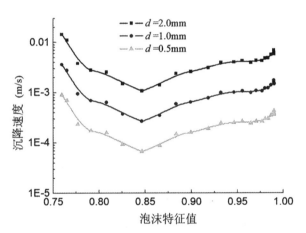

图3　砂子在不同泡沫特征值下沉降情况

### 3.2.2　冲砂液摩阻计算

由于冲砂过程中，氮气泡沫在连续油管内下落及连续油管与油管之间上返流动过程中与管柱摩擦，表现在冲砂液上就是压力的损失：

$$\triangle P = \triangle P_1 + \triangle P_2 \qquad (3-3)$$

$$\triangle P_1 = 32 \upsilon V \lambda / d \qquad (3-4)$$

$$\triangle P_2 = \xi V^2 \rho / 2 \qquad (3-5)$$

式中：$\triangle P$ 为冲砂液在井筒内总摩阻，MPa；

$\triangle P_1$ 为沿程压力损失，MPa；

$\triangle P_2$ 为局部压力损失，MPa，指因管道内局部障碍造成流体的方向和速度发生突然变化而引起的压力损失。

$\upsilon$ 为局部阻力系数；

$\rho$ 为冲砂液密度，$kg/m^3$；

V 为冲砂液平均流速，m/s。

### 3.2.3　管柱自锁计算

在页岩油水平井进行氮气泡沫冲砂时，连续油管会产生螺旋屈曲（图4），连续油管作业管柱螺旋屈曲的发生及其产生的摩阻的增加规律随水平井井段的不同而变化，螺旋屈曲从推进顶端开始，在垂直井段中，螺旋屈曲开始于底端造斜点，管柱下压力传递到垂直井段底端的压缩载荷是有限的，当下压力不能将连续油管作业管柱进一步推入井眼，就会产生自锁现象，材曲线内侧的最大压应力是：

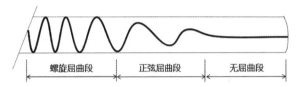

图4　连续油管在长水平段内螺旋屈曲

$$\sigma_{max} = \frac{F}{A_s} + \frac{r_0 \, r_c F}{4EI} \qquad (3-6)$$

$$F_y = \frac{[\sigma]}{\frac{1}{A_s} + \frac{r_0 \, r_c}{4EI}} \qquad (3-7)$$

其中：F 为连续油管轴向力，KN；

$r_0$ 为连续油管外半径，m；

E 为杨氏模量；

I 为连续油管管柱截面惯性矩，$m^4$；

$r_c$ 为连续油管和油管径向间隙，m；

$F_y$ 为使管材产生永久变形（屈服）的最大压缩载荷，KN

以现场 2in 连续油管应用为例，滚筒缠长 5000m，纲级 CT90，施工最大额定排量 450L/min，重量 5.16kg/m，内容 1.4L/m，外容 10.1L/m，某井垂深 2360m、造斜段 350m，在水平井段应用连续油管冲砂时，在井深 3600m 出产生自锁，即在水平段 1240m 处时无进尺，注入头下压力取 3t，计算得到水平段摩擦阻力梯度为 10t/km。

由于作业环境和道路运输的影响，目前长庆页岩油主要采用的还是 2in 连续油管进行冲砂洗井，水平段作业长度一般限于 1500m 以内，为了提升连续油管下深，可从降低摩擦力这个角度来实现，比如在冲砂液中加注金属降阻剂，金属降阻剂体系一般在较低的浓度下就能实现良好的降阳效果；通过安装水力振荡器，使管柱产生轴向振动来减小摩擦力。另外可从设备及管柱本身来探索解决办法，比如 2~3/8in 连续油管 + 油管组合管柱、以及变壁厚连续油管等，是解决运输和长水乎段（大于1500m）下入难题，实现长水平段氮气泡沫冲砂的研究方向。

### 3.3　连续油管氮气泡沫冲－磨钻一体化工艺

对于连续油管氮气泡沫冲砂工艺，由于氮气泡沫稳定性好，携砂性能强，在进行胶结严重井的冲砂时，可使用连续油管＋外卡瓦抗钮钜连接头＋双瓣式单流阀＋液压安全丢手＋螺杆马达＋磨鞋的钻具组合，实现一趟管柱探砂面、冲砂、磨钻、解卡施工作业，既可完成油井的钻铣冲砂作业，避免频繁更换钻磨钻具，施工周期较长的问题，还可以保证施工过程整个井筒。工具串入井方式与普通螺杆钻类似，在冲磨施工过程中，注意氮气的稳定连续供应，以保证井筒内氮气泡沫冲砂液的连续循环，需要严格掌控下冲进尺，以2m/min的速度下放连续油管磨钻，加压控制在5～10kN。每下入50m停止，冲洗10min后短起20m，磨钻过程中密切关注悬重变化和泵压变化，加压控制在10kN以内。随冲磨下井深度、含砂液注增加，上举所克服的阻力增加影响上返排量，钻磨期间密切注意泵压的变化，及时录取钻磨洗井过程中泵入排量、井口返水量、冲出砂量以及地层漏失情况。

## 4　结论

（1）连续油管氮气泡沫强力冲砂工艺可实现低密度、负压循环冲砂，利用其携砂能力强，不停泵连续循环等特点，大大提高页岩油水平井的冲砂效率。

（2）针对长水平段井氮气泡沫冲砂，排量问题不是主要矛盾，主要应该考虑低密度泡沫液的配置，防止冲砂液大量漏失，出现的井下砂卡现象。

（3）在长水平段氮气泡沫冲砂时，可通过在工具串上增加水力振荡器、冲砂液添加剂（清洁冲砂液、金属减阻剂），来增加连续油管在水平段的下入深度，但依然建议水平段长度不要超过1500m。

（4）连续油管氮气泡沫冲－磨钻一体化工艺能实现一趟管柱冲砂、磨钻作业，解决频繁更换钻磨钻具问题，提高冲磨效率，保证泡沫冲砂液的连续循环。

## 参　考　文　献

[1]　徐庆祥，王绍达，张苏杰，等．油气井压裂后出砂原因分析及控制措施［J］．中国石油和化工标准与质量，2021（041－019）．

[2]　张矿生，唐梅荣，陶亮，等．庆城油田页岩油水平井压增渗一体化体积压裂技术［J］．石油钻探技术，2022（002）：050．

[3]　张好林，李根生，黄中伟，等．水平井冲砂洗井技术进展评述［J］．石油机械，2014，42（3）：6．

[4]　唐亮．压裂井出砂原因分析及防治对策研究［J］．石油化工应用，2015，34（7）：4．

[5]　宁波．压裂防砂后防止支撑剂回流的研究与运用［C］//中国石油学会．中国石油学会，2012．

[6]　温亚魁．长庆油田水平井分段压裂改造工艺技术研究［D］．中国石油大学（北京）．

[7]　张康卫，李宾飞，袁龙，等．低压漏失井氮气泡沫连续冲砂技术［J］．石油学报，2016，37（B12）：9．

[8]　张朔，王方祥，刘德正，等．连续油管冲砂洗井技术在水平井中的应用［J］．石油化工应用，2018，37（10）：4．

[9]　王新强，鲁明春，包俊清，等．连续油管氮气泡沫冲砂工艺在涩北气田的成功应用［J］．焊管，2013，36（5）．

[10]　何东升，徐克彬．连续油管在水平井中作业的力学分析［J］．石油钻采工艺，1999，21（3）：4．

[11]　岳欠杯，刘巨保，付茂青．井筒内受压杆管后屈曲能量法分析与实验研究［J］．力学与实践，2015，37（6）：7．

# 长庆油田水平井旋转导向现场应用分析

陈　琪　魏书泳　杨大千　田逢军　王　浩

（中国石油集团川庆钻探工程有限公司长庆钻井总公司）

**摘　要**　长庆油田水平井钻井技术经过近年研究攻关及现场试验，取得了长足进展。追求长水平段、高钻遇率储层成为油公司及钻探公司的统一目标，但现有技术及工具水平已进入瓶颈期。钻遇泥岩无法判断地层走向、轨迹调整存在盲目性、长水平段井下复杂，延伸能力一直受到较大的限制。本文结合长庆油田水平井旋转导向系统应用现状，通过旋转导向系统评价、旋转导向对井眼轨迹影响分析、旋转导向与水平段延伸关系分析、旋转导向地质单元对储层钻遇率影响分析等方面开展研究，最终形成适合长庆油田不同水平井旋转导向的旋转导向应用方案。

**关键词**　长庆区域；水平井；旋转导向；井眼轨迹；极限延伸；现场应用

随着长庆油田滚动开发，水平井已成为提高油气产量和采收率的有效开采方法，延长水井段及提高钻遇率成为油田发展迫切需要解决的问题，受限于现有"螺杆＋伽马"工具的水平，水平段钻进过程中，钻遇泥岩后无法准确判断地层走向，地质导向人员调整轨迹存在盲目性；长水平段滑动时粘卡现象频出，井下复杂，水平段延伸能力一直受到较大的限制。近两年通过实验应用旋转导向系统，取得了较好的效果。2021年，长庆油田逐步开始商业化旋转导向应用，逐步在页岩油、气田水平井、壳牌、道达尔等项目实施旋转导向服务，但旋转导向对油田开发及技术提速所起的作用并未进行评估，笔者通过对长庆油田旋转导向应用难点、现场应用情况、对井眼轨迹影响、水平段延伸关系、与常规螺杆钻具组合滑动效率对比，储层钻遇率影响的影响进行分析，总结出长庆油不同区块不同井型的旋转导向应用方案。

## 1　长庆油田旋转导向应用难点分析

长庆油田坚持低成本战略，旋转导向等高端工具一直难以规模化应用，实际应用过程中存在问题如下：

（1）工具需求严格，单井投资有限。油田公司旋转导向服务需求为："螺杆＋旋转导向＋近钻头方位伽马成像＋MWD＋伽马＋电阻率＋地质导向＋现场人员技术服务"，该需求为旋转导向全序列测量，目前电阻率工具属油服公司其他部门管理，旋导作业部门组织较为困难；较低的价格导致旋转导向模块螺杆无法使用进口工具，国产化螺杆成熟度不高，

应用过程中存在失速、稳定性不高等各类问题。

（2）井型多样，井眼尺寸不一，需求较多类型的旋转导向工具。现长庆油田旋转导向主要应用于油田各项目组，主要应用井段为水平段，壳牌双分支水平井主要应用于大尺寸入窗段，以及道达尔小井眼定向井。井眼尺寸从12寸至6寸，工具类型涉及8寸至4～3/4寸。油气井斜井段由于靶前距较短，需高造斜率旋转导向。壳牌12～1/4井眼，增斜困难，旋转导向尺寸大，震动剧烈。道达尔小井眼定向井以提速为主，需旋转导向系统在一趟钻基础上兼顾大钻压，高扭矩输出。

（3）无规模化市场，工具不予保障，难以形成米费模式。未形成规模化市场，油气田基本零星施工，作业量不连续，导致技术服务成本高，长庆区域无法建立基地，工具保障以四川、新疆、海上为主，突发旋转导向工作量无法保障。

（4）长水平段水平井前期依赖螺杆＋普通伽玛施工，轨迹不平滑、提前钻遇泥岩，后期施工难度大。为降低成本，气田3000米以上长水平段水平井前期普遍采用螺杆＋普通伽玛施工，导致轨迹不够平滑，后期施工超长水平段时摩阻扭矩偏大，易造成下套管困难等问题。同时普通伽玛在钻遇泥岩后不具备方向识别性，易造成钻遇大段泥岩，导致后期施工困难。

（5）长庆区块追求高机械钻速，需配专用螺杆，进口螺杆成本高，国产螺杆成熟度偏低。旋转导向螺杆和普通螺杆区别较大，要在螺杆前面增加10米左右的旋转导向工具，在保障高转速的前提下，要保障连续的扭矩输出及结构强度。

表1　旋转导向螺杆和普通螺杆对比分析

| 项目名称 | 结构强度 | 扭矩输出 | 转速 |
|---|---|---|---|
| 旋转导向螺杆 | 强度要求更高 | 10米左右力臂，保障扭矩稳定 | 增加负重2吨下保障150转以上转速。 |
| 普通螺杆 | 普通 | 1米左右力臂，保障扭矩稳定 | 基本无负重保障150转以上转速。 |

## 2　旋转导向现场应用评价

　　通过对市场上旋转导向进行分析对比，根据特点及旋转导向功能，确定出不同井段适合长庆油田施工的旋转导向系统。

### 2.1　旋转导向按原理分类

　　旋转导向按不同导向方式分为："推靠式"和"指向式"两种。推靠式旋转导向指导向头前端外部不旋转外筒，控制肋板不同受力，实现导向钻进。指向式旋转导向头通过可任意位置的偏心环改变距中心轴线的偏心度，实现导向钻进（见图1、图2）。

### 2.2　旋转导向特点对比分析

　　国际目前旋转导向以贝克休斯、斯伦贝谢、哈里伯顿、威德福等9家公司实现了商业化应用，其中主要以三大油服商业化最高。每家旋转导向根据不同原理，存在不同的优缺点，其中贝克休斯的G3和Curve系列适应性强，稳定可靠，占得了旋转导向市场的大多数工作量，但Curve不具备方位伽玛成像功能，无法满足油公司项目组需求。斯伦贝谢的旋转导向已全旋转和高造斜率著称，但对钻井环境要求较为严格，其小尺寸的Orbit旋转导向工具目前在国产成熟度最高，应用量最广。哈里伯顿的导向系统为指向性，但国内保有量较少，保障性相对较低，工具可靠性及对环境要求都中规中矩。详见附表2。

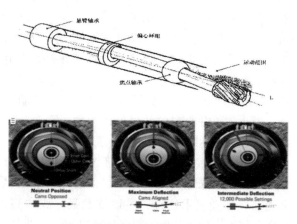

图1　指向式旋转导向工作原理

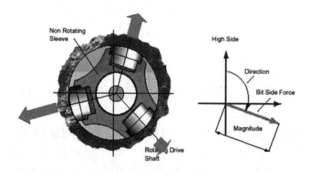

图2　推靠式旋转导向工作原理

表2　旋转导向优缺点对比分析表

| 项目 | 斯伦贝谢 | 哈里伯顿 | 贝克休斯 |
|---|---|---|---|
| 维保基地 | 成都、天津 | 成都，天津，惠州 | 广汉、天津 |
| 维保周期 | 7天 | 7~10天 | 5~10天 |
| 配备MWD | Telescope MWD | MWD 650 P4M系统 | LBLWD |
| MWD能否单独应用 | 可以 | 可以 | 否 |
| 震动粘滑监测 | 具备同时具备BHA倒转测量 | 具备 | 具备 |
| 六轴数据 | 具备 | 具备 | 具备 |
| MWD传输速率 | 最大24bps | 最大6bps | 4bps |
| 近钻头测量参数、零长 | 近钻头井斜2.19米/方位2.86米/方位伽玛1.95米 | 近钻头井斜和方位伽玛成像，1米 | 近钻头井斜：1.8m；近钻头方位伽玛：3.5m |

| 项目 | 斯伦贝谢 | 哈里伯顿 | 贝克休斯 |
|---|---|---|---|
| 工具型号 | PowerDrive Orbit 675 | Geo – Pilot7600 Dirigo | AutoTrak Curve |
| 工具温度 | 150 | 150℃ | 150℃ |
| 最大允许转速 | 350 | 250 | 400 |
| 最大工作压力 | 20000psi | 20000psi | 20000psi |
| 承受最大钻压 | 25 | 25 | 25 |
| 狗腿度 | $8^0/30m$ | $\leq 10^0/30m$ | $\leq 10^0/30m$ |
| 动力马达 | 深远 | 中成 | 贝克 |
| 指向方式 | 推靠式（拍击式） | 指向式 | 推靠式 |
| 维保时限 | 200～1000 小时, | 300 小时 | 150～200 |
| 工具特色1 | 与 BHA 等速全旋转工具，落井事故率低 | 内轴弯曲指向式设计受地层影响小，造斜率高且稳定、微狗腿小；工具使用无堵漏材料限制，无钻头压降要求； | 15 度/30 米高造斜率；井轨控制精度 0.1°；具备井斜方位自动控制模式 |
| 工具特色2 | 近钻头井斜、方位：可以实时提供连续井斜与方位及自动稳斜稳方位功能 | 指令发送时间短仅 90 秒，MWD 脉冲排量适用范围广且现场可调，适用于高压、窄密度窗口钻井 | 排量范围广，1135～2840lpm，对钻头压降无要求，对钻井液和堵漏材料容忍度高（50ppb） |
| 工具特色3 | 可以实现与六合 MWD 及其他国产 MWD 的互联互通 | 近钻头方位伽马井斜距钻头仅 1 米业内最近，Collar – Insert 镶嵌式近钻头方位伽马传感器 36 扇区成像业内分辨率最高。 | 不停钻指令下传系统 |
| 工具弱点 | 对钻井泵要求高 | 旋转导向头与国产 MWD/LWD 系统配套难度大（需要有采购量支撑才行） | 1. Curve 近钻头方位伽马不成像（页岩油项目组要求成像）、不带电阻率； |

从上边可以看出，贝克休斯的旋转导向对作业环境及堵漏材料的容忍度最高，同时其 AutoTrak 工具的市场保有量最大，在常规井眼施工中具备一定优势。斯伦贝谢的工具可实现全旋转，因此工具对井下安全贡献较大，但是必须要求钻头具备一定压降。哈里伯顿旋转导向工具通过环空测压进行监控控制，指令下达仅 90 秒，但是工具数量较少，保障能力弱。

## 3 旋转导向对井眼轨迹影响分析研究

旋转导向系统工作时采用连续复合状态，其轨迹设计剖面和螺杆钻具有不同之处，施工后摩阻扭矩也不尽相同。

### 3.1 旋转导向配属螺杆分析研究

因运营成本较低，无法应用进口旋转导向专用螺杆，需对国产旋转导向螺杆进行改型试验。

通过对旋转导向螺杆传动轴总成选用高强度材料，优化内部应力；优化万向轴总成，采用弧形滚柱设计，有效降低磨损率，克服了传统滚珠式球铰接万向轴的高磨损率，提高万向轴总成寿命达 50% 以上，有效提高钻具寿命，保障钻进稳定；同时提高传动扭矩传递能力，万向轴扭矩传递提高近 40%，有效提提各型钻具扭矩。螺杆定子选用高硬低磨耗橡胶，扭矩大，动力强，延长钻具寿命，并将螺杆输出扭矩提高 20%，整机效率提高 10% 以上。

旋转导向螺杆改进试验达到输出高扭矩、较高转速的效果，以气田 4 – 3/4 螺杆为例，在 15l/s 前提下，螺杆输出扭矩 10000N，m，转速 120 转/分钟，最大钻压可达到 12t。通过 30 余趟钻应用试验，效果良好。

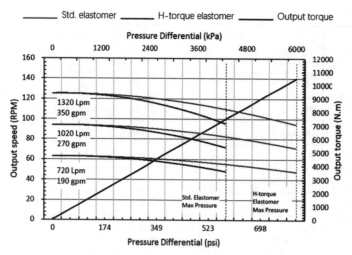

| 名称 | 公制 | 英制 |
|---|---|---|
| 推荐排量 | 720-1320 L/min | 190-350 gpm |
| 转速 | 63~125 RPM | 85RPM@15L/s |
| 最大压耗 | 6 MPa | 870 psi |
| 最大输出扭矩 | 10500 N.m | 7745 ft-lbs |
| 工作压降 | 4.5 MPa | |
| 工作转矩 | 8000 N.m | 5900 ft-lbs |
| 堵漏材料 | 直径≤3mm | |
| 温度范围 | 70°C-120°C | |

图3　4-3/4寸旋转导向螺杆参数表

根据油服公司所配套的螺杆在现场的应用情况，主要情况如下：

表3　4.75寸旋转导向专用螺杆工具作业参数对比表

| 序号 | 工具厂家 | 工具型号 | 正常钻进钻压 | 最大能施加钻压 | 转盘转速 | 配备螺杆 | 螺杆级数 | 螺杆输出扭矩 | 钻头转速 | 排量 | 使用时间 |
|---|---|---|---|---|---|---|---|---|---|---|---|
| 1 | 哈里伯顿 | iCruise 4 | 6~10 | 12t | 60 | 中成 | 8.8 | 5000~8000 | 120~150 | 14~16 | 100~120 |
| 2 | 斯伦贝谢 | Orbit475 | 7~10 | 12t | 60~100 | 立林/深远 | 4 | 6000~10000 | 130~265 | 16 | 150~200 |
| 3 | 贝壳休斯 | AutoTrak | 5~8 | 8t | 65 | 贝克休斯 | 2.5 | — | 200~220 | 14~22 | 150h以内 |

### 3.2 旋转导向轨迹设计与螺杆钻具轨迹设计区别

在施工中需最大程度利用地层对钻具组合影响，尽量降低滑动比率。因此剖面设计多为三段制或双圆弧。旋转导向轨迹相对圆滑，更为接近单圆弧，能有效降低摩阻，为水平段极限延伸提供先决条件（见图4）。

螺杆钻具施工采用的滑动+复合模式，因螺杆角度的影响，对轨迹会产生细微的影响，对刚性较强钻具下入会产生一定影响。旋转导向轨迹全井段复合，轨迹较为圆滑。旋转导向工具普遍采用大尺寸，部分扶正器几乎满眼；因此在下入螺杆钻具施工过的井眼时，需考虑工具非旋转状态下的下入问题（见图5）。

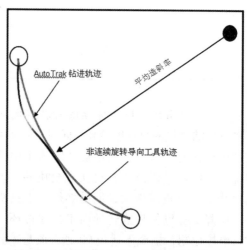

图4　螺杆钻具与旋转导向钻具轨迹剖面设计对比图

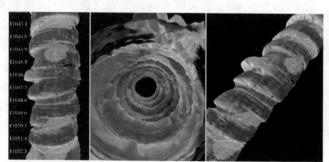

图5　螺杆钻具施工井眼

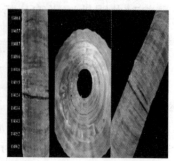

图6　旋转导向施工井眼

## 4 旋转导向与水平段延伸关系分析

以陇东致密油水平井为载体，通过对螺杆钻具及旋转导向钻具屈曲分析，计算旋转导向对油井水平井极限施工的影响。

4.1 在水平段长度小于3000m时，应用螺杆钻具组合，可以完成水平段施工，只是在水平段长度接近3000m，施工非常困难，容易发生钻具螺旋屈曲的情况发生。

4.2 当水平段长度大于3000m时：位垂比达1.84，在900m至1600m位置处螺杆钻具组合发生螺旋屈曲，滑动钻进易引起钻具自锁。此时，螺杆钻具已无法施工，应选用旋转导向系统。如下图所示，通过加入旋转导向系统，以旋转钻进代替螺杆钻具的滑动+复合钻进，无屈曲现象，但下钻存在正弦屈曲，不要时需划眼保证到底。

**表4　陇东致密油水平井应用旋转导向设计数据**

| 表层深度 | 套管下深 | 垂深 | 水平段井斜 | 水平段长 | 有效钻压 | 泥浆性能 | 选取摩阻系数 |
|---|---|---|---|---|---|---|---|
| 300 | 300 | 1905.45 | 90 | 5500 | 复合10t，滑动5t | 1.35 | 套管0.2，裸眼0.3 |

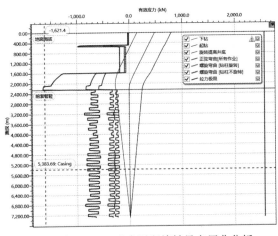

图7　5000米水平段旋转导向屈曲分析

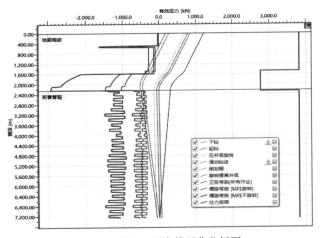

图8　下套管屈曲分析图

通过旋转导向系统应用，解决了滑动钻进螺旋屈曲钻具自锁问题，油气田水平段延伸能力从2500米延伸至5000米以上。2021年油气田布井水平段长3000～4000米井大幅度增加。油田华H90～3井，完钻井深7339m，水平段5060米；气田靖51～29H1井，完钻井深8528m，水平段5256米，连续突破亚洲陆上最长水平段新纪录，具有里程碑的意义，技术指标达到国际先进水平，助推中国超长水平段开发关键技术取得重大突破。

## 5 旋转导向与常规螺杆钻具组合滑动效率对比分析

旋转导向实现了在钻进过程中的全旋转状态，有效减少了钻进过程中的滑动定向作业以及摆工具面时间，可以大幅度提高水平井钻井效率。

**表5　部分油井水平井水平段滑动数据分析**

| 序号 | 井号 | 实际水平段长 | 累计滑动次数 | 累计滑动进尺 | 累计滑动时间 | 滑动进尺占比 |
|---|---|---|---|---|---|---|
| 1 | H44－8 | 2035 | 42 | 230 | 31 | 11.30% |
| 2 | H44－9 | 1935 | 51 | 235 | 37 | 12.14% |
| 3 | H44－10 | 2037 | 58 | 245 | 48 | 12.03% |
| 4 | H41－3 | 1300 | 46 | 150 | 30 | 11.54% |
| 5 | H41－1 | 1134 | 41 | 114 | 32 | 10.05% |
| 6 | H90－4 | 3000 | 32 | 160 | 78 | 5.33% |
| 7 | H90－5 | 2841 | 47 | 188 | 89 | 6.62% |

续表

| 序号 | 井号 | 实际水平段长 | 累计滑动次数 | 累计滑动进尺 | 累计滑动时间 | 滑动进尺占比 |
|---|---|---|---|---|---|---|
| 8 | H90－6 | 2682 | 29 | 152 | 64 | 5.67% |
| 9 | H00－27 | 1865 | 165 | 745 | 124 | 39.95% |
| 10 | H9－24 | 2013 | 91 | 550 | 119 | 27.32% |
| 11 | H9－23 | 2003 | 122 | 860 | 90 | 42.94% |
| 12 | H9－22 | 2163 | 68 | 410 | 67 | 18.96% |
| 13 | H9－20 | 2387 | 70 | 424 | 75 | 17.76% |
| 14 | H9－17 | 2947 | 52 | 310 | 58 | 10.52% |
| 15 | H9－10 | 2095 | 44 | 265 | 48 | 12.65% |
| 合计 | — | — | 958 | 5038 | 990 | 16.32% |

水平井水平段滑动进尺占比16.2%，滑动时间占比45.31%，滑动作业往往伴随低效施工，井下复杂多发。通过应用旋转导向系统全井段复合作业能力，大幅度释放了机械钻速，连续刷新多项钻井新纪录。其中H100－12井两趟钻钻至3729m完钻，总进尺2026m，水平段钻进1488m，钻井周期16.26天，较2020年该区块平均完钻周期缩减3.9天，提速19.35%；靖51－29H1井"一趟钻"完成斜井段钻井施工，用时2.66天，平均机械钻速12.18m/h，较邻井常规定向斜井段钻井周期缩短3.64天，平均机械钻速提高23.89%。

## 6 旋转导向地质单元对储层钻遇率影响分析研究

旋转导向系统自带最基本的测量系统为近钻头方位伽马，根据不同需求，也可附带全测量地质单元：包括方位伽马、电阻率、井径、中子、密度等单元，过钻前地质建模；钻中近钻头方位伽

马工具应用，现场定向工程师跟踪施工轨迹，模拟摩阻、侧向力优化钻井参数，地质导向师跟踪地层数据，利用国际油服远程支持中心，钻后数据分析等多项措施。有力展现了旋转导向施工过程中的工程地质一体化应用模板，气田储层平均钻遇率达97.8%，多口井砂体钻遇率更是达到100%。

2021年采油三厂盐池油田黄243区块和靖安油田顺98区块储层非均质性强，砂体钻遇率低。第一轮水平井开发的经济效益评价结果显示两区块几乎无规模化开发价值。总公司通过科学评价和周密部署，将旋转导向钻井系统引入两区块的水平井开发，迅速提高这两个区块施工速度和水平段储层钻遇率，明显改善投资回报率，为油田公司增储上产找到了新的着力点。同时解决了2部钻机水平井工作量问题。通过三口井应用，储层钻遇率均达到100%，水平段长度由700米延伸至1750米。

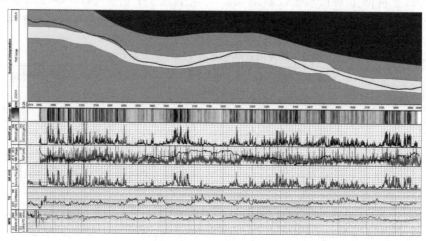

图9 xx井地质导向图

## 7 适合长庆油田的旋转导向应用方案

长庆油田开发成本低，地质导向系统过高造价不适合目前油田发展现状，加之落井风险，应分不同井型、不同井段进行应用，适合标配旋转导向系统及垂直钻井系统。

7.1 12-1/4"井眼存在断层、高陡地层重点探井：应用垂直钻井系统。目的：①有效控制井斜；②杜绝大范围、长时间滑动降斜③降低钻井周期；④防止断钻具、卡钻等各类风险。

7.2 不穿越大段煤层的12-1/4"井眼的斜井段：应用标准旋转导向系统。目的：①利用旋导系统的连续复合能力，解决12-1/4"滑动效果

差、钻时慢问题，②大幅度提高钻井周期，③降低大井眼的各类复杂问题。

7.3 水平段长≥2500m的油井水平井水平段，应用标准旋转导向系统，目的：①解决滑动钻进螺旋屈曲，改善井筒质量，有效降低下套管难度；②提高水平段储层钻遇率提高开采效率；③降低钻遇泥岩比率，降低事故复杂；④改善井筒质量，有效降低下套管难度。

7.4 水平段长≥2000m的气井水平井水平段，应用标准旋转导向系统，目的：①解决滑动钻进螺旋屈曲，改善井筒质量，有效降低下套管难度；②提高水平段储层钻遇率提高开采效率；③降低钻遇泥岩比率，降低事故复杂。

表6 长庆油田的旋转导向应用方案

| 序号 | 应用井型 | 旋转导向类型 | 达到目的 |
|---|---|---|---|
| 1 | 12-1/4"井眼存在断层、高陡地层的重点探井 | 垂直钻井系统 | ①有效控制井斜井塌； |
| | | | ②杜绝大范围、长时间滑动降斜； |
| | | | ③降低钻井周期； |
| | | | ④防止断钻具、卡钻等各类风险。 |
| 2 | 不穿越大段煤层的12-1/4"井眼的气井水平井斜井段 | 导向头+方位伽马 | ①利用旋导系统的连续复合能力，解决12-1/4"滑动效果差、钻时慢问题； |
| | | | ②大幅度缩短钻井周期； |
| | | | ③降低大井眼的各类复杂。 |
| 3 | 水平段长≥2500m的油井水平井水平段 | 导向头+方位伽马 | ①解决滑动钻进螺旋屈曲，改善井筒质量，有效降低下套管难度； |
| | | | ②提高水平段储层钻遇率提高开采效率； |
| | | | ③降低钻遇泥岩比率，降低事故复杂； |
| | | | ④改善井筒质量，有效降低下套管难度。 |
| 4 | 水平段长≥2000m的气井水平井水平段 | 导向头+方位伽马 | ①解决滑动钻进螺旋屈曲，改善井筒质量，有效降低下套管难度； |
| | | | ②提高水平段储层钻遇率提高开采效率； |
| | | | ③降低钻遇泥岩比率，降低事故复杂； |
| | | | ④改善井筒质量，有效降低下套管难度。 |

## 8 应用效果

2021年，累计完成旋转导向应用26口，进尺38530米，提质增效效果明显。页岩油储层钻遇率由76%提高至88%以上。气田储层钻遇率由82.6%提高至97.8%，多口井砂体钻遇率更是达到100%。水平段延伸能力从2500米延伸至5000米以上。2021年油气田布井水平段长3000~4000米井大幅度增加。

## 9 结论与建议

（1）贝克休斯的旋转导向对作业环境及堵漏

材料的容忍度最高，同时其AutoTrak工具的市场保有量最大，在常规井眼施工中具备一定优势。斯伦贝谢的工具可实现全旋转，因此工具对井下安全贡献较大，但是必须要求钻头具备一定压降，而其4-3/4寸Orbit旋转导向工具是目前国内数量最多，稳定性最高的工具，适合长庆气田水平段应用。哈里伯顿旋转导向工具通过环空测压进行监控控制，指令下达仅90秒，但是工具数量较少，保障能力弱。

（2）通过旋转导向系统的应用，使得3000米以上超水平段实施成为可能，为油田公司有效控制储量最大化提供技术支撑，为不可动用的储量

提供了有效解决方案，特别是林源区、水源区、耕地保护区，应用超长水平段可实现有效开发。

（3）旋转导向系统工作时采用连续复合状态，其轨迹设计剖面和螺杆钻具有不同之处，施工后摩阻扭矩也不尽相同。旋转导向轨迹相对圆滑，更为接近单圆弧，能有效降低摩阻，为水平段极限延伸提供先决条件。

（4）通过地质导向技术配合旋转导向近钻头方位伽马工具应用，页岩油储层钻遇率由76%提高至88%以上。气田储层钻遇率由82.6%提高至97.8%，多口井砂体钻遇率更是达到100%。

## 参 考 文 献

［1］张程光，吴千里，王孝亮，吕宁，塔里木深井薄油层旋转地质导向钻井技术应用，石油勘探与开发：2013.12.

［2］黄佑富，旋转导向技术大斜度定向井 HF302 井的成功应用，科技信息：2010，06.

［3］童胜宝，冯大鹏，龙志平，旋转导向系统在彭页 HF-1 井的应用，石油机械：2012，05.

［4］苏义脑，窦修荣，王家，旋转导向钻井系统的功能、特性和典型结构，石油钻采工艺：2003，08.

［5］王植锐，王俊良，国外旋转导向技术的发展及国内现状，钻采工艺：2018，02.

［6］蒙华军，张矿生，谢文敏，余世福，黄占盈，长庆致密气藏4000m水平段钻井技术实践与认识，钻采工艺，2021年7月.

［7］胡祖彪，张建卿，王清臣，吴付频，韩成福，长庆油田华 H50-7 井超长水平段钻井液技术，石油钻探技术，2020年6月.

［8］柳伟荣，倪华峰，王学枫，石仲元，谭学斌，长庆油田陇东地区页岩油超长水平段水平井钻井技术，石油钻探技术，2020年1月.

# 微粒径支撑剂支撑裂缝导流能力实验评价及其在川渝深层页岩气井应用

刘春亭　石孝志　管　彬　王素兵　朱炬辉　何　乐　齐天俊　周川云

（中国石油集团川庆钻探工程有限公司井下作业公司）

**摘　要**　为厘清微粒径支撑剂在川渝地区深层页岩气井适用性，本文开展了自支撑裂缝（未支撑张性裂缝及剪切裂缝）、微粒径支撑剂及 70～140 目粉砂支撑裂缝导流能力实验，以厘清深层页岩气井自支撑裂缝及微粒径支撑剂支撑裂缝效果。结果表明：①充填 $0.5\mathrm{kg/m^2}$ 微粒径支撑剂填砂缝导流能力与剪切缝相当，充填 $2\mathrm{kg/m^2}$ 微粒径支撑剂填砂缝导流能力约为剪切缝导流能力 2 倍；剪切裂缝及充填微粒径支撑剂填砂缝导流能力比张性裂缝导流能力高近 3 个数量级；充填微粒径支撑剂填砂缝与剪切裂缝的应力敏感性较弱，而张性裂缝应力敏感性较强。②微粒径支撑剂现场应用结果表明，使用微粒径支撑剂可以增加川渝地区深层页岩气井有效改造体积，提升深层页岩气储层改造效果。

**关键词**　微粒径支撑剂；导流能力；闭合压力；张性裂缝；剪切裂缝；应力敏感性

川渝地区深层页岩气资源潜力大，实现深层页岩气的有效开发是实现持续上产的重要方向。随着储层埋深增加，三向应力逐渐增高，施工形成水力裂缝缝宽变窄，真三轴大物模实验结果表明页岩储层改造微裂缝缝宽分布 0.1～0.4mm，平均 0.261mm，现有的主体支撑剂体系（70～140 目石英砂、40～70 目陶粒）难以进入微裂缝形成对微裂缝有效支撑。根据缝宽准入准则（粒径/缝宽比 <1/3），小于 $170\mathrm{\mu m}$ 的支撑剂才能进入微裂缝。另外，前期复杂缝网内支撑剂沉降运移规律实验及数值模拟研究可知，在复杂缝网内，粒径越小，支撑剂静态沉降速度越小，其可知支撑裂缝长度更大，且随着支撑剂粒径减小，进入分支裂缝比例增加。因此，采用微粒径支撑剂可以增加缝网有效支撑体积。然而，微粒径支撑剂对裂缝支撑效果尚不明确，亟需开展微粒径支撑剂支撑裂缝导流能力实验，以探究粒径更小的微粒径支撑剂在深层页岩气井储层改造适用性，进而实现深层页岩气井复杂缝网多尺度支撑。

目前，关于页岩储层水力裂缝导流能力研究成果较多，对于自支撑裂缝，Fredd 等探究了闭合应力、裂缝的表面形态和自支撑裂缝的剪切滑移量对自支撑裂缝的导流能力有影响。结果表明在无支撑剂有效支撑的情况下，裂缝能够通过剪切滑移、裂缝表面微凸起保持一定的裂缝宽度和导流能力。但随着闭合应力的增加，裂缝宽度和导流能力逐步降低。Morales 等发现具有一定偏移量

的自支撑裂缝在加载闭合应力后，仍具有一定的导流能力，但裂缝具有强应力敏感效应，随闭合应力的增加，导流能力剧烈下降。曹海涛等针对裂缝的剪切滑移量进行研究，发现随着滑移量的增加，导流能力越大。对于支撑剂支撑裂缝，温庆志等人改进 API 标准导流室，利用氮气测试页岩储层裂缝渗透能力实验，得出结论：在铺制相同支撑剂情况下，导流能力随着铺砂浓度的增加而增大；有一定宽度的支撑裂缝的渗透率普遍高于储层基质渗透率，铺砂浓度在页岩气开发开采中是重要的增产要素。毕文韬通过对裂缝短期导流实验发现，随驱替时间的增加，支撑剂嵌入、破碎等共同作用使得低铺砂浓度的裂缝导流效率较差，但在高铺砂浓度下的裂缝导流效率也并不是最高的。因此认为裂缝支撑剂浓度应存在某一个最佳值，具体应考虑岩样本身的物性进行分析。Cooke 在研究不同铺砂浓度支撑裂缝的导流能力时，他提出嵌入这一因素对导流能力的影响，高铺砂浓度使支撑剂嵌入对导流能力损伤的影响程度有限，因此在工业生产中，可以通过提高铺制浓度，达到更好的压裂效果。Chen 等通过制作大量裂缝面粗糙度均匀、力学性能相似的页岩样品对不同铺砂浓度的导流能力进行测试，研究发现在低有效应力条件下存在临界铺砂浓度，铺砂浓度低于临界浓度的岩样比高于铺砂浓度的岩样具有更高的导流能力，而临界铺砂浓度与裂缝面粗糙度有关。曲占庆等通过室内裂缝导流能力实验

采用正交试验和灰色关联分析法研究各参数对导流能力的影响程度。研究表明提高铺砂浓度对获得高导流能力有一定的帮助，但当闭合压力达到一定值后，由于支撑剂碎屑堵塞孔隙，再增大铺砂浓度对提高支撑裂缝导流能力意义不大。由文献调研结果可知，目前已经厘清了铺砂浓度、闭合压力等因素对裂缝导流能力影响，但结果多针对常规粒径支撑剂，对微粒径支撑剂支撑裂缝导流能力效果研究较少，且川渝地区深层页岩气井自支撑裂缝导流能力效果也不明确。

基于此，为厘清微粒径支撑剂在深层页岩气井适用性，本文拟开展川渝地区页岩储层未支撑裂缝及微粒径支撑剂支撑裂缝导流能力实验，以为川渝地区深层页岩气井多尺度支撑提供重要基础。

## 1 实验装置、材料及实验方案

### 1.1 实验装置

导流能力所用实验装置如图 1 所示。

### 1.2 实验材料

（1）支撑剂

支撑裂缝导流能力实验中采用三种支撑剂：①支撑剂 1：100 ~ 300 目微粒径支撑剂；②支撑剂 2：200 ~ 400 目微粒径支撑剂；③支撑剂 3：70 ~ 140 目粉砂。使用激光粒度分析仪器测得支撑剂粒径，其中支撑剂 1 ~ 3 平均粒径分别为 24.3μm、20.5μm、189μm。

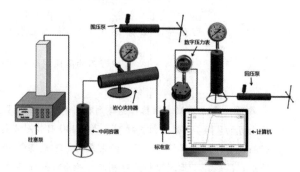

图 1 压力脉冲测量装置示意图

（2）岩样

实验所用岩心取自川渝地区，为保留裂缝面粗糙度，还原地层条件下储层改造后裂缝形态，采用巴西劈裂法对岩心进行人工造缝，并通过三维壁面扫描后，计算壁面粗糙度及迂曲度。

### 1.3 实验方案

未支撑裂缝导流能力实验方案如表 1 所示；填砂裂缝导流能力实验方案如表 2 所示。

表 1 自支撑裂缝导流能力实验方案

| 实验项目 | 具体参数 | | | | |
|---|---|---|---|---|---|
| | 序号 | 围压（MPa） | 迂曲度 | 粗糙度 | 裂缝类型 |
| 未支撑裂缝导流能力测试 | 1 | 20、25、30、35、40、45、50 | 0.477 | 0.477 | 张性裂缝（不同节理粗糙度） |
| | 2 | 20、25、30、35、40、45、50 | 1.0669 | 1.569 | |
| | 3 | 20、25、30、35、40、45、50 | 1.0016 | 1.497 | |
| | 4 | 20、25、30、35、40、45、50 | 1.0039 | 3.366 | |
| | 5 | 20、25、30、35、40、45、50 | 1.0012 | 1.232 | 剪切裂缝 |
| | 6 | 20、25、30、35、40、45、50 | 1.0026 | 3.463 | |
| | 7 | 20、25、30、35、40、45、50 | 1.0016 | 1.605 | |
| | 8 | 20、25、30、35、40、45、50 | 1.0071 | 4.951 | |

表 2 填砂裂缝导流能力实验方案

| 实验项目 | 具体参数 | | | | |
|---|---|---|---|---|---|
| | 序号 | 围压（MPa） | 铺砂浓度（kg/m²） | 迂曲度 | 粗糙度 |
| 填砂裂缝导流能力测试 | 1（岩样1） | 20、25、30、35、40、45、50 | 0.5 | | 0.477 |
| | 2（岩样2） | 20、25、30、35、40、45、50 | 0.5 | | 1.569 |
| | 3（岩样3） | 20、25、30、35、40、45、50 | 0.5 | | 1.497 |
| | 4（岩样4） | 20、25、30、35、40、45、50 | 0.5 | | 3.366 |
| | 5 | 20、25、30、35、40、45、50 | 1 | — | |
| | 6 | 20、25、30、35、40、45、50 | 1.5 | | |
| | 7 | 20、25、30、35、40、45、50 | 2 | | |

## 2　实验结果分析

### 2.1　张性裂缝应力敏感特性研究

图 2 为张性裂缝导流能力随有效应力（围压与下游端压力之差）变化。当有效闭合应力小于 20MPa 时，随着闭合应力增加，张性未支撑裂缝流动能力迅速降低，这是由于岩样所受有效应力逐渐增加，造成岩样裂缝面逐渐闭合；当压力大于 20MPa 后，随着围压继续增加，内部孔隙被压缩，孔隙体积越来越小，造成岩样渗透率下降，但下降趋势相对较慢。

利用公式（1）计算应力敏感系数，计算结果如表 3 所示。

$$S = \frac{1 - (K_0/K)^{1/3}}{\ln(\sigma_0/\sigma)} \tag{1}$$

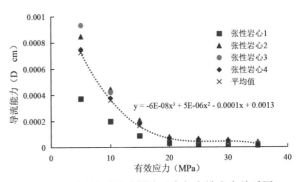

图 2　不同张性裂缝岩样渗透率与有效应力关系图

**表 3　张性裂缝应力敏感性计算结果**

| 岩心编号 | 张性岩心 1 | 张性岩心 2 | 张性岩心 3 | 张性岩心 4 |
|---|---|---|---|---|
| 应力敏感系数 S | 0.534 | 0.753 | 0.826 | 0.828 |
| 敏感程度 | 中等偏强 | 强 | 强 | 强 |

四块岩心导流能力对比可知，张性裂缝的导流能力与裂缝表面粗糙度及迁曲度没有呈现出明显的正相关关系，但裂缝表面粗糙度及迁曲度相对较小的张性岩心 1，其裂缝导流能力明显较小，且应力敏感程度相对较小（见图 3）。

### 2.2　剪切裂缝应力敏感特性研究

图 3 为剪切裂缝导流能力随有效应力变化。由图可知，随着闭合应力增加，剪切裂缝导流能力迅速减小，在 20～25MPa 左右出现拐点。利用公式计算剪切裂缝应力敏感性系数，结果如表 4 所示。由计算结果可知，剪切裂缝应力敏感性较弱。

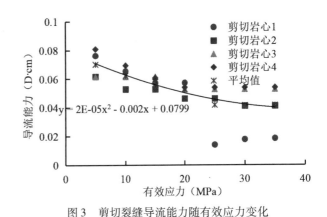

图 3　剪切裂缝导流能力随有效应力变化

**表 4　剪切裂缝应力敏感性计算结果**

| 岩心编号 | 剪切岩心 1 | 剪切岩心 2 | 剪切岩心 3 | 剪切岩心 4 |
|---|---|---|---|---|
| 应力敏感系数 S | 0.448 | 0.150 | 0.059 | 0.149 |
| 敏感程度 | 中等偏弱 | 弱 | 弱 | 弱 |

### 2.3　微粒径支撑剂支撑裂缝应力敏感特性研究

（1）相同铺砂浓度下不同粗糙度裂缝支撑裂缝导流能力结果分析

由图 4 可知，在铺砂浓度较小条件下，裂缝壁面粗糙度对支撑裂缝导流能力没有明显影响。裂缝壁面粗糙度对支撑裂缝导流能力影响随着支撑剂粒径增大而减弱。

（2）不同铺砂浓度条件下支撑裂缝导流能力分析

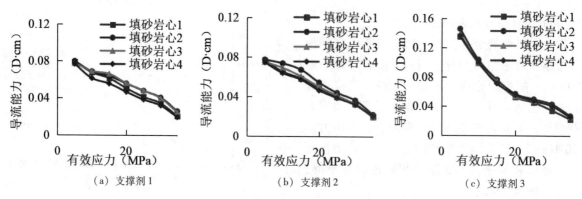

图4 铺砂浓度0.5kg/m²时不同壁面粗糙度裂缝导流能力对比

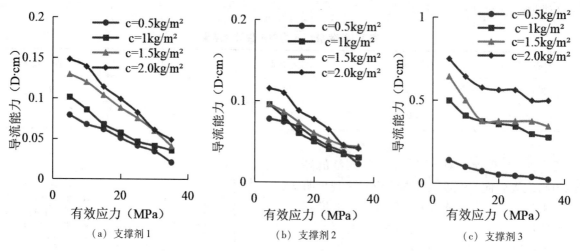

图5 不同铺砂浓度条件下支撑裂缝导流能力实验结果

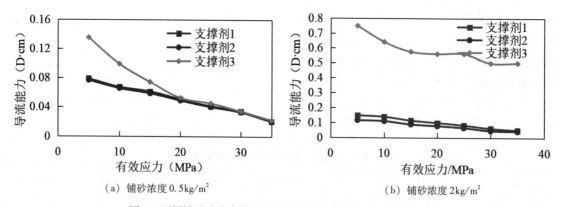

图6 不同铺砂浓度条件下三种支撑剂支撑裂缝导流能力对比

由图5可知，三种支撑剂支撑裂缝导流能力均随着铺砂浓度增加而增加。两种微粒径支撑剂支撑裂缝导流能力随着有效应力增加基本呈线性递减。而70～140目粉砂支撑裂缝导流能力在有效应力小于20MPa时，递减速率较快，当有效应力高于20MPa时，其递减速率减慢。由图6可知，铺砂浓度为0.5kg/m²，有效应力小于20MPa

时，70～140目粉砂支撑裂缝导流能力较大，而当有效应力大于20MPa时，粉砂与微粒径支撑剂支撑裂缝导流能力相当。随着铺砂浓度增加，粉砂支撑裂缝导流能力增加显著，远高于微粒径支撑剂支撑裂缝效果。由剪切裂缝应力敏感性计算结果可知，剪切裂缝的应力敏感性较弱，如表5所示。

表5　剪切裂缝应力敏感性计算结果

| 岩心编号 | 剪切岩心1 | 剪切岩心2 | 剪切岩心3 | 剪切岩心4 |
|---|---|---|---|---|
| 应力敏感系数 S | 0.448 | 0.150 | 0.059 | 0.149 |
| 敏感程度 | 中等偏弱 | 弱 | 弱 | 弱 |

### 2.3　自支撑裂缝与微粒径支撑剂支撑裂缝导流能力

由图7可以看出，充填 0.5kg/m² 微粒径支撑剂1填砂缝导流能力与剪切缝相当，充填 2kg/m² 微粒径支撑剂1填砂缝导流能力约为剪切缝导流能力2倍；剪切裂缝及充填微粒径支撑1填砂缝导流能力比张性裂缝导流能力高近3个数量级。

由图8可知，充填微粒径支撑剂后，裂缝导流能力应力敏感性与剪切裂缝相当，约为张性裂缝1/2。由此可知，在深层页岩气加砂压裂过程中，添加微粒径支撑剂可以提高水力裂缝的支撑效果。

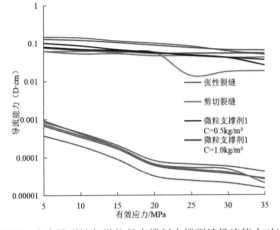

图7　自支撑裂缝与微粒径支撑剂支撑裂缝导流能力对比

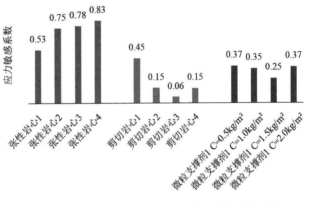

图8　自支撑裂缝及微粒径支撑剂支撑裂缝应力敏感性对比

## 3　微粒径支撑剂现场应用

微粒径支撑剂在川渝地区深层页岩气 Z4 井开展了现场应用，以储层物性参数接近的同平台邻井3井作为对比井。两口井施工参数及生产数据如表6所示。由表可知，试验井测试产量 34.7 万方，较对比井（测试产量 20.8 万方）提升 66.8%，且目前现阶段生产情况优于邻井。现场应用结果表明微粒径支撑剂对 EUR 提升具有较好效果。

表6　微粒径支撑剂应用井及邻井施工参数及生产数据对比

| 井号 | 水平段长（m） | 压裂参数 | | | | | 生产数据 | | | |
|---|---|---|---|---|---|---|---|---|---|---|
| | | 压裂长度（m） | 分段段长（m） | 施工排量（m³/min） | 用液强度（m³/m） | 加砂强度（t/m） | 测试产量（万方） | 套压（MPa） | 日产气量（万方） | 累产气量（万方） |
| Z3 | 1553 | 1414 | 78.6（主体段73） | 18~20 | 31.1 | 3.2 | 20.8 | 20.1 | 7.0 | 517 |
| Z4 | 1600 | 1580 | 71.8（主体段71） | 18~20 | 28.7 | 3.1 | 34.7 | 29.2 | 11.9 | 818 |

## 4　总结

本文通过导流能力实验探究了川渝地区页岩未支撑裂缝（张性裂缝、剪切裂缝）及微粒径支撑剂支撑裂缝导流能力，得到主要结论如下：

（1）对于未支撑裂缝，随着有效应力增加，张性裂缝及剪切裂缝导流能力都迅速下降，有效应力 20MPa 时，张性裂缝几乎失去导流能力，而剪切裂缝导流能力比张性裂缝高三个数量级；

（2）微粒径支撑剂可以有效增加裂缝导流能力，低铺砂浓度下（0.5kg/m²），其支撑裂缝导流能力与剪切裂缝及粉砂相当，而铺砂浓度达到 2kg/m² 时，微粒径支撑剂支撑裂缝导流能力约为剪切裂缝2倍，但较粉砂明显较低；微粒径支撑剂支撑裂缝应力敏感性与剪切裂缝相当，约为张性裂缝1/2；

（3）现场应用结果表明微粒径支撑剂可以提升深层页岩气井有效改造体积进而提高 EUR，因此，微粒径支撑剂可以在深层页岩气井推广应用。

## 参 考 文 献

［1］ 钟颖. 页岩气储层压裂改造暂堵支撑协同增效机理［D］. 成都理工大学，2020.

［2］ Sahai R. , Miskimins J. L. , Olson K. E. Laboratory Results of Proppant Transport in Complex Fracture Systems［C］. SPE – 168579 – MS，2014.

［3］ 李杨. 体积压裂复杂缝网支撑剂沉降规律研究［D］. 青岛：中国石油大学（华东），2015.

［4］ Kong X. , Mcandrew J. A Computational Fluid Dynamics Study of Proppant Placement in Hydraulic Fracture Networks［C］. SPE – 185083 – MS，2017.

［5］ Yang R. , Guo J. , Zhang T. , et al. Numerical Study on Proppant Transport and Placement in Complex Fractures System of Shale Formation Using Eulerian Multiphase Model Approach［C］. IPTC – 19090 – MS，2019.

［6］ Tsai K. , Fonseca E. , Degaleesan S. , et al. Advanced computational modeling of proppant settling in water fractures for shale gas production［J］. SPE Journal，2013，18（1）：50 – 56.

［7］ 冯国强，赵立强，卞晓冰，等. 深层页岩气水平井多尺度裂缝压裂技术［J］. 石油钻探技术，2017，45（06）：77 – 82.

［8］ 蒋廷学，卞晓冰，王海涛，等. 深层页岩气水平井体积压裂技术［J］. 天然气工业，2017，37（01）：90 – 96.

［9］ FREDD C N, MCCONNELL S B, BONEY C L, et al. Experimental study of fracture conductivity for water – fracturing and conventional fracturing applications［J］. SPE Journal，2001，6（03）：288 – 298.

［10］ MORALES R H, SUAREZ – RIVERA R, EDELMAN E. Experimental evaluation of hydraulic fracture impairment in shale reservoirs［C］. Symposium on Rock Mechanics. 2011.

［11］ 曹海涛，詹国卫，赵勇，等. 川南深层页岩气藏支撑与自支撑裂缝导流能力对比［J］. 科学技术与工程，2019，19（33）：164 – 169.

［12］ 温庆志，李杨，胡蓝霄，折文旭. 页岩储层裂缝网络导流能力实验分析［J］. 东北石油大学学报，2013，37（06）：55 – 62 + 8 – 9.

［13］ 毕文韬. 页岩储层支撑裂缝导流能力影响因素研究［D］. 中国石油大学（华东），2016.

［14］ Cooke C. E. Jr. . Conductivity of Fracture Proppants in Multiple Layers［J］. Journal of Petroleum Technology，1973，25（09）.

［15］ Chen Chi, Wang Shouxin, Lu Cong, Liu Yuxuan, Guo Jianchun, Lai Jie, Tao Liang, Wu Kaidi, Wen Dilin. Experimental study on the effectiveness of using 3D scanning and 3D engraving technology to accurately assess shale fracture conductivity［J］. Journal of Petroleum Science and Engineering，2022，208（PC）.

［16］ 曲占庆，周丽萍，郭天魁，等. 基于灰色关联法的裂缝导流能力影响因素分析［J］. 西安石油大学学报：自然科学版，2015，30（4）：5.

# 威远区块页岩气钻完井作业温室气体排放结构特征分析及减排路径研究

舒　畅[1]　陆灯云[2]　贺吉安[2]　毛红敏[1,3]

(1. 中国石油集团川庆钻探工程有限公司安全环保质量监督检测研究院; 2. 中国石油集团川庆钻探工程有限公司;
3. 四川宏大安全技术服务有限公司)

**摘　要**　应对气候变化已成为全球共识,页岩气作为清洁能源是我国实现能源结构优化、"双碳"目标的重要途径之一。面对上述目标,本研究采用混合生命周期评价方法(HLCA),对威远页岩气区块的 3 个平台 20 口页岩气井的钻完井作业能源消耗量、温室气体排放结构特征分析和减排路径进行研究分析。结论认为:①目前页岩气单井钻完井作业的平均能源消耗为 228.68 TJ,该区块 20 口井的 EROI 值为 15.87,具有开发价值;②页岩气单井温室气体排放总量平均值为 16805.79 tCO$_2$e,钻完井作业生命周期温室气体排放强度为164.57g CO$_2$e/m$^3$。其中,压裂作业阶段柴油的使用造成的直接和间接温室气体总和是温室气体排放总量的中的第一大排放源,占温室气体排放总量的 28%。在钻井作业阶段因柴油的使用造成的直接和间接温室气体总和及钻井设备产生的间接温室气体分别是温室气体排放总量的第二和第三大排放源,分别占温室气体排放总量的 22% 和 19%;③平台选址是影响钻前工程温室气体排放的主要因素,钻井周期、钻井作业效率和钻井技术是影响钻井作业其他能源消耗和温室气体排放的主要因素,压裂车耗油量是压裂作业主要温室气体排放来源,若钻完井作业要采用清洁能源替代,压裂作业是最好的突破口;④钻完井作业可从制度体系建立、重点耗能设备淘汰或改造、能源替代、工艺技术优化、提高物料循环利用率和低碳技术产业探索等方面制定减碳路径。

**关键词**　页岩气;钻完井作业;混合生命周期评价;EROI;温室气体排放

据《全球气候状况报告(2022)》显示,2015年至 2022 年全球平均气温达到有记录以来的最高值。由于气候变化带来的病虫害、极端天气、光资源影响和农业生产力等影响逐年增加,气候变化不仅对农业、工业带来巨大影响,同时也成为全球经济增长的主要挑战之一。

减缓和适应是应对气候变化的两大对策。减缓的主要措施为温室气体的减排和增加碳汇,这种方式是应对气候变化的本质;适应是通过调整自然和人类系统以应对实际发生或预估的气候变化或影响。2016 年 11 月 4 日由 195 个国家签署的《巴黎协定》正式生效,目标在本世纪末控制升温在 2℃ 之内,并建立资金流动符合气候应对的路径。

积极应对气候变化是我国实现可持续发展的内在要求,是加强生态文明建设、实现美丽中国目标的重要抓手。我国于 2020 年 9 月 22 日在联合国第 75 届大会上宣布将在 2030 年前碳达峰、2060 年碳中和,履行大国责任。"十三五"期间,我国在控制温室气体排放、重点领域节能减排、可再生能源发展、适应气候变化和参与全球气候治理等方面均有突出成效。"十四五"是碳达峰的关键期、窗口期。2021 年 1 月 13 日,生态环境部印发《关于统筹和加强应对气候变化与生态环境保护相关工作的指导意见》,明确了工作任务,要求从战略规划、政策法规、制度体系、试点示范和国际合作等 5 个方面,建立健全统筹融合、协同高效的工作体系。面对"双碳"目标的迫切实现,各重点行业相继发布了温室气体排放核算指南。《中国石油和天然气生产企业温室气体排放核算方法与报告指南(试行)》(以下简称《指南》)主要涉及钻完井燃料燃烧以及火炬燃烧造成的直接温室气体排放,该指南采用的计算方法无法满足碳排放评价的全生命周期评价的要求,针对钻完井作业的碳排放评价方法还有待进一步完善。

本研究以威远页岩气钻完井作业为研究对象,通过对其全生命周期、全生产要素的温室气体排放进行评价,摸清钻完井作业温室气体排放结构特征,提出采用能源替代、技术革新等措施,为油气田技术服务企业实现"双碳"目标提供决策依据。

# 1 研究方法与数据来源

## 1.1 温室气体排放核算模型

### 1.1.1 研究方法

生命周期评价法是一种评价产品、工艺或服务从原材料采集，到产品生产、运输、使用及最终处置整个生命周期阶段的能源消耗及环境影响的工具。根据系统边界及方法学原理的不同，生命周期评价法可以分为过程生命周期评价法（PLCA）、投入产出生命周期评价法（IO LCA）和混合生命周期评价法（HLCA）。由于钻完井作业涉及的工艺流程多、投入生产的材料种类复杂，故本文采用 HLCA 评价法。同时，采用投资回报率分析（EROI）从净能源的角度对页岩气钻完井作业的能源消耗进行评价。

投资回报率分析认为是净能量分析的一种合适的工具和指标，通常可以在热等效的基础上计算，通过将能量输出（Energy$_{output}$）除以能量输入（Energy$_{input}$）。在本文的 EROI 分析中，采用以下公式：$EROI = E_0 / (E_d + E_i)$，其中 $E_o$ 为最终采收量 EUR，$E_d$ 和 $E_i$ 分别为直接能耗和间接能耗。

本文所指的直接温室气体排放主要是页岩气钻完井作业直接温室气体排放源所产生的排放，如柴油燃烧供能、植被清理造成的碳损失等，属于《指南》中的范围一；间接温室气体排放主要是页岩气钻完井作业期间产生的外购电力（《指南》中的范围二）和价值链上游和下游产生的排放（《指南》中的范围三），如外购的电力、购买原材料的生产和使用产生的排放。

### 1.1.2 评价模型

（1）直接温室气体排放

能源燃烧排放采用 IPCC 2006 温室气体排放因子进行计算，即：

$$\sum E_{fuel,i} = AD \times EF_i \times GWP_i$$

其中，

$E_{fuel,i}$——燃料燃烧产生的 GHG 排放量，$CO_2e$；

$AD$——活动水平及燃料的消耗量；

$EF_i$——第 $i$ 种 GHG 的排放因子，$i$ 分别为 $CO_2$、$CH_4$ 和 $N_2O$；

$GWP_i$——第 $i$ 中全球变暖潜能值，$i$ 分别为 $CO_2$、$CH_4$ 和 $N_2O$。

根据 IPCC2006 的排放因子，柴油的 $CO_2$ 的排放因子为 74100kg/TJ，$CH_4$ 的排放因子为 3kg/TJ，柴油的 $N_2O$ 的排放因子为 0.6kg/TJ。

（2）间接温室气体排放计算

范围二中的外购电力排放根据国家公布的电力温室气体排放因子进行计算，范围三的排放采用投入产出生命周期评价方法（IO – LCA）进行核算。

本研究中的 IO – LCA 方法采用 2018 年中国投入产出（IO）表和各行业能耗数据进行计算。投入产出表涵盖 42 个经济部门，而中国统计年鉴中的能源消耗数据覆盖 47 个经济部门。为了保持两个数据集的一致性，根据《国民经济行业分类》（GB/T 4754—2017），将投入产出表中的经济部门和中国国有经济部门的经济部门合计为 46 个部门。本研究中主要涉及到四个部门的间接温室气体排放的核算，分别为石油、煤炭及其他燃料加工业，化学原料和化学制品制造业，非金属矿物制品业和金属冶炼和压延加工业 4 个部门。

将能源消耗强度记为 $E^{IO}$，则有：

$$E^{IO} = R(I - A)^{-1}F$$ 其中，

$F$——最终需求向量（n×1 阶）；

$I$——单位矩阵（n×n 阶）；

$A$——技术矩阵（n×n 阶）；

$R$——产品部门活动所消耗的直接能源消费系数（1×n 阶），其矩阵元素 $R_i$ 表示部门 $i$ 单位货产出所直接消耗的能源，见下式：

$$R_i = \frac{c_i}{x_i}$$

其中，

$c_i$ 为部门 $i$ 的直接能源消费量；

$x_i$ 为部门 $i$ 的总产出。

将 $R(I-A)^{-1}$ 记为 $B$，称为完全能源消费系数，见下式：

$$B = R(I-A)^{-1}$$

本研究中在计算过程中所涉及的主要能源种类包括煤、焦炭、原油、汽油、煤油、柴油、燃料油、天然气及电力，最后根据 IPCC 2006 中各能源的温室气体排放因子可折算成二氧化碳当量。

## 1.2 数据来源

### 1.2.1 评价范围

研究选择了威远某作业区 2021 年生产作业的 3 个平台共计 20 口井作为样本，对包括钻前工程、钻井作业、压裂作业和测试放喷作业的钻完井作业全生命周期能源消耗和温室气体排放结构特征进行分析评价。

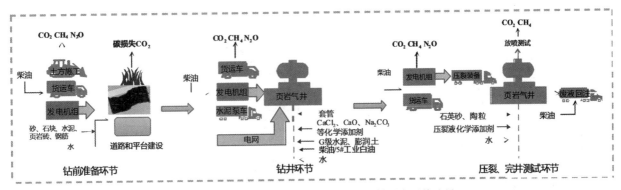

图1 页岩气钻完井环节温室气体排放核算研究系统边界

## 1.2.2 数据来源

文中与工程作业相关的数据均来源于生产作业报表、井史和竣工验收报告等资料，保证数据的一致性、真实性、实时性和相关性。

采用IPCC AR5中的100年温室气体全球变暖潜能值（GWP），投入产出和能源消耗数据来源于国家统计局国民经济核算司《2018年中国投入产出表》和国家统计局能源统计司《中国能源统计年鉴2020》中2018年分行业能源投入数据。

## 2 能源消耗和投资回报率分析

### 2.1 能源消耗量分析

在评价的20口井中，单井能源消耗在201～250 TJ之间，平均值为228.68 TJ。单井的直接能耗为30.32TJ，与CHANG等、WANG等对威远区块2014～2015年开采的20余口井能源消耗量34.15 TJ和40.94 TJ的评价值比更小（见表1）。其中，大部分能源消耗体现为间接能源消耗，即体现在材料和燃料投入供应链中的能源消耗，不同生产过工程的能耗如图2所示。

表1 本研究能源消耗与其他研究对比

| 作业流程 | | 能源消耗[注1]［GJ］ | | 备注 |
| --- | --- | --- | --- | --- |
| | | 本研究 | WANG等 | CHANG等 | |
| 直接能源 | 钻前工程 | 265 | 136 | 400 | |
| | 钻井作业 | 13060 | 31489 | 27550 | |
| | 压裂作业 | 16998 | 9320 | 6200 | |
| | 小计1 | 30323 | 40945 | 34150 | |
| 间接能源[注2] | 小计2 | 198352 | 82212 | 24920 | |
| 能源消耗量 | 合计 | 228675 | 123157 | 59070 | |

注1：CHANG等仅对威204-H1井进行了评价，WANG等主要对威远区块2014～2015年开展钻完井作业20个平台/单井进行了评价。

注2：CHANG等和WANG等对间接能源消耗主要统计了工程所用的泥砂、水泥、套管、$CaCl_2$和基础油等，本研究统计的材料包含了钻完井全作业流程的30余项材料和设备。

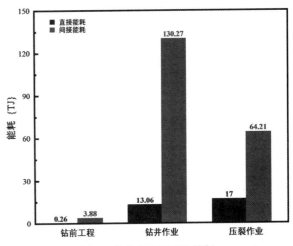

图2 单井各阶段平均能耗

由图3可以看出，压裂作业所需的直接能耗较钻前工程、钻井作业更多，占直接能耗的56%；其次是钻井作业，占直接能耗的43%，直接能耗主要用于钻井和压裂设备供能和材料运输。钻井作业所需间接能耗（130.27 TJ）远高于压裂作业（64.21 TJ）和钻前工程（3.88TJ）。

从图3（左）可以看出，直接能源消耗主要体现为压裂设备和钻机设备作业时产生的能耗。结合表1可知，随着钻井技术的提高，钻井作业直接能耗呈下降趋势；但随着页岩气水平段段长的增加，压裂段数也随之增加。从图3（右）可以看出，间接能耗主要体现为钻井、压裂作业所需材料及供能燃料产生的间接能耗。钻井作业的间接能耗主要体现在钻井设备（31.4%）和钻井设备作业柴油燃料（17.4%）。

### 2.2 投资回报率（EROI）分析

据统计，该区块20口井的平均EUR为1.02亿立方米，按照气田天然气平均低位发热值35.54MJ/$m^3$测算，其EROI值为15.87。Aucot等和Melillo等的研究表明，EROI＞5是可持续发展的必要条件。而本区块的EROI远大于5，满足开发的必要条件。

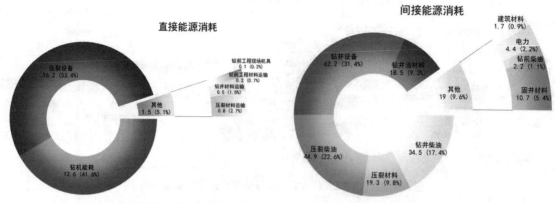

图3　威远某区块钻井作业直接能源消耗（左）和间接能源消耗（右）分布

经查阅文献，中国页岩气井的 EROI 均低于美国（40～100）。主要原因有以下几点：一是产出层位原因。四川盆地的页岩地层埋深通常为 1500～3500 米，随着深层页岩气的开发，产出层位甚至超过 4000 米；而美国通常为 800～2600 米。目的层位越深，井身结构越复杂、压裂长度和段数也随之增加，带来更高的能源消耗和投入。二是采用工艺不同。例如，在钻井过程中，由于缺乏维持井筒稳定性的技术，国内通常在水平段使用油基钻井液，消耗大量的柴油和白油，而美国通常采用水基钻井液体系。三是采收量较低。中国的页岩气采收量较美国页岩气更低，这也是导致 EROI 低的主要原因。我国常规油气的 EROI 值均约为 8～10。从净能源的角度来看，页岩气仍值得大力开发利用。

## 3　温室气体排放特征分析

### 3.1　温室气体排放总量

在评价的 20 口井中，单井温室气体排放总量在 14908.90tCO$_2$e ～18134.01 tCO$_2$e 之间，平均值为 16805.79 tCO$_2$e。其中大部分温室气体排放体现在间接温室气体排放，即体现在材料和燃料投入供应链中的温室气体排放，不同生产过程的温室

气体排放如图 4 所示。其中，20 口井平均 EUR 为 1.02 亿立方米，平均进尺 4790.50m，平均压裂段长 1877.90m，平均压裂段数 21 段。因此，在钻井作业过程中，温室气体排放强度为 2.09t CO$_2$e/m，压裂作业过程中温室气体排放强度分别为 3.35t CO$_2$e/m 和 295.63t CO$_2$e/段，钻完井作业全生命周期的温室气体排放强度为 164.57g CO$_2$e/m$^3$。

从图 4 可以看出，温室气体排放主要来自于钻井作业和压裂作业，且钻前工程和完井作业产生的温室气体排放量仅占总的温室气体排放量的 3%。

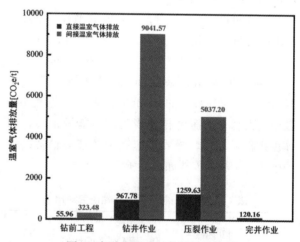

图4　各阶段温室气体平均排放量

表2　本研究温室气体排放量与其他研究对比

| 作业流程 | 温室气体排放［t CO2e］ | | | 备注 |
| --- | --- | --- | --- | --- |
| | 本研究 | WANG 等 | CHANG 等 | |
| 直接温室气体排放 钻前工程 | 56 | 10 | 30 | |
| 钻井作业 | 968 | 1283 | 643 | |
| 压裂作业 | 1260 | 959 | 2300 | |
| 测试完井 | 120 | 4 | — | |
| 小计1 | 2404 | 2256 | 2973 | |

续表

| 作业流程 | | 温室气体排放 [t CO2e] | | | 备注 |
| --- | --- | --- | --- | --- | --- |
| | | 本研究 | WANG 等 | CHANG 等 | |
| 间接温室气体排放 | 小计 2 | 14402 | 7232 | 2450 | |
| 温室气体排放总量 | 合计 | 16806 | 9488 | 5423 | |

由表 2 可以看出，本研究计算的单井温室气体排放总量较 WANG 等和 CHANG 等计算的结果差异较大，主要体现在间接温室气体排放方面。本研究计算的间接温室气体排放涵盖边界更广，主要由于评价范围、评价数据的完整性和评价人员对本技术领域的熟悉程度导致的。

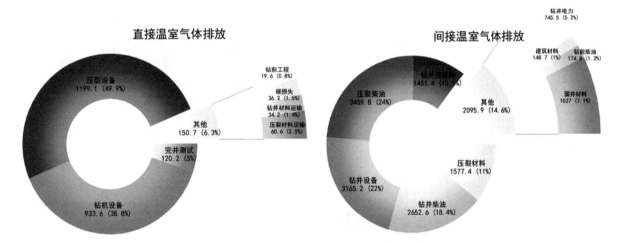

图 5　威远某区块钻井作业直接温室气体排放（左）和间接温室气体排放（右）分布

从图 5（左）可以看出，直接温室气体排放主要体现为压裂设备和钻机燃料排放，分别占 50% 和 39%。压裂作业和钻井（固井）作业材料运输过程的燃料排放相差不大，为 1% 左右。同时，完井测试阶段产生的温室气体排放占比为 5%，主要是由于放喷的 $CH_4$（含量为 98%）都采用了火炬燃烧的方式，最终以 $CO_2$ 的形式进行排放。从图 5（右）可以看出，间接温室气体排放主要体现为钻井、压裂作业的材料及供能燃料生产排放。

综上，压裂作业阶段柴油的使用造成的直接和间接温室气体总和是总的温室气体排放中的第一大排放源，为 4719.43t$CO_2$e，占温室气体排放总量的 28%。在钻井作业阶段柴油的使用造成的直接和间接温室气体总和和钻井设备产生的间接温室气体分别是总的温室气体排放中的第二和第三大排放源，排放量分别为 3620.36t$CO_2$e 和 3165.18t$CO_2$e，分别占温室气体排放总量的 22% 和 19%。

### 3.2　钻前工程

钻前工程主要包括井场、道路、池类和附属设施的修建工作，3 个平台的主要工作量见表 3。

表 3　3 个平台主要工作量统计

| 井号 | 新建公路 [km] | 改扩建公路 [m] | 井场规格 | 钻机基础 | 钻机基础 [套] | 应急池 [m³] | 点火坑 [座] | 附属设施 | 储液池 [m³] |
| --- | --- | --- | --- | --- | --- | --- | --- | --- | --- |
| 平台 1 | 0.386 | 3.196 | 115×80 | ZJ50 | 4 | 300 | 1 | 1 | 5000 |
| 平台 2 | 0.153 | — | 110×80 | ZJ40-70 | 4 | 300 | 1 | 1 | — |
| 平台 3 | 0.049 | 1.62 | 115×80 | ZJ70 | 2 | 300 | 1 | 1 | — |

钻前工程主要的温室气体排放来自于现场工程车辆（如：挖掘机、压路机、装载机和自卸车等）施工和材料的运输产生的直接温室气体排放，清理表层土产生的碳损失和材料投入的间接温室气体排放。

从图 6 可以看出，平台 1 的现场机具消耗、材料运输消耗和碳损失量在 3 个平台中都是最高的，主要是由于该平台修建了一个 5000m³ 的储液池。

据调查，平台1、2钻前工程大部分采用购买商用混凝土的方式，购买量大且运输距离较远；而平台3主要采用在附近（20km 范围内）购买混凝土原材料（如：水泥、河砂、石子等）进行现场配混凝土施工，因此在材料运输过程中的直接温室气体排放较小。在碳损失量方面，由于目前井场占地大多为临时占地，一般恢复期为 3~4 年，因此临时占地较多的井场在清除表层土时产生的碳损失量也较多。

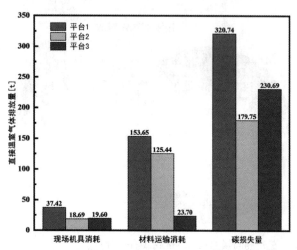

图6 3个平台钻前工程直接温室气体排放情况对比

综上，平台选址和工程用地是影响钻前工程温室气体排放的主要因素。选择运输方便、基础稳定的平台，可大量减少温室气体排放。同时，各设施区域应合理布局，尽量减少因临时占地造成的碳损失。

### 3.3 钻井作业

钻井作业主要包括钻井和固井两大环节，其温室气体排放主要源于设备供能及材料投入环节。由于地层条件、钻井工艺和定向钻井技术等环节都严重影响了钻井作业的质量和效率，因此本节将选取几口具有代表性的单井进行分析。

#### 3.3.1 钻井周期与能耗、温室气体排放

评价选取具有代表性的 7 口井进行分析。除5#、7#井采用纯柴油发电供能外，其他井均采用了柴油＋网电的形式供能。从图7可以看出，生产时间与能耗的投入基本吻合，即钻井生产时间越长，能耗越高。在正常工况下，该区块单井钻井作业的用能在 17~23TJ 左右。

从温室气体排放量看，由于网电的温室气体排放因子较小于柴油，虽然1#生产周期长、能耗投入量大，为其他井的 2~2.5 倍，但其温室气体

排放量为其他井的 1.1~1.8 倍。以 1#井和 5#井为例，两口井的能耗相差接近 2 倍，但 1#温室气体排放量仅为 5#井的 1.1 倍，由此可知改用网电供能可带来显著的温室气体减排。

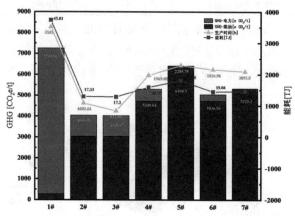

图7 钻井周期与能耗、温室气体排放

由此可知，钻井作业的生产时间与能耗呈正相关，温室气体的排放量与用能形式密切相关。单井若采用网电、氢能等能源替代，将大幅度降低温室气体排放强度。

#### 3.3.2 钻井效率与温室气体排放

选取具有代表性的 10 口井进行了钻井效率和温室气体排放的统计，发现钻井效率低（时速低）、停工时间长，是增加温室气体排放量较大的主要原因。

由图9可知，更换钻井、设备保养、取定向仪器和取芯等情况则是频繁起下钻、降低钻井效率的主要原因。因此，建议在钻井作业时根据钻井设计、临近井的钻井作业情况，选择合适的钻头进行作业，尽量避免频繁更换钻头。加强设备保养维护，尽量减少在钻井作业时起下钻对设备进行零部件更换，影响钻井效率。同时，作为水平段常规钻井技术，定向钻井技术、装备的成熟度，是影响钻井效率的第二大因素。钻遇复杂是停工最主要的因素，这与地质层位、技术决策和钻具年限等情况密切相关。

### 3.4 压裂作业

Howarth 等认为直接温室气体排放主要来源于压裂和完井阶段大量的甲烷逃逸，Jiang 等同样认为压裂完井阶段的温室气体高于其他阶段，但所有这些研究都假设压裂和完井阶段的甲烷排放到空气中而不燃烧，或只部分燃烧。与其不同的是，本文的研究结果显示压裂期间最主要的温室气体排放来源为柴油，若钻完井作业要采用清洁能源替代，压裂作业是最好的突破口。

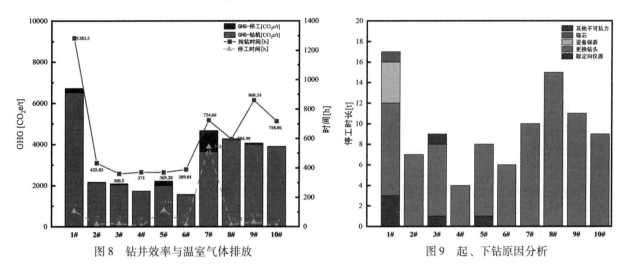

图 8　钻井效率与温室气体排放　　　　　　图 9　起、下钻原因分析

## 4　减碳路径分析

应对气候变化策略的实质是能源转型发展战略的选择问题。英国石油、壳牌、道达尔、埃克森美孚、雪佛龙等国际石油公司针对温室气体排放各自发布了减排承诺，并规划了减排路径。中石油、中石化和中海油等企业把"绿色低碳"纳入公司战略，制定了适应国家新要求的发展计划。

中国石油集团率先制定实施《绿色发展行动计划》，取得了积极成效：一是大力发展天然气等清洁能源，助力了国家能源结构转型，2020 年国内天然气产量比 2015 年增加 36.7%，天然气在油气结构中占比首次超过 50%。二是强化生产全过程绿色管理和创新，提升了生态环境安全保障能力，主要污染物排放水平大幅下降，能源利用效率和精细化管理水平进一步提升。三是积极参与油气行业气候倡议组织（OGCI）等国际低碳合作，提高中国石油国际影响力。

钻完井作业是一项系统工程，涉及的能耗设备、原材料和施工方较多，温室气体排放受作业环境、开采方式和生产工艺的变化差异显著。基于前述钻完井作业的碳排放特征，结合现行碳达峰碳中和相关政策要求，钻完井作业可通过制度措施、重点能耗设备淘汰或改造、清洁能源替代、工艺技术升级和新能源产业探索等几个方面来进行。

### 4.1　制度措施

要实现"双碳"目标，企业制度是保障。油气田技术服务企业通过对钻完井作业碳排放特征的掌握，识别重点排放源，统筹宏观发展现状进行综合分析，以确定达峰目标。将达峰目标分解到具体的部门、作业站（队）甚至是具体生产工艺等层面，提出不同时间、空间尺度的政策措施；

在明确重点领域和可选政策措施之后，合理进行优选，加速达峰进程。同时，梳理达峰背景下不同发展路径的选择和达峰目标之间的关系，着手战略部署。同时，构建完善的绿色发展决策机制，从管理机构、监测评价、资产管理等方面建立制度、措施，保障"双碳"目标的实现。

（1）成立碳排放管理工作机构

成立以能源管控与"双碳"工作管理为目标小组和办公室，负责推行实施节能减排战略，统筹开展能源利用、环境保护和节能减排等工作。加强碳排放管理专兼职人员的培训和配备，自上而下建立碳排放管理制度和组织机构，加强碳排放统计分析、管理、控制和减排措施实施。

（2）加强碳排放监测评价

对重点耗能设备做好能源计量，加强信息化技术建设，实现能源数据实施统计和精准分析，提高能源管理工作效率。完善碳排放监测和评价体系，结合能源计量管理，建立内部碳排放核查评价体系和制度。根据不同作业类型，定期对钻完井作业各相关方、设备运行情况、能耗、碳排放等情况进行评价和核查，并建立信息披露机制，提高员工的低碳意识，为进一步遵守减排目标创造良好的环境。

（3）建立碳资产管理体系

碳价受金融市场和工业市场的双重影响。油气田技术服务企业可积极研究国家政策以及市场变化，研究利用相关工作机制和金融工具，为下一步进入碳交易市场做好准备。

### 4.2　直接温室气体减排措施

在全球范围内，油气田开发公司都面对着严峻的环境监管压力，废气排放、噪声、矽尘等污染排放都愈加受限，对氮氧化物、一氧化碳及其他排放物的管控更为严格，清洁能源的推广应用已成必然趋势。此外，通过提高火炬气、伴生气等资源的利用效率，减少"高碳"材料和设备的使用，降低生产过程能耗，也可达到减碳的目的。

### 4.2.1 重点耗能设备淘汰或改造

针对耗能高、应用广、效率低的重点耗能设备，通过更新、改造，显著降低能量损失，提升能源转换效率，减少能源消耗。近年来，电驱动钻机和电驱压裂设备开始部分替代传统钻井、压裂设备。若采用传统网电供能，单井总的温室气体平均排放量可降低24.71%。东方电气（成都）氢燃料电池科技有限公司自主研制的100KW级商用氢燃料电池冷热电联供系统成功交付并在榆林投用。以该系统为例，利用光伏发电制氢后通过燃料电池系统转化为电能和热能，发电效率按52%计算，可为单井总温室气体可减排36.02%。同时，还可积极探索固井、修井业务的"电代油"模式。

### 4.2.2 清洁能源替代

随着低碳交通运输体系的建设，新能源车将得到大力推广。目前，货运车辆低碳化主要有两条技术路线，分别是动力电池汽车和氢燃料电池汽车。

我国风能、水能等可再生电力飞速发展以及火电机组单位供电标准煤耗正持续下降。据生态环境部办公厅发布的《企业温室气体排放核算方法与报告指南 发电设施（2021年修订版）》，全国电力平均排放因子由 $0.6101tCO_2/MWh$ 调整为最新的 $0.5703tCO_2/MWh$。如图10所示，在钻完井作业中，若使用动力电池货运车代替燃油货运车，单井总的温室气体平均排放量可降低2.20%；若使用绿氢燃料电池的货运车，单井总温室气体减排量能达到2%以上。

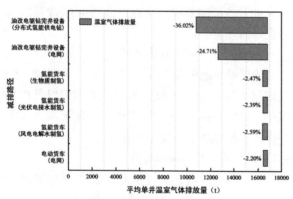

图10 不同减碳方案及效果

### 4.3 间接温室气体减排措施

### 4.3.1 工艺技术优化

李涛等在泸州区块深层页岩气水平井采用了以井身结构优化和井眼轨迹优化、高效钻头优选、堵漏技术措施优化、前平衡钻井提速技术为核心的优快钻井技术，平均机械钻速由 5.61m/h 提高至 7.03m/h。张东清等在涪陵页岩气田开展了以井眼控制技术、多级切削高效混合钻头和长寿命低压耗水力振荡器等技术和工具为核心的立体开发优快钻井技术应用，机械钻速提高25.5%，钻井周期降低27.8%，间接温室气体排放可降低5%以上。因此，企业可以从井眼控制技术、低成本钻井工具方面着手，加大优快钻井技术研发和应用力度。

在测试放喷作业过程中，目前大多气体均采用放空燃烧的方式，燃烧不完全，回收率相对较低。庞东晓等研制了一种天然气密闭燃烧器，以实现废弃天然气直接在井场内低声幅遮蔽燃烧，废弃天然气的燃烧效率提高到95%以上。同时，由于密闭燃烧器取代了传统燃烧池，取消了占地和防火带修建，环境效益显著。陈吉平利用了移动回收式设备将放喷气体处理成CNG，通过槽车转运，回注进入输气管网，达到回收利用的目的。因此，若通过对测试放喷气体进行回收利用，则每回收 $1m^3$ 页岩气可减少 $98.8gCO_2e$。

### 4.3.2 提高物料循环利用率

目前，钻井液体系优化技术和新的压裂材料层出不穷。如张东清等在涪陵页岩气田使用了一种低油水比钻井液体系，将油水比从80∶20降至70∶30，与常规油基钻井液的性能相当，满足页岩气钻井的要求。若钻井液材料中基础油用量减少15%，则间接温室气体排放可降低超过 $500tCO_2e$。舒畅研发了一种页岩气水基钻井废液循环利用技术，通过对废液循环利用指标体系研究和配套处理剂研发，将废液循环利用率提升至80%以上。赵辉等对页岩气压裂返排液回用影响因素及技术进行了研究，配制的滑溜水压裂液的性能指标与地表水配制的压裂液性能指标相当。因此，若企业加大废液循环利用技术研发，钻井废液循环利用率由70%提高至90%，则总的温室气体排放量可减少4%

### 4.4 低碳技术产业探索

### 4.4.1 $CO_2$压裂技术

李小刚等人对超临界二氧化碳压裂液降阻剂

体系优选研究，发现癸基聚氟酯、二甲基聚硅氧烷、聚烯酸月桂酯三组分降阻剂体系在 $SC-CO_2$ 压裂液体系中的溶解性和降阻性最为显著，其中降阻率大于65%，证明了超临界 $SC-CO_2$ 压裂液体系的技术可行性。

目前国内长庆地区常规石油天然气采用 $CO_2$ 干法压裂技术。该技术主要是通过采用 $N_2/CO_2$ 干法泡沫液体系代替常规压裂所用的滑溜水进行储层改造作业，除提高单井产量外，可同时封存一定量（30%~70%）的 $CO_2$ 在地层。该技术若推广使用，一是要解决 $CO_2$ 的来源问题，二是要解决返排的 $CO_2$ 气体监测和回收问题。

#### 4.4.2 地热资源开发

四川省地热资源丰富，总储存量居全国第四位。但因高昂成本，开发的地热发电项目并未最终投产并网，价格政策缺失导致地热发电发展滞后。油气田技术服务企业可重点探索开发四川甘孜阿坝地区和陕西渭北地区地热资源，结合企业油气井工程技术服务实力，针对性开展地热井地质和工程技术相关比对分析及研究攻关，通过工程技术服务和合作申请矿权等方式，逐步拓展地热与干热岩资源勘探开发业务。

## 5 结论与建议

研究通过对威远区块3个平台20口井开展温室气体排放评价特性和减碳降碳措施分析，得出以下结论：

（1）威远区块页岩气开采单井能源消耗在200.89~250TJ之间，平均值为228.68TJ。直接能源消耗主要体现为压裂设备和钻井设备使用的能耗，间接能源消耗主要体现为钻井、压裂材料和功能燃料在生产投入过程中的能耗。该区块20口井的EROI值为15.87，具有开发价值。

（2）单井温室气体排放总量在 $14908.90tCO_2e$ ~ $18134.015tCO_2e$ 之间，平均值为 $16805.79tCO_2e$，

钻完井作业全生命周期温室气体排放强度为 $164.57g\ CO_2e/m^3$。压裂作业阶段柴油的使用造成的直接和间接温室气体总和是总的温室气体排放中的第一大排放源，占温室气体排放总量的28%。在钻井作业阶段柴油的使用造成的直接和间接温室气体总和和钻井设备产生的间接温室气体分别是总的温室气体排放中的第二和第三大排放源，分别占温室气体排放总量的22%和19%。

（3）对于钻前工程，植被和表层土清理过程

中产生的碳损失占直接温室气体排放的第一位，平台选址是影响钻前工程温室气体排放的主要因素。对于钻井作业而言，钻井周期、钻井作业效率和钻井技术是影响其能源消耗和温室气体排放的主要因素。压裂期间最主要的温室气体排放来源为压裂车所用的柴油，若钻完井作业要采用清洁能源替代，压裂作业是最好的突破口。

（4）碳中和目标为页岩气开发提出了低碳绿色发展方向，需要油气田技术服务企业自上而下共同努力，从管理制度建立、能源替代、技术提升、绿色环保产业探索等多方面共同努力，才能在能源变革中开辟出一条绿色的可持续发展道路。

## 参 考 文 献

[1] 《全球气候状况报告（2022）》速读[N]. 中国气象报，2023.
[2] 蔡沁男. 气候变化对中国农业生产影响及发展对策[J]. 农业开发与装备，2021（06）：121-122.
[3] 莫莉. 气候变化成为全球经济增长主要挑战之一[N]. 金融时报，2023.
[4] Environmental Protection Agency. Defining Life Cycle Assessment（LCA）[EB/OL]. http：//www.gdrc.org/uem/lca/define.html. 2012.
[5] ISO. ISO 14041：Environmental management life cycle assessment，goal and scope definition and inventory analysis[R]. Geneva：ISO. 1998.
[6] Setac A. Conceptual Framework for Life-Cycle Impact Assessment[M]. Pensacola F L：SETAC Press. 1993.
[7] 王长波，张力小，庞明月. 生命周期评价方法研究综述——兼论混合生命周期评价的发展与应用[J]. 自然资源学报，2015，30（07）：1232-1242.
[8] Cleveland Cater J，Costanza Robert，Hall，et al. Energy and the United States economy – a biophysical perspective[J]. Science，1984，225：890-879.
[9] Hall C. A. S，Cleveland C. J.，Berger M. Energy return on investment for United States petroleum，coal and uranium. In Mitsch W，editor. Energy and Ecological Modeling，Symposium Proceedings，Elsevier Publishing Company；1981：715-724.
[10] Hall C. A. S.，Kaufmann R.，Cleveland C. J.，Energy and Resource Quality：The Ecology of the Economic Process[M]. New York：Wiley. 1986.
[11] IPCC. 2006年IPCC国家温室气体清单指南[M]. 横滨：全球环境战略研究所（IGES），2006.
[12] 国家统计局国民经济核算司. 2018年中国投入产出表[M]. 北京：中国统计出版社，2020.
[13] 国家统计局能源统计司. 中国能源统计年鉴2020

［M］．北京：中国统计出版社，2021．

［14］中华人民共和国国家质量监督检验检疫总局，中国国家标准化管理委员会．国民经济行业分类（GB/T 4754—2017）［S］．2017．

［15］WANG J，LIU M，MCLELLAN B C，et al. Environmental impacts of shale gas development in China：A hybrid life cycle analysis［J］．Resources，Conservation & Recycling，2017，120：38-45．

［16］CHANG Y，HUANG R，RIES R J，et al. Shale-to-well energy use and air pollutant emissions of shale gas production in China［J］．Applied Energy，2014，125（14）：147-157．

［17］LIU Z，GENG Y，LINDNER S. Embodied energy use in China's industrial sectors［J］．Energy Policy，2012，49：751-758．

［18］LI X，MAO H，MA Y，et al. Life cycle greenhouse gas emissions of China shale gas［J］．Resources，Conservation and Recycling，2020，152．

［19］IPCC. Climate Change 2013：The Physical Science Basis. Contribution of Working Group I to the Fifth Assessment Report of the Intergovernmental Panel on Climate Change［M］．Cambridge：Cambridge University Press，2013．

［20］Aucott M. L.，Melillo J. M. A preliminary energy return on investment analysis of natural gas from the Marcellus shale［J］．Journal of Industrial Ecology. 2013，17（5）：668-679．

［21］Moeller D.，Murphy D. Net energy analysis of gas production from the Marcellus shale［J］．BioPhys. Econ. Resour. Qual. 2016，1（1）：1-13．

［22］Yaritani H.，Matsushima J. Analysis of the energy balance of shale gas development［J］．Energies. 2014，7（4）：2207-2227．

［23］Hu Y，Hall C A S，Wang J，et al. Energy Return on Investment（EROI）of China's conventional fossil fuels：Historical and future trends［J］．Energy，2013，54（jun.）：352-364. DOI：10.1016/j.energy.2013.01.067．

［24］Sell B.，Murphy D.，Hall C. A. S. Energy return on energy invested for tight gas wells in the Appalachian Basin，United States of America［J］．Sustainability. 2021，3（10）：1986-2008．

［25］Howarth R. W.，Santoro，R.，Ingraffea A. Methane and the greenhouse-gas footprint of natural gas from shale formations［J］．Climate Change. 2011，106（4）：679-690．

［26］Jiang M.，Hendrickson C. T.，Vanbriesen M. Life cycle water consumption and wastewater generation impacts of a Marcellus shale gas well［J］．Environmental Science and Technology. 2014，1：339-353．

［27］辛姜，赵春艳．中国碳排放权交易市场波动性分析——基于 MS-VAR 模型［J］．软科学，2018，32（11）：134-137．

［28］东方电气向三峡集团批量交付氢燃料电池热电联供装备系统［EB/OL］．https：//h2. in-en. com/html/h2-2415869. shtml，2022-08-24/2023.10.10．

［29］王波．东方氢能首套商用氢燃料电池冷热电联供系统正式交付［J］．能源研究与信息，2021，37（2）：116-116．

［30］刘玮，万燕鸣，陈思源等．基于场景模拟的公路货运新能源车成本效益分析研究［J］．中国环境科学，2023，43（10）：5624-5632．

［31］田涛，曹东学，黄顺贤等．石化行业不同制氢过程碳足迹核算［J］．油气与新能源，2021，33（06）：39-45．

［32］庞东晓，陆灯云，韩雄等．天然气密闭燃烧器的研制与应用［J］．天然气工业，2019，39（10）：127-131．

［33］陈吉平．川页岩气田试采放空气回收利用工艺技术探讨［J］．科技风，2023，（18）：88-90．

［34］李涛，杨哲，徐卫强，等．泸州区块深层页岩气水平井优快钻井技术［J］．石油钻探技术，2023，51（1）：16-21．

［35］张东清，万云强，张文平，等．涪陵页岩气田立体开发优快钻井技术［J］．石油钻探技术，2023，51（2）：16-21．

［36］舒畅．页岩气开发水基钻井废液资源化利用技术研究与实践［D］．西南石油大学，2020．

［37］赵辉，邱小云，龚小芝等．页岩气压裂返排液回用影响因素及回用技术研究［J］．化工环保，2023，43（02）：187-193．

［38］李小刚，李佳霖，朱静怡等．超临界二氧化碳压裂液降阻剂体系优选［J］．天然气工业，2023，43（04）：103-115．

［39］苏伟东，宋振云，郑维师．$CO_2$干法加砂压裂技术评价与效果分析［C］．中国石油学会天然气专业委员会．第31届全国天然气学术年会（2019）论文集（04采气工程）．2019：7．